北京科技年鉴

2022

北京市科学技术委员会
中关村科技园区管理委员会 编

北京科学技术出版社

图书在版编目（CIP）数据

北京科技年鉴．2022 / 北京市科学技术委员会，中关村科技园区管理委员会编．— 北京 ：北京科学技术出版社，2023.12

ISBN 978-7-5714-3429-8

Ⅰ．①北… Ⅱ．①北… ②中… Ⅲ．①科学研究事业—北京—2022—年鉴 Ⅳ．①G322.71-54

中国版本图书馆CIP数据核字（2023）第236740号

策划编辑：王　晖
责任编辑：王　晖
责任校对：贾　荣
责任印制：李　茗
封面设计：樊润琴
出 版 人：曾庆宇
出版发行：北京科学技术出版社
社　　址：北京西直门南大街 16 号
邮政编码：100035
电　　话：0086 － 10 － 66135495（总编室）　0086 － 10 － 66113227（发行部）
网　　址：www.bkydw.cn
印　　刷：北京捷迅佳彩印刷有限公司
开　　本：889 mm × 1194 mm　1/16
字　　数：1131 千字
印　　张：31
彩　　插：28
版　　次：2023 年 12 月第 1 版
印　　次：2023 年 12 月第 1 次印刷
ISBN 978 － 7 － 5714 － 3429 － 8

定　　价：198.00 元

《北京科技年鉴（2022）》编委会

《北京科技年鉴（2022）》编辑部

组稿人员　（以姓氏笔画为序）

丁　帅　丁　雪　于　娜　于少泽　于喜鹏　马　腾
马慧泉　王　玉　王　迪　王　研　王　娜　王　勇
王　雪　王　策　王　媛　王　楠　王　璐　王久超
王夕元　王艺陶　王五山　王少华　王立冬　王军勇
王玢玢　王郅媛　王岱娟　王雪梅　王锡乐　王潇丽
王露菲　仇启宇　仇鑫华　方子都　尹秉全　石　军
石　韵　石　蕾　平朝霞　卢明子　田　野　田京京
史冬洋　史瑞平　付　林　付建平　代　畅　冯　帆
冯菁菁　司雨杰　边　浩　曲　研　曲俊燕　吕　君
吕华锋　朱　迪　朱文博　朱春凤　朱博义　邬奇洋
刘　帅　刘　刚　刘　妍　刘　明　刘　贵　刘　涛
刘　琳　刘　超　刘　蓁　刘　鲲　刘一中　刘文菊
刘宁瑜　刘安邦　刘建峰　刘建锋　刘玲丽　刘晓宁
齐　玥　闫　宏　闫　彬　闫孟寅　闫婷杰　关　蕾
安振国　安鹤益　许小亮　孙　刚　孙　猛　孙　超
孙　颖　孙　蕾　孙竹青　孙树昆　孙晓霞　孙继伟
苏　颖　杜　宇　杜涵涵　李　云　李　杨　李　丽
李　杰　李　昂　李　牧　李　娇　李　倩　李　晨
李　潇　李　鹤　李　鑫　李大轩　李小骏　李文萍
李军男　李英南　李佳熹　李金波　李建玲　李奕响
李贺珍　李哲明　李晓明　李晓磊　李海燕　李雪凝
李博伦　李晶晶　李新媛　杨　月　杨　刚　杨　柳
杨　晖　杨　颂　杨　楠　杨阜城　杨晓伟　杨晓艳
吴　迪　吴倩雯　何　琳　何凤梅　余化枫　邹继东
沙　莎　沈贺丹　宋玉美　宋伟娜　张　军　张　辰
张　雨　张　桢　张　健　张　悦　张　硕　张　爽
张　蔷　张　熙　张　潇　张　蕊　张　豫　张　璐
张　韡　张文琼　张未凡　张龙伊　张立乔　张立芬
张立言　张红莉　张克辉　张丽丽　张苗苗　张泽璞
张春雷　张柏祯　张慧玲　张鹤森　张曦宇　陆纳新
陈　宁　陈　刚　陈　肖　陈　昕　陈　晏　陈　靖

陈　静　陈志洁　陈志毅　陈治光　陈宝德　陈晓曦
武　静　武　巍　武晓颖　林青霞　郁　卓　尚玥玥
易　姗　罗　虎　罗　俊　和　珊　季如佳　岳　睿
岳继华　金　燕　周　渊　周　琦　周天择　孟艳霞
赵　珂　赵　哲　赵　娣　赵　铮　赵　媛　赵百川
赵红霞　赵志成　赵楚然　郝　琴　郝永翔　胡　妍
胡炎平　钟锌章　段　辉　侯东云　侯艳艳　侯敬超
闻　多　姜佩瑄　洪　彬　祖宏迪　姚　乐　姚　宁
贺　静　袁　磊　耿　璐　贾岩琦　夏　菲　夏　瑾
徐传奇　徐明三　徐震宇　徐璐璐　殷潇潇　栾一丞
栾天亿　栾骋祖　高　健　高　静　高艺菡　高嘉璐
郭　磊　郭一涵　郭戎威　郭群英　涂裔盟　陶昕昕
黄　佳　黄　洁　黄　磊　黄寅英　曹汪菁　曹荣娥
曹雪鸥　常军巍　崔　欣　崔　茜　崔家墅　康连元
阎星宇　梁　茜　梁　霄　彭张燕　董　明　蒋明秀
韩　阳　韩　湘　韩怀伟　韩焱淼　程　锐　程晓荷
程福营　焦　扬　鲁庆莲　温会娇　谢旭霞　路一鸣
鲍海宁　解　辉　蔡　青　蔡真婷　谭修一　熊　菲
黎　翔　黎红霞　潘长波　薛　陕　薛继平　薛薇薇
冀　宁　魏茂淼

编辑说明

一、《北京科技年鉴》是一部反映北京地区科技事业发展变化的综合性资料工具书和史料文献。由北京市科学技术委员会、中关村科技园区管理委员会主持编纂，在北京市教育委员会、北京市市场监督管理局、北京市知识产权局、北京市科学技术协会等单位的共同参与下完成。

二、本年鉴坚持以马克思列宁主义、毛泽东思想、邓小平理论、“三个代表”重要思想、科学发展观、习近平新时代中国特色社会主义思想为指导，遵循实事求是的原则，科学、客观地反映实际情况。

三、本年鉴采用文章和条目两种体裁，以条目体为主，用规范的语体、记述体，直陈其事，文字力求言简意赅。

四、本年鉴从1987年开始，逐年编纂。至2003年出版时均是标注当年年度，自2004年起循通行做法改为标注出版时间，即当年出版的年鉴，记述上一年度北京地区科技系统发生的重大事件和新的情况，为领导决策提供可资参考的依据，为社会各界了解、研究北京地区的科技事业提供权威的信息，为开展科技交流、对外宣传提供基础资料。

五、本年鉴以记述北京市市属科技系统各单位的情况为主，对境域内国家部门所属单位情况也适当记述，主体突出而又概括全貌。

六、本年鉴所载为北京地区科技事业的基本情况，采用分类编纂法。根据年鉴的文字内容，设有特载、专文、大事记、重要会议与活动、科技管理、科技资源、创新高地、支撑发展、科技服务、创新成果、知识产权与标准化、科技合作与交流、科学技术普及、各区科技、统计资料、附录、索引17个类目。

七、选入本年鉴的文章和条目，均由《北京科技年鉴》参编单位确定的专人负责撰写或提供，并经主要负责人审核。统计资料由北京市科学技术委员会、中关村科技园区管理委员会及参编单位的统计部门提供。

八、本年鉴所使用的国务院机构简称和北京市政府机构简称，均根据国务院办公厅和北京市政府办公厅的规定，规范使用。中关村国家自主创新示范区在文内简称为“中关村示范区”，北京市科学技术委员会、中关村科技园区管理委员会在文内简称为“市科委、中关村管委会”。

九、本年鉴反映2021年1月1日至12月31日期间北京地区科技事业的发展变化情况，凡2021年的事件，均直书月、日，不再写年份，涉及其他年份的，均标明年份。

2 月 25 日，北京量子信息科学研究院第一届理事会第五次会议在京召开

2 月 27 日，首届全国机器人竞技大赛冰雪全明星挑战赛举行

3 月 23 日，2021 中关村论坛系列活动——新技术新产品首发和国际前沿项目路演首期活动在中关村示范区展示中心举行。会上，中关村新技术新产品首发平台揭牌仪式举行

3 月 25 日，市科委、中关村管委会 2021 年党建暨党风廉政建设工作会议在京召开

3 月 31 日，北京国际大数据交易所成立发布会在京召开

4 月 9 日，市科委、中关村管委会落实合署办公“三定”方案动员部署会在京召开

5 月 12 日，2021 年北京市科普工作联席会议在京召开

5 月 22 日，2021 北京科技周科幻分会场暨 2021 年石景山区科技周启动仪式在北京首钢园三高炉举行

5 月 22—28 日，2021 年全国科技活动周暨北京科技周活动主会场在中关村示范区展示中心举行

5 月 31 日，第 15 届北京发明创新大赛颁奖会在京举行

6 月 1 日，北京智源人工智能研究院发布超大规模智能模型“悟道 2.0”

6 月 10 日，长安链重大成果发布会在京召开。会上，北京微芯区块链与边缘计算研究院发布全球首款 96 核区块链专用加速芯片

6 月 15 日，2021 中关村论坛系列活动之新技术新产品供需对接会——百度生态伙伴对接专场在中关村示范区展示中心举行

6 月 17 日，市科委、中关村管委会“讴歌建党百年初心，奋进科技创新伟业”诵读活动决赛在中关村示范区展示中心举行

6 月 23 日，国家“十二五”重大科技基础设施项目——地球系统数值模拟装置在怀柔科学城东区落成启用

6 月 30 日，由中国科学院空天信息创新研究院承建的大科学装置用高功率高可靠速调管研制平台完成主体结构封顶

7 月 3 日，首都科技界学习贯彻习近平总书记在庆祝中国共产党成立 100 周年大会上重要讲话精神座谈会举行

7 月 10 日，北京沙河高教园区高校联盟成立大会暨第一届理事会在北京航空航天大学沙河校区召开

9 月 2—7 日，以“数字开启未来，服务促进发展”为主题的 2021 年中国国际服务贸易交易会在京举办

9 月 23 日，2021 北京国际设计周设计之旅活动在北京光科技馆开幕

9 月 24 日，2021 中关村论坛在京开幕

9 月 24 日，全球知识产权保护与创新论坛在中关村示范区展示中心举行

9 月 24—28 日，2021 中关村论坛展览（科博会）在京举行。此次科博会首次与中关村论坛同期同地举办，实现论展一体，聚焦“智慧·健康·碳中和”主题，共同打造面向全球高科技创新交流合作的国家级平台

9 月 25 日，2021 中关村论坛全体会议在京召开

9 月 25 日，中国北欧可持续发展与创新论坛在中关村示范区展示中心举办。图为双碳科技加速器和双碳科技服务团揭牌仪式

9 月 26 日，2021 第五届中以创新创业大赛正式启动

9 月 27 日，以“携手合作，共同发展——科技馆的时代担当与发展策略”为主题的第二届北京中外科技馆馆长对话会在京举行

9 月 27—28 日，中关村国际技术交易大会在中关村示范区展示中心举行

9 月 28 日，开放科学国际创新联盟成立与开放科学实践北京倡议发布会举行

9 月 28 日—10 月 5 日，2021 中国科幻大会在石景山首钢园举行

10 月 13 日，第二十四届北京国际生物医药产业发展论坛在京开幕。图为北京医药健康产业服务平台签约仪式

10 月 18 日，市科委、中关村管委会深化事业单位改革动员部署会在京召开

10 月 19—25 日，2021 年全国大众创业万众创新活动周北京会场暨中关村创新创业季活动在中关村示范区展示中心举行

10 月 20—22 日，首届全球金融科技峰会在京举行

11月18日，市科委、中关村管委会副主任、新闻发言人朱建红出席科技冬奥新闻发布会

11月24日，北京市人民政府新闻办公室召开《北京市“十四五”时期国际科技创新中心建设规划》新闻发布会

12月1—3日，第十一届中意创新合作周以线上线下结合、线上为主的方式举行

12 月 4 日，第二届全球青少年图灵计划颁奖典礼在京举行

12 月 17 日，创新型中小企业北交所上市研讨暨“育英计划”发布会举行。会上，全国股转系统北京证券交易所北京服务基地揭牌

12 月 18 日，北京信息科技大学新校区启用仪式在新校区文理楼举行

12 月 23 日，北京中德产业园正式开园

12 月 24 日，市科委、中关村管委会所属北京科技创新促进中心、北京科技成果转化服务中心、中关村高科技产业促进中心、中关村政府采购促进中心、北京科技人才发展中心（北京海外学人中心中关村分中心）、北京信息科技发展中心 6 家事业单位在裕惠大厦挂牌。图为北京科技创新促进中心挂牌仪式

12 月，北京城市副中心首个区块链应用创新实验室在张家湾设计小镇落成

2021 年度北京市科学技术奖自然科学奖一等奖：黑洞搜寻与吸积物理研究。图为项目发现的黑洞 LB-1 艺术想象图

2021 年度北京市科学技术奖科学技术进步奖一等奖：大型二氧化碳制冷及其跨临界全热回收关键技术与应用。图为项目研发的二氧化碳跨临界制冰技术应用场所——国家速滑馆

2021 年度北京市科学技术奖科学技术进步奖一等奖：国产安全可控先进计算系统关键技术及应用。图为液冷服务器产品形态

2021 年度北京市科学技术奖科学技术进步奖一等奖：基于超维场技术的高刷新率显示技术研发与产业化。图为 15.6 " 480Hz 笔记本显示屏

2021 年度北京市科学技术奖科学技术进步奖一等奖：12 英寸先进集成电路制程金属化薄膜沉积设备研发及产业化。图为 exTin H630 金属硬掩膜物理气相沉积系统

2021 年度北京市科学技术奖科学技术进步奖一等奖：新型冠状病毒灭活疫苗的全球研制及应用。图为新型冠状病毒灭活疫苗产品

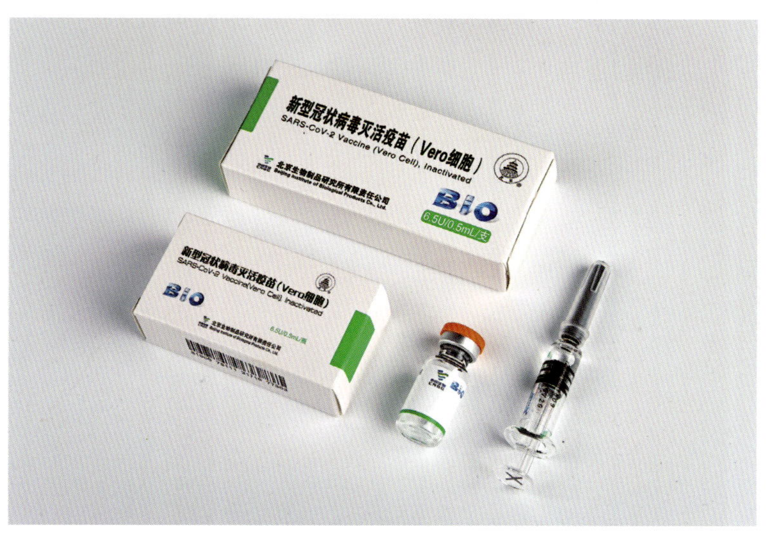

2021 年度北京市科学技术奖科学技术进步奖一等奖：新型冠状病毒灭活疫苗的研制及应用。图为新型冠状病毒灭活疫苗产品

目　录

BEIJING ALMANAC OF SCIENCE AND TECHNOLOGY 2022

北京科技年鉴 2022

特载

在部市共建北京国际科技创新中心现场推进会上的讲话

北京市委书记 蔡 奇

（2021 年 3 月 20 日）

今天，我们召开部市共建北京国际科技创新中心现场推进会，这是贯彻党的十九届五中全会精神的实际行动。科技部和国家发展改革委、教育部、工业和信息化部、财政部、人力资源社会保障部、国务院国资委、中国科学院、中国工程院、自然科学基金委的领导同志出席此次会议，充分体现了中央部委对首都工作的高度重视和大力支持。我代表市委、市政府对大家表示热烈欢迎，对中央部委长期以来给予北京工作的关心支持表示感谢！

前不久，《求是》杂志发表了习近平总书记的重要文章《努力成为世界主要科学中心和创新高地》。总书记强调，科学技术从来没有像今天这样深刻影响着国家前途命运，从来没有像今天这样深刻影响着人民生活福祉。中国要强盛、要复兴，就一定要大力发展科学技术，努力成为世界主要科学中心和创新高地。形势逼人，挑战逼人，使命逼人，我们比历史上任何时期都更需要建设世界科技强国。正是在这种形势下，中央明确提出要支持北京等地形成国际科技创新中心，这是着眼于“两个大局”，立足新发展阶段、贯彻新发展理念、构建新发展格局，做出的重大战略决策。而北京同志意识到，建设国际科技创新中心，是党中央在科技强国建设中赋予我们的重大责任。从北京自身看，疏解减量背景下，创新发展是唯一出路，也是我们融入新发展格局的“关键一子”，是推动高质量发展的重要引擎。从“全国科技创新中心”到“国际科技创新中心”，尽管只有一字之差，却意味着要求更高、任务更重和责任更大。我们要增强“四个意识”、坚定“四个自信”、做到“两个维护”，更加自觉地站在“国之大者”高度来认识和把握，坚持首善标准，瞄准国际一流，力争率先建成国际科技创新中心。

从调研看，目前各项工作总体进展顺利。制定了《“十四五”北京国际科技创新中心建设战略行动计划》和年度工作方案、任务清单、项目清单，昌平国家实验室实现挂牌，综合性国家科学中心建设进展顺利，“三城一区”主平台和中关村国家自主创新示范区主阵地作用凸显，创新生态逐步优化。这些应予肯定，也都是科技部等中央单位大力支持的结果。2021 年是“十四五”开局之年，开局如何，国际科技创新中心建设是最重要标志。在国家部委支持下，全市上下要更加聚焦，集中发力，确保国际科技创新中心建设取得新进展。国际科技创新中心建设年度工作方案、任务清单和项目清单已发给大家。这里我强调几个问题。

一是着力打造国家战略科技力量。这在过去是国家队的事，现在地方也有责任和任务，这就是举国体制的优势和力量。当务之急是办好国家实验室。国家实验室是围绕国家使命，依靠跨学科、大协作、高强度支持开展协同创新的研究基地。这对我们来说是一项新任务，工作推进中也要有新的思路办法。要在科技部指导下，建立全新体制机制，赋予更大自主权。昌平国家实验室要抓紧核心研究团队建设，核心区年内要开工。怀柔国家实验室和中关村国家实验室要抓紧形成核心层组织架构，尽早挂牌。在前沿技术领域再布局一批新型研发机构，推动加入国家实验室网络。同时，进一步推动怀柔综合性国家科学中心建设，加紧推动 120 个在京国家重点实验室体系重组。基础研究是科技创新源头活水。要发挥好在京高校、科研单位、企业等创新力量作用，实施“揭榜挂帅”，承接更多国家重大科技任务。这方面成效最终是要靠科研成果说话。要聚焦“卡脖子”技术，

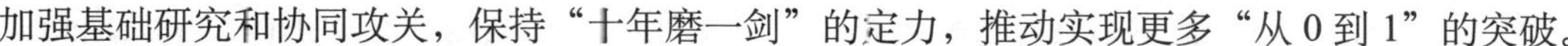

加强基础研究和协同攻关，保持“十年磨一剑”的定力，推动实现更多“从0到1”的突破。

二是强化“三城一区”和中关村国家自主创新示范区建设。“三城一区”是国际科技创新中心建设主平台，这是一个内在联系的有机整体，要统筹推进、联动发展。中关村科学城要发挥领头羊作用，强化原始创新策源地能力建设。高标准推进北区发展。抓好自贸区科技创新片区建设。发挥创新生态优势，打造全球数字技术供给源。怀柔科学城要在国家发展改革委、科技部和中国科学院的支持下，紧扣综合性国家科学中心建设，加紧重大科技基础设施建设进度，尽早投入科研。同时争取“十四五”更多国家大科学装置落户，打造世界级原始创新承载区。做好“科学+城”文章，为科研机构和团队整体入驻创造良好环境。未来科学城要深化与央企高校联动合作，加紧盘活闲置用地。这方面请国务院国资委加强协调。还要抓紧推进“两谷一园”建设，抓好生命科学园三期等项目建设。经开区要推动中关村成果产业化先导基地实体化运行，积极承接三个科学城科技成果转化重大项目。抓好“20+”技术创新中心和“10+”产业中试基地建设。大力发展智能制造业，力争培育出更多像京东方这样的优秀企业。顺义创新产业集群示范区要抓好新能源智能汽车、第三代半导体、航空航天等项目。中关村国家自主创新示范区是国际科技创新中心建设的主阵地，要把这块“金字招牌”擦得更亮。积极推进“一区十六园”发展组团整合，立足各自优势，进一步明确发展方向和重点，打造特色产业园区，实现高端化、国际化发展。这项任务已纳入中央巡视反馈意见整改，要抓好落实。

三是大力推动科技成果转化应用。科技创新要抓两头：一头是基础研究，承接国家任务；另一头就是成果转化。这方面，关键是要坚持需求导向，发挥好市场对技术研发方向、路线选择、创新要素配置等方面的导向作用，打通科技和经济融合中的堵点。要坚持“三链”联动，既要坚持以创新链带动产业链，又要围绕产业链部署创新链，解决“卡脖子”问题。要把科技优势进一步转化为产业优势。特别是要强化数字技术应用，推进数字产业化和产业数字化转型，打造全球数字经济标杆城市。大力推动集成电路、生物医药、新能源汽车、绿色智慧能源等产业集群式发展。积极谋划发展量子信息、人工智能、工业互联网、卫星互联网、机器人等未来产业。要强化创新技术成果在城市管理、公共服务等方方面面的应用。抓好应用场景“十百千工程”，加紧推动城市大脑、智能环球影城、科技冬奥等重点任务。在城市副中心等地区率先建成一批应用场景。还要发挥北京科技创新辐射带动作用，抓好京津冀协同创新。

四是深化先行先试改革。解决当前制约科技创新的体制机制障碍，最根本的还是要用好“改革”这个关键一招。中关村因改革而立、因改革而兴，今后更好发展仍然要靠改革。今年全国两会讨论“十四五”规划纲要时，增加了很重要的一条，就是要“发挥中关村国家自主创新示范区先行先试作用”。我们要进一步用好中关村这块改革创新的“试验田”，一些科技创新的重大改革举措可率先进行试点，待成熟后再向面上推开。最近，北京市在科技部指导下正在研究中关村先行先试政策建议方案，其中许多都属于全国首创，需要在座的中央部委给予指导和支持。

具体来说，希望科技部在国家实验室建设方面加大支持力度，同时围绕支持企业参与基础研究、“卡脖子”技术攻关机制、科技计划项目组织、推进科技成果转化等方面帮助我们推出更多务实管用的政策。希望财政部、国家发展改革委通过完善财税政策、创新政府采购机制、开放应用场景等措施，加大对国产关键核心技术产品应用的支持力度。希望工业和信息化部在车联网、工业互联网等战略性新兴产业发展上加大对北京市支持力度，加强对数字贸易港建设的指导。希望教育部、国务院国资委推动在京高校、央企与我们加强对接，优化合作模式，加大成果转化力度。希望人力资源社会保障部在外籍人才、海外高层次人才引进政策等方面给予支持。希望中国科学院、中国工程院结合自身资源优势，帮助引进更多国际一流创新人才和管理团队，培育一批新型国际科技合作组织。希望自然科学基金委积极推动基金资助成果在京落地转化。

五是大力推动国际合作。国际科技创新中心就是要突出“国际”二字，树立国际视野，汇聚国际资源，开展国际合作，提高国际化水平。中关村论坛是国家级开放创新重要平台，要会同科技部，在中国科协、中国科学院等部门大力支持下，突出年度主题，完善举办方案，提升论坛国际影响力。抓紧建设中关村论坛永久会址。要抓住当前有利时机，大力引进国际顶尖科学家和优势科研团队，鼓励海外归国人才创新创业。抓好国际人才社区建设。要抓紧制定国际科技创新中心建设人才支撑保障行动计划，实施好青年科技人才培养资助计划。这方面希望人力资源社会保障部大力支持，市人才工作局做好服务对接。要加强国际交流合作。目前，我们和中国科学院共同组建了国家科学中心国际合作联盟、“一带一路”国际科学组织联盟。要发挥好这两个联盟的作用，深化重点战略国际科学项目合作，积极融入全球科技创新网络。

六是进一步优化创新生态。良好创新生态是激发创新活力的关键所在。企业是创新的主体。要鼓励企业加大研发投入，支持企业组建创新联合体。抓好创投企业、技术转让等所得税政策试点。加紧推进中关村科创金融试验区创建。发挥大企业引领支撑作用，积极布局建设产业创新中心，加强共性技术平台建设。同时，也要加大对创新型中小微企业扶持力度。全市 2.9 万家高新技术企业中，大部分是中小微企业，很多独角兽企业都是从中小微企业成长起来的。要推动各类创新服务平台、科技企业孵化器、众创空间等专业化发展，培育更多硬科技独角兽企业、隐形冠军企业。保护知识产权就是保护创新。要抓好知识产权交易中心建设运营，加强知识产权法院建设。要念好服务这本经，完善“服务包”“服务管家”制度，抓紧科技创新中心网络服务平台建设。

七是加强组织领导，形成工作合力。在座的中央单位都是北京推进科技创新中心建设办公室成员单位，要进一步加强指导支持，发挥作用。办公室要做实做强“一处七办”，深化央地沟通协作，统筹配置在京科技创新资源。市科委和中关村管委会合署办公后，要更加面向科技创新一线做好服务。年度任务已经明确，各区、各相关部门要认真逐项抓好实施。各区要办好自己的中关村科技园。各级领导干部要善于和科学家交朋友，当好“后勤部长”，切实帮助解决实际困难，让科学家心无旁骛搞科研。

在 2021 中关村论坛全体会议上的致辞

科技部部长　王志刚

（2021 年 9 月 25 日）

尊敬的蔡奇书记、吉宁市长，尊敬的建国院长、晓红院长、玉卓主席、振华特使，各位领导、各位来宾，女士们、先生们、朋友们：

大家上午好！

非常高兴与大家再次相聚在北京中关村，就“智慧 · 健康 · 碳中和”主题进行深度交流合作，共话未来创新愿景。中关村论坛是中国着力打造的国家级开放创新平台和国际化的论坛，我谨代表本次论坛共同主办单位中国科学技术部对线上线下参与论坛的各位嘉宾表示热烈的欢迎。

昨天，习近平主席在论坛开幕式上进行视频致辞，阐述了中国政府致力于推动全球科技创新协作，以更加开放的态度加强国际科技交流的坚定态度，强调支持中关村开展新一轮先行先试改革，加快建设世界领先的科技园区，这充分彰显了中国政府加快科技改革发展、扩大创新开放合作的鲜明态度，充分表明了中国建设具有全球影响力的科技创新高地、支撑引领中国高质量发展的信心和决心。

当前，新一轮科技革命和产业变革突飞猛进，推动经济社会加快智能化、低碳化、绿色化步伐，随着基础科学不断向宏观、微观和极端条件逼近，科学研究越来越依赖于大团队、大数据、大装置、大协作，也越来越离不开国际科技合作。特别是新冠肺炎疫情、气候变化等全球性问题，给国际社会带来严峻挑战，在此关键时期向科技创新要方法、要答案仍然是明智选择，各国加强科技创新的开放合作仍然是唯一出路。

近年来，中国政府持续增加科技创新投入，2020 年研发经费投入全社会突破 2.4 万亿元，研发投入强度达到 2.4%，呈现稳中有进态势。世界知识产权组织发布的《2021 年全球创新指数报告》显示，中国创新能力综合排名提升至世界第 12 位，较去年提升 2 位，在人工智能、量子科技、区块链等新兴技术领域取得一批重大创新成果，在多个应用场景中加快转化和产业化。新冠肺炎疫情科研攻关在疫苗研发检测试剂等领域取得重要成果，习近平主席 9 月 21 日宣布，在向“新冠疫苗实施计划”捐赠 1 亿美元基础上，年内再向发展中国家无偿捐赠 1 亿剂疫苗，切实履行负责任大国的承诺，这其中也凝结着中国广大科研人员为全球抗疫付出的智慧和心血。为应对气候变化和能源资源挑战，中国政府制定了极具挑战性的 2030 年碳达峰、2060 年碳中和目标，为实现“双碳”目标的进程，科技部正在编制《科技支撑碳达峰碳中和实施方案》和碳中和技术发展路线图，着力推动新能源技术研发应用。目前中国可再生能源发电装机容量稳居全球首位，为加快能源系统低碳化进程奠定重要基础。

进入新的发展阶段，为落实新发展理念、构建新发展格局、推动高质量发展，中国政府提出坚持把创新摆在现代化全局的核心位置，把科技自立自强作为国家发展的战略支撑，面向世界科技前沿，面向经济主战场，面向国家重大需求，面向人民生命健康，推动基础研究、应用基础研究和技术创新一体化布局，着力构建良好的法律、政策、文化、制度环境，打造高效顺畅的国家创新体系，努力探索实现一条从人才强、科技强到产业强、经济强、国家强的创新发展新路径。区域创新体系建设是中国科技创新发展的重要任务，中国政府提出加快建设北京、上海、粤港澳大湾区三个具有全球影响力的国际科技创新中心，是把握新一轮科技革命和产业变革重要机遇做出的重大战略部署。中关村在北京建设国际科技创新中心中始终具有举足轻重的作用，是中国建设的第一个国家级高新技术产业开发区和第一个国家自主创新示范区，是中国原始创新的重要策源地，也是中国国际科技合作交流的重要窗口。

科技部与北京市一直密切协作，努力推动北京市特别是中关村在创新驱动发展方面先行先试，发挥试验田和排头兵的作用，支持北京优化布局战略科技力量，打造京津冀协同创新主引擎，深化科技与金融联动，依托北京证券交易所等平台，打造国家科技金融示范区，聚焦北京科技优势和重点发展产业，引导汇聚全球顶级科技力量，整合集成各方创新资源，不断提高中关村论坛的影响力、辐射力，打造国际科技交流合作的有效平台。

各位来宾，展望未来，人类追求美好生活的愿望不会改变，以科技创新为人类社会增添福祉的趋势不会改变，中国政府将坚定实施创新驱动战略，坚持自主创新与扩大开放合作有机结合，加快科技自立自强和科技强国建设，我们愿意与世界各国就科技政策、发展规划、科研伦理等重要议题展开对话交流，在开放合作中求同存异，努力形成更多国际科技治理共识。我们也希望学习借鉴更多的国际先进经验，向世界分享更多的中国科技成果，共同为推动全球经济社会可持续发展、构建人类命运共同体做出新的、更大的贡献，谢谢大家！

在市科委、中关村管委会 2022 年系统工作会议上的报告

北京市科委、中关村管委会党组书记、主任　许　强

（2022 年 3 月 1 日）

同志们：

今天，我们召开市科委、中关村管委会 2022 年系统工作会议。这次会议的主要任务是，深入贯彻习近平新时代中国特色社会主义思想、党的十九大和十九届历次全会以及中央经济工作会议精神，深入贯彻习近平总书记对北京一系列重要讲话精神和关于科技创新的重要论述，认真落实全国科技工作会议、北京市委十二届十八次全会以及市“两会”决策部署，系统总结 2021 年工作，谋划安排 2022 年重点任务，坚持稳中求进工作总基调，深入实施创新驱动发展战略，以服务国家重大战略需求为导向，聚焦国际科技创新中心、世界领先的科技园区和国家实验室建设“三条主线”，为加快实现高水平科技自立自强贡献北京力量。

参会的有委领导班子成员和 33 个机关处室、18 个直属事业单位负责同志，部分新型研发机构、中发展、

首发展、科创基金公司相关负责同志，以及 16 个区和经开区科技管理部门、各分园管委会的负责同志。刚才信息处、促进处、科技创新促进中心、市场办、量子研究院等处室、中心和机构的负责同志做了交流发言，大家谈得都很好，对于我们统一思想、强化责任、聚焦目标，加快打造世界主要科学中心和创新高地具有重要意义。

习近平总书记高度重视北京科技创新发展，多次做出重要指示：在 2021 中关村论坛上发表重要视频致辞，提出中关村论坛是面向全球科技创新交流合作的国家级平台，宣布支持中关村开展新一轮先行先试改革，加快建设世界领先的科技园区；在中央人才工作会议上强调，支持北京建设高水平人才高地；中央全面深化改革委员会第二十二次会议审议通过《关于支持中关村国家自主创新示范区开展高水平科技自立自强先行先试改革的若干措施》；亲自谋划部署国家实验室建设。这些指示赋予了北京新的定位，提出了新的要求，为我们抓好工作指明了努力方向，提供了根本遵循。

2021 年 12 月，蔡奇书记在市委十二届十八次全会上指出，要深入实施北京国际科技创新中心建设战略行动计划，高标准推进“三城一区”建设，推动中关村国家自主创新示范区加快建设世界领先的科技园区。陈吉宁市长在 2022 年的市政府工作报告中，从紧扣国家战略需求、聚力提升原始创新能力、着力打造世界领先的科技园区、大力促进高精尖产业能级跃升、全面建设高水平人才高地等方面对科技创新工作提出明确要求。殷勇同志就落实中关村新一轮先行先试政策工作多次做出重要批示。隋振江同志多次专题研究部署推进国家实验室建设与服务保障工作，向全市科技系统宣讲党的十九届六中全会精神。靳伟同志在出席我委民主生活会时，对过去一年来市科委、中关村管委会的工作给予高度评价，并提出进一步提高政治站位、强化使命担当、加强领导班子和干部队伍建设等要求。我们一定要把思想认识统一到党中央、国务院决策部署和市委、市政府工作要求上来，不折不扣地抓好贯彻落实。

下面，我代表委党组和班子做工作报告。

一、2021 年工作回顾

2021 年是“十四五”开局之年，市科委、中关村管委会坚决贯彻落实市委、市政府重大决策部署，认真履行北京推进科技创新中心建设办公室秘书处和中关村国家自主创新示范区领导小组办公室职责，以两委合署办公为契机，坚持“四个面向”，落实“四抓”要求，推动高水平科技自立自强，以创新引领高质量发展，北京科技实力和创新能力显著提升。

2021 年，全市研发投入强度 6% 左右，在全球主要创新城市中排名前列；基础研究占比 16% 左右，远高于全国平均水平；涌现出超导量子比特退相干时间创造新的世界纪录等一批重量级原创成果；技术合同成交额首次突破 7000 亿元大关，同比增长近 11%；中关村示范区全年总收入突破 8 万亿元，规模以上企业总收入同比增长 20% 以上。北京连续 4 年蝉联施普林格 · 自然集团“自然指数 – 科研城市”榜首；在《国际科技创新中心指数 2021》中位列第四。北京国际科技创新中心建设起步即入轨，走出了新路子。

（一）强化先行先试，世界领先科技园区建设迈开步伐

高水平举办 2021 中关村论坛，论坛升级为面向全球科技创新交流合作的国家级平台，140 个国际组织及创新机构代表参与论坛各板块活动，66 个国家和地区的上千名嘉宾深入交流，线上线下累计 10 万人次参与。会同科技部研究形成《关于支持中关村国家自主创新示范区开展高水平科技自立自强先行先试改革的若干措施》，谋划提出了 24 项重大改革举措，已经中央全面深化改革委员会会议审议通过，将于 2022 年正式印发实施。

（二）抓好系统谋划，国际科技创新中心建设提速发展围绕科技创新中心建设，印发“一计划、两规划”

联合 20 余个国家部门编制印发《“十四五”北京国际科技创新中心建设战略行动计划》，围绕优生态、筑根基、建优势等方面部署六大工程。编制印发《北京市“十四五”时期国际科技创新中心建设规划》，围绕“四个着力”部署实施八大重点任务。编制印发《“十四五”时期中关村国家自主创新示范区发展建设规划》，围绕率先建成世界领先的科技园区谋划部署七大重点任务。“一计划、两规划”绘就了蓝图，明确了目标，成为“十四五”创新发展的行动指南。

（三）紧扣国家需要，服务战略科技力量持续壮大

全力服务保障国家实验室建设，中关村、怀柔国家实验室已于 2021 年完成挂牌，昌平国家实验室已起步

运行。以“五新”机制建设国际一流新型研发机构，集聚一批战略科技人才，产生一批具有国际影响力的原创成果。智源研究院发布超大规模智能模型“悟道 2.0”；量子信息研究院第一代超导量子计算云平台正式上线，成功研发长寿命超导量子比特芯片；脑科学中心 7 项任务纳入国家科技创新 2030－重大项目五年实施计划；微芯研究院发布中国首个自主可控区块链软硬件技术体系“长安链”，研发出全球首款 96 核区块链专用加速芯片。在国务院第八次大督查中，“北京市建立完善五新机制 高标准建设新型研发机构”作为典型经验，获得国务院办公厅通报表扬。

（四）突出功能定位，主平台主阵地进一步聚焦优化

大力推动“三城一区”融合发展，构建“基础设施—基础研究—应用研究—成果转化—高精尖产业”的科技创新链条。建立“三城一区”联动发展协调会议机制，组织“三城一区”创新成果在全国科技周、国家“十三五”创新成就展等展览展示。推进国际科技创新中心网络服务平台建设。支持中关村科学城聚焦“数字经济”，推动围绕人工智能、区块链、量子等打造高水平新型研发机构和融合创新生态，部分前沿领域不断从“并跑”转向“领跑”，一批前沿硬科技企业显现出生机活力。服务怀柔科学城和怀柔综合性国家科学中心建设，支持围绕大装置和前沿交叉研究平台开展仪器及传感器件研发布局，累计立项支持科技计划课题 73 个，推动 23 家科技企业注册落地。支持未来科学城巩固深化“两谷一园”创新格局，全链条支持中关村生命园打造“核爆点”，推动入驻央企与中关村企业深化合作，支持央企牵头的氢能产业关键技术攻关布局。推动经济技术开发区与“三城”高校院所组建 31 家联合实验室，建成 24 家技术创新中心、14 家中试基地，承接“三城”成果 162 项。支持顺义区进一步聚集创新资源，新能源智能汽车产业链初步形成。

加强中关村一区多园统筹，针对中央巡视组提出的地块分散、同质竞争等问题，研究形成建设世界领先科技园区的空间优化提升初步方案。推进中关村分园体制机制改革，东城园等 4 个分园管委会升格为副局级机构，房山园、平谷园、门头沟园管委会挂牌独立运行。深入实施中关村“强链工程”，通过“揭榜挂帅”方式支持组建 7 个创新联合体，支持中关村软件园等 17 家特色产业园提升运营服务水平，支持新建 12 个高精尖产业协同创新平台。编制实施分园三年提升行动方案年度工作清单，270 项重点任务、228 个重点项目顺利实施。强化科技创新对城市副中心发展的引领支撑，支持通州园引进 167 家企业；服务良乡高教园发展，北京理工大学北京市工程医学与创新应用新型研发中心获批成为北京市支持建设的首家高校新型研发中心。

（五）强化服务职能，持续激发创新创业主体活力

加强企业服务。班子成员带队开展“小切口”式专题调研 300 余次。全年服务重点企业 122 家，办理服务事项 434 项，办结率北京市第一，企业满意率 100%。深入实施科技型小微企业研发费用支持政策和独角兽企业服务行动，支持补助覆盖企业 3188 家。

强化人才和科技金融支撑。配合市人才工作局印发实施《“十四五”北京国际科技创新中心建设人才支撑保障行动计划》，实施“朱雀计划”，6 位科技项目经理人完成签约入职。推动设立中国首个颠覆性技术创新基金，建立知识产权质押融资成本分担和风险补偿机制，发布《关于加快建设高质量创业投资集聚区的若干措施》。研究制定“育英计划”，支持科技型中小企业在北交所上市。从研发、转化、金融、空间、人才等多个维度或财政资金支持、政策服务等方面，帮助创新主体聚力发展、克服困难。

全面优化政务服务。大力推进“一网通办”，11 个政务服务事项实现全程网办。深化推进“接诉即办”工作，全年 9 个月“三率”考核名列各委办局第一名。深入开展领导干部一线“走流程、优服务”专项工作，研提 50 余项改进举措，精简 20 项办事材料，优化 8 项办事流程，改进 19 项系统功能，创新主体满意度进一步提升。

（六）聚焦双引擎驱动，高精尖产业培育全面发力

在新一代信息技术领域，持续推动人工智能、量子信息、区块链领先发展。印发实施加快建设具有全球影响力的人工智能创新中心行动计划，大力支持智源研究院、启元实验室、通研院、科学智能研究院、数原中心等研发机构建设，凝聚一批人工智能领域顶尖人才，2021 年人工智能产业收入超过 2000 亿元，增速达到 11%。

在医药健康领域，印发实施《北京市加快医药健康协同创新行动计划（2021—2023 年）》，2021 年医药产业收入超过 5000 亿元，成为支撑北京市经济发展的重要支柱。强化科技抗疫引领支撑，两支京产疫苗在 100 余个国家获批上市，累计向全球供应 50 亿剂。推动中国首个新冠病毒中和抗体联合治疗药物、首个新冠病毒

数字 PCR 检测试剂获批上市，推动公共空间气溶胶、便携式卡盒、呼气式等新冠病毒检测装备创新。

加快推进新材料与智能制造等产业发展，编制北京市碳中和科技创新行动方案，在光电子、第三代半导体、超材料、石墨烯等领域前瞻布局。石墨烯纤维复合材料制备取得突破，无液氦稀释制冷机样机实现 10 毫开尔文连续稳定运行。氢能产业链布局基本形成，液氢重卡完成测试运行并实现全球首发。

实施科技冬奥专项，围绕办赛、参赛、观赛、服务环节和疫情防控，推动手语播报数字人、云转播、气溶胶新冠病毒检测、数字孪生等 75 个前沿创新成果在 2022 年北京冬奥会和冬残奥会期间部署应用，4 项技术在全球首次推出，33 项技术在冬奥会首次使用，科技成为 2022 年北京冬奥会除竞赛之外的又一大亮点。

（七）聚焦堵点痛点，深化科技体制改革实现新突破

推进科研项目和经费管理改革，率先实施自然科学基金“包干制”，修订印发《北京市科技计划项目（课题）经费管理办法》，扩大科研人员自主权和科研经费管理改革经验，得到中央改革办和国务院肯定，14 条政策纳入国务院办公厅印发实施的《关于改革完善中央财政科研经费管理的若干意见》中。

牵头研究出台《关于打通高校院所、医疗卫生机构科技成果在京转化堵点若干措施》。联动推进科研人员职务科技成果所有权或长期使用权试点，推动 3 家市属试点单位开展 7 项科技成果赋权改革工作。

率先实施高新技术企业认定“报备即批准”政策试点，企业从申请认定到取得证书用时仅 1 个月，时限大幅压缩 80% 以上，北京市高新技术企业达到 2.87 万家。

（八）重塑工作体系，机关和事业单位改革取得实效

坚决落实市委、市政府关于市科委和中关村管委会合署办公的决策部署，迅速明确“三条主线”任务，仅用 21 天就完成新的“三定”方案编制，科学、系统地进行职能和机构重塑。4 月底，新的市科委、中关村管委会机关正式集中办公。下半年，事业单位改革基本完成，直属事业单位由 25 个精简至 18 个，事业编制由 839 名精简至 796 名，办公空间全部调整到位，事业单位与机关处室职能实现有效衔接，构建了上下贯通有力、左右联动有序、内外协调有效，功能强劲、运转灵活的体制机制。

（九）坚持全面从严治党，机关自身建设不断加强

高标准做好建党 100 周年庆祝大会服务保障，553 名党员干部在天安门广场聆听了总书记讲话。开展演讲、征文比赛、唱红歌等系列活动，为党龄满 50 年的老党员颁发“光荣在党 50 年”纪念章。赴中国共产党历史展览馆等参观见学，从百年党史中汲取精神滋养和前进力量。

不折不扣抓好巡视、审计、督查反馈问题整改，坚持挂图作战，研究制定整改方案和台账，整改任务全部完成。深化党风廉政建设和反腐败工作，召开党风廉政建设工作会，落实全市警示教育大会精神，组织召开工作部署会，对照近年来科技系统和科研管理领域典型案件问题，进一步强化党员干部党性修养的“高线”和纪律规矩的“红线”。

推动法治政府建设迈上新台阶，修订颁布《北京市实验动物管理条例》，形成《北京推进国际科技创新中心建设条例》预案研究报告和草案。贯彻新《行政处罚法》，对 200 余件文件进行审查清理。更新行政处罚权力清单，修订《北京市科技行政处罚裁量权适用规定》。举办全市科技系统依法行政（执法）培训班，开展法院庭审旁听及宪法宣讲活动，我委获评全市“七五”普法先进集体。

科技创新宣传发出时代强音，2021 中关村论坛、北京科技周等重大活动宣传浓墨重彩，“十四五”规划、打通科技成果转化堵点、“报备即批准”等重点政策和工作成效宣传亮点突出，科技抗疫、建党百年等重大主题宣传精彩纷呈；实现中央广播电视总台对 2021 中关村论坛开幕式进行直播，《新闻联播》连续播发 5 条报道；全年共组织新闻发布、集体采访等活动 40 多次，中央、市属主流媒体形成原发报道 1600 余篇。

（十）统筹加强队伍建设，打造忠诚干净担当的干部队伍

以两委合署办公为契机，有针对性地做好干部调整配备工作，最大限度推进两委干部交叉任职，交叉任职处室占比达 85%。严格干部选拔任用，修订完善处级领导干部选拔任用工作流程，提拔处级领导干部 15 人次，调任处级干部 4 人次，职级晋升 7 人次，干部队伍结构进一步优化，一批在重大活动、重大任务中冲锋在前、表现突出的干部得到提拔重用。加强干部职工关爱，关心离退休老同志身体健康，针对干部职工通勤、子女教育、社保福利、重大疾病救治等问题，及时排忧解难、帮困救急，全委干部职工凝聚力进一步提升。

2021 年，全委各处室、各直属单位立足自身职能定位，紧紧围绕各项重点任务，统一思想、勇于担当、主动作为，形成了推动国际科技创新中心建设的强大合力，高质量完成了全年重点任务和主要目标。各区科

技部门和分园针对产业不够聚焦、个别分园管理机构不够完善、服务创新主体不够有效等问题，采取新的工作举措，进一步加大工作力度，各项工作推动得更细、更实、更有效，特别是2021年四季度以来，一些区陆续出台了支持独角兽企业集聚发展、支持建设创投集聚区等政策，受到了广大创新主体和其他兄弟省市的高度关注。各新型研发机构不断深化体制机制创新，勇攀科技高峰，中发展、首发展、科创基金公司围绕主责主业不断提升科技服务能力，与广大创新创业主体共同努力，为全市科技创新工作做出了积极贡献。在此，我代表市科委、中关村管委会党组和领导班子，向奋斗在首都科技战线上的同志们，表示崇高的敬意和衷心的感谢！

回顾一年来的工作，我们有以下5点体会：一是坚持党对科技事业的全面领导是根本。党中央把创新摆在国家发展全局的核心位置。习近平总书记围绕科技创新发表一系列重要讲话，特别是在2021中关村论坛发表重要视频致辞，给我们极大鼓舞。市委、市政府把国际科技创新中心建设作为“五子”之首，为我们指明了前进方向，提供了强大动力。二是服务国家重大战略需求是方向。必须把握科技创新在世界百年未有之大变局中的历史使命，全力服务保障“国之大者”，聚焦打造国家战略科技力量，加快关键核心技术攻关和底层技术创新，为实现高水平科技自立自强提供强大支撑。三是激发各类创新主体活力是抓手。企业是经济的动力源，是创新的主体，北京科技体制改革的最大特征就是不断激发创新活力。必须做到“有效市场”和“有为政府”相结合，加快科技体制改革步伐，全面优化提升创新生态。四是转变服务职能和构建工作体系是保障。两委合署办公和事业单位改革是统筹整合首都科技资源、探索具有首都特点新发展格局的必然选择，通过职能整合和机构重塑，形成推动首都科技事业发展的强大合力。五是创建和谐机关、营造良好氛围是关键。全委系统干部职工立足本职、锐意进取，全委上下团结协作、运转有序，形成了蓬勃向上的良好氛围，推动各项工作不断取得新成绩。

在看到一年来工作成绩的同时，我们清醒地认识到存在的一些问题和短板：一是原始创新能力需要进一步加强，关键核心技术“卡脖子”问题亟待突破和解决。二是战略科学家、顶尖人才严重短缺，吸引优秀人才的力度需要进一步加大。三是科技体制改革还需要深化，高校院所、医院科研组织方式要进一步优化，以企业需求为导向的技术创新体系需要持续完善。四是市、区两级合力需要进一步加强，园区管理体制要加快优化，产业园“小散弱”问题比较突出，企业创新发展还需要进一步的贴心服务。五是国际化水平不够高，以全球视野谋划开放创新仍需加强。这些问题和短板，在下一步工作中要认真思考研究解决。

二、2022 年工作安排

2022年是党的二十大召开之年，是北京冬奥之年，也是实施“十四五”规划承上启下的重要一年。2022年科技工作的总体思路是：深入贯彻习近平新时代中国特色社会主义思想以及党的十九大和十九届历次全会精神，深入贯彻落实习近平总书记关于科技创新重要论述和在2021中关村论坛重要视频致辞精神，落实中央对北京的新定位、新要求，落实市“两会”精神和政府工作报告新部署，坚定创新自信、紧抓创新机遇，统筹实施“一计划、两规划”，按照“提高站位、超前谋划、找准问题、改革要实、工作要细”的原则，聚焦国际科技创新中心、世界领先的科技园区和国家实验室建设“三条主线”，补短板、挖潜力、增优势，加快实现高水平科技自立自强，着力以党建为引领在6个方面实现新跃升，重点抓好以下工作。

（一）以中关村新一轮先行先试改革为契机，推动世界领先科技园区建设实现新跃升

抓改革，强化落地实施成效。推动中关村新一轮先行先试改革措施落地实施，加快完善工作机制，按照总书记要求，拿出更多实质性举措，确保每一条改革举措落地，通过改革实施，做强创新主体、集聚创新要素、优化创新机制，同时再谋划提出一批先行先试政策。着力深化科技体制改革攻坚，贯彻落实中央全面深化改革委员会第二十二次会议审议通过的《科技体制改革三年攻坚方案（2021—2023年）》，围绕强化国家战略科技力量，发挥企业在科技创新中的主体作用，完善科技人才培养、使用、评价、服务、支持、激励等体制机制，加快转变政府科技管理职能等方面，制定北京市落实举措。推进国际科技创新中心建设条例、科普条例等立法调研论证。持续扩大科研项目经费使用自主权，不断激发创新创造活力，切实增强科研人员的获得感。

抓园区，努力把中关村打造成为世界领先科技园区。按照总书记指示要求，与科技部一起，举全市之力，共同答好建设世界领先科技园区这份答卷。研究编制建设世界领先科技园区行动计划，对标硅谷、埃因霍温等

世界领先科技园区，积极推动中关村示范区空间布局优化调整，优化园区管理体制机制，努力打造基础设施完善、环境清新优美、产业高度集聚、机制高效有力、开放创新活跃的中国特色社会主义新型科技园区。坚持“一园一策”、产业特色明确，积极发挥产业联盟的作用，优化园区创新生态。完善中关村示范区分园创新发展考核评价和统计监测“3+1+N”工作体系，促进各园竞相发展。

抓规划，做好多层次规划整体部署和实施。全面推动“一计划、两规划”落实，制定全市统筹衔接落实方案和推进机制。突出重点，细化形成 2022 年度国际科技创新中心、世界领先科技园区、国家实验室建设“三条主线”任务清单和项目清单，抓好重大项目、工程、示范平台落地，加强督查和监测。

（二）以国家实验室建设为牵引，推动基础研究和自主创新能力实现新跃升

抓战略科技力量，为科技强国建设贡献北京力量。靠前一步，主动服务，努力为国家实验室建设提供全方位服务和保障。加快推进怀柔综合性国家科学中心建设，研究建立设施平台运行模式，尽早发挥大科学装置作用，以大科学装置吸引科研力量聚集，加快纳米能源所、雁栖湖应用数学研究院建设，建设高端仪器仪表特色产业园区。在未来科技前沿领域布局建设一批新型研发机构，加大企业参与力度，鼓励和支持新型研发机构根据企业需求开展技术攻关或联合研发。开展已有新型研发机构评估、提升，推动新型研发机构成为全国重点实验室。推动沙河、良乡高教园区依托入驻高校建设一批产学研深度融合的新型研发中心。

抓核心底层技术，聚焦关键领域、关键环节技术攻关。基础研究方面，充分发挥市自然科学基金作用，鼓励开展自由探索。扩大市自然科学基金青年科学基金项目支持规模，加强科技前沿领域部署；引导社会资本加大对基础研究的投入，打造联合基金“北京模式”。前沿技术方面，抓好关键核心和底层技术创新，通过场景应用，强化技术迭代。人工智能领域，发挥智源研究院、通研院、启元实验室等 5 个研发机构的创新引领作用，推动产出悟道 3.0、通用智能体、科学智能开源平台等一批引领性创新成果，持续引进国内外顶尖人才，加强算力资源统筹，占据人工智能制高点。区块链领域，继续加强区块链创新平台引领作用，在下一代区块链计算架构、隐私计算等方面，突破区块链跨链互通技术，全面提升长安链处理性能、安全性和兼容性，发布长安链 3.0、128 核区块链专用芯片，加快区块链先进算力平台建设。量子信息领域，实施“加速补充计划”，在超导量子计算软件和硬件领域同时发力。2022 年要瞄准完成 100 比特以上超导量子计算芯片制备和实验，进入国际先进多比特行列；完成相关测控系统和应用算法软件开发，量子云平台比特数实现国内领先，培育量子计算用户群。医药健康领域，持续加强疫情防控科技攻关，促进二代灭活、mRNA 等新技术路线疫苗研发和落地，布局疫情防控常态化下预防新冠肺炎、流感的联合疫苗研究。推动广谱抗体药、小分子药物研发，做好大规模生产准备。推动声学、VOC 等满足多种应用场景需求的新技术诊断试剂加快研发，扩大科技抗疫成果优势。新材料领域，布局第三代半导体、光电子、AR/VR、颠覆性材料关键技术和核心器件研发研制，推进大功率激光器国产化开发及示范应用。碳中和领域，推动氢能、储能、可再生能源等领域关键核心技术突破，推进基础材料和核心部件自主可控。紧抓科学研究和创新范式变革机遇，按照“成熟一个、推进一个”的原则，在人工智能、石墨烯新材料、硅基光电子等重点领域搭建一批共性技术平台和先进工艺研发、测试验证平台。前瞻布局未来产业，重点聚焦类脑智能、6G、元宇宙、细胞与基因治疗等前沿科技领域，支持开展面向未来的基础研究、应用技术研究，努力形成突破性研究成果，不断催生新产业新业态。

（三）以“三城一区”为主平台，推动高精尖产业支撑首都高质量发展实现新跃升

抓协调，做好部、市、区三级联动对接。建立与国家有关部委的常态化沟通对接机制，成立北京市科技战略决策咨询委员会。加强市级统筹，开展“三城一区”规划评估，实现“三城一区”与世界领先科技园区建设统筹谋划。支持中关村科学城开展先行先试示范工程，落实中关村新一轮先行先试改革措施，探索谋划新一批改革举措，在建设世界领先科技园区中走在前列，形成示范带动作用。保持前沿信息技术创新发展引领者优势，推进国际信息产业和数字贸易港建设，在国际化发展上取得新突破。支持怀柔科学城开展大设施牵引生态工程，着力构建国家重大科技基础设施服务保障体系，形成长效开放机制。引人聚力，在物质科学、能源科学领域率先发力，加快成果落地和产业培育。支持未来科学城开展未来科技产业凝聚工程，聚焦“两谷一园”，加快生命园三期的建设，形成生命科学与医药健康产业竞相迸发的强大引擎，充分释放中关村中小企业创新要素活力，发挥“小手推大手”的作用，带动未来科学城搞活。支持经济技术开发区和顺义区开展“科技成果转化落地承接工程”，加快打通成果转化堵点，构建顺畅高效的科技成果转化体系，吸引“三城”成果转化落地；加快完善产业生态体系，培育一批硬科技独角兽企业和“专精特新”企业。

抓产业，不断提升高精尖产业发展能级。持续做强新一代信息技术、医药健康“双引擎”。新一代信息技术领域，着力发展数字经济，落实《北京市关于加快建设全球数字经济标杆城市的实施方案》，巩固软件和信息技术服务业产业优势，加强人工智能产业发展，抢占技术发展制高点。医药健康技术领域，实施新的加快医药健康协同创新三年行动计划，积极搭建细胞基因治疗（CGT）平台，着力培育百亿元以上规模的新药品种。科技服务业领域，面向高精尖产业共性服务需求，实施科技服务业“双百”工程，打造经济发展的重要增长点。促进科技成果转化和产业化方面，以落实《关于打通高校院所、医疗卫生机构科技成果在京转化堵点若干措施》为支撑，制定高校院所科技成果转化落地计划和技术经理人工作方案，推动 100 家技术转移机构加强能力建设，培育 100 名高水平技术经理人，支持 100 项优质科技成果在京转化和产业化“三个 100”计划，优化布局一批概念验证成果转化专业平台。

抓企业，构建“大企业强、独角兽企业多、中小企业活”的创新企业矩阵。用好高新技术企业认定“报备即批准”政策试点，出台进一步支持和服务高新技术企业发展的若干措施，实施“筑基扩容、小升规、规升强”等工程，助力企业做大做强。推动市属国企创新发展，强化市属国企“地处中关村、思想也进中关村”理念，促进市属国企与中关村企业开展科技合作，联合推动高精尖产业项目和重大科技成果落地。制定领军企业旗舰计划，打造 10 家年收入 3000 亿～ 5000 亿元的旗舰企业，新建 10 个跨行业跨领域的产业协同创新平台，支持领军企业创新升级。加强硬科技独角兽企业培育，不断提升技术创新能力，推进集聚区建设，保障独角兽企业空间需求。继续加大科技型中小微企业研发费用补助政策实施力度，持续用好财政、金融、税收等政策，促进科技型中小微企业健康发展。

大力支持集成电路、人工智能、生物医药、前沿新材料 4 类企业利用北交所上市发展，出台一揽子政策措施，给予企业挂牌、并购、发债成本补贴，支持金融科技企业参与新三板、北交所应用示范场景建设。深入实施“育英计划”，为企业在北交所上市提供全流程优质服务。建立拟上市企业挖掘推荐机制，培育一批懂科技的耐心资本。同时，积极创建中关村科创金融试验区。

（四）以建设高水平人才高地为抓手，推动构建国际一流的创新创业生态实现新跃升

抓人才，持续发挥优秀人才的引领作用。落实《“十四五”北京国际科技创新中心建设人才支撑保障行动计划》，优化整合“高聚工程”“科技新星计划”“雏鹰计划”等人才计划，完善科技人才培养工作体系。扩大工程类人才培养比例，推动国家实验室、新型研发机构与高校联合培养工程硕士、工程博士，在重大项目中发现人才、培养人才。发挥北京高校资源优势，加强集成电路、量子信息、人工智能等领域紧缺人才的培养，推动头部企业、科研机构、创投机构共建一批交叉学科实验室，建立科研和产业领域“双导师”机制，加快培养“卡脖子”技术紧缺人才。支持面向全球吸引战略科学家，按照人才需求量身定制“套餐式服务”和专项支持。联合市相关部门，为人才提供多维度服务，落实人才落户、住房、就医、子女入学等相关待遇，持续完善外籍人才出入境、来华工作许可等便利政策，解决人才后顾之忧。

抓生态，进一步提升优化适宜创新创业的环境。适应科技创新的新变化、新发展，对标奇绩创坛、新生巢，打造一批高水平的孵化器、加速器，构建“实验室－孵化器－加速器－产业园”全链条孵化体系，吸引优质企业在京稳定发展。加快打造国际一流的营商环境，支持园区对标东升科技园，建立专业化服务体系和硬件条件，设立一站式服务站点，把工商、税务、人才等公共服务建到园区，推动更多服务事项“网上办”“码上办”。落实企业“服务包”制度，“一企一策”解决企业发展中的需求，补齐餐饮、咖啡、书吧、健身等设施，不断提升企业获得感。加强园区与属地教育、医疗、住房、文化等资源的统筹协同，促进产城融合发展。发挥科创母基金、颠覆性基金、科创 S 基金等的作用，实行投资风险补贴和收益让渡支持方式，引导社会资本投资更多颠覆性、前沿和硬科技企业，强化项目投后赋能，打造和完善科技创新投资生态链。制定引领社会组织高质量攀登发展工作方案，着力支持 30 家左右的综合类、要素类、产业类社会组织创新发展，在技术攻关、标准创制、科技金融、国际合作等方面充分发挥作用，助力科技创新中心建设。高水平举办好全国双创周北京会场主题展、中国创新创业大赛北京赛区、中关村国际前沿科技创新大赛、新兴领域专题赛等标志性品牌性创新活动。办好国际科技创新中心网络服务平台，实现政策推送、资源对接等精准化、个性化服务。培育“敬业、精益、专注”的创新精神和“产业报国，追求卓越”的企业家精神，大力弘扬“鼓励创新、包容失败”的中关村文化。委系统各级干部要善于与企业家交朋友，积极构建亲清政商关系，更大程度激发创新主体的创新活力。

（五）以高水平办好 2022 中关村论坛为依托，推动国际化和开放创新水平实现新跃升

抓论坛筹办，持续擦亮“金字招牌”。更好发挥论坛组委会和执委会工作机制作用，发挥发展改革委、工业和信息化部、国务院国资委等新增主办单位在产业政策制定、调动央企参与等方面的作用，进一步扩大论坛社会影响力。推动论坛执委会“一办九组”各牵头单位发挥主体作用，举全市之力做好 2022 中关村论坛筹办工作。提早谋划论坛总体方案，继续围绕新一代信息技术、医药健康等重点产业领域和国际科技界共同关注的话题，做好论坛会议、展览展示、成果发布、前沿大赛、技术交易等板块设计和嘉宾邀请工作。完善常态化办会机制，做到月月有活动、季季有亮点，打造“永不落幕”的中关村论坛。

抓国际合作，打造具有首都特色的开放创新合作机制。推动与法国、以色列、新加坡、芬兰、荷兰等具备创新优势且条件较为成熟的国家间的合作，发挥中关村海外联络处的作用，推动组建社会组织国际合作联盟。坚持“内外并举、大小并重”工作思路，探索符合新形势、新要求的国际合作新路径，积极融入全球创新网络。构建高质量的开放创新环境，研究制定《北京市关于支持外资研发中心设立和发展的规定》及配套实施细则，形成开放科学北京行动方案，办好北京国际学术交流季、中意创新周等品牌科技交流活动。

抓区域引领，推动创新协同纵深化、网络化。按照“十四五”京津冀协同创新发展规划，从创新链协同布局、科技资源优化配置、产业协同创新提升、科技场景共建共用、科技园区合作共赢等五方面着力，加快建设京津冀协同创新共同体。推动京津冀国家技术创新中心建设，完善战略指导委员会、理事会等治理结构，组建高水平项目经理团队，使其成为京津冀创新链中的耦合转化器。深入实施京津冀基础研究合作专项，支持围绕三地共同关注的共性科学问题开展研究，探索基础研究互联互通。开展京津冀创新链、产业链、供应链“三链”联动的深层次结构性问题研究。充分发挥城市科技、农业科技创新引领作用，用好科技特派员队伍，完成科技兴蒙及对口援疆、援藏、援青工作，做好南水北调对口协作。以重点任务和项目为抓手，推进京沈对口合作，推动京闽、京晋等省市协议实施与区域合作取得新进展。加强与上海、粤港澳大湾区等的科技创新交流与合作，吸引优秀科技成果落地转化。

（六）以支撑世界科技强国建设为目标，推动打造懂科技、敢创新、爱奋斗的“创新发展战斗队”实现新跃升

抓队伍建设，打造高素质专业化团队。持续巩固、拓展机关和事业单位改革成果，聚焦“三条主线”，用好全委系统干部这支千人队伍，全面推进机构职能、人员和文化的深度融合。深入推进高素质专业化干部队伍建设，教育引导干部胸怀“两个大局”、心系“国之大者”，强化实现高水平科技自立自强的使命感和责任感，积极应对科技发展日新月异带来的挑战，树立科技干部终身学习的理念，不断加强学习，提高本领。进一步优化干部队伍结构，继续拓宽选人用人视野，多渠道吸引人才、培养人才、用好人才，选优配强机关处室和直属事业单位领导班子，加强干部交流和年轻干部培养，涵养“创新发展战斗队”的源头活水。

抓机关自身建设，着力提升运行效能及和谐机关建设水平。加强对全委系统办公空间的统筹安排和集约化使用，建立健全城市副中心和城区办公空间的协同保障和运转衔接机制。进一步加强财务资产管理，实现内控制度和审计监督全覆盖。发挥好审评中心的职能作用，持续提升财政资金配置管理的科学化、规范化水平。深入推进依法行政，落实《北京市科技行政处罚裁量权适用规定》，出台我委规范性文件合法性审查管理办法。进一步加强和规范保密工作，严格电脑端、移动端自查清查及使用管理，确保涉密人员、涉密网络、定密管理到位。加强市民服务热线、信息公开等涉企诉求的精准研判，推动由“接诉即办”向“未诉先办”转变。进一步加强宣传舆论阵地建设，围绕喜迎党的二十大、北京冬奥、中关村新一轮先行先试改革、2022 中关村论坛等大事、要事，联合主流媒体策划推出一批精品力作，充分展现北京国际科技创新中心和中关村世界领先科技园区建设的生动实践，奏响新时代科技创新的主旋律。

以上是 2022 年委党组研究部署的工作思路和工作重点，可概括为 6 个新跃升“十五抓”。2022 年市政府工作报告重点任务 320 项，其中我委相关事项有 68 项，包括 55 项主责任务和 13 项共性任务，这些任务都已经融入“十五抓”中，我们要重点抓好落实。在工作中，我们要支持各区科技部门、分园管委会改革创新、形成合力，还要发挥好中发展集团、首发展集团、科创基金公司的市场化平台作用。

（七）以加强党的建设为引领，为干事创业提供坚强政治保障

加强理论武装，筑牢思想根基。坚持以党的政治建设为统领，持续深入学习习近平新时代中国特色社会主义思想，学习贯彻党的十九大和十九届历次全会精神，更加坚定和捍卫“两个确立”，不断增强“四个意识”，

坚定“四个自信”，做到“两个维护”。建立党史学习教育常态化、长效化机制，持续巩固拓展党史学习教育和“我为群众办实事”实践活动成果，不断从党的百年奋斗历程中汲取智慧和力量。

加强组织建设，发挥支部战斗堡垒作用。高标准筹备、召开机构改革后第一次机关党的代表大会，选举产生新一届机关党委和机关纪委。建立健全各直属事业单位党组织，按照“一规、一册、一表、一网”的要求认真抓好基层党组织标准化、规范化建设。落实《中国共产党支部工作条例》，严格执行“三会一课”等组织生活制度，严肃党内政治生活。深入开展创先争优活动，进一步凝聚和激发矢志科技强国、建设国际科技创新中心的强大正能量。

压实主体责任，推进全面从严治党向纵深发展。深入学习十九届中央纪委六次全会精神，始终保持“永远在路上”的清醒和坚定。以高度的政治责任感抓好市委巡视反馈问题整改，进一步巩固中央巡视问题整改成果。持续加强党风廉政建设，聚焦重点对象、重点领域、关键环节梳理廉政风险点，认真开展廉政警示教育，筑牢思想防线。强化监督执纪问责，加大对落实中央八项规定精神监督检查力度，持之以恒纠治“四风”，对群众反映的腐败和作风问题线索严肃查处，做到真管真严、敢管敢严、长管长严，为党的二十大胜利召开营造风清气正的政治生态。

同志们，道阻且长，行则将至，让我们更加紧密地团结在以习近平同志为核心的党中央周围，按照市委、市政府决策部署，立足“两个大局”，胸怀“国之大者”，以合署办公和机构改革、高质量重塑科技治理体系为契机，踔厉奋发、笃行不怠，团结一心投入国际科技创新中心建设的伟大事业中，加快实现高水平科技自立自强，以优异成绩迎接党的二十大胜利召开！

北京市“十四五”时期国际科技创新中心建设规划

中共北京市委　北京市政府

（2021 年 11 月 3 日）

“十四五”时期是我国开启全面建设社会主义现代化国家新征程、向第二个百年奋斗目标进军的第一个五年，也是北京落实首都城市战略定位、提高“四个服务”水平、率先探索构建新发展格局的关键时期。北京作为首都，将胸怀两个大局，自觉站在“国之大者”高度，坚持首善标准，瞄准国际一流，加快打造世界主要科学中心和创新高地，率先建成国际科技创新中心，为实现高水平科技自立自强和建设科技强国提供战略支撑。

本规划依据《中华人民共和国国民经济和社会发展第十四个五年规划和 2035 年远景目标纲要》《北京市国民经济和社会发展第十四个五年规划和二〇三五年远景目标纲要》和国家中长期科学和技术发展规划（2021—2035 年）、“十四五”国家科技创新规划编制，紧密衔接《北京城市总体规划（2016 年—2035 年）》《“十四五”北京国际科技创新中心建设战略行动计划》，是指导北京国际科技创新中心建设的发展蓝图和行动纲领。

本规划实施期限为 2021 至 2025 年。

一、把握国际科技创新中心新使命

（一）形势需求

从国际看，当今世界正经历百年未有之大变局，创新是推动经济社会发展、应对人类共同挑战的决定性因素，围绕科技制高点的竞争空前激烈。科技创新正在进入大科学时代，科技发展呈现出多源爆发、交汇叠加的“浪涌”现象，量子信息、人工智能、生命科学等前沿领域加速突破，科学研究范式发生深刻变革，科研活动的复杂程度大幅提升，国家成为重大科技创新的组织者。科技与产业加速融合，科研、生产、市场转化过程一体化现象明显，数字经济强势崛起。新冠肺炎疫情影响广泛深远，加剧全球形势不确定性，更加凸显抢抓新科技革命先机和实现高水平科技自立自强的重要性。

从国内看，党的十九届五中全会提出坚持创新在我国现代化建设全局中的核心地位，把科技自立自强作为国家发展的战略支撑。畅通国内国际双循环，保障创新链、产业链、供应链安全稳定，实现碳达峰、碳中和目标，比以往任何时候都更加需要科学技术解决方案，更加需要增强创新这个第一动力。

进入新发展阶段，党中央明确了支持北京形成国际科技创新中心的战略任务，市委、市政府提出了打造国际科技创新中心新引擎。北京作为全国首个减量发展的城市，创新发展是唯一出路。率先构建新发展格局，需加强“五子”联动，关键要落好国际科技创新中心建设这个“第一子”，在危机中育先机、于变局中开新局，以数字化、网络化、智能化融合发展为契机，积极探索首都高质量发展有效路径。

（二）发展基础

2014 年以来，北京坚持和强化“四个中心”功能建设，全面实施创新驱动发展战略，科技创新中心建设取得显著成效，在《国际科技创新中心指数 2021》中位列第四，展现出蓄势待发、奋楫争先之势，国际科技创新中心率先建成的重要窗口期已开启。

科技创新综合实力显著增强。全市研发经费支出占地区生产总值比重保持在 6% 左右，在国际创新城市中名列前位。支持开展数学、物理、生命科学等领域自主探索，基础研究投入占比从 2014 年的 12.6% 提升至 2019 年的 15.9%。累计获得国家科技奖项占全国 30% 左右。每万人发明专利拥有量是全国平均水平的 10 倍。科研产出连续三年蝉联全球科研城市首位。涌现出马约拉纳任意子、新型基因编辑技术、“天机芯”、量子直接通信样机等一批世界级重大原创成果。

科技创新对北京高质量发展支撑作用显著增强。发布高精尖产业“10+3”政策，打造新一代信息技术和医药健康“双发动机”。出台促进北京经济高质量发展的若干意见及“五新”行动方案。发布三批 60 项重大应用场景，加速前沿技术迭代升级。“十三五”时期技术合同成交额超 2.5 万亿元，同比增长超 80%。中关村国家自主创新示范区企业总收入较“十二五”末增长 80%，对全市经济增长贡献率近 40%。围绕人民生命健康，强化科研攻关，在分子靶向药物、免疫治疗药物等领域达到国际先进水平，贡献全国数量最多的源头创新品种。新冠肺炎疫苗研发始终居于国际第一梯队，为科技抗疫贡献“北京力量”。

在创新型国家建设中的地位显著增强。发挥社会主义市场经济条件下新型举国体制优势，举全市之力筹建国家实验室。北京怀柔综合性国家科学中心建设进入快车道，规划建设 5 个大科学装置和 13 个交叉研究平台。出台《北京市支持建设世界一流新型研发机构实施办法（试行）》，设立量子信息、人工智能等一批前沿领域新型研发机构，持续探索新体制新机制，形成一批引领原始创新的战略科技力量。“十三五”期间在京单位牵头承担的国家重大科技项目立项数量和经费投入均居全国首位，覆盖全部民口专项，为“天问一号”“嫦娥五号”“怀柔一号”“奋斗者号”等重大成果提供有力支撑。

科技创新战略布局显著增强。系统推进“三城一区”主平台、中关村国家自主创新示范区主阵地建设。紧紧围绕聚焦、突破、搞活、升级，高标准编制实施“三城一区”规划，中关村科学城在全国乃至世界新经济发展中形成引领态势，怀柔科学城初步形成重大科技基础设施集群，未来科学城开放搞活明显提升，经开区产业主阵地地位更加稳固。持续推进中关村国家自主创新示范区统筹发展，为国际科技创新中心建设注入强大动力。加快建设京津冀协同创新共同体，实施“一带一路”科技创新北京行动计划，中关村论坛、联合国教科文组织创意城市北京峰会等国际品牌效应已经形成。

创新生态环境优化显著增强。中关村国家自主创新示范区改革创新“试验田”作用持续发挥，推动实施科技成果“三权”改革等政策先行先试。深化科技奖励制度改革，出台促进科技成果转化条例、“科创 30 条”、“科研项目和经费管理 28 条”等系列法规政策。出台实施“人才五年行动计划”，落实和实施中关村国际人才 20 条出入境政策和外籍人才绿卡直通车、积分评估等政策，集聚培养一批战略科技领军人才。国家服务业扩大开放综合示范区、中国（北京）自由贸易试验区落地。北京在 2021 年全球创业生态系统指数报告中位列世界城市第三，连续两年位居中国营商环境评价第一。

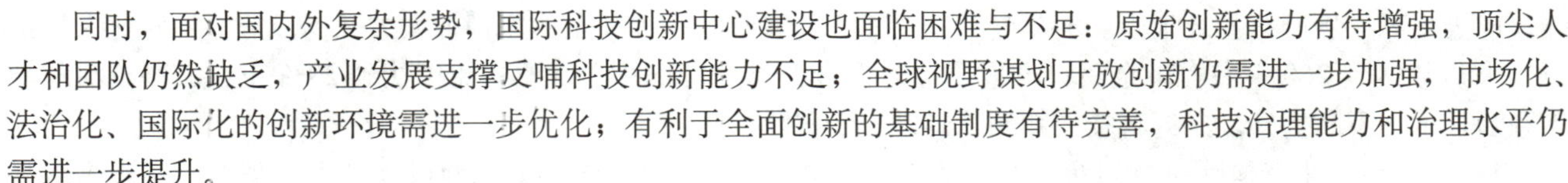

同时，面对国内外复杂形势，国际科技创新中心建设也面临困难与不足：原始创新能力有待增强，顶尖人才和团队仍然缺乏，产业发展支撑反哺科技创新能力不足；全球视野谋划开放创新仍需进一步加强，市场化、法治化、国际化的创新环境需进一步优化；有利于全面创新的基础制度有待完善，科技治理能力和治理水平仍需进一步提升。

二、开启国际科技创新中心建设新征程

（一）总体思路

以习近平新时代中国特色社会主义思想为指导，深入贯彻党的十九大和十九届二中、三中、四中、五中全会精神，立足新发展阶段、贯彻新发展理念、构建新发展格局，深入落实创新驱动发展战略、京津冀协同发展战略和科技北京战略，面向世界科技前沿、面向经济主战场、面向国家重大需求、面向人民生命健康，以推动首都高质量发展为主线，以科技创新和体制机制创新为动力，以“三城一区”为主平台，以中关村国家自主创新示范区为主阵地，着力打好关键核心技术攻坚战，培育高精尖产业新动能，着力强化战略科技力量，提升基础研究和原始创新能力，着力构建开放创新生态，建设全球人才高地，着力提升科技治理能力和治理水平，推动支持全面创新的基础制度建设，率先建成国际科技创新中心，为建设国际一流的和谐宜居之都、实现高水平科技自立自强和科技强国建设提供强大支撑。

（二）发展原则

坚持使命引领、自立自强。坚持创新在现代化建设全局中的核心地位，把科技自立自强作为首都高质量发展的战略支撑。将构建国家战略科技力量作为发展基点，推进基础研究和原始创新，突破“卡脖子”技术，以数字经济驱动高质量发展。

坚持集智攻关、协同突破。发挥新型举国体制优势，抓重大、抓尖端、抓基本、抓系统布局、抓跨界集成，支持跨学科、跨领域深度协同攻关。协调各方面力量，努力形成国际科技创新中心建设整体优势。

坚持先行先试、服务为本。充分发挥中关村改革创新“试验田”作用，突出问题导向和需求导向，瞄准产学研深度融合等方面最紧迫的制约障碍，坚持有效市场和有为政府相结合，大胆试、大胆闯，下大力气予以破除解决。围绕人才第一资源以及各类创新主体发展需求，提高精准服务、深度服务、优质服务的能力和水平。

坚持“五子”联动、一体推进。强化系统发展理念，坚持前瞻性谋划、全局性设计、战略性布局、整体性推进。强化国际科技创新中心建设“第一子”地位，加强与“两区”建设、全球数字经济标杆城市建设、以供给侧结构性改革创造新需求、京津冀协同发展联动，形成正向叠加效应。

（三）发展目标

到 2025 年，北京国际科技创新中心基本形成，建设成为世界主要科学中心和创新高地。

“科学中心”建设取得新进展。以国家实验室、国家重点实验室、综合性国家科学中心、新型研发机构、高水平高校院所以及科技领军企业为主体的战略科技力量体系化布局基本形成。全社会研发经费支出占地区生产总值比重保持在 6% 左右。基础研究学科布局与研发布局实现优化，基础研究经费占全社会研发经费比重达到 17% 左右，力争在核心领域取得重要技术突破和引领性原创发现，为有效解决重点领域关键“卡脖子”技术的突破提供源头支撑。高被引科学家数量当年达到 210 人次左右，顶级科技奖项获奖人数显著增加，世界一流大学数量质量实现双提升。

“创新高地”建设实现新突破。在人工智能、量子信息、生物技术等前沿技术领域实现全球领先水平，突破一批“卡脖子”技术。高精尖产业不断壮大，高成长、高潜力的未来产业加速培育。高技术产业增加值当年超过 1.2 万亿元，数字经济增加值年均增速保持在 7.5% 左右。培育形成一批具有全球影响力的科技领军企业，独角兽企业数量保持世界城市首位，隐形冠军企业数量大幅增加。“三城一区”主平台、中关村国家自主创新示范区主阵地作用显著增强，基本形成辐射京津冀、带动全国的全域联动发展格局。中关村国家自主创新示范区企业总收入年均增速 8% 左右，技术合同成交额超过 8000 亿元。

“创新生态”营造形成新成效。创新创业生态系统持续优化，知识产权法治化水平大幅提升，全社会尊重和保护知识产权的意识明显增强，风险投资 / 私募股权投资（VC/PE）氛围更加浓厚，营商环境更加便利，国际化配置资源能力显著增强，人才、技术、资本和数据等创新要素流动更加顺畅，国际科技合作交往全方位加

强，成为全球创新网络重要节点。科学精神倍受重视，科学家精神和企业家精神大力弘扬。每万名就业人员中研发人员数达到 260 人左右。全民科学素质显著提升，公民具备科学素质的比例达到 28% 左右。科技治理能力和治理水平不断提升，制约科技创新的障碍进一步破除。

到 2035 年，北京国际科技创新中心创新力、竞争力、辐射力全球领先，建成全球人才高地，实现高水平科技自立自强，切实支撑好科技强国建设，更好向世界展示科技创新“中国贡献”。

“十四五”时期国际科技创新中心建设预期性指标

类别	序号	指标	目标值
科学中心	1	全社会研发经费投入年均增长（%）	争取高于“十三五”年均增速
	2	全社会研发经费支出占地区生产总值比重（%）	6 左右
	3	基础研究经费占全社会研发经费比重（%）	17 左右
	4	高被引科学家数量（人次）	210 左右
	5	世界一流大学 Top500 数量（所）	14 左右
创新高地	6	每万人口高价值发明专利拥有量（件）	82 左右
	7	高技术产业增加值（亿元）	>12000
	8	数字经济增加值年均增速（%）	7.5 左右
	9	中关村国家自主创新示范区企业总收入年均增速（%）	8 左右
	10	技术合同成交额（亿元）	>8000
	11	每万企业中高新技术企业数量（家）	>190
	12	独角兽企业数量（家）	>100
创新生态	13	每万名就业人员中研发人员数（人）	260 左右
	14	公民具备科学素质的比例（%）	28 左右

三、强化战略科技力量，加速提升创新体系整体效能

立足国家战略需求，加快形成具有首都特色的国家实验室体系，推进北京怀柔综合性国家科学中心建设，持续建设世界一流新型研发机构，更好发挥高水平高校院所和科技领军企业作用，加快构建以国家实验室为引领的战略科技力量。

（一）构建国家实验室体系

加快推进国家实验室建设。全力服务保障国家实验室建设，按照“四个面向”要求，发挥国家实验室作为国家战略科技力量的引领作用。推动“三城一区”内的科技领军企业、高校院所和新型研发机构积极参与国家实验室建设。

推进在京国家重点实验室体系化发展。以提升科研组织化、体系化能力为突破口，打破国家重点实验室依托单位行政隶属限制，鼓励围绕重点领域协同开展基础研究和应用基础研究。支持科技领军企业在京牵头建设国家重点实验室。引导国家重点实验室在“三城一区”内优化布局。深化“开放、流动、联合、竞争”机制建设，提升在京国家重点实验室原始创新能力、国际学术影响力、学科发展带动力、国家需求和社会发展支撑力，打造国家重点实验室“升级版”。

持续优化并争取更多国家创新平台在京落地。推动国家级技术创新中心、制造业创新中心等在京布局发展，形成跨领域、大协作、高强度的现代工程和技术科学研究能力。国家新能源汽车技术创新中心完善独立开放运行机制，进一步聚焦车规级芯片等行业共性关键技术，打造产业创新生态；与动力电池、轻量化材料成形技术及装备、智能网联汽车等平台加强技术协同，推动融合创新。国家玉米种业技术创新中心构建产学研深度融合的现代种业技术创新体系。京津冀国家技术创新中心建立健全项目筛选机制、市场化决策机制、不同阶段资源要素整合机制，推动重大基础研究成果加速转化。积极服务区块链、疫苗等领域国家创新平台在京落地，

加快形成工程和技术科学研究优势。

（二）加速北京怀柔综合性国家科学中心建设

充分发挥北京怀柔综合性国家科学中心在服务国家创新战略中的支撑作用，探索重大科技基础设施建设、运营和管理机制。依托重大科技基础设施加大服务国际科技合作交流力度，加快聚集相关领域国际顶尖科学家，组建稳定、专职的研制、工程、管理人员队伍。聚焦重点科学方向和国家重大战略需求，凝练提出基础前沿领域原创性研究选题，探索新型科研组织形式，支持科学家勇闯创新“无人区”，实现前瞻性基础研究、引领性原创成果重大突破。建立重大科技基础设施与国家实验室、新型研发机构、高新技术企业等对接服务资源共享机制。建立科技信息公共服务平台，发布科研成果、技术指标、运行计划、共享机时等信息，最大限度实现科学数据共享。

（三）持续建设世界一流新型研发机构

持续支持已经布局的新型研发机构，优化人才支持政策，引进、培育高层次人才梯队，鼓励自主选题，引入项目经理人，争取在量子计算、超大规模新一代人工智能模型、微纳能源与自驱动传感技术、类神经元芯片和双向闭环脑机接口、干细胞治疗与再生医学等方面形成一批重大原创成果，在前沿技术领域谋划布局建设新一批世界一流新型研发机构。持续深化体制机制创新，发挥在运行管理机制、财政支持方式、绩效评价机制、知识产权激励、固定资产管理等方面优势，加大研究生培养力度，持续引进和培养创新人才和团队。优化世界一流新型研发机构配套支持政策，建立与国际接轨的治理结构和组织体系。

（四）充分发挥高水平高校院所基础研究主力军作用

发挥在京高校院所基础研究主力军和重大科技突破生力军作用。争取在高水平研究型大学布局建设若干前沿科学中心，加强高精尖创新中心、北京实验室等重大科研平台多学科交叉研究优势，实现前瞻性基础研究、引领性原创成果重大突破。推动“双一流”高校完善前沿技术领域学科布局、建立产教融合创新平台，促进基础研究和应用研究融通创新，加快构建前沿技术领域人才培养体系。鼓励和支持在京高能级科研机构解决重大原创的科学问题，勇闯创新“无人区”，加快战略性、关键性核心技术突破。深入推进北京高校卓越青年科学家计划项目，着力建设高质量创新平台，强化基础前沿领域研究和颠覆性技术突破。强化首都高端智库功能，积极开展咨询评议，服务国际科技创新中心建设重大决策。创新高校院所科研组织形式，瞄准产业化关键技术研发，持续深化学科交叉融合和产学研一体化发展。

（五）积极构建科技领军企业牵头的创新联合体

鼓励支持国有、民营企业构建科技领军企业牵头、高校院所支撑、各创新主体相互协同的创新联合体。发挥企业出题者作用，产学研合作推进重点项目协同和研发活动一体化，针对高端制造、信息产业中的薄弱环节开展联合攻关。鼓励科技领军企业主导国际标准、国家标准和行业标准制定。支持科技领军企业联合高校院所组建联合实验室、新型共性技术平台等，解决跨行业、跨领域关键共性技术难题。引导科技领军企业打造开放式创新平台，促进大中小企业实现融通发展。健全市属国有企业技术创新经营业绩考核制度，鼓励国有企业对标全球同行标杆企业，打造成为科技领军企业。

四、加强原创性引领性科技攻关，勇担关键核心技术攻坚重任

深入落实国家基础研究十年行动方案，与国家部署同向发力，出台本市基础研究行动方案。强化重大原理、理论、方法等基础研究，为实现“从0到1”以及“卡脖子”技术的突破提供强大支撑，形成完整的现代科学技术体系。加速布局“数据、算力、算法”驱动的公共关键技术和底层技术平台。探索前沿性原创性科学问题发现和提出机制，促进新型科研组织模式创新，引领科学研究范式变革。

（一）支持原创性基础研究

强化基础研究系统部署。持续加大对数学、物理、化学、生命科学等基础学科支持力度。着眼基础研究优势，部署量子科学、干细胞、脑科学与类脑研究等战略前沿领域，积极服务“科技创新2030－重大项目”和国家重点研发计划在京落地。对标关键新材料、集成电路等核心技术需求开展基础研究。对标人工智能、生物医药等优势产业需求开展基础研究。重点围绕城市发展、生态环境、智慧城市等民生领域发展需求开展基础研究。

布局一批前沿科学中心和交叉学科中心。培育一批前沿科学中心，以前沿科学问题为牵引，在前瞻性、战

略性基础研究领域，形成一批世界一流学科。推进建设一批交叉学科中心，推动多学科深度交叉融合，打破学科壁垒，促进形成新的学科增长点和新的科学研究范式，培养交叉学科人才。通过开展交叉科学研究，实现关键共性技术、前沿引领技术、现代工程技术、颠覆性技术创新。

健全基础研究问题凝练和多元投入机制。构建从国家安全、产业发展、民生改善的实践中凝练基础科学问题的机制，以应用研究带动基础研究。深入推进区域创新发展联合基金（北京），凝练产业和企业需求中的基础研究关键科学问题，定期发布需求榜单，引导本市优势科研力量围绕需求榜单开展基础研究。加快形成多元化投入机制，扩大基础研究资金来源，建立基础研究经费优先保障和持续增长机制，编制基础研究滚动支持计划。研究争取企业基础研究投入税收优惠政策，鼓励和引导企业加大基础研究投入力度。鼓励企业、社会组织采取慈善捐赠、联合资助、设立基金会等形式支持基础研究。持续推进市自然科学基金改革，优化长周期项目支持方式，稳定支持一批科学家和团队长期从事基础研究。

（二）推动重点领域前沿技术引领

支持开展人工智能前沿技术研发。加强人工智能前沿基础理论和关键共性技术攻关，探索开发以“适应环境”为特征、可持续学习并且可解释的下一代人工智能技术，开展科学智能计算、人机混合智能、空间计算等前沿研究。建设大规模人工智能算力平台，引领国家智算体系建设，搭建我国首个超大规模新一代人工智能模型。建设国家新一代人工智能创新发展试验区和北京国家人工智能创新应用先导区，吸引人工智能顶尖人才与创新企业在京聚集，打造国际人工智能产业发展高地。

支持开展量子信息前沿技术研发。承担国家量子计算重大科技任务，围绕电子型量子计算机和全球量子网络等战略方向，制定实施量子领域攻关计划，实现实用化功能的专用超导量子计算机；完成大规模多量子比特芯片的自动校准系统；完成针对气象、量子互联网络算法等应用场景的量子算法开发；建成基于安全中继的城际量子示范网络。

支持开展区块链前沿技术研发。持续开展区块链基础理论与关键共性技术攻关，抢占区块链技术发展制高点。研发共识机制、分布式存储、跨链协议、智能合约等技术，优化完善可持续迭代的技术架构体系。研发基于精简指令集（RISC）原则的第五代开源指令集架构（RISC−V）的区块链专用加速芯片，进一步提高芯片集成度，提高大规模区块链算法性能。推动区块链芯片规模化应用，保持区块链芯片研究与应用的全球引领地位。组建长安链生态联盟，建设覆盖全社会各行业、各领域的数字化可信协作基础设施。

支持开展生物技术前沿技术研发。在核酸和蛋白质检测、细胞功能和病理状态在体检测、新型靶点在体干预技术、新型抗体技术、基因编辑、新型细胞治疗、干细胞与再生医学等基础核心技术领域，产生具有国际引领性的原创发现，建立重大疫病、疑难罕见疾病精准诊断和突破性治疗方法。支持开展脑科学与类脑研究，提升我国认知原理解析原始创新能力，类脑芯片、脑机接口技术进入国际先进行列，脑重大疾病基础研究方面取得重大进展。推动免疫学基础和应用研究，将免疫学的重要成果及时应用于临床。提升新发突发传染病防控能力。

（三）突破重点领域关键核心技术

推动集成电路产研一体化研发。加快实施双“1+1”工程，围绕“集成电路试验线（小线）+生产线（大线）”工程建设，加速构建“大线出题、小线答题、产研一体”的产业创新发展模式。聚焦先进工艺生产线需求，开展关键装备、零部件和材料等技术攻关研发。聚焦动态随机存取存储器（DRAM）关键技术需求，开展先进 DRAM 及新型存储器技术等研发。构建集成电路专利池，开展知识产权合作与运营。

支持开展关键新材料“卡脖子”技术攻关。搭建硅基光电子、第三代半导体器件等重点领域共性技术平台，加速技术及产品研发进程。光电子板块围绕光传感、光电芯电、大功率激光器等方向材料制备、器件研制、模块开发等方面补短板。第三代半导体板块围绕碳化硅、氮化镓等高品质材料、器件、核心设备，打造高端产业链。碳基集成电路板块协同推进先导工艺电子设计自动化（EDA）平台开发、三维集成电路技术研发，推动碳基集成电路实现产业化。

支持开展通用型关键零部件研发。研发垂直腔面发射激光器（VCSEL）、高性能敏感器件、模拟芯片、单光子探测器、原子陀螺、增量式磁编码器、微量气体传感器、扭矩传感器、高精密减速器、电磁波探测器、光路控制元件等关键零部件。

支持开展关键仪器设备研发。支持挖掘一批服务于重大科技基础设施的定制化科学仪器和设备，重点突破

研发小型高端质谱、新一代光谱、真空获得仪器等关键技术。

（四）推动其他前沿领域布局

积极布局生物育种创新发展。以多维组学研究为引领，获得一批核心关键基因及种质资源，夯实原始创新能力。重点研发一批高效遗传转化、精准基因编辑、合成生物技术等关键技术，构建现代生物育种技术体系，培育一批重大动植物新品种，为保障国家粮食安全和食品安全提供品种与技术储备。建设平谷农业科技创新示范区，开展分子设计育种技术、基因组选择育种芯片等技术研发。推进通州国际种业科技园区建设，打造“育繁推”一体化的现代种业创新基地。

加速推进空天科技创新。在商业火箭领域，围绕火箭垂直回收、全流量补燃循环液氧甲烷发动机等，重点开展高温合金、新型一体化电气系统、垂直回收高精度导航与控制等关键技术攻关。在卫星网络领域，开展星地异构网络互联、大容量多信关站协同组网、星地网络融合、链路覆盖增强等关键技术攻关，推动卫星网络与第五代移动通信（5G）网络、地面设备和运营服务的全链条互联互通、互为补充。在地球－近地－深空维度上逐步拓展空天技术重大创新，重点围绕空间探测、先进遥感、导航定位等领域开展关键核心技术攻关。

（五）适应科学研究范式变革趋势

把握以大数据为特征的新科学研究范式变革窗口机遇期，加快推动集成电路、人工智能、区块链、车联网、慢病治疗等重点领域新型重大基础平台建设，突出“数据、算力、算法”核心驱动，推动前沿技术和底层技术快速迭代及创新突破，加速畅通基础研究到产业化的通道。

建设集成电路试验线平台。搭建国际化、开放式、综合性的先进工艺研发和测试验证平台，开展面向产业需求的先进工艺攻关、产品工艺库开发、国产装备材料验证。

部署“超大规模人工智能模型训练平台”。建成支撑我国人工智能领先创新发展的战略基础设施。建设高速互联人工智能算力平台，构建新一代人工智能基础软硬件技术体系，力争建成国家智算中心核心节点。研发基于中文、多模态、认知等的超大规模人工智能模型，建设高精度大规模生物智能模拟系统，实现亿级精细神经元模拟，为人工智能新型芯片及领先算法提供试验验证环境。

建设基于区块链的可信数字基础设施平台。构建并完善新型区块链底层技术平台及区块链专用芯片的软硬一体技术体系长安链。建立面向超大规模复杂网络的新型区块链算力平台。建设区块链即服务（BaaS）平台、统一数字身份等关键基础性数字化平台。融合软硬件技术体系、算力平台和数字化平台，打造区块链可信基础设施，形成赋能数字经济发展的区块链应用方案。

建设多源异构数据融通的车联网云控平台。突破实时路侧感知、高性能三维点云数据处理、低时延高可靠5G车联网通信等技术，提升交通目标识别和信息传输能力，形成统一的通信协议，实现车辆与路侧设施实时交互。融通车、路、网等多源异构数据，优化分级信息处理模式，建设边缘云、区域云与中心云三级架构的云控平台，形成支持车辆千万级接入和百万级高并发能力的城市级试验平台。建成开放性的网联式自动驾驶验证场景，探索自主智能与网联智能协同发展路径。开展技术验证，完成车联网基础设施的优化部署。支持高级别网联式自动驾驶规模化应用。

建设“中国百万慢病人群队列”大数据平台。开展“中国百万慢病人群队列”基线信息采集。启动我国常见高发癌症、心脑血管疾病等慢病早期诊断和突破性治疗技术研究。完成基于人工智能技术的辅助诊断、精准治疗和个体化健康管理系统研发与试点应用。

五、聚焦“三链”融合，加速培育高精尖产业新动能

瞄准新一代信息技术、医药健康、新能源智能网联汽车、智能制造、航空航天、绿色能源与节能环保等前沿领域，布局一批关键共性技术研发和核心设备研制，释放数字产业化和产业数字化新动能，提升创新链、延伸产业链、融通供应链，深度支撑具有首都特色的高精尖产业体系建设。

（一）支撑“双发动机”产业领先发展

新一代信息技术。以人工智能、区块链等底层核心技术为牵引，以先进通信网络、工业互联网、北斗导航与位置服务等应用技术为驱动，大力发展虚拟现实等融合创新技术，攻关一批底层核心技术，支撑壮大特色产业集群。人工智能领域以智能芯片、开源框架等核心技术突破为切入点，开展超大规模智能模型、算力与智算

平台建设，为人工智能技术开发应用提供创新支撑。区块链领域围绕长安链底层平台和区块链专用加速芯片构成的技术底座，以先进算力、数字化等应用平台为支撑，提供适配各种场景的区块链解决方案，推动融合技术创新，培育产业应用。先进通信网络领域丰富 5G 技术应用，强化“5G+”融合应用技术创新，开展卫星互联网芯片、核心器件和整机研制，前瞻布局第六代移动通信（6G）潜在关键技术。工业互联网领域突破数字孪生、边缘计算、人工智能、互联网协议第 6 版（IPv6）、标识解析、低功耗分布式传感等技术，夯实北京工业互联网技术自主供给能力；研发一批行业专用工业 APP、知识图谱等，加速工业互联网系统解决方案迭代优化。北斗导航与位置服务领域鼓励北斗与 5G、物联网、人工智能等技术融合创新，突破关键引领技术，推动“北斗 +”“+ 北斗”集成应用，带动北斗产业应用发展。虚拟现实领域加快近眼显示光学系统、多元感知互动、实时位置感知融合、多维交互等关键技术攻关，推动虚拟现实联调测试验证等共性技术平台建设，推进虚拟现实技术在治安防控、教育等领域应用示范。

医药健康。在创新药、疫苗、高端医疗器械、中医药、数字医疗新业态等领域开展关键核心技术攻关和产品研发。创新药方向持续加强对新型抗体药、小分子化药、细胞和基因治疗等新机制、新靶点、新结构的原创新药的研发；加速重大疾病药物、临床短缺药物、特殊人群适用的高端制剂研发，建立新药研发孵化和加速平台，重点支持基于临床队列的新靶点发现、原创新药的研发，提高药物研发效率与成功率，支持无血清细胞培养基、商业化细胞株、一次性生物反应袋等关键原料及工艺设备的开发。疫苗方向加快布局信使核糖核酸（mRNA）等新型疫苗技术研发，推进蛋白疫苗、载体疫苗、多价联合疫苗以及新型疫苗佐剂等技术创新和产业体系建设。高端医疗器械方向支持医用机器人、高端植入耗材、神经介入器械等特色高端医疗器械研发；支持常用研究用高端仪器设备的国产化开发；加快医疗设备和精密科学仪器的技术攻关，支持性能稳定、精密度高的医疗器械关键材料与核心部件研制。中医药方向支持新发突发传染病、重大疑难疾病、慢性病的临床研究和中药新药创新研发，持续推进中药经典名方研发，推进数字化和定量化技术在中医诊疗中的应用，提升中医临床治疗水平。数字医疗新业态方向加快推动医药健康产业与人工智能、大数据、5G 等新兴技术领域融合发展，支持数字疗法产品、人工智能辅助诊断产品等技术攻关；发挥首都临床资源优势，推动研究型医院建设，提升研究型病房临床试验能力；支持医疗卫生机构使用新技术新产品（服务）目录中的创新药和医疗器械，加速创新产品推广应用。

（二）支撑“先进智造”产业创新发展

新能源智能网联汽车。推动电动化、智能化、网联化的协同发展，构建新能源智能网联汽车关键技术策源地，加速释放产业发展新动能。电池技术方面重点突破全固态电池与燃料电池技术，实现全固态电池和燃料电池电堆的工程化应用。自动驾驶方面重点突破固态激光雷达、成像雷达、融合感知等先进环境感知技术，车规级芯片技术，基于域控制的电子电气架构技术，计算平台、车控操作系统等智能决策技术，基于轮毂电机的分布式驱动、高安全线控底盘等控制执行技术，并实现在车辆上集成应用。网联汽车方面重点突破低时延高可靠车联网技术、路侧实时感知与数据处理技术、云控平台分级架构技术等，实现车辆与路侧设施的协同感知与决策，推动单车智能与网联智能动态融合，加速高级别自动驾驶车辆规模化运行。

智能制造。聚焦智能机器人、无人机和智能装备等，加大产业前沿及底层正向研发技术支持力度，形成“北京智造”品牌，打造具有全球影响力的智能制造产业创新策源地。智能机器人领域重点打造仿人和仿生机器人共性技术平台，加快医疗健康机器人、特种机器人、仓储物流机器人等整机研发和关键技术突破，仿人机器人重点研究人体肌肉－骨骼刚柔耦合、多模式运动智能自主适应、双臂协同拟人化多任务作业等技术，研制刚柔机器人关节、智能仿生视觉－力觉感知单元、灵巧操作手臂等；仿生机器人重点研究仿生灵巧机构与结构设计、动态感知越障规划、多模步态生成与稳定控制等技术，研制柔性电驱关节、行走智能控制器、智能能量管理系统等；异构协同重点突破新型多机器人控制器、多传感器协同融合、多机器人智能核心控制等技术，实现异构、人－机混合多智能协同。无人机领域重点研究仿生飞行、多栖跨介质飞行、临近空间飞行、新能源高效动力与能量管理、动态场景感知与自主避让、群体作业与异构协同等关键技术。智能装备领域面向高端装备、航空航天、生物医药、新能源智能网联汽车、电子信息、数控加工等行业，聚焦通用关键零部件、智能生产线、“黑灯工厂”以及协同制造等重点方向，推动高性能敏感器件、模拟芯片、数据融合、设备互联互通、工艺流程优化与控制等底层关键技术突破，以及数字孪生、边缘计算、系统协同控制等共性技术集成创新。科学仪器与传感器领域瞄准 4D 时间分辨超快电镜技术、光子超精密制造、智能微系统等领域开展协同攻关。

航空航天。从低成本可重复使用火箭和卫星互联网等方面加快技术研发，支撑“南箭北星”航空航天产业布局建设。低成本可重复使用火箭方面突破火箭垂直回收技术、200吨级深度变推力液氧甲烷发动机技术、新型一体化电气系统综合控制技术、轻量化贮箱设计制造技术。卫星互联网方面立足卫星网络与5G网络融合，突破星地异构网络互联、大容量多信关站协同组网、链路覆盖增强、频谱感知干扰规避、星地资源动态实时分配等关键技术，实现卫星网络与5G网络、地面设备和运营服务的接入融合、承载融合、终端融合、应用融合。

绿色能源与节能环保。在率先实现碳达峰目标后，积极落实国家2060年前实现碳中和战略目标，推进氢能、先进储能、智慧能源系统等领域减排降碳关键技术研发攻关。氢能领域突破可再生能源高效电解水制氢工程化技术、规模化氢能储存和输配技术、交通运载和综合供能燃料电池等关键技术和核心装备，推动氢能在2022年北京冬奥会冬残奥会和京津冀燃料电池汽车示范城市群示范应用，支撑京津冀氢能全产业链布局。先进储能领域突破大容量电化学储能材料、组件及系统能量管理技术，推动吉瓦时级固态锂离子电池等规模储能装备研制和产业化。智慧能源系统领域开展能源数字化支撑技术、百兆瓦级虚拟电厂和分布式能源智能化供需调度技术、传感器件与专用芯片等方面的研发和应用，推动数字能源系统、综合能源控制、多能互补交易等技术的产业化发展，支撑低碳能源系统和综合智慧能源园区建设。

（三）开展未来产业前瞻布局

精准布局未来产业，重点聚焦类脑智能、量子计算、6G、未来网络、无人技术、超材料和二维材料、基因与干细胞等前沿科技领域。开展面向未来的基础研究，聚焦新一轮科技革命和产业变革发展方向，前瞻布局基础研究、应用基础研究，搭建跨界融合技术平台，加强未来产业所依托技术和知识源头供给。加强未来技术储备，探索具有重大产业变革前景的颠覆性技术发现和培育机制。建设未来产业孵化器、加速器等各类众创空间，加速培育处于孕育阶段或成长初期的未来产业企业。

（四）推动科技服务业跨越发展

巩固提升工程技术服务和科技金融优势行业。推动工程技术服务业国际化发展，鼓励领军企业开展高端装备、关键零部件等领域基础软件及核心模块开发，参与国际标准研制，带动投资咨询、勘察、设计、监理等相关企业面向海外市场提供服务。提升金融服务科技创新能力，打造大数据征信风控体系，建设“区块链＋供应链”综合金融服务云平台。

加快打造研发服务、科技咨询和检验检测支柱行业。吸引领军企业设立独立研发机构。推动科技咨询数字化发展，开展数据存储、分析、挖掘和可视化技术以及理论、模型、工具和方法研究。促进检验检测服务升级，开展计量、检验检测、品质试验方法及评价方法等研究，形成相关检测标准。

积极培育潜力行业。提升技术转移综合服务能力，建设概念验证中心、中试熟化平台。加强设计专业服务能力建设，鼓励企业进行标准制定，以及设计工具、方法、基础数据库开发，推动新材料、新技术、新工艺在设计研发中应用。推动知识产权服务高端发展，鼓励专业服务机构开展高增值服务。

发展科技服务新业态新模式。支持互联网保险、第三方支付等科技金融新模式发展。运用新一代信息技术提升源头追溯、实时监测、在线识别、网络存证、跟踪预警等知识产权保护与服务能力。支持科技服务与智能制造融合，开展智能制造系统解决方案、流程再造等新型业务，培育服务衍生制造、供应链管理、总集成承包等新模式。

（五）促进科技成果转移转化

深入贯彻落实国家法律法规及《北京市促进科技成果转化条例》，有效破解高校院所、医疗卫生机构科技成果供需之间的制度堵点，建立健全以企业为主体、市场为导向、产学研用相结合的科技成果转化体系。

强化科技成果源头供给。支持高校院所开展科技成果资源梳理工作，建立职务科技成果披露制度。建设公共信息服务平台，对高校院所高价值专利信息进行采集和共享，推动科技成果与产业、企业需求有效对接。鼓励高校院所与企业共建研发机构，共建学科专业，实施合作项目，强化对企业创新发展的技术支持。建立以市场与需求为导向的科研项目管理机制，推动高校院所与企业开展公益性以及产业关键共性技术联合攻关，形成具有实用价值的科技成果。

加强科技成果发现与挖掘。加大技术经纪人培养力度，支持高校院所增设技术转移专业、建设技术转移学院，培养一批懂科技创新规律和产业技术需求的专业化技术转移队伍。支持高校院所、医疗卫生机构建设科技成果转化服务机构，或与社会化科技成果转化服务机构开展合作，深入挖掘科技成果资源，对接产业需求，促进科技成果转移转化。支持科技成果转化服务机构提升技术评估、知识产权运营转化、概念验证、技术投融资等专业服务能力。

加强要素保障推动科技成果落地转化。支持企业主动承接和转化在京高校院所、医疗卫生机构优质科技成果。大力发展投融资服务，引导社会资本介入成果转化早期项目。围绕高精尖产业建设专业性强、开放程度高的中试平台。支持市场化、专业化硬科技孵化器发展，推动科技成果开展验证、熟化，快速实现转化和产业化。支持建设国家科技成果和知识产权交易机构，加快推进高水平技术交易市场建设，提升技术要素市场化配置能力。

（六）构建充满活力的产业生态

围绕产业链培育产业生态。构建要素共生、互生的产业生态系统，在重点产业链推行“链长制”，畅通产业循环，打造具有国际竞争力的产业生态圈。优化市级科技创新基地布局。推动产业技术基础公共服务平台建设，夯实产业基础能力。推动5G与人工智能、工业互联网、物联网等深度融合的新型基础设施建设。更好发挥市场化平台作用，进一步整合创新资源，为创新创业主体赋能。加快构建“链主”企业—单项冠军企业—专精特新“小巨人”的融通发展格局，推广供应链协同、创新能力共享、数据协同开放和产业生态融通的发展模式。

完善产业生态持续孕育新经济。紧抓数字产业化、产业数字化契机，以大数据、云计算、物联网和智能硬件赋能产业生态，持续培育产业跨界融合涌现的新赛道，在新兴产业取得重大突破，产生一批引领行业发展的独角兽企业。构建基于新原理、新技术的新业态新模式，为高精尖产业发展持续培育后备梯队。促进制造业与服务业两业融合，提高新业态活力。

六、构建新技术全域应用场景，支撑国际一流的和谐宜居之都建设

围绕超大城市精细化治理，坚持“数字智能技术—数字智能经济—数字智能社会—数字智能城市”主线，面向生态环境、公共服务、智慧管理、文化科技等人民美好生活重点领域需求，实施应用场景建设“十百千工程”，推进新技术新产品示范应用，助力2022年北京冬奥会冬残奥会等国际赛事举办，加快建设全球数字经济标杆城市，探索走出绿色、数字、安全的超大城市精细治理新路子，切实支撑人文北京、科技北京、绿色北京建设。

（一）加快打造全球数字经济标杆城市

突破一批数字底层核心技术。加强微型芯片、多功能传感器等感知技术以及物联网、边缘计算研发。加速融合通信、工业互联网、车联网等技术创新与应用，打通数据高效传输链条。突破大数据、人工智能、云网边端融合计算等核心技术。攻克区块链、隐私计算、大数据交易、网络身份可信认证、安全态势感知等技术。发展数字孪生、数字内容生成、数字信用、智能化交互等技术。

建成数字技术与经济融合创新平台。面向智能感知器件研发，搭建科研公共支撑平台，推动智能微系统设计、集成制造、封装测试等智能微系统平台建设。面向新兴产业培育，搭建融合应用试验平台。建设路侧感知设施、分级云控平台、5G网络等智能车联网城市基础设施平台。

推动数字化赋能产业高质量发展。加速推进智能制造、医药健康和绿色智慧能源等产业高质量发展。持续推进智能制造产业发展。突破人机交互、群体控制等关键技术，以及设备互联互通、工业智能等核心技术。推动人工智能与医药健康的融合发展。支持临床辅助诊断产品、手术导航机器人等智能数字医疗健康设备开发。推动先进信息技术与能源的深度融合发展。

驱动数字消费发展。布局无人零售、智慧零售等新零售业态，推动传统零售业转型升级。加大智能终端新技术、新产品供给，提升服务消费能级和内容消费供给能力。发挥头部数字企业作用，培育新消费业态。支持数字教育、数字医疗、数字体育等数字消费新业态、新模式发展。

（二）提升智慧城市建设水平

提高社区治理智慧化水平。探索运用区块链等技术提升政府数据共享和业务协同能力。强化新技术在“互联网+监管”领域应用，推动线上闭环和“非接触式”监管，加快形成开放创新的监管体系。聚焦智慧网格、智慧社区等基层治理场景，为城市网格化管理提供技术支撑。推动人工智能、增强现实、语音识别等技术在智

慧养老中的应用，围绕老年产品及康复器具开展研发攻关，提升老年服务专业化和标准化水平。

加强城市安全发展科技支撑。提升水、电、油、气、热等系统智能化管理水平，推动城市生命线系统由集中化、大型化的中心放射式布局向分布式、微循环、多向联通的多节点网格化布局转变。加快综合风险评估、监测预警等关键环节技术开发，推广5G网络图像传输和处理技术、终端接收和网络视频技术，提升首都安全整体防控智能化水平。

支撑智慧交通能力提升。聚焦城市交通管理智能化体系建设和出行服务质量提升等相关应用场景，推广海淀城市大脑场景的组织经验，实施智慧交通提升行动计划，构建先进的交通信息基础设施，加快推动自动驾驶技术和产品运用。聚焦智慧轨道交通建设与运营等典型应用场景，推动机器人、环境智能感知及控制、北斗导航、5G等产品与技术应用，服务保障市民安全、便捷、绿色、舒适出行。

（三）强化碳减排碳中和科技创新

开展低碳、零碳、负碳关键技术攻关。构建碳减排碳中和绿色科技创新体系，打造碳中和技术平台和产业链。聚焦零碳电力、零碳非电能源、原料燃料与工艺替代等，推进能源系统深度脱碳技术变革和外调绿电调峰储能技术攻关，促进工业近零排放和绿色技术替代。开展非二氧化碳温室气体减排技术研究，加强碳汇及二氧化碳捕集、利用和封存（CCUS）相关零碳、负碳排放技术创新。

推动碳中和绿色技术应用场景建设。围绕大气污染防控、节水和水环境综合治理、现代化能源利用等重点领域，推动一批应用场景建设。建设建筑与社区能源系统全生命周期零碳节能场景，聚焦建筑供热系统重构、全面电气化、光储直柔，推动形成零碳智慧供热、光伏发电全利用的零碳建筑与社区能源系统及零碳农业基础设施循环示范。加快调整能源结构，积极发展生物质能、地热能、氢能等清洁能源。建设交通行业全生命周期监测场景，构建以低碳化交通结构与能源结构调控为核心的交通科技创新体系，推广应用电动汽车、氢燃料汽车等新能源汽车，加速形成人绿色出行、货绿色运输、装备节能高效的低碳化智慧交通运输体系示范。建设生态系统碳汇能力提升场景，围绕森林、湿地、农田等持续扩大绿色生态空间，逐步形成城市梯度森林绿色碳汇、湿地蓝色碳汇和农田棕色碳汇的高效生态固碳示范。在城市副中心、“三城一区”和生态涵养区开展碳中和绿色技术综合应用示范。

深化生态环境综合治理。针对区域性污染治理、环境质量改善及生态环境增容等过程存在的关键技术问题，开展智能监测检测技术、精准计量控制技术、低碳资源化技术和智慧化管理技术研究与示范应用，形成污染物全过程治理的新技术、新装备和新模式。

（四）构建公共卫生安全科研攻关体系

加强疫病防控和公共卫生领域科研力量布局及战略储备能力。建设国家动物模型技术创新中心，组织跨学科、跨领域的科研团队，深化科研、临床、防控相互协作，聚焦检测试剂、疫苗、抗体、药物、诊疗方案等方面开展集中攻关。开展公共卫生领域前瞻性基础研究。

建立应对新发突发传染病的科技快速反应体系。建立北京高等级生物安全实验室合作共享联动机制。健全新发突发传染病网络实验室等科技条件平台。建设国家人类疾病动物模型资源库和重要实验动物品种保障基地。针对威胁城市公共安全稳定的新发突发传染病，在病毒溯源及监测和预警，药物、疫苗及医疗器械创新研发等方面持续投入。推动人工智能等新技术和新产品在新发突发传染病防控及治疗工作中示范应用，提高公共场所新发突发传染病防控能力。

推进智慧医疗发展。围绕医院智能化管理、智能化诊疗等关键环节，加快语音录入、人工智能辅助诊疗等先进技术和产品在医院应用。加快推进互联网医院建设，引入人工智能、5G、区块链等技术，整合线上线下医疗资源，推进医联体建设，实现信息与资源共享，拓展健康管理、数据运营、金融服务等增值功能。

（五）推动文化与科技融合发展

推动数字技术在文化领域创新应用与场景落地。推动新一代信息技术在文化创作、生产、传播、消费等环节应用。加快大数据、人工智能、“5G传输+8K超高清视频技术”（“5G+8K”）、增强现实/虚拟现实/扩展现实/混合现实（AR/VR/XR/MR）等技术在传播、影视、出版、演艺、文旅及未来虚实融合社会场景应用，培育“云展览”“云旅游”等沉浸式体验文化消费新模式。开展基于大数据的文化产品和服务价值评估，推进精准投放技术研发及场景应用，促进高价值优质文化内容的持续消费和有效传播。强化区块链技术在数字内容版权备案、交易、维权等技术场景中的应用，建设数字版权保护生态体系。

打造文化科技创新生态。探索建立高效协同的文化科技融合创新体系，培育一批文化科技领域杰出人才、领军机构、示范园区、品牌活动。依托国家级、市级文化和科技融合示范基地，强化公共服务平台建设，打造差异化文化科技优势产业集群。以东城区、城市副中心为重点区域，在影视、出版、演艺、文旅等领域打造一批亮点文化科技场景。

推进设计之都建设。推动设计融入研发前端，鼓励科技型、制造类企业建立设计创新中心。鼓励社会团体、产业联盟、高校院所和企业积极参与设计领域国际标准、国家标准、行业标准、团体标准制定。将张家湾设计小镇打造成为北京设计之都重要平台。推进国际创意与可持续发展中心建设。组织策划联合国教科文组织创意城市北京峰会、北京国际设计周等品牌活动。加强设计人才队伍建设，支持设计领军人才，培育青年设计人才。

提升公民科学素养。围绕“科学普及与科技创新同等重要”的目标，发挥市科普工作联席会议机制的作用，适时推进科普法规政策修订。组织开展科技周、科普日等活动，探索推进科普进社区模式及成效评价，拓展科普走出去的渠道和领域，开展国际化交流合作。加强国际科技创新中心虚拟展厅和北京科普“中央厨房”等科普基础设施建设。研究促进科幻产业发展政策措施，聚焦新首钢高端产业综合服务区等重点区域建设科幻产业集聚区，高水平筹办中国科幻大会，营造具有首都特色的科幻氛围。

（六）实施科技冬奥专项计划

推进科技创新支撑 2022 年北京冬奥会冬残奥会。加快数字孪生、数字人民币、智慧场馆等办赛保障关键技术攻关。建立国家队数据库、冬奥食品安全保障平台等，提升赛事科技保障水平。研发沉浸式观赛、云转播、“5G+8K”、自动驾驶等技术，打造“智能”观赛新体验。

推进科技冬奥成果在后冬奥时代应用。推广应用“云转播”、服务型智能机器人、无人客车和物流车、智慧场馆、精细天气预报等新技术新产品。推广应用基于区块链和加密锚定技术的食品安全溯源技术等创新成果，提升重大活动食品安全追溯和监管效率。推广应用沉浸式、多维度自由视角等智能交互体验技术。

七、优化提升重点区域创新格局，辐射带动全国高质量发展

以科技资源优化配置为抓手，发挥“三城一区”主平台和中关村国家自主创新示范区主阵地作用，强化京津冀协同创新共同体建设，加快形成产业纵深战略腹地，深化重点区域科技协作，加强全国创新辐射引领，强化区域创新链、产业链和供应链协同共生、优势互补。

（一）加快建设“三城一区”主平台

聚焦中关村科学城。围绕人工智能、量子信息、区块链等重点方向，实现更多“从 0 到 1”原始创新，加快战略高技术突破，深度链接全球创新资源，营造一流创新创业文化，打造科技创新出发地、原始创新策源地和自主创新主阵地，力争率先建成国际一流科学城。充分发挥一流高校院所、高新技术企业、顶尖人才集聚优势，加快新型研发机构建设。聚焦战略性新兴产业和未来产业，积极推进人工智能、物联网、智慧电网等新基建项目，加紧建设数字贸易港，探索数字贸易规则，打造全球数字技术供给源。积极推动科技成果转化，创新产学研合作体制机制。依托国际人才社区建设，引进和培养更多国际一流的战略科技人才和高水平创新团队，引进集聚具有较大国际影响和资源整合能力的研发组织与服务机构。加快构建区域“创新生态雨林”系统，提升创新生态能级，打造充满活力与创造力的国际化创新生态。

突破怀柔科学城。强化以物质为基础、以能源和生命为起步科学方向，深化院市合作，加快形成重大科技基础设施集群，营造开放共享、融合共生的创新生态系统，努力打造成为世界级原始创新承载区，聚力建设“百年科学城”。加快推进现有重大科技基础设施和交叉研究平台建设，面对战略必争和补短板领域，预研和规划一批新的重大科技基础设施。实现一批符合定位的中国科学院研究机构整建制搬迁，支持雁栖湖应用数学研究院等新型研发机构发展。推进国家科学中心国际合作联盟建设。打造城市客厅、雁栖小镇、国际人才社区、创新小镇、生命与健康科学小镇等重要区域节点，为入驻怀柔科学城的高校院所开展创新活动提供高质量服务。打造怀柔科学城产业转化示范区，重点培育高端仪器与传感器、能源材料、细胞与数字生物等战略性新兴产业和未来产业。

搞活未来科学城。紧抓生物技术、生命科学、先进能源、数字智造等发展机遇，秉承“攻关未来科技、发

展未来产业、集聚未来人才”理念，加强东西联动，推进“两谷一园”建设，加快打造全球领先技术创新高地、协同创新先行区、创新创业示范城。“生命谷”布局基因编辑、脑科学、人工智能赋能药物研发等前沿技术，培育生物科技和美丽健康产业，打造医药健康产业发展“核爆点”。用足“两区”政策，加快国际研究型医院、北京市疫苗检验中心等关键平台建设。加快生命科学园三期建设，打造一批高水平孵化器和加速器。“能源谷”围绕碳达峰、碳中和，在绿色能源、能源科技、能源互联网等领域加快布局。开展重大科学问题研究和底层技术攻关，打造国际先进能源产业集群。沙河高教园加快高校院系学科整建制迁入，推动校企合作，加快建设新型研发中心、概念验证中心、北京高校大学生创业园、高教园科技创新综合体等各类平台，促进科技成果转化落地。

提升创新型产业集群示范区。瞄准集成电路、医药健康、新能源智能汽车、新材料、智能装备等产业领域高端发展需求，加快建成北京经济发展新增长极，打造具有全球影响力的高精尖产业主阵地。经开区发挥产业生态优势，建设集成电路设计和制造高地，推进双“1+1”工程建设，推动关键核心技术、装备、零部件、材料和工艺等技术突破和工艺装备验证，开展新型存储器和先进制造工艺技术研究。建成生物药研发生产平台、高端制剂定制研发生产（CDMO）平台、疫苗大规模生产基地、细胞与基因治疗研发中试基地、mRNA 疫苗技术平台与生产基地等，提升医药健康平台创新支撑作用。围绕车规级芯片、自动驾驶计算平台和操作系统等搭建公共服务平台，攻克关键共性技术，支持新能源智能网联汽车集群发展。支持高级别自动驾驶示范区建设，加快网联云控式自动驾驶技术规模化运用。顺义区聚焦新材料、智能制造以及航天领域，推动第三代半导体产业集聚，建设工艺、封装和检测等共性技术平台，打造国际第三代半导体创新高地；推动智能装备产业高质量发展，建设领域创新中心，推进智能控制系统和智能制造等技术集成创新；推动航空发动机、航空复合材料、机载航电系统等关键技术和零部件研发，发展地理信息、北斗导航、卫星遥感等高技术服务。

加强“三城一区”协同联动和引领带动。健全“三城一区”统筹联动和融合发展机制，建立重大事项协调推进机制，健全创新统计监测体系，探索协同治理新模式。支持“一区”积极承接“三城”科技成果转化重大项目，推动“三城一区”原始创新成果向其他区辐射和扩散，有序引导各区根据禀赋和优势有选择、有重点地吸收“三城一区”外溢科技成果，形成配合良好、统筹协同的差异化发展格局。东城区聚焦数字经济、健康产业、文化科技等领域，建设文化科技融合示范基地，通过物联网、云计算等新技术应用推进传统商圈转型升级。西城区以促进金融与科技融合创新为重点，强化与中关村科学城对接联动，打造国家级金融科技示范区。朝阳区聚焦人工智能、数字消费科技等领域，发挥国际高端创新资源集聚优势，推动数字经济核心区建设，打造现代化国际创新城区。丰台区聚焦轨道交通、航空航天等领域，强化创新研发功能，打造全国轨道交通创新中心。石景山区聚焦工业互联网、虚拟现实等领域，依托新首钢高端产业综合服务区建设，推进科幻产业发展，打造国家级绿色转型发展示范区。大兴区聚焦高端制造和医药健康领域，依托大兴国际机场临空经济区，利用自由贸易试验区和综合保税区政策叠加优势，建设国际生命健康产业园，打造南部“先进智造”主阵地。门头沟区开展矿山、农业、园林等生态修复先进技术试验示范，与新首钢高端产业综合服务区协同发展，推动高精尖产业创新示范。房山区聚焦智能装备、新能源智能网联汽车、无人机、石墨烯、新型显示材料等，打造“先进智造”创新成果转化基地。平谷区发挥现代农业资源全市领先优势，引领现代农业科技发展。延庆区推动无人机与 5G 技术融合，拓展无人机运行场景与产业发展，推动体育科技前沿技术创新中心建设，大力发展体育科技产业。

（二）加快建设中关村国家自主创新示范区主阵地

编制实施《“十四五”时期中关村国家自主创新示范区发展建设规划》，进一步擦亮中关村“金名片”，坚持“发展高科技、实现产业化”方向，强化先行先试作用，率先打造成为科技自立自强、高质量发展的引领区，加快建设世界领先的科技园区。

擦亮中关村论坛“金字招牌”。贯彻落实习近平总书记在 2021 中关村论坛上的视频致贺精神，持续打造面向全球科技创新交流合作的国家级平台。坚持高端前沿引领，围绕科学、技术、产品、市场交易全链条创新，链接全球智慧、聚合科技力量，完善中关村论坛会议、交易、展览、发布、大赛功能，推动筹备工作机制化和论坛活动常态化，进一步提升论坛的国际化、权威性、影响力。

保护和激发中小微企业创新活力。持续改革优化营商环境，保持企业创新创业活跃态势。建立“普惠 + 精准”服务机制，落实“服务包”“服务管家”制度，着力培育独角兽企业、隐形冠军企业和科技领军企业。支持中小微企业积极参与创新联合体建设，搭建高精尖产业协同创新平台，加强关键核心技术攻关。在特定领域按规定开展高新技术企业认定“报备即批准”政策试点，推动研发费用加计扣除、高新技术企业所得税减免以及中关村小微企业研发经费支持等政策的落实。

构建完善的创新创业服务体系。支持高校院所、研究型医院等创新主体新建一批专业化科技成果转化服务机构，积极发展众创、众包、众扶、众筹等创新创业新模式。完善创业孵化支持政策，对孵化器实施分类指导、运行评估和动态管理，支持创业孵化服务机构建设科研开发、检验检测等专业平台，提升企业孵化器、众创空间、加速器服务能力。提升大学科技园专业化运营管理水平，带动高校科技成果溢出落地转化。

推动“一区多园”统筹协同发展。按照产业相近、功能相通、地域相连的原则，推动形成发展组团，促进土地集约利用和空间集聚发展。优化各分园产业布局，按照“一园一产”原则，支持分园出台主导产业政策，实现十六个分园均有特色园区布局。聚焦解决部分专业园区小、散、弱问题，强化统筹协同，构建“一区多园、各具特色、协同联动”的发展格局。加快建设中关村科技成果转化先导基地，推动分园结对合作，有序引导中心城区分园外溢的高精尖创新成果和项目在郊区分园落地转化，切实发挥“一区多园”引领支撑作用。

建立和完善园区管理体制机制。加强市级层面对各分园工作的领导和支持，推动各区优化分园管理机制，加强分园管理机构干部队伍建设，提升抓项目、抓产业、抓生态的专业能力。支持分园引入或设立专业化、市场化的产业促进服务机构，组建专业化运营管理团队，提升产业服务水平。根据园区发展基础，对分园和专业园区实施分类管理，聚焦支持一批园区先行发展，形成示范带动效应。完善分园创新发展的考评机制。

（三）推进京津冀协同创新共同体建设

加强与河北雄安新区创新协同。落实党中央决策部署和京津冀协同发展战略，编制实施雄安新区中关村科技园建设规划，引导创新资源向雄安新区中关村科技园集聚，共同打造优良的创新创业生态系统，形成区域创新链、产业链、供应链协同效应，实现两地优势互补、错位发展。建立联合攻关机制，加快布局和落地国家重大战略任务，在基础科学、核心前沿技术等领域形成合力，探索研发共同投入、产业化共同受益的合作机制。

推动通州区与北三县一体化发展。重点围绕城市科技、创意设计、金融科技等领域进行布局，支持中关村通州园做大做强，加快建设张家湾设计小镇。推动通州区与北三县形成分工明确、层次清晰、协同高效、创新驱动的现代产业体系。结合北三县传统产业转型升级技术需求，鼓励中关村企业与北三县重点产业园区开展技术对接，推动中关村新技术新产品在智能制造、大气污染防治、水处理、固废处置、高效节能等领域开展示范应用。

面向京津冀协同发展需求布局基础研究。深化京津冀基础研究专项工作，结合津冀应用场景和资源优势，发挥北京在人工智能、生物医药等领域的研发优势，支持开展共性关键科学问题研究和实质性合作，推动在基础研究领域形成政策、研究以及资源层面的良好互动合作。

优化京津冀创新链和产业链布局。推进京津冀国家技术创新中心建设。加强北京创新成果向津冀输出，加强三地技术市场融通合作，加快推动科技创新成果在京津冀范围内落地转化。进一步开放首都科技条件平台优势资源，推动创新券在京津冀区域内应用。落实高新技术企业整体转移资格认定相关政策。发挥中介组织、行业协会等市场化机制作用，引导本市高精尖企业参与京津冀区域产业升级改造，培育工业互联网平台，提升津冀传统产业数字化、智能化水平。

（四）加强对全国创新驱动引领作用

深化国际科技创新中心协同合作。围绕集成电路、人工智能、医药健康等领域，加强与上海、粤港澳大湾区等地合作开展基础研究、应用基础研究及关键核心技术攻关。支持北京怀柔综合性国家科学中心与上海张江、合肥、粤港澳大湾区综合性国家科学中心开展合作，建立重大科技基础设施跨区域共建共享机制。

加强与重点省区市科技交流合作。推动区域间科技人才交流、创新资源流通和科技项目合作，持续推进科技特派员服务与干部挂职交流。持续做好东西部协作和对口支援，加强与内蒙古自治区、辽宁省沈阳市、河南省南阳市等重点区域的科技对口合作，加强科技援疆、援藏。

八、激发人才创新活力，加快建设世界重要人才中心和创新高地

牢固确立人才引领发展的战略地位，加大国际化人才引进力度，进一步突出青年人才的聚集和培育，持

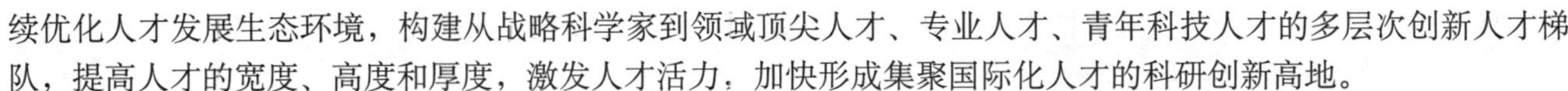

续优化人才发展生态环境，构建从战略科学家到领域顶尖人才、专业人才、青年科技人才的多层次创新人才梯队，提高人才的宽度、高度和厚度，激发人才活力，加快形成集聚国际化人才的科研创新高地。

（一）增强国际化人才吸引力度

吸引一流国际化人才。依托国家级创新基地、新型研发机构等创新平台，以“大科学装置＋大科学任务”等形式，吸引全球顶尖科研人才开展科研工作。实施“高聚工程”等人才计划，面向全球引进和使用各类人才资源，引进首席研究员（PI）、高级算法工程师和平台架构师等核心技术人才。实施“朱雀计划”，加快引进国际律师、知识产权人才、项目经理、产业投资人、技术经纪人等科技服务人才。

加快建设中关村人才特区。实施更加便利的外籍高层次人才出入境政策，研究开展特定专业领域执业资格便捷认证试点，为外籍高层次人才境内外申请在华永久居留、办理居留许可提供便利。探索建立外籍高层次人才技术入股市场协议机制等试点，推动外籍高层次人才及核心团队创新活动合法收入汇出便利化。支持探索实施高度便利化的境外专业人才执业制度，推动放宽境外知名高校优秀外籍毕业生在华工作的学位要求。对高层次人才、急需紧缺人才和产业人才，优化职称评审机制。

（二）加大青年人才等创新型人才培养力度

加强青年人才培养。持续实施“北京学者”“智源学者”“科技新星计划”等人才计划，扩大北京市自然科学基金青年科学基金项目的支持规模，发现和培养一批创新思维活跃、敢闯“无人区”的青年人才，努力造就一批具有世界影响力的顶尖人才。提升高校数理化生等基础学科教育水平，更多培养基础研究人才。加强新一代信息技术、生命科学等领域以及科学、技术、工程、数学（STEM）专业学生培养。支持国家级创新基地、新型研发机构“择优滚动支持”重点领域青年人才。建立基于专家实名推荐的非共识项目筛选机制，支持青年人才承担科研任务。探索推行青年人才“推荐制”，扩大青年科技人才支持范围，给予长期、稳定的经费支持。

强化创新团队培养和支持。发挥科学家在创新人才培养中的导师作用，稳定支持一批创新团队。支持国家级创新基地、新型研发机构等与高校联合培养研究生。依托集成电路、量子信息、人工智能等领域创新平台，培养急需紧缺人才和团队。加大服务国家战略、承担国家使命的重点团队的激励保障力度。

加快专业人才培养。推动校企合作，培养更多高素质技术技能人才。在高校推广企业导师制，鼓励高精尖产业和前沿科技领域企业设立博士后科研工作站。支持在京高校院所、新型研发机构和科技服务机构与国外知名大学合作培养科技复合型人才。围绕高精尖产业、城市运行服务保障等领域紧缺人才需要，支持领军企业与职业院校共建工程学院及技术技能大师工作室。

（三）“破四唯”和“立新标”并举加快人才评价制度改革

实施科技人才分类评价。加快建立以创新价值、能力、贡献为导向，符合科技人才成长规律的评价体系。全面推行职称分类评价标准和代表作评审制度，对科技人才进行差别化分类评价，突出评价科研成果的质量和原创价值。突出以理论贡献、学术贡献为主评价基础理论研究人才，加强同行评价、国际评价。突出以技术成果为主评价工程技术研发人才，加强业内评价、第三方评价。突出以效益指标为主评价应用创新人才，加强市场评价、用户评价。在各类人才项目中建立公开透明、平等竞争的培育机制，探索推行人才“推荐制”。

改革人才激励机制。完善科研人员职务发明成果权益分享机制，探索赋予科研人员职务科技成果所有权或长期使用权。形成体现知识价值的收入分配机制。实行科研项目分类管理，加大对科研人员的绩效奖励力度。允许科研人员依法依规适度兼职取酬。引导高校院所制定以实际贡献为评价标准、与岗位职责目标相统一的收入分配激励机制。支持科研事业单位探索试行更灵活的薪酬制度。进一步优化科学技术奖励制度。

（四）营造良好人才发展环境

赋予人才更大自主权。扩大科研经费使用自主权，以信任为前提赋予战略科学家充分的人财物自主权和技术路线决定权。做好科研机构访问国际学术网站的安全保障服务。减少不必要的评审评价等各类活动，保障科研人员的科研时间。

畅通科技人才流动渠道。充分发挥人才作用、提升人才使用效能，促进高校院所、创新企业等不同主体的人才有序流动和协调发展。鼓励高校院所科研人员离岗创业、开展科技成果转化，支持吸引企业人才担任“产业导师”。通过双向挂职、短期工作、项目合作等方式，推动校企人才双向流动。

提升人才服务水平。构建高品质的国际人才社区，营造开放包容、宜业宜居的良好环境。制定人才服务保障政策，坚持分类施策、精准服务，优化各类人才住房、子女教育、医疗保险等服务。优化引进人才落户机制。加快促进创新文化与老城区保护更新同步融合发展，打造科技创新的新承载空间和交流空间，营造有利于激发人才乐于创新的环境。

九、构建开放创新生态，走出主动融入全球创新网络新路子

围绕有效支撑构建以国内大循环为主体、国内国际双循环相互促进的新发展格局，以全球化视野谋划创新，以“两区”建设引领开放，以“一带一路”为重点，强化全球创新资源配置，积极融入全球科技创新网络。打造高水平开放创新合作机制，拓展国际创新合作新路径，积极参与全球科技创新治理，加快完善更加开放、更加便利、更加公平的国际创新合作环境，形成具有首都特色和首都水准的国际科技交流合作新格局。

（一）打造具有首都特色的开放创新合作机制

构建政府间国际创新合作机制。利用国际交往中心优势，积极为国家间高层对话机制丰富国际创新合作内涵，做好服务支撑。以科技创新为桥梁纽带，扩大与世界重点创新国家及城市的交流合作，在政府间合作框架下，加强与国外科技管理部门、高校院所、科研机构的对接，推动部门、机构间达成创新合作，实施重点国别（地区）联合研发计划，夯实国际化创新“朋友圈”。

围绕“一带一路”推动创新主体加强合作。充分发挥北京创新优势，拓展创新合作广度和深度，带动深化民间科技合作，打造北京践行“一带一路”倡议合作样板。发挥“一带一路”国际科学组织联盟作用，建立科技创新国际组织与多边合作平台，完善国际民间科技组织交流合作网络。推动“一带一路”科技创新北京行动计划实施提质增效，聚焦沿线重点城市，支持建设一批高水平特色化科技园区。支持共建高水平联合实验室和研发中心，按照“创新引领、标准支撑、产业跟进”路线，探索构筑科技创新共同体，推动“一带一路”创新之路建设。

（二）探索符合新形势新要求的国际合作新路径

依托重大科技基础设施、大科学计划集聚国际顶尖创新资源。依托怀柔科学城，推动大科学装置面向全球开放共享，围绕物质科学、空间科学、生命科学等基础研究领域，发起国际联合研究项目，集聚国际知名科学家和团队资源，打造具有国际影响力和国际资源吸附力的创新综合体。加强碳达峰碳中和、粮食安全、公共卫生等共同关切领域的国际科技合作，主动发起或参与国际大科学计划，为应对全球挑战提出更多“北京方案”。

以科技抗疫创新成果为切入点推进卫生健康领域国际科技合作。围绕疫情防控、高等级病原微生物实验室管理运行、国际临床试验、疫苗药物推广应用等方面加强国际合作。加强与国外医疗卫生机构在卫生政策和管理方面的交流，推动在新发突发与重大传染病防控、人口老龄化、中医药、脑科学等领域务实合作。

加快集聚国际创新资源。持续吸引国际科技组织、行业联盟、外资研发机构、跨国公司、国际科技服务机构等创新资源在京集聚发展。加快集聚国际科技服务资源，提升知识产权服务国际水平，提供海外知识产权服务。支持影响力较大、创新理念先进、资源整合能力强的跨国外资企业在京建设形式多样的开放创新平台，助力创新要素的流动和融合。

加快海外研发布局。大力培育具有全球资源整合能力的科技领军企业。鼓励企业通过战略研发合作、技术交叉许可、投资并购重组等方式提高海外优质资源配置能力。支持在创新资源密集的国家和地区布局海外研发中心，建设协同创新平台，利用国际人才、技术、品牌等资源，推动国际协同创新合作端口前移，鼓励开展离岸创新，积极融入当地创新生态，形成海外研发攻关、创新孵化，北京落地转化的国际循环路径。

打造高水平的国际创新合作承载平台。推进北京中日创新合作示范区建设，建设氢能产业创新中心，加强氢能技术研发与示范应用，深化知识产权国际交流合作。加快北京中德国际合作产业园开放发展，打造以新能源智能汽车、智能装备、工业互联网等为主的先进制造产业体系。推动中关村朝阳国际创投集聚区等建设。

（三）构建高质量的开放创新环境

释放“两区”政策叠加优势。深入开展规则、管理、标准等制度型开放，积极探索与国际先进水平对标的数字贸易发展规则，制定信息技术安全、数据隐私保护、跨境数据流动等重点领域规则，完善“规则构建＋基础设施＋应用场景”生态模式。推动在京设立国家人类遗传资源管理北京服务站。积极落实重大技术装备进口税收政策，开展技术转让所得税、知识产权税收等优惠政策试点。研究建立与完善国际数字产品专利、版权、

商业秘密等数字贸易知识产权相关制度。

探索推动国际创新合作政策突破。探索国际创新合作的政策创新。健全鼓励外资研发机构发展的政策机制，持续吸引跨国公司在京设立实体研发中心。探索境外科研机构和科学家直接承担科技计划项目的新渠道、新方式。加大对国际科技合作类计划、专项、基金的支持力度，引导社会资本支持国际科技合作。积极探索科研经费跨境使用、境外职业资格认可、外资总部企业与高新技术企业认定等方面政策创新。

打造全球科学思想和创新文化荟萃地。高水平办好中关村论坛、中意创新合作周、全球能源转型高层论坛、北京国际学术交流季等科技交流活动，打造品牌化国际交流平台。支持举办多层次国际科学会议、国际综合性科学中心研讨会、重点领域全球性高端峰会等国际会议，邀请国际知名高校院所、企业及机构，开展高层次国际学术交流活动。

十、深化科技体制改革，引领推动支持全面创新的基础制度建设

按照抓战略、抓改革、抓规划、抓服务的定位，持续推进政府职能转变和“放管服”改革，不断完善“服务包”制度，营造国际一流营商环境，更大范围惠及创新主体。充分发挥市场配置创新资源的决定性作用，以制度创新为突破口，全面提升科技治理能力和治理水平，推动中关村国家自主创新示范区、国家服务业扩大开放综合示范区和中国（北京）自由贸易试验区“三区”政策叠加联动，打造支持全面创新的基础制度“升级版”。

（一）把中关村打造成为科技自立自强、高质量发展的引领区

开展高水平科技自立自强先行先试改革。发挥改革创新“试验田”作用，进一步优化创新创业生态，释放科教资源创新潜力、激发创新创业主体活力。在增强创新主体创新能力方面，探索激励企业加大研发投入、高校院所绩效考评、新型研发机构与高校联合培养紧缺人才等试点。在完善创新系统方面，探索开展技术转移转化专业人才职称评定工作，建设以促进研发创新为特点的综合保税区。在集聚创新要素方面，探索高端人才引进、上市高新技术企业股权激励所得税分期缴纳、资本支持创新便利化等试点。在优化创新机制方面，探索科技计划开放、科技成果评价、职务科技成果管理等试点。

探索适合数字经济发展的制度创新。推动数字经济立法，加强依法治理。探索建立符合数字经济发展特点的包容审慎监管机制，争取在智能交通、互联网教育、互联网医疗、数字内容等领域开展行业监管创新试点，持续关注数字货币、基因编辑、合成生物学等跨界新兴产业领域制度需求。探索“监管沙箱”制度，提供容错纠错的创新环境。建设北京国际大数据交易所，建立健全数据交易规则、安全保障体系和平台监管机制。探索建设隐私计算基础平台项目，以普惠金融、健康医疗、自动驾驶等场景应用为突破，进行垂直行业的数据供需对接，开展数据交易商业模式创新试点。

全面强化知识产权保护体系。推进本市知识产权相关立法，打通知识产权创造、运用、保护、管理、服务全链条，健全知识产权综合管理体制。支持企业加快海外知识产权布局。支持国家级知识产权交易机构建设，探索知识产权交易新模式。审慎规范探索知识产权证券化，促进知识产权市场化运营。

（二）深化政府科技管理改革

加快科技管理职能转变。切实把更多精力聚焦定战略、定方向、定政策和创造环境、搞好服务。进一步发挥社会主义市场经济条件下的新型举国体制优势。加强科技计划和政策的协调衔接。鼓励智库、协会、学会等社会组织力量参与创新治理，推进决策、监督、执行分离，提高决策科学化和民主化水平。

改进科技经费和项目管理方式。加快构建覆盖科技创新全过程的市级财政资金统筹机制。探索实行公开竞争、定向委托、“揭榜挂帅”等新型项目组织形式，加大对非共识项目的支持力度。在基础研究领域选择部分高校院所、医疗卫生机构，以及市自然科学基金试点开展科研项目经费“包干制”，赋予科研人员更大经费使用自主权。对试验设备依赖程度低的智力密集型科研项目，进一步提高间接费用核定比例和加大人员绩效支出激励。探索开展科研项目“里程碑”式管理试点，根据阶段性考核结果给予分阶段支持。

深化科研评价制度改革。坚持质量、绩效、贡献为核心的评价导向，全面准确反映成果创新水平、转化应用绩效和对经济社会发展的实际贡献。完善自由探索型和任务导向型科技项目分类评价制度。探索建立重大原创性、颠覆性、交叉学科创新项目的非常规评审机制和支持机制。健全科研事业单位绩效评价制度。

健全科技安全风险防范机制。坚持总体国家安全观，加强科技安全治理体系建设，完善科技安全预警监测机制，强化跨行业、跨部门科技安全风险联防联控，提高科技在重大安全事件中的应急反应能力。

（三）充分发挥金融对科技支撑作用

促进科技与金融深度融合。实施科技、金融与产业相融合的新机制。营造国际化的天使创投发展环境，做强北京科技创新基金，引导支持银行和保险、社保基金等长期资本参与科创企业投资，研究加大在税收奖励、风险补贴、份额转让与收益让渡等方面的支持力度，深入开展股权投资和创业投资份额转让试点，引导早期投资、硬科技投资和长期投资。探索并完善北京颠覆性技术创新基金新模式，形成支持颠覆性创新的稳定投入机制。建设高质量创业投资集聚区，积极吸引知名投资机构、被投企业、专业服务机构落户。

支持创新金融科技产品供给。支持科技信贷产品创新，探索建立符合科创小微企业特点的信用评估体系，引导银行、担保、保险机构等为科创企业提供低成本信贷融资产品。创新知识产权融资模式，加强投贷联动、投担联动、科技保险等金融服务模式创新。有效发挥资本市场作用，加强拟挂牌上市企业培育，支持科创企业发行上市、发债融资、并购重组。加快推进北京证券交易所建设。加强多层次资本市场间的互联互通。

积极推进金融科技创新试点。推进金融科技引领发展，支持金融科技底层关键技术创新，不断深化北京金融科技创新监管试点，积极开展金融科技场景示范应用，加快建设国家级金融科技与专业服务创新示范区。促进金融双向开放，深化中关村外债便利化试点，提高跨境资金流动自由度，逐步实现非金融企业外债项下完全可兑换。积极创建中关村科创金融试验区，探索完善金融支持创新体系，逐步形成与国际规则相衔接的金融制度和资金要素供给体系，打造首都特色的科创金融创新模式。

（四）优化惠及创新主体的营商环境

优化公平竞争市场秩序。对标国际营商环境，深入实施《北京市优化营商环境条例》，全面实施市场准入负面清单制度。完善公平竞争制度，发挥市场对技术研发方向、路线选择、要素价格、创新要素配置的导向作用。预防和制止排除、限制竞争的行为，维护公平公正、开放包容的创新发展环境，保障科技型中小微企业创新发展空间。

提升创新主体获得服务便利度。依托“两区”建设，优化创新环境，促进创新要素集聚。深化“放管服”改革，持续提升行政服务效能，打通科技政务服务办事堵点。深入推进“一网通办”，打造高效透明政务环境，实现科技型企业高频政务服务事项全覆盖，降低创新创业制度成本。实施敏捷治理，开展新技术、新产品、新模式、新业态包容审慎监管。

（五）加强科研诚信体系和作风学风建设

完善科研诚信体系建设。加快构建科学规范、激励有效、惩处有力的科研诚信制度规则。建立健全科研诚信承诺制、科研诚信案件调查处理、科研诚信信息记录、共享和联合惩戒等工作机制。建立健全以诚信为基础的科研活动管理和内控制度。广泛开展科研诚信宣讲教育和培训，使恪守诚信规范成为科技界共同理念和自觉行动。

推动科研作风学风持续改观。倡导学术民主，鼓励年轻人大胆提出学术观点，积极与学术权威交流对话。大胆突破不符合科技创新规律和人才成长规律的制度藩篱。前瞻研判科技发展带来的伦理挑战，完善伦理审查规则及监管框架，建立健全科技伦理治理体制。推动作风学风建设常态化、制度化。

弘扬和践行新时代科学家和企业家精神。弘扬“两弹一星”和探月精神，推动科学家精神宣讲进校园、进课堂。鼓励科技工作者发扬爱国精神、创新精神、求实精神、奉献精神、协同精神，以及甘为人梯、奖掖后学的育人精神。支持培育一批“产业报国、包容失败、勇于创新”的企业家队伍。

十一、保障措施

（一）组织保障

加强党对北京国际科技创新中心建设的领导。在北京推进科技创新中心建设办公室“一处七办”机制下，推进跨层级、跨领域重大改革、重大项目、重大任务统筹实施。发挥市科技领导小组作用，加强对在京相关机构建设和保障工作的统筹协调。统筹推进本规划和国际科技创新中心建设战略行动计划、中关村国家自主创新示范区发展建设规划落实。成立北京科技战略决策咨询委员会，建立开放多元、广泛参与的科技战略决策咨询机制。

（二）政策保障

加强顶层制度设计，加快形成更有竞争力的国际科技创新中心建设创新政策体系。建立健全政策实施效果整体性评价制度，支持创新主体常态化全程参与政策制定，提升创新政策科学性、时效性和协同性。健全创新政策落实机制，打通政策落地“最后一公里”，切实提高创新主体获得感。

（三）条件保障

加强部市财政资金科技投入联动机制，积极争取重大科技项目、重大科技基础设施等国家创新项目在京落地。加大市级财政资金投入力度，重点支持规划涉及的重大平台、重大工程、重大项目落地实施。支持企业出资与市级财政资金联合设立科技项目，鼓励非政府引导基金出资的社会私募基金投资本市科技创新项目。探索重大科技创新项目“一事一议”支持机制。强化国际科技创新中心网络服务平台建设。加强土地和空间资源支撑力度，为重大科技项目提供保障。

（四）组织实施

建立协同推进机制，制定规划任务实施方案，分解规划目标和任务，明确责任和时间安排。建立规划动态调整机制，若规划实施推进过程中确有不可抗力等因素，允许动态调整。建立规划监测评估机制，开展规划实施情况动态监测和规划实施中期、末期第三方评估，将规划实施评估作为规划调整和制定新一轮规划的依据。建立规划实施督查机制，定期向社会公布规划实施完成情况。广泛开展规划宣传，让规划目标任务深入人心，凝聚各方力量积极参与规划实施。

专文

坚持走科技自立自强之路

许 强

习近平总书记强调指出，中国要强盛、要复兴，就一定要大力发展科学技术，努力成为世界主要科学中心和创新高地。这是习近平总书记站在党和国家事业发展全局的战略高度，把握世界发展大势、立足当前、着眼长远做出的重大战略部署，为北京坚定不移下好创新“先手棋”，落好国际科技创新中心建设这关键“第一子”指明了前进方向、提供了根本遵循。

锚定挺进世界科技强国的宏伟目标

科技兴则民族兴，科技强则国家强。历史经验表明，科技实力决定着各国各民族的前途命运。

党中央历来高度重视科技创新，把握我国科技创新方向，在每一个关键时期都做出科技创新重大战略部署。从“欢迎一切科学技术人才来边区”到“向科学进军”，从“科教兴国”到“建设创新型国家”，从“科学技术是第一生产力”到“创新是引领发展的第一动力”，党对科技创新的前瞻性思考、全局性谋划、战略性布局和整体性推进，推动我国实现了从赶上时代到引领时代的伟大跨越。

延安时期，党中央就十分重视科学技术，“虔诚欢迎一切科学技术人才来边区”，制定了团结、重视知识分子的政策，在陕甘宁边区施政纲领中明确规定“奖励自由研究，尊重知识分子，提倡科学知识”，把科技教育、科技研究和经济建设密切结合，“三位一体”发展科学技术。党的科技思想和“艰苦奋斗、自力更生”的延安精神，推动产生了许多科技成果，解决了当时抗战和边区建设急需，也对此后我国科技事业发展产生了深远影响。

新中国成立之后，党中央发出“向科学进军”的伟大号召，制定我国第一个科学技术长远规划，招募知识分子回国效力，奠定了我国在原子能、半导体、自动化、计算技术、航空和火箭技术等新兴科学技术领域的基础，特别是以“两弹一星”为代表的科研精神，为我国科技事业发展注入了自强的灵魂。

改革开放为科学带来了春天。党中央召开全国科学大会，明确提出“现代化的关键是科学技术现代化”，重申“科学技术是生产力”。此后，党中央提出“经济建设必须依靠科学技术，科学技术工作必须面向经济建设”的科技工作基本方针，发布《关于科学技术体制改革的决定》，确立“发展高科技，实现产业化”的目标，科技逐步进入经济建设主战场。北京以中关村为代表，得风气之先、勇立潮头，率先迈出科技领域向市场转型的改革第一步，成为我国创新驱动发展的一面旗帜。

党的十八大以来，以习近平同志为核心的党中央把创新摆在国家发展全局的核心位置，发出了“建设世界科技强国”的动员令，实现了创新驱动发展战略的顶层设计和系统布局。我国科技战线充分发挥新型举国体制优势，密集发力、加速跨越，实现了历史性、整体性、格局性重大变化，天宫、蛟龙、天眼、悟空、墨子、大飞机、高铁、北斗等一大批标志性、引领性重大创新成果竞相涌现，一些前沿领域开始进入并跑、领跑阶段，科技实力正在从量的积累迈向质的飞跃，从点的突破迈向系统能力提升。

如今，我国稳居世界第二大经济体，创新能力在全球 131 个经济体中的排名升至第 14 位。习近平总书记指出，我们比历史上任何时期都更接近中华民族伟大复兴的目标，我们比历史上任何时期都更需要建设世界科技强国。党的十九届五中全会强调把科技自立自强作为国家发展的战略支撑，这是党和国家立足“两个大局”，主动求变识变应变、因时因势而动的又一重大历史性战略选择。

把握世界主要科学中心和创新高地的深刻内涵

树高叶茂，系于根深。科学中心，是科学研究活动纵深发展和地理扩散的核心，是能够集聚科学研究资源，持续产出高水平科学研究成果、辐射和影响周边地区乃至全球科学发展，引领全球科学探索的地区。北京作为我国科技基础最为雄厚、创新资源最为集聚、创新主体最为活跃的地区，最有优势率先成为世界主要科学中心。北京拥有 90 多所大学、1000 多家科研院所，有全国近一半的两院院士。《全球科技创新中心指数 2020》显示，北京已建成大科学设施数量居全球第三，超算中心 500 强数量居全球第一，科研机构指标全球第二，正在进入全球科学中心行列。北京科研成果丰硕，每年的国家科技奖励一等奖和中国十大科技进展中，一半来自北京，科研产出连续 3 年蝉联《自然》全球科研城市首位。新冠肺炎疫情暴发以来，北京在疫苗、检测试剂和抗体药物研发等方面都走在了世界的前列。但是，不可否认北京科技基础与硅谷、纽约等地区和城市相比还有差距。世界一流大学、顶级科技奖项获奖人数、学科领域前 1% 的高被引论文数量需要再上新台阶。北京建设世界主要科学中心，应厚植科学基础，面向世界科技前沿，提升原始创新能力，努力抢占基础前沿、战略高技术、关键核心共性技术领先地位。

力，形之所以奋也。创新高地，是集聚世界一流创新型企业、先进制造业和生产性服务业，为全球市场提供技术供给和持续推动力，引领全球产业创新升级和世界经济可持续发展的创新经济发展高地。北京作为全国创新驱动发展的前沿阵地，科技创新对经济发展起到了关键支撑作用。北京地区生产总值实现高速增长，研发投入强度、研发人员数量居全球前列，人工智能领域优势尤为显著，有效发明专利数居全球首位；数字经济生机勃发，占地区生产总值比重达到 38%，居全国前列。北京拥有近 3 万家国家高新技术企业，新经济增加值占地区生产总值的比重超过 1/3，中关村示范区高新技术企业总收入约占全国高新区的 1/6，已经成为全国创新创业的风向标。与东京、硅谷等世界主要创新城市和地区相比，仍然有一定的差距。新产品开发能力不足，新产品销售收入与粤港澳大湾区相比存在较大差距。产业结构不平衡，先进制造业欠缺，产业链布局亟待加强。北京建设创新高地，要坚持创新是第一动力，通过补短板、挖潜力、增优势，推动产业链再造和价值链提升；推进 5G、大数据、人工智能同实体经济深度融合，做大做强数字经济；以智能制造为主攻方向推动产业技术变革和优化升级，推动制造业产业模式和企业形态根本性转变，促进产业迈向全球价值链中高端。

聚天下英才而用之。成为世界主要科学中心和创新高地，必须有良好的创新生态，通过多元创新主体的协作和相互支持，形成治理良好、动态演化的生态系统，各类人才、技术、资本和数据等创新要素自由流动，促进区域科学研究和创新经济发展。北京创新生态充满活力，资本活跃度高，初创企业发展活力强，获得风险投资和私募股权投资总额仅次于硅谷，连续 2 年位居全球独角兽城市榜单首位。中关村先行先试各项改革举措有力激发了创新主体活力。优化营商环境北京经验获国务院表彰并在全国复制推广，在世界营商环境中排名稳步提升。但是，北京的创新生态还存在诸多短板，人才国际化不足，人才服务能力尚需提升，针对国际人才的住房、教育、医疗、娱乐等配套服务，满足外籍人才多元文化需求的公共服务配套设施需要加快完善。在包容开放的投资环境、提质降本的产业环境、公平普惠的政策环境、宽容失败的创新环境营造上仍需持续发力。北京打造世界一流创新生态，要通过深化改革激发创新活力，让市场真正在创新资源配置中起决定性作用；加快形成独具魅力的人才发展生态环境，培养和吸引一大批优秀人才来京干事创业；要提升国际化开放合作水平，最大限度用好全球创新资源，提高在全球科技治理中的影响力和规则制定能力。

打造世界主要科学中心和创新高地北京样板

党的十八大以来，习近平总书记先后 9 次视察北京，14 次对北京发表重要讲话，为北京明确战略定位，指引发展方向，提出战略要求。北京市深入贯彻落实习近平总书记系列重要指示精神，率先出征，争做示范，敢当先锋，肩负起建设世界主要科学中心和创新高地的战略使命，坚定不移加强国际科技创新中心建设，取得显著成效。

“十四五”规划明确提出“支持北京、上海、粤港澳大湾区形成国际科技创新中心”。从“全国科技创新中心”到“国际科技创新中心”，一字之差，意味着要求更高、任务更重、责任更大。市委书记蔡奇提出北京要立足自身资源禀赋，在紧要处落好“子”，率先探索构建新发展格局的有效路径。国际科技创新中心建设作为“五子”之首，将放眼“十四五”以及更长远的未来，胸怀“两个大局”，与“两区”建设、数字经济、以供给侧结构性改革引领和创造新需求、京津冀协同发展“五子”联动，瞄准世界主要科学中心和创新高地的目标，扛起国之大者的责任，担负起国之大者的使命。

2021 年年初，北京市、科技部与国家发展改革委等 21 个部门，共同谋划提出《“十四五”北京国际科技创新中心建设战略行动计划》，形成系统性、整体性、协同性设计和安排。围绕“筑根基、建优势、转范式、促联动、强协同和优生态”，战略部署推进六大工程，力争到 2025 年，北京国际科技创新中心基本形成。到 2035 年，北京国际科技创新中心创新力、竞争力、辐射力全球领先，形成国际人才的高地，切实支撑我国建设科技强国。

立足科技自立自强，服务国家战略与产业、科技安全，更加强化国家战略科技力量，实施国家战略科技力量创建工程。加速国家实验室培育建设，推进在京国家重点实验室体系化发展，加速怀柔综合性国家科学中心建设，培育一批新型研发机构，打造形成战略科技力量，有序推进创新攻关的“揭榜挂帅”体制机制。

立足支撑构建新发展格局，更加突出前沿技术引领和关键核心技术自主可控，实施重点跨越工程。聚焦战略长板，推动人工智能、量子信息等优势领域率先占据制高点；聚焦关键核心技术攻关，推动集成电路产研一体、关键新材料、关键零部件和高端仪器设备等方向突破瓶颈，加快实现换道超车。

立足创新范式变革，更加畅通基础研究与产业发展融合，实施创新范式优化工程。加快建设集成电路试验线平台，搭建未来智能系统、区块链、车联网等领域平台，加速创新范式转变，切实解决基础研究与产业脱节问题。

立足“三链”联动，更加注重场景驱动和万亿级的产业集群培育，实施创新链、产业链、供应链“三链”联动工程。以智慧城市为核心，加快布局全域应用场景建设，推进新型基础设施建设。围绕智能制造、大健康和绿色智慧能源领域，构建新的万亿级产业集群。

立足非首都功能有序疏解，释放京津冀协同创新巨大潜力，实施京津冀产业驱动工程。支持北京企业参与津冀传统行业转型升级。推动北京城市副中心技术创新，形成应用场景支撑前沿技术迭代升级、津冀落地转化的联动机制。建设京津冀国家技术创新中心，打造京津冀产业合作新平台。

立足“有效市场”和“有为政府”，更加聚力创新生态营造和全球创新资源集聚，实施创新生态提升工程。发挥好中关村国家自主创新示范区、国家服务业扩大开放综合示范区和中国（北京）自由贸易试验区的政策叠加优势，加快形成多层次创新人才梯队，激发人才创新活力，进一步优化科研环境和创新文化氛围，加快打造公平、公正、便利的创新环境。

站在新的历史起点，北京要牢牢把握国际科技创新中心这一战略定位，贯彻新发展理念、构建新发展格局，锚定世界主要科学中心和创新高地的宏伟目标，把握大势、抢占先机，直面问题、迎难而上，瞄准世界科技前沿，引领科技发展方向，肩负起历史赋予的重任，勇做新时代科技创新的排头兵，为建设创新型国家和世界科技强国做出更大贡献。

（《前线》2021 年第 6 期）

奋力谱华章 迈向新征程

——党领导下的北京科技创新担当

2021年是中国共产党成立100周年。在革命、建设、改革各个历史时期，我们党都高度重视科技事业。从“向科学进军”到“科学技术是第一生产力”，从科教兴国战略到全面实施创新驱动发展战略，体现了党领导我国科技事业的清晰脉络和坚实足迹。

砥砺前行，奋力谱华章。在党的领导下，北京科技战线始终同我国科技事业发展紧密相连、同频共振。从新中国建立伊始构建“五路”科技力量，到改革开放后中关村的兴起，再到党的十八大后加快建设全国科技创新中心、党的十九届五中全会后建设国际科技创新中心，北京发挥了重要的示范引领和辐射带动作用，为我国科技创新发展做出了重大贡献。

落实党的科技创新战略

新中国成立以来，党中央在我国科技事业发展的每一个关键节点都做出重大战略部署。北京市率先响应，从集聚科技资源、建立首都科研体系和管理体系，到向市场转型、建设全国第一个高新区——中关村，再到向国际对标、建设科技创新中心，成为贯彻和践行党中央科技战略的先行军。

初生的新中国，百废待兴。作为中华民族科技文化的发祥地之一，北京按照新中国发展的总体布局，积极响应党中央“向科学进军”的号召，广泛团结科技力量，一手抓工业建设，一手抓科技创新，构建并逐步完善工作体系，探索科技发展有效模式，率先开启了中国科技事业新篇章。

从新中国成立到1976年，首都的科技事业在接管、调整原有科技研究单位的基础上，以中国科学院、国务院各部委科研机构、高等院校、北京市属科研机构、国防工业系统在京布局建设的科研机构等“五路”科技力量，在北京完成布局，形成了初步完善的科研体系。

随着“五路”科技力量在京“会师”，北京的科技管理体系也逐步完善起来。1958年10月，北京市科学技术委员会成立，主管全市科学技术工作。

40年前，改革开放带来了“科学的春天”。北京认真贯彻落实全国科学大会精神，紧抓实施“科教兴国”战略和发展“首都经济”的重大机遇，大力促进科技和经济结合，建设全国第一个高新区——中关村，助推高新技术及其产业发展，构筑首都区域创新体系，推动首都经济社会全面、协调和可持续发展。

2009年，北京市委、市政府发布《“科技北京”行动计划（2009—2012年）——促进自主创新行动》，提出实施“2012科技北京建设工程”，努力把北京建设成为我国创新发展的核心引领区和具有全球影响力的科技创新中心。

党的十八大开启了北京建设科技创新中心的新阶段。2013年9月，习近平总书记率领中央政治局到中关村举行集体学习时，要求中关村加快向具有全球影响力的科技创新中心进军。2014年和2017年，习近平总书记两次视察北京，明确了北京全国科技创新中心的城市战略定位，特别强调北京最大的优势在科技和人才。

北京作为全国第一个减量发展的城市，以习近平总书记讲话为根本遵循，坚持创新发展是出路而且是唯一出路，在紧要处落好“五子”，凝聚部市、央地以及全社会力量，以“三城一区”为主平台，以中关村国家自主创新示范区为主阵地，全力推进科技创新中心建设，累计推进882项重点项目和任务落地。经过“十三五”时期的不懈努力，北京科技创新中心建设迈上新台阶，取得了重要进展，为国际科技创新中心建设奠定了扎实基础。

探索科技体制改革的新路子

改革开放是决定当代中国命运的关键一招。改革开放以来，北京以中关村、科技创新中心建设为抓手，率先实施科技体制改革。一系列体制机制改革和政策创新，使北京形成了源头创新、科技研发、成果转移转化、成果使用和再创新的链条和体系。

1988 年，我国第一个高新区——北京市新技术产业开发试验区（中关村科技园区的前身）成立。“试验”二字，表明了中关村肩负的改革创新和试点试验任务。

在党和政府的支持下，一代代改革者、创新者持续不懈努力，中关村科技体制机制改革不断取得突破，产生了无数个“第一”，全国第一个明示“法无明文禁止皆可为”的科技园区条例，全国第一个民营高科技企业，全国第一家不核定经营范围的企业，第一家有限合伙制企业投资机构，第一家科技成果占注册资本 100% 的企业……都在中关村诞生，中关村成为科技创新出发地、原始创新策源地、自主创新主阵地。

当前，新一轮科技革命和产业变革突飞猛进。北京作为首都，科技智力资源丰富，有基础、有条件，更有责任在科技体制改革探索方面勇立潮头。

在党中央、国务院的坚强领导下，北京推进科技创新中心建设办公室强化顶层设计，完成科技创新中心建设“三张图”：“设计图”，即《北京加强全国科技创新中心建设总体方案》；“架构图”，即北京市和科技部等 10 个国家有关部门、单位组成北京办公室，形成“双主任”机制；“施工图”，即《北京加强全国科技创新中心建设重点任务实施方案》、28 个监测评价指标。以此为抓手，全力推进科技创新中心建设。

在主平台上，北京全力建设“三城一区”。聚焦中关村科学城，建设原始创新策源地和自主创新主阵地。突破怀柔科学城，建设世界级原始创新承载区。搞活未来科学城，打造全球领先的技术创新高地。升级北京经济技术开发区，打造高精尖主阵地。

在政策上，北京深入实施“1+6”“新四条”等一系列中关村先行先试政策，实施科技成果“三权”改革、公司型创投企业所得税等政策。深化科技奖励制度改革，出台科研项目和经费管理 28 条、“科创 30 条”、促进科技成果转化条例、支持建设新型研发机构实施办法、优化营商环境条例等一系列法规政策。

改革的持续推进，塑造了北京良好的环境。连续 2 年，北京排名中国营商环境评价第一。世界银行《全球营商环境报告 2020》显示，北京营商环境分值相当于名列全球第 28 位，为我国营商环境排名大幅提升做出积极贡献。

聚天下英才，筑全球人才高地

创新驱动发展，人才决定未来。北京努力打造更加适合人才创新和发展的环境，吸引更多顶尖人才及团队来京创新创业。依托科研院所、高科技企业，用事业和平台吸引人、留住人、用好人。加快政府职能由研发管理向创新服务转变，为科研人员“松绑减负”，使北京成为全球人才高地。

如果绘制一张全球科技创新创业人才流入的热力图，颜色越深代表吸引的人才越多，人们会发现，在亚洲东部有一片颜色很深的区域。这个区域就是中国北京，北京就像一个强大的磁场，吸引全球的科技创新创业人才来到这里追梦圆梦。

这股热力图的第一个高峰，始于新中国成立之初。1950 年前后，李四光、华罗庚、程开甲、赵忠尧、王淦昌等一批科学家和学者，毅然放弃国外的优裕条件，回到北京参与新中国建设。到 1950 年底，从国外回到北京的专家超过 1800 名。

改革开放后，以陈春先、柳传志为代表的中国科学院科研人员，走出“象牙塔”，创办旨在将科研成果转化为现实生产力的科技型企业，打造了联想和“两通两海”等标杆性企业。互联网时代，以张朝阳、李彦宏为代表的领军人才，创办了搜狐、百度等时代性公司；移动互联网时代，以雷军、刘强东等为代表的企业家，锻造了小米、京东等新潮流企业。近年来，人工智能、生物医药产业不断发展壮大，印奇、余凯、王晓东、施一公等在北京创办了旷视、地平线、百济神州、诺诚健华等明星企业。

为了给人才创造良好的环境，近年来北京在国际科技创新中心建设中，坚持以服务科研人员为中心的改革导向，着力打造一支懂科技、敢创新、爱奋斗的创新发展战斗队。具体来说，一是简化程序做减法，从减表、减帽子、减财务程序、减检查审计等多方面为科研人员“松绑解困”。二是提升效能做加法，通过搭建高能级创新平台为科技创新赋能加速，集聚了薛其坤、王中林、丘成桐等一批世界顶尖人才。

如今，全国40%的“两院”院士和数以十万计的科学家、工程师云集北京，奋力攀登自主创新的科技高峰；1万名外籍人才和2万余名海外留学人才荟萃，在北京创新创业、筑梦圆梦。在这里，企业家、科学家、投资人和各类专业服务人才各展其长、优势互补，汇聚成科技创新创业的强大合力。

攻克核心技术，推进自立自强

核心技术是买不来的。作为首都，北京发挥科技和人才优势，按照“四个面向”战略方向，部署推进科技创新重大任务，推动关键核心技术攻关，攻克“卡脖子”问题，推进高水平科技自立自强。

第一座现代化电子管厂、第一台内燃电动机车、第一台通用数字电子计算机、第一个人工合成的蛋白质——牛胰岛素、第一台实验室注水反应堆、第一台回旋加速器……

北京历史上取得的多项“第一”，彰显了北京科技创新的实力和能力。

早在1956年，我国第一座现代化电子管厂——北京电子管厂建成投产，这是中国第一个生产半导体器件的企业。

1971年，中国中医研究院屠呦呦团队第一次发现青蒿素，在有效降低疟疾患者的死亡率方面做出了重大突破，也为中西医结合、合成设计新药指出了方向。这也是我国获得科学类诺贝尔奖的唯一成果。

党的十八大以来，北京始终坚持创新在现代化建设全局中的核心地位，按照“四个面向”要求，积极支持开展数学、物理、生命科学等领域自主探索。在机制上，北京积极部署“揭榜挂帅”等制度，推动核心技术攻关。在平台上，北京加快推进国家实验室在京落地，建设了量子信息研究院、脑科学中心、智源研究院等一批新型研发机构，成效显著。在投入上，北京研发经费投入强度始终保持全国首位，科技创新对经济增长的贡献率超过60%。

这种大力度的支持和投入，取得了显著的成绩。截至2020年，北京累计获得国家科技奖奖项占全国30%左右；每万人发明专利拥有量是全国平均水平的10倍，实现翻番。马约拉纳任意子、新型基因编辑技术、“天机芯”、量子直接通信样机、全球首款商用“深度学习”神经网络处理器芯片、首次观测到量子反常霍尔效应——近年来北京涌现的一批世界级重大原创成果，是北京国际科技创新中心建设交出的亮眼答卷。

2020年初，面对突如其来的新冠肺炎疫情，科技成为最有效的武器。北京发挥社会主义市场经济条件下新型举国体制优势，组织优势力量开展疫苗、诊断试剂、药物研发攻关，疫苗研发始终处于国际第一梯队，为科技抗疫贡献北京力量。

以全球视野谋划推进科技创新

推进科技创新，要善于利用国内国际两种资源。北京发挥首都和国际交往中心优势，对接国内国际两种资源，落实京津冀协同发展战略，链接全球高端研发资源，打造形成中关村论坛等国际品牌活动。

近年来，北京扎实推动京津冀科技合作。充分发挥北京“一核”作用，推动雄安新区与城市副中心两翼联动。统筹推进雄安新区中关村科技园、天津滨海－中关村科技园规划建设，打造京津冀协同产业链，引导产业有序转移和承接。

北京依托科技条件平台、技术市场等渠道作用，通过资源共享和技术输出辐射带动全国创新发展，发挥在全国创新发展中“领头雁”作用。2020年，全市技术合同成交额达6313.2亿元，是2014年的2倍，位列全国第一。5年来向津冀输出技术合同成交额实现翻番，是2014年的2.53倍。

近年来，北京积极以全球视野谋划和推动科技创新，研究制定“一带一路”科技创新北京行动计划，全方位加强国际科技创新合作。坚持“引进来、走出去”，支持企业建立海外研发中心，深度参与国际标准制定，主动融入全球科技创新网络。瞄准世界科技前沿，积极提出并牵头组织国际大科学计划和大科学工程，不断增强北京在全球科技竞争中的影响力和话语权。吸引苹果等一批跨国巨头在京设立研发机构，北京成为这些跨国科技企业在国际布局的重要节点。

自2007年起，中关村论坛以“创新与发展”为永久主题，已经举办11届。全球顶尖科学家、领军企业家、新锐创业者等共同参与，产生思想碰撞和深度思考，逐渐使论坛成为集科技交流和创新成果展示、发布、交易于一体的国际化科技创新交流合作平台。

近两年来，北京以自由贸易试验区、国家服务业扩大开放综合示范区“两区”建设为契机，以中关村论坛、跨国技术转移大会、北京－特拉维夫创新大会等为平台，广邀国际科技人才，纵论科技发展之道，成为北京凝聚国际共识、参与全球合作、彰显北京创新实力的重要舞台。

施普林格·自然与清华大学联合发布的《全球科技创新中心指数2020》显示，北京在全球科技创新中心中位列第五，世界知识产权组织《全球创新指数2020》显示，北京位列全球科技集群第4位，初步成为具有全球影响力的科技创新中心。

步月登云鸿鹄志。站在“两个一百年”奋斗目标的历史交汇点上，作为伟大社会主义祖国的首都，北京有信心、有责任、更有底气。北京将更加紧密地团结在以习近平同志为核心的党中央周围，坚持以习近平新时代中国特色社会主义思想为指导，不忘初心、牢记使命，以更大的决心和担当推进国际科技创新中心建设，为科技强国建设做出更大的贡献。

（《北京日报》 2021年07月01日 专版）

持续强化科技创新核心地位

——专访北京市副市长靳伟

杨学聪　韩秉志

日前，《经济日报》聚焦北京市海淀区加快建设北京国际科技创新中心核心区的实践探索，刊发了长篇调研报道《中关村新传》，引发热烈反响。就北京如何持续强化科技创新核心地位等有关问题，经济日报记者专访了北京市副市长靳伟。

记者：从建设全国科技创新中心到定位国际科技创新中心，近几年来，北京市在科技创新方面进行了哪些有益探索？取得了哪些进展？

靳伟：近年来，北京市委、市政府深入学习贯彻落实习近平总书记关于科技创新的重要论述和对北京工作的重要指示，坚持把科技创新作为提高社会生产力和综合国力的战略支撑，聚焦“三城一区”主平台，深耕中关村改革“试验田”，积极搭平台、建机制、出政策、优服务，创新支撑能力不断提升，创新环境持续优化，科创中心建设取得一系列重要进展。

一是系统推进主阵地主平台建设。统筹“三城一区”主平台和中关村国家自主创新示范区主阵地建设，完成新一轮规划设计，发展目标更加聚焦、发展活力持续增强，“三城一区”以不足6%的土地面积贡献了1/3的地区生产总值，为服务北京国际科技创新中心建设注入强大动力。

二是持续强化自主创新。持续加大研发投入力度，前瞻部署基础研究，加强关键核心技术攻关。

全市研发投入强度和万人发明专利拥有量稳居全国第一，涌现出马约拉纳任意子等一批世界级重大原创成果，原始创新策源能力进一步加强。此次疫情防控中，新冠病毒疫苗、中和抗体药物、诊断试剂等多由北京研发完成。

三是全面提速国家战略科技力量建设。集聚国际国内优质创新资源，举全市之力，筹建国家实验室。昌平国家实验室已挂牌运行，中关村、怀柔国家实验室具备挂牌条件，怀柔综合性国家科学中心建设进入快车道，设立一批前沿领域新型研发机构，规划建设5个大科学装置和13个交叉研究平台，形成一批引领原始创新的战略科技力量。

四是不断优化创新创业生态。持续深化改革，激发创新资源活力，先后制定实施促进科技成果转化条例、科研管理28条、“科创30条”、国际人才20条、高精尖产业“10+3”等政策。发布3批60项重大应用场景，VC和PE投资额仅次于硅谷，居世界第二，独角兽企业93家，居全球首位，全社会爱科技、懂创新、会服务的氛围更加浓厚。

五是大力改善经济发展质量和效益。深入推进供给侧结构性改革，以科技创新推动高质量发展。持续发挥新一代信息技术和医药健康产业双引擎作用，数字经济占GDP比重超过38%，新经济行业上市企业营业收入居全球第4位，高技术制造业企业市值居全球第5位，高精尖经济结构加快构建。

记者：相较于上海和粤港澳大湾区，北京国际科技创新中心建设有哪些特点？承担着哪些具体任务？

靳伟：支持北京、上海、粤港澳大湾区形成国际科技创新中心，是中央立足新发展阶段、贯彻新发展理念、构建新发展格局做出的重要战略布局。三大中心在服务国家科技自立自强、支撑创新型国家建设中，被共同赋予政策制度创新“领头雁”、科技创新重要策源地、引领高质量发展的动力源等重要使命。

近年来，我们围绕建设全国科技创新中心，着力增强原始创新能力、推动科技与经济结合、构建区域创新共同体、加强科技创新合作、深化改革，为建设国际科技创新中心奠定了坚实基础。一是创新资源高度集聚，拥有90多所高校，在校师生近100万人，聚集全国一半的顶尖学科和两院院士，每1万名就业人员中有研发人员185人，与发达国家水平相当，研发投入强度一直保持在6%以上，处在世界领先水平。二是原始创新能力突出，科研产出连续3年在《自然》杂志“自然指数－科研城市”排名中雄踞榜首，在中国领跑世界的技术成果中北京占比过半。三是对接国家任务基础雄厚，承担国家重大科技任务的项目数和经费投入均居全国首位，国家实验室、国家重点实验室、国家重大科技基础设施均占全国的1/3。四是开放创新体系完善，通过“两区”建设更开放的政策环境，逐步与国际先进体制接轨，国际交往密切，中关村论坛成为全球创新思想、创新理念的交流平台。北京在《全球科技创新中心指数2020》开放与合作一项世界排名第四。

在建设国际科技创新中心、支撑我国科技强国建设中，北京将重点抓好六大战略任务。一是立足支撑构建新发展格局，更加突出前沿技术引领和关键核心技术自主可控。二是立足科技自立自强，服务国家战略与产业、科技安全，更加强化国家战略科技力量。三是立足“有效市场”和“有为政府”，更加聚力创新生态营造和全球创新资源集聚。四是立足创新范式变革，更加畅通基础研究与产业发展融合。五是立足“三链”联动，更加注重场景驱动和万亿级产业集群培育。六是立足非首都功能有序疏解，更加注重释放京津冀协同创新巨大潜力。

记者：在建设科创中心过程中，“三城一区”承担着怎样的职责和使命？

靳伟：北京紧紧围绕聚焦、突破、搞活、升级，大力度推动“三城一区”融合发展，高质量打造科技创新中心主平台。

中关村一直是北京科技创新的一面旗帜。中关村科学城要聚焦科技创新出发地、原始创新策源地和自主创新主阵地建设，系统布局基础前沿和关键核心技术攻关，集聚全球高端创新要素，建设中关村国家实验室、京津冀国家技术创新中心、新型研发机构，形成一批具有全球影响力的创新型领军企业、技术创新中心、原创成果和国际标准，努力率先建成国际一流科学城。

怀柔科学城围绕战略性创新突破，以建设怀柔综合性科学中心为重中之重，体系化布局和建设一批重大科技设施平台集群和重大科技研发平台，建设怀柔国家实验室，强化创新要素集聚，构建与科学融合共生的现代化城市，打造与国家战略需要相匹配的世界级原始创新承载区。

未来科学城围绕搞活“两谷一园”，聚焦生命科学和先进能源，加强东西联动，建设昌平国家实验室，加快生命科学和医药健康领域技术创新突破，形成国家级的能源产业发展战略支撑点和医药健康产业发展增长极，打造全球领先的技术创新高地、协同创新先行区、创新创业示范城。

经开区围绕产业升级，积极承接三大科学城及国际重大创新成果落地，培育壮大新一代信息技术等主导产业，推动集成电路全产业链自主可控，加强区域协同联动，打造高精尖产业主阵地和成果转化示范区。

记者：今年是“十四五”开局之年。在新的征程上，北京如何加快国际科技创新中心建设？将在哪些方面谋求突破？

靳伟：今年是中国共产党成立 100 周年，是我国现代化建设进程中具有特殊重要性的一年。站在新的历史起点，北京将坚持以习近平新时代中国特色社会主义思想为指引，继续强化科技创新核心地位，围绕“数字智能技术－数字智能经济－数字智能社会－数字智能城市”主线，加快推动国际科技创新中心建设。

一是着力打造国家战略科技力量。全力做好三个国家实验室建设和配套服务，加快建设各类创新平台和新型研发机构。强化企业创新主体地位，超前谋划重点领域战略布局，着力推动区块链、量子、人工智能、生命科技等前沿关键核心技术联合攻关取得突破。

二是更大力度推动“三城一区”融合发展。中关村科学城要做强战略长板，提升基础研究和战略前沿高技术研发能力。怀柔科学城要推进大科学装置和交叉研究平台建设运行，形成国家重大科技基础设施群。未来科学城要不断推进“两谷一园”建设，深入实施生命技术赶超工程，促进国际先进能源产业集聚。经开区重在推动重大科技成果转化项目落地。

三是建设国际一流人才高地。围绕创新链与产业链，进一步强化对专业化人才的引进培养，以更大力度吸引国际高层次人才落户，加快形成多层次创新人才梯队。同时，抓好国际人才社区、国际学校、国际医院建设，构建国际化科研环境和生活环境。

四是持续优化创新创业生态。围绕科研管理体制机制、国家实验室建设、科技园区体制机制等方面，继续深化改革。落实落细已有各项政策，推行“揭榜挂帅”等新型科研组织方式。加强知识产权创造、保护和运用，提升知识产权交易中心能级。促进政产学研用深度融合，建立健全军民融合创新体系。支持在京高校和科研机构发起和参与全球重大科学计划，加强国际科技交流合作。

（《经济日报》2021 年 7 月 14 日）

大事记

1月

4日，北京智源人工智能研究院发布《2021年人工智能十大技术趋势报告》。

5日，2021年全国科技工作会议在京召开，科技部部长王志刚做工作报告。

6日，中关村管委会印发《关于进一步加强中关村海外人才创业园建设的意见》。

8日，市科委发布《加快科技创新推动国家服务业扩大开放综合示范区和中国（北京）自由贸易试验区建设的工作方案》。

20日，《"十四五"北京国际科技创新中心建设战略行动计划》在京发布。

是日，市经济和信息化局授予百度在线网络技术（北京）有限公司"北京市人工智能产业创新应用平台（百度飞桨）"资质，为北京市首个人工智能产业方向创新应用平台。

22日，中国科学院科技战略咨询研究院在京发布《2020全球城市基础前沿研究监测指数》。

27日，北京微芯区块链与边缘计算研究院、清华大学、北京航空航天大学等单位共同研发的中国首个自主可控区块链软硬件技术体系——长安链软硬件技术体系在京发布。

28日，中国首个可再生能源"碳中和"智慧园区认证仪式在北京经济技术开发区举行。

2月

1日，由北京技术市场管理办公室等8家单位共同起草的全国首个技术转移服务人员能力建设地方标准《技术转移服务人员能力规范》发布。

5日，国家药监局批准北京科兴中维生物技术有限公司研制的新型冠状病毒灭活疫苗克尔来福在国内附条件上市。

8日，创客天下（北京）科技发展有限公司等单位联合成立中关村机器人产业创新中心。

23日，中国科学院过程工程研究所、中国石化集团北京燕山石油化工有限公司、中国石化工程建设有限公司（SEI）联合成立碳中和绿色技术联合研发中心。

25日，北京量子信息科学研究院在京召开第一届理事会第五次会议，聘任中国科学院院士、中国科学院物理研究所研究员向涛为联合院长。

26日，汽车半导体供需对接专题研讨会暨《汽车半导体供需对接手册》发布活动在京举行。

27日，首届全国机器人竞技大赛冰雪全明星挑战赛在八达岭滑雪场举行。

3月

1日，北京微芯区块链与边缘计算研究院与中国人民银行数字货币研究所正式签署战略合作协议，双方将基于国内首个自主可控的区块链软硬件技术体系长安链，推进数字人民币企业应用。

3日，市科委、中关村管委会印发《关于贯彻落实〈促进科技成果转化条例〉加快推进北京市科技成果转化的工作方案（2021—2023年）》和《2021年重点任务清单》。

8日，中国科学院物理研究所综合极端条件实验装置项目的低温液氦系统在怀柔科学城建成并生产出液氦，标志着中国科学院物理研究所怀柔园区的低温保障系统全部建成并进入使用状态。

是日，北京智源人工智能研究院发布《2020年人工智能的认知神经基础白皮书》。

11日，市科委、中关村管委会印发《北京市科技成果信息系统管理和使用办法》。

12日，根据北京市第十五届人民代表大会常务委员会第二十九次会议通过的《关于修改部分地方性法规的决定》，对《北京市技术市场条例》的第二、八、十六、十九等部分条款进行修正，对《北京市专利保护与促进条例》的第十、十九、二十等部分条款进行修正。

15日，市科委、中关村管委会印发《关于建立实施中关村知识产权质押融资成本分担和风险补偿机制的若干措施》。

是日，北京市扶贫协作总结表彰大会在北京会议中心举行，北京市科委农村发展中心等150个集体获"北京市扶贫协作先进集体"称号，北京市科委行政事务服务中心主任李文军等302名个人获"北京市扶贫协作先进个人"称号。

18日，《中共北京市委办公厅 北京市人民政府办公厅关于印发〈北京市科学技术委员会、中关村科技园区管理委员会职能配置、内设机构和人员编制规定〉的通知》发布。

是日，由中关村论坛组委会办公室主办，以“新药创新走进首创时代”为主题的2021中关村论坛首场系列活动——中关村科学城生命科技创新论坛在中关村示范区展示中心举行。

20日，部市共建北京国际科技创新中心现场推进会在京召开。中共中央政治局委员、北京市委书记蔡奇，科技部党组书记、部长王志刚，市委副书记、市长陈吉宁，市人大常委会主任李伟，市政协主席吉林，市委副书记张延昆，以及国家发展和改革委员会、工业和信息化部、财政部等中央有关部门负责人参加。

是日，北京智源人工智能研究院在京发布中国首个超大规模智能模型系统“悟道1.0”。

23日，中关村新技术新产品首发平台在中关村示范区展示中心揭牌。

24日，国家公共信用信息中心、北京市大数据中心、北京微芯区块链与边缘计算研究院签署战略合作协议，探索社会信用体系建设与长安链融合创新。北京市政府副秘书长刘印春出席并主持签约仪式。

是日，由北京市政府向科技部推荐在京建设的国家玉米种业技术创新中心获得批准。

25日，市科委、中关村管委会召开2021年党建暨党风廉政建设工作会议，总结2020年党建工作，部署2021年党建任务。

是日，由市科委、中关村管委会与细胞出版社（Cell Press）主办，以“精准肿瘤学：进展、挑战与承诺”为主题的2021中关村论坛暨北京国际学术交流季系列活动——2021细胞科学北京学术会议开幕，来自7个国家精准肿瘤学研究领域的18位学者围绕会议议题展开讨论。

27日，怀柔区政府、金隅集团和德勤中国公司签署《德勤大学项目合作框架协议》，德勤大学项目落户怀柔区。

31日，市科委、中关村管委会与通州区政府联合发布《北京城市副中心加快新场景建设行动方案（2021—2023年）》及2021年城市副中心首批应用场景项目清单。

是日，由北京金融控股集团有限公司牵头成立的北京国际大数据交易所落地朝阳区，这是国内首家基于“数据可用不可见，用途可控可计量”新型交易范式的数据交易所。

4月

8日，北京智源人工智能研究院联合清华大学－中国工程院知识智能联合研究中心、清华大学AMiner（科技情报大数据挖掘与服务平台）共同发布2021年人工智能全球最具影响力学者——AI 2000榜单。

9日，市科委、中关村管委会召开落实合署办公“三定”方案动员部署会。

10日，市政府批复同意市经济和信息化局、北京经济技术开发区管委会联合制定的《北京市智能网联汽车政策先行区总体实施方案》，设立北京市智能网联汽车政策先行区。这是国内首个智能网联汽车政策先行区。

12日，市科委、中关村管委会发布《关于北京市科学技术委员会与中关村科技园区管理委员会合署办公的公告》。根据市委、市政府决策部署，北京市科学技术委员会与中关村科技园区管理委员会合署办公，机构名称为“北京市科学技术委员会、中关村科技园区管理委员会”。

13日，北京量子信息科学研究院研究员龙桂鲁、助理研究员王敏等在国际光学期刊《激光与光子学评论》上在线发表文章，宣布首次在实验上实现光学模式的奇异面，并由此提高微扰传感的灵敏度。

16日，中共北京市委机构编制委员会办公室印发《关于市科委、中关村管委会所属事业单位改革有关事项的批复》。市科委、中关村管委会所属事业单位由25家调整为18家。

20日，在京津冀促进知识产权运用工作会暨北京市发明专利奖颁奖大会上，京津冀科研院所知识产权运用联盟、京津冀高校知识产权运用联盟成立。

21日，北京推进科技创新中心建设办公室印发《北京国际科技创新中心建设重点任务2021年工作方案》。

24日，百度集团股份有限公司联合中国火星探测工程在第六个“中国航天日”主场活动上发布全球首个火星车数字人。

26日，市科委、中关村管委会公布首批科技计划项目经费监督诚信典型备案管理单位，分别是中国科学院高能物理研究所、首都儿科研究所附属儿童医院、北京大学第三医院、北京信息科技大学4家单位。

27日，由中关村丰台园管委会、北京中关村科技服务公司主办，以“创新引领 智享未来”为主题的2021年中关村论坛系列活动——2021中关村轨道交通产业发展论坛暨国际创新创业大赛启动仪式在中关村丰台园举行。

28日，北京市自然科学基金委员会办公室印发《关于破除“唯论文”不良导向的若干措施》，发布北京市基金项目评价中破除“唯论文”不良导向的具体措施。

5月

7日，国药集团中国生物北京生物制品研究所研发的新冠病毒疫苗被世界卫生组织列入紧急使用清单。

12日，由北京市科普工作联席会议办公室主办的2021年北京市科普工作联席会议在京召开。

13日，北京重大疾病临床样本资源公共服务平台在中关村生命科学园启动。

14日，中国科学院在怀柔科学城召开研究所入驻怀柔科学城动员会，并发布《中国科学院关于加快怀柔综合性国家科学中心建设保障科研平台有效利用的激励政策（2021—2023）》。

16日，北京量子信息科学研究院量子计算研究部第一代超导量子计算云平台上线，对大众全面开放。

18日，以“百年复兴路，科学正当时”为主题的中国科学院第十七届公众科学日新闻发布会暨科技创新发展中心第四届科学传播月启动仪式在北京怀柔综合性国家科学中心举行。

20日，市科委、中关村管委会印发《北京市杰出青年科学基金项目管理办法》。

22日，由市科委、中关村管委会主办的北京科技周科幻分会场暨石景山区科技周启动仪式在北京首钢园三高炉举行。

22—28日，由科技部和北京市政府共同主办，以“百年回望：中国共产党领导科技发展”为主题的2021年全国科技活动周暨北京科技周活动主场在中关村示范区展示中心举行。

25日，北京量子信息科学研究院副研究员吴锐在《自然·电子学》（*Nature Electronics*）上发表自组装垂直取向的三相纳米复合材料（即“1–3”型磁电复合结构）的“一蹴而就”式制备方法。

26日，北京市科技成果信息系统上线试运行，实现公众查询、成果汇交、审核管理、信息变更、归档管理、数据看板、权限控制等主要功能。

是日，由国家现代农业科技城领导小组办公室，北京市科委、中关村管委会，北京市农业农村局，通州区政府，中关村科学城管委会主办，以“发展农业领域高精尖，建设种业创新示范区”为主题的第十届北京现代种业博览会在通州国际种业科技园区开幕。

28日，北京科兴中维生物技术有限公司在2021年北京科技周上宣布成立金砖国家疫苗研发中国中心。

31日，第15届北京发明创新大赛颁奖会在京举行。大赛评选出发明创新奖230项，包括特等奖1项、金奖20项、银奖70项、铜奖139项。

6月

1日，在2021北京智源大会开幕式上，北京智源人工智能研究院发布超大规模智能模型“悟道2.0”。

是日，北京科兴中维生物技术有限公司研制的新型冠状病毒灭活疫苗克尔来福被世界卫生组织列入紧急使用清单。

9日，由市经济和信息化局，市科委、中关村管委会联合主办的北京国家人工智能创新应用先导区启动仪式在朝阳区举行。

10日，北京微芯区块链与边缘计算研究院在中关村示范区展示中心发布全球首款96核区块链专用加速芯片。

是日，由科技部火炬高技术产业开发中心，北京市科委、中关村管委会，北京经济技术开发区管理委员会，深圳证券交易所共同主办的2021年火炬科技成果直通车（北京站）医药健康领域专场活动在北京经济技术开发区举行。

15日，由中关村民营科技企业家协会、百度智能云主办的2021中关村论坛系列活动之新技术新产品供需对接会——百度生态伙伴对接专场在中关村示范区展示中心举行。

16日，由中国科学院大学、北京市怀柔区政府、北京怀柔科学城管理委员会主办，以“建党百年砥砺发展，创新创业开拓未来”为主题的2021年“国科大杯”创新创业大赛在北京怀柔科学城启动。

17日，市科委、中关村管委会“讴歌建党百年初心，奋进科技创新伟业”诵读活动决赛在中关村示范区展示中心举行。

23日，中国首个具有自主知识产权的地球系统模拟大科学装置、国家重大科技基础设施——地球系统数值模拟装置在怀柔科学城东区落成启用。

25日，国务院办公厅印发《全民科学素质行动规划纲要（2021—2035年）》。

28日，国家重大科技基础设施高能同步辐射光源（HEPS）首台科研设备——电子枪完成安装。

30日，由中国科学院空天信息创新研究院承建的大科学装置用高功率高可靠速调管研制平台完成主体结构封顶。

是日，由中关村前沿科技与产业服务联盟主办，以“引领前沿科技、助力数字经济”为主题的2021中关村国际前沿科技创新大赛启动。

26日，市委书记蔡奇到平谷区调研，要求打造一流的农业“中关村”。

29日，市科委、中关村管委会，市财政局，市税务局联合印发《北京市高新技术企业认定“报备即批准”政策试点工作实施方案》。

30日，北京市第十五届人民代表大会常务委员会第三十二次会议通过《北京市人民代表大会常务委员会关于修改〈北京市实验动物管理条例〉的决定》，该决定自公布之日起施行。

是日，市委办公厅、市政府办公厅联合印发《北京市关于加快建设全球数字经济标杆城市的实施方案》。

31日，由中央批准设立和管理的能源领域国家级新型科研机构——怀柔国家实验室挂牌。

7月

1日，市科委、中关村管委会联合中国人民银行营业管理部等11个部门出台《进一步完善北京民营和小微企业金融服务体制机制行动方案（2021—2023年）》。

3日，市科委、中关村管委会组织召开首都科技界学习贯彻习近平总书记在庆祝中国共产党成立100周年大会上重要讲话精神座谈会。

8日，市政府办公厅印发《北京市加快医药健康协同创新行动计划（2021—2023年）》。

10日，北京沙河高教园区高校联盟成立大会暨第一届理事会在北京航空航天大学沙河校区召开。会上，北京沙河高教园区高校联盟揭牌。

12日，由Linux基金会，北京市科委、中关村管委会，上海市科委，全球开源技术峰会等单位联合主办的2021中关村论坛系列活动——2021 EdgeX中国挑战赛在中关村示范区展示中心开幕。

是日，中国科学院物理研究所自主研发的无液氦稀释制冷机成功实现10毫开尔文以下极低温运行。

14日，小米智能工厂二期启动仪式在昌平区举行。

15日，由科技部火炬中心和市科委、中关村管委会主办的第六届中国创新挑战赛（北京）启动。

8月

2日，市科委、中关村管委会，市科协联合印发《北京市科普基地管理办法》。

5日，国务院办公厅印发《国务院办公厅关于改革完善中央财政科研经费管理的若干意见》。

11日，市政府印发《北京市“十四五”时期高精尖产业发展规划》。

14日，2021年北京“最美科技工作者”揭晓，中国科学院院士庄文颖、北京邮电大学教授彭木根等10位科技工作者当选。

20日，北京智源人工智能研究院与清华大学智能产业研究院（AIR）联合成立清华（AIR）－智源健康计算联合研究中心。

是日，市政府印发《北京市“十四五”时期优化营商环境规划》。

23日，市科委、中关村管委会对《北京市重大科研基础设施和大型科研仪器向社会开放评价考核实施细则（试行）》《北京市科技计划国家科技秘密项目（课题）保密管理办法》《中关村国家自主创新示范区集成电路设计产业发展资金管理办法》《中关村科技园区管理委员会出资企业国有资产产权登记管理暂行办法》等14个文件的部分条款进行修改。

27日，北京市科学技术研究院发布《北京高质量发展报告（2021）》。

31 日，由北京市政府、国家发展改革委、科技部、工业和信息化部共同主办的 2021 世界 5G 大会在北京经济技术开发区开幕。

9 月

2—7 日，以“数字开启未来，服务促进发展”为主题的 2021 年中国国际服务贸易交易会在京举办。

4 日，由京津冀国家技术创新中心与中国水环境集团合作共建的京津冀国家技术创新中心绿色低碳水环境研究中心成立。

6 日，市政府印发《北京市关于促进高精尖产业投资推进制造业高端智能绿色发展的若干措施》。

8 日，市财政局与市科委、中关村管委会联合印发《北京市科技计划项目（课题）经费管理办法》。

10—13 日，由北京市政府、工业和信息化部、中国科协共同主办的 2021 世界机器人大会在北京经济技术开发区举行。

11 日，以“百年再出发，迈向高水平科技自立自强”为主题的 2021 年全国科普日北京主场活动暨第十一届北京科学嘉年华在北京科学中心开幕。

是日，HICOOL 2021 全球创业者峰会主题日在中国国际展览中心（新馆）举行。

13 日，市委书记、中关村论坛执委会主任蔡奇主持召开 2021 中关村论坛执委会第一次全体会议。

14 日，由中关村产业技术联盟联合会、北京中关村留学人员创业园协会共同主办，以“助燃创新活力，赋能产业升级”为主题的 2021 科创中国 · 中关村科技创新创业大赛总决赛在京举行。

17 日，中关村科技园区平谷园管理委员会揭牌仪式在京举行。

22 日，2021 北京国际设计周开幕活动暨北京 2022 年冬奥会和冬残奥会宣传海报发布活动在张家湾设计小镇举行。

是日，清华大学碳中和研究院成立。

23 日，由北京国际设计周组委会主办，北京工业设计促进中心承办，以“科技赋能，创享未来”为主旨的 2021 北京国际设计周设计之旅活动在北京光科技馆开幕。

24 日，由科技部、中国科学院、中国工程院、中国科协、北京市政府共同主办，以“智慧 · 健康 · 碳中和”为主题的 2021 年中关村论坛在中关村示范区展示中心开幕。国家主席习近平在开幕式上发表视频致辞。国务院副总理刘鹤出席开幕式并宣布论坛开幕。北京市委书记蔡奇主持开幕式。

是日，由科技部主办的 2021 中关村论坛平行论坛——第五届中国－中东欧国家创新合作大会在中关村示范区展示中心举行。

是日，由世界知识产权组织中国办事处、北京市知识产权局、中关村发展集团共同主办的 2021 中关村论坛平行论坛——全球知识产权保护与创新论坛在中关村创新示范区展示中心举行。

是日，由中国科协、北京市政府主办的 2021 中关村论坛平行论坛——开源创新发展论坛在中关村示范区展示中心举行。

24—28 日，2021 中关村论坛展览（科博会）在京举办。此次科博会首次与中关村论坛同期同地举办，实现论展一体，聚焦“智慧 · 健康 · 碳中和”主题，共同打造面向全球高科技创新交流合作的国家级平台。

25 日，2021 中关村论坛召开全体会议，颁发 2020 年度北京市科学技术奖，面向全球发布国际科技创新中心指数 2021、自然指数－科研城市 2021、长寿命超导量子比特芯片、无液氦稀释制冷机、新一代人工智能伦理规范 5 项重大成果。

是日，由东城区政府主办的中国北欧可持续发展与创新论坛在中关村示范区展示中心举行。

26 日，由北京市科委、中关村管委会，以色列驻华大使馆，以色列创新署共同主办的“2021 第五届中以创新创业大赛启动仪式 · 中以碳中和创新合作论坛”在京举行。

27 日，由市科协主办，以“携手合作，共同发展——科技馆的时代担当与发展策略”为主题的第二届北京中外科技馆馆长对话会在北京科学中心举行。

27—28 日，由市科委、中关村管委会主办的 2021 中关村论坛中关村国际技术交易大会在中关村示范区展示中心举办。

28 日，2021 中关村论坛中关村国际技术交易大会京港科技创新合作活动暨第四届“京港青创杯”创业大赛北京选拔赛在中关村示范区展示中心举行。

是日，由市科委、中关村管委会主办的 2021 中关村论坛技术交易暨合作签约活动在中关村示范区展示中心举行。

是日，中关村前沿科技投融资联席会在京成立。

是日，开放科学国际创新联盟成立。

是日，由中国科协和北京市政府共同主办，以“科学梦想·创造未来”为主题的2021中国科幻大会在石景山区首钢园开幕。

是日，市科委、中关村管委会，市财政局联合印发《北京市自然科学基金项目经费使用“包干制”管理办法（试行）》。

10月

9日，由市科委、中关村管委会，平谷区政府，市农业农村局等单位主办，以“建设农业‘中关村’，打造‘农业中国芯’”为主题的2021中国·平谷农业“中关村”创新大会在北京金海湖国际会展中心开幕。

12日，北京市与农业农村部共同签署《农业农村部 北京市人民政府共同打造中国·平谷农业“中关村”合作框架协议》，确立合力打造中国·平谷农业“中关村”发展战略。

13日，由市科委、中关村管委会主办，以“AI·健康·机遇”为主题的第二十四届北京国际生物医药产业发展论坛在京开幕。

14日，由北京市促进科技成果转化议事协调联席会办公室编制的《科技成果转化典型案例集》（第一期）、《科技成果转化工作操作指南》发布。

18日，市政府印发《关于支持发展高端仪器装备和传感器产业的若干政策措施》。

是日，市科委、中关村管委会深化事业单位改革动员部署会在京召开。

19日，以“高质量创新创造，高水平创业就业”为主题的2021年全国大众创业万众创新活动周北京会场暨中关村创新创业季活动在中关村示范区展示中心启动。

是日，中关村示范区领导小组印发《“十四五”时期中关村国家自主创新示范区发展建设规划》。

20—22日，首届全球金融科技峰会在京举行。

21日，中国互联网协会人工智能工作委员会第一届委员会第一次全体成员会议在京举行。

22日，由市科委、中关村管委会，市经济和信息化局等联合主办，以“聚焦硬科技、畅通内循环”为主题的2021年中关村5G创新应用大赛总决赛暨第四届“绽放杯”5G应用征集大赛京津冀区域赛颁奖典礼在中关村示范区展示中心举行。

是日，由北京纳米能源与系统研究所主办的第五届纳米能源与纳米系统国际会议在北京国家会议中心开幕。

28日，全国人社系统学习贯彻中央人才工作会议精神暨全国杰出专业技术人才表彰电视电话会议对第六届全国杰出专业技术人才和全国专业技术人才先进集体进行表彰。北京量子信息科学研究院等97家单位获“全国专业技术人才先进集体”荣誉称号。

31日，财政部、全国哲学社会科学工作领导小组联合印发《国家社会科学基金项目资金管理办法》。

11月

2日，北京市促进科技成果转化议事协调联席会办公室发布《国家及各省市促进科技成果转化政策汇编（目录）》，共收集全国各省市制定的科技成果转化相关政策434条。

3日，2020年度国家科学技术奖励大会在京召开，习近平等党和国家领导人出席大会并为获奖代表颁奖。北京地区单位主持完成的64项成果获国家科学技术奖。

是日，市委、市政府印发《北京市“十四五”时期国际科技创新中心建设规划》。

10日，市科委、中关村管委会出台《北京市支持建设世界一流新型研发机构战略指导联席会制度》。

18日，市科委、中关村管委会副主任，新闻发言人朱建红在科技冬奥新闻发布会上，就北京全力推进科技成果服务、支撑冬奥会所做的努力和亮点回答记者提问。

是日，由北京技术交易促进中心主办，以“汇聚全球生物医药创新资源，共促北京国际科技创新中心建设”为主题的第六届科技外交官创新资源对接活动在京以线上方式举行。

22日，市科委、中关村管委会修订印发《北京市科技行政处罚裁量权适用规定》。

是日，由科技部火炬中心，市科委、中关村管委会和国家国防科技工业局信息中心联合主办的第六届中国创新挑战赛暨中关村第五届新兴领域专题赛现场赛启动。

24 日，中央全面深化改革委员会第二十二次会议审议通过《关于支持中关村国家自主创新示范区开展高水平科技自立自强先行先试改革的若干措施》等。

是日，北京市人民政府新闻办公室召开《北京市“十四五”时期国际科技创新中心建设规划》新闻发布会。

25 日，由国务院台湾事务办公室、北京市政府主办，以“合作推动新发展、携手构建新格局”为主题的第二十四届京台科技论坛在北京、台北两地同时举行论坛峰会。

是日，北京市高级别自动驾驶示范区工作办公室公布北京开放国内首个自动驾驶出行服务商业化试点。

26 日，中国首创的智能化骨折复位机器人临床试验在北京积水潭医院启动。

11 月 26 日、12 月 11 日，十六区科技工作务虚会分 2 天在京召开。

12 月

1 日，第十一届中意创新合作周以线上线下结合、线上为主的方式在中国北京、意大利罗马及那不勒斯开幕。中国科技部部长王志刚、副部长张广军，意大利大学与科研部部长玛利亚·克里斯蒂娜·梅萨出席开幕式并致辞。

4 日，第二届全球青少年图灵计划颁奖典礼在京举行。

6 日，由北京市科委、中关村管委会，香港特别行政区政府投资推广署，香港贸易发展局，京泰实业集团有限公司主办，以“京港创新·逐梦百年”为主题的第二十四届北京·香港经济合作研讨洽谈会科技专场暨第四届“京港青创杯”创业大赛总决赛在国家会议中心举行。京港科技协同创新平台在活动中启动。

8 日，腾盛华创医药技术（北京）有限公司申请注册的国内首个自主知识产权新冠病毒中和抗体联合治疗药物安巴韦单抗注射液（BRII−196）及罗米司韦单抗注射液（BRII−198）获国家药监局应急批准上市。

11 日，全球数字经济标杆城市建设现场推进会在京召开。

17 日，在北京科技创新基金办公室主办的创新型中小企业北交所上市研讨暨“育英计划”发布会上，市科委、中关村管委会发布科技创新型中小企业“育英计划”，全国股转系统北京证券交易所北京服务基地揭牌，北京四板市场“科创孵化板”开板。

18 日，北京信息科技大学新校区启用大会在新校区文理楼报告厅举行。

22 日，北京市促进中小企业发展工作领导小组办公室印发《北京市关于促进“专精特新”中小企业高质量发展的若干措施》。

23 日，北京中德产业园正式开园。

24 日，市科委、中关村管委会所属北京科技创新促进中心、北京科技成果转化服务中心、中关村高科技产业促进中心、中关村政府采购促进中心、北京科技人才发展中心（北京海外学人中心中关村分中心）、北京信息科技发展中心 6 家事业单位在裕惠大厦挂牌。

28 日，由市科委、中关村管委会，中关村发展集团股份有限公司联合主办，以“开放创新，协同发展”为主题的 2021 高交会北京推介发布会暨北京中关村－粤港澳大湾区协同创新交流会在深圳市南山区科兴科学园举行。

是日，国家第三代半导体技术创新中心在顺义区成立。

29 日，北京方迪经济发展研究院、中关村创新发展研究院在京发布“中关村指数 2021”。

是日，市科委、中关村管委会，市税务局，中关村科学城管委会联合召开“创新＋活力”北京优化营商环境 5.0 版改革服务大众创业万众创新专场发布会。

30 日，市科委、中关村管委会印发《关于打通高校院所、医疗卫生机构科技成果在京转化堵点若干措施》。

是日，市科委、中关村管委会，市金融监管局，市财政局，人民银行营业管理部等 7 个部门联合印发《关于加快建设高质量创业投资集聚区的若干措施》。

重要会议与活动

考察调研

【概述】2021 年，围绕前沿科技、关键技术研究等问题，科技部、工业和信息化部等国家部委相关领导分别到清华大学、北京大学、北京经济技术开发区、国家智能网联汽车创新中心、超高清视频（北京）制作技术协同中心和北京旷世科技有限公司等做专题调研。北京市主要领导围绕国际科技创新中心建设、深化先行先试改革、建设国际领先一流科学城、打造国家科技战略力量、实施创新驱动、人才强国战略、重点项目推进、优化企业营商环境等，到海淀区、昌平区、怀柔区、东城区、大兴区、房山区、密云区、门头沟区、平谷区，以及中关村科学城、未来科学城、怀柔科学城、北京经济技术开发区等进行考察调研。调研取得预期成果。

（薛春连）

【蔡奇调研中关村科学城】1 月 8 日，市委书记蔡奇围绕国际科技创新中心建设到中关村科学城调研。市长陈吉宁一同调研。蔡奇强调，中关村科学城是科技创新出发地、原始创新策源地、自主创新主阵地，是北京国际科技创新中心核心区。要深入贯彻党的十九届五中全会和中央经济工作会议精神，落实市委全会要求，紧紧抓住“两区”建设机遇，充分发挥自身优势，深化先行先试改革，实施战略行动计划，当好国际科技创新中心建设的排头兵。在北京纵横机电科技有限公司，蔡奇、陈吉宁察看企业核心产品、产业布局，了解中关村科学城北区规划建设进展；在北京微芯区块链与边缘计算研究院，了解超低功耗边缘计算芯片、可穿戴式医疗级智能体温计等新产品研发和人才引进情况。

（黎　翔　周　渊）

【蔡奇调研未来科学城】2 月 2 日，市委书记蔡奇围绕国际科技创新中心建设到未来科学城调研。市长陈吉宁一同调研。蔡奇强调，未来科学城是面向未来的科学城，要保持初心，攻关未来科技，发展未来产业，集聚未来人才。要深入贯彻党的十九届五中全会精神，落实市委全会和北京市“十四五”规划纲要要求，紧抓机遇，乘势而上，实施好北京国际科技创新中心建设战略行动计划，努力建设世界一流的科学城。在博奥生物集团有限公司，蔡奇、陈吉宁听取未来科学城西区规划建设情况汇报，察看核酸检测移动实验室等创新成果，肯定企业在科技抗疫中做出的贡献；在百济神州（北京）生物科技有限公司，察看创新药研发科研情况，要求瞄准世界一流，在基础研究、创新药研发等方面走在前，推出一批高品质、可负担的创新好药。调研要求，未来科学城有自己的优势，要为北京建设国际科技创新中心做出更大贡献；要抓好国家实验室建设，形成国家战略科技力量，加强基础前沿领域研究，实现更多“从 0 到 1”的突破，抢占科技制高点；抓紧完善内部组织架构和制度建设，推行“揭榜挂帅”机制，抓紧编制五年科研计划。

（黎　翔）

【蔡奇调研经开区】2 月 18 日，市委书记蔡奇围绕助推经济社会发展“开门红”到北京经济技术开发区调研。蔡奇察看北京亦庄细胞治疗研发中试基地规划建设情况；察看北京生物制品研究所有限责任公司疫苗生产车间、分包装车间运行情况；察看京东方技术创新中心智慧城市、智慧商务、智慧出行等科创成果展示。蔡奇指出，北京经济技术开发区要主动向企业提供定制化服务，搭建细胞治疗产业联盟等更多公共服务平台；要加强生物安全管理，扩大疫苗产能，为战胜疫情提供有力支撑；京东方要以显示产业为核心，瞄准下一代产品加大研发投入，继续保持领先地位。

（黎　翔）

【陈吉宁调研海淀区科技园区】2 月 26 日，市长陈吉宁到中关村软件园调研海淀区科技园区建设发展工作。副市长、市政府秘书长靳伟参加调研。陈吉宁强调，要深化认识、转变观念，优化管理运行机制，加快产业转型升级，持续完善创新创业生态，加强与北京科技创新战略布局深度融合，助力北京国际科技创新中心建设。在中国国际“互联网 +”大学生创新创业大赛展示交流中心，陈吉宁了解优质项目转化落地情况；在大学生创业园，向入驻企业悬镜安全（北京安普诺信息技术有限公司旗下品牌）负责人询问企业发展现状、融资规模和员工通勤情况；实地察看国开启科量子技术（北京）有限公司产品展示与测试情况，听取技术研发、发展战略汇报。在听取中关村软件园负责人关于园区总体情况的汇报后，陈吉宁强调园区要立足功能定位，贯彻新发展理念，合理规划，做好顶层设计，进一步完善运行机制，推动产业转型升级、提质增效，引导企业积极融入北京科技创新战略布局。

（黎 翔）

【辛国斌调研国家智能网联汽车创新中心】3月1日，工业和信息化部副部长辛国斌到国家智能网联汽车创新中心和北京经济技术开发区调研。辛国斌参观创新中心实验室，实地了解车路协同设施建设进展，并听取创新中心和北京市有关情况介绍。辛国斌强调，智能化、网联化是汽车发展的大趋势，要充分重视“车路云网图”协同发展的重要意义，重点做好4项工作，提高政治站位，认真落实十九届五中全会精神，加快创新中心建设和智能网联汽车产业发展；坚持关键共性技术研发，突破创新链条上的短板弱项；抓好产业创新联盟建设，整合产业链条上的各类创新资源；提升成果转化和行业服务能力，强化对行业发展的辐射带动。工业和信息化部科技司、装备一司以及北京市经济和信息化局、北京经济技术开发区负责人参加调研。

（何 琳）

【王志军调研协同中心和旷视科技】3月19日，工业和信息化部副部长王志军带队调研超高清视频（北京）制作技术协同中心和北京旷视科技有限公司。北京市副市长殷勇参加调研。王志军参观企业相关实验室及产品展厅，了解超高清视频采集制作、终端呈现以及图像智能处理等相关技术和产品情况。在肯定协同中心的“协同+创新”模式的基础上，王志军指出，协同中心要面向北京冬奥会等重大活动赛事，大力开展5G+8K制作转播技术的试验验证，加快8K超高清视频商业化和规模应用，推动降低8K产品和内容成本，促进完善产业生态。在旷视科技，王志军强调要加速人工智能与实体经济深度融合，发挥标准先行作用，推动打造开源生态，支持企业做大做强。

（何 琳）

【王志刚调研清华大学】5月14日，科技部部长王志刚一行到清华大学调研网络空间安全和类脑计算相关研究进展情况，并举行座谈。科技部副部长相里斌、清华大学校长邱勇等出席座谈会，清华大学副校长尤政主持。科技部办公厅、重大专项司、基础研究司、高新技术司，清华大学科研院、类脑计算研究中心等相关单位的负责人及专家20余人围绕类脑计算研究的现状、前景与难点进行交流讨论。王志刚在调研和听取各位专家的汇报后，对类脑计算研究和应用的下一步工作进行部署，强调类脑计算要更加具体化，要明确类脑计算的体系结构，理清类脑计算的完整技术链；要加强顶层设计和系统化，研究制定科学研究、技术开发、产品产业化与市场化并行的方案，促进政产学研同步推进、“沿途下蛋”。

（何 琳）

【王志刚调研北京大学】5月15日，科技部部长王志刚带队到北京大学进行专题调研，实地考察相关科研机构，并与中国科学院、北京大学的专家学者座谈。北京大学党委书记邱水平、校长郝平，科技部副部长相里斌等参加调研及座谈。王志刚指出，调研的相关科研项目凝聚学界专家多年的心血，其技术成果有望在关键核心领域开辟新的发展路径和产业空间。专家团队要对材料、工艺、结构等的可行性方面做进一步细化论证，明确发展方向和关键节点，形成完善的、具有可行性的方案报告。在成果转化方面，要充分发挥产学研的优势，加强整合协同，进而形成完整的科研创新链，服务国家重大战略需求，为解决科技前沿问题做出贡献。

（何 琳）

【殷勇调研延庆“两区”建设】5月17日，市委常委、副市长殷勇带队围绕“两区”建设到延庆调研。殷勇一行到冬奥延庆赛区展示中心和国家电投氢能创新产业园加氢站，察看赛区规划沙盘和小型多能互补零排供能试验系统，了解冬奥延庆赛区规划建设、赛时功能、赛后利用和氢能产业发展等情况，并在中关村延庆园企业之家召开座谈会。殷勇强调，延庆要不断深化产业开放，用好“两区”建设先行先试机制，加快推动政策落实、项目落地；利用自身资源禀赋，深挖绿水青山中蕴含的“两区”机遇，聚焦“1+4+1”产业发展有竞争力的细分领域，加快谋划冬奥场馆赛后利用，借势提升配套服务设施品质，促进全域旅游提档升级；全力做好冬奥服务，紧盯赛事通信、气象等关键环节，提前谋划冬奥会保障机制与技术；严格疫情防控工作，落细落实常态化疫情防控各项措施，有序推进复工复产和疫苗接种工作；市级相关部门要围绕延庆发展需求给予支持帮助，助力延庆夯实“两区”建设基础。市经济和信息化局等部门相关负责人 20 余人参加。

（闫婷杰）

【蔡奇调研海淀区】 5 月 22 日，市委书记蔡奇围绕推动重大项目开工建设到海淀区调研。市长陈吉宁一同调研。在北京通用人工智能创新园，蔡奇、陈吉宁察看项目现状，了解全市和海淀区重大项目开工建设进展情况。蔡奇强调，投资对优化供给结构、促进经济结构调整具有关键性作用，重大项目是扩大有效投资的重要抓手。要坚定不移贯彻新发展理念，落实碳中和要求，进一步加强投资调度，集中抓好一批重大项目开工建设，吸引社会资本参与，推动形成更多有效投资，发挥在推动北京市高质量发展中的牵引带动作用。全市 4 月启动重大项目集中开工活动，围绕落好“五子”，推动 100 个重大项目实现开工，总投资约 839 亿元。

（黎　翔）

【蔡奇调研 3 家高科技企业】 7 月 12 日，市委书记蔡奇到海淀区、昌平区调研高科技企业。在小米智慧产业示范基地，蔡奇察看小米昌平一期项目进展，了解企业运营情况和发展规划；在北京清微智能科技有限公司，了解企业研发运营和发展规划情况，询问企业发展面临的难题；在北京中科晶上科技股份有限公司，察看企业产品展示，了解技术研发情况，赞赏公司“绿色引领创造”的理念。蔡奇强调，要坚持服务跟着企业发展需求走，急企业之所急，忧企业之所忧，经常性上门走访企业，当好“服务管家”，不断完善“服务包”制度，做到有求必应、无事不扰，为企业在京发展营造一流营商环境。围绕高精尖产业建立服务企业的有效机制，既要看得见也能摸得着，不断提高服务质量。“服务包”要精准，根据企业需求制定政策服务清单。对重点企业一企一策，坚持一企一管家、一月一调度，对“服务包”内容开展定期评估、滚动更新，强化政策要素保障，完善配套支持，实实在在解决企业后顾之忧。

（黎　翔）

【蔡奇调研平谷区】 7 月 26 日，市委书记蔡奇到平谷区调研。蔡奇先后对北京市华都峪口禽业有限责任公司、京瓦农业科技中心、峪口镇西营村未来果业示范园进行考察。蔡奇指出，农业发展要瞄准高精尖，在种业科技创新上下功夫，推动农业数字化。要搭建好创新平台，加强国际合作，服务好入驻企业和科研机构，集聚农业科技力量，带动社会力量参与。科技在农业中大有可为，要推动农业科技迭代更新，加强新型职业农民培训，在提升农业产业竞争力的同时实现农民生产生活方式转变。鼓励农业科研人员把实验室搬到田间地头，把论文写在大地上，使农业科技创新成果体现在农民鼓起来的“钱袋子”上。要把平谷建成名副其实的农业“中关村”。农业“中关村”是面向全国的，而且要具有全球影响力。要高标准编制规划，以峪口镇为核心，打造峪口、马昌营、马坊三镇连成的农业科技创新产业发展带，并辐射促进全市现代农业发展。农业农村部、中国农业科学院、中国农业大学相关领导参加调研。

（黎　翔）

【陈吉宁调研房山区】 7 月 26 日，市长陈吉宁赴房山区调研。副市长、市政府秘书长靳伟参加调研。陈吉宁先后对北京老田农业科技发展有限公司、良乡大学城、黄山店村等进行实地考察，了解经济社会发展情况。陈吉宁强调，要聚焦区域功能定位，系统谋划产业布局，做大做强高端制造业，注重塑造细分领域竞争优势，大力发展现代科技农业，激发高质量发展动力活力，提升区域综合承载功能，打造宜居宜业良好环境。要加强与“三城一区”协同联动，创新转化模式，打通产业链上下游，不断完善产业体系和创新生态。

（黎　翔）

【陈吉宁调研怀柔区】 8 月 17 日，市长陈吉宁到怀柔区调研经济社会发展情况。陈吉宁到渤海镇明清栗园察看聚源德合作社百年栗树保护利用情况；到六渡河村了解民宿服务中心和精品民宿经营情况；在怀柔科学城产业转化示范区察看了解相关高校科研院所及企业高端仪器装备和传感器产品，察看园区更新改造情况。陈吉宁强调，要进一步强化创新思维，发挥科学城建设这一重大创新平台的牵引作用，高水平布局推动仪器装备和传感器产业发展，积极探索创新实践，努力开启创新发展新局面。要用好综合性国家科学中心建设等需求引导作用，深化推动高端科学仪器装备和传感器产业发展，结合项目小而精的特点，科学配置创新要素，完善公共服务平台，不断引进优质项目落地，加速构建创新创业生态系统，促进产业做精做强。要抓好干部队伍专业化能力建设，加强培训培养，提高抓创新的工作能力。要积极与中关村科学城、未来科学城和北京经济技术开发区对接协同，加强“三城一区”联动发展。

（黎　翔）

【陈吉宁调研昌平区】 8 月 19 日，市长陈吉宁到昌平区调研经济社会发展工作。副市长、市政府秘书长靳伟参加调研。陈吉宁到北京荷塘生华医疗科技有限公司察看企业新药研发、中试平台建设进展；到北京爱康宜诚医疗器材有限公司询问骨科人工关节医疗器械产品研发应用情况；到北京万泰生物药业股份有限公司了解企业疫苗研发和生产计划。陈吉宁强调，要聚焦生命科学和医药健康前沿领域，把握发展新趋势，积极聚集创新要素，突出质量特色，完善产业生态，结合创新加速需求，探索创新体制机制，优化支持服务模式，持续提升专业化服务水平，奋力跑出医药健康产业发展加速度。

（黎 翔）

【陈吉宁调研高级别自动驾驶示范区】8月21日，市长陈吉宁到北京经济技术开发区调研高级别自动驾驶示范区建设工作。陈吉宁到道路现场察看路口杆体上摄像头、雷达等设备复用设置情况；观看企业自动驾驶车辆行进、泊车等测试；察看车路协同管理平台、自动驾驶交管巡检平台以及远程云代驾系统等运行演示情况；试乘自动驾驶汽车，体验真实场景下的车路协同运行效果。陈吉宁强调，要紧抓机遇、着眼未来，把智能网联汽车发展融入智慧城市建设当中，深化践行车路协同技术路线，拓展用好网络优势，赋能技术突破和产业创新，通过场景应用加速核心技术攻关落地，整合布局要素资源，巩固提升产业集聚态势，打造北京智能网联汽车产业创新发展竞争力，更好发挥示范引领作用。要从服务国家战略高度出发，结合北京数字经济标杆城市和智慧城市建设部署，进一步深化高级别自动驾驶示范区建设工作，凝聚共识、坚定方向，梳理优化供应链结构，加强前瞻布局，发挥北京经济技术开发区产业优势，吸引孵化产业链重点企业，增强重要节点保障能力，提高供应链安全性、稳定性。

（黎 翔）

【蔡奇调研东城区】9月3日，市委书记蔡奇到东城区调研。副市长崔述强、市委秘书长张家明参加调研。蔡奇察看东直门交通枢纽综合体项目的规划建设、功能定位等情况，了解中关村东城园转型升级情况，走访视联动力信息技术公司及中粮·置地广场入驻企业。蔡奇强调，东城区是首都功能核心区，“争先”应体现在符合首都的功能发展、创新发展、高质量发展上。要立足核心区功能定位，保持定力、自加压力，完整准确全面贯彻新发展理念，积极融入新发展格局，把首都功能的能量充分释放出来，在“五子”联动中积极作为，做好“崇文争先”这篇文章，在疏解减量中推动高质量发展。要办好中关村东城园，瞄准新一代信息技术、文化科技等产业，发力数字经济，提升高精尖产业集聚度和竞争力。用好中关村示范区政策，从成长性好的中小微企业抓起，打造联合办公空间和加速器，推动形成更多点状创新活力空间。主动接受金融街资源外溢，差异化发展，大力发展新兴金融业态。

（黎 翔）

【陈吉宁调研高科技企业和脑科学中心】9月7日，市长陈吉宁到海淀区、昌平区高科技企业Pico公司和北京脑科学与类脑研究中心调研创新发展情况。副市长隋振江、靳伟参加调研。陈吉宁在Pico公司体验VR产品在超高清观影、互动娱乐、行业应用等场景中的使用效果，并与企业负责人就研发创新、市场开发以及产业推广等进行交流，希望企业把握科技和产业前沿，围绕发展定位，加大研发投入，搭建开放合作平台，以底层技术突破带动上下游创新要素聚集和生态体系塑造。在北京脑科学与类脑研究中心，陈吉宁观看相关科研成果展示，并主持召开座谈会，强调要充分认识脑科学与类脑研究的重大意义，进一步加强中心建设，结合国家重大科技任务，聚焦类脑计算基础研究、脑机接口等战略性研究方向，加强与其他科技布局的协同联动，增强合力，力争取得一批重大原始创新和颠覆性成果。要围绕任务目标，优化科研组织形式，培育引进高水平专业人才，建立完善激励机制，做好服务保障支撑。

（黎 翔）

【蔡奇参观全球创业者峰会展览】9月11日，HICOOL全球创业者峰会暨创业大赛在京举办颁奖典礼等活动。市委书记蔡奇参观峰会展览，向获奖代表表示祝贺，并到顺义区调研HICOOL产业园。蔡奇察看大赛优质创业项目展区、优秀上市企业展区和部分区主题展区，与大赛获奖者交流，指出科技创新是北京实现高质量发展的第一动力，要以峰会为契机和平台，营造优良的创新创业生态，吸引更多人才集聚。蔡奇在调研时指出，要坚持国际化，汇聚全球顶尖投资机构、科研院所、优秀人才和创业项目，不断提升峰会全球影响力。要持续完善全链条创业生态体系。用好“HICOOL管家”服务平台，为企业和人才提供“一站式”服务；以创业者为中心，以市场化方式促进科技与产业、人才、资本深度融合，推动创业项目与市场需求、投资机构精准对接；加强国际人才社区建设，营造宜居宜业的环境，让人才安心创业发展。市长陈吉宁、市政协党组书记魏小东为创业大赛获奖者颁奖并一同参观调研。

（黎　翔）

【蔡奇调研北交所】 9月14日，市委书记蔡奇到北京证券交易所调研。中国证监会主席易会满、市长陈吉宁一同调研。蔡奇指出，设立北京证券交易所，是中央着眼于构建新发展格局做出的重大决策部署，是实施国家创新驱动发展战略的重要举措，也是完善多层次资本市场体系的重要内容，对于更好发挥资本市场功能作用、支持中小企业创新发展具有十分重要意义。对北京而言，这更是支撑国际科技创新中心建设、完善国家金融管理中心功能、促进经济高质量发展的重大战略机遇。易会满指出，要突出“错位发展、特色发展”，统筹新三板各层级协调发展，发挥好北交所带动作用，做活做强创新层和基础层，加强与沪深交易所、区域性股权市场的互联互通，加快完善服务中小企业的全链条制度体系，促进形成层层递进的中小企业成长路径和良好的多层次市场生态，不断提升资本市场服务实体经济高质量发展的能力。

（黎　翔）

【蔡奇调研怀柔区】 9月26日，市委书记蔡奇到怀柔区调研。蔡奇参观北京电影学院怀柔校区，指出学校要落实立德树人根本任务，培养更多优秀的影视艺术人才，并发挥自身优势，为影都建设贡献力量；在怀柔科学城配套人才公寓，蔡奇要求高标准打造国际化人才社区，筑巢引凤，吸引更多人才到怀柔科学城扎根发展；在雁栖湖国际会都，蔡奇察看规划建设和功能布局情况，要求注重细节、精心打磨，扎实推进扩容提升。蔡奇在座谈时强调，要坚持百年科学城，奋斗每一天；怀柔科学城着眼长远，立足现有基础，保持定力和耐心，稳扎稳打，扎实推进，守住战略留白，为未来发展留出空间；在“突破”上持续下功夫，聚焦国家实验室、综合性国家科学中心建设，深化同高校院所合作，抓好大科学装置设施平台建设和运行管理，创新体制机制，打造国家战略科技力量；做好“科学＋城”文章，积极推动创新成果转化，培育发展科学仪器和传感器产业，布局一批加速平台和中试平台。

（黎　翔）

【蔡奇调研密云区】 9月26日，市委书记蔡奇到密云区调研。蔡奇察看水库保水护水和防汛安全等情况；走进密云区第二小学图书馆、创客空间等，与轮岗教师交流，询问对“双减”工作的建议。蔡奇在座谈时强调，要建好怀柔科学城东区，这是密云区高质量发展的重要引擎，要坚持怀密联动，落好这一“神来之笔”；建设运行好“1+5”科学设施项目，落实开放式布局，实现功能共享；做好“科学＋城”文章，加强基础设施和公共服务配套建设；中关村密云园要提质升级，主动与科学城东区对接，促进科技成果就地转化。

（黎　翔）

【陈吉宁调研海淀区】 9月29日，市长陈吉宁到海淀区调研经济社会发展情况。陈吉宁强调，要把握新发展阶段形势任务，完整准确全面贯彻新发展理念，围绕国家战略需求，勇于承担责任使命，紧抓中关村新一轮先行先试改革等重大机遇，完善体制机制，优化资源配置，提升创新能级，在服务国家改革发展大局中更好发挥示范引领作用。陈吉宁到改造后的蓝润大厦察看项目功能定位、企业入驻、配套设施升级等情况，并走访芯片设计和人工智能企业，要求相关部门和属地政府加强沟通对接，做好引导支持和创新服务，为企业在京发展营造良好环境。陈吉宁指出，要主动从国家战略和大局出发，加强政策设计，突出带动效应，深化资源整合与高效利用，进一步释放创新潜能，加快建设世界领先的科技园区，在推动高质量发展中实现新作为。

（黎　翔）

【蔡奇调研昌平区、门头沟区、大兴区】 10月11—12日，市委书记蔡奇先后到昌平区、门头沟区、大兴区调研。市委副书记张延昆参加调研。在昌平区天通苑文化艺术中心，蔡奇察看项目规划建设情况，指出要坚持公益性、市场化、可持续，多发挥社会组织作用，搭建服务市民群众的文化阵地；在门头沟区龙泉镇琉璃渠村，蔡奇察看区域转型和产业发展情况，指出要重视文化遗产保护传承利用，发挥市属企业作用，建设好琉璃文化创意产业园；在大兴国际氢能示范区，蔡奇详细了解园区发展，走访入驻企业，要求发挥氢能产业优势，引领关键技术攻关，形成高质量发展新的增长极。蔡奇要求抓好区领导班子换届，聚焦干事创业，创造一流工作业绩，强调昌平区自古就是北京门户重地，未来科学城是昌平区发展高地，要着眼“科学＋城”，在“搞活”上下功夫，积极推进能源谷、生命谷、沙河高教园和生态绿心规划建设；门头沟区要保持定力和耐心，把守好绿水青山作为最大政绩，筑牢首都西部生态屏障；大兴区要建好首都新国门，打造新增长极。

（黎　翔）

【林念修、隋振江调研怀柔综合性国家科学中心】 12月9日，国家发展改革委副主任林念修、北京市副市长隋振江带队调研怀柔综合性国家科学中心，实地察看怀柔实验室起步区办公和实验条件、高能同步辐射光源施工现场。调研结束后，召开怀柔综合性国家科学中心工作推进会议，市发展改革委、市科委、怀柔科学城管委会相关负责人一同调研并参加座谈。推进会上，林念修指出，怀柔科学中心建设要锚定打造世界级原始创新高地目标，进一步整合资源、加大力度，务实高效推动落实。同时，对2022年及“十四五”时期重点工作提出有关要求并做出相关部署。

（阎星宇）

【靳伟调研怀柔综合性国家科学中心】12月10日，副市长靳伟调研怀柔综合性国家科学中心。市政府副秘书长刘印春，市科委、中关村管委会主任许强以及怀柔区领导参加。一行人察看中国科学院物理研究所、怀北学校、凯利特公寓，并在科学城召开座谈会，就科学设施平台和配套设施建设存在的问题进行沟通。

（阎星宇）

【张涛、靳伟调研怀柔综合性国家科学中心】12月17日，中国科学院副院长张涛、北京市副市长靳伟调研怀柔综合性国家科学中心，现场察看凯利特公寓、中国科学院物理研究所“一装置两平台”、北京光源等多个设施平台建设运行情况，并召开院市对接座谈会。座谈会上，听取中国科学院科创中心汇报综合保障工作进展，以及中国科学院大学附属学校建设进展。市发展改革委、市规划自然资源委、怀柔区、密云区、怀柔科学城管委会等单位相关领导参加调研。

（阎星宇）

重要会议

【概述】2021年，围绕新时代实现高水平科技自立自强、建设世界重要人才中心和创新高地，以及深化科技体制改革重大议题，中央全面深化改革委员会第二十二次会议、全国科技工作会议、中央人才工作会议等重要会议在京召开。北京市围绕国际科技创新中心建设，召开部市共建现场推进会、市政府常务会议，以及北京办公室“一处七办”工作、调度和专题会议等，推动重点任务落实。市科委、中关村管委会党建暨党风廉政建设工作会就高质量完成2021年党建工作提出具体要求；落实合署办公“三定”方案部署会就落实合署办公“三定”方案进行明确分工，压实责任；科普工作联席会研究部署2021年全市科普工作要点；十六区科技工作务虚会分两天召开，要求全面落实市委、市政府部署，加快推进国际科创中心建设，推动首都高质量发展。

（薛春连）

【全国科技工作会议在京召开】1月5日，2021年全国科技工作会议在京召开，科技部部长王志刚做工作报告，科技部副部长黄卫主持会议。教育部、中国科学院、中国工程院等单位领导及科技部系统全体干部职工参加会议。会议主要总结2020年和“十三五”科技工作，部署2021年重点任务，为“十四五”和中长期科技发展开好局、起好步。王志刚在工作报告中指出，“十三五”时期，中国科技事业加速发展，创新体系更加健全，创新环境不断优化，创新能力显著增强，创新治理形成新格局，科技实力跃上新的大台阶，在促进高质量发展和全面建成小康社会中进一步凸显了支撑引领作用。全社会研发经费支出从2015年1.42万亿元增长到2019年2.21万亿元，2019年研发投入强度达到2.23%。基础研究经费增长近一倍，2019年达到1336亿元。技术市场合同成交额翻一番，2019年超过2.2万亿元。世界知识产权组织发布的全球创新指数显示，中国排名从2015年第29位跃升至第14位。报告要求2021年要重点做好以下11个方面工作：推进国家实验室建设和国家重点实验室体系重组，强化科技创新基础能力；健全新型举国体制，集中力量打好关键核心技术攻坚战；发布“十四五”科技创新规划，健全规划实施和资源配置机制；制定实施基础研究十年行动方案，提高创新策源能力；强化企业技术创新主体地位，加快高新技术研发应用；大力发展农业和民生科技，保障人民生命健康和民生福祉；加快建设区域创新高地，打造高质量发展动力源；深化科技体制机制改革，提升创新体系效能；强化作风学风建设和科技监督，构建大监督格局，对科研不端行为“零容忍”；全方位培养、引进、用好人才，充分激发人才创新活力；坚持开放包容互惠共享，加快提升科技创新国际化水平。

（金　霞）

【部市共建北京国际科技创新中心现场推进会召开】 3月20日，部市共建北京国际科技创新中心现场推进会在中关村示范区展示中心召开。北京市委书记蔡奇、科技部部长王志刚、北京市市长陈吉宁，以及国家发展改革委、工业和信息化部、中国科学院等中央有关部门负责人参加。部、市领导先后到国家材料服役安全科学中心、海淀留学人员创业园、微软亚太研发集团总部及中关村示范区展示中心，现场检查国际科技创新中心建设进展。蔡奇强调，要发挥新型举国体制优势，着力打造国家战略科技力量；要强化“三城一区”和中关村示范区主平台、主阵地作用，加强联系合作、联动发展；要坚持需求导向，大力推动科技成果转化应用，打通科技和经济融合中的堵点；要用好“改革”这个关键一招，解决当前制约科技创新的体制机制障碍；要大力推动国际交流合作，积极融入全球科技创新网络等。王志刚指出，科技部要支持北京用好高校、科研院所和创新型企业等优势创新资源集聚的优势；支持北京从国家紧迫需要和长远需求出发，坚持“有所为有所不为”；支持北京构建高水平国际化创新生态，从政策支持、法律保障、文化建设、服务体系等方面完善科研环境和创新生态，为科研人员、企业等各类创新主体的创新活动提供支撑，打造具有全球竞争力的创新高地。

（何　琳）

【2021年党建暨党风廉政建设工作会议召开】 3月25日，市科委、中关村管委会召开2021年党建暨党风廉政建设工作会议，总结2020年党建工作，部署2021年党建任务。党组书记、市科委主任许强强调，要认真贯彻落实党中央决策部署和市委、市政府工作要求，着眼庆祝建党100周年、确保“十四五”国际科技创新中心建设开好局起好步，统筹推进党的各项建设工作，努力为国际科技创新中心建设提供坚强保证。许强在总结2020年党建工作时指出，面对错综复杂的国际国内形势、艰巨繁重的科技创新任务，特别是突如其来的新冠肺炎疫情，市科委、中关村管委会党组团结带领各级党组织和广大干部群众，认真学习贯彻习近平总书记重要讲话精神，坚决落实党中央决策部署和市委要求，始终坚持用党的政治建设统揽全局、固本培元；突出围绕科技战“疫”贡献力量，让党旗在疫情防控一线高高飘扬；聚焦国际科技创新中心建设用力求效，高标准推进重点工作落实；坚持重心向下狠抓基层，党组织建设基础进一步巩固；着力排忧解难办实事，用关爱暖心的实际行动稳定队伍、凝聚力量；压紧压实管党治党政治责任，推动全面从严治党深入发展，党的建设各项工作呈现出新风貌新气象。许强就高质量完成2021年党建工作任务提出四点要求：积极主动融入大局，理清全年党建工作总体思路；以强烈的政治责任感，突出抓好重点任务落实；坚持抓经常打基础，推动全面建设稳步发展；充分发挥全面从严治党引领保障作用，营造风清气正的良好政治生态。会议还传达十九届中央纪委五次全会和市纪委十二届六次全会精神，通报2020年度市科委、中关村管委会领导班子民主生活会情况和驻委纪检监察组2020年度监督工作情况，就市科委、中关村管委会2021年党建工作要点做说明。市科委、中关村管委会机关处室、直属单位党政负责人和副处级以上党员领导干部，以及北京首都科技发展集团有限公司、新型研发机构等单位党组织书记等80余人参加会议。

（吴　迪）

【市政府常务会议研究科创中心建设重点任务及工作方案】 3月30日，市长陈吉宁主持市政府常务会议，研究北京国际科技创新中心建设重点任务2021年工作方案等事项。会议要求，各区各部门要按照《“十四五”北京国际科技创新中心建设战略行动计划》要求，抓好年度任务落实；要发挥北京科技资源优势，加强协同联动，聚焦重点领域和重点项目，抓出深度、抓出质量；增强应用场景的示范带动作用，打造专业化人才队伍，为实现科技自立自强贡献更多力量。

（何　琳）

【落实合署办公“三定”方案动员部署会召开】 4月9日，市科委、中关村管委会召开落实合署办公“三定”方案动员部署会。党组书记、市科委主任许强出席并做具体部署，党组副书记、中关村管委会主任翟立新主持会议，党组及领导班子成员出席。许强指出，市科委、中关村管委会合署办公是贯彻落实市委、市政府关于北京市科技工作机构调整的重大改革举措，是勇担新责任和新使命的具体体现，是理顺科技创新体制机制、凝聚国际科技创新中心合力的迫切需要。许强强调，新“三定”面向科技自立自强和新发展格局战略部署，全面传承历史积累和工作基础，坚持优化协同高效，着力推进工作体系整合完善，进行职能机构重塑。落实新“三定”要重点把握好国际科技创新中心建设、中关村示范区先行先试改革、国家实验室建设形成战略科技力量“三条主线”，构建与国际科技创新中心相适应的科技创新治理体系。许强要求，机构调整时间紧、任务重、头绪多、要求高，要进一步强化党的领导，紧扣融合主线，明确责任分工，严明纪律规矩，注重增强系统性、整体性、协同性，高质量抓好落实。翟立新指出，落实合署办公“三定”方案，要严格落实责任，周密组织实施，做好过渡衔接，做到思想不乱、工作不断、队伍不散、干劲不减。会议传达关于合署办公有关文件精神和“三定”方案、领导班子分工和机关人事安排。市科委、中关村管委会机关处室全体人员，直属单位行政主要负责人，相关新型研发机构行政负责人，以及北京首都科技发展集团有限公司、北京科技创新投资管理有限公司主要负责人参会。

（陈宝德）

【市科普工作联席会议召开】 5月12日，由北京市科普工作联席会议办公室主办的2021年北京市科普工作联席会议在京召开。会议总结2020年全市科普工作，研究部署2021年全市科普工作要点、全民科学素质行动工作要点及北京市“十四五”时期科普发展规划编制工作。市政府副秘书长、市科普工作联席会议副主席刘印春出席会议并讲话，肯定2020年全市科普工作和科学素质行动纲要实施工作取得的成绩，并对2021年全市科普工作提出要求。会上，科技部人才与科普司相关负责人介绍2021年全国科技活动周有关情况；2021年北京科技周专班相关负责人汇报2021年北京科技周主场及科幻分会场方案。市科普工作联席会议11家成员单位在主会场参会，25家成员单位及十六区、北京经济技术开发区有关负责人在分会场通过视频连线方式参会。

（张　熙　祖宏迪）

【北京办公室“一处七办”5月份工作会议召开】 5月21日，北京办公室“一处七办”工作会议在京召开，副市长靳伟主持。会议听取北京办公室秘书处、中关村科学城专项办、怀柔科学城专项办和未来科学城专项办牵头单位关于2021年科创中心建设重点项目和工作任务进展情况的汇报，重点研究项目推进过程中存在的问题，并对下一阶段工作进行部署。市政府副秘书长刘印春，市科委、中关村管委会，市发展改革委，市教委，市财政局，中关村科学城管委会，怀柔科学城管委会，中国科学院创新中心（北京分院），以及海淀区、昌平区、怀柔区、密云区政府的主管领导参会。

（何　琳）

【北京办公室“一处七办”7月份工作会议召开】 8月18日，北京办公室“一处七办”7月份工作会议在京召开，副市长靳伟主持。会议听取重大科技计划专项办、创新型产业集群与制造业高质量发展专项办等汇报工作进展，研究北京办公室“一处七办”重点任务推进落实情况，并对下一阶段工作进行部署。市科委、中关村管委会，市人才工作局，市发展改革委，市教委，市财政局，市经济和信息化局，市人力资源社会保障局，经济技术开发区管委会，顺义区政府主管领导参会。

（何　琳）

【中央人才工作会议提出在京建设人才高地】 9月27—28日，中央人才工作会议在京召开。中共中央总书记、国家主席、中央军委主席习近平出席会议并发表重要讲话，强调要坚持党管人才，坚持面向世界科技前沿、面向经济主战场、面向国家重大需求、面向人民生命健康，深入实施新时代人才强国战略，全方位培养、引进、用好人才，加快建设世界重要人才中心和创新高地，为2035年基本实现社会主义现代化提供人才支撑，为2050年全面建成社会主义现代化强国打好人才基础。习近平指出，加快建设世界重要人才中心和创新高地需要进行战略布局。综合考虑，可以在北京、上海、粤港澳大湾区建设高水平人才高地，一些高层次人才集中的中心城市也要着力建设吸引和集聚人才的平台，开展人才发展体制机制综合改革试点，集中国家优质资源重点支持建设一批国家实验室和新型研发机构，发起国际大科学计划，为人才提供国际一流的创新平台，加快形成战略支点和雁阵格局。

（何　琳）

【北京办公室“一处七办”专题会议召开】 10月16日，北京办公室“一处七办”专题会议在京召开，副市长靳伟主持。会议重点调度2021年度重点项目任务推进落实。会议听取北京办公室秘书处关于前三季度科技创新中心建设总体情况，协调解决优化国家重点实验室布局、推动建设北京雁栖湖应用数学研究院、依托新型研发机构引进培养人才及团队等相关问题，并对下一阶段工作进行部署。市政府副秘书长刘印春，以及市人才工作局，市发展改革委，市教委，市科委、中关村管委会，“三城一区”管委会，十六区政府等单位的主管领导参会。

（何　琳）

【北京办公室“一处七办”10月份工作会议召开】 10月29日，北京办公室“一处七办”10月份工作会议在京召开，市政府副秘书长刘印春主持。会议集中调度北京国际科技创新中心建设重点任务2022年工作方案编制工作。会议听取北京办公室秘书处、七个专项办牵头单位、通州区政府、朝阳区政府关于2022年工作计划及项目任务编制情况的汇报，并就下一步工作提出具体要求。市人才工作局，市发展改革委，市教委，市科委、中关村管委会，以及“三城一区”管委会、十六区政府等单位的主管领导参会。

（何　琳）

【中央全面深化改革委员会通过中关村先行先试改革的若干措施】 11月24日，中共中央总书记、国家主席、中央军委主席、中央全面深化改革委员会主任习近平主持召开中央全面深化改革委员会第二十二次会议，审议通过《科技体制改革三年攻坚方案（2021—2023年）》《关于支持中关村国家自主创新示范区开展高水平科技自立自强先行先试改革的若干措施》等。习近平强调，开展科技体制改革攻坚，目的是从体制机制上增强科技创新和应急应变能力，突出目标导向、问题导向，抓重点、补短板、强弱项，锚定目标、精准发力、早见成效，加快建立保障高水平科技自立自强的制度体系，提升科技创新体系化能力。会议指出，支持中关村示范区开展高水平科技自立自强先行先试改革，要瞄准最突出的短板、最紧迫的任务，在做强创新主体、集聚创新要素、优化创新机制上求突破、谋创新，加快打造世界领先科技园区和创新高地。改革要拿出更多实质性举措，起到试点突破和压力测试作用，积极探索破解难题的现实路径，注意积累防控和化解风险的经验。

（何　琳）

【十六区科技工作务虚会召开】 11月26日、12月11日，十六区科技工作务虚会分两天在京召开，副市长靳伟主持。会议强调，提高认识，深刻领会习近平总书记向2021中关村论坛视频致辞、在中央人才工作会议和中央全面深化改革委员会第二十二次会议上的讲话精神，全面落实市委、市政府部署要求，加快推进科创中心建设，推动首都高质量发展；在加快建设世界领先的科技园区和创新高地上下功夫，立足园区改革，实现差异化定位，推动项目落地，以全球视野前瞻布局，形成区域竞争优势；强化政策落地，提早谋划相关改革的细化措施，为2022年新一轮先行先试政策在示范区全域范围内推广做好准备；紧盯新型研发机构、人才、资本、场景等，抓住根节点，形成工作合力，谋划布局一批新型研发机构，着眼企业、基金与市场需求，引进领军人才，组织一批有颠覆性技术的场景，为实现高水平科技自立自强贡献北京力量。市政府副秘书长刘印春，市科委、中关村管委会主任许强，以及北京经济技术开发区管委会、十六区政府分管科技的负责人参会。

（何　琳）

【全球数字经济标杆城市建设现场推进会召开】 12月11日，市委书记蔡奇等调研全球数字经济标杆城市建设，并在北京经济技术开发区工委召开现场推进会。市长陈吉宁、市政协党组书记魏小东、市委副书记张延昆参会。在北京国际大数据交易所，市领导了解交易所搭建数据流通生态服务体系，推动发展国内数字贸易等情况；在北京市高级别自动驾驶示范区，市领导察看自动驾驶无人化测试、无人零售、无人配送等应用场景，了解全息路口、车路协同等运行情况。蔡奇强调，建设全球数字经济标杆城市是北京市融入新发展格局“五子”之一。北京市要进一步把握全球数字经济发展大势，立足首都城市战略定位，用好资源禀赋，抓住机遇、乘势而上，积极打造数字经济发展的“北京样板”，努力建设成为全球数字经济标杆城市。

（黎　翔）

【北京办公室“一处七办”调度工作会议召开】 12月24日，北京办公室“一处七办”调度工作会议在京召开，市政府副秘书长刘印春主持。会议调度研究北京国际科技创新中心建设2021年方案落实和2022年方案编制工作。听取北京办公室秘书处关于2021年度未完成项目和任务的进展情况和难点问题，重点研究2022年工作方案重点项目和工作任务编制进展，并对下一阶段工作进行部署。市人才工作局，市发展改革委，市教委，市科委、中关村管委会，市财政局，市经济和信息化局，市人力资源社会保障局，市知识产权局，以及“三城一区”管委会、十六区政府的主管领导参会。

（何　琳）

重大活动

【概述】2021年，围绕北京国际科技创新中心建设，各项重大科技活动有序举办，活动呈现规格高、品牌突出、国际性强、参与广泛等特点。《"十四五"北京国际科技创新中心建设战略行动计划》发布，明确了"十四五"北京国际科技创新中心建设的总体要求，部署六大工程。北京科技周活动作为科技活动品牌，公众科普成效显著；面向全球的北京国际设计周及北京国际设计周设计之旅、2021中国科幻大会、2021世界5G大会、2021世界机器人大会、HICOOL 2021全球创业者峰会、第十一届中意创新合作周等活动成功举办。全国双创周北京会场暨中关村创新创业季等专项活动有效开展。《北京国际科技创新中心建设2021年工作方案》《关于北京市科学技术委员会与中关村科技园区管理委员会合署办公的公告》《农业农村部 北京市人民政府共同打造中国·平谷农业"中关村"合作框架协议》《2020全球城市基础前沿研究监测指数》等重要文件发布。

（薛春连）

【《"十四五"北京国际科技创新中心建设战略行动计划》发布】1月20日，国务院新闻办公室举行新闻发布会，介绍落实五中全会精神，加快推进北京国际科技创新中心建设有关情况。会上，科技部、北京市会同国家发展改革委、工业和信息化部、中国科学院等21个部门研究编制的《"十四五"北京国际科技创新中心建设战略行动计划》发布。《行动计划》明确"十四五"北京国际科技创新中心建设总体要求，提出北京国际科技创新中心建设未来五年发展及远景目标，围绕筑根基、建优势、转范式、促联动、强协同和优生态，战略部署推进国家战略科技力量创建、重点跨越、创新范式优化、"创新链、产业链、供应链"三链联动、京津冀产业驱动、创新生态提升六大工程。科技部副部长李萌在发布会上指出，北京国际科技创新中心建设要走出新路子，关键是能力和生态的构建，以布局国家战略科技力量构建牵引力，以展开重大基础前沿领域研发构建原创力，以改革和政策先行先试构建新动力，以激发人才创新创造活力构建吸引力，以全方位科技开放合作构建影响力。科技部、北京市、国家发展改革委、工业和信息化部、中国科学院等部门主要负责人出席发布会。

（何 琳）

【《2020全球城市基础前沿研究监测指数》报告发布】1月22日，中国科学院科技战略咨询研究院在京发布《2020全球城市基础前沿研究监测指数》报告。报告显示，中国的基础前沿研究监测指数全球排名第二。北京市、上海市、南京市和合肥市入选全球TOP20城市，北京市排名第三。北京市在农业科学、植物学和动物学领域，生态环境科学领域，化学与材料科学领域，物理学领域，数学、计算机科学与工程学领域5个领域的基础前沿研究监测指数均排名第一。基础前沿研究能力的强弱可以作为监测全球科技创新中心的重要标准之一。报告从研究前沿热度指数、突破性成果、高被引科学家3个方面构建基础前沿研究监测指数的逻辑模型并进行监测分析。

（金 霞）

【北京市扶贫协作总结表彰大会举办】3月15日，北京市扶贫协作总结表彰大会举办。会上，宣读了北京市获得全国脱贫攻坚先进集体、先进个人名单，以及《关于表彰北京市扶贫协作先进集体和先进个人的决定》。表彰北京市科委农村发展中心等150个"北京市扶贫协作先进集体"和北京市科委行政事务服务中心主任李文军等302名"北京市扶贫协作先进个人"。市领导向受表彰集体代表和个人颁奖。市委、市人大常委会、市政府、市政协等相关领导及先进个人和先进集体代表在主会场、分会场参加会议。

（申峥峥）

【市科委、中关村管委会内设机构调整】3月18日，《中共北京市委办公厅 北京市人民政府办公厅关于印发〈北京市科学技术委员会、中关村科技园区管理委员会职能配置、内设机构和人员编制规定〉的通知》（京办字〔2021〕5号）印发。市科委、中关村管委会内设机构由原来的办公室、科创中心建设综合协调处、发展规划与政策法规处（研究室）、资源配置与管理处、科技监督与诚信建设处、重大专项处、科技服务业与文化科技处、科研机构管理与科技金融处、高新技术与成果转化处、电子信息与新材料科技处、医药健康科技处、社会发展科技处、宣传与科普处、国际与区域科技合作处（港澳台科技合作办公室）、外国专家服务与科技人才处（港澳台专家服务处）、人事处、机关党委、机关纪委、工会、离退休干部处20个调整为办公室、科创中心建设综合协调处、发展规划处、政策法规处（研究室）、资源配置与管理处、科技监督与诚信建设处、重大专项处、科技成果转化处、科研机构管理处、科技金融处、国际合作处（港澳台科技合作办公室）、科技协作与支援合作处、外国专家服务与科技人才处（港澳台专家服务处）、科技统计分析处、信息科技处、新材料与智能制造科技处、医药健康科技处、社会发展科技处、文化科技处（科普处）、科技服务业处、园区发展建设处、创新创业服务处、中关村新技术新产品促进处、国家实验室综合协调处、国家实验室科研管理处、国家实验室服务保障处、宣传处、财务（资产监管处）、人事处、机关党委（党建工作处）、机关纪委、工会、离退休干部部处33个。

（岳　睿）

【市科委和中关村管委会合署办公】4月12日，市科委和中关村管委会同时在其官方网站发布《关于北京市科学技术委员会与中关村科技园区管理委员会合署办公的公告》。《公告》称，按市委、市政府决策部署，北京市科学技术委员会与中关村科技园区管理委员会合署办公，机构名称为“北京市科学技术委员会、中关村科技园区管理委员会”。为确保各项服务工作平稳有序，原市科委网站（http://kw.beijing.gov.cn/）、原中关村管委会网站（http://zgcgw.beijing.gov.cn/）将同步更新和发布有关信息，并暂时继续运行，后续如有调整将另行公告。

（岳　睿）

【市科委、中关村管委会所属事业单位改革】4月16日，中共北京市委机构编制委员会办公室（简称市委编办）印发《关于市科委、中关村管委会所属事业单位改革有关事项的批复》（京编委〔2021〕66号）。市科委、中关村管委会所属事业单位由原来的25家调整为18家，具体变化情况如下。整合组建5家，分别是：整合北京科技协作中心、北京工业设计促进中心、北京市科委农村发展中心、北京市可持续发展科技促进中心、北京市科技传播中心，组建北京科技创新促进中心；整合北京市科委人才交流中心、中关村人才特区建设促进中心（北京海外学人中心中关村分中心），组建北京科技人才发展中心（北京海外学人中心中关村分中心）；整合北京科学仪器装备协作服务中心、北京科学技术开发交流中心，组建北京科技审评中心；整合北京市高新技术成果转化服务中心、北京生产力促进中心（北京现代服务业科技促进中心），组建北京科技成果转化服务中心；整合北京市科技信息中心、北京市科委行政事务服务中心、北京市科委老干部服务中心（老干部处），组建北京市科学技术委员会、中关村科技园区管理委员会综合事务中心。更名或加挂牌子3家，分别是：北京生物技术和新医药产业促进中心更名为北京医药健康科技发展中心；北京技术交易促进中心更名为北京国际科技合作中心（北京港澳台科技合作中心）；北京市实验动物管理办公室加挂北京市人类遗传资源管理办公室牌子。设立2家，分别是：北京信息科技发展中心、北京市实验室服务保障中心。保留7家，分别是：北京市自然科学基金委员会办公室、北京市科学技术奖励工作办公室、北京技术市场管理办公室、北京新材料和新能源科技发展中心、北京科技创新研究中心、中关村政府采购促进中心、中关村高科技产业促进中心。转企改制1家，为北京软件产品质量检测检验中心。

（岳　睿）

【科创中心建设2021年重点任务印发】4月21日，北京推进科技创新中心建设办公室印发《北京国际科技创新中心建设重点任务2021年工作方案》（京科创办发〔2021〕1号）。《工作方案》围绕七大方面部署212项重点项目和工作任务，体现4个新变化，以锚定科技自立自强主攻方向为切入点，全面体现“北京担当”；以实施《“十四五”北京国际科技创新中心建设战略行动计划》为主线，以工程化思维落实落细各项重点工作；以国家重大战略任务为统领，构建央地协同创新新机制；以中关村先行先试和“两区”政策为抓手，推动改革向更深层次发力。

（孙　萌）

【北京科技周活动举办】5月22—28日，由科技部和北京市政府共同主办、以“百年回望：中国共产党领导科技发展”为主题的2021年全国科技活动周暨北京科技周活动主场在中关村示范区展示中心举办。主场的室内主题展区按时间跨度分为勇担重任、勇立潮头、勇攀高峰3个阶段，回顾中国共产党领导北京科技事业发展的光辉历程，突出“中关村创新发展历程”“全国科技创新中心建设”2条主线，150余个科技成果、创意产品在现场展示。主场活动7天共接待近300家中央和各地方党政机关、企事业单位、社会团体。北京“云上”科技周虚拟展厅同步上线，突破时间空间限制，公众可全天候体验科学魅力，科技周期间访问量超过110万人次。《人民日报》、新华社、中央电视台、《光明日报》、《科技日报》等中央媒体，以及《北京日报》、北京电视台等市属媒体集中关注，报道相关信息超过6000条。北京科技周首次设立科幻分会场，以“科幻世”为策划主线，在石景山区首钢园开展科学与艺术结合的创意展览。同时，设有“三城一区”分会场、城市副中心分会场。市科委、中关村管委会联合市科普联席会成员单位、各区及中关村各分园举办各类活动100余场。

（祖宏迪　李　杨）

【2021世界5G大会举办】8月31日—9月2日，由北京市政府、国家发展改革委、科技部、工业和信息化部共同主办的2021世界5G大会在北京经济技术开发区举办。来自20余个国家和地区的1500余位业界专家、学者和企业家以线上或线下的方式参会。大会以“5G深耕，共融共生”为主题，其内容包括论坛、展览展示、5G应用设计揭榜赛等。大会11场主题论坛中有8场论坛聚焦5G落地，包含5G与工业互联网、5G与医疗卫生和健康、5G与智慧教育等，囊括5G在产业、服务等各领域的落地实践与前沿探索，重点诠释热点垂直行业与通信行业的深化协同，300余位嘉宾发表演讲。“行业应用创新论坛”公布5G十大应用案例，三一重工北京桩机工厂5G智能制造等案例入选。大会展出30余家企业的620余件5G与传统行业融合应用的成果，展示并交流5G行业赋能最佳实践、商业模式探索和技术应用创新。闭幕式上，北京市属公园5G应用场景建设等18个战略合作项目集中签约。

（杜涵涵）

【2021年服贸会举办】9月2—7日，以“数字开启未来，服务促进发展”为主题的2021年中国国际服务贸易交易会（简称服贸会）在国家会议中心和首钢园区举办。习近平总书记在2021年中国国际服务贸易交易会全球服务贸易峰会上发表视频致辞。2021年服贸会围绕服务贸易12大领域的前沿趋势，聚焦数字经济和数字贸易发展等热点话题，举办5场高峰论坛、119场专题论坛及行业会议。大会设置综合展和专题展。综合展设在国家会议中心，设置中国服务贸易发展成就展、省区市及港澳台展、国别展和数字服务专区展等；专题展设在首钢园区，围绕电信、计算机和信息服务，金融服务，文旅服务，教育服务，体育服务，供应链及商务服务，工程咨询与建筑服务，健康卫生服务8个专题举办企业展。截至9月7日下午，2021年服贸会达成各类成果1672个，其中，成交项目类642个，投资类223个，协定协议类200个，权威发布类158个，联盟平台类46个，首发创新类139个，评选推荐类264个。

（申峥峥）

【2021世界机器人大会举办】9月10—13日，由北京市政府、工业和信息化部、中国科协共同主办的2021世界机器人大会在北京经济技术开发区举办。大会以“共享新成果，共注新动能”为主题，包含论坛、博览会、机器人大赛等内容。在3个主论坛、19场专题论坛、7场国际双多边会议及20场配套活动中，200余位业界专家和企业家以线上或线下形式发表演讲。博览会展览面积约5.2万平方米，包括工业机器人、服务机器人、特种机器人三大展区和创新展区，110余家企业的500余款产品参展。大会设共融机器人挑战赛、BCI脑控机器人大赛、机器人应用大赛、青少年机器人设计大赛四大赛事，41个分赛项，4万余名选手参赛，近2000名选手现场对决。大会期间发布《中国机器人产业发展报告（2021）》《机器人十大新兴前沿热点领域（2021—2022年）》等5项研究成果；为2021世界机器人大会“投创之星”优秀项目颁发证书；大会推动产业链上下游合作，签约金额达53亿元。累计在线观看大会直播人数2300万人次，微博话题阅读量1.2亿次，短视频平台话题播放量2.4亿次。

（杜涵涵）

【HICOOL 2021全球创业者峰会举办】9月11日，HICOOL 2021全球创业者峰会主题日在中国国际展览中心（新馆）举办。峰会以“创业互联，创新无界”为主题，围绕北京国际科技创新中心建设，以赛、论、展、投、秀等形式，举办HICOOL 2021全球创业大赛颁奖盛典、HICOOL全球创业者高峰论坛、现场展览展示、创投对接等活动。由全球首席执行官委员会和北京市人才工作领导小组办公室发起的“赋能未来”全球青年创业者赋能计划也在颁奖盛典上启动。会上，HICOOL 2021全球创业大赛及伯乐奖获奖者名单揭晓。大赛共吸引全球84个国家和地区4018个项目5077名创业人才报名参加，经过初赛、复赛、决赛，最终70个项目分获一、二、三等奖，其中北京蓝晶微生物科技有限公司的“合成生物学分子与材料创新平台”、北京宏景智驾科技有限公司的“Windbreaker 干线物流重卡自动驾驶解决方案”等7个项目获一等奖，苏州清研精准汽车科技有限公司的“智能电动汽车全生命周期检测平台”等21个项目获二等奖，社保信息科技（上海）有限公司的“人事通 HRWORK.COM”等42个项目获三等奖。

（袁永章）

【北京国际设计周开幕】 9月22日，2021北京国际设计周开幕活动暨北京2022年冬奥会和冬残奥会宣传海报发布活动在张家湾设计小镇举行。设计周以“品牌力量”为主题，致力增强国家新发展格局中的设计动能。北京市委常委、宣传部部长、北京国际设计周组委会执行主席莫高义做主旨演讲。会上，“北斗卫星导航系统”获2021北京设计奖经典设计奖；北京2022年冬奥会和冬残奥会宣传海报正式发布。设计周活动持续至10月7日，北京设计论坛、主题展览、北京设计博览会第二期、设计之旅等主体活动陆续举办。

（申峥峥）

【北京国际设计周设计之旅开幕】 9月23日，由北京国际设计周组委会主办、北京工业设计促进中心承办的2021北京国际设计周设计之旅活动在北京光科技馆开幕。2021年设计之旅以“科技赋能，创享未来”为主旨，聚焦科技赋能，引领设计发展，结合产业汇聚设计领域的顶级资源。2021年设计之旅在北京、天津、河北共设置30个分会场和32个设计站点，举办展览、论坛、工作坊、市集、消费体验等活动700余项。鉴于疫情防控的要求，展览、论坛绝大部分采用线上线下结合的方式，通过线上展览、网络直播、国际连线等方式，全球超过60个国家和地区的2万余名设计领域从业者参与活动。

（王露菲　王夕元）

【2021中国科幻大会举办】 9月28日—10月5日，由中国科协和北京市政府共同主办的2021中国科幻大会在石景山区首钢园举办。大会以“科学梦想·创造未来”为主题，采取“线上＋线下”相融合、“会＋展＋演＋映”相结合方式，开展一系列科幻嘉年华活动。大会邀请国内400余位科技工作者、科幻领域重量级专家、企业家、投资人、著名科幻作家参加活动，并有20余位来自美国、英国、日本等国家的科学家、著名科幻作家、科幻业界知名人士、全球科幻机构和组织代表通过线上方式参会。大会期间共举办开幕式2场、专题论坛12场、潮幻奇遇季特色品牌活动19场，播放露天展映电影5场、VR展映电影11部，举办光影秀7场，科幻秀场放映“未来的约定”沉浸式演出14场，发布大会宣传视频7个，在30余家重点媒体宣发文章近100篇。参加科幻大会及北京科幻嘉年华活动人数逾4万人次。

（胡　妍）

【平谷农业“中关村”合作框架协议签署】 10月12日，北京市与农业农村部共同签署《农业农村部 北京市人民政府共同打造中国·平谷农业“中关村”合作框架协议》，确立合力打造中国·平谷农业“中关村”发展战略。市委书记蔡奇、市长陈吉宁与中央农办主任、农业农村部部长唐仁健座谈。蔡奇强调，农业科技创新是实现农业现代化的关键，也是建设国际科技创新中心的重要内容。要以此次签署合作协议为契机，瞄准农业科技高精尖，集中优势资源和要素，在战略科技力量培育、关键核心技术攻关、科技成果转化应用、国际合作交流等方面率先突破，打造具有全球影响力的农业“中关村”，建设国家级农业科技创新高地。唐仁健指出，农业农村部将以签署合作协议为契机，在政策规划、资金安排、试点示范、技术人才、改革创新等方面对北京给予倾斜，实打实支持现代种业发展高地、数字农业先行区和农业科技创新示范区建设，助力北京发展都市现代农业、建设宜居宜业乡村、推进城乡融合发展，打造大城市乡村全面振兴的示范和样板。

（申峥峥）

【全国双创周北京会场暨中关村创新创业季举办】 10月19—25日，由市发展改革委牵头主办的2021年全国大众创业万众创新活动周北京会场暨中关村创新创业季活动在京举行。北京市副市长靳伟和国家发展改革委、中国科协等相关领导，以及北京市政府有关部门和各区相关负责人等出席活动启动仪式。活动以“高质量创新创造，高水平创业就业”为主题，采用线上与线下相结合的方式举办。线下设置“一主、多点”两条主线，在中关村示范区展示中心设北京会场主会场，举办启动仪式、展览展示、专场活动等活动，在“三城一区”、中关村一区十六园、各双创示范基地分别开展相关活动。线上依托北京会场网络平台，设置《双创宣传推介》《双创档案馆》《双创活动转播》等栏目，同步呈现线下活动实况。其中，北京会场主题展区域面积8000平方米，设置创新创业支撑科技自立自强、创新创业创造高精尖发展新动能、创新创业创造美好新生活、专业平台推动高质量创新创业4个室内展区，以及1个室外智能装备展区，以实物、模型、多媒体、展板等形式展示200余个创业项目和相关服务机构。专场活动方面，重点围绕双创带动就业、改革激发活力等，征集策划40余场专题活动，在展示中心举办2021年“创响中国”海淀站暨京津冀双创示范基地联盟主站活动、2021年中关村5G创新应用大赛等重点活动10余场。

（武　巍　陈宝德）

【首届全球金融科技峰会举行】 10月20—22日，由北京市政府、中国人民银行、新华通讯社、银保监会、证监会、国家外汇管理局主办的首届全球金融科技峰会在京举行。峰会在金融科技数字化转型、金融科技赋能乡村振兴、个人金融信息保护等方面设置12个议题，设有1场金融科技成果发布、2场创新大赛、3项展览、4场专场活动、5场主题论坛等活动。大会还对外发布《金融标准化“十四五”发展规划》《金融科技创新监管工具运行报告》等金融科技政策标准、创新成果、研究成果。

（曾庆艳　刘　明）

【2020年度国家科学技术奖励大会召开】 11月3日，2020年度国家科学技术奖励大会在京召开，习近平等党和国家领导人出席大会并为获奖代表颁奖。北京地区单位主持完成的64项成果获国家科学技术奖。2020年度国家科学技术奖共评选出264个项目、10名科技专家和1个国际组织。国家最高科学技术奖2人；国家自然科学奖46项，其中一等奖2项、二等奖44项；国家技术发明奖61项，其中一等奖3项、二等奖58项；国家科学技术进步奖157项，其中特等奖2项、一等奖18项、二等奖137项；授予8名外籍专家和1个国际组织中华人民共和国国际科学技术合作奖。

（金　霞）

【第十一届中意创新合作周举办】 12月1—3日，由中国科学技术部、意大利大学与科研部主办的第十一届中意创新合作周以线上线下结合、线上为主的方式在中国北京、意大利罗马及那不勒斯举办。活动以“共同研究创新，更好影响未来”为主题，中国科技部部长王志刚、副部长张广军，意大利大学与科研部部长玛利亚·克里斯蒂娜·梅萨出席开幕式并致辞。北京市科委、中关村管委会主任许强，意大利科学城主席维拉里在开幕式上致欢迎辞。清华大学校长邱勇围绕科研开放交流发表主题演讲。合作周内容包括部长级会议、开幕式暨项目签约仪式、4个重点合作领域平行论坛、中意科技创新项目一对一对接会等，中意两国约200家机构的500余名代表注册参与。在4个平行论坛中，来自中意双方大学、科研机构和企业的36名代表围绕高能和天体粒子物理、先进材料、智能制造、绿色能源与智能电网（含碳中和）等重点领域开展交流探讨。中方近50家科技机构的100余名代表与意方近40家科技机构的80余名代表在线上进行近40场科技项目一对一对接会。

（路一鸣　杨　柳）

【“中关村指数2021”发布】 12月29日，北京方迪经济发展研究院、中关村创新发展研究院在京发布“中关村指数2021”。“中关村指数2021”研究结果显示，中关村指数稳步提升，2020年达到251.3，比上年提升28.9。从五个一级指数来看，开放协同指数增长最快，比上年提升52.2，达到230.9；创新引领指数持续上升，比上年提高43.6，达到301.6；高质量发展指数增长较快，比上年提升32.8，达到213.0；双创生态指数比上年提升13.0，达到388.9；宜居宜业指数稳中有进，比上年提升3.0，达到122.1。

（龙　琦）

中关村论坛

【概述】 2021年，中关村论坛升级为面向全球高科技创新交流合作的国家级平台。9月15日，《国务院办公厅关于成立中关村论坛组织委员会和执行委员会的通知》印发，明确了组委会和执委会的主要职责及人员。围绕提升中关村论坛国际知名度关注度，办好论坛事务，举办2021中关村论坛第一次、第二次新闻发布会，召开2021中关村论坛执委会第一次会议、组委会第一次会议。论坛开幕式上，国家主席习近平发表视频致辞，一些国家政要和国际组织负责人通过视频方式致辞。遵循论坛永久主题“创新与发展”，确定“智慧·健康·碳中和”年度主题。设置论坛会议、展览展示、成果发布、前沿大赛、技术交易、配套活动六大板块，举办60场活动。全球66个国家和地区上千名嘉宾进行交流合作，10万余人次线上线下参与。论坛发布100项新技术新产品榜单、100项国际技术交易创新项目榜单、100项数字化转型需求榜单，发起100亿元规模的北京首发展华夏龙盈接力科技投资基金，合作签约项目56个，主会期现场签约金额超过50亿元。“第二十四届中国国际科技产业博览会”改称“中关村论坛展览（科博会）”，首次与中关村论坛同期同地举办。2021中关村国际技术交易大会及各项签约活动成果丰硕。主会期外，城市轨道交通青年科学家－企业家国际论坛的举办进一步彰显中关村论坛常态化。

（薛春连）

【2021中关村论坛第一次新闻发布会举办】7月15日，2021中关村论坛新闻发布会在北京市人民政府新闻办公室发布厅举办。中关村管委会主任翟立新等领导出席，介绍论坛有关情况并回答记者提问。2021中关村论坛将于9月24—28日在京举办，举办地点为中关村示范区展示中心及其周边搭建展馆。论坛年度主题为“智慧·健康·碳中和”，在论坛会议、技术交易、展览展示、成果发布等已有板块的基础上，增设前沿大赛和配套活动2个板块。在主会期之外，论坛全年举办常态化系列活动。

（赵　哲）

【2021中关村论坛执委会第一次全体会议召开】9月13日，市委书记、中关村论坛执委会主任蔡奇主持召开2021中关村论坛执委会第一次全体会议，研究部署论坛筹办工作。科技部部长王志刚、中国科学院院长侯建国、中国科协副主席张玉卓、北京市市长陈吉宁等执委会执行主任出席。执委会执行副主任、副主任，执委会“一办九组”负责人，各区和北京经济技术开发区主要负责人参加。会议强调，当前筹办已进入冲刺阶段，要倒排工期，落实落细各项任务。要严格落实疫情防控各项措施，压紧压实“四方责任”，完善防疫工作方案和应急预案，确保论坛安全举办。开展好宣传预热，全面提升论坛的国际知名度、关注度。坚持市场化运作，抓好常态化办会，实现月月有活动、季季有亮点。执委会办公室要加强统筹协调，做好服务督办，各工作组各司其职，各区各相关部门主动担当作为，形成合力。

（赵　哲）

【《国务院办公厅关于成立中关村论坛组织委员会和执行委员会的通知》印发】9月15日，国务院办公厅印发《国务院办公厅关于成立中关村论坛组织委员会和执行委员会的通知》，提出为办好中关村论坛，经国务院同意，成立中关村论坛组织委员会（简称组委会）和执行委员会（简称执委会）。组委会负责中关村论坛的组织领导和统筹协调，审定中关村论坛的总体方案、实施方案及相关重要事项，研究协调筹办工作中的重要问题。重大事项按程序报批。组委会主任为国务院副总理刘鹤。执委会在组委会的领导下，负责具体落实工作；研究提出中关村论坛的总体方案、实施方案及相关重要事项，按程序报审并组织实施；落实组委会有关决定和中关村论坛筹办工作中的具体事务，定期向组委会报告工作进展情况；承担中关村论坛举办期间现场资源调配和统一指挥工作；承办组委会交办的其他事项。执委会主任为北京市委书记蔡奇。

（申峥峥）

【2021中关村论坛第二次新闻发布会举办】9月15日，国务院新闻办公室举行新闻发布会，介绍2021中关村论坛有关情况。科技部副部长李萌、北京市副市长靳伟、中国科学院国家科创中心建设工作小组办公室主任黄向阳、中国科学技术协会科学技术传播中心主任郑浩峻等出席发布会，介绍论坛有关情况并回答记者提问。中关村论坛的永久主题是“创新与发展”，2021年度主题是“智慧·健康·碳中和”。举办本届论坛是把握新发展阶段、贯彻新发展理念、构建新发展格局，建设北京国际科技创新中心的具体举措，有利于深化科技开放合作，推动中关村打造世界领先的科技园区和创新高地，为构建人类命运共同体贡献智慧和力量。

（赵　哲）

【2021中关村论坛组委会第一次全体会议召开】9月17日，2021中关村论坛组委会第一次全体会议在京召开。国务院副总理、组委会主任刘鹤和北京市委书记、组委会第一副主任蔡奇出席。会议指出，习近平总书记高度重视科技创新和开放合作。中关村是中国创新发展的一面旗帜，在推进科技自立自强中肩负重要使命。把中关村论坛打造成为面向全球高科技创新交流合作的国家级平台，是党中央做出的一项重要决策，一定要进一步提高政治站位，体现论坛的高层次、高水平、国际化，落实落细各项

筹备任务，把这件大事办好。会议强调，本届论坛以“智慧·健康·碳中和”为主题，要通过论坛展示中国坚持高质量发展、坚持推进改革开放、坚持“两个毫不动摇”、坚持科技强国道路的决心；展示中国建设生态文明、强化气候变化合作、深化人才交流合作的态度；展现全面加强国际科技合作、建设人类命运共同体的信念。会议还部署各项筹备工作，强调要以最高标准做好疫情防控，做到论坛期间“零感染”，做好新闻宣传报道工作，完善各项突发情况的应对预案，确保将论坛办成一场精彩盛大的国际科技盛会。

（赵　哲）

【2021 中关村论坛开幕式举办】 9 月 24 日，由科学技术部、中国科学院、中国工程院、中国科学技术协会、北京市政府共同主办的 2021 中关村论坛在京开幕。国家主席习近平在开幕式上发表视频致辞。习近平强调，中关村是中国第一个国家自主创新示范区，中关村论坛是面向全球科技创新交流合作的国家级平台。中国支持中关村开展新一轮先行先试改革，加快建设世界领先的科技园区，为促进全球科技创新交流合作做出新的贡献。中共中央政治局委员、国务院副总理刘鹤出席开幕式并宣布论坛开幕。中共中央政治局委员、北京市委书记蔡奇主持开幕式。塞尔维亚总统亚历山大·武契奇、古巴总理曼努埃尔·马雷罗、世界知识产权组织总干事邓鸿森、上海合作组织秘书长弗拉基米尔·诺罗夫、国际科学理事会主席达亚·瑞迪先后通过视频方式致辞。

（赵　哲　何　琳）

【2021 中关村论坛举办】 9 月 24—28 日，2021 中关村论坛在京举办。论坛升级为面向全球科技创新交流合作的国家级平台。论坛以“智慧·健康·碳中和”为主题，围绕论坛会议、展览展示、成果发布、前沿大赛、技术交易、配套活动六大板块举办 60 场活动。来自全球 66 个国家和地区的上千名嘉宾，包括政府官员、国际组织代表、顶尖科学家、著名企业家、知名投资人等，围绕全球关注的重大科技议题进行交流合作，线上线下累计 10 万余人次参与。论坛发布 100 项新技术新产品榜单、100 项国际技术交易创新项目榜单、100 项数字化转型需求榜单，发起 100 亿元规模的北京首发展华夏龙盈接力科技投资基金，合作签约项目 56 个，主会期现场签约金额超过 50 亿元。

（赵　哲）

【2021 中关村论坛展览（科博会）举办】 9 月 24—28 日，2021 中关村论坛展览（科博会）在北京市海淀公园路西侧临时展馆举办。第二十四届中国国际科技产业博览会名称调整为中关村论坛展览（科博会），首次与中关村论坛同期同地举办，实现论坛与展览一体。本届展览围绕“智慧·健康·碳中和”论坛主题，聚焦国家科技创新战略部署和北京国际科技创新中心建设，聚集优势资源，打造面向全球科技前沿、面向中小微初创企业、链接资本市场的科技精品展，搭建展示、推介、洽谈一体化平台，促进优质项目成果落地转化。展览总面积约 1.5 万平方米，划分综合、科技冬奥、医药健康、碳中和、省区市科技创新成果 5 个展馆，参展企业和机构 576 家。展会期间还举办 10 场推介交易活动。

（赵　哲）

【2021 中关村论坛全体会议召开】 9 月 25 日，2021 中关村论坛全体会议在京召开。北京市委书记蔡奇、科技部部长王志刚、中国科学院院长侯建国、中国工程院院长李晓红、中国科协副主席张玉卓、北京市市长陈吉宁等领导出席。会议揭晓 2020 年度北京市科学技术奖，14 位科学家、150 项成果获奖；发布国际科技创新中心指数 2021、自然指数 - 科研城市 2021、长寿命超导量子比特芯片、无液氦稀释制冷机、新一代人工智能伦理规范 5 项重大成果。驻华使节、国际科技组织驻华机构负责人、北京市科学技术奖获奖人、科学界领军人物、知名企业家及投资人等参加。

（赵　哲）

【2021 中关村国际技术交易大会开幕式举办】 9 月 27 日，在科技部、中国科学院、中国工程院、中国科协、北京市政府指导下，由市科委、中关村管委会主办的 2021 中关村国际技术交易大会开幕式在中关村示范区展示中心举办。北京市政府副秘书长刘印春主持开幕式，科技部副部长邵新宇、北京市副市长王红、英国驻华使馆国际贸易部使节吴侨文出席大会开幕式并致辞。德国亥姆霍兹联合会国际科技合作副主席赫尔穆特·多施，欧洲科学与技术转移行业协会执行总裁劳拉·麦克唐纳通过视频致辞。北京市科委、中关村管委会党组书记、主任许强做题为《先行先试、自立自强，努力建设世界领先的科技园区》的主旨报告。大会还发布了“2021 中关村国际技术交易大会——百项新技术新产品榜单”“2021 中关村国际技术交易大会——百项国际技术交易创新项目榜单”和“2021 中关村国际技术交易大会——百项数字化转型需求榜单”，推出中关村新技术新产品首发平台和中关村技术交易线上综合

服务平台，发布100亿元规模的北京首发展华夏龙盈接力科技投资基金。

（鲍海宁）

【2021中关村国际技术交易大会举办】 9月27—28日，由市科委、中关村管委会主办的2021中关村国际技术交易大会在中关村示范区展示中心举办。大会邀请来自40余个国家的100余家技术转移机构、40余所知名高校和领军企业参与，汇集近3000项技术交易项目，700余项国内外新技术新产品和600余项数字化转型应用技术需求，举办大会开幕式、重点国别和地区技术转移对接活动、国际知名理工高校技术转移对接活动、全国技术转移交流对接专场活动、新技术新产品首发活动、数字化转型供需对接活动等17场系列活动。

（鲍海宁）

【2021中关村论坛技术交易暨合作签约活动举办】 9月28日，由市科委、中关村管委会主办的2021中关村论坛技术交易暨合作签约活动在中关村示范区展示中心举办。北京市应急管理局的多部门协同自然灾害监测预警与应急指挥调度系统、北京城市副中心投资建设集团有限公司的城市副中心绿心公园智慧集成应用等北京市第三批30项应用场景建设项目清单发布，项目涉及医疗健康、政务服务、智慧交通、城市管理等领域。北京百度网讯科技有限公司基于国产物联网、人工智能技术的城市级全域数字化服务项目，北京叠加态技术有限公司的叠加态－冷隔绝材料项目等29个项目完成签约。活动还举行中关村前沿科技投融资联席会和开放科学国际创新联盟成立仪式。

（鲍海宁）

【2021中关村论坛市级总结会召开】 12月13日，副市长靳伟主持召开2021中关村论坛市级总结会。会议听取市科委、中关村管委会及各单位对2021中关村论坛筹办工作的总结和对2022中关村论坛的有关考虑。会议强调，要深入领会、全面贯彻习近平总书记在中关村论坛开幕式上的重要致辞精神，通过中关村论坛推动世界领先科技园区建设、中关村新一轮先行先试改革，带动形成更高层次的改革开放新格局，为国家做出应有贡献；提早启动谋划2022中关村论坛工作，加快研究形成2022中关村论坛年度主题和总体方案。加强与外交部沟通，及早启动国家领导人邀请工作；强化组织保障，加强工作统筹和协同，依托论坛组委会和执委会机制，进一步发挥中央和国家部委成员单位的作用，完善执委会组织架构和职责，保持常年高效运作。科技部、中国科学院、中国工程院、中国科协有关司局，以及市级相关单位的有关负责人参加。

（赵　哲）

科技管理

BEIJING ALMANAC OF SCIENCE AND TECHNOLOGY 2022

北京科技年鉴

2022

科技政策法规

【概述】2021 年，北京市出台一系列科技相关的利好政策，涉及人才、科技、知识产权、专利保护、医药、数字城市、科研经费、科学基金等方面。从持续加力优化人才市场、技术市场和营商环境、促进产业政策法规的安全稳定、不断提升高精尖产业“专精特新”中小企业的发展能级，到针对“十四五”的各重点领域的规划方面，都在加大行之有效的相关措施，统筹做好各项工作，为向第二个百年奋斗目标进军的第一个五年开好局、起好步。《关于进一步加强中关村海外人才创业园建设的意见》印发，优化人才环境，提升服务海外人才和海外人才创业企业的能力，全方位培养、引进、用好人才；《北京市科技成果信息系统管理和使用办法》印发，真正做到“科技以人为本”，向社会公布并提供科技成果信息查询及筛选，推动科技成果转化应用；《北京市技术市场条例》《北京市专利保护和促进条例》修正，优化技术市场环境，优化专利保护环境；《关于建立实施中关村知识产权质押融资成本分担和风险补偿机制的若干措施》印发，加大知识产权质押融资的保障力度；《北京市杰出青年科学基金项目管理办法》印发，激发人才创新活力，培养优秀青年学术带头人；《北京市加快医药健康协同创新行动计划(2021—2023 年)》印发，推动医药产业创新发展；《关于完善科技成果评价机制的指导意见》印发，全面提升科技成果评价质量；《北京市关于加快建设全球数字经济标杆城市的实施方案》印发，打造中国数字经济发展“北京样板”、全球数字经济发展“北京标杆”；《北京市“十四五”时期高精尖产业发展规划》印发，北京市“十四五”时期高精尖产业规划重点实施“八大工程”；《北京市“十四五”时期优化营商环境规划》印发，北京市“十四五”时期优化营商环境“七大新举措”出台；《北京市科技计划项目（课题）经费管理办法》印发，促进科技事业发展，实施科技计划项目（课题）经费管理；《北京市自然科学基金项目经费使用“包干制”管理办法（试行)》印发，简政放权，探索符合基础研究科研创新规律的经费管理机制；《“十四五”时期中关村国家自主创新示范区发展建设规划》印发，加快建设世界领先的科技园区，“十四五”时期中关村示范区将重点落实 2025 年和 2035 年两步走的发展目标；《北京市“十四五”时期国际科技创新中心建设规划》印发，明确北京市“十四五”时期的“创新定位”；《北京市关于促进“专精特新”中小企业高质量发展的若干措施》印发，16 项举措激发“专精特新”中小企业创新创造活力；《关于加快建设高质量创业投资集聚区的若干措施》印发，激发城市更新创投活力，加强 15 项综合服务保障。

（张　蕾）

【《关于进一步加强中关村海外人才创业园建设的意见》印发】1 月 6 日，中关村管委会印发《关于进一步加强中关村海外人才创业园建设的意见》（中科园发〔2021〕1 号）。《意见》包括完善中关村海外人才创业园（简称海创园）工作体系、提升海创园服务能力、支持海创企业落地发展、拓宽海创项目融资渠道、支持优秀海外人才留京发展、优化海外人才创业环境 6 个部分，共 17 条。《意见》旨在实行更加积极、开放、有效的人才政策，进一步加强海创园建设，不断提升服务海外人才和海外人才创业企业的能力，全方位培养、引进、用好人才，聚天下英才而用之，为中关村建设世界领先科技园区和创新高地、为北京建设国际科技创新中心提供人才保障。

（张　蕾）

【“两区”建设科技创新领域工作方案发布】1 月 8 日，市科委在“两区”建设科技创新领域专场新闻发布会上发布《加快科技创新推动国家服务业扩大开放综合示范区和中国（北京）自由贸易试验区建设的工作方案》。《方案》包括总体要求、主要任务、保障措施 3 个部分，以科技自立自强为战略支撑，坚持创新驱动发展，围绕提升全球创新资源聚集能力、合作共建高端开放创新平台、加快培育高质量发展新动能、积极构建科技创新合作共同体、加快营造世界一流创新生态五大主要任务，提出15项具体措施，支撑北京加快形成国际科技创新中心、率先基本实现社会主义现代化。

（王露菲）

【《北京市科技成果信息系统管理和使用办法》印发】 3月11日，市科委、中关村管委会印发《北京市科技成果信息系统管理和使用办法》（京科发〔2021〕9号）。《办法》包括总则、组织与实施、科技成果信息汇交、科技成果信息使用、监督与管理、附则6章，共17条。《办法》旨在落实《北京市促进科技成果转化条例》，加强北京市科技成果信息系统的管理和使用，支持利用市财政资金设立的科技项目的承担单位将项目形成的科技成果和相关知识产权信息汇交到科技成果信息系统，向社会公布，并提供科技成果信息查询、筛选等公益服务，推动科技成果转化应用。

（张　蕾　鲁庆莲）

【《北京市技术市场条例》修正】 3月12日，根据北京市第十五届人民代表大会常务委员会第二十九次会议通过的《关于修改部分地方性法规的决定》，对《北京市技术市场条例》的第二、第八、第十六、第十九等部分条款进行修正。《条例》包括总则、技术市场秩序、技术市场服务、促进与保障、法律责任、附则6章，共39条，旨在促进技术交易，维护技术市场秩序，保障技术交易当事人的合法权益，推动技术进步和经济发展。

（张　蕾）

【《北京市专利保护和促进条例》修正】 3月12日，根据北京市第十五届人民代表大会常务委员会第二十九次会议通过的《关于修改部分地方性法规的决定》，对《北京市专利保护和促进条例》的第十、第十九、第二十等条款进行修正。《条例》设总则、专利保护、专利促进、法律责任和附则5章，共51条，旨在鼓励发明创造，保护专利权人的合法权益，推动发明创造的应用，促进科学技术进步和经济社会发展，提高创新能力。

（张　蕾）

【《关于建立实施中关村知识产权质押融资成本分担和风险补偿机制的若干措施》印发】 3月15日，市科委、中关村管委会印发《关于建立实施中关村知识产权质押融资成本分担和风险补偿机制的若干措施》（中科园发〔2021〕3号）。《措施》包括加大科技型中小微企业知识产权质押融资贴息支持力度、建立多方参与的知识产权质押融资市场化风险分担机制、实施知识产权质押融资业务风险及信用管理制度、开展不良知识产权质押融资资产处置及追偿4个部分，旨在在中关村示范区率先建立知识产权质押融资成本分担和风险补偿机制，进一步提升北京市知识产权质押融资规模，降低企业综合融资成本，完善知识产权质押融资服务保障体系。

（张　蕾）

【《关于加强现代农业科技金融服务 创新支撑乡村振兴战略实施的意见》印发】 4月20日，科技部、中国农业银行联合制定印发《关于加强现代农业科技金融服务 创新支撑乡村振兴战略实施的意见》（国科发农技〔2021〕95号），旨在推动实施创新驱动发展战略和乡村振兴战略。《意见》包括高度重视现代农业科技金融服务工作、建立政银“双向多级联动”工作机制、加大现代农业科技信贷支持力度、支持国家科技计划项目实施和成果转化、重点支持种业科技创新和种业企业高质量发展、助力国家农业科技园区建设、加快推动县域创新驱动发展、扶持新型研发机构和科技企业加快成长、多措并举做好综合服务9个方面的内容。

（张　蕾）

【《关于破除“唯论文”不良导向的若干措施》印发】 4月28日，北京市自然科学基金委员会办公室（简称市基金办）印发《关于破除“唯论文”不良导向的若干措施》。贯彻落实科技部《关于破除科技评价中“唯论文”不良导向的若干措施（试行）》精神，完善北京市自然科学基金（简称市基金）项目评价体系，避免市基金项目、评价中过度评价论文数量、影响因子等因素，忽视标志性成果质量和创新实效等“唯论文”不良导向。《若干措施》主要包括优化定量评价指标、引入结构化评审意见、突出成果质量和贡献、强化项目负责人承诺制、建立诚信和失信行为清单、明确奖惩措施、建立跨部门联动机制等。与北京市科技计划项目信用管理、科技奖励等部门形成联动机制。

（陈　宁）

【《北京市杰出青年科学基金项目管理办法》印发】 5月20日，市科委、中关村管委会印发《北京市杰出青年科学基金项目管理办法》（京科发〔2021〕12号）。《办法》包括总则、申请、评审、实施、绩效与信用管理、服务与培养、附则7章，共41条，旨在培养造就一批有望进入世界科技前沿的优秀青年学术带头人，鼓励北京地区的青年学者，通过实质性国际合作，围绕北京经济社会发展需求开展前沿研究。相对于《北京市杰出青年科学基金项目管理办法（试行）》，在主要内容上强化科技资源统筹，避免重复资助；破除“唯论文”不良导向，改进北京市杰出青年科学基金项目（简称北京杰青项目）评价；优化申报推荐制度，进一步发挥推荐作用；深化“放管服”改革精神，激发人才创新活力；充分发挥行业优势，引导社会力量投入。《办法》自发布之日起30日后施行，2018年4月3日颁布的《北京市杰出青年科学基金项目管理办法（试行）》同时废止。

（张　蔷　张柏祯）

【《全民科学素质行动规划纲要（2021—2035年）》印发】6月25日，国务院办公厅印发《全民科学素质行动规划纲要（2021—2035年）》（国发〔2021〕9号）。《纲要》由前言，指导思想、原则和目标，提升行动，重点工程和组织实施5部分组成。《纲要》指出，科学素质是国民素质的重要组成部分，是社会文明进步的基础；提升科学素质，对于公民树立科学的世界观和方法论，对于增强国家自主创新能力和文化软实力、建设社会主义现代化强国，具有十分重要的意义。《纲要》提出实施青少年、农民、产业工人、老年人、领导干部和公务员的科学素质提升行动；实施科技资源科普化、科普信息化提升、科普基础设施、基层科普能力提升、科学素质国际交流合作5项重点工程。

（张　蔷）

【《进一步完善北京民营和小微企业金融服务体制机制行动方案（2021—2023年）》出台】7月1日，市科委、中关村管委会联合中国人民银行营业管理部等11个部门出台《进一步完善北京民营和小微企业金融服务体制机制行动方案（2021—2023年）》。《行动方案》分为行动目标、主要措施、组织保障3个部分，推出25条具体措施提升辖内金融机构服务民营和小微企业的能力。通过加强政策协同、发挥部门合力来激励金融机构“愿贷”，从强化货币政策引导、完善小微金融服务监管考核、完善贷款服务中心建设、优化融资担保体系、多措并举降成本等方面提出5条具体措施，并通过建立健全北京市政银企对接长效机制支持金融机构“能贷”。从进一步发挥北京市金融公共数据专区作用、推进创业担保贷款、完善确权融资服务体系、推广应收账款票据化、加强信用服务体系建设等方面提出5条措施，通过完善金融服务基础设施来推动金融机构“敢贷”，聚焦科创、制造业、文化、三农、绿色等重点领域。要求金融机构提升服务中小微企业的专业化水平，进一步优化知识产权质押融资、股债联动、外债便利化、融资租赁、企业挂牌上市、私募股权融资等特色金融服务的办理流程与服务模式，促进金融机构“会贷”。

（朱春凤）

【《北京市加快医药健康协同创新行动计划（2021—2023年）》印发】7月8日，市政府办公厅印发《北京市加快医药健康协同创新行动计划（2021—2023年）》（京政办发〔2021〕12号）。《计划》包括总体要求、重点任务、保障机制3章，旨在推进生命科学前沿技术创新突破，实现创新研发全面提速，加快京津冀医药健康产业协同发展，以改革清除制约创新的体制机制障碍，打造具有全球影响力的医药产业创新高地。提出坚持创新驱动、协同转化、问题导向、突出交叉融合新业态4项基本原则；提出2023年北京医药健康产业创新发展继续保持国内领先，医药健康工业和服务业总营业收入突破3000亿元（不包括新冠病毒疫苗特定条件下增量），产业创新力、竞争力、辐射力全面提升，基本实现国际化高水平集群式发展的目标；从提升原始创新策源能力、推动临床溢出效应显现、推动产业国际化高质量发展、完善产业发展生态、加强重点区域功能布局5个方面提出20项重点任务。

（张　蔷　卢明子）

【《国务院办公厅关于完善科技成果评价机制的指导意见》印发】7月16日，国务院办公厅印发《国务院办公厅关于完善科技成果评价机制的指导意见》（国办发〔2021〕26号）。《意见》包括总体要求、主要工作措施、组织实施三大部分，旨在坚持科技创新质量、绩效、贡献为核心的评价导向，坚持科学分类、多维度评价，坚持正确处理政府和市场关系，坚持尊重科技创新规律。其中，主要工作措施包括全面准确评价科技成果的科学、技术、经济、社会、文化价值，健全完善科技成果分类评价体系，加快推进国家科技项目成果评价改革，大力发展科技成果市场化评价，充分发挥金融投资在科技成果评价中的作用等10个方面。

（张　蔷）

【《关于支持女性科技人才在科技创新中发挥更大作用的若干措施》印发】7月19日，科技部、全国妇联、教育部、工业和信息化部、人力资源社会保障部等13个部门联合印发《关于支持女性科技人才在科技创新中发挥更大作用的若干措施》（国科发才〔2021〕172号）。《若干措施》坚持性别平等、机会平等，从培养造就高层次女性科技人才、大力支持女性科技人才创新创业、完善女性科技人才评价激励机制、支持孕哺期女性科技人才科研工作、加强女性后备科技人才培养、加强女性科技人才基础工作等6个方面有针对性地提出16项具体措施，为女性科技人才成长进步、施展才华、发挥作用创造更好政策环境。政策的突破点主要包括支持女性科技人才获取科技资源，提高科技决策参与度；完善女性科技人才评价激励机制；支持孕哺期女性科技人才科研工作3个方面。

（张　蔷）

【《北京市高新技术企业认定“报备即批准”政策试点工作实施方案》印发】7月29日，市科委、中关村管委会，市财政局，市税务局联合印发《北京市高新技术企业认定“报备即批准”政策试点工作实施方案》（京科创发〔2021〕114号）。《方案》包括试点内容、试点条件、办理程序、监督管理、保障措施5个部分，以及“报备即批准”政策试点适用领域范围、申请表2个附件。《方案》明确对在京从事集成电路、人工智能、生物医药、关键材料等领域生产研发类规模以上企业认定高新技术企业时，满足从业1年以上且在中国境内发生的研究开发费用总额占全部研究开发费用总额的比例不低于50%条件的，实行“报备即批准”；政策试点实行单独认定、单独报备、单独管理，全面推进减流程、减材料、减时限，企业可随申请、随认定、随报备；采用网上在线申报方式，不再要求企业提供注册登记证件、知识产权证明、职工的劳动合同及学历证书等材料。

（陈宝德　刘　刚）

【《北京市实验动物管理条例》修订】7月30日，北京市第十五届人民代表大会常务委员会第三十二次会议通过《北京市人民代表大会常务委员会关于修改〈北京市实验动物管理条例〉的决定》，自公布之日起施行。《北京市实验动物管理条例》包括总则、从事实验动物工作的单位及人员、实验动物的生产、实验动物的使用、实验动物的安全管理、监督检查、法律责任、附则8章，共41条。《条例》的修订突出安全管理，明确运输实验动物应当使用专用车辆；加强对实验动物进出环境设施的管理，强化实验动物疫情的报告和处置责任，明确实验动物的无害化处理要求；完善实验动物生产、使用各环节的安全管理制度，消除安全隐患；加强实验动物的质量管理，提高实验动物管理工作的专业化；着力防范化解生物安全和公共卫生安全风险。

（张　蔷　刘文菊）

【《北京市关于加快建设全球数字经济标杆城市的实施方案》印发】7月30日，市委办公厅、市政府办公厅联合印发《北京市关于加快建设全球数字经济标杆城市的实施方案》。《方案》包括总体要求、打造全球领先的数字经济新体系、组织实施标杆引领工程、培育壮大数字经济标杆企业、保障措施5个方面的内容；以高质量发展为主题，以供给侧结构性改革为主线，以科技创新为引擎，统筹发展和安全，着眼世界前沿技术和未来战略需求，促进数字技术与实体经济深度融合，打造中国数字经济发展“北京样板”、全球数字经济发展“北京标杆”；提出通过5～10年的努力，打造城市数字智能转型示范高地、国际数据要素配置枢纽高地、新兴数字产业孵化引领高地、全球数字技术创新策源高地、数字治理中国方案服务高地、数字经济对外合作开放高地。

（张　蔷　张　硕）

【《北京市科普基地管理办法》修订】8月2日，市科委、中关村管委会，市科协联合印发《北京市科普基地管理办法》（京科发〔2021〕74号），原《北京市科普基地管理办法》（京科发〔2014〕189号）废止。《办法》包括总则、申报、命名、运行、管理、服务、附则7章，共26条，对北京市科普基地命名复核与运行管理等工作全过程做出明确规定，旨在促进北京国际科技创新中心建设，提升全市科普工作能力，规范科普基地运行管理，促进科普资源向社会开放共享，推动科普事业发展。《办法》主要体现4个方面特点：明确定位、厘清职责；突出质量、示范引领；定期考评、动态调整；加大支持、提升服务。

（张　蔷　刘玲丽）

【《国务院办公厅关于改革完善中央财政科研经费管理的若干意见》印发】8月5日，国务院办公厅印发《国务院办公厅关于改革完善中央财政科研经费管理的若干意见》（国办发〔2021〕32号）。《意见》包括扩大科研项目经费管理自主权、完善科研项目经费拨付机制、加大科研人员激励力度、减轻科研人员事务性负担、创新财政科研经费投入与支持方式、改进科研绩效管理和监督检查、组织实施7个部分，共25条。《意见》提出要扩大科研经费管理自主权，简化预算编制，按设备费、业务费、劳务费三大类编制直接费用预算；将设备费预算调剂权全部下放给项目承担单位，其他费用调剂权全部下放给项目负责人；扩大经费“包干制”实施范围，在人才类和基础研究类科研项目中推行经费“包干制”；要完善科研项目经费拨付机制，合理确定经费拨付计划，加快经费拨付进度；要加大科研人员激励力度；提高间接费用比例，对数学等纯理论基础研究项目，间接费用比例可提高到不超过60%；扩大稳定支持科研经费提取奖励经费试点范围；科技成果转化现金奖励不受所在单位绩效工资总量限制，不作为核定下一年度绩效工资基数。

（张　蔷）

【《北京市“十四五”时期高精尖产业发展规划》印发】8月11日，市政府印发《北京市“十四五”时期高精尖产业发展规划》（京政发〔2021〕21号）。《规划》指出，“十四五”时期是北京落实首都城市战略定位、建设国际科技创新中心、构建高精尖经济结构、推动京津冀产业协同发展的关键时期。《规划》包括发展基础与形势要求、总体要求、打造面向未来的高精尖产业新体系、优化区域协同发展新格局、加快产业基础再造筑牢发展新根基、全面提升产业链现代化水平新层级、深化开放合作激发产业新活力、保障措施8个部分，提出到2025年，北京高精尖产业增加值占地区生产总值比重达到30%以上，万亿级产业集群数量4～5个，制造业增加值占地区生产总值13%左右、力争15%左右，软件和信息服务业营收3万亿元，新增规模以上先进制造业企业数量达到500个。

（张　蔷）

【《北京市“十四五”时期优化营商环境规划》印发】8月20日，市政府印发《北京市“十四五”时期优化营商环境规划》（京政发〔2021〕24号）。《规划》明确北京市“十四五”时期优化营商环境的指导思想、总体目标和重点任务，是推进首都营商环境改革的行动纲领。《规划》主要包含开启首都优化营商环境新征程、营造公平竞争的市场环境、营造公平公正的法治环境、营造自由便利的投资贸易环境、营造便捷高效的政务服务环境、营造开放包容的人文环境、保障措施7个方面内容；提出“十四五”时期北京市优化营商环境的356项改革任务；提出“十四五”时期北京市优化营商环境“1+4+5”的目标体系：“1”是全面建成与首都功能发展需求相一致的国际一流营商环境高地，“4”是打造“北京效率”“北京服务”“北京标准”“北京诚信”四大品牌，“5”是实施市场、法治、投资贸易、政务服务、人文五大环境领跑战略。

（张　蔷）

【《北京市重大科研基础设施和大型科研仪器向社会开放评价考核实施细则（试行）》等文件部分条款修改】8月23日，市科委、中关村管委会印发关于修改《北京市重大科研基础设施和大型科研仪器向社会开放评价考核实施细则（试行）》等文件部分条款的通知（京科政〔2021〕127号），明确对《北京市重大科研基础设施和大型科研仪器向社会开放评价考核实施细则（试行）》《北京市科技计划国家科技秘密项目（课题）保密管理办法》《中关村国家自主创新示范区集成电路设计产业发展资金管理办法》《中关村科技园区管理委员会出资企业国有资产产权登记管理暂行办法》等14个文件的部分条款进行修改，以加强法治政府建设，贯彻落实新修订的《中华人民共和国行政处罚法》。修改的内容，主要是删除14个文件中涉及“通报批评”“网站中予以通报”的相关条款。

（张　蔷）

【《北京市关于促进高精尖产业投资推进制造业高端智能绿色发展的若干措施》印发】9月6日，市政府印发《北京市关于促进高精尖产业投资推进制造业高端智能绿色发展的若干措施》（京政发〔2021〕25号），提出鼓励投资高精尖产业、建立重大项目统筹协调机制、建设产业投资大数据服务平台、建立项目管家服务机制、实施项目落地“首谈制”、试点开展企业投资项目“承诺制”改革、提升产业用地保障能力、支持腾退和低效空间再利用、支持项目承载空间建设和提升、加大市级重大项目支持力度、加大普惠性产业资金支持力度、发挥各类产业基金引导作用、扩大优质金融信贷供给、支持精准导入产业链强链补链项目、对重大项目引进予以奖励和建立项目落地考核激励机制16项措施。《若干措施》明确，北京市鼓励民营、外资企业及国有企业等主体积极投资符合首都城市战略定位的高精尖产业，做大新一代信息技术和医药健康两个国际引领支柱产业，做强集成电路、智能网联汽车、智能制造与装备、绿色能源与节能环保等“北京智造”特色优势产业，抢先布局光电子、前沿新材料、量子信息等领域未来前沿产业。

（张　硕）

【《北京市科技计划项目（课题）经费管理办法》印发】9月8日，市财政局联合市科委、中关村管委会印发《北京市科技计划项目（课题）经费管理办法》（京财科文〔2021〕1822号）。《办法》包括总则、职责与权限、经费的支持方式及支出范围、经费管理、经费监督管理与处理原则、附则6章，共23条，旨在进一步激发科研人员的创造性和创新活力，促进科技事业发展。《办法》适用于北京地区法人单位承担的各类科研项目（课题），项目（课题）经费来源为市级财政资金，通过事前直接补助方式支持；明确市财政局，市科委、中关村管委会，项目管理专业机构和承担单位的主要职责；项目（课题）经费采取事前直接补助方式；明确项目（课题）经费的支出范围包括直接费用和间接费用两部分，其中直接费用包含设备费、业务费、劳务费3个科目；明确项目（课题）经费管理要求，包括预算编制及各项科目经费使用要求、预算评审与方案论证要求、预算审批要求，以及经费核算、结算、科研仪器设备采购、经费报销、决算等经费管理要求；提出11项经费管理和使用的“负面清单”，明确经费管理和使用中出现问题的处理方式。

（张　蕾　肖　扬）

【《北京市自然科学基金项目经费使用“包干制”管理办法（试行）》印发】 9月28日，市科委、中关村管委会及市财政局联合印发《北京市自然科学基金项目经费使用“包干制”管理办法（试行）》（京科发〔2021〕76号）。《办法》包括总则、主要职责、经费管理与使用、经费监督检查、附则5章，共22条，旨在探索符合基础研究科研创新规律的经费管理机制，进一步简政放权，提高创新主体的积极性。主要内容包括无须编制项目经费预算说明；项目经费调整无须备案；加强科研绩效激励，项目支出不区分直接经费和间接经费，绩效支出由项目负责人根据科研需要自主决定；项目经费使用实行“负面清单制”；建立长效的信用管理机制。《办法》试行至2023年，试行期间，试点单位承担市自然科学基金项目经费均实行“包干制”管理，包括在研项目和新立项项目。

（张　蕾　张柏祯）

【《关于支持发展高端仪器装备和传感器产业的若干政策措施》印发】 10月18日，市政府印发《关于支持发展高端仪器装备和传感器产业的若干政策措施》（京政发〔2021〕31号），在鼓励应用基础研究等5个方面提出13条措施。其中，在鼓励应用基础研究方面，支持共性关键技术研发、支持创新平台建设、支持国家重点实验室建设；在加快成果转化应用方面，支持成果在京转化、支持符合北京市应用场景建设要求的标杆项目、支持孵化器建设；在支持企业集聚发展方面，支持企业投融资、支持企业降低成本、支持企业扩大规模；在吸引创新人才集聚方面，支持人才引进和提供人才住房保障；在鼓励对外合作交流方面，支持专业服务机构落户、支持设立服务机构。

（张　硕）

【《“十四五”时期中关村国家自主创新示范区发展建设规划》印发】 10月19日，中关村示范区领导小组印发《“十四五”时期中关村国家自主创新示范区发展建设规划》（中示区组发〔2021〕1号），包括9个部分的内容。《规划》提出2025年和2035年两步走的发展目标：到2025年，中关村示范区将率先建成世界领先的科技园区，为北京形成国际科技创新中心提供有力支撑，具体设定5个方面目标、15个发展指标；展望2035年，中关村示范区将成为全球科技创新的重要引擎和世界创新版图重要一极，为实现高水平科技自立自强、加快建设科技强国提供战略支撑。《规划》部署“十四五”期间中关村示范区将重点落实的七大任务：坚持自立自强，提升自主创新能力；深化先行先试改革，营造世界一流创新创业生态；促进科技成果转移转化，打造全球创新创业高地；强化数字经济引领，建设世界级创新型产业集群；推动一区多园协同发展，提升园区引领带动作用；全球视野招才引智，集聚世界一流人才；深度融入全球创新网络，建设高水平开放的中关村。

（张　蕾）

【《国家社会科学基金项目资金管理办法》印发】 10月31日，财政部、全国哲学社会科学工作领导小组联合印发《国家社会科学基金项目资金管理办法》（财教〔2021〕237号）。《办法》包括总则、项目资金开支范围、预算制项目资金管理、“包干制”项目资金管理、预算执行与决算、绩效管理与监督检查、附则7章，共47条，旨在规范国家社会科学基金项目资金使用和管理，提高资金使用效益，更好推动哲学社会科学繁荣发展。《办法》修订过程中遵循哲学社会科学研究的规律和特点，主要体现在建立健全间接成本补偿机制和科研激励机制；明确劳务费开支范围和标准；简化预算编制科目，下放预算调剂权限，完善结转结余资金管理等方面。

（张　蕾）

【《北京市“十四五”时期国际科技创新中心建设规划》印发】 11月3日，市委、市政府印发《北京市“十四五”时期国际科技创新中心建设规划》。《规划》包括把握国际科技创新中心新使命；开启国际科技创新中心建设新征程；强化战略科技力量，加速提升创新体系整体效能；加强原创性引领性科技攻关，勇担关键核心技术攻坚重任；聚焦“三链”融合，加速培育高精尖产业新动能；构建新技术全域应用场景，支撑国际一流的和谐宜居之都建设；优化提升重点区域创新格局，辐射带动全国高质量发展；激发人才创新活力，加快建设世界重要人才中心和创新高地；构建开放创新生态，走出主动融入全球创新网络新路子；深化科技体制改革，引领推动支持全面创新的基础制度建设；保障措施11个部分。《规划》是指导北京国际科技创新中心建设的发展蓝图和行动纲领。《规划》提出，到2025年，北京国际科技创新中心基本形成，建设成为世界主要科学中心和创新高地；到2035年，北京国际科技创新中心创新力、竞争力、辐射力全球领先，建成全球人才高地，实现高水平科技自立自强，切实支撑好科技强国建设，更好向世界展示科技创新的“中国贡献”。《规划》的实施期限为2021—2025年。

（丁　帅　张　蕾）

【《北京市支持建设世界一流新型研发机构战略指导联席会制度》出台】11月10日，市科委、中关村管委会出台《北京市支持建设世界一流新型研发机构战略指导联席会制度》（京科发〔2021〕78号）。提出为加强市政府对北京市新型研发机构的统筹管理，设立北京市支持建设世界一流新型研发机构战略指导联席会，实行定期会议制度，集中研究涉及新型研发机构发展的重大事项和支持政策。该制度确立从市级层面设立战略指导联席会，实行战略指导联席会研究重大事项工作机制，解决市政府对科技民办非企业类新型研发机构的统筹协调及市领导在新型研发机构兼职的问题，明确战略指导联席会的研究事项范畴、会议召开时间及与机构理事会的关系。

（杨　刚）

【《北京市科技行政处罚裁量权适用规定》修订印发】11月22日，市科委、中关村管委会修订印发《北京市科技行政处罚裁量权适用规定》（京科发〔2021〕78号）。《规定》包括总则、裁量规则、裁量程序、附则4章，共26条。修订后的《规定》坚持合法、公开、公正、过罚相当、处罚与教育相结合的原则，从贯彻《行政处罚法》《生物安全法》新要求、落实实验动物管理和技术市场管理法规新规定、解决裁量基准执行实践新问题等方面，加强和规范行政处罚裁量适用规则和执行标准，为行政处罚裁量权定规矩、划界限。修订亮点为“四个优化、三个不罚、两个轻罚、一个重罚”，其中“四个优化”指的是探索建立轻微违法容错纠错机制、从重处罚的裁量范围限定“上一阶”、扩大法制审核范围、补充完善裁量基准表。《规定》自2021年12月1日起施行。

（张　蕾）

【《北京市关于促进“专精特新”中小企业高质量发展的若干措施》印发】12月22日，北京市促进中小企业发展工作领导小组办公室印发《北京市关于促进“专精特新”中小企业高质量发展的若干措施》，包括提升技术创新能力、推动集约集聚发展、加大融资支持力度、加强上市培育服务、助力国际市场开拓、强化全面精准服务6个方面16项举措。《措施》进一步激发中小企业创新创造活力，加快推动“专精特新”企业梯队培育和高质量发展，力争到“十四五”末，国家级专精特新“小巨人”企业达到500家，市级专精特新“小巨人”企业达到1000家，市级“专精特新”中小企业达到5000家。

（张　蕾）

【《关于加快建设高质量创业投资集聚区的若干措施》印发】12月30日，市科委、中关村管委会，市金融监管局，市财政局，人民银行营业管理部等7个部门联合印发《关于加快建设高质量创业投资集聚区的若干措施》（京科发〔2021〕79号）。《措施》包括优化创投机构落地服务，加大市、区政府投资基金的引导作用，支持创投机构多元化募资，加强硬科技投资服务和模式创新，丰富创投机构投资退出渠道，加强综合服务保障6个部分，共15条，着眼于深化制度创新，优化政策环境，加大支持力度，加强服务保障，加快培育一批聚焦硬科技投资、具有较高行业影响力和公信力的优质创投机构在北京市聚集，助力打造具有全球影响力的创业投资中心。

（张　蕾　王艺陶）

【《关于打通高校院所、医疗卫生机构科技成果在京转化堵点若干措施》印发】12月30日，市科委、中关村管委会印发《关于打通高校院所、医疗卫生机构科技成果在京转化堵点若干措施》（京科发〔2021〕82号）。《若干措施》是推动《北京市促进科技成果转化条例》进一步深化落实的重要举措，面向在京高校院所、医疗卫生机构提出5个方面17项具体措施。从高校院所成果转化堵点问题入手，以解决“不敢转”“不会转”“转什么”“谁来转”“转到哪”等问题为出发点，提出具有针对性和实操性的举措。在注重系统性的同时，从政府更好发挥作用入手，调动高校院所、医疗卫生机构积极性，共同形成转化合力。遵循科技成果转化规律，引导高校院所、医疗卫生机构与企业合作，畅通技术、资本、人才等要素流通渠道。

（郑　琳）

科技计划

【概述】2021年，全面落实国务院办公厅《关于改革完善中央财政科研经费管理的若干意见》（简称“32号文”），市科委、中关村管委会联合市财政局修订《北京市科技计划项目（课题）经费管理办法》，在全国率先实现“32号文”改革举措落地，针对长期困扰科研机构和人员经费使用的难点，着重从4个方面提出解决举措：一是减科目，将直接费用预算科目由原来的10项精简合并为设备费、业务费、劳务费3项；二是放权限，将预算调剂权全部下放至项目（课题）负责人，取消结余资金2年使用期限并将结余资金情况向社会公示；三是重激励，突出对人的激励，进一步提高间接费用比例，最高可达60%，可全部用于绩效支出；四是强服务，全面落实科研财务助理制度，“五险一金”等相关支出可从劳务费中列支，改进财务报销管理方式，推进无纸化报销，减轻科研人员负担。推进“揭榜挂帅”科技攻坚组织管理机制改革，探索完善关键核心技术攻关体制机制，不断创新支持方式，强化企业创新主体地位，激励企业加大研发投入，支持企业联合科研院所和上下游企业开展技术研发。2021年，市科委、中关村管委会累计发布140余个项目榜单，共计150余家企业、高校、科研院所等各类创新主体参与揭榜。做好审计局预算执行审计、一区多园、高质量发展、京津冀科技创新等审计对接，做好中关村“1+4”政策资金拨付前审核。对中关村政策支持的635个项目预算执行和财务收支进行审计，涉及金额548 863万元，审减不合理支出169 777万元；落实“科研诚信承诺制”要求，将具备内部审计组织机构和内部控制机制健全的中国科学院高能物理研究所等4家单位列入诚信典型管理单位。

（龙　琦）

【一区多园协同发展支持资金使用情况审计】2月22日，根据《北京市审计局对市财政局专项资金的延伸审计的通知》，市审计局对中关村管委会一区多园协同发展支持资金使用情况开展审计。审计项目是2018年度至2020年底一区多园协同发展支持资金，包括生态智慧园区建设、特色园区建设、人才租赁住房支持、新建产业载体4类项目。审计期间市科委、中关村管委会配合完成审计工作。针对审计局提出的部分项目不符合中关村示范区一区多园协同发展资金支持条件，市科委、中关村管委会已完成整改并于11月25日向市审计局提交整改报告。

（陈　刚）

【开展内部审计促规范防风险】3月20日，市科委、中关村管委会召开内部审计专题调度会，推进2020年下半年启动的5项离任经济责任审计和4项财务审计，会同相关处室，邀请行业专家，研究并完善审计报告。5月20日，4家所属单位2019年度财务审计情况报告经市科委、中关村管委会党组会审议通过，后续督促相关单位开展整改。12月7日，启动6家所属单位2020年度财务审计，向被审计单位发出审计通知。

（陈　肖）

【首批诚信典型管理单位发布】4月26日，市科委、中关村管委会发布《关于首批北京市科技计划项目经费监督诚信典型备案管理单位的公告》。公告显示，按照《关于开展首批北京市科技计划项目经费监督诚信典型管理单位申请及备案的通知》要求，经过形式审查与信息初审、专家组评议、现场复核、公示等环节，将中国科学院高能物理研究所、北京信息科技大学、首都儿科研究所附属儿童医院、北京大学第三医院4家经费监督诚信典型备案管理单位列入诚信典型管理单位，期限原则上为2年。纳入科研经费诚信典型管理试点的承担单位，其内部审计机构出具的科技计划项目经费审计报告或加盖单位财务部门和审计部门等印章的经费总决算表可作为验收（结题）依据，在2年内免于北京市科技计划项目验收（结题）经费审计。

（关　蕾）

【中关村高质量发展及资金投入绩效审计】6月4日，根据《北京市审计局关于对中关村高质量发展及资金投入绩效审计通知》，市审计局开始对中关村管理委员会本级及海淀园、昌平园、大兴园、亦庄园、东城园等17家分园2018年度至2021年5月中关村示范区高质量发展及资金投入绩效、2018年度至2021年5月京津冀科技创新相关政策落实情况进行审计调查。为配合市审计局开展相关审计工作，市科委、中关村管委会成立审计工作小组，研究制定《中关村高质量发展及资金投入绩效和京津冀科技创新相关政策落实情况审计调查工作方案》，确保审计工作顺利开展。针对审计中提出的问题，市科委、中关村管委会已向审计局提交审计整改报告，相关问题已按要求整改完成。

（陈　刚）

【纳通集团和数字工软加入海淀联合基金】6月25日，北京市自然科学基金－海淀原始创新联合基金（简称海淀联合基金）管理小组第十五次会议在海淀招商大厦召开。北京邮电大学张平院士、北京积水潭医院田伟院士，以及市科委、中关村管委会，北京天智航医疗科技股份有限公司，北京科信必成医药科技发展有限公司，市基金办等单位相关负责人参会。会议审议通过《北京市自然科学基金－海淀原始创新联合基金2021年工作计划》和《北京市自然科学基金－海淀原始创新联合基金2021年项目指南》。2021年海淀联合基金新增北京纳通科技集团有限公司、北京数字工软科技有限公司为成员单位，年度经费增长至3000万元，增长率25%。结合海淀联合基金成员单位具体需求，2021年海淀联合基金围绕无线通信、疫苗和流行病学、智慧骨科、儿童用药和罕见病用药、医学工程、建模仿真六大领域开展资助工作。

（季如佳）

【城轨创新网络加入丰台联合基金】7月5日，北京市自然科学基金－丰台轨道交通前沿研究联合基金（简称丰台联合基金）管理小组第七次会议在交控科技股份有限公司总部召开。丰台区科学技术和信息化局、交控科技股份有限公司、城轨创新网络中心有限公司、市基金办等单位负责人参会。会议审议通过《北京市自然科学基金－丰台轨道交通前沿研究联合基金2021年工作计划》和《北京市自然科学基金－丰台轨道交通前沿研究联合基金2021年项目指南》。2021年丰台联合基金新增城轨创新网络中心有限公司为成员单位，年度经费增长至1250万元，增长率25%。

（季如佳）

【科研诚信与科技伦理业务培训】7月28—29日，市科委、中关村管委会会同市教委、市卫生健康委、市科协等部门通过线上与线下相结合的方式，组织为期2天的科研诚信与科技伦理业务培训。科技部、国家自然科学基金委、中国科学院、北京大学等单位的7位专家围绕科研诚信政策制度解读、科研诚信案件调查处理实务、自然基金科研诚信管理与监督体系建设、生物医学研究伦理审查实践等方面，为科研工作者进行政策宣讲和案例分析。市属本科院校、科研院所、医院、科技社团等70余家单位的280余名科研管理人员参加培训。

（郝永翔）

【工业设计促进专项设计人才和领军企业名单公布】8月20日，由北京工业设计促进中心组织开展的2021年度北京工业设计促进专项设计人才和领军企业名单公布，专项聚焦工业设计领域，培育设计人才和设计领军机构，引导设计机构向张家湾设计小镇集聚。共评选出优秀青年设计人才8人、设计领军机构13家，张家湾设计小镇新设机构和分支机构2家。该专项于2018年启动，共推出52名杰出设计人才和优秀青年人才，培育71家领军机构，引导8个设计专业园区发展。

（苏　颖　王露菲）

【京津冀科技创新相关政策落实情况专项审计】9月20日—10月30日，根据《北京市审计局关于对京津冀科技创新相关政策落实情况专项审计调查的通知》，市审计局对2015年度至2021年5月底京津冀科技创新相关政策落实情况进行专项审计调查，并延伸调查北京天坛医院等8个相关单位。审计指出，原市科委、原中关村管委会认真推进京津冀科技协同发展，按照《京津冀创新驱动发展指导意见》等要求，加深与津冀有关部门的协同联动，发挥国际科技创新中心辐射带动作用，以促进创新要素合理配置、开放共享、高效利用为主线，结合津冀创新发展需求，推动京津冀科技创新政策落地，在建立健全科技协同创新推进体系和工作机制、加强制度设计、搭建区域创新平台以及促进科技成果跨区域转移转化等方面取得成效。审计发现，京津冀科技协同创新在协同发展指标完成、科技服务平台管理等方面存在不足，需进一步改进和完善。按照审计意见，市科委、中关村管委会制定整改工作方案，持续推动整改。相关问题已向审计局提交审计整改报告。

（李晓磊）

【设计与文化科技创新能力提升（专项）课题启动】 2021年，市科委、中关村管委会设计与文化科技创新能力提升（专项）课题启动。专项科技经费投入2820万元，支持设计领域课题6项、文化科技融合领域课题5项。聚焦设计领域专业服务能力提升，关注以设计创新推动城市科技发展；文化科技融合领域支持建立开放服务平台，加强共性关键技术及文化装备研发；聚焦新技术应用场景拓展，围绕城市副中心、东城区建设需求，提出打造设计及文化科技应用场景。

（孙　蕾）

【首都临床特色诊疗技术研究与转化应用专项启动】 2021年，市科委、中关村管委会首都临床特色诊疗技术研究与转化应用专项分批次启动。专项依托北京优势学科力量，支持北京地区临床医学研究中心开展10项左右临床研究，以及医工协同创新产品早期研发；鼓励医生对临床疑难问题开展临床探索性研究，初步评价新技术的安全性和有效性，重点围绕常见病、多发病在早期诊断、改善生活质量、延长生命周期、降低手术费用等方面，支持开展40～50项新的诊断和治疗方法；以后补助方式引导、激励北京医疗机构为北京企业创新品种临床试验服务，引导医疗机构优化临床试验内部审批流程，缩短北京企业项目的临床试验合同签署时间，推动临床试验提质、提速发展。

（卢明子）

【AI+健康协同创新培育专项启动】 2021年，市科委、中关村管委会AI+健康协同创新培育专项启动。专项以贯彻落实《北京市加快医药健康协同创新行动计划（2021—2023年）》《北京市促进人工智能与医药健康融合发展工作方案》相关政策为引导，以打通新产品从研发、报批、定价、收费到进入医保目录全链条环节进行布局。人工智能医疗产品示范应用方面，推动心血管、肺结节等4个已上市产品的示范应用及经济学评价研究，推动产品进入医院落地应用；人工智能医疗产品研发方面，通过市医保局开放医保数据应用场景，搭建医保基金监督管理平台，对各类医保异常行为进行监控预警，为医保基金监管工作提供精准技术支持；研发基于人工智能的老年期认知功能促进/康复系统，以提高老年人群认知水平，延缓老年痴呆发病进程，并率先在回龙观、天通苑等社区开展示范应用；支持一批临床需求大（如癫痫识别、心脑血管疾病评估、肿瘤手术规划）的产品的研发，提升治疗和预后水平。

（卢明子）

【食品安全技术保障专项启动】 2021年，市科委、中关村管委会食品安全技术保障专项启动，以加强食品安全科技支撑力度。专项重点针对全市食品安全工作中面临的技术需求开展研究，包括食品安全检测、监测预警等前沿技术研究、技术集成应用和成果推广，提升食品安全检测、监测相关技术、平台、标准和产品研发水平，增强首都食品安全监管效率、食品安全风险防控及重大活动保障能力。专项布局开发食品安全智能监管及品质控制平台1～2个，研究或集成应用食品安全检测技术、产品和标准数3～5项，流通过程中品质控制技术及装备数1～2项。

（卢明子）

【医药创新品种及平台培育专项启动】 2021年，市科委、中关村管委会医药创新品种及平台培育专项启动。在科技抗疫方面，从疫苗评价研究、构建新冠病毒疫苗应对病毒变异技术支撑体系、新型监测和检测技术3个方面开展布局。在医药健康产业推动方面，组织海淀区、昌平区、大兴区、北京经济技术开发区4个以医药产业为主导产业的区有关部门及中关村医疗器械产业技术创新联盟、北京医药行业协会两家行业团体，部署择优推荐工作，从细胞免疫治疗药物、抗体等生物制品、原创化学药、先进生物医用材料、“卡脖子”核心部件、医疗机器人等高端医疗设备方面开展布局。

（王　璐）

【科技创新区域合作专项启动】 2021年，市科委、中关村管委会科技创新区域合作专项启动。专项预算总额900余万元，用于支持搭建中关村区域合作创新协作平台、京蒙协作成果转化服务平台，面向内蒙古乌兰察布地区饮用水水质净化应用课题研究，南水北调水源地湖北十堰农作物健康管理生态应用示范，与福建三明合作的“京闽高性能石墨烯/聚乙烯醇（PVA）复合材料制备合作应用示范”课题以及“京沈面向大规模动态复杂场景的机器人合作应用示范”课题，主要通过强化企业创新主体地位，引导北京市创新主体积极参与合作地相关工作，促进科技资源共享和科技成果转化，实现合作各方共赢发展。

（吕华锋）

【科技成果转化平台建设专项课题验收】 2021年，北京科技成果转化统筹协调与服务平台建设专项完成2021年到期的18个课题的验收；北京科技成果转化统筹协调与服务平台建设专项与中关村科技服务平台专项全年共支持72家机构，落实财政资金8325万元。引导高校院所加大成果转化工作力度。在两大专项的支持与带动下，高校院所科技成果转化的内生动力持续提升，进一步推动更多优质科技成果在京转化落地。通过对50家重点在京高校院所技术转移部门统计，2021年通过许可、转让和作价入股3种方式共转化科技成果1096项，成交金额25.61亿元。其中在京转化443项，占比40.41%，成交金额10.07亿元，占比39.32%。加强供需对接促进成果在京落地转化。为推动“三城”科技成果落地“一区”，加强“三城一区”创新联动发展和科技资源开放共享，联合北京经济技术开发区组织“北京科技成果转化统筹协调与服务平台‘三城一区’系列项目路演”活动，全年共组织6场项目路演，涉及项目34个。

（侯敬超）

【8项联合研发计划及课题启动】2021年，市科委、中关村管委会启动支持毫米波成像雷达在高安全等级无人驾驶汽车中的集成应用研究、一种用于工业应用的人工智能解决方案研究2项北京－以色列联合研发计划，开展关键共性技术平台建设，运用前沿技术推动城市管理手段升级、探索新型技术在交叉学科中的应用。设立氮化镓（GaN）基大功率紫外激光器研究、诱发人体神经自主参与的脑卒中康复机器人控制与个性化干预技术、金属配合物热激活延迟荧光材料、用于数据中心的高速低功耗有线通信收发器集成电路的研究与实现、超薄势垒硅（Si）基GaN增强型器件与单片集成技术、过敏性疾病组分变应原检测芯片设计及其应用临床研究6项港澳台联合研发课题，在新材料、信息技术、生命健康3个重点领域实现关键技术突破，促进科技人才交流，加强北京与香港科技协同创新合作。

（李倩　杨柳）

【中央引导地方科技发展资金专项】2021年，市科委、中关村管委会中央引导地方科技发展资金专项，重点聚焦助推全市创新发展的“双发动机”，即新一代信息技术和生物医药健康产业，进一步突出成果转化，共计支持19个项目，专项资金9200万元。其中，新一代信息技术领域投入资金5700万元，支持12个项目，重点在通信仪器仪表和集成电路2个方向布局，研制毫米波高频高带宽终端综测仪、空口测量电波暗室测量系统、高速数通测试仪、波分复用综合光时域反射仪及高速光网络传输测试分析仪等样机，研制硅基时钟芯片、数模转换器、模数转换器和精密运算放大器等芯片，搭建8英寸全国产化高压大电流BCD工艺平台和微机电系统（MEMS）工艺平台，并开展示范应用。专项汇聚北京泽声科技有限公司等14家中关村示范区内企业和中国科学院半导体所、北京邮电大学等3所高校院所参与研发研制。

（何凤梅　韩湘）

【专项资金支持3家企业开展科技成果转化】2021年，市科委、中关村管委会在中央引导地方科技发展资金专项中，支持赛莱克斯微系统科技（北京）有限公司、北京燕东微电子股份有限公司、美芯晟科技（北京）有限公司开展微机电系统（MEMS）滤波器产线和高压大电流BCD工艺平台研发，投入科技经费1800万元。赛微公司围绕微机电系统（MEMS）滤波器制造工艺，开展压电薄膜应力控制、多晶圆永久键合、高频硅通孔和批量化集成制造等关键技术研究，加速推动微机电系统（MEMS）滤波器国产化与规模量产。美芯晟公司与燕东公司围绕高压大电流BCD工艺、高压电源管理芯片设计等关键技术，开发全国产化装备的8英寸高压大电流BCD工艺功率集成系统平台，课题成果将在高端电源管理、汽车电子及工控等领域的模拟集成电路芯片生产中应用。

（王蕊雯）

【新一代信息通信技术创新“卡脖子”专项启动】2021年，市科委、中关村管委会新一代信息通信技术创新“卡脖子”专项启动，重点围绕集成电路、融合通信、开源软件领域开展关键核心技术攻关。专项资金1亿元，支持课题20个。在集成电路领域，围绕RISC-V开源生态建设，在共性技术平台、共性IP、扩展指令集等方面，支持开展一批关键技术攻关；聚焦国产高性能计算芯片产业发展，开展CPU翻译系统、GPU及整机、DPU芯片研制，加速国产替代进程。在融合通信领域，重点围绕5G智控管控、6G总体技术验证和新频谱、卫星通信组网等未来潜在关键技术，开展前沿技术研究和平台研制，助力5G+行业应用，抢占未来卫星互联网和6G发展制高点。在开源软件领域，围绕北京云计算、开发环境等优势领域，加快培育一批国际领先的开源项目，构筑数字化竞争新优势。专项汇聚中科驭数（北京）科技有限公司等24家中关村示范区企业和中国科学院计算技术研究所、清华大学等8所高校院所参与研发研制。

（何凤梅　韩湘）

【专项支持开展6G前瞻技术研究】2021年，市科委、中关村管委会在新一代信息通信技术创新“卡脖子”

专项中，支持北京市通信龙头企业及部分高校、科研院所开展6G前瞻技术布局，投入科技经费2300万元。北京邮电大学、清华大学、北京理工大学、中国科学院等高校和科研院所在智能化网络、感知通信一体化、智能化超表面等6G技术领域超前布局，积累了技术优势。三大电信运营商研究院、中信科移动通信技术股份有限公司、北京小米科技有限责任公司等企业围绕超大规模天线、可见光、太赫兹、信息超材料等6G技术领域开展了前期探索，发布10余本6G关键技术白皮书。中关村泛联移动通信技术创新应用研究院启动6G新型空口技术试验验证平台、感知通信一体化、可见光通信关键器件、服务化RAN等前沿6G课题研发工作。

（周　琦　张立芬）

【专项支持3家企业开展高端计算芯片研究】2021年，市科委、中关村管委会在新一代信息通信技术创新“卡脖子”专项中，支持摩尔线程智能科技（北京）有限责任公司、浪潮集团有限公司、中科驭数（北京）科技有限公司开展国产GPU及DPU的研制及应用工作，投入科技经费1200万元。摩尔线程和浪潮集团聚焦GPU芯片渲染API、整机可靠性、高算力GPU适配方法等核心技术研发，开展全国产GPU芯片研发和服务器整机研制，推动国产GPU芯片及服务器整机落地。中科驭数探索异构众核DPU芯片架构设计方法及方案，开展面向数据中心的100G超高带宽DPU芯片及系统研发工作，研发成果将应用于数据中心高吞吐量、低时延场景。

（崔　茜　周天择）

【智能与网联车关键技术培育专项启动】2021年，市科委、中关村管委会在新能源智能汽车领域布局智能与网联车关键技术培育专项，专项经费8000万元，支持课题数量14个，重点方向包括车规级芯片、新型域控制器、先进自动驾驶系统等研发与应用。

（张　硕）

【前沿新材料技术创新专项启动】2021年，市科委、中关村管委会在新材料领域布局前沿新材料技术创新专项，经费5800万元，支持课题数量9个，重点方向包括光电子材料与器件、大功率激光器、虚拟现实。

（张　硕）

【重点研发机构建设专项启动】2021年，市科委、中关村管委会在新材料重点研发机构领域布局2个专项。纳米能源与系统研究所建设专项，经费7106万元，重点支持北京纳米能源与系统研究所开展关键技术研究；北京石墨烯研究院建设专项，经费4000万元，重点支持石墨烯原材料与装备产业化、建设国家级石墨烯材料与检测共性平台、石墨烯应用技术研发与成果转化3个方面的工作。

（张　硕）

【智能制造与机器人技术创新专项启动】2021年，市科委、中关村管委会在先进制造领域布局智能制造与机器人技术创新专项，经费3726.5万元，支持课题数量14个，主要聚焦智能机器人、传感器和高端科研仪器等板块。

（张　硕）

【在京单位承担国家重点研发计划项目情况】2021年，在京单位承担的国家科技重大专项、国家重点研发计划、国家科技创新2030－重大项目共计476项，其中北京地区项目146项，占全国项目总数的30.67%，项目总经费约21.04亿元，占全国项目总经费的29.69%。

（肖　扬）

【新增国家重大科技基础设施布局】2021年，北京获批“十四五”期间新增2项优先建设国家重大科技基础设施和2项中长期发展规划项目。2个优先建设国家重大科技基础设施：人类器官生理病理模拟装置，由中国科学院动物研究所承担建设；地震科学实验场，由国家地震局承担建设。2个中长期发展规划项目：飞秒激光多束流综合设施，由北京大学承担建设；太阳能高效转化重大设施，由华北电力大学承担建设。

（仇鑫华）

【资助京津冀基础研究合作专项20项】2021年，京津冀基础研究合作专项共受理申请224项，经形式审查、通讯评审、会议评审、管理小组审定，共资助20项，资助总经费1200万元。专项立足于解决三地意义重大、急需合作开展的共性需求和共性问题，旨在促进多学科、多地区、多部门交叉联合攻关，凝聚优势科技资源，服务京津冀协同发展。

（王军勇）

【资助重点研究专题项目18项】2021年，市基金办共接收重点研究专题项目申请139项。经评审，决定资助18项，资助项目总额5100万元。资助项目负责人基础优秀，18位项目负责人全部具有博士学位。54位课题负责人平均年龄39岁，其中年龄最小的项目负责人为28岁。

（涂裔盟）

【资助北京杰青项目38项】2021年，市基金办共接收北京杰青项目申请186项。经评审，共资助杰青项目 38 项，资助率 20.43%，资助项目总额 3550 万元。资助项目主要分布在医药、城建与环境、化学与材料等与高精尖产业相关的学科。

（陈　宁）

【资助自然科学基金面上项目及面上专项共 846 项】 2021 年，市基金办共受理 334 家依托单位的面上项目申请 6549 项，面上专项申请 237 项。经评审，决定资助 846 项。其中，面上项目 807 项，资助总金额 16 124 万元，涉及数理科学 35 项、化学与材料科学 95 项、工程科学 62 项、信息科学 88 项、生物科学 36 项、农业科学 59 项、医药科学 320 项、城建与环境科学 81 项、管理科学 31 项；面上专项 39 项，资助总金额 1143 万元。

（陈　宁）

【资助自然科学基金青年项目共 115 项】 2021 年，市基金办共受理 201 家依托单位的青年项目申请 803 项。经评审，决定资助 115 项，资助总金额 1150 万元。涉及数理科学 4 项、化学与材料科学 12 项、工程科学 9 项、信息科学 9 项、生物科学 6 项、农业科学 6 项、医药科学 48 项、城建与环境科学 14 项、管理科学 7 项。

（陈　宁）

【资助自然科学基金联合基金项目 96 项】 2021 年，市基金办共受理联合基金项目申请 465 项，经形式审查、通讯评审、会议评审、管理小组审定，共资助 96 项，资助总金额 4111.8 万元。其中，海淀联合基金资助 68 项，资助金额 2901 万元；丰台联合基金资助 28 项，资助金额 1210.8 万元。

（王军勇）

【资助市基金－市教委联合资助项目 49 项】 2021 年，市基金－市教委联合资助项目管理办公室共接收项目申请 271 项。经评审，决定资助 49 项，资助率 18.08%，资助总金额 3907.7 万元。与 2020 年度相比，农业、管理、医药学科建议资助项目数量增长较快，信息、数理、城建与环境学科减幅较大，化学与材料、工程、生物等学科基本持平。

（陈　宁）

科技投入

【概述】 2021 年，市科委、中关村管委会贯彻落实市委、市政府关于北京市科技工作机构调整的重大改革举措，围绕国际科技创新中心建设、世界领先的科技园区建设、国家实验室建设“三条主线”，以构建与国际科技创新中心相适应的经费管理体系为出发点，统筹考虑两部门预算，做细做实，不断创新专项组织方式，形成错位支持、协调发力的格局。市科委、中关村管委会两部门下达预算共 73.47 亿元，包括年初预算批复 45.58 亿元、年中预算追加 27.89 亿元。其中，市科委 2021 年度部门预算实际下达 56.72 亿元，包括年初预算批复 31.06 亿元、年中预算追加 25.67 亿元；中关村管委会 2021 年度部门预算实际下达 16.73 亿元，包括年初预算批复 14.52 亿元、年中预算追加 2.21 亿元。市科委下属 25 家预算单位参加 2021 年部门决算。市科委本级行政收、支总计 7299.46 万元，比 2020 年减少 959.49 万元，下降 11.62%；市科委本级事业收、支总计 458 991.74 万元，比 2020 年增加 8618.58 万元，增长 1.91%。

（肖　扬）

【市科委下属 25 家预算单位参加 2021 年部门决算】 2021 年，市科委下属 25 家预算单位参加了 2021 年度部门决算，分别为：北京市科学技术委员会本级行政、北京市科学技术委员会本级事业、北京市科学技术委员会老干部服务中心、北京市高新技术成果转化服务中心、北京市自然科学基金委员会办公室、北京市实验动物管理办公室、北京市科委行政事务服务中心、北京科技创新研究中心、北京市科学技术奖励工作办公室、北京科技协作中心、北京市科技信息中心、北京市科学技术委员会农村发展中心、北京生产力促进中心、北京生物技术和新医药产业促进中心、北京工业设计促进中心、北京市科学技术委员会人才交流中心、北京技术交易促进中心、北京科学技术开发交流中心、北京软件产品质量检测检验中心、北京新材料和新能源科技发展中心、北京市可持续发展科技促进中心、北京市科技传播中心、北京科学仪器装备协作服务中心、北京技术市场管理办公室和北京实验室服务保障中心。

（陶昕昕）

【2021年市科委收入预算说明】 2021年，市科委收入预算329 021.32万元，比2020年372 118.77万元减少43 097.45万元，下降11.58%。其中，财政拨款310 258.30万元，比2020年294 114.68万元增加16 143.62万元；统筹使用结余资金安排预算1438.30万元，比2020年1822.41万元减少384.11万元；其他资金17 324.72万元，比2020年76 181.68万元减少58 856.96万元。2021年其他资金包含：事业收入（不含财政专户管理的事业收入）4002.24万元，比2020年3253.89万元增加748.35万元，增长23%；事业单位经营收入4221.23万元，比2020年4207.17万元增加14.06万元，增长0.33%；其他收入166.94万元，比2020年170万元减少3.06万元，下降1.80%；继续使用的财政性结转资金8934.31万元，比2020年68 550.62万元减少59 616.31万元，下降86.97%。事业收入增加主要原因：根据《中共北京市委机构编制委员会办公室关于同意调整市科委所属部分事业单位的函》（京编办事〔2019〕144号），北京新材料发展中心（公益二类）与北京市新能源汽车发展促进中心（公益一类）整合设立北京新材料和新能源科技发展中心，单位性质为公益二类事业单位。根据中心的主要职责，进一步聚焦高精尖领域，加强新能源与新材料领域的专业服务，事业收入有较大增长。继续使用的财政性结转资金减少的主要原因：市科委根据工作计划安排，采取一系列措施进一步提高项目执行效率，加快资金支出进度，整体降低结转继续使用的财政性资金规模。

（市科委、中关村管委会官网）

【2021年市科委支出预算说明】 2021年，市科委支出预算329 021.32万元，其中，基本支出预算29 101.06万元，占总支出预算8.84%，比2020年25 031.23万元增加4069.83万元，增长16.26%，主要原因为人员变动及落实人员正常调资等有关政策；项目支出预算296 558.92万元（含继续使用的财政性结转资金8436.84万元），占总支出预算90.13%，比2020年343 298.84万元减少46 739.92万元，下降13.61%，主要原因为市科委加快资金支出进度，整体降低结转继续使用的财政性资金规模；上缴上级支出0万元，与2020年持平；事业单位经营支出3361.34万元，占总支出预算1.02%，比2020年3788.70万元减少427.35万元，下降11.28%，主要原因为部分单位厉行节约，严格成本核算，减少相关支出；对附属单位补助支出0万元，与2020年持平。

（市科委、中关村管委会官网）

【2021年市科委部门预算支出方向】 2021年，根据市科委工作安排，2021年部门预算支出主要用于项目支出，主要集中在科学技术管理事务、基础研究、应用研究、技术研究与开发、科技条件与服务等方面。其中，科学技术管理事务方面，主要用于市属转制科研院所离退休人员养老与社保经费；基础研究方面，主要用于2021年自然科学基金、雁栖湖应用数学研究院建设、智能与网联车关键技术培育、国家新能源汽车技术创新中心建设等项目；应用研究方面，主要用于北京智源人工智能研究院建设、区块链关键技术研发、北京石墨烯研究院建设、新一代信息通信技术创新（“卡脖子”）、智能制造与机器人技术创新、医药创新品种及平台培育等项目；技术研究与开发方面，主要用于首都临床诊疗技术研究及转化应用、北京市科技成果转化平台建设、腾盛博药药物研发中心建设、中央引导地方科技发展资金、联影集团在京发展建设等项目；科技条件与服务方面，主要用于首都科技条件平台与创新券、北京市科技新星计划、科技服务业发展促进、“设计之都”品牌建设与科技文化、2021年北京技术市场管理办公室技术市场发展专项等项目。

（市科委、中关村管委会官网）

【2021年市科委部门“三公”经费财政拨款预算】 2021年，市科委“三公”经费的支出范围包括因公出国（境）费用、公务接待费、公务用车购置和运行维护费，开支单位包括11个所属单位。其他单位无财政拨款安排的“三公”经费预算。“三公”经费财政拨款预算240.56万元，比2020年减少50.04万元。

（市科委、中关村管委会官网）

【2021年市科委本级行政收入支出决算情况】 2021年，市科委本级行政收、支总计7299.46万元，比2020年减少959.49万元，下降11.62%。年度收入合计6208.15万元，比2020年减少924.14万元，下降12.96%。其中，财政拨款收入6180.50万元，占收入合计的99.55%；上级补助收入0万元；事业收入0

万元；经营收入 0 万元；附属单位上缴收入 0 万元；其他收入 27.65 万元，占收入合计的 0.45%。年度支出合计 6176.74 万元，比 2020 年减少 825.55 万元，下降 11.78%。其中，基本支出 4383.03 万元，占支出合计的 70.96%；项目支出 1793.71 万元，占支出合计的 29.04%；上缴上级支出 0 万元；经营支出 0 万元；对附属单位补助支出 0 万元。

（市科委、中关村管委会官网）

【2021 年市科委本级行政财政拨款收入支出决算总体情况】2021 年，市科委本级行政财政拨款收、支总计 6181.62 万元，比 2020 年增加 99.97 万元，增长 1.64%。主要原因：根据当年度工作任务、人员变化等实际情况，对教育培训、国际交流与合作、行政运行等项目进行了适当调整。

（市科委、中关村管委会官网）

【2021 年市科委本级行政一般公共预算财政拨款支出决算总体情况】2021 年，市科委本级行政一般公共预算财政拨款支出 5452.09 万元，主要用于以下方面（按大类）：教育支出（205 类）2021 年度决算 0.95 万元，占全年财政拨款支出 0.02%；科学技术支出（206 类）2021 年度决算 5176.11 万元，占全年财政拨款支出 94.94%；社会保障和就业支出（208 类）2021 年度决算 275.03 万元，占全年财政拨款支出 5.04%。

（市科委、中关村管委会官网）

【2021 年市科委本级行政一般公共预算财政拨款支出决算具体情况】2021 年，市科委本级行政一般公共预算财政拨款支出决算具体情况如下。①教育支出（205 类）2021 年度决算 0.95 万元，比 2021 年年初预算减少 13.64 万元，下降 93.49%。其中，进修及培训（20508 款）2021 年度决算 0.95 万元，比 2021 年年初预算减少 13.64 万元，下降 93.49%。主要原因：受新冠肺炎疫情影响，培训活动部分转为线上方式，部分未正常开展，培训经费支出减少。②科学技术支出（206 类）2021 年度决算 5176.11 万元，比 2021 年年初预算减少 542.95 万元，下降 9.49%。其中，科学技术管理事务（20601 款）2021 年度决算 5153.75 万元，比 2021 年年初预算减少 374.42 万元，下降 6.77%。主要原因：2021 年部分项目工作内容调整，导致项目支出减少。技术研究与开发（20604 款）2021 年度决算 21.46 万元，比 2021 年年初预算增加 12.82 万元，增长 148.38%。主要原因：市科委根据工作安排，调整项目支出。科技交流与合作（20608 款）2021 年度决算 0.90 万元，比 2021 年年初预算减少 181.35 万元，下降 99.51%。主要原因：受新冠肺炎疫情影响，出国活动减少，导致经费支出减少。③社会保障和就业支出（208 类）2021 年度决算 275.03 万元，比 2021 年年初预算减少 82.69 万元，下降 23.12%。其中，行政事业单位养老支出（20805 款）2021 年度决算 275.03 万元，比 2021 年年初预算减少 82.69 万元，下降 23.12%。主要原因：一是 2021 年单位缴费基数调整；二是受新冠肺炎疫情影响，退休活动未全面开展，相关支出减少。

（市科委、中关村管委会官网）

【2021 年市科委本级事业 2021 年收入支出决算情况】2021 年，市科委本级事业收、支总计 458 991.74 万元，比 2020 年增加 8618.58 万元，增长 1.91%。2021 年度收入合计 451 553.62 万元，比 2020 年增加 72 742.28 万元，增长 19.20%。其中，财政拨款收入 451 553.62 万元，占收入合计的 100%；上级补助收入 0 万元；事业收入 0 万元；经营收入 0 万元；附属单位上缴收入 0 万元；其他收入 0 万元。2021 年度支出合计 394 392.65 万元，比 2020 年减少 43 635.59 万元，下降 9.96%。其中，基本支出 0 万元；项目支出 394 392.65 万元，占支出合计的 100%；上缴上级支出 0 万元；经营支出 0 万元；对附属单位补助支出 0 万元。

（市科委、中关村管委会官网）

【2021 年市科委本级事业 2021 年财政拨款收入支出决算情况】2021 年，市科委本级事业财政拨款收、支总计 458 991.74 万元，比 2020 年增加 8618.58 万元，增长 1.91%。主要原因：市科委本级事业根据工作安排，调整了基础研究、应用研究、技术研究与开发、科技条件与服务、社会科学、科学技术普及、科技交流与合作等方面的项目（课题）经费预算安排。

（市科委、中关村管委会官网）

【2021 年市科委本级事业一般公共预算财政拨款支出决算总体情况】2021 年，市科委本级事业一般公共预算财政拨款支出 394 392.65 万元，主要用于以下方面（按大类）：科学技术支出（206 类）394 392.65 万元，占全年财政拨款支出 100%，比 2021 年年初预算增加 152 095.57 万元，增长 62.77%。

（市科委、中关村管委会官网）

【2021 年市科委本级事业一般公共预算财政拨款支出决算具体情况】2021 年，市科委本级事业一般公共预算财政拨款支出决算具体情况如下。①科学技术管理事务（20601 款）2021 年度决算 30 829.12 万元，比 2021 年年初预算增加 12 117.66 万元，增长 64.76%。主要原因：市科委追加市属转制科研院所

离退休人员养老与社保经费。②基础研究（20602款）2021年度决算165 001.20万元，比2021年年初预算增加70 610.20万元，增长74.81%。主要原因：市科委加大对基础研究的支持力度，追加“智能与网联车关键技术培育”“前沿新材料技术创新”“北京脑科学与类脑研究中心二期大楼购置第三期经费”等项目经费。③应用研究（20603款）2021年度决算125 689.22万元，比2021年年初预算增加57 807.22万元，增长85.16%。主要原因：市科委加大对应用研究方面的科技项目（课题）支持力度，追加“AI+健康协同创新培育”“启元实验室建设”“新一代信息通信技术创新”“医药创新品种及平台培育”“北京通用智能研究院建设”“北京数原数字化城市研究中心建设”等项目经费。④技术研究与开发（20604款）2021年度决算32 203.92万元，比2021年年初预算减少1491.08万元，下降4.43%。主要原因：市科委根据工作安排，调整“北京市科技成果转化平台建设”“联影集团在京发展建设”等项目支出。⑤科技条件与服务（20605款）2021年度决算23 169.89万元，比2021年年初预算增加5349.89万元，增长30.02%。主要原因：市科委加大对科技条件与服务方面的科技项目（课题）支持力度，追加“‘设计之都’品牌建设与科技文化”“全国科技创新中心网络服务平台”“市科委信息系统及网站”等项目经费。⑥社会科学（20606款）2021年度决算1152.86万元，比2021年年初预算增加40.29万元，增长3.62%。主要原因：市科委加大对社会科学方面的科技项目（课题）支持力度，追加“科技政策研究与决策咨询”等项目。⑦科学技术普及（20607款）2021年度决算9313.46万元，比2021年年初预算增加4678.36万元，增长100.93%。主要原因：市科委追加“科学技术普及”项目预算。⑧科技交流与合作（20608款）2021年度决算3175.97万元，比2021年年初预算增加3175.97万元。主要原因：市科委追加“国际科技合作”项目预算。⑨其他科学技术支出（20699款）2021年度决算3857.01万元，比2021年年初预算减少192.89万元，下降4.76%。主要原因：市科委根据工作安排，将“科技创新中心建设宣传与推广”等项目经费结转下年使用。

（市科委、中关村管委会官网）

【2021年市财政局拨付中关村示范区项目资金】 2021年，市财政局拨付中关村示范区项目资金161 232.33万元，其中一般公共服务资金898.71万元，教育资金3.5万元，科学技术资金160 223.57万元，商业流通事务资金106.50万元。全年支出115 213.47万元，其中，一般公共服务支出841.24万元，占总支出0.7302%；教育支出0.39万元，占总支出0.0003%；科学技术支出114 265.34万元，占总支出99.1771%；商业流通事务支出106.50万元，占总支出0.0924%。

（陶昕昕）

科技资源

BEIJING ALMANAC OF SCIENCE AND TECHNOLOGY 2022 北京科技年鉴

2022

科技人才

【概述】2021年，市科委、中关村管委会加快国际科技创新中心和世界领先科技园区建设，以人才政策规划为先导，加大各类人才引进培养力度，完善人才服务保障体系，为加快建设高水平人才高地提供坚强人才保障。围绕人才高地建设开展人才及政策研究，完成《“十四五”时期科技人才问题、态势、发展趋势研究报告》《北京市会计师人才队伍现状分析报告》《北京科技领域法律服务人才队伍现状调研分析报告》等研究报告。建设完善高层次科技人才数据库，为开展科研项目、人才引进、政策支持等提供人才数据和分析报告。聚焦青年人才培养，2021年共遴选产生150名科技新星和20个交叉课题；支持225家2020年度入选的雏鹰人才企业，涉及支持资金2895.1万元。加大高层次海外人才引进力度，实施“朱雀计划”，组织实施中关村高聚工程人才计划，开展年度中国政府友谊奖、华侨华人“京华奖”、“长城友谊奖”等人才推荐工作。加快吸引与支撑留学人才回京创业，印发《关于加强中关村海外人才创业园引进与服务海外人才工作的实施意见》，开展海外人才创业服务机构支持资金工作。着眼外籍人才引进，做好外籍人才出入境服务工作，为中关村示范区包括清华大学通用人工智能研究院院长朱松纯在内的1301名符合条件的外籍人才出具“外籍高层次人才绿卡直通车”等各类推荐函。完善科技人才评价机制，完成自然科学研究系列、工程技术系列（技术经纪）职称评审，自然科学研究系列拟获专业技术资格605人，对比申报人数通过率50.67%，工程技术系列（技术经纪）拟获专业技术资格208人，对比申报人数通过率58.26%。做好北京市高精尖技能提升培训补贴工作，最终通过项目73个，涉及企业63家，涉及人次1631人。打造“星光璀璨、筑梦北京”科技人才合作交流平台，举办论坛、讲座、路演等各类活动36期，1400余人次参加。服务科创中心各创新主体校招需求，举办“2021年中关村海归创业企业人才校招活动”网络招聘会人工智能、医药健康、科研助理等专场网络招聘活动。支持2021年开发科研助理岗位吸纳高校毕业生就业工作，首次举办科研助理专场网络招聘会。积极服务新型研发机构，做好人才摸底工作，推动协调解决机构内海外引进人才落户、设立博士后工作站等相关问题，开展政策宣讲。

（张　蕊）

【北京市积分落户创新创业指标申报】4月14日，2021年北京市积分落户工作启动，创新创业指标的申报工作同期开始，市科委、中关村管委会负责创新创业指标中的科技领域指标审核工作。截至申报期结束，创新创业指标工作组累计接通咨询电话1070个，累计注册企业数920个，注册申请人数292人，提交申请141个，累计审核164人次，终审有效数28个。

（徐震宇　杨莹钰）

【5人次获中国政府友谊奖和“长城友谊奖”】4月，市科委、中关村管委会面向社会公开征集，确定4名中国政府友谊奖推荐人选，其中北京科兴中维生物技术有限公司的迪马斯·科瓦斯和中国生物技术股份有限公司的阿尔卡比·纳瓦尔2位专家获奖；补充推荐4名第十五届“长城友谊奖”候选人，其中北京科兴中维生物技术有限公司的迪马斯·科瓦斯（推荐）、京东方科技集团股份有限公司的金起荦（推荐）和北京量子信息科学研究院的谷垣勝己3名专家获奖。

（张春雷）

【支持外籍人员创办企业的实施意见发布】7月30日，市科委、中关村管委会联合北京市市场监督管理局（简称市市场监管局）等7部门发布《支持外籍人员使用外国人永久居留身份证创办企业享受国民待遇的实施意见》（京市监发〔2021〕73号）。《意见》主要任务包括扩大试点范围、优化审批服务、优化创业环境、依法加强监管4个方面9项内容。其中，扩大试点区域，支持外籍人员使用外国人永久居留身份证在中国（北京）自由贸易实验区、中国（河北）自由贸易试验区大兴机场片区、中关村示范区、天竺综合保税区及中德、中日产业园等区域范围创办企业，依法享受国民待遇；扩大试点领域，支持外籍人员使用外国人永久居留身份证在科技服务、数字经济和数字贸易发展、金融服务等服务业重点领域创办企业。

（孙继伟）

【制定和落实“十四五”人才支撑保障行动计划】 7月，由市科委、中关村管委会作为主要参与单位，配合市人才工作局研究制定的《“十四五”北京国际科技创新中心建设人才支撑保障行动计划》印发。《计划》是北京市下一阶段科技人才工作的指导性文件，主要内容包括7个方面：全方位保障国家战略科技力量，搭建国际一流人才发展平台；全方位培养创新人才，支撑高质量发展、高水平自立自强；全方位引进全球顶尖人才和创新团队，加速提升北京全球人才竞争位势；全方位用好人才，充分激发人才创新活力；全力加强人才服务保障，切实解决人才后顾之忧；全景构建高品质国际人才社区，营造开放包容的国际化人才发展环境；全面加强党对人才工作的领导。《计划》共涉及58项制度改革任务和67项项目任务，市科委、中关村管委会牵头落实其中9项制度改革任务和15项项目任务。

（李海燕）

【“最美科技工作者”揭晓】 8月14日，2021年北京“最美科技工作者”揭晓，中国科学院院士庄文颖、北京邮电大学教授彭木根等10位科技工作者当选。2021年北京“最美科技工作者”宣传学习活动由北京市委宣传部，市科协，市科委、中关村管委会，市经济和信息化局共同主办，当选的10位北京“最美科技工作者”来自理、工、农、医等各学科门类，涉及生物、通信、航天、教育、医疗等各领域。

（金　霞）

【第三届北京市设计创新人才高级研修班举行】 9月15—17日，由市人力资源社会保障局，市科委、中关村管委会支持，北京工业设计促进中心承办的第三届北京市设计创新人才高级研修班在设计之都大厦举办，来自44家企业的47名学员参加为期3天的培训。本届研修班着重搭建科技与设计沟通的平台，采取“专家讲授＋案例解析＋互动交流＋直播授课”的方式，邀请来自清华大学、北航机器人研究所、京东集团、谷仓创业学院、联想集团等高校、企业和专业研究机构的专家，围绕大数据、区块链与工业互联网、科技前沿与数字设计、服务机器人系统设计、企业知识产权管理等主题，着眼企业面对设计理念、产品创新、企业“走出去”过程中的知识产权保护问题等内容设置培训课程，就产业政策、实战经验分享、设计趋势研究等方面进行专题授课及案例解析。

（王露菲）

【便利化外籍人才办理来华工作许可】 9月，市科委、中关村管委会以外国专家局名义与北京海外学人中心共同制定《关于开展重点创新主体聘用外籍人才办理来华工作许可便利化试点工作的意见》，确定重点创新主体名单（首批66家）。根据《意见》，对聘用的急需紧缺外籍管理或技术人才，参照外国高端人才（A类）办理来华工作证件，向重点创新主体下放外籍高端人才自主认定权，放宽优秀外籍毕业生来京工作条件。

（孙继伟）

【城市轨道交通青年科学家－企业家国际论坛举办】 10月10日，以“突破产学研，联接创新链”为主题的2021中关村论坛系列活动——首届城市轨道交通青年科学家－企业家国际论坛在中关村科技园丰台园举办。活动由丰台区政府、中关村发展集团、中国城市轨道交通协会主办，来自政府、科研院所、高等院校、行业协会、企业等领域的300余人参加。活动举行管理与创新实践国际圆桌论坛、人工智能与智慧轨道交通论坛、轨道交通数字新基建技术论坛及轨道交通基础研究协同创新论坛等平行分论坛，探讨轨道交通产学研协同创新、成果转化、创新模式以及未来发展方向。活动将目光聚焦于青年群体，将青年科学家和企业家聚集在一起，一同探索如何打通产学研合作的关键节点，搭建基础理论与实业的桥梁，形成轨道交通领域青年科学家－企业家良性互动。各领域专家分别就青年科学家、青年企业家等青年群体为行业做出的贡献、青年群体创新潜力、青年群体未来成长与产业创新等进行多角度、多层次的研讨与交流。大会还设置产品展示对接环节，西门子、中电智能、中国科学院大气物理所等18家企业及单位的30余项工业互联网、智能制造等数字化转型领域前沿技术产品进行现场展示。

（王军勇）

【第四届中欧人才论坛举办】 10月19日，2021中关村论坛系列活动——第四届中欧人才论坛以线上线下相结合的形式在中国北京、瑞士苏黎世同时举行。论坛以“共享、共生、共赢——激发人才创新活力”为主题。中欧知名专家学者及国际组织、知名智库和企业的代表参加。与会代表探讨全球人才发展的趋势及挑战。北京人才发展战略研究院发布《全球城市人才黏性指数报告（2021）》，报告选取全球50个标杆城市，从经济基础、创新潜能、文化开放、生态健康、社会福利和公共生活6个维度设置17个二级指标进行分析评价，提出人才黏性指数排名榜单。瑞士德科集团发布研究报告《重塑常态》，探讨疫情背景下工作方式转变情况及未来工作模式新趋势，帮助企业和员工更好适应后疫情时代的变化。北京外企服务集团有限责任公司与德科集团签署《关于领禾外企咨询致力推动中国高层次人才培养协议书》，北京人才发展战略研究院、北京外企服务集团有限责任公司与德科集团签署《关于支持开展中瑞人才交流合作备忘录》，北京人才发展战略研究院与中国瑞士商会签署《关于共建中瑞（北京）人才与科技创新合作中心协议书》。

（赵 哲）

【在京院士数量统计】 11月18日，中国科学院、中国工程院2021年院士增选结果公布，共有149人分别当选中国科学院院士、中国工程院院士。在京单位有24人当选中国科学院院士，29人当选中国工程院院士，当选院士人数位列全国各省区市之首。截至2021年，在京两院院士793人，占全国两院院士总数的47.1%。

（王雪梅）

【支持外籍人才来京创新创业】 12月31日，市科委、中关村管委会与市人力资源社会保障局共同发布《关于支持外籍人才来京创新创业有关事项的通知》（京科专发〔2021〕233号），支持来京外籍博士毕业生办理人才签证，支持来京创业的外籍人才依托园区或孵化载体申办来华工作许可。《通知》规定，创新创业主体拟邀请的外籍博士毕业生可申请办理《外国高端人才确认函》，取得确认函后，可申请办理最长10年有效期的外国人才签证（R字），其配偶及未成年子女亦可申请办理相同期限的签证；外籍人才在创业期内，可通过园区、孵化器等创业载体申办工作许可，并规定适用范围、申请条件、申请主体、申请流程及后期管理等。《通知》自2022年1月1日起实施。

（孙继伟）

【推荐国家和北京市各类人才计划人选】 2021年，市科委、中关村管委会向科技部推荐35名万人计划青年拔尖人才人选，14名万人计划领军人才人选，其中5人入选万人计划青年拔尖人才项目并获财政专项经费支持；向市人才工作局推荐全国专业技术人才先进集体和个人各1个，北京量子信息科学研究院获“全国专业技术人才先进集体”称号，推荐5名北京学者人选、12名首都杰出人才奖人选；向市人力资源社会保障局推荐科技领域就业创业工作先进集体1个。

（张春雷）

【自然科学研究系列和工程技术系列（技术经纪）职称评选】 2021年，市科委、中关村管委会完成2021年度自然科学研究系列和工程技术系列（技术经纪）职称评审工作。两系列累计申报1551人。其中，自然科学研究系列直通车、正高、副高、中级、初级申报1194人，工程技术系列（技术经纪）副高及以下申报357人。通过形式审查的自然科学研究系列729人、工程技术系列（技术经纪）280人。经评议及验收，两系列最终公示人数为813人，其中自然科学研究系列共605人，对比申报人数通过率50.67%，包含直通车21人、正高33人、副高186人、中级158人、初级207人；工程技术系列（技术经纪）共208人，对比申报人数通过率为58.26%，包括高级38人、中级73人、初级97人。

（余化枫 张春雷）

【2021年度科技新星评选】 2021年，市科委、中关村管委会完成2021年度科技新星的评选。共计666人申报，遴选产生150名科技新星和20个交叉课题。其中，博士研究生139人，硕士研究生11人；30岁以下22人，30～35岁128人，最年轻的26岁，平均年龄32.3岁；有国外经历的59人；中央单位89人，地方单位61人；企业42人（含民营企业24人），高校38人，科研机构46人，医疗机构24人。从专业领域看，医药健康66人（生化制药和疫苗19人、分析检测12人、医疗器械6人、临床医学研究18人、脑科学4人、中医4人、基因治疗等3人），人工智能21人，集成电路7人，新一代信息技术14人，智能装备7人，节能环保7人，新能源5人，新材料13人，农业3人，城建交通4人，应急管理3人。科技新星研究期限一般为3年，交叉学科合作课题研究期限一般为2年。

（王雪梅 张春雷）

【新型研发机构科技人才服务保障】 2021年，北京科技人才发展中心聚焦北京市新型研发机构以及科技人才的实际需求，持续做好新型研发机构科技人才服务保障工作，与7家新型研发机构签订科技人才服务协议，提供人事代理、集体户口和党员管理等相关服务。截至年底，新型研发机构的社会保险和住房公积金代理人数共计1231人、集体户口落户381人、流动党员管理300多人。业务涉及退休办理或转移接续、生育津贴报销、医疗费用报销、公积金提取和党员管理等方面。

（徐震宇 冀 宁）

【组织实施高端外国专家引进计划】2021年，市科委、中关村管委会在全市范围内组织开展国家外国专家项目申报工作，27家单位上报45个项目，拟邀请外国专家191人次，申请经费3800万元。经科技部审核，批准北京市高端外国专家引进计划项目29项、外国青年人才计划3项，支持项目资金880万元。

（李哲明）

【中关村雏鹰人才计划实施】2021年，市科委、中关村管委会继续实施中关村雏鹰人才计划，在重点产业领域有针对性地发现、吸引和培养青年创业人才。2021年度财政资金下达后，完成资金拨付，用于支持225家2020年度入选的雏鹰人才企业，涉及支持资金2895.1万元。225家雏鹰人才企业中，创业者呈现年轻化、高学历特点，“90后”申报者117人，占比52%，约93%的创业者拥有本科及以上学历，其中硕士研究生及以上学历占比超过46%；支持企业覆盖新一代信息技术、医药健康、新能源与节能环保、智能制造、新材料、航空航天以及现代服务业等领域；96%以上企业为国家高新技术企业或中关村高新技术企业，且都有一定的研发人员和研发费用支出；35家获得投资类雏鹰人才企业总融资金额近4.8亿元，平均每家企业融资1300万元左右。

（赵 珂 张文琼）

【外籍人才引进】2021年，市科委、中关村管委会持续加强外籍人才政策的宣传服务，向重点用人主体下放外国高端人才（A类）自主认定权，对重点用人主体聘用的优秀外籍毕业生，可直接办理工作许可申请。北京市共引进外籍人才24 978名，其中外国高端人才（A类，鼓励类）4286名，占比17.16%，外国专业人才（B类，控制类）20 207名，占比80.9%。受理中关村外籍人才出入境便利政策申请114份，为清华大学通用人工智能研究院院长朱松纯、北京大数据研究院鄂维南院士、北京清芯华创投资管理有限公司创始合伙人陈大同等64位海外高层次人才及其家属出具绿卡直通车推荐函。

（张文琼）

【服务外籍人才出入境】2021年，市科委、中关村管委会持续开展外籍人才出入境相关服务工作，累计接待企业、高校科研院所等来访单位上万家，各类咨询超3万次，为中关村示范区1301名符合条件的外籍人才出具相关推荐函，用于其到公安部中关村外国人永久居留服务大厅办理手续。其中，为清华大学通用人工智能研究院院长朱松纯等出具“外籍高层次人才绿卡直通车”推荐函672份，为北京大数据研究院鄂维南院士、北京清芯华创投资管理有限公司创始合伙人陈大同等中国籍高层次人才的外籍配偶申请在华永久居留提供直通车政策支持。

（吕 君）

【中关村海外人才创业园引进与服务海外人才】2021年，中关村海外人才创业园继续发挥吸引与支撑海外人才回国创业的重要作用。印发《关于加强中关村海外人才创业园引进与服务海外人才工作的实施意见》，从完善海创园工作体系、提升海创园服务能力、支持海创企业落地发展、拓宽海创项目融资渠道、支持优秀海外人才留京发展和优化海外人才创业环境6个方面提出17项具体举措。支持海淀海创园等20家海创园848.2万元，支持其引进91家新注册海外人才企业（含10家外籍人才企业）、开展34项专项服务活动。在符合支持条件的新注册企业创业者中，博士学历26人，占比28.5%；硕士学历52人，占比57.1%。91家新注册企业偏重硬科技创业，前沿信息产业领域50家，占比54.9%；医药健康产业领域16家，占比17.6%。北京中关村留学人员创业园协会举办海外人才精品项目推介会“三三会”9场，向投资机构推荐63个路演项目，涉及电子信息、生物医药等领域，相关对接项目获得融资近7000万元。

（吕 君）

【开展3项科技人才方面的调查研究】2021年，市科委、中关村管委会开展3项科技人才方面的调查研究，分别是：按照市委人才工作领导小组工作部署，牵头开展北京高水平人才高地建设科技专项调研，梳理北京地区科技人才队伍的现状、问题，并提出政策建议，形成调研报告，为北京市制定建设高水平人才高地相关政策提供依据；与中国科学技术信息研究所合作，开展深入研究，形成《“十四五”时期北京市科技人才发展研究报告》，为做好“十四五”期间科技人才工作提出前瞻性的指导意见；为提升法律服务人才和会计服务人才对科技企业发展的支撑力度，开展北京地区会计师、律师队伍调研，形成《北京市会计师人才队伍现状分析报告》和《北京科技领域法律服务人才队伍现状调研分析报告》，均获市长批示。

（李海燕）

【外国专家节日慰问主题活动举办】2021年，市科委、中关村管委会举办外国专家“辞旧迎新”节日慰问主题活动。面向在京工作的国家高层次人才计划、各类引智项目中的外籍专家，参与中国政府友谊奖推选和新型研发机构任职的外籍专家，以及在重点领域知名企业任职的外籍高级管理人员及外籍人才，寄送防疫物资 97 份，并邀请外籍专家、家属及陪同人员 197 人赴中山公园音乐堂聆听新年音乐会。

（吕　君）

【科技人才交流系列活动之主题讲座举办】2021 年，由市科委、中关村管委会主办的“星光璀璨、筑梦北京”科技人才交流系列活动共举办主题讲座 6 场，约 450 名科技人才参加。活动聚焦科技前沿领域、技术转移和成果转化及关键核心技术领域等，邀请北京微芯区块链与边缘计算研究院常务副院长任常锐、北京大学化学学院副院长陈继涛、上海盛知华知识产权服务有限公司董事长兼 CEO 纵刚等专家开展主题讲座和交流研讨，让科技人才更好地了解科技前沿领域的新进展、新思想、新动态，进一步提升科技人才创新能力，促进北京科技创新发展。

（徐震宇　马　腾）

【科技人才交流系列活动之户外拓展活动举办】2021 年，由市科委、中关村管委会主办的“星光璀璨、筑梦北京”科技人才交流系列活动共举办户外拓展活动 2 场，约 100 名科技人才参加。活动以绿色健步走、登山比赛等形式展开，在轻松愉悦的氛围中深化首都科技人才的沟通交流，促进科技人才的跨界合作。

（徐震宇　马　腾）

【科技人才交流系列活动之走访交流活动举办】2021 年，由市科委、中关村管委会主办的“星光璀璨、筑梦北京”科技人才交流系列活动共举办走访交流活动 3 场，约 100 名科技人才参加。活动邀请科技人才走进新型研发机构、“三城一区”的知名企业和创新创业基地等相关单位，调研学习走访单位的运行机制、技术优势、原始创新成果和成果转移转化经验等，探索如何打破研究单位之间、研究与产业之间、学科之间的壁垒，搭建更多共享平台，实现共赢发展。

（徐震宇　马　腾）

【科技人才交流系列活动之交流研讨活动举办】2021 年，由市科委、中关村管委会主办的“星光璀璨、筑梦北京”科技人才交流系列活动共举办交流研讨活动 25 场，约 850 名科技人才参加。活动邀请首都科技领军人才、北京市科技新星等各类科技人才，聚焦自身科研领域，按照小规模、高规格、重特色的原则，互通信息、加强合作、共享成果，常态化举办贯穿全年的线上及线下特色活动，提供科技人才交流通道，共同助力首都的科技交流合作。

（徐震宇　马　腾）

高等院校

【概述】2021 年，北京地区高校及附属医院共有教学与科研人员 119 705 人，其中科研活动人员 132 061 人；科研经费总投入 415.97 亿元；承担研究项目 130 835 项；发表学术论文 132 144 篇，出版学术专著 4502 部；获省部级及以上奖励 673 项；现有研究机构 1327 个，2021 年研究与开发（R&D）经费支出 144.6 亿元，年末科研仪器设备原值 302.68 亿元。

（刘　帅）

【北京市研究生教育会议召开】4 月 21 日，北京市研究生教育会议在京召开。会上，中国人民大学、北京理工大学、北京工业大学和中国农业科学院分别从思政育人、服务需求、产教融合、科教融合等方面就研究生教育改革经验做代表发言。市教委主任刘宇辉对新一轮研究生教育改革做出部署。要求按照立德树人、服务需求、提高质量、追求卓越的工作主线，以立德树人为根本任务，多措并举，创新发展理念，推进北京研究生教育治理体系和治理能力现代化。市相关委办局负责人，市学位委员会委员，北京相关高校主要负责人、主管校领导、校研究生主管部门及院系负责人，具有博士、硕士学位授权的科研机构负责人在分会场参会。

（刘　帅）

【首次设立双学士学位复合型人才培养项目及联合学士学位培养项目】5月18日，北京市学位委员会下达2021年度双学士学位复合型人才培养项目及联合学士学位培养项目名单。经高校申请、专家论证、市学位委员会审议等相关程序，批准中国人民大学等7所高校设置38个双学士学位复合型人才培养项目，同意北京外国语大学等3所高校设置4个联合学士学位培养项目。

2021年北京市双学士学位复合型人才培养项目一览表

序号	所属高校	项目名称
1	中国人民大学	工商管理－法学双学士学位培养
2	中国人民大学	应用经济－数据科学双学士学位培养
3	中国人民大学	应用经济－农村区域发展管理双学士学位培养
4	中国人民大学	法学－新闻学双学士学位培养
5	中国人民大学	国学－古典学双学士学位培养
6	清华大学	数理基础科学＋建筑环境与能源应用工程
7	清华大学	数理基础科学＋土木水利与海洋工程
8	清华大学	数理基础科学＋环境工程
9	清华大学	数理基础科学＋机械工程
10	清华大学	数理基础科学＋测控技术与仪器
11	清华大学	数理基础科学＋能源与动力工程
12	清华大学	数理基础科学＋工业工程
13	清华大学	数理基础科学＋电气工程及其自动化
14	清华大学	数理基础科学＋微电子科学与工程
15	清华大学	数理基础科学＋软件工程
16	清华大学	数理基础科学＋工程物理
17	清华大学	数理基础科学＋材料科学与工程
18	清华大学	化学生物学＋化学工程与工业生物工程
19	清华大学	化学生物学＋高分子材料与工程
20	清华大学	化学生物学＋环境工程
21	清华大学	化学生物学＋给排水科学与工程
22	清华大学	化学生物学＋生物医学工程
23	清华大学	理论与应用力学＋航空航天工程
24	清华大学	理论与应用力学＋车辆工程
25	清华大学	理论与应用力学＋能源与动力工程（烽火班）
26	清华大学	理论与应用力学＋能源与动力工程（航空航天）
27	清华大学	理论与应用力学＋土木水利与海洋工程
28	清华大学	计算机与金融
29	北京理工大学	法学－人工智能
30	首都师范大学	世界史－俄语双学士学位复合型人才培养
31	首都师范大学	世界史－法语双学士学位复合型人才培养
32	首都师范大学	世界史－日语双学士学位复合型人才培养
33	首都师范大学	世界史－西班牙语双学士学位复合型人才培养
34	首都师范大学	世界史－英语双学士学位复合型人才培养
35	首都师范大学	哲学－教育学双学士学位复合型人才培养
36	中央财经大学	统计学－金融学双学士学位复合型人才培养
37	中国石油大学（北京）	能源经济与新能源工程双学士学位复合型人才培养
38	中国传媒大学	计算广告双学士学位复合型人才培养

2021年北京市联合学士学位培养项目一览表

序号	所属高校	项目名称
1	北京外国语大学－中国政法大学	英语＋法学联合学士学位项目
2	中国政法大学－北京外国语大学	法学＋英语联合学士学位项目
3	中国消防救援学院－中国民用航空飞行学院	飞行器控制与信息工程＋航空航天工程
4	中国消防救援学院－中国民用航空飞行学院	消防指挥＋飞行技术

（杨　晖）

【立项建设2个北京实验室】5月，市教委完成2个北京实验室立项工作。支持首都医科大学过敏性疾病、首都医科大学口腔健康2个北京实验室立项建设。北京实验室建设将以国家和北京经济社会发展需求为导向，瞄准国家战略性新兴产业和北京高精尖产业方向，集聚北京高校优势学科与科研资源，融汇北京地区优势科研院所和创新企业。以多元、融合、互赢的协同创新理念，建立开放、联合、协同的运行机制，探索形成以产业需求为纽带、以科技创新和人才培养为核心的聚力攻关科技创新新模式。

（刘安邦）

【99 个高精尖学科完成中期考核评估】 5—8 月，市教委完成 99 个高精尖学科建设中期考核评估。评估工作委托第三方评估机构北京理工大学研究生教育研究中心组织实施，北京大学的分子光谱学、中国人民大学的新时代中国经济学、清华大学的环境学科等 19 个高精尖学科评估结果为优秀，北京大学的智慧医疗工程与技术和人工智能、中国人民大学的科技金融、清华大学的先进材料及其加工技术和安全科学与工程等 72 个高精尖学科评估结果为合格，北京化工大学的新能源材料与器件、北京建筑大学的建筑学、北京电子科技学院的网络空间安全等 8 个高精尖学科需限期整改。限期整改的高精尖学科，整改期限为 2 年，整改期满后接受复评。

（侯东云）

【《关于推进新时代北京研究生教育改革发展的实施意见》印发】 6 月 15 日，市委教育工委、市教委、市发展改革委、市财政局四部门联合印发《关于推进新时代北京研究生教育改革发展的实施意见》，重点实施思想政治教育、分类推进学科建设、学位授权统筹、招生选拔机制改革、创新科教融合育人机制、完善产教融合育人模式、实施紧缺高层次人才培养专项、加强课程教材建设、加强导师队伍建设、深化开放合作、强化质量监督与管理、深化评价改革、加强科学道德建设等 13 项重点举措，加快推动北京研究生教育高质量发展。

（刘　帅）

【新增列博士、硕士学位授予单位】 10 月 26 日，国务院学位委员会审议批准下达 2020 年审核增列的博士、硕士学位授予单位名单。在国务院学位委员会组织的 2020 年学位授权审核工作中，经高校申请、专家论证、市学位委员会会议审议、国务院学位委员会审议等相关程序，北京电子科技学院等 3 所高校增列为博士学位授予单位，中华女子学院等 2 所高校增列为硕士学位授予单位。

2020 年审核增列的博士和硕士学位授予单位及其学位授权点一览表

序号	单　位	学　位
1	北京电子科技学院	网络空间安全博士
2	国际关系学院	政治学博士
3	北京信息科技大学	仪器科学与技术博士
4	中华女子学院	法律硕士、社会工作硕士、教育硕士
5	中国劳动关系学院	社会工作硕士、新闻与传播硕士、公共管理硕士

（杨　晖）

【新增列博士、硕士学位授权点】 10 月 26 日，国务院学位委员会审议批准下达 2020 年审核增列的博士、硕士学位授权点名单。在国务院学位委员会组织的 2020 年授权审核工作中，经高校申请、专家论证、市学位委员会会议审议、国务院学位委员会审议等相关程序，北京市增列了一批博士、硕士学位授权点，名单见下表。

2020 年新增博士学位授权一级学科一览表

序号	单　位	学　科
1	北京工商大学	轻工技术与工程
2	北京工商大学	工商管理
3	首都师范大学	化学
4	中央民族大学	教育学

2020 年新增博士专业学位授权点一览表

序号	单　位	专业学位
1	北京工业大学	机械
2	北京工业大学	材料与化工
3	北京工业大学	资源与环境
4	北京工业大学	土木水利
5	北京科技大学	机械
6	北京科技大学	资源与环境
7	北京化工大学	材料与化工
8	北京邮电大学	电子信息
9	华北电力大学	能源动力
10	中国石油大学	材料与化工

2020 年新增硕士学位授权一级学科一览表

序号	单　位	学　科
1	北京邮电大学	教育学
2	北京石油化工学院	化学工程与技术
3	北京石油化工学院	环境科学与工程
4	北京语言大学	应用经济学
5	北京语言大学	政治学
6	北京语言大学	马克思主义理论
7	北京语言大学	中国史
8	北京语言大学	艺术学理论
9	北京物资学院	马克思主义理论
10	外交学院	法学

续表

序号	单 位	学 科
11	北京体育大学	新闻传播学
12	北京联合大学	政治学
13	中国地质科学院	化学
14	中国航天科工集团第二研究院	兵器科学与技术
15	国家体育总局体育科学研究所	体育学
16	中国地震局地壳应力研究所	地质学
17	中国测绘科学研究院	测绘科学与技术
18	中共北京市委党校	应用经济学
19	中共北京市委党校	公共管理

2020年新增硕士专业学位授权点一览表

序号	单 位	专业学位
1	北京工商大学	资源与环境
2	北京工商大学	旅游管理
3	北京服装学院	新闻与传播
4	北京邮电大学	汉语国际教育
5	北京印刷学院	机械
6	北京印刷学院	材料与化工
7	北京建筑大学	法律
8	北京建筑大学	电子信息
9	北京石油化工学院	审计
10	北京石油化工学院	电子信息
11	北京石油化工学院	机械
12	北京石油化工学院	资源与环境
13	北京石油化工学院	能源动力
14	北京石油化工学院	生物与医药
15	北京电子科技学院	公共管理
16	北京林业大学	金融
17	北京林业大学	城市规划
18	北京语言大学	国际商务
19	北京语言大学	应用心理
20	北京语言大学	新闻与传播
21	北京语言大学	图书情报
22	中央财经大学	体育
23	中央财经大学	工程管理
24	北京物资学院	应用统计
25	北京物资学院	国际商务
26	北京物资学院	法律
27	北京物资学院	电子信息
28	北京物资学院	交通运输
29	首都经济贸易大学	新闻与传播
30	北京体育大学	汉语国际教育
31	北京体育大学	应用心理
32	北京体育大学	电子信息

续表

序号	单 位	专业学位
33	北京体育大学	工商管理
34	中央美术学院	建筑学
35	中央民族大学	税务
36	中央民族大学	资源与环境
37	中国政法大学	审计
38	中国政法大学	汉语国际教育
39	中国政法大学	应用心理
40	华北电力大学	社会工作
41	华北电力大学	新闻与传播
42	华北电力大学	土木水利
43	北京联合大学	国际商务
44	北京联合大学	电子信息
45	北京联合大学	土木水利
46	北京联合大学	艺术
47	中国环境科学研究院	资源与环境
48	中国地质科学院	资源与环境

（杨　晖）

【立项建设3个北京人文社会科学研究中心】10月，市教委完成3个北京人文社会科学研究中心立项工作。支持中国社会科学院大学21世纪马克思主义研究中心、清华大学人工智能治理研究中心、首都师范大学中外文明传承与交流研究中心立项建设。北京人文社会科学研究中心将在21世纪马克思主义、人工智能治理、中外文明传承与交流领域，以立德树人为根本，融通校内外优质资源，推进知识创新、理论创新、方法创新，提升学术原创能力和水平，推动学术理论中国化，创新科教融合育人育才机制，开设北京人文论坛，高标准打造在国内外领域内具有重要影响力的学术高地、创新人才培养培育高地和服务创新高地。

（张　豫）

【2所高校成为硕士学位授予立项建设单位】11月，市学位委员会公布2021年度硕士学位授予立项建设单位名单。按照北京市学位委员会《关于开展新增博士、硕士学位授予单位建设规划的通知》（京学位〔2021〕3号）的相关工作部署，经高校申请、专家论证、市学位委员会会议审议等相关程序，并经公示无异议，批准北京警察学院、中国消防救援学院为硕士学位授予立项建设单位，规划建设周期2021—2023年。

（杨　晖）

【增列4个北京市哲学社会科学研究基地】12月，按照《北京市哲学社会科学研究基地建设管理办法

（试行）》相关规定，经综合宏观论证和实地考察论证，市教委和市社科联、市社科规划办研究决定，认定北方工业大学北京城市治理研究基地、北京体育大学冬奥文化与冰雪运动发展研究基地、北京理工大学航空数字经济研究基地、北京航空航天大学研究生教育改革与发展研究基地为北京市哲学社会科学研究基地。截至年底，全市共有 64 个北京市哲学社会科学研究基地。

（张　豫）

【完成 4 个北京实验室评估】 2021 年，市教委加强实验室评估考核，提升北京实验室服务首都经济社会发展的影响力和贡献力，完成首都医科大学心血管疾病精准医学、北京邮电大学先进信息网络 2 个北京实验室周期评估，二者均已通过验收；完成北京交通大学国家经济安全预警工程、北京信息科技大学光纤传感与系统 2 个北京实验室中期评估，二者均已通过。

（刘安邦）

【79 个项目入选科研计划重点项目】 2021 年，市教委公布 2022 年度市教委科研计划重点项目名单。经项目申请、学校初选推荐、市教委评审等程序，20 所高校 79 个科研计划项目入选，其中，科技重点项目 49 个、社科重点项目 30 个。

2022 年度市教委科技重点项目一览表

序号	所属高校	项目名称
1	北京工业大学	多肽纳米金簇抑制新冠病毒活性的结构生物学研究与分子优化
2	北京工业大学	膜电极的有序化微纳结构的可控制备及原位透射电镜研究
3	北京工业大学	高低温循环载荷下 SiO_2@Ni 增强 Sn 基复合钎料热疲劳服役可靠性研究
4	北京工业大学	面向脑网络分类的深度森林强化机制和方法研究
5	北京工业大学	小样本下的超高分辨力耳部 CT 影像智能判读关键技术研究
6	北京工业大学	基于多模态超图卷积深度网络的交通预测方法
7	北京工业大学	基于复杂社会经济网络分析框架的京津冀地区碳中和路径研究
8	北京工业大学	激光熔覆原位碳化物强化 Ni 基涂层界面控制机理研究
9	北京工业大学	基于微凹槽涡流技术的循环肿瘤细胞（CTCs）高效分选芯片设计研究
10	北京工业大学	基于双靶双束脉冲激光沉积纳米合金薄膜的 SiC 芯片耐高温高可靠封装
11	北京工业大学	贵金属催化剂消除多组分 VOCs 性能和机制研究

续表

序号	所属高校	项目名称
12	北京工业大学	城市污水自养脱氮过程中强力温室气体 N_2O 的产生机理与减排方法
13	北京工业大学	基于单细胞尺度解析成纤维细胞的异质性调控肝内胆管细胞癌的功能和机制研究
14	北方工业大学	铪基铁电晶体管疲劳特性提升方法的研究
15	北京工商大学	高效有机 / 无机杂化纳米囊泡功能材料的构筑及其 CDT 疗效研究
16	北京工商大学	多元醇增强聚乳酸结晶及耐热性的作用机制研究
17	北京工商大学	植物基燕麦代乳基于生物酶协同改性的组分自稳定机制
18	北京服装学院	增韧－抗菌复合改性的绿色聚乳酸熔喷非织造材料的可控制备及其应用开发
19	北京印刷学院	循环包装的智能协同调度、回收选址和状态识别的研究
20	北京印刷学院	面向印品质量的高端印刷装备复杂传动系统动态特性研究及优化设计
21	北京建筑大学	基于信息超材料的新体制雷达计算成像及关键技术研究
22	北京建筑大学	城市桥梁 GB-SAR 多层次动挠度精度提升和损伤探测关键技术研究
23	北京石油化工学院	刚柔软一体水下机器人感知与控制关键技术研究
24	北京石油化工学院	面向舰船修复的局部干法水下激光填丝增材成形机理研究
25	北京石油化工学院	基于位点特异性整合技术的重组药物 CHO 细胞株快速筛选策略研究
26	北京农学院	叶用莴苣响应高温后起始抽薹关键基因 LsHPB 研究
27	北京农学院	皮落青霉诱导的玉米挥发性活性物质发掘及其影响桃蛀螟行为的嗅觉感受机理研究
28	北京农学院	草莓轻型黄边病毒与草莓镶脉病毒引发重症草莓病害的协同致病机制
29	首都医科大学	眶额皮层抑制性中间神经元亚类特异性功能异常导致强迫症认知灵活性减退的不同机制
30	首都医科大学	基于深度学习技术对青少年特发性脊柱侧凸 Lenke 分型全自动精准判定的研究
31	首都医科大学	C15orf39（1700017B05Rik）在系统性红斑狼疮 B 细胞中作用及机制
32	首都医科大学	非酒精性脂肪性肝病中双阴性 T 细胞的异质性改变及其机制研究
33	首都医科大学	iMSC-exos 联合 ECMO 对重度 ARDS 的治疗作用及机制实验研究
34	首都医科大学	一种新型表面处理方法——Er 激光蚀刻法对牙釉质粘接作用的研究
35	首都医科大学	自身炎症性疾病新致病基因 SHARPIN 的鉴定及其机制研究
36	首都医科大学	ROS 调控 MDA5-IFN 通路在系统性红斑狼疮发病机制中的研究

续表

序号	所属高校	项目名称
37	首都医科大学	基于 NAD+/SIRT3 通路探讨烟酰胺在线粒体烟酰胺腺嘌呤二核苷酸缺陷中的机制
38	首都医科大学	老年胸腰段骨折后凸畸形长节段融合术后脊柱－骨盆代偿的机制研究
39	首都医科大学	妊娠期糖尿病通过调节子代肠道免疫细胞组成影响肠道微生物定植的作用和机制研究
40	首都医科大学	低氧诱导的 EPAS1-NT5E 炎症通路促进胶质瘤发生发展的作用和机制
41	首都医科大学	可在体内全降解胸骨固定材料的临床转化前研究
42	首都师范大学	配位聚合物基质的高效异质结可见光裂解水产氢催化剂研究
43	首都师范大学	Yeats2 糖基化在肺癌中的作用机制研究及其相关抗体的开发
44	首都师范大学	植物危险信号 PEPs 的感受机制与信号转导通路研究
45	首都师范大学	基于多维度协同建模的跨波段植被遥感辐射模拟模型研究
46	北京物资学院	基于深度强化学习的大规模物流机器人电商拣选系统调度模型与方法研究
47	首都经济贸易大学	首都超大城市公共管理问题的时空规律挖掘及其空间治理的智能提升研究
48	北京联合大学	宽视场异常光照驾驶环境认知关键技术研究
49	北京联合大学	面向“未诉先办”的北京市社区治理数字化转型关键技术与应用研究

2022 年度市教委社科重点项目一览表

序号	所属高校	项目名称
1	北京工业大学	北京“双奥之城”与新时代青年精神塑造研究
2	北京工业大学	大数据驱动的北京传统建筑装饰创新生态体系建构研究
3	北京工业大学	北京市数字文化产业良性发展的版权保障研究
4	北京工业大学	京津冀协同推进低碳排放与绿色发展研究
5	北方工业大学	计划生育政策变化视角下北京市居民收入流动性研究
6	北方工业大学	北京佛塔景观美学研究
7	北京工商大学	可供性视角下北京红色文化的融媒体传播研究
8	北京工商大学	“两区”建设背景下北京市数字贸易发展的问题与策略研究
9	首都医科大学	抗疫精神融入医学生思想政治教育研究

续表

序号	所属高校	项目名称
10	首都医科大学	公立医院互联网诊疗混合服务质量的结构、评价及对患者持续使用意愿的影响研究：线上与线下的视角
11	首都医科大学	公平与效率视角下北京市农村基层医疗卫生资源空间优化与发展策略研究
12	首都师范大学	短时正念冥想对中学生考试焦虑干预及其起效机制
13	首都师范大学	现实题材转向中的北京网络文学研究
14	首都师范大学	“一带一路”视角下中国珐琅工艺研究
15	首都师范大学	中国传统的齐家之道与家国共同体研究
16	首都师范大学	北京高校研究生创新能力发展现状及其与心理健康的关系研究
17	首都师范大学	核心素养背景下北京市小学教师“教研胜任力”提升的行动研究
18	北京物资学院	大数据背景下以“接诉即办”推进首都基层社会治理创新研究
19	首都经济贸易大学	基于多模态语料库的北京城市国际形象历时研究
20	首都经济贸易大学	北京市劳动人事争议调解体系的效能提升研究
21	首都经济贸易大学	政党制度优势转化为北京市国有企业高质量发展的机制、路径与对策研究
22	中国戏曲学院	新时代中华优秀传统文化艺术教育的目标与体系建设
23	北京信息科技大学	数字重塑背景下职业冲击事件对年长员工“工作内卷”影响机制研究
24	北京信息科技大学	意义创新视角下北京文化消费新兴族群及设计策略研究
25	北京联合大学	数字经济赋能北京市服务业高质量发展研究
26	北京联合大学	乡村振兴战略下北京市农村宅基地有效利用法律问题研究
27	北京青年政治学院	明清笔记中的北京市井文化研究
28	北京电子科技职业学院	技能型社会背景下首都高职产业学院“共享中心”模式研究
29	北京警察学院	首都教育类涉访问题的现状及防范机制研究
30	北京教育学院	北京乡村教师“概念为本”课堂教学转型研究

（张　豫　刘安邦）

【高校科技人员及投入】2021 年，北京地区 75 所设有理工农医类高校（含 29 所高校附属医院）共有教学与科研人员 79 333 人，其中具有教授职称的有 10 433 人，具有高级职称的有 32 793 人；R&D 人员 78 301 人；科技经费投入共 379.69 亿元，其中政府资金投入 252.06 亿元，企事业单位委托投入 120.73 亿元。市属 43 所设有理工农医类高校（含 18 所高校附属医院）共有教学与科研人员 39 029 人，其中具有教授职称的有 2115 人，具有高级职称的有 11 253 人；R&D 人员 19 138 人；科技经费投入共 39.45 亿元，其中政府资金投入 28.52 亿元，企事业单位委托投入 9.49 亿元。

（刘　帅）

【高校科技活动】 2021 年，北京地区 75 所设有理工农医类高校（含 29 所高校附属医院）共有科研活动机构 959 个；开展科技课题 85 425 项，其中 R&D 课题 75 989 项，R&D 成果应用及科技服务课题 9436 项；派遣进修访问学者 688 人次，接受进修访问学者 1235 人次；出席国际学术会议 77 221 人次，交流论文 6707 篇。43 所市属设有理工农医类高校（含 18 所高校附属医院）共有科研活动机构 212 个；开展科技课题 14 193 项，其中 R&D 课题 13 419 项，R&D 成果应用及科技服务课题 774 项；派遣进修访问学者 266 人次，接受进修访问学者 430 人次；出席国际学术会议 68 329 人次，交流论文 1651 篇。

（刘　帅）

【高校科技产出】 2021 年，北京地区高校共出版科技专著 662 部，大专院校教科书 376 部，另有编著 293 部；发表学术论文 99 289 篇，其中在国外学术刊物发表 59 228 篇；SCIE（科学引文索引扩展版）收录论文 45 141 篇,EI（工程索引）30 885 篇,CPCIS（科学技术会议录索引）4627 篇；获奖成果 182 项（第一单位），其中国家级奖 32 项，省部级奖 139 项。市属高校出版科技专著 212 部，包括大专院校教科书 111 部、编著 97 部；发表学术论文 20 093 篇，其中国外学术刊物发表 8659 篇；SCIE 收录论文 7948 篇，EI 2989 篇，CPCIS 410 篇；获奖成果 26 项（第一单位），其中国家级 6 项，省部级 18 项。

（刘　帅）

【高校科技推广】 2021 年，北京地区高校共签订技术转让合同 1448 项，合同总金额 15.03 亿元，当年实际收入 6.91 亿元。其中专利出售合同 917 项，合同总金额 12.28 亿元，当年实际收入 5.52 亿元。北京地区高校共申请专利 24 167 项，其中发明专利 20 426 项，实用新型 3361 项，外观设计 380 项。北京市属高校签订技术转让合同 600 项，合同总金额 25 659.2 万元，实际收入 12 500.1 万元。其中专利出售合同 200 项，合同总金额 7497 万元，当年实际收入 3658.9 万元。北京市属高校共申请专利 4998 项，占北京地区高校专利申请量的 20.68%，其中发明专利 3159 项，实用新型 1697 项，外观设计 142 项。

（刘　帅）

【高校社科人员及投入】 2021 年，北京地区 92 所设有人文社科全日制普通本科高校共有人文社会科学活动人员 40 372 人，R&D 人员 53 760 人；53 所市属高校人文社会科学活动人员 15 450 人，R&D 人员 15 406 人。北京地区高校共投入人文社科研究经费 36.28 亿元，其中政府资金投入 19.50 亿元，企事业单位委托资金投入 14.51 亿元，其他资金投入 2.28 亿元；北京市属高校人文社科研究经费总投入 6.6 亿元，其中政府资金投入 4.05 亿元，占北京地区高校政府资金投入的 20.8 %；企事业单位委托资金投入 2.28 亿元，占北京地区高校企事业单位委托资金投入的 15.7 %；其他资金投入 0.27 亿元，占北京地区高校其他资金投入的 11.9 %。

（刘　帅）

【高校社科活动】 2021 年，北京地区高校在研人文社科项目共 54 864 项，当年投入经费总额 26.36 亿元；举办学术会议 1913 次，其中独办 1295 次、合办 618 次；参加学术会议 33 525 人次，提交论文 9840 篇；受聘讲学派出 3694 人次，来校受聘讲学 4131 人次；进修学习派出 1595 人次，来校进修学习 817 人次；合作研究课题 1181 项。北京市属高校在研人文社科项目共 15 459 项，占北京地区高校在研人文社科项目总数的 28.2%，当年投入经费总额 5.05 亿元，占北京地区高校当年投入经费总额的 19%。从在研项目的级别看，北京地区高校在研人文社科国家级项目 6578 项，占在研项目总数的 12.0%；在研省部级项目 11 972 项，占在研项目总数的 21.8%；在研其他项目 36 314 项，占在研项目总数的 66.2%。北京市属高校举办学术会议 244 次，其中独办 168 次、合办 76 次，参加学术会议 9640 人次，提交论文 3174 篇；受聘讲学派出 945 人次，来校受聘讲学 1538 人次；进修学习派出 841 人次，来校进修学习 127 人次；合作研究课题 369 项。

（刘　帅）

【高校人文社科研究成果】 2021 年，北京地区高校出版人文社科著作 3464 部；发表人文社科学术论文 32 855 篇；提交研究与咨询报告 2155 篇，被采纳 1492 篇。北京市属高校出版人文社科著作 889 部，占北京地区高校出版人文社科著作总数的 25.7%；发表人文社科学术论文 7512 篇，占北京地区高校发表人文社科学术论文总数的 22.9 %。

（刘　帅）

市属科研院所

北京市科学技术研究院

【概述】2021 年，北京市科学技术研究院（简称北科院）坚持以习近平新时代中国特色社会主义思想为指导，弘扬伟大建党精神，立足新发展阶段、贯彻新发展理念、融入新发展格局，认真落实市委、市政府各项工作要求，扎实做好科技创新发展、事业单位改革、北京自然博物馆新馆建设等工作，实现了“十四五”良好开局。

完成事业单位改革任务。累计核减处级事业单位 8 家、合并处级事业单位 2 家，实现人员有序划转、工作无缝衔接的改革要求。研究制定《北京市科学技术研究院机构职能编制规定》《北京市科学技术研究院章程》并获得批复（备案），初步建立事企协同运行机制，进一步明确发展定位、职能职责、领导体制等重大问题，完善协同创新组织体系。编制完成“十四五”创新发展规划。紧密衔接《北京市“十四五”时期国际科技创新中心建设规划》要求，编制形成北科院“十四五”创新发展规划。“十四五”时期，北科院将重点提升智慧城市、生命健康、生态环境、分析测试四大优势领域，持续强化科技智库、科学普及两大特色领域，前瞻布局新材料、生物技术、信息技术与智能制造、新能源四大研发方向，形成“四二四”创新格局。

深度融入国际科技创新中心建设，在推进北京自然博物馆新馆建设、承担国家科技重大专项等重点研发任务、做强做精科技创新智库、积极融入“三城一区”发展、服务科技冬奥和京津冀协同发展、服务超大城市治理和环境治理、拓展国际科技交流合作等方面取得了一定成效。承担 4 项国家科技重大专项、国家重点研发计划，11 项国家自然科学基金、国家社会科学基金，18 项市自然科学基金、市社会科学基金、市科技计划等研究任务。全年获省部级以上奖励 21 项、国防科学技术进步奖二等奖 1 项、军队科学技术奖二等奖 1 项、北京市科学技术进步奖 3 项、北京市第十六届哲学社会科学优秀成果奖 1 项。参与制定《北京市“十四五”时期国际科技创新中心建设规划》《促进“两区”建设科技创新全链条开放工作方案》，承担北京市国家战略科技力量协同创新机制研究等重大课题。推选 100 余项成果进入中关村科技成果转化与技术交易综合服务平台成果库，组织服贸会体育服务项目精准对接、中关村国际技术交易大会新能源技术对接等重要活动，以联合开发、委托研究、技术服务等形式持续为“三城一区”企业提供技术支持，获批北京市知识产权运营示范单位，推动创新主体联合打造重点领域专利池。完成 7 项国家重点研发计划科技冬奥重点计划项目、447 项拟在冬奥会应用的新技术评估工作，成立京津冀科研院所知识产权运营联盟，围绕大气治理、智能制造等领域促成 20 多项技术合作。对接市城管委共建首都城市管理研究中心，编制《2021 北京市重点行业领域安全风险白皮书》，承担北京环球度假区等重点区域综合风险评估任务，深入开展水处理、土壤修复、大气治理等领域技术研究，环境功能材料、微生物菌剂开发、VOCs/ 恶臭污染治理、生物降解等技术取得新进展。持续推进“一带一路”国际科技合作培训，参与中俄科技联盟、“中法环境月”等活动，全年输出图书版权 15 种。

（张龙伊）

【北科院签署京沈产业技术创新合作协议】1 月 17 日，“数字创新智造未来沈阳 · 中关村智能制造创新中心成立周年大会暨 2021 中国 · 沈阳数字产业创新发展论坛”在沈阳举行，中关村全球高端智库联盟受邀出席。大会成立京沈产业技术创新联合会，以区域协同发展产业技术创新为宗旨，在国际、国内双循环背景下，构建安全、自主、可控的互利共赢产业协同体系。京沈产业技术创新联合会与中关村全球高端智库联盟等 6 家联盟合作签约。北科院作为中关村全球高端智库联盟理事长单位代表智库联盟签署合作协议，为融入京沈合作大局提供现实助力。

（张龙伊）

【北科基地获评优秀研究基地】1月19日，北京市习近平新时代中国特色社会主义思想研究中心研究基地2020年工作表彰暨2021年工作部署会在北京城市副中心召开。北科院党组书记、北京市习近平新时代中国特色社会主义思想研究中心北京市科学技术研究院研究基地（简称北科基地）主任方力参加会议并作为优秀研究员代表发言。会上，北科基地被评为北京市习近平新时代中国特色社会主义思想研究中心优秀研究基地；北科基地主任方力被评为北京市习近平新时代中国特色社会主义思想研究中心优秀研究员；北科基地办公室常务副主任任晓刚被评为北京市习近平新时代中国特色社会主义思想研究中心优秀工作者。

（张龙伊）

【北科院被纳入中关村示范区科技服务平台】1月，北科院被纳入中关村管委会公布的2020年中关村示范区科技服务平台（技术转移类）名单。本次公布的名单覆盖中国科学院化学所、北京师范大学、交通运输部公路科学研究所等16家单位。中关村科技服务平台旨在聚焦中关村示范区核心任务，整合集聚各类行业优质服务资源，持续完善中关村示范区科技服务体系，支撑科技经济深度融合、推动构建高精尖经济结构。北科院在助力中关村园区企业复工复产、组织“中关村创业服务+——北科院科技服务”专场系列活动、中关村论坛工作，以及参与发起中关村科技成果转化与技术交易综合服务平台和国际技术交易联盟等方面作用突出，为中关村创新创业生态建设贡献了力量。

（张龙伊）

【《首都高质量发展研究》专著出版】2月1日，由北科院研究员方力、贾品荣编写的首都高端智库北京科技战略决策咨询中心研究专著《首都高质量发展研究》由经济管理出版社出版。该书从明确高质量发展要求出发，分析高质量发展要义，建构由经济高质量发展、社会高质量发展、环境高质量发展3个维度支撑的区域高质量发展评价指标体系，分析北京环境高质量发展情况，并研究提出面向“十四五”规划的中国高质量发展建议对策。

（张龙伊）

【许强到北科院调研座谈】3月5日，市科委、中关村管委会党组书记，市科委主任许强，市科委、中关村管委会副主任杨仁全等到北科院调研座谈。北科院党组书记方力、院长郑焕敏参加座谈。许强针对北科院“十四五”时期建设国际科技创新中心任务提出工作要求，希望北科院围绕国家实验室和新型研发机构建设、首都高精尖产业链与创新链高效衔接、软科学研究、创新人才集聚等方面发挥更大作用。市科委、中关村管委会相关处室以及院属单位情报所、科学学研究中心等相关负责人参加座谈。

（张龙伊）

【北科院与《管理世界》杂志社签署战略合作协议】3月31日，北科院与《管理世界》杂志社签署战略合作协议。北科院党组书记方力出席签约仪式并讲话。《管理世界》由国务院发展研究中心主管主办，是经济学、管理学学术研究和政策研究的重要智库。双方计划共建首都高质量服务平台、搭建学术交流共享平台，持续推进战略合作细则落地。

（张龙伊）

【北科院举办2021新年经济高峰论坛】3月31日，由北科院、北京市工商联与北京政和民营经济发展研究中心共同主办的2021新年经济高峰论坛在京举办。论坛以“重构增长——数字经济与独角兽”为主题，聚焦经济增长，与会嘉宾通过演讲和对话，就北京数字经济发展，建设全球数字经济标杆城市，支持培育更多独角兽企业、瞪羚企业和隐形冠军等话题深入研讨，建言献策。国家部委和北京市有关领导出席，市、区工商联代表，商协会代表等近500人参会。北科院院长郑焕敏出席论坛并致辞。论坛发布《2020北京独角兽企业发展报告》。《报告》全面研究北京市独角兽企业的发展情况，提出促进独角兽企业发展的主要举措并对北京市独角兽企业发展趋势进行展望。

（张龙伊）

【《北京文化科技融合发展报告（2019—2020）》发布】3月31日，文化科技蓝皮书《北京文化科技融合发展报告（2019—2020）》发布会在京举行。发布会由北科院、社会科学文献出版社联合主办。北科院党组书记、《北京文化科技融合发展报告（2019—2020）》主编方力，社会科学文献出版社社长王利民出席会议并致辞。该报告以推动北京文化科技融合、实现高质量发展为目标来构建文化科技融合发展评价指标体系，综合测算北京文化科技融合发展指数，探索研究北京文化科技融合发展的成效、最新趋势与有效路径。

（张龙伊）

【北科院与北京学校签署合作共建协议】4月9日，北科院与北京学校合作共建签约仪式在北京学校举行。市机关事务管理局副局长马峰成等出席签约仪式。北科院党组书记方力和北京学校校长刘小惠共同为北京市科学技术研究院科技创新教育基地揭牌，北京学校正式成为北科院基础教育实践基地。双方计划未来进一步统筹院属博物馆和科研院所资源，探索北京市院校合作机制。

（张龙伊）

【北科院2021年度工作会议召开】 4月12日，北科院召开2021年度工作会议。会议围绕认真贯彻落实中央和市委、市政府决策部署，总结2020年度全院科研生产情况和“十三五”收官情况，部署2021年重点工作。北科院党组书记方力针对全院改革发展六个重点方面提出工作要求。北科院院长郑焕敏做题为《深化改革促开放 守正创新开新局 奋力谱写北科院服务首都发展新篇章》的工作报告。会议宣布2020年度院属单位优秀名单和院属事业单位工作人员记功表彰决定，并向院属企业下达2021年度经营目标责任书。院机关各处室、院属各单位负责人以及部分科研骨干和职工代表参加会议。

（张龙伊）

【京津冀科研院所知识产权运用联盟成立】 4月20日，京津冀促进知识产权运用工作会暨北京市发明专利奖颁奖大会举行。会上，京津冀科研院所知识产权运用联盟、京津冀高校知识产权运用联盟成立。成立京津冀科研院所知识产权运用联盟和京津冀高校知识产权运用联盟是加快京津冀知识产权协同发展的重要举措，旨在充分挖掘京津冀地区科研院所、高校的知识产权资源，搭建三地知识产权资源共享平台，有效打通知识产权创造、运用、保护、管理和服务的全链条。北科院院长郑焕敏参会并发言，阐明联盟将搭建科研院所、企业、中介服务机构间的沟通协作渠道，促进京津冀知识产权与区域科学技术创新、产业结构升级、经济社会发展深度融合。

（张龙伊）

【北科院科普资源走进博野和阜平】 4月26—30日，北京市科学技术研究院、实事助学基金会、河北省教育厅共同组织北京自然博物馆、北京天文馆在河北省博野、阜平两县开展“实事助学——自然天文科普进校园”公益活动。活动形式多样、内容丰富，包括中生代王者归来流动科普车，以“迷离的星际”“黄道十二宫”等为主题的球幕电影，以“动物界的建筑大师”“护佑国宝绿孔雀”“人之由来”等为主题的科普讲座，还有以“植物拼画”“呼吸系统”等为主题的室内实验课程，展现了北科院科普品牌的特色魅力，有助于提升青少年科学素养、促进京冀两地科技教育融合协同发展。

（张龙伊）

【多目标机器学习材料大数据集成研发平台获奖】 5月26日，由国家发展改革委、工业和信息化部、国家互联网信息办公室与贵州省政府主办的2021中国国际大数据产业博览会在贵阳举办。会上公布领先科技成果奖99项。北京市计算中心新材料计算研究团队研发的“多尺度模拟仿真与多目标机器学习材料大数据集成研发平台”获得2021年领先科技成果奖。平台依托国家材料基因工程关键技术与支撑平台重点专项，创新性地把材料多尺度模拟流程、材料电子结构计算优化算法、能源化学反应动力学过程与多目标数据收集、特征工程、模型建立和验证等材料机器学习算法相融合，形成稳定的流程计算，并已应用于中国科学院宁波材料技术与技术工程研究所、中国科学院高能物理所、清华大学、北京科技大学等10余家科研机构和高校的石墨烯材料、新型电池材料和新能源材料研发工作。相关研究成果1月以论文形式发表于《材料化学学报》（*Journal of Materials Chemistry A*）。

（张龙伊）

【北科院参加河北省科技成果转化网上线活动】 6月16日，北科院受邀参加在河北省科技成果展示交易中心举行的河北省科技成果转化网上线活动。河北省科技成果转化网是河北省落实京津冀协同发展的重要抓手。北科院技术转移中心和京津冀科研院所联盟、北京北科控股有限公司、京河研究院为河北省科技成果转化网提供项目库和专家库建设支持等支撑服务。北京北科控股管理中心与河北省科技成果展示交易中心、中国技术交易所、天津市科技成果展示交易运营中心四方签署《京津冀科技成果协同转化战略合作协议》，计划围绕成果共享、人才互通、数据互联、资本互惠、区域联动等展开全方位合作。

（张龙伊）

【北科院参与举办中俄联合专题培训】 7月8日、15日，北科院联合黑龙江省科学院与俄罗斯科学院乌拉尔分院共同举办“中医药抗疫与医疗大健康前沿发展”专题培训两场。培训旨在促进新冠肺炎疫情背景下中俄学术交流互鉴，实现健康资源共享、创新成果共育，更好助力全球抗疫。中国工程院院士、北京大学国际癌症研究院院长詹启敏开启首场专题培训“科技创新与生物医药发展”。来自俄罗斯科学院乌拉尔分院、奥伦堡国立大学、乌拉尔国立医科大学等10余家相关科研机构的高级专家、学者和学员等50余人通过线上参加培训。

（张龙伊）

【北京科学技术出版社获第五届中国出版政府奖】 7月29日，中央宣传部在京召开第五届中国出版政府奖表彰会，对获第五届中国出版政府奖荣誉奖、图书奖、期刊奖、音像电子和网络出版物奖、印刷复制奖、装帧设计奖的123种出版物、50家先进出版单位和69名优秀出版人物进行表彰。北科院直属北京科学技术出版社出版的《新中国地方中草药文献研究（1949—1979年）》获图书奖正式奖，《中国东盟传统药物志》获图书奖提名奖，《百年中医传承录》获音像电子网络出版物奖提名奖。中国出版政府奖是中国新闻出版领域的最高奖，每三年评选一次，旨在表彰和奖励国内新闻出版业优秀出版物、出版单位和个人。《新中国地方中草药文献研究（1949—1979年）》首次对中华人民共和国前30年的中医药重大成就进行系统总结，是中国中医药学术成果的集中展示。

（张龙伊）

【北科院发布《北京高质量发展报告（2021）》蓝皮书】8月27日，由北科院、社会科学文献出版社主办的北京高质量发展蓝皮书《北京高质量发展报告（2021）》发布会暨研讨会在北科院举行。著名经济学家、中国社会科学院副院长高培勇，著名经济学家、南开大学原副校长逄锦聚，社会科学文献出版社社长王利民等出席会议。北科院党组书记方力发布《北京高质量发展报告（2021）》。作为首部聚焦北京高质量发展的研究成果，《北京高质量发展报告（2021）》从经济、社会、环境3个维度，构建包含68个三级指标的评价体系，对北京高质量发展进行评价，分析2020年北京高质量发展现状及其成效。

（张龙伊）

【北科院与北京银行签署战略合作协议】8月27日，北科院党组书记方力带队赴北京银行交流合作事宜并签署战略合作协议。双方计划积极探索将科技金融服务同智库资源优势相结合的合作路径。为落实该战略合作协议，推动2021中关村论坛平行论坛——中关村科技创新高端智库论坛召开，双方还签署《2021中关村全球科技创新高端智库论坛赞助协议书》。

（张龙伊）

【北科院举办2021年服贸会体育服务高端项目精准对接会】9月6日，在2021年中国国际服务贸易交易会举办期间，“智联全球·慧创未来”京津冀国际（北欧）体育服务高端项目精准对接会召开。会议由北科院、北京市“两区”建设工作领导小组办公室、河北省定州市政府和京津冀科研院所联盟主办，突出“一带一路”与“京津冀协同发展”两条主线，以“科技奥运”“体育服务”为重点领域，采用线上方式举行并通过服贸会官方指定直播平台进行展示。北科院已连续5年服务服贸会组织工作，并得到组委会及受众好评。

（张龙伊）

【北科院参加中俄科技合作联盟第二次全体大会】9月24日，由黑龙江省科技厅、黑龙江省科学院、俄罗斯科学院乌拉尔分院主办的中俄科技合作联盟第二次全体大会召开。会议以“科技创新、繁荣发展”为主题，以视频会议形式召开，中俄双方近270人参加会议。中俄科技合作联盟成立于2018年，北科院及院属单位为联盟首批成员单位。大会讨论并通过4项联盟决议，北科院副院长刘清珺为大会致辞，并在会上当选为联盟副主席。联盟单位通过宣传片进行单位展示及交流。在中俄科技创新项目网上推介会环节，北科院推荐10项具有代表性的成果进行展示。

（张龙伊）

【北科院举行揭牌仪式暨改革创新工作会】9月24日，北科院举行揭牌仪式暨改革创新工作会。北科院党组书记方力，党组副书记、院长郑焕敏为新的北京市科学技术研究院揭牌。副院长刘清珺宣读市委编办《关于北京市科学技术研究院及所属事业单位改革有关事项的批复》，明确院本部为市政府直属公益一类综合性科研事业单位，包括内设机构25个、所属独立法人事业单位6个，并介绍12家院属企业公司制改革的进展情况。郑焕敏为新任命的所长、主任和董事长代表颁发聘书。方力发表讲话，号召全院科技工作者把握新的发展机遇，肩负起科技强国的使命担当，努力为全院创新发展、科技自立自强贡献更大力量。

（张龙伊）

【北科院文化科技融合发展报告获奖】9月24—25日，由中国社会科学院主办的第二十二次全国皮书年会（2021）召开。年会集聚“全面建设社会主义现代化国家新征程中皮书发展的新任务、新目标”主题，围绕皮书在经济社会发展、国家治理以及智库建设中的作用等议题进行讨论。会上举行第十二届“优秀皮书奖”颁奖仪式，北科院组织编写的文化科技蓝皮书《北京文化科技融合发展报告（2019—2020）》获中国社会科学院第十二届“优秀皮书报告奖”三等奖。《发展报告》对北京文化创意产业的发展特点和趋势进行归纳分析，对北京文化科技融合发展现状进行综合评价，在总结国内外相关政策的基础上提出促进北京文化科技融合发展的对策建议，并对22个典型案例进行深入剖析。

（张龙伊）

【第四届北京（国际）麋鹿文化大会召开】 9月26日，北科院与国家林业和草原局（简称国家林草局）、中国野生动物保护协会、北京市园林绿化局、大兴区政府等单位以“回望百年复兴鹿，启航文产新征程”为主题联合举办第四届北京（国际）麋鹿文化大会。北科院院长郑焕敏出席并致辞。来自麋鹿保护、生物多样性保护、科普传播等领域的100余名专家学者参加会议。“鹿与鹭”IP发布并授权品牌企业和市级机构进行市场化开发。麋鹿文化暨“鹿与鹭”IP主题巡展与大会同步开幕，代表麋鹿文化的动漫人物“鹿高兴”与“鹭大飞”共同亮相。主题巡展分为三大展区，分别为：以麋鹿东归内容为基础打造的麋鹿文化生态成果区，以历年麋鹿文创产品成果和IP内容打造的麋鹿文创成果区，以IP手办场景为基础打造的大兴文旅场景区美陈“打卡点”。

（张龙伊）

【北科院参与举办中关村国际技术交易大会】 9月27日，由北科院与市科委、中关村管委会，京津冀科研院所联盟共同举办的2021中关村论坛中关村国际技术交易大会京津冀国际（日本）新能源领域协同创新与产业合作对接专场活动在中关村示范区展示中心召开。该活动是2021年中关村论坛中关村国际技术交易大会的主要活动之一，邀请日中经济协会、日本国立研究开发法人科学技术振兴机构、丸红株式会社、英国龙门创将、北京师范大学、北京市燃气集团有限公司、国网冀北电力有限公司等机构参加。围绕国内重点产业升级及融入国内国际供应链体系的发展需求，以京津冀新能源领域国际科技成果转化为特色，集中展示新能源领域最新科技创新成果、新业态、新模式，为国内外机构搭建信息、资源、成果共享平台。

（张龙伊）

【开放科学国际创新联盟发出北京倡议】 9月28日，在2021中关村论坛上，开放科学国际创新联盟成立。北科院院长郑焕敏发言并宣读开放科学实践北京倡议。开放科学国际创新联盟由北科院会同《自然》期刊杂志社、英国励讯集团（RELX Group）等12家单位和机构在市科委、中关村管委会指导下发起成立，是国内第一家以“开放科学”命名的联盟。该联盟致力于广泛团结高校、科研院所、国际组织、科技企业、技术社群、民间机构和公民个人等各类关注科技创新的主体，秉持共商共建共享理念，搭建开放、合作、共享、安全、有序的科学交流合作平台，共同促进北京开放科学深入实践与创新发展。

（张龙伊）

【北科院参与举办2021国际自主智能机器人大赛】 10月15—17日，由市科协主办、北科院等多家单位承办的2021国际自主智能机器人大赛在北京科学中心举办。大赛以“科技自强、共创未来”为主题，聚焦“看谁能驯化出更聪明的机器人”，吸引来自人工智能、集成电路、计算机、自动化等领域国内外知名高校和科研机构的110支队伍参赛。大赛共4个大项，6个小项。经过2天比拼，大赛最终产生一等奖2名、二等奖13名、三等奖15名、优秀奖14名。

（张龙伊）

【邯郸北科高新技术有限公司被认定为国家高新技术企业】 10月27日，全国高新技术企业认定管理工作领导小组办公室发布《关于河北省2021年第一批备案高新技术企业名单的公告》，邯郸北科高新技术有限公司被认定为高新技术企业。邯郸北科高新技术有限公司于2018年7月9日设立，开展京津冀协同创新和成果转移转化，是北科院落实京津冀协同发展战略的具体举措。

（张龙伊）

【北科院与中国海关科学技术研究中心签署合作协议】 11月10日，中国海关科学技术研究中心主任宋悦谦带队到北科院座谈交流。宋悦谦一行参观北科院分析测试研究所实验室。座谈会上，北科院党组书记方力、院长郑焕敏出席会议。双方签署合作框架协议书，计划发挥各自优势，加强合作落实，推动北科院科技研发力量服务海关实际应用需求。双方科研专家共介绍4项科技成果，就未来具体合作进行深度的技术交流。

（张龙伊）

【《人民日报》头条刊登《推动全球科技创新协作》】 11月11日，《人民日报》理论版头条发表北科院党组书记方力、北科院科技智库中心主任任晓刚联合署名的文章《推动全球科技创新协作》。文章立足新一轮科技革命和产业变革蓬勃兴起的时代背景，指出推动全球科技创新协作的重大意义，提出推动全球科技创新协作的具体路径并强调北京在科技强国建设中应发挥的重要作用。

（张龙伊）

【北科院科研成果获首届公共安全科学技术奖】 12月1日，由公共安全科学技术学会评选的首届公共安全科学技术奖结果公布，北科院城市系统工程研究所作为第一完成单位与北京建筑大学、武汉大学、南京天枢星图信息技术有限公司合作的成果“应急场景地理信息快速协同感知技术及应用”获二等奖。成果针对应急场景下地理信息获取、分析与应用存在的问题和挑战开展关键技术攻关、装备研制和应用系统研发，提出卫星和微基站相融合的天地基准室内外无缝自适应定位技术，攻克低功耗、原始信息同步采集、嵌入式固件高效解算等关键技术，研发基于多源数据融合的低成本、快速成图系统和应急场景地理信息智能感知与应用系统。成果应用于疫情防控、消防、核应急、工地安全管理等行业安全领域20多个项目，在安全态势感知与应急指挥中具有广阔的前景。

（张龙伊）

【北科院举办2021年科技成果推广活动】12月1—2日，在市科委、中关村管委会指导下，北科院举办2021年北京市科学技术研究院科技成果推广活动。活动聚焦新材料技术、健康技术、环保技术三大领域，展示北科院20项优质科技成果，吸引来自企业、高校院所、投融资机构的近500人参与，促成对接合作意向10项。

（张龙伊）

【北科院与乌鲁木齐市签署战略合作协议】12月10日，北科院与乌鲁木齐市政府通过线上签署战略合作协议。双方将围绕丝绸之路经济带核心区承载区建设目标和发展需求，以乌鲁木齐市为桥梁和纽带，共同推动“一带一路”科技合作与交流，在技术研发、资源共享、成果转化、高端智库、人才培养、科学普及、国际合作等方面加强市院科技合作，创新合作模式。

（张龙伊）

【北科院合办第三届“一带一路”国际科普交流研讨会】12月16日，由中国科学技术交流中心主办、北科院合办的第三届“一带一路”国际科普交流研讨会以线上线下结合的形式召开。来自英国、巴基斯坦等18个国家的科技管理部门、科技传播机构及大学科研机构的21位代表，来自国家发展改革委、中国科学院、中国科协、北京大学等单位的20余位专家参会，围绕“科研及教育机构的科学传播使命”的主题进行研讨。科技部科技人才与科学普及司副司长李勇、科技部国际合作司一级巡视员阮湘平、中国科学技术交流中心主任高翔、北科院党组书记方力参加开幕式并致辞。与会代表联合发表《国际科普交流宣言》，共同承诺着力拓宽国际科普交流合作渠道、促进科普资源深度共享、开展服务科技创新的科普合作、加强科研主体与科普机构合作、推进青少年科普教育国际化等。

（张龙伊）

【伍建民任北科院院长】12月27日，北科院召开领导干部大会，宣布市委、市政府干部任免决定：伍建民任北科院党组副书记、院长，卫万顺任北科院党组成员、副院长。北京市副市长靳伟出席会议并提出6点工作要求，希望北科院不断提高党的建设质量，深度参与北京国际科技创新中心建设，高质量完成市委、市政府交办的重点任务，持续深化科技体制机制改革，大力加强人才队伍建设，持续深化巡视整改工作、不断推动全面从严治党向纵深发展。

（张龙伊）

【北科院2个集体、3名个人获科普先进称号】12月，北科院所属北京自然博物馆、北京科学技术出版社有限公司2个集体，杨斌、张艳、胡冀宁3名个人分别获“北京市科普工作先进集体”“北京市科普工作先进个人”称号。北科院以北京天文馆、北京自然博物馆、北京麋鹿生态实验中心3个国家级博物馆和19个国家和市级科普教育基地为依托，通过加大科普场馆硬件设施建设力度、提升科普从业人员科学研究能力、加快科技资源科普化转化速率、创新科普传播方式和科普产品研发等途径，凝聚展览展示、科普活动、文创产品等科普资源优势，形成“科普讲堂”“博物馆之夜”“流动科普车”等科普品牌活动，累计科普服务超过1亿人次，成为北京市重要的科技文化交流窗口。

（张龙伊）

【北科院联合推出“智库之声”系列讲座】2021年，北科院中关村全球高端智库联盟秘书处联合以色列希伯来大学在线创业中心、中国科学技术发展战略研究院、中国科协创新战略研究院、首都科技发展战略研究院等联盟理事单位推出中关村全球高端智库联盟“智库之声”系列讲座，围绕“创新体系构建与国际科技合作”主题，依托国内外高端专家资源策划4期共8场讲座。讲座是中关村全球高端智库联盟秘书处为推动联盟理事单位之间的资源共享与交流合作组织策划的品牌活动。首期邀请首都科技发展战略研究院院长关成华和北科院党组书记方力主讲。受疫情影响，讲座采取“云上论道”的方式进行。来自中关村全球高端智库联盟理事单位的负责人及骨干，北科院科研与管理人员、Go-global国际合作专员、高翻团队成员，以及“北科国际讲堂”的听众共1000余人次参加。

（张龙伊）

【北科院机构改革情况】2021年，北京市科学技术研究院党组根据市委编办《关于北京市科学技术研究院及所属事业单位改革有关事项的批复》(京编委〔2021〕117号)要求，完成北科院事业单位改革工作。改革后，北科院所属事业单位由15个精简至7个，核定财政补助事业编制1588名。将北科院所属的北京市科学技术情报研究所、北京科技经济信息联合中心、北京科学学研究中心（北京科技统计信息中心、北京现代化研究中心）、北京决策咨询中心、北京城市系统工程研究中心（北京资产评估咨询中心）、北京对外科学技术交流中心、北京市辐射中心、北京市科学技术研究院研修中心8个事业单位并入北科院；将北京京城机电控股有限责任公司所属北京市机械工业局技术开发研究所、北京电子控股有限责任公司所属北京市电子科技情报研究所2个事业单位并入北科院。调整后，北京市科学技术研究院仍为市政府直属正局级公益一类事业单位，共有内设机构25个。主要职责是：服务国际科技创新中心建设，开展应用基础研究、前沿技术研究、社会公益技术研究、行业关键共性技术研究及相关科技服务，为市委、市政府决策提供支撑；建设新型科技智库，开展软科学和科技政策研究；组织开展科学传播活动、科普产品设计、科技成果宣传等科普工作；开展国际与区域科技交流合作、科技成果转化、创新人才聚集培养、政产学研合作等工作；推进全院科技体制改革，统筹院属单位发展；完成市委、市政府交办的其他任务。

北京市劳动保护科学研究所（北京危险化学品应急技术中心、北京人居室内环境检测中心、北京市环境噪声与振动控制技术中心）更名为北京市科学技术研究院城市安全与环境科学研究所（北京市劳动保护科学研究所），仍为北科院所属公益二类事业单位。主要职责为：开展安全科学、应急管理与救援、防灾减灾、职业健康和劳动保护、城市噪声环境、空气和电磁污染防治等领域的应用技术研究和社会公益性技术研究；开展安全、人居环境、职业健康等方面的技术咨询、技术培训、技术服务、检测检验、成果转化、学术交流和科学普及等工作。

北京市理化分析测试中心（北京市分析测试技术研究所）更名为北京市科学技术研究院分析测试研究所（北京市理化分析测试中心），仍为北科院所属公益二类事业单位。主要职责为：开展分析测试技术应用基础研究、前沿技术研究、社会公益性技术研究及相关科技成果转化、分析仪器研发、技术人员培训、学术交流合作；提供分析测试方面的技术服务等。

轻工业环境保护研究所（北京北科土地修复工程技术研究中心）更名为北京市科学技术研究院资源环境研究所（北京市土地修复工程技术研究中心），仍为北科院所属公益一类事业单位。主要职责为：开展资源利用、生态与环境规划、生态修复、污染控制与治理、环境监测、清洁生产、污染场地环境风险评估、污染场地绿色可持续修复技术与风险管控等领域的基础性理论研究、标准制定、技术研发和应用示范等工作。

保留北京自然博物馆，仍为北科院所属公益一类事业单位。主要职责为：开展自然遗产收藏、自然科学基础研究、自然科学陈列展览及自然历史知识普及等工作。保留北京天文馆，仍为北科院所属公益一类事业单位。主要职责为：开展现代天文学、古天文学、科普教育等方面研究；开展藏品的征集、保管、研究、展示工作；开展科普教育及文化传播活动等。保留北京麋鹿生态实验中心（北京南海子麋鹿苑博物馆、北京生物多样性保护研究中心），仍为北科院所属公益一类事业单位。主要职责为：开展麋鹿保护研究、藏品收藏与展览、野生动物驯养繁殖与合理利用、科普教育等；开展生物多样性监测、关键技术研究与示范等。

（张龙伊）

北京市农林科学院

【概述】2021年，北京市农林科学院（简称市农科院）按照北京市委统一部署，完成机构改革，明确市农科院为市政府直属正局级公益一类事业单位，内设研究所13个、机关处室12个、下属事业单位2个；成立农产品加工与食品营养研究所，重组草业花卉与景观生态研究所。

2021年，市农科院继续实施“一巩固，三提升”方案，科技创新和各项工作进展顺利，实现“十四五”良好开局。科技创新能力实现新跃升。全年审定品种38项，授权植物新品种26项，授权专利346项。发表SCI论文266篇，其中Q1区较2020年提高37%。成果获奖创历史新高，全年获得各类政府奖励30项。其中，国家科技进步奖二等奖4项，神农中华农业科技奖一等奖3项、二等奖3项，北京市科学技术奖一等奖1项、二等奖3项，梁希林业科学技术奖一等奖1项。全年落实各类项目273项，经费额度超过2亿元。新增国家重点研发计划

13 项，合同经费 2252 万元；新增国家自然科学基金 40 项，资助数量创历史新高。全年成果转化总收入达 2.2 亿元，净收入 1.64 亿元，比 2020 年增长 25%。种质资源收集与保存体系更加完善，累计收集并保藏各类种质资源 7 万余份，市农科院被确定为北京市第一批农业种质资源保护单位；国家作物种质资源大数据平台初步构建完成，管理各类种质资源近 52 万份，提供服务 102 万人次。科技支撑乡村振兴卓有成效，全年在京郊推广各类新品种 747 个，示范相关配套技术 350 项，开展各类培训 9.7 万人次，实现示范区增收节支过亿元。全院 58 人次获高端人才称号，其中，赵久然研究员入选全国杰出专业技术人才，杨效曾研究员入选国家级重点人才计划，董大明研究员入选农业科研杰出人才培养计划和国家百千万人才工程，魏丹研究员入选北京学者计划。翟长远等 3 位引进人才获得市人才项目资助。任毅获国家优秀青年科学基金资助，温常龙研究员入选万人计划青年拔尖人才项目。新增国家产业技术体系岗位科学家 5 人，综合试验站站长 1 人。

（李　潇）

【种业科技创新与高质量发展座谈会召开】 1 月 18 日，市农科院召开种业科技创新与高质量发展座谈会，市农科院院长李成贵主持会议。分管科研、推广工作的院领导，10 个相关所（中心）的种业育种、推广、企业经营方面专家，以及处室负责人共计 40 余人参加会议。与会人员围绕市农科院种业科技创新情况、育种协同攻关和种质资源条件建设、种业知识产权管理和成果转化、种业企业化发展等主题进行探讨分析，对存在的短板及市农科院种业工作方向和关注重点提出建议。会议强调，市农科院作为国内农作物育种创新高地，要适应国内外形势变化，立足北京“三农”发展，做好品种选育工作，持续满足北京及全国“菜篮子”“米袋子”“果盘子”科技需求；将传统育种与商业化育种有机结合，做好科企合作，加大种业成果转化力度，拓展种业产业化发展广度和深度；做好良种良法配套、农机农艺结合，全面提升市农科院种业科技创新能力；做好种子资源库建设及种质资源收集、保存和鉴定工作；在市农科院“十四五”发展时期，在中国种业发展方面做到“四个引领”，即理论研究引领、品种引领、成果转化引领、产业化应用引领。

（李　潇）

【市农科院第五届青年学术论坛举办】 1 月 19 日，市农科院第五届青年学术论坛举办。来自全院 14 个所（中心）的 16 位青年科技工作者分享科研经历和研究进展，汇报所在团队的最新研究成果。市农科院院长李成贵、副院长王之岭等院领导和部分所、中心专家出席论坛，中国科学院、中国农业大学、中国农科院、北京师范大学等院外专家为此次论坛评委。评委现场围绕汇报人业绩与综合素质、学术水平、发展潜力和语言表达 4 个方面进行点评和打分，评选出一等奖 2 名、二等奖 3 名、三等奖 5 名、优秀奖 6 名。论坛邀请兽医病理学家刘月焕研究员做题为《一名兽医科技工作者的体会与思考》的报告，与青年科技人员分享科研成长经历。

（李　潇）

【中共中央政策研究室农村局到市农科院调研】 1 月 20 日，中共中央政策研究室农村局局长朱泽到市农科院调研座谈种业发展情况。市农科院院长李成贵、市农科院玉米研究中心主任赵久然、市农科院杂交小麦研究中心主任赵昌平等有关人员参加座谈。市农科院汇报种业科技创新和产业化应用情况，并就如何深化种业体制改革和加快种业科技创新提出建议。建议加强种业知识产权保护，要利用好市农科院农作物 DNA 指纹库；加强种业企业门槛管理；发挥科研单位育种优势，促进科企深度融合；优化科研资源配置并给予稳定支持。朱泽指出，市农科院为保障全国“米袋子”“菜篮子”“果盘子”给予重要科技支撑，成功做法和经验值得剖析和总结。

（李　潇）

【孟志军获杰出工程师奖】 1 月，市农科院农业智能装备技术研究中心孟志军研究员获 2020 年（第四届）杰出工程师奖。杰出工程师奖是经国家科学技术部和国家科学技术奖励工作办公室批准，由中华国际科学交流基金会设立的社会力量科学技术奖，主要表彰在生产建设领域做出杰出贡献的工程技术人员，是国内唯一的综合性工程师大奖，每 2 年评选一次。2020 年（第四届）杰出工程师奖评选出 40 名杰出工程师奖和 30 名杰出工程师青年奖。

（李　潇）

【市农科院 5 名专家享受 2020 年度政府特殊津贴】 1 月，经北京市人才工作局组织专家评审和国务院批准，市农科院植物营养与资源环境研究所刘宇研究员和罗晨研究员、市农科院玉米研究中心卢柏山研究员、市农科院蔬菜研究中心于栓仓研究员、市农科院信息技术研究中心杨信廷研究员 5 名专家享受 2020 年度政府特殊津贴。市农科院累计 90 名专家获此荣誉。

（李　潇）

【市农科院 2021 年工作会召开】 2 月 26 日，市农科院召开2021年院工作会。会上，市农科院院长李成贵做2021年工作报告，对全院2020年工作及“十三五”时期取得的成就进行总结。报告指出，2021年重点做好六方面工作。坚持科技创新核心地位。加强顶层设计，优化学科布局和创新生态，加强科研条件平台资源统筹，释放创新活力，提高创新效率，加快产出一批标志性、引领性重大科研成果，巩固和提升市农科院竞争优势。着力打造全国种业创新高地。坚持把论文写在大地上。发扬光大农科人脚踏实地传统，谱写科技惠农新篇章。全力以赴支撑首都乡村振兴，深化京津冀农业科技协同创新，发挥对口援助生力军作用，持续提升成果转化能力。坚持人才是第一资源。创新人才工作机制，加大人才工作力度。自主开展高层次人才引进计划、海培计划、杰科计划三大人才计划。做好国家及北京市高层次人才对接支持计划等工作，以及博士后科研工作站工作、年轻后备干部选拔与培养。坚持高水平开放办院。以更开阔的视野、更开放的心态，寻求合作机遇，创新合作模式，在开放中促进高端化、国际化发展。坚持强化现代院所治理能力。树立现代治理理念，向改革要红利，向学习要能力，向创新要业绩，向规范要和谐，向精细要品位。会议对2020年度院科研创新、管理创新、脱贫攻坚、抗击新冠肺炎疫情中取得突出成绩的单位和个人予以表彰。

（李　潇）

【许智宏院士到访市农科院】 3月11日，北京大学原校长、现代农学院名誉院长、中国科学院院士、著名植物学家许智宏一行到市农科院北京农业信息化工程技术研究中心座谈交流。北京农业信息化工程技术研究中心首席科学家赵春江、市农科院智能装备技术研究中心主任陈立平等参加座谈交流。赵春江陪同许智宏参观农业信息与智能装备专题展、农业传感器实验室、精准作业监控实验室、作物表型实验室、农业遥感监测实验室。双方就加强在田间作物育种表型技术合作，开展高端表型平台建设；将北大现代农学院及相关学院资源数据整合，与市农科院信息中心开展大数据合作；联合培养新农科新工科人才，探索联合培养研究生机制等内容进行探讨。

（李　潇）

【农业信息与经济所获“北京市扶贫协作先进集体”称号】 3月15日，北京市扶贫协作总结表彰大会在北京会议中心举行。大会表彰全市扶贫协作工作先进集体和个人。市农科院农业信息与经济所获“北京市扶贫协作先进集体”称号。近年来，农业信息与经济所以农业工程规划为引领，整合全产业链信息服务平台、农业科技咨询平台、农民远程教育平台、全媒体科普资源开发平台，面向新疆、西藏、青海、内蒙古、河北、河南、湖北等贫困地区开展规划咨询、科技成果推广、科技培训、科技信息服务、市场对接、宣传推广等工作，累计实施产业规划项目65项，为贫困地区引进资金支持110亿元，引进农业科技成果380余项，培育产业项目80多个，开展线上科技培训12万人次、开展贫困地区干部农民面授培训2500多人次、建立物联网设施农业示范基地10余个，通过科技咨询服务解答贫困户和基层农技员生产问题10万多个，实现节本增收上亿元，通过新媒体带货等方式带动贫困地区农产品销售2.97亿元。

（李　潇）

【市农科院与平谷区政府签署战略合作框架协议】 4月10日，市农科院与平谷区政府签署战略合作框架协议，旨在加快推进平谷农业科技创新示范区建设。根据协议，双方继续加强顶层设计，定期开展交流沟通，构建合作机制，利用平谷区自然资源禀赋和产业发展基础，发挥市农科院在科技资源、人才力量等方面突出优势，重点在保种育种、科研攻关、示范转化、机制创新等领域紧密合作，搭建产学研用一体化创新研发平台。以大桃试点建设、油鸡保种育种、蔬菜育种等内容为切入点，在已有的合作基础上，加快推进双方更深层次、更高效力的务实创新合作，共谋乡村振兴，共建美丽乡村，助力平谷打造农业“中关村”。市农科院院长李成贵，平谷区副区长韩小波代表双方签署战略合作协议。市农科院科研处、推广处相关领导，相关所中心专家，平谷区委办公室、农业农村局、科信局及峪口镇、刘家店镇等相关领导参加活动。

（李　潇）

【玉米研究中心与丰大种业签署科技合作协议】 4月27日，市农科院玉米研究中心与安徽丰大种业股份有限公司在京举办科企合作暨玉米新品种示范推广产业化论坛，并签署玉米新品种研发科技合作协议，旨在进一步推动双方在玉米新品种培育及产业化推广领域的深度合作。活动中，市农科院玉米研究中心主任赵久然研究员介绍在种质创新与新品种培育、玉米标准DNA指纹技术研究及应用、玉米分子育种、基因编辑技术研发等方面取得的最新科研进展。丰大种业总经理王海燕介绍丰大种业在京科968产业化开发、MC121和京科999示范推广等方面取得的成绩和经验，希望与玉米研究中心继续开展科企合作，借助玉米研究中心科研实力，进一步提升丰大种业在种业界的知名度和影响力。全国农技推广服务中心主任魏启文、中国种子协会副会长邓光联、北京市农业农村局副局级领导郑渝、市农科院院长李成贵出席活动并讲话。相关单位代表20余人参加会议。

（李　潇）

【市农科院学术委员会换届及年度工作会召开】 4月30日，市农科院召开院学术委员会换届及年度工作会。全国人大常委会副委员长、九三学社中央主席、中国科学院院士武维华被聘为市农科院学术委员会名誉主任。市农科院院长李成贵当选新一届主任委员，吴孔明、赵春江、王之岭当选副主任委员。来自中国科学院、中国农业科学院、中国农业大学、华中农业大学的多名院士专家和市农科院相关专家共32人组成新一届院学术委员会。会上，秘书处汇报市农科院"十三五"科技创新及"十四五"工作计划、院学术委员会"十三五"工作总结及2021年工作计划。与会委员重点围绕院"十四五"学科发展方向、人才培养、条件平台建设、协同创新、职称评聘、成果转化等事项进行充分交流与研讨。

（李　潇）

【市农科院助力盐城获草莓大会主办权】 5月1—5日，第九届世界草莓大会召开，主会场设在意大利里米尼市，分会场设在中国江苏省盐城市。5月4日大会期间，市农科院张运涛研究员团队凭借科研实力及团队力量助力江苏省盐城市获得2024年第十届世界草莓大会主办权，这是中国2012年在北京市昌平区成功举办第七届世界草莓大会后再次获得主办权。张运涛研究员作为大会总召集人，出任国际园艺学会草莓工作组主席（2021—2024年），代表国际园艺学会组织全球范围内草莓学术交流活动。张运涛研究员团队作为大会申办科研及技术支撑，集中展示了市农科院在国内草莓科研及产业发展中的重要作用，同时也进一步提升市农科院在全球草莓产业发展中的影响力。

（李　潇）

【农业传感器国际工程科技战略高端论坛举办】 5月20—22日，由中国工程院、天津市政府等单位主办，北京市农科院国家农业信息化工程技术研究中心、国家农业智能装备工程技术研究中心等单位承办的国际工程科技战略高端论坛——农业传感器暨2021年智能农业国际学术会议在天津召开，旨在为促进国内外智慧农业领域产业界、科技界、政府部门和用户的深入合作搭建平台，促进农业生产智能化和管理智慧化，推进农业高质量发展。中国工程院院士罗锡文、赵春江担任大会主席。会议内容包括会、展、赛等多项活动，罗锡文、李德毅、戴琼海、陈学庚、赵春江等院士围绕农业传感器、农业人工智能、农业机器人、精准农业与智慧农场4个专题，分别做论坛主旨报告。会议邀请专家做学术报告80余个，开展技术成果展示交流60余项。来自中国、美国、加拿大、澳大利亚、德国、法国、英国、日本、韩国、希腊、西班牙等11个国家的1000多名专家学者通过线上和线下方式参加会议。论坛期间，举办首届中国农业机器人创新大赛，会前征集参赛项目195项，经院士专家评审，最终有32项获奖。其中市农科院智能装备技术研究中心林森团队获得一等奖，樊正强、李涛、冯青春3个团队获得三等奖。

（李　潇）

【国家林业草原生态景观草工程技术研究中心获批】 6月1日，市农科院申报的国家林业草原生态景观草工程技术研究中心获得国家林草局批准。国家林业草原生态景观草工程技术研究中心依托北京草业与环境研究发展中心，联合中国林业科学院林业所、中国农业大学草业科学与技术学院、深圳市铁汉生态环境股份有限公司、克劳沃（北京）生态科技有限公司等多家单位合作建设。该研究中心将围绕生态景观草产业建立集原始创新、产品开发、行业规范、示范推广为一体的生态景观草协同创新平台。形成种质资源挖掘利用、遗传育种、种子科学、景观配置、栽培生理5个研发创新团体，突破高效育种技术、种子休眠破除技术、种子生产加工技术、种苗规模化繁育技术、景观配置技术、困难立地建植技术、生态产品开发技术、低成本管理维护技术8类关键技术，建立北京、上海、福建、四川、内蒙古、吉林6个生态景观草应用技术集成示范基地。在此基础上，形成一支在生态景观草研究领域具有领先地位的产学研紧密结合的国家级队伍，建成具有高科技含量的产业体系和工程化研发基地。

（李　潇）

【玉米、小麦品种真实性鉴定行业标准通过审定】 6月20日，农业农村部种业管理司委托全国农业技术推广服务中心组织专家对市农科院玉米研究中心、北京杂交小麦工程技术研究中心提交的玉米、小麦品种真实性鉴定SNP标记法行业标准进行审查。审定会由中国农科院作物所所长、中国科学院院士钱前担任专家组组长。专家组认为玉米、小麦品种真实性行业鉴定标准具有良好的科学性、先进性、可行性和实用性；标准的实施对规范玉米、小麦等主要农作物品种真实性鉴定，提高品种管理水平，推动国内种业持续健康发展具有重大意义。专家组一致同意这两项行业标准通过审定。

（李　潇）

【北京农业科技大讲堂启动】6 月 24 日，由市农业农村局、市农科院主办的北京农业科技大讲堂启动仪式在市农科院农业信息与经济所举行，旨在进一步提升科技对京郊及周边现代农业发展的支撑力度。北京农业科技大讲堂将打通科技进村入户通道，整合市农科院及全市农业科技资源，推广现代农业新技术、新成果、新品种、新装备，使市级先进农业科技成果迅速传播、对接生产、落地转化，推进北京农业农村的现代化和乡村振兴；通过讲堂传播知识，培养科技型农民、知识型村民，提升京郊农业从业人员整体素质。启动仪式后，市农业农村局副局长马荣才做题为《设施农业发展与相关政策》开场讲座。讲座通过北京农业信息网专题、微信和抖音等渠道同步播出，吸引京津冀和周边地区政府部门、企业园区、生产基地的相关人员，以及农业经营主体及农业科技人员、全科农技员、合作组织成员、农业领军人才和广大设施生产户等 11 900 多人次收听收看。

（李　潇）

【市农科院第一届博士后论坛举办】6 月 24 日，市农科院举办第一届博士后论坛。人力资源社会保障部专技司、中国博士后科学基金会、北京市人力资源社会保障局相关负责人，以及特邀院外专家、特邀中国农业大学和中国社会科学院博士后代表、市农科院在站博士后近 60 人参会。会议特别邀请中国农业科学院作物科学研究所研究员何中虎、水稻研究所研究员王克剑分别做题为《分子标记在小麦品质育种中的应用》《为杂交水稻留种》的主旨报告。27 名博士后做学术报告和交流发言，专家围绕博士后的科研业绩、学术思维、科研视野、科学素养和语言表达等方面进行现场点评。经过角逐和专家评分，中国农业大学姜淑琴博士和中国社会科学院陈冠华博士获特邀报告奖；市农科院李波、马晓东、马丽君、李宁、刘华波 5 名博士获第一届博士后论坛一等奖，缪黎明等 8 名博士获二等奖，周凯等 12 名博士获三等奖。

（李　潇）

【市农科院与海南省农业科学院签署合作协议】7 月 13 日，市农科院与海南省农业科学院签署西甜瓜研究团队合作协议。市农科院将与海南省农业科学院一同开展西甜瓜产业研究合作工作，并将发挥市农科院在西甜瓜育种方面科学家团队优势和技术优势，融合海南省农业科学院区位优势及政策优势，主动作为，共同构建资源创制、技术创新、试验示范为一体的西甜瓜核心产业技术体系，促进海南西甜瓜产业优化发展，为提升南繁硅谷建设注入市农科院重要科技力量，实现两院合作共赢。市农科院院长李成贵、海南省农业科学院院长周燕华，以及两院有关领导和相关处室、所中心负责人参加签约仪式。周燕华一行还到市农科院蔬菜研究中心西甜瓜育种实验室、农产品加工实验室及 ISTA 种子质量检测中心进行调研。

（李　潇）

【2 项成果入选 2021 年水利先进实用技术重点推广指导目录】7 月 30 日，水利部科技推广中心公布 2021 年水利先进实用技术重点推广指导目录，市农科院智能装备技术研究中心的“多要素墒情监测分析系统”“智能无线节水灌溉控制系统”2 项成果入选。相关技术先后获得国家发明专利 5 项、软件著作权 6 项，已在全国 20 多个省区推广应用，提高农田水分监测与精准管控效率。

（李　潇）

【2021 全球数字经济大会数字农业农村论坛举办】8 月 3 日，由市农业农村局、市经济和信息化局、朝阳区政府主办，市农科院农业信息与经济研究所、京津冀数字农业产业技术创新战略联盟等单位承办的 2021 全球数字经济大会数字农业农村论坛在北京市农业农村局召开。论坛以“推动数字乡村建设，加快农业农村数字化转型”为主题，邀请国内外科学家、企业代表分享农业产业数字化经验，探讨数字经济时代农业农村发展的新路径、新技术、新模式，共商首都北京农业农村数字化转型之道。会上，国际代表荷兰设施农业协会主席安德瑞女士通过远程视频对大会和论坛致贺词。中国工程院院士赵春江发表题为《对发展智慧农业与建设数字乡村的思考》的主旨演讲。农业农村部农业信息服务技术重点实验室主任许世卫研究员、荷兰创新中心农业与食品专家何墨思、浙江省农业农村厅数字三农改革专班副组长张海琪、阿里巴巴集团副总裁项煌妹等围绕数字农业农村建设发展趋势，交流数字乡村建设实践、模式和发展成果，共同探讨农业农村数字化转型的发展路径。北京市农业农村局机关、北京城乡信息中心等企事业单位代表 100 余人参加论坛交流。

（李　潇）

【蔡奇到通州区于家务调研农业农村现代化】8 月 13 日，市委书记蔡奇到通州区于家务调研农业农村现代化。现场考察市农科院植物保护环境保护研究所牵头建设的科技小院，并到村民家中了解庭院经济发展情况。蔡奇对市农科院科技小院带动当地农户发展庭院特色经济工作给予肯定，指出农民要增收，科技要赋能，通过专家下乡、科技进农户，让农民掌握增收技能，走上致富道路。要进一步做好科技小院建设工作，要科技小院不要工业大院。赞扬刘宇研究员作为全国优秀农业科技特派员所做的科技推广服务工作，叮嘱农业科研人员要坚持扎根农村生产一线，为农民服务，将论文写在祖国大地上，为美丽乡村建设做出新贡献。

（李　潇）

【市农科院 40 个项目获国家自然科学基金资助】8 月 18 日，国家自然科学基金委员会公布 2021 年度申请项目评审结果。市农科院共有 40 项申请项目获得资助，其中青年科学基金项目 19 项、面上项目 20 项、优秀青年科学基金 1 项，获得直接经费 1809 万元。全院 11 个单位获得资助，立项总数创历史最高，资助率达到 19.5%，高于国家基金平均资助率 16.5%。蔬菜研究所任毅博士首次申请优秀青年科学基金即获资助。

（李　潇）

【北京市农作物种质资源库揭牌】8 月 26 日，北京市农作物种质资源库揭牌仪式在市农科院举行。市农科院有关种质资源库（圃）被市农业农村局命名为北京市农作物种质资源库、北京市百合种质资源圃、北京市北京油鸡保种场、北京市农业微生物种质资源库，并被北京市确定为第一批农业种质资源保护单位。

（李　潇）

【北京（大兴）西甜瓜产业技术研究院揭牌】8 月 26 日，市农科院与大兴区政府合作共建的北京（大兴）西甜瓜产业技术研究院在大兴西甜瓜产业技术体系试验站基地揭牌。揭牌仪式上，市农科院与大兴区政府签订《北京（大兴）西甜瓜产业技术研究院合作共建协议》。市农科院国家西甜瓜产业技术体系首席专家许勇研究员担任研究院院长。研究院将发挥市农科院西甜瓜团队优势，通过科技协同创新与技术集成，支撑并引领大兴区西甜瓜产业高质量发展。

（李　潇）

【参加数字经济与乡村振兴高峰论坛】9 月 7 日，由工业和信息化部与河北省政府主办，电子工业出版社、国家农业信息化工程技术研究中心承办的数字经济与乡村振兴高峰论坛在石家庄（正定）国际会展中心举办。论坛以“发展数字经济为乡村产业振兴赋能”为主题，是 2021 中国国际数字经济博览会核心论坛之一。会上，中国工程院院士、国家农业信息化工程技术研究中心主任赵春江，农业农村部信息中心主任王小兵等专家共同探讨“十四五”时期乡村振兴产业发展，探索数字农业农村未来发展前景与趋势。论坛上，赵春江院士做《发展智慧农业建设数字乡村》报告，提出在建设数字乡村方面，应加强数字乡村新基建，提升农业生产数字化水平，建设数字乡村新业态，构建大数据乡村治理新格局。通过乡村建设、乡村数字化实体建设，激活资源要素发展数字经济，培育亲农慧农的新业态和新模式。来自河北省相关部门涉及数字乡村试点工作的省直部门领导、省属高校、省内大型企业、科研机构，以及新闻媒体等相关代表 130 余人出席论坛。

（李　潇）

【市农科院 2 项成果获北京市科学技术进步奖】9 月 25 日，2020 年度北京市科学技术奖获奖名单公布。其中市农科院蔬菜研究所许勇研究员主持完成的“西瓜分子育种技术创新与系列新品种选育及推广”成果获北京市科学技术进步奖一等奖。植物保护研究所魏书军研究员主持完成的“环渤海湾地区设施蔬菜小型害虫成灾机理与绿色防控技术研究及应用”成果获北京市科学技术进步奖二等奖。

（李　潇）

【天津智能农业研究院开工建设】9 月 30 日，天津智能农业研究院在静海区天津农机化技术试验服务中心开工建设。该研究院由天津市农业农村委、静海区政府、北京市农科院共同建设，将建成国际领先、国内一流的智能农业试验、示范与展示基地，旨在打造天津智慧农业新高地，为京津冀乃至全国农业农村现代化建设和乡村振兴提供强有力的科技支撑。

（李　潇）

【草业花卉所入选国家林草局林草科技创新团队】10 月 8 日，《国家林业和草原局关于公布第三批林业和草原科技创新人才和团队入选名单的通知》发布，共选出林草科技创新青年拔尖人才 24 人、领军人才 23 人、创新团队 35 个。市农科院草业花卉与景观生态研究所“观赏草种质资源发掘与遗传育种创新团队”入选科技创新团队。该团队针对国内园林绿化对自主观赏草品种的需求，系统开展乡土草资源收集评价筛选，明确 3519 份资源的生物学和遗传特性、景观和生态适应性，建立种质资源圃、品种鉴别图、全长转录组数据库，为种质鉴定和品种选育奠定基础；创立引种驯化、加倍、诱变等方法相结合的育种技术体系，创制节水、耐旱、观赏性高的观赏草新种质 500 余份，培育新品系 100 余个，“四季”青绿苔草、“丽人”狼尾草等29个品种通过国家和北京市审定，占国内自主观赏草品种的85%以上。

（李　潇）

【郑文刚获农业节水科技奖个人成就奖】10月15—16日，第三届全国农业节水和农村供水技术发展高峰论坛暨2020—2021年度农业节水科技奖颁奖大会在河南省开封市举行，会议宗旨为实施乡村振兴战略、促进中国农业节水和农村供水领域科技进步。会议颁发农业节水科技奖，该奖项每年评选一次，设立科技成果奖和个人成就奖，是国内唯一农业节水科技奖项。国家农业智能装备工程技术研究中心郑文刚研究员获得个人成就类突出贡献奖，该奖项重点表彰全国农业节水和农村供水领域做出杰出贡献的科技工作者，全国历年获奖人数累计27名，此次共7人获得此奖项。

（李　潇）

【种业科技成果支撑中国北京种业大会】10月18日，由市农业农村局、丰台区政府、中国种子协会等单位主办的第二十九届中国北京种业大会在北京园博园开幕。大会以“一粒种子改变世界，种业振兴北京先行”为主题，聚焦北京优势种业，结合科技创新、政策推动、企业发展等要素，展现北京现代种业创新成果、北京种业自主创新力、持续发展力和国际竞争力。大会组织北京种业突出创新成果展，展示农作物、畜禽、水产、林果北京四大种业11个物种创新成果，市农科院受邀展示玉米、蔬菜、杂交小麦、大桃、北京油鸡、鲟鱼六大类种业成果，包括京科968玉米、京科糯2000玉米、京麦179、京秋3号白菜、京欣系列西瓜、京葫36西葫芦、七彩西瓜、京美西瓜、瑞蟠101蟠桃、JM6–3杂交小麦等生产品种和优新品种，以及西瓜基因组研究、二系杂交小麦技术、玉米标准DNA指纹数据库、蔬菜高通量育种平台等技术成果，成果数量达50余个，占展物种类一半以上。大会发布“全国杰出贡献玉米自交系”55个，其中有北京的自交系11个，市农科院自主选育的京92、京724玉米自交系入选。

（李　潇）

【赵久然获得“全国杰出专业技术人才”称号】10月28日，中央组织部、中央宣传部、人力资源社会保障部、科技部联合举行学习贯彻中央人才工作会议精神暨全国杰出专业技术人才表彰大会。大会对93名“全国杰出专业技术人才”和97个“全国专业技术人才先进集体”进行表彰。市农科院玉米研究所赵久然研究员获得全国杰出专业技术人才称号并获表彰。“全国杰出专业技术人才”每5年表彰一次，2021年是第6次评选，重点表彰在关系经济社会高质量发展的国家重大战略、重大工程项目、重大基础科学研究、关键核心技术攻关等领域中涌现出来的领军人才，以及在一线专业技术岗位上长期潜心本职工作，无私奉献、拼搏攀登，有广泛社会影响力的优秀人才等。全国累计有300余名专业技术人员获得此称号。市农科院有2位专家获得此项荣誉，分别是赵春江院士和赵久然研究员。

（李　潇）

【市农科院7项成果获神农中华农业科技奖】11月1日，农业农村部公布2020—2021年度神农中华农业科技奖授奖结果，149项科学研究类、26个优秀创新团队、14项科学普及成果获得表彰。市农科院成果获奖7项，包括科学研究类一等奖2项、二等奖1项、三等奖3项，科学普及奖1项。其中，玉米研究所赵久然研究员主持完成的“优质特色鲜食糯玉米系列新品种培育及应用”、蔬菜研究所许勇研究员主持完成的“西瓜优质分子育种技术与新品种选育”成果获得科学研究类一等奖。

（李　潇）

【京科968项目获国家科学技术进步奖】11月3日，中共中央、国务院在北京人民大会堂举行2020年度国家科学技术奖励大会。264个项目、10名科技专家和1个国际组织获奖。市农科院玉米研究所赵久然研究员主持完成的“高产优质、多抗广适玉米品种京科968的培育与应用”项目获得国家科学技术进步奖二等奖。该项目是农林领域30项获奖项目中唯一由独立单位完成并获奖的项目。

（李　潇）

【市农科院4项成果入选2021中国农业农村重大新产品新装备名单】11月19日，由中国农业科学院、中国农学会、农业农村部科技发展中心主办的2021中国农业农村科技发展高峰论坛暨中国现代农业发展论坛在京举行。论坛举行期间，中国农学会发布2021中国农业农村重大新技术新产品新装备名单，涵盖科技成果31项，包括新技术10项、新产品11项、新装备10项。市农科院玉米研究所等单位完成的“农科糯336等系列高叶酸甜加糯优质鲜食玉米新品种”、畜牧兽医研究所等单位完成的“鸭坦布苏病毒病灭活疫苗和血凝抑制试验抗原”、智能装备技术研究中心完成的“航空精准施药雾滴沉积检测系统”3项成果入选重大新产品；智能装备技术研究中心完成的“设施蔬菜水肥一体化云托管系统”成果入选重大新装备。

（李　潇）

【市农科院成果入选 2021 中国智能制造十大科技进展】 12 月 8 日，由中国工程院、中国科学技术协会共同主办的 2021 世界智能制造大会在江苏南京开幕。开幕式上发布 2021 世界智能制造十大科技进展、2021 中国智能制造十大科技进展（简称智能制造“双十”科技进展），20 项智能制造科技成果入选。市农科院智能装备技术研究中心航空应用技术团队完成的“航空施药精准作业管控技术装备与系统”入选 2021 中国智能制造十大科技进展。智能制造“双十”科技进展评选自 2017 年开始，每年评选一次，遴选出的智能制造科技进展主要反映了行业及专家关注的、能引领智能制造发展的科技成果，旨在把握智能制造发展趋势，完善智能制造健康生态。

（李　潇）

【市农科院 7 人入选北京市创新团队首席专家】 2021 年，市农业农村局对现代农业产业技术体系北京市创新团队进行调整优化，横向整合科技资源，组建 11 个北京市创新团队。市农科院 7 人入选创新团队首席专家，分别是粮食作物创新团队首席专家王荣焕、食用菌创新团队首席专家刘宇、家禽创新团队首席专家刘华贵、渔业创新团队首席专家朱华、生态循环低碳发展创新团队首席专家燕继晔、景观休闲农业创新团队首席专家黄丛林、产业经济与政策创新团队首席专家龚晶。

（李　潇）

【市农科院机构改革情况】 2021 年，北京市农林科学院党组根据市委编办《关于北京市农林科学院及所属事业单位改革有关事项的批复》（京编委〔2021〕118 号）和《中共北京市委办公厅、北京市人民政府办公厅关于印发〈北京市农林科学院机构职能编制规定〉的通知》（京办字〔2021〕13 号）要求，完成市农科院事业单位改革工作。改革后，市农科院所属事业单位由 18 个精简至 3 个。院所属的北京市农林科学院蔬菜研究中心、北京市农林科学院畜牧兽医研究所、北京林业果树科学研究院（北京林业研究中心）、北京市农林科学院植物保护环境保护研究所、北京市农林科学院植物营养与资源研究所、北京市水产科学研究所、北京市农林科学院农业信息与经济研究所（北京市党员干部现代远程教育技术服务中心）、北京农业生物技术研究中心、北京市农林科学院玉米研究中心、北京杂交小麦工程技术研究中心、北京草业与环境研究发展中心、北京农业质量标准与检测技术研究中心、北京市农林科学院作物研究所、北京市农林科学院综合管理事务中心、北京市农林科学院现代农业科技创新试验示范中心等 15 个事业单位并入市农林科学院。调整后，市农林科学院为市政府直属正局级公益一类事业单位，核定财政补助事业编制 1191 名。共有内设机构 25 个。主要职责是：开展动植物和微生物种质资源的收集保存、鉴定评价、新品种选育、育种理论方法和种养殖技术研究；开展植物保护与营养调控、动物疫病防控等理论和应用技术研究；开展农产品质量标准、安全检测、风险评估与控制以及农产品采后保鲜、流通、加工、营养健康等理论和应用技术研究；开展农林渔业生态与资源环境保护、土壤污染修复与耕地质量提升等理论和应用技术研究；开展农业信息技术、农业智能装备、农业信息服务等理论和应用技术研究；开展农业规划、农业经济、农村发展、农业科技情报等理论和应用研究，建设北京乡村振兴智库；开展国际与区域科技交流合作、科技成果转化、示范推广等工作，提供相关技术服务。

北京农业信息技术研究中心更名为北京市农林科学院信息技术研究中心。主要职责为：开展农业农村信息化理论、方法、技术及农业智能系统研究；开展相关技术服务、成果转化和技术培训工作。北京农业智能装备技术研究中心更名为北京市农林科学院智能装备技术研究中心。主要职责为：开展农业智能装备研发及相关理论、方法、技术研究，开展相关技术服务、成果转化和技术培训工作。

（李　潇）

新型研发机构

【概述】2021 年，市科委、中关村管委会以“五新”机制建设国际一流新型研发机构，集聚一批战略科技人才，产生一批具有国际影响力的原创成果。各新型研发机构不断深化体制机制创新，勇攀科技高峰。北京智源人工智能研究院（简称智源研究院）发布超大规模智能模型“悟道 2.0”；北京量子信息科学研究院（简称量子研究院）第一代超导量子计算云平台正式上线，成功研发长寿命超导量子比特芯片；北京脑科学与类脑研究中心 7 项任务纳入国家科技创新 2030 – 重大项目五年实施计划；北京微芯区块链与边缘计算研究院（简称微芯研究院）发布国内首个自主可控区块链软硬件技术体系长安链，研发出全球首款 96 核区块链专用加速芯片。北京生命科学研究所全年以通讯作者单位发表 SCI 论文 54 篇，平均影响因子 12.56；全球健康药物研发中心已与 20 余家全球伙伴及近 20 家国内机构建立长期合作关系。在国务院第八次大督查中，“北京市建立完善五新机制 高标准建设新型研发机构”作为典型经验，获得国务院办公厅通报表扬。出台《北京市支持建设世界一流新型研发机构战略指导联席会制度》，加强市政府对北京市新型研发机构的统筹管理，设立北京市支持建设世界一流新型研发机构战略指导联席会，实行定期会议制度，集中研究涉及新型研发机构发展的重大事项和支持政策。市科委、中关村管委会将在未来科技前沿领域布局建设一批新型研发机构，加大企业参与力度，鼓励和支持新型研发机构根据企业需求开展技术攻关或联合研发。开展已有新型研发机构评估、提升，推动新型研发机构成为全国重点实验室。推动沙河、良乡高教园区依托入驻高校建设一批产学研深度融合的新型研发中心。

（申峥峥）

【《2021 年人工智能十大技术趋势报告》发布】1 月 4 日，智源研究院发布《2021 年人工智能十大技术趋势报告》。该报告从人工智能的基础理论、算法、类脑计算、算力支撑等方面进行预测，提出 2021 年人工智能十大技术趋势，包括科学计算中的数据与机理融合建模、深度学习理论迎来整合与突破、机器学习向分布式隐私保护方向演进、大规模自监督预训练方法进一步发展、基于因果学习的信息检索模型与系统成为重要发展方向、类脑计算系统从“专用”向“通用”逐步演进、类脑计算从散点独立研究向多点迭代发展迈进、神经形态硬件特性得到进一步的发掘并用于实现更为先进的智能系统、人工智能从脑结构启发走向结构与功能启发并重、人工智能计算中心成为智能化时代的关键基础设施。

（邹继东）

【超大规模预训练模型“文汇”发布】1 月 11 日，智源研究院发布面向认知的超大规模新型预训练模型“文汇”。“文汇”模型参数规模 113 亿，能够学习不同模态（文本和视觉领域为主）之间的概念，可实现“用图生文”等任务，具有一定的认知能力。

（邹继东）

【长安链发布】1 月 27 日，在北京市长安链生态联盟工作推进会上，国内首个自主可控区块链软硬件技术体系——长安链（ChainMaker）发布。长安链由微芯研究院、清华大学、北京航空航天大学、百度在线网络技术（北京）有限公司等单位共同研发，具有模块化特点，具备自主可控、灵活装配、软硬一体、开源开放的突出特点，支持按需定制，实现数据“可用不可见”，构建共享机制，助力在交易、流通、统计等全流程的数据可信存储和共享。

（肖　扬　周　渊）

【用量子处理器实现多项式问题优化】1 月 29 日，量子研究院兼聘研究员、清华大学教授龙桂鲁领导的团队在英国《自然》子刊《NPJ: 量子信息》杂志上发表文章，将之前的量子梯度下降算法做进一步改进提升，可以降低先前算法对量子线路的资源需求，使得能够采用现有的量子系统运行该算法。团队利用龙桂鲁提出的酉算子线性组合（LCU）方法，发展量子梯度算法，给出量子线路表示，将量子态拷贝数量从多项式数目减少为与系统大小无关的常数 2，大幅度降低线路的深度，使其量子门操作数目大幅减少，可在当前资源有限的量子处理器上实现。

（陈治光）

【量子研究院第一届理事会第五次会议】 2 月 25 日，量子研究院第一届理事会第五次会议在京召开。副市长、量子研究院理事长靳伟主持会议并讲话。量子研究院副理事长、市科委主任许强等领导及量子研究院理事和部分理事委托的代表参加。理事会审议更换理事、提名联合院长、提名科研副院长、2020 年工作进展和下一步工作计划 4 个议题。理事会选举中国科学院半导体研究所所长谭平恒为量子研究院理事，聘任中国科学院物理研究所研究员、院士向涛为量子研究院联合院长，聘任北京大学教授王楠林、清华大学教授龙桂鲁为兼职科研副院长。

（陈治光）

【微芯研究院与中国人民银行数字货币研究所签约】 3 月 1 日，微芯研究院与中国人民银行数字货币研究所签署战略合作协议。根据协议，双方将结合长安链生态联盟场景建设，推动长安链与数字人民币结合，推进基于长安链的数字人民币企业应用，探索在数字经济下的新型交易模式和商业模式。双方将重点布局区块链技术研发和应用生态搭建，打造区块链领域国家战略科技力量，加快实施“科技冬奥”项目，推动数字人民币在冬奥场景落地应用。

（周　渊）

【高性能 MoE 系统 FastMoE 发布】 3 月 4 日，智源研究院和清华大学发布支持 PyTorch 框架的高性能混合专家系统（MoE）——FastMoE。系统具有易用性强、灵活性好、训练速度快的优势，打破行业限制，可在不同规模的计算机或集群上支持研究者探索不同的 MoE 模型在不同领域的应用。

（邹继东）

【《2020 年人工智能的认知神经基础白皮书》发布】 3 月 8 日，智源研究院发布《2020 年人工智能的认知神经基础白皮书》。白皮书主要内容包括认知与神经科学研究进展、新技术在认知与科学领域的应用、神经科学对人工智能的启发、人工智能对神经科学的启发等，囊括认知与神经科学领域的研究进展，旨在填补中国在人工智能与认知神经科学交叉领域的空白，为人工智能、认知科学、神经科学等领域的同行及关注者提供互动交流平台。

（邹继东）

【超大规模智能模型系统智源悟道 1.0 发布】 3 月 20 日，智源研究院举办智源悟道 1.0 AI 研究成果发布会暨大规模预训练模型交流论坛。市科委、中关村管委会等单位有关负责人及北京大学、清华大学、中国科学院等高校院所的专家学者和企业代表参加。智源研究院发布中国首个超大规模智能模型——悟道 1.0。悟道 1.0 由智源研究院学术副院长、清华大学教授唐杰领衔，带领来自北京大学、清华大学、中国人民大学、中国科学院等单位的 100 余位 AI 科学家团队联合参与，取得多项国际领先 AI 技术突破，形成超大规模智能模型训练技术体系，训练出包括中文、多模态、认知、蛋白质预测在内的系列模型，在通用智能发展前沿构建国内人工智能应用基础设施。同时，与龙头企业共同研发工业级示范性应用，加快大规模智能模型应用生态建设。

（程晓荷　邹继东）

【微芯研究院与国家公共信用信息中心签约】 3 月 24 日，国家公共信用信息中心、北京市大数据中心、微芯研究院战略合作签约仪式在京举行。市政府，市经济和信息化局，市科委、中关村管委会等单位有关负责人参加。根据合作协议，三方将依托在平台、数据和区块链技术领域的优势，围绕“区块链+信用”领域，在信息共享共用、创新应用研究、人才培养交流、信用服务落地等方面加强合作，共同探索区块链技术在信用信息安全、高效共享服务方面的创新研究和试点应用，提升信用建设服务经济社会发展的能力和水平。

（周　渊）

【2021 年人工智能全球最具影响力学者榜单发布】 4 月 8 日，北京智源人工智能研究院联合清华大学－中国工程院知识智能联合研究中心、清华大学 AMiner（科技情报大数据挖掘与服务平台）共同发布 2021 年人工智能全球最具影响力学者——AI 2000 榜单。榜单采用智能算法自动化生成，200 位学者获“AI 2000 最具影响力学者奖”，1800 位学者获“AI 2000 最具影响力学者提名奖”。其中，美国有 1164 位，中国有 222 位，分列榜单第一、第二。

（贾　娜）

【首次在实验上实现光学模式的奇异面】 4 月 13 日，量子研究院研究员龙桂鲁、助理研究员王敏等在德国《激光与光子学评论》杂志线上发表文章，宣布其通过在回音壁模式光学微腔体系中引入对向传输模式间的单向耦合，首次在实验上实现光学模式的奇异面，并由此提高微扰传感的灵敏度。方案利用反馈光纤波导和光隔离器，完成微球腔内顺时针传输模式到逆时针传输模式的单向非对称耦合，将系统制备于奇异面上，通过模式劈裂来探测微扰，适用于多种实验耦合情况，利用奇异面实现探测的高灵敏度。相比于传统的微扰传感方案，该方案在实验中可以将灵敏度提高 2 倍，且保持较好的鲁棒性。在实验中，研究人员还第一次观察到奇异面附近模式劈裂的抑制现象。

（陈治光）

【量子研究院 4 人获北京市博士后科研资助】4 月 13 日，市人力资源社会保障局印发《关于 2021 年北京市博士后科研活动经费资助和国际化培养资助评审结果的公示》，共有 182 名博士后获资助。其中，量子研究院 4 人获博士后科研活动 A 类（创新研发类）经费资助，分别是张笑楠的地磁环境下的超高灵敏度人体心脑磁梯度测量项目、任斎的新型二维磁性器件中电控磁特性的理论研究项目、罗文浩的无磁屏蔽下基于 Bell-Bloom 构型梯度计的研究项目、张悦的多模玻色场非经典性及非高斯性的刻画与应用项目。

（陈治光）

【超导量子计算云平台上线】5 月 16 日，量子研究院量子计算研究部第一代超导量子计算云平台上线。云平台提供 8 个近邻耦合的可调频率量子比特；采用简洁直观的图形化界面，用户可自由组合量子门并返回各量子比特投影测量结果；提供 QASM 代码和实时的模拟结果，让用户能够更直观了解量子电路的预期运行结果。量子计算系统量子云服务的推出为量子算法和量子模拟研究提供了一个真实的物理测试场景，用户无须自己搭建专业门槛较高的量子计算系统，通过量子云就可以在真实的物理量子比特上验证自己的想法，优化自己的算法。

（肖　扬　陈治光）

【实现光偏振对拓扑平庸相和拓扑非平庸相的调控】5 月 21 日，量子研究院量子物态科学研究部兼聘研究员、清华大学教授熊启华课题组和新加坡南洋理工大学合作，在美国《科学进步》杂志上发表以《钙钛矿极化晶格中拓扑相的光学调控》为题的研究成果。该研究基于钙钛矿体系室温人工晶格调控激子极化激元的实现，进一步引入“锯齿（Zigzag）型”周期势场调控激子极化激元，有效模拟一维 Su-Schrieffer-Heeger（SSH）模型哈密顿量。研究人员利用钙钛矿微腔独特的光学自旋轨道耦合效应和各向异性，实现光偏振对拓扑平庸相和拓扑非平庸相的主动可调控性，并进一步展示拓扑非平庸相中边界态的拓扑鲁棒性及在室温通过光泵浦条件实现拓扑边界态的激子极化激元激射。

（陈治光）

【“1–3”型多铁纳米复合薄膜中的磁电调控研究成果发表】5 月 25 日，量子研究院量子材料与器件研究部半导体自旋光电子学团队副研究员吴锐在英国《自然 · 电子学》杂志上发表“1–3”型多铁纳米复合薄膜中的磁电调控研究成果。其完成自组装垂直取向的三相纳米复合材料（即“1–3”型磁电复合结构）的“一蹴而就”式的制备，从而无须像制备复杂的电子材料那样精确控制薄膜结构。研究还显示其在 3D 仿生方面的潜在应用，也可以作为低功耗类脑计算技术的未来方向。

（陈治光）

【悟道 2.0 发布】6 月 1 日，在 2021 北京智源大会上，智源研究院发布全球最大的超大规模智能模型悟道 2.0。悟道 2.0 围绕大模型研发，构建大规模算力平台，同时对外开放模型能力，“赋智”各行业发展，构建大模型生态。实现“大而聪明”，具备大规模、高精度、高效率的特点，参数规模 1.75 万亿个，打破由谷歌预训练模型创造的 1.6 万亿个参数记录，在预训练模型架构、微调算法、高效预训练框架方面实现原始理论创新，是中国首个、全球最大的万亿级模型。

（程晓荷　邹继东）

【2021 北京智源大会召开】6 月 1—3 日，2021 中关村论坛系列活动——2021 北京智源大会在中关村示范区展示中心召开。大会由智源研究院主办，以国际性、权威性、专业性和前瞻性为特色，是国际性最前沿 AI 盛会，200 余位国内外人工智能领域顶尖专家受邀参会，围绕 29 个专题论坛展开研讨交流。大会首日发布全球最大的超大规模智能模型悟道 2.0，智源研究院与新华社、北京三快在线科技有限公司（美团）、小米科技有限责任公司（小米）、北京奇虎 360 科技有限公司（360）、北京中奥通宇科技股份有限公司等悟道大模型产业生态战略合作单位签约。会上，AI 青年科学家俱乐部“青源会”成立，为国内外 AI 青年科学家和技术人员建立宽松、活跃的学术交流平台，促进学科交叉，开创新的科学前沿，建立活跃的人工智能学术和技术创新生态；首批青源会成员共 95 人。大会还发布支持 AI 创业的“智源源创计划”，为 AI 创业团队开放大模型、数据集等生态资源，为来自学术界的 AI 科学家创业团队对接应用场景，为来自产业界的创业团队对接业界领先的 AI 技术，加快形成可落地应用的 AI 产品。

（程晓荷　邹继东）

【长安链重大成果发布会举行】6 月 10 日，由市科委、中关村管委会，海淀区政府，微芯研究院主办的长安链重大成果发布会在中关村示范区展示中心举行。市长陈吉宁等领导及高校院所、企业的代表参加。副市长靳伟主持会议。微芯研究院发布全球首款96核区块链专用加速芯片和“长安链·协作网络”等成果。芯片是基于RISC-V开放指令集定制设计的专用处理器内核，以芯片为核心研发的超高性能区块链专用加速板卡可将区块链数字签名、验签速度提升20倍，区块链转账类智能合约处理速度提升50倍，可为突破大规模区块链网络交易性能瓶颈提供硬科技支撑。23家长安链生态联盟新增成员单位的代表签订倡议书，宣布加入联盟，联盟成员达50家，含27家央企，28家世界500强企业。中粮集团有限公司等企业发布食品安全、物资采购、医疗健康和5G信息通信等领域的长安链重点应用场景。

（程晓荷　周　渊）

【具有涡旋铁电畴二维半导体面内异质结研究成果发表】7月3日，量子研究院量子物态科学研究部研究员常凯与美国、德国科研人员合作，在德国《先进材料》杂志发表文章指出，使用原位的分子束外延生长技术，生长出由单范德瓦尔斯层铁电材料碲化锡（SnTe）与顺电材料碲化铅（PbTe）构成的面内异质结，并使用扫描隧道显微镜技术，表征原子级平整、具有Ⅱ型异质结能带结构特性的SnTe/PbTe异质结界面，并进一步发现SnTe铁电畴在PbTe周围形成四象限顺/逆时针极化向内的涡旋取向。结合表面功函数的测量和第一性原理计算，作者分析面内异质界面处的极化、空间电荷和应变效应的相互作用，给出对铁电畴涡旋和择优极化方向物理机制的诠释。

（陈治光）

【《人工智能产业担当宣言》发布】8月3日，在2021全球数字经济大会人工智能产业治理论坛上，国内人工智能领域的企业、学术研究机构共同发布行业首个《人工智能产业担当宣言》。《宣言》由智源研究院、北京瑞莱智慧科技有限公司联合发起，百度在线网络技术（北京）有限公司等研究机构与创新企业联合参与，强调中国科技企业在推动人工智能自律自治稳健发展中应积极承担责任，以5项原则推动人工智能行业自律治理，涵盖理念、技术与共享共治等方面。

（邹继东）

【清华（AIR）－智源健康计算联合研究中心成立】8月20日，智源研究院与清华大学智能产业研究院（AIR）宣布，双方正式成立清华（AIR）－智源健康计算联合研究中心。中心将致力于通过人工智能技术推动健康各领域从孤立、开环走向协同、闭环发展。推动被动式健康管理走向提早预测、主动预防、个性化、主动参与的新范式，实现更智能的个人健康管理、更有效的公共健康治理。清华大学智能产业研究院惠妍讲席教授、首席科学家马维英任联合研究中心主任。

（贾　娜）

【悟道之巅——AI创新应用大赛举办】8月23日—12月21日，由智源研究院主办，北京智谱华章科技有限公司、北京中关村软件园发展有限责任公司、北京智源悟道科技有限公司联合主办的悟道之巅——AI创新应用大赛在京举行。大赛以“创新应用开发”为主题，旨在鼓励各类创新机构及开发者在超大规模预训练模型悟道2.0的基础上，开发新颖实用的智能应用，发挥悟道大模型的技术潜力和产业赋能价值，产生有落地价值的人工智能创新应用成果。来自全球90家机构的126支队伍参赛，涉及11个应用场景。最终，清华大学的“悟空策论”项目获一等奖。

（邹继东）

【量子研究院博士后科研工作站获批独立招收资格】9月10日，全国博士后管委会办公室批复，同意中关村科技园区海淀园企业博士后科研工作站北京量子信息科学研究院分站独立招收博士后研究人员。

（陈治光）

【石墨烯制备科学基础科学中心项目启动】9月13日，国家自然科学基金委员会交叉科学部在京召开基础科学中心项目石墨烯制备科学现场考察会。专家组经讨论，建议石墨烯制备科学基础科学中心项目立项启动。项目由北京大学、北京石墨烯研究院联合申请，中国科学院院士、北京石墨烯研究院院长刘忠范为项目主要负责人。项目将围绕石墨烯制备的关键科学问题，系统研究石墨烯的制备科学理论，探索通用石墨烯薄膜材料、新型石墨烯材料以及专用石墨烯材料的制备方法，致力于解决规模化制备所涉及的科学及工程等问题，确保中国在石墨烯材料制备领域的领先优势及石墨烯产业的核心竞争力。

（程晓荷）

【长寿命超导量子比特芯片发布】9月25日，在2021中关村论坛全体会议上，量子研究院研发的长寿命超导量子比特芯片作为重大成果面向全球发布。长寿命超导量子比特芯片成功使量子比特退相干时间达到503微秒，打破了2020年3月由美国普林斯顿大学研究组保持的360微秒的世界纪录。成果有望观测到原来无法观测到的量子过程或现象，为超导量子计算走向实用化打下器件基础。

（程晓荷 陈治光）

【太瓦级激光器和桌面同步辐射光源样机发布】9月27日，在中关村国际技术交易大会上，量子研究院发布其研发的工业级超紧凑超短超强太瓦级激光器以及桌面同步辐射光源样机。量子研究院全光量子源及应用研发团队负责人鲁巍带领团队经多年攻关，研发出面向应用落地的工业级超紧凑超短超强太瓦级激光器产品，其系统规模较国际已有产品大幅缩小（面积缩小3倍，体积缩小5倍），可靠性及关键参数长期一致性大幅提升。在此基础上，通过深度优化及工程化，发展了桌面同步辐射光源样机，并在高端国防装备高精度诊断及生物医学研究高精度影像方面初步应用。

（陈治光）

【共建10家开放实验室】9月28日，由智源研究院主办的北京国家新一代人工智能创新发展试验区开放实验室共建座谈会在智源研究院举办。科技部等单位有关负责人及相关企业代表参加。会上，智源研究院与北京悟道科技有限公司、第四范式（北京）技术有限公司、北京上奇数字科技有限公司等10家人工智能开放实验室共建单位签约，10个开放实验室启动建设。开放实验室将联合开展协同攻关，推动数据、算法模型开放共享，共同研发人工智能系统软件、人工智能芯片等基础软硬件关键技术，研发无人配送、决策智能、智能教育等领域的示范性应用，同时联合开展人工智能人才培养。

（邹继东）

【中国互联网协会人工智能工作委员会成立】10月21日，中国互联网协会人工智能工作委员会第一届委员会第一次全体成员会议在京举行。第四范式（北京）技术有限公司等企业及高校院所的代表等参加。该工作委员会是中国互联网协会下属非独立法人的二级分支机构，以智源研究院为依托单位，联合企事业单位、高校院所、社会组织共同发起，旨在通过开展全国智算互联标准协议和汇聚机制等领域研究，构建大数据、大模型和大算力开放共享的人工智能公共服务平台，支撑中国智能生态建设、智能产业创新聚集，同时开展人工智能领域技术研发及应用推广等相关交流合作，推动中国构建平等、开放、安全、互助的人工智能创新生态。百度在线网络技术（北京）有限公司、清华大学、北京大学等38家单位加入该工作委员会，成为首批成员单位。

（邹继东）

【实现对正电子束流的高效率均匀加速】10月22日，量子研究院兼聘研究员鲁巍与中国科学院高能物理研究所CEPC加速器联合团队关于反物质尾波加速的研究成果在美国《物理学评论快报》杂志上发表，并被选为编辑推荐论文。研究团队针对正电子加速开展探索，发现一种能够实现高效率高品质正电子加速的原创方案。方案利用中空等离子体结构与非对称驱动电子束间的相互作用，获可用于正电子加速的稳定尾波结构，并通过正电子束与等离子体尾波边界层电子的自洽作用，实现对正电子束流的高效率均匀加速。

（陈治光）

【北京石墨烯论坛2021举行】10月23日，由北京石墨烯研究院主办的“北京石墨烯论坛2021”在京举行。500余位国内外石墨烯领域专家学者、产业界人士、相关政府部门代表参加会议，交流石墨烯前沿技术和产业最新进展，讨论石墨烯产业未来。院长刘忠范代表北京石墨烯研究院做题为《十年筑根基，三年展雄风》的年度工作汇报。从平台建设到公司运营，从产品研发到项目合作，从人才汇聚到文化建设，回顾过去一年研究院的重点工作及取得的重要突破；军民融合迈入新天地、石墨烯材料销售打开新局面、北京石墨烯研究院装备和材料制造基地筹备建设、智谷中心四号楼建设全面启动，展现北京石墨烯研究院的发展成绩。在签约和揭牌仪式上，北京石墨烯研究院分别与京东方科技集团股份有限公司、京津冀国家技术创新中心、浙江泰林分析仪器有限公司、北京市春立正达医疗器械股份有限公司4家单位现场合作签约。论坛采用线上与线下同步模式，资源共享，助力产业。参与开幕式直播观众数量约70万人次。

（谭修一 程晓荷）

【量子研究院获“全国专业技术人才先进集体”称号】10月28日，在全国人社系统学习贯彻中央人才工作会议精神暨全国杰出专业技术人才表彰电视电话会议上，对第六届全国杰出专业技术人才和全国专业技术人才先进集体进行表彰。北京量子信息科学研究院获“全国专业技术人才先进集体”称号。

（陈治光）

【谷垣勝己获“长城友谊奖”】10月29日，在第15届“长城友谊奖”颁奖暨座谈交流会上，量子研究院首席科学家谷垣勝己获“长城友谊奖”。谷垣勝己是日本物理协会和应用物理协会会士、美国物理协会会士，主要研究方向是纳米固态物理学、材料物理学等。2020年10月，谷垣勝己作为首席科学家加入量子研究院，领导拓扑和二维材料团队。

（陈治光）

【报道单层三氯化铬材料研究进展】10月29日，量子研究院研究员常凯等在美国《科学》杂志上发表文章，报道对单层三氯化铬材料的研究进展。研究人员成功地生长出近乎完美的单层三氯化铬薄膜，并探测到该材料中二维XY铁磁性的明确证据，解决长期以来此类材料可靠的生长与测量的难题。

（陈治光）

【首个电控二维磁振子阀研制成功】11月1日，量子研究院陈剑豪团队与中国科学院院士谢心澄等合作，研制出首个基于扩散型自旋波量子（磁振子）的电调控开关研究成果，以《电控范德瓦尔斯磁振子阀》为题在线发表于英国《自然·通讯》杂志。研究团队建立二维磁振子模型，并量化分析其输运过程中的高度非线性。利用该非线性，研究团队制备了基于范德瓦尔斯反铁磁绝缘体锰磷硫的磁振子阀，实现对其二次谐波磁振子信号的完全可逆电调控，并首次演示扩散型磁振子逻辑非门。

（陈治光）

【智源研究院3人获国家科学技术奖】11月3日，在2020年度国家科学技术奖励大会上，由智源研究院学术副院长、清华大学教授唐杰主持完成的“智能型科技情报挖掘和知识服务关键技术及其规模化应用”项目获2020年度国家科学技术进步奖二等奖，由智源研究院首席科学家、中国科学院计算技术研究所研究员陈云霁主持完成的“深度学习处理器体系结构新范式”项目获2020年度国家自然科学奖二等奖，由智源研究院理事、北京百度网讯科技有限公司CTO王海峰主持的“知识增强的跨模态语义理解关键技术及应用”项目获2020年度国家技术发明奖二等奖。

（邹继东）

【智源三周年特别活动举办】11月14日，智源研究院在智源大厦通过线上与线下结合的形式举办“三年而励·智源三周年特别活动”。智源研究院全体员工与合作伙伴参加。活动介绍智源研究院3年来不断探索形成的“智源模式”，发布智源研究院的“10张成绩单”，并介绍其人工智能科研与生态建设两方面的工作。“10张成绩单”包括：打造“小同行自治”的智源学者计划、发布“中国首个＋世界最大”的悟道人工智能大模型、建设软硬件体系高效的1000P算力装置、连续3年举办人工智能领域顶尖盛会“智源大会”、建设10万人工智能人员活跃参与的“智源社区”、成立汇聚全球人工智能青年科学家的“青源会”、发布中国第一个人工智能发展与治理准则《人工智能北京共识》、建立多个产业开放实验室等。

（邹继东）

【生物智能开源开放平台推出】11月29日，智源研究院推出国内生物智能数据的首个开源平台——生物智能开源开放平台。平台包括集合人类认知任务种类最多的数据库CogNet、涵盖从斑马鱼到人的生物大脑数据库BrainDB、国内首款面向计算神经科学和类脑计算的自研开源编程工具BrainPy、国内首款用于深度神经网络和脑影像交叉研究的工具包DNNBrain、涵盖经典感知与认知功能的类脑视觉信息处理模型与算法库。

（邹继东）

【智源研究院发展报告发布】12月1日，智源研究院发布《北京智源人工智能研究院发展报告（2018—2021）》。《报告》系统回顾智源研究院在科研体制机制及机构建设模式的创新探索，梳理在前沿研究、学术生态、成果转化、产业生态、基础设施、人工智能治理等10余项重点工作方面的进展成效。

（邹继东）

【量子物理与量子信息科学国际前沿论坛举办】12月2—3日，由量子研究院主办的第三届量子物理与量子信息科学国际前沿论坛在线上举办。论坛主题为“量子计算基础研究的最新进展”。来自中国、美国、日本、德国、荷兰、比利时6个国家的19位学者围绕量子物态、量子计算和通信、量子材料和器件、量子精密测量等领域展开研讨交流。在线观看人数超过1.9万人次，观众来自22个国家。

（陈治光）

【非厄密体系趋肤效应理论研究取得进展】12月15日，量子研究院超快光场调控与成像团队鹿鸣与加拿大不列颠哥伦比亚大学张骁骁和马塞尔·弗兰兹合作在非厄密物理领域的研究成果在美国《物理评论快报》杂志上发表。研究定义绕数加权的拓扑非平庸面积，提出可借此来刻画系统趋肤效应的强弱，并指出磁场对非厄密趋肤效应的抑制效应不能简单地用广义布里渊区来刻画。

（陈治光）

【2人加盟智源研究院学术顾问委员会】12月16日，智源研究院学术顾问委员会2021年度会议在京召开。以色列科学与人文科学院院长大卫·哈雷尔、清华大学智能产业研究院院长张亚勤加盟委员会，委员会总人数达到7人。

（邹继东）

【量子研究院2人获全国博士后创新创业大赛铜奖】 12月20日，在第一届全国博士后创新创业大赛闭幕式上，量子研究院罗文浩和王文琳获创新赛组别铜奖，并获“全国创新创业优秀博士后”称号。罗文浩的参赛项目为“核磁共振陀螺仪及量子自主导航技术”，王文琳的参赛项目为“基于无耗散存储需求，探索铁电－超导开关”。

（陈治光）

【超导腔光力反激光及量子信息存储研究取得进展】 12月29日，量子研究院拓扑量子计算团队刘玉龙等与相关研究团队合作在超导腔光力反激光及量子信息存储方面的研究成果在美国《物理评论快报》杂志上发表。研究揭示奇异点附近接近无穷长时间的群延时效应。研究团队通过边带泵浦，机械振子的热声子通过反斯托克斯过程，参量上转化为高频光子并被吸收一个热声子。同时，转换的光子可与入射电磁波发生破坏性干涉，进而实现反激光，也就是基于机械诱导的光子相干完美吸收。氮化硅薄膜的振动改变腔内机械电容，引起微波腔谐振频率的变化，构成色散类型的光辐射压耦合。通过红边带泵浦，光力相互作用工作在线性耦合区。实验上可以通过精确控制外界泵浦的能量大小实现对线性化光力耦合强度的精确控制。

（陈治光）

【智源指数CUGE发布】 12月30日，在智源研究院自然语言处理重大研究方向前沿技术开放日，智源研究院发布机器中文语言理解和生成能力评测基准——智源指数CUGE，推出大模型评测“命题”新方案。智源指数建立全面系统的评测体系和多层次维度评测方案，涵盖7种重要的语言能力、17个主流自然语言处理任务和19个代表性数据集。智源指数还提供不同层次的模型性能评分，包括在数据集、任务和语言能力上的表现评分。

（邹继东）

【《2021—2022年度智源人工智能前沿报告》发布】 12月31日，智源研究院发布《2021—2022年度智源人工智能前沿报告》。《报告》分科研技术报告、产业发展报告两个部分，汇总超过100个人工智能科研技术案例及上百家人工智能企业案例，整理形成十大科研领域发展趋势，平台和工具发展趋势，以及人工智能产业应用层、技术层、基础层发展趋势等内容。

（邹继东）

【北生所开展生命科学前沿领域的基础研究】 2021年，北京生命科学研究所（简称北生所）共有海外优秀人才领衔建立的29个独立实验室和13个科研辅助中心从事原创性科学研究，并在生命科学多个重要领域进行原创性研究，包括多种人类致病细菌、病毒和衣原体感染机制，动物社会行为的神经基础，衰老机制，干细胞研究，神经退变、发育和遗传，肿瘤发生机理与治疗，动物细胞自噬机理等。北生所全年以通讯作者单位发表SCI论文54篇，平均影响因子12.56。截至年底，北生所以通讯作者单位共发表SCI论文579篇，平均影响因子11.18，在《自然》《科学》《细胞》三大国际顶尖科学刊物上共发表论文49篇。2020年1月1日—2021年6月30日，北生所共获得专利授权23件，其中澳大利亚4件、加拿大4件、中国1件、捷克1件、欧洲2件、印度1件、日本2件、美国8件，在国内外相同领域研究机构处于领先地位。

（李军男）

【北生所生命科学领域人才培养】 2021年，北生所组织多次国际公开招聘会，徐国泰、王伟、沈博、巴钊庆、孙硕豪、徐纯福6位青年人才接受邀请到北生所担任实验室主任工作。北生所继续探索国际领先的高端人才培养模式，与北京大学、协和医科大学、中国农业大学和北京师范大学联合培养研究生。2009年和北京大学、清华大学共同试行教育部的研究生招收、培养教育特殊改革计划，试行效果良好，教育部批准延续此计划。截至2021年，北生所共培养研究生674名，已毕业博士研究生401名（含硕士16名），在读247名，其中17名入选国家“青年千人计划”，多位学生获得“吴瑞奖学金”“强生亚洲优秀生命科技研究生论文奖”“研究生国家奖学金”等荣誉。

（李军男）

【北生所科研成果转化情况】 2021年，北生所继续探索科研成果的转化和应用，发现基础科学的社会价值，探求原始创新到产业转化的新模式，多个国际国内领先、有较好市场前景的创新项目进入开发阶段，包括李文辉团队创建的抗乙肝药物研发公司华辉安健生物科技有限公司、黄牛团队基于物理学原理的计算机辅助药物分子设计技术创建的瑞璞鑫生物科技有限公司、张二荃博士通过小分子药物调控生物钟节律创建的睿凯生物科技有限公司、王晓东和张志远团队基于细胞坏死和细胞凋亡的机制研究及相关疾病的药物研发创建的维泰瑞隆生物科技有限公司、汤楠实验室致力于肺脏损伤后再生及肺纤维化等疾病机制研究创建的普沐生物科技有限公司、邵峰实验室基于肿瘤免疫研究创建的北京炎明生物科技有限公司。

（李军男）

【基于 PDE3A–SLFN12 复合物结构开发出高效诱导细胞凋亡的分子胶】2021 年，北生所的王晓东团队联合王宏伟团队、黄牛团队和齐湘兵团队基于 PDE3A–SLFN12 复合物结构开发出高效诱导细胞凋亡的分子胶，可以更有效地诱导细胞凋亡，为开发新型肿瘤治疗药物奠定科学基础。研究成果以论文形式发表在 10 月 27 日《自然·通讯》杂志上，研究论文题为“Structure of PDE3A–SLFN12 Complex and Structure–based Design for A Potent Apoptosis Inducer of Tumor Cells”。文章解析三种结构不同的小分子化合物（anagrelide，nauclefine，DNMDP）处理条件下的 PDE3A–SLFN12 复合物结构，通过对复合物结构的分析，获得小分子与蛋白复合物相互作用的关键结构信息。基于所获得的 PDE3A–SLFN12 复合物结构模型与结合模式，作者选用临床上药代动力学、药效学和安全性都较好的 anagrelide 作为目标分子进行计算机模拟和进一步优化改造。结果表明，改造后的 anagrelide 类似物诱导细胞发生凋亡的活性更高，且在小鼠成瘤模型实验中具有更强的抑制肿瘤生长的潜力。

（卢明子）

【一种 C– 芳基核苷的化学选择性和非对映选择性合成方法】2021 年，北生所李超团队开发出一种以稳定易得的 1– 乙酰呋喃糖和芳基碘化物为原料高效制备 C– 芳基核苷类似物的新方法—— 一种 C– 芳基核苷的化学选择性和非对映选择性合成方法。该方法以“Chemoselective and Diastereoselective Synthesis of C–Aryl–Nucleoside Analogues by Nickel–Catalyzed Cross–Coupling of Furanosyl Acetates with Aryl Iodides”为标题发表在 10 月 18 日的《德国应用化学》（*Angew. Chem. Int. Ed.*）上。这个金属镍催化的亲电交叉偶联反应具有反应条件温和、底物范围广、b 选择性好、官能团兼容性强等优点。研究受北京市科委生命科学前沿创新培育项目、清华大学以及科技部资助完成。

（卢明子）

【药物研发中心新药项目研发】2021 年，全球健康药物研发中心（简称药物研发中心）通过自主开发或联合全球顶尖机构和企业，针对结核病、疟疾、肠道疾病、棘球蚴病和新冠病毒病 5 个疾病领域开展 16 个研发项目，包括结核病 6 个项目、疟疾 4 个项目、肠道疾病 2 个项目、棘球蚴病 1 个项目，以及新冠病毒病 3 个项目，其中多个项目获得突破性进展，口服小分子抗新冠病毒药物和吸入式小分子抗新冠病毒药物计划 2022 年进入临床研究。

（王　璐）

【药物研发中心研究平台建设】2021 年，药物研发中心继续同步建设多个高效完善的多功能平台，加强并优化疾病生物学、药物化学、机器学习、结构生物学、生物物理学、化合物管理、药物筛选、药代动力学，以及动物实验室平台的建设。其中，高通量筛选平台快速扩充化合物库规模，逐步建设成为一个开放合作型的药物筛选平台，为研发中心内外部药物研究提供支持。人工智能药物研发平台持续完善算法工具和多个数据共享等平台搭建，并与各研发项目对接，通过综合算法解决药物研发过程中的实际问题。动物实验平台持续优化完善，新增软化水系统 2 套，以确保动物实验室室内环境合格稳定，2021 年动物实验室共支持 15 个实验，包括新冠病毒 S1、S2 蛋白免疫，新冠病毒质粒免疫实验等。

（王　璐）

【药物研发中心构建全球合作网络】2021 年，药物研发中心在已有的全球化合作网络的基础上，与多家国内外顶尖科研机构、制药企业、疾病联盟签署 30 多份新的合作协议，进一步建立广泛的合作关系，获取多种疾病的不同专业知识和资源的支持，构建全球健康药物研发产业链。其中，针对新冠肺炎疫情，研发中心与拉脱维亚有机合成研究所（LIOS）、美国合成生物科技初创公司（Zymergen）、邓迪大学等开展不同方向的药研合作。截至年底，研发中心已与 20 余家全球伙伴以及近 20 家国内机构建立长期合作关系。

（王　璐）

【药物研发中心人才建设】2021 年，药物研发中心参照国际顶尖药物研发机构的组织架构，在全球范围内开展杰出科学家和管理人员的招募工作，持续吸引顶尖新药研发人才落地北京。通过全球招聘，药物研发中心 2021 年全年共新招募 23 名全职员工。形成一支包括 48 名博士、36 名海外回国人员以及 18 名高层次研发领头人在内的百人国际化研发和运营团队。2021 年药物研发中心获得博士后科研工作站资质，为高水平研发打下人才基础。

（王　璐）

【脑科学中心人才引进与培养】2021 年，北京脑科学与类脑研究中心（简称脑科学中心）克服疫情影响，加大人才引进和培养。截至年底，脑科学中心全职科研人员达 379 名。在高水平科学家引进方面，全球引进人才共 41 名，其中科学家 32 名（包括 6 名非华裔），技术辅助中心主任9名；32名科学家均为全职引进，覆盖脑认知原理解析、神经系统相关疾病、神经科学研究新技术开发及类脑智能与脑机接口相关前沿研究方向，其中特聘研究员3名、资深研究员2名、高级研究员2名、研究员20名、青年学者5名；2021年，脑科学中心6人入选海外优青（7人申报，入选率为86%），3人入选战略科技人才，8人入选国家级人才项目，申请获得国家自然科学基金19项，4人申报“北京市科技新星计划项目”并全部获得立项资助。在博士后培养方面，继续落实与清华大学、北京大学的博士后联合培养计划，累计招收博士后50名（包括3名外籍），其中6名已出站。在学生联合培养方面，联合培养试点从最初的北京大学已扩大到北京师范大学、协和医学院、中国农业大学、南开大学和首都医科大学等6所学校，累计招收研究生86名，其中，博士研究生76名，硕士研究生10名。

（王岱娟　李军男）

【脑科学中心实验室研究成果】2021年，脑科学中心继续通过引进人才支撑实验室建设。截至年底，共有实验室23个，在脑认知、神经环路解析、脑重大疾病机制研究等领域取得初步进展。先后在《神经元》（*Neuron*）、《自然·方法》（*Nature Methods*）、《自然·光子学》（*Nature Photonics*）、《自然·通讯》、《科学·进展》（*Science Advance*）等顶级期刊发表论文43篇，累计发表论文94篇。同时，取得一批前沿技术成果，如：赵瑚博士发明新型组织透明化技术，首次在不破坏组织结构、不切片的情况下，实现对动物软、硬组织同时透明化；戈鹉平博士创建脑瘤动静脉取血比对（CARVE）用于肿瘤代谢研究、创建磁纳米材料可逆调控脑微血管循环方法（SIMPLE）用于脑损伤修复研究；井淼博士开发出新一代高灵敏乙酰胆碱荧光探针，在多种模式生物中应用并成功地检测内源的乙酰胆碱在不同脑区的释放及其调控；罗敏敏博士开发出多种基于AAV的表达系统，可以稀疏、高亮地标记特定类型的神经元及脑内免疫细胞。申请国际PCT专利、软件著作权等共9件。

（王岱娟　李军男）

【脑科学中心技术辅助中心建设】2021年，脑科学中心围绕脑科学科研需求，建设技术辅助中心。截至年底，建成光学影像中心、实验动物中心、基因组学中心、计算中心、载体工程中心、仪器仪表中心、遗传操作中心、转化医学中心和质谱中心9个高水平、功能齐全的平台，同时启动药物化学中心的建设，形成一支聚焦脑科学与类脑研究、多学科交叉、高水平的工程师支撑队伍。其中，光学影像中心装备8台显微设备和2台高性能图形工作站，搭建完成千赫兹宽场荧光显微系统和全光纤传输的光纤记录系统，设备使用率达100%；实验动物中心共有小鼠笼位10 000个，大鼠笼位560个；基因组学中心和计算中心以建设国家级脑科学大数据中心为目标，围绕“样本库、测序和数据平台”的建设思路，从支撑国家脑计划实施的需求出发，申报并获批人类遗传资源数据生物样本库，与华大基因共建基因测序平台，为国家脑计划的实施、脑疾病研究提供国内人群的核心遗传数据和信息化支撑。

（王岱娟　李军男）

【脑科学中心承担国家脑计划任务】2021年，科技创新2030－“脑科学与类脑研究”重大项目定向项目启动申报，首批启动定向项目研究任务11项，脑科学中心参与北京师范大学的“中国学龄儿童脑智发育队列研究”、北京安定医院的“抑郁症的前瞻性临床队列研究”2个项目。在公开竞争项目申报方面，脑科学中心7位符合条件的科学家申请国家脑计划2021年度青年科学家项目，全部通过首轮评审并进行视频答辩；10位科学家与国内优势单位联合申报2021年重大项目，其中6位科学家参与的5个项目获批立项，青年学者作为课题负责人牵头2021重大项目中“神经电和化学信号检测的光学探针”课题。

（王岱娟　李军男）

【脑科学中心科研开放合作计划实施】2021年，脑科学中心继续发挥小核心、大网络的作用，促进北京地区主要优势单位合作，继续实施2020年5月启动的脑科学中心科研开放合作计划，从人才、平台、项目3个方面开展多种方式的合作。截至年底，在创新人才项目方面，先后2批共遴选确定来自7家共建单位及市属优势单位的50位科学家入选北脑（青年）学者；在共建平台项目方面，联合脑科学优势机构，与共建单位启动3个共建平台建设，即与清华大学联合共建非人灵长类研究平台，与北京大学、中国科学院生物物理所联合共建脑成像技术与脑影像数据共享信息化平台，与北京师范大学联合共建儿童青少年脑发育多组学研究平台；在科研合作项目方面，与北京大学、清华大学、中国科学院遗传与发育生物学研究所、中国医学科学院、首都医科大学、中国农业大学等17家单位合作资助涉及神经机制研究、脑疾病、影像学、技术开发等多个研究方向的20项科研合作项目。

（王岱娟　李军男）

【干细胞研究院2021年建设情况】2021年，北京干细胞与再生医学研究院（简称干细胞研究院）初步完成基本组织架构搭建，建立《北京干细胞与再生医学研究院章程》，坚持推进干细胞与再生医学领域原始创新，加强相关产品应用开发与技术转化，在基础科研、临床转化研究、标准制定等方面取得一定成效。截至年底，干细胞研究院拥有 11 名全职管理人员和 112 名双聘科研、支撑人员，在干细胞衰老新机制、人卵细胞 DNA 甲基化调控等方面实现关键技术突破，已开展和申报 3 项临床研究项目，“靶向 EGFR 嵌合抗原受体”成果实现技术转让；牵头成立国际干细胞联盟，主导制定 9 项国际标准、2 项国内标准。

（王岱娟）

【纳米能源所 2021 年发展情况】2021 年，北京纳米能源与系统研究所（简称纳米能源所）共有职工 139 人，形成 2 名院士领衔、2 名国家杰青、28 个学术带头人（PI）为核心、92 名科研人员的团队，其中获得国家和中国科学院、北京市人才项目 53 人次。在基础物理理论、催化学理论、智能传感等方面取得多项突破，年内发表学术论文 390 篇，其中，第一单位论文 317 篇，平均影响因子 14.3。2021 年纳米能源所入围全国创新科研机构 50 强。2021 年全球最大学术出版商 Elsevier 公布的全球所有学科 10 万名科学家排名数据显示，王中林院士终身科学影响力排名世界第 3 位。2021 年申请中国专利 47 项、获得授权中国专利 76 项。累计孵化 6 家公司，均落地怀柔，其中 2021 年新孵化 1 家产业化公司——北京纳能仪器科技有限公司，专注于微纳能源仪器系统的开发和集成。成功举办第五届纳米能源与纳米系统国际会议（NENS2021）。

（张　硕）

【石墨烯研究院 2021 年发展情况】2021 年，北京石墨烯研究院完成 A3 薄膜 2.5 代工艺，进一步优化产品性能，实现单晶铜上石墨烯晶畴取向一致度 95% 以上；完成优质单晶晶圆的批量化生产，并实现晶圆产品线制造的标准化流程；完成石墨烯玻璃纤维的批量化工艺攻关，保证装机评审的规定产品数量；国家石墨烯材料产业计量测试中心、石墨烯制备科学基础科学中心平台等多个国家级平台获批启动建设；与京东方科技集团股份有限公司建立联合创新实验室，支持开展电子器件石墨烯散热技术等应用开发；全面推动材料的市场化推广，注册成立北京孵烯检测认证有限公司；成功召开 2021 石墨烯大会。

（谭修一）

【量子研究院 2021 年发展情况】2021 年，北京量子信息科学研究院全面推进科研攻关，确立了以电子型量子计算机和全球量子网络两大战略工程为核心，基础研究与关键核心材料器件为支撑的战略科研布局。全年引进全职科研人员 82 人，专兼职科研人员 329 人，全职科研人员 209 人。持续完善组织架构，加强统筹调度。量子研究院第五次理事会会议聘任向涛院士为量子研究院联合院长，新增 2 位科研副院长。全年召开院长办公会 24 次，审议“三重一大”等事项 133 项。加快科研攻关，实现重点突破。超导量子比特相干时间达到 503 微秒，超导单比特门操控保真度达 99.98%，制备出自主知识产权超导量子芯片，发布并开放北京首个超导量子计算云平台，累计提交计算任务超过 1 万次。量子直接通信团队研发出二代样机，实现 50 公里光纤中 20kbps（千比特每秒）通信速率。原子系综精密测量团队研制出一款新型微型原子钟，频率稳定度和守时精度等指标已优于美国同类产品。高温超导团队发现铜氧化物高中 s 波配对占主导地位，该结果挑战了铜基高温超导是 d 波配对的主流观点。全光量子源团队“工业级超紧凑超短超强太瓦激光器以及桌面同步辐射光源样机”在 2021 中关村论坛中关村国际技术交易大会发布。科研和学术影响力日益提升。全院科研人员发表论文 84 篇，申请专利 35 项，授权 1 项，软件著作权 2 项，申请商标 4 项。新入选各类人才计划和奖励 20 余项。打造国际化交流品牌，承办中关村论坛——量子科技发展与未来论坛，举办量子物理与量子信息科学国际前沿论坛。获得“全国专业技术人才先进集体”荣誉称号。博士后科研工作站获批独立招收资格。罗文浩和王文琳 2 位博士后获得第一届全国博士后创新创业大赛创新赛组别铜奖，并获“全国创新创业优秀博士后”称号。

（陈治光）

【智源研究院 2021 年发展情况】2021 年，智源研究院各项工作稳步推进。人才方面，已遴选智源学者 94 人，构建了 260 余人的科研团队；截至年底，智源学者共计在人工智能领域核心期刊和国际顶级会议发表论文 1470 余篇。科研成果方面，发布全球最大的超大规模智能模型悟道 2.0，达到世界顶尖水平。智算平台建设方面，已建设 300P 算力规模的通用计算集群，同时搭建了 30P 规模的人工智能软硬件测试验证平台。大模型应用方面，联合 10 家创新企业共建开放实验室；推动建设清华（AIR）– 智源健康计算联合研究中心、千方智慧智能医疗研究中心。创新创业方面，已建成 11 个智源创新中心，培育孵化了一批优秀创新企业。创新生态方面，智源社区已紧密联系3000余名人工智能顶尖学者，辐射10万余名人工智能科研和技术人员；青源会已辐射近600位全球AI青年学者。成功举办2021北京智源大会，设置29个专题论坛，8000人次现场参加，7万人次线上参加。伦理研究治理方面，发起《人工智能产业担当宣言》，建设国内首个人工智能治理公共服务平台。国际合作方面，发起成立国际组织“面向可持续发展的人工智能协作网络”。机制建设方面，成立智源研究院审计委员会，修订完善78个内部管理办法和规程。

（邹继东）

【微芯研究院2021年发展情况】 2021年，北京微芯区块链与边缘计算研究院牵头通过整合全国创新资源，多方合作共建方式，推动长安链底层核心技术攻关、促进产学研合作、开放重大应用场景，打造集基础研究、核心关键技术攻关、成果转化、规模应用、产业生态和人才培育一体化的全球顶尖区块链创新平台，全力支撑国家区块链业务建设，助力全国数字经济产业发展。构建国内唯一自主可控、开源开放的软硬件一体化区块链技术体系——长安链，技术性能达到世界领先水平，为建设大规模安全可靠新型数字基础设施提供技术保障；打造产学研共建共享创新模式和长安链生态联盟，推动自主产业生态建设，已有50家央企和头部企业加入长安链生态联盟，并深入开展基于长安链的新型数据业务创新；先行先试城市全场景应用，率先打造安全可靠区块链基础设施，推动长安链在数百个应用场景落地，提升城市管理的智能化、精准化水平，为人民群众提供更加智能、更加便捷、更加优质的公共服务；支撑国家重要应用场景创新，启动建设基于长安链的全球性能领先的区块链先进算力平台，打造自主可控、开放创新的新型分布式数据与价值流通基础设施——“长安链·协作网络”。在国家社会治理方面，联合国办电子政务办、国家税务总局等国家部委，推动跨区域政务数据共享、金税四期工程试点等业务创新，支撑国家部委开展跨部门、跨区域数据共享，促进业务协同办理。在行业数字经济创新方面，联合国家电网、中国建设银行等央企，推进区块链重要场景落地，促进重要经济领域产业上下游信息共享、深化数据业务创新，带动万物互联时代产业结构升级。

（周 渊）

创新型企业

【概述】 2021年，市科委、中关村管委会加强企业服务，开展“小切口”式专题调研300余次。全年服务重点企业122家，办理服务事项434项，办结率全市第一，企业满意率100%。深入实施科技型小微企业研发费用支持政策和独角兽企业服务行动，支持补助覆盖企业3188家。截至年底，北京市专精特新“小巨人”企业2930家；第一批隐形冠军企业20家；共有科创板上市企业49家，创业板上市企业118家，北交所上市企业11家；共有在期符合条件的技术先进型服务企业108家。2021年，在京高新技术企业2.76万家，占全国近1/10，居全国各城市首位；全年新设科技型企业9.4万家；拥有独角兽企业102家，居全国首位。

（王爱凤）

【167家企业入选专精特新“小巨人”】 7月19日，工业和信息化部公示第三批专精特新“小巨人”企业名单，共有2930家企业入选。其中，北京中科睿芯科技集团有限公司、北京元年科技股份有限公司、北京中科闻歌科技股份有限公司等167家在京企业入选。

（王爱凤）

【“育英计划”发布】 12月17日，北京市科技创新基金主办的创新型中小企业北交所上市研讨暨“育英计划”发布会在京召开。会上，市科委、中关村管委会发布科技创新型中小企业“育英计划”，同时举办“全国股转系统北京证券交易所北京服务基地”揭牌仪式及首批“科创孵化板”合作孵化器代表授牌仪式。“育英计划”旨在发挥市场主导、政府引导的有效机制，聚焦高精尖领域，加强企业精准对接和培育辅导，着力培育创新能力强、成长速度快、科技成色足的中小企业，提升企业规范运作意识和治理水平，促进企业高质量发展。“育英计划”主要包括3个方面内容：建立“育英企业”储备库并动态更新；会同全国股转系统、北交所为企业提供挂牌、上市专项服务；加强政策保障，针对中小企业挂牌、上市过程中产生的资金、人才、土地、市场等诉求，积极研究提供相关政策措施保障。

（焦志刚）

【北京市第一批隐形冠军企业名单公布】12月21日，市经济和信息化局、北京市工商业联合会发布北京市第一批隐形冠军企业名单，首批20家企业入选，包括北京经纬恒润科技股份有限公司、奇安信科技集团股份有限公司、北京智芯微电子科技有限公司、北京集创北方科技股份有限公司等。入选企业细分市场占有率均为全国第一，其中7家达到全球第一；企业平均发明专利拥有量370件，3年主营业务平均复合增长率34%。

（袁　磊）

【新增15家科创板上市企业】2021年，北京市新增上海证券交易所科创板上市企业15家，包括北京凯因科技股份有限公司、北京青云科技股份有限公司、北京诺禾致源科技股份有限公司等。截至年底，北京市共有科创板上市企业49家，占全国（383家）的12.79%。

（陈　静）

【新增9家创业板上市企业】2021年，北京市新增深圳证券交易所创业板上市企业9家，包括北京盈建科软件股份有限公司、倍杰特集团股份有限公司、北京义翘神州科技股份有限公司、北京零点有数数据科技股份有限公司等。截至年底，北京市共有创业板上市企业118家，占全国（1090家）的10.83%。

（陈　静）

【新增11家北交所上市企业】2021年，北京证券交易所正式开市，北京市新增北京证券交易所北证A股上市企业11家，包括北京恒合信业技术股份有限公司、北京诺思兰德生物技术股份有限公司、北京三元基因药业股份有限公司等。截至年底，北京市共有北交所上市企业11家，占全国（82家）的13.41%。

（陈　静）

【新增四板挂牌展示企业341家】2021年，北京市新增四板挂牌展示企业341家。截至年底，北京四板市场汇聚各类投资者47 288个，累计服务企业超过1.5万家，帮助企业实现各项融资总额455.21亿元，服务243家企业完成资本市场转板。

（陈　静）

【中关村示范区新增上市企业58家】2021年，中关村示范区新增上市企业58家，上市企业总数457家（境内327家、境外130家；年内，8家企业二次或三次上市，北京汉铭科技有限公司、蛋壳公寓、北京信威科技集团有限公司等6家企业退市，北京安控科技股份有限公司迁出），总市值11.2万亿元，市值超100亿元企业172家，其中北京三快科技有限公司、京东集团股份有限公司、小米科技有限责任公司、百度在线网络技术（北京）有限公司、北京快手科技有限公司、京沪高速铁路股份有限公司、北京车和家信息技术有限责任公司、三一重工股份有限公司、京东方科技集团股份有限公司、李宁（中国）体育用品有限公司、北方华创科技集团股份有限公司、百济神州（北京）生物科技有限公司、贝壳找房（北京）科技有限公司、北京滴滴出行科技有限公司、商汤集团股份有限公司、中国核能电力股份有限公司、北京万泰生物药业股份有限公司、北京东方雨虹防水技术股份有限公司、中国中铁股份有限公司、中国铁塔股份有限公司、北京金山办公软件股份有限公司、北京兆易创新科技集团股份有限公司、用友网络科技股份有限公司、中国交通建设股份有限公司、爱美客技术发展股份有限公司、康龙化成（北京）新药技术股份有限公司26家企业的市值超过1000亿元。

（陈　静）

【中关村示范区新增新三板挂牌企业2家】2021年，中关村示范区新增新三板挂牌企业2家，挂牌企业总数904家，占全国（6932家）的13.04%；新三板创新型企业144家，占全国（1225家）的11.76%。全年共有16家挂牌企业上市，其中库客音乐控股有限公司在纽约证券交易所上市，北京盈建科软件股份有限公司、北京零点有数数据科技有限公司在深圳证券交易所创业板上市，中际联合（北京）科技股份有限公司、北京正和恒基滨水生态环境治理股份有限公司在上海证券交易所主板上市，北京恒合信业技术股份有限公司、观典防务技术股份有限公司、北京三元基因药业股份有限公司、北京世纪国源科技股份有限公司、北京颖泰嘉和生物科技股份有限公司、北京诺思兰德生物技术股份有限公司、北京中航泰达环保科技股份有限公司、北京凯腾精工制版股份有限公司、北京流金岁月传媒科技股份有限公司、北京殷图网联科技股份有限公司、同辉佳视（北京）信息技术股份有限公司在北京证券交易所北证A股上市。

（陈　静）

【新认定技术先进型服务企业14家】2021年，市科委、中关村管委会依据《关于印发〈北京市技术先进型服务企业认定管理办法（2019年修订）〉的通知》（京科发〔2019〕6号），认定14家企业为2020—2022年度北京市技术先进型服务企业。截至年底，北京市共有在期符合条件的技术先进型服务企业108家。2020年度北京技术先进型服务企业营业收入达289.04亿元，其中技术先进型服务业务收入241.95亿元，占企业当年营业收入的83.7%；离岸服务外包收入约合人民币222.09亿元，占企业当年营业收入的76.84%。

（李建玲　张鹤森）

【企业研究开发机构认定】2021年，市科委、中关村管委会组织开展企业研究开发机构认定，全年共认定126家，全市有效期内企业研究开发机构共计444家。从领域分布来看，有效期内企业科技研究开发机构主要集中在医药健康、新一代信息技术、智能装备制造等领域，其中，医药健康领域134家、新一代信息技术82家、智能装备制造领域49家，占比分别为30.18%、18.47%、11.04%。从区域分布来看，有效期内企业科技研究开发机构主要集中分布在北京经济技术开发区、海淀区、昌平区等，其中，北京经济技术开发区96家、海淀区70家、昌平区65家，占比分别为21.62%、15.77%、14.64%。

（刘　刚　张泽璞）

【“报备即批准”政策试点工作情况】2021年，北京市启动高新技术企业认定“报备即批准”政策试点工作，政策试点实施全程网办，取消线下受理环节，同时不再要求企业提供注册登记证件、知识产权证明、职工的劳动合同及学历证书等材料，显著提升高新技术企业认定的效率及便利化水平。截至年底，共组织认定企业77家，企业从申请认定到获得批准用时1个月，较常规审批流程压缩80%以上。

（刘　刚　张泽璞）

科技创新平台

【概述】2021年，市科委、中关村管委会组织开展市级重点实验室/工程技术研究中心2020年度年报填报和编制工作。截至年底，经认定的北京市重点实验室455家。年报数据统计显示，创新基地在学科基础研究、服务企业和产业、服务北京市经济社会发展等方面取得了一系列成果，其中，签订各类技术合同9943项，获得技术性收入118.86亿元，有4983个项目在京落地，获得技术性收入40.05亿元。依托中国人民解放军军事科学院军事医学研究院微生物流行病研究所建设的生物应急与临床POCT北京市重点实验室以自行投产的方式对“新型冠状病毒抗原、抗体检测试剂”项目进行京内转化，实现经济效益3亿元。依托积水潭医院建设的骨科机器人技术重点实验室，以联合开发的形式对“骨科手术机器人”项目进行京内转化，实现经济效益1.02亿元。

（杨　刚）

【北京首个人工智能产业创新应用平台启动】1月20日，市经济和信息化局授予百度在线网络技术（北京）有限公司“北京市人工智能产业创新应用平台（百度飞桨）”资质，为北京市首个人工智能产业方向创新应用平台。百度飞桨由百度公司自主研发，是具有自主可控、开源开放、功能完备的产业级深度学习平台，利用工具化、平台化的方式更好地把深度学习技术标准化、自动化和模块化，降低企业应用人工智能的门槛，帮助企业实现智能化应用，加速产业智能化转型，打造国内城市与人工智能创新平台合作的新范本。百度飞桨已凝聚超265万名开发者，服务10万家企业，基于飞桨平台创建了超过

34 万个模型。平台将继续为第三方企业提供产品技术方案验证，同时为第三方企业的项目落地提供基础算力和算法平台支撑；支持北京市举办各类人工智能竞赛，吸引第三方企业与人工智能开发者参与；为人工智能人才培养提供在线实训环境，为高校教育和社会培训机构解决人工智能技术学习过程中亟须的算力资源问题。

（刘　明）

【新冠肺炎诊断试剂科技攻关技术平台建设】 2 月 1 日，由市科委、中关村管委会支持，中国食品药品检定研究院、中国人民解放军总医院、首都医科大学附属北京佑安医院、首都医科大学附属北京地坛医院、北京市疾病预防控制中心、北京金沃夫生物工程科技有限公司、清华大学等 15 家单位承担的新冠肺炎诊断试剂科技攻关技术平台研究通过专家验收。课题 2020 年立项，集中诊断试剂研发企业、诊断试剂注册检验机构、临床验证机构共同构建新冠肺炎诊断试剂联合研发平台，打通新冠肺炎诊断试剂从研发生产到临床验证的全链条研发环节。课题完成新冠肺炎科技攻关研发技术平台的建立，完成 15 个产品的研发工作，获得 8 个产品注册证，获得 18 个欧盟 CE 产品认证或美国食品药品监督管理局（FDA）产品认证，获得提高企业产品技术要求预评价文件 8 个，完成注册检验报告 24 批次，完成研制 3 种新冠肺炎国家参考品，撰写重大公共卫生事件应急工作规范性文件，形成 3 个国家标准，建立临床试验方案，形成临床评价的标准规范，完成临床试验，形成临床试验报告，完成北京市突发传染病临床诊断（临床试验部分）联合应对机制报告，完成北京市突发传染病和重大公共卫生事件联合应对应急机制总结报告。

（王　璐）

【中关村机器人产业创新中心成立】 2 月 8 日，中关村机器人产业创新中心成立。中心位于海淀区农科院西路 6 号，由创客天下（北京）科技发展有限公司、珞石（北京）科技有限公司等相关单位联合组建的中关村机器人产业创新发展有限公司开展建设和运营。中心聚焦工业机器人、特种机器人、服务机器人和无人系统 4 个领域，布局产业链、创新链及公共服务 3 个板块，搭建具有专业服务能力、资源配置能力和核心创新能力的平台。同时，联合清华大学、北京航空航天大学、北京理工大学、北京工业大学和中国科学院自动化所等多家高校和科研院所开展中关村开放实验室认定和概念验证计划，以促进产业链和创新链结合，充分发挥创新链效能，助力北京创新资源产业化。6 月，中关村机器人产业创新中心一期投入使用。

（田京京）

【碳中和绿色技术联合研发中心成立】 2 月 23 日，中国科学院过程工程研究所、中国石化集团北京燕山石油化工有限公司、中国石化工程建设有限公司（SEI）联合成立碳中和绿色技术联合研发中心。三方计划发挥技术创新、工程设计和产业应用等方面优势，共同构建以科技创新为引领的开放共享协同攻关新模式，推进碳中和绿色技术研发转化应用，建设具有国际影响的绿色低碳产业示范园区，为国家碳达峰、碳中和战略目标实现提供技术支撑。

（张立乔）

【中关村新技术新产品首发平台揭牌】 3 月 23 日，由中关村论坛组委会办公室主办的 2021 中关村论坛系列活动——新技术新产品首发和国际前沿项目路演首期活动在中关村示范区展示中心举行。市科委、中关村管委会，市科协等单位有关负责人及相关企业的代表等参加。活动举行中关村新技术新产品首发平台揭牌仪式。平台设在中关村示范区展示中心，旨在持续打造中关村新技术新产品首发系列活动品牌，为中关村示范区及国内外高端新技术新产品首发、国际前沿项目及机构路演推介等提供常态化发布平台，将定期举办发布活动。超高清视频（北京）制作技术协同中心的可以同时制作 8K 和 4K 超高清晰度节目的转播车等 5G、人工智能、智能装备等前沿信息技术领域的新技术、新产品、新服务集中发布。来自美国、意大利、俄罗斯等国家的企业进行前沿项目在线路演。

（贾　娜）

【工业设计领域中心“百进千”对接企业需求】 3 月 23 日，设计创新·赋能产业——首都科技条件平台工业设计领域中心“百家重点实验室进千家企业”设计领域专场对接会在京召开。活动由北京工业设计促进中心组织，首都科技条件平台设计领域实验室及需求方代表 40 余家企业的 50 余人参会。会议宣讲了《关于进一步利用首都科技创新券助力企业复工复产的通知》文件精神，有利于新加入设计领域中心实验室的 16 家北京市设计创新中心单位快速了解工作。会议对申请创新券的流程进行详细讲解并进行需求对接，促进了工业设计领域中心创新券的发放。

（王露菲）

【玉米国创中心建设获批】 3 月 24 日，由北京市政府向科技部推荐在京建设的国家玉米种业技术创新中心（简称玉米国创中心）获批。玉米国创中心是农业领域首批国家技术创新中心，重点开展玉米关键和共性基因产业化、现代生物育种技术创新与应用、种质资源改良与创新研究、培育强优势玉米新品种科研攻关，形成重大关键技术源头供给；建设完善科研条件平台与研发体系，孵化、培育和壮大一批具有核心创新能力的一流企业，为构建现代化玉米产业体系提供强有力支撑。玉米国创中心以先正达集团股份有限公司为主体，联合有关高校、科研院所、龙头企业等共同组建，科技部将在科技规划、项目安排、平台建设、人才引进、政策试点等方面予以支持。27 日，玉米国创中心首届理事会成立大会暨首届理事会首次会议在京召开，覃衡德任首届理事长，万建民、李登海任副理事长。会议审议通过玉米国创中心章程，聘任张健为中心主任。

（赵　娣　王　楠）

【北方集成电路技术创新中心项目启动建设】3 月 24 日，位于北京经济技术开发区的北方集成电路技术创新中心项目举行奠基仪式，启动建设。项目总用地面积 22 695.8 平方米，建设生产厂房、动力厂房、生产调度及研发楼等建筑；搭建集成电路配套服务平台，就近为集成电路企业提供产业链验证、新工艺研发等服务。这是北京经济技术开发区“两区”建设围绕“4+2+1”产业体系集聚高端产业资源推进项目落地背景下，在集成电路产业领域落地的又一重点项目。

（陈志毅）

【巢生北京创新旗舰实验室启动】4 月 27 日，“潮起巢生”2021 Nest.Bio Opening 暨巢生北京创新旗舰实验室启动仪式在中关村东升国际科学园举行。中关村科学城管委会、海淀区委组织部、海淀区商务局、巢生 Nest.Bio 等单位领导及相关单位代表出席活动。巢生北京创新旗舰实验室是由北京中关村科学城创新发展有限公司与巢生 Nest.Bio 联合建立的国际化生物医药创新服务平台，依托巢生 Nest.Bio 的优质资源，围绕生物医药早期创新项目，建设近 3000 平方米创新空间，布局中心共享实验室、分子生物学实验室、细胞培养实验室、成像平台等专业设备平台，为入驻项目提供“空间 + 投资 + 孵化 + 研发”的立体服务支撑。

（赵　媛）

【北京重大疾病临床样本资源公共服务平台启动】5 月 13 日，北京重大疾病临床样本资源公共服务平台启动仪式在中关村生命科学园举行。市科委、中关村管委会主任许强等领导及相关机构、医院、企业的代表等参加。平台源于“北京重大疾病临床数据和样本资源库建设”项目（“北京生物银行”），2009 年 5 月 12 日由市科委立项启动，是中国生物样本库领域的重要示范基地之一，将重点开展生物样本保藏技术和质量保证研究，面向临床机构及专家团队、医药研发和健康产业机构提供生物样本及其相关数据的保藏、储存、分析及样本库整体托管服务，支持体液、组织、器官及其相关衍生物的常温和深低温储存，同时为样本资源的开发和应用提供样本经纪、科研经纪和成果转化服务。

（谢泊晚　李贺英）

【金砖国家疫苗研发中国中心在京成立】5 月 28 日，市科委、中关村管委会举办金砖国家疫苗研发中国中心启动发布会。会上，北京科兴中维生物技术有限公司宣布金砖国家疫苗研发中国中心正式成立。北京科兴中维生物技术有限公司承担金砖国家疫苗研发中国中心建设工作。

（申峥峥）

【中国绿色低碳建材研究院在京成立】6 月 5 日，由中关村人居环境工程与材料研究院联合中国建筑材料工业规划研究院等单位发起组建的中国绿色建材产业发展联盟中国绿色低碳建材研究院在北京昌平绿色文创基地举行成立大会，中国绿色建材产业发展联盟、中国建材检验认证集团股份有限公司、中国建筑材料工业规划研究院等单位的相关负责人出席成立大会。中国绿色低碳建材研究院依托中国绿色建材产业发展联盟和各发起单位产业资源和科研实力，致力解决绿色低碳建材研发、生产、应用中的理论基础和核心共性技术问题，推进建材行业结构调整，确保实现碳达峰、碳中和目标，推动中国建材工业绿色发展。

（吕华锋）

【北京第三代半导体材料及应用联合创新基地验收】6 月 11 日，北京第三代半导体材料及应用联合创新基地建设项目完成竣工验收，为下一步建设第三代半导体工艺线，实现核心芯片产业化奠定基础。该创新基地建设项目 2020 年 9 月在中关村顺义园开工，总建筑面积 71 570 平方米，总投资 12.7 亿元，围绕光电子、电力电子、微波射频三大应用领域，建设第三代半导体工艺、封装测试、可靠性检测和科技服务四大基础平台，平台采取开放联合、共享合作的方式，由北京国联万众半导体科技有限公司实施运营，是国内首个聚集全产业链的三代半创新基地。

（丁　雪）

【空天高性能处理器芯片北京市工程研究中心获批】6月，

北京轩宇空间科技有限公司完成空天高性能处理器芯片北京市工程研究中心申报工作。8月获市发展改革委批复进入筹建阶段，是北京市新一代信息技术领域首批6家获批复单位之一、北京市顺义区首批第一家获批复的工程研究中心。空天高性能处理器芯片北京市工程研究中心将面向国家重大工程任务及北京市“十四五”战略规划，建设空天高性能计算芯片基础平台，攻关核心共性技术，完成空天高性能处理器芯片研发和成果转化，预计2023年7月完成筹建验收。

（杜　玲）

【组建车路协同自动驾驶北京市工程研究中心】 7月9日，市发展改革委批复同意组建车路协同自动驾驶北京市工程研究中心。中心由北京千方科技股份有限公司牵头，北京智能车联产业创新中心有限公司、北京联合大学、北京航空航天大学、交通运输部路网监测与应急处置中心联合共建，旨在开展基于车路协同自动驾驶的融合感知、协同控制等关键技术研究、个性化场景开发、关键装备研制、测试验证平台搭建等工作，并与实际工程相结合，推动人工智能+自动驾驶产业的快速发展。

（杜　玲）

【绿色低碳创新服务中心成立】 7月14日，在第十九届中国国际环保展览会上，绿色低碳创新服务中心在中关村至臻环保股份公司展台发布。中心由北京中关村国际环保产业促进中心有限公司联合北京中创碳投科技有限公司、北京中关村资本基金管理有限公司、北京中关村科技园区建设投资有限公司和北京中关村科技服务有限公司共同发起设立，将利用中关村发展集团股份有限公司的集成服务优势，汇聚创新资源、构筑创新生态，以服务中关村双创主体为核心，促进产业共性关键技术研发、科技成果转化及产业化，做好科技资源共享服务，推动重点领域项目、基地、人才、资金的一体化配置，打造全国绿色低碳领域的科技创新高地。

（刘　明　刘东维）

【建设智能网联汽车大数据云控基础平台】 7月，国汽（北京）智能网联汽车研究院有限公司牵头，联合清华大学、中国软件评测中心、中国信息通信研究院、启迪云控（北京）科技有限公司、北京车网科技发展有限公司等行业14家机构，中标“2021年产业技术基础公共服务平台——建设智能网联汽车大数据云控基础平台项目”。项目总投资1.36亿元，其中国拨经费3000万元，项目周期2年，内容涵盖“车－路－云－网－图”五大领域，共同开发设计以边缘云为核心的云控基础平台架构、形成云控基础平台技术接口标准；开展多源传感器融合感知、高精度时空定位等技术研究和产品开发，构建高精度感知与时空定位体系；研发网联式自动驾驶、协同控制等技术和标准件，构建车辆动态大数据管理和服务系统。

（张立乔）

【绿色低碳水环境研究中心成立】 9月4日，京津冀国家技术创新中心绿色低碳水环境研究中心签约仪式在京举行。绿色低碳水环境研究中心由京津冀国家技术创新中心与中国水环境集团合作共建，旨在发挥双方优势，在水环境领域共同构建技术研发、人才培育、产业孵化的专业平台，为加快国家科技成果转化落地提供支撑。绿色低碳水环境研究中心以龙头企业为牵引，依托中国水环境集团在水环境治理方面的产业优势，以通州基地为载体，打造高科技园区。中国工程院院士王浩、武强以及通州区政府、北京科技协作中心、京津冀国家技术创新中心、中国水环境集团相关负责人出席签约仪式。仪式上，双方签署共建协议，并为绿色低碳水环境研究中心揭牌。

（吕华锋）

【国汽智联启动建设整车无线通信实验室】 9月15日，国汽（北京）智能网联汽车研究院有限公司对整车无线通信测试展开研究并组织行业专家论证，开始建设整车无线通信实验室，支撑“人－车－路－云”协同云控系统落地部署，赋能高级别自动驾驶。实验室预计2022年5月建成，建成后将拥有国内民用领域最大无线通信测试暗室，并将成为评测真实工况下智能网联汽车无线通信性能的国内顶尖综合实验室，可为国内外汽车企业提供涵盖所有乘用车和车身长度在12米以内商用车的整车级测试环境。

（袁　磊）

【北京能源工业互联网研究院揭牌】 9月15日，北京能源工业互联网研究院揭牌暨能源数字产业园一期开园仪式在北京市未来科学城国家电投中央研究院园区举行。研究院股东单位包括能源央企（中能融合智慧科技有限公司、国家电投集团科学技术研究院有限公司、中国能源建设集团规划设计有限公司）、北京市国有企业（北京控股集团有限公司、北京京能能源技术研究院有限责任公司）及中国工业互联网研究院等7家单位，覆盖了能源工业互联网产业链上下游企业。研究院定位于市场化运作的“基金+产业”模式的投资孵化平台，是能源工业互联网的孵化器，挖掘有市场前景的技术和团队，孵化能源数据安全计算等有关能源互联网企业。

（村智处）

【清华大学碳中和研究院成立】 9月22日，清华大学碳中和研究院成立。研究院由国家生态环境保护专家委员会副主任、中国工程院院士、清华大学环境学院教授贺克斌担任院长，围绕碳中和建设技术创新中心、高端智库战略中心、高层次人才培育基地、合作交流传播平台。研究院将发挥清华大学基础研究和学科交叉融合优势，加强碳中和领域关键核心技术攻关。同时，参与创新联合体建设，形成跨行业、跨领域、跨区域碳中和关键技术合作集成平台，深化校地合作，对接地方低碳发展与企业转型需求，合作共建绿色低碳示范企业、示范城市（群），促进科技成果转化。推进与世界一流大学和学术机构合作交流，组织开展国际合作战略研究，参与国际碳中和领域大科学计划和大科学工程。

（孙树昆）

【北京全路通信信号研究设计院入选全国两业融合发展试点】 9月，国家发展改革委公布国家第二批先进制造业和现代服务业融合发展试点名单。其中，丰台园企业北京全路通信信号研究设计院入选。设计院作为丰台园轨道交通的重点企业，试点期间将建设完全自主化列控系统装备综合验证平台、生产制造及生产测试平台、工程化平台和智能运维平台，强化对上下游产业的带动作用，提高企业的整体生产效益和品牌竞争力，实现列控系统装备全产业链、全生命周期可控。

（刘　明）

【北京益谷检测科学研究院成立】 10月10日，2021益谷高峰论坛暨北京益谷检测科学研究院成立大会在平谷区举办。北京益谷检测科学研究院是经市民政局批准，平谷区政府作为业务主管，由北京普析通用仪器有限责任公司发起，联合中国农业科学院、中国计量科学研究院、中国分析测试协会、中国检验检测学会、中国出入境检验检疫协会等单位共同参与建设和运营的民办非企业单位。4月19日获得市民政局民办非企业单位登记证书。研究院将搭建政府、研究机构、企业“金三角”模式，协调各方关系，建设企业、高校、研究机构以服务为基础的协同创新平台，聚集国内检测科学学术机构和专家队伍，推动农业检测技术及装备提升，聚焦“农科创”产业园区，服务首都现代农业。

（杜　玲）

【京津冀三地科技创新券工作交流会召开】 11月17日，北京市科委、中关村管委会，天津市科技局，河北省科技厅以视频会议的形式召开京津冀三地科技创新券工作交流会，京津冀三地科技主管部门有关负责人参加。会议确定京津冀三地主管处室和服务机构要加强沟通交流，完善京津冀科技创新券长效合作机制，定期召开三地工作交流会、优化互认提供科技资源服务的机构、加强京津冀科技服务资源的宣传和推介、组织各类供需对接活动等具体工作措施，促进异地科技创新券项目有效合作。

（徐传奇　孟艳霞）

【惯性与声学传感技术北京市工程研究中心获批】 11月26日，惯性与声学传感技术北京市工程研究中心组建方案获市发展改革委批复。中心由北京信息科技大学牵头申报，由北京怀柔仪器和传感器有限公司、北京信息科技大学、北京国科舰航传感技术有限公司共同组建。中心依托北京信息科技大学智能感知优势科研领域北京市传感器重点实验室，针对传感器高精度、高可靠的共性技术难点，开展传感器抗冲击前沿技术、真空封装工艺等核心技术攻关，建设国内一流的惯性与声学传感领域共性关键技术开发、测试、验证及中试平台，提升惯性与声学传感器设计、工艺制造、验证能力，探索形成有效的自主创新机制，打造高端传感器集聚地，带动上下游高端敏感材料、精密仪器及系统产业的发展。

（刘　超）

【车载激光雷达测试联合实验室成立】 12月9日，北京亮道智能汽车技术有限公司与上海机动车检测认证技术研究中心有限公司联合组建的车载激光雷达测试联合实验室成立。联合实验室是国内第一家专项提供车载激光雷达点云评价的测试实验室，承担多项团体标准的落地任务，面向国内外主机厂商和激光雷达厂商，提供激光雷达点云质量测评，基于中国汽车行业团体标准的评价方法，可开展车载激光雷达点云基础性能的30余项技术测评，输出专业的第三方评测报告。

（袁　磊）

【国家第三代半导体技术创新中心（北京）成立】 12月28日，国家第三代半导体技术创新中心成立大会在京举行。会上，科技部和国务院国资委共同为国家第三代半导体技术创新中心揭牌，同时为北京、深圳、苏州、南京、山西、湖南6个分中心授牌。国家第三代半导体技术创新中心（北京）揭牌，标志着国家第三代半导体技术创新中心北京平台启动。这是北京市第三个国家技术创新中心，也是顺义区承建的第一个国家技术创新中心。

（付建平）

【副中心首个区块链应用创新实验室落成】12月，北京城市副中心首个区块链应用创新实验室在张家湾设计小镇创新中心落成。实验室依托城市科技前沿技术及“两区”建设政策优势，重点展示设计小镇城市科技企业在区块链应用领域的创新成果。实验室设有区块链应用导引区、数字支付体验区、可信应用体验区、规模化实施展示区和区块链未来应用研发工作区五大板块，集大众科普、技术研发、成果应用展示等功能于一体，借助电子沙盘、互动大屏、设备体验、模具、文化墙、宣传展板等手段，展示自有生态所汇聚的技术能力、前沿产品研发和应用案例，使来访人员全方位了解区块链可信性的基本原理，亲身体验区块链分布式、防篡改、可追溯的安全特性，沉浸式体验区块链作为新型数字化基础设施提供的可信、快速、便捷服务。

（郭庆云）

【京津冀国家技术创新中心建设】2021年，京津冀国家技术创新中心管理体制确定，完成管理团队组建，建成高端装备、电子信息等6个产业协同创新中心和24个项目经理团队，自建智能制造、光电技术等5个专业研究所，组建227人的专职工程技术团队。同时遴选北京石墨烯研究院、天津清华高端装备研究院等5个高水平研发机构，以及联想集团有限公司、北京超维景生物科技有限公司等16家高科技企业。全年累计实施科研项目171项，其中121项实现转移转化，培育企业108家。京津冀国家技术创新中心天津中心和河北中心推进建设，“京津冀联动的全球化协同创新服务模式”入选商务部《北京市国家服务业扩大开放综合示范区建设最佳实践案例》，向全国推广。

（谭修一）

【概念验证中心建设】2021年，北京航空航天大学、清华大学、中国科学院北京分院概念验证中心建设取得一定成效。北京航空航天大学概念验证中心13个项目分4批获得概念验证立项和支持，累计支持项目资金724.5万元，其中6个项目达到预期验证目标，完成验证的项目中有3个项目通过技术转让、获取社会资本组建公司、专利引资等形式实现落地转化，完成转化项目吸引融资及转化收益1300万元。清华大学概念验证中心首批4个项目进入概念验证环节，同时遴选5个项目待选。中国科学院北京分院概念验证中心组织4场概念验证创新大赛专场路演活动，2020年首批支持的8个项目进入概念验证环节，其中4个项目在中关村科技园区海淀园内完成产业化公司注册，总估值为5.7亿～6.2亿元。成立全国首个临床医学概念验证中心——北京大学第三医院概念验证中心，完成首批概念验证项目评选工作，支持项目20个，支持总金额915万元。

（谭修一）

【北京大学宽禁带半导体研究中心产业化基地落地】2021年，北京大学、顺义区政府围绕北京大学宽禁带半导体研究中心产业化基地项目开展合作，共同构建科技成果转化长期合作关系。北京大学宽禁带半导体研究中心产业化基地在顺义落地，分两期建设。一期由北京大学以其核心知识产权为资产，联合社会资本共同出资1.09亿元，开发和生产高性能铝镓氮（AlGaN）基UVC-LRD外延片和芯片产品、氮化镓基功率电子器件用大尺寸外延片，预期满产后主营业务收入2亿元/年，利润5000万元/年。二期建设将大幅度扩大产能规模。

（张立乔）

【2021年度北京市设计创新中心认定】2021年，市科委、中关村管委会开展2021年度北京市设计创新中心认定，组织设计企业和拥有设计部门或机构的企业进行申报。2021年新认定京东方科技集团股份有限公司、蜂鸟创新（北京）科技有限公司等15家企业，累计认定北京市设计创新中心245家。

（苏　颖）

【6家机构被认定为国家文化和科技融合示范基地单体类基地】2021年，科技部、中央宣传部会同中央网信办、文化和旅游局、国家广播电视总局联合完成第四批国家文化和科技融合示范基地认定工作，共认定30家基地，其中5家集聚类、25家单体。北京6家机构被认定为国家文化和科技融合示范基地单体类基地，分别为故宫博物院国家文化和科技融合示范基地、北京北大方正电子有限公司国家文化和科技融合示范基地、完美世界（北京）软件科技发展有限公司国家文化和科技融合示范基地、北京影谱科技股份有限公司国家文化和科技融合示范基地、中文在线数字出版集团股份有限公司国家文化和科技融合示范基地、新维畅想数字科技（北京）有限公司国家文化和科技融合示范基地，数量居全国首位。

（曲俊燕）

【农业科技创新服务平台建设】2021年，首都科技条件平台现代农业领域中心新增11家成员单位，新增开放仪器14台（套），组织4家小微企业使用创新券。截至年底，市科委农村中心技术合同登记处共登记合同327份，交易总额2.29亿余元。

（赵　娣　姜佩瑄　温会姣）

【条件平台帮助企业与实验室需求对接】2021年，首都科技条件平台工业设计领域中心发挥设计资源及服务优势，帮助企业与重点实验室进行高效需求对接。中心新增16家设计领域开放实验室，陆续为企业开展需求对接活动，支持小微企业与创新券开放实验室围绕产品试制、批量化工业产品生产中所需的产品性能提升、产品结构改进等工业设计项目，促进企业对工业设计的使用力度。全年累计为10家小微企业和创业团队发放首都科技创新券153.26万元。

（王露菲）

【氢燃料汽车实验室获认可】2021年，北京未来氢谷科技有限公司与国家汽车质量监督检验中心（北京）联合成立氢燃料汽车实验室，获得中国合格评定国家认可委员会认可。实验室是为推动氢燃料电池发动机系统安全标准制定完善而成立的测试机构。实验室配备氢燃料电池关键零部件、氢燃料电池发动机系统等测试检验服务平台，形成从微观到整体的产品测试体系，可对氢燃料电池发动机系统集成、架构匹配、核心零部件及平台智能化开展测试，具备产品参数标定、功能、性能、可靠性和耐久性等测试能力。

（张　爽）

【2021年度首都科技创新券资金发放完成】2021年，通过首都科技创新券政策引入中国科学院、清华大学、北京大学等32家单位691家实验室的创新资源供给方；131家企业及创业团队得到创新资源的科研服务；使用财政科技经费近2300万元，共支持132个创新券项目。通过创新券政策的实施，有效帮助小微企业使用高校院所提供的实验室，为小微企业和高校科研合作建立畅通的“桥梁”。同时创新券也推进小微企业和创业团队科技创新，小微企业通过创新券借助科研资源取得一批技术创新成果，提升自身核心竞争力。

（徐传奇　孟艳霞）

【开展2021年北京市科技基础条件资源调查】2021年，市科委、中关村管委会联合市财政局发布《关于组织开展2021年度北京市科技基础条件资源调查和向社会开放评价考核工作的通知》（京科创发〔2021〕74号），组织开展2021年北京市科技基础条件资源调查工作。截至年底，完成59家市属管理单位的数据填报工作，共有大型科研仪器设备总量2837台（套），价值37.65亿元；仪器总运行时间391.33万小时，仪器总对外服务时间205.48万小时。

（徐传奇　孟艳霞）

【开展重大科研基础设施和大型科研仪器向社会开放评价考核】2021年，由市科委、中关村管委会联合市财政局等12个部门组织实施，开展2021年度北京市重大科研基础设施和大型科研仪器向社会开放评价考核工作，共有59家市属管理单位参评。经评价考核，北京市计量检测科学研究院、北京市理化分析测试中心、北京市神经外科研究所等5家单位评价考核结果为优秀，占比8.5%；16家单位为良好，占比27.1%；34家单位为合格，占比57.6%；4家单位为不合格，占比6.8%。市属管理单位纳入开放共享的仪器规模持续扩大，开放总体情况较好，59家市属单位共向社会开放共享科研设施与仪器6747台（套）、总价值46.24亿元，其中价值50万元及以上的科研设施与仪器2813台（套）、总价值36.74亿元。2020年度新增科研设施与仪器360台（套）、总价值2.02亿元。

（徐传奇　孟艳霞）

【首都科技条件平台工作情况】2021年，首都科技条件平台工作取得阶段性进展。截至年底，首都科技条件平台共促进首都地区价值300余亿元的3万余台（套）仪器设备向社会开放共享。通过开展服务推介、“百进千”等各种形式的供需活动，年内共有7000余家企业享受首都科技条件平台各类服务，服务合同额近21亿元。通过持续深入推动科技资源开放共享，提升对高精尖产业、“三城一区”及北京城市副中心建设等国际科技创新中心建设重点工作的支撑服务能力。

（徐传奇　孟艳霞）

【全国科技创新中心网络服务平台建设】2021年，全国科技创新中心网络服务平台从188个中文信息源中进行机器抓取和人工检索，更新服务信息8490条，周平均量超166条。2021年，平台累计为创新主体发布科技信息9000余条，访问量68.6万余人次。自2019年2月18日上线至2021年底，平台累计访问量110余万人次，发布信息2.2万余条。平台用户不仅覆盖全国，而且面向世界，用户涉及美国、英国、日本、德国、新加坡等在内的63个国家。

（王　伟）

创新高地

BEIJING ALMANAC OF SCIENCE AND TECHNOLOGY 2022

北京科技年鉴

2022

三城一区

中关村科学城

【概述】中关村科学城主体区域是中关村科技园区海淀园174平方千米范围，同时拓展至海淀区全域和昌平区部分区域。2018年11月，市委常委会审议通过《中关村科学城规划（2017—2035年）》。中关村科学城管理委员会（简称中关村科学城管委会）于2019年12月28日挂牌，负责推动中关村科学城建设。中关村科学城党工委、管委会是市委、市政府派出机构，由海淀区代管。

2021年，中关村科学城管委会按照市委、市政府和海淀区委、区政府部署要求，深入实施“两新两高”战略，全面提升科技创新和产业发展能级，加快建设北京国际科技创新中心核心区，为海淀乃至首都高质量发展提供强力支撑。中关村科学城全年收入占中关村科技园区一区十六园四成以上，增速贡献率47.0%，稳居首位。高新技术企业总收入3.52万亿元，比2020年增长19.3%。软件和信息服务业收入14 681.6亿元，比2020年增长24.5%，占全市的65.5%；规模以上工业总产值3162.6亿元，比2020年增长29.8%，占全市总产值的13.2%。发明专利授权量40 455件，比2020年增长19.6%，占全市的51.1%；技术合同成交额2920.8亿元，比2020年增长43.2%，占全市的41.7%。

基础前沿布局不断强化。中关村实验室揭牌，核心区16栋楼宇主体结构施工完成。京津冀国家技术创新中心与斯坦福大学、密歇根大学、牛津大学、剑桥大学、帝国理工学院等10所世界名校签署官方合作协议，新增优质项目立项45个，带动社会投资6亿余元，实现产业化项目11个。支持北京智源人工智能研究院建设超大规模人工智能模型训练平台，发布全球最大智能模型悟道2.0。支持北京微芯区块链与边缘计算研究院建设区块链先进算力实验平台，发布全球首款96核区块链专用加速芯片。支持腾讯科技（北京）有限公司建设区块链先进算力商用平台，推进供地手续办理。支持北京量子信息研究院组建20支科研团队、建设17个实验室，成功研制国际首台量子直接通信原理样机，单个超导量子比特退相干时间创世界纪录。支持北京石墨烯研究院完成A3薄膜2.5代工艺，实现单晶铜上石墨烯晶畴取向一致度95%以上。在人工智能、区块链、智能制造等11个领域开展底层创新技术布局，重点支持114家企业发展。发布国家自然科学基金区域创新发展联合基金（北京）申报指南，组织区内企业联合高校院所申报27项。扩大北京市自然科学基金－海淀原始创新联合基金参与企业和研究领域，遴选北京纳通科技集团有限公司、北京数字工软科技有限公司加入联合基金。

“两区”建设有序推进。强化“三单”管理，梳理政策14项、空间资源30项、目标企业130家。组织5批次集中签约，落地75个重点项目。科学城“两区”建设21项主责任务全部完成，“京津冀联动的全球化协同创新服务模式”被商务部选入《北京市国家服务业扩大开放综合示范区建设最佳实践案例》向全国推广。会同市级部门开展中关村推进科技自立自强先行先试政策研究，形成政策建议方案并将在海淀开展试点。开展“云上外事”系列活动，加强与欧洲先进创新型国家以及科技园区间的创新交流活动。举办中日创新环境交流研讨会。邀请各驻华使领馆、国际组织、国际商会协会参加2021年中国国际服务贸易交易会“海淀之夜”。组织10家企业“云上”参展，达成意向合同金额140万美元。成功举办2021中关村论坛和首场分论坛，以及2021全球数字经济大会海淀分会场活动。

高精尖产业体系加快升级。围绕“十四五”规划编制，开展主导产业和前沿产业、智慧海淀、底层技术、创新服务体系建设4个专项规划及中关村西区、中关村科学城北区产业规划研究。依托产业情报综合支撑平台进行企业动态监测，完善精准化产业服务体系。发布数字经济三年行动计划，实施5个方面15项具体行动，配套92个项目，打造全球数字经济标杆城市引领区。动态完善高精尖项目库，入库重点项目733个，其中促签约140个、促投产55个。建设人工智能标志性聚集区，强化长安链生态联盟场景应用研究，推进自动驾驶示范区建设。围绕高精尖产业领域，推进重点项目。建立高新技术企业培育库，开展高新技术企业培育与认定辅导，通过科技部备案高新技术企业2943家。梳理18个工业固定资产投资项目，并推动其纳统。

创新生态进一步优化完善。实施“海英计划”升级版，实行人才举荐、人才待遇让渡制度，将支持范围拓展至产品经理、技术经纪人、财务法务等科技服务人才；依托驻区新型研发机构探索“海英学者”计划；91名中学生和53名大学生被评为“海英之星”。发挥“双站”平台引才作用，博士后进站99名，出站61名，超过半数留在海淀区继续科研工作。实施第二期“薪火共燃”计划，培训60名科技企业创始人、负责人、高管。支持建设23家高价值专利培育运营中心，累计构建高价值专利组合63个，培育高价值专利3000余件，新增专利运营收益近8亿元。支持建设北京知识产权交易中心，推动知识产权交易和证券化。依托中关村知识产权保护中心，助力创新主体专利快速授权。推进知识产权保险试点，全区投保企业60家，投保专利521件，位列全市首位。推进科技成果赋权改革试点，国家纳米科学中心首个案例落地，中国农科院完成14项科技成果的赋权协议签署。推进概念验证中心建设，加强重点企业和驻区央企服务，加速链接全球创新资源，奇绩创坛创业加速中心、红杉中国数字科技创新中心落地，筹备设立中国（北京）自由贸易试验区科技创新片区创新创业服务中心。双创工作连续5年获得国务院通报表扬。

开放创新推动融合发展取得成效。推动“三城一区”融合发展，支持30家创业服务机构在北京经济技术开发区开展科技成果转化、科技项目咨询等服务，与未来科学城围绕应用场景建设、楼宇运营托管等开展合作，加强与怀柔科学城信息共享与产业对接。组织80余家企业、协会组织对接城市副中心和雄安新区，推动11个科技项目落地城市副中心、20余家企业在雄安新区设立分支机构。加强与首钢园区、延庆区等区域合作，推荐2家无人机企业入驻延庆无人机园。组织40余家企业和联盟协会与湖北丹江口市及内蒙古科右前旗、科右中旗、敖汉旗开展产业对接。

（程晓荷）

【中关村科学城企业参加CES 2021】 1月11—15日，中关村科学城管委会组织园区企业参加2021年国际消费类电子产品展览会（CES）。北京佰才邦技术股份有限公司、中科创达软件股份有限公司、北京声智科技有限公司等10家企业线上参展，涉及人工智能、5G、无人机、远程医疗等领域。展会期间，由美国华美资讯联盟协会代表、美国行业企业代表、美国投资和金融机构代表等多方参与举办2021中美科技企业美国市场拓展商务交流线上对接会，达成意向合同20余份，金额近140万美元。

（金　燕）

【中关村科学城北区2021年建设任务发布】 1月19日，海淀区政府召开重点工作专题新闻发布会，介绍2021年中关村科学城北区重点建设任务。作为海淀区建设北京国际科技创新中心核心区的战略腹地和发展纵深，2021年中关村科学城北区安排158个项目，计划投资585亿元，全年计划开复工638万平方米，其中新开工面积157万平方米，计划竣工面积212万平方米。主要包括：2021年海淀区规划展览馆开馆，翠湖国际商务中心区启动规划设计，中关村体育休闲公园启动建设，十一学校北安河校区等18个教育项目竣工，翠湖东路、翠湖南路、上庄东路完工并具备通车条件等。

（程晓荷）

【首期海淀“胚芽企业”成长汇活动举办】 2月7日，由中关村科学城管委会主办、中关村创业大街承办的2021年首期海淀“胚芽企业”成长汇活动在京举办。中关村科学城管委会相关负责人及13家2020年入选的“胚芽企业”代表出席活动。活动中，13家企业针对孵化空间使用、人才聚焦、政策匹配等问题展开交流讨论。中关村科学城管委会充分了解企业情况，逐一回应企业问题和需求，给出相应的解决方案，面对面送服务、促成长。中关村创业大街也针对企业问题，详细介绍大街的空间服务、投融资入驻情况，以及针对初创企业提供免费注册成立公司、协调工商税务问题等服务。

（程晓荷）

【中关村科学城生命科技创新论坛举办】 3月18日，由中关村论坛组委会办公室主办的2021中关村论坛首场系列活动——中关村科学城生命科技创新论坛在中关村示范区展示中心举行。市科委、中关村管委会主任许强等领导出席论坛。论坛聚焦“新药创新走进首创时代”，专家、投资人围绕“寻找首创新药”，针对新药基础研究与应用转化、国内外新药发展路径比较、医药企业融资等热点问题展开讨论。

国内外近20位科学家、企业家做“人工智能驱动新药研发”“核酸疗法”“合成生物学”“生物医药投融资回顾及未来展望”等多个主题演讲，契合中关村科学城发展需求。海淀融媒对论坛活动进行全程直播，海淀区政府门户网、央视频、抖音等平台累计观看量超过410万人次。

（陈晓曦）

【科创板注册制审核规则培训举办】3月26日，中关村科学城管委会会同海淀区金融办、上海证券交易所和中介机构在京举办科创板拟上市企业培训活动，海淀区内国科天成（北京）科技有限公司、北京茵诺医药科技有限公司、北京亿华通科技股份有限公司等22家科创板拟上市企业40余人参加。培训聚焦科创板注册制审核规则与要点，为企业解读科创板上市所需的科创属性、发行上市条件、财务审核规则与信息披露要求，并介绍科创板上市申报实操要点等事项。培训结束后，授课专家与参会企业人员进行交流，并逐一解答企业提问。

（田京京）

【外交官走进中关村科学城】3月30日，中关村科学城管委会组织马来西亚驻华大使馆投资处公使衔参赞、马来西亚投资发展局北京办事处主任许达维一行到中关村集成电路设计园（IC PARK）参观交流，围绕集成电路产业开放创新座谈交流。7月22日，中关村科学城管委会组织土耳其驻华大使馆经济参赞查塔伊·穆特鲁、商务参赞赛兹根·塔什肯、土耳其总统府财务办公室分析师杰西卡·杜尔杜一行访问中关村科学城，并与4家中关村企业就金融科技发展进行座谈。座谈会后，土耳其使馆代表团一行实地调研第四范式（北京）技术有限公司，并就数字化如何赋能传统产业转型进行交流。

（李文萍）

【参与研制的4颗卫星升空】4月27日，长征六号运载火箭将齐鲁一号卫星、齐鲁四号卫星和佛山一号卫星送入预定轨道。此次任务还搭载发射了中安国通一号卫星、天启星座09星、起源太空NEO-1卫星、泰景二号01星、金紫荆一号卫星、灵鹊一号D02卫星共6颗国内商业卫星。在这9颗卫星中，4颗卫星由中关村科学城3家企业参与研制，分别是耕宇牧星（北京）空间科技有限公司的齐鲁四号卫星和佛山一号卫星，北京微纳星空科技有限公司的泰景二号01星，北京国电高科科技有限公司的天启星座09星。

（韩焱森）

【国际化人才专场招聘会举办】5月15日，中关村科学城管委会与海淀区人力资源社会保障局在海淀区创业公社·中关村国际创客中心共同举办海淀“才聚云端”国际化人才专场招聘会。邀请华为技术有限公司、度小满科技（北京）有限公司、同方威视技术股份有限公司等38家海淀园企业博士后优秀分站现场直播，面向博士、博士后及海归人才，提供1000余个优质岗位。

（李金波）

【中关村科学城北区“创新合伙人”大会召开】5月18日，由海淀区政府主办，以“初心向党庆百年科技领航再出发”为主题的中关村科学城北区“创新合伙人”大会在京召开。会上，《中关村科学城数字经济创新发展三年行动计划（2021—2023年）》发布；北京荣耀终端有限公司、腾讯科技（北京）有限公司、北京快手科技有限公司等16个“两区”建设重点项目签约，海淀“创新合伙人”再次扩容。海淀区相关委办局、各街镇、国有企业负责人，以及来自北区重点企业、研发机构和园区的“创新合伙人”代表和媒体参加会议。

（程晓荷）

【中关村科学城数字经济三年行动计划发布】5月18日，在中关村科学城北区“创新合伙人”大会上，《中关村科学城数字经济创新发展三年行动计划（2021—2023年）》发布。《行动计划》涵盖5个方面15项具体行动，配套92个重点项目。至2023年，中关村科学城将建成一批广覆盖高性能数字新基建，实现数字领域若干前沿技术占先，突破一批关键核心技术，力争培育1～2家在数字经济领域具有全球竞争力的五千亿级企业及一批千亿级企业、隐形冠军企业、独角兽企业、骨干型创新企业，形成国际一流的新兴数字产业集群，打造数字化生产、生活、生态、生命新空间，成为全球数字经济创新策源地。

（程晓荷）

【中关村科学城城市更新与发展基金设立】5月18日，中关村科学城城市更新与发展基金设立签约仪式在北京纳通科技集团总部基地举行，基金总规模300亿元。设立中关村科学城城市更新与发展基金是海淀区优化提升城市功能、增强产业引导和资源管控能力重要举措，旨在发挥财政资金杠杆作用，引入社会资本共同推进城市建设，解决区属国企建设产业项目资本金不足问题。签约仪式上，海淀区分别与北京建工集团有限责任公司、中国建筑第七工程局有限公司、上海宝冶集团有限公司签订战略合作框架协议。三家企业也将分别引入金融机构共同组建基金。按照基金设立框架，在具体投资项目时，将由各签约企业组建的基金公平竞争，择优选定，挖掘潜在合作。

（程晓荷）

【2 期“薪火共燃”计划实施】6 月 5 日，清华五道口全球创业领袖项目特别计划暨海淀区“薪火共燃”计划首期班在京结业。“薪火共燃”计划是海淀区政府打造的针对海淀区优秀创新型企业的培训项目，旨在培养一批具有全球战略眼光、市场开拓精神、管理创新能力和社会责任感的优秀企业家。清华大学五道口金融学院常务副院长、清华大学金融科技研究院院长廖理，海淀区区长王合生等出席结业典礼。9 月 4 日，由中关村科学城管委会主办的海淀区“薪火共燃”计划第二期开学典礼在北京大学光华管理学院举行，海淀区副区长林剑华，中关村科学城管委会专职副主任舒毕磊，中关村科学城管委会服务体系建设处处长刘钊、副处长刘春哲，北京大学光华管理学院院长刘俏、副院长张峥等领导、嘉宾共同出席开学典礼。来自海淀区的央企、上市公司、独角兽企业、初创科技企业的 60 位创始人、合伙人、高管参加培训。

（程晓荷）

【2021 中关村科学城国际创业季开幕】6 月 5 日，2021 中关村科学城国际创业季在中关村创业大厦开幕。活动由中关村科学城管委会指导，海淀留创园联合研发智库、北美硕博联盟、中关村科学城国际人才交流中心共同主办，旨在为全球创新创业者搭建学习交流、展示推介、对接合作平台。开幕式上，国际孵化协同中心北京基地、海外中国学联驿站北京基地揭牌成立，国际创业营、听“大咖”——主旨演讲、她时代——女性创业分享等活动陆续开展。2021 中关村科学城国际创业季系列活动从 6 月持续至 9 月，由开幕式、国际创业营、人工智能创新创业论坛、成立海外高校校友会总部、海外学联联谊会、国际创业项目投融资路演、海外高校校友会及学联学会项目推介会、国际创业节等板块组成。

（程晓荷）

【奇绩创坛春季路演活动举行】6 月 6 日，2021 年奇绩创坛春季路演活动在中关村示范区展示中心举行。国内 700 余家投资机构共 1700 多位投资人报名参与，收到入营申请 3494 份，比 2020 年增长 60%。录取 33 个项目进行现场路演，包括先进制造、人工智能、企业服务等 23 个主题领域。最终储备潜力项目“未来之星”26 项，项目创始人平均年龄 35 岁。

（史瑞平）

【10 人获中关村科学城“创新工匠”称号】6 月 17 日，在中关村科学城庆祝建党 100 周年主题活动上，10 名新型科技人才获中关村科学城“创新工匠”称号，受到表彰。本届“创新工匠”主要特点是：“80 后”占比过半，平均年龄 41.7 岁，最年轻的 34 岁；算法工程师、信息系统项目管理师等占比 80%；硕士及以上学历占比 70%；女性占比 20%；平均工作年限为 17.9 年；大多数科创成果都是坚持不懈、持之以恒探索的结果。获奖人员拥有各项专利、软著 217 项，获国家科学技术奖、北京市科学技术奖等省部级以上荣誉 15 项，涵盖信息传输、软件和信息技术服务业、制造业、农业、水利、环境和公共设施管理业等领域。

（程晓荷）

【中关村科学城社会组织发展报告编制完成】6 月，《2020 年中关村科学城社会组织发展报告》编制完成。《发展报告》由中关村科学城服务体系建设处主持编纂，分析研究 2020 年中关村科学城社会组织的发展概况、工作成效、存在问题与下一步工作思路等方面内容。2020 年，中关村较活跃的 160 余家社会组织承接课题研究、标准创制及推广、专利池等 762 项，搭建线上线下公共服务平台 171 个，开展各类特色品牌活动 1370 次，促进区域合作活动 133 次，服务上万家企业、千万余人次。在抗击疫情当中报送企业纾困、复工复产与政策建议信息上万条，其中 13 条被纳入《昨日市情》；组织捐赠款项及募集防护物资价值数十亿元。中关村科技类社会组织作为科技创新要素，已成为中关村科学城“创新合伙人”及创新服务体系的重要组成部分。

（曹雪鸥）

【3 家企业获“SAIL 之星”奖】7 月 8 日，2021 世界人工智能大会（WAIC）在上海召开，2021 世界人工智能大会的最高奖项 SAIL 奖（Super AI Leader，卓越人工智能引领者奖）TOP10 榜单在会上揭晓。中关村科学城企业北京灵汐科技有限公司的“天机芯”、中科寒武纪科技股份有限公司的思元、百度在线网络技术（北京）有限公司的飞桨深度学习平台获“SAIL 之星”奖。SAIL 奖秉持高端化、国际化、专业化、市场化、智能化原则，从全球范围发掘在人工智能领域中具有高度认可并具有提升人类福祉意义的项目进行评选。

（程晓荷）

【中日创新环境交流研讨会举办】7 月 28 日，中关村科学城管委会与启迪控股股份有限公司在世纪华天大酒店联合举办环球商机 LINK THE WORLD 2021——中日创新环境交流研讨会，邀请政府、金融、法律、科技服务企业等机构，解读日本创新环境与中国企业出海日本、对日合作要点与注意事项，打造双向合作平台。80家企业参加线下研讨会。11月23日，中关村科学城管委会采用线上形式举办澳门商机交流会，邀请澳门特别行政区驻北京办事处、澳门贸易投资促进局等机构介绍澳门概况及发展机会等，促进中关村科学城科技企业与澳门科技创新主体交流。110余家企业参加活动。

（李文萍　程晓荷）

【约旦驻华大使到访中关村科学城】 7月29日，约旦驻华大使胡萨姆·侯赛尼、三等秘书阿麦尔·巴托奈一行到访中关村科学城，与中关村科学城管委会就约旦工业区与北京自贸区园区开展国际合作进行讨论，推动中约国际合作事项。讨论结束后，胡萨姆·侯赛尼一行参观中关村壹号，并与有关负责人进行交流。

（李文萍）

【中关村创新院与三大通讯企业合作签约】 8月3日，由市经济和信息化局、海淀区政府主办，以“5G赋能数字社会打造未来新蓝图”为主题的“2021全球数字经济大会‘5G+’创新发展论坛”在中关村示范区展示中心举行。论坛上，中关村泛联移动通信技术创新应用研究院（简称中关村创新院）与亚信科技股份有限公司、中兴通讯股份有限公司、北京华宇软件股份有限公司战略合作签约。中关村创新院将与合作伙伴围绕6G应用基础研究和B5G技术产业化协同攻坚，探索政产学研用有机结合，助力北京国际科技创新中心建设，推动北京数智经济发展。

（程晓荷）

【“创新雨林”生态参展全球创业者峰会】 9月10—11日，以“创业互联创新无界”为主题的HICOOL 2021全球创业者峰会在中国国际展览中心（新馆）举办。在创新生态展区，中关村科学城“创新雨林”生态建设以中央生态方柱为载体进行展示。方柱的四面分别展现海淀宣传片、创业问答、人才服务建设和产业空间布局。在大健康展区，中关村科学城重点推送巢生旗舰实验室、百放孵化器，以及海杰亚（北京）医疗器械有限公司、腾盛博药医药技术（北京）有限公司2家医药健康领先企业。在大信息展区，以中关村科学城标志性双螺旋造型为载体，展示昆仑芯、清微智能、知存等核心产品。珞石（北京）科技有限公司的xMate系列机器人和北京新维恒创科技有限公司的几何机器人等在互动区域展示。

（程晓荷）

【2021科创中国中关村科技创新创业大赛总决赛举行】 9月14日，由中关村产业技术联盟联合会与北京中关村留学人员创业园协会共同主办，以“助燃创新活力，赋能产业升级”为主题的2021科创中国中关村科技创新创业大赛总决赛在京举行。市科委、中关村管委会园区、中关村科学城管委会等的领导出席，来自企业、投资机构、科研单位和新闻媒体等各界代表150余人参会。面向全国及海外征集和挖掘具有关键核心技术创新能力和高成长潜力的科创企业参赛。大赛于4月启动，经过初审、复审及半决赛，全国200多个参赛项目中有20家优秀科技企业项目进入总决赛。20个项目通过路演，由评审专家进行点评和打分，评出TOP10企业和优秀参赛企业。

（史瑞平）

【中关村科学城49项高科技成果参展科博会】 9月24—28日，由科技部、国家知识产权局、北京市政府主办的第二十四届北京国际科技产业博览会在中国国际展览中心举办。中关村科学城作为“三城一区”的重要组成部分，设立智慧科技和医药健康两大展区，共有49个项目参展。智慧科技展区以“智无止境、科创赋能”为主题，共展出长安链、昆仑二代芯片、阿波罗极狐自动驾驶汽车等25个项目，划分为数字基础设施、关键底层技术、前沿产业布局，数字改变生活4个板块，展示海淀数字经济整体概况及创新优势。医药健康展区以“使命驱动、创新引领”为主题，将16个项目划分为新药研发、智能医疗、高端医疗器械、创新平台4个板块，展示各领域前沿技术产品。其中，新药研发板块聚焦疫苗、抗体、化学新药、中药新药，呈现全国领先的生物技术高端人才与实验室资源，展示北京科兴生物制品有限公司等代表性企业研发成果。海淀区政府、中关村科学城管理委员会获得“优秀组织奖”，中关村科学城组展企业北京智源人工智能研究院、北京微芯区块链与边缘计算研究院、北京联影智能影像技术研究院获得“最佳展示奖”。

（孙树昆）

【中科大脑智慧共享监控杆安装应用】 9月，中关村科学城城市大脑股份有限公司自主研发的智慧共享监控杆在海淀科技大厦北门路口处安装应用。监控杆采用城市大脑相关算法模型，搭载高清摄像头，实现对区域交通、车辆整体情况以及人员行为实时研判，可根据季节、时段精准控制区域内路灯，同时具有环境监测、一键求助等功能；运营平台实现对监控杆智慧终端统一运维，摆脱传统杆体只建设无运营的困境。高度一体化、共享兼容接入、多业务形态、可智慧运维的特点精准对接城市管理、资源节约等需求；免破路、免立杆、免布线，减少公共资源重复投入，提高综合管网利用率。

（程晓荷）

【“专精特新”科创大赛决赛举办】 10月21日，由中关村天使投资协会、中关村元和天使研究会联合主办的2021年“专精特新”科创大赛决赛在北京中关村创业大街全球创新中心举办。大赛以“专精特新”为主题，面向新一代信息技术、生物医药健康、节能环保与新能源等泛科技领域的科创企业，发掘深耕行业多年的具有专业化、精细化、特色化、新颖化特征的科技项目。300多个参赛企业项目经过初审、复审及半决赛筛选，12家科技企业项目进入总决赛。最终，北京玻色量子科技有限公司获颠覆性技术奖；北京适创科技有限公司、润方（北京）生物科技有限公司等5家企业获得最佳硬科技奖；罗维智联（北京）科技有限公司、北京中科海芯科技有限公司等6家企业获得最具发展潜力奖。大赛得到海淀区政府、大兴区政府等相关单位及国内几十家投资机构支持。中关村科学城管委会、大兴区科委相关负责人及投资人、创业导师等近200人出席大赛决赛。

（史瑞平）

【中关村科学城科创服务有限公司揭牌】 11月17日，中关村科技园区海淀园创业服务中心事业单位改制后的新主体中关村科学城科创服务有限公司揭牌。公司9月成立，按照改制方案，是北京中关村科学城创新发展有限公司全资子公司。此次改制是落实海淀区委全面深化改革委员会会议精神、完善海淀区科创服务体系的重要举措，是中关村科学城创新发展有限公司落实中关村科学城“创新雨林”生态建设引领者定位、稳步推进“十四五”战略落地关键任务之一。双方将深度融合，坚持服务于留学生创新创业发展根本定位，发挥留学人员创业园作用，吸引优秀高端的留学人员回国创业。做好人才服务、企业服务和产业服务。按照空间更新、服务升级、品牌提升总体思路，将提供基础服务为主的创业孵化器转型为提供产业链深度服务的专业孵化平台，成为“投资+服务”双要素驱动，培育特色产业早期项目，为中关村科学城“创新雨林”生态优化提供支撑。

（程晓荷）

【中关村科学城“十四五”主要目标发布】 11月24日，北京市政府新闻办公室举行《北京市“十四五”时期国际科技创新中心建设规划》新闻发布会。海淀区相关负责人发布中关村科学城“十四五”时期主要目标，全社会研发经费支出占GDP的11%以上，基本建成国际一流科学城，在大信息等领域涌现一批前沿科技成果，突破一批关键核心技术。综合经济实力和产业竞争力、劳动生产率和地均产出明显提高，经济总量突破1.3万亿元，并保持稳定增长态势，国家级高新技术企业总量达到1.2万家。数字经济核心产业增加值占GDP50%基础上，保持年均增长8%以上，基本形成特色现代产业体系，南北区域均衡协调发展。“十四五”时期，中关村科学城将从强化基础前沿布局、引领产业高能级发展、突出企业创新主体地位、完善“创新雨林”生态系统、推进创新政策先行先试等方面推进工作。

（程晓荷）

【中欧生物健康合作月举办】 11月29日—12月3日，由中关村科学城管委会等单位指导，北京科技国际交流中心和中关村科学城创新发展有限公司承办的中欧生物健康合作月举办。活动吸引中、欧生物健康政产研各界150余人线上参会，围绕中欧生物健康领域发展现状、合作情况、未来合作发展机遇等议题展开交流。

（李文萍）

【参加2021年中国信息科技（澳门）品牌展】 12月2—4日，中关村科学城管委会组织北京声智科技有限公司、推想医疗科技股份有限公司、北京清微智能科技有限公司等21家企业参加2021年中国信息科技（澳门）品牌展，涉及信息通信、数字经济、人工智能等领域。展会期间，组织企业参加展商对接会、媒体采访等活动。中关村科学城展团企业及科学城共发放名片790份，触及意向客户67家。

（李文萍）

【中关村科学城国际化人才实训班举办】 12月14日，中关村科学城国际化人才实训班开班。实训班以“后疫情时代，国际化的新机遇”为主题，采取线上线下相结合形式进行。北京智谱华章科技有限公司、中科驭数（北京）科技有限公司、北京大北农科技集团股份有限公司等58家前沿企业及科创机构的79名高管参加实训。培训涵盖国际形势、北京国际环境、外国人视角看中国、国际区域介绍、国际行业专业领域五大模块20余项具体课程，协助企业应对复杂的国际环境。

（李文萍）

【“专精特新”中小企业进建行专场活动举办】 12月22日，中关村科学城联合海淀区金融办、海淀区工商联、中国建设银行北京市分行组织“照亮隐形冠军成长之路——海淀区‘专精特新’中小企业走进建行专场”活动。60余家企业通过线上线下方式参加此次活动。中国建设银行北京市分行针对小微企业推出的信用贷款金额最高为500万元，贷款期限最长可到3年；针对中型企业提供的信用贷款金额最高可达5000万元，同时还为“专精特新”企业提供普惠金融贷款和其他定制服务，助推企业发展。

（史瑞平）

【《国际人才服务手册》修订】12月，由中关村科学城管委会监制的《国际人才服务手册》3.0版完成修订并印刷。该手册对2.0版本进行更新补充，为落地海淀工作生活的外国友人提供商业服务、出入境、居留、办公、医疗、教育、社交等全方位指导。

（李金波）

【中关村科学城科技成长基金设立】12月，海淀区政府出资设立中关村科学城科技成长基金，首期规模15亿元，以加强对领军企业、高成长企业和前沿企业的梯度扶持作用，吸引和支持企业发展。截至年底，中关村科学城科技成长基金已投资决策北京红棉小冰科技有限公司和北京昂瑞微电子技术股份有限公司等项目，决策资金近2亿元。

（田京京）

【政策助力国家双创示范基地建设】2021年，中关村科学城管委会以“精益创业带动就业”为主题，结合2021年海淀区政府工作报告主要任务，制定《海淀双创示范基地2021年精益创业带动就业专项行动方案》。为发挥服务业扩大开放综合试点与自贸试验区政策叠加优势，发布实施《关于促进中国（北京）自由贸易试验区科技创新片区海淀组团产业发展的若干支持政策》，聚焦重点领域，带动全区产业开放和项目落地。为巩固提升数字经济创新引领水平，打造全球数字经济创新引领区，发布实施《中关村科学城数字经济创新发展三年行动计划（2021—2023年）》，涵盖15项具体行动、配套92个重点项目。推出20条创新创优服务措施，涵盖市场准入、食品监管、药械监管、行政执法检查、质量提升、商标保护、互联网新业态监管、产品质量等各项市场监管业务，为海淀区企业提供“打包”政策支持和精准服务。海淀区作为全国首批双创示范基地，连续5年被国务院表扬。

（史瑞平）

【中关村科学城智能网联汽车产业发展情况】2021年，中关村科学城管委会加快推动智能网联汽车产业发展。聚焦车载芯片、操作系统、智能感知、车联网等重点领域，梳理一批关键技术突破项目；加大对智能网联汽车头部企业和创新企业的引入和服务力度，协助百度自动驾驶研发中心实体阿波罗智能技术（北京）科技有限公司办公选址，依托中关村智能网联汽车产业前沿技术创新中心，引入北京娜迦信息科技发展有限公司、航天时代飞鹏有限公司、北京超星未来科技有限公司等一批自动驾驶前沿技术企业项目，实现前沿中心第一年企业入驻率50%的预期目标，获得市科委、中关村管委会2021年度前沿技术创新中心专项资金支持。推进自动驾驶示范区全域测试道路开放，出台二期道路开放实施方案，完成二期82条道路200多千米道路标线工作；在一期道路部分路段开展无人化、夜间、特殊天气等专项测试，提升测试道路利用率。完善中关村环保科技示范园智能网联应用场景建设，推动华为技术有限公司、北京超星未来科技有限公司、北京慧拓无限科技有限公司等企业在示范区内进行智能网联汽车相关技术测试及验证。截至年底，8种类型自动驾驶车辆已在园区内累计测试运行510余天，累计完成测试38 820余小时，累计完成测试4850余车次，累计参与测试人员6850余人次。举办5场中关村智能网联汽车国际创新论坛系列活动，及前沿创新大赛和自动驾驶嘉年华活动，促进企业交流和产业集聚发展。

（程晓荷）

【中关村科学城推进区块链技术示范应用】2021年，中关村科学城管委会推进区块链技术示范应用，强化底层技术创新布局。支持北京微芯区块链与边缘计算研究院聚焦区块链基础理论研究和核心技术攻关，联合清华大学、北京航空航天大学、腾讯公司、百度公司等共同研发长安链底层技术与底层技术平台，自主研发抗量子加密算法、可治理流水线共识等核心技术模块。建设可信基础设施体系，支持微芯研究院牵头建设区块链算力实验平台，发布全球首款96核区块链专用加速芯片及超高性能区块链专用加速板卡，将区块链数字签名、验签速度提升20倍，区块链转账类智能合约处理速度提升50倍。支持腾讯公司建设区块链商用算力平台，依托长安链自主可控软硬件技术体系，打造绿色节能碳中和算力平台标杆，为区块链场景应用落地提供算力支撑，并与海淀区签订合作协议。北京微芯感知科技有限公司与建设银行共建的首个基于长安链技术的北京商银微芯科技有限公司在海淀注册落地，长安链生态联盟新增23家大型企业，成员累计达50家，含27家央企、28家世界500强企业。

（程晓荷）

【中关村科学城医药健康产业发展情况】2021年，中关村科学城管委会聚焦创新药物、高端医疗设备、智慧医疗等产业细分领域，完善全球健康药物研发中心药物筛选发现及先导优化关键能力，发挥百放创新专业孵化器、巢生孵化器等新药研发平台优势。百放创新专业孵化器公共设备平台投入运行，黄牛团队牵头的康迈迪森（北京）医药科技有限公司入驻，已启动6个原创项目，并搭建2个技术平台。巢生北京创新旗舰实验室累计签约入驻和战略合作企业10余家，签约入驻企业中超过50%的团队成员是来自麻省理工学院、哈佛大学等知名院校的海外归国人才，并筹划巢生基金在北京落地。推动中关村前孵化创新中心、东升国际孵化园等医药健康孵化器加强与高校科研院所、医疗机构衔接，推动寻济高端制剂平台、高端医疗器械CDMO等一批产业服务平台投入运营，北京茵诺医药科技有限公司、北京昆迈医疗科技有限公司、北京大橡科技有限公司、北京君全智药生物科技有限公司等一批前沿转化项目落地发展，会同市科委推动类器官芯片、基因编辑等一批CGT平台建设。加快贝伦产业园建设，支持百图生科（北京）智能技术有限公司、圆因（北京）生物科技有限公司等企业落地，入驻率近100%，产业聚集效应显现。联合上庄镇镇政府，依托“一镇一园”产业布局，打造中关村科学城医药健康谷，产业规划方案初稿已完成。推动智慧医疗、数字医疗等应用场景建设，组织已取得生物医药、医疗器械许可证的企业对接海淀医院、羊坊店医院等，促进智慧医疗场景落地。

（赵　媛）

【中关村科学城空天产业发展情况】2021年，中关村科学城管委会围绕空天产业链梳理重点企业和重点项目清单，跟踪重点项目20余个。对接国家卫星互联网重大项目，落地星网系统研究院有限公司等3家企业，并在“创新合伙人”大会上签订意向协议。推动星谷创新园企业入驻，公共服务平台建设已为企业提供信息、产业研究、技术咨询等服务。空天产业集聚区总体入驻率85%。其中，星谷创新园入驻企业13家，入驻率70%；中关村壹号入驻企业26家，入驻率95%。国科天成（北京）科技有限公司、遨天科技（北京）有限公司等企业的中试生产线建设完工。

（程晓荷）

【中关村科学城新材料产业发展情况】2021年，中关村科学城管委会鼓励北京元芯碳基集成电路研究院与多家企业开展产品验证工作；推动北京航空材料研究院座舱透明件等产业项目转化落地，资产已剥离至航材院公司，2022年启动募投项目建设；开展国家石墨烯产业创新中心申报工作，已完成中试基地改造并投入使用，促进石墨烯领域关键共性技术转移扩散和首次商业化应用，建立石墨烯材料制备、石墨烯应用材料研究及制备、石墨烯材料检测等多个中试实验室；协调北京北冶功能材料有限公司和北京康美特科技股份有限公司空间、土地等相关事项，推动企业在科创板上市；组织新材料企业模拟仿真交流会，探讨新材料领域模拟计算新路径，加快新材料研发周期。

（韩焱森）

【中关村科学城能源环保产业发展情况】2021年，中关村科学城管委会加大新能源技术培育和产业化，国际氢能中心在海淀落地运营，重点推进固态燃料电池燃料和微网电子电力设备研发，北京思伟特新能源科技有限公司落地海淀；清创人和生态工程技术有限公司、苏伊士智慧水务科技（北京）有限公司落地海淀；北京协同创新研究院建立新能源协同创新中心；中国科学院工程热物理研究所联合产业内优势企业和知识产权服务机构，共同组建大容量储能电池高价值专利培育运营中心，2021年囊括高价值专利近200件，其中发明专利占比94.8%；E20环境平台入选2021年度国家中小企业公共服务示范平台。

（郭戎威）

【中关村科学城应用场景建设发展情况】2021年，中关村科学城管委会通过搭建应用场景，将前沿技术发展、需求与应用紧密结合，为科技型企业新技术、新产品提供应用场景和验证平台，发布并完成的21个科技应用场景项目向正式运行状态过渡。对接2022北京冬奥组委、市科技冬奥专班、五棵松体育中心、首都体育馆、海淀区文化和旅游局等单位，推动14个科技冬奥应用场景项目落地；设计开发科技冬奥指挥运营平台，以空间计算操作系统为底座，搭载多模块系统解决方案，为疫情防控提供支持；启用虚拟分身智能语音播报机器人、雾化消杀机器人、安防巡检机器人等产品，提高赛事运行有效性和娱乐性；在冬奥会全部场馆推广使用公共空间气溶胶监测和智能测温手环项目；拓展赛事服务和城市运行保障中科技防疫、智慧服务、全景安防、低碳环保、超高清显示等项目落地应用。推动新基建布局，加强AI+大数据、5G+边缘计算平台等园区新一代基础设施建设，建立AI标准评测和数据分享平台等协同创新平台，为开源创新项目提供基础平台支撑。

（程晓荷）

【中关村科学城推进高校院所科技成果转化】2021年，中关村科学城管委会牵头制定《关于贯彻落实〈北京市促进科技成果转化条例〉加快推进中关村科学城科技成果转化的工作方案（2021—2023年）》，加强技术转移机构建设，提升成果转化服务能力，支持30家高校院所知识产权运营办公室能力建设，从成果转化平台搭建、运营人才培养、运营模式探索等方面支持其能力提升，30家高校院所全年转让专利1500余件，运营总金额15亿元。推进高校院所科技成果赋权改革工作，国家纳米科学中心科技成果赋权改革取得案例突破。

（石　蕾　程晓荷）

【自然联合基金实施情况】2021年，中关村科学城管委会扩大北京市自然科学基金－海淀原始创新联合基金参与企业和研究领域，通过遴选，将北京纳通科技集团有限公司和北京数字工软科技有限公司纳入海淀联合基金，发布指南40项，经评审，最终资助项目68项，资助总金额2901万元。发布国家自然科学基金区域创新发展联合基金（北京）申报指南，有效申报89项，其中区内企业联合高校院所申报27项；编制完成2022年申报指南，14家领军企业提出的14个科学问题列入指南方向。联合市基金办举办“杰青来了”等系列活动，对接杰青和课题承担方的优秀科研成果，帮助优秀成果转化落地。推荐10人参加2021年北京市杰出青年科学基金项目评审，最终3人入选，占全市的60%。

（孙　猛）

【中关村科学城科技创新基金实施】2021年，中关村科学城科技创新基金统筹联席会办公室累计审核报送政策性及市场化项目30个，投资规模超过11.88亿元；中关村科学城科技创新基金新增决策股权直投项目2个、子基金项目2个，决策金额7260万元；对9个已决策股权投资项目及15只子基金出资8.12亿元。聚焦智能制造、高端医疗器械、大信息等领域，中关村科学城创新发展有限公司与北京金隅集团股份有限公司合作参股设立金隅智造股权投资基金，基金一期规模为2亿元，中关村科学城创新发展有限公司已完成首期出资4000万元。

（田京京）

【“胚芽企业”培育计划建立区域创新生态】2021年，中关村科学城管委会把海淀“胚芽企业”培育计划作为建立区域创新生态重要举措，先后举办5期海淀“胚芽企业”成长汇活动，围绕期权激励和股权融资的风险防范、知识产权、企业创始人应该具备的财税战略思维、数据安全等主题，搭建海淀区政府与“胚芽企业”之间的创新交流平台，收集梳理企业共性需求，持续做好“胚芽企业”跟踪服务。从最开始的“破冰育苗”到“创新生态雨林”打造，海淀区深入贯彻“两新两高”战略部署，拓展思路、创新服务方式和手段，在为“胚芽企业”提供资金支持的同时，整合高校、联盟、企业、投资机构等各方资源，为科技型初创企业提供精准、契合、高效的创业创新服务，为海淀“胚芽企业”的成长保驾护航。截至年底，海淀区“胚芽企业”达539家。

（史瑞平）

【诚信建设万里行“五进”宣传活动举办】2021年，中关村科学城管委会组织开展“诚信建设万里行”进校园、进企业、进商圈、进园区、进社区“五进”宣传活动，印发《关于加强海淀区信用宣传工作的通知》，设计、印制多套折页、海报、易拉宝等材料供宣传使用。利用企业信用管理培训、社区诚信活动、微信公众号、微博及电子屏、宣传栏等途径解读信用政策法规、普及信用知识、宣传信用建设成果等，加大对信用体系建设的宣传和引导力度，增强广大市民信用意识。全年共开展“五进”宣传活动1256场，并在五棵松华熙、海淀公园两地举办北京市诚信宣传月主题活动。

（田京京）

【国际合作大讲堂活动举办】2021年，中关村科学城管委会举办4期线上线下国际合作大讲堂系列活动，800人次参与。活动围绕美国出口管制及中国企业合规应对、谨防海外上市做空陷阱、海外数字营销等内容，邀请国际知名服务机构、行业专家授课，协助企业了解国际规则，提升企业国际化能力。

（李文萍）

【人才认定与推荐】2021年，中关村科学城管委会根据市科委、中关村管委会要求，牵头组织征集园区2021年科技人才引进落户需求工作，共上报200余人；推荐优秀人才项目计划和工程，为人才打通培养和关注通道。先后完成2021年北京学者、“北京市留学人员创新创业特别贡献奖”等市级以上人才工程和奖项的推荐工作，累计推荐60余人。

（李金波）

【新增11家企业博士后工作站分站】2021年，中关村科技园区海淀园企业博士后科研工作站共推荐23家单位申请设立园区博士后工作站分站，最终北京微芯区块链与边缘计算研究院、北京联影智慧医疗科技有限公司、北京佰才邦技术有限公司等11家博士后工作站分站获得市人力资源社会保障局批准设立。截至年底，中关村科技园区海淀园企业博士后科研工作站扩大至96家分站。

（李金波）

【博士后工作站助力青年人才发展】2021年，中关村科技园区海淀园企业博士后工作站博士后进站99名，出站61名，超过半数留在海淀继续科研工作。10余名博士后获得国家、北京市各类资助项目支持，总金额391万元。中关村科学城管委会作为首届全国博士后创新创业大赛支持单位，完成参赛组织、创业导师和评审专家推荐、优秀博士后推荐及工作成果展等工作。

（李金波）

怀柔科学城

【概述】怀柔科学城位于北京市东北部，前身始于中国科学院北京怀柔科教产业园。2009年6月，中国科学院、北京市政府签署《共建中国科学院北京怀柔科教产业园合作协议》。2016年11月，市政府办公厅印发《怀柔科学城建设发展规划（2016—2020年）》。2018年9月，北京怀柔科学城管理委员会（简称怀柔科学城管委会）揭牌。2019年10月，市科委常委会审议通过《怀柔科学城规划（2018—2035年）》，规划指出，怀柔科学城以怀柔区为主，并拓展到密云区部分地区，规划面积100.9平方千米，其中：怀柔区域68.4平方千米，占规划面积的67.8%；密云区域32.5平方千米，占规划面积的32.2%。怀柔科学城是北京建设国际科技创新中心“三城一区”主平台之一，是培育国家战略科技力量的重要载体、引领全球科学发现和重大前沿技术突破的重要引擎、中国建设创新型国家和世界科技强国的重要力量。怀柔科学城战略定位是世界级原始创新承载区，功能定位是“两地一区”，即战略性前瞻性基础研究新高地、综合性国家科学中心集中承载地、生态宜居创新示范区。

2021年，怀柔科学城管委会在市委、市政府坚强领导下，结合怀柔区委、区政府工作要求，系统推进“五态”建设，科学设施集群初步形成，“聚人气、聚科研气”成效显著，“科学+城”框架体系加速构建，北京怀柔综合性国家科学中心实现新突破，怀柔科学城发展进入建设与运行并重的新阶段。

区域发展蓝图更加清晰。高起点编制“十四五”规划，参与制定《“十四五”时期北京怀柔综合性国家科学中心发展规划》《北京市“十四五”时期国际科技创新中心建设规划》。高标准编制各类专项规划，编制完成《怀柔科学城控制性详细规划（街区层面）（2020年—2035年）》，研究编制《“十四五”时期怀柔科学城落实控制性详细规划行动计划》等重点规划行动方案。

综合性国家科学中心建设实现新突破。怀柔实验室挂牌，起步区改造完成并正式入驻，核心区项目选址规划方案、概念设计方案完成上报。科学设施集群初步形成，综合极端条件实验装置进入科研状态，地球系统数值模拟装置落成运行，子午工程二期土建完工，高能同步辐射光源土建工程完成87.5%，多模态跨尺度生物医学成像设施土建工程完成85%。11个科教基础设施主体结构、二次结构全部完工，其中5项土建工程基本完成，7项已开展科研设备采购。第一批5个交叉研究平台全部进入试运行状态，第二批8个交叉研究平台中，国际子午圈土建完工，北京分子科学交叉研究平台、介科学与过程仿真交叉研究平台土建基本完工。设施平台管理运行机制创新逐步深入，推动发布《北京怀柔综合性国家科学中心重大科技研发平台项目管理办法》《北京怀柔综合性国家科学中心院市交叉研究平台运行经费补助实施细则》等文件，为推进平台运行提供制度保障。

科技创新生态加速形成。创新主体快速集聚，惯性与声学传感技术等北京市工程研究中心项目取得批复，与北京干细胞与再生医学研究院签订战略协议，纳米能源所博士后工作站授牌，德勤（中国）大学提前办学。创新成果不断涌现，无液氦稀释制冷机原型机、热挤压碲化铋材料试验样机等设备成功研发，高品质因数1.3GHz9−cell超导腔完成首次试制，新一代数据确权与交易关键技术正式发布。协作联动不断加强，与国家自然科学基金委、科技部科技评估中心、中国分析测试协会开展合作，丘成桐科学基金会正式成立。科技交流持续深化，成功举办第五届亚欧科技创新合作论坛等高水平科技交流活动46场。

高精尖产业业态布局加快推进。科学仪器和传感器产业扎实起步，实施《关于精准支持怀柔科学城科学仪器和传感器产业创新发展的若干措施》，累计争取市级资金3.4亿元，推动发布《关于支持发展高端仪器装备和传感器产业的若干政策措施》，协助市经济和信息化局做好政策实施细则研究编制工作。

“科学+城”框架体系加速构建。城市服务功能持续提升，创新小镇K楼完成升级改造，城市客厅

B 地块（公寓部分）、C 地块完成土地入市，雁栖小镇 A 区挂牌入市，雁栖河生态廊道一期工程完工。多元化住房保障体系基本形成，翡翠华庭等一批商品房项目竣工验收，凯利特、栖美园等一批人才公寓投入运营。市政基础设施不断完善，雁栖东三路、永乐北二街具备全线通车条件，起步区综合管廊主体工程基本完工。教育医疗服务逐步提升，怀柔医院晋升三级综合医院，北京一零一中学怀柔校区扩建项目北地块投入使用，青苗学校完成改造正式招生。开展 20 余项“聚人气、聚科研气”活动，帮助科研人员解决子女入学、就餐、住宿、通勤问题，让人才安心“扎根”。

（怀柔科学城管委会办公室）

【地球系统数值模拟装置外电源工程送电】1 月 29 日，位于怀柔科学城东区的国家“十二五”重大科技基础设施项目——地球系统数值模拟装置外电源工程送电，标志着该项目进入设备安装、调试阶段。工程实施主体为北京怀柔科学城建设发展有限公司，由水泉 110 千伏变电站接双路电缆至地球系统数值模拟装置项目新建开关站，电力隧道总长 4102 米，途经云西七街、云西四路、云西二街，新建电力管井 72 座。

（王　研）

【科学城《控规》取得阶段性成果】2 月 26 日，《怀柔科学城控制性详细规划（街区层面）（2020 年—2035 年）》（简称《控规》）成果通过技术审查及专家评审。9 月 29 日，市规划自然资源委组织召开部门联审会，《控规》成果通过市级部门联审。截至年底，《控规》完成上报所需附件。《控规》深入贯彻国家科技创新发展战略和北京城市总体规划，面向世界科技前沿和国家重大需求，按照建设世界级原始创新承载区和百年科学城的总体要求确定怀柔科学城的战略定位与发展目标。

（张　璐）

【城市客厅 B 地块项目开工建设】3 月 3 日，怀柔科学城城市客厅 B 地块项目土护降开工。城市客厅项目位于科学城起步区，分为 A、B、C 地块，总用地面积 29.45 公顷，总建筑面积约 63 万平方米。其中，城市客厅 B 地块项目位于怀柔新城 0211 街区，在科研设施集中区的西侧，项目用地面积约 8.64 公顷，总建筑面积约 30.96 万平方米，定位于科技服务和技术转化功能，布局企业办公、科技服务与转化、商业配套等。12 月 20 日，B 地块 N5、N8 办公楼主体结构封顶，施工历时 65 天，比计划提前 35 天完工。

（蒋明秀）

【低温液氦系统建成】3 月 8 日，中国科学院物理研究所综合极端条件实验装置项目的低温液氦系统在怀柔科学城建成并生产出液氦，标志着中国科学院物理研究所怀柔园区的低温保障系统全部建成并进入使用状态。作为综合极端条件实验装置的公共辅助子系统之一，低温液氦系统的建成使得中国科学院物理研究所怀柔园区具备进一步开展低温实验的条件，项目的建设目标包括实现 1 毫开尔文极低温和 26T（超导磁体）的强磁场等，关键指标有了重要的条件保障。低温液氦系统的建成也是综合极端条件实验装置建设过程中的重要节点。实验装置中的高压低温物性测试系统等十几个子系统都需要液氦才能开展安装调试工作。

（金　霞）

【德勤（中国）大学落户怀柔】3 月 27 日，怀柔区“两区”建设系列活动——德勤大学项目签约仪式在市政府举行，市长陈吉宁、副市长靳伟，以及市外办、怀柔区政府、金隅集团、德勤全球负责人出席会议，见证怀柔区、金隅集团和德勤中国公司签署《德勤大学项目合作框架协议》，德勤大学项目正式落户怀柔区。这是德勤大学项目首次进驻中国，校区面积 1.5 万平方米，计划在未来 5 ～ 10 年投资 15 亿元，投用后每年为国内外 1.5 万名学习交流人员提供沉浸式学习体验。项目计划于 2021 年底启动建设，2023 年投入运营。陈吉宁表示，希望各方以签约为起点，加快推进学校建设，引入德勤大学成熟培训体系，结合国内需求，为北京乃至全国的专业服务业发展提供智力支持，同时积极参与北京“两区”建设，围绕推动绿色低碳发展、实现碳中和等提供高水平专业咨询服务。

（阎星宇）

【首次“雁栖学者云论坛”举办】4 月 11 日，中国科学院大学“雁栖学者云论坛”在雁栖湖校区举办，中国科学院大学、怀柔科学城管委会相关领导及校方相关教学科研单位负责人、人才代表等 30 余人出席并做报告，校领导介绍学校办学历史、师资队伍、学科布局、人才培养和国际交流合作等情况，学校相关部门对学科发展平台、专业发展、引进待遇等问题进行详细解答，怀柔科学城管委会领导介绍怀柔科学城发展背景、科研资源、配套保障相关情况。美国、德国、日本等 16 个国家和地区近 7000 名海内外青年学者在线观看论坛直播。

（阎星宇）

【支持科学仪器和传感器产业发展若干措施印发】4 月 14 日，怀柔科学城管委会印发《关于精准支持怀柔科学城科学仪器和传感器产业创新发展的若干措施》（京怀科管发〔2021〕4号）。《措施》包括4个方面11条内容，支持注册在怀柔科学城内符合条件的各类创新创业主体开展科学仪器和传感器的研究开发、生产制造、培育孵化、技术转化、成果应用、维修运维等活动，推动怀柔打造高端仪器装备和传感器产业先导区。

（张曦宇）

【怀柔科学城公司股权划转完成】4月15日，北京怀柔科学城建设发展有限公司（简称怀柔科学城公司）股权划转工作完成全部工商变更手续，怀柔科学城管委会成为公司出资主体。怀柔科学城公司2017年3月29日注册成立，负责统筹怀柔科学城开发建设、投融资和运营管理，着力推进科学设施平台建设、城市开发、房地产、科技服务和产业投资五大业务板块。本次股权划转工作将原中关村发展集团对怀柔科学城公司占有的60%股权划转至怀柔科学城管委会，怀柔科学城管委会成为公司最大控股股东。

（蒋明秀）

【北京激光加速创新中心主体结构封顶】5月7日，北京激光加速创新中心项目实现主体结构封顶。项目于2020年4月25日开工建设，位于怀柔科学城起步区，建筑面积3万平方米，由北京大学和怀柔科学城公司共建，主要建设科研综合楼、科研实验楼和公共辅助楼，搭建各类模块化子平台。项目特别设计超常规的大体积混凝土结构，以满足实验室特殊的防微振和防辐射使用要求。项目建成后，将为辐射医学、前沿物理等领域的研究提供实验场所。

（李英南）

【中国科学院发布“怀柔四条”激励政策】5月14日，中国科学院在怀柔召开研究所入驻怀柔科学城动员会，中国科学院副院长张涛、北京市政府副秘书长刘印春，怀柔区委书记、怀柔科学城党工委书记戴彬彬出席会议。会上，中国科学院发布《中国科学院关于加快怀柔综合性国家科学中心建设保障科研平台有效利用的激励政策（2021—2023）》暨“怀柔四条”激励政策，将中国科学院各院所新增入驻怀柔、全时在怀柔开展科研工作的青年职工、特别研究助理和高年级学生作为激励对象，给予事业编制、人才指标、薪酬支持、特别补助4个方面专项政策支持，充分调动研究所主动作为的积极性。

（阎星宇）

【欧阳卫民调研怀柔科学城】6月4日，国家开发银行行长欧阳卫民带队前往创新小镇、科学城起步区、凯利特公寓等地开展调研，怀柔区、怀柔科学城管委会领导陪同调研。一行人察看大科学装置、科教设施、交叉研究平台建设进展情况。欧阳卫民表示，国家开发银行将聚焦首都城市战略定位，立足怀柔发展，在推进怀柔城市建设、怀柔科学城配套项目和相关产业发展等方面发挥政策性金融机构优势，进一步深化合作。怀柔区表示，希望双方强化顶层设计，完善对接机制，坚持样板先行，做实做好合作项目，为北京科创中心建设贡献力量。

（阎星宇）

【首期全时体验营活动举办】6月4—5日，由中国科学院科技创新发展中心和怀柔科学城管委会共同主办的首期“服务科学家共建科学城”全时体验营在凯利特青年公寓举行。中国科学院60余名科研和管理工作者、学生代表参加体验营。活动设计24小时全时体验，包括试住凯利特青年公寓、参观怀柔科学城起步区、了解科学设施平台和配套设施建设进展等。活动是怀柔科学城管委会集中开展的“聚人气、聚科研气”系列活动之一，旨在更好地激发科研工作者共建科学城的主人翁意识。双方表示将协同合作，竭诚为科研人员创造良好的生活环境和保障条件，让科学家安心致研，多出成果。

（阎星宇）

【武维华调研怀柔科学城】6月11日，全国人大常委会副委员长、九三学社中央主席武维华率调研组到怀柔科学城，就中共中央委托的“促进国家科技创新平台建设 推动中国科技自立自强”课题开展年度重点考察调研。九三学社中央、北京市委统战部、九三学社北京市委、怀柔区、怀柔科学城管委会相关领导参加。调研组先后察看创新小镇、科学城起步区，主要围绕国家科技创新平台在统筹规划、投入建设、运行机制、人才队伍等方面问题了解情况，听取意见建议。武维华指出，促进国家科技创新平台建设，应进一步解放思想、开拓创新，从顶层设计、政策层面、制度层面、机制层面破除藩篱和障碍；应着力强化科技创新的支撑引领作用，坚持高质量标准，形成更具针对性的科技创新平台系统性安排。

（阎星宇）

【先进光源技术研发与测试平台项目通过性能工艺测试】6月18日，中国科学院组织专家组对先进光源技术研发与测试平台（PAPS）项目超导高频系统、低温系统、精密磁铁系统、束流测试系统、X射线光学系统、X射线探测系统、X射线应用系统，以及公辅系统8个科研系统的验收指标进行现场测试，各项验收指标均实现项目科学目标。PAPS 项目于 2017 年 5 月 31 日在怀柔科学城核心区启动建设，占地 4 万平方米，是北京市第一批交叉研究平台项目中第一个通过性能工艺测试的平台，也是光源核心技术验证和设备测试的重要平台，其建成验收将为怀柔科学城的核心项目——高能同步辐射光源的建设提供重要的技术支撑。

（阎星宇　梁　茜）

【重大科技研发平台项目管理办法印发】 6 月 21 日，《北京怀柔综合性国家科学中心重大科技研发平台项目管理办法》（京怀综科办〔2021〕3 号）印发。《办法》共 6 章 25 条，明确了交叉研究平台运行经费支持方式，即以交叉研究平台总投资的 10% 作为 5 年财政支持经费的测算依据，按照 35%、25%、15%、10%、10% 的比例给予财政支持，财政支持列入管委会年度预算，由管委会考核评定后拨付。

（杨　楠）

【2 个研发平台项目验收合格投入试运行】 6 月 22 日，怀柔科学城材料基因组研究平台和清洁能源材料测试诊断与研发平台项目通过性能工艺测试及性能工艺验收，投入试运行。验收会上，来自北京大学等 22 个单位的 29 名专家听取 2 个平台性能工艺的测试报告，现场查看设备的运行情况，进行质询和充分讨论，专家组一致认为 2 个平台实现预期的工程目标，7 个子平台性能工艺指标全部达到、部分优于项目初步设计报告中要求的验收指标。2 个平台项目为北京市第一批院市合作交叉研究平台项目，于 2017 年 5 月开工，是具有世界先进水平的大规模材料的高通量计算、筛选、制备及快速检测平台和国际一流的材料与器件分析、诊断及研发平台。

（阎星宇）

【地球系统数值模拟装置落成启用】 6 月 23 日，国家“十二五”重大科技基础设施项目——地球系统数值模拟装置在北京怀柔科学城东区落成启用。模拟装置中文名为“寰”，英文名为“Earth Lab”，总建筑面积 2.4 万平方米，这是中国首个具有自主知识产权，以地球系统各圈层数值模拟软件为核心，软、硬件协同设计，规模及综合技术水平位于世界前列的专用地球系统数值模拟装置，整体性能与国际先进水平相当，将服务于应对气候变化、生态环境建设、“双碳”愿景目标、防灾减灾（如天气预报）等国家重大需求，为国际气候与环境谈判提供有力的科学支撑。市政府、中国科学院、怀柔区、密云区等有关领导参加落成启动仪式。

（王　研　阎星宇）

【空地一体环境感知与智能响应研究平台主体结构封顶】 6 月 28 日，怀柔科学城东区空地一体环境感知与智能响应研究平台实现主体结构封顶。项目是北京市第二批院市共建交叉研究平台，利用怀柔科学城的大数据技术、超算平台等开展大尺度、高精度、跨介质耦合的环境污染迁移与改善模拟，构建多尺度感知、高精度模拟、科学化诊断、智能化响应的环境研究平台。由清华大学与怀柔科学城公司共同建设，规划面积 2.744 万平方米，建筑面积 3.3 万平方米，包括空地一体环境感知、环境样品与信息中心、环境模拟与智能响应三大系统。至此，怀柔科学城东区“1+5”科学设施项目全部实现主体结构封顶。

（蒋明秀　王　研）

【高能同步辐射光源首台科研设备完成安装】 6 月 28 日，国家重大科技基础设施高能同步辐射光源（HEPS）首台科研设备——电子枪顺利完成安装，为 HEPS 提供技术研发与测试支撑能力的先进光源技术研发与测试平台（PAPS）同期转入试运行，标志着 HEPS 工程建设进入设备安装阶段。电子枪位于 HEPS 直线加速器端头，是加速电子产生的源头，采用全国产技术，自主设计、国内加工。其打出的高能电子束在光源储存环隧道里以无限接近光速奔跑，产生亮度远超过普通灯泡万亿倍的 X 射线，可用于探究纳米级物质结构。电子枪由枪体、陶瓷桶、防晕环、阴栅组件四大部件构成，其中阴栅组件是电子枪关键“卡脖子”部件，中国科学院高能所的科研人员成功解决技术难题，实现阴栅组件基本国产化。

（阎星宇　梁　茜）

【大科学装置用高功率高可靠速调管研制平台主体结构封顶】 6 月 30 日，由中国科学院空天信息创新研究院承建的大科学装置用高功率高可靠速调管研制平台完成主体结构封顶。速调管作为微波放大装置，可以生产大功率的高能微波，是同步辐射光源、可控热核聚变、散列中子源等大科学装置所需核心部件之一。速调管研制平台建成后，将实现 P–G 波段系列高功率速调管研制能力的突破，逐步替代进口，解决“卡脖子”问题。项目于 2020 年 5 月 10 日开工建设，位于怀柔科学城起步区，建筑面积 2.75 万平方米，总投资 2.65 亿元，主要用于建设高性能速调管研发楼。

（李英南）

【无液氦稀释制冷机极低温运行实现突破】 7 月 12 日，中国科学院物理研究所自主研发的无液氦稀释制冷机成功实现10毫开尔文以下极低温运行，并且在单冲程模式下，能够实现低于8.7毫开尔文的温度，标志着中国在高端极低温仪器研制上取得突破性进展。稀释制冷机是一种能够提供接近绝对零度环境的高端科研仪器，是量子计算研究中不可替代的关键设备，也是亟待攻破的“卡脖子”核心技术，在凝聚态物理、材料科学、粒子物理及天文探测等科研领域广泛应用。

（程福营）

【2021雁栖湖科学仪器和传感器论坛举行】 7月22日，由中国仪器仪表学会、北京怀柔仪器和传感器有限公司主办的2021雁栖湖科学仪器和传感器论坛在北京雁栖湖国际会展中心举行。论坛以“探究未知，引领未来”为主题，作为中关村论坛系列活动和怀柔区“两区”建设系列活动之一，邀请20余位国内外科学仪器和传感器领域的嘉宾进行专题演讲，旨在通过深化科学仪器和传感器产业学术交流与合作，探索有利于自主创新、基础研究、成果转化和产业链优化的路径和模式，促进国内外科学仪器和传感器重大成果落地北京，推动国内科学仪器和传感器产学研深度融合，助力北京怀柔综合性国家科学中心建设。主论坛中，清华大学副校长尤政、中国电子科技集团公司测试仪器首席科学家年夫顺等专家针对高端科学仪器和传感器领域发展做主旨报告。在科学仪器技术论坛、网络化传感测试技术论坛两场分论坛上，与会学者共同交流科学仪器和传感器领域的最新动态、技术难题的解决方案和创新思维等内容。

（阎星宇）

【怀柔国家实验室挂牌】 7月31日，怀柔国家实验室挂牌。怀柔国家实验室是由中央批准设立和管理的能源领域国家级新型科研机构，是国家战略科技力量的重要组成部分，围绕可再生能源开发、氢能和储能、新型电力系统、能源数字化、能源材料、能源器件和芯片等方面开展战略性、前瞻性、基础性科学技术研究，创设目标导向新、开放协同的新型科研机制，汇聚海内外能源领域科技创新力量，加速关键技术创新突破和重大科研成果转化应用。

（阎星宇）

【空间环境地基综合监测网土建完工】 8月20日，由中国科学院国家空间科学中心建设的空间环境地基综合监测网（子午工程二期）完成土建施工。项目2019年7月28日开工建设，位于怀柔科学城起步区，建筑面积1.2万平方米，总投资2.12亿元，主要建设空间环境监测系统、数据通信系统、科学应用系统、定标测试分系统和配套土建工程。

（李英南）

【国际子午圈大科学计划总部土建完工】 8月20日，由中国科学院国家空间科学中心建设的国际子午圈大科学计划总部完成土建施工。项目2019年7月28日开工建设，位于怀柔科学城起步区，建筑面积8000平方米，总投资6567万元，主要建设国际总部机构、大数据中心、运控中心，建成科技合作、协同监测、信息共享、人才培养四大平台及负责该计划运行和发展的国际子午圈大科学计划组织总部。

（李英南）

【JF—22超高速风洞进入安装调试阶段】 8月，由中国科学院力学研究所姜宗林团队研制的JF—22超高速风洞进入安装调试阶段。项目位于怀柔科学城，2018年3月启动，预计2022年建成。作为一座超大型激波风洞，JF—22超高速风洞针对天地往返飞行技术领域的国家重大需求和高温气体动力学学科的前沿探索，解决超高速飞行技术的试验研究问题。建成后可以复现40～100千米高空，实现最高速度10千米/秒（相当于30倍声速的飞行条件），缩减卫星和航天器发射费用90%。JF—22核心技术是通过正向爆轰驱动器为激波风洞提供平稳驱动气流，风洞试验能力比JF—12（2012年研制成功，可复现5～9倍声速的飞行条件，实验时间超过100毫秒，比其他同类型激波风洞提高1个量级）驱动能力提高10倍。建成后将与JF—12风洞一起构成覆盖全部超高速飞行走廊、具有国际领先水平的地面气动实验平台。

（梁　茜）

【北京怀柔科学城科技服务有限公司注册成立】 9月9日，北京怀柔科学城科技服务有限公司注册成立，注册资本金2亿元，为怀柔科学城公司全资子公司。公司将整合空间、人才、技术、资本等创新要素资源，构建资产运营、科技服务、产业投资三大核心业务板块，重点推动生命科学产业、新能源材料产业在怀柔科学城集聚发展。

（蒋明秀）

【第四届国际综合性科学中心研讨会举办】 9月25—26日，2021中关村论坛第四届国际综合性科学中心研讨会在怀柔区举办。会议由市政府与中国科学院共同发起并主办，以“新形势下国际科技合作新模式”为主题，采用线上线下相结合的方式，邀请国家科学中心国际合作联盟成员及国内有关科学中心代表围绕科学中心建设运行、国际科技合作和最新研究成果等进行研讨交流。北京市副市长隋振江、中国科学院副院长周琪以及怀柔区、怀柔科学城主要领导参会。

（阎星宇）

【华远达人才公寓试运营】10 月 1 日，怀柔科学城东区首个人才公寓华远达项目试运营。公寓位于密云区云西三街，紧邻“1+5”科学设施项目，是利用老旧办公楼改造而成，总建筑面积 5524 平方米，共有住房 111 间，能同时容纳 200 人居住，是涵盖居住区、餐食区、轰趴区、书吧、酒吧于一体的优质人才公寓。

（蒋明秀）

【第一届怀柔论坛举办】10 月 9—10 日，由北京大学联合怀柔区政府、怀柔科学城管委会主办的第一届怀柔论坛在怀柔区举办。论坛主题为“生命健康与生物医学成像”，聚焦生命健康领域，探讨如何依托先进的生物医学成像研究设施发现和探索关键核心科学问题，促进成像技术与基础生命科学、临床医学，尤其是精准医学等领域的交叉融合。论坛邀请国内相关领域著名专家学者 150 余人，通过学术报告及圆桌讨论的形式进行交流和探讨。

（阎星宇）

【脑认知机理与脑机融合交叉研究平台主体结构封顶】10 月 12 日，由中国科学院生物物理所、自动化所以及怀柔科学城公司共同建设的脑认知机理与脑机融合交叉研究平台主体结构正式封顶。项目占地 1.6 万平方米，建筑面积 3.05 万平方米，主要建设人脑认知功能研究平台、脑认知分子神经机制研究平台等 6 个科研平台。未来，项目将与多模态跨尺度生物医学成像设施和脑认知功能图谱与类脑智能交叉研究平台相互联动，共同构成脑科学与智能技术交叉研究的国际前沿基地。

（阎星宇）

【第四届雁栖湖会议召开】10 月 13—16 日，由中国科学院学部与北京市联合举办的第四届雁栖湖会议在怀柔区召开。会议以“量子科学与技术前沿”为主题，邀请海内外近 40 位著名专家学者参会。会上，量子科学与技术前沿领域内 6 位国内外专家围绕量子密码学、量子计算、量子网络等量子科学与技术领域的关键科学问题和技术难题进行探讨。在主题研讨阶段，专家学者围绕量子通信与信息安全、量子计算与量子模拟、量子材料与精密测量 3 个方向进行交流。中国科学院副院长高鸿钧，北京市委组织部和怀柔区委组织部相关领导以及来自国内外量子科学与技术领域的院士专家和中国科学院大学师生等近 150 人在现场参加会议开幕式和主题报告。

（孙　超）

【第二届雁栖人才论坛举办】11 月 20 日，北京怀柔综合性国家科学中心第二届雁栖人才论坛举办。论坛以“科学之光　城就梦想”为主题，由怀柔区委、区政府，怀柔科学城党工委、管委会，北京市科协共同主办。论坛主要采取线上方式，来自中国科学院相关科研院所、在京中央部属高校、市属高校、科研单位、重点企业、科创服务机构的科学家、企业家、投资人等参会。主旨演讲主要围绕“科创生态”和“城市形态”两大主题展开。丘成桐、吕力、黄翊东等科学家、企业家、城市战略顾问共同探讨科学、科学家、科学城融合发展的人才生态体系。论坛发布 5 个方面 226 项人才服务清单。主论坛上，怀柔区科协与北京机械工程学会等 4 家北京市科协学会、基金会达成合作，签署服务怀柔科学城合作框架协议；清华大学五道口金融学院技术转移硕士项目学生实践基地授牌。

（孙　超）

【空间科学卫星系列及有效载荷研制测试保障平台通过性能工艺验收】11 月 23 日，由中国科学院国家空间科学中心承担的北京市第一批交叉研究平台项目——空间科学卫星系列及有效载荷研制测试保障平台通过性能工艺验收。项目于 2017 年 5 月开工，共建设科学有效载荷集成与测试平台、科学卫星有效载荷定标试验平台、空间辐射效应分析试验平台、科学卫星可靠性及环境试验平台、科学卫星大数据应用承载平台、空间环境研究预报平台 6 大平台。项目的建成为实现高精度、高可靠空间科学探测奠定了坚实基础，可以有力支撑空间科学任务的全链条发展。

（阎星宇）

【地球系统数值模拟装置 4 个系统完成工艺测试】11 月，由中国科学院大气物理研究所承建，位于怀柔科学城东区的国家“十二五”重大科技基础设施项目——地球系统数值模拟装置 5 个软硬件系统中的地球系统模式数值模拟、区域高精度环境模拟、超级模拟支撑与管理、面向地球科学的高性能计算 4 个核心软硬件系统通过中国科学院条件保障与财务局、教育部科学技术与信息化司联合专家组的工艺测试，水平分辨率、空间分辨率、峰值计算能力等重要指标达到初步设计制定的验收指标。

（王　研）

【先进载运和测量技术综合实验平台试运行】12 月 10 日，先进载运和测量技术综合实验平台项目通过中国科学院组织的项目性能工艺测试验收会和设备验收会验收，进入试运行。市发展改革委、怀柔科学城管委会、中国科学院科技创新发展中心和力学所等各单位有关领导参加验收会，来自中国空气动力学研究与发展中心，航天科工三院等10余个单位的专家组成性能工艺验收组和设备验收组两个专家组，对项目进行验收。项目由中国科学院力学所建设，总投资9831万元，主要建设临近空间高超声速飞行地面模拟平台等3个子平台。平台将面向空天科技、先进轨道交通、精密测量等领域的广泛应用需求，为重大科技工程的技术攻关与系统方案研究提供国际领先的实验条件。

（杨　楠）

【高能同步辐射光源配套楼主体结构封顶】 12月15日，由中国科学院高能物理研究所建设的高能同步辐射光源配套综合实验楼和用户服务楼完成主体结构封顶。项目于2021年4月24日开工建设，位于怀柔科学城起步区，建筑面积2.82万平方米，总投资2.05亿元，是为国家重大科技基础设施高能同步辐射光源的运行及其用户人员建设的配套公共服务和科研办公楼。

（李英南）

【新一代数据确权与交易关键技术发布】 12月17日，新一代数据确权与交易关键技术发布会在京举行。清华大学丘成桐数学科学中心、北京雁栖湖应用数学研究院丘成桐、丁津泰等出席会议并致辞。发布会上，介绍了由北京雁栖湖应用数学研究院教授丁津泰、汤珂联合研发的新一代数据确权与交易关键技术，对技术特点、功能模块和工作进展进行说明。该技术具备创新性和可行性，实现了数据交易质的飞跃。市科委、北京国际大数据交易所、北京首都科技发展集团、中金集团、亦庄国投、北京科创基金等公司的相关人员，以及清华大学、北京雁栖湖应用数学研究院的师生参加发布会。

（阎星宇）

【“海外英才北京行”怀柔科学城专场活动举办】 12月22日，北京海外学人中心与怀柔区政府、怀柔科学城管委会共同举办2021“海外英才北京行”怀柔科学城专场活动，100余位来自各个国家和地区的海外创新创业人才与怀柔区相关部门、近20家用人单位、20余家知名创投机构开展交流。专题推荐环节，怀柔科学城管委会、怀柔区经济和信息化局相关负责人进行专题推荐；人才项目路演对接环节，6名海外创业类人才分别对其领衔的创业项目进行路演推介，2名海外工作类人才进行工作推介，涵盖仪器装备和传感器、新材料、生命健康等方向。活动有助于汇聚海外创新资源和人才落地合作，助推北京高水平人才高地建设和高质量发展。

（孙　超）

【起步区综合管廊项目主体结构完工】 12月31日，怀柔科学城起步区综合管廊项目主体结构完工。项目于2020年8月开工，主要沿雁栖东二路、青年路、雁栖东六路、永乐北三街、科院路和永乐大街6条道路下方新建地下综合管廊，建成后将为起步区内的大科学装置、交叉研究平台等科研项目提供安全稳定的市政供给，工程项目全长约7.9千米，预计2022年6月建成投用。

（蒋明秀）

【高功率密度锂/氟化石墨一次电池研究获突破】 2021年，中国科学院物理研究所、北京凝聚态物理国家研究中心怀柔研究部李泉博士和清洁能源实验室E01组博士生薛巍然开发出一种三氟化硼气体电解液添加剂，使得锂/氟化石墨一次电池的倍率性能得到大幅提升。成果发表在3月24日的 *Energy Storage Materials* 期刊上。项目是清洁能源材料测试诊断与研发平台的重要产出成果，标志着首批投入研究的项目取得重要进展。

（阎星宇）

未来科学城

【概述】 未来科学城位于北京市昌平区南部，前身为未来科技城，始建于2009年。2017年3月，市委、市政府明确将来未来科技城正式更名为未来科学城。2018年12月，市委常委会审议《未来科学城规划（2017—2035年）》，规划明确未来科学城规划范围170.6平方千米，是北京建设国际科技创新中心枢纽型主平台，处在“三城一区”连接点位置。发展空间呈现“两区一心”，研发产业聚焦“两谷一园”。东、西两区是未来科学城的主体承载区，是建设功能完备、宜居宜业的研发创新社区；“一心”是未来科学城的生态绿心，连接东、西两区，共同构建蓝绿交织、水城共融的生态发展格局。

2021年，未来科学城聚焦“双碳”战略，打造具有国际影响力的能源谷。发展先进能源产业，打造先进能源细分领域承载区，集中布局碳减排、碳中和新赛道，促成北京能源工业互联网研究院等代表性企业落地，着力打造能源互联网和氢能产业集群。发挥央企科技创新主力军作用，加快能源企业创新链、产业链、供应链“三链”融合，支持国网全球能源互联网研究院有限公司、国家电投科学技术研究院有限公司搭建大中小企业融通发展平台，进一步开放创新资源、吸引多元主体集聚。持续优化“龙头企业+中小创新企业+高校+公共服务平台”的创新创业生态，鼓励能源谷入驻央企成立二氧化碳捕集、利用与封存（CCUS），以及海上风电等产业技术创新联合体，协同突破一批关键核心技术。

推动中关村生命科学园高质量发展，建设具有全球领先水平的生命谷。全力保障昌平国家实验室建设，加快实施生命技术赶超工程，涌现出细胞焦亡抗肿瘤免疫功能重大发现、高精度个性化脑功能剖分技术等一批原创成果。维泰瑞隆（北京）生物科技有限公司、先声药业集团有限公司等一批企业注册或迁址，知名科学家创办企业超过40家。围绕打造医药健康千亿级产业集群目标，推动诺诚健华抗肿瘤创新药物生产基地、华辉安健大分子抗体药物生产基地等一批重大产业化项目落地；完成百济神州（北京）生物科技有限公司、扬子江药业集团北京海燕药业有限公司利用自有用地扩建项目规划批复；加强存量企业挖潜，推动北京凯普医学检验实验室有限公司、北京卓诚惠生生物科技股份有限公司等10余家企业在昌平区扩产扩能。加快推动创新平台建设，清华工研院细胞与基因治疗创新中心、大分子生物药中试平台竣工投用，国际研究型医院提前实现主体结构封顶。统筹推进自贸组团63项制度创新，高新技术企业“报备即批准”、去中心化临床试验（DCT）试点等“两区”政策红利直达企业。

加快科教融合、校城融合，建设世界一流的高教园。服务高校建设发展，年内整建制新迁入2个学院、4个一级学科和1个工程研究中心，北京大学昌平新校区正式开学。不断优化高校资源配置，北京航空航天大学等7所入园高校成立高校联盟，实现40门课程学分互认、14处空间共享。依托沙河高教园区建设发展理事会，健全校地联动机制，强化未来科学城东西联动，搭建北京邮电大学与国网全球能源互联网研究院、北京航空航天大学与中国商飞增材制造技术应用研究中心2个协同创新开放实验室，国网全球能源互联网研究院、北京小米科技有限责任公司2个产教融合实训基地。坚持“一校一策”，与北京大学、华北电力大学、信息科技大学签订战略合作协议，支持北京大学昌平产教研融合创新中心建设，北京师范大学牵头8所高校共建北京美丽健康产业创新研究院，实现矿大科技创新综合体、北京高校科技成果转移转化促进中心挂牌运行。

（黎红霞）

【宜诺凯（奥布替尼片）获批上市】1月5日，生命科学园企业北京诺诚健华医药科技有限公司自主研发的首款创新药宜诺凯（奥布替尼片）在京举行上市发布会，标志着诺诚健华从临床开发进入商业化阶段，也标志着诺诚健华产学研医一体化发展模式成果正式落地。宜诺凯（奥布替尼片）是针对中国淋巴瘤患者的临床需求研发的新型BTK抑制剂（1类新药），为国内淋巴瘤患者提供疗效好、安全性高的治疗解决方案。

（高艺蓠）

【自贸组团支持医药健康产业发展暂行办法出台】2月10日，昌平区出台《中国（北京）自贸试验区科技创新片区昌平组团支持医药健康产业发展暂行办法》。《暂行办法》共6章24条，从支持项目落地、企业发展、创新和成果转化等方面提出具体措施，给予房租、研发、固定资产投资等方面补助。除常规支持方式外，《暂行办法》还结合昌平区的特色和医药健康产业发展规律，提出支持医药健康企业绿色发展、支持投资机构引入和培育医药上市企业、支持推广上市许可持有人制度、支持细胞与基因治疗等前沿领域开展非注册性临床试验、支持企业引进全球先进技术并产业化、支持全球药品和医疗器械领军企业建设区域总部和研发中心等一系列创新举措。

（高艺蓠）

【产教融合实训基地合作框架协议签订】3月3日，沙河高教园区和北京小米移动软件有限公司在沙河高教园区签署沙河高教园区产教融合实训基地（数字产业）合作框架协议，推动北京小米移动软件有限公司与园区高校在5G、人工智能技术和物联网等新一代信息技术领域方面开展合作，建设实习实训基地、创新人才联合培养模式、搭建产学研用服务平台，共同探索推进复合型创新创业人才培养，促进科研成果转移转化，辐射带动区域产业结构转型升级。

（殷潇潇）

【炎明生物研发中心建设】3月4日，昌平区与北京炎明生物科技有限公司签署战略合作协议，合作建设全球技术领先的颠覆性原创新药研发中心——炎明生物细胞焦亡及炎症调节创新药物研发中心。7月24日，研发中心投入使用。研发中心位于中关村生命科学园，建筑面积3400平方米，配备国际一流的研发设备，具备开展药物化学、发现生物学、结构生物学、药效学和药代动力学等新药开发实验能力。炎明生物科技有限公司2020年10月由中国科学院院士邵峰，以及原保诺科技中国CEO邓天敬联合创立，公司基于邵峰实验室在天然免疫和细胞焦亡领域领先的科学发现，以原始创新为驱动，开发在炎症和肿瘤领域的全新机制的小分子药物，以满足临床需求。

（高艺菡　卢明子）

【未来航空发动机协同设计中心揭牌】3月19日，北京航空航天大学未来航空发动机协同设计中心揭牌。中心位于北京航空航天大学沙河校区，2020年开工建设，设有1个大型协同环境和9个协同岛，是通过引入校企、校校、跨学科等协同创新机制，整合生产环境资源和人才智力资源打造的大型发动机协同研讨环境。中心旨在培养总师潜质的发动机人才，探索建立未来航空发动机正向研发体系和基于复杂系统协同设计平台的管理体系，实现基础研究和关键技术层面的协同和闭环，促进学科融合及技术创新。

（殷潇潇）

【首届“碳中和·零碳中国”峰会召开】4月24日，由中国投资协会能源投资专业委员会和北京市昌平区政府主办，未来科学城管委会等单位协办的2021“碳中和·零碳中国”峰会暨第四届中国能源投资发展论坛在未来科学城召开。会议是“零碳中国”倡议于2020年1月发起以来的首次“碳中和·零碳中国”峰会。中国首部“碳中和”主题蓝皮书《零碳中国·绿色投资蓝皮书》同期发布。来自政府部门、科研院所、行业组织及国企、央企等的新能源及可再生能源领域的领导、专家代表共同探讨关于碳达峰、碳中和目标的实现路径和解决方案。会上，“零碳中国”战略合作伙伴签约仪式以及碳中和技术创新产业联盟启动仪式举办。

（和　珊）

【新生巢与赛默飞战略合作协议签署】4月28日，北京新生巢生物医药科技产业运营有限公司与赛默飞世尔科技公司签署战略合作协议共建生命园生物医药研发共享创新平台。合作旨在依托赛默飞在生物科技领域全球领先创新技术优势及行业全产业链服务能力，将新生巢及生命科学园打造成为国内外领先的生物医药研发高端共享创新平台，及生物医药创新人才项目化基地“孵化器＋加速器”，为生物制药产学研转化提供完善的生态圈。双方计划在一期项目共建基础实验平台，由公共实验、分子生物学、细胞培养、药物分析、蛋白纯化及数字化运营方案等六大平台组成，建成后，将面向入驻客户和生物医药企业提供研发设备共享服务和专业技术服务。

（高艺菡）

【中国医疗健康产业投资50人论坛年度峰会举行】5月15—16日，由中国医疗健康产业投资50人论坛（简称H50）主办的第五届中国医疗健康产业投资50人论坛年度峰会在中关村生命科学园举行。本届峰会以“健康未来，创新改变格局”为主题，是第三次在昌平区举办。政府代表、权威医药专家、H50理事、医疗健康行业投资人及产业代表等近300位嘉宾出席会议，万余人在线观看直播。与会专家针对健康未来发展、创新转型思路、产业投资趋势、国际市场布局等展开交流研讨。

（高艺菡）

【北京美丽健康产业创新研究院揭牌】5月30日，“妆点未来——焕美昌平”化妆品产业高质量发展论坛集中签约、揭牌仪式在中关村生命科学园举办，北京市、昌平区相关单位领导，以及有关高校负责人、化妆品协会和企业代表参加活动。会上，北京师范大学与昌平区政府共同为北京美丽健康产业创新研究院揭牌。北京师范大学科技集团与北京林业大学材料学院、北京化工大学资产公司、北京农学院、北京大学科研院、美图集团、盛妆家化集团、新时代产业集团签署共建北京美丽健康产业创新研究院意向合作协议。北京美丽健康产业创新研究院将以市场化机制运营，专注化妆品、医药健康、运动康养、心理健康领域，开展科技研发、检验检测、人才会聚培养、成果孵化转化等工作。

（殷潇潇）

【低碳院发明专利获中国专利银奖】6月24日，国家知识产权局公布第二十二届中国专利奖获奖名单，国家能源集团北京低碳清洁能源研究院发明专利“一种加工性能改善的交联聚乙烯组合物”获中国专利银奖。该专利开发系列功能型滚塑交联材料产品，应用范围包括轻量化特殊储运装备、一体化工程机械燃油箱装备、智能化危化品储运装备、智慧化海洋装备、清洁化新能源装备等领域，不仅具备高性能、差异化、规模化的特点，且打破国外技术垄断，有利于中国高端差异化聚烯烃材料技术发展。

（黎红霞）

【5个校企联合创新实验室建成投用】6月30日，由北京航空航天大学联合华为技术有限公司、腾讯云计算（北京）有限责任公司等企业合作共建的5G、北斗、无人机、机器人、人工智能5个校企联合创新实验室建成投用。5个校企联合创新实验室总面积600余平方米，位于沙河高教园区北京航空航天大学工程训练中心，由北京市、昌平区共同支持建设，是沙河高教园区强化校企合作、推动协同创新的有

益探索。

（殷潇潇）

【细胞与基因治疗创新中心建设】7月1日，清华工研院下属北京荷塘生华医疗科技有限公司与昌平区政府签署合作协议，在昌平区合作建设细胞与基因治疗创新中心。创新中心建筑面积约1万平方米，旨在建设国际领先的细胞与基因治疗创新平台，面向细胞与基因治疗创新药研发，打造关键技术研究、核心工艺研发、中试及生产服务支撑全链条，培育孵化创新药和产业链创业企业，构建前沿生物医药产业新生态。

（高艺菡）

【北京沙河高教园区高校联盟成立】7月10日，北京沙河高教园区高校联盟成立大会暨第一届理事会在北京航空航天大学沙河校区召开。会上，北京市委常委夏林茂，中共北京市教育工委副主任、北京市教育委员会主任刘宇辉，以及昌平区委、区政府主要领导，高校联盟成员单位共同为北京沙河高教园区高校联盟揭牌。联盟由北京航空航天大学、北京师范大学、北京邮电大学、中央财经大学、中国矿业大学（北京）、外交学院、北京信息科技大学7所高校共同组建，秉持共商、共建、共享的原则，为促进高校资源共享、学科共建、联合创新、校地融合提供新动力，助力沙河高教园高质量发展。

（殷潇潇）

【清洁能源区块链技术创新联盟成立】7月16日，清洁能源区块链技术创新联盟在未来科学城能源谷成立。联盟由中国华能集团清洁能源技术研究院有限公司、华北电力大学、北京邮电大学、西安交通大学、北京理工大学等5家单位筹建成立，旨在打造平等、协作、共享的国产自主可控区块链应用平台，形成数据、算力、模型三位一体的数字赋能生态。联盟将联合上下游龙头企业、主机厂商、科研院所，加强技术合作，加快区块链技术进步，推动清洁能源产业融合创新，攻克一批行业核心技术，制定一批行业标准规范，形成一批行业技术方案，打造一批行业示范工程。

（和　珊）

【2021年全国医疗器械安全宣传周启动】7月19日，由国家药监局主办的2021年全国医疗器械安全宣传周启动仪式在中关村生命科学园举办。活动截至7月23日，主题为“安全用械，创新发展”，重点围绕展示建党百年医疗器械成果、宣贯《医疗器械监督管理条例》及其配套规章、促进医疗器械技术创新与高质量发展、开展医疗器械知识科普宣传4个方面开展。宣传周期间，国家药监局在昌平区举办医疗器械创新发展座谈会等一系列活动，对在京医疗器械企业进行培训指导，并向全国重点推介中关村生命科学园。

（高艺菡）

【校城融合实践基地启动建设】7月21日，“百年风华正茂　青春奋进同行”——沙河大学城献礼建党百年快闪活动暨沙河大学城校城融合实践基地启动仪式在北京师范大学昌平附属学校举行。昌平区政协委员代表、园区7所高校青年师生，以及沙河镇、高教园区各社区居民等400余人参与。活动以校歌联唱、诗歌朗诵、民族舞蹈串烧、居民大合唱等形式共同寄语“校城融合美好家园”。高教园区发挥属地资源和高校师生资源优势，带动高校师生和志愿服务力量参与城市治理，推动校城融合向纵深发展。校城融合实践基地是开展党建引领、多元参与、协商共建、科技支撑的协同治理平台，是引领和带动高校师生多方力量参与共建沙河大学城的社会动员平台，是激励和赋能广大青年建设新时代、开启新征程贡献力量的志愿服务平台，是孵化创新创业、促进科技成果转化、构建国际人才生态的创新实践平台，是彰显校城融合工作成效、展示世界一流大学城良好精神风貌的融媒宣传平台。

（殷潇潇）

【生命科学与智慧医疗高峰论坛举办】7月28日，第二十三届中国科协年会——生命科学与智慧医疗高峰论坛在中关村生命科学园举办。论坛由中国科协、北京市政府主办，主题为“智慧引领，融合创新”，旨在充分发挥中国科协组织力量和国家级学会资源优势，促进信息科技与生命科学、生物医药领域深度融合，推动生命科学、医学、药学等相关科学研究迈上新台阶。来自政府部门、企业、科研机构、高校、媒体的政产学研用各领域人士、部门领导、院士专家、企业实践者围绕精准诊疗、智慧医疗、大健康、新一代信息技术与医疗融合创新等前沿话题展开交流和探讨。论坛采取线上直播与现场参会相结合模式，现场参会限定人数200人，线上直播观看达1万人次。

（高艺菡）

【镁伽鲲鹏实验室一期落成】8月12日，国内首家通用型智能自动化生物实验室——镁伽鲲鹏实验室一期在中关村生命科学园落成。实验室由北京镁伽机器人科技有限公司自主研发，将专注于细胞基因编辑、高通量药物筛选、合成生物学等领域的研究，旨在打造高效开放的生命科学智能自动化平台和生命科学行业的新基础设施，提高生命科学研发和生产效率，赋能行业融合创新。

（高艺菡）

【北京泛生子首席科学家获奖】 8月30日，中关村生命科学园入驻企业北京泛生子基因科技有限公司对外宣布联合创始人及首席科学家阎海教授获2021年国际转化神经科学学奖。颁奖典礼8月26日在德国科隆马克斯·普朗克研究所举行。该奖项是转化神经科学领域最具盛誉的国际奖项之一，由Gertrud Reemtsma基金会通过马克斯·普朗克学会授予，用以表彰在转化神经科学领域做出卓越创新贡献的生物医学科学家和临床医生。

（高艺菡）

【民用航空增材产学联合创新应用实验室揭牌】 9月2日，北京航空航天大学和中国商飞增材制造技术应用研究中心共建的民用航空增材产学联合创新应用实验室在北京航空航天大学沙河校区举行挂牌仪式。2家单位围绕加强人才交流培养、深化科研资源共享、促进科技成果转化、联合申报重大项目等方面开展合作共建，推动激光熔化沉积增材制造（LMD）技术在民用飞机典型主承力结构件上的应用，探索沙河高教园区产学研新型研发中心建设模式，推动校企协同创新。

（殷潇潇）

【明阳集团进驻能源谷】 9月11日，“逐梦起航、创新致远”——明阳集团北京中心入驻未来科学城能源谷启动仪式在未来科学城举办。明阳集团北京中心总建筑面积1.1万平方米，位于未来科学城东区未来视界。明阳集团作为未来科学城引进的龙头民企，北京中心进入实质性运营阶段有助于带动未来科学城能源谷央企民企协同创新，促进区域能源产业升级和新产业引进，培育完整的智慧能源产业生态链，为未来科学城能源谷提供新的核心经济增长点。

（刘　琳）

【矿大科技创新综合体揭牌仪式举行】 9月14日，沙河高教园区矿大科技创新综合体揭牌仪式在中国矿业大学（北京）沙河校区举行。综合体由沙河高教园区与中国矿业大学（北京）共建，共计3852平方米，集高教园全景综合展示、智造创新中心、大学生竞赛集训基地、“未来+”大学生创新工场、科研共享和高校成果转化功能为一体，旨在打造高教园区科技创新综合示范基地，引导高校科技创新要素互通共享。项目已完工并投入使用。

（殷潇潇）

【研究型国际医疗产业转化平台项目主体结构封顶】 9月16日，研究型国际医疗产业转化平台项目主体结构封顶。项目是由昌平区、高瓴资本集团、北京高博医疗科技集团有限公司三方共同打造的北京市“3个100”重点工程。项目作为全国首个国际研究型医院，落户于未来科学城西区生命谷，由北京未来科学城发展集团有限公司负责实施建设，规划总建筑规模9.74万平方米。建成后将拥有500张床位，日接待门（急）诊量890人次。同时作为以临床研究为核心业务、具备承接全球多中心临床试验能力的独立研究型医院，将重点布局实体肿瘤、脑神经科学等优势领域。

（高艺菡）

【中央企业高质量参建未来科学城工作推进会召开】 9月24日，中央企业高质量参建未来科学城工作推进会在未来科学城召开。国务院国资委主任郝鹏、北京市市长陈吉宁及19家中央企业负责人参会。会上，昌平区政府、未来科学城管委会与国家电网有限公司、中国石油化工集团有限公司、中国兵器工业集团有限公司等12家中央企业二级单位签约，计划总投资108亿元，主要涉及先进能源、先进智造领域科技创新和高精尖项目。高精尖项目签约落地有助于巩固央地合作优势，扩大未来科学城搞活成效，为未来科学城发展提供有力支撑。

（黎红霞）

【2021全球能源转型高层论坛】 9月25日，2021全球能源转型高层论坛在未来科学城举行。论坛由北京市人民政府、国务院发展研究中心、生态环境部、国家能源局主办，以“创新引领能源低碳转型 助力碳达峰碳中和”为主题，邀请国内外能源领域知名专家学者、行业“大咖”围绕经济发展和碳达峰碳中和、能源数字化与能源转型升级、能源供应安全与绿色低碳发展财税政策、氢能产业化与技术进步、创新支撑碳达峰碳中和等主题，以线上线下相结合方式在主论坛和4场专题分论坛上做主旨报告和主题演讲。论坛发布《中国能源革命进展——技术革命报告（2021）》《“十四五”时期未来科学城发展规划》《昌平区氢能产业创新发展行动计划（2021—2025年）》等研究成果。

（李晶晶）

【国家电投清洁能源融通创新发展平台启动】 9月28日，国家电投清洁能源融通创新发展平台启动会暨大中小企业携手共进开新局科技沙龙在未来科学城国家电投中央研究院园区举办。市科委、中关村管委会，未来科学城管委会，北京未来科学城发展集团相关领导，以及11家金融机构、2家应用单位、

11家入驻企业的代表参与活动。国家电投科学技术研究院有限公司作为北京市大中小企业融通发展平台的三家试点单位之一，已开放10 000平方米空间载体、科技资源、应用场景、软硬件配套等资源，向能源行业中小微企业和创业团队开放空间。截至9月底，入驻企业近30家，其中2家已启动首次公开募股（IPO）计划，2家已入选2021年北京市“专精特新”中小企业。国家电投清洁能源融通创新发展平台的启动有助于推动能源央企与中小企业的融通发展，吸引创新人才和创新资源向未来科学城集聚，为能源谷创新发展增加新动力。

（和　珊）

【北京温榆河公园·未来智谷开园】9月28日，全市首个展示碳中和主题公园北京温榆河公园·未来智谷（一期）举办开园仪式，正式面向公众开园。未来智谷位于北京温榆河公园西北部，总面积约4.8平方千米，定位为依托生态本底、突出科技特色的碳中和主题公园。公园分为2期实施，开园的北京温榆河公园·未来智谷（一期）位于未来科学城能源谷东南部及回天地区东侧，面积约0.49平方千米。未来智谷包括建设碳中和科普基地、打造先进能源应用场景、创立“碳积分”智慧游园系统、建设低碳化公园、构建碳中和“十二景”等亮点。

（黎红霞）

【北京信息科技大学新校区启用】12月18日，北京信息科技大学新校区启用仪式在新校区文理楼举行。新校区位于昌平区太行路55号中关村国家工程技术创新基地，占地总面积约78.9万平方米，地上建筑面积为69.43万平方米。新校区启用区域包括图书信息与教育中心、学生科技创新教育中心等核心教学功能建筑，以及为学生提供生活便利的后勤设施及宿舍。计划2022年实现北京信息科技大学主体搬迁。市教委、市委教工委、昌平区委、昌平区政协以及沙河高校联盟、高校等相关单位领导出席大会。

（殷潇潇）

【知识产权服务管家项目开展】2021年，中关村知识产权促进中心和未来科学城管委会联合开展知识产权服务管家项目，以“促进企业知识产权工作高质量发展”为主题举办4期系列培训和解读专利奖主题沙龙活动，调研中国商飞北京民用飞机技术研究中心、国家能源集团北京低碳清洁能源研究院等10家企业，并开展指导。对接国家知识产权局专利局专利审查协作北京中心举办民用飞机技术特定领域技术说明会，提升区域知识产权综合能力。

（和　珊）

【国家材料服役安全科学中心8套大科学装置完成整体验收】2021年，国家材料服役安全科学中心8套大科学装置完成整体验收。科学中心位于未来科学城西区中关村国家工程创新基地，建筑面积13.3万平方米，总投资逾15亿元，是国内第4个国家科学中心。先后建成自然大气环境结构材料试验装置、高温高压水汽环境结构材料试验装置等大科学装置8套，可模拟能源、交通、石化、市政等设施运行环境，探究重大工程材料和构件使用中的疲劳、损伤机理，突破技术瓶颈，研发相关标准和规范。7套大科学装置验收投用，服务中石油、中石化、美国福特汽车、帝国石油公司等国内外企业40余家。

（张立乔）

创新型产业集群示范区

【概述】2021年，北京市在北京经济技术开发区（简称经开区）和顺义区推进创新型产业集群示范区建设，积极承接三大科学城创新成果外溢，加快科技创新成果产业化，提升自主创新能力和产业能级，打造具有全球影响力的技术创新和成果转化示范区。

2020年4月，顺义区发布《北京创新产业集群示范区（顺义）发展规划（2017—2035年）》，《规划》包括示范区（顺义）发展内容、发展特点和发展保障三方面内容，是落实北京城市总体规划的专项规划。创新产业集群示范区属于北京建设全国科技创新中心的重要组成部分。示范区（顺义）规划了100平方千米“三区五组团”空间布局，在减量发展前提下实现产业集聚、产城融合。其中包括22.8平方千米工业用地，3.2平方千米多功能用地，44平方千米配套用地，20平方千米大尺度绿色空间，同时储备10平方千米发展预留地用于承接重大项目。2021年3月，顺义区委办公室、区政府办公室印发《北京创新产业集群示范区（顺义）发展规划实施方案》，推进北京创新产业集群示范区（顺义）建设。2021年10月，经顺义区委、区政府批准，中关村顺义园管委会加挂的北京顺义科技创新产业功能区管理委员会更名为北京创新产业集群示范区（顺义）管理委员会，并加挂北京中德国际合作产业园管理委员会牌子，其职能增加推进北京创新产业集群示范区（顺义）、北京中德国际合作产业园的规划建设、政策制定、招商引资、企业管理服务等，强化经济管理和投资服务，剥离商住小区管理职能。

北京经济技术开发区始建于1992年，1994年被国务院批准为北京地区唯一的国家级经济技术开发区。1999年，国务院批准将经开区范围内的7平方千米确定为中关村科技园区亦庄科技园。2019年，《亦庄新城规划（国土空间规划）（2017年—2035年）》获市政府批复，进一步明确经开区工委、管委会对亦庄新城225平方千米（其中核心区60平方千米，大兴和通州部分165平方千米）的规划建设管理。

2021年，经开区编制发布《“十四五”时期北京经济技术开发区发展建设和二〇三五年远景目标规划》，统筹推进专项规划编制，打造“十四五”规划体系。出台“科创20条”，突出企业创新主体地位，推动产学研用创新联合体建设，打造体系完备、活力迸发的创新生态。新增市级以上研发机构78家，实现市级认定的新技术121项、新产品208项、新标准59项。与三大科学城签订创新联动发展合作协议，首批6家8.2万平方米先导基地加速区挂牌，落地成果转化项目162项。搭建“三城一区”线上服务平台，发布共享设备549台（套），共享实验室108个，提供技术服务345项。实施“创新成长计划”和“创新伙伴计划”，储备项目112个。搭建全市首创的“概念验证平台－公共技术服务平台－打样中心－中试基地”全链条创新服务体系，挂牌公共技术服务平台59家。打造“龙头企业＋孵化”的融通型特色载体，上线科技型中小微企业运行融通发展平台，培育“独角兽＋专精特新＋瞪羚＋金种子”创新梯队，入库企业1114家。获批中国科协“科创中国”试点园区。创新型企业加速成长，全年新增国家高新技术企业89家，累计达1717家。年内新增国家级专精特新“小巨人”22家，北京市专精特新“小巨人”40家，市级以上累计达295家。成立人才创新创业发展中心，整合金融谷、亦麒麟工作站、高新技术企业公共服务平台和“揭榜挂帅”创新中心，建设国内领先的双创服务大厅。创新校企合作模式，在全市率先一体化推进技术技能人才培养，认定人才联合培养基地50个，博士后科研工作站达59家。实施亦麒麟人才品牌工程，落实“人才十条”，评定首批“亦城人才”2065名。

经开区以高效化、系统化为着力点，推进制度机制创新，形成全市首创、全国领先的改革创新实践案例12个，4项案例全市复制推广。以特色化、精准化为着力点，推动政策创新，自动驾驶出行服务商业化试点、国际消费城市、商圈高水平发展等8项政策落地实施。以国际化、便利化为着力点，推动管理服务创新，开设“两区”服务窗口提供多元化涉外服务。设立北京首家自贸知识产权保护分中心，打通知识产权创造、运用、保护、管理和服务全链条。出台《亦庄新城产业用地规划建设指标使用管理办法》，保障规划建设指标精准供给、合理匹配、高效利用。战略合作深入推进，与北京银行、工商银行北京分行、国家开发银行北京分行、中国银行北京分行开展战略合作。金融机构加速集聚，农业银行、中国银行升格为二级分行，工商银行、中国银行等7家银行升格为自贸业务专营银行。金融产品持续创新，全市首笔线上开立进口信用证、建设银行北京分行首笔“跨境快贷”外币贷款、全市首笔城市更新项目贷款及碳排放配额质押贷款落地。企业上市成效显著，通过梯队管理、精准辅导，建立156家拟上市企业培育库。新增上市企业11家，同比增长57.1%，境内外上市企业达41家，在全市名列前茅。完成国家“无废城市”试点，形成六大经验模式全国推广。推动9家企业申报绿色工厂，2家企业成为绿色供应链管理企业。

（杜涵涵　袁永章）

【首届“未来之星”生物医药创新成果转化项目大赛举办】 1月6日，由中国医学科学院药物研究所和北京泰德制药股份有限公司共同主办的首届“未来之星”生物医药创新成果转化项目大赛在京举行。大赛分为生物医药和医疗器械2个类别，来自国内高校、科研院所、医院及医药企业的48个项目参赛。经专家学者和专业投资人现场严格审评，中国医学科学院药物研究所的“1类新药艾托莫德治疗特发性肺纤维化的创新药物研究”项目和北京大学的“基于孤独症社会交往亚型的行为与脑影像诊断体系及经皮穴位电刺激个体化疗法”项目分别获生物医药组和医疗器械组一等奖。参赛项目将纳入主办方合作共建的北京市医药科技成果转化统筹协调与服务平台项目资源库，平台提供科技成果转化服务及全产业链资源对接。闭幕式上，获得一等奖的项目单位与主办方现场签约，成为平台第一批落户的种子项目。

（杜涵涵）

【新增28家企业技术中心】 1月7日，市经济和信息化局发布《关于公布2020年度北京市企业技术中心新创建名单的通知》，经开区内擎科生物科技有限公司、北京华海基业机械设备有限公司、北京东方百泰生物科技股份有限公司等10家企业入选。11月24日，市经济和信息化局发布《关于公布2021年度第一批北京市市级企业技术中心新创建名单的通知》，经开区内长城超云（北京）科技有限公司、北京德为智慧科技有限公司、北京京仪自动化装备技术股份有限公司等 18 家企业入选。

（杜涵涵）

【1 家企业获评国家绿色数据中心】1 月 12 日，工业和信息化部、国家发展改革委、商务部等六部门联合公告 2020 年度国家绿色数据中心名单，确定 60 家绿色数据中心。其中，经开区内中经云数据存储科技（北京）有限公司旗下中经云亦庄数据中心入选。中经云亦庄数据中心在规划、建设及运营各阶段，引入绿色节能新兴技术，实践绿色节能方案。通过前期的节能化设计方案、采购期绿色节能设备采购、建设期环保建材选用、运维阶段多种能源资源制度规范管理，提升数据中心的能源资源利用效能。

（杜涵涵）

【经开区商务金融局获评全国抗疫先进集体】1 月 18 日，国家市场监督管理总局（简称市场监管总局）召开全国市场监管工作会议，宣布《市场监管总局 国家药监局 国家知识产权局关于表彰全国市场监管系统抗击新冠肺炎疫情先进集体和先进个人的决定》，全国市场监管系统 198 个先进集体和 395 名先进个人受到表彰。其中，经开区商务金融局获评“全国市场监管系统抗击新冠肺炎疫情先进集体”。抗击新冠肺炎疫情期间，商务金融局通过建立完善疫情防控方案、加强市场监督管理和细化防疫工作措施等多项工作机制，层层压实责任，稳定市场秩序。通过持续抓牢市场防疫重点工作，突出抓好宣传指导、一对一培训、执法检查和问题隐患整改“四个覆盖”，把市场监管和防疫制度贯穿到疫情防控工作全过程。特别是通过对冷链食品企业环境和从业人员按照高、中、低风险分级分类开展核酸检测，以首位创新意识加强辖区市场防疫风险监测预警，取得明显成效。

（杜涵涵）

【国内首个“碳中和”智慧园区落地经开区】1 月 28 日，中国首个可再生能源“碳中和”智慧园区认证仪式在经开区举行。北京绿色交易所向金风科技亦庄智慧园区颁发碳中和证书。智慧园区的生态系统集可再生能源、智能微网、智慧水务、绿色农业和运动健康等功能于一体。通过部署包括 4.8 兆瓦分散式风电、1.3 兆瓦分布式光伏和钒液流、锂电池、超级电容等形式储能在内的智能微网，实现 2020 年清洁能源电量占比 50%；通过购买中国核证减排量（CCER），抵消园区内所排放的全部温室气体。认证由中国合格评定国家认可委员会（CNAS）授权的第三方认证机构按照 ISO14064−1：2006 标准对园区进行温室气体排放核查。根据核查报告，在园区 2020 年自发自用电量不计入碳核查范围的基础上，其他所有与温室气体排放相关的生产经营活动所产生的总温室气体排放量约合 11 937 吨二氧化碳当量，整个园区实现碳中和。

（杜涵涵）

【顺义区自由贸易试验区建设实施方案印发】2 月 2 日，顺义区政府发布《关于印发顺义区推进中国（北京）自由贸易试验区建设实施方案的通知》（顺政发〔2021〕7 号）。《实施方案》明确顺义“两区”建设将以制度创新为核心，围绕五大方面重点任务开展具体工作，包括：更高水平推进北京天竺综合保税区、临空经济示范区和中德经济技术合作示范区三大园区开放；更大力度优化发展航空服务，探索发展跨境金融，鼓励发展文化贸易，大力发展商务会展，创新发展数字贸易，着力发展医疗健康，完善发展国际寄递物流；更高层次推进关键要素开放，促进资金、数据跨境流动，提升人才、土地与技术保障供给能力；更加持续发力科技创新和高端制造，以服务业开放促进制造业升级、科技创新，推动更多科技成果转化；更加着力提升投资贸易便利化水平，促进投资贸易自由化便利化，强化知识产权运用保护，推行审慎监管与服务保障机制，健全开放型经济风险防范体系。

（袁永章）

【博电科技获评北京市诚信创建企业】2 月 22 日，北京市诚信创建企业认定办公室对 2020 年北京市诚信创建企业终审结果进行公示，经开区企业北京博电新力电气股份有限公司获评北京市诚信创建企业。获评企业信用信息将纳入北京市企业信用信息系统和北京市公共信用信息服务系统，为客户了解企业信用信息提供开放平台。同时，为企业日后的发展提供强有力的信用支撑。多年来，博电科技一直非常关注诚信建设，热心社会公益事业，积极承担企业社会责任，为营造守法经营、诚实守信的社会氛围做出企业应有的贡献。

（杜涵涵）

【《北京创新产业集群示范区（顺义）发展规划实施方案》印发】3 月 9 日，顺义区委办公室、区政府办公室印发《北京创新产业集群示范区（顺义）发展规划实施方案》，落实《北京创新产业集群示范区（顺义）发展规划（2017—2035 年）》，推进北京创新产业集群示范区（顺义）建设。《实施方案》提出 7 大方面的重点任务，包括聚焦实体经济，打造高精尖产业发展主阵地；汇集创新资源，打造创新生态体系；提升承载能力，促进科技成果转化与产业化；统筹空间资源，创新土地开发利用模式；立足基础优势，打造多层次融合发展体系；加强基础配套设施建设，推动产城有机融合；完善体制机制，强化多维度保障。打造新能源智能汽车产业、第三代半导体产业、航空航天产业集群，大力培育三大战略新兴产业，加快发展智能制造。

（袁永章）

【经开区 7 家企业入选国家级众创空间】3 月 19 日，科技部火炬中心发布《关于公布 2020 年度国家备案众创空间复核结果的通知》（国科火字〔2021〕65 号）。其中，经开区内 7 家企业经复核符合国家备案资格，分别是：中孵高科产业孵化（北京）有限公司、北京通明湖信息城发展有限公司、锋创科技发展（北京）有限公司、北京快投会网络科技有限公司、北京安快创业科技有限公司、北京九城软件有限公司和北京东尚泰和科技有限公司。

（杜涵涵）

【首批中关村科技成果产业化先导基地加速区挂牌】4 月 2 日，首批 6 家中关村科技成果产业化先导基地加速区在经开区挂牌，分别为亦城国际中心、经开区国家信创园、北京经开 · 北工大软件园、朝林广场、大族广场和鸿坤国际生物医药园，加速区空间面积 8.2 万平方米，内设创新服务平台 30 个，标志着先导基地进入实体化运行阶段。加速区是围绕四大主导产业和战略新兴产业，从经开区内具有一定空间载体和产业化加速服务能力的机构中择优选取的一批创新空间，将承接科技成果加速项目、关键核心技术攻关项目和服务机构。加速区运营建设满 1 年后，由经开区科技创新局组织进行年度考核评价，对不符合的予以淘汰，并公开征集、遴选第二批加速区进行试点。

（杜涵涵）

【新石器公司无人零售车投用】4 月 16 日，经开区企业新石器慧通（北京）科技有限公司开发的无人零售车在区内率先投用。新石器公司主要开发无人配送、无人零售车辆。其自主研发基于异构架构的智能驾驶计算平台 Neowise，提高了计算平台的集成度及整体算力，实现动态角色分配、同构处理器架构和资源均衡优化、共享；自主封装智能电池组，实现 100 千米的续航能力；基于 L4 的无人驾驶技术，具备从底盘、结构、硬件到软件的全栈设计和量产能力。新石器公司无人车在开放道路最大时速为 50 千米，具备红绿灯识别能力，多源融合定位精度 0.05 米，感知距离 120 米，支持晴天、雾霾、小雨、夜间等状况行车，累计安全行驶 80 万千米。

（杜涵涵）

【首家自贸区知识产权保护中心分中心揭牌】4 月 25 日，在经开区 2021 年知识产权日宣传周主会场活动上，中国（北京）自由贸易试验区高端产业片区亦庄组团知识产权保护中心暨北京市知识产权保护中心经开区分中心揭牌运营。分中心运营后，面向区域内创新主体提供重点产业专利预审支撑、快速维权、知识产权保护协作等综合服务。在揭牌仪式上，市知识产权局授予北京经开区分中心牌匾，并向 4 家经开区企业发放专利预审受理通知书。北京市知识产权保护中心和经开区科技创新局签署《北京市知识产权保护中心经开区分中心共建协议》，并签发《北京经济技术开发区知识产权三年行动计划》。活动中，由 38 家知识产权服务机构、100 名知识产权专家组成的北京经济技术开发区知识产权运营服务联盟宣布成立。

（杜涵涵）

【经开区获 12 项全国和市级劳动奖】4 月 27 日，中华全国总工会公布 2021 年全国五一劳动奖和全国工人先锋号名单。其中，经开区获全国荣誉 4 个，包括全国五一劳动奖章 3 个，全国工人先锋号 1 个；获北京市荣誉 8 个，包括首都劳动奖章 5 个，首都劳动奖状 1 个，北京市工人先锋号 2 个。

（杜涵涵）

【5 家企业入选建议支持的国家级专精特新“小巨人”企业名单】5 月 10 日，工业和信息化部中小企业局发布《关于建议支持的国家级专精特新“小巨人”企业名单（第一批第一年）和建议支持的国家（或省级）中小企业公共服务示范平台名单（第一批第一年）的公示》。其中，经开区内赛诺威盛科技（北京）有限公司、心诺普医疗技术（北京）有限公司、北京诺康达医药科技股份有限公司、北京贝能达信息技术股份有限公司、北京华海基业机械设备有限公司 5 家企业入选建议支持的国家级专精特新“小巨人”企业名单。

（杜涵涵）

【顺义区创业摇篮计划实施办法发布】5 月 21 日，顺义区政府发布《顺义区创业摇篮计划支持政策实施办法》（顺政办发〔2021〕5 号）。《办法》在 2015 年发布的《顺义区创业摇篮计划实施方案》基础上修订，以企业创新发展、服务体系升级双螺旋发展格局为出发点，重点构建创新创业生态体系，重点关注企业需求及资金使用效益。《办法》重点聚焦新能源智能汽车、第三代半导体、航空航天三大主导产业，以及新一代信息技术、智能装备、生物医药三大新兴产业，采取“先认定，后申报”支持方式，在政策有效期内，建设400家创新创业型企业库和100家企业服务载体库，重点支持一批符合顺义区产业发展方向的创新创业型企业，聚焦双创企业服务体系建设升级发展。《办法》自印发之日起施行，有效期3年，《顺义区创业摇篮计划支持政策实施办法》（顺政办发〔2019〕1号）同时废止。

（袁永章）

【阿斯利康中国北部总部建成启用】 5月28日，阿斯利康中国北部总部揭牌仪式在经开区举行。商务部、英国驻华大使馆、英中贸易协会等单位相关负责人出席仪式。阿斯利康中国北部总部在经开区启用，将覆盖包含京津在内的华北、东北等地区的运营管理及市场等事务，聚焦智慧医药科技相关产业布局，推动创新技术在生物医药及大健康领域的开发和应用。阿斯利康基层智慧医疗创新中心、北京国际生命科学创新园同时揭牌。阿斯利康基层智慧医疗创新中心与上海领德医疗科技有限公司等17家合作企业签约，北京凯德尼医疗科技有限公司等3家企业签约入驻北京国际生命科学创新园。

（杜涵涵）

【京东方公司新一代玻璃基 Mini LED 全面量产】 5月31日，在2021国际显示技术大会开幕式上，北京京东方显示技术有限公司宣布新一代玻璃基 Mini LED 实现全面量产。Mini LED 是指尺寸在100微米量级的 LED 芯片，具备优良的显示效果，响应速度提升，屏幕更轻薄，功耗大幅度降低。京东方公司最新推出的 P0.9 玻璃基 Mini LED 显示产品是基于行业领先的玻璃基显示工艺和先进的微米级封装工艺，采用主动式驱动方式，可实现1000尼特高亮度、百万级超高对比度和115% NTSC 超高色域，具有无屏闪、低功耗等优势，还可实现纯黑无缝拼接，多项技术指标处于行业领先水平。

（杜涵涵）

【参加2021国际显示技术大会】 5月31日—6月2日，由国际信息显示学会主办的2021国际显示技术大会在北京亦创国际会展中心举行。经开区内北京京东方显示技术有限公司、北京集创北方科技股份有限公司等企业在展览会上布置展区，展示最新显示产品。其中，北京京东方显示技术有限公司展出 P0.9 玻璃基 Mini LED 显示产品、75 英寸 Mini LED 背光显示产品、首款 AMOLED 柔性滑卷屏、微型车载抬头显示产品、专业电竞显示屏及智能大屏冷柜产品等。

（杜涵涵）

【经开区与北京银行签署战略合作协议】 6月2日，经开区与北京银行战略合作签约仪式在北京银行总行大厦举行。双方签署《北京经济技术开发区管理委员会北京银行股份有限公司战略合作框架协议》，将围绕加大信贷投放、密切金融合作、强化服务、推升区域经济、改善民生工程五大方面加强合作。活动中，北京银行经济技术开发区管辖行还分别与北京屹唐科技有限公司、北京智飞绿竹生物制药有限公司、北京四维图新科技股份有限公司等4家企业签署银企战略合作协议。

（杜涵涵）

【7个项目获“金种子”资金支持】 6月9日，市科协发布《关于2021年北京市科协金桥工程种子资金支持项目公示的通知》，经开区企业申报的7个项目入选“金种子”资金支持项目名单。其中，北京东方百泰生物科技股份有限公司的“广谱抗肿瘤药物重组人 IL-10-Fc 融合蛋白（JY010）”研发项目被评为A类项目，蓝箭航天空间科技股份有限公司的“液氧甲烷发动机静态性能仿真平台”被评为B类项目，北京欣奕华飞行器技术有限公司、北京枭龙科技有限公司、中冶赛迪电气技术有限公司、北京泰德制药股份有限公司、北京百普赛斯生物科技股份有限公司的5个项目被评为C类项目。

（杜涵涵）

【3家企业入选福布斯中国最具创新力企业榜】 6月17日，福布斯中国发布2021中国最具创新力企业榜，共提名10个领域50家中国最具创新力的企业。其中，经开区内北京北方华创微电子装备有限公司、北京智飞绿竹生物制药有限公司、康龙化成（北京）新药技术股份有限公司3家企业入选，分别登上半导体及电子元器件、生物医药领域最具创新力企业榜。

（杜涵涵）

【临空经济核心区与中国科学院签约】 6月30日，由顺义区政府主办的中国科学院工程热物理研究所项目签约仪式在顺义区举行。北京临空经济核心区管委会与中国科学院工程热物理所举行项目签约。根据协议，中国科学院工程热物理所将发挥在航天航空、人才技术、研发实力等方面优势，结合顺义区产业发展需求，搭建平台，深化合作，拓展空间，形成上下游产业聚集，推动顺义区航空航天产业发展，打造新增长极；顺义区将为中国科学院工程热物理所提供优惠的政策、服务和环境，解决好配套设施、成果转化、住房就医、子女入学等方面问题，支持中国科学院工程热物理所在顺义落地生根。

（袁永章）

【京东公司获评首批全国供应链创新与应用示范企业】7月12日，商务部、工业和信息化部、生态环境部等8家单位联合印发《关于公布第一批全国供应链创新与应用示范城市和示范企业名单的通知》，10个全国供应链创新与应用示范城市和94家示范企业入选。其中，经开区企业北京京东世纪贸易有限公司入选示范企业名单。全国供应链创新与应用示范创建工作旨在用5年时间培育一批全国供应链创新与应用示范城市和示范企业，实现国家供应链优势培育取得新成效、效率效益得到新提高、安全稳定达到新水平、治理效能得到新提升的供应链发展新目标。示范企业的主要任务为提高供应链管理水平、强化供应链创新引领、拓展供应链专业服务、布局全球供应链、推动供应链绿色发展、加强供应链风险防范。

（杜涵涵）

【自动驾驶汽车产业落地与示范运营论坛举行】7月27日，由中国科协和北京市政府共同主办的第二十三届中国科协年会——自动驾驶汽车产业落地与示范运营论坛在经开区举行。论坛以北京市高级别自动驾驶示范区和政策先行区相关建设成果为发布亮点，邀请行业专家、企业负责人通过会议交流的形式分享技术应用与产业落地经验。论坛宣布北京市高级别自动驾驶示范区2.0阶段启动建设，发布《北京市智能网联汽车政策先行区高速公路及快速路道路测试及示范应用管理实施细则（试行）》，政策允许首批获取高速公路测试通知书的企业开展试点测试。论坛为北京主线科技有限公司等企业颁发北京市首批智能网联汽车商用车道路测试号牌，为百度在线网络技术（北京）有限公司和北京小马智行科技有限公司颁发首批智能网联乘用车高速公路道路测试资质。

（杜涵涵）

【2家企业入选2021年中国机械工业百强企业名单】7月28日，在中国机械工业联合会、中国汽车工业协会主办的第十七届中国机械工业百强、汽车工业整车二十强、零部件三十强企业信息发布会上，经开区内和利时科技集团有限公司、北京京城机电控股有限责任公司2家企业入选2021年中国机械工业百强企业名单。

（杜涵涵）

【3家企业入选中国医药工业百强企业名单】8月1日，在中国医药工业信息中心主办的第三十八届全国医药工业信息年会上，2020年度中国医药工业百强企业名单发布，经开区内拜耳医药保健有限公司、北京泰德制药股份有限公司和悦康药业集团股份有限公司3家企业入选。拜耳医药保健有限公司投资约1亿欧元的拜耳处方药北京工厂综合扩建项目是拜耳处方药在全球最大的药品包装基地；北京泰德制药股份有限公司上市的7个产品均为填补国内相关治疗领域空白的独家或首家上市的优质药品，均为行业内领军品牌；悦康药业集团股份有限公司是北京生物医药产业跨越发展工程（G20）行业领军企业、中国医药工业研发十强，并获“全国文明单位”称号。

（杜涵涵）

【经开区自贸专营银行增至7家】8月12日，中国农业银行北京经济技术开发区分行在经开区揭牌，成为经开区第7家自贸业务专营银行。截至年底，北京自贸试验区高端产业片区累计有7家专营银行，即中国工商银行、中国银行、中国建设银行、中国农业银行、交通银行、北京农商行、招商银行，为自贸区建设匹配相应金融资源。

（杜涵涵）

【经开区零碳产业创新协会成立】8月12日，经开区零碳产业创新协会成立并召开第一届会员大会。协会由北京节能环保促进会联合北京京东方显示技术有限公司、中芯国际集成电路制造（北京）有限公司、北京奔驰汽车有限公司和北京金风科创风电设备有限公司等经开区内重点企业共同发起成立。会议宣读《关于同意成立北京经济技术开发区零碳产业创新协会的批复》和《关于开立临时存款账户的通知》，表决通过《北京经济技术开发区零碳产业创新协会筹备工作报告》《北京经济技术开发区零碳产业创新协会章程》《北京经济技术开发区零碳产业创新协会第一次会员大会选举办法》和《北京经济技术开发区零碳产业创新协会会费标准及管理办法》。协会承担智库、桥梁、平台、监督4项职能，将发挥“桥梁纽带、参谋助手”的作用，围绕零碳能源、零碳建筑、零碳交通等领域开展技术路线研究，构建具有经开区特色的绿色能源和碳排放标准体系。

（王爱凤）

【5家企业获碳中和试点项目证书】8月24日，经开区2021年度节能宣传周线上启动会暨第一批碳中和试点项目颁证仪式举行。北京金风科创风电设备有限公司、施耐德（北京）中压电气有限公司、松下电气机器（北京）有限公司、北京亦庄城市服务集团有限公司和北京京东方光电科技有限公司获评第一批碳中和试点项目。北京经济技术开发区管委会组织北京金风科创风电设备有限公司等5家企业开

展2021年第一批碳中和试点项目，从节能低碳政策、技术、产品等方面为企业准备3期宣讲大课堂，通过开展节能宣传，解读节能低碳政策、展示节能低碳技术产品，使节能理念深入人心；同时引导全社会将节能减碳理念转化为行动，实现人人参与，发挥经开区在碳达峰碳中和建设中的窗口、示范、辐射和带动作用。

（杜涵涵）

【3个项目在5G应用设计揭榜赛决赛中获奖】 8月31日，由北京市政府、国家发展改革委、科技部、工业和信息化部共同主办的2021世界5G大会5G应用设计揭榜赛决赛在经开区举行。13个决赛入围项目参赛选手现场答辩，入围项目涉及5G在自动化生产、智能车联网、智慧仓储、智慧医疗、智慧工地等场景下的应用。其中，由经开区企业主导和参与的3个项目获奖，分别为：北京京东乾石科技有限公司的京东物流5G全连接智能仓项目获一等奖，国汽（北京）智能网联汽车研究院有限公司的科技冬奥智能车联网关键技术研究及业务示范项目和基于5G的多元融合高精度定位系统及创新应用项目获二等奖。

（杜涵涵）

【中电科电子公司入选全球新能源企业500强榜单】 9月4日，在第十一届全球新能源企业500强峰会上，中国能源经济研究院发布2021全球新能源企业500强榜单，经开区内北京中电科电子装备有限公司凭借杰出的业绩表现和卓越的研发实力入选榜单。

（杜涵涵）

【新增56家市知识产权试点示范单位】 9月8日，市知识产权局公布《关于认定2021年度北京市知识产权试点示范单位的通知》（京知局〔2021〕267号）。经开区新增56家北京市知识产权试点示范单位，包括北京索德电气工业有限公司、中航技进出口有限责任公司、北京中航智科技有限公司等33家知识产权试点单位和北京京东方茶谷电子有限公司、京东数科海益信息科技有限公司、北京沃东天骏信息技术有限公司等23家知识产权示范单位。

（杜涵涵）

【11个项目获全球创业大赛奖】 9月11日，在HICOOL 2021全球创业大赛颁奖盛典上，HICOOL 2021全球创业大赛获奖项目及伯乐奖获得者名单揭晓，140个项目获奖。经开区内11个企业项目获奖，包括予果生物科技（北京）有限公司的病原微生物高通量基因检测项目、北京软体机器人科技有限公司的软体机器人技术研发和产业化项目、北京宏景智驾科技有限公司的Windbreaker干线物流重卡自动驾驶解决方案等。

（杜涵涵）

【京东方科技集团获中国质量奖】 9月16—17日，在2021中国质量（杭州）大会上，京东方科技集团股份有限公司凭借“双向驱动‘屏’质取胜”的质量管理模式获第四届中国质量奖。京东方科技集团在液晶智能手机、平板电脑、笔记本、显示器、电视五大主流市场占有率居全球第一，主持制修订国际、国家标准70余项，通过自主管理创新，带动2000余家合作伙伴提升整体质量，以“中国质量”标准引领全球。

（杜涵涵）

【经开区与北工大签约合作】 9月24日，经开区与北京工业大学（简称北工大）全面战略合作签约仪式在经开区举行。根据协议，双方将围绕党建工作交流、科技创新、成果转化、城市建设、人才培养5个方面开展战略合作。经开区将鼓励北工大建设区域“碳中和”产业研究院，助力经开区打造“零碳能源”体系，建设“零碳新城”；邀请北工大作为产业顾问指导单位，北工大高层次人才作为产业发展指导专家，举办跨领域跨产业文化交流、论坛沙龙、讲座研讨等活动，促进区校合作实现全方位联动；搭建学生与用人单位双向选择平台，优先安排优质企业进校开展校园招聘等。签约仪式上，北京经济技术开发区经济发展局还与北工大签署共建区域“碳中和”产业研究院的协议，北京工业大学（亦庄）协同创新基地揭牌。

（杜涵涵）

【31家企业参展2021北京科博会】 9月24—28日，第二十四届中国北京国际科技产业博览会在京举行。经开区31家企业的高精尖科研成果在智慧科技展区A113号展位参展，覆盖智能制造、智慧医疗、自动驾驶、航空航天、低碳节能、精密仪器等领域。展位内，70余件展品分为智启·赋能、智造·驱动、智行·云控、智远·筑梦4个部分，瞄准新一代信息技术产业、机器人和智能制造产业、高端汽车和新能源智能汽车产业以及新兴产业，展现经开区作为全国科技创新中心“三城一区”主平台的科技成果转化力、承载力、创新力和研发力。科博会期间，经开区还与市科协共同主办智慧医疗创新分论坛，以北京“两区”建设和全球数字经济标杆城市建设为契机，结合经开区国家海外人才离岸创新创业基地建设，探讨智慧医疗创新发展暨国际合作相关话题。

（杜涵涵）

【顺义区智能网联汽车产业发展指数发布】 9月26日，在2021年世界智能网联汽车大会上，中国电子信息产业发展研究院发布《智能网联汽车产业发展报告(顺义指数2021)》。顺义指数在美国哈佛商学院迈克尔·波特教授的钻石竞争力评估模型的基础上提出“企业指数”，从规模、产品和研发3个维度分析自动驾驶企业的投资价值。所涉数据来自企业年报、政府工作报告、调研统计、相关专利数据库、万得经济数据库等。报告显示，百度Apollo与蘑菇车联分别以87.9分和80.4分的综合表现引领中国自动驾驶行业发展；自动驾驶企业进入洗牌期，落地能力和商业模式是企业持续发展的关键，拥有场景和基于车路协同的自动驾驶解决方案的公司发展迅速。

（袁永章）

【经开区绿色发展资金支持政策印发】 9月30日，经开区管委会印发《北京经济技术开发区2021年度绿色发展资金支持政策》（京技管〔2021〕115号），对2021年获碳中和认证的规模以上工业企业或获碳中和认证的已纳入城市更新的园区一次性奖励50万元。《支持政策》指出，鼓励企业、园区实施碳达峰和碳中和行动，坚持集约高效、绿色低碳发展模式，优化产业结构和能源结构，对2021年实现零碳排放的规模以上工业企业或园区给予50万元奖励；鼓励协会、联盟等开展减碳节能、清洁生产等技术咨询策划业务，对2021年服务区内（市级）重点用能及碳排放单位5家以上的，给予10万元资金奖励；鼓励企业开展节能技术改造和分布式光伏发电等新能源应用，给予实施企业市级补贴1∶1配套的资金奖励。

（张　硕）

【2家商业航天企业入选新经济独角兽榜单】 10月8日，《互联网周刊》发布2021新经济独角兽企业150强榜单。经开区内北京星际荣耀空间科技股份有限公司、蓝箭航天空间科技股份有限公司2家商业航天企业入选，分别居第59位、第78位，为榜单内仅有的2家航空航天领域企业。星际荣耀公司完成首枚中国民营商业航天公司固体探空火箭发射任务，首次实现中国民营火箭的一箭多星亚轨道发射。蓝箭航天公司是国内唯一、世界第三家同时掌握百吨级液体火箭发动机和中大型液氧甲烷火箭全部关键技术及研制保障能力的民营企业，其自主研制的朱雀二号液体火箭为国内首款采用液氧甲烷推进剂的低成本液体火箭，填补国内相关技术空白。

（杜涵涵）

【3家企业项目入围“创客中国”500强】 10月11日，工业和信息化部公示第六届“创客中国”中小企业创新创业大赛500强名单。北京共15个项目入选，其中经开区内北京数字光芯科技有限公司、北京欣奕华科技有限公司和北京宇航推进科技有限公司3家企业的项目入选，涵盖新一代信息技术，能源、材料与环保，高端制造与军民融合产业领域。

（杜涵涵）

【规范顺义园机构促进开发区创新发展的实施方案印发】 10月14日，顺义区委、区政府印发《关于规范中关村科技园区顺义园管理机构促进开发区创新发展的实施方案》（京顺办字〔2021〕25号）。《方案》明确保留中共北京市顺义区委中关村科技园区顺义园工作委员会为区委派出机构，中关村科技园区顺义园管理委员会为区政府派出机构，实行合署办公，机构规格正处级；中关村顺义园管委会加挂的北京顺义科技创新产业功能区管理委员会更名为北京创新产业集群示范区（顺义）管理委员会，并加挂北京中德国际合作产业园管理委员会牌子。其职能增加推进北京创新产业集群示范区（顺义）、北京中德国际合作产业园的规划建设、政策制定、招商引资、企业管理服务等，强化经济管理和投资服务，剥离商住小区管理职能。开发区规划范围内的区域作为政策覆盖区，由相关镇、临空经济核心区管委会承担相应属地管理职责，接受中关村顺义园管委会（顺创管委会、中德产业园管委会）在产业规划落地、招商引资方面的统筹协调和考核评价。

（袁永章）

【北京首家产业计量技术创新中心启动】 10月19日，由市市场监管局、经开区管委会主办的北京市产业计量技术创新中心建设启动会暨北京市2020年全国能源资源计量服务示范项目推广会在汇龙森科技园举行。来自市场监管总局、北京市发展改革委及全市计量相关的企事业单位的代表100余人参加。会上，北京市产业计量技术创新中心获授牌筹建。中心将在经开区打造产检学研用资一体化的产业计量技术创新模式，建设“源头培育－资本催化－中试扩大－量化推广－技术转移”的产业计量跨区域协同创新平台。中关村示范区内北京市燃气集团有限责任公司、北京奔驰汽车有限公司、北京合创三众能源科技股份有限公司3家单位获国家发展改革委、市场监管总局评选的能源资源计量服务示范项目授牌，并就其能源计量技术创新、制度创新、模式创新特点、成效等方面进行宣传和推广。

（杜涵涵）

【2021德勤·亦庄高科技高成长20强榜单发布】 10月20日，在2021全国大众创业万众创新活动周亦庄

会场开幕式上，2021 德勤·亦庄高科技高成长 20 强榜单发布，并为入选企业授牌。北京国科天迅科技有限公司、求臻医学科技（北京）有限公司、北京擎科生物科技有限公司等 20 家企业入选。活动连续举办 9 届，2021 年有 66 家企业报名参选，新公司占比 85%。

（杜涵涵）

【第七届北京·亦庄创新创业大赛颁奖】10 月 20 日，在 2021 全国大众创业万众创新活动周亦庄会场开幕式上，2021 第七届北京·亦庄创新创业大赛颁奖仪式举行。大赛分为商业航天、数字经济、新能源汽车、新一代信息技术、生物医药与医疗器械五大赛道，36 个项目获奖，现场为 15 家企业颁奖，其中一等奖 5 家、二等奖 10 家。大赛由经开区管委会主办，6 月启动，以“链接三城·创享亦庄”为主题，围绕五大赛道，举办 20 余场比赛，上千家企业参与。大赛聚焦“三城一区”，与中关村科学城、怀柔科学城和未来科学城联动，吸引 20 余所高校院所参与，“三城”创新项目团队 264 个进入复赛，比例达 61%。大赛还连通全球创新网络，吸引美国、德国等海外项目参赛。

（杜涵涵）

【中国智能网联汽车技术平台发布】10 月 20 日，在首届汽车开发者大会上，经开区内国家智能网联汽车创新中心发布中国智能网联汽车技术平台。平台是基于场景的产品设计理念、模块化的架构设计方法、数字化的开发方式和全生命周期管理流程的具有引领性的新一代解决方案。平台将构建面向高级别自动驾驶的中国智能网联汽车的整车设计、集成及验证等能力，为中国智能网联汽车产业在技术研发、体系完善、市场应用、行业高质量发展等方面提供支撑。平台重点建设内容为“3 个架构 +2 个体系”，包括自动驾驶架构、电子电气信息架构、车辆物理架构、测试评价体系及基础支撑体系。大会还启动生态伙伴招募计划，向全行业发出邀请，共同搭建开源开放的技术平台。

（杜涵涵）

【2021 全国双创周亦庄会场活动举办】10 月 20—25 日，由北京经济技术开发区科技创新局主办的 2021 年全国大众创业万众创新活动周亦庄会场活动在亦城财富中心举行。活动以“众创亦精彩 创新赢未来”为主题，由“1 场开幕式、1 场主论坛、N 场特色活动展”三部分构成。开幕式上，举行 2021 年北京亦庄创新创业大赛五大赛道获奖项目颁奖仪式、2021 德勤·亦庄高科技高成长 20 强授牌仪式、2021 年度国家级专精特新“小巨人”经开区企业授牌仪式，发布经开区“十四五”时期科技创新发展规划。主题展览分为创新开放平台展示区、“三城一区”成果转化展示区（企业 + 高校科研院所）、高精尖技术创新展示区三大板块，展览面积 3000 余平方米，经开区内 100 余家企业的 600 余件展品参展。

（杜涵涵）

【3 家企业获“创业北京”双创大赛奖】10 月 21 日，在第四届“创业北京”创业创新大赛主体赛决赛中，经开区内星河动力（北京）空间科技有限公司的“新一代低成本、高可靠商业运载火箭”项目获创业组一等奖，北京海梓科技有限公司的“改善耳健康的定向音响——听博士”项目获创新组二等奖，北京宏景智驾科技有限公司的“Windbreaker 干线物流重卡自动驾驶解决方案”项目获创新组三等奖。

（杜涵涵）

【2021 北京微电子国际研讨会暨 IC WORLD 学术会议举行】10 月 22—24 日，由市经济和信息化局、经开区管委会主办的 2021 北京微电子国际研讨会暨 IC WORLD 学术会议在经开区举行。大会以“凝聚芯力量，打造芯永恒”为主题，同期举办学术会议和博览会。学术会议由高峰论坛及 11 个分论坛构成，来自全球顶尖高校、研究机构和集成电路企业的近 200 位专家学者和企业家围绕 2021 年集成电路产业发展现状和趋势进行学术交流，分论坛主要围绕集成电路装备、零部件、材料、智能工厂建设、先进存储、先进工艺等国内集成电路全产业链的创新、突破和发展等问题进行探讨。博览会展位面积 4000 余平方米，涵盖集成电路设备与零配件、晶圆加工材料、集成电路生产智能系统和间接耗材等，113 家单位参展。

（杜涵涵）

【中冶赛迪公司获中国创新方法大赛一等奖】11 月 20 日，由中国科协、科技部、天津市政府主办的 2021 年中国创新方法大赛全国总决赛结果公布，经开区内企业中冶赛迪电气技术有限公司的“超级电弧炉炼钢装备创新研发——解决行业瓶颈难题”项目获一等奖。

（杜涵涵）

【率先试点自动驾驶出行服务商业化】11 月 25 日，在“选择北京亦庄机遇”北京·亦庄创新发布会上，北京市高级别自动驾驶示范区工作办公室公布北京开放国内首个自动驾驶出行服务商业化试点，并宣布配套管理政策《北京市智能网联汽车政策先行区自动驾驶出行服务商业化试点管理实施细则（试行)》同步出台。百度网讯科技有限公司和北京小马智行科技有限公司成为首批获许开展商业化试点服务的企业，将在经开区60平方千米范围内投入不超过100辆自动驾驶车辆开展商业化试点服务。依据《实施细则》，在保障市场公平竞争原则的前提下，企业可采取市场化定价机制，在向乘客明确收费原则、支付方式等信息前提下，开启体验收费服务。

（杜涵涵　张立乔）

【首个国家级智慧灯杆产业标准发布】 11月26日，北京亦庄智能城市协同创新研究院参编的国家标准《智慧城市智慧多功能杆服务功能与运行管理规范》(GB/T 40994—2021）发布。这是国内智慧灯杆产业的首个国家级标准，将于2022年3月1日起实施。标准由全国城市公共设施服务标准化技术委员会归口上报及执行，主管部门为国家标准化管理委员会。该标准统一了市面上智慧灯杆的应用和运行规范，并为后期管理整合、多杆合一等提供依据。

（杜涵涵）

【10家企业入选绿色制造名单】 12月10日，工业和信息化部公示2021年度绿色制造名单，经开区内10家企业上榜。其中，北京ABB开关有限公司、北京天诚同创电气有限公司、亿滋食品（北京）有限公司、北京同仁堂健康药业股份有限公司、海斯坦普汽车组件（北京）有限公司、采埃孚汽车底盘系统（北京）有限公司、格拉默汽车内饰部件（北京）有限公司、北京和利时电子科技有限公司8家企业入选绿色工厂公示名单，占全市上榜企业数量近三成；北京ABB低压电器有限公司和富泰京精密电子（北京）有限公司2家企业入选绿色供应链管理企业公示名单，占全市上榜企业总数的四成。

（杜涵涵）

【首个全产业链视听产业园获批复】 12月20日，国家广播电视总局发布通知，经对北京市广播电视局报的《关于筹建中国（北京）高新视听产业园的请示》认真研究，同意在经开区设立中国（北京）高新视听产业园。视听产业园由北京亦庄投资控股有限公司投资建设，位于宏达中路原创新大厦，一期总建筑面积约7.5万平方米，建有视听总部基地、视听技术研发基地、视听产业孵化器等功能区，覆盖视听技术研发、高新视听企业孵化、视听服务集成、创新业态运营、终端硬件制造等产业链关键环节，已有北京广研广播电视高科技中心有限责任公司、北京亚世体育文化传媒集团有限公司等20余家企业签约入驻。

（杜涵涵）

【经开区10家企业入选全球独角兽榜】 12月20日，胡润研究院和广州市商务局、广州市黄埔区政府联合发布“2021全球独角兽榜”，列出全球成立于2000年之后，价值10亿美元以上的非上市公司。其中，经开区10家企业上榜，分别是：京东科技控股股份有限公司、北京比特大陆科技有限公司、艾美疫苗股份有限公司、北京屹唐半导体科技股份有限公司、北京京东工业品贸易有限公司、北京奕斯伟科技集团有限公司、蓝箭航天空间科技股份有限公司、北京天广实生物技术股份有限公司、北京博奥晶典生物技术有限公司、酒仙网电子商务股份有限公司。京东科技控股股份有限公司估值2000亿元，居榜单第11位。

（杜涵涵）

【2021北京中德产业合作发展论坛举行】 12月23日，由顺义区政府、中国德国商会主办的2021北京中德产业合作发展论坛在京举行。论坛在德国柏林、慕尼黑和法兰克福设立分会场，通过各类平台全球直播。北京市委常委殷勇以视频方式为论坛致辞。国家发展改革委、工业和信息化部等国家部委和北京市相关部门的负责人，以及中国国际投资促进中心、中欧国际交易所等300余家知名企业、协会机构的代表参加。论坛以“高水平开放推动高质量发展”为主题，围绕中德经济技术合作、中德发展新动能、中德产业园规划建设等进行主题演讲与推介。论坛期间，北京中德产业园开园；北京中德产业园管委会与国家发展改革委国际合作中心、中国德国商会签署全面战略合作协议，携手拓展与德国及欧洲经济技术领域务实合作；德国威乐集团全球第二总部、博世工业4.0创新中心、惠乐喜乐机床应用研发中心、莱茵科斯特中国区总部等22个重点项目签约；北京市“两区”建设（中德产业园）法官工作站、中德产业园知识产权巡回审判庭揭牌。

（袁永章）

中关村示范区

【概述】2021 年，根据市委、市政府决策部署，北京市科学技术委员会与中关村科技园区管理委员会合署办公。值“十四五”开局之年，中关村示范区围绕北京国际科技创新中心和中关村世界领先科技园区建设任务，坚持“四个面向”，推动高水平科技自立自强，进入新的历史发展阶段。

世界领先科技园区建设迈开步伐。2021 年，中关村示范区全年实现总收入 8.4 万亿元，比 2020 年增长 16.8%。会同科技部研究形成《关于支持中关村国家自主创新示范区开展高水平科技自立自强先行先试改革的若干措施》，经中共中央全面深化改革委员会审议通过，围绕做强创新主体、集聚创新要素、优化创新机制 3 个方面，部署 24 项重大改革措施，加快打造世界领先科技园区和创新高地。联合科技部、中国科学院、中国工程院、中国科协成功举办 2021 中关村论坛，习近平总书记发表重要视频致辞。论坛升级为面向全球科技创新交流合作的国家级平台，140 个国际组织及创新机构代表参与论坛各板块活动，66 个国家和地区的上千名嘉宾深入交流，累计 10 万人次线上线下参与，国际知名度进一步提升。

战略科技力量取得新壮大。研究制定“十四五”时期北京国际科技创新中心建设战略行动计划、国际科技创新中心建设规划、中关村示范区建设规划、高精尖产业发展规划，高站位部署“十四五”时期重大任务。以“五新”机制建设新型研发机构，集聚一批战略科技人才，研发出长寿命超导量子比特芯片、全球首款 96 核区块链专用加速芯片、全脑范围单神经元完整重构等一批具有世界影响力的研究成果，在超导量子比特退相干时间调控、超大规模人工智能预训练模型研发等方面达到世界领先水平。“北京市建立完善五新机制 高标准建设新型研发机构”典型经验获国务院办公厅通报表扬。推动基础创新和原始创新，2021 年中关村示范区企业获专利授权量 9 万余件，比 2020 年增长 26%；企业 PCT 专利申请量 8189 件；每万人发明专利拥有量 138 件。

体制机制改革进一步深化。根据市委、市政府决策部署，市科委与中关村管委会合署办公，重点把握国际科技创新中心建设、中关村示范区先行先试改革、国家实验室建设形成战略科技力量“三条主线”。印发《关于建立实施中关村知识产权质押融资成本分担和风险补偿机制的若干措施》《中关村国家自主创新示范区国际化发展指导意见》《关于进一步加强中关村海外人才创业园建设的意见》，以及中关村示范区公司型创业投资企业企业所得税、特定区域技术转让企业所得税试点政策等。推进科研人员职务科技成果所有权或长期使用权试点，推动 3 家市属试点单位开展 7 项科技成果赋权改革工作。推进高新技术企业认定改革，率先实施高新技术企业认定“报备即批准”政策试点。

高精尖产业培育进入快车道。新一代信息技术和医药健康“双发动机”作用取得阶段性成效。在新一代信息技术领域，持续推动人工智能、量子信息、区块链领先发展。电子信息技术领域实现总收入 4.3 万亿元，比 2020 年增长 22.2%。其中人工智能产业营业收入超过 2000 亿元，比 2020 年增长约 11%；生物医药领域增长迅猛，实现总收入 4937 亿元，比 2020 年增长 82.4%。在科技抗疫中，两支京产疫苗在 100 余个国家获批上市或使用，累计向全球供应疫苗 50 亿剂；国内首款自主知识产权的新冠病毒中和抗体联合治疗药物安巴韦单抗注射液及罗米司韦单抗注射液获批上市。实施高精尖产业“强链工程”，推动组建一批创新联合体，加快关键核心技术攻关，涌现出光子 AI 计算芯片、14 价 HPV 疫苗等一批重大创新成果，一批前沿技术产品在建党百年庆典等活动中应用。加快推进新材料与智能制造等产业发展，在光电子、第三代半导体、虚拟现实、超材料、石墨烯等领域强化布局。石墨烯纤维复合材料制备取得突破，无液氦稀释制冷机样机实现比绝对零度高 0.01℃的连续稳定运行。氢能产业链布局基本形成，液氢重卡完成测试运行并实现全球首发。京东科技信息技术有限公司等 12 家单位入选国家区块链创新应用试点名单。实施科技冬奥专项，围绕办赛、参赛、观赛、服务环节和疫情防控，推动手语播报数字人、云转播、新冠病毒气溶胶检测、数字孪生等一批前沿创新成果在冬奥会和冬残奥会期间部署应用。

创新创业生态持续优化。中关村示范区中小微企业蓬勃发展，拥有十亿元以上企业797家、百亿元以上企业119家、千亿元以上企业8家、独角兽企业102家，新创办科技型企业2.8万家，19家企业入选2021年《财富》世界500强。截至2021年底，中关村示范区内国家级孵化器64家、国家级众创空间147家、中关村创新型孵化器158家、硬科技孵化器40家。年内推动20余家科技孵化器成立中关村科技孵化器发展联盟，共搭服务大平台，实现科技、产业、金融良性循环，联盟成员单位在京运营的孵化面积超过37万平方米，累计服务的独角兽企业、“专精特新”企业、中关村高新技术企业等超过1万家。推进中关村前沿技术创新中心建设，联合海淀区、延庆区、房山区支持建设中关村海淀智能网联汽车前沿技术创新中心、中关村延庆体育科技前沿技术创新中心、中关村房山高端制造前沿技术创新中心3家中关村前沿技术创新中心，入驻企业70余家。联合海淀区、通州区等开展中关村国际前沿科技创新大赛，累计支持161个前沿科技企业和27个颠覆性项目。组织20余家联盟开展园区行活动，开展120余场“护航行动”，累计服务85万人次。成功举办全国双创周北京会场暨中关村创新创业季、2021年中关村5G创新应用大赛、第五届新兴领域专题赛、第四届“绽放杯”5G应用征集大赛等活动。

一区多园统筹发展迈上新台阶。研究形成建设世界领先科技园区的空间优化提升初步方案，推进中关村分园体制机制改革，房山园、平谷园、门头沟园管委会挂牌独立运行。支持中关村软件园等17家特色产业园提升运营服务水平，支持新建12个高精尖产业协同创新平台，西城园新动力金融科技中心等特色园区建设有序推进，海淀园中关村集成电路设计园持续完善产业服务平台，大兴园华润生命科学园建成小核酸公共实验服务平台。编制实施分园三年提升行动方案年度工作清单，实施270项重点任务、228个重点项目。实施海淀园集成电路设计、顺义园第三代半导体等政策，支持分园主导产业发展。

（王爱凤）

【海淀园】2021年，海淀园入统高新技术企业总数10 769家，从业人员123.8万人，工业总产值3181.6亿元，总收入3.5万亿元，进出口总额3255.1亿元，实缴税费总额930亿元，利润总额2119.9亿元，资产总计5.6万亿元，科技活动经费支出总额2392.9亿元，专利授权量38 798件。年内，海淀园围绕实施海淀区“两新两高”战略，全面提升科技创新和产业发展能级，加快建设北京国际科技创新中心核心区。基础前沿布局不断强化。京津冀国家技术创新中心与美国斯坦福大学、英国牛津大学等10所世界名校签署官方合作协议，新增优质项目立项45个，带动社会投资6亿余元，实现产业化项目11个；支持北京智源人工智能研究院建设超大规模人工智能模型训练平台，发布全球最大智能模型悟道2.0；支持北京微芯区块链与边缘计算研究院建设区块链先进算力实验平台，发布全球首款96核区块链专用加速芯片；支持北京量子信息研究院成功研制国际首台量子直接通信原理样机，单个超导量子比特退相干时间创世界纪录；支持北京石墨烯研究院完成A3薄膜2.5代工艺，实现单晶铜上石墨烯晶畴取向一致度95%以上。高精尖产业体系加快升级。围绕“十四五”规划编制，开展主导产业和前沿产业、智慧海淀、底层技术、创新服务体系建设4个专项规划及中关村西区、中关村科学城北区产业规划研究；依托产业情报综合支撑平台进行企业动态监测，完善精准化产业服务体系；发布数字经济三年行动计划，打造全球数字经济标杆城市引领区；动态完善高精尖项目库，入库重点项目733个；建立高新技术企业培育库，开展高新技术企业培育与认定辅导，通过科技部备案高新技术企业2943家。建设人工智能标志性聚集区，强化长安链生态联盟场景应用研究，推进自动驾驶示范区建设。创新生态进一步优化完善。落实“海英计划”升级版，开展人才跟踪评价，加强对入选人才的服务与联系；91名中学生和53名大学生被评为“海英之星”。发挥园区博士后工作站引才作用，博士后进站99名，出站61名，新增11家博士后工作站分站；实施第二期“薪火共燃”计划，培训60名科技企业人才；支持23家高价值专利培育运营中心建设，累计构建高价值专利组合63个，培育高价值专利3000余件，新增专利运营收益近8亿元；依托中关村知识产权保护中心，助力创新主体专利快速授权，专利审结授权率86.7%；推进科技成果赋权改革试点，国家纳米科学中心首个案例落地，中国农科院完成14项科技成果的赋权协议签署；推进概念验证中心建设，加强重点企业和驻区央企服务，加速链接全球创新资源，设立中国（北京）自由贸易试验区科技创新片区创新创业服务中心；双创示范基地工作连续5年获国务院通报表扬。开放创新推动融合发展。推动“三城一区”融合发展，支持30家创业服务机构在北京经济技术开发区开展科技成果转化、科技项目咨询等服务，与未来科学城围绕应用场景建设、楼宇运营托管等开展合作，加强与怀柔科学城信息共享与产业对接；组织80余家企业、协会组织对接城市副中心和雄安新区，推动11个科技项目落地城市副中心，20余家企业在雄安新区设立分支机构；加强与首钢园区、延庆区等区域合作，推荐2家无人机企业入驻延庆无人机园；组织40余家企业和联盟协会与湖北省丹江口市及内蒙古自治区科右前旗、科右中旗、敖汉旗开展产业对接。

（程晓荷）

【昌平园】2021年，昌平园入统高新技术企业总数2461家，从业人员17.2万人，工业总产值1090.1亿元，总收入5382.7亿元，进出口总额513.1亿元，实缴税费总额203.3亿元，利润总额303.4亿元，资产总计8568.8亿元，科技活动经费支出总额257.8亿元，专利授权量5542件。年内，昌平园围绕新冠肺炎疫情防控关键紧迫领域，支持北京万泰生物药业股份有限公司等企业在疫情防控等方面提供服务保障。支持科技型企业入园纳统，年内新入园能源环保、生物医药等领域企业216家。引入医药健康、智能装备等重点产业项目13个，不断优化高精尖产业结构。建立并动态更新“一表一图一档”园区产业用地台账。助推北京诺禾致源科技股份有限公司等4家企业上市。持续巩固双创示范城市和大中小融通特色载体建设成果，累计建成双创载体65家，其中国家级23家、市级24家；年内新增孵化面积4.9万平方米，总孵化面积达170万平方米，在孵企业数量4600余家，员工总数约6万人。协调推进昌发展·天通科技园、北京宏福科技孵化器股份有限公司完成改造工作，对接中关村双创支持政策，推动“回+双创社区”建设。借势“中俄科技创新年”，推动乐普（北京）医疗器械股份有限公司等10家企业与俄罗斯方面对接，推荐腾讯众创空间（北京）等5家孵化器承接中俄创新技术、人才培养等系列活动。服务腾讯众创空间（北京）海外人才创业园等5家海创园，入驻企业达460余家。北京品驰医疗设备有限公司等5家企业入选国家级专精特新“小巨人”企业名单。乐普医疗公司获评2021年中国百强企业，三一重工北京桩机工厂被评为全球重工行业首家“灯塔工厂”。

（魏清华）

【顺义园】2021年，顺义园入统高新技术企业总数731家，从业人员10万人，工业总产值883亿元，总收入1911亿元，进出口总额103.3亿元，实缴税费总额77.4亿元，利润总额140.2亿元，资产总计5236.8亿元，科技活动经费支出总额116.4亿元，专利授权量3765件。年内，经顺义区委、区政府批准，顺义园管委会加挂北京创新产业集群示范区（顺义）管理委员会、北京中德国际合作产业园管理委员会牌子；经国家发展改革委批复的北京中德产业园开园。《顺义区推进中国（北京）自由贸易试验区建设实施方案》及新修订的《顺义区创业摇篮计划支持政策实施办法》印发，《HICOOL大赛人才及创业项目落地支持办法》专项政策出台，《无人配送车管理实施指南》《智能网联汽车产业发展报告（顺义指数2021）》等发布。园区新增北京德鑫亿科技有限公司、北京羊羽智芯科技有限公司等企业135家。顺义园管委会与北京大华博科智能科技有限公司、聚能恒业（北京）科技有限公司、乐米达新能源（上海）有限公司签署入园意向协议。第三代半导体大中小企业融通发展论坛暨第三代半导体“芯”生态专项赛、首届全国智能驾驶测试赛（总决赛）、“创客北京2021”创新创业大赛等赛事举办，2021世界智能网联汽车大会暨中国国际新能源和智能网联汽车展览会、第三届“空中丝绸之路”国际合作峰会、北斗导航创新应用与融合发展高峰论坛、2021北京中德产业合作发展论坛等活动举办。北京东方雨虹防水技术股份有限公司5个项目获北京建材行业科学技术奖、中国核工业二三建设有限公司5项焊接工程获全国优秀焊接工程奖、中科星图股份有限公司获北京市总工会首都职工自主创新成果3项奖、北京汽车集团越野车有限公司等5家企业的5个项目获北京市科学技术奖。北京理想汽车有限公司的北京绿色智能工厂开工建设。

（袁永章）

【大兴园】2021年，大兴园入统高新技术企业总数499家，从业人员4.8万人，工业总产值1774.4亿元，总收入1942.5亿元，进出口总额629.9亿元，实缴税费总额145.5亿元，利润总额1157.4亿元，资产总计1901.8万亿元，科技活动经费支出总额85.5亿元，专利授权量1676件。按照中关村管委会关于加强园区管理、完善分园管理体制和统筹工作机制的工作要求，6月，在大兴区经济和信息化局加挂中关村科技园区大兴园管理委员会牌子，负责统筹园区发展战略，参与编制园区规划、产业促进政策等工作。建立工作协调机制，推动中日创新示范区成立首期20亿元的发展基金，举办中日创新合作发展论坛，推进园区产业规划及三年行动方案实施，促进知识产权保护，成为北京首个知识产权保险示范区，落地项目68家。围绕提升企业创新能力、发展特色产业、优化产业环境等方面开展工作。采取“1+6”模式联合申报博士后工作站，大兴园管委会申报园区类博士后科研工作站，北京天科合达半导体股份有限公司等6家企业申报博士后科研工作站园区分站；组织开展中关村示范区特色园区、科技型小微企业研发、特色产业集聚（药品医疗器械领域）等18个项目申报，中关村医疗器械园等6个园区入选中关村特色产业园项目，北京华脉泰科医疗器械股份有限公司等3家企业获中关村示范区国外注册认证项目资金支持，共获支持资金80.3万元。履行行业管家职能，推进重点企业“服务包”工作，实地了解企业发展情况及需要协调解决的困难、问题，并结合各项业务的展开做好咨询辅导和事务协调等系列服务工作。

（李 冰）

【亦庄园】2021年，亦庄园入统高新技术企业总数1152家，从业人员19.3万人，工业总产值4767.1亿元，总收入9034.2亿元，进出口总额1725.8亿元，实缴税费总额556.1亿元，利润总额1401.6亿元，资产总计1.3万亿元，科技活动经费支出总额326.5亿元，专利授权量6818件。坚持规划引领，围绕“三城一区”主平台和“四区一阵地”功能定位，编制发布《“十四五”时期北京经济技术开发区发展建设和二〇三五年远景目标规划》，统筹推进专项规划编制，打造“十四五”规划体系。聚焦成果转化、政策协同、载体建设、成果共享等关键环节，与三大科学城签订创新联动发展合作协议。首批6家8.2万平方米先导基地加速区挂牌，落地成果转化项目162项。搭建“三城一区”线上服务平台，发布共享设备549台（套），共享实验室108个，提供技术服务345项。实施“创新成长计划”和“创新伙伴计划”，储备项目112个。成立人才创新创业发展中心，整合金融谷、亦麒麟工作站、高新技术企业公共服务平台和“揭榜挂帅”创新中心，建设国内领先的双创服务大厅。创新校企合作模式，一体化推进技术技能人才培养，认定人才联合培养基地50个，博士后科研工作站59家；实施“亦麒麟”人才品牌工程，落实“人才十条”，评定首批“亦城人才”2065名。推动政策创新，自动驾驶出行服务商业化试点、国际消费城市、商圈高水平发展等8项政策落地实施。设立北京首家自贸知识产权保护分中心，打通知识产权创造、运用、保护、管理和服务全链条。金融机构加速集聚，工商银行、中国银行等7家银行升格为自贸业务专营银行。企业上市成效显著，通过梯队管理、精准辅导，建立156家拟上市企业培育库。完成国家“无废城市”试点，形成六大经验模式全国推广。推动9家企业申报绿色工厂，2家企业成为绿色供应链管理企业。持续跟踪、精准对接，助力抗疫药品进入绿色通道，支持40余家企业70余项新冠病毒检测试剂及治疗药实现研发转化。检测资源服务全市，呼吸机、CT机等120余种产品驰援全球。

（杜涵涵）

【房山园】2021年，房山园入统高新技术企业总数518家，从业人员8.2万人，工业总产值275.1亿元，总收入614.5亿元，进出口总额15.7亿元，实缴税费总额26.3亿元，利润总额28.9亿元，资产总计1001.6亿元，科技活动经费支出总额30.4亿元，专利授权量1329件。常态化疫情防控，促进企业快速恢复生产。发挥党员干部先锋作用及企业特派员的引导督查作用，持续深入一线，加强与园区企业联系，形成台账；印发园区防疫安排指导意见和防控指引并下发企业，指导园区企业完善疫情防控工作，组织园区企业员工接种疫苗，建立防疫屏障；了解掌握企业生产经营中存在的困难和问题，引导企业合理安排生产及疫情防控工作。优化营商环境，深化招商引资模式。深化推广“前店后厂”发展模式和经验，降低培育期企业手续办理周期，为企业全生命周期发展提供高品质载体，构建产学研用一体化的产业生态体系，吸引北京航景创新科技有限公司、北京史河科技有限公司、恒动氢能（北京）科技有限公司等企业入驻。重大项目建设成果显著。京东方生命科技产业基地项目02地块全面开工建设，完成二次结构施工；卫蓝高性能固态锂电池研发中心项目、新材料基地标准厂房项目开工建设；5G自动驾驶示范区检验检测及示范运营测试平台竣工；中车北京轨道交通装备产业园竣工投产；中关村房山氢能产业园挂牌成立；石墨烯种子园稳定运营，10家企业入园孵化。

（付 娜）

【通州园】2021年，通州园入统高新技术企业总数466家，从业人员5.1万人，工业总产值289.6亿元，总收入1114.5亿元，进出口总额30.6亿元，实缴税费总额39.1亿元，利润总额74.8亿元，资产总计1795.4亿元，科技活动经费支出总额60.9亿元，专利授权量3005件。通州园通过落实副中心“3+1”功能定位，园区加快存量改造、城市更新、产业升级，推动传统工业区向现代科技型产业园区转型，经济规模逐步扩大，发展质量显著提升。园区引进企业161家，其中亿元以上企业7家。年内园区新认定的中关村高新技术企业123家。24个项目入选2021年北京市新技术新产品，2家工作站挂牌知识产权公共服务工作站，68家企业入选北京市“专精特新”中小企业，5 家机构获“通州区众创空间”称号。64 个项目获通州区高精尖产业发展资金支持，3 个项目获通州区科技成果转化项目资金支持。3 家企业获批设立北京市园区类博士后科研工作站，园区累计博士后科研工作站分站 19 家。16 家企业获通州区高层次人才政府特殊津贴和购房补助，11 家企业获通州区“灯塔计划”人才奖励扶持资金。特色产业基地不断发展。国家网络安全产业园区启动区 TZ07－0102－0052 等 3 个地块实现供地，TZ07－0102－0060 等 3 个地块摘牌；《加快推进网安园（通州园）产业发展若干措施》发布，引进网络安全类相关企业 30 家。张家湾设计小镇《推进设计小镇和城市科技产业发展若干措施》《张家湾设计小镇启动区规划综合实施方案》发布；北京国际设计周永久会址项目开工建设；全国首例“数字货币＋自贸区智慧园区”应用场景建设项目落地张家湾设计小镇；2021 国际建筑科学院全球网络峰会、第 27 届世界建筑师大会中国展、2021 北京时装周、2021 北京国际设计周开幕式等活动在设计小镇举办；101 家科技创新企业入驻小镇。漷县医药健康产业集聚区重点依托一方健康谷引进医养健康类企业 30 家。优化招商途径，以区域合作为途径，重点围绕创新设计、城市科技、网络安全、医药健康、科技种业五大产业领域，建立“政府部门＋工作专班＋乡镇＋平台公司”的招商工作机制，构建以“协会＋联盟”为抓手的招商服务平台，形成工作闭环机制，推进园区产业链招商；赴上海参加北京城市副中心招商推介会，与北三县互相走访调研，开展联合招商，与大厂、三河农业科技园区签署合作协议，推进京津冀农业科技产业协同发展。

（郭庆云）

【东城园】 2021 年，东城园入统高新技术企业总数 447 家，从业人员 9.3 万人，工业总产值 8.7 亿元，实现总收入 300.5 亿元，进出口总额 70.7 亿元，实缴税费总额 78.8 亿元，利润总额 264.8 亿元，资产总计 7904.7 亿元，科技活动经费支出总额 106.8 亿元，专利授权量 2545 件。年内，编制完成《中关村东城园“十四五”时期发展专项规划》，由东城区政府办印发；编制完成《东城园绿色发展五年行动方案》，为东城园绿色发展提供规划引领。举办中关村论坛平行论坛——中国・北欧可持续发展与创新论坛，举办“创意点亮北京”、紫金龙潭体育产业沙龙等产业促进活动。支持 17 家孵化器向加速器转型，打造更多点状创新空间，嘉诚文化科技融合创业孵化基地被认定为全国创业孵化示范基地。落实国外专利申请支持政策和海外知识产权维权援助工作机制，加大对园区企业申请国外专利的支持力度，建立 1 家知识产权公共服务工作站，开展知识产权沙龙及培训。北京航星机器制造有限公司、起重运输机械设计研究院有限公司分别获第二十二届中国专利奖银奖和优秀奖。视联动力信息技术股份有限公司获第六届北京市发明专利奖二等奖。腾讯医疗健康（深圳）有限公司国际数字健康应用创新中心等重大产业项目落户园区。北京全域医疗技术集团有限公司等企业获中关村产业协同创新平台资金扶持，北京中文在线教育科技发展有限公司智能有声云平台等 6 个项目获国家产业资金支持。新维畅想数字科技（北京）有限公司等 3 家单位入选国家文化和科技融合示范基地。攻坚克难抓地块开发，提升产业空间利用效能。青龙地块确定规划条件并获市政府批复；龙潭地块拆迁滞留户搬迁、地块收储等工作不断推进，规划方案进行第二轮优化；推进来福士中心、天恒大厦等楼宇改造提升。围绕提升专业化运营能力，启动新一轮先行先试改革，深入调研、梳理问题，明确思路、征求意见，谋划改革措施。健全工作体系，筹备成立高新技术企业协会，搭建政企联系的平台和纽带。为构建“亲清”政商关系，组织召开重点企业恳谈会，全年联系服务企业约 1500 户次；收集企业需求 8 类 451 项，解决 414 项，满意率 100%；协助园区企业申请公租房 73 套。压紧压实园区 31 栋重点商务楼宇防疫任务，为驻区央企、重点楼宇组织疫苗接种专场 70 余场 4 万余针次。

（刘东维）

【西城园】 2021 年，西城园入统高新技术企业总数 968 家，从业人员 14.1 万人，工业总产值 1340.7 亿元，总收入 3834.1 亿元，进出口总额 306.1 亿元，实缴税费总额 121 亿元，利润总额 685 亿元，资产总计 2.5 万亿元，科技活动经费支出总额 206.2 亿元，专利授权量 2702 件。加速国家级金科新区建设。举办首届全球金融科技峰会，组织包括 1 场成果发布、2 场创新大赛、3 项展览、4 场专场活动、5 场主题论坛在内的 15 项活动，提升金科新区的国际影响力。编制发布《西城区“十四五”时期国家级金融科技示范区发展规划》，绘就金科新区发展蓝图。新动力金融科技中心投入使用，中糖大厦完成改造，首创・新大都金融科技产业园开业运营，举办全市金融工作座谈会、首届数字经济论坛等活动。服务首批 6 个“监管沙箱”项目完成测试，为全国开展金融科技监管创新提供“北京样板”。支持成立金融科技法治研究中心，为金融机构和金融科技企业在京发展提供法治保障。引进国家金融标准化研究院等 23 家重点金融科技企业和专业机构落户金科新区，注册资金70亿元。精准高效服务企业发展。出台“科创十条”政策，兑现产业政策资金近1.6亿元，惠及231家高新技术企业、19家金融科技企业、10家科技孵化平台。创建“西城园E贷”线上融资场景，帮助50余家企业获贷款近5亿元。加强人才服务保障工作，为企业引进人才、职称评定等提供支持和服务。全力抓好园区疫情防控，疫苗接种率达到96.8%。常态化开展“大走访、大调研”，共走访企业500余家（次），收集、办结企业需求364项。支持企业加强自主创新，培育引进“专精特新”企业51家；全年共引进数字经济、资产管理等领域的重点企业46家，注册资金100.5亿元；举办高新技术企业申报培训，主动上门为企业申报高新技术企业提供服务，全年共受理273家企业申报国家高新技术企业、651家企业申报中关村高新技术企业，园区有高新技术企业1000余家。开展知识产权服务，金丰和孵化器工作站等3家单位获“北京市知识产权优秀工作站”前三名，10家企业被认定为知识产权试点单位和示范单位。

（曾庆艳）

【朝阳园】2021年，朝阳园入统高新技术企业总数2191家，从业人员32.3万人，工业总产值494.3亿元，总收入9429.5亿元，进出口总额2082.9亿元，实缴税费总额631亿元，利润总额531.2亿元，资产总计1.9万亿元，科技活动经费支出总额508.1亿元，专利授权量12 179件。打造数字经济产业集群。出台《朝阳区关于支持数字经济产业创新发展的若干措施》，聚焦工业互联网、空间地理信息、集成电路、人工智能、信息与网络安全等产业打造重点产业集群；建成工业互联网大数据中心，集聚43家地理信息企业、300余家人工智能企业。推进朝阳区高质量国际创投集聚区建设。出台《关于加快建设高质量创业投资集聚区的若干措施》，成立国际创投集聚区企业发展服务中心，举办项目对接、政策宣讲等各类活动，宣讲政策、对接资源，建成高瓴新动能中心、红杉中国科技创新孵化中心、海尔卡奥斯生态集聚中心和创业邦创新赋能中心，全年24个创投项目、3个专业服务机构入驻。分层分类做好企业服务。推进北京首都在线科技股份有限公司等重点企业和项目落地朝阳园；对中关村“金种子”、市级“专精特新”等各类重点企业进行梳理，初步建立重点企业库；建设朝阳区科技企业赋能站，为企业提供朝代办、朝共享、朝咨询等300余项服务。营造创新创业活跃氛围。开展“创新100”加速工程，以专家及服务机构资源助推青年创业人才及创业企业发展；优化创新创业平台，举办未来青年论坛、2021《理解未来》科学讲座等活动；与清华大学等高校科研所搭建“产学研”资源对接平台，开展院士专家走进朝阳园活动。推进重点项目开发建设。阿里巴巴北京总部项目国际学校项目、国际人才公寓项目、国际医院项目、未来论坛项目落地建设。

（韩春生）

【丰台园】2021年，丰台园入统高新技术企业总数1857家，从业人员19.5万人，工业总产值291.1亿元，总收入7310.2亿元，进出口总额392亿元，实缴税费总额162.5亿元，利润总额497.6亿元，资产总计1.9万亿元，科技活动经费支出总额210.3亿元，专利授权量6912件。注重重点产业招商，引进中电建路桥集团北方建设投资有限公司等重点企业，加大外资引进力度，毕马（北京）轨道交通研究院有限公司等落户园区。打造北京看丹独角兽创新基地，聚焦引进培育龙头企业、独角兽企业和隐形冠军企业等优质创新资源。围绕轨道交通智慧运行控制、智能制造、智能建造等关键技术开展研发和产业化，打造政产学研用一体化的轨道交通创新基地。出台《中关村丰台园进一步扩大开放、激发创新活力的措施》《关于支持独角兽企业在丰台区集聚发展的若干措施》系列政策。认定国家高新技术企业100余家。3家企业获国家科学技术进步奖，4家企业获北京科学技术奖，4家企业获市级企业中心认定，10家企业获市级专精特新“小巨人”称号（其中6家企业获国家级专精特新“小巨人”称号）。凯腾精工和中航泰达2家企业在北交所挂牌。成立中关村领创商业航天联盟。中关村睿宸卫星应用研究院成功发射首颗卫星。依托北京天琪国际转化医学研究院、北京天坛医疗科技有限公司的落地，打造转化医学产业化集群，形成天坛医院成果转化中心。着重优化“类海外”发展环境，启动中关村轨道交通国际创新创业大赛，举办“从数字经济到数智时代”中欧数字经济高峰论坛等多场创新活动。

（张红莉）

【石景山园】2021年，石景山园入统高新技术企业总数843家，从业人员10.6万人，工业总产值112.8亿元，总收入3644.7亿元，进出口总额35.2亿元，实缴税费总额134.9亿元，利润总额455亿元，资产总计9702.1亿元，科技活动经费支出总额215.8亿元，专利授权量2886件。年内，制定并印发《石景山区“十四五”时期虚拟现实产业发展规划》《石景山区促进中关村工业互联网产业园高质量发展暂行办法》《关于推动北京侨梦苑高质量发展的若干措施》《石景山区关于促进楼宇经济高质量发展的若干措施》。注重政校企联动，加强硬科技支撑，建设华为（北京）虚拟现实创新中心、工业互联网实训基地，打造京西产学研创服务平台、中小企业创新基地 2 个创新平台。改造提升 4.23 万平方米虚拟现实产业发展空间，筹建 2000 余平方米工业互联网产业孵化器。开发科技冬奥、自动驾驶、智能机器人、智能制造和服务、智慧园区建设等应用场景，利用 VR 技术组织开展“四讲两促”党史学习教育、庆祝建党百年活动 150 余场。承办中国虚拟现实产学研大会等品牌活动 11 个。建立高精尖项目储备库，助推技术转化和商业应用。兑现 2020 年《中关村石景山园加快创新发展的支持办法》政策资金，向 183 家企业拨付资金 2.7 亿元。持续巩固石景山区商务楼宇疫情防控成果，开展风险人员、聚集性居住场所、聚集性会议活动、国际快递、非冷链进口货物排查和科学管控，“楼、人、物”风险日排查、日反馈，指导商务楼宇落实扫码测温、公共区域消毒通风等防疫措施，发现问题督促立行立改。防控关口前移，坚持出返京人员备案机制，及时排查风险，第一时间将市、区防疫政策要求落实到位。实施疫苗接种“绿标行动”，动员服务园区企业接种疫苗，接种率超过 90%。园区获国家发展改革委 2020 年度“真抓实干成效明显产业转型升级示范园区”通报表扬。

（杜　静）

【门头沟园】2021 年，门头沟园入统高新技术企业总数 280 家，从业人员 1.8 万人，工业总产值 46.4 亿元，总收入 477.9 亿元，进出口总额 297.2 亿元，实缴税费总额 8.6 亿元，利润总额 −0.1 亿元，资产总计 616.3 亿元，科技活动经费支出总额 15.1 亿元，专利授权量 652 件。园区确立人工智能、医疗器械、数字视听三大细分领域产业方向，利用中央广播电视总台 5G+8K 超高清示范园落户园区的契机打造超高清数字视听产业国家基地，依托中国医学科学院阜外医院心血管领域世界领先地位、发挥北京精雕科技集团有限公司制造“小型精密加工中心”优势打造心血管领域医疗器械产业国际高地，以中关村京西人工智能创新中心平台为牵引打造智能制造产业京西智谷。北京恒合信业技术股份有限公司成为北京地区首家在北交所上市的企业。与北京百度网讯科技有限公司、华为技术有限公司等头部企业签署全面战略合作协议，与北京字节跳动科技有限公司、同方股份有限公司、华润医药集团有限公司等头部企业达成合作协议。北京精雕科技集团入选北京市首批 20 家隐形冠军企业名单。举办中关村论坛门头沟分论坛和细分赛道前沿赛事相关活动，与石景山园管委会和首钢工学院合作建成京西产学研创服务平台。建立区级领导、职能部门包企联络等机制，出台高质量发展促进创新创业政策，依托政策微课堂、人才平台建设等渠道持续优化营商环境。

（赵倚榕）

【平谷园】2021 年，平谷园入统高新技术企业总数 180 家，从业人员 2 万人，工业总产值 76.2 亿元，总收入 212.8 亿元，进出口总额 4.1 亿元，实缴税费总额 9.1 亿元，利润总额 9.7 亿元，资产总计 326.5 亿元，科技活动经费支出总额 10.4 亿元，专利授权量 626 件。平谷园坚持疫情防控与经济发展“两手抓、两不误”，在改革中不断创新举措，稳中求进，助推产业发展、项目建设、招商引资。突出抓好创新规划、创新服务和创新环境，推动各项工作有序开展。根据机构改革实施方案，整合原中关村平谷园管委会、原兴谷经济技术开发区管委会、马坊工业开发区管委会、通航产业基地管委会 4 个机构，重新组建中关村科技园区平谷园管理委员会，实施管委会 + 平台公司的模式。园区坚持高质量发展，让招商团队“走出去、活起来”，树立全员招商理念，突出渠道招商、平台招商、孵化器招商、机制招商、以商招商等多元化招商方式，扩大招商新领域，提高招商引资的时效性，突出招大引强、招新引高和产业链招商相结合。依托园区总部基地、联东 U 谷、中南高科等平台公司的优势，吸引和承接优质产业。在做好疫情防控常态化的同时加大招商引资力度，按照园区产业发展基础、功能定位、资源禀赋、招商引资等实际，以农科创为契机，构建绿色发展布局、高质量发展的有力抓手。园区各重点项目稳步推进。中南高科 · 北京农科智城产业园开工，规划总用地面积 12.6 公顷，拟投资 12.6 亿元。联东 U 谷二期项目开工，建设和运营联东 U 谷 · 安全应急创新谷项目，项目建设用地 9 公顷，打造全国领先的应急安全产业链，引进智能制造、高端装备等平谷区重点产业方向的企业。

（李密丝）

【怀柔园】2021 年，怀柔园入统高新技术企业总数 233 家，从业人员 2.8 万人，工业总产值 451.1 亿元，总收入 642.7 亿元，进出口总额 27.1 亿元，实缴税费总额 25.3 亿元，利润总额 30.8 亿元，资产总计 796 亿元，科技活动经费支出总额 28.4 亿元，专利授权量 768 件。园区主要围绕实施重大项目、科学设施建设、创新创业环境等方面开展工作。综合极端条件实验装置和地球系统数值模拟装置落成运行，高能同步辐射光源、子午工程二期进行设备安装，多模态跨尺度生物医学成像设施、11 个科教基础设施土建工程基本完成。第一批 5 个交叉研究平台试运行，第二批 8 个交叉研究平台主体结构封顶。加快布局“十四五”时期科学设施。创新主体快速集聚，中国科学院 18 家院所入驻，北京凝聚态物理国家研究中心、中国科学院凝聚态物理卓越创新中心、北京雁栖湖应用数学研究院、创业黑马科创加速器等挂牌运行。长城海纳硬科技加速器建成投用，怀柔科学城产业转化示范区、北京金隅兴发教育科技产业园开工建设，有研科创园入驻企业和机构 24 家。4 月，怀柔科学城管委会发布《关于精准支持怀柔科学城科学仪器和传感器产业创新发展的若干措施》。10 月，市政府印发《关于支持发展高端仪器装备和传感器产业的若干政策措施》，支持怀柔园建立高端仪器装备和传感器产业生态体系。市发展改革委批复设立先进 MEMS 工艺设计与服务工程研究中心、惯性与声学传感技术工程研究中心等 3 家北京市工程研究中心，北京卓立汉光仪器有限公司等 99 家企业落户。

（蒋　盟）

【密云园】 2021 年，密云园入统高新技术企业总数 220 家，从业人员 2.9 万人，工业总产值 167.8 亿元，总收入 425.9 亿元，进出口总额 23.9 亿元，实缴税费总额 14.5 亿元，利润总额 9.3 亿元，资产总计 827.4 亿元，科技活动经费支出总额 21 亿元，专利授权量 851 件。年内，密云园积极做好招商引资、疏解腾退低端低效企业、加快重点项目建设工作，税收及财政收入实现较大增长。招大引强不断推进。全年引进重点实体项目 5 个，计划总投资 14.5 亿元，达产后每年预计实现税收 4.42 亿元，2021 年实现税收 1105 万元。疏解腾退稳步开展。全年完成腾退盘活土地 11 宗，规划面积 28.7 公顷，可建设面积 22 公顷，地上面积约 10 万平方米。营商环境不断优化。建立企业问题收集台账，及时收集企业生产经营中需要协调解决的“急难愁盼”问题，协调安排相关处室为企业解决诉求 40 余件。向园区企业推送政策 55 项，其中资金类 21 项、融资需求类 3 项、资质类 16 项、奖项类 4 项、征集项目类 11 项，精准对接园区企业 572 家次。为 136 家企业提供招聘服务，95 家企业建立用工需求档案。科技创新持续加强。园区内国家级博士后科研工作站 4 家，其中密云经济开发区管委会（园区站）下设企业分站 3 家。研究制定《加强企业人才服务和支持具体措施》，为适用企业和高科技人才提供人才引进、住房保障、子女就学等配套服务。推进朝密结对协作，朝密双创中心正式揭牌并投入运营；科学城东区建设明显加快。围绕地球系统数值模拟装置布局建设的 5 个平台项目加紧施工。地球系统模拟装置项目投入运营。

（王希华）

【延庆园】 2021 年，延庆园入统高新技术企业总数 240 家，从业人员 1 万人，工业总产值 119.1 亿元，总收入 222.3 亿元，进出口总额 8.2 亿元，实缴税费总额 6.2 亿元，利润总额 16.2 亿元，资产总计 367.7 亿元，科技活动经费支出总额 7.7 亿元，专利授权量 535 件。年内，延庆园引进企业 1181 家，其中四大重点培育产业企业 247 家；挂牌成立各类创新平台和研发机构近 20 个。“一核四区”载体建设逐渐成形。创新家园市政配套和中心公园基本完工；中关村现代园艺产业创新中心迁址北京世园公园，为企业搭建展览展示、应用示范平台；中关村（延庆）体育科技前沿技术创新中心配套设施进一步完善；氢能创新产业园总体规划编制完成，建成北京市首座 70 兆帕加氢站；无人机创新园一期开工建设。重点培育产业发展势头强劲。氢能创新产业园加氢站为北京 2022 年冬奥会和冬残奥会的氢燃料公交和丰田氢燃料车辆提供加氢测试服务，延庆测试中心项目完成立项备案，联想绿色云计算中心项目设计方案完成；无人机服务产业应用保障平台建设完成，围绕民用无人驾驶航空试验区建设方案推动“三中心四基地”建设；现代园艺产业发展领域持续扩大，北京香草产业研究院揭牌成立，国香源香草基地进驻世园公园；明确“一轴两翼”的冰雪体育产业布局，“冰雪体育 + 科技”的发展模式初步形成。搭平台强服务，修订印发《中关村延庆园促进创新创业发展支持资金管理办法》《中关村延庆园发展专项资金管理办法》等政策，会同延庆区市场监管局、税务局、各类银行等部门建立快速审批、手续简化的绿色通道。聚人才促发展，开展人才政策宣讲、“两区”建设干部人才培训班及各类招聘活动，向区委组织部推荐企业重点人才和留学归国人才，将其纳入“妫川人才库”，为重点企业提供人才公租房、子女入学入园、人才资助项目等服务。履行“服务管家”职责，利用综合服务平台为“服务包”企业提供服务事项全流程网上办理服务。营造创新创业氛围，举办“两区”建设重点企业入驻签约、首届全国机器人竞技大赛冰雪全明星挑战赛、冬奥倒计时等活动，举办 HICOOL 2021 全球创业大赛初赛等各类科技创新活动与赛事 17 场。

（闫婷杰）

支撑发展

BEIJING ALMANAC OF SCIENCE AND TECHNOLOGY 2022

北京科技年鉴

2022

基础研究

【概述】2021 年，北京市自然科学基金委员会办公室共接收项目申请 8967 项，资助 1135 项，完成项目拨款 31 646 万元，完成项目验收 808 项，获国际专利授权 15 项、国内专利授权 592 项，在 TOP 期刊上发表论文 4784 篇，北京大学梁云等 21 位项目负责人获国家级奖项，其中自然科学奖 6 个、技术进步奖 3 个，中国科学院计算技术研究所夏时洪等负责的 103 个项目获应用推广，取得经济效益 1.86 亿元。部署重点工作，开展战略研究。围绕《北京加强全国科技创新中心建设重点任务 2021 年工作方案》等，梳理 8 项重点任务和 22 项重点工作；制定“十四五”市基金行动方案。对标“十四五”时期国家基础研究专项规划等，围绕形势与需求、4 项发展目标、13 项重点任务和 6 项保障措施等谋划交叉科学中心、长周期项目等重点改革，强化基础研究系统部署。推进重点研究专题工作。按照“聚焦‘卡脖子’问题，开展前沿探索，推动学科交叉”的工作思路，通过 10 余场前沿研讨会、项目负责人座谈会、项目中期检查会等，把握多个关键指标，提升项目质量，优选 18 项优质项目。前瞻部署重点前沿方向，支持一批有发展潜力的优秀青年，聚焦信息安全、区块链、智慧健康等国际学术前沿领域，围绕工业机器人、高端制造等北京需求，夯实高精尖产业基础。

（市基金办）

【面向无缝隙精细化天气预报的超大规模可扩展并行算法研究】2021 年，市基金杰出青年项目“面向无缝隙精细化天气预报的超大规模可扩展并行算法研究”取得重大进展。项目 2018 年立项，由北京大学杨超教授团队承担，2022 年 1 月通过专家验收。主要在适应于无缝隙精细化数值天气预报的超大规模可扩展并行算法领域开展系统的研究工作。研究团队设计出具有数百万核可扩展性的非静力大气动力学全隐式并行求解算法，在新一代国产神威超级计算机上扩展至 737 万个处理器核心（并行效率达到 89.45%），实现局地百米级分辨率模拟。项目负责人杨超入围高性能计算应用最高奖——戈登贝尔奖的 2021 年度终选名单（2021 ACM Gordon Bell Prize Finalist），先后入选中央组织部“万人计划”青年拔尖人才和教育部“长江学者奖励计划”特聘教授，还获得王选杰出青年学者奖、茅以升科学技术奖——北京青年科技奖。基于 CMA-MESO 区域模式完成郑州 720 特大暴雨的模拟试验和北京 2022 冬奥会张家口崇礼山地赛区的数值天气预报实验，为相关技术用于国内下一代数值天气预报模式软件的研发打下基础。

（张柏祯）

【人感染禽流感风险预警模型研究】2021 年，市基金杰出青年项目“基于大数据分析的人感染禽流感风险预警模型研究”取得重大进展。项目 2018 年立项，由北京师范大学教授田怀玉承担，2022 年 1 月通过专家验收。主要在高致病性禽流感的传播机制和人感染高致病性禽流感风险预警领域开展系统研究，发现家禽的生产、运输和贸易链与禽流感的传播风险存在显著关联，相关成果为认识禽流感病毒扩散规律和高效开展高致病性禽流感传播的控制工作提供了重要依据。10 月，田怀玉团队研究成果“中国 2019 新型冠状病毒疾病传播 50 天传播控制措施调查”入选美国科学促进会教材，北京师范大学、牛津大学、普林斯顿大学、美国科学促进会研究人员共同编写教案。项目研究成果在《科学》杂志发表，在项目支持下，田怀玉 2021 年入选长江学者特岗学者、青年长江学者，以第一完成人身份获全国创新争先奖。

（张柏祯）

【纤维化扩展中旁张力信号介导的肌成纤维细胞和纤维细胞通讯】2021 年，市基金杰出青年项目“基质材料介导的细胞间机械信号通讯在组织纤维化中的机制研究”取得重大进展。项目 2018 年立项，由清华大学教授杜亚楠承担，2022 年 1 月通过专家验收。主要在组织纤维化中展开系统研究，系统性证明细胞间通过细胞外基质纤维传输的旁张力所进行的机械通讯是一种新型的细胞间通讯方式，为纤维化发展等病理研究提供新的视角和机制阐释。研究成果“纤维化扩展中旁张力信号介导的肌成纤维细胞和纤维细胞通讯”发表在《美国科学院院报》(*PNAS*)上。以项目成果为基础，杜亚楠教授科研团队领衔创建北京华龛生物科技有限公司完成近3亿元B轮融资，杜亚楠获国家杰出青年科学基金资助。

(张柏祯)

【可再生能源电力高温 H_2O/CO_2 共电解制取合成气和烃类燃料】2021年，市基金杰出青年项目“可再生能源电力高温 H_2O/CO_2 共电解制取合成气和烃类燃料”取得重大进展。项目2018年立项，由清华大学教授史翊翔承担，2022年1月通过专家验收。项目主要在三弃电力高效转化生成燃料领域做出前沿性探索，对于“双碳”目标实现具有前瞻性意义，有望应用在电解储能领域，同低温电解技术相比，具有制氢能耗低的优势。项目所研究的结合可再生能源电力制取合成气及烃类燃料可望作为一类先进的储能技术，有效利用北京周边丰富的风能、太阳能资源，实现北京市及其周边化石燃料发电、化工厂所排放的高浓度 CO_2 的转化及资源化利用，实现高效的碳循环和近零排放，并为首都的能源消费提供更加丰富、清洁的气源，还能够有效缓解华北地区可再生能源的弃置和浪费，促进京津冀协同发展。史翊翔教授团队的电解水装备创新成果推广至北京华易氢元科技有限公司，经济效益达150万元。

(张柏祯)

【亚纳米二维材料表面本征应变调控能源电催化】2021年，市基金杰出青年项目“金属能源电催化”取得重大进展。项目2018年立项，由北京大学郭少军教授团队承担，2022年1月通过专家验收。项目主要在亚纳米二维材料表面本征应变调控能源电催化领域开展系统研究。团队在国际上首次获得亚纳米厚且高度几何卷曲的钯钼合金“双金属烯”材料，研究成果发表于《自然》杂志，成为基本科学指标数据库（ESI）高被引论文、ESI热点论文。在此基础上首次报道一种新方法制备出原子级厚度钯－铱(PdIr)“双金属烯”。研究为发展高性能电解水制氢和甲酸燃料电池提供重要的材料基础和技术支撑。在项目基础上，郭少军获国家杰出青年科学基金资助，2021年获科技部重点研发计划首席科学家，获全球高被引科学家、斯坦福大学全球顶级科学家等荣誉。

(张柏祯)

【视频内容的智能理解和运动分析的理论与方法】2021年，市基金杰出青年项目“网络敏感多媒体内容的智能解析与识别研究”取得重大进展。项目2018年立项，由中国科学院自动化研究所李兵研究员团队承担，2022年1月通过专家验收。项目主要研究视频内容的智能理解和运动分析的系列理论与方法。项目成果获国家自然科学奖二等奖，是唯一关于智能视频的获奖项目。团队研发的网络多媒体内容风控系统在北京市政府、人民网、国家网信办等单位实际部署，维护国家网络内容安全，同时取得显著的经济效益，实现直接经济效益近3000万元。

(张柏祯)

【动量和能量多波段对齐可实现发电和热电制冷】2021年，市基金杰出青年项目“热电能源转换材料”取得重大进展，动量和能量多波段对齐可实现发电和热电制冷。项目2018年立项，由北京航空航天大学教授赵立东承担，2022年1月通过专家验收。项目在电子制冷材料及器件的研究上取得的新进展，采用协同调控动量空间和能量空间的多价带传输策略，实现P型硒化锡（SnSe）晶体性能的大幅提升；搭建基于SnSe晶体材料的器件，不但实现温差发电，还实现大温差的电子制冷。项目成果7月8日发表于《科学》杂志。

(张柏祯)

【数字自适应光学框架和扫描光场成像技术】2021年，市基金杰出青年项目“单细菌超分辨率成像与基因组测序”取得重大进展。项目2018年立项，由北京大学席鹏研究员团队承担，2022年1月通过专家验收。项目提出数字自适应光学框架，发明扫描光场成像技术。研制出扫描光场显微镜（DAOSLIMIT），为揭示哺乳动物活体多细胞、多细胞器间的相互作用提供全新路径。借助扫描光场显微镜，开创哺乳动物活体环境中迁移体功能研究的新领域。相关成果发表在《细胞》杂志。席鹏研究员团队将“一种基于结构光照明的偶极子定向方法”“基于偏振结构光调制的多维层析荧光显微成像系统及方法”推广至北京艾锐精仪科技有限公司，实现直接经济效益近60万元。

(张柏祯)

高精尖产业科技

【概述】2021 年，在新一代信息技术领域，持续推动人工智能、量子信息、区块链领先发展。人工智能领域，印发实施《加快建设具有全球影响力的人工智能创新中心行动计划》，2021 年北京人工智能领域重点企业 200 余家，人工智能产业规模约 2070 亿元，同比增长 11%。智源研究院发布中国首个超大规模智能模型悟道 2.0，并启动建设通用智能体开放平台（AI baby）、科学智能开源社区、空间计算操作系统。量子信息领域，量子研究院实现单个超导量子比特退相干时间超过 500 微秒，打破世界纪录，相关成果“长寿命超导量子比特芯片”在 2021 年中关村论坛发布。区块链领域，2021 年，北京市区块链产业规模约为 19.3 亿元，占国内 28.8%。微芯研究院迭代完善自主可控的长安链软硬件技术体系，发布长安链 2.0，推出全球首款 96 核专用加速芯片。集成电路领域，2021 年北京集成电路产业实现销售收入 1381.7 亿元，同比增长约 52%。北京灵汐科技有限公司推出全球首款可量产的天机类脑芯片；北京昂瑞微电子技术股份有限公司研制完成 N41/N78/N79 三个频段的低噪声放大器芯片，累计销售 10 万颗；北京华大九天科技股份有限公司开展高精度晶体管级 EDA 研发，在华为海思、中芯国际等广泛应用。融合通信领域，2021 年，北京融合通信市场规模达到 182.3 亿元，2021 年北京市 5G 基站累计部署 5.2 万个，同比增加 1.4 万个，5G 终端用户达到 1488.4 万户。数字经济领域，元宇宙成为下一代互联网发展新方向，6G、全息影像、脑机接口等技术革新逐步取得突破直至成熟应用，推动千行百业进入虚实融合时代。开源软件方面，百度、京东、统信、平凯星辰的开源项目成果显著，木兰许可证填补国内空白，开放原子开源基金会已吸引华为、百度、阿里巴巴、腾讯等 20 余家企业及高校加入。

在医药健康领域，印发实施《北京市加快医药健康协同创新行动计划（2021—2023 年）》，2021 年医药产业收入超过 5000 亿元，成为支撑全市经济发展的重要支柱。强化科技抗疫引领支撑，两支京产疫苗在 100 余个国家获批上市，累计向全球供应 50 亿剂。推动中国首个新冠病毒中和抗体联合治疗药物、首个新冠病毒数字 PCR 检测试剂获批上市，推动公共空间气溶胶、便携式卡盒、呼气式等新冠病毒检测装备创新。医药健康领域原始创新显现。刘河生团队通过个体化脑功能剖分技术（pBFS）开发出高精度个性化脑功能核磁观测与电磁干预技术；邵峰院士获突出贡献中关村奖，首次揭示细胞焦亡可高效诱导机体产生抗肿瘤免疫活性；时松海团队开发出新型单细胞水平的光电联用成像技术，实现大脑信息的活体特异性荧光标记，为自闭症的诊治提供新方法；俞立团队在国际上首次发现迁移体，研究在肿瘤免疫中的重要调控作用。

在新材料与智能制造领域，编制《北京市碳中和科技创新行动方案》，在光电子、第三代半导体、超材料、石墨烯等领域前瞻布局。石墨烯纤维复合材料制备取得突破，无液氦稀释制冷机样机实现 10 毫开尔文连续稳定运行。氢能产业链布局基本形成，液氢重卡完成测试运行并实现全球首发。汇聚中科芯电半导体科技（北京）有限公司、北京际联光电科技有限公司等多个小而精的创新科技企业，开展产学研合作并推进应用落地。在全国率先实现第三代半导体关键材料与器件的制备，并在全市初步完成全产业链条建设。推进新能源智能汽车关键技术自主可控，聚焦车规级芯片完善应用环境，搭建标准及认证体系，推动国产化芯片整车搭载；支持全固态电池等核心技术攻关。精雕科技研制出具有国内领先水平的亚微米级微铣加工中心以及配套的精密微铣直驱转台；在机器人板块，研制出国内负重能力和越野能力最强的 50 千克级四足仿生机器人，通过野外性能试验验证。建设完善的商业航天测控网和先进的遥感卫星定标场，在国内外建设卫星地面测控站，基本上形成对低轨卫星及星座提供 7×24 小时测控及数据接收服务的能力。

（卢明子　张　硕）

新一代信息技术

【地平线C轮融资达9亿美元】2月9日，北京地平线机器人技术研发有限公司宣布完成C3轮3.5亿美元融资，投资方为国投招商投资管理有限公司、中金资本运营有限公司旗下基金、众为普通合伙人有限公司等机构，以及比亚迪股份有限公司、长城汽车股份有限公司、东风资产管理有限公司等汽车产业链上下游明星企业。至此，地平线C轮融资额达9亿美元。地平线作为中国唯一实现汽车智能芯片前装量产的科技企业，其第三代车规级产品“面向L4高等级自动驾驶的大算力征程5系列芯片”5月9日流片成功，单芯片AI算力最高为128TOPS，基于征程5集成的智能驾驶中央计算平台算力将达到200～1000 TOPS。

（张立乔）

【WAPI MCU物联网终端模组推出】2月，中关村无线网络安全产业联盟（WAPI产业联盟）推出WAPI MCU（微控制单元）物联网终端模组TH6160系列产品。产品满足低功耗物联网设备通过全国产、安全可信、快速实现安全无线局域网连接的市场需求，解决普通模块功耗偏高、低功耗模块需要二次开发的产业难题，可服务于传感器远程监测与控制、工业自动化、智能电网、智慧环保、智能家居、可穿戴设备、智能语音设备、智能安防设备、智慧仓储无线系统、智能开关、无线继电器、仪器仪表、无人机等物联网应用场景，帮助用户高效便捷地实现产品和应用方案部署。

（李建玲　李　鹤）

【芯片知识产权分析系统推广应用】3月17日，市科委、中关村管委会支持的2018年怀柔科学城科技创新专项“纳米级芯片智能分析系统研发及产业化”通过专家验收。专项支持中国科学院自动化研究所开展芯片知识产权分析技术推广应用，面向国内日益增长的芯片知识产权分析需求，突破海量电镜图像拼接对准、电路网表自动识别提取、电路逻辑功能分析等关键技术，研制自主知识产权的智能化芯片分析软件系统，建立全流程覆盖的芯片分析工程环境和芯片知识产权分析服务体系。相关科技成果转化通过成立中科观微（北京）科技有限公司，面向研究所、高校、法律机构、芯片设计公司提供专业化芯片知识产权分析服务。累计服务客户近30家，包括工业和信息化部软件与集成电路促进中心知识产权司法鉴定所、北京国威知识产权司法鉴定中心等全国性知识产权司法鉴定权威机构，完成各类芯片知识产权分析案例和软件授权，产值近500万元。

（黄　洁）

【航天云网完成战略投资26.32亿元】3月17日，航天云网科技发展有限责任公司宣布完成26.32亿元战略投资。本轮融资由工银金融资产投资有限公司、招商局资本投资有限公司、深圳市创新投资集团有限公司（深创投）等机构领投，以具有产业协同效应的战略投资机构为重点、成功引入17家投资机构。此次融资创国内工业互联网领域单笔融资额最高纪录。航天云网基于INDICS+CMSS工业互联网公共服务平台，建设规划以平台总体架构、平台产品与服务、智能制造、工业大数据、网络与信息安全五大板块为核心的“1+4”发展体系。以“互联网＋智能制造”为支撑，航天云网面向社会提供“一脑一舱两室两站一淘金”服务，同步打造自主可控的工业互联网安全生态环境，建设云制造产业集群生态，构建适应互联网经济的制造业新业态。此次融资将助力航天云网加快核心能力建设、平台生态构建、市场布局和专业能力完善，以及资本资产结构优化。

（孙晓霞）

【百度在香港二次上市】3月23日，百度集团股份有限公司在香港联交所主板上市，百度在海淀区百度科技园举行上市敲锣仪式。作为“AI第一股”，此次回港上市，是百度于2005年登陆纳斯达克后，时隔16年再次登陆资本市场。此次百度在香港的发售价定为252港元，全球发售募集资金总额预计约239.4亿港元。百度此次募集资金中约50%将用作持续科技投资，并且促进以人工智能为主的创新商业化；约40%用作进一步发展百度移动生态，进一步实现多元变现；约10%用作流动资金一般公司用途。

（程晓荷）

【高流量人群双光快速温测与智能辨识系统研制完成】3月31日，市科委、中关村管委会支持，北京格灵深瞳信息技术股份有限公司承担的“高流量人群双光快速温测与智能辨识系统”课题通过专家验收。课题属2020年立项的“口罩测温等防疫物资科研专项”。针对新冠肺炎疫情防控需要研制的高流量人群双光快速温测与智能辨识系统采用红外/可见光双传感器，结合人脸测温技术，研发高、中、低通量的3款双光快速温测设备，该设备具有非接触式、高流量、多目标温度筛查特点，可实现每分钟 200 人以上的温度筛查，测温精度控制在 ±0.2℃，最大测温距离可达 5 米，大幅降低高密集人群快速测温设备成本，满足疫情防控需求。课题组自主研发的温测算法和双光校准技术可使设备在室内外环境下自动校准，实现对戴口罩人员精准测温，同时，产生的测温数据可进行实时分析，为掌控疫情态势提供预测预警等数据服务。

（杜　宇）

【全球首个火星车数字人发布】 4 月 24 日，在南京市举办的第六个“中国航天日”主场活动上，百度集团股份有限公司联合中国火星探测工程发布全球首个火星车数字人。火星车数字人在表情、动作、语言等方面充满生命感，使用百度数字人技术体系、百度智能云设计的轻量深度神经网络模型及国内首创的基于高精度 4D 扫描的口型预测技术，能够实时生成数字人的口型、表情、动作，准确率接近 99%。火星车数字人未来将被应用于知识科普、虚拟主持等多个场景。

（孙树昆　程晓荷）

【长征六号安装国产纳型星敏感器和纳型数字太阳敏感器】 4 月 27 日，在太原卫星发射中心，长征六号运载火箭成功将 9 颗卫星送入预定轨道，其中 4 颗卫星上安装由中科新伦琴（北京）科技有限公司研制生产的纳型星敏感器（NST）和纳型数字太阳敏感器（TNSS）。NST 是一款体积小、重量轻、功耗低、精度高的星敏感器，采用不同于市场上常规星敏感器的技术路径，在轨全程采用 LIS 工作模式，不存在姿态监测丢失的情况，填补国内重量小于 150 克高精度星敏感器的空白。TNSS 是一款基于能量矩阵的双轴数字太阳敏感器，具有资源占用少、在轨寿命长、测量精度高、姿态更新快等特点，能够有效识别地球反照光和月球反照光的干扰，已完全实现进口产品替代和自主可控。在轨飞行的纳型星敏感器和纳型太阳敏感器状态良好，完成在轨飞行验证，达到预期目的。

（张　健）

【低轨宽带卫星技术试验开展】 5 月 7 日，银河航天（北京）科技有限公司与中国信息通信研究院开展一系列低轨卫星星座体制技术试验，试验采用基于 5G 信号体制，突破卫星通信系统和地面移动通信系统因为信号体制差异而难以融合问题，实现低轨卫星网络与地面 5G 网络深度融合。该系列技术试验依托银河航天自主研制的低轨宽带通信卫星、信关站、卫星终端和测运控系统，通过中国信息通信研究院研制开发的专用测试设备和仪表开展验证。

（田京京）

【地平线车规级 AI 芯片流片成功】 5 月 9 日，北京地平线机器人技术研发有限公司宣布第三代车规级芯片征程 5 一次性流片成功并顺利点亮，芯片合作方为台湾积体电路制造股份有限公司及日月光集团。征程 5 是继征程 2 和征程 3 中国车规级人工智能芯片量产之后的第三代车规级产品，是业界第一款集成自动驾驶和智能交互于一体的全场景整车智能中央计算芯片，也是国内首颗获得 ASIL-B Ready 产品认证的车规级智能芯片，具有大算力、高兼容、低延迟等八大特性，单芯片 AI 算力最高可达 128TOPS。7 月 29 日，地平线在上海发布征程 5。

（边　浩　袁　磊）

【异构融合类脑芯片 KA200 发布】 5 月 22 日，在中国 2021 年全国科技活动周暨北京科技周上，清华大学施路平团队和北京灵汐科技有限公司发布全球首款可量产的异构融合类脑芯片 KA200。芯片采用存算一体、众核并行的异构融合架构，单芯片集成 25 万个神经元和 2500 万个突触，每秒超过 16 万亿次突触计算，功耗近 12 瓦，实现同时支持计算机科学和神经科学的神经网络模型，并支持两者融合的混合神经网络计算模型，可支持类脑计算模型和大规模脑仿真，为脑科学领域提供有力工具，同时还可助力构建更大、更快、更精准的功能级脑仿真平台，推动脑科学与类脑算法的研究和类脑生态构建。

（崔　茜）

【碳基集成电路研究院碳基研究取得进展】 5 月 22 日，北京元芯碳基集成电路研究院在碳基射频电子器件研究中取得重要进展，研究成果以《基于阵列碳纳米管的射频晶体管器件》为题在国际著名学术期刊《自然·电子学》以封面论文形式发表。表明在即将到来的第六代移动通信技术（6G）时代，碳基将会提供速度更快、性能更强、集成度更高、能耗更低的核心芯片技术，在传感、数字、射频领域将会有更为广泛的应用，将极大地推动国内芯片产业和信息技术发展。

（田京京　程晓荷）

【多功能集成光学器件用于火星探测器】 5 月，北京世维通科技股份有限公司研制的光纤陀螺用铌酸锂多功能集成光学器件成功应用于天问一号火星探测器着陆、火表巡视等过程的姿态测量，这是该产品成功用于中国空间站“天和”之后，再次助力国内航天事业。

（王　玉）

【拓扑量子计算理论研究取得重要进展】6月2日，市科委、中关村管委会支持，中国科学院北京综合研究中心承担的“新型拓扑量子材料的理论预测（二期）”通过专家验收。课题自主开发一套材料计算体系，通过理论与计算研究，成功预言了磁性拓扑绝缘体、拓扑半金属、铁磁半导体等多种新型量子材料，部分材料已得到国内外相关团队实验证实。

（潘长波）

【北京三号卫星A星发射成功】6月11日，由二十一世纪空间技术应用股份有限公司投资运营、航天东方红卫星有限公司研制的北京三号卫星A星搭载长征二号丁运载火箭在太原卫星发射中心成功发射。北京三号卫星A星是一颗高性能光学遥感卫星，搭载星载智能观测技术，装载高分辨率大幅宽全色/多光谱双相机组合体，可获取星下点地面成像像元分辨率全色0.5米/多光谱2米，双相机合成幅宽优于22千米的高精度影像，首次实现星上自主任务规划和在轨图像智能处理技术。卫星具有同轨多目标成像、同轨多条带拼接成像、同轨多角度立体成像、同轨短时间动态监视成像等成像模式，并首次实现任意航迹成像和反向推扫成像的动中成像模式。

（张　硕）

【京东云发布混合云操作系统“云舰”】7月13日，京东云在2021京东云峰会上发布行业首个混合云操作系统“云舰”，首次将混合云的管理推向操作系统级别，实现数字化基础设施统一化管理和调度。“云舰”操作系统具有企业级与全面开放两大核心特性。企业级代表云舰经过大型企业复杂场景打磨，适用于大规模的生产环境，承诺长期及稳定的版本支持，同时符合行业通用标准，完全兼容CNCF一致性认证；全面开放代表着双向开放，向下全面兼容各类基础设施，实现客户视角“一朵云”，向上全面开放平台服务（PaaS），提供应用市场，供产业客户按需使用，灵活部署。依托“云舰”开放应用市场，京东云发布行业首个全面开放的PaaS生态“云筑计划”。峰会上，京东云还发布七大基础技术产品，包括新一代绿色数据中心、京刚第四代云主机等新产品。

（孙树昆）

【龙芯3A5000处理器发布】7月23日，龙芯中科技术股份有限公司发布龙芯3A5000处理器。产品是中国首款采用自主研发指令系统LoongArch的处理器芯片，包括中央处理器（CPU）核心、内存控制器及相关端口物理层（PHY）、高速I/O接口控制器及相关PHY、锁相环、片内多端口寄存器堆等在内的所有模块均自主设计，代表国内自主CPU设计领域最新成果。产品在处理器核内设置专门机制防止“幽灵”与“熔断”攻击，并在处理器核内支持操作系统内核栈防护等访问控制机制；集成安全可信模块，支持可信计算体系。内置硬件加密模块，具有极高的安全性。

（孙树昆）

【开展智能网联汽车道路测试点】7月29日，市经济和信息化局发布《北京市智能网联汽车政策先行区高速公路及快速路道路测试及示范应用管理实施细则（试行）》。依照该实施细则的相关规定，经过政策先行区特定专家多次论证和对企业的综合评审，百度网讯科技有限公司、北京小马智行科技有限公司获得政策先行区首批高速公路道路乘用车测试通知书；小马智卡、主线科技－京东联合体、主线科技－北汽福田－福佑联合体获得政策先行区首批高速公路道路商用车测试通知书，将获准开展试点测试。

（高　健）

【国汽智控发布智能网联汽车操作系统】7月30日，国汽智控（北京）科技有限公司发布智能网联汽车操作系统ICVOS1.5版本，包括六大数字底座和7种应用开发软件开发工具包（SDK）/应用程序编程接口（API）。作为智能汽车基础脑iVBB的核心，ICVOS具有平台化、网联式、可扩展、车规级等优势，实现了OS与硬件平台和应用开发的双解耦，支持异构和弹性扩展芯片硬件平台，支撑主机厂高效、低成本、定制自动驾驶及智能汽车应用开发，提供网络安全、云计算、数据服务等基础服务。ICVOS1.5已完成10余种自动驾驶应用开发、大规模仿真测试和实车测试，支持多个国内外主流芯片硬件平台，如华为MDC300/610、地平线征程3、黑芝麻A1000和自研硬件平台等，已得到多家主机厂客户的认可和试用，与郑州宇通集团有限公司、比亚迪股份有限公司等启动面向量产的合作开发。

（袁　磊）

【地平线征程5芯片通过安全产品认证】7月，北京地平线机器人有限公司征程5芯片通过SGS–TUV ISO 26262 ASIL–B功能安全产品认证，知名检验、鉴定、测试和认证机构全球功能安全技术中心（SGS TUV Saar）向地平线颁发证书。通过认证证明征程5芯片可以为ADAS应用提供安全保护方案，满足世界一流OEM和Tier1的功能安全开发要求。

（张立乔　孙树昆）

【昆仑芯2实现量产】8月18日，百度在线网络技术

（北京）有限公司宣布自主研发的第二代百度昆仑人工智能芯片——昆仑芯 2 实现量产。芯片采用 7 纳米制程，搭载百度公司自研的第二代 XPU 架构，比一代性能提升 2 ~ 3 倍。昆仑芯 2 具备通用性、易用性，支持推理和训练不同类别算法，可应用于工业、智慧城市、计算中心等领域。

（周天择）

【下一代互联网域名服务软件与设备应用】 8 月 18 日，市科委、中关村管委会支持的 2019 年怀柔科学城成果落地专项“下一代互联网域名服务软件与设备研发和示范应用”通过专家验收。专项支持互联网域名系统北京市工程研究中心有限公司开展下一代互联网域名服务软件与设备研发。依托互联网域名系统国家工程研究中心自主研发的面向 5G、人工智能、物联网、大数据等红枫下一代互联网域名基础软件和全国产化域名设备全面支持国内新通用顶级行业标准，同时实现国内域名服务软硬件产品的全面自主可控；红枫系统具备每秒百万级的查询能力，更新性能达到每秒 2600 条，可支持 100 万线智能线路，针对 IPv6 需求，实现默认适配，综合技术远超国际上广泛使用的域名系统软件 BIND9；围绕网络根基关键核心技术，布局发明专利 30 项；针对国内域名基础软件和核心设备产业长期以来的“卡脖子”问题，以技术专利化、专利标准化、标准产业化为指导，将新顶级域、多语种域名、IPv6 等关键技术融入行业标准中，牵头制定 YD/T3874—2021《互联网新通用顶级域名服务批量数据存取技术要求》等中国通信行业标准 8 项，主导建立国内新顶级域标准体系，8 项行业标准由工业和信息化部发布，2021 年 7 月 1 日正式实施，为国内域名产业发展提供良好的技术标准基础；探索形成“软件 + 硬件 + 云服务”的商业模式，示范推广到全国 209 家政企客户，实现销售收入 7346 万元；支持保障用户域名系统运行，产品及服务获得认可。

（黄　洁）

【燕东微公司 12 英寸集成电路生产线项目获投资】 8 月 30 日，京东方科技集团股份有限公司发布《关于投资北京燕东微电子股份有限公司暨关联交易的公告》，宣布拟通过下属全资子公司天津京东方创新投资有限公司出资 10 亿元向燕东微公司进行增资，布局集成电路关键领域，推动集成电路产业国产化进程。生产线工艺节点为 65 纳米，产品包括高密度功率器件、显示驱动微电子芯片、电源管理微电子芯片、硅光芯片等。

（王蕰雯）

【100G 硅基芯片应用】 8 月 31 日，市科委、中关村管委会支持，北京大学、中国科学院计算技术研究所、中国科学院半导体研究所承担的“100G 硅基芯片级光互连技术研究”课题通过专家验收。课题属 2019 年立项的“前沿新材料研究”专项。课题研制低功耗高集成度的 100 千兆比特每秒硅基光电子收发芯片、集成钟数据恢复（CDR）功能的专用 PHY 芯片、集成处理器的片间通信协议芯片，并通过集成在国内首次实现面向智能服务器网卡应用的 100G 硅光互连套片，完成实验室条件下的数据导通，实现中国硅基芯片级光互连技术的突破。

（张　硕　夏　瑾）

【和德宇航“天行者”星座项目获中国服务奖】 9 月 4 日，2021 年中国国际服务贸易交易会“服务示范案例”颁奖典礼在北京国家会议中心举行，北京和德宇航技术有限公司“天行者”低轨窄带物联网星座项目获 2021 年服贸会“中国服务奖”。“天行者”低轨窄带物联网星座由几十到几百颗小卫星组成，搭载和德宇航自主研发的甚高频数据交换系统（VDES）、分散控制系统（DCS）、广播式自动相关监视（ADS−B）等载荷，计划 2023 年部署完成，可在全球范围内采集船舶、飞行器及地面传感器信息，为船舶及飞机监管、应急救灾、海洋经济、环境保护等领域提供应急通信服务。

（田京京）

【硅基量子点激光器研制成功】 9 月 7 日，市科委、中关村管委会支持，中国科学院物理研究所承担的“硅基量子点激光器研制”课题，通过专家验收。课题组在互补金属氧化物半导体（CMOS）工艺线中加工制备的硅图形衬底上实现高质量Ⅲ −V 族半导体薄膜的外延生长，有效解决硅上生长Ⅲ −V 族材料硅基外延时失配位错、反相畴和热失配三大难题，并开发出嵌入式硅基量子点激光器，为实现硅基光源与波导水平耦合、单片集成奠定基础，为推进硅基光电子集成技术的进一步发展提供技术支撑。

（潘长波）

【国内首个汽车跨境数据传输检测设备研发完成】 9 月 14 日，中国汽车工程研究院股份有限公司北京分院自主研发国内首个汽车跨境数据传输检测设备，并完成最后测试工作。该检测设备由大型屏蔽仓及通信检测设备组成，在电磁屏蔽环境中模拟车辆带电静止、锁车断电、车辆行驶等场景，通过通信检测设备获得数据传输的路径，并截获上传数据，从而完成对车辆数据回传路径、数据回传地址、数据回传内容的检测分析。该检测设备研发填补国内车辆数据传输检测空白。

（袁　磊）

【一流科技 OneFlow v0.5.0 版上线】 9 月 27 日，在中关村论坛国际技术交易大会上，北京一流科技有限公司宣布深度学习框架 OneFlow v0.5.0 上线 GitHub。OneFlow 经过 5 次版本更迭，重点从优化编译、应用程序编程接口（API）等层面攻关易用性，优化分布式性能。OneFlow v0.5.0 的一行代码实现 OneFlow 与 PyTorch 切换、一段代码实现动态图与静态图转换、一致性视角实现单机和分布式无缝切换、一套系统支持各种并行模式的 4 个“一”，兼具深度学习框架易用性和高效性。产品入选 2021 年度中关村论坛“百项新技术新产品榜单”。

（程晓荷）

【25Gbps 850nm VCSEL 芯片实现国产化批量制备】 9 月 29 日，市科委、中关村管委会支持，华芯半导体研究院（北京）有限公司承担的“25Gbps 850nm VCSEL 芯片批量制备技术研究”课题通过专家验收。课题利用特殊结构设计提高芯片带宽，并通过先进分析手段提取失效模式，将芯片工艺和外延结合提升可靠性，开发出传输速率不低于 25 千兆比特每秒的 850 纳米高速垂直腔面发射激光器（VCSEL）芯片。该产品完成国内多家头部器件厂商的性能和可靠性验证，形成自主可控的全套 VCSEL 芯片开发技术，实现国产化批量制备和销售。

（潘长波）

【北航亚太大学生小卫星 –1 成功发射】 10 月 14 日，亚太空间合作组织大学生小卫星 –1（APSCO–SSS–1）在山西太原发射场搭乘长征二号丁运载火箭遥 53 成功发射。亚太空间合作组织大学生小卫星 –1 是中国首颗采用中国航天项目管理流程和规范，国内外大学生联合研制、北航师生负责系统设计和研发的 30 千克级微小卫星，也是由北京航空航天大学牵头开展的亚太空间合作组织大学生小卫星项目中的主星。此次发射任务将对盘绕式伸展臂机构在轨展开技术、ADS–B 空管接收机在轨技术进行验证，并进行遥感成像。卫星的研制填补中国大学开展国际合作研发小卫星的空白。北京微纳星空科技有限公司参与研制。

（田京京）

【26 家企业入选 VR50 强】 10 月 19 日，由工业和信息化部、江西省政府主办，以“VR 让世界更精彩——融合发展创新应用”为主题的 2021 世界 VR 产业大会云峰会在江西南昌举行。在大会开幕式上，中国工程院院士、虚拟现实产业联盟名誉理事长赵沁平代表虚拟现实产业联盟发布 2021 中国 VR50 强企业榜单，北京共有百度网讯科技有限公司、咪咕文化科技有限公司、京东方科技集团股份有限公司等 26 家企业入选。

（张　桢）

【全球首款融合仿生事件视觉传感器芯片发布】 10 月，北京锐思智芯科技有限公司发布全球首款融合方案的仿生事件视觉传感器芯片 ALPIX –Pilatus，实现传统图像传感器技术和仿生事件相机技术在同一像素内的融合。该芯片可以在传统图像传感器模式和仿生事件相机模式间快速切换。在图像模式下，是一款最高帧率为 120 帧的全局曝光传感器，与现有的传统图像传感器完全一致，并与现有成熟的视觉系统完全兼容；在仿生事件相机模式下，具有超高帧率、高有效信息占比、大动态范围的特点。芯片产品在成本、性能方面具备落地量产可行性。

（夏　瑾）

【思元 370 发布】 11 月 3 日，中科寒武纪科技股份有限公司发布第三代云端人工智能芯片思元 370，以及基于思元 370 的两款加速卡和新升级的软件栈。思元 370 基于 7 纳米制程工艺，是寒武纪首款采用芯粒技术的人工智能芯片，集成 390 亿个晶体管，最大算力每秒 256 万亿次运算。芯片升级视频图像编解码单元，可提供高效的视频处理能力和更优的编码质量，支持更复杂、更繁重、低延时要求的计算机视觉任务。

（周天择）

【90 纳米碳基集成电路关键工艺研究取得进展】 11 月 4 日，市科委、中关村管委会支持，北京大学、北京元芯碳基集成电路研究院、北京华碳元芯电子科技有限责任公司、北京昂瑞微电子技术股份有限公司承担的“90 纳米碳基集成电路关键工艺研究”课题通过专家验收。课题是 2018 年立项的北京市重点研发计划专项课题。材料制备方面，课题组在国际上率先开发出半导体纯度为 99.9999% 以上、密度在 50 ～ 200 根 / 微米、可调控的高质量 8 英寸碳管阵列薄膜材料，达到国际领先水平；制备工艺方面，完成 90 纳米碳基集成电路制备相关工艺包，实现多种薄膜的干法刻蚀，制备出栅长 90 纳米的碳纳米管晶体管；器件制备方面，在国际上首次制备出太赫兹频段碳纳米管射频器件、碳基抗辐照器件、高灵敏碳基气体与生物芯片传感器，展示了碳基集成电路的应用前景。

（平朝霞）

【华大九天公司成为三星半导体公司合作伙伴】 11 月

18 日，在三星先进晶圆代工生态系统 SAFE ™论坛上，韩国三星半导体公司宣布北京华大九天科技股份有限公司成为其 SAFE ™ –EDA 生态系统的全新合作伙伴。华大九天公司的 SPICE 电路仿真工具 Empyrean ALPS 通过三星半导体公司的 EDA 工具认证流程 SAFE ™ –QEDA，实现对其 14 纳米和 8 纳米工艺制程的支持。Empyrean ALPS 是华大九天公司自主研发的高速高精度并行晶体管级电路仿真工具，支持数千万元器件的电路仿真和数模混合信号仿真，通过创新的智能矩阵求解算法和高效的并行技术，突破电路仿真的性能和容量瓶颈，仿真速度相比同类电路仿真工具显著提升。

（周天择）

【星河动力发射一箭五星】 12 月 7 日，星河动力（北京）空间科技有限公司在酒泉卫星发射中心成功发射谷神星一号（遥二）· 平安银行数字口袋号运载火箭，将 5 颗商业卫星送入 500 千米太阳同步轨道，实现国内民营火箭的首次连续发射成功及一箭多星的商业发射，标志着国内民营商业运载火箭进入商业化发射交付的新阶段。该运载火箭是星河动力自主研制的四级小型商业运载火箭，致力为商业微小卫星提供质优价廉的定制化发射服务，500 千米太阳同步轨道运载能力 300 千克。

（王　娜）

【百度签约中国探月航天工程】 12 月 16 日，百度在线网络技术公司与嫦娥奔月航天科技（北京）有限责任公司签署合作协议，成为中国探月航天工程人工智能全球战略合作伙伴。双方将在月球探测、行星探测等深空探测领域开展航天技术与人工智能技术相关合作。

（孙树昆）

【纳米级运动核心指标提升 1 倍】 2021 年，多场低温科技（北京）有限公司通过新型技术路线研发，实现在全工作环境下从室温大气到极端环境（极低温 10 毫开尔文，强磁场 30 特斯拉，超高真空 2×10^{-9} 帕）保证亚纳米级超高空间分辨率，满足厘米级大运动量程的全套闭环运动控制解决方案。尤其针对极端环境的运动解决方案，覆盖所有基本运动模块和闭环控制技术；新技术路线下，在全球范围内将同行业纳米级运动核心指标（负载和推力）提升 1 倍。

（曲　研）

【杰发科技自主研发智能座舱芯片】 2021 年，北京四维图新科技股份有限公司全资子公司——杰发科技自主研发的智能座舱 AC8015 芯片实现装车量产，该款芯片基于四核设计，内置双核处理器，集成硬件加密模块，支持安卓、AliOS 等多种操作系统，应用于双娱乐屏、信息娱乐控制面板、高端车载信息娱乐系统，可实现一芯多屏、车载娱乐等功能。杰发科技车用芯片已装配全球 500 多款车型，累计出货量超 2 亿颗。

（张立乔）

【与光科技光谱成像芯片完成迭代】 2021 年，北京与光科技有限公司研发出世界首款可量产硅基微型光谱成像芯片，实现从微型光谱仪到光谱成像芯片的跨越。推出光谱传感产品已完成光谱芯片 2.0 版本流片，陆续送测杭州海康威视数字技术股份有限公司等行业重点客户。与光科技是在市科委、中关村管委会支持下，2020 年 9 月由清华大学光谱成像芯片创新技术成果落地成立。

（夏　瑾）

【空间探测和太空安全技术应用】 2021 年，中国科学院国家空间科学中心突破火星表面磁场反演、地表自主导航、空间态势自感知与行星防御、基于光学成像的威胁分析等关键技术，为 2021 年中国火星探测等重大任务提供技术支撑，进一步提升中国太空安全感知能力和在轨卫星应对威胁能力。其中，科学中心研制的火星巡飞无人机受到《环球时代》专访；研制的超小型 GNSS 掩星探测仪样机，与多家公司签署商业掩星战略合作协议。

（李　丽）

【社会安全大数据应用技术实现应用】 2021 年，中国电子科技集团公司电子科学研究院社会安全大数据应用技术实现应用。电子科学研究院面向社会安全风险感知与防控的国家重大战略需求，研究海量多源异构信息融合理解、社会安全事件预警预测、基于三维实景地图的综合态势展示与指挥调度等关键技术，构建基于三维实景地图的社会安全大数据应用系统。研究成果在海南社会管理信息化平台、某大数据中心、某边境管控、云南某大数据中心、某立体化防控体系、智慧公安检查站、大型活动安保等重大工程项目中广泛应用，形成社会安全治理防控体系。科技成果转化的合同额达数亿元以上，得到海南省国际商务促进中心、海口市公安局红岛边防派出所等用户的认可。提升社会安全领域重点人员的综合管控、异常线索的主动发现和预测预警、综合态势支撑下的精准指挥调度三大能力。

（张丽丽）

医药健康

【加科思公司抑制剂获批中美同步临床】 1月4日，北京加科思新药研发有限公司宣布，其SHP2抑制剂与PD-（L）1联合用药临床试验在中美两国获批。SHP2是人体细胞内的一种蛋白质，与PD-1/PD-（L）1联用可有效增强T细胞介导的免疫应答，起到协同抗肿瘤的作用。JAB-3068和JAB-3312是加科思公司的两个在研SHP2抑制剂项目，将在中美两国同步开展肿瘤临床试验。国家药监局批准JAB-3068与PD-（L）1药物联合使用，用于晚期实体瘤患者的Ⅰb/Ⅱa期临床研究；美国食品药品监督管理局批准JAB-3312与PD-（L）1或MEK抑制剂联合使用，用于晚期实体瘤患者。两项临床试验获批后，加科思公司的两个SHP2抑制剂在研项目有6项临床研究。

（杜涵涵）

【医渡科技在香港联交所上市】 1月15日，医渡科技有限公司在香港联合交易所主板挂牌上市。公司成立于2014年，办公地址位于海淀区花园北路35号院9号楼健康智谷大厦，专注于医疗智能开发与应用，着力解决在公共卫生、研究、诊疗三大医疗场景下智能化应用的痛点，通过医疗智能基建为行业赋能，促进构建安全、普惠、价值导向的智能医疗体系。医渡科技的业务包括大数据平台和解决方案、生命科学解决方案、健康管理平台和解决方案，助力临床研究、医疗管理、区域公共卫生与人口健康管理、新药研发等领域，帮助加速医疗服务降本增效，致力于使价值导向的精准医疗惠及每一个人。医渡科技本次上市公开发售价定为每股26.30港元，全球发售募集资金净额约39亿港元。

（赵　媛）

【克尔来福疫苗附条件上市】 2月5日，国家药监局依法批准科兴控股生物技术有限公司旗下子公司北京科兴中维生物研制的新型冠状病毒灭活疫苗克尔来福在国内附条件上市，这是国内第二款获批上市的新冠病毒疫苗。克尔来福是用新型冠状病毒（CZ02株）接种非洲绿猴肾细胞，经培养、收获病毒液、灭活病毒、浓缩、纯化和氢氧化铝吸附制成，不含防腐剂。疫苗适用于18岁及以上人群的预防接种，用于预防新型冠状病毒感染所致的疾病。疫苗的基础免疫程序为2剂次，间隔14～28天；每一次人用剂量为0.5毫升。2020年6月，克尔来福在中国获批紧急使用，并自2020年7月开始陆续在国内针对特定人群开展紧急使用。

（卢明子）

【2家公司新冠病毒疫苗注册获附条件批准】 2月25日，国家药监局附条件批准国药集团中国生物武汉生物制品研究所有限责任公司的新型冠状病毒灭活疫苗（Vero细胞）注册申请。该疫苗适用于预防由新型冠状病毒感染引起的新型冠状病毒肺炎（COVID-19）。国家药监局附条件批准康希诺生物股份公司重组新型冠状病毒疫苗（5型腺病毒载体）注册申请。该疫苗是首家获批的国产腺病毒载体新冠病毒疫苗，适用于预防由新型冠状病毒感染引起的新型冠状病毒肺炎（COVID-19）。

（张　雨）

【新型冠状病毒中和抗体应急研发】 2月25日，市科委、中关村管委会支持，神州细胞工程有限公司承担的“新型冠状病毒中和抗体应急研发”课题通过专家验收。课题2020年立项，依托课题的开展，研发的产品抗体药物SCTA01于2020年7月15日获国家药监局的药物临床试验批件，并开展随机、双盲、安慰剂对照、单剂给药、剂量递增的I期临床试验研究，显示SCTA01注射液具有良好的安全性和耐受性，整个试验无严重不良事件发生。

（卢明子）

【中因科技公司完成Pre-A轮融资】 3月23日，北京中因科技有限公司宣布完成7000万元的Pre-A轮融资，由荷塘创投领投，隆门资本等投资机构跟投。资金将主要用于其旗下ZVS101e产品线GMP级病毒生产、药理毒理和临床试验的开展，以及第二梯队产品线ZVS203e、ZVS204e、ZVS105e和ZVS106e等项目的推进。

（陈　静）

【艾滋病功能性治愈的探索性研究】 3月25日，市科委、中关村管委会支持的“艾滋病功能性治愈的探索性研究”项目通过专家验收。项目是2017年立项，下设4个课题，包括北京大学承担的基于干细胞基因修饰治疗艾滋病课题、清华大学承担的核酸酶技术治疗艾滋病课题、中国科学院生物物理研究所承担的干扰素受体阻断抗体抑制HIV储藏库课题、清华大学承担的CAR-T细胞治疗艾滋病研究课题。项目验证HIV CAR-T在动物体内可有效清除HIV囊膜蛋白阳性的肿瘤细胞系及一定程度下调病毒水平，完成CAR-T细胞制剂制备质控标准；阐明了抗体选择性阻断干扰素-α机制；建立人体CD4+ T淋巴细胞的采集、分离和储存标准化程序；探索慢病毒递送系统和腺相关病毒载体作为递送系统的感染效率；进行首例修饰的非血缘外周血干细胞移植，首次初步证明 CRISPR/Cas9 系统在临床应用上的安全性。

（卢明子）

【艾滋病快速确证试剂研发】 3 月 30 日，市科委、中关村管委会支持，北京金豪制药股份有限公司承担的“艾滋病快速确证试剂研发”课题通过专家验收。该课题是首都医科大学附属北京佑安医院牵头的艾滋病检测技术及规范治疗研究重大项目下设课题。北京金豪制药股份有限公司针对艾滋病确证主要通过实验室检测，而能够进行确证实验室的单位数量有限，国内尚无确证产品的现状需求，开展艾滋病快速确证试剂研发。研发出试剂性能指标与现有 HIV 抗体免疫印迹（WB）确证试剂相当，操作比现有 HIV 确证试剂简便，可在各级艾滋病检测实验室使用，可在 20 分钟内获得结果。小批量生产的该试剂性能评估和稳定性评估均符合企业标准。

（卢明子）

【中国新冠病毒疫苗首获欧盟 GMP 认证】 4 月 1 日，匈牙利国家药品审批监管机构向国药集团中国生物北京生物制品研究所正式颁发新型冠状病毒灭活疫苗欧盟 GMP 证书。这是首个在欧盟获批使用和 GMP 认证的中国疫苗产品，迈出中国新冠病毒疫苗成为全球公共产品新的一步。1 月 13—15 日，匈牙利国立药学与营养研究所对北京生物制品研究所进行相关的 GMP 审计，经过严格审计和综合判定，认为北京生物制品研究所生产的新型冠状病毒灭活疫苗符合欧盟标准，并允许应急使用。3 月 3 日，北京生物制品研究所向匈牙利药监部门提交相关后续报告。

（张　雨）

【甘李药业 GLR2007 获欧盟委员会孤儿药资格认定】 4 月 6 日，甘李药业股份有限公司收到欧盟委员会的正式书面回函，授予其在研创新药细胞周期蛋白依赖性激酶 4/6（CDK4/6）抑制剂（GLR2007）孤儿药资格认定，用于治疗胶质瘤。胶质瘤是指源自中枢神经系统胶质细胞的神经上皮肿瘤，是一种实体肿瘤，通过手术、化疗和放射治疗能取得一定疗效，但患者的中位生存期仅为 12 ～ 15 个月。GLR2007 抑制剂可作为晚期实体肿瘤治疗的另一种疗法选择。

（张　雨）

【科美诊断在上交所科创板上市】 4 月 9 日，科美诊断技术股份有限公司在上海证券交易所科创板挂牌上市。科美诊断主要从事临床免疫化学发光诊断检测试剂和仪器研发、生产及销售。按照技术路线划分，其主要产品为 LiCA 系列和 CC 系列，业务领域覆盖传染病、甲状腺激素、肿瘤标志物、生殖内分泌激素和心肌及炎症标志物等临床领域。科美诊断本次上市公开发行新股 4100 万股，每股发行价格 7.15 元，募集资金总额 2.93 亿元。

（赵　媛）

【中生生物研究院重组新冠病毒疫苗获批临床试验】 4 月 9 日，国药中生生物技术研究院有限公司重组新冠病毒疫苗获得国家药监局临床试验批件。这是继中国生物技术股份有限公司两款新型冠状病毒灭活疫苗后，又一技术路线的新冠病毒疫苗获批临床，成为中国生物技术股份有限公司第三款新冠病毒疫苗。重组新冠病毒疫苗基于新冠病毒刺突蛋白（S 蛋白）受体结合区（RBD）的天然结构特征，运用结构生物学、计算生物学自主设计研发，采用基因工程技术构建工程细胞株，重组表达抗原蛋白，靶点明确，针对性强。免疫后可诱导机体产生针对性中和抗体，从而阻断病毒与受体细胞的结合，发挥保护作用。

（张　雨）

【膝骨关节炎早期防治技术研究取得进展】 4 月 14 日，市科委、中关村管委会支持，首都医科大学附属北京中医医院承担的“针灸治疗膝骨关节炎技术规范研究”和“膝骨关节炎运动治疗与自我管理模式研究”，通过专家验收。课题于 2017 年立项，是骨关节炎早期防治技术研究重大项目的下设课题。针对针灸治疗膝骨关节炎研究，证实针灸治疗可以显著减轻患者的关节疼痛，改善关节功能，建立《针刺治疗膝骨关节炎专家共识》，分别在丰台区南苑社区、丰台区南庭新苑社区服务站、房山区良乡大苑村社区服务站等社区推广，并在天津中医药大学第一附属医院西青院区等全国 10 余家三甲医院采用。针对膝骨关节炎运动治疗与自我管理的相关研究，研究团队验证该运动治疗和自我管理模式方案的有效性和安全性，制定国内首部膝骨关节炎运动治疗临床实践指南，发表于《中华医学杂志》。

（卢明子）

【北京心血管外科关键技术评价和医疗质量改进研究】 4 月 14 日，市科委、中关村管委会支持，中国医学科学院阜外医院牵头承担的“北京心血管外科关键技术评价和医疗质量改进研究”重大项目通过专家验收。项目于 2017 年立项，主要构建具有地区代表性的冠心病和瓣膜病外科医疗质量改善协作网络，建立关键质量评价指标体系，有效降低北京地区冠心病和瓣膜病外科围术期不良事件发生率，并且通过对关键过程指标的个体化强化干预，提高乳内动脉桥的使用率和二级预防用药使用率；制定No−Touch 技术获取静脉血管移植物用于冠状动脉旁路移植术的术前评估、术中操作（包括取静脉医师操作、移植物血管吻、桥血管储存液）、术后管理等的详细操作规程；探索互联网时代下新型医患互动沟通的更加安全有效的随访模式，进一步降低华法林抗凝并发症风险，提高治疗效果；制定主动脉弓部病变诊疗优化方案，提出杂交技术、腔内修复术、开放式手术 3 种技术结合治疗主动脉弓部病变的“HENDO”技术体系，并在国际国内推广。项目建立了一个成熟的、合作紧密的北京地区的心血管外科临床研究协作网络，形成一个心外科重要术式诊疗规范和可持续的医疗质量提升系统，并针对冠心病和瓣膜病外科领域的 2 项关键技术开展疗效对比研究，为指南的制定提供关键证据，促进协作网络内冠心病外科和瓣膜外科诊疗质量的有序改善。

（卢明子）

【新型冠状病毒肺炎中医诊疗方案的优化研究】4 月 21 日，市科委、中关村管委会支持，首都医科大学附属北京中医医院承担的“新型冠状病毒肺炎中医诊疗方案的优化研究”课题通过专家验收。课题 2020 年立项，完成约 400 例新冠肺炎患者队列研究，探索新冠肺炎发病特点的南北方差异，明确新冠肺炎的发病规律和预后转归、用药规律以及有效疗法的疗效评价，降低重症发生率及病死率 5% ～ 10%。配合国家中医药管理局在 41 家国家中医药防治传染病重点研究室及优势中医院范围召集组建一支多学科交叉的传染病专业应急队伍，起草传染病专业应急队伍建设要求及管理制度，并形成政策建议，进一步推进中医药纳入国家卫生应急体系。制定新型冠状病毒肺炎中医药诊疗指南或专家共识，并在全国范围推广。

（王　璐）

【全国首款 AI 辅助治疗软件获批创新绿色通道】4 月 24 日，强联智创（北京）科技有限公司产品颅内动脉瘤手术计划软件（UKnow®）获批三类注册证创新审批绿色通道，这是国内首款 AI 辅助治疗软件进入国家药监局绿色通道流程。UKnow® 是将 AI 技术应用于诊断和治疗的一体化解决方案，代表着医疗 AI 从最初的筛查干预迈向诊断及治疗等核心环节。UKnow® 作为“十三五”课题的科研成果转化项目，由复旦大学附属华山医院顾宇翔教授团队、首都医科大学宣武医院张鸿祺教授团队以及强联智创研发团队共同研发完成，是中国原创产品，已取得国内和国际多项发明专利授权。

（卢明子）

【华龛生物公司完成 A+ 轮融资】4 月 28 日，华龛生物科技有限公司宣布完成数千万元 A+ 轮股权融资，由本草资本领投，前期投资方持续追加投资。资金将继续用于多类型细胞药物规模化生产“智造”工艺体系的研发平台升级、3D 细胞微载体试剂耗材和工艺体系设备的全链条新产品的开发及国际市场的布局。

（陈　静）

【搭建口罩检测平台】4 月 28 日，市科委、中关村管委会支持，北京市劳动保护科学研究所、中国安全生产科学研究院、中国人民解放军疾病预防控制中心、北京环安生物技术服务有限公司、清华大学、北京伏尔特技术有限公司 6 家单位共同承担的“口罩检测平台建设”课题通过专家验收。课题是 2020 年“口罩测温等防疫物资科研专项”下设课题。课题组通过搭建口罩检测平台开展口罩再利用研究，针对市场主流的非医用口罩，研究并优选高温烘烤和高温干蒸居家便利的消毒方式，实现经 3 次消毒处理后口罩过滤效率、泄漏率下降不超过 5%。基于平台，形成适用于非医用环境、安全、便利的口罩再利用操作规范。

（谢旭霞）

【SAGE 公布科兴新冠病毒疫苗评估报告】4 月 29 日，在世界卫生组织免疫策略咨询专家组（SAGE）特别会议中，科兴控股生物技术有限公司专业人员联同智利卫生部专家向 SAGE 分享新型冠状病毒灭活疫苗克尔来福临床研究数据及真实世界研究结果。北京科兴中维生物技术有限公司专家向 SAGE 分享克尔来福Ⅰ～Ⅲ期临床研究数据库信息，涉及疫苗安全性、免疫原性、保护效力。相关研究均涉及 18 ～ 59 岁和 60 岁及以上 2 个年龄组人群。其中在中国进行的 18 岁以上人群的疫苗安全性、免疫原性研究全部完成，在巴西、印度尼西亚、土耳其、智利的Ⅲ期研究获得中期结果。SAGE 对接种 2 剂克尔来福的有效性结果“高度置信”，对接种后发生严重不良事件的低风险“中度置信”，对老年人和合并症或特殊健康状况人群的保护效力均为“中度置信”，对上述群体接种后发生不良事件风险较低均为“低度置信”。

（卢明子）

【多重 PCR 快速检测技术研发及推广应用研究】4 月 30 日，市科委、中关村管委会支持，北京卓诚惠生生物科技股份有限公司、中国医学科学院病原生物学研究所共同承担的“2019−nCoV 多重聚合酶链式反应（PCR）快速检测技术研发及推广应用研究”通过专家验收。课题2020年立项，成功研发出单独检测N基因、ORF1ab基因、E基因，双重检测ORF1ab和N基因、N基因和E基因，三重检测ORF1ab基因、N基因和E基因等6种不同用途的检测试剂盒。截至3月，新型冠状病毒2019-nCoV核酸检测试剂盒累计生产1354.7442万人份，为国内902余家客户提供传染病病原相关检测试剂盒，覆盖全国32个省区市的临床医院、第三方医学检验所、疾病预防控制中心等机构，其中北京100余家用户。

（王　璐）

【国内首款口腔手术机器人获批】4月，北京柏惠维康科技有限公司产品瑞医博口腔手术机器人获国家药监局认证，这是国内首款口腔领域手术机器人获批产品，主要应用场景为种植牙手术。瑞医博口腔手术机器人在6月9日的第26届中国国际口腔设备材料展览会暨技术交流会（Sino-Dental）上发布。柏惠维康成为国内首家在两个不同外科领域（神经外科/口腔）均获得手术机器人三类医疗器械注册证的企业。

（卢明子）

【百济神州1类新药附条件上市】5月7日，国家药监局通过优先审评审批程序附条件批准百济神州（北京）生物科技有限公司申报的1类创新药帕米帕利胶囊（商品名：百汇泽）上市，用于既往经过二线及以上化疗的伴有胚系BRCA（gBRCA）突变的复发性晚期卵巢癌、输卵管癌或原发性腹膜癌患者的治疗。

（张　雨）

【国药新冠病毒疫苗被列入世界卫生组织紧急使用清单】5月7日，世界卫生组织发布声明，宣布将中国医药集团有限公司中国生物技术股份有限公司北京生物制品研究所研发的新冠病毒疫苗列入紧急使用清单。世界卫生组织在声明中指出，中国国药新冠病毒疫苗易于储存的特点使其非常适用于资源匮乏的环境，也是第一款携带疫苗瓶监测器的疫苗，疫苗瓶上的小标签会因疫苗受热而改变颜色，便于卫生工作者判断疫苗是否安全可用。

（焦志刚）

【颅内大动脉狭窄诊疗关键技术研究】5月8日，市科委、中关村管委会支持，首都医科大学附属北京天坛医院牵头承担的“颅内大动脉狭窄诊疗关键技术研究”重大项目通过专家验收。项目于2017年立项，建立基于高分辨MR管壁成像的症状性颅内动脉狭窄（含部分1年磁共振随访信息）的患者队列；分析颅内动脉狭窄的病因特征，并揭示国内人群颅内动脉狭窄的疾病谱，明确颅内动脉病因狭窄诊断。初步提出颅内动脉斑块进展的可能影响因素，并构建基于基线期临床危险因素和斑块特征的斑块进展预警模型。基于多因素分析得到的各独立预测因素，建立适合国内人群的症状性颅内动脉狭窄短期和长期卒中的复发风险预测模型。在生物标志物完整亚组中探索与症状性颅内动脉狭窄患者复发相关的生物标记物，为临床治疗和预防提供干预靶点。通过前瞻性、真实世界对照、盲法评价的多中心研究，以血脂目标水平制定个体化的降脂策略，利用高分辨核磁共振管壁成像技术评估颅内动脉粥样硬化斑块的形态学和可能的成分变化，证实规范化他汀降脂治疗对于颅内动脉粥样硬化斑块的逆转作用、可能机制和潜在的二级预防作用，为这类患者的急性、亚急性期他汀药物精准化、个体化治疗策略提供依据。

（卢明子）

【微岩医学完成数亿元融资】5月10日，微岩医学科技（北京）有限公司完成亿元Pre-A轮融资，由贝霖资本领投，亦庄国投、达泰资本和融昱资本跟投，上轮投资方嵩睿壹期继续加持。本轮融资资金将用于研发投入、注册申报、临检网络搭建以及天网实验室的建立。10月，微岩医学完成亿元A轮融资，由上海润达医疗科技股份有限公司和拱墅国投共同投资，本轮融资主要用于建设病原微生物天网实验室，实现针对宏基因组高通量测序（mNGS）技术复杂感染的快速检测。11月29日，微岩医学完成亿元A+轮融资，由上海联和投资有限公司独家领投。本轮融资将用于加快病原微生物天网实验室的建设及医疗器械产品的注册报证进程，进一步推进感染精准诊断新产品开发。微岩医学2019年9月6日成立，是一家临床感染病原微生物检测服务商，专注于临床感染病原微生物检测，基于超广谱宏基因组学和超快速微流控芯片两大技术平台，将病原微生物宏基因组检测技术（mNGS）技术应用于病原诊断，可一次性完成细菌、真菌、病毒等24 000多种病原微生物的检测。

（卢明子）

【北京重点人群乙型肝炎防治策略研究】5月11日，市科委、中关村管委会支持，首都医科大学附属北京友谊医院牵头承担的“北京重点人群乙型肝炎防治策略研究”项目通过专家验收。项目是2017年依托“首都十大疾病科技攻关”工作立项的重大项目，研究完善了高风险人群的乙肝免疫策略及高危人群的免疫程序建议；明确北京地区25岁以上人群乙肝病毒（HBV）感染的自我知晓率，HBV感染相关慢性肝病人群的抗病毒治疗率，以及影响治疗率的主要因素；明确钠离子－牛黄胆酸共转运蛋白（NTCP）在肝癌组织中的作用以及NTCP的表达水平与肝脏代谢和免疫微环境高度相关；筛选并优化慢乙肝、肝纤维化、肝硬化不同背景下发生早期肝癌的单一或组合标志物，建立肝癌早期诊断数学模型；建立失代偿期肝硬化队列，并长期跟踪随访，进一步优化乙型肝炎防治方案，为进一步降低乙型肝炎发病率及死亡率、实现2020年北京乙肝防控目标提供科技支撑。

（卢明子）

【甘李药业精蛋白人胰岛素混合注射液（30R）获批上市】5月24日，甘李药业股份有限公司收到国家药监局核准签发的药品注册证书，批准甘李药业精蛋白人胰岛素混合注射液（30R）上市。精蛋白人胰岛素混合注射液（30R）是一款预混胰岛素，由30%可溶性人胰岛素和70%精蛋白人胰岛素构成，适用于糖尿病的治疗，在餐前注射，低血糖发生率低，安全性良好，可有效控制餐后血糖、空腹血糖和HbA1c水平。此次获批，可以为糖尿病患者带来更多的治疗选择。

（张　雨）

【北汽推出升级版移动疫苗接种车】5月，北汽福田汽车股份有限公司推出升级版移动疫苗接种车，较上代车型增加车内数据5G安全传输；内置多个人工智能算法，对未戴口罩、体温异常等情况自动语音报警；配备2℃～8℃智控恒温冰箱，可储存超1000剂疫苗，疫苗出入库数据实时同步至疾控中心系统；设置异常反应处置区，配备氧气瓶、除颤仪、急救箱等设备，单车接种能力大于80剂/小时。

（张立乔）

【科兴疫苗获世界卫生组织紧急使用认证】6月1日，世界卫生组织批准将北京科兴中维生物技术有限公司研制的新型冠状病毒灭活疫苗克尔来福列入紧急使用清单，确认该疫苗符合安全、有效和生产领域的国际标准。世界卫生组织免疫战略咨询专家组建议科兴疫苗用于18岁及以上成年人，采用2剂接种、间隔时间为2～4周。数据显示，该疫苗对预防出现新冠肺炎症状的有效率为51%，对预防新冠肺炎重症和入院治疗的有效率达100%。

（张　雨）

【赛诺菲北京生产基地扩产】6月1日，全球领先的生物制药公司赛诺菲在北京举行生产基地胰岛素扩产项目签约仪式暨在北京建厂25周年纪念活动。北京经济技术开发区管委会与赛诺菲就赛诺菲北京生产基地胰岛素扩产项目进行签约，扩大胰岛素产能。这是赛诺菲提升在华整体布局的举措之一，表明赛诺菲对华市场的坚定信心，也践行了为中国居民提供健康服务的承诺。北京市副市长殷勇、法国驻华大使罗梁出席签约仪式。

（张　雨）

【新型多靶点RTK抑制剂ICP-033获批临床】6月24日，北京诺诚健华医药科技有限公司自主研发的新型多靶点受体酪氨酸激酶（RTK）抑制剂ICP-033获国家药监局批准开展临床试验，这是诺诚健华第6款进入临床阶段的创新药。ICP-033是一种新型多靶点受体酪氨酸激酶抑制剂，可选择性抑制盘状结构域受体1/2（DDR1/2）、血管内皮生长因子受体2/3（VEGFR 2/3）以及血小板衍生生长因子受体（PDGFR α/β）等受体酪氨酸激酶。通过作用于内皮细胞、周细胞以及基质的多重协同机制，ICP-033可抑制肿瘤血管生成，还可以改善肿瘤微环境，解除免疫抑制，抑制肿瘤的生长、侵袭和转移，从而发挥更好的抗肿瘤效应。ICP-033是诺诚健华具有全球自主知识产权的1类创新药，计划单用或（和）免疫疗法及其他靶向药联合治疗肝癌、肾细胞癌、大肠癌及其他实体肿瘤。

（卢明子）

【祐和医药YH001和YH003二期临床试验获批】6月29日，百奥赛图（北京）医药科技股份有限公司旗下全资子公司祐和医药科技（北京）有限公司，作为一家开发具有自主知识产权抗体类药物的生物医药公司，宣布美国食品药品监督管理局批准其在研创新药YH001和抗CD40单抗YH003人源化单克隆抗体注射液的2个二期临床试验申请（IND）。11月9日，祐和医药宣布国家药监局批准其在研创新药抗CTLA-4单抗YH001的二期国际多中心临床试验申请，开展一项评价YH001联合特瑞普利注射液治疗晚期非小细胞肺癌和肝癌的安全性和有效性的Ⅱ期、多中心、开放标签研究。

（卢明子）

【BDB-001注射液用于新型冠状病毒感染者治疗】6月29日，市科委、中关村管委会支持，舒泰神（北京）生物制药股份有限公司、北京德丰瑞生物技术有限公司共同承担的“BDB-001注射液用于新型冠状病毒感染者治疗的临床研究”通过专家验收。课题2020年立项，开展BDB-001注射液在新型冠状病毒（2019-nCoV）感染者中的安全性、耐受性、药代动力学和药效学早期阶段（Ⅰb期）临床研究。

国内首次申报C5a抗体临床试验，C5a属于全新靶点，全球范围内尚无该靶点抗体药物批准上市。该研究已获得国家药监局许可，并取得西班牙、印度、印度尼西亚、孟加拉国在内的多国临床研究批件。

（王　璐）

【新型冠状病毒的抗病毒药物筛选研究】6月29日，市科委、中关村管委会支持，中国医学科学院病原生物学研究所、中国医学科学院医学实验动物研究所、清华大学、北京华益健康药物研究中心共同承担的“2019新型冠状病毒的抗病毒药物筛选研究”课题通过专家验收。课题2020年立项，建立新型冠状病毒肺炎（2019–nCoV）的假病毒与活病毒感染的细胞模型和高通量药物筛选体系、病毒感染小鼠动物模型、动物模型精准评价技术体系。从上市药物中筛选得到22种对2019–nCoV具有体外抑制效果的药物；在动物模型上评价3种候选有效药物，即蒲地蓝口服液、化湿败毒方剂、可利霉素。

（王　璐）

【荷塘生华与昌平区政府合作推动CGTIC建设】7月1日，昌平区政府与北京清华工业开发工研院在中关村生命科学园就共同推动清华工研院细胞与基因治疗中心（CGTIC）建设举行座谈。会上，CGTIC的平台公司北京荷塘生华医疗科技有限公司与昌平区政府签署战略合作框架协议。与会人员就如何发挥昌平区和清华工研院在生物领域的优势，支持CGTIC在昌平区落地，推动昌平区生物医药产业发展进行交流。昌平区将支持CGTIC建设，在未来科学城生命谷打造生命科学产业发展的创新集群。清华工研院将依托清华大学的学科和人才优势，围绕生命科学的完整产业链条，将CGTIC打造成为全球领先的生物医药创新平台，为细胞与基因治疗领域的科技企业提供工艺研发和中试生产等服务，孵化有竞争力的生物医药创新企业，吸引与带动高端生物医药产业在昌平区聚集发展。昌平区委、清华工研院、清华大学、未来科学城、昌平区财政局等相关单位负责人参会。

（卢明子）

【高流量湿化氧疗系统关键技术及产品研发】7月2日，市科委、中关村管委会支持，北京怡和嘉业医疗科技股份有限公司承担的“高流量湿化氧疗系统关键技术及产品研发”课题通过专家验收。课题2020年立项，开发出新型混氧治疗仪。高流量湿化氧疗是一种通过高流量鼻塞持续为患者提供可以调控并相对恒定吸氧浓度（21%～100%）、温度（31℃～37℃）和湿度的高流量（8～80升/分）吸入气体的治疗方式。治疗仪具有操作简单、患者舒适度高、促进患者排痰等优点。治疗仪打破国外产品的垄断，适应国内外临床和新冠肺炎疫情急救治疗的市场需求，已完成注册检验，并向北京市药监局提交注册资料。

（王　璐）

【全市首个功能社区家庭医生签约工作室成立】7月6日，由北京同仁堂医养集团呼家楼第二社区卫生服务中心为中国绿发投资集团有限公司量身打造的家庭医生签约工作室揭牌，标志着北京市首个功能社区家庭医生签约工作室正式运行。家庭医生签约工作室是家庭医生签约服务进企业下基层的实践，其职能包含：员工可享受优先预约就诊、转诊绿色通道、远程会诊、慢性病长处方、针对性健康指导、急救培训、重点人群的健康管理服务等定制化服务，以满足企业多元化、多层次的需求。

（张　雨）

【科兴Sabin株脊髓灰质炎灭活疫苗药品注册获批准】7月12日，北京科兴生物制品有限公司研制的Sabin株脊髓灰质炎灭活疫苗（sIPV）获得国家药监局颁发的药品注册批件。sIPV主要用于2月龄及以上的婴幼儿预防由脊髓灰质炎病毒Ⅰ型、Ⅱ型和Ⅲ型导致的脊髓灰质炎。2月，该疫苗已接受世界卫生组织预认证现场检查，通过预认证后，疫苗将在全球市场供应。

（赵　媛）

【腾盛博药在香港联合交易所上市】7月13日，腾盛博药生物科技有限公司在香港联合交易所有限公司主板上市。腾盛博药2018年注册成立，是一家定位首创创新疗法的抗感染公司，主要针对重大传染病，如乙型肝炎病毒（HBV）、人类免疫缺陷病毒（HIV）、多重耐药（MDR）等，以及其他具有重大公共卫生负担疾病，如中枢神经系统（CNS）疾病的创新疗法。腾盛博药本次上市发行新股1.12亿股，每股价格22.25港元，募集资金24.83亿港元。

（卢明子　赵　媛）

【一体化新冠病毒核酸快速检测卡盒开发】7月16日，市科委、中关村管委会支持，北京祐金科创基因技术有限公司、清华大学共同承担的“一体化新冠病毒核酸快速检测卡盒的开发”课题通过专家验收。课题2020年立项，建立全新新冠病毒核酸检测技术，开发出一体化新冠病毒核酸快速检测卡盒，采用探针巢式等温扩增技术（ITA），在胶体金试纸上显色及判读，检测时间为20分钟。探针巢式等温扩增和胶体金技术相结合，可实现“样本进，结果出”的一体化全流程新冠病毒核酸检测技术，能够在不同场景进行快速检测。

（王　璐）

【华润双鹤获NP-G2-044大中华区独家授权】 7月21日，华润双鹤药业股份有限公司宣布从美国Novita公司获得新靶点Fascin蛋白抑制剂NP-G2-044在大中华区（中国内地、香港、澳门和台湾地区）的开发、生产及商业化的独家授权。线上签约仪式当日举行。美国Novita公司主要研究和开发具有原创性和突破性、阻断癌症转移扩散、增强抗癌免疫应答的抗癌类药物。Fascin蛋白抑制剂NP-G2-044是美国Novita公司研发的全新小分子化合物。Fascin蛋白在正常成年人上皮细胞中多不表达，但在一些恶性肿瘤中表达上调，研究表明这与肿瘤的侵袭和转移高度相关。NP-G2-044是全球首个作用于Fascin蛋白的小分子抑制剂，能够有效抑制Fascin蛋白功能进而降低肿瘤侵袭和肿瘤转移比例。

（卢明子）

【抗新型冠状病毒药物法维拉韦片研发】 7月30日，市科委、中关村管委会支持，北京四环制药有限公司承担的“抗新型冠状病毒药物法维拉韦片的研究开发”课题通过专家验收。课题2020年立项，开展临床试验用样品生产、工艺验证、临床剂量探索等研究。完成临床试验用样品生产、工艺验证研究及其加速稳定性研究工作，完成Ⅱ期临床试验研究总结，完成生物等效性（BE）研究，按照化药3类申报。

（王　璐）

【超目科技生产基地竣工】 7月31日，超目科技（北京）有限公司GMP生产基地竣工开业仪式在京举办。生产基地开业意味着超目科技完成从研发到生产的能力转化，完全独立具备三类有源植入式创新医疗器械的量产能力。同月，超目科技完成A轮融资5220万元，由水木创投、北大科技成果转化基金、仓廪投资、东升科技园瑞昇投资和中汇健康产业有限公司等共同投资。本次融资将用于公司夯实研发基础、拓展产品管线、进一步做精做细生产体系，为产品进入临床试验做准备。

（卢明子）

【康乐卫士公司完成超10亿元Pre-IPO轮融资】 8月，北京康乐卫士生物技术股份有限公司完成Pre-IPO轮融资，募集资金10.15亿元，主要投资方包括建银国际（中国）有限公司、云锋基金、深圳市高上资本管理有限公司等10多家专业医疗健康投资机构。本轮募集资金将用于重组人乳头瘤病毒（HPV）三价（16/18/58）疫苗、HPV九价（6/11/16/18/31/33/45/52/58型）疫苗临床研究费用，昆明疫苗产业基地建设费用，重组诺如病毒疫苗及重组新冠病毒疫苗临床前及临床研究费用，以及其他在研产品临床前研究费用及补充流动资金。

（卢明子）

【昭衍生物完成1.5亿美元B轮融资】 8月，昭衍生物技术有限公司完成1.5亿美元B轮融资，由CPE源峰领投，深圳市松禾资本管理有限公司、洪泰基金等机构共同参投，上一轮投资人华盖资本有限责任公司等作为A轮投资机构，本轮继续追加投资。本轮融资是昭衍生物继2019年下半年完成6000万美元A轮融资后，又一次数亿元级别的融资。本次融资资金将主要用于昭衍生物在中国北京、重庆等研发及生产中心的建设及美国加利福尼亚州生产设施的扩充，公司全球医药领域的定制研发生产（CDMO）服务产能布局再次提速。

（卢明子）

【瑞医博口腔手术机器人应用示范中心启动】 9月8日，瑞医博口腔手术机器人应用示范中心暨开业仪式在中国技术交易大厦启动，将承担北京地区口腔手术机器人应用示范落地工作。作为国内首个口腔手术机器人应用示范中心，其就诊空间700余平方米，包含6个全科诊室、2个数字化手术室，配备国内首款国家药监局认证的口腔手术机器人，以及4K高清手术直播系统。医生在瑞医博口腔手术机器人辅助下可完成标准化、高精度、智能化种植牙手术，精度误差控制在1度和0.5毫米以内。

（赵　媛）

【新型冠状病毒通过食品传播的途径及风险研究】 9月9日，市科委、中关村管委会支持，北京市疾病预防控制中心、中国疾病预防控制中心病毒病预防控制所共同承担的“新型冠状病毒通过食品传播的途径及风险研究”通过专家验收。课题是2020年立项，研究建立新冠病毒污染食品模型，包括4种食品4种接触材料分别在4种温度下的22种场景病毒存活模型。测试污染后食品核酸消减规律、病毒存活规律、病毒基因组丰度以及不同食品样本或媒介在不同温度条件下病毒基因组完整性。制定涵盖食品生产、储存、运输和销售4个环节的传播风险点，形成风险清单。发现不同材料表面和不同温度下病毒存活时间不同，其中塑料表面病毒存活时间较长，纸板表面的病毒存活时间无论在何种温度下均较短。在室温下（25℃），塑料、纸板材料、木质材料等表面病毒存活时间不超过1天；在4℃条件下，病毒在塑料表面存活近 2 周，在纸板材料表面存活不超过 1 天；在 −20℃条件下，病毒在塑料表面存活超过 8 周，在纸板材料表面可存活近 1 周。

（卢明子）

【CM355 获批开展临床试验】 9 月 16 日，北京诺诚健华医药科技有限公司和康诺亚生物医药科技（成都）有限公司联合宣布，由双方合资公司北京天诺健成医药科技有限公司研发的 CD20×CD3 双特异性抗体 CM355 开展 CD20+B 细胞血液瘤的临床试验。CM355 特异性结合 CD20 阳性靶细胞和 CD3 阳性 T 细胞，将免疫 T 细胞招募至靶细胞周围，激活 T 细胞，诱导 T 细胞介导的肿瘤细胞杀伤（TDCC）作用杀伤靶细胞，用于治疗 CD20+B 细胞血液瘤。9 月 3 日，诺诚健华和康诺亚在 2021 中国国际服务贸易交易会签署战略合作协议，进一步深化双方研发合作，开发 First−in−class 和 Best−in−class 大分子创新药。

（卢明子）

【高端医疗器械 CDMO 平台落地】 9 月，由北京市医疗机器人产业创新中心建设的创新服务平台——高端医疗器械 CDMO 平台落地海淀金隅智造工场并投产。平台面积 7000 平方米，布局医疗机器人专用产线、有源受托产线、IVD& 无菌产线、自动化立体库房、高精加工车间、一体化模拟手术室、产品可靠性测试间、质量检验中心、产品研发中心等符合医疗器械委托生产、委托研发要求的专业空间，并配备多台进口机加设备、实验器材。可为初创企业、经营企业和科研院所、医生 / 医院等机构提供二类、三类有源医疗器械及 IVD& 无菌产品的委托研发、委托生产相关服务，并根据不同阶段需求匹配定制化解决方案，同时为海外医疗器械提供国产化落地新途径。

（赵　媛）

【第二十四届北京国际生物医药产业发展论坛举办】 10 月 13 日，第二十四届北京国际生物医药产业发展论坛在京开幕。论坛为期 3 天，由市科委、中关村管委会主办，以“AI· 健康 · 机遇”为主题，突出成果转化、前沿趋势、产业政策、国际合作等。开幕式上，市政府副秘书长刘印春致辞，市科委、中关村管委会主任许强就《北京市加快医药健康协同创新行动计划（2018—2020 年）》实施以来的工作成效和未来工作布局做题为《加快医药健康协同创新打造具有全球影响力的医药产业创新高地》的主旨报告。论坛还邀请到默克全球副总裁、默克中国生物工艺解决方案负责人 Ian Carmichael，德勤中国高级合伙人 Jens Ewert，国家药监局药品审评中心副主任王涛，北京大学未来技术学院院长肖瑞平等国内外跨国医药企业高管、国内医药上市企业领袖、著名投资人和知名学者到会演讲，参会人数达 400 人。论坛期间，发布第一轮行动计划实施以来获批的重大创新品种、落地的重大项目以及支持北京医药健康产业发展的优秀临床机构名单。论坛还安排了专题分组会、路演对接等系列活动，议题涉及干细胞技术与再生医学、人工智能与医药健康融合发展、国际新冠病毒疫苗研发、医药研发服务 CXO 与产业生态体系建设等，并在海淀区、大兴区、昌平区设立分会场。

（金　霞）

【大橡科技入驻前孵化创新中心】 10 月，北京大橡科技有限公司入驻中关村前孵化创新中心，并与之共建基于类器官芯片的药物研发公共创新平台。作为一家研发和生产人体类器官芯片的高科技公司，致力推动和引领类器官芯片在新药研发、疾病建模和个体化精准医疗等领域的应用；提供精准、高效、经济的药物研发解决方案和创新、仿生的临床精准用药标准化平台。公司已成功构建正常人体生理器官模型、肿瘤疾病模型等 10 余种高仿生体外模型。

（赵　媛）

【鹰瞳科技在香港挂牌上市】 11 月 5 日，北京鹰瞳科技发展股份有限公司（Airdoc）在香港联交所主板挂牌上市，发行价为每股 75.1 港元，上市净筹 15.664 亿港元，市值超过 70 亿港元，成为港股首家医疗 AI 企业。鹰瞳科技成立于 2015 年，是一家提供人工智能视网膜影像识别的早期检测、诊断及健康风险评估解决方案的公司。拥有用于检测及诊断的人工智能医疗器械软件（SaMD）、健康风险评估解决方案及硬件设备，能够满足医院、社区诊所、体检中心、保险公司、视光中心及药房等对健康服务的需求。

（卢明子　赵　媛）

【原创天然药物桑枝总生物碱片临床研究启动】 11 月 12 日，降血糖原创天然药物桑枝总生物碱片Ⅳ期研究启动会在北京五和博澳药业股份有限公司召开。会议在五和博澳设立主会场，来自全国的 200 余位专家以线上形式参加启动会。研究由上海交通大学附属第六人民医院内分泌科、北京协和医院内分泌科共同牵头，中国工程院院士贾伟平担任主要研究者、肖新华担任联合主要研究者，70 余家临床机构共同参与（其中，西医医院 60 余家、中医医院 10 余家），覆盖全国 24 个省区市，旨在通过全国多中心临床研究，全面评价桑枝总生物碱片用于更广泛人群治疗的临床特点。桑枝总生物碱片除选择性作用于肠道

的 α－葡萄糖苷酶外，还可吸收入血并广泛分布，具有调节肠道微生态、改善肠道炎症、刺激 GLP-1 分泌、保护胰岛功能、控制体重、调节糖脂代谢等多重药理作用，对糖脂代谢全程管理的临床综合获益及后续在新适应证拓展方面的发展潜力。

（卢明子）

【诺思兰德在北京证券交易所上市】 11 月 15 日，北京诺思兰德生物技术股份有限公司在北京证券交易所上市。诺思兰德成立于 2004 年 6 月，是一家专业从事基因治疗药物、重组蛋白质类药物和眼科用药物研发、生产及销售的创新型生物制药企业，拥有多个自主知识产权生物工程新药，具备独立承担药物筛选、药学研究、临床研究与生产工艺放大等药物研发和产业化的技术体系及能力；建立生物工程新药研发和生产技术平台，掌握基因载体构建、工程菌构建、微生物表达、哺乳动物细胞表达、生物制剂生产工艺及其规模化生产技术，以及滴眼剂药物开发的核心技术。公司 2009 年 2 月挂牌新三板，2020 年 11 月晋级新三板精选层。

（赵　媛　程晓荷）

【艺妙神州公司完成 D 轮融资】 11 月 24 日，北京艺妙神州医药科技有限公司宣布完成数亿元的 D 轮融资，由国寿大健康基金领投，广发乾和、水木深安、亚杰天使等机构共同参与，其投资者国投创业、龙门基金追加投资。资金将用于加快临床推进步伐和商业化生产开发，推动细胞药物 IM19 的开发，同时拓展面向实体瘤和 UCART 为代表的产品管线。

（陈　静）

【全球首个智能化骨折复位机器人临床试验项目启动】 11 月 26 日，中国首创的智能化骨折复位机器人临床试验在北京积水潭医院启动，这也是同类产品中全球首个注册临床试验项目。智能化骨折复位机器人针对骨科手术中难度最大的骨盆骨折手术，实现从骨折复位到定位的全流程智能化辅助，针对不同层级手术的需求提供模块化的解决方案，实现三维实时导航、人工智能规划、自动手术操作，最终较大程度地减少手术造成的损伤，较大幅度提高复位精度，达到人工徒手操作难以实现的手术效果。

（卢明子）

【GZR18 临床试验申请获美国批准】 12 月 6 日，甘李药业股份有限公司全资子公司甘李药业美国公司获得美国食品药品监督管理局（FDA）同意 GZR18 在美国进行Ⅰ期临床试验的批准。GZR18 为每周注射一次的胰高血糖素样肽 1（GLP-1）受体激动剂类药物，本次向 FDA 申请的临床试验适应证为 2 型糖尿病。GLP-1 是一种肠促胰素，具有多种血糖调节作用，例如在血糖升高时刺激胰岛素分泌并抑制胰高血糖素。

（卢明子）

【国内首个抗新冠病毒特效药获批上市】 12 月 8 日，腾盛华创医药技术（北京）有限公司申请注册的新冠病毒中和抗体联合治疗药物安巴韦单抗注射液（BRII-196）及罗米司韦单抗注射液（BRII-198）获国家药监局应急批准上市。为国内首个自主知识产权新冠病毒中和抗体联合治疗药物获批。两个药品联合用于治疗轻型和普通型且伴有进展为重型（包括住院或死亡）高风险因素的成人和青少年（12 ～ 17 岁，体重大于或等于 40 千克）新型冠状病毒感染（COVID-19）患者。其中，青少年（12 ～ 17 岁，体重大于或等于 40 千克）适应证人群为附条件批准。腾盛华创的联合疗法获批标志着中国拥有了首个全自主研发并经过严格随机、双盲、安慰剂对照研究证明有效的抗新冠病毒特效药。

（卢明子　赵　媛）

【嘉和美康在上海证券交易所科创板上市】 12 月 14 日，嘉和美康（北京）科技股份有限公司在上海证券交易所科创板挂牌上市。嘉和美康是国内最早从事医疗信息化软件研发与产业化的企业之一，具有自主知识产权的核心技术与产品体系，产品覆盖临床医疗、医院管理、医学科研、医患互动、医养结合、医疗支付优化等产业链环节。其电子病历业务范围遍及全国，拥有医疗机构用户 1400 余家，其中三甲医院 450 余家。本次上市发行价格为每股 39.50 元，公开发行 3447 万股新股，募集资金约 13.6 亿元。

（赵　媛）

【百济神州赴科创板上市】 12 月 15 日，百济神州（北京）生物科技有限公司在上海证券交易所科创板上市，成为全球首家在美国纳斯达克证券交易所、香港联合交易所与上海证券交易所三地上市的生物科技企业。募集资金 216.3 亿元，主要用于补充现金储备，以支持未来的研发计划。

（陈　静）

【维泰瑞隆首款新药获批开展临床试验】 2021 年，维泰瑞隆（北京）生物科技有限公司申报的 1 类新药 SIR1-365 片获国家药监局临床试验默示许可，拟开发用于治疗与全身性炎症反应综合征（SIRS）相关的感染性疾病。SIR1-365 是一款受体相互作用蛋白激酶 1（receptor-interacting protein 1，RIP1）抑制剂。RIP1 是一种丝氨酸 / 苏氨酸蛋白激酶，可调节多种生物信号转导通路。研究表明，去除 RIP1 的骨架功能会导致动物围产期死亡，而通过基因编辑或小分子抑制 RIP1 的激酶活性对动物的发育或生长没有影响，证明了其激酶活性作为药物靶标的有效性。维泰瑞隆是一家全球性的专注于研发 first-in-class 新药的生物医药公司，2018 年由王晓东博士和张志远博士共同创建。SIR1-365 片是维泰瑞隆成立以来在中国获批的首个新药临床试验申请（IND）。

（卢明子）

【开发出全球首个全面模拟人类 AD 的大鼠模型】 2021 年，清华大学鲁白教授团队开发出能够全面模拟阿尔兹海默症（AD）的基因敲入大鼠模型，相关成果于 11 月 17 日以论文形式在线发表于 *CELL Research*。团队采用 CRISPR/Cas9 基因敲入技术，在大鼠体内实现人源 APP 基因的替换。系统的病理学、细胞生物学和行为学研究表明，该模型与现有其他 AD 动物模型相比，显示出与人类 AD 患者更相似的病理和疾病进展。它将为理解 AD 的发病机制，发现用于 AD 早期诊断的敏感生物标记物，尤其是创新药物的疗效，提供不可或缺的工具。

（卢明子）

【非天然氨基酸系统首次应用于 DMD 治疗】 2021 年，北京大学药学院化学生物学系夏青教授团队，利用基因密码子（PTC）扩展技术恢复杜氏肌营养不良症（DMD）小鼠模型中内源性肌营养不良蛋白抗肌萎缩蛋白（Dystrophin）的全长表达。研究以论文形式发表于 8 月 2 日的《自然－生物医学工程师》（*Nature Biomedical Engineer*）。这是全球首次将这项技术应用于 DMD 治疗中。研究验证基因密码子（PTC）扩展技术能够通读内源性无义突变位点，恢复抗肌萎缩蛋白的表达，从而缓解疾病症状，提出 DMD 治疗和致病蛋白机制研究的新策略。同时，研究对于建立基因密码子扩展的“细胞工厂”、制备多种类型的复制缺陷病毒活疫苗以及拓展 PTC 技术在生物医药中的应用起到推动作用。

（卢明子）

【无创无线脑血氧监测实现脑卒中等多场景诊疗临床应用】 2021 年，中国科学院自动化研究所脑网络组研究中心面向脑卒中的早期预警与床旁监护等临床需求，基于创新的脑网络组图谱的研究工作，突破脑血氧监测中的有创、有线等检测难题，形成无创与无线的脑血氧监测方式，可以将脑卒中的监护应用从病床旁拓展到门诊、康复等领域。该技术通过中科搏锐（北京）科技有限公司开展医疗器械的转化工作，在获北京怀柔科学城科技创新培育专项基金支持后，形成 BRS-1 无创脑血氧监护仪与 BRS-2 无线脑血氧头带产品，在首都医科大学宣武医院、首都医科大学附属北京天坛医院完成临床试验。从试验结果来看，中科搏锐无创脑血氧检测结果与有创血氧检测结果的误差小于 2%。脑血氧系列产品在 2020 年获得市药监局的 4 个医疗器械注册证，截至 2021 年底，中科搏锐与医院签订订单金额超过 1500 万元。2021 年初，无线脑血氧头带在某军特色医学中心进行离心机应用，开始服务于军队人员脑血氧检测需求。5 月，中科搏锐承担的北京怀柔科学城科技创新培育专项也获评 A 类结题。2 月 8 日，该产品通过欧盟 CE 认证。6 月 27 日，该技术还通过了装备发展部“慧眼行动”的专家论证，即将进行正式合同签订，应用到国家重要保障部门。同时经过研发升级，新一代产品 BRS-100 系列于 11 月 8 日取得国内注册证，在脑血氧监测基础上还能提供含氧血红蛋白、脱氧血红蛋白浓度等信息，可以给医生和其他使用者提供更全面的信息。

（张　健）

【医药健康产业发展情况】 2021 年，北京医药健康产业全部企业营业收入为 4760.5 亿元，比 2020 年增长 116.7%，除去新冠病毒疫苗达到 2600 亿元，比 2020 年增长约 18%（新冠病毒疫苗营业收入逾 2100 亿元）。累计完成工业产值 4153.9 亿元，比 2020 年增长 1.62 倍。完成工业固定资产投资 123.1 亿元，比 2020 年增长 93.7%，占全市工业的 15.1%；完成建安投资 76.9 亿元，比 2020 年增长 109.8%，占全市工业的 24.5%，为全市各产业之最。

（侯艳艳）

【医药健康企业发展情况】 2021 年，北京医药健康创新企业、品种数量保持高水平增长。新增医药上市企业 18 家（总计 70 家），募资金额约 500 亿元，达近 3 年最高。另有 18 家医药企业获得一级市场融资，融资总额约 50 亿元。进入国家创新器械审评通道并获批上市的医疗器械 7 个，拥有获批上市 AI 三类医疗器械产品 6 个，数量均居全国第一；1 类创新药获批 3 个，其中腾盛华创医药技术（北京）有限公司的中和抗体药物是国内首家获批上市的新型冠状病毒特效药。另外，在空间建设方面，已完成 67 万平方米工业供地，新建成标准厂房约 55 万平方米。

（侯艳艳）

【新冠病毒疫苗研发情况】 2021 年，全国 7 个获批使用的新冠病毒疫苗，北京研发的占 5 个，其中 2 款京产灭活疫苗被纳入世界卫生组织紧急使用清单，在 160 多个国家或地区获批上市或紧急使用。北京重点疫苗项目被纳入科技部应急项目，在国家布局的 5 条疫苗技术路线上实现全面布局和整体推进。在变异株灭活疫苗研发方面，北京科兴中维生物技术有限公司、国药集团中国生物北京生物制品研究所有限责任公司依托成熟的技术、工艺和大规模产能优势，加速开展奥密克戎变异株灭活疫苗的研究工作，2款疫苗启动开展原液及成品的稳定性研究以及动物有效性、安全性评价工作。在鼻喷疫苗研发方面，在研发变异株灭活疫苗的基础上，北京万泰生物药业股份有限公司鼻喷减毒流感病毒载体疫苗在菲律宾开展Ⅲ期临床研究，筛选入组1.2万人；同步推进在哥伦比亚、越南等国家和地区的临床研究；调试验证新建新冠病毒疫苗生产线，同步进行环评，设计年产能约2.4亿剂。在重组新冠病毒疫苗方面，北京沃森创新生物技术有限公司针对原型株的疫苗获批国内临床试验，并完成国内Ⅰ期、Ⅱ期临床，计划开展国外Ⅲ期临床试验；针对变异株的疫苗计划申报临床。在黑猩猩腺病毒载体疫苗方面，沃森生物针对原型株的疫苗开展Ⅱ期临床试验；针对变异株的疫苗计划申报临床。推动北京大学魏文胜团队环状RNA疫苗研发，并作为平台型技术加大力度培育储备。

（侯艳艳）

【新冠病毒疫苗供应接种情况】 2021年，市科委、中关村管委会作为疫苗供应组办公室，会同市卫生健康委、市经济和信息化局、市疾控中心等部门，负责配合国家部署做好疫苗生产组织、检测上市、供应保障、产品追溯等工作，确保疫苗正常生产供应。市科委、中关村管委会会同市经济和信息化局、市药监局等单位，与科兴中维公司、中生北京公司倒排工期、协调新冠病毒疫苗产能扩建。两家公司一、二、三期生产线已投运，2021年合计生产逾50亿剂（供应国内约26.57亿剂次、出口约15.14亿剂次），占供应国内接种疫苗的95%以及出口疫苗的99%以上，实现产值2537.2亿元，占全市所有疫苗生产企业产值的97.2%。

（侯艳艳）

【新冠药物研发情况】 2021年，北京获批上市国内首家自主知识产权新冠病毒中和抗体联合治疗药物，腾盛华创医药技术（北京）有限公司的新冠病毒中和抗体联合治疗药物安巴韦单抗注射液（BRII-196）及罗米司韦单抗注射液（BRII-198），这也是世界范围内唯一开展变异株感染者治疗效果评估并获得最优数据的抗体药物。在抗体药方面，北生所李文辉团队和华辉安健（北京）生物科技有限公司开发广谱抗新冠药物HH120融合蛋白项目，该药物包括雾化吸入剂和鼻喷剂2种剂型，其中雾化吸入剂11月5日获澳大利亚临床Ⅰ期试验伦理批件，低、中、高3个剂量单次给药安全评价结果显示安全性、耐受性良好，已向国家药监局提交临床试验申请，并在生命科学医药科技中心建成中试车间（近4000升）。舒泰神（北京）生物制药股份有限公司的人源化抗C5a单克隆抗体药物BDB-001，完成国际多中心Ⅱ/Ⅲ期临床试验入组。北京神州细胞生物技术集团股份公司自主研发的中和抗体SCTA01，开展国际多中心Ⅱ/Ⅲ期临床试验。在小分子药物方面，河南真实生物研发、北京协和药厂承产的RNA逆转录酶抑制剂阿兹夫定片，完成中国、巴西、俄罗斯三国开展新冠肺炎治疗Ⅲ期临床研究；中国人民解放军军事科学院医学研究院李松团队联合北京奥赛康药业开发帕罗维德（辉瑞原研）；清华大学李亚栋院士团队、全球健康药物研发中心丁胜教授团队、同仁医院杨金奎团队及华润双鹤药业股份有限公司开发的小分子新冠病毒药物均处于临床前研究阶段。

（侯艳艳）

【诊断试剂和检测装备研发情况】 2021年，北京市共有16个获批上市的新型冠状病毒诊断试剂和设备，数量居全国第一，实现核酸、抗体、抗原3种检测方法全覆盖。北京金沃夫生物工程科技有限公司、北京华科泰生物技术股份有限公司、北京热景生物技术股份有限公司、北京乐普诊断科技股份有限公司、北京万泰生物药业股份有限公司5家企业的新冠抗原检测试剂能够在15分钟内实现急性感染期咽拭子、鼻咽拭子样本中新冠抗原的快速检测，可以用于对疑似人群进行早期分流和快速管理，5家企业新冠抗原试剂总产能为520万人份/日。热景生物、乐普诊断、万泰生物等企业新冠抗原检测试剂获欧盟CE、德国联邦药品和医疗器械机构（BfArM）、美国食品药品监督管理局紧急使用授权等认证，并在美国、德国等地上市销售，定位于欧美等地居家人群的快速检测。此外，清华大学白净卫团队的一体化快速核酸检测试剂完成生产工艺研发，并获得欧盟CE认证；中国科学院声学研究所开发新冠肺炎智能语音系统，基于国外开源新冠咳嗽音和国内新冠患者数据，研制微信小程序新冠识别模型，在北京、大连等地进行健康人群和新冠患者数据测试，数据显示该语音系统的敏感度80.5%，特异性88%；芯视界（北京）科技有限公司开展新冠筛查模型的研发；京东方科技集团股份有限公司的快速核酸检测设备（“样本进，结果出”的一体化设备）完成产品研发工作，并获得注册检验报告，后期继续开展临床试验。

（侯艳艳）

新材料与智能制造

【珞石机器人亮相】 1月7日，珞石（北京）科技有限公司新一代柔性协作机器人 xMate 及轻型工业机器人 XB 参加在上海举办的中国新品消费盛典大会。新一代柔性协作机器人 xMate 拥有与传统工业机器人、协作机器人不同的软硬件体系结构，采用基于关节力闭环的力位混合控制技术，每个关节都配置高精度扭矩传感器，兼具高动态性的力控能力和柔顺控制能力，能够最大程度复现人类手臂的灵活运动，在协作功能上具备真正实用性，能够实现安全的人机交互，已落地应用于工业生产、医疗、商业等行业领域。轻型工业机器人 XB 可以配合打磨工装完成活塞加工后的毛刺清理工作，OptiMotion 与 TrueMotion 运动控制技术可使机器人在任何速度下都具备轨迹精度，柔性抓手设计可以模仿人手上下料，更好地保护工件，实现表面零磨损。

（田京京）

【百度宣布组建智能汽车公司】 1月11日，百度网讯科技有限公司宣布组建智能汽车公司。新组建的汽车公司独立于母公司体系，保持自主运营，将面向乘用车市场，着眼于智能汽车的设计研发、生产制造、销售服务全产业链。百度将人工智能、阿波罗（Apollo）自动驾驶、小度车载、百度地图等核心技术全面赋能汽车公司，支持其快速成长。吉利控股集团将出资成为新公司的战略合作伙伴，双方将在智能汽车制造相关领域展开合作，共同打造下一代智能汽车。3月2日，新组建的集度汽车有限公司注册成立。

（张立乔）

【北汽新能源首次对美国输出新能源核心技术】 1月13日，北京新能源汽车股份有限公司首次对美国输出新能源核心技术，拟就其基于 BE21 平台开发的 ARCFOX 车型的电子电气 E/E 架构相关知识产权，与斯太尔美国有限责任公司签署《E/E 架构非独家许可协议》。BE21 平台是北汽新能源全新自主正向开发的纯电动汽车产品平台，该电子电气 E/E 架构涵盖电子电器架构设计标准规范共 200 多项，在业内处于领先水平。按照协议，北汽新能源将向斯太尔美国技术许可 E/E 架构知识产权，含分许可；斯太尔美国则支付北汽新能源技术许可费，其中固定价款为 1.92 亿元。

（边　浩）

【北京中博芯半导体科技有限公司投产】 1月15日，北京中博芯半导体科技有限公司投产。该公司由北京大学资产经营有限公司、北京大学宽禁带半导体研究中心研发团队联合社会资本共同出资 1.09 亿元，于 2020 年 9 月在顺义区注册成立。公司依托北京大学宽禁带半导体研究中心多年技术积累，作为北京大学科技成果转化、解决中国第三代半导体核心材料及器件技术问题的重点项目，致力研发和生产 GaN 基功率电子器件用大尺寸外延片和高性能 AlGaN 基 UVC-LED 外延片和芯片产品。一期满产后将启动二期建设，大幅度扩大产能规模。

（丁　雪）

【无人驾驶代客泊车进入规模落地阶段】 1月25日，威马汽车科技集团有限公司主办“WeLab 威马科技开放日”，展出搭载百度阿波罗（Apollo）的自主代客泊车系统（AVP）自主泊车方案的威马 W6，全球首款搭载 AVP 自主泊车的量产车型诞生，标志着百度 Apollo 在北京经济技术开发区研发测试形成的自动驾驶方案进入大规模商业落地阶段。百度 Apollo 与威马此次通过“车－云－图”融合的解决方案实现自主泊车方案落地，成本可控且易于规模化部署。

（张立乔）

【驭势科技完成超 10 亿元融资】 1月25日，驭势科技（北京）有限公司宣布完成累计超 10 亿元的新一轮融资，其中包括国开制造业转型升级基金在自动驾驶领域的首笔投资。驭势科技于 2016 年成立，是北京市自动驾驶领域初创公司，已经在物流和出行领域有多个商业化方案落地，2020 年交付数百套“AI 驾驶员”，年度业绩比 2020 年增长 150%。本轮融资将用于加强“全场景、真无人、全天候”自动驾驶平台的关键技术研发，推动无人驾驶大规模商业化。

（张立乔）

【商飞北研中心智能新能源飞机样机下线】 1月，中国商飞北京民用飞机技术研究中心联合国家电投氢能公司自主研发的智能新能源飞机 ET480 全尺寸样机总装下线。ET480 主要面向未来城市立体交通，创新采用复合翼构型，能长距离巡航，可垂直起降；应用全新的“燃料电池＋锂电池”混合动力系统，初步估计续航里程可比传统锂电池飞机提升 1 倍左右。在智能化方面，该飞机探索了基于 5G 的智能无人驾驶技术，着力打造未来新能源跨界创新平台、新技术验证平台和产业化示范平台。

（张立乔）

【《北京市自动驾驶车辆道路测试报告（2020）》发布】 2月5日，北京智能车联产业创新中心发布《北京市自动驾驶车辆道路测试报告（2020）》。《报告》显示，北京市开放200条699.58千米的测试道路，自动驾驶道路测试里程突破220万千米。全面推进无人化测试、载人测试等高端技术和运行测试。其中北京市自动驾驶载人测试里程达1 021 568千米，运载测试志愿者超过18 775人次，九成用户表示体验良好；无人化测试主驾接管率为0，指标全国领先。感知技术不断提升。产业技术分层日趋明显。关键零部件国产化趋势明显。道路测试有效提升企业技术。电动化趋势明显。

（边　浩）

【《汽车半导体供需对接手册》发布】 2月26日，《汽车半导体供需对接手册》发布活动在京举行。《手册》由工业和信息化部指导，国家新能源汽车技术创新中心、中国汽车芯片产业创新战略联盟等共同编制。收录59家半导体企业的568款产品，覆盖计算芯片、控制芯片、功率芯片等10大类产品。同时收录26家汽车及零部件企业的1000条产品需求信息。《手册》有助于促进汽车半导体产业链上下游协作，推广优秀的汽车半导体产品，促进汽车企业与半导体企业的沟通对接，营造优质行业生态。

（边　浩）

【驭势科技自动驾驶出租车试运行】 2月27日，驭势科技（北京）有限公司参与的东风自动驾驶领航项目Robotaxi平台上线仪式在东风汽车集团有限公司技术中心举行。试运营车辆共42辆，试运营范围为武汉经济技术开发区的22个主要停靠点以及站点之间开放测试路段，市民可通过APP预约体验。驭势科技基于自主研发的U–Drive智能驾驶平台为东风汽车开发满足城市道路运行的自动驾驶系统，车顶安装无人驾驶套件，其中包含3个激光雷达、多个摄像头和高精度定位系统等设备。自动驾驶系统通过融合无人驾驶套件产生的感知数据，结合无人驾驶核心算法，实现云平台对接、V2X（车对外界的信息交换）车路协同和城市道路自动驾驶的功能。

（边　浩）

【高级别自动驾驶示范区完成1.0阶段建设】 3月2日，全球首个网联云控式高级别自动驾驶示范区在北京经济技术开发区完成1.0阶段建设，全长12.1千米，路侧可全方位实现路网环境感知、车路动态实时信息交互，并可在全时空动态交通信息采集与融合的基础上开展车辆主动安全控制，实现人、车、路有效协同；可支持高级别自动驾驶车辆的全息路口、冗余感知和超视距感知需求，保证自动驾驶车辆安全行驶，提高通行效率。网联云控式高级别自动驾驶示范区以3～6个月为一个迭代周期，按照1.0阶段（试验环境搭建）、2.0阶段（小规模部署）、3.0阶段（规模部署和场景拓展）、4.0阶段（推广和场景优化）的步骤推进，形成成熟模式后逐步向北京市其他区域复制推广，实现L4及以上高级别自动驾驶的规模化运行。

（边　浩）

【第三代半导体关键装备国产化】 3月4日，市科委、中关村管委会支持，北京北方华创微电子装备有限公司承担的“SiC器件用高温氧化炉研制”“SiC器件用高温退火炉研制”两个课题通过专家验收。课题完成碳化硅（SiC）高温退火炉、高温氧化炉等SiC器件关键设备国产化研制开发，经过第三方颗粒和离子污染关键指标测试以及燕东微电子1200伏的SiC肖特基二极管（SBD）等器件工艺验证，能够满足SiC片高温退火工艺、氧化工艺要求。

（潘长波）

【国内首个6英寸SiC器件代工线建成】 3月4日，市科委、中关村管委会支持，北京燕东微电子科技有限公司承担的“Si器件线改造成SiC器件线工艺研究”课题通过专家验收。课题在改造原有8英寸硅（Si）产业线基础上，建成国内首个完整的6英寸SiC器件量产代工线。代工线充分利用原有Si线设备和现有洁净空间，运维和工艺成本较低。具有显著市场竞争力，满产后代工能力为1.2万片/年，代工产品性能达到国外同类产品先进水平。

（潘长波）

【国内最大集中式智慧有序充电站建成】 3月12日，由国网北京市电力公司投资建设的北京环球度假区停车楼充电站全部建成，具备投运条件。这是国内规模最大的集中式智慧有序充电站。共建设901个充电桩，包括861个新型交流有序充电桩、37个直流充电桩、3个专门满足新能源大巴快速补电需求的大功率直流充电桩，分布在停车楼、城市大道、后勤保障区等6个区域。充电站采用交流有序充电技术，改变传统的单一功率输出模式，针对充电用户，结合车辆停放时间特性，利用智慧车联网平台设定功率输出控制策略，通过功率控制引导车主错峰充电，在满足车主充电需求前提下，降低车主充电成本。

（边　浩）

【有研粉材科创板上市】 3月17日，有研粉末新材料股份有限公司在上海证券交易所科创板上市，股票简称有研粉材，发行价格每股10.62元，开盘价格每股 37 元，成交量 180.16 万股。公司专注先进有色金属粉体材料的设计、研发、生产和销售，主要产品包括铜基金属粉体材料、微电子锡基焊粉材料和 3D 打印粉体材料等，是国内铜基金属粉体材料和锡基焊粉材料领域的龙头企业，已成为国际领先的先进有色金属粉体材料生产企业之一。产品主要用于粉末冶金、超硬工具、微电子封装、摩擦材料等领域，其终端产品广泛应用于汽车、高铁、机械、航空、航天等领域。

（丁 雪）

【可重复使用自清洁口罩建立生产线】3 月，市科委、中关村管委会支持，北京理工大学、中国人民解放军疾病预防控制中心、北京环安生物技术服务有限公司共同承担的“可重复使用自清洁 MOF 膜防护材料及应用研究”课题通过专家验收。课题属 2020 年“口罩测温等防疫物资科研”专项，针对新冠肺炎疫情暴发初期口罩短缺、防护性能不足等问题进行材料攻关，实现大批量多种基材的金属有机框架材料（MOF）成膜制备工艺，抗菌率大于 99 %，MOF 膜的日产能可达 2 万平方米以上。在北京、浙江、广州等地建立生产线进行 MOF 膜、MOF 口罩等相关产品的生产。

（张 韡）

【设立智能网联汽车政策先行区】4 月 10 日，市政府批复同意市经济和信息化局、北京经济技术开发区管委会联合制定的《北京市智能网联汽车政策先行区总体实施方案》，设立北京市智能网联汽车政策先行区（简称政策先行区），这是国内首个智能网联汽车政策先行区。政策先行区的适用范围包括亦庄新城 225 平方千米规划范围，北京大兴国际机场，以及京台高速公路北京段、京津高速北京段、大兴机场高速公路、南五环路（新机场高速口至京津高速口段）、南六环路（新机场高速口至京津高速口段）及大兴机场北线高速公路 6 条路段。结合北京市实际和企业诉求，《实施方案》中提出五大类共 18 项先行先试重点工作，包括允许企业开展基于收费的商业运营服务、允许无人配送车获取路权上路运营、支持智能网联汽车异地测试结果互认、开放自动驾驶汽车高速测试 4 项特色政策。

（边 浩）

【图森未来在美国纳斯达克上市】4 月 15 日，北京图森未来科技有限公司在美国纳斯达克 IPO 上市，成为全球自动驾驶第一股。此次发行 3378 万股 A 类普通股，上市发行价为每股 40 美元。首日平收，市值 84.91 亿美元。公司成立于 2015 年，在京设立研发中心，专注于卡车无人驾驶领域，开发以计算机视觉为主的可商用 L4 级自动驾驶解决方案和高速场景及港内集装箱卡车的无人驾驶运输解决方案，路测里程达 450.6 万千米，是全球第一家，也是唯一一家在高速公路和地面街道上实现 L4 级别卡车自动驾驶技术的公司。

（张立乔）

【美团新一代自研无人配送车落地】4 月 19 日，北京三快在线科技有限公司（美团）宣布新一代自主研发无人配送车在顺义落地运营。配送车装载量达 150 千克，容积近 540 升，配送速度最高 20 千米 / 时，能适应全天 24 小时运营需求，城市道路续驶里程达 80 千米，能感应 150 米外障碍物并自动减速。初步具备标准化量产能力。预计未来 3 年，美团将在北京顺义、亦庄以及深圳等多地区实现外卖、买菜、闪购等业务场景的无人配送服务。

（边 浩）

【自动驾驶竞争力榜单发布】4 月 27 日，全球领先的公共及商业咨询公司 Guidehouse 发布最新自动驾驶竞争力榜单，其中，百度阿波罗连续 2 年稳居国际自动驾驶“领导者”阵营，并且是领导者行列唯一上榜的中国企业。Guidehouse 从企业愿景，市场策略，合作伙伴，生产策略，技术，销售、营销、分销，商业化程度，研发进度，产品组合，资金实力十大维度出发，对全球 15 家自动驾驶企业进行综合评测。同时，根据执行能力和策略能力，Guidehouse 将这些企业划分为领导者、竞争者、挑战者、跟随者 4 个等级。

（张立乔）

【小马智行发布一体式自动驾驶传感系统】5 月 10 日，北京小马智行科技有限公司与美国激光雷达生产商 Luminar 联合发布一体式自动驾驶传感系统。该系统将搭载 Luminar IRIS 系列激光雷达，可无缝对接、一体化安装在车顶上，设计实现 360 度全方位的多传感器融合方案。小马智行下一代量产车上将搭载装配 IRIS 激光雷达的全新系统，计划于 2023 年规模化量产车规级自动驾驶系统。

（边 浩）

【中国首个干线物流自动驾驶商业项目启动】5 月 14 日，中国人工智能学会智驾专委会联合北京主线科技有限公司在北京亦庄成立新一代人工智能物流创新中心，主线科技与福佑卡车同步启动中国首个干线物流自动驾驶商业项目。干线物流自动驾驶商业项目运行处于第一阶段，首批 10 台自动驾驶卡车已完成系统调试，基于福佑卡车智能调度系统和运维线路，于5月底在京沪线试运营。

（张立乔）

【首批无人配送车颁发车身编码发放】 5月25日，在第八届国际智能网联汽车技术年会上，北京市高级别自动驾驶示范区工作办公室发布《无人配送车管理实施细则（试行）》，启动北京智能网联汽车政策先行区无人配送车运行试点工作。北京市高级别自动驾驶示范区工作办公室为首批无人配送企业北京京东世纪贸易有限公司、新石器慧通（北京）科技有限公司、北京三快科技有限公司（美团）3家单位发放无人配送车车身编码，给予无人配送车相应路权，开展移动零售及快递、外卖配送服务。

（杜　玲）

【35兆帕加氢机及加氢站工艺控制系统获推荐】 5月30日，国务院国资委发布《中央企业科技创新成果推荐目录（2020年版）》，国家能源集团北京低碳清洁能源研究院自主研发的“35兆帕加氢机及加氢站工艺控制系统”技术入选。该项技术针对氢气加注过程中不超温、不超压、不过充、时间短的要求，研究加氢机关键部件的误差和精度及工况对关键零部件寿命、可靠性的影响规律，完成高可靠性设计，并发明高精度温度和压力及加注过程中速度的预测方法。在此基础上，低碳院自主研发35兆帕快速加氢机，实现物流车最快3分钟、大巴车最快5分钟加满，是国内首家正式获得德国技术监督协会官方认证的加氢机。

（边　浩）

【海淀区首个5G无人驾驶小巴试运营】 5月，海淀区首个5G无人驾驶小巴落地中关村科学城环保园试运营。无人驾驶小巴长5.9米，时速20～50千米，行驶路线全长7.6千米，设10个固定接驳站，车内设有9个乘客位和1个驾驶位，试运行期间配备1名监控车辆正常运转的安全员。车辆驾驶操作由北京轻舟智航科技有限公司资助研发的无人驾驶软件系统完成。高峰时每12分钟发一趟车，目标运送效率约200人/时；非高峰时每30分钟发一趟车，目标运送效率约80人/时。小巴定位于城市微循环智慧公交，360度无盲区感知系统、无人驾驶系统、单安全员运营管理系统、5G车载显示系统及共享网约乘车系统五大系统能保证小巴安全平稳驾驶运营。

（张立乔）

【北汽新能源2项授权专利入围中国专利优秀奖】 5月，北京新能源汽车股份有限公司2项授权专利“车载双向充电机工作模式的控制方法、装置及电动汽车”“电动汽车的电池包快换控制系统”入围第二十二届中国专利奖“中国专利优秀奖”。前者国内首创基于全数字化隔离双向充放电，车载外供电功能（V2L）可满足家电运行，为用户提供安全的移动式便捷用电体验，也可用于救援式充电。后者实现换电过程自动化控制，驾乘人员无须下车即可完成换电，提升电池快换效率和安全性，推出的EU系列3款换电车型可在3分钟内（166秒）快速更换电池。北汽新能源已有6项专利获该荣誉。

（张立乔）

【北京大兴国际氢能示范区加氢站投入试运营】 5月，北京大兴国际氢能示范区加氢站投入试运营。该加氢站日加氢量可达4.8吨，共有8台加氢机、16把加氢枪，可同时为16台燃料电池汽车提供加注服务，日服务车辆可达600辆。

（张　爽）

【首次实现A4尺寸的单晶铜箔制备】 6月1日，市科委、中关村管委会支持，中国科学院北京综合研究中心承担的“分米级二维单晶氮化硼制备与原子级表征技术研究（二期）”课题通过专家验收。课题属2019年立项的“物质科学实验室培育”专项。研究人员以分米级单晶氮化硼和单晶铜箔等作为衬底，在其上外延单晶二维冰，并探索单晶二维冰在金属表面的外延生长机理。课题在国际上首次实现种类最全（30余种）、尺寸最大（约30厘米×20厘米）的高指数晶面单晶铜箔库的制备，打破单晶铜箔制备的世界纪录，并世界首次在金（111）和铂（111）单晶箔表面实现毫米级单晶二维冰的外延生长，在原子尺度下对金属表面上单晶二维冰的生长过程进行原位动力学研究，研究二维冰的结构特性和物理性质。

（张　硕）

【利用可再生碳资源精准合成功能分子】 6月4日，市科委、中关村管委会支持，中国科学院北京综合研究中心承担的“利用可再生碳资源精准合成功能分子与技术研究（二期）”课题通过专家验收。课题是2019年立项的“物质科学实验室培育”专项。课题开发9类以上高效催化材料体系，获得10余种生物质和二氧化碳转化制备化学品的新方法和新途径，研究成果均处于国际领先水平，为生物质和二氧化碳转化制备高附加值产品奠定重要科学基础。

（夏　瑾）

【北汽极狐与百度联合发布新一代量产共享无人车】 6月17日，北汽蓝谷麦格纳汽车有限公司（北汽极狐）与百度联合发布新一代量产共享无人车Apollo Moon。基于高端电动车极狐阿尔法T打造，续航

653 千米，搭载百度 Apollo 第五代自动驾驶出租车（Robotaxi）共享无人车技术，包括 13 个摄像头、5 个毫米波雷达及 2 颗激光雷达，算力达 800 亿万次 / 秒，可精准感知外围环境，保障复杂天气和城市路况下的安全行驶，实现 L4 级自动驾驶。整车成本是同级别自动驾驶车型平均成本的 1/3，具备 5 年可靠运营能力，月均使用成本与一线城市网约车司机的月收入相当，具备替代现有网约车的可能性。年内交付超 50 辆车，在首钢园、亦庄经济技术开发区等地启动规模化示范运营。计划到 2023 年在全国多个城市规模化投放超 1000 辆共享无人车，支持自动驾驶运营车队，实现可持续的商业化目标。

（张立乔）

【铁基超导体中的马约拉纳束缚态研究取得进展】 6 月 25 日，市科委、中关村管委会支持，中国科学院物理研究所承担的“铁基超导体中的马约拉纳束缚态研究”课题通过专家验收。该课题是 2019 年立项的“物质科学实验室培育”专项。课题组发现超导临界温度 35 开尔文的 $CaKFe_4As_4$ 可作为马约拉纳载体，并系统地研究这一材料特性，重演马约拉纳零能模在拓扑非平庸铁基超导体的超导涡旋中构建的机制。同时，团队提出 Fe（Te，Se）磁通涡旋中马约拉纳零能模出现或者消失的机制，并在实验上予以证实。研究将马约拉纳零能模的拓扑本质与涡旋束缚态的全局行为建立联系，为其他凝聚态物理系统中的马约拉纳零能模提供新的证明思路，促进铁基超导体系中拓扑量子计算的探索。

（杜　宇）

【合资开发商用车燃料电池系统】 6 月 28 日，由丰田汽车公司、北京亿华通科技股份有限公司共同投资的华丰燃料电池有限公司在北京经济技术开发区注册成立，注册资本 2.6 亿元。合资公司将在丰田二代电堆的基础上开发燃料电池动力系统，并于年内投产。亿华通于 2012 年成立，是国内氢燃料电池发动机领导者，主要客户为国内各大整车生产企业，包括郑州宇通集团有限公司、北汽福田汽车股份有限公司、上海申龙客车有限公司、中植新能源汽车有限公司等国内主流整车厂。

（边　浩）

【北京市首座 70 兆帕加氢站建成投产】 6 月 30 日，中关村延庆园加氢站二期项目建成投产。该项目是科技部“科技冬奥”重点专项“氢能出行关键技术研发和应用示范”课题中首个完成建设任务的加氢站，是国家电力投资集团创新示范项目，也是北京市首座具备 70 兆帕加氢能力的加氢站。场站采用国际通用氢气加注标准以及红外通信协议，配置高效液驱式氢气压缩机，加注时间大幅缩短，在国内技术和安全性方面处于领先地位。该站占地面积 5600 平方米，同时具备 35 兆帕和 70 兆帕 2 种加注能力，加氢量可达 1000 千克 / 天，正常每天可为 60 辆氢燃料客车或 200 辆中小型氢燃料车辆提供加氢保障。该加氢站全面参与北京 2022 年冬奥会及冬残奥会延庆赛区氢气制、储、输、加氢集成平台构建，通过智慧化调度实现对绿色氢能集中控制，助力“绿色冬奥”“科技冬奥”，加速交通领域能源转型步伐。

（边　浩）

【北汽推出全新动力平台 SUPER POWER】 6 月，北京汽车股份有限公司推出自主研发的面向下一代排放、油耗法规标准、拥有德国技术监督协会认证的新一代发动机平台——SUPER POWER 平台。平台在整机性能、热力学、机械性能、耐久性能、部件性能及噪声、振动与声振粗糙度（NVH）性能 6 个方面较上一代实现大幅提升，后续将搭载于北汽 A 级 SUV、A+ 级 SUV 及混动车型。全新 SUPER POWER 平台细分为 S、H、E 三大性能发动机，功率覆盖 105 ~ 164 千瓦，使用可变涡轮增压器（VGT），在 VGT 可变截面涡轮增压技术加持下，其额定功率高达 164 千瓦。技术水平、耐久、NVH、排放、油耗、动力性等多维度处于行业领先水平。

（张立乔）

【美团无人机首次展示】 7 月 8 日，在上海举办的 2021 世界人工智能大会上，北京三快在线科技有限公司（美团）首次展示无人配送最新产品美团无人机，并与上海市金山区合作签约，共同推动在金山区落地全国首个城市低空物流运营示范中心。美团 2017 年启动无人机配送场景，初步完成自主飞行无人机、自动化机场及无人机调度系统研发工作，其中核心系统 90% 以上部件由美团自主研发。截至 6 月，美团无人机已完成超 20 万架次的飞行测试，配送真实订单超过 2500 单。

（孙树昆）

【小米智能工厂二期开工建设】 7 月 14 日，小米智能工厂二期在昌平区开工建设。占地面积 58 300 平方米，计划于 2023 年底投产，将包含表面组装技术（SMT）贴片、板测、组装、整机测试、成品包装全工艺段的第二代手机智能产线，相比亦庄一期工厂，产能提升 10 倍，预计可年产 1000 万台智能手机，产值约 600 亿元。小米智能工厂二期与建成的亦庄一期工厂可形成“研发 + 量产”的产业协同效应，相互配合之下，能够帮助小米展开更多新材料、工艺、技术的实验与量产，缩减小米与全球顶尖科技企业的距离，推动中国制造业的效率改革。

（孙晓霞）

【角分辨光电子能谱与超快激光的交叉技术研究取得进展】7月27日，市科委、中关村管委会支持，中国科学院物理研究所承担的“角分辨光电子能谱与超快激光的交叉技术研究”课题通过专家验收。课题属2017年立项的“先导与优势材料创新发展”专项。课题组通过激光驱动原子产生高次谐波（HHG）获得极紫外（XUV）脉冲光源，脉冲重复频率为408千赫，并进一步将极紫外光源与角分辨光电子能谱仪相结合，成功搭建出具有高重复频率、高时间分辨率、高通量高次谐波光源的超快角分辨光电子能谱仪，属于国内首台，处于国际领先水平。该设备具有探测物质电子动态信息的能力，将用于探测凝聚态材料中的各种相变、载流子运动，电子的带间跃迁、带内跃迁等超快动力学过程。经课题组验证，已利用该光谱仪在拓扑绝缘体硒化铋（Bi_2Se_3）成功观测到费米能级以上的拓扑表面态，在电荷密度波材料1T－二硒化钛（1T－$TiSe_2$）中观测到在泵浦光激发下能带结构的动力学响应过程。

（杜　宇）

【高速率硅基光调制器研究取得进展】7月30日，市科委、中关村管委会支持，中国科学院半导体研究所承担的“单波400Gb/s硅基光调制器研究”课题通过专家验收。课题属2019年立项的“前沿新材料研究”专项。课题组针对城域网光通信系统对光调制器高速率的需求，通过对硅基光调制器带宽限制机理的深入研究，开发出具备自主知识产权的单波调制速率400千兆比特/秒的硅基双偏振正交幅度调制（DP－16－QAM）相干光调制器，申请发明专利19项，处于国际领先水平。

（杜　宇）

【希格斯玻色子精确测量研究持续取得进展】7月30日，市科委、中关村管委会支持，中国科学院高能物理研究所承担的“希格斯玻色子衰变耦合系数的精确测量研究”课题通过专家验收。课题属2019年立项的“物质科学实验室培育”专项。课题利用欧洲核子中心的2个希格斯玻色子探测系统持续开展深入研究，将希格斯玻色子和费米子耦合系数测量精度提高约300%，多轻子末态过程中新粒子寻找的精度提升60%以上。显著提高希格斯玻色子耦合系数的测量精度。

（夏　瑾）

【利用机器学习理念实现高性能金属材料设计】8月5日，市科委、中关村管委会支持，北京科技大学承担的“基于机器学习的高性能金属材料设计理论与方法”课题通过专家验收。该课题变革传统“试错法”，利用机器学习理念实现高性能金属材料设计，提出数据驱动的合金设计思路，建立合金成分设计模型、多目标优化模型、自适应全局优化模型等5种机器学习方法，计算多种新型合金材料，经过验证，实际结果与计算结果基本一致，并成功在中国集成电路引线框架用高强高导铜合金等领域实现应用，为突破国外产品垄断提供解决方案。

（潘长波）

【理想汽车香港交易所主板上市】8月12日，北京车和家信息技术有限责任公司（理想汽车）A类普通股在香港交易所主板上市。理想汽车本次上市在全球发售股份1亿股，发售价为每股118港元，募资约115亿港元（扣除承销费用和上市费用后）。募集资金将用于研发高压纯电动汽车、智能汽车及自动驾驶技术、新款增程式电动车型，以及用于扩大产能、推出高功率充电网络、市场营销及推广等。理想汽车已在中关村顺义园区设立关联企业8家。

（袁　磊）

【北京市获批氢燃料电池汽车示范城市】8月13日，财政部、工业和信息化部、科技部、国家发展改革委和国家能源局印发《关于启动燃料电池汽车示范应用工作的通知》（财建〔2021〕266号），批准北京市、上海市、广东省城市群启动实施燃料电池汽车示范应用工作，示范期4年。由北京市牵头申报的京津冀氢燃料电池汽车示范城市群成为首批示范城市群。京津冀氢燃料电池汽车示范城市群由北京大兴区、海淀区、经济技术开发区、延庆区、顺义区、房山区、昌平区，天津滨海新区，河北省唐山市、保定市和山东省滨州市、淄博市12个城市（区）组成，将聚焦优势企业，探索经济可行的整车示范推广模式，逐步形成规模效应，促进氢燃料汽车产业链企业做优做强。

（张　硕）

【无人驾驶高精度地图和定位技术通过验收】8月13日，市科委、中关村管委会支持，北京数字绿土科技有限公司承担的“基于激光雷达和图像的无人驾驶高精度地图和定位技术研究”课题通过专家验收。课题2019年7月立项，形成全路况（高速公路、开放园区、城市结构化道路、地下车库）高精度地图数据采集、制图和定位一站式解决方案，为自动驾驶汽车提供技术支撑，应用于北京图盟科技有限公司、成都理工大学、浙江大学等单位的高精度地图采集和制图。

（张　硕）

【中国石油在京首座加氢站投运】8 月 15 日，由中国石油天然气股份有限公司北京销售分公司和北汽福田汽车股份有限公司共建的中国石油在北京市的首座加氢站——福田加氢站投运。加氢站位于昌平区沙河镇沙阳路北汽福田欧辉总装车间北侧，占地面积约 1700 平方米，加注能力 600 千克 / 天，可加注氢燃料电池客车 50 ～ 60 台。

（村智处）

【微纳星空完成 Pre–B 轮融资】8 月 19 日，北京微纳星空科技有限公司完成近 3 亿元 Pre–B 轮融资。本轮融资由高能资本有限公司、歌斐资产管理有限公司联合领投，鼎晖投资基金管理公司、宁波梅花天使投资管理有限公司跟进投资。资金主要用于新一代高分辨率对地观测卫星、融合型通信卫星及有效载荷研发，实现 500 千克级卫星研制和批量生产能力。公司在卫星平台产品、卫星部组件、卫星通信地面终端、人才团队建设、技术与商业模式创新等多方面成绩突出。

（田京京　程晓荷）

【实现高性能纳米光栅波导光学器件的设计和批量制备】8 月 20 日，市科委、中关村管委会支持，北京枭龙科技有限公司、国家纳米科学中心承担的“纳米光栅波导显示光学器件批量制备技术”课题通过专家验收。课题属 2019 年立项的“前沿新材料研究”专项，重点围绕高性能纳米光栅波导仿真设计、硅基纳米压印模板制备、纳米压印工艺开发等技术开展研究，开发出视场角 40.1°、厚度 1.81 毫米、透光率 80%、出瞳距离 15 毫米，类似普通眼镜外观的纳米光栅波导光学器件，并实现稳定批量制备。

（张　硕）

【硅基相控阵激光雷达研制成功】8 月 25 日，市科委、中关村管委会支持，北京万集科技股份有限公司、中国科学院半导体研究所、中央民族大学承担的“硅基相控阵激光雷达技术研究”课题通过专家验收。课题属 2019 年立项的“前沿新材料研究”专项。研究人员设计并制备出 256 路高通道硅基相控阵激光雷达发射芯片，实现 92° ×20.5° 的大角度范围扫描，并在国内率先研制出硅基相控阵激光雷达样机，探测距离 8 米。

（张　硕）

【小米收购自动驾驶技术公司深动科技】8 月 25 日，小米科技有限责任公司以总交易金额约 7737 万美元收购自动驾驶技术公司深动科技（北京）有限公司，交易完成后，深动科技成为小米的全资附属公司。深动科技拥有较强的技术储备和研发能力，为高级辅助驾驶系统（ADAS）和自动驾驶应用提供包括感知、定位、规划和控制在内的全套解决方案，能够增强小米在智能电动汽车业务上的核心技术能力。

（袁　磊）

【城市副中心发布首批自动驾驶运营线路】8 月 26 日，北京城市副中心发布首批自动驾驶运营线路，共 26 条道路，总里程 52.84 千米，设立 22 个站点，每天可接待超过 100 车次用户。实现涵盖行政办公区、大运河森林公园、副中心规划馆、地铁站等区域共享无人车摆渡接驳服务。

（张立乔）

【国创中心 22 项检测内容获 CNAS 认可】8 月 28 日，国家新能源汽车技术创新中心（简称国创中心）在电动汽车、电机和电机控制器、电动汽车用电子元器件等方面共 22 项检测内容获得中国合格评定国家认可委员会（CNAS）认可。国创中心数字化创新平台已完成公有云布置和相关安全监测；前沿技术检测验证平台完成 214 台（套）主要设备采购，累计投资 1.4 亿元，其中整车能效实验室可比肩国际先进水平的新能源汽车能效分析测试平台，最低测试温度可达 −40℃（国外指标为 −7℃），可同步进行不少于 500 项技术指标数据采集（国外指标约 200 项）；车规半导体实验室可同时满足整车、子系统和器件三级测试验证需求的实验室；开源整车验证平台首创实车验证平台与数字化平台协同发展，已累计完成两挡变速箱、自动驾驶方案、车规半导体等 15 项全新前瞻技术的搭载、验证、评估及示范推广。

（袁　磊）

【石墨烯玻璃纤维实现百米级均匀批量制备】8 月 30 日，市科委、中关村管委会支持，北京石墨烯研究院承担的“石墨烯玻璃纤维材料制备技术及应用研究”课题通过专家验收。课题属 2019 年立项的“北京石墨烯产业培育”专项。研究人员通过调节化学气相沉积过程中的生长参数，实现设计层数和面电阻可调的石墨烯玻璃纤维的制备，并自主设计石墨烯生长装备，实现百米级石墨烯玻璃纤维的均匀批量制备。研究成果在电加热和防雷除冰等领域展现优异的性能。

（张　硕）

【电动汽车动力电池智能诊断通过验收】8 月 31 日，市科委、中关村管委会支持，北汽福田汽车股份有限公司承担的“电动汽车动力电池智能诊断系统技术”课题通过专家验收。项目是 2019 年立项的港澳台联合研发课题，实施期为2年。项目完成一款标准化模组的设计及平台化电动汽车动力电池智能诊断系统的开发，集成优化的电池系统冷热管理方案，维持电池系统的最佳使用温度。通过系统在线数据诊断和离线存储数据的分析，为动力电池的运行状态做出更准确的状态监测和故障判断，针对动力电池的充电状态及健康状况，评估电池是否需要更换及决定电池处理方式等使用性能做出合理评价，为进一步改善提高动力电池性能、改善电池管理系统设计提供必要的数据和理论支持，提高了电动汽车产品质量以及运行的可靠性和安全性。

（方子都　安鹤益）

【低成本火箭发动机项目奠定产业化基础】 8月，市科委、中关村管委会支持，蓝箭航天空间科技股份有限公司承担的“低成本火箭发动机推力室关键结构和工艺设计”项目通过专家验收。项目是2019年的北京科技计划项目，由北京工业设计促进中心管理。项目通过设计仿真优化、试验研制、工艺创新等手段，突破液氧甲烷气/液针栓喷注器技术、燃烧室身部铜钢热等静压扩散焊技术、高效率激光焊接夹层喷管技术，填补国内气液针栓喷注器、热等静压扩散焊燃烧室、激光焊接夹层喷管等设计与制造方面的空白，实现相关技术的工程化应用，有效降低推力室的制造成本与周期，为低成本运载火箭发动机的产业化奠定基础。

（王露菲）

【地平线与锐明技术联合发布2款商用车后装产品】 8月，北京地平线机器人技术研发有限公司与深圳市锐明技术股份有限公司联合发布2款基于地平线旭日3芯片的商用车后装产品——360环视和前视ADAS（高级辅助驾驶）摄像机。其中，360环视搭载地平线旭日3边缘AI芯片，集成地平线先进的伯努利2.0架构AI引擎（BPU）；基于地平线旭日3芯片的前视ADAS摄像机，实现前向障碍物检测、车道线检测、交通标识识别、自动标定、ADAS预警及视频输出等功能。这是旭日3相继在智能家居、智能教育领域规模化量产后，首次在商用车后装市场实现量产落地。

（张立乔）

【OLED材料国产化开发课题通过验收】 9月3日，市科委、中关村管委会支持，京东方科技集团股份有限公司、北京夏禾科技有限公司、北京八亿时空液晶科技股份有限公司承担的“新型高效率长寿命OLED材料的研发和器件优化”课题通过专家验收。课题属2019年立项的“前沿新材料研究”专项。研究人员完成12种有机发光二极管（OLED）中间体的制备，开发出具有自主知识产权的7种发光材料及10种配套材料。京东方科技集团筛选评价其中13种材料，并通过优化OLED器件结构和材料搭配提升器件色度、效率、寿命等性能。其中，1支红光发光材料和1支空穴注入材料可满足京东方科技集团量产技术研发阶段对材料性能的需求。

（张　硕）

【新能源智能汽车开源验证平台建设完成】 9月3日，市科委、中关村管委会支持，北京国家新能源汽车技术创新中心有限公司承担的“新能源智能汽车开源验证平台建设（一期）”课题通过专家验收。课题2019年1月立项。研究人员基于纯电动乘用车北京EU5车型，通过开发开源的控制系统、统一相关接口及协议标准等，完成三电控制系统、自动驾驶线控一体化底盘、整车架构等子平台建设；完成8台开源验证平台车辆开发，建设行业首个“移动的验证平台”——开放开源整车验证平台，为创新技术、前沿零部件提供开放开源的实车搭载环境。

（张　硕）

【金超表面/多晶铟锡氧化物复合材料制备成功】 9月8日，市科委、中关村管委会支持，北京大学承担的“新型光子信息调控材料研究”课题通过专家验收。课题属2019年立项的“物质科学实验室培育”专项。研究人员围绕材料超快时间响应与大非线性系数矛盾的科学问题，探索超快大非线性复合材料及其在微纳光开关器件中的应用，制备出金超表面/多晶铟锡氧化物复合材料，解决传统材料无法同时实现超快时间响应与大非线性系数的难题，非线性响应时间优于640飞秒，非线性折射率平均10^{-9}平方厘米/瓦量级，最高达到10^{-8}平方厘米/瓦。基于该复合材料体系，研究团队进一步研发金纳米线光栅/近零介电常数材料复合结构超快全光偏振开关，响应时间700飞秒，可实现太比特/秒量级的高速信息处理，并将能耗降低到100飞焦耳。

（张　硕）

【基于氦膨胀制冷循环的氢液化系统调试成功】 9月9日，由中国航天科技集团有限公司六院101所研制的中国首套自主知识产权的基于氦膨胀制冷循环的氢液化系统调试成功，产出的产品中液氢、仲氢含量97.4%。系统的透平膨胀机、控制系统、压缩机、正仲氢转化器等90%以上的设备完全国产，填补中国自主知识产权的液氢规模化生产方面的空白，在保障运载火箭燃料供给方面有重要战略意义，并为中国氢能产业氢的规模化储运提供自主可控的技术和装备基础。

（材智处）

【中国石化 4 座服务冬奥加氢站投入运营】9 月 9 日，中国石油化工集团有限公司在京举行“洁净能源 为冬奥加油”氢能源服务冬奥启动仪式，宣布中国石化在北京冬奥崇礼和延庆两大赛区规划建设的 4 座加氢站投入运营，中国石化为保障冬奥构筑的氢油气立体服务网全面建成。4 座加氢站分别为北京庆园街加氢站、北京王泉营加氢站、北京燕化兴隆油氢合建站、河北崇礼西湾子加氢站。其中，庆园街加氢站是北京地区中国石化首座服务冬奥加氢站，位于延庆区延庆镇庆园街 919 公交总站内，占地面积 2500 平方米，日供氢能力 1500 千克，每天可为 80 辆 12 米公交巴士提供加氢服务，是由中国石化与北京公交集团联手建立的集加氢、光伏、便利店、易捷咖啡于一体的综合能源服务站。该站将与王泉营加氢站、燕化兴隆油氢合建站共同为北京 2022 年冬奥会及冬残奥会延庆赛区 212 辆氢燃料电池汽车提供加氢服务，日供氢能力共计 2500 千克。

（张　爽）

【非晶合金研究取得最新进展】9 月 14 日，市科委、中关村管委会支持，中国科学院物理研究所承担的“基于材料基因组方法的高性能合金材料研制”课题通过专家验收。课题属 2019 年立项的“物质科学实验室培育”专项。基于材料基因组理念攻关适合无序合金的批量制备技术、集成表征技术、数据分析技术。课题组利用材料基因组理念和高通量实验方法，实现高性能非晶合金的快速筛选，开发出以多靶共沉积磁控溅射和激光诱导熔化快淬技术为主的合金批量制备技术。

（杜　宇）

【全气候电池工程化技术开发成功】9 月 15 日，市科委、中关村管委会支持，荣盛盟固利新能源科技有限公司、北京理工大学承担的“高可靠性全气候电池工程化技术开发”课题通过专家验收。课题 2018 年 10 月立项。研究人员完成全气候电池工程化开发，创新性开发出全气候电池系统自加热控制电路及控制策略，在北汽新能源汽车、广汽新能源汽车、福田客车等样车上进行冬季标定测试，并应用于北京 2022 年冬奥会核心区氢燃料电池车上（配套 212 辆车）。

（张　硕）

【国际上首次实验证明约瑟夫森三结方案】9 月 17 日，市科委、中关村管委会支持，中国科学院物理研究所承担的“Fu-Kane 约瑟夫森三结方案的实验实现”课题通过专家验收。课题属 2019 年立项的“物质科学实验室培育”专项。开展稳定制备“基于拓扑绝缘体的约瑟夫森三结器件”技术攻关，并通过实验验证 Fu-Kane 约瑟夫森三结方案。课题在三维拓扑绝缘体硒化铋上制备约瑟夫森三结器件，并对极低温下的量子输运进行实验研究，实验结果与理论预期的马约拉纳相图一致，证明 Fu-Kane 约瑟夫森三结方案。

（杜　宇）

【全球首款续航 1000 千米液氢重卡发布】9 月 25 日，在中国国际会展中心新馆召开的 2021 年世界智能网联汽车大会上，北汽福田汽车股份有限公司发布全球首款续航 1000 千米的智蓝欧曼液氢重卡。该车型标载 49 吨氢能，储供压力仅 1.6 兆帕，较气氢系统储供更安全，同体积下携氢量增加近 3 倍，续航里程可超 1000 千米。耐低温，搭载锰酸锂电池，燃料电池余热与液氢汽化水热管理相结合的设计使车辆可在 −30℃环境中一键启动，搭配 4 台 80 千瓦电机，最大扭矩可达 15 000 牛・米，起步性能和爬坡能力强，满足全天候、多路况运行需求。此项研究经市科委 2018 年立项支持，北汽福田与中国航天六院 101 所、清华大学、亿华通等联合研发完成。

（张立乔）

【无液氦稀释制冷机研究成果首次发布】9 月 25 日，中国科学院物理研究所姬忠庆副研究员在 2021 中关村论坛上首次发布无液氦稀释制冷机相关研究成果。无液氦稀释制冷机实现了量子计算研究领域核心技术攻关，核心指标达到国际主流产品水平。稀释制冷机是当前超导量子计算、拓扑量子计算等国际上竞争异常激烈的量子信息技术研究必需的低温实验设备。无液氦稀释制冷机实现了比绝对零度高 0.01 度的连续稳定运行温度，掌握稀释制冷核心技术使中国具备为量子计算等前沿研究提供极低温条件保障能力。

（丁　雪）

【年产能大于 5000 平方米的膜电极批量制备】9 月 26 日，市科委、中关村管委会支持，国家电投集团氢能科技发展有限公司承担的“1.2 瓦 / 平方厘米高功率密度膜电极关键术开发及工程化”课题通过专家验收。课题属 2019 年立项的“前沿动力电池技术研究”专项。研究人员攻关燃料电池电堆关键部件自主化，开展高功率密度低铂载量膜电极组件关键技术研究及其批量化制备工艺开发。项目基于自主开发的高质量活性催化剂，实现低铂膜电极的高性能输出，铂载量为 0.3 毫克 / 平方厘米，并建成年产能大于 5000 平方米的膜电极批量制备产线。

（张　硕）

【全球首辆液氢重型商用车通过首次综合测试】 9 月 27 日，市科委、中关村管委会支持，清华大学、北汽福田汽车股份有限公司、北京亿华通科技股份有限公司、北京航天试验技术研究所和北京科易动力科技有限公司承担的“燃料电池重型商用车液氢动力系统平台关键技术研究和系列化车型应用”课题通过专家验收。课题属 2018 年立项的“前沿动力电池技术研究”专项。研究人员研制出全球首辆 35 吨级、49 吨级的分布式驱动液氢燃料电池重型商用车，并于 9 月 11 日通过中国液氢燃料电池汽车的首次综合测试，完成车载液氢燃料电池系统绝热、加注与蒸发率测试及整车动力性能评价，验证液氢燃料电池重型商用车方案可行性。

（张　硕）

【炼化工业副产氢气提纯课题通过验收】 9 月 28 日，市科委、中关村管委会支持，中国石油化工股份有限公司北京燕山分公司承担的“氢燃料电池汽车用炼化工业副产氢气规模化提纯关键技术研究”课题通过专家验收。课题属 2019 年立项的“前沿动力电池技术研究”专项。课题利用炼化工业副产氢气，选择变压吸附氢气提纯技术（PSA），建成一套生产能力 2000 标方 / 时的工业副产氢气规模化提纯装备，配套建立可实时监控高纯氢质量的在线分析检测设施，氢气纯度达 99.999%。

（张　硕）

【百度阿波罗自动驾驶服务人次超 40 万】 9 月 29 日，百度阿波罗智行科技有限公司发布《2021 百度自动驾驶出行服务半年报告》。报告显示，百度阿波罗自动驾驶出行服务已覆盖北京、广州、长沙、沧州 4 个城市，运营覆盖面积超 600 平方千米，获得测试运营牌照超 410 个，服务超过 40 万人次，用户体验五星好评占比 95.3%。未来 3 年，计划实现覆盖全国 30 城，打造 3000 辆 L4 级别自动驾驶车队，满足 300 万用户自动驾驶出行需求的发展目标。

（袁　磊）

【单原子催化剂研究取得最新进展】 9 月 30 日，市科委、中关村管委会支持，清华大学承担的“用于脱氢反应的单原子位点催化剂可控合成技术研究”课题通过专家验收。课题属 2019 年立项的“物质科学实验室培育”专项。针对单原子位点催化剂在合成过程中的关键问题开展攻关。课题将单原子新体系催化剂用于烷烃脱氢反应实验，实现单原子新体系催化剂与烷烃相同的脱氢效果，可平均减少 50% 的贵金属用量并将反应温度降低约 100℃。

（杜　宇）

【思灵机器人完成 C 轮融资】 9 月，北京思灵机器人科技有限责任公司宣布完成 2.2 亿美元 C 轮融资，估值突破 10 亿美元，跻身独角兽企业行列。公司本轮融资由软银愿景基金 2 期领投，跟投的财务投资人包括阿布扎比财团、高瓴创投、红杉资本中国基金等，产业投资人包括小米科技有限责任公司、富士康工业互联网股份有限公司等。资金将主要用于公司产品研发、规模化量产和全球销售业务拓展。

（田京京）

【氢气杂质高精度在线监测技术实现突破进展】 9 月，北京燕山石油化工有限公司在使用增强型等离子体技术（EPD）检测氢气产品中极低含量杂质的灵敏性方面取得突破性进展，为行业内首次应用，可实现对氢气中低于 4×10^{-9}（ppb 级）硫含量准确分析和常规杂质快速连续分析。该氢气新能源装置在线监测系统已安装完成，即将建立信息系统实现罐装车辆氢气产品“一车一检”，确保出厂氢气产品满足氢燃料电池车用标准。

（张立乔）

【国内首套自主知识产权氢液化系统调试成功】 9 月，中国航天科技集团有限公司六院 101 所研制的国内首套具有自主知识产权的基于氦膨胀制冷循环、产量达到吨级的氢液化系统调试成功，产出液氢，其中仲氢含量 97.4%。该套系统包括透平膨胀机、控制系统、压缩机、正仲氢转化器等核心设备在内的 90% 以上设备完全采用国产，填补国内自主知识产权液氢规模化生产方面空白，对航天系统氢氧发动机研制起到重要支撑。

（张　爽）

【字节跳动收购青岛小鸟看看】 9 月，北京字节跳动科技有限公司宣布收购国内领先的 VR 硬件厂商青岛小鸟看看科技有限公司（Pico），投资额度预计达 90 亿元。2020 年 PicoVR 一体机市场份额位居国内第一，2021 年上半年仍处于领先地位。字节跳动凭借自身的社交、内容优势，将核心技术和产品与新一代移动终端结合，布局 VR 产业板块，将加速国内 VR 生态构建，带动产业链上下游发展。于 12 月完成并购。

（张　桢）

【宽温脱硝催化剂成套技术领先】 9 月，中国煤炭工业协会在京组织专家对北京低碳清洁能源研究院“适用于火电机组深度调峰运行的宽温脱硝催化剂技术”进行科技成果鉴定，鉴定委员会对宽温脱硝催化剂“设计－配方－工艺－工程”成套技术给出“国际领先”鉴定结论，并建议进一步扩大工业化应用。该催化剂在250℃～420℃温度窗口具有优异活性、低二氧化硫氧化率、抗硫酸氢铵失效的特点，该技术突破了传统工程改造提高烟温以适应催化剂高温运行的方式，具有投资低、响应快、适应性强、运行稳定等优势。该技术已完成授权，将在多个大型燃煤发电机组开展工程应用。

（张立乔）

【北京首家直营极狐汽车交付中心开业】10月10日，北京首家直营极狐汽车交付中心开业，位于北京经济技术开发区，是极狐汽车全国渠道建设规划的第78家店。极狐汽车交付中心北京亦庄店的开业，代表极狐汽车在构建销售、服务体系模式布局上全新的销售服务体系落地。极狐汽车旗下拥有阿尔法T和阿尔法S两款上市车型。极狐汽车年内交付量连续6个月环比增长，月平均增长率53%，三季度交付量环比二季度增长183%。

（袁　磊）

【国汽智控完成两轮融资】10月13日，国汽智控（北京）科技有限公司宣布完成数亿元的Pre–A轮融资。该轮融资由中航创新资本管理有限公司和大股东国汽（北京）智能网联汽车研究院有限公司领投，将门投资管理顾问（北京）有限公司等跟投，老股东中军华融资本管理（北京）有限公司等参与本轮投资。国汽智控4月完成近亿元天使轮融资，投资方包括中军金融投资等机构。国汽智控是国家智能网联汽车创新中心孵化企业，于2020年7月在亦庄注册成立，主营业务是智能网联汽车的核心计算基础平台的技术研究和产品开发、产业化推广及生态培育，主要股东包括国汽（北京）智能网联汽车研究院有限公司、北京亦庄创新股权投资中心等。

（袁　磊）

【新体系电池研究领域取得进展】10月14日，中国科学院物理研究所索鎏敏研究团队通过调节阴阳离子的能带结构，设计出一系列晶态和非晶态的阴阳离子共变价的正极材料；实现镁离子电池正极材料能量密度为260瓦时/千克，循环约200周；铝离子电池正极材料低倍率下能量密度超过300瓦时/千克，循环约1000周。该研究为多价离子电池开发高性能正极材料提供新的前瞻研究方向。

（袁　磊）

【理想汽车绿色智能工厂落户顺义区】10月16日，理想汽车绿色智能工厂在顺义区开工建设。项目总投资60亿元，占地面积52.4万平方米，依托原北京现代一工厂厂房及土地资源，打造全面数字化、柔性化智能制造工厂，开展整车、核心零部件、自动驾驶等关键技术研发，将配备自动驾驶、人工智能、大数据、工业互联网等科技人才2000人以上。项目计划2023年投产，一期将实现10万辆纯电动汽车的年产能，2024年工业产值将达到300亿元。依托“两区”建设契机，开展汽车金融、消费金融等试点合作。

（袁　磊）

【同益中科创板上市】10月19日，北京同益中新材料科技股份有限公司在上海证券交易所科创板挂牌上市，发行价格为每股4.51元，发行股份56 166 700股，全部为公开发行新股，募集资金总额25 331.18万元，是科创板高性能纤维第一股。同益中是专业从事超高分子量聚乙烯纤维及其复合材料研发、生产和销售的国家高新技术企业，是国内首批掌握全套超高分子量聚乙烯纤维生产技术和实现产业化的龙头企业，拥有超高分子量聚乙烯纤维行业全产业链布局。产品包括超高分子量聚乙烯纤维、无纬布及防弹制品，产品性能达到国际同类产品水平。

（丁　雪）

【精进电动科创板上市】10月27日，精进电动科技股份有限公司在上海证券交易所科创板上市，股票简称精进电动。该企业是新能源汽车电驱动系统国内领军企业，自主掌握驱动电机总成、控制器总成、传动总成等核心技术，形成系统级电驱动产品的核心供应能力。产品定位于高中端车型，持续获得国际大型整车厂批量订单的电驱动供应商，其200千瓦三合一电驱动总成获得克莱斯勒公司超10亿美元订单，高功率碳化硅控制器总成和控制软件获得德国曼商用车公司约20亿元订单。发行价格为每股13.78元，发行数量为1.4亿股，募集资金20亿元，将用于高中端电驱动系统研发设计、工艺开发及试验中心升级项目，新一代电驱动系统产业化升级改造项目，信息化系统建设与升级项目及补充营运资金。

（张立乔）

【中国石化首套质子交换膜制氢示范站投用】11月4日，中国石油化工集团有限公司首套质子交换膜（PEM）制氢示范站在北京燕山石油化工有限公司投用。示范站采用石油化工科学研究院独立自主研发的高性能阴阳极催化剂，在制备工艺、质量比活性、长周期稳定性等方面具有显著优势。采用大面积均一膜电极，较传统电解槽膜电极面积扩大1倍以上，此设计方案可直接发展为单槽兆瓦级规模，为质子交换膜电解水制氢技术进行大型化试验提供设计依据。作为核心部件的质子交换膜电解槽，制氢效率达 85% 以上，其阴极和阳极催化剂、双极板以及集电器等关键核心材料部件均实现国产化。

（张　爽）

【国际首台石墨烯薄膜检测设备研发成功】 11 月 5 日，市科委、中关村管委会支持，北京石墨烯研究院承担的“石墨烯薄膜材料自动化检测设备开发”课题通过专家验收。课题属 2019 年立项的“北京石墨烯产业培育”专项。课题研发国际首台适用于大尺寸石墨烯薄膜材料透光率和面电阻两项指标的及时自动化检测设备，石墨烯薄膜材料批量制备完成后，可快速检测石墨烯薄膜材料的透光率和面电阻两项指标，从而整体评估所生长的石墨烯薄膜材料的质量，可实现大面积石墨烯薄膜材料的快速检测。

（张　硕）

【北汽动力发动机获十佳发动机奖】 11 月 8 日，北京汽车动力总成有限公司的魔核动力 1.5T 发动机获第十六届“中国心”十佳发动机大奖。“中国心”年度十佳发动机评选与沃德十佳发动机、国际年度发动机并列为世界三大发动机评选，评委由国家级汽车工程专家、知名大学国家重点实验室学者及国内发动机相关领域专家学者组成。魔核动力 1.5T 发动机是行业首款量产搭载可变涡轮增压器技术，拥有 138 千瓦最大功率、305 牛 · 米最大扭矩、高达 39.2% 的超高热效率，是同级别产品振动噪声性能最高级别，其怠速噪声仅为 57.5 分贝。

（张立乔）

【百度成为全球最大自动驾驶出行服务提供商】 11 月 17 日，百度网讯科技有限公司发布 2021 年第三季度财报，报告期内，百度实现营收 319 亿元，净利润 50.9 亿元。第三季度，百度阿波罗（Apollo）在 L4 级别累计测试里程超过 1600 万千米，比 2020 年同期增长 189%，获得 411 张自动驾驶测试牌照，比 2020 年同期增加 237 张，百度自动驾驶出行服务平台“萝卜快跑”提供 11.5 万次乘车服务。依靠长期研发投入，百度已成为全球最大的自动驾驶出行服务提供商。百度 Apollo 已成长为全球最活跃的自动驾驶开放平台，拥有全球生态合作伙伴超过 210 家，汇聚全球开发者 65 000 名，开源代码 70 万行。

（张立乔）

【小米汽车落户经开区】 11 月 27 日，北京经济技术开发区管委会与小米科技有限责任公司举行签约仪式，宣告小米汽车落户亦庄新城。小米汽车项目将建设小米汽车总部基地和销售总部、研发总部，将分 2 期建设年产量 30 万辆的整车工厂，其中一期和二期产能分别为 15 万辆，预计 2024 年首车下线并实现量产。

（袁　磊）

【驭势科技无人驾驶巡逻车在香港应用】 11 月 28 日，香港国际机场管理局宣布驭势科技无人驾驶巡逻车运营里程超过 1 万千米。这是全球范围内首款在机场禁区内用于巡逻的无人车，实现全天候“去安全员”运营，其车身配备 8 个高清摄像头、3 个激光雷达和全球定位系统（GPS），能够监测周围的人和物体，以避免碰撞，确保安全运营。香港国际机场 9 月引入驭势科技无人驾驶巡逻车。

（张立乔）

【国内首个 AR 衍射光波导光栅母版加工中心建成】 11 月，北京至格科技有限公司以自主掌握光栅设计、光栅母版加工和纳米压印生产三大核心技术，通过自主搭建全息曝光平台和离子束刻蚀平台，在门头沟区建成国内首个 AR 衍射光波导光栅母版加工中心并投入使用，总面积超 1000 平方米。

（张　桢）

【北京奔驰全新电池生产线建成】 12 月 3 日，北京奔驰全新电池生产线建成，试装生产的首块动力电池完成交付。全新电池生产线兼具自动化与柔性化特征，能实现不同电池产品的混线生产，可随时根据市场需求调整不同电池的生产产能。该生产线的动力电池将用于梅赛德斯 EQ 品牌纯电车型全新 EQE。

（高　健）

【亿华通首发 240 千瓦燃料电池发动机】 12 月 4 日，北京亿华通科技股份有限公司发布首款额定功率超过 240 千瓦单系统车用燃料电池发动机 G20+，产品质量功率密度达 810 瓦 / 千克。产品采用交流阻抗、综合热管理等自主集成技术，实现燃料电池发动机氢、空、水、热、电等内部系统高效协同控制，具有高功率、高响应、高集成、高经济等特点。240 千瓦燃料电池发动机 G20+ 的研发拓展了燃料电池技术应用场景。

（张　爽）

【毫末智行获近 10 亿元 A 轮融资】 12 月 22 日，毫末智行科技有限公司宣布获得近 10 亿元 A 轮融资，投资方为北京三快在线科技有限公司（美团）、珠海高瓴股权投资管理有限公司等，募得资金将主要用于自动驾驶研发投入和人才体系建设。本轮融资后，毫末智行估值预计超过 10 亿美元，成为领域内的“独角兽”。毫末智行旗下辅助驾驶解决方案已搭载于长城汽车股份有限公司旗下魏牌摩卡、坦克 300 城市版、魏牌拿铁、魏牌玛奇朵、哈弗神兽等多款车型。

（袁　磊）

【北京晶格液相法 SiC 单晶生长技术取得进展】12 月，北京晶格领域半导体有限公司采用液相法技术成功生长出 4 英寸和 6 英寸 P 型掺杂 SiC 单晶材料，其中 4 英寸晶体切片后无明显裂纹及包裹物，晶体最大厚度 18.8 毫米，达到国际领先水平。

（王　玉）

【液氢利用多项关键技术和标准取得进展】2021 年，在市科委、中关村管委会支持下，北京航天试验技术研究所、中国科学院理化所、国家能源集团低碳研究院、航天 11 所、中国标准化院 5 家单位在国内率先布局民用液氢领域关键技术、装备及行业标准研究，并取得重大突破。成功开发出国内首套具有自主知识产权的氢液化控制系统，透平出口温度及液氢出口温度波动等技术指标；自主研制出氢透平膨胀机样机，在自主构建的全氢环境测试平台成功完成样机运行测试，实现低温环境下国内首台工质和气体轴承工况均为氢气工况下的样机稳定运行，为后续研制更大规模氢液化系统奠定基础；研制出液氢加注阀样件，在国内尚无相关标准情况下，验证液氢用阀门的相关技术难点，为超低温阀门设计、制造自主化奠定基础；开发出可用于液氢 / 气氢加氢站的 35/70 兆帕加氢机，其中 35 兆帕加氢机已取得国际 TUV 认证，并在国内 8 座商业加氢站实现应用；完成《氢能汽车用燃料液氢》《液氢生产系统技术规范》《液氢贮存和运输技术要求》3 项国家标准编研，并于 5 月由市场监管总局（国家标准委）批准发布。

（边　浩）

【工业级分子束外延核心关键部件实现技术突破】2021 年，中科艾科米（北京）科技有限公司面向工业级应用的材料生长核心关键部件需求，解决了国内该类产品与国外技术差距较大的现状。开发的中高低温大尺寸电阻式蒸发源和裂解源，采用单一的一体成型温区可控的高精度灯丝结构和远程温度补偿控制，实现大容量加热区温度场的高度均匀性，提高材料在分子束外延时的沉积稳定性；针对超大容量材料加热区温度场均匀度问题，采用特殊定制的内嵌导热结构，实现加热区材料均匀受热、稳定蒸发的目标。开发的膜厚控制仪和多款膜厚探头具有闭环控制膜厚和沉积速率的功能。通过实现与蒸发源挡板联动，完成目标镀膜厚度自动控制，并可以控制单层或多层膜的沉积。截至年底，相关设备销售超 240 只，控制器销售超 160 台，客户涉及国内外各大科研院所及高校近 70 所。

（张　健）

【稀释制冷机首次实现国产化销售】2021 年，中核集团中国原子能科学研究院与中国科学院物理研究所签订单一来源采购合同，采购低于 11 毫开尔文的低温环境，且在 20 毫开尔文的制冷功率不低于 2.5 微瓦的稀释制冷机，用于冷却伽马射线探测器，首次实现稀释制冷机国产化销售。

（曲　研）

【智行者获中国汽车工业科技进步奖】2021 年，北京智行者科技有限公司“面向中国场景的汽车智能化系统测试评价关键技术及装备”项目获 2021 年度中国汽车工业科技进步奖一等奖。智行者是 2021 年该奖项唯一入选的自动驾驶公司，获奖项目技术成果显著缩短了智能驾驶系统算法模型的开发和迭代周期，有助于加快中国智能驾驶规模化落地进程。

（袁　磊）

【国内首条 PENF 高效选择性纳滤膜生产线建成】2021 年，北京碧水源科技股份有限公司经过 3 年技术攻关，开发出全部国产化的聚乙烯基纳滤膜（PENF）高效选择性纳滤膜，并实现 500 万平方米 / 年的规模化生产，有效缓解无纺布与聚砜等进口原材料“卡脖子”问题。碧水源的 PENF 纳滤膜具有高选择性、高通量、抗污染、耐溶剂的特性，由于国产聚乙烯隔膜供应充足，新产品成本降低约 30%。该产品已应用于家用净水器及双膜法自来水处理，在污水资源化利用、化工与生物制品等生产过程有较大应用潜力。

（张立乔　程晓荷）

【未来氢能自主研发氢能无人机完成交付】2021 年，北京未来氢能科技有限公司自主研发的氢能无人机，依托未来科创中心孵化赋能服务，在氢能领域催化剂、扩散层、双极板、膜电极、电堆组装、系统集成等方面实现自主化。该产品采用空冷氢燃料电池系统以及水、热、电协同控制技术，可搭载热成像相机、低光照相机、激光设备等，适应海拔 5000 米高空和 −30℃ 低温环境，具有效率高、留空时间长、噪声低、运行温度低等优势。首批氢能无人机产品已交付中石化石油化工科学院，用于在高海拔高寒等特殊环境下设备运行情况的高空巡检任务。

（张立乔）

【“超材料”提升磁共振成像清晰度】2021 年，清华大学附属北京清华长庚医院郑卓肇教授团队与清华大学机械工程系赵乾副教授及孟永钢教授团队、材料学院周济院士团队合作，运用“超材料”研制出临床实用型磁共振线圈，提升图像信噪比 2 ～ 3 倍，有效缩短磁共振检查时间。“超材料”是人工合成材料，具有天然材料所不具备的超常物理性质。“超材料”磁共振线圈为智能、无线、无源、频率可调的工作模式，使用时无须改变磁共振机的任何设置，可通用于市面不同厂家的磁共振机。该技术提供全新的磁共振图像信噪比提升方法，为磁共振线圈的更新换代提供全新思路。合作团队已递交多项国家发明专利和国际专利申请。8 月，研究成果以论文《自适应圆柱形无线超构表面的临床磁共振成像》发表于国际权威学术刊物《先进材料》。

（谢旭霞）

【石墨烯轮胎取得应用进展】2021 年，市科委、中关村管委会支持，北京石墨烯研究院承担的“高性能胎面胶用石墨烯橡胶复合材料制备”课题取得应用进展。课题成果石墨烯航空轮胎已经通过国家民航标准规定的起飞－滑行－超载滑行等测试，石墨烯载重轮胎耐磨性较传统轮胎提升 60%。北京石墨烯研究院依托此技术与宁夏神州轮胎有限公司合作成立北京石墨烯研究院宁夏分院，解决宁夏神州轮胎核心产品——航空轮胎、重卡轮胎研发中“卡脖子”技术难题。石墨烯应用于重卡轮胎已获得突破，实现石墨烯在子午线卡车胎（TBR）产品的首次应用，产品产能达到 10 万条 / 年，首批生产轮胎 4000 条，产值 500 余万元。

（骆新然）

【北理工仿人机器人研究取得进展】2021 年，在市科委、中关村管委会支持下，北京理工大学黄强团队研制的电动仿人机器人实现室外草地快速行走，速度达 4 千米 / 时，奔跑速度可达到 5 千米 / 时，跳高 0.5 米，跳远 0.8 米，是国际上跳得最高、最远的电动仿人机器人，实现在复杂路况下轮－腿形态运动，最快速度达 12 千米 / 时，是国内首个具备适应草地、下楼梯、跳跃等运动能力的轮腿复合仿人机器人，运动能力处于国内领先水平。

（张小川）

【Panda5 四足机器人实现负重 30 千克越野行走】2021 年，市科委、中关村管委会支持，中兵智能创新研究院有限公司承担的“灵巧作业与柔顺行走仿生四足机器人技术研究”课题取得进展。Panda5 四足仿生机器人实现最大载重 35 千克，续航 2.5 小时，最高奔跑速度 8 千米 / 时，具备摔倒自恢复功能，具有对角行走、快速小跑、匍匐行走、弹跳等多种步态，是国内以负重能力和越野能力为典型特色的 50 千克级仿生机器人，也是当前国内已经通过野外性能试验验证，并可负重 10 ～ 30 千克实现越野行走的四足机器人。

（张小川）

【电池智能传感器研制取得进展】2021 年，市科委、中关村管委会支持，由北京昇科能源科技有限责任公司、北京卫蓝新能源科技有限公司承担的课题“面向电池充电安全的电池智能传感器研制”取得进展，在电池内置温度传感器方面，基于铂金属材料路线，已完成温度区间测试。压力传感器方面，基于石墨烯基薄膜压阻技术路线，得到最高测试压力为 0.6 兆帕测试结果。

（张小川）

【中国科学院石墨烯研究取得进展】2021 年，中国科学院院士、中国科学院物理研究所高鸿钧带领北京凝聚态物理国家研究中心纳米物理与器件重点实验室团队在石墨烯及类石墨烯二维原子晶体材料的制备、物性调控及应用等方面开展研究和探索，取得一系列研究成果。实现金属表面外延高质量石墨烯的二氧化硅绝缘插层，并原位构筑石墨烯电子学器件。该研究提供一种与硅基技术融合的、制备大面积和高质量石墨烯单晶的新方法，为石墨烯材料及其器件的应用研究提供基础。

（张立乔）

【新石器慧通推出无人车产品】2021 年，新石器慧通（北京）科技有限公司推出基于自主研发的自动驾驶计算平台 NeoWise，搭载国内首个无人车车规级线控底盘，配备模块化车身、智能换电、智能防碰撞等系统，具备视觉感知检测、鱼眼摄像头感知、故障诊断等功能，可自动识别交通信号灯，主动避让行人，保证车辆行驶安全，同时借助零售大数据平台，实时预测购买需求，24 小时不间断提供“货找人”服务，满足购物、物流配送等需求。产品在北京亦城国际、BDA 企业大道、北京亦庄生物医药园等园区开启上路服务。

（张立乔）

城市建设与管理

【概述】2021 年，市科委、中关村管委会在城市建设领域推进新场景建设布局，加强新技术应用示范，带动产业深度融合发展，推动城市治理能力提升、生态环境改善，为北京国际科技创新中心建设和国际一流和谐宜居之都建设提供有力支撑。坚持技术创新引领推动生态环境绿色发展。组织编制碳中和科技创新行动方案，从底层技术攻关、核心产品研发、应用场景设计等方面布局推进全市碳中和科技创新工作。对接国家“科技创新 2030 京津冀环境综合治理重大项目”，人工智能与区块链技术在生态环境中的应用获立项支持，《水环境综合治理项目方案》《固体废物资源化利用项目方案》中的研究内容作为主要任务纳入国家项目实施方案中，将先行通过重点研发计划进行支持。推动气候科技创新发展，引入地球系统数值模拟装置气象数据资源，开发气象精细化服务产品，推动密云气候经济培育和创新发展。推进可降解垃圾袋降成本，开展低成本高强度生物降解塑料袋制备等关键技术研发。推动雨污防治，在通州开展雨水调蓄智慧化调度技术应用示范。坚持应用场景驱动，提升城市精细化管理水平。开发智能养老产品，建立老年人智慧化技术服务体系，实现养老服务信息化、规范化、标准化、科学化。推进科技助盲出行，围绕室外全域全景及大型公建室内开发智能化导盲装备。支撑轨道交通低碳节能，对接服务北京交通大学杨中平和林飞团队，推动孵化成立创新型企业，成果在地铁车辆段及八通线全线路开展应用验证。推进智慧化供热方案优化和室温智能监测降成本，促进全市供热系统智能调控和节能降耗。坚持民生安全导向切实保障疫情常态化下科技惠民，推动公共空间生物气溶胶、便携式卡盒、呼气式等新冠病毒检测装备创新，推进相关装备研发及上市销售，实现在北京 2022 年冬奥会上的应用监测。推进 −18℃低温消毒液的研发及上市，为冷链防控提供快速、有效的绿色消杀产品。搭建北京市冷链食品追溯平台，构建可追溯、可监管、可查询的冷链食品追溯体系，已注册完成企业 16 005 家。推动电化学、氩气等离子射流 + 光辐照耦合、高压二氧化碳等绿色消杀装备的研制及应用示范。

（王露菲　温会姣）

【洛娃研发两款低温消毒产品】1 月 18 日，国家卫生健康委全国消毒产品网上备案信息服务平台显示，洛娃科技实业集团有限公司研发的低温型季铵盐消毒液（Ⅰ型）和洛娃低温型季铵盐消毒液（Ⅳ型）两款低温型消毒液获国家备案批准上市。两款低温型季铵盐消毒液（Ⅰ型以酒精为防冻成分，Ⅳ型以非酒精为防冻成分）配方中添加抗冻因子，可在 −18℃低温环境下保持消毒效果，彻底解决冷链食品外包装在生产加工、储存、运输、流通、交易等环节的消毒问题。两款产品由洛娃集团联合北京市疾病预防控制中心、北京工商大学共同研发，消毒成本约为 2 元 / 立方米。在北京顺义马坡洛娃科技园设有现代化的生产基地，具备 1000 吨 / 天的生产能力。

（王露菲　温会姣）

【基于物联网和大数据的水环境监测研究】3 月 5 日，市科委、中关村管委会支持，北京市生态环境监测中心承担的“基于大数据的水环境监测平台研究与示范”项目通过专家验收。项目 2018 年立项，主要开展基于大数据的水环境监测研究工作，探索地表水监测的新工具。通过采集市内 16 类涉水行业污水水样，获取 2000 余张指纹图谱，建立本地化全光谱污染源指纹图谱数据库，用于与实时水样指纹图谱进行比对分析，为水环境污染溯源提供参考依据。构建基于物联网和大数据技术的全光谱水质自动监测技术体系和水质遥感监测技术体系，使监测网络布设科学化，监测与评估结果精准化。搭建水环境智能监测平台，平台可对水环境进行智能化综合分析，从时间、空间维度全面评价地表水水质动态变化及趋势，实现预测预警。水环境智能监测平台涵盖数据集成、属地量化、空间展示和智能监管等多项功能，可与流域其他管理部门进行信息交流与技术共享，实现水环境监测的数据信息化、支撑多元化、管理智能化，服务于科学建设水环境高密度监测网络以及环保部门的高效管理工作。

（温会姣）

【土壤－地下水污染监测及治理技术】 3月16日，市科委、中关村管委会支持，清华大学、北京林业大学、北京市环境保护科学研究院、北京市水文地质工程地质大队（北京市地质环境监测总站）、中科鼎实环境工程有限公司等单位承担的“东南发展区土壤－地下水跨介质污染监测调查与治理技术评估”项目通过专家验收。项目2018年立项，支持在通州、朝阳、大兴等地共同开展土壤和地下水污染现状、污染来源及污染途径的系统调查与监测工作。调查了北京东南区土壤－地下水的污染状态和分布，系统绘制1∶100 000的东南区土壤－地下水污染状况与风险分布调查图集，并对主要污染因子的存在水平、分布特征和演化趋势进行分析，构建出东南区污染因子数据库和跨介质运移耦合模型。集成数据库技术、可视化数据建模技术及3D打印技术，搭建出多要素多场景的土壤－地下水跨介质污染数据模型和实体模型，实现展示污染物在土壤－地下水跨介质中的三维空间展布状态和动态演化过程，并对土壤和地下水常用修复技术进行协同适宜性评价，列出协同修复技术清单。

（温会姣）

【污水处理技术升级提升再生水景观环境水质】 3月19日，市科委、中关村管委会支持，清华大学和北京城市排水集团有限责任公司承担的“再生水反硝化滤池/膜过滤协同增效提质技术研究”项目通过专家验收。项目2018年立项，主要探索研发再生水氮磷与感官指标高效协同控制技术与工艺，助力北京市再生水厂技术升级。研发组通过强化反硝化滤池脱氮能力、识别不同工况下反硝化滤池出水水质特征及其对不同超滤膜污染特性的影响，开发出反硝化滤池出水水质调控和膜污染控制技术，进一步通过臭氧强化氧化与超滤组合协同增效技术的开发，解决再生水感官指标提升和膜处理单元高效运行问题，形成对北京市现有的再生水处理工艺技术升级、改造建议。部分研究成果已在高碑店再生水厂应用，建成24立方米/天再生水处理中试验证平台，优化后中试出水水质达到北京市再生水景观环境利用水质标准。

（温会姣）

【克诺尔轨道交通中国创新中心落地中关村】 3月，克诺尔轨道交通中国创新中心落地中关村智造大街。创新中心由克诺尔轨道系统中国发起设立，旨在赋能中国轨道交通行业可持续发展。作为克诺尔轨道系统在中国区的第一个，也是唯一的创新中心，它将重点引进德国工业4.0智能制造、轻量化新材料开发及应用、节能减排及绿色制造等一系列学术前沿、国际领先的研发项目，与海淀区企业和院校开展合作，打造全球一流的轨道交通行业创新研发高地。

（田京京）

【城市水环境水质监测设备及综合评价指数研究】 5月19日，市科委、中关村管委会支持，芯视界（北京）科技有限公司承担的“基于光谱技术的城市水环境水质监测设备及综合评价指数研究”项目通过专家验收。项目2018年立项，主要探索推动首都水务高质量发展新方向，开展基于光谱技术的城市水环境水质监测设备及综合评价指数研究工作。通过自主研发的量子点光谱传感技术开发出一种原位、实时、在线的微型光谱传感水质监测设备，并建立起目标水域光谱数据库，设备可对目标水域进行全光谱分析；同时探索出全新水环境实时监测告警管理模式，实现7×24小时实时数据采集，并能在7秒内返回分析数据，半小时内判定污染事件，实现靶向治污精准溯源。

（温会姣）

【“绿创杯－垃圾分类”创新创意大赛举办】 5月21日，由中关村绿创环境治理产业技术创新战略联盟主办的“绿创杯－垃圾分类”创新创意大赛在通州举办。活动以北京市科技计划课题“典型应用场景垃圾分类优化方案研究与技术集成应用”为依托，旨在甄选出适用于城市社区、农村和餐饮企业三类垃圾分类应用场景的优秀技术、产品和解决方案，推进典型应用场景垃圾分类综合解决方案的发展。活动吸引近百件作品参赛，20件作品进入复赛路演环节。路演现场分为创新组和创意组，按照参赛作品分组分数排名，每组排名前5项路演项目获得本组一、二、三等奖。最终，北京绿澜环保科技有限公司的“嘉减诚厨”餐厨垃圾减量机获得创新类作品一等奖，上海宁和环境科技发展有限公司的垃圾臭气智慧监测与治理“五位一体”解决方案获得创意类作品一等奖。

（温会姣）

【三峡能源集团登陆上交所】 6月10日，中国三峡新能源（集团）股份有限公司成功在上海证券交易所主板上市，募集资金超227亿元，居2021年北京市新增A股上市企业中募集资金规模第一位。募集资金主要用于海上风电场项目及海上风电融合试验示范项目。

（陈　静）

【广阳谷城市森林公园生态环境监测】 7月16日，市科委、中关村管委会支持，北京市园林科学研究院承担的“西城区广阳谷城市森林公园生态环境监测与自然科普教育”项目通过专家验收。项目2018年立项，主要探索北京地区生态城市建设新路径，开展西城区广阳谷城市森林公园生态环境监测与自然科普教育研究。通过选取生物多样性、人体舒适度、公园绿地冷岛效应、康养环境、土壤环境五大项20余个生态环境指标，在广阳谷城市森林公园持续开展生态环境监测，对公园生态环境变化进行量化分析，科学评价出公园建设生态成效；针对城市森林公园特征制定监测评价体系，研发出维护生物多样性、防控有害生物等多项技术手段与措施；提出能够量化反映城市森林公园建设的生态成效成果，为中心城区营建森林公园的植物景观规划、建设与管理提供技术支撑和示范作用。项目执行期间，开展摄影绘画比赛、科普讲座等科普活动10余场次。

（温会姣）

【物联网和大数据助力重型柴油车智慧监管】 8月18日，市科委、中关村管委会支持，北京市生态环境监测中心承担的“基于物联网及大数据分析的重型柴油车排放跟踪技术研究及应用示范”项目通过专家验收。项目2018年立项，主要开展基于物联网及大数据分析的重型柴油车排放远程在线监控研究，针对重型柴油车精细化管理的需求，开展基于物联网及大数据技术的远程在线监控体系构建，通过CAN总线通信协议对比分析，明确16项远程在线监控参数列表；通过千余辆（次）标准设备的比对实验，评估车载自诊断系统（OBD）监测数据的精度、一致性均表现优良；基于物联网及大数据技术，研发相关算法并开发国际上首个基于OBD诊断系统的重型柴油车排放远程监控示范平台，涵盖数据采集、数据分析、数据计算、数据展示、数据监控及预警等功能，覆盖公交、环卫、渣土、货运、旅游、邮政及其他用途7种主要行业类型，实现9万余辆重型柴油车的实时在线监管及排放动态追踪；基于大样本重型柴油车排放远程监测数据，系统刻画重型柴油车NO_x排放在不同工况参数下的微观特征、行业车队维度下的中观特征、全路网全市域时空维度下的宏观特征，并构建北京市重型柴油车在路工况、油耗统计、活动水平统计等知识库，使全面把握重型柴油车运行与排放特征成为可能。

（姚富玲）

【再生水湿地处理技术开发和示范应用】 8月18日，市科委、中关村管委会支持，北京师范大学、北京城市排水集团有限责任公司承担的“基于活性基质和缓释碳源的再生水湿地处理技术与示范”项目通过专家验收。项目2018年立项，主要探索解决再生水回用过程中氮、磷等超标导致的水体富营养化和水质恶化问题，开展再生水湿地处理技术开发和示范应用工作。课题研发出低温秸秆干馏技术和铁铝泥颗粒化技术，并制备出缓释性能良好的玉米秸秆固体缓释碳源和高效稳定的除磷颗粒活性基质，借助反硝化菌群构建方法将基质作用与生物功能相结合，构建出复合微生态系统，实现湿地同步脱氮除磷。研究成果已在高碑店污水处理厂建立起处理规模100吨/天的湿地示范工程，出水水质达到地表水Ⅲ类标准。

（温会姣）

【食源性兴奋剂化学危害物检测技术研发】 8月19日，市科委、中关村管委会支持，北京市食品安全监控和风险评估中心承担的“食源性兴奋剂化学危害物检测技术研究”项目通过专家验收。项目2018年立项，主要以食源性兴奋剂为切入点，重点对奥运保障工作中的化学性风险展开攻关。搭建包括食源性兴奋剂在内的化学危害物高分辨质谱筛查谱库，开发出β－受体激动剂、利尿剂等食源性兴奋剂液相色谱－串联质谱检验检测方法；形成3项实验室标准操作规程（SOP），并在京津冀食品检验检测技术创新联盟成员单位中共享；相关成果在4月的北京冬奥会“相约北京”首场测试赛食品安全保障工作中应用。

（温会姣）

【基于干式发酵的农村生活垃圾资源化技术】 8月24日，市科委、中关村管委会支持，北京科技大学、北京三益能源环保发展股份有限公司、北京鼎鑫钢联科技协同创新研究院有限公司共同承担的“基于干式发酵的农村生活垃圾管理全过程控制和资源化技术集成与示范”项目通过专家验收。项目2018年立项，主要针对农村厨余垃圾易腐烂发臭、转运成本高等问题，研发建设村级处理规模的10立方米反应器有机垃圾干式厌氧发酵系统。经过中试将怀柔峪沟村的厨余垃圾转化为沼气和肥料，有效处理当地的厨余垃圾。课题作为农村厨余垃圾就地处理的试点，形成厨余垃圾干式厌氧发酵和好氧堆肥发酵的处理模式，实现农村垃圾减量化、资源化和无害化处理。

（姚富玲）

【地质灾害自动化监测技术研发与示范应用】 8月30日，市科委、中关村管委会支持，北京荣创岩土工程股份有限公司承担的“基于光谱技术的城市水环境水质监测设备及综合评价指数研究”项目通过专家验收。项目2019年立项，致力推动地质灾害自动化监测技术研发与示范应用工作，运用LoRa无线自组网和物联网技术，在密云示范应用区布设全自动地质灾害监测物联网系统3套、地质灾害监测预警平台1套，覆盖泥石流、崩塌、滑坡3种灾型，选取密云区大城子镇张泉村、下栅子村、聂家峪、蔡家峪共计8处地质灾害易发点作为示范区，累计监测点24处，涉及边坡表面位移、裂缝、倾角加速度、雨量、泥位、土壤、视频等监测项目，共计30套传感器设备。

（张晶晶）

【再生水处理新工艺促进污水资源化利用】9月8日，市科委、中关村管委会支持，北京碧水源科技股份有限公司承担的“基于有机物高浓缩的膜法高品质再生水工艺技术研究与示范”项目通过专家验收。项目2017年立项，主要开展基于有机物高浓缩的膜法高品质再生水处理工艺技术研究与示范工作。通过研发新型低压纳滤膜材料、膜元件及低能耗振动厌氧膜生物反应组器（MBR）设备，针对预处理后的城镇污水进行新型低压纳滤膜材料“预处理－纳滤”工艺，实现污水有机物的高度浓缩，并应用低能耗膜组器，通过调控固体停留时间，集成已有氨氮去除等技术，制定出有机物高浓缩及能源部分自给的膜法高品质再生水处理工艺。振动MBR膜组器在北京房山窦店再生水厂进行装备示范，检测结果显示，低压纳滤膜元件在0.28兆帕操作压力下，对总有机碳（TOC）截留率达到85.4%，振动MBR组器能耗为0.027千瓦时/立方米，比传统MBR膜组器降低86%。MBR-纳滤双膜高品质再生水工艺技术在北京海淀上庄再生水厂示范应用，产水水质优于北京地标A标准，全流程工艺电耗为1.06千瓦时/立方米，能源自给率为32%，直接运行成本为1.108元/立方米。低压纳滤膜材料及集成应用技术在北京、云南、河北、四川等地得到应用。

（温会姣）

【餐饮油烟便携式检测技术取得突破】9月9日，市科委、中关村管委会支持，北京雪迪龙科技股份有限公司、北京市计量检测科学研究院承担的“餐饮油烟便携式检测技术及设备研发”项目通过专家验收。项目2018年立项，主要开展基于颗粒物和非甲烷总烃检测技术的便携式餐饮油烟检测方法的研究工作，开发快速、便捷的餐饮油烟检测工具。通过对5个关键技术模块和1个应用技术方法的深入研究，最终实现对餐饮油烟中非甲烷总烃、颗粒物以及废气温度、湿度、风速、压力等排放参数的同时检测。形成的《餐饮业油烟排放现场监管指控技术规范（草案）》，为今后便携式餐饮油烟检测设备的性能指标评价工作提供方法和指标的参考。样机设备在北京市3个行政区的11家餐饮企业和食堂进行示范应用。

（姚富玲）

【PM2.5和臭氧协同控制】9月9日，市科委、中关村管委会支持，中国科学院大气物理研究所和北京城市气象研究院承担的“北京大气光化学二次污染物和细颗粒物的耦合相互作用研究”课题通过专家验收。课题2018年立项，主要开展基于地基联网观测和数值模拟的光化学二次污染物和细颗粒物耦合相互作用的研究，建立大气光化学二次污染物、氧化剂和细颗粒物的2年观测数据集，获取大气光化学前体物和氧化剂浓度分布的时空规律，阐明典型光化学二次污染物的源汇收支、理化机制及其对臭氧污染生成的贡献，模拟测算污染物的源头减排对PM2.5和臭氧的影响，为北京地区大气复合污染协同控制措施的实施提供科学支持。提出减缓北京地区实际大气光化学污染的政策建议报告（4份），获得政府部门批示和认可；研究成果进一步丰富对北京地区复合污染形成的科学认识，并对政府一下步科学治理PM2.5和臭氧提供科学参考依据。

（姚富玲）

【城市快速路复杂环境下多维安全监测】9月13日，市科委、中关村管委会支持，北京邮电大学、北京市劳动保护科学研究所、北京信息科技大学、北京市劳保所科技发展有限责任公司承担的“城市快速路复杂环境下多维安全监测的关键技术研究与示范”项目通过专家验收。项目2019年立项，主要针对道路设施监测中存在的问题，围绕城市快速路复杂环境下多维安全监测的关键技术进行研究和示范应用，采用视觉传感技术感知显性信息，采用全分布式光纤传感技术采集隐性信息，运用视频关键帧提取、分布式信号时频转换、显隐信息融合等方式，对城市快速路道路设施的安全隐患和突发事件，形成一整套“多维感知－实时定位－连续追踪－智能处置”的全链条响应，保障城市快速路的安全运行。课题成果交付北京首创股份有限公司京通快速路管理分公司使用，用于保障所管理的京通快速路上行、下行全路段的安全监测。

（张晶晶）

【道路交通运行健康诊断关键技术及应用示范】9月14日，市科委、中关村管委会支持，高德软件有限公司及清华大学共同承担的“基于人地关系大数据的道路交通运行健康诊断关键技术及应用示范”项目通过专家验收。项目2019年立项，推动基于人地关系大数据的道路交通运行健康诊断关键技术及应用示范课题研究，依托顶尖院校的科研技术及互联网大数据应用平台，形成道路交通运行问题辅助决策系统，建立一套道路交通运行评价指标体系。系统完成交通参数评估、路口信号问题诊断、绿波带监控、绿波带辅助调优、路口辅助调优模块等5项以上核心功能。示范区域包含北京市朝阳区朝阳北路试点片区（10平方千米）、奥体园区（12平方千米）两处，在示范周期内，示范区域高峰拥堵里程均下降10%以上，达到考核指标要求，且实现出行智能诱导。

（张晶晶）

【公路网重点通道运行演化分析与调控研究】 9月14日，市科委、中关村管委会支持，北京航空航天大学、北京市交通运行监测调度中心、智慧足迹数据科技有限公司承担的“基于深度计算的公路网重点通道运行态势演化分析与调控”项目通过专家验收。项目2019年立项，主要为解决北京城际公路网重点通道运行状态监测和调控能力不足的难题，进行基于深度计算的公路网重点通道运行演化分析与调控研究。课题研发完成北京市城际公路网运行态势演化分析与调控平台，实现对北京市城际公路网运行状态及发展趋势的准确把握和群体及个体精准交通信息发布及诱导。该平台融合6种数据，在示范区高速公路每5分钟预测一次状态，预测准确率89.87%，国道/省道预测准确率93.67%，诱导信息的更新频率时长为10分钟，生成群体诱导策略4种，个体精准诱导服务策略3种，平均诱导服务比例为10.61%。自2020年7月开始，平台在北京市交通运行监测调度中心应用，有效支撑北京市日常通勤、重大节假日以及疫情期间对交通状态的检测、预测以及调控，为发布各类出行提示信息提供数据、技术保障。

（张晶晶）

【人员密集场所安全风险动态辨识与预警】 9月16日，市科委、中关村管委会支持，北京市应急管理科学技术研究院、北京市应急指挥保障中心、北京航空航天大学、北京市交通信息中心、北京辰安科技股份有限公司、北京天之华软件系统技术有限责任公司承担的“基于行为轨迹的人员密集场所安全风险动态辨识与预警关键技术研究与示范”项目通过专家验收。项目2019年立项，主要开展基于行为轨迹的人员密集场所安全风险动态辨识与预警关键技术研究与示范，实现了联通4G手机信令数据、公交地铁刷卡数据、出租车和共享单车订单数据、监控视频数据等多源行为轨迹数据及多系统合路平台（POI）空间功能属性数据的综合汇聚和一致性融合，其中手机信令数据覆盖北京全市域。针对大型商圈、大型体育场馆、交通枢纽及旅游景点4类场所，分类开展基于手机信令、公交地铁、出租车、共享单车、监控视频、数值仿真、激光监测等多源轨迹数据的人流聚集风险监测和预警技术，对传统半经验预警方法进行改进。研发城市人员密集场所安全风险动态辨识与预警平台，通过数据可视化、风险辨识地图、监测预警、风险管控4个板块，实现课题多源轨迹数据的汇聚融合及成果的集成。相关成果已应用于北京市应急管理局、东城区交通委员会、北京城市系统工程研究中心等。

（张晶晶）

【拥堵区域出行干预技术完成试点应用】 9月22日，市科委、中关村管委会支持，北京交通发展研究院、北京交通大学、北京智驾出行科技有限公司单位承担的“基于移动互联网的拥堵区域出行干预技术研究”项目通过专家验收。项目2019年立项，主要综合利用大数据与移动互联网技术从需求侧探索缓解城市交通拥堵的创新手段，率先在北京道路与地铁场景完成新技术应用试点。其中，在中关村科学城开展小汽车干预引导试验，参与用户出行时间降幅大于10%，有效减少高峰驾车出行量，一定程度上缓解局部点段交通拥堵。同时将出行干预手段运用在北京地铁站外限流车站，在地铁5号线天通苑站和昌平线沙河站进行试点，项目执行期间，累计服务117万人次，累计节约站外排队时间近4万小时，受到乘客广泛好评。该项技术对特大城市交通治理具有示范意义与推广应用价值。

（张晶晶）

【农村生活垃圾就地提质分离厌氧发酵可控化设备工程示范】 9月26日，市科委、中关村管委会支持，北京化工大学、北京京环新能环境科技有限公司联合承担的“农村生活垃圾就地提质分离厌氧发酵可控化设备工程示范”项目通过专家验收。项目2018年立项，主要针对农村生活垃圾源头分类难、资源化利用水平低的问题，结合农村村镇分散的特点，开发出混合垃圾快速微好氧分选预处理工艺1种，出料有机物VS筛分效率大于85%。建立有机生活垃圾一体化快速发酵技术系统1套，完成以“改性提质分离－高效一体化快速发酵－有机肥制备”为核心的农村生活垃圾就地资源化技术路线的集成。在密云区太师屯镇葡萄园村建设工程示范项目1项，开发出的设备在全国推广11套，其中京津冀推广5套。

（姚富玲）

【安全应急领域监测预警能力提升】 9月28日，市科委、中关村管委会支持，新兴际华集团有限公司、北京启安智慧科技有限公司承担的“爆炸性环境下事故现场多信息融合采集机器人及关键技术研究”项目通过专家验收。项目2019年立项，主要研究爆炸性环境下7×24小时不间断的采集视频/红外图像、温度、湿度、16种常见有毒有害易燃易爆气体浓度、12种金属粉尘浓度、5种塑料一次性原料粉尘浓度信息采集和环境3D建模成像目标，将其应用于化工园区、大型实验室以及危险化学品泄漏、爆炸等环境下的监测预警和事故现场侦测，以提升北京城市运行安全保障能力和城市综合管理水平。

（张晶晶）

【应急救援用便携式实时高精三维图构建】 9月28日，市科委、中关村管委会支持，北京清杉科技有限公司、清华大学、北京华捷艾米科技有限公司承担的“应急救援用便携式实时高精三维建图及定位指挥系统”项目通过专家验收。项目2019年立项，主要针对公共安全领域中的消防和应急救援需求，围绕建筑物内部复杂环境下快速地图构建及智能定位等关键科学问题，开发便于机动快速部署的系统原型，并在典型应用场景下开展试验验证，实现对无卫星定位信号的突发灾害现场或城市有限空间的高精度三维立体地图实时构建及应急救援人员的精准定位导航。系统通过中国计量科学研究院的第三方测试，系统各参数达到设计指标，定位节点容量超过100、精度优于1米、建图精度优于0.1米、人员识别率超90%。重点解决快速环境感知和救援参战人员追踪定位难题，为现场指挥救援提供可靠的现场综合信息，具有良好的社会效益。

（张晶晶）

【公共空间生物气溶胶新冠病毒核酸监测】 9月29日，市科委、中关村管委会支持，清华大学、北京大学及中国医学科学院病原生物学研究所联合承担的“公共空间生物气溶胶新型冠状病毒监测设备研发”项目通过专家验收。项目2020年立项，主要开发公共空间生物气溶胶新冠病毒核酸监测系统。系统集成生物气溶胶采样、核酸富集、微流控芯片原位检测等技术，与传统的新冠病毒核酸检测方法相比较至少灵敏10倍，能够采集到可感染细胞的HCoV-OC43毒株。研发的核酸监测系统，在核酸富集、自动提取核酸上均具有独特优势，检测灵敏度可达到50拷贝/毫升，实现新冠病毒气溶胶的高灵敏检测，根据对现场真实新冠病毒气溶胶的检测对比，该系统检出率是现有RT-qPCR体系的3倍，系统相关组分得到北京市计量检测科学研究院的认证。

（张晶晶）

【商业气象探测星座试验卫星升空】 10月14日，北京无线电测量研究所研制的商业气象探测星座试验卫星在山西太原发射场搭乘长征二号丁运载火箭成功发射。该商业气象探测星座试验卫星是一颗在轨技术验证卫星，用于验证商业气象探测星座星地一体化指标体系。

（田京京）

【冷链外包装等离子射流消杀装备批量试制】 11月2日，北京同方洁净技术有限公司完成物流包裹专用型等离子紫外脉冲消杀装置批量试制，并在广东省惠州市开展现场评价试验。针对冷链食品包装材料表面的病原微生物，北京同方洁净技术有限公司和北京航空航天大学在北京市科技计划课题“基于大气压低温等离子射流的食品外包消杀技术与装备”的支持下，开展低温等离子射流消杀技术和装备研究，研制出适用于冷链食品外包装病原微生物消杀的装备。装备具有安全环保、快速高效、环境适应性强的优势，装备成本约40万元，消杀成本0.5～0.8元/件，消杀处理能力为200～250件/时，−18℃环境下，对金黄色葡萄球菌和大肠杆菌的灭杀效果符合《消毒技术规范》（2002年版）消毒合格的规定。12月，同方股份有限公司自主研发的等离子紫外脉冲消毒机器人“同方小洁”上岗，在北京八达岭希尔顿逸林酒店担任延庆区第三次党代会会场的防疫消杀卫士。

（王露菲　卢国鑫）

【苏伊士智慧水务成立】 11月16日，苏伊士智慧水务科技（北京）有限公司成立并入驻海淀区中关村大街。该公司是法国知名企业苏伊士集团的控股企业，也是苏伊士集团在大中华地区唯一运营智慧水务业务的控股公司。该公司由苏伊士与海南思路大吉投资合伙企业（有限公司）合作成立，结合苏伊士在水务行业数字解决方案方面的技术专长，以及思路大吉在数字化专业知识方面基于清华大学的学术背景优势，推出定制化的智慧服务。技术本土化可在海淀区建立一个智慧水务技术输出源头，以此拉动整个水务市场的智慧化产业链。

（程晓荷）

【北京冷链稳定运行】 12月31日，北京市冷链食品追溯平台注册完成企业15 899家，平台累计记录进口冷链食品品种 75 161 个，商品批次 302 958 个，流通进口冷链食品 891 265.19 吨，为进口冷链食品监管提供有力支撑。平台由北京微芯区块链与边缘计算研究院依托区块链、电子编码、大数据等技术建设完成，于 2020 年 11 月 1 日上线，可实现食品供应从进京首站到消费终端全流程的完整采集、数据共享和多方协同，保证食品数据安全可信共享、不被篡改和滥用。

（王露菲　卢国鑫）

【搭建无人机载高层楼宇非火工品式辅助灭火系统】 2021 年，市科委、中关村管委会支持，北京航景创新科技有限公司承担的“无人机载高层楼宇非火工品式辅助灭火系统”项目通过专家验收。项目 2019 年立项，通过对无人机载高层楼宇非火工品式辅助灭火系统进行方案设计、系统开发、集成测试、实战演练、系统推广等工作，解决城市高层建筑火灾到达现场慢、灭火难度大、火情控制难等问题，达到快速到达火灾现场、先行展开灭火行动、有效控制火情蔓延的目标。

（张晶晶）

农业农村科技

【概述】 2021 年，市科委、中关村管委会持续深入贯彻创新驱动及乡村振兴战略，以科技特派员、星创天地、农业科技园区为抓手，为京郊乡村振兴提供科技支撑。国家玉米种业技术创新中心获批落地，强化种业翻身仗科技支撑，围绕畜禽良种，形成具有源头性领先优势的科技成果。推进设施农业优化升级，聚焦设施生产中关键问题，组建创新联合体进行攻关，在平谷、通州等重点区域开展示范应用。保障冬奥农产品安全生产与供应，建立质量控制标准体系，筛选试种深冬设施种植的特色蔬菜品种 34 个，打造示范基地 11 个。组织科技特派员推成果、强服务、促生产，开展线上线下服务工作，拥有自然人科技特派员 10 379 名，法人科技特派员 651 家，线上解决需求 4200 多个。年内开展“京科惠农大讲堂”网络直播活动 29 期，8.8 万人次观看，遴选出 30 名北京科技特派员对接福建省三明市，开展服务百余次。构建城市科特派人才队伍，为城市治理能力和生态环境治理能力提升、高新技术产业优化升级提供科技支撑。完成 50 家国家级、北京市级星创天地监测评估和备案管理工作。组织线上或线下科技服务 100 余次。推进特色农业科技园区建设，编制 2020 年国家农业科技园区年度报告，组织填报审核园区数据，围绕各园区需求，组织专家服务园区，开展规划设计、技术指导服务 50 人次。平谷农业“中关村”取得阶段性成果，形成以峪口镇为核心区、以平谷全域为拓展区、以京津冀为辐射区互利共促的总体布局；北京・京瓦农业科技创新中心投入运营。组织 2021 中国平谷农业“中关村”创新大会、第十届现代种业博览会等。

（赵　娣　姜佩瑄　温会姣）

【延庆国家农业科技园区规划方案研讨会召开】 1 月 8 日，市科委、中关村管委会组织延庆区科委、延庆国家农业科技园区管委会及相关单位专家围绕北京延庆国家农业科技园区总体规划（2020—2025）开展专题研讨。延庆国家农业科技园区管委会围绕园区规划建设的背景、概况、现状及未来发展的功能定位、运行机制对规划内容进行介绍。专家提出，规划设计要把握国家农业发展根本原则，进一步完善规划内容与实施指标，完善延庆国家农业科技园区管委会工作职能，确定组织管理体系与工作机制，以专业化的管理模式运营园区，促进园区产业协同发展。

（赵　娣　姜佩瑄　温会姣）

【优良奶牛联合育种平台建设及良种繁育技术应用】 1 月，市科委、中关村管委会支持，北京奶牛中心、北京首农畜牧发展有限公司承担的“优良奶牛联合育种平台建设及良种繁育”课题通过专家验收。课题 2017 年立项，涵盖“奶牛良种扩繁关键技术研究与推广应用”及“优良奶牛育种评估体系建设与选育技术研究”2个课题，主要开展优良奶牛联合育种平台建设及良种繁育技术应用课题。通过构建育种核心群，挖掘和鉴定重要性状功能基因，开发出自主选育芯片、优化育种目标和选择指数等技术，建立完善的种公牛自主培育体系和功能基因突变数据库，完成鉴定功能基因35个、选育芯片2款、联合育种网络信息平台及配套应用精准选配软件1套。同时，建立4个功能性状遗传评估模型、自主选育指数UTPI与10个核心育种场。通过应用长效冻精人工授精技术，使青年牛、成母牛情期受胎率分别提高1.9个和3.1个百分点；开发并应用新型无卵黄稀释液，建立覆盖产后－输精－妊娠全过程的繁殖调控方，使奶牛情期受胎率提高7.7个百分点，缩短母牛空怀期32天；研发出种牛活体采卵－体外受精－胚胎移植（OPU–IVP–ET）技术操作规程，使种子母牛繁殖效率提高146.2%，年扩繁核心群后代30 868头。

（赵　娣　姜佩瑄　温会姣）

【绿色智慧乡村关键技术研发及应用】1月，市科委、中关村管委会支持，北京工业大学、北京天友时代建筑设计有限公司、芯光道能（中国）科技有限公司共同承担的“绿色智慧乡村关键技术与集成应用”课题通过专家验收。课题2018年立项，通过开展绿色宜居乡村建筑、光能智慧道路等关键技术研究，完成模块化装配式绿色乡居关键技术集成、近零能耗绿色乡居关键技术2项；完成《低温中速重载光伏路面组件产品测试和认证标准》《绿色乡居规划设计导则》《乡村光伏路面设计与施工技术指南》《低能耗绿色乡村建筑设计标准》4项标准规范草案的编写；建立150平方米光伏智慧路面示范项目，其中110平方米用于光伏发电，实测功率为100瓦/（平方米·时），年发电量达到2万千瓦·时。建立的服务于光伏路面的智慧管理系统、绿色智慧乡村综合信息服务平台体系及可运行数据管理系统进行配套使用，示范建设内容在大兴区魏善庄镇半壁店村等地实施与应用。

（赵　娣　姜佩瑄　温会姣）

【玉米骨干自交系基因编辑技术研发】2月，市科委、中关村管委会支持，北京市农林科学院生物中心、中国科学院遗传与发育生物学研究所、中国科学院微生物研究所共同承担的“花粉管导入的玉米骨干自交系基因编辑技术的研究应用”课题通过专家验收。课题2017年立项，主要研发直接针对商品化玉米骨干自交系的基因编辑技术。课题以玉米等禾本科植物为研究对象，开发并建立植物单碱基编辑、引导编辑和编辑突变体的基因筛选分型以及纳米磁珠介导的DNA花粉转染等技术；初步建立一种不受基因型、时间和地域限制的花粉管导入的玉米骨干自交系基因编辑、鉴定和评价体系，即纳米磁珠介导的花粉转染体系，具有转化成本低、商品化玉米品种的分子育种周期短等特点；创制出一批抗旱节水及抗除草剂等的玉米新种质材料，打造玉米分子精准育种平台。

（赵　娣　姜佩瑄　温会姣）

【猪源沙门氏菌快速检测试剂盒研发及应用】2月，市科委、中关村管委会支持，中国农业科学院农业质量标准与检测技术研究所、北京大北农科技集团股份有限公司承担的“猪源沙门氏菌全基因组测序分析及快速检测试剂盒的开发与示范”课题通过专家验收。课题2018年立项，是首都食品质量安全保障专项课题，通过采集、分离、测定等步骤，对样本中7重以上耐药沙门氏菌进行全基因组测序，建立猪源沙门氏菌全基因组数据库1个，确定猪源沙门氏菌竞争性互补介导核酸恒温扩增（CAMP）检测方法，开发出针对猪源沙门氏菌鉴定及blaTEM–1、tetB、aadA1三种耐药基因的核酸快速检测试剂盒1个，检测灵敏度达10 CFU/mL，全部检测流程在15小时以内，其中CAMP法检测过程在2小时以内。此款快速检测试剂盒产品在饲料厂、养殖场、屠宰场进行示范应用，应用结果表明，试剂盒具有特异性强、敏感性高、重复性好、操作简单的特点。

（赵　娣　姜佩瑄　温会姣）

【现代农业领域中心组织需求对接】3月9日，首都科技条件平台现代农业领域中心组织北京农信通科技有限责任公司和北京鑫桃源商贸有限公司2家成员单位与北京海淀科技企业融资担保公司开展需求对接活动，旨在解决农业科技型中小企业科技研发与成果转化过程中融资难、融资贵等问题，搭建农业科技企业的金融服务需求对接桥梁。与会成员单位负责人分别对各自公司的运营模式、人员配备、资产负债等基本情况进行介绍，重点阐述企业发展方向和资金需求。融资担保公司负责人对公司整体情况及业务，特别是担保产品、业务审批流程及下一步工作方向进行讲解，针对参会企业情况分别进行分析，推荐企业担保方式及产品，进一步加强相互间的交流与合作。

（赵　娣　姜佩瑄　温会姣）

【调研科技特派员平台建设】3月10日，市科委、中关村管委会有关负责人带队赴北京市农林科学院农业信息与经济研究所调研北京科技特派员平台建设情况。调研听取北京市科技特派员平台建设、服务渠道及服务成效等有关情况。调研强调要抓好组织管理工作，细致挖掘科技特派员服务潜力；丰富平台建设与服务内容，整体推进平台的综合实力与效力；深入总结科技特派员服务典型模式和特点，发挥北京市科技特派员在全国农业科技服务工作的引领和带动作用。

（温会姣）

【现代农业领域中心举办“百进千”专场对接会】3月16日，首都条件平台现代农业领域中心联合市农科院研发实验服务基地、昌平工作站在线举办2021年度百家重点实验室进千家企业专场对接会，相关实验室及企业的负责人等40余人参加。会议介绍首都科技条件平台及创新券管理办法、申请兑现流程等相关政策与内容；中国农业大学、中国农业科学院、中粮营养健康研究院等单位介绍各自实验室资源情况、服务范围与服务特色等；参会企业代表介绍各自农业产业发展中面临的合作研发、委托开发、测试检测、技术转让和专家咨询等方面的科技需求。部分参会企业与中国农业大学、中国食品发酵工业研究院有限公司实验室就全国渔业物联网数字平台建设、基于在线无损检测技术的平谷大桃分选设备研发、控糖食品GI值测试等项目达成初步合作意向。

（赵 娣 姜佩瑄 温会姣）

【典型性农残快检技术研发并应用】3月，市科委、中关村管委会支持，北京勤邦生物技术有限公司承担的“典型性农残多靶标高效快速检测技术研究与应用”课题通过专家验收。课题2018年立项，是首都食品质量安全保障专项课题，主要研发出典型性农残多靶标时间分辨荧光矩阵试纸条及配套便携式检测设备，开发出菊酯类（甲氰菊酯、氯氰菊酯、溴氰菊酯）、有机磷类（毒死蜱、对硫磷、辛硫磷）、克百威等农药时间分辨荧光矩阵试纸条10种，产品检测时间缩短至5分钟。检测设备通过第三方机构检测，仪器检测矩阵点/质控矩阵点值重复性CV0.6%；稳定性达到在30分钟内检测矩阵点/质控矩阵点值漂移0.3%，保存2万条以上数据，具备GPS定位及4G网络功能，检测数据可实时上传。搭建农药残留智慧监管平台，实现本地数据的采集、存储、分析功能。建立试纸条和配套便携式设备生产线各1条，试纸条年产能达到2000余万条，便携式设备年产能达到700余台，并在北京顺鑫石门检测技术有限责任公司等12家单位应用示范。

（赵 娣 姜佩瑄 温会姣）

【生态涵养区山水林田湖草一体化保护与修复】3月，市科委、中关村管委会支持，中国城市建设研究院有限公司、北京林业大学、北京市水科学技术研究院、北方工业大学、中国科学院地理科学与资源研究所共同承担的“西北涵养区受损生态空间调查评估与生态完整性修复技术方法研究”课题通过专家验收。课题2018年立项，主要开展西北涵养区受损生态空间调查评估与生态完整性修复技术方法研究工作，逐步厘清生态涵养区生态本底、受损空间情况，探索建立生态修复技术体系。探究出近20年西北生态涵养区景观格局的演化规律，绘制西北涵养区受损生态空间聚类分析技术及图集、区域蒸散发和地表温度反演图集、区域景观格局参数遥感反演图集。基于多因子分析的生态受损规律识别，建立定向诱导、优化配置的受损生态空间修复关键技术体系，提出山水林田湖草一体化保护修复总体策略方案。

（赵 娣 姜佩瑄 温会姣）

【郁金香文化节启动】4月1日，2021年北京郁金香文化节新闻发布会暨启动仪式在顺义国家农业科技园区举办。文化节为期38天，活动范围覆盖北京国际鲜花港、北京植物园、中山公园、世界花卉大观园四大公园景区。顺义国家农业科技园区作为北京郁金香文化节的支持单位之一，在花卉种植、景观布置、人员培训等方面提供技术支持，并在文化节期间，布展11.2万平方米，花卉布展以“花与画”为主题，秉承新、奇、精的设计理念，将丰富巧妙的种植景观与精彩纷呈的体验活动相结合，为广大市民提供沉浸式游园新体验。

（赵 娣 姜佩瑄 温会姣）

【国家农业科技园区评估工作指导研讨会召开】4月30日，市科委、中关村管委会在京组织召开北京市国家农业科技园区评估工作指导研讨会，邀请相关领域专家对房山、密云、延庆国家农业科技园区自评报告材料进行指导并提出建议。专家在审核各园区汇报材料后，提出要合理设置自评报告内容结构，以汇报重点为原则，梳理出园区发展特色与突出成果，强化自评报告格式的规范性；强化科技创新能力的展示效果，加强科技与园区产业的关联，同时注意园区发展与当地区域发展的契合点；建设丰富自评报告及汇报材料的展示内容，可增加更多表格、图片进行对比展示，直观展示园区代表性成果、工作进展及典型案例等内容。相关单位负责人及领域专家共计15人参会。

（温会姣）

【电驱智能精量播种技术装备的研发及应用】4月，

市科委、中关村管委会支持，北京德邦大为科技股份有限公司、中国农业大学、北京合众思壮科技股份有限公司共同承担的“电驱智能精量播种技术装备示范应用”课题通过专家验收。课题2018年立项，是国家现代农业科技城先导技术研究与培育专项课题，主要探索精量播种现代化综合性技术措施，开展电驱智能精量播种技术装备的研发与示范应用工作。通过重点突破气吸式高速防损伤精量排种、电机高速驱动与控制、种肥智能检测等技术，研发出集电驱精量播种、播种作业信息感知传感、播种智能监测以及末端控制于一体的四行电驱智能精量播种机，作业速度达11.5千米/时，穴粒数合格率92.0%，重播指数3.7%，漏播指数2.0%，与现有四行机械传动精量播种机相比，作业速度提高2千米/时以上，穴粒数合格率提高5%以上，重播指数与漏播指数降低3%以上。在示范应用中，四行电驱智能精量播种机比传统机械传动播种机降低作业生产能耗5.4%，实现增产11.2%。播种机在天津、黑龙江等地建立试验示范区，玉米播种示范面积1.1万亩，实现增收200余万元。

（赵　娣　姜佩瑄　温会姣）

【草莓种苗病毒快速检测技术研发及应用】4月，市科委、中关村管委会支持，北京市植物保护站及北京华耐农业发展有限公司承担的“草莓种苗病毒快速检测及全程绿色生产技术示范与应用”课题通过专家验收。课题2018年立项，是首都食品质量安全保障专项课题，主要开展草莓种苗病毒快速检测技术研发及全程绿色生产技术示范与应用工作。确定北京地区侵染草莓的主要病毒种类为草莓镶脉病毒、草莓轻型黄边病毒、草莓斑驳病毒和草莓蚀刻病毒，建立此4种病毒的聚合酶链式反应（PCR）检测技术1套及草莓轻型黄边病毒和草莓镶脉病毒的免疫胶体金快速检测技术，形成适用于生产中快速检测的试纸产品2种。针对草莓白粉病、根腐病、蚜虫、红蜘蛛等主要病虫害，建立非化学农药防控技术，防控效果达75.4%以上。在昌平区、平谷区建立起草莓病虫害全程非化学防控技术体系示范基地5个，示范面积300亩，通过北京市30家植物诊所示范推广，辐射面积达3500亩。

（赵　娣　姜佩瑄　温会姣）

【第十届北京现代种业博览会举办】5月26日，由国家现代农业科技城领导小组办公室，北京市科委、中关村管委会，北京市农业农村局，通州区政府，中关村科学城管委会主办的国家现代农业科技城第十届北京现代种业博览会开幕式在通州国际种业科技园区举办。博览会以“发展农业领域高精尖，建设种业创新示范区”为主题，以提升北京现代种业发展活力和影响力为目标，350余家参展企业的近5000个名特优新的果蔬花卉品种，1500余个北方春季蔬菜新品种参展；神舟绿鹏农业科技有限公司、高通量分子育种实验室等高科技农业企业和重点实验室向社会各界开放，高效安全的水肥一体化种植管理技术和都市观光型（蔬菜树体）栽培技术同步展示；通过田间展示观摩、科普宣传、现场品鉴和市民互动等方式，为行业专家和广大市民提供农业科技体验；3项协议的签约仪式和北京通州国际种业科技园区农作物种子检验测试中心揭牌仪式在开幕式现场举行。展示活动采用线上线下相结合方式，会期自5月26日至11月10日。

（赵　娣　姜佩瑄　温会姣）

【樱桃采摘旅游文化节开幕式举办】5月29日，第六届北京顺义樱桃采摘旅游文化节开幕式在北京顺义国家农业科技园区举办。文化节自5月至6月，由顺义区委宣传部、区文化和旅游局、区农业农村局、区园林绿化局共同主办，以“顺义樱桃，初夏食光”为主题，设“顺义樱桃”评选、音乐晚会、超炫樱桃直播间、创意国潮文旅集市、全域文旅沉浸式体验及媒体“大V”体验游等活动，宣传顺义旅游资源、推介顺义旅游企业、打造“顺义樱桃”品牌国际化形象，促进旅游与文化、农业深度融合。主办方相关负责人出席开幕活动。中央电视台、北京电视台、新浪、爱奇艺等媒体关注和报道，线上以网红直播、高清图片直播以及抖音、短视频等方式进行全景直播，吸引超过10.45万人在线观看，总曝光率8000万人次以上。

（温会姣）

【4家国家农业科技园区参加科技部评估答辩】6月18日，延庆国家农业科技园区参加科技部验收答辩。6月22日，房山国家农业科技园区和密云国家农业科技园区参加科技部农村科技司评估答辩。9月10日，平谷国家农业科技园区参加科技部验收答辩。9月30日，科技部农村中心组织专家到平谷国家农业科技园区现场验收。评估旨在加强国家农业科技园区“以评促建”工作，加强园区管理，提升园区建设水平。最终，延庆、密云、平谷国家农业科技园区通过科技部评估验收，评估组要求各园区按照评估专家组意见，优化园区布局，提高园区质量，充分发挥园区功能，努力把园区建设成为农业创新驱动发展先行区、农业高新技术产业集聚区、农业供给侧改革试验区。房山国家农业科技园区未能通过验收，

主要原因在于，政府重视程度不够，指导园区发展的作用发挥不够；园区规划中电商产业园等建设内容尚未完成；评估期内主导产业不够清晰；自主创新能力与北京的地位不符合，科技要素不够集聚。评估组建议，进一步加大对园区建设的重视程度，加大政策支持力度；按照规划要求，尽快完成相关建设任务；结合规划修编，进一步梳理和凝练主导产业；进一步加大科技要素集聚力度，提高自主创新能力。

（温会姣）

【蛋鸡良种增效线下线上一体化应用与推广】6月，市科委、中关村管委会支持，北京市华都峪口禽业有限责任公司承担的“蛋鸡良种增效线下线上一体化应用与推广”课题通过专家验收。课题2019年立项，是科技支撑乡村振兴专项课题，主要开展产学研联合技术攻关，围绕京系列蛋鸡品种开展“定制化养殖”技术体系研究，并借助信息化技术开发线上多元化服务平台推广。形成饲养管理、营养配方和疾病防控等定制化技术方案80套，开发出集成技术精准推送管理系统、养殖场管理系统、坐堂兽医自动诊疗系统的多元化线上服务平台，实现养殖全过程数据化管理，可根据蛋鸡养殖品种及所处地域、季节、日龄及鸡舍环境，精准推送全套可落地的蛋鸡健康养殖技术方案，为养殖场（户）提供常见蛋鸡疾病24小时在线高精度智能诊断、快速科学判断并及时提出建议有效措施。平台及技术在京津冀地区建立起线下线上一体化服务模式，推广良种蛋鸡4100万只，平均只鸡单产由18.5千克提高到19.3千克，增幅4.3%。

（赵 娣 姜佩瑄 温会姣）

【北京科技特派员开展技术指导】7月2日，市科委农村中心组织市农科院信息所副研究员曹承忠、市农科院植保环保所副研究员黄金宝等北京科技特派员赴延庆区香营乡开展现场技术指导与服务。科技特派员在延庆区龙庆峡管理处与管理处工作人员就园区内园艺工人培训等相关事项进行对接交流；在对园区草坪病害发生情况进行调研的基础上，针对病害情况提出具体防治措施。在香营乡东白庙村，对村内桃树、核桃树、马铃薯等病虫害发生情况进行现场查看，收集病害标本，提出及时清理枯枝烂叶，阻断传染途径等具体防治措施，并赠送防治药剂。在香营乡黑峪口村北京延彩生态农业发展有限公司的花卉基地，针对基地芍药等花卉的蚜虫病虫害防治进行技术指导。

（温会姣）

【特色食用菌优良品种选育及推广示范】7月13日，市科委、中关村管委会支持，中国科学院微生物研究所、北京三宝香农业科技发展有限公司承担的“北京特色食用菌优良品种选育、品质提升与推广示范”课题通过专家验收。课题2018年立项，主要探索推动首都食用菌产业发展的新方向，开展北京本地特色食用菌优良品种选育及推广示范工作。通过在北京地区森林公园进行资源调查，收集食用菌菌株500余株，针对其中具有驯化和开发前景的蘑菇属、羊肚菌属、鳞伞属、香蘑属、蜜环菌、木耳、粗毛纤孔菌、蝉花、库恩菇等多个物种进行价值开发与研究，建立起北京地区珍稀食用菌种质资源库。通过对花脸香蘑菌株选育和栽培条件驯化，实现花脸香蘑的规模化栽培；通过对野生灰树花标本分离菌种及杂交育种技术驯化，选育出适宜免覆土栽培出菇的品种，并对免覆土栽培的催菇、加湿、光照等重要参数进行优化调整，建立适合北京本地大棚生产的灰树花免覆土栽培技术，实现免覆土栽培的灰树花子实体品相好、无泥沙残留、口感好等优点；通过对蛹虫草生物学的深入研究，集成杂交育种和菇房光温调控技术，实现高虫草素含量的蛹虫草优质栽培技术与体系，该技术将在北京周边地区进行示范与推广。

（温会姣）

【科技对口帮扶专项工作任务验收】9月，市科委、中关村管委会支持，市科委农村发展中心承担的“科技对口帮扶专项工作任务”通过专家验收。工作任务2019年立项。专项工作在内蒙古自治区呼和浩特市建立京蒙合作技术转移中心，在乌兰察布市、赤峰市、锡林郭勒盟、通辽市、兴安盟、呼伦贝尔市等地设立京蒙合作技术转移工作站，形成“一中心六站”的京蒙合作现代农业技术转移体系，并建立科技对口帮扶和支援的长效工作机制；围绕帮扶和支援地区资源禀赋及产业发展现状，依托当地龙头企业共建北京科技特派员产业扶贫工作站，匹配5～7名北京科技特派员专家，形成“北京专家+特色产业+农户”的帮扶和支援模式；组建近百人的北京科技特派员扶贫团，开展扶智、扶志、扶技行动，举办线上线下培训15次，培训人数1200余人次，开展现场技术指导服务约400人次，线上平台技术指导服务数万人次。专项工作实施高产蛋鸡养殖脱贫工程，为赤峰市、乌兰察布市、兴安盟等6个盟市引进3万只北京油鸡鸡苗，带动贫困户300户以上，平均每户累计增收3000元以上；实施果蔬品种更新增产扶贫工程，为丰宁和赤城援助番茄、辣椒、海棠等21个林果、蔬菜优良品种，示范面积450.6亩，带动贫困人口455户；实施绿色技术示范推广扶贫工程，建立6个绿色生产技术推广中心，推广应用农业绿色生产技术10项，示范面积715亩。专项工作还实施农产品加工增值增效扶贫工程，引导北京科技型企业和研究院所与河北、内蒙古帮扶地区优势企业开展合作，形成13项农产品加工产品/技术合作对接；收集、筛选来自中国农业大学、中国农科院、北京农学院等高校院所的技术成果，形成绿色生产技术、农产品加工技术和新品种等成果汇编3册，收录194项成果；组织电商企业北京云杉世界信息技术有限公司（美菜网）在内蒙古和河北开展农业电商扶贫，通过互联网电商销售途径，实现产销对接；举办技术推介暨产销对接活动4次，达成合作意向10项，打造农产品品牌“美哥哥鸡蛋”，建立1个科技扶贫土豆采购示范基地，通过互联网销售农产品超过1500万千克。

（温会姣）

【传统菊花新品种培育技术取得进展】 9月，由市科委、中关村管委会支持，北京林业大学、北京双卉新华园艺有限公司联合承担的“中国传统菊花新品种培育与产业化关键技术研究”课题通过专家验收。课题是2019年立项的科技世园专项课题，培育出适宜产业化生产、具有中国传统特色的优新菊花品种，研发出产业化周年生产栽培技术；培育出直立性强、快速响应光周期诱导开花、适宜产业化的盆栽大菊品种5种，实现营养生长期无须裱竿，花期提前15～20天，获得农业农村部植物新品种权；建立一套完整的盆栽大菊品种标准化、轻简化栽培技术体系。穗条生根率达到97%，移植成活率达到95%以上，对比传统栽培技术体系，节水、节电均在30%以上，种苗清洁程度达到国际优质种苗标准，开花调控技术实现开花时间准确率达到95%以上，实现盆栽大菊高效环保的周年生产。在北京双卉新华园艺有限公司实现规模化生产12亩，2020年生产优质种苗10万株，在延庆区井庄镇建立低收入户精准帮扶点1处（2个村），带动63户农户进行盆栽大菊种植和展示，带动农民户均增收10%以上。

（赵　娣　姜佩瑄　温会姣）

【抗逆性菊花新品种筛选及高效栽培技术研发】 9月，市科委、中关村管委会支持，中国农业大学、北京双时助农花卉种植专业合作社组织实施的“抗逆性菊花新品种筛选及高效栽培技术研发与示范”课题通过专家验收。课题是2019年立项的科技世园专项课题，主要开展低温、盐渍、干旱等非生物逆境耐性的新品种选育、配套种苗繁育和栽培技术的研发以及生态景观营造模式创新。在中国农业大学培育的35个菊花新品种中筛选出适合延庆冷凉气候的抗逆性菊花新品种15个，并制定出以三圃配套为核心的种苗繁育技术规程和以花期精准调控为核心的盆花栽培生产技术规程。培育的菊花新品种直接应用于2019年世界园艺博览会的展览和装饰项目，获得特等奖1项、金奖3项、银奖1项。菊花新种苗和盆花产品在京郊多个园区进行繁育应用，抗逆性菊花新品种销至河北省、云南省、贵州省、辽宁省、宁夏回族自治区、内蒙古自治区等12个省、自治区的32个区县，推广种植面积1800余亩。

（赵　娣　姜佩瑄　温会姣）

【基因编辑创制第三代作物杂交种技术】 9月，市科委、中关村管委会支持，中国农业科学院作物科学研究所、中国科学院遗传发育研究所等单位承担的“玉米定向基因编辑技术平台构建与种质创新和新品种选育”课题通过专家验收。课题2017年立项，涵盖玉米定向基因编辑研发与服务技术平台构建、资源节约玉米新品种选育及良种良法示范推广、玉米目标性状品种遗传改良与应用示范3个课题，主要开展玉米定向基因编辑技术研究与种质创新和新品种选育工作。利用基因编辑技术的精确性，解决定点突变作物内源基因且避开创制保持系组件上同一基因的核突变活性，实现“一步法”创制雄性核不育系及其配套的保持系，从而为创制作物“底盘”杂交种的第三代杂交种技术提供新的技术途径与高效的种业开发应用方案。该技术可以拓展应用于其他细胞核育性基因的产业，也可应用于其他杂交种作物细胞核雄性不育基因种业产业。

（赵　娣　姜佩瑄　温会姣）

【玉米新品种NK815高产栽培技术】 9月，市科委、中关村管委会支持，北京市农林科学院和北京顺鑫农科种业科技有限公司承担的“京津冀玉米新品种NK815配套技术集成及大面积推广”课题通过专家验收。课题是2019年立项的科技支撑乡村振兴专项课题，主要开展玉米新品种配套高产栽培种植技术集成与示范推广工作。形成玉米新品种NK815“减父增母、父本早播、倒四叶去雄”为核心的高效制种技术规程1套，提高种子单产能力，使种子发芽率达到93%，种质达到国标一级；形成以免耕贴茬直播、单粒精量播种、抢时早播、缓释肥一次性底施、适时晚收为核心的NK815高产栽培技术规程。在北京、天津、河北等地的示范展示基地开展大型现场观摩会4场次、中小型培训观摩会96场次，累计培训种植大户及农民等5875人次，开展良种良法配套试验示范推广种植面积 206 万亩。

（赵　娣　姜佩瑄　温会姣）

【蔬菜良种与农艺融合技术研发】9 月，市科委、中关村管委会支持，京研益农（北京）种业科技有限公司、北京市农林科学院、北京农业智能装备技术研究中心共同承担的“蔬菜良种与农艺融合关键技术研究与示范”项目通过专家验收。项目 2017 年立项，涵盖主要蔬菜多抗种质创新与资源节约型品种创制、叶根菜精量播种与节水农艺结合的关键技术研究、设施果菜肥水解决方案与高效栽培农艺技术研究、良种与农艺融合的蔬菜高效生产示范基地建设 4 个课题，主要开展蔬菜良种与农艺融合关键技术研究与示范工作，建立起基于 KASP 分型检测技术的国内首个蔬菜高通量分子标记辅助育种平台，推动西瓜、大白菜基因编辑技术达到国际领先地位，利用基因编辑技术创制首例抗除草剂西瓜，选育出多种高产、抗病、营养化、品质化、功能化的蔬菜新品种。研发出集旋耕、起垄、铺膜、施肥、精量穴播等功能于一体的露地叶根菜联合作业设备，配套水肥药供给技术，实现露地大白菜生产亩用水量下降到 249 立方米以下，亩平均提高效益 550 元。开发出不同程度的智能水肥一体化装备 6 套，构建出低成本、高效节水节肥的水肥一体化灌溉策略 6 种，综合利用技术、装备与模式实现设施果菜平均亩增产效益 2267.3 元。蔬菜良种与农艺农机融合技术已在京津冀地区累计示范推广、辐射应用面积 21.6 万亩，相关研究成果获得 2020 年北京市科技进步奖一等奖、2019 年河北省科技进步奖一等奖，申请国家专利 24 项，蔬菜新品种登记 11 项，制定企业标准 1 项。

（赵　娣　姜佩瑄　温会姣）

【蛋鸡、油鸡育种关键技术研发及配套系培育】9 月，市科委、中关村管委会支持，北京首都农业集团有限公司、中国农科院等单位共同承担的“蛋鸡、油鸡育种关键技术研发及配套系培育工作”课题通过专家验收。课题 2017 年立项，涵盖鸡分子育种技术研究与应用、种鸡智能育种数据平台的研发与应用、北京油鸡肉蛋兼用型配套系培育及推广、北京油鸡肉用型配套系培育及推广、京粉蛋鸡配套系培育及推广 5 个课题。研制出国内首款蛋鸡基因芯片，且高效率、低成本，构建国内第一个蛋鸡基因组选择技术平台，平均选种准确性提高 51%，建立种鸡鱼腥味敏感基因分子育种技术、五趾性状分子检测技术、快慢羽分子标记检测方法各 1 套。通过物联网数据高效传输和数据精准分析技术结合，研制出种鸡电子标签、体重自动计量、智能终端育种信息自动采集系统各 1 套，建立种鸡智能育种管理平台，数据准确性超过 99.4%，实现种鸡身份自动识别、生长数据自动上传和育种选配自动分析。选育出北京油鸡专门化品系 9 个，培育肉蛋兼用型配套系、肉用型配套系各 1 个，并建立年饲养量 10 万套种鸡的油鸡父母代种鸡扩繁基地 2 个，油鸡肉蛋兼用型配套系和肉用型配套系商品代年供种能力分别达到 800 万只和 730 万只。选育出 3 个蛋重小的蛋鸡专门化品系，培育出“京粉 6 号”蛋鸡新配套系，年推广雏鸡 3000 万只以上。

（赵　娣　姜佩瑄　温会姣）

【2021 中国 · 平谷农业中关村创新大会举行】10 月 9—10 日，2021 中国 · 平谷农业中关村创新大会在北京金海湖国际会展中心举行。大会由平谷区政府，市农业农村局，市科委、中关村管委会，市科协，中国农业大学，市农科院，北京首农食品集团有限公司联合主办，主题为“建设农业中关村，打造农业中国芯”。设置主论坛、专家论坛、分论坛三大板块，开展启动仪式、主旨演讲、专家报告、政企交流、展览展示等 20 余场活动，包括 6 位中国科学院、中国工程院院士在内的 90 多位业内顶尖专家学者和国际国内 80 多位企业家代表出席大会，40 余位政府官员出席相关活动。北京市副市长卢彦、农业农村部总农艺师曾衍德等领导和专家为大会致辞。农业中关村产业联盟在会上成立，联盟由中国农业大学、北京京瓦农业科技创新中心、启迪控股股份有限公司等 8 家农业科技领域重点科研院校、企业共同发起成立。

（申峥峥）

【世界粮食日主会场活动举办】10 月 13 日，北京市世界粮食日和全国粮食安全宣传周主会场活动在密云区金樱谷农场举行，活动由市粮食和储备局，市农业农村局，市科委、中关村管委会，市教委，市妇联和密云区政府联合主办。2021 年世界粮食日的主题是“行动造就未来。更好生产、更好营养、更好环境、更好生活”，全国粮食安全宣传周主题是“发展粮食产业　助力乡村振兴”。活动参观溪翁庄镇基本农田保护基地；北京市粮食和物资储备局负责人进行主题发言并宣布北京市经济管理学校为第三批全国粮食安全宣传教育基地；与会人员一起参加农场旱稻开镰仪式。市、区有关部门、企业代表、师生代表 100 多人参加主会场活动。

（赵　娣　姜佩瑄　温会姣）

【科技帮扶资源服务平台助力脱贫】2021 年，在市科委、中关村管委会支持下，北京市农林科学院、北京农学院和北京农业职业学院开展三院合作，围绕京郊低收入村开展科技帮扶与产业培育，通过平台资源聚集、人才帮扶培训、产业发展对接、e站示范带动等，开展科技帮扶工作。搭建精准科技帮扶服务平台，完成234个京郊乡村的村数据库构建，整合科技帮扶成果276项、特色产业合作组织与村企64家、农业专家265名，特色产品资源190个；研发完成低收入村科技帮扶工作台账、APP及科技帮扶“一张图”管理平台，实现低收入村科技帮扶的动态跟踪管理、数字化管理、可视化管理及生产经营情况分析等功能；构建网络咨询服务机器人系统及科特派e站精准帮扶系统和APP，搭建110个线上科特派e站平台，包含农业品种、种植技术、养殖技术等数据资源，开展远程专家指导及系统技术问答服务30 000余人次。同时，开展人才帮扶对接工作，为低收入村培育新型农民、农技员等230人，推动电商与23个低收入村合作组织、基地、村集体建立产销对接。现代农业科技帮扶平台及成果示范应用与服务面积2万余亩，辐射带动农户6万余人。

（赵　娣　姜佩瑄　温会姣）

【科特派创新创业服务】2021年，市科委、中关村管委会推进科技特派员服务农村创新创业与脱低富农，整合科技、信息、资金、管理等现代生产要素，深入农村基层一线开展科技创业和服务。依托北京科特派在线服务平台开展技术咨询服务，通过电话、网站、移动通信、QQ群、手机APP等多种通道和途径，服务各项咨询问答7.5万人次以上，解决各类重点技术问题1500余个；线上举办疫情防控、农技问答等专家咨询课程和北京农业科技大讲堂网络直播活动30期，8.9万余人次收听收看，用户覆盖京津冀和全国相关省市。

（赵　娣　姜佩瑄　温会姣）

【乡村振兴科技示范村建设模式探索】2021年，市科委、中关村管委会通过对京郊10个乡村振兴科技示范村建设的调研，总结建设经验，设计出以科技创新驱动发展为支撑、产业为载体、人才为根本、生态为基础、治理为内核、文化为拓展的北京乡村振兴科技示范村总体路径，提炼出以“科技＋创新转化”“科技＋产业融合”“科技＋生态发展”“科技＋人才教育”“科技＋乡村治理”的可规划、可操作、可落地的“1+5”典型乡村振兴科技示范村建设模式。

（赵　娣　姜佩瑄　温会姣）

【北京·京瓦农业科技创新中心建设】2021年，平谷农业中关村取得阶段性成果，形成以峪口镇为核心区、平谷全域为拓展区、京津冀为辐射区互利共促的总体布局。北京·京瓦农业科技创新中心已投入运营，京瓦中心、新希望、中智生物农业国际研究院等8家单位已入驻运营；国家现代农业畜禽种业产业园基本建成，首农等9家龙头企业进驻，已建成大伟嘉等15个畜禽种质基地，另有北京油鸡等7个畜禽种质基地正在建设中，初步形成鸡、鸭、猪、牛4类畜禽品种为主导种业的全国畜禽品类的国家级产业园。

（赵　娣　姜佩瑄　温会姣）

文化科技

【概述】2021年，市科委、中关村管委会紧跟北京文化中心、国际交往中心和国际科技创新中心建设及世界领先的科技园区建设的新形势、新要求，以设计之都建设为抓手，围绕提升产业创新、深化合作、人才发展、城市建设和市民参与等方面，支撑政府计划，组织开展设计领域创新能力提升课题，聚焦设计领域专业服务能力提升，关注以设计创新推动城市科技发展，围绕城市副中心、东城区建设需求，提出打造应用场景，助力北京冬奥场馆及赛事设施建设，推动绿色低碳发展；组织开展北京工业设计促进专项实施、北京市设计创新中心认定，累计认定北京市设计创新中心245家；组织设计品牌活动，承办北京国际设计周，组织设计之旅活动，分会场遍布全北京，组织展览、论坛、工作坊等 300 余场创意设计活动，举办第三届北京市设计创新人才高级研修班，营造良好的人才发展环境；结合设计之都品牌及联合国教科文组织创意城市网络资源，加强网络成员城市交流，参与全球设计创意领域治理，参加联合国教科文组织创意城市网络中国候选城市、设计之都候选城市评估，提升北京设计之都的国际影响力，助力北京设计产业高质量发展。

持续促进文化科技融合，推进文化科技场景落地。“故宫以东・城市盲盒”落地东方新天地，成为网红打卡地；“非遗 + 老字号”智能服务终端完成开发，线下体验馆落地鲜鱼口、景泰蓝博物馆等地；“台湖舞美国际论坛”于 9 月 28 日开幕，台湖数字舞美平台上线。提升文化科技创新力，形成超高清视频智慧融媒体平台、全媒体版权大数据监测与分析服务平台等创新成果，培育形成数字出版、智慧旅游等新型业态，推动构建虚拟演艺云平台、基于区块链的版权保护平台等文化科技场景。推动文化和科技融合示范基地建设，故宫博物院、北大方正等 6 家机构被认定为第四批国家文化和科技融合示范基地，居全国首位。市委宣传部研究形成《北京市市级文化和科技融合示范基地认定管理办法》，加强对基地的认定和管理。

营造科幻产业发展氛围。承办 2021 中国科幻大会，举办科幻产业新技术新产品展览和北京科技周（科幻分会场）；在中国科幻大会、北京科技周、北京国际电影节、北京国际设计周期间召开 8 场主题论坛。培育科幻产业发展关键技术，支持开展“基于计算成像技术的多相机阵列和动态建模算法研究及设备研发”“人工智能数字人引擎技术研发及应用示范”等并应用于科幻作品创作。加强科幻产业及元宇宙研究，制定《北京市促进科幻产业发展 2022—2023 年工作方案》，编写《促进北京科幻产业发展研究报告》。2021 年，北京市规模以上文化产业收入约 1.76 万亿元，比 2020 年增长 17.5%；利润 1429.4 亿元，比 2020 年增长 47.5%；从业人员约 64 万人，比 2020 年增长 4.8%；其中新闻信息服务领域收入最多，为 5124.9 亿元，文化娱乐休闲服务领域收入同比增长最快，为 38.5%，内容创作生产领域利润收入最高，为 1131.8 亿元。北京市文化高新技术企业超过 3000 家，集聚全国 1/5 百强网络新媒体，1/4 互联网出版单位，拥有北京四达时代软件技术股份有限公司、北京蓝色光标数据科技股份有限公司等一批全国文化科技领军企业及北京快手科技有限公司、字节跳动有限公司等一批以服务文化产业为主的科技型企业。

（苏　颖　曲俊燕　李新媛）

【设计对接北京磁通设备制造有限公司】1 月，北京工业设计促进中心组织专家对接通州商务区聚龙产业园，帮助生产企业向研发和科技服务转型升级。通过对接北京磁通设备制造有限公司，将人工智能引入铁路机车的大型维修设备生产机构，解决传统制造业产业升级和存量空间的再定义需求，实现设计与研发的对接，把人、数据和机器连接起来，结合人工智能和区块链数据收集分析，为产品实现自我数据的计算，适应整个铁路路网互联网的技术需求，引领行业由机械检测向人工智能的转型升级。

（栾一丞）

【搭建大运河文化遗产遥感监测系统平台】2 月 2 日，由市科委、中关村管委会支持，中国科学院空天信息创新研究院、北京市测绘设计研究院承担的“中国大运河（北京段）文化遗产遥感监测系统平台研发”课题通过专家验收。课题 2019 年立项，是建设设计之都促进文化科技融合（科研）专项课题，由北京工业设计促进中心负责组织管理。课题围绕大运河（北京段）文化带数字化保护现实需求，从史鉴、遥看、数说、创意 4 个维度开展大运河景观廊道文化遗产数字存档、虚拟重建、动态监测与利用评估全链条关键技术研发；提出景观、水质和微变 3 类遥感监测评估指标；完成大运河沿线 23 处遗址实景三维建模与 15 处古运河场景三维虚拟重建；生成元、明、清，20 世纪 20—40 年代、50—60 年代、70—80 年代，20 世纪 90 年代—21 世纪初大运河廊道历史数据集；实现半年度更新频次的大运河（北京段）水环境、生态景观、古建与微变的遥感监测与综合评估；研建运河遗产数字化展示与遥感动态监测平台。成果落地推广应用重点聚焦文化遗产、水质监测、科普宣传 3 个方面。

（王露菲）

【北京东城文化发展研究院成立】2 月 8 日，北京东城文化发展研究院成立仪式在东城区举行。众多文化领域领军人物、专家、学者参与。东城区委、区政府聘请中国文物学会会长、故宫博物院原院长单霁翔担任院长及清华大学教授吕舟、北京大学教授李国新、中国人民大学教授宋洋洋、北京师范大学教授肖向荣等担任副院长。北京东城文化发展研究院致力建设中华文化展示重要窗口，通过挖掘古都文化丰厚内涵，构建面向国际的文化传播格局，推动古都文化与现代文明交融发展。其主要职能是发起高规格文化论坛，聚焦项目孵化、品牌推广、创意设计、文化交流、形象展示和信息发布等。聘请的首批专家包括中央财经大学文化经济研究院院长魏鹏举、北京文创研究院院长奚大龙等研究学者代表，国家博物馆党委书记单威、国家话剧院艺术总监戈大立、中国美术馆党委副书记张百成、北京人民艺术剧院副院长冯远征等文化机构代表，新华社北京分社总编辑李斌、商务印书馆涵芬楼常务副总经理张乐天、爱奇艺首席内容官王晓晖等文化传媒、互联网企业代表，以及保利文化集团公司党委书记蒋迎春、嘉德投资控股有限公司董事总裁寇勤等文化企业代表。

（刘　明）

【城市副中心加快新场景建设行动方案发布】3月31日，市科委、中关村管委会与通州区政府联合发布《北京城市副中心加快新场景建设行动方案（2021—2023年）》。《行动方案》以习近平新时代中国特色社会主义思想为指导，以推进技术创新、强化产业带动、服务企业发展和提升城市品质为目的，提出三年行动目标，布局特色区域综合应用、城市治理提升和产业升级示范三大类共12项重点任务，并明确保障措施。其中，特色区域综合应用类任务包括科技张家湾设计小镇、数字城市绿心、智能环球影城等；城市治理提升类任务包括数字化社区、智慧交通、智慧医疗、智慧教育4项任务。产业升级示范类任务则要建设产业升级示范应用场景，推动工业互联网技术、智能工厂和数字化车间等示范应用。

（曲俊燕）

【城市副中心首批应用场景建设项目发布】3月31日，市科委、中关村管委会与通州区政府联合发布2021年城市副中心首批5项应用场景建设项目。分别为：智慧文旅区、行政办公区自动驾驶摆渡服务、绿心公园智慧化游览、智慧产业园区项目、科技周活动。这是城市副中心探索通过引入市场机制，挖掘场景主体需求、企业技术需求的首次尝试，通过合作开发、合作运营的模式，吸引企业发挥市场主体作用，参与城市副中心新场景建设，推动构建城市副中心数字经济新生态。

（曲俊燕）

【城市副中心首批企业应用场景建设能力清单发布】3月31日，市科委、中关村管委会与通州区政府联合发布2021年城市副中心首批企业应用场景建设能力清单，让社会各界对城市副中心企业的创新能力有更好的了解，从而为这些企业创新技术的应用创造更多场景机会。首批发布的5家企业分别为：致力工地建设管理全流程数字化的北京地厚云图科技有限公司、专注于区块链技术平台应用的北京天成通链科技有限公司、深耕物联网技术应用的罗克佳华科技集团股份有限公司、通过大数据和云计算技术赋能城市运行管理的国富瑞数据系统有限公司、可以提供高质量多国语言交互赋能的传神联合（北京）信息技术有限公司。

（曲俊燕）

【基于显微成像技术的非接触式老唱片数字化研究及应用】3月，市科委、中关村管委会支持，中科汇金数字科技（北京）有限公司承担的“基于显微成像技术的非接触式老唱片数字化研究”课题通过专家验收。课题通过唱片音槽扫描线阵式灰度电荷耦合元件（CCD）显微成像系统，搭建图像信号灰度转换成音频文件的转换编码系统平台。成果自2020年11月开始应用于华韵文化科技有限公司“中国音网”等数字化项目中，同时也广泛运用在老唱片数字化项目中，如中央宣传部出版局“中华民族音乐传承出版工程数字化修复项目”以及中国音乐学院“老唱片物理保存项目”。

（曲俊燕　王露菲）

【城市副中心首个数字多媒体实景影视基地落户张家湾】6月6日，在通州区科委、北京工业设计促进中心支持下，城市副中心首个以数字媒体实景拍摄为主题的实景影棚——朋湃空间落户通州张家湾潞通洪运科技文化园。朋湃空间以“科技＋设计”为定位，将影视科技和文化设计相结合，融合视听语言，适用于影视传媒、互联网直播、数字出版、动漫游戏、移动阅读、虚拟/增强现实沉浸式体验等创新领域，在影视全产业链创新生态圈的构建基础上，针对影视上下游相关企业及文化创新企业开通绿色通道，为科技初创型企业提供“投、融、孵、易”一站式服务。

（栾一丞）

【参与创意城市网络城市评选】6月，应中国联合国教科文组织全国委员会邀请，市科委、中关村管委会派员赴教育部参加中国创意城市申报座谈会，担任现场评委并参与联合国教科文组织创意城市网络（UCCN）中国候选城市评估工作，评出2021年度推荐的候选城市。9月，市科委、中关村管委会会同北京工业设计促进中心按照教科文组织要求开展2021年度创意城市网络设计之都候选城市评估工作，为卡塔尔多哈、土库曼斯坦阿什哈巴德、新西兰旺加努伊、葡萄牙科维良、马来西亚乔治市、泰国清莱6个城市的申请材料评分。截至2021年，创意城市网络共有来自80余个国家的246个成员城市，其中有

40 个设计之都，卡塔尔、土库曼斯坦和马来西亚均为首次申报创意城市。

（苏　颖　王露菲）

【《创意可持续发展指标体系研究报告》编制完成】6 月，联合国教科文组织国际创意与可持续发展中心完成《创意可持续发展指标体系研究报告》中英文版的编制工作。《报告》以创意城市网络会员城市为研究对象，通过数据定量分析、定性描述以及案例综述的方式，对创意城市促进可持续发展目标的路径进行总结和归纳；对城市的文化吸引力、文化环境、UCCN 执行力等指标进行梳理和验证。《报告》构建 3 个维度的创意可持续发展指标体系，即创意经济、文化吸引力和文化环境、UCCN 执行力，旨在进一步强调创意城市对中小型城市可持续发展的重要意义，以及创意城市对 2030 年可持续发展目标实现的积极作用。

（王露菲）

【利亚德助力《伟大征程》舞台】7 月 1 日，庆祝中国共产党成立 100 周年文艺演出《伟大征程》在国家体育场（鸟巢）举办。利亚德光电集团为演出提供近 10 000 平方米视效显示设备及全套播控系统，包括舞台主屏幕 5133 平方米，舞台两侧的旗帜状侧屏 2300 平方米，翻板地屏和旋转屏 700 平方米，以及直径 16 米的巨型党徽和 100 面自由鼓的网幕屏，同时结合投影、虚拟拍摄等技术，将整个鸟巢打造成超大沉浸式剧场。

（孙树昆）

【第一本创意与可持续发展研究报告出版】7 月，联合国教科文组织国际创意与可持续发展中心联合社会科学文献出版社出版第一本创意与可持续发展年度研究报告《创意与可持续发展研究 No1：创意经济与城市更新（2019—2020）》，中文版 11 万字，英文版 13 万字。主题报告部分梳理创意城市、创意经济和可持续发展的理论，简析创意经济对创意城市网络 31 个城市在可持续经济增长、体面就业等方面的贡献。专题报告由中国科学院地理科学与资源研究所、北京城市规划设计研究院、清华大学建筑学院城市规划系、法国阿维尼翁 OFF 戏剧节传承人等专家组织撰写，从城市更新、历史名城的旧城改造、文化创意赋能等方面呈现创意经济在城市更新中的作用。

（王露菲）

【基于深度学习技术的传统文化移动媒体传播体系研发完成】8 月 19 日，市科委、中关村管委会支持，麒麟合盛网络技术股份有限公司和五洲传播出版传媒有限公司联合承担的“基于深度学习技术的传统文化移动媒体传播体系研发与应用”课题通过专家验收。课题是 2019 年的北京科技计划项目，由北京工业设计促进中心组织管理。课题完成用于欧盟、美国、巴西、智利、印度等国家和地区用户身份识别的机器深度学习模型，涵盖海外用户识别方法、应用程序推荐方法、活跃用户数预测方法等关键技术研发，实现数据存储故障自动容灾。搭建面向传统文化及丝路文化的国际传播平台，适配不同品牌型号的智能移动终端，包括华为、小米、三星、苹果等 32 款机型；开发 APUS Browser、APUS Launcher、APUS Security 等海外传播媒体产品。课题已与海淀区文化创意产业协会开展合作，发挥海淀区文化创意产业协会及其会员单位在海淀区的平台优势和资源优势，围绕古都文化、京味文化、海淀区特色文化等主题，进一步丰富平台的传统文化内容。

（王露菲　苏　颖）

【郎朗工作室落地台湖舞美艺术中心】8 月 20 日，郎朗工作室在台湖舞美艺术中心成立，入驻台湖演艺小镇。国家大剧院院长王宁与郎朗共同为工作室揭牌。作为首位入驻台湖演艺小镇的国际钢琴大师，郎朗表示，未来以工作室为依托，通过举办大师课等多种形式的公益性艺术普及活动，让城市副中心的观众感受到古典乐的魅力；邀请更多国际音乐大师来这里开展工作和文化交流，以台湖演艺小镇为桥梁，打造国内外音乐艺术交流的平台。

（曲俊燕）

【液晶显示器绿色仿真设计推动绿色低碳发展】8 月，市科委、中关村管委会支持，冠捷显示科技（中国）有限公司承担的“液晶显示器绿色仿真设计与制造系统研发及应用”项目通过专家验收。项目是 2020 年的北京科技计划项目，由北京工业设计促进中心组织管理。主要研发液晶显示器绿色产品模流分析仿真技术、智能制造数字化管理模块，搭建液晶绿色设计系统与制造示范线平台，形成以低功耗、循环利用为核心的平板显示装置绿色产品，推动企业提高能源利用率、降低污染物产生量，推进生产制造工艺转型升级，实现绿色循环低碳发展。

（王露菲　苏　颖）

【新能源汽车座舱人机交互设计】8 月，市科委、中关村管委会支持，北京汽车股份有限公司承担的“新能源汽车座舱人机交互设计体系构建及虚拟验证平台搭建”项目通过专家验收。项目是 2020 年的北京科技计划项目，由北京工业设计促进中心管理。主要研发智能网联汽车座舱人机交互设计体系，形成涵盖汽车车机、仪表及其他人机交互模块的信息分级、操作、文字、主次任务相关的人机交互参数化指标，搭建虚拟验证平台，为一款新能源SUV车型座舱车机系统的开发及平台测试提供交互设计规范和测试平台，推动了新能源汽车新产品开发。

（苏　颖　王露菲）

【设计助力提高生化免疫检测效率】 8月，市科委、中关村管委会支持，京东方科技集团股份有限公司承担的“基于微流控技术的快速检测设备设计研发”项目通过专家验收。项目是2020年的北京科技计划项目，由北京工业设计促进中心管理。主要基于人体工程学设计理念与微流控设计技术，研发生化/免疫多功能检测系统，搭建血糖、血脂四项及炎症四项一体检测平台，实现在一台免疫生化检测设备上完成血糖、血脂四项及炎症四项的检测功能，实现样本加入后处理、反应、检测、分析、统计、数据传输功能全流程的自动检测，完成“样本进，结果出”的全自动便携化一体机的研发，有效地提高生化免疫检测的工作效率。

（王露菲　苏　颖）

【北京国际电影节科幻电影制作论坛举行】 9月27日，由市科委、中关村管委会主办的北京国际电影节科幻电影制作论坛在北京首钢园举办。论坛以“高新技术赋能科幻电影制作升级”为主题，邀请中国电影科学技术研究所、北京电影学院、华为技术有限公司、华强方特文化科技集团股份有限公司等单位的专家，结合超高清、云计算、人工智能等新技术在拍摄、后期、剪辑、特效制作等电影制作环节的广泛应用，从新技术应用对电影制作的整体影响、新技术带给传统影视制作机构的机遇与挑战、新技术赋能电影案例分析等层面，共同探讨科幻电影的未来发展与变革之路。中央广播电视总台、中国艺术报、中国电影科技网、中国新闻出版广电报等10余家媒体对论坛进行报道。

（王郅媛　李新媛）

【台湖舞美数字场景启动试运行】 9月28日，在2021台湖舞美国际论坛上，国家大剧院台湖舞美数字平台上线，标志着台湖舞美数字场景启动试运行。平台由市科委、中关村管委会支持，立足发挥国家大剧院舞美制作核心优势和台湖舞美艺术中心在台湖演艺小镇建设中的重要作用，推动打造舞美行业数字应用场景，构建包括“一库一平台一中心”的舞美数字平台，即舞美资源数字化管理库、舞美资源展示交流平台、舞美资源数字化沉浸式体验中心。正式运行后，数字平台逐步聚合领域内剧院剧场、企业机构、独立设计师及相关舞美从业人员，提供数据采集、资源存储、专业信息展示平台，以国家大剧院台湖舞美艺术中心为基点，面向行业推动舞美人才、机构、企业、资源等线下互动与线上汇集，助力台湖演艺小镇建设。

（曲俊燕）

【2021台湖舞美国际论坛举办】 9月28—29日，由北京国际设计周组委会、国家大剧院、中国舞台美术学会共同主办的2021台湖舞美国际论坛在国家大剧院台湖舞美艺术中心举办。论坛以“数字化与舞台艺术”为主题，邀请国家大剧院、中国舞台美术学会、中央戏剧学院、上海戏剧学院、中国戏曲学院等机构200余名国内外专家、设计师、学者，聚焦舞台剧目创作、演出、剧场管理运营等全流程，理论与实践结合，展开研讨和交流。论坛采用线上线下相结合方式，除设在台湖舞美艺术中心的主会场外，同时设置16个以视频会议形式参会的分会场，开幕式及主旨发言环节在国家大剧院古典音乐频道及多家网络平台同步直播。本次舞美论坛特点为引领性、国际性、学术性、创新性、开放性，从专家角度解读数字化给舞台艺术带来的机遇和挑战，为国内外舞美行业交流搭建合作平台，分享最新科技与艺术完美结合的经验与成果，引导专业性数字化舞美行业发展方向。

（曲俊燕）

【科幻产业新技术新产品展览举办】 9月28日—10月5日，由市科委、中关村管委会主办的2021年中国科幻大会沉浸式科幻产业展“科幻·共同体”在北京首钢园展出。三大展区集合北京33家单位的39个相关新技术新产品，展示了前沿技术与科幻产业发展成果，包涵了人工智能技术、网络及运算技术、物联网技术、区块链技术、交互技术、数字孪生、航空航天、科幻电影工业制作等围绕科幻产业底层及应用技术。展览累计参观人数7000余人次，接待团体13个。

（王郅媛　李新媛）

【张家湾设计小镇数字人民币应用场景建设启动】 9月，张家湾设计小镇数字人民币应用区域场景启动会在中国银行总行举行。中国银行总行321工程办公室（数字人民币运营机构）、中国银行北京市分行、中国电信、中国联通、通州区相关单位和企业参加。会上，与会单位就张家湾设计小镇数字人民币应用区域场景建设达成一致意见：打造数字人民币全场景覆盖示范园区，以设计小镇创新中心、未来设计园等为启动园区，落实食堂就餐、园区购物等人员消费场景，建设引入园区停车、车辆充电等设备系统，同步对接会议管理、物业管理等系统平台，力争打造数字人民币标杆示范园，并逐步完善覆盖设计小镇各园区；建设数字人民币应用及前沿"黑科技"展示基地，以可信中心为依托，完成数字人民币展厅建设，汇集数字人民币政策、技术、应用及前沿规划等内容，集中展示数字人民币便捷兑换设备、可穿戴终端等应用工具、场景管理系统等各类成果，并呈现数字人民币与 5G 融合和芯片嵌入等"黑科技"产品、区块链技术等底层架构、车联网和物联网等产业赋能最新进程和成果；推进数字人民币城市副中心全域全员普惠进程，围绕自贸区、环球主题公园和运河旅游、金融服务、绿色生态、社会治理等重点工程，推广数字人民币全域全员普惠应用。

（曲俊燕）

【设计周主题展览举办】10 月 1 日，2021 北京国际设计周主题展览在中华世纪坛艺术馆开幕。展览以"理念践行 守正创新——国家形象艺术设计成果邀请展"为题，通过近 50 件实物展品和 100 多幅图片，按照"大国庆典""功勋表彰""彰显时代""大事纪念""主场外交""礼仪之邦" 6 个部分，从当代设计的视角向公众展示设计力量在树立国家形象方面做出的重大贡献。由清华大学美术学院主办的"艺奥融合 体美共育——中国奥林匹克艺术与设计展"同期开展。开幕活动上举办经典设计奖铭牌镶嵌仪式，市国有文化资产管理中心负责人为 2020 经典设计奖获奖项目"第 29 届奥林匹克运动会主视觉系统"铭牌揭幕。

（申峥峥）

【全媒体版权大数据监测与分析服务平台验收】12 月 17 日，市科委、中关村管委会支持，中国科学院自动化研究所、北京中视瑞德文化传媒股份有限公司和首都版权产业联盟承担的"全媒体版权大数据监测与分析服务平台研发及应用"课题通过专家验收。课题是 2020 年立项的科技服务与文化设计创新平台专项课题。构建一个全媒体版权大数据智能监测与深度分析平台，面向社会开展全媒体全网版权侵权监测、版权价值评估以及传播影响力分析等服务，推进版权大数据产业应用，促进数字版权管理与服务模式创新。面向新闻、影视、体育、综艺、自媒体、动漫、游戏等文化产品的版权内容，智能采集涵盖 PC 端 / 移动端 /OTT 等，日采集能力达亿级规模，采集与管理系统支持千万级以上版权资源存储，监测与分析系统日分析处理数据能力达亿级，监测范围覆盖百家以上互联网平台。

（陈　晏　代　畅）

【蓝色光标与百度希壤达成战略合作】12 月 27 日，百度战略级大会 Create 2021（百度 AI 开发者大会）在百度希壤虚拟空间中开幕，希壤在内测后正式面向所有用户开放，成为元宇宙首个可以容纳 10 万人同屏互动的超级会场。会上，国家文化和科技融合示范基地企业北京蓝色光标数据科技股份有限公司与百度希壤达成战略合作，双方将共同推动元宇宙技术与营销的有机融合，以希壤虚拟空间为基石，助力品牌方在元宇宙时代与消费者建立新连接、开拓新场景，赋能营销形态进化。基于合作，双方将携手在希壤虚拟空间的核心区域打造一座蓝色光标专属建筑。该建筑将作为蓝色光标元宇宙营销的标杆示范基地，提供包括虚拟人、虚拟直播、虚拟发布会、虚拟产品等多种营销的制作、创策、执行全链路服务。

（曲俊燕）

【提交设计之都监测报告】12 月，市科委、中关村管委会向联合国教科文组织创意城市网络秘书处提交 2018—2021 年北京设计之都监测报告英文稿。报告包括综述、基本信息、对网络全球治理做出贡献、地方层面实现创意城市网络宗旨的主要举措、通过城市间和国际合作实现创意城市网络目标的主要举措、4 年中期行动计划、科学抗疫——应对新冠挑战的北京做法 7 部分内容。

（苏　颖）

【传神联合入驻城市副中心运河商务区】2021 年，人工智能语言服务商传神联合（北京）信息技术有限公司第二总部项目落户城市副中心运河商务区，打造全球多语言信息处理中心，搭建智能语音产业生态系统，并已完成工商注册，注册资金 5000 万元。传神联合（北京）信息技术有限公司为新型语言信息服务公司，综合运用人工智能、大数据、互联网等前沿技术，为企业及用户提供基于场景的多语信息服务，拥有 2000 余家大型企业客户、10 万余家中小型企业客户。

（曲俊燕）

【漷县文化健康小镇大健康产业发展】2021 年，作为城市副中心 9 个特色小镇之一的漷县镇，围绕医药健康产业集聚区建设，构建以健康服务全产业链为主导、以文化旅游全产业链为特色的高精尖经济结构，初步形成以重大医疗项目为引擎、上市企业为龙头、产业园为平台的"医－教－研－养－康"全产业链格局。一方健康谷作为漷县镇打造文化健康小镇的首发项目，是城市副中心着重打造的医疗健康智慧园区，建设用地 108 亩，总建筑面积 13.7 万平方米，建设20栋独栋建筑，总投资8.9亿元，包含国家级重点实验室、大健康产业孵化器、人才公寓等。截至2021年，一期12栋建筑已完成，有意向入驻的高科技企业35家，明确入驻的企业12家。配套北京大学人民医院通州院区、北京卫生职业学院通州院区、副中心养老院等公共服务设施；有生物医药、高性能医疗器械等行业企业35家，其中甘李药业股份有限公司、北京市春立正达医疗器械股份有限公司、北京福元医药股份有限公司等规模以上企业13家。

（曲俊燕）

【Cortex高端人才入驻张家湾设计小镇】 2021年，Cortex人工智能和区块链技术实验室团队入驻张家湾设计小镇。10月，实验室团队完成在张家湾设计小镇注册登记工作。Cortex是第一个支持人工智能模型的上链与执行的去中心化人工智能区块链平台，其核心技术团队由来自清华大学、卡耐基梅隆大学、哥伦比亚大学等的加密货币专家与在Kaggle和KDD排名前1%的人工智能专家等组成，理解人工智能和区块链行业，以及矿池、加密钱包和智能合约等新概念。2020年底，北京工业设计促进中心组织Cortex人工智能和区块链技术实验室团队与通州区科委对接区块链、人工智能技术，并将美国卡内基梅隆大学及加州州立大学人工智能领域的高端人才引入通州。

（栾一丞）

科技冬奥

【概述】 2021年，按照习近平总书记关于“简约、安全、精彩办赛”的指示精神，市委、市政府以高度的政治责任感，将全力筹办好北京2022年冬奥会、冬残奥会作为北京的“三件大事”之一，并将科技冬奥摆在“全力以赴做好各项筹办工作”的重要位置。市科委、中关村管委会充分发挥北京科技资源丰富的优势，调动高校院所、企业积极性，在狠抓科技支撑保障的同时，加强科技成果示范应用，做好冬奥科技成果展示和推广，推动新产业、新业态发展，将冬奥会作为展示北京国际科技创新中心建设成果的重要契机。

（闫晓艳）

【中国花样滑冰AI辅助评分系统1.0产品发布】 1月21日，西山智汇活动——花样滑冰AI辅助评分系统1.0发布仪式暨2.0战略合作启动仪式在石景山区举办。中国花样滑冰协会、北京团市委等单位有关负责人及相关企业的代表参加。中国花样滑冰协会和中关村数智人工智能产业联盟联合发布中国花样滑冰AI辅助评分系统1.0产品。产品是双方根据中国花样滑冰运动员使用需求、场景应用需求共同打造的AI+虚拟现实解决方案，运用计算机视觉技术算法与深度学习，可对运动员的整体运动轨迹进行实时追踪，根据专业评分标准，对视频数据的人体骨骼、形体动作进行捕捉识别，从而实现稳定性可视化的比赛评判。

（李建玲　李　鹤）

【第十三届全国制冰机产业研讨会举办】 4月8日，由中国制冷学会、北京制冷学会共同主办的“立足低碳环保 打造绿色冬奥暨第十三届全国制冰机产业研讨会”在上海举办。与会专家围绕北京2022年冬残奥会“绿色办奥”理念，结合“30·60”碳目标，就目前场馆试调试运行及测试赛情况分别做题为《冬奥滑雪场索道系统实时监测方法研究》《冰上运动场馆热湿环境营造》《环境条件对人造雪的影响》《氨制冷系统应用在冬奥项目后的思考和反馈》《丹佛斯助力绿色冬奥国家雪车雪橇中心》的报告，并回答现场提问。来自科研院所、企事业单位、大专院校的工程技术人员60余人出席。

（崔家墅）

【设计支撑冬奥会延庆赛区场馆及赛事设施建设】 5月，市科委、中关村管委会支持，北京市测绘设计研究院、中国建筑设计院有限公司、北京北控京奥建设有限公司承担的“北京2022冬奥会延庆赛区场馆及赛事设施设计支撑技术研究及应用”项目通过专家验收。项目2017年立项，主要开展室外三维与大型复杂BIM一体化集成技术、雪车雪橇中心场馆及赛道设计技术、高山滑雪场馆（群）场地适应性评价关键技术等研究，支撑延庆赛区规划、高山滑雪场馆、雪车雪橇中心的设计攻关，建立多源测绘与建筑设计信息集成与共享平台，为冬奥会延庆赛区场馆及赛事设施设计提供基础数据信息，支持全生命周期赛事场馆的规划、设计、建设、管理及运维，形成相关的导则、标准，为国内后续室外大型赛事场馆的设计建设提供参考指导。

（苏 颖 王露菲）

【智慧冬奥检测实验室一期建设完成】 8月18日，智慧冬奥检测实验室一期建设通过市科委、中关村管委会组织的专家验收。为做好北京2022年冬奥会和冬残奥会信息系统软件质量保障工作，北京2022年冬奥会和冬残奥会组织委员会与市科委、中关村管委会按照合作宗旨，坚持共建共享原则，调动各自优势资源，依托北京软件产品质量检测检验中心，共同建设智慧冬奥检测实验室。实验室包含智慧冬奥检测平台（上地）、智能产品检测平台、智慧冬奥管理平台、智慧冬奥安全防控平台、智慧冬奥产品展示平台和智慧冬奥检测平台（首钢）六大平台。实验室一期建设自2019年开始，历时2年，实行边建设、边运行、边服务的模式，为北京2022年冬奥会和冬残奥会信息系统提供全过程质量保障、检测咨询、第三方检测以及检测培训等服务。

（林青霞）

【多项冬奥技术成果在中关村论坛首次展示】 9月，由市科委、中关村管委会部署科技冬奥专项的多项技术成果在中关村论坛首次展示。冬奥手语播报数字人系统是基于悟道2.0超大规模预训练模型的首次实际场景应用，其间得到人民网、新华社、中央广播电视台等167家媒体的关注和报道，共发布报道339篇（含转发）；“精细化气象预报技术”在论坛的前期准备、现场彩排、开幕式和主论坛期间提供精细准确的局部天气预报信息，特别是针对24日下午到晚上的关键节点，提供每2小时更新的精确气象预报，支撑论坛的顺利举行；本次论坛为嘉宾、工作人员、媒体记者和志愿者等提供500余个可更新、个性化的数字胸牌，体现无纸化、可重复利用的特点，充分契合“智慧·健康·碳中和”的主题；“智能拍摄与云转播系统”作为专场科技冬奥板块驻足点，向国务院副总理刘鹤、北京市委书记蔡奇等领导展示高速目标跟踪拍摄、5G信号回传、“云上”导播制作，以及沉浸式观赛的“采编播”全流程端到端系统，体现北京市科技冬奥创新成果的技术水平和相关产业的带动。

（闫晓艳）

【速度滑冰中国公开赛上测试新技术】 10月25日，落实市长陈吉宁批示要求，市科委、中关村管委会与冬奥组委技术部、速滑馆和技术方进行对接，组织专家对在速度滑冰中国公开赛上应用的9项技术开展应用情况评估。经评估，初步认为360°超高清全景监视系统等4项技术已具备赛时应用条件。

（闫晓艳）

【冬奥会氢燃料电池客车碰撞试验】 10月28日，北汽福田汽车股份有限公司、清华大学和北京市产品质量监督检验院项目组在国家汽车质量监督检验中心开展冬奥会氢燃料电池客车碰撞试验。此次试验是国内首次针对氢燃料电池客车进行的专项碰撞试验，试验车辆为福田欧辉70兆帕氢燃料电池客车，是北汽福田为北京2022年冬奥会专项开发的最新一代燃料电池客车产品。碰撞试验采用重达1.4吨的移动壁障以53千米/时的速度撞击福田欧辉70兆帕氢燃料客车最薄弱的氢瓶舱侧面氢系统加注侧舱门。该试验标准高于国家标准中检验锂离子动力电池客车碰撞安全的要求。经过坐标测量和压力测量双保险方法，项目组判定该车辆未出现氢燃料泄漏情况，完全符合各项安全指标。

（张立乔）

【评估梳理科技冬奥技术成果清单】 10月，深入贯彻实施“科技冬奥（2022）行动计划”，以科技冬奥为主线，市科委、中关村管委会围绕本届冬奥会及城市运行中的475项技术成果的先进性、成熟度和可行性进行评估，以6个维度23项指标体系为工具，共组织专家161人次分2轮对技术进行数据清洗、分类和评估评价，在此基础上撰写《科技冬奥技术清单及应用场景分析》工作报告。其中2项防疫技术被市政府确定为防疫必选手段，其余技术作为赛时优先推荐使用技术和宣传亮点向宣传部门、各市级单位、各区、场馆，以及河北省进行推荐。

（闫晓艳）

【完成冬奥交通专项测试】 11月3日，北京2022年冬奥组委组织北京公交集团及北汽福田等在延庆赛区开展冬奥交通专项测试，福田欧辉6辆BJ6906氢燃料客车参加测试。共完成雪具运输、车队集中运行压力、道路车辆运行安全等多项测试，模拟冬奥实况场景，经北京交通发展研究院记录、分析，各项测试过关，实测零失误。

（张立乔）

【科技冬奥新闻发布会举办】 11月18日，科技冬奥新闻发布会在北京冬奥组委首钢办公区举行，现场介绍北京冬奥会新技术应用以及科技冬奥重点专项进展情况。发布会由北京市委宣传部常务副部长、北京冬奥组委新闻宣传部部长赵卫东主持，科技部社会发展科技司司长吴远彬，市科委、中关村管委会副主任、新闻发言人朱建红，河北省科技厅副厅长、新闻发言人李丛民，北京冬奥组委技术部部长喻红出席。会上，朱建红围绕科技支撑疫情防控、科技支撑绿色低碳、科技支撑赛会安全、科技提升观赛体验4个方面，就北京全力推进科技成果服务、支撑冬奥会所做的努力和亮点回答记者提问。

（王文伟）

【冬奥会智能机器人集中示范应用】 12月，落实市领导在科技冬奥市政府专题会议上的指示，增加红线外智能机器人设置。市科委、中关村管委会会同冬奥组委技术部与市场部围绕冬奥会市场权益规则，结合智能机器人功能、外形等特征，明确赛事在红线内特定场景下及红线外部署不同类型机器人的原则。以服务冬奥会为契机，在红线内、外选择适合的城市生活应用场景，对智能机器人进行集中示范展示。围绕冬奥定点医院、涉奥酒店、8K大屏点位、冰雪公园（嘉年华）等红线外同冬奥密切相关的城市生活应用场景，将安防巡检、防疫消杀、智能零售、移动售卖、导引接待等场景的智能机器人部署在海淀、朝阳、石景山和延庆4个冬奥场馆集聚区的8个集中示范展示区。通过本次示范应用，提升机器人产品的应用场景适应性，助力全市智能机器人产品应用推广，带动智能机器人产业链持续、健康发展。

（闫晓艳）

【科技冬奥8K超高清示范应用】 12月，中关村科学城管委会落实市政府关于推进科技冬奥8K超高清示范应用要求，在海淀区政府、当代商城、美丽园社区等10个单位和社区，以及首都体育馆和五棵松体育中心部署8K LED大屏和8K电视机。8K超高清视频分辨率达7680×4320，清晰度是4K的4倍，1080p的16倍，能为观众带来更为清晰、震撼的体验效果，是未来显示技术主流方向。北京冬奥会期间，全市有200个落地点位进行8K超高清视频转播，市民可以在户外大屏、商业场所大屏、社区活动中心看到冬奥赛事，8K转播实现规模化应用。

（田京京）

【5G+超高清便携式直播背包参与冬奥报道】 2021年，由北京数码视讯科技股份有限公司研发的5G+超高清便携式直播背包参与CCTV−8K超高清频道冬奥会、冬残奥会超高清赛事公共信号制作及宣传报道工作。5G+超高清便携式直播背包具有画面处理、编码压缩、低延时传输、多路信号同步等功能，支持节目制作级4K/8K视频编码，可通过5G网络实现超高清内容采集传输，并支持通过多个5G信道聚合传输，满足移动直播对多点机位灵活性和拍摄视角多样性的需求。

（沈贺丹）

【燕山石化保障绿色冬奥用氢】 2021年，燕山石化公司采取各项措施保障北京2022年冬奥会氢气利用。充分利用燕山石化公司工业副产氢气资源，建成2000标准立方米/时氢气提纯装置，氢气产品符合《质子交换膜燃料电池汽车用燃料氢气》（GB/T 37244—2018）标准要求，纯度达99.999%。燕山石化投用氢气产品在线监测系统，可实现对氢气中硫含量等杂质含量的准确分析，在检测极低含量杂质的灵敏性方面取得突破性进展，为行业内首次应用，在氢能产品质量监控方面处于领先水平。燕山石化公司加速氢能技术合作开发应用，建成中国石化系统内首套30标准立方米/时PEM制氢中试装置，致力攻关绿色核心技术。经第三方审核评价，燕山石化公司通过《低碳氢、清洁氢及可再生氢标准及评价》要求，是国内首家取得清洁氢认证的企业，标志燕山石化公司生产的单位氢气碳排放水平处于行业领先地位，为北京冬奥会氢燃料电池车提供清洁氢供应，为绿色冬奥赋能。

（边　浩）

科技服务

BEIJING ALMANAC OF SCIENCE AND TECHNOLOGY 2022 北京科技年鉴 2022

科技成果转化服务

【概述】2021 年，在北京市促进科技成果转化议事协调机制框架下，全市科技成果转化工作有序推进。市科委、中关村管委会印发《关于打通高校院所、医疗卫生机构科技成果在京转化堵点若干措施》，推动北京工业大学、北京市科学技术研究院和积水潭医院 3 家市属单位开展 7 项将职务科技成果所有权或长期使用权赋予科技成果完成人的项目；与市教委、市卫生健康委支持高校院所、医疗卫生机构加强技术转移机构、成果转化促进中心、创新转化示范中心等建设，各委办局会同各区建设新一代信息技术、医药健康等领域科技成果转化专业平台，推动 30 个转化金额超 1000 万元的重大科技成果在京落地，成交总金额 15.19 亿元；引导社会资本加大对科技成果转化投入，北京市全年战略新兴产业投资案例 1514 个，投资金额 1858.95 亿元，科技创新基金出资涉及成果转化阶段的达 19 只子基金，规模 22.54 亿元；中国技术交易所完成技术交易规则体系建设，完成首个军队和央企科技成果挂牌交易，发行北京市首单专利许可知识产权证券化项目。北京市各委办局、各区全年共出台科技成果转化政策 38 项，在用地保障、国资管理、首台（套）产品认定、条件平台建设、知识产权运营等方面予以配套。加强转化人才队伍建设，开展技术转移专业方向研究生教育，开展技术经纪专业职称评价，开展技术转移转化能力培训。建设全市统一的科技成果信息系统，汇交利用北京市财政资金设立的科技项目形成的科技成果，向社会公布并提供科技成果信息查询、筛选等公益服务。出版《〈北京市促进科技成果转化条例〉释义》，发布工作指南、典型案例集和政策汇编，为科技成果转化工作提供参考。开展普法宣传，组织政策宣贯，在“全国科技创新中心”“国际科技创新中心网络服务平台”等新媒体平台上开设“学指南、促转化”专题，各区宣传覆盖企业近 4000 家次。

（王娇娇　郑　琳）

【北京地区《技术经纪人培训教程》（第三版）出版】1 月 10 日，由北京技术市场协会组织编写的北京地区《技术经纪人培训教程》（第三版）出版发行。教程以《国家技术转移专业人员能力等级培训大纲》为依据，以提高技术经纪人综合素质和实践能力为目标，根据北京市技术转移人员培养和技术经纪工作的实际需要组织编写，共 7 篇 28 章。《教程》对技术转移的体系建设、理论探索与技术经纪人从业过程中所涉及的基础知识、法律法规、操作流程、服务能力、职业规范等进行系统介绍与剖析。

（陈　靖　王素英）

【长安链生态联盟成立】1 月 27 日，由国家发展改革委、科技部、工业和信息化部、中国人民银行、国务院国资委、国家税务总局、市场监管总局、北京市人民政府联合指导，国家电网、中国建设银行、中国人民银行数字货币研究所、腾讯、北京微芯区块链与边缘计算研究院等 27 家成员单位共同发起成立的长安链生态联盟工作推进会在京举行。会上，长安链生态联盟发起成立，共同谋划区块链创新发展，并发布首批重点应用场景。市委副书记、市长陈吉宁出席并致辞。会上，由微芯研究院、清华大学、北京航空航天大学、百度、腾讯等高校、企业共同研发的国内首个自主可控区块链软硬件技术体系长安链发布。27 家成员单位共同签订倡议书，联盟将致力共建国家战略科技力量，共谋创新驱动，共推服务社会民生，共促开放交流合作，推动产学研用各创新主体紧密结合、各尽所能、协同创新。

（孙树昆　程晓荷）

【全国首个技术转移服务人员能力建设地方标准实施】2 月 1 日，由市科委、中关村管委会提出归口并组织实施，北京技术市场管理办公室、北京技术市场协会等 8 家单位共同起草的全国首个技术转移服务人员能力建设地方标准《技术转移服务人员能力规范》（DB11/T 1788—2020）实施。标准分为前言、范围、规范性引用文件、术语和定义、基本要求、能力要求 6 个部分，对技术转移服务人员的能力特征、知识与技能要求、从业守则等方面进行规范，为从业人员专业化能力提升设计“路线图”。

（陈　靖　王素英）

【促进科技成果转化议事协调联席会第二次会议召开】2月25日，北京市促进科技成果转化议事协调联席会第二次会议召开。会议由副市长靳伟主持。市科委、中关村管委会汇报《关于贯彻落实〈北京市促进科技成果转化条例〉工作进展情况及下一步工作安排》，市教委、市财政局、市卫生健康委、海淀区政府、顺义区政府、北京经济技术开发区管委会等联席会成员单位做典型发言。会议研究《关于贯彻落实〈北京市促进科技成果转化条例〉加快推进北京市科技成果转化的工作方案（2021—2023年）》和《落实〈北京市促进科技成果转化条例〉2021年重点任务清单》，原则同意并要求根据会议意见修改完善后，按程序印发实施。

（鲁庆莲）

【北京市促进科技成果转化工作方案公布】3月3日，北京市促进科技成果转化议事协调联席会办公室印发《关于贯彻落实〈北京市促进科技成果转化条例〉加快推进北京市科技成果转化的工作方案（2021—2023年）的通知》和《关于〈落实《北京市促进科技成果转化条例》2021年重点任务清单〉的通知》（京科发〔2021〕7号）。《工作方案》和《任务清单》从加强组织动员、深化体制改革、加大承接力度、强化政策支持和加强保障措施等方面部署2021年实施的65项具体任务。该通知经北京市促进科技成果转化议事协调联席会第二次会议审议通过并印发至北京市促进科技成果转化议事协调联席会成员单位。

（鲁庆莲）

【中国认知科学学会脑成像分会成立】4月18日，由中国脑成像联盟和脑科学中心主办的脑成像专题研讨会暨中国认知科学学会脑成像分会成立仪式在京召开。会议采取线上线下同步进行方式，来自中国科学院、北京大学、南方科技大学等京内外开展脑科学与脑成像研究的科研院所、高等院校、医疗机构及国内外脑成像设备厂商等60余人参会。会上，中国认知科学学会脑成像分会成立仪式举行。中国认知科学学会是全国一级学会，聚焦研究人类认知和智力的本质和规律，脑成像作为认知神经科学研究最为核心的技术手段之一，该分会的成立将对认知神经科学研究及临床医学的转化与应用起到重要推动用。中国认知科学学会脑成像分会的秘书处设在脑科学中心。中国脑成像联盟理事及会员单位代表先后就脑成像技术及其应用的新成果、新进展进行交流探讨。

（王岱娟　李军男）

【“杰青来了”纳通专场活动举办】5月8日，“杰青来了”纳通专场活动在北京市基金成果对接合作基地——北京纳通科技集团总部举行，生物医学工程等医药健康领域的11位北京杰青携成果参会。活动由市基金办、中关村科学城管委会、北京纳通科技集团主办，北京杰青团队成员，50余家高新技术企业、孵化器和投资机构相关负责人共120余人参会。杰青报告环节，北京大学研究员汪贻广等5位北京杰青展示其在智能纳米药物制剂、新型光学分子影像及其临床应用等领域取得的重要研究成果；需求发布环节，6位杰青和市基金优秀基金项目负责人、3家企业负责人面对面发布需求；与会人员共同就推进优秀科技成果在京落地转化工作展开交流。会后，北京理工大学周天丰等5位项目负责人与纳通科技集团等企业达成初步合作意向。

（张柏祯）

【北京市科技成果信息系统上线试运行】5月26日，由市科委、中关村管委会组织建设的北京市科技成果信息系统上线试运行。系统包括电脑端和手机端，实现公众查询、成果汇交、审核管理、信息变更、归档管理、数据看板、权限控制等主要功能，并实现与市科委、中关村管委会管理信息系统的业务流、数据流对接，用户可在成果信息系统和管理信息系统中及时查看市科委、中关村管委会应汇交成果的状态。

（鲁庆莲）

【北京国家人工智能创新应用先导区启动】6月9日，由市经济和信息化局，市科委、中关村管委会主办的北京国家人工智能创新应用先导区启动仪式在朝阳区举行。工业和信息化部副部长王志军、北京市委常委殷勇等领导及北京市大数据中心、百度在线网络技术（北京）有限公司等企事业单位的代表等200余人参加。先导区是国内唯一的全市区域的人工智能创新应用先导区，将建设形成以全球领先的人工智能创新策源地、超大型智慧城市高质量发展示范区、人工智能体制机制改革先行区为特征的“一地两区”人工智能生态格局。由百度公司发起的北京人工智能产业联盟成立，36家企事业单位加入联盟；北京市建筑设计院发布北京市智慧生活实验室；门头沟区政府、百度公司签署战略合作协议；京东科技集团、中国雄安集团数字城市科技有限公司、天津泰达城市发展集团有限公司、北京亦庄智能院签署京津冀人工智能企业战略合作协议；中国电影博物馆与京东方科技集团股份有限公司、北京金隅集团股份有限公司与北京旷视科技有限公司分别签署战略合作协议。

（张　硕）

【火炬科技成果直通车（北京站）医药健康领域专场活动举办】 6月10日，由科技部火炬中心，北京市科委、中关村管委会，北京经济技术开发区管委会等单位主办的2021年火炬科技成果直通车（北京站）医药健康领域专场活动在北京经济技术开发区举办。北京地区医药健康领域科技企业、高校院所、金融投资机构和专业服务机构的代表等150余人参加现场活动，同步在深交所“燧石星火”APP和小程序上直播。中科国纳康达（北京）生物科技有限公司等单位的6个医药健康领域项目进行路演推介、开展供需对接洽谈，涉及医药纳米技术、基因组技术、酯化药物研发、新型医疗器械及新药平台等方面。活动举行合作协议现场签约仪式，经开区管委会科技创新局、中关村技术经理人协会、中关村创业生态发展促进会签署成果转化与孵化战略合作协议，北京首医大科技发展有限公司、北京九州通科技孵化器有限公司、中关村技术经理人协会、中关村创业生态发展促进会签署共建医药大健康成果转化平台协议，首都医科大学附属北京朝阳医院、北京禾芫科技孵化器有限公司签署合作协议，北京培宏望志科技有限公司、中孵高科产业孵化（北京）有限公司签署合作协议。活动还为位于亦庄地区的朝林广场加速区、大族广场加速区、信创园加速区、北京经开北工大软件园加速区、鸿坤国生园加速区、亦城国际中心加速区等科技成果产业化先导基地加速区授牌。

（鲁庆莲）

【“疫苗和流行病学”领域项目交流会召开】 7月20日，北京市自然科学基金－海淀原始创新联合基金“疫苗和流行病学”领域项目交流会召开。市基金办、中关村科学城、科兴控股生物技术有限公司等单位相关负责人，以及疫苗和流行病学领域专家、市基金资助项目成员共计40余人参加活动。一行人参访北京科兴中维生物技术有限公司新冠病毒疫苗生产车间，并针对项目进行交流讨论。交流会为高校院所项目团队和企业合作方搭建交流平台，有利于促进不同创新主体交流合作。

（王军勇）

【北京高校科技成果转移转化促进中心揭牌】 7月29日，北京高校科技成果转移转化促进中心揭牌仪式暨沙河高教园区高校科技成果转化工作研讨会在沙河高教园区举行。市教委，市科委、中关村管委会及昌平区相关部门负责人、高校代表等共同为北京高校科技成果转移转化促进中心揭牌，并围绕北京航空航天大学科技成果转化现状及中心建设情况、科学家基金助力科技成果转化等方面内容进行交流座谈。来自政府部门、高校及相关企业的30余位代表出席活动。北京高校科技成果转移转化促进中心2020年由北京航空航天大学承担建设，任务是为高校科技成果转化活动提供全链条、综合性服务，主要承担成果的披露筛选、申请前评估等支撑管理服务工作及转化方案策划、概念验证等支持运营的运营服务工作。

（殷潇潇）

【“杰青来了”之天智航、自动化所专场举行】 9月8日，“杰青来了”系列活动之天智航、自动化所专场在北京市中关村东升国际科学园举行。活动由市基金办主办，采取线上线下同步的形式，来自中关村科技园管委会、中国科学院自动化所、北京天智航医疗科技股份有限公司，以及20余家相关企业、投资机构、高校相关负责人、科研人员共110余人参加。会上，来自中国科学院自动化所的4位科研人员围绕新型光学分子影像及其临床应用、手康复机器人的感知与控制等领域做成果报告。活动有助于加深中国科学院自动化所和企业之间的交流和合作，为北京杰青项目负责人成果转化拓宽合作转化渠道。

（张柏祯）

【高温气冷堆碳中和制氢产业技术联盟成立】 9月18日，高温气冷堆碳中和制氢产业技术联盟在清华大学成立。联盟是一个科技、产业、金融相协同的创新联合体，由清华大学、中国核工业集团有限公司、中国华能集团有限公司、中国宝武钢铁集团有限公司、中国中信集团有限公司联合发起成立。联盟贯彻落实国家“三新一高”发展要求，遵循立足核能制氢、科技引领、创新驱动、产学研用深度结合的原则，以国内先进的高温气冷堆技术为基础，通过超高温气冷堆制氢的研发，开发氢冶炼、氢化工等应用技术，将高温气冷堆技术与钢铁冶炼、化工等具体应用场景相结合，打造工业规模示范项目，并在国内外开展产业化推广，实现相关行业的二氧化碳极低排放。

（程晓荷）

【全国技术转移交流对接专场活动举办】 9月27日，由市科委、中关村管委会主办的2021中关村论坛国际技术交易大会——全国技术转移交流对接专场活动在中关村示范区展示中心举办。与会代表围绕

“建设国际技术转移中心，促进产业创新国际化发展”和“搭建区域技术转移平台，推动科技成果高质量转化”两个主题进行专题讨论、经验分享。现场参会观众近百人，线上参会人数超 2.1 万人。

（鲍海宁）

【国际知名理工院校技术转移合作对接专场活动举办】 9 月 27 日，由市科委、中关村管委会主办的 2021 中关村论坛国际技术交易大会——国际知名理工院校技术转移合作对接专场活动在中关村示范区展示中心举办。中国教育发展战略学会、德国亥姆霍兹联合会等机构有关负责人及高校、企业的代表等参加。清华大学、香港理工大学、北京航空航天大学、英国帝国理工学院、意大利贝尔加莫大学、俄罗斯新西伯利亚大学 6 所国内外知名理工院校进行经验交流。会议还举行“中关村科技成果转化与技术交易综合服务平台”及项目合作资源签约仪式。

（鲍海宁）

【欧洲、欧亚技术转移合作对接专场活动举办】 9 月 27 日，由市科委、中关村管委会主办的 2021 中关村论坛国际技术交易大会重点国别技术转移合作对接——欧洲、欧亚专场活动在中关村示范区展示中心举办。来自意大利、英国、芬兰、斯洛文尼亚、俄罗斯等国家的创新合作机构通过线上线下相结合的方式交流技术转移实践经验，分享前沿技术和创新成果。北京中关村开放基金管理中心和北京国际技术交易联盟就国际创新技术项目投资与落地合作进行现场签约。来自意大利、德国、芬兰、匈牙利、塞尔维亚、乌克兰、俄罗斯等国家的 10 个技术创新项目进行路演。近 60 位企业、机构代表现场参会，超 1.4 万人次观看云直播。

（鲍海宁）

【人工智能和智能制造首发推介专场活动举办】 9 月 27 日，由市科委、中关村管委会主办的 2021 中关村论坛国际技术交易大会新技术新产品首发与推介大会——人工智能和智能制造专场活动在中关村示范区展示中心举办。北京百分点科技集团股份有限公司、北京鲸鲮信息系统技术有限公司、国科量子通信网络有限公司等近 20 家企业集中发布 30 余项新技术新产品。国家知识产权公共服务平台发布《2021 年国内十大知识产权并购典型案例》，并与百度在线网络技术（北京）有限公司等企业举行“营氛围，赋成长，促发展”系列专利池签约仪式。活动采用线上与线下相结合的方式，通过“中关村新技术新产品”新浪微博平台、映客直播等进行全程直播，累计超过 150 万人次在线观看。

（鲍海宁）

【信息通信与集成电路首发推介专场活动举办】 9 月 27 日，由市科委、中关村管委会主办的 2021 中关村论坛国际技术交易大会新技术新产品首发与推介大会——信息通信与集成电路专场活动在中关村示范区展示中心举办。18 家企业集中发布 20 余项自主创新技术与产品，包括北京最终前沿深空科技有限公司的“星啸毫米波星载相控阵天线”、北京佳格天地科技有限公司的“知农保系统”、北京升哲科技有限公司的“基于国产物联网芯片、人工智能等新一代信息技术的城市级全域数字化服务”项目、无锡沐创集成电路设计有限公司的“高性能可重构信息安全芯片”等。活动采用线上与线下相结合的方式，通过“中关村新技术新产品”新浪微博平台、映客直播等进行全程直播，累计超过 180 万人次在线观看。

（鲍海宁）

【京津冀国际（日本）新能源领域对接专场活动举办】 9 月 27 日，由北科院，市科委、中关村管委会和京津冀科研院所联盟共同主办的 2021 中关村论坛国际技术交易大会——京津冀国际（日本）新能源领域协同创新与产业合作对接专场活动在中关村示范区展示中心举办。活动邀请日中经济协会、日本国立研究开发法人科学技术振兴机构、英国龙门创将等机构参加，集中展现新能源领域的科技创新成果、新业态、新模式。天津市科技创新发展中心和河北省协同创新中心分别就津冀科技产业发展情况进行介绍。活动还重点推介来自日本和中国京津冀三地的 8 项新能源领域的科技成果。

（鲍海宁）

【美大、亚非技术转移合作对接专场活动举办】 9 月 28 日，由市科委、中关村管委会主办的 2021 中关村论坛国际技术交易大会重点国别技术转移合作对接——美大、亚非专场活动在中关村示范区展示中心举办。中国国际科技交流中心、中国国际科学技术合作协会等单位有关负责人及近 80 位企业机构代表现场参会。活动举办国际技术交易联盟新成员发展加入仪式、“2021 中关村国际技术交易大会——创新与技术商业化新锐”名单发布与颁奖、国际技术交易项目落地孵化合作签约仪式，发布中国－南非国际技术转移协作网络倡议。来自美大、东亚、东南亚、中东、非洲、以色列、南亚区域的 6 个重点国际技术转移中心平台以及 11 个重点项目进行现场或线上路演推介。超 3.2 万人通过“科创中国”平台观看路演，“云上中关村”直播观看量超 1.9 万人次。

（鲍海宁）

【中英生物医药首发推介专场活动举办】 9月28日，由市科委、中关村管委会主办的2021中关村论坛国际技术交易大会新技术新产品首发与推介大会——中英生物医药专场活动在中关村示范区展示中心举办。15家中英企业及科研院所集中发布20余项黑科技及新产品，包括英国牛津大学团队的“OXSIGHT智能仿生眼镜”、中科知影（北京）科技有限公司的“原子磁力计脑磁图”、博雅辑因（北京）生物科技有限公司的“治疗β地中海贫血基因编辑疗法研究产品ET-01”、北京诺诚健华医药科技有限公司的“第二代泛TRK抑制剂ICP-723”等。活动采取线上线下相结合的方式举办，来自生物医药领域的有关企业、科研院所、园区、投融资机构、社会媒体的代表等100余人现场参会。活动通过新浪微博、映客直播等平台进行全程直播，累计观看人数超130万人次。

（鲍海宁）

【高端医疗器械首发推介专场活动举办】 9月28日，由市科委、中关村管委会主办的2021中关村论坛国际技术交易大会新技术新产品首发与推介大会——高端医疗器械专场活动在中关村示范区展示中心举办。活动聚焦医用影像、体外诊断、电子、光学等高端医疗器械领域，邀请华科精准（北京）医疗科技有限公司、艾瑞迈迪医疗科技（北京）有限公司、北京美联泰科生物技术有限公司、北京百康芯生物科技有限公司、首都医科大学附属北京友谊医院、推想医疗科技股份有限公司等15家企业院所发布推介20余款最新黑科技产品，包括华科精准公司的“新一代3D结构光神经外科手术机器人”、艾瑞迈迪公司的“颅底手术导航系统”等。活动采取线上与线下相结合的方式举办，来自相关部门的领导、企业、科研院所、产业园区、投融资机构、社会媒体的代表等100余人现场参会。活动通过新浪微博、映客直播等平台进行全程直播，累计观看人数超130万人次。

（鲍海宁）

【节能环保和高端装备首发推介专场活动举办】 9月28日，由市科委、中关村管委会主办的2021中关村论坛国际技术交易大会新技术新产品首发与推介大会——节能环保和高端装备专场活动在中关村示范区展示中心举办。来自19家相关领域企业与科研院所发布20余项新技术新装备，包括北京东方国信科技股份有限公司的“‘碳达峰、碳中和’智慧监测管理平台V2.0”、中国科学院物理研究所的“无液氦稀释制冷机”、北京建工环境修复股份有限公司的“污染土壤异位自动化淋洗装备”等。活动采取线上与线下相结合的方式举办，来自企业、科研院所、投融资机构、社会媒体的代表等100余人现场参会，同时通过“中关村新技术新产品”新浪微博平台、映客直播进行全程直播，线上累计观看量超160万人次。

（鲍海宁）

【新能源和新材料首发推介专场活动举办】 9月28日，由市科委、中关村管委会主办的2021中关村论坛国际技术交易大会新技术新产品首发与推介大会——新能源和新材料专场活动在中关村示范区展示中心举办。19家企业与科研院所发布20余项黑科技和新产品，包括中科氢焱零碳人居科技有限公司的“新型5KW甲醇水制氢系统”、北京国瑞升科技股份有限公司的“化合物半导体研磨抛光工艺及耗材的研究”项目、中储国能（北京）技术有限公司的“100MW先进压缩空气储能系统”、新加坡SOLV8 Technology公司的“膜法溶剂分离”项目等。活动通过线上与线下相结合的方式举办，来自企业、科研院所、投融资机构、社会媒体的代表等100余人现场参会。活动通过新浪微博、映客直播等平台进行全程直播，累计观看人数超145万人次。

（鲍海宁）

【《科技成果转化典型案例集》（第一期）发布】 10月13日，由北京市促进科技成果转化议事协调联席会办公室编制的《科技成果转化典型案例集》（第一期）发布。共收集推动科技成果转化的首批典型案例31个，重点围绕职务科技成果赋权、科技成果转化收益分配、领导干部带头开展科技成果转化、内部技术转移机构建设等制约科技成果转化的问题，总结各机构在破解问题上的典型做法、取得成效及经验启示。

（鲁庆莲）

【《科技成果转化工作操作指南》发布】 10月13日，由北京市促进科技成果转化议事协调联席会办公室编制的《科技成果转化工作操作指南》发布。指南涉及职务科技成果披露、赋权、许可转让、作价投资、科研人员自行实施职务科技成果转化、转化收益分配、挂牌交易，以及成果作价投资资产亏损核销、技术许可办公室建设等14项科技成果转化相关工作事项，重点针对高等院校、研究机构和医疗卫生机构在开展科技成果转化过程中遇到的“不敢转”“不会用”“不能做”3个方面的问题，梳理科技、教育、卫生、国资、财政等部门的政策文件，集中对科技成果转化相关事项办理流程、办理政策依据、办理时限、受理部门等关键问题采用图表形式列明各事项办理步骤，对于关键概念通过注释形式加以解释。

（鲁庆莲）

【《国家及各省市促进科技成果转化政策汇编（目录）》发布】11月2日，北京市促进科技成果转化议事协调联席会办公室发布《国家及各省市促进科技成果转化政策汇编（目录）》。政策汇编共收集全国各省市制定的科技成果转化相关政策434条，内容涵盖综合政策、成果权益、国资管理、考核考评、转化促进等方面，供各方面学习参考。

（张　靖）

【第六届科技外交官创新资源对接活动举办】11月18日，北京技术交易促进中心在京以线上方式举办第六届科技外交官创新资源对接活动。活动以“汇聚全球生物医药创新资源，共促北京国际科技创新中心建设”为主题，设置“各国资源介绍”“项目签约”“高端对话”和“项目推介”4个环节，旨在实现生物医药领域国际创新资源的精准对接，推动国际先进技术与成果在北京落地转化，打造有影响力的国际创新合作平台。市科委、中关村管委会副主任侯云致辞，来自德国、瑞士、意大利、欧盟、加拿大、巴西、阿联酋等7个国家和地区的驻华大使馆及中国驻英国大使馆的外交官员，国内外专家学者、企业、高校、科研院所、技术转移机构、产业园区代表200余人通过网络连线或视频的方式参加活动。

（武　静）

【国内首个非全日制技术转移学历学位教育项目开办】2021年，清华大学依托其五道口金融学院开办国内首个非全日制技术转移专业硕士学历学位教育项目。项目主要面向具有一定技术开发与创新、创新孵化与技术转移服务管理、金融投资等专业知识背景，同时在相关行业具有一定从业经验和资源积累、具有科技创新金融复合人才培养潜力的学生展开招生；在学制上采用非全日制培养模式，平时晚间和周末授课，学制2～3年。授课采取课堂和实践相结合的方式：课堂授课部分包括基础知识、科技创新与商业管理的理论课程，覆盖金融、科技创新、法务、监管等领域；实践环节包括针对科创项目的转移、融资、管理、运营等核心流程相关的实践训练，整个培养过程强调理论知识与实践训练的融会贯通，鼓励学生将课堂所学运用到全职工作中，通过反馈和感悟提高自身利用金融资源促进科创项目孵化与商业化的能力。

（鲁庆莲）

【首个职务科技成果赋权改革案例】2021年，北京积水潭医院赋予骨科医师张昊华的科技成果“移动智能动作监测骨科康复指导仪”所有权，成为《北京市促进科技成果转化条例》实施以来北京市医疗卫生机构首例赋权成功案例。成果创新提出以“智慧硬件＋互联网＋大数据＋专业骨科医生平台＋医疗服务”为核心的整套解决方案，解决关节康复的即时性、连续性、科学性等相关问题。

（鲁庆莲）

【支持60家技术转移机构建设】2021年，市科委、中关村管委会持续推动北京市技术转移机构建设，全年支持60家技术转移机构，累计支持或认定技术转移机构100家。其中，高等学校背景24家，科研院所背景51家，医疗卫生机构背景12家，企业背景12家，社会组织背景1家。

（任　旭　王　磊）

【技术市场助推首都经济发展】2021年，北京地区实现技术交易增加值占北京地区生产总值的比重持续增长，实现技术交易增加值3671.8亿元，比2020年增长9.8%，占地区生产总值（北京市统计局发布的初步核算值40 269.6亿元）的比重为9.12%。

（张未凡）

【北京技术支撑京津冀协同发展】2021年，北京流向津冀技术合同5434项，成交额350.4亿元，比2020年增长1.0%，占北京流向外省市的8.1%。主要集中在城市建设与社会发展、现代交通和环境保护与资源综合利用领域，成交额250.9亿元，占71.6%。

（张未凡）

【北京技术市场平稳增长】2021年，北京认定登记技术合同93 563项，成交额7005.7亿元，比2020年增长10.9%。落地北京市技术合同32 948项，成交额1814.2亿元；输出外省市和出口技术合同项数分别为59 492项和1123项，成交额分别为4347.7亿元和843.8亿元。主要集中在电子信息、城市建设与社会发展、现代交通等领域，输出技术合同63 983项，成交额4902.5亿元，占全市输出技术合同成交额的70.0%。

（张未凡）

创业孵化服务

【概述】 2021 年，市科委、中关村管委会稳企助企措施全面启动，作为“行业管家”，共为 122 家“服务包”企业提供服务 194 项，事项办结率 91%。全力推进科技创新领域“创新 + 活力”5.0 版营商环境改革，创新创业氛围日益浓厚。截至年底，经国家、北京市和中关村示范区认定、备案或纳入支持体系的创业孵化机构 430 余家，其中国家级孵化器 64 家，市级孵化器 81 家；国家级众创空间 147 家，市级众创空间 302 家，国家专业化众创空间 5 家；国家级大学科技园 16 家，市级大学科技园 29 家；中关村创新型孵化器 158 家，硬科技孵化器 40 家。孵化面积 535 万平方米，在孵科技型企业 2.87 万家，当年毕业企业 2300 家，累计毕业企业 3 万家。中关村海外人才创业园 45 家，孵化面积约 180 万平方米，2021 年，新增海外人才企业 283 家，在园海外人才企业 1609 家；在园海外人才 3675 人，其中外籍华人 433 人、外国人（非华人）151 人。

（罗　虎）

【中关村生物医药和大健康专场发布会举办】 1 月 6 日，中关村社会组织联合会主办的 2021 年首场“活力中关村”企业营商环境服务系列活动——生物医药和大健康专场发布暨投融资对接会在中关村示范区展示中心举办。北京华钽生物科技开发有限公司、北京雅果科技有限公司、北京心灵方舟科技发展有限公司等 9 家企业集中发布钽银涂层牙种植体、智能仿生排痰系统、近红外光谱脑功能成像仪等新产品新技术。北京基石创业投资管理中心、创新工场、中信证券股份有限公司等投融资机构与企业进行对接。

（蔡　青）

【天合好需求发布会举办】 3 月 25 日，由中关村论坛组委会办公室主办的 2021 中关村论坛系列活动——天合好需求发布会在中关村壹号举办。市城管委发布公用电话亭数字化试点建设项目需求，数字化公用电话亭需能够根据相关情况实现 AED、应急保障等功能。来自北京、河北、四川、陕西等地的 8 项企业技术难题公关需求也面向社会发布。中关村天合科技成果转化促进中心将通过中关村天合数据云平台专栏、中关村天合信息展示中心大屏等渠道，面向天合平台合作伙伴征集解决方案。

（鲍海宁）

【京东物流供需对接专场活动举办】 3 月 25 日，由中关村论坛组委会办公室主办的 2021 中关村论坛系列活动新技术新产品供需对接会——京东物流专场活动在大兴区举办。来自市科委、中关村管委会等单位相关负责人及中关村 5G 智能园入驻企业与相关社会组织的代表等 80 余人参加。京东物流集团相关负责人介绍其在 5G 智能园区相关领域的业务规划和能力布局，并在交易、生产、物业 3 个领域发布企业技术创新中的需求。来自系统平台、定位导航、智能硬件三大领域的 13 家中关村示范区企业进行技术解决方案推介展示。

（鲍海宁）

【中比协同创新技术项目云路演活动举办】 4 月 22 日，由中关村论坛组委会办公室主办，北京长风信息技术产业联盟、比中经贸委员会、中关村驻比利时联络处承办的 2021 中关村论坛系列活动——中比协同创新技术项目云路演活动在中关村东升国际科学园举办。路演采用“陈述 + 专家点评”的形式，生物医药、人工智能等前沿领域的 10 个比利时方项目进行介绍，并与来自中关村信息谷、瑞昇投资、易汇基金、飞图创投等机构的 30 余位中关村示范区投资者、企业家现场互动对接。活动吸引超 5 万人次在线观看。

（赵　哲）

【第四届“北斗 +”创新创业大赛决赛举办】 4 月 26 日，第四届“北斗 +”创新创业大赛全国总决赛暨颁奖典礼在京举办。来自清华大学、北京航空航天大学、中山大学的 3 个高校项目，以及涵盖导航与位置服务、人工智能、5G、卫星遥感、新一代信息技术、物联网等领域的 9 个企业项目在决赛现场进行路演演讲。最终，清华大学卫星导航团队的北斗三号高精度实时单点定位获得高校组一等奖；飞纳经纬科技（北京）有限公司的 Femto-F1 紧凑型光纤陀螺超紧组合导航系统项目获得企业组一等奖。海淀企业中科星扬（北京）科技发展有限公司获企业组二等奖。

（田京京 程晓荷）

【国际创新创业大赛启动仪式举办】 4 月 27 日，由中关村丰台园管委会、北京中关村科技服务公司主办的 2021 中关村论坛系列活动——中关村轨道交通产业发展论坛暨国际创新创业大赛启动仪式在丰台园举办。活动以“创新引领，智享未来”为主题。市科委、中关村管委会，丰台区政府，中关村发展集团股份有限公司等单位有关负责人及相关专家、企业的代表参加。与会代表围绕轨道交通产业发展进行交流。活动还启动 2021 中关村轨道交通国际创新创业大赛。大赛聚焦轨道交通产业的投资、建设、运营等全生命周期，涵盖应用于规划设计、施工建设、车辆制造、运营服务等环节的新技术、新产品、新工艺和融合 5G、人工智能、区块链等前沿技术的应用示范项目。

（刘 妍）

【国际前沿项目路演第二期活动举办】 4 月 28 日，由中关村论坛组委会办公室主办，中关村宽带无线专网应用产业协会、国际技术转移协作网络、中关村医疗器械园、中关村民营科技企业家协会承办的 2021 中关村论坛系列活动——新技术新产品首发和国际前沿项目路演第二期活动（生物医药与高端医疗器械领域专场）在中关村示范区展示中心举行。中关村管委会主任翟立新等领导及企业、投资机构的代表参加。活动发布 7 款生物医药和医疗器械产品，路演 5 项国际生物医药领域的科技创新成果，包括北京诺诚健华医药科技有限公司的治疗多种实体瘤的创新药 gunagratinib、北京积水潭医院的真皮细胞外基质来源软骨再生支架材料项目、联影智能医疗科技（北京）有限公司的冠脉辅助诊断系统等。线上累计观看人数超过 80 万人次。

（鲍海宁）

【“智汇行动”概念验证创新大赛专场路演举办】 5 月 8 日，由中国科学院北京国家技术转移中心、中国科学院微生物所主办的 2021“智汇行动”概念验证创新大赛生物医药专场路演在京举办。中国科学院 8 个早期项目参加，涉及生物医药、合成生物、绿色农业、资源数据信息等领域。路演采取专家评审制，参评项目最终得分为各评委评分的平均分，分数将作为年度“智汇行动”概念验证创新大赛项目筛选的重要依据。入选 2021 年度“CAS 概念验证计划”的项目将获得专属技术经理人全程服务、概念验证专项资金、科技服务、知识产权与法律顾问、入驻办公空间、产业资源与地方市场资源对接、项目包装及品牌推广、中国科学院科技创新管理培训等支持。

（谭修一）

【百放创新专业孵化器公共设备平台投入运行】 5 月 20 日，百放英库医药科技（北京）有限公司实验大楼启用仪式在海淀北部贝伦产业园举行，标志着百放创新专业孵化器公共设备平台投入运行。实验大楼面积约 4000 平方米，共 4 层。一层是办公区；二层为共享空间，可为入孵团队提供 8 套 4 种户型的实验、办公空间；三层、四层是生物、化学实验室，配备有质谱仪等仪器设备，可满足 80 名科研人员同时进行试验。该平台是面向全球的原创新药研发平台，拥有世界级药物研发专业团队和跨国药企、科研院所顶级药物研发科学家资源。百放公司已同高校、医院签约开展 6 个原创新药研发合作项目，并接受康迈迪森（北京）医药科技有限公司入驻合作。

（张 雨 程晓荷）

【北京发明创新大赛举办】 5 月 31 日，第 15 届北京发明创新大赛颁奖会在京举行。大赛是由北京发明协会和北京市职工技术协会共同主办的公益性科技活动。自 2020 年 9 月 15 日启动至 2020 年 12 月 30 日报名截止，共有来自全国 31 个省区市的 1866 个项目参与网上报名。最终评选出发明创新奖 230 项（特等奖 1 项、金奖 20 项、银奖 70 项、铜奖 139 项），入围奖 751 项。同时，本届大赛设立 18 项专项奖，73 项参赛项目获得奖励。北京市科学技术研究院连续 4 年在北京发明创新大赛设立创新人物专项奖，本届大赛对评选出的 10 位创新大工匠和 20 位创新大工匠提名奖获得者进行表彰，在科技创新中弘扬工匠精神。

（焦志刚）

【百度生态伙伴对接专场活动举办】 6 月 15 日，由中关村民营科技企业家协会、百度智能云主办的 2021 中关村论坛系列活动新技术新产品供需对接会——百度生态伙伴对接专场活动在中关村示范区展示中心举办。活动以“共建创新联合体 · 赋能数字化转型”为主题。来自 80 余家中关村数字化转型领域创新企业、130 余家相关市属国有企业、在京央企、外省科技部门的 300 余人参加。会议发布《中关村数字化转型百项技术解决方案手册》。《手册》共集聚智能制造数字化改造、数字新基建及智慧大脑、智慧园区建设与运营、智慧工厂改造、生产运营智能化改造、产品和服务创新数字化改造、数字生态建设与运营七大领域112项中关村数字化转型领域前沿技术产品，打造中关村数字化转型综合技术解决方案。智能工业系统、智慧工厂解决方案、云存储系统、智慧通信系统等30余项中关村数字化转型领域的前沿技术产品参与现场展示和对接交流。

（鲍海宁）

【2021年“国科大杯”创新创业大赛举办】6月16日，由中国科学院大学、怀柔区政府、怀柔科学城管委会联合主办的2021年“国科大杯”创新创业大赛在怀柔科学城启动。大赛以“建党百年砥砺发展，创新创业开拓未来”为主题，旨在提高大学生、科研工作者创新创业意识，激发创新创业动力，推动学校和科研院所成果转化落地。大赛设软件互联网、智能硬件、新材料、高端装备、生物医药与医疗康养、新能源和节能环保、乡村振兴与社会服务7个分项赛，总奖金300万元，设项目奖、优秀指导教师奖、优秀组织奖。29个参赛项目进入总决赛。12月19日，大赛总决赛在京举办，评选出三等奖9名、二等奖6名、一等奖3名。中国科学院半导体研究所“绿色精密激光清洗装备产业化”项目、中国科学院空天信息创新研究院“中科卫星AIRSAT卫星星座”项目、中国科学院自动化研究所“中科慧远视觉技术（洛阳）有限公司”项目分别获创意组、初创组、成长组一等奖。

（蒋　盟）

【中英生命健康跨境路演活动举办】7月8日，由启迪控股股份有限公司主办的2021中关村论坛系列活动——中英生命健康跨境路演活动在清华科技园举行。活动采用线上线下相结合的方式举办，来自中、英两国的12家生命健康企业的代表参加。路演项目涵盖基因组学、无创药物注射、靶点制药、可再生软骨、机器人微创手术、皮肤外植体、生物打印、细胞免疫等领域。近80位生命科技领域科学家、企业家、投资人就生物医药跨国成果应用转化、企业融资等问题展开讨论和对接。

（赵　哲）

【2021中关村国际前沿科技创新大赛举办】7月15日，由中关村前沿科技与产业服务联盟主办的2021年中关村国际前沿科技创新大赛启动。大赛纳入2021中关村论坛，以“引领前沿科技、助力数字经济”为主题，共设置生物医药、人工智能、集成电路等12个前沿技术领域，以及北京、津冀、国际三大赛区。大赛征集海内外硬科技项目近千个，经过24场分领域预赛和决赛，各分领域分别评选出前10名，各分领域共23个项目参加2022年1月11日举办的总决赛。最终，脑胶质瘤精准诊疗创新团队、北京与光科技有限公司、北京星际荣耀科技有限责任公司分别获总决赛冠军、亚军及季军，资金分别为60万元、30万元和10万元。

（金　霞）

【第六届中国创新挑战赛（北京）启动】7月15日，由科技部火炬中心，北京市科委、中关村管委会主办的第六届中国创新挑战赛（北京）启动。大赛包括赛事启动、需求征集、需求发布、解决方案征集、需求对接和现场赛等环节，聚焦医药健康和新一代信息技术两大产业，通过平台发布、媒体推送、线下活动、专业机构征集等方式，征集企业需求110余项，高校院所及企业共提交解决方案71项，首批形成意向对接项目8项。大赛现场赛暨颁奖典礼于2022年1月7日在北京化工大学国家大学科技园举行，北京和润拉贝医疗科技有限公司等4家企业获优秀企业需求奖，首都医科大学附属北京妇产医院内分泌科等25家单位获优秀挑战单位奖，北京实创科技园开发建设有限公司等17家单位获优秀组织单位奖。

（武　巍）

【国际前沿项目路演第三期活动举办】7月22日，由中关村宽带无线专网应用产业协会、百度智能云、国际技术转移协作网络（ITTN）、中关村民营科技企业家协会、北京中关村科技服务有限公司、中关村会展与服务产业联盟、北京中关村外商投资企业协会主办的2021中关村论坛系列活动——新技术新产品首发和国际前沿项目路演第三期活动（人工智能和智能制造专场）在中关村示范区展示中心举办。活动从100余项人工智能和智能制造领域项目中遴选出13项优质前沿新技术新产品进行现场首发，包括北京百度网讯科技有限公司的百度智能云智能视联网平台、亚信科技（中国）有限公司的亚信科技5G城市数字孪生平台、意大利CircleGarage公司的HIRIS.IO平台等。社会各界人士通过微博直播、映客直播平台在线观看活动，实时在线人数近15万人，线上累计观看量超过50万人次。

（鲍海宁）

【中关村第五届新兴领域专题赛需求发布】8月6日、9月28日，中关村第五届新兴领域专题赛需求分2批发布，共发布需求192个。需求按类别分，技术问题难题类142个、技术成果推广类50个；按领域分，新能源与新材料42个、信息技术与安全17个、动力系统3个、智能制造61个、无人系统6个、人工智能与大数据14个、核生化安全4个、航空航天33个、其他领域12个。专题赛所发布的技术难题类需求都有具体的使用单位、真实的需求背景和实际的使用场景，同时这些技术难题需求创新难度都比较高，对前沿科技和经济发展都有重要的促进作用。

（刘　贵）

【第十届中国创新创业大赛北京赛区活动举办】 8—9月，由中国创新创业大赛组委会办公室，市科委、中关村管委会等部门指导，北京创业孵育协会主办的第十届中国创新创业大赛北京赛区暨中国·北京创新创业大赛季（2021）在京举办。比赛分为新一代信息技术、生物医药、高端装备制造及新能源汽车、新材料新能源节能环保4个行业赛，共吸引北京地区700余家创新创业企业报名参赛。经过行业初赛、复赛、决赛，最终评选出成长组和初创组一、二、三等奖项目共60项，推荐32家获奖企业入围全国赛，24家企业获全国赛奖项。其中，北京知存科技有限公司、星测未来科技（北京）有限责任公司等企业入选第十届中国创新创业大赛“创新创业50强”。参赛企业中涌现出一批高水平、高质量的创新创业企业，其中国家高新技术企业177家；企业拥有知识产权1666件，其中发明专利631件。参赛项目涉及类器官芯片、量子计算、光刻胶、卫星物联网等高精尖领域。北京赛区颁奖礼于2022年1月13日在中关村示范区展示中心举行。

（武　巍）

【2021第五届中以创新创业大赛启动仪式举办】 9月26日，由科技部国际合作司支持，中国科学技术交流中心，北京市科委、中关村管委会，以色列驻华大使馆，以色列创新署共同主办的“2021第五届中以创新创业大赛启动仪式·中以碳中和创新合作论坛”在京举办，活动是2021中关村论坛平行论坛之一。科技部副部长黄卫、以色列驻华大使潘绮瑞发表视频致辞，北京市副市长靳伟出席并致辞。会上，2021第五届中以创新创业大赛启动，大赛聚焦智能技术、生命健康、绿色技术领域，将通过大企业挑战赛、创新赛、线上对接会、技术展示等系列活动，进一步汇聚两国科技创新力量，积极推动企业间创新合作，营造更加务实有效的中以创新合作环境和平台。中以碳中和创新合作论坛围绕“碳中和”主题，聚焦中以碳中和实施路径与规划展望、中以绿色低碳技术领域创新合作、中以绿色创新技术的技术转移路径等热点议题，邀请中以碳中和创新领域专家，交流中以绿色低碳领域创新合作趋势与未来。共98人参与此次活动。

（李　倩　杨　柳）

【中关村智能网联汽车前沿技术创新大赛路演活动举办】 9月27日，由市科委、中关村管委会，市经济和信息化局，市通信管理局，中关村科学城管委会主办的2021年中关村5G创新应用大赛暨中关村智能网联汽车前沿技术创新大赛路演活动在中关村示范区展示中心举办。活动隶属于2021中关村论坛六大板块之一——前沿大赛板块。活动主题为“智车智驾 智创未来”。北京超星未来科技有限公司、北京赛目科技有限公司、北京五一视界数字孪生科技股份有限公司等10家入围企业围绕自身在5G+智能网联方面的科技创新成果展开路演。清华大学、中国信息通信研究院、北京国汽智能网联汽车技术研究院等单位的相关专家针对路演项目进行专业点评。

（刘　妍）

【2021中关村国际前沿科技创新大赛生物医药领域决赛举办】 9月27日，由市科委、中关村管委会与海淀、通州、大兴、平谷、延庆等区政府共同主办的2021中关村国际前沿科技创新大赛生物医药领域决赛在中关村示范区展示中心举办。活动隶属于2021中关村论坛六大板块之一——前沿大赛板块。15家入围企业围绕创新药、新器械、新健康服务等方面的前沿技术展开路演。最终，北京君全智药生物科技有限公司、水木未来（北京）科技有限公司、北京星奇原生物科技有限公司等企业入围生物医药领域TOP10榜单。

（刘　妍）

【工业赋能专场活动举办】 9月28日，由市科委、中关村管委会主办的2021中关村论坛国际技术交易大会数字化转型供需对接大会——工业赋能专场活动在中关村示范区展示中心举办。活动以“数智赋能、驱动未来”为主题。来自200余家数字化转型领域有关政府部门、国有企业、领军企业、创新企业、科研院所的代表等400余人参加。与会代表就数字孪生工厂、智慧能源、智慧物流、工业质检、传统行业转型升级等数字转型应用场景，围绕工业数字化趋势、国有企业数字化典型案例介绍、数字化转型需求对接、技术解决方案推介等议题展开研讨与对接。中国信息通信研究院云计算与大数据研究所云发布《企业数字化转型IOMM标准体系》，帮助转型者定位自身数字化水平，以明确转型目标和未来方向。30余项数字化转型领域技术产品在会上展示推介。活动还举行中关村数字化转型创新联合体平台成立仪式。

（鲍海宁）

【未来城市与美好生活专场活动举办】 9月28日，由市科委、中关村管委会主办的2021中关村论坛国际技术交易大会数字化转型供需对接大会——未来城市与美好生活专场活动在中关村示范区展示中心举办。活动以“智链美好生活、共建城市新未来”为主题。来自政府部门、科研院所、领军企业、创新企业等约100家单位的300余人参加。大会就自动驾驶、城市大脑、数字孪生仿真测试应用、数字博物馆、智慧体育馆、智慧出行、数字孪生园区、智慧建筑、智慧养老、智慧病房等数字化转型应用场景展开路演与推介，并发布北京市智慧养老需求介绍和市应急管理需求介绍，组织现场产品展示与签约等活动。

（鲍海宁）

【首届全球智能应急装备大赛颁奖礼举办】 9月28日，由市科委、中关村管委会，市经济和信息化局，市应急管理局，房山区政府，中关村发展集团股份有限公司，北京理工大学主办的2021中关村论坛系列活动——首届全球智能应急装备大赛颁奖礼在中关村示范区展示中心举办。大赛以“匠心智造·创领应急”为主题。中国安全产业协会、市公安消防总队等单位有关负责人及专家学者、参赛企业的代表近100人参加。大赛5月28日启动，设有应急救援无人机和应急救援机器人两个赛道，共有来自海内外的200余个项目报名参赛。最终，重庆中岳航空航天装备智能制造有限公司获一等奖，河南省猎鹰消防科技有限公司、北京航景创新科技有限公司等单位获二等奖。

（刘　妍）

【第四届“京港青创杯”创业大赛北京选拔赛举办】 9月28日，由中关村论坛执委会办公室主办，京泰实业（集团）有限公司、中关村京港澳青年创新创业中心承办的2021中关村国际技术交易大会京港科技创新合作活动暨第四届“京港青创杯”创业大赛北京选拔赛在中关村示范区展示中心举办。京港两地相关政府部门、高校院所、创业者、企业家、创新创业服务机构、投资机构的代表等100余人参加。赛事聚焦人工智能和大健康两个领域，共收到参赛项目114个，经来自高校院所、投资机构和科技型企业的10名评委专家线上评审，8个项目获北京选拔赛参赛资格。最终，海天新能源海混电池、北京外号信息技术有限公司、星测未来科技（北京）有限责任公司、北京全迹科技有限公司4个创业项目晋级总决赛。

（鲍海宁）

【中关村智能网联汽车前沿技术创新大赛决赛举办】 10月19日，2021年中关村5G创新应用大赛暨中关村智能网联汽车前沿技术创新大赛决赛举办。大赛由市科委、中关村管委会，中关村科学城管委会等单位指导，北京实创科技园开发建设股份有限公司主办。活动属于2021中关村论坛六大板块之一——前沿大赛板块，旨在聚焦智能网联汽车领域，面向全球征集遴选创新型企业和颠覆性技术，激发行业创新活力。8家入围企业从激光雷达、计算平台、仿真测试、软件定义汽车、智能交通、数字孪生、车联网安全、自动驾驶场景应用等角度介绍最新成果。北京超星未来科技有限公司、北京云驰未来科技有限公司、北京清研宏达信息科技有限公司获得前三名。

（程晓荷）

【2021年中关村5G创新应用大赛总决赛举办】 10月22日，2021年中关村5G创新应用大赛总决赛暨第四届“绽放杯”5G应用征集大赛京津冀区域赛颁奖典礼在中关村示范区展示中心举办，市政府副秘书长刘印春、工业和信息化部信息通信发展司网络技术处处长孙姬致辞，市科委、中关村管委会二级巡视员刘航介绍大赛基本情况。中国信息通信研究院副院长王志勤发表题为《5G新基建，驱动数字化转型》的演讲。工业和信息化部、京津冀相关领导出席并为大赛优胜企业颁奖。大赛决出一等奖2名，分别为北京京东乾石科技有限公司的“后疫情时代的5G全连接智能物流科技建设和物流中心应用”和北京卓视智通科技有限责任公司的“基于5G+AI的交通视频融合感知及数字孪生公路系统”；二等奖4名，分别为北京慧拓无限科技有限公司的“智慧化5G无人矿山整体解决方案”、三一重工股份有限公司的“5G云化PLC打造柔性生产线”、北京奔驰汽车有限公司的“北京奔驰5G室内外多元融合高精度定位项目”、白犀牛智达（北京）科技有限公司的“基于5G的城市末端无人配送解决方案”；三等奖4名，分别为北京中联合超高清协同技术中心有限公司的“5G+8K沉浸式全场景直播应用解决方案”、北京泛谷创意科技有限公司的“基于5G城市数字交互平台的碳中和智慧IoT应用”、交控科技股份有限公司的“交控科技5G联合创新实验室”、北京清研宏达信息科技有限公司的“厦门市5G车路协同BRT智能驾驶系统”。

（陈宝德）

【中关村第五届新兴领域专题赛需求解读】10月22日，2021年全国双创周——中关村第五届新兴领域专题赛需求解读和成果推广活动在中关村示范区展示中心举行。市科委、中关村管委会，科技部火炬中心相关领导出席。专题赛专家委员会副主任黄建新介绍本届专题赛需求情况，陈海波、肖锡玉、肇启明、郭守祥4名专家分别就智能制造、新能源与新材料、航空航天、信息技术与安全等领域的典型需求进行解读。4家单位的重点产品和技术进行路演展示，即中科世通亨奇（北京）科技有限公司的多模态智能感知及多模态认知图谱等人工智能技术、北京中科麒麟信息工程有限责任公司的“麒麟盾”等信息安全防护技术、中国航天科工集团有限公司的救援无人机、北京慧飒科技有限责任公司的化学安全防范技术，另有31家企业参加优秀成果展览活动。会议采取线上线下相结合的方式进行，中关村相关社会组织、特色园和创新平台、部分优质企业代表80余人线下参会，各类创新创业主体近千人线上参会。

（刘 贵）

【首届新产业50人论坛举办】10月23日，由中关村发展集团股份有限公司主办的2021年中关村论坛系列活动——新产业50人论坛在中关村示范区展示中举办。超过200家新技术、新产业相关政府管理部门、央企国企、新锐创新企业、投资机构、金融机构、专业服务机构、媒介机构的代表参加活动现场，直播在线观看人数近8万人。论坛以“未来即来·数智时代的新产业”为主题。与会代表围绕“数智”“量子”“双碳”核心议题，就全球前沿技术引领与转化、数字化加速度、量子思维与创新发展、“十四五”期间的数字化转型战略等话题探讨新产业发展，并围绕数智时代未来人才画像与流动趋势洞察、“双碳”如何重塑汽车与交通出行产业等主题进行讨论。中关村产业研究院联合北京中关村科技服务有限公司、北京中关村软件园发展有限责任公司等中关村生态伙伴共同发布产业组织数智赋能计划。计划旨在提供产业聚集4.0形态下的产业组织解决方案，解决关键痛点问题，并结合区域特点和产业趋势迭代升级，包括数智化诊断、数智化监测、数智化专利导航、数智化要素对接、数智化运营、数智化选商和数智化场景七大数智化工具。中关村产业研究院与中国人民大学、北京师范大学等6家单位签约新产业50人论坛产学研合作基地。

（赵 哲）

【中关村第五届新兴领域专题赛现场赛举办】11月22日，由科技部火炬中心，市科委、中关村管委会和国家国防科技工业局信息中心联合主办的第六届中国创新挑战赛暨中关村第五届新兴领域专题赛现场赛启动仪式在中关村科学城举行。专题赛分2批发布需求192项，其中技术问题难题类需求142项，成果推广类需求50项；全年组织对接活动80余场，向6000余家企业推送赛事信息，直接受众10万余人次，共征集解决方案335项；组织6场现场赛进行方案比拼和实测比拼，促使44家需求单位与73家创新主体达成技术合作意向，产生智能化无人化配送体系关键技术、宽温区锂离子电池技术等90项优胜成果，另有62项优秀成果列入潜在合作对象名单。2022年1月11日，第六届中国创新挑战赛暨中关村第五届新兴领域专题赛总赛、成果展示、颁奖和成果推广活动举办，为总赛获奖者、优胜奖获奖代表、优秀奖获奖代表颁发奖牌和证书。

（刘 贵）

【奇绩创坛秋季路演活动举行】11月28日，奇绩创坛在中关村示范区展示中心临展区举行2021年秋季路演。北京蚁触智能科技有限公司、北京米茶科技有限公司等52家奇绩投资并加速的公司参与路演，涉及元宇宙、商业航天、生物科技等30多个主题。展厅中特设“元宇宙”区域。入选的创业项目“COMICOMI”已完成数百万元种子轮融资，投资方为奇绩创坛。

（史瑞平）

【2021第五届中以创新创业大赛总决赛举办】12月16日，由科技部国际合作司支持，中国科学技术交流中心和以色列创新署共同主办的2021第五届中以创新创业大赛总决赛在中以（上海）创新园举办。大赛自9月26日启动，共征集20家中方大企业的技术合作需求71项，海选入围的以色列创新技术项目共83项。12月7—9日，大赛联合北京市科委、中关村管委会，常州市政府，上海市科委，上海市普陀区政府等合作单位，在北京望京科技园、中以常州创新园和中以（上海）创新园举办绿色技术、智能技术、生命健康三场创新组领域决赛。总决赛中，江苏中设集团股份有限公司等中方企业与挑战的以色列团队交流，遴选合作伙伴。大赛还开展创新合作专题研讨、展览展示等活动，促进双方分享经验、贡献智慧，达成互利合作。

（申峥峥）

【4家大学科技园纳入未来产业科技园建设试点】12月23日，科技部、教育部印发《关于依托国家大学科技园开展未来产业科技园建设试点工作的通知》，引导高水平研究型大学对接服务国家战略，发挥高

水平研究型大学基础研究深厚、学科交叉融合和高层次科技人才集聚的优势，促进创新链产业链融合，建设未来产业科技创新和孵化高地，打造大学科技园升级版。从2021年绩效评价结果为优秀的国家大学科技园中遴选10家以内大学科技园建设主体（大学），和所在地方政府（或国家高新区）、领军企业共同开展创建未来产业科技园试点工作。北京市4家评价结果为优秀的国家大学科技园纳入遴选范围，分别为北京大学国家大学科技园、清华大学国家大学科技园、北京航空航天大学国家大学科技园、北京理工大学国家大学科技园。

（徐传奇　黄　佳）

【北京优化营商环境5.0版专场发布会举行】12月29日，由市科委、中关村管委会，北京市税务局，中关村科学城管委会联合主办的“创新+活力”北京优化营商环境5.0版改革服务大众创业万众创新专场发布会在京举行。市科委、中关村管委会相关负责人介绍高新技术企业认定“报备即批准”政策试点情况，为企业申请政策试点提供指导，举办政策宣传活动，鼓励企业参与申报。会上，北京市税务局企业所得税处负责人介绍企业研发费用加计扣除政策实施情况，中关村科学城管委会服务体系建设处负责人介绍中关村科学城优化创新创业服务体系工作情况，并对相关政策进行解读。截至年底，北京市有77家企业通过政策试点获高新技术企业认定。企业从申请认定到取得证书用时仅1个月，较常规流程压缩80%以上。

（武　巍）

【持续精准服务企业创新发展】2021年，市科委、中关村管委会加大科技型小微企业研发费用支持政策力度，扩大政策覆盖范围，给予3100余家企业支持补助资金1.5亿元，获支持企业的研发支出总额达75亿元。对32家中关村知识产权领军和重点示范企业的151个知识产权高端推进工作项目给予支持；引导64家中小微企业高价值专利创造运用。

（罗　虎　姚　宁）

【中关村示范区硬科技孵化平台建设发展情况】2021年，中关村示范区内有中关村生命园、禾芫、创客总部、翠湖科创、埃米空间等40家中关村硬科技孵化器，分布在11个分园。其中海淀园15家，昌平园7家，在孵硬科技企业1600余家，专业技术平台面积约11.5万平方米，通过自建、共建等方式配备相关领域设备设施的累计投入规模约7亿元，可为企业提供技术开发、中试熟化、检测认证、小批量生产等专业服务，自持及关联基金44只，深入合作的高校院所130家、领军企业260家、创业导师1100人，为相关领域的硬科技创业企业和团队提供早期投资、创业辅导、资源对接等专业服务，促进硬科技创业企业培育。

（罗　虎）

【重点企业“服务包”工作情况】2021年，市科委、中关村管委会作为“行业管家”，共为122家“服务包”企业提供服务194项，事项办结率91%，企业满意率100%，在服务事项超过100项的行业主管部门中，办结率列第一位。截至年底，服务企业在京新设机构46家，注册资本金合计227亿元；地方级财政贡献达52.8亿元，比2020年增长59.9%，高于全市平均水平51.8%。

（付　林）

【组织3个创新创业支持项目】2021年，市科委、中关村管委会落实创新创业支持政策，组织实施科技服务业（创业服务机构建设）、中关村新型创业服务机构能力提升、中关村硬科技孵化器建设3个资金支持项目，给予86家相关机构8300万元资金支持。

（罗　虎）

【孵化机构评估评价工作情况】2021年，市科委、中关村管委会完成2021年度北京市科技企业孵化器评估工作，其中8家孵化器评定为A类，16家孵化器评定为B类，56家孵化器评定为C类，1家孵化器评定为D类；完成2021年度中关村创业孵化机构分类评价，151家机构分类评价合格，其中中关村创新型孵化器112家，中关村硬科技孵化器39家。

（罗　虎）

科技金融服务

【概述】2021年，市科委、中关村管委会以完善金融支持科技创新体系为主线，以服务国际科技创新中心和“两区”建设为目标，以申设中关村科创金融试验区为契机，不断强化先试引领作用，完善企业全生命周期的科技金融服务体系。持续在中关村示范区开展政策研究和先行先试。新一轮先行先试改革主要涉及科技金融领域政策4条，包括引导社保保险资金开展长期投资、加大资本市场支持科创企业力度等。

推动多层次资本市场改革服务科技创新。深化新三板改革，培育企业在北京证券交易所上市。启动实施“育英计划”，建立825家企业储备库，制定2021—2022年培训计划。加强上市培育服务，联合上海证券交易所、深圳证券交易所、香港交易所开展“科创新蓝筹”“创新100”“科创启航营”等活动6次；联合深圳证券交易所举办提高上市公司质量专题活动，持续开展“银企对接会”“携手分析师寻找下一个千亿市值企业”等融资及培育活动。推动在北京四板市场设立国内区域股权市场首个针对孵化器企业的板块——科创孵化板，首批合作孵化器18家，挂牌企业60家。协助完善新三板可转债、四板私募债试点方案，探索在四板设立认股权平台。实施中关村企业改制挂牌和并购支持资金专项，有效降低企业挂牌成本，提升企业合规治理能力。截至年底，注册在中关村示范区内的私募股权投资基金1441只，注册在中关村示范区内的产业投资基金2062只。

支持金融科技产业创新应用。推动监管沙箱试点。推荐技术创新性强的金融科技企业申报北京市金融科技创新监管试点，支持度小满科技（北京）有限公司等12家企业的14个项目纳入试点。拓展应用场景。组织11家金融机构对接22个金融科技应用场景项目，涉及知识图谱、量子算法、人工智能等技术创新应用。支持举办2021年金融科技“10+10”银企对接、中关村“番钛客”金融科技国际创新大赛、中关村论坛金融科技分论坛等活动。

（王艺陶　朱春凤）

【“村宝”创新创业生态服务体系发布】3月30日，北京中关村银行“村宝”创新创业生态服务体系发布会在京举办。“村宝”成员企业的代表等参加。北京中关村银行股份有限公司发布以“村宝”成员企业为服务主体，携手战略合作机构共同建设的创新创业生态服务体系，聚合科技金融服务新动能，实现科创企业金融服务全生命周期覆盖。北京中关村银行为首批参与“村宝”创新创业生态服务体系建设的31家战略合作机构、18家“村宝”成员企业进行授牌。北京中关村银行还发布面向高端人才及其创办企业的产品——“惠才计划”。“惠才计划”旨在充分发掘和尊重人才与企业发展过程中的重要价值，帮助企业建立首贷信用记录，帮助企业打通上下游产业链资源，为企业发展赋能，并通过投贷联动方式，帮助有创业辅导、股权融资、市场推广等方面需求的企业对接相关合作资源，提供一站式深度服务。

（朱春凤）

【2021中关村金融科技系列活动开幕】7月28日，由中关村金融科技产业发展联盟、中关村互联网金融研究院和中国互联网金融三十人论坛主办的2021中关村金融科技系列活动开幕式——金融科技与金融安全峰会暨2021“光大杯”第五届中关村“番钛客”金融科技国际创新大赛启动仪式在中关村示范区展示中心举行。活动以“聚焦金融科技创新，打造数字金融应用场景”为主题。峰会采用线上与线下相结合的方式进行，来自国内外金融科技领域的专家学者、企业的代表200余人现场参会，并吸引4000余人线上观看。与会代表就金融科技与金融安全、数字经济、绿色金融等话题展开探讨。在2021“光大杯”第五届中关村“番钛客”金融科技国际创新大赛启动仪式上，发布《中国金融科技创新——数字金融应用场景实战》成果、《2021金融科技竞争力报告》及《2021金融科技专利报告》。系列活动从7月持续至12月，主要包括2021“光大杯”第五届中关村“番钛客”金融科技国际创新大赛、

金融科技项目对接会、金融科技行业培训、中关村金融科技年会等活动。

（朱春凤）

【2021 中关村“番钛客”金融科技国际创新大赛举办】7 月 28 日—11 月 17 日，由中关村金融科技产业发展联盟、中关村互联网金融研究院和中国互联网金融三十人论坛主办的 2021“光大杯”中关村“番钛客”金融科技国际创新大赛在京举办。大赛征集参赛项目 100 余个，首次开设复活赛机制，举办人工智能专场、智能金融专场、供应链金融专场、邮储银行专场 4 场分组赛及 1 场复活赛，33 个项目通过筛选进入分组赛，各分组赛前 3 名共 15 个项目晋级总决赛。最终，6 个项目获奖（一等奖 1 名、二等奖 2 名、三等奖 3 名），珠海金智维信息科技有限公司具备知识产权的企业级 RPA（K–RPA）项目获一等奖。

（朱春凤）

【三方科技金融战略协议签订】8 月 25 日，北京科学技术开发交流中心与中商银控股有限公司、师董会（北京）信息科技有限公司签订战略合作协议。三方将发挥各自资源优势和专业能力，利用中国电子商会《中小企业估值规范》团体标准、中商银“eEx 投融通”财顾平台，在中小企业服务、创新创业大赛、科技项目落地以及数字金融、会展活动、企业咨询服务等方面开展相关合作。

（陆纳新　安鹤益）

【北京证券交易所成立】9 月 3 日，北京证券交易所注册成立。北交所将打造服务创新型中小企业主阵地，实现与沪深两大交易所和主板、创业板、科创板三大板块错位发展；探索符合中小企业创新发展的发行制度、交易机制和监管模式，推动健全资本市场服务实体经济的全链条制度体系；加强与沪深交易所、区域性股权市场的互联互通，促进形成符合中小企业成长需求的多层次市场生态；完善交易所服务功能，培育支持一批科技创新型中小企业在新三板挂牌、北交所上市。

（朱春凤）

【北京法定数字货币试验区揭牌】9 月 10 日，在 2021 中国（北京）数字金融论坛上，北京法定数字货币试验区揭牌。试验区将作为新兴金融产业集聚区、首都金融改革试验区，围绕支付清算、登记托管、征信评级、资产交易、数据管理等环节，支持数字金融重点机构和重大项目落地，提升金融基础设施数字化水平。

（朱春凤）

【多层次资本市场助力经济高质量发展论坛举办】9 月 25 日，由中关村发展集团主办的 2021 中关村论坛平行论坛——多层次资本市场助力经济高质量发展论坛在中关村示范区展示中心举办。活动采用线上与线下相结合的方式，市科委、中关村管委会，市金融监管局等单位有关负责人及科技企业、金融机构、高等院校、新闻媒体的代表近 100 人现场参会。论坛邀请北上深 3 家证券交易所、中关村发展集团、中信建投证券等各类金融服务机构的代表及金融领域专家，围绕多元参与主体构建资本市场新生态展开高端对话，探讨资本市场如何引导市场资源服务实体经济、支持科技创新。中关村发展集团与华夏银行签订战略合作协议，共同支持“三城一区”创新高地建设、开展产业投资、深化科技服务与科技金融合作。

（赵　哲）

【金融科技论坛举办】9 月 25 日，由市科委、中关村管委会，市金融局，海淀区政府，西城区政府主办的 2021 中关村论坛平行论坛——金融科技论坛在中关村示范区展示中心举办。论坛以“数字经济下的金融科技治理”为主题。市政协副主席林抚生等领导及金融科技企业、金融机构的代表等参加。与会代表围绕银行科技、数字货币、数据治理、行业监管等主题进行交流。会议发布北京金科新区开发与测试平台，并启动 2021 全球金融科技创业大赛。17 家金融科技企业与金融机构围绕 8 个项目签署战略合作协议，涉及数字人民币、安全计算等多个金融科技核心领域。

（赵　哲　朱春凤）

【国内首只理财资金支持科创 S 基金发布】9 月 27 日，在 2021 中关村论坛国际技术交易大会开幕式上，北京首发展华夏龙盈接力科技投资基金发布。该基金是国内第一只理财资金专注支持科技创新的 S 基金，由北京首都科技发展集团有限公司、华夏银行与华夏理财有限责任公司共建，总规模 100 亿元，投资领域为符合北京定位及产业发展布局的高精尖领域，主要包括医药健康、新材料、新一代信息技术等。

（陈　静）

【中关村前沿科技投融资联席会成立】9 月 28 日，在中关村论坛技术交易暨合作签约活动上，中关村前沿科技投融资联席会正式成立。中关村前沿科技投融资联席会是为中关村国际前沿科技创新大赛量身打造的金融服务平台，办公室设在大赛主办方中关村前沿科技与产业服务联盟。目的是结合大赛推进，深度开展对前沿科技企业的投融资服务，助推硬科技企业加快成长。中关村前沿科技投融资联席会拥有高瓴创投、君联资本、国科嘉和（北京）投资管理有限公司、联通创新创业投资有限责任公司、北京科创基金、中关村科学城创新发展有限公司、小米集团、腾讯集团等众多优质风险投资机构，深度参与前沿科技投融资服务，加大对前沿技术的投资、建立融资快速对接平台、建立优质前沿科技企业库、开展企业赛前辅导工作、建立中关村前沿科技企业培训营。

（焦志刚）

【首批金融科技创新监管工具创新应用“出箱”】 9月28日，北京金融科技创新监管工作组公布北京市首批结束金融科技创新监管工具测试的3个创新应用，分别是中国工商银行“基于物联网的物品溯源认证管理与供应链金融”、中国银行“基于区块链的产业金融服务”、中信百信银行“AIBank Inside产品”。3个创新应用经过6个多月的上线运行，完成金融科技创新监管工具的全流程闭环验证。列入金融科技创新监管试点工作的项目首次顺利“出箱”，标志着北京金融科技创新监管试点完成对创新监管工具的全流程闭环测试，中国金融科技监管框架落地实施初见成效，有助于北京市建设国际一流的金融科技生态、形成具有全球影响力的金融科技产业。

（朱春凤）

【北京市科技创新基金发展情况】 2021年，北京市科技创新基金在引导社会资本开展硬科技投资、早期投资和长期投资等方面发挥较好的引领作用，多次在社会机构的评选中名列前茅。截至年底，科创基金已签约48只子基金，优选高校院所及科研机构、CVC、市场化机构三大类投资组合，总认缴规模711.43亿元，其中，带动社会资本投入近600亿元。被投企业超过740家，超过40个项目实现上市或正在上市过程中，回报良好。科创基金将继续拓展资金规模，开展二期100亿元及科创直投基金的募资准备。

（王艺陶）

【社会资本支持企业发展情况】 2021年，根据中国证券投资基金业协会统计数据，中关村示范区范围内共有1585家机构进行天使和创业投资，共发生3634起天使和创业投资案例（从机构角度统计），投资金额1730.86亿元。中关村示范区内发生融资案例1094起，涉及金额1803.01亿元。比2020年的1658起、2008.46亿元，分别下降34.02%和10.23%。由于受疫情和经济环境的影响，机构募资困难，直接影响企业获得资金的速度，从统计结果来看，2021年，中关村的创投市场经历早期的低迷、中期的回温以及后期的爆发。这与国内率先控制住疫情，出台助企惠企政策，国民经济增速转正，生产和需求不断回升，就业保持总体稳定，市场发展活力增强等要素相关。

（王艺陶）

【“创信融”为4000多家企业提供超35亿元贷款】 2021年，“创信融”企业融资综合信用服务平台陆续接入16家辖内主要银行，精准支持4000多家中小微企业获得信用贷款超过35亿元。“创信融”平台在2020中关村论坛上由中国人民银行营业管理部联合中关村管委会共同启动，着力建设“创新·信用·融资”试验田，为小微企业发展和科技创新创业提供金融助力。

（朱春凤）

【中关村示范区股权投资基金、产业基金发展情况】 2021年，注册在中关村示范区内的私募股权投资基金1441只，目标规模1.3万亿元，比2020年的1362只、目标规模1.2万亿元分别增长5.8%和8.3%。注册在中关村示范区内产业投资基金2062只，目标规模1.45万亿元，同比2020年的1934只、目标规模1.4万亿元，基金数量增长率为6.6%，目标规模下降3.6%。数据显示，私募股权投资基金的数量和规模持续增长，产业投资基金的数量增长、规模下降，对细分赛道的龙头企业加大了投资的力度。

（王艺陶）

综合科技服务

【概述】2021年，市科委、中关村管委会加强统筹协调，推进城市副中心及“两区”建设。激活创新动力，制定《市科委、中关村管委会推动城市副中心发展工作机制》《落实国家服务业扩大开放综合示范区和中国（北京）自由贸易试验区建设任务工作方案》《加快科技创新推动国家服务业扩大开放综合示范区和中国（北京）自由贸易试验区建设的工作方案》《促进“两区”建设科技创新全链条开放工作方案》，为城市副中心建设营造良好创新环境，科技创新开创“两区”建设新突破。实验动物管理工作平稳有序开展，加强执法监督，保障安全生产。开展双随机抽查，截至年底，出动执法人员1416人次，做出行政检查771件。依法规范许可，及时公开信息，截至年底，北京市受理实验动物许可证申请90件，其中生产许可证申请15件，使用许可证申请75件，通过专家现场评审90件。5年内有效的实验动物许可证301个（不含军队系统）。科学评价从业人员能力，加强实验动物前沿技术国际交流，举办第十届北京实验动物科学国际论坛。积极修订法规条例，推进地方标准体系建设。首都科技条件平台（科研）项目开展仪器验证评价工作，通过权威机构对仪器的技术性能对比测试，为国产仪器“做背书”。截至年底，共调动253家次实验室或单位参与，对79个仪器产品进行验证评价。北京科学仪器装备协作服务中心在高校、科研院所、科学仪器生产企业等科学仪器行业相关单位开展服务、调研工作，总计服务95家次。

（王文伟）

【专家组进驻12345新冠病毒疫苗专家咨询热线】1月11日，按照北京市政府的指示，北京预防医学会组建由9名公共卫生领域专家组成的专家组进驻12345市民热线新冠病毒疫苗专家咨询热线，在线解答市民的问题和困惑，保证新冠病毒疫苗接种工作顺利开展。

（崔家墅）

【“两区”建设科技创新协调工作组准备会召开】3月18日，市科委、中关村管委会组织召开“两区”建设科技创新协调工作组准备会，研究部署科技创新全链条开放等工作。会议明确从研发、转化落地、产业化等科技链条的关键环节，以及人才、资金、知识产权等科技创新要素，梳理问题需求，提出政策措施建议。

（付文均 常军巍）

【“两区”政策公开课举办】3月，市政务服务管理局，市“两区”工作领导小组办公室，市科委、中关村管委会，市工商业联合会，中关村社会组织联合会在北京市政务服务中心举办3场“两区”政策公开课。相关专家围绕“两区”总体情况，讲解金融、人才、财税、通关、科技、专业服务等领域的相关政策。来自协会商会、企业园区、中介机构、企业的代表近200人参加。

（梁杰 蔡青）

【实验动物相关地方标准实施】4月1日，根据《北京市地方标准公告》（2020年标字第12号），DB11/T 1804—2020《实验动物 繁育与遗传监测》、DB11/T 1805—2020《实验动物 病理学诊断规范》、DB11/T 1806—2020《实验动物 寄生虫检测》、DB11/T 1807—2020《实验动物 环境条件》、DB11/T 1808—2020《实验动物 配合饲料养分与卫生要求》、DB11/T 1809—2020《实验动物 微生物检测》6项实验动物地方标准开始实施，对13种实验动物的遗传分类和遗传检测、实验动物病理学检查和诊断、寄生虫检测、设施及环境条件、配合饲料的质量要求、微生物检测等内容进行规定。

（刘文菊）

【数字经济企业专场税宣普法活动举办】4月13日，市税务局第三稽查局、北京数字创意产业协会、中关村社会组织联合会在京举办“活力中关村”企业营商环境服务系列活动之数字经济企业专场税宣普法活动。相关专家围绕第30个全国税收宣传月“税收惠民办实事 深化改革开新局”的主题，就大数据时代数字经济企业涉税相关问题解读税收优惠政策。

40 余家企业的代表参加现场培训交流，同时线上直播参与人数 1000 余人次。

（李建玲　蔡　青）

【北京市人类遗传资源管理办公室设立】 4 月 16 日，根据市委编办《关于市科委、中关村管委会所属事业单位改革有关事项的批复》（京编委〔2021〕66 号），北京市实验动物管理办公室加挂北京市人类遗传资源管理办公室牌子，人员编制由 10 人增加至 26 人，主要职责调整为：承担人类遗传资源、实验动物日常管理与监督工作。

（刘文菊）

【处置突发实验动物事件】 4 月 19 日，市科委、中关村管委会启动突发实验动物事件应急预案，成立应急领导小组和应急处置小组，处理北京协尔鑫生物资源研究所有限责任公司员工疑似感染猕猴疱疹病毒 I 型（B 病毒）事件。对与病患接触的动物进行检测、溯源，对与协尔鑫业务相关的单位进行排查，坚持每日上报处置情况，组织实验动物许可单位应急安全培训。突发事件得到妥善处置。

（刘文菊）

【实验动物标委会全体委员会召开】 6 月，北京市实验动物标准化技术委员会在京召开全体委员会，29 名委员参会（超过委员总数 2/3）。会议复审实验动物笼器具、垫料地方标准，建议对两项标准进行修订；解读新发布实施的国标和认可行标；讨论并通过 2021 年工作计划和委员会新编制度；讨论建立标准实施效果评估方法。

（刘文菊）

【社会组织职场新人培训活动举办】 6—7 月，中关村社会组织联合会举办社会组织职场新人培训班、营商调研信息写作沙龙会等 3 场培训活动。相关专家围绕“十四五”时期北京国际科技创新中心重点任务、“两区”建设与科创中心建设、中关村社会组织发展情况等方面，帮助职场新人了解中关村示范区、北京市的发展战略，并为营商调研信息员讲解政务信息作为参谋、桥梁、耳目、平台、窗口的 5 个功能。

（蔡　青）

【2021 年科技服务创新发展系列活动举办】 7 月，中关村社会组织联合会等单位举办 8 场 2021 年科技服务创新发展系列活动的专题活动，包括京津冀国家技术创新中心首届先进功能材料创新大会、“科技主导·信创安保”金融行业应用分享、数据安全保护政策专题培训会等。活动采用线上线下相结合的方式，行业专家及科研院所、服务机构、企业的代表 900 余人参加。与会人员围绕先进功能材料、碳中和、新一代信息技术、金融信创、数据安全等方面进行交流。系列活动是中关村社会组织联合会携手会员单位共同打造的支撑科技服务业创新发展、助力北京国际科技创新中心建设的活动品牌。

（李建玲　栾骋祖）

【完成第十四届全运会票务系统验收测试】 7—9 月，北京软件产品质量检测检验中心受中奥体育产业有限公司、陕西省体育产业集团有限公司委托，对中华人民共和国第十四届全国运动会票务系统进行全面验收测试。中心组织测试工程师使用专业的自动化测试工具对该系统进行功能及性能效率测试，发现系统缺陷和性能瓶颈，提出整改建议，并督促开发方在系统上线前完成整改，确保票务系统上线运行。

（林青霞）

【核定科研机构进口商品免税资格】 8 月 26 日，根据财政部等十部委《关于“十四五”期间支持科技创新进口税收政策管理办法的通知》精神，市科委、中关村管委会拟定《关于落实“十四五”期间支持科技创新进口税收政策核定享受名单实施方案》。依据《实施方案》，市科委、中关村管委会通过市委编办、市国资委、各区科委、北京市科学技术研究院等报送渠道，共收到 158 家科研机构名单信息。经与市财政局、市民政局、北京海关等单位会商，核定第一批享受进口商品免税政策的科研机构，共计 138 家。机构名单已正式致函北京海关，基本覆盖北京市有进口商品需求的科研机构。

（杨　刚）

【中关村平谷园管委会揭牌成立】 9 月 17 日，中关村科技园区平谷园管理委员会（简称中关村平谷园管委会）正式揭牌。平谷区委副书记、区长吴小杰，市科委、中关村管委会党组成员、副主任许心超出席揭牌仪式；平谷区委常委、常务副区长底志欣主持仪式，平谷区相关部门领导及部分企业代表参加揭牌仪式。中关村平谷园管委会是平谷区委、区政府落实全市开发区改革工作要求，综合谋划全区产业高质量发展的创新举措，通过整合原平谷园管委会、兴谷管委、马坊工业管委和通航管委，使机构设置更加规范，内部架构更加优化。

（陈宝德）

【“科创 30 条”政策落实研讨会召开】 9 月，北京科学技术开发交流中心组织召开“科创 30 条”政策落实研讨会 2 场，来自海淀留创园、未来科学城、中关村科学城、中关村硬创空间等的 42 家相关单位代表参与研讨。与会代表围绕“科创 30 条”政策中的加强科技创新统筹、深化人才体制机制改革、构建高精尖经济结构、深化科研管理改革、优化创新创业生态五大方面进行探讨，并针对提高科研人员经费自主比例、扩大科研人才自主权、简化项目申报流程等政策条款提出合理化建议。

（薛继平　安鹤益）

【“包干制”试点工作专场宣讲会举办】 10 月 18 日，市基金办在中国科学院自动化研究所组织召开市基金“包干制”试点工作专场宣讲会。来自 16 家市基金依托单位科研管理部门和财务部门的 30 余位负责人参会。会上，市科委、中关村管委会，市财政局，市基金办相关负责人分别就北京市科技计划项目经费管理改革的总体部署、市基金“包干制”管理试行办法、市基金项目经费“包干制”管理办法的具体内容以及试点单位申请的核准条件、申请流程和试点成效评估等进行讲解。北京大学、中国科学院自动化所、北京工业大学等参会单位代表分享各自单位“包干制”探索的工作经验。市基金办负责人就下一步如何推进落实“包干制”试点工作做总结。

（张柏祯）

【14 家“包干制”试点单位公布】 12 月 2 日，市科委、中关村管委会发布《北京市自然科学基金项目经费使用“包干制”试点单位公告》（京科基金字〔2021〕42 号）。公告显示，《关于在北京市自然科学基金项目中试点项目经费使用“包干制”的通知》公布以来，市基金办在试点单位申请期内共受理申请 22 份。经审查，核准 14 家单位成为市自然科学基金项目经费“包干制”试点单位，包括高校、科研院所和医院。14 家参加市自然科学基金项目经费“包干制”的单位是：北京工业大学、北京工商大学、北京建筑大学、首都医科大学附属北京天坛医院、北京市农林科学院、中国农业大学、北京理工大学、北京交通大学、北京科技大学、北京大学第一医院、北京大学第三医院、国家纳米科学中心、中国科学院计算技术研究所、中国科学院物理研究所。

（张柏祯）

【6 家事业单位在裕惠大厦挂牌】 12 月 24 日，市科委、中关村管委会所属北京科技创新促进中心、北京科技成果转化服务中心、中关村高科技产业促进中心、中关村政府采购促进中心、北京科技人才发展中心（北京海外学人中心中关村分中心）、北京信息科技发展中心 6 家事业单位在裕惠大厦挂牌。其中，北京科技创新促进中心是副局级事业单位，其他 5 家为正处级事业单位。在市科委、中关村管委会所属事业单位改革之后，这 6 家事业单位在打造国家战略科技力量、促进科技成果转化、培育高精尖产业、服务科技园区发展、营造创新创业生态等方面承担了重要使命。此次 6 家事业单位在中关村核心区挂牌，标志着市科委、中关村管委会这一轮深化事业单位改革实质性落地。

（金　霞）

【实验动物专家委员会换届】 12 月 29 日，北京市第三届实验动物专家委员会换届大会在京举行。新成立的第三届实验动物专家委员会由 106 位委员组成，李德发、孟安明两位院士担任联合主任委员。受疫情防控措施限制，22 名委员线下参加会议，其他委员线上参加会议。会上，第二届专家委员会主任委员贺争鸣报告第二届实验动物专家委员会工作情况。实验动物专家委员会为实验动物监督管理提供专业技术咨询和服务。

（刘文菊）

【2 家单位获“全国先进社会组织”称号】 12 月 31 日，民政部印发《关于表彰全国先进社会组织的决定》（民发〔2021〕111 号），全国共有 281 家社会组织获“全国先进社会组织”称号，其中北京市有 5 家单位。中关村社会组织联合会作为科技类社会团体代表、北京石墨烯研究院作为新型研发机构代表获得该称号。“全国先进社会组织”评选自 2004 年以来已举办 4 次，本次重点表彰在全面建成小康社会进程中，特别是在决战决胜脱贫攻坚、新冠肺炎疫情防控中党的建设突出、自身建设过硬、发挥作用显著的先进社会组织。

（李建玲　蔡　青）

【“三下乡”科技服务助力京郊三农发展】 2021 年，市科委、中关村管委会围绕北京国际科技创新中心建设，依托乡村振兴科普驿站和北京科技特派员队伍，集成北京市科技成果、人才和信息等资源，在京郊开展成果推广、科普下乡、信息智能、培训对接、惠民便民等服务，开展科普活动 15 次；围绕前期建立的 15 个科技特派员工作站，持续导入专家、技术、信息、市场等科技资源，发挥科技特派员工作站的驻点帮扶作用，开展一对一精准帮扶 75 次。

（赵　娣　姜佩瑄　温会姣）

【开展人遗培训服务】 2021 年，北京市人类遗传资源管理办公室建立以国家人遗办北京地区审评专家领衔的北京市人类遗传资源专家咨询团队，开展 3 场北京地区的人遗培训服务和部分咨询服务，培训人员 300 余人次。同时为北京市人遗许可证批件丢失单位补办电子扫描件，为筹建人类遗传资源管理北京服务站做准备。

（梁城磊）

【开展实验动物监管】2021年，北京市实验动物管理办公室加强实验动物监管。开展双随机抽查，出动实验动物行政执法人员1416人次，做出行政检查708件；接到市公安局移送案件，经调查取证发现1家单位实验动物运输不符合要求，市科委、中关村管委会做出警告处罚。5月和10月，组织执法人员和质量检测人员对北京地区32个实验动物生产许可单位的122个实验动物生产种群进行随机抽检；出动抽检人员（技术人员和执法人员）42人次、大动物抽检车辆8车次；经北京市实验动物专家委员会专家研判实验室检测数据，认为北京地区实验动物的质量比较稳定。

（刘文菊）

【颁发实验动物生产和使用许可证】2021年，根据《北京市实验动物管理条例》的规定，北京市实验动物管理办公室对北京市行政区域内从事实验动物的工作单位的生产使用许可证情况进行梳理。经统计，全年共颁发生产许可证15个，使用许可证75个。北京市实验动物有效生产许可证55个、使用许可证256个。

（刘文菊）

【开展实验动物从业人员培训】2021年，北京市实验动物管理办公室科学评价从业人员能力，定期开展实验动物从业人员培训。全年累计组织实验动物管理从业人员上岗培训、考核85次，6531人考取上岗证。累计组织屏障设施培训、法规培训、标准培训、应急管理培训、动物福利与科技伦理培训等10次，线下累计培训100人次，线上参训人员1500余人次。

（刘文菊）

【开展仪器验证评价】2021年，首都科技条件平台（科研）项目开展仪器验证评价工作，通过权威机构对仪器的技术性能对比测试，为国产仪器“做背书”。截至年底，共调动253家次实验室或单位参与，对79个仪器产品进行验证评价，获批专利186件，发布标准32项，其中完成5项国家标准立项。部分参评企业的产品被海关总署采购中心纳入国产首台（套）采购推荐目录；参评企业北京热景生物技术股份有限公司的MQ60 plus市场占有率验评后较验评前同比增加757%；北京市计量检测科学研究院利用验证评价模体检测快捷的优势，对新机型开展检测工作，全过程没有重复或位置调整。

（王郅媛）

【在京国家重大科学仪器设备开发】2021年，市科委、中关村管委会作为“十二五”国家科学仪器设备专项推荐单位，全年配合科技部完成6个项目的综合验收。共计形成新仪器68台、新装置46套，授权国内专利314项，申请国家标准12项，登记软件著作权61项；新增产值共62.97亿元，销售产品2202台（套），销售额52.57亿元。项目获国家科技进步奖二等奖1项，省部级奖励8项，日内瓦国际发明展金奖。

（王郅媛）

【服务仪器行业创新主体】2021年，北京科学仪器装备协作服务中心在大专院校、科研院所、科学仪器生产企业等科学仪器行业相关单位开展服务、调研工作，总计服务95家次。其中，现场服务走访42家，重点调研国内中低端科学仪器技术产品、关键部件器件采购、客户市场销售等方面情况；向北京地区相关单位、企业、个人宣传科学仪器技术研发政策、成果转化政策、产业支持与发展政策、人才培养政策等；为科研单位研发项目向企业转化牵线搭桥，开展企业“入库”筛选工作等，帮助国产科学仪器企业进入大型科研仪器市场，推动国产科学仪器质量提升和进口替代。在科学仪器用户市场，联合仪器学习网举办“食品安全抽检规范与要求解读”网络培训；联合北京理化分析测试技术学会举办2021年第二十届北京色谱年会，为政产学研用搭建沟通交流平台，促进科学仪器行业发展。

（王郅媛）

创新成果

BEIJING ALMANAC OF SCIENCE AND TECHNOLOGY 2022

北京科技年鉴

2022

科学技术奖励成果

【概述】《北京市人民政府关于 2021 年度北京市科学技术奖励的决定》于 2022 年 11 月 23 日发布。根据《北京市科学技术奖励办法》，经市科学技术奖励评审委员会评审、市科学技术奖励委员会审定，市政府批准，授予谢晓亮院士北京市科学技术奖突出贡献中关村奖；授予肖云峰、高扬等 9 位青年科学家北京市科学技术奖杰出青年中关村奖；授予阿尔门·谢尔盖耶夫教授等 6 位外国科学家北京市科学技术奖国际合作中关村奖；授予“黑洞搜寻与吸积物理研究”等 5 项成果北京市科学技术奖自然科学奖一等奖，授予“高温超导体中压致超导再进入现象的发现与机理研究”等 25 项成果北京市科学技术奖自然科学奖二等奖；授予“非结构光场智能成像关键技术与装备”等 3 项成果北京市科学技术奖技术发明奖一等奖，授予“多光源可调节的面曝光 3D 打印关键技术及应用”等 9 项成果北京市科学技术奖技术发明奖二等奖；授予“全系统全频北斗厘米级高精度定位芯片研发及产业化”等 37 项成果北京市科学技术奖科学技术进步奖一等奖，授予“北斗高精度大气探测系统关键技术及应用”等 112 项成果北京市科学技术奖科学技术进步奖二等奖。

（刘宁瑜）

【北京市科学技术奖获奖项目特点分析】2021 年度北京市科学技术奖获奖项目具有以下特点：第一，基础研究取得多项突破性成果。基础研究在高能天体物理、动力电池、高温超导、纳米药物等领域取得多项原创性突破。获奖成果中既有聚焦科学问题、勇攀科学高峰的自由探索类成果，也有面向产业发展、突破核心技术的目标导向类成果。第二，创新成果为高精尖产业发展提供新动力。获奖成果中高精尖产业领域的成果有 168 项，占比 88%。超级计算、人工智能、大数据等方向一批成果实现了产业化应用，为首都高精尖产业发展提供了有力支撑。第三，创新成果为国家重大需求贡献北京力量。获奖成果应用于北京冬奥会和冬残奥会、碳达峰碳中和、航空航天等重大工程和重大战略，在服务国家重大需求方面做出了北京贡献。第四，创新成果为人民幸福生活保驾护航。获奖成果涵盖新冠病毒疫苗、检验检测、疫情监测分析等疫情防控技术，心脏移植、人工角膜、生殖医学等医疗技术，以及智能生活、绿色环保等民生保障技术。

（刘宁瑜）

人物奖获奖者介绍

【谢晓亮】北京市科学技术奖突出贡献中关村奖获得者，由北京市教育委员会提名。谢晓亮，男，1962 年出生于北京市，1985 年毕业于北京大学，1990 年在美国加州大学圣地亚哥分校获得博士学位，现为北京昌平实验室主任、北京大学教授。2011 年当选为美国国家科学院院士，2016 年当选为美国国家医学院院士，2017 年当选为中国科学院外籍院士。谢晓亮是单分子生物物理化学的奠基人之一、相干拉曼散射显微成像技术和单细胞基因组学的开拓者。其团队发明的 MALBAC 全基因组扩增技术使超过 4000 个患有单基因遗传病的家庭避免疾病的后代传递。在抗击新冠肺炎疫情过程中，谢晓亮团队研制出一种针对所有新冠病毒变种的广谱中和抗体药物。谢晓亮带领北京昌平实验室，吸引国际顶尖科技人才，组织优势力量开展协同攻关，在生命科学领域为北京建设国际科技创新中心做出重要贡献。

（刘宁瑜）

【肖云峰】北京市科学技术奖杰出青年中关村奖获得者，由中国科学院院士龚旗煌、谢心澄提名。肖云峰，男，1981 年 1 月出生于江西省高安市，2002 年毕业于中国科学技术大学，2007 年在中国科学技术大学获得博士学位，现为北京大学教授，研究方向为微腔光学。肖云峰首次观测到超高品质因子微腔光场自发对称破缺现象，提出混沌辅助光子动量变换新原理，实现纳米尺度单颗粒、单病毒的超高灵敏检测，提升了中国微腔光学研究的国际影响力。

（刘宁瑜）

【程群峰】北京市科学技术奖杰出青年中关村奖获得者，由北京市科学技术协会提名。程群峰，男，1981年12月出生于河南省夏邑县，2003年毕业于河南大学，2008年在浙江大学获得博士学位，现为北京航空航天大学教授，研究方向为高分子纳米复合材料。程群峰发现并解决了降低高分子纳米复合材料力学性能的孔隙缺陷问题，构筑了高强高韧导电石墨烯纳米复合薄膜材料等一系列轻质高强高分子纳米复合材料，促进了中国高分子纳米复合材料研究领域的原始创新。

（刘宁瑜）

【颉伟】北京市科学技术奖杰出青年中关村奖获得者，由北京市昌平区政府提名。颉伟，男，1981年11月出生于甘肃省白银市，2003年毕业于北京大学，2008年在美国加州大学洛杉矶分校获得博士学位，现为清华大学教授，研究方向为表观遗传学、发育生物学。颉伟致力研究哺乳动物早期胚胎发育中的表观遗传调控和代间遗传，开发出一系列微量细胞高灵敏表观遗传检测技术，实现在分子水平研究胚胎发育基因调控，促进了发育与遗传学领域的技术进步。

（刘宁瑜）

【宋江平】北京市科学技术奖杰出青年中关村奖获得者，由中国空间科学学会提名。宋江平，男，1980年3月出生于湖北省京山市，2006年毕业于华中科技大学，2013年在北京协和医学院获得博士学位，现为中国医学科学院阜外医院副主任医师，研究方向为心力衰竭与心脏移植。宋江平围绕等待心脏移植患者精准分类、症状隐匿患者及亲属猝死预警、心衰重构与逆重构开展系统研究，提出中国原创分型体系及干预靶点，为中国庞大心衰患者救治提供精准方案。

（刘宁瑜）

【高扬】北京市科学技术奖杰出青年中关村奖获得者，由北京市昌平区政府提名。高扬，男，1980年3月出生于山东省青岛市，2002年毕业于复旦大学，2008年在中国科学院北京基因组研究所获得博士学位，现为北京贝瑞和康生物技术有限公司董事长兼总经理，研究方向为人类遗传学与基因组学。高扬自主研发产前筛查与诊断新体系相关技术，建立胎儿单基因病、基因组病、染色体病产前筛查、诊断综合技术平台，开发研制配套试剂盒产品，累计完成各类基因检测超过500万例。

（刘宁瑜）

【邓方】北京市科学技术奖杰出青年中关村奖获得者，由北京市科学技术协会提名。邓方，男，1981年10月出生于四川省南充市，2004年毕业于北京理工大学，2009年在北京理工大学获得博士学位，现为北京理工大学教授，研究方向为智能控制及智能群系统。邓方作为团队核心成员研制具有自主知识产权的信息化系列装备并批量列装，推动信息化条件下相关装备应用的创新，提高装备快速反应、全域机动和精确定位能力，使装备的综合效能大幅提高。

（刘宁瑜）

【刘鸿瑾】北京市科学技术奖杰出青年中关村奖获得者，由中国科学院院士郝跃、杨孟飞提名。刘鸿瑾，男，1980年10月出生于湖南省湘阴县，2003年毕业于北京航空航天大学，2008年在中国科学院研究生院获得博士学位，现为北京轩宇空间科技有限公司总经理，研究方向为空间高性能处理器与微系统技术。刘鸿瑾主持研制国内首款空间用多核处理器、星载计算机微系统等多项产品并实现规模应用，为中国航天器核心处理器和关键微系统自主可控发展做出贡献。

（刘宁瑜）

【陈云霁】北京市科学技术奖杰出青年中关村奖获得者，由中国工程院院士李国杰、中国科学院院士陈国良提名。陈云霁，男，1983年2月出生于江西省南昌市，2002年毕业于中国科学技术大学，2007年在中国科学院计算技术研究所获得博士学位，现为中国科学院计算技术研究所副所长、研究员，研究方向为处理器体系结构。陈云霁带领团队研制出国际上首个深度学习处理器芯片，大幅减少从智能手机到数据中心的多种应用能耗，系列深度学习处理器芯片应用于近亿台手机和上万台云服务器，引领深度学习处理器发展为国际计算机体系结构的热点研究方向。

（刘宁瑜）

【魏运】北京市科学技术奖杰出青年中关村奖获得者，由北京市科学技术协会提名。魏运，男，1982年3月出生于河南省濮阳市，2005年毕业于南京航空航天大学，2013年在东南大学获得博士学位，现为北京市地铁运营有限公司教授级高工，研究方向为智慧地铁。魏运创建了面向复杂地铁网络的“感知－计算－辨识－管控”理论方法、核心技术和系列关键装备，构建首都智慧地铁运营新模式体系，为首都地铁安全与效率的全面提升做出积极贡献。

（刘宁瑜）

【阿尔门·谢尔盖耶夫】北京市科学技术奖国际合

作中关村奖获得者，由北京大学提名。阿尔门·谢尔盖耶夫，男，1949 年 3 月生，俄罗斯人。俄罗斯科学院斯捷克洛夫数学研究所执行所长，俄罗斯科学基金会函数论与复分析方向首席科学家，亚美尼亚科学院院士，欧洲数学会执行委员会委员、副会长，担任俄罗斯多个主要数学杂志的主编。他为促进北大数学学科与俄罗斯重要数学机构的合作，以及创建中俄数学中心做出了奠基性的贡献，并为中俄两国在科技文化方面的合作做出重要贡献，为国家“一带一路”倡议的开展做出重要贡献。

（刘宁瑜）

【哈维尔·加西亚·德·阿巴霍】北京市科学技术奖国际合作中关村奖获得者，由国家纳米科学中心提名。哈维尔·加西亚·德·阿巴霍，男，1964 年 6 月生，西班牙人。西班牙光子科学研究所教授，美国光学学会和美国物理学会会员。其研究方向涉及表面科学、物理化学、电子显微镜、等离子激元和纳米光子学领域等。

（刘宁瑜）

【哈里斯·莱温】北京市科学技术奖国际合作中关村奖获得者，由中国生物工程学会提名。哈里斯·莱温，男，1957 年 3 月生，美国人。美国加州大学戴维斯分校进化与生态学特聘教授，中国生物多样性保护与绿色发展基金会顾问。主要从事进化基因组学、免疫遗传学、生物多样性基因组学研究。

（刘宁瑜）

【彼得·沙夫】北京市科学技术奖国际合作中关村奖获得者，由北京工业大学提名。彼得·沙夫，男，1963 年 7 月生，德国人。德国伊尔姆瑙工业大学教授，国际电子材料领域知名专家。自 2012 年起，彼得·沙夫与北京工业大学开展多项科研合作，共同设计开发亚纳米尺度的缺陷结构设计以及制备高性能、多功能缺陷化金属氧化物纳米材料的等离子处理法，为材料的原位测试表征设备构建提供持续帮助，协助培养多名博士和硕士研究生，为提升北京工业大学国际知名度做出贡献。

（刘宁瑜）

【福田敏男】北京市科学技术奖国际合作中关村奖获得者，由北京理工大学提名。福田敏男，男，1948 年 12 月生，日本人。日本名城大学教授，主要从事微纳操作机器人和仿生机器人研究。2013 年任北京理工大学教授，同年当选为日本工程院院士；2017 年当选为中国科学院外籍院士；2020 年任电气与电子工程师协会（IEEE）总主席。

（刘宁瑜）

【本哈德·施密德】北京市科学技术奖国际合作中关村奖获得者，由北京大学提名。本哈德·施密德，男，1952 年 10 月生，瑞士人。苏黎世大学文理学部教授、主任（已退休），主要从事生物多样性与生态系统功能研究。他是生物多样性与生态系统功能研究领域的全球主要代表人物之一，自 2006 年以来，长期担任北京大学城市与环境学院客座教授，为北京大学生态学科的发展做出突出贡献。

（刘宁瑜）

年度获奖项目介绍（部分）

【黑洞搜寻与吸积物理研究】本项目获得北京市科学技术奖自然科学奖一等奖，由中国科学院国家天文台、中国科学院大学联合完成。本项目在黑洞的发现测量、吸积辐射与喷流 3 个基本问题上取得新突破，获得对黑洞的新认知，并基于国内重大科技基础设施郭守敬望远镜，利用视向速度方法在银河系内发现大质量恒星级黑洞，为天文学发展做出积极贡献。

（刘宁瑜）

【钠离子电池层状氧化物材料构效关系研究】本项目获得北京市科学技术奖自然科学奖一等奖，由中国科学院物理研究所完成。本项目发现 Cu^{3+}/Cu^{2+} 氧化还原电对在含钠层状氧化物中具有电化学活性，并开发出低成本、环境友好、实用化的钠离子铜基层状氧化物正极材料，建成千吨级生产线，在微型电动车、储能电站实现示范应用。

（刘宁瑜）

【国产安全可控先进计算系统关键技术及应用】本项目获得北京市科学技术奖科学技术进步奖一等奖，由曙光信息产业（北京）有限公司、中国科学院计算技术研究所、中国科学院计算机网络信息中心、曙光信息产业股份有限公司、曙光数据基础设施创新技术（北京）股份有限公司、中科可控信息产业有限公司、中科曙光信息产业成都有限公司、中科曙光信息产业（桐乡乌镇）有限公司联合完成。本项目研制出基于国产安全可控通用芯片的通用异构超级计算机系统，应用于怀柔科学城地球系统数值模拟装置、中国科学院超算中心等多个国家大科学装置和国家超级计算中心。

（刘宁瑜）

【面向复杂交通场景的自动驾驶系统研发及产业化】本项目获得北京市科学技术奖科学技术进步奖一等

奖，由北京百度网讯科技有限公司完成。本项目突破复杂交通场景环境感知、智能决策规划与控制等关键技术，自主研发出面向大规模商业应用的自动驾驶系统，推出“萝卜快跑”“阿波龙二代”等产品，并在自动驾驶出租车、园区车、公交车等领域实现规模化应用。

（刘宁瑜）

【声表面波材料与器件技术及产业化】本项目获得北京市科学技术奖科学技术进步奖一等奖，由清华大学、北京中科飞鸿科技股份有限公司、无锡市好达电子股份有限公司、天通控股股份有限公司联合完成。本项目在声表面波材料与器件技术研究方面取得多项成果，并形成成套的产业化制备技术，建成年产35亿只滤波器的生产线，相关产品应用于华为、中兴、小米等主流国产品牌手机和基站。

（刘宁瑜）

【大型二氧化碳制冷及其跨临界全热回收关键技术与应用】本项目获得北京市科学技术奖科学技术进步奖一等奖，由北京大学、华商国际工程有限公司、北京国家速滑馆经营有限责任公司、开利空调冷冻研发管理（上海）有限公司、松下冷机系统（大连）有限公司、冰轮环境技术股份有限公司联合完成。本项目构建跨临界 CO_2 直膨制冷、制冰及全热回收和新型 CO_2 复叠式大型制冷系统，成功应用于北京冬奥会国家速滑馆、国家冰上训练中心，打造奥运史上“最快”冰面。

（刘宁瑜）

【京张高铁复杂敏感环境地下站隧智能化建造关键技术与应用】本项目获得北京市科学技术奖科学技术进步奖一等奖，由中国铁路建设管理有限公司、中国铁道科学研究院集团有限公司、京张城际铁路有限公司、中铁工程设计咨询集团有限公司、中铁五局集团有限公司、中铁十四局集团有限公司、中国铁路北京局集团有限公司联合完成。本项目解决了文环保区超大体量地下站隧与多敏源环境大盾构隧道智能建造难题，建成首条智能高铁示范线（京张高铁），为北京冬奥会交通运输服务提供了保障。

（刘宁瑜）

【新型冠状病毒灭活疫苗的研制及应用】本项目获得北京市科学技术奖科学技术进步奖一等奖，由中国生物技术股份有限公司、北京生物制品研究所有限责任公司、中国食品药品检定研究院、中国疾病预防控制中心病毒病预防控制所联合完成。本项目研发的新型冠状病毒灭活疫苗是国内使用规模最大、影响力最大的两个“北京造”新冠病毒疫苗之一，为满足重大公共卫生安全需求，保障全人类生命安全和健康做出了中国贡献。

（刘宁瑜）

【新型冠状病毒灭活疫苗的全球研制及应用】本项目获得北京市科学技术奖科学技术进步奖一等奖，由北京科兴中维生物技术有限公司、中国食品药品检定研究院、中国科学院生物物理研究所、中国疾病预防控制中心传染病预防控制所、浙江省疾病预防控制中心、北京昌平实验室联合完成。本项目研发的科兴新型冠状病毒灭活疫苗是国内使用规模最大、影响力最大的两个“北京造”新冠病毒疫苗之一，为满足重大公共卫生安全需求、保障全人类生命安全和健康做出了中国贡献。

（刘宁瑜）

【面向全屋智能的异构互联和融合交互关键技术与应用】本项目获得北京市科学技术奖科学技术进步奖二等奖，由北京小米移动软件有限公司、清华大学、小米通讯技术有限公司、互联网域名系统北京市工程研究中心有限公司、云丁网络技术（北京）有限公司、小米科技有限责任公司联合完成。本项目解决了大容量跨协议异构组网、多模态全意图融合交互等难题，实现千万级终端的语音交互和海量用户认知使用，相关技术应用于2000余款全屋智能设备，涵盖智慧客厅、智慧卧室、智慧厨房和智慧卫浴等场景，服务全球近6000万家庭。

（刘宁瑜）

发明专利

【概述】 2022年7月22日，国家知识产权局颁布《国家知识产权局关于第二十三届中国专利奖授奖的决定》。根据《中国专利奖评奖办法》规定，经国务院有关部门知识产权工作管理机构、地方知识产权局、有关全国性行业协会，以及中国科学院院士和中国工程院院士等推荐，中国专利奖评审委员会评审，社会公示，国家知识产权局和世界知识产权组织决定授予“丁苯酞环糊精或环糊精衍生物包合物及其制备方法和用途”等30项发明、实用新型专利中国专利金奖，“伽马刀”等10项外观设计专利中国外观设计金奖；国家知识产权局决定授予“一种治疗小儿食积咳嗽的中药组合物及其制备方法”等60项发明、实用新型专利中国专利银奖，“中子活化多元素分析仪”等15项外观设计专利中国外观设计银奖；国家知识产权局决定授予“有效部位药物沉积得到改善的干粉组合物”等791项发明、实用新型专利中国专利优秀奖，“LED庭院灯（中式）”等52项外观设计专利中国外观设计优秀奖；国家知识产权局决定授予江苏省知识产权局等8家单位中国专利奖最佳组织奖，中国科学院科技促进发展局等20家单位中国专利奖优秀组织奖，舒兴田等18位院士中国专利奖最佳推荐奖。

（申峥峥）

【羰基化合物的氨肟化方法】 本发明公开了一种羰基化合物的氨肟化方法，其中包括使包含羰基化合物、氨和过氧化氢的液相反应体系在含硅催化剂存在下反应，其特征在于，反应体系中加入了一种液态含硅助剂，使体系中硅浓度达到0.1～10 000 ppm。该方法可以减少由于催化剂中硅溶解造成的催化剂失活，延长催化剂寿命，提高稳定运转时间。本发明获第二十三届中国专利金奖，专利号为ZL03137914.1，专利权人为中国石油化工股份有限公司、石油化工科学研究院。

（申峥峥）

【钠冷快堆核电站冷却剂系统和部件的设计瞬态确定方法】 本发明属于快裂变反应堆技术领域，它公开了一种钠冷快堆核电站冷却剂系统和部件的设计瞬态确定方法。该方法包括3个步骤，分别是明确冷却剂系统和部件所采用的设计规范，确定设计瞬态的分类原则，确定设计瞬态工况及其循环次数。其中，所采用的设计规范是美国机械工程锅炉与压力容器规范（简称ASME）和法国的RCC-M规范。钠冷快堆的设计瞬态工况分为5类，分别是正常运行工况、中等频率事故工况、稀有事故工况、极限事故工况、试验工况。确定某一个工况在反应堆寿期内的循环次数是一个冷却剂系统和部件在反应堆寿期内预期所经受的瞬态冲击的目标值。本方法满足钠冷快堆总体设计需要。本发明获第二十三届中国专利金奖，专利号为ZL200910130945.4，专利权人为中国原子能科学研究院。

（申峥峥）

【封头模块、大型容器及两者的制造方法】 本发明涉及用于大型容器的封头模块、具有该封头模块的大型容器，以及制造该封头模块的方法和制造该大型容器的方法。所述制造封头模块的方法包括以下步骤：提供具有一个环形开口的封头，封头由多个瓣片构成；提供多个筒体板；依次将每一个筒体板连接到封头的环形开口的端面上，且所有相邻筒体板的相对的侧面相接而形成一个封头筒体环，其中基于封头的环形开口处瓣片的错变量，调整相邻筒体板之间的间隙，和/或径向向内或径向向外调整筒体板在所述封头的环形开口的端面上的位置。本发明获第二十三届中国专利金奖，专利号为ZL201110306772.4，专利权人为国家核电技术有限公司、山东核电设备制造有限公司、上海核工程研究设计院。

（申峥峥）

【一种全屏蔽高压隔离型电压互感器】 本发明提供一种全屏蔽高压隔离型电压互感器。该电压互感器包括同轴安装于环状一次高压屏蔽电极中的管状二次低压屏蔽电极、分别固定一次高压屏蔽电极和二次低压屏蔽电极的法兰。固定一次高压屏蔽电极的法兰和法兰平行设于一次高压屏蔽电极外侧，固定二次低压屏蔽电极的法兰和法兰的轴线垂直相交于二次低压屏蔽电极的轴线，一次高压屏蔽电极和二次低压屏蔽电极均采用铝合金制作。这种全屏蔽高压隔离型电压互感器提高了电压互感器的准确度，可以实现两台单级电压互感器串联时二次电压的叠加，推动电压串联加法向更高的电压等级进行量值传递。本发明获得第二十三届中国专利金奖，专利号为ZL201310695456.X，专利权人为国家电网公司、中国电力科学研究院、国网安徽省电力公司电力科学研究院。

（申峥峥）

【用于并行冗余协议网络中的时钟输出控制方法和系统】本发明涉及一种用于并行冗余协议网络中的时钟输出控制方法和系统。该方法包括：在第一以太网端口的时钟和第二以太网端口的时钟均有效时，获取所述第一以太网端口和所述第二以太网端口的时钟读数差值；将所述时钟读数差值与预设阈值进行比较，获得比较结果；在所述比较结果表明所述时钟读数差值不小于所述预设阈值时，将所述第一以太网端口和所述第二以太网端口的输出闭锁；在所述比较结果表明所述时钟读数差值小于所述预设阈值时，输出所述第一以太网端口的时钟；在第一以太网端口的时钟无效、第二以太网端口的时钟有效时，输出所述第二以太网端口的时钟。采用本实施例中的方案可以提高并行冗余协议输出时钟的可靠性。本发明获得第二十三届中国专利金奖，专利号为ZL201710115849.7，专利权人为南方电网科学研究院有限责任公司、北京四方继保自动化股份有限公司。

（申峥峥）

【一种基于频域互相关的分布式时差测量方法】本发明提供了一种基于频域互相关的分布式时差测量方法。该方法包括：每个从站接收主站发送的主站信号到达时间和主站信号采样数据；每个从站根据主站信号到达时间对参考采样数据进行抽取，得到从站信号采样数据；每个从站根据主站信号采样数据和从站信号采样数据，确定主站检测到的信号与从站检测到的信号之间的频域互谱；每个从站将频域互谱转换为互相关函数；每个从站确定互相关函数的最大值；每个从站基于最大值确定主站的信号检测时间与从站的信号检测时间的时差。本发明实施例可以基于主从站检测到的信号在频域上的相关性确定时差，而从站无须对信号前沿进行检测，避免了无法准确检测信号前沿的问题，大大提高了确定时差的准确度。本发明获得第二十三届中国专利金奖，专利号为ZL201710549903.9，专利权人为中国人民解放军火箭军研究院、中国航天科工集团八五一一研究所。

（申峥峥）

【一种地下水库坝体及其构筑方法】本发明公开了一种地下水库坝体及其构筑方法。该方法包括至少两个间隔布置的煤柱坝体；在任意相邻的两个所述煤柱坝体之间设有人工坝体；所述人工坝体包括坝体基座和密封顶梁结构；所述密封顶梁结构包括第一顶梁和第二顶梁；所述第一顶梁包括第一顶梁主体和第一顶梁密封端，在所述第一顶梁密封端上向下延伸有第一凸起部；所述第二顶梁包括第二顶梁主体和第二顶梁密封端，在所述第二顶梁密封端上向下延伸有第二凸起部；所述第一凸起部靠近所述水库主体，并且所述第一凸起部至少部分与基座内侧端密封连接；所述第二凸起部靠近所述巷道，并且所述第二凸起部至少部分与基座外侧端密封连接。本发明获第二十三届中国专利金奖，专利号为ZL201811483462.8，专利权人为国家能源投资集团有限责任公司、国能神东煤炭集团有限责任公司、北京低碳清洁能源研究院。

（申峥峥）

【一种以人复制缺陷腺病毒为载体的重组新型冠状病毒疫苗】本发明提供一种以人5型复制缺陷腺病毒为载体的新型冠状病毒疫苗。所述疫苗以E1、E3联合缺失的复制缺陷型人5型腺病毒为载体，以整合腺病毒E1基因的HEK293细胞为包装细胞系，携带的保护性抗原基因是经过优化设计的2019新型冠状病毒（SARS-CoV-2）S蛋白基因（Ad5-nCoV）。S蛋白基因经优化后，在转染细胞中的表达水平显著升高。该疫苗在小鼠和豚鼠模型上均具有良好的免疫原性，能在短时间内诱导机体产生强烈的细胞及体液免疫反应。hACE2转基因小鼠上的保护效果研究显示，单次免疫Ad5-nCoV在14天后能够明显降低肺组织内部的病毒载量，说明该疫苗对2019新型冠状病毒具有良好的免疫保护效果。此外，该疫苗制备快速简便，可在短期内实现大规模生产以应对突发疫情。本发明获第二十三届中国专利金奖，专利号为ZL202010193587.8，专利权人为中国人民解放军军事科学院军事医学研究院、康希诺生物股份公司。

（申峥峥）

知识产权与标准化

知识产权

【概述】2021 年，北京市知识产权工作在市委、市政府领导下，围绕首都“四个中心”建设和高质量发展要求，稳定推进。出台《北京市“十四五”时期知识产权发展规划》，全面践行“保护知识产权就是保护创新”的理念，确定知识产权强国示范城市建设新目标。起草《北京市知识产权保护条例》（草案建议稿），坚持“严、大、快、同”保护理念，强化数据产业等新领域新业态知识产权保护，落实知识产权领域国家安全保障要求，支持重点区域改革探索。

市知识产权局统筹推进《关于强化知识产权保护的行动方案》各项任务落实，分别与市检察院、丰台区政府、北京审查协作中心等单位签订合作协议，建立与市市场监管局重要知识产权疑难案件会商研究机制，强化部门联动。加强市、区联动，服务保障服贸会等大型活动。与河北局签署《2022 年冬奥会知识产权保护合作协议》，建立和完善京冀冬奥会知识产权保护机制，开展京津冀双创企业知识产权帮扶，举办京冀区域品牌发展推介会等。制定《关于开展优化改进本市知识产权营商环境的工作方案》，提出 20 项整改举措。完成优化营商环境 4.0 改革任务中涉及知识产权的 11 项事项，谋划 5.0 改革举措。编制“放管服”改革举措清单，进一步深化“一网通办”，持续推进“就近办”“掌上办”和“同事同标”。落实《北京市接诉即办工作条例》。

研究制定《“两区”建设知识产权全环节改革行动方案》，“两区”建设知识产权专项成果丰富。获批首批专利代理对外开放试点，北京考点一名外籍考生（美籍华人）报名参加专利代理师考试。推进知识产权交易中心发挥作用，北京市首个专利许可证券化项目成功启动，总规模 10 亿元，首期发行 3.37 亿元。在大兴、亦庄高端产业片区设立保护中心分中心。在北京经济技术开发区设立商标业务受理窗口，累计办理商标各类业务 924 件。首例专利侵权纠纷行政调解协议获司法确认。完成全国首个知识产权对外许可转让安全审查实践案例。

支持知识产权质押融资中心建设，在自贸区开设专利和商标质押登记窗口，办理专利权质押登记 11 项，均在 1 个工作日办结。制定发布《关于进一步做好知识产权质押融资相关工作的通知》《北京市知识产权质押融资入园惠企行动方案（2021—2023 年）》。开展知识产权保险试点，两年共投入资金 3800 万元，已有 332 家企业的 3366 件专利获保，完成首笔保险理赔。2021 年 9 月，知识产权保险试点入选商务部最佳实践案例。

创新专利裁决工作机制，审结行政裁决案件 128 件，发布行政保护典型案例。严格做好知识产权行业监管，打击代理非正常专利申请行为，共完成涉及非正常专利申请的整改及撤回工作 9510 件。深入开展专利代理“蓝天”行动，办理结案 121 件，行政处罚 7 件。开展“双随机”抽查 12 次，督促 34 家专利代理机构进行整改。加强商标代理机构监管，集中打击商标恶意抢注行为，依法查处恶意抢注“全红婵”“清澈的爱”等商标违法行为。

修订《北京市知识产权资助金管理办法》，鼓励企业进行海外知识产权布局。围绕“高精尖”产业开展专利预审和优先审查推荐服务，专利预审案件受理量、合格量和授权量均居全国保护中心第一。首批实施国家专利转化专项计划，推动建立 5G、人工智能等 4 个产业知识产权运营中心，依托产业知识产权联盟构建重点领域专利池，推进知识产权运营服务体系重点城市建设。发布 2021 年度《企业知识产权服务事项工作清单》，解决小米、百度、探路者等科技服务业企业诉求，市级“服务包”平台服务企业办结率 100%。8 项发明专利获第二十二届中国专利金奖，居全国首位。支持在京机构主导制定首个知识产权管理国际标准（ISO56005：2020《创新管理－知识产权管理工具和方法－指南》），提出知识产权管理“中国方案”。着力提升知识产权国际竞争力。成立国家知识产权国际合作基地（北京）。

（市知识产权局）

【北京市知识产权工作会召开】2月25日，2021年北京市知识产权工作会暨北京市知识产权办公会议工作会以视频形式召开，副市长殷勇主持会议并讲话。北京市知识产权办公会议成员单位负责人，各区政府主管负责人、区知识产权局负责人，北京经济技术开发区管委会主管负责人及科技创新局负责人参加会议。会议总结北京市2020年知识产权工作，部署2021年知识产权工作。市知识产权局局长杨东起做题为《加快构建首都知识产权高质量发展格局》的工作报告。报告指出，2020年首都知识产权高质量发展取得新成效。专利申请优先审查、专利质押融资2个案例入选商务部最佳实践案例；知识产权纠纷多元化调解机制作为北京市服务业扩大开放综合试点经验，由商务部等11部门向全国复制推广；市委办公厅、市政府办公厅印发《关于强化知识产权保护的行动方案》；中华人民共和国成立以来第一个以中国城市命名的多边国际条约《视听表演北京条约》生效。

（市知识产权局）

【知识产权质押融资中心设立】2月，北京市成立贷款服务中心，知识产权质押融资中心为其重要组成部分，企业可在知识产权质押融资中心的知识产权质押登记服务窗口办理专利和商标质押登记业务，专利权质押登记业务1个工作日内即可办结，并出具《专利权质押登记通知书》，方便企业尽快向银行申请放款。

（市知识产权局）

【加强电商知识产权保护】3—4月，在“3·15”国际消费者权益日至“4·26”世界知识产权日期间，市知识产权局集中开展电商领域知识产权“护航”专项行动。加强跨地区、跨部门的协调联动，完善行政执法与司法衔接机制，严厉查处知识产权侵权、假冒等违法行为。与电商企业签署落实主体责任备忘录。指导电商联盟开展行业自律。帮助指导电商企业开展侵权判定，主动协调京外地区侵权线索移送。通过加强监管、引导自查、提供帮扶相结合的形式，促进电商企业不断提升知识产权治理体系和治理能力，营造尊重知识产权的良好氛围。

（市知识产权局）

【专利转化专项政策实施】4月19日，市知识产权局、市财政局联合印发《关于促进专利转化实施助力中小企业创新发展的专项工作方案（2021—2023年）》（京知局〔2021〕148号），进一步深化知识产权运营服务体系建设，促进创新成果更多惠及中小企业，提升高校院所等创新主体知识产权转化率和实施效益。《工作方案》从拓宽专利技术供给渠道、推进专利供需精准对接、提高中小企业专利实施能力3个方面提出15条主要工作任务。6月，北京市成为国家专利转化专项计划首批支持的省（直辖市）。

（市知识产权局）

【京津冀促进知识产权运用工作会召开】4月20日，京津冀促进知识产权运用工作会暨北京市发明专利奖颁奖大会在京举行。会议由市知识产权局联合天津市、河北省共同举办。会上，京津冀高校知识产权运用联盟、京津冀科研院所知识产权运用联盟授牌；为北京市知识产权示范单位、北京市中小企业知识产权集聚发展示范区颁发牌匾；对“一种轨道电路”等36件第六届北京市发明专利奖获奖发明专利进行表彰，发明专利涵盖人工智能、生物医药等十大高精尖领域。

（市知识产权局）

【电商领域知识产权保护行政指导工作会召开】4月20日，由市知识产权局、市高级人民法院、市市场监管局、市文化市场行政执法总队主办的2021年度电商领域知识产权保护行政指导工作会在京召开。会上，国家知识产权局专家对《电子商务平台知识产权保护管理》国家标准进行解读；相关电商企业对《中华人民共和国电子商务法》实施以来平台在推进知识产权保护制度建设以及工作中面临的问题进行分享；朝阳、昌平知识产权局负责人对电商知识产权保护典型案例进行通报。相关政府部门负责人，电商领域知识产权保护联盟以及北京京东世纪贸易有限公司、北京小米科技有限责任公司、北京三快在线科技有限公司（美团）等相关电商企业代表参加会议。

（市知识产权局）

【“4·26”系列活动开展】4月20—26日，全国知识产权宣传周期间，市知识产权局围绕“全面加强知识产权保护推动构建新发展格局”主题，动员局系统各部门、各区知识产权局和知识产权办公会议成员单位，面向社会公众、政府公职人员、创新主体，举办系列活动。包括第六届北京市发明专利奖颁奖、国家知识产权国际合作基地（北京）揭牌、“知识产权人才与‘两区’建设”论坛、《2020年北京市知识产权保护状况》发布会等各类宣传活动，共计118场，活动形式多样、内容丰富。

（市知识产权局）

【开展北京环球影城知识产权保护专项行动】4月21日，市知识产权局在通州区举办北京环球影城知识产权保护专项行动启动仪式暨实务培训会。会上，北京环球影城知识产权保护专项行动启动，市知识产权局局长杨东起对北京环球影城知识产权专项保护工作做出部署和要求，通州区市场监督管理局等北京环球影城知识产权保护重点单位进行发言。相关专家分别就知识产权保护专项行动计划、主题乐园行业知识产权相关法律问题等对参会的执法人员进行培训。国家知识产权局，北京市通州区政府相关负责人，天津市，河北省，以及北京市环通州区的顺义区、大兴区等的知识产权局相关负责人出席会议。2021 年，京津冀三地联合开展北京环球影城知识产权保护专项行动。三地知识产权保护部门通过加强跨部门、跨区域执法协作，联合对环球影城周边的重点场所和区域进行定期巡查和随机抽查，运用“互联网 + 监管”系统等信息化手段，多措并举、追溯源头，合力打击知识产权侵权违法行为，全力构建跨区域、全链条、“七位一体”的知识产权保护工作格局。

(市知识产权局)

【2021 中国知识产权保护高层论坛举办】4 月 23 日，由中国知识产权报社和世界知识产权组织中国办事处共同主办的 2021 中国知识产权保护高层论坛在京举办。国家知识产权局局长申长雨、最高人民法院常务副院长贺荣、全国政协文化文史和学习委员会副主任阎晓宏、北京市副市长殷勇出席论坛并做主旨演讲。殷勇介绍北京市构建知识产权多元保护格局工作经验，指出知识产权是建设创新型国家的重要支撑，是参与全球竞争的关键领域。北京市委、市政府深入贯彻落实习近平总书记重要讲话精神，牢牢把握首都城市战略定位，以国际科技创新中心和“两区”建设为引领，全力下好知识产权保护“一盘棋”，加快建设知识产权首善之区。论坛还设置“完善保护体系，构建大保护工作格局”和“提高法治水平，落实惩罚性赔偿制度”两个专题论坛，邀请 10 余位中外嘉宾，共同探讨新时代全面加强知识产权保护的新思路、新举措。

(市知识产权局)

【“一站式”知识产权协同保护服务窗口启用】4 月 25 日，北京市知识产权保护中心“一站式”知识产权协同保护服务窗口启用。企业和民众可以“一站式”办理专利申请、缴费、专利权质押登记、商标注册申请、变更、质权登记，以及专利侵权纠纷行政裁决立案、知识产权仲裁立案咨询、地理标志保护咨询等三种知识产权类型 20 余项业务。2021 年，窗口协助完成 42 件专利侵权纠纷行政裁决案件立案；解答各类专利申请、缴费、商标注册、知识产权维权、专利预审等相关咨询 2.4 万余人次。

(市知识产权保护中心)

【知识产权行政保护典型案例发布】4 月 26 日，由市知识产权局评选出的 2020 年度北京市十大知识产权行政保护典型案例在《北京日报》发布。通过网络评选与专家评选相结合的方式，评选出“暖边间隔条”发明专利侵权纠纷案、“扫地机器人”发明专利侵权纠纷系列案、北京康视医疗器械有限公司假冒专利案等 10 件案件。进一步增强创新主体、权利人和社会公众专利保护意识和对专利制度的运用水平，维护良好的知识产权保护秩序环境。

(市知识产权局)

【绿色科技中小企业 IP 加速营活动举办】4 月 27 日，绿色科技中小企业 IP 加速营暨为绿色未来而创新第三期培训活动在京举办。活动由市知识产权局与世界知识产权组织中国办事处共同主办，旨在庆祝第 21 个世界知识产权日，帮助中小型绿色科技企业了解以知识产权为核心的科技商业策略，学习相关国际知识产权的体系和工具，充分发挥中小企业创新创造潜力。活动采用线上和线下相结合的方式，来自绿色科技企业、科研机构、知名律所、投资机构和涉外知识产权服务机构等单位的 300 余名代表参加。与会专家就碳中和及绿色科技中的知识产权管理、WIPO GREEN 项目最新进展等内容，面向中小企业进行培训，并展开高端对话，共同探索知识产权助力绿色科技创新发展的新路径并形成系统培训长效机制，持续为知识产权首善之区贡献智库力量。

(市知识产权局)

【北京首个专利许可知识产权证券化项目实施】4 月 30 日，由中国技术交易所作为原始权益人，储架规模不超过 10 亿元的“中技所 – 中关村担保 – 长江 –1–10 期知识产权资产支持专项计划”获得深圳证券交易所无异议函，这是北京首个专利许可知识产权证券化项目。该项目既是北京市破解中小企业融资难题路径的有益尝试，也是创新知识产权转化运营方式的全新探索。12 月 28 日，“中技所 – 中关村担保 – 长江 –1 期知识产权资产支持专项计划”设立，发行规模 3.37 亿元。首期专项计划为中关村科学城 15 家高新技术企业知识产权融资，提供创新解决方案，其中包括 5 家节能环保企业、7 家新一代信息技术企业、2 家医药健康企业和 1 家现代农业企业，助力北京地区绿色低碳产业发展，实现“双碳”目标；同时支持数字经济、医药和现代农业等高精尖产业加快创新发展。入池企业中包括 4 家“专精特新”企业。

(市知识产权局)

【首次在“两区”重点区域设立知识产权保护中心分中心】 4月，北京市知识产权保护中心在中国（北京）自由贸易试验区高端产业片区建立北京市知识产权保护中心经开区分中心、大兴分中心。这是北京市首次探索在“两区”重点区域建设分中心，发挥知识产权对“两区”建设的支撑作用，围绕区域产业发展和创新主体知识产权保护需求，通过构建市、区知识产权快速协同保护体系，形成区域知识产权服务新模式。截至2021年底，2家分中心为区域创新主体提供专利预审业务咨询1000余次、快速维权咨询170余次，辅导企事业单位预审备案50余家，受理商标注册、质押、转让等业务1000余件，提供商标咨询3000余次，举办30余期知识产权相关业务宣讲培训，开展知识产权一对一调研服务40余家。

（市知识产权保护中心）

【举办6期北京知识产权专家云讲堂】 4—5月，市知识产权局推出北京知识产权专家云讲堂系列实务培训，推动企业知识产权的健康发展，帮助北京创新主体提升知识产权的实务能力。培训聚焦“企业发展战略视角下的知识产权”主题，邀请业界专家围绕知识产权如何助力企业实现商业竞争、人工智能领域的知识产权问题等内容开展6期活动，吸引近2万人次在线观看。

（市知识产权局）

【知识产权优势单位培育工作会召开】 6月10日，市知识产权局组织召开2021年北京市优势单位培育工作会暨北京市中小企业服务月动员会，落实中小企业服务月启动会要求，促进全市知识产权优势单位发展，提升知识产权优势单位培育质量。会上，知识产权集聚示范区和产业知识产权联盟代表做典型经验介绍；市知识产权局运用促进处介绍知识产权相关工作情况，并对专项工作进行培训。各区知识产权相关部门领导及负责人、北京市中小企业知识产权集聚发展示范区及培育单位、产业知识产权联盟等单位负责人及工作人员共计80余人参会。

（市知识产权局）

【《关于加强企业海外知识产权保护的合作备忘录》签署】 6月24日，在2021年京津冀国际商事法律论坛上，京津冀三地知识产权局、三地贸促会签署《关于加强企业海外知识产权保护的合作备忘录》。各方一致同意发挥各自优势，深化务实合作，并在海外知识产权保护宣传培训、海外知识产权纠纷应对指导、海外知识产权服务水平提升、推进知识产权国际交流合作等方面建立合作机制，共同加强企业海外知识产权保护工作，共同推进京津冀协同发展，帮助京津冀企业在“走出去”过程中做好知识产权保护工作。

（市知识产权公共服务中心）

【8项发明专利获第二十二届中国专利金奖】 6月24日，国家知识产权局发布关于第二十二届中国专利奖授奖的决定。其中，30件发明、实用新型专利获中国专利金奖，10件外观设计专利获中国外观设计金奖；60件发明、实用新型专利获中国专利银奖，15件外观设计专利获中国外观设计银奖；825件发明、实用新型专利获中国专利优秀奖，56件外观设计专利获中国外观设计优秀奖。北京地区共155项专利获第二十二届中国专利奖：金奖8项，占全国总数的20%，居全国首位；银奖25项，占全国总数的33.3%；优秀奖122项，占全国总数的13.8%。

（市知识产权局）

【《北京市“十四五”时期知识产权发展规划》出台】 7月24日，经市政府批准，市知识产权局印发《北京市“十四五”时期知识产权发展规划》。《规划》明确“十四五”时期北京知识产权发展的指导思想、基本原则、总体目标和主要任务，是北京市首个涵盖专利、商标、著作权、地理标志、植物新品种等各种知识产权类型和知识产权创造、运用、保护、管理、服务全链条的专项规划。《规划》提出以建设知识产权首善之区、开创知识产权强国示范城市建设新局面作为“十四五”时期北京知识产权发展的新起点，积极引领知识产权强国建设。提出到2025年，全市每万人口高价值发明专利拥有量达到82件，作品登记量达到110万件，执业专利代理师数量达到1万人，为企业提供知识产权公共服务数达到2.2万人次的预期目标。

（市知识产权局）

【《北京市知识产权专业职称评价试行办法》印发】 8月20日，市知识产权局与市人力资源社会保障局联合制定印发《北京市知识产权专业职称评价试行办法》。通过增设知识产权职称专业，畅通知识产权专业人员职业发展通道，为北京集聚和培养吸引凝聚更多知识产权专业人员，促进知识产权事业发展，助力北京“四个中心”建设。《试行办法》将知识产权专业纳入经济系列，覆盖全市人才；实行“初中级考试、正副高评审”的社会化评价方式；9月1日起实施。

（市知识产权局）

【首个知识产权保险工作示范园区】 8月25日，北京中日创新合作示范区被授予北京市首个知识产权保险工作示范园区称号。知识产权保险试点将为北京市冠军企业和重点领域中小微企业等硬科技企业提供更高质量的知识产权服务，助力示范区创新发展。2020 年，国家发展改革委批复支持设立北京中日创新合作示范区，该示范区是国内首个以创新合作为主题的国际创新合作示范区。

（中关村知识产权促进中心）

【知识产权保险试点实践获评商务部最佳案例】 8 月 31 日，商务部印发《北京市国家服务业扩大开放综合示范区建设最佳实践案例》，并在 2021 年中国国际服务贸易交易会上发布。向全国推广一批创新性强、实用性好、具备示范意义的经验做法，为各地服务业开放、现代服务业发展提供借鉴。其中，科技服务体系建设方面，北京市知识产权保险试点工作“‘五项结合’为知识产权‘上保险’”的实践获评最佳实践案例。

（中关村知识产权促进中心）

【8 个案例入选全国知识产权优势示范企业典型案例】 8 月，国家知识产权局发布国家知识产权示范企业典型案例，发挥国家知识产权优势示范企业引领带动作用，探索运用知识产权提升企业核心竞争力、支撑产业高质量发展的有效路径。市知识产权局推荐的 8 个案例入选，居全国之首。

2021 年国家知识产权示范企业典型案例一览表

序号	案例名称	企业名称
1	与海尔达成专利相互许可推动人工智能落地智慧家庭	百度在线网络技术（北京）有限公司
2	破解融资难题，助力企业创新	北京东方雨虹防水技术股份有限公司
3	打造语言 AI 技术的高价值专利组合	北京搜狗科技发展有限公司
4	标准必要专利的培育	大唐移动通信设备有限公司
5	仿生扑翼飞行器的全球知识产权布局与预警	汉王科技股份有限公司
6	关键核心专利助推科技成果转化	有研科技集团有限公司
7	建立知识产权战略管理体系，加快推进中国石油高质量发展	中国石油天然气集团有限公司
8	钢渣热闷技术的专利运用	中冶建筑研究总院有限公司

（市知识产权局）

【知识产权专业高级职称评审】 9 月 1 日，北京市首次开展知识产权专业高级职称评审工作。经过线上初审和线下评审，分别有 8 人和 55 人取得正高级知识产权师和副高级知识产权师职称资格。

（市知识产权局）

【马德里国际商标体系推广研讨会举办】 9 月 3 日，由市知识产权局和世界知识产权组织中国办事处主办的商标先行助力中国企业“走出去”——马德里国际商标体系推广研讨会在国家会议中心举办。作为 2021 年中国国际服务贸易交易会的重要活动之一，研讨会采用线上与线下相结合的方式，邀请来自世界知识产权组织、国际商标协会（美国）以及中国北京、南京、广州等地的全球领域内知名专家学者、知识产权机构官员、创新企业代表、知识产权服务机构代表参会。与会代表交流马德里国际商标体系发展趋势、前沿动态、相关业务，探讨品牌国际化运营和保护等工作，帮助中国用户认识和了解国际商标注册体系，增强企业知识产权海外布局和维权意识。研讨会获评 2021 年中国国际服务贸易交易会最佳会议活动。

（市知识产权局）

【全球知识产权保护与创新论坛举办】 9 月 24 日，由世界知识产权组织中国办事处、市知识产权局、中关村发展集团共同主办的 2021 中关村论坛平行论坛——全球知识产权保护与创新论坛在中关村示范区展示中心举行。北京市副市长殷勇、国家知识产权局副局长何志敏出席论坛并致辞，世界知识产权组织助理总干事马尔科·阿莱曼发表视频致辞。论坛采取线上与线下相结合的方式，邀请国内外知名专家学者共同探讨全球变革下科技创新与知识产权的发展与挑战，为国际科技创新合作、知识产权保护与全球化运营提供参考。政府部门、科研机构、科技企业、知名大学、金融机构、服务机构、新闻媒体等机构代表 200 余人线下参加论坛，1 万余人通过“云上中关村”观看线上直播。

（市知识产权局）

【《加强海外知识产权公共服务工作合作备忘录》签署】 9 月 24 日，在 2021 年中关村论坛上，北京市知识产权维权援助中心与中国贸促会商事法律服务中心签署《加强海外知识产权公共服务工作合作备忘录》。备忘录的签订有助于推进中国贸促会的优质海外法律服务资源与北京市海外知识产权维权综合服务体系的融合，双方共同开展海外知识产权信息互通、专家资源共享、纠纷应对指导咨询和保护培训宣传等工作。

（市知识产权公共服务中心）

【企业知识产权服务事项工作清单发布】 9 月 27 日，市知识产权局对市、区两级知识产权服务事项进行更新汇总，发布 2021 年度《企业知识产权服务事项工作清单》，发挥知识产权助力企业发展目标，切实满足创新主体知识产权发展需求。

（市知识产权局）

【市委理论学习中心组举行学习（扩大）会】 10月28日，市委书记蔡奇主持市委理论学习中心组（扩大）会，邀请国家知识产权局局长申长雨围绕深入学习贯彻习近平总书记关于加强知识产权工作的重要指示精神、落实《知识产权强国建设纲要(2021—2035年)》做辅导报告。会议强调，要认真贯彻习近平总书记关于加强知识产权工作的重要指示精神，自觉站在“两个大局”高度认识和把握知识产权工作，努力建设知识产权强国示范城市。

（市知识产权局）

【北京市知识产权保护大会举行】 10月28日，国家知识产权局、北京市人民政府知识产权合作会商暨北京市知识产权保护大会在京举行。会上，国家知识产权局局长申长雨、北京市市长陈吉宁共同签署《以首善标准共建高质量发展知识产权强市合作会商议定书》。国家知识产权局副局长甘绍宁介绍本轮合作会商议定书主要内容，北京市副市长殷勇介绍年度会商工作要点并部署北京市知识产权保护工作。国家知识产权局和北京市有关部门的主要负责人参加会议。双方通过合作会商，共同深入学习贯彻习近平总书记关于加强知识产权工作的重要指示精神和党中央、国务院关于知识产权强国建设及“十四五”规划相关部署，围绕“以首善标准共建高质量发展知识产权强市”主题，加强战略协同，形成工作合力，打造北京知识产权高质量发展样板；抓实抓好合作会商项目，形成新的特色和优势，创造更多“北京经验”；协同推进知识产权严保护、大保护、快保护、同保护工作，打造国际知识产权保护高地，更好发挥北京知识产权窗口示范效应。

（市知识产权局）

【首例专利侵权纠纷行政调解协议获司法确认】 10月，在市知识产权局主持下，两起专利纠纷行政调解协议首次完成司法确认。北京某公司与江苏某公司就某智能清洁设备实用新型专利侵权纠纷向市知识产权局提出行政裁决处理请求，在市知识产权局的调解下，双方当事人达成调解协议并签署《专利侵权纠纷行政调解协议书》。后双方当事人就调解协议向北京知识产权法院提交司法确认申请，北京知识产权法院受理审查后做出民事裁定书，裁定确认双方达成的调解协议有效，明确了当事人按照调解协议的约定自觉履行义务，一方当事人拒绝履行或未全部履行的，对方当事人可以向人民法院申请强制执行。这是北京市首例专利侵权纠纷达成行政调解协议进行司法确认的案件，是落实《北京市加强知识产权纠纷多元调解工作的意见》的重要举措，是建设专利侵权纠纷行政裁决示范区的重要探索。

（市知识产权局）

【冬奥会标志知识产权保护机制建立】 11月，市知识产权局联合市版权局、市市场监管局、市文化市场综合执法总队印发《北京2022年冬奥会和冬残奥会奥林匹克标志知识产权保护实施方案》，建立起由市知识产权局牵头，公安局、检察院、法院、海关等13家市级单位参与的北京冬奥会和冬残奥会奥林匹克标志知识产权保护工作专班，由主管副市长担任专班组长，形成市级横向协作，市、区纵向联动的立体监管网络。

（市知识产权局）

【京港洽谈会知识产权合作专题活动举办】 12月7日，由市知识产权局、香港特区政府知识产权署、香港贸易发展局共同主办的第二十四届北京·香港经济合作研讨洽谈会知识产权专题活动在北京国家会议中心举办。国家知识产权局港澳台办公室副主任盛莉、香港特区政府知识产权署署长黄福来发表视频致辞。市知识产权局局长杨东起，香港贸易发展局华北、东北首席代表陈嘉贤出席活动并致辞。活动以“贯彻知识产权强国理念，助力京港高质量发展”为主题，采取线上与线下相结合的方式举行，邀请北京、香港两地的知识产权领域专家，共同探讨知识产权强国建设背景下，知识产权助力经济社会高质量发展的模式与路径。来自政府部门、高校院所、科技企业、服务机构、新闻媒体的代表参加活动。

（市知识产权局）

【《关于进一步加强北京市知识产权公共服务的意见》印发】 12月9日，市知识产权局印发《关于进一步加强北京市知识产权公共服务的意见》(京知局〔2021〕336号)。《意见》明确今后一段时间北京市知识产权公共服务工作的总体目标、重点工作和保障措施，是指导全市知识产权公共服务工作的行政规范性文件。《意见》将知识产权公共服务定义为以公共资源为引导、以创新主体为主要服务对象的公益性服务，包括优化知识产权公共服务体系、提升公共服务规范化水平等10个方面的工作内容。同时提出加强组织领导、加大扶持力度、健全工作机制、加强队伍能力建设和培育推广典型5个方面保障措施。

（市知识产权公共服务中心）

【完善知识产权纠纷多元调解立体化网络】 12月23日，北京市知识产权纠纷调解中心、中关村英普斯蔓软件行业知识产权促进会人民调解委员会及中国电子工业标准化技术协会知识产权纠纷人民调解委员会北京保护中心经开区分中心调解室揭牌成立，至此，知识产权纠纷调解中心统筹推进，16 家行业性专业性知识产权纠纷人民调解委员会、9 家人民调解工作室广泛参与、优势互补的立体化调解工作网络初步构建。2021 年，市知识产权局指导管理的 16 家知识产权纠纷人民调解委员会共受理纠纷 9893 件，调解结案 5016 件，调解结案数量首次超过 5000 件，且占受理量比重首次过半，调解成功率 67.1%，为权利人提供便捷、高效、低成本的维权渠道，知识产权纠纷调解“北京模式”进一步深化。

（市知识产权公共服务中心）

【推进知识产权综合立法】2021 年，北京市知识产权综合立法工作加快推进。3 月 30 日、31 日，《北京知识产权保护和促进条例》被市政府和市人大常务会列入 2021 年立法工作计划中的“力争完成项目”和“审议项目”。5 月 8 日，北京市副市长殷勇主持召开北京市知识产权综合立法起草工作启动会，会议议定通过《〈北京市知识产权保护和促进条例〉起草工作方案》。8 月 13 日，《北京市知识产权保护条例（征求意见稿）》面向社会各界公开征求意见。经 9 月 14 日第 127 次市政府常务会议审议通过后，分别于 9 月 23 日、11 月 25 日进行市人大常委会审议。

（市知识产权局）

【企业营业执照变更与商标注册证变更“证照联办”】2021 年，石景山区深化知识产权领域“放管服”改革，营造良好营商环境，首推企业营业执照变更与商标注册证变更“证照联办”服务。采取“一单推送双向告知证照联办”工作模式，主动对接惠企，服务前置，实现企业变更登记与商标变更申请同步受理、协同办理，进一步引导企业加强知识产权管理，避免不必要风险，有效提升商标变更的便利度和及时性。

（市知识产权局）

【知识产权服务业监管】2021 年，市知识产权局开展专利代理“双随机”检查 12 次、专项检查 3 次，共检查专利代理机构 208 家次、专利代理师 304 人次，指导督促 34 家专利代理机构进行整改；做出专利代理行政处罚 7 件、罚款金额 5.5 万元，指导各区市场监督管理局做出商标代理行政处罚 9 件、罚款金额 40 万元。市知识产权局对存在不以保护创新为目的的专利申请代理行为的专利代理机构进行专项行政指导，共指导督促 56 家机构进行整改、规范执业。截至年底，北京市共有专利代理机构 862 家，占全国 21.9%；执业专利代理师 10 458 人，占全国 38.7%；商标代理机构共 7758 家。

（市知识产权局）

【知识产权公共服务体系建设】2021 年，北京市知识产权公共服务中心指导各区加强区级知识产权公共服务中心建设，配齐配强工作力量。截至年底，全市共有公共服务区中心 17 家、工作站 84 家，联络员 200 余人，在全国率先实现地市级综合性知识产权公共服务机构全覆盖。区中心、工作站均为市、区共建，形成具有北京特色的“1+17+N”组织管理模式。全年共指导各知识产权公共服务区中心、工作站解答咨询 12 543 件，比 2020 年增长 23.3%；定点服务企业 5370 家次，比 2020 年增长 150.0%；开展培训 554 场，比 2020 年增长 58.7%。

（市知识产权公共服务中心）

【专利申请预审提速】2021 年，中国（北京）知识产权保护中心、中国（中关村）知识产权保护中心围绕新一代信息技术、高端装备制造、新材料和生物医药产业开展专利申请预审服务。接收专利申请预审案件 12 739 件，比 2020 年增长 152.2%；经预审合格进入国家知识产权局快速审查通道的专利申请 8884 件，比 2020 年增长 151.9%；获得授权的专利 6110 件，比 2020 年增长 241.7%；平均授权周期 70 余天，专利授权周期大幅缩短，为北京市创新主体高质量专利获得快速审查提供重要支撑。

（市知识产权保护中心）

【中小企业知识产权集聚发展示范区建设】2021 年，市知识产权局组织开展 2021 年度北京市中小企业知识产权集聚发展示范区单位申报与认定工作。认定 2021 年度北京市中小企业知识产权集聚发展示范区单位 10 家，共入驻企业 3728 家，其中中小微企业 2322 家；拥有专利 123 966 件，平均每家企业拥有专利 33 件。

（市知识产权局）

【知识产权试点和示范单位培育】2021 年，市知识产权局组织开展 2021 年度北京市知识产权试点、示范单位申报认定及资格复审工作。共认定 319 家单位为 2021 年度北京市知识产权试点单位，153 家单位为 2021 年度北京市知识产权示范单位。全年复审合格单位 278 家。截至年底，已累计培育市级知识产权试点、示范单位 6000 余家。

（市知识产权局知识）

【知识产权运营试点和示范单位培育】2021 年，市知识产权局组织开展 2021 年北京市知识产权运营试点、示范单位申报和评审工作，认定 7 家北京市知识产权运营示范单位、14 家北京市知识产权运营试点单位。

截至年底，已累计培育运营试点单位173家，含示范单位27家、高校院所运营办公室39个。

（市知识产权局）

【专利导航分析支撑重点产业创新发展】2021年，市知识产权局聚焦北京市重点产业发展，在传感器、科幻产业、Risk-V等产业领域进行专利导航分析研究，形成相关产业专利分析报告，为科技创新发展提供支撑。其中《关于传感器领域专利情况分析的报告》获市主要领导批示。市知识产权保护中心围绕自动驾驶、网络安全和量子信息产业及其细分领域开展前瞻性专利导航分析，跟踪产业专利竞争态势，引导创新主体合理布局，编制专利导航分析报告，为产业决策和企业创新提供信息参考。组织开展《专利导航指南》系列国家标准培训，指导北京市企事业单位规范开展专利导航分析工作。

（市知识产权局）

【产业知识产权运营中心建设】2021年，市知识产权局聚焦核心技术产业攻关主体，支持在重点产业领域挖掘北京优势资源，引导在京央企和产业龙头企业建设知识产权运营中心。截至年底，4个设立在北京的产业知识产权运营中心获国家知识产权局批复，数量占全国的1/4，居全国首位。

（市知识产权局）

【知识产权质押融资保障】2021年，市知识产权局与北京银保监局，市科委、中关村管委会等部门联动，出台《关于建立实施中关村知识产权质押融资成本分担和风险补偿机制的若干措施》《关于进一步做好知识产权质押融资相关工作的通知》和《北京市知识产权质押融资入园惠企行动方案（2021—2023年）》等多项推动知识产权质押融资工作的市级政策文件；指导全市10个区出台支持知识产权质押融资的政策措施。初步形成市、区两级联动，覆盖质押贷款贴息、融资费用补贴、风险分担和补偿等多环节的知识产权质押融资政策体系。建立与银行间的质押企业白名单双向推送机制，实现与银行间的直联互通，根据银行需求精准高效地开展银企对接。完善开发知识产权质押线上服务平台，专利商标质押登记全流程商标专办业务窗口增至13个，材料完备符合规定的，受理后2个工作日内发证。在全国率先开发注册商标专用权质权登记电子服务系统，进一步优化注册商标专用权质权登记业务办理流程。

（中关村知识产权促进中心）

【知识产权保险试点推进】2021年，北京市知识产权保险试点工作进入第二年。各相关部门通过市、区联动，协同推进知识产权保险试点工作。知识产权保险试点工作有助于降低企业维权成本，提升企业维权能力，推动北京市知识产权“大保护”格局的构建，同时促进北京市知识产权领域的制度创新。2021年，共有201家企业申报的1706个专利保险项目获得试点工作保费支持，其中单项冠军企业12家140件专利，重点领域中小微企业189家1566件专利。市知识产权局年度补贴保费1900万元，保险保障金额达16.67亿元。截至年底，试点保险公司完成首家投保企业出险的专利执行险理赔工作，理赔金额16.0562万元。

（中关村知识产权促进中心）

【北京市专利数量稳步增长】2021年，全市专利授权量198 778件，比2020年增长22.08%；发明授权量79 210件，比2020年增长25.20%。截至年底，全市有效发明专利量405 037件。每万人发明专利拥有量185.0件，居全国首位。

（市知识产权局）

【建党100周年特殊标志保护】2021年，市知识产权局依据《特殊标志管理条例》，制定发布《关于迎接建党100周年加强知识产权日常监督检查的通知》，加强对中国共产党成立100周年庆祝活动标识使用的监督和管理，以文化用品集散地、小商品批发市场、网络交易平台为主开展监督检查工作，依法严处销售、流通、制造各环节侵犯中国共产党成立100周年庆祝活动标识的违法使用行为。

（市知识产权局）

【冬奥会知识产权保护宣传】2021年，市知识产权局制定《北京2022年冬奥会和冬残奥会知识产权保护宣传工作方案》，推出10项举措加强冬奥会知识产权保护宣传，提升社会公众冬奥会知识产权保护意识。制作冬奥会知识产权保护公益宣传片、海报及宣传口号，在网络平台、公交、地铁、公共服务区中心及工作站等多场景投放，形成冬奥会知识产权保护宣传热潮。

（市知识产权局）

【专利行政裁决示范区建设】2021年，市知识产权局开展专利行政裁决示范区建设，提高专利行政裁决办案效率；年内共受理专利侵权行政裁决案件55件，高效审结专利侵权纠纷行政裁决案件128件。市知识产权局创新审理模式，提高裁决效率。推行书面审理机制；简单案件，当庭宣告裁决结果；部分案件采用“先行裁驳，另行请求”的方式审结；专利侵权、确权“联合口审”机制和技术调查官制度入选全国专利侵权纠纷行政裁决建设典型经验做法。

（市知识产权局）

【完成展会知识产权保护工作】2021年，市知识产权局制定《2021年北京展会知识产权保护工作方案》。在服贸会上，联合北京知识产权法院、国家知识产权局复审和无效审理部以及北京市相关行政单位组成知识产权保护办公室，线上线下同步执法，为服贸会提供法治保障。

（市知识产权局）

【地理标志保护】2021年，市知识产权局深化地理标志保护数据资源，健全地理标志保护体系，寻找有发展潜力的地理标志农产品。进一步加强地理标志工作的指导力度，对房山葡萄酒、北京景泰蓝等地理标志产品进行深度挖掘和指导，支持符合条件的产品及时申报国家地理标志产品保护，引导和鼓励具有经济潜力的地理标志产品及时进行商标注册。规范地理标志专用标志使用，确保产品特色质量，强化联合执法检查，从严从重从快打击违法行为，保护涉农商标、地理标志等知识产权人合法权利。

（市知识产权局）

【海外知识产权公共服务信息库建设】2021年，市知识产权局加强北京市首创的北京市海外知识产权公共服务信息库建设。截至年底，北京市海外知识产权公共服务信息库包含诉讼案件检索、国别知识产权制度介绍、服务机构和律师查询、海外纠纷应对指导申请等功能，实现线上线下同步服务，数据涵盖98个国家和地区的8万余件诉讼案例，44个“一带一路”沿线国家的国别知识产权制度，以及152篇指导性案例，成为护航企业“走出去”的“工具库”。

（市知识产权公共服务中心）

【北京知识产权公共服务品牌建设】2021年，北京市知识产权公共服务中心拓展服务渠道，在北京市知识产权局官方网站设置《知识产权公共服务》专栏；优化“北京知识产权公共服务”微信公众号专题栏目设置，丰富线上公共服务产品供给。组织区中心、工作站开展“4·26知识产权宣传周”系列宣传活动；通过全市118个户外大屏、楼宇电视等共享宣传设施播放普法宣传片及电子海报，发挥联动作用，增强宣传成效。通过《北京日报》、《中国知识产权报》、中国知识产权资讯网等多家央地媒体报道北京市知识产权公共服务体系建设成果，打造北京知识产权公共服务品牌。

（市知识产权公共服务中心）

标准化

【概述】2021年，北京市标准化工作以首都发展为统领，以“北京标准”为着力点，发挥标准化对推动首都高质量发展的支撑作用，完成年度各项重点任务。坚持战略引领，启动《首都标准化战略2035》编制工作，出台《北京市标准化办法》，标准化法治建设驶入快车道。坚持创新驱动，完成海淀区国家高新技术产业标准化试点，99家企业主导或参与高新技术标准4532项。支撑现代服务业提质增效，修订工业旅游区（点）、旅行社地接服务标准；航空医疗救护、网格化社会治理2个项目入选全国社会管理和公共服务综合标准化试点典型案例集；金融、养老等8个国家级服务业标准化试点获批。加快都市型现代农业标准化建设，印发《北京市农业生产“三品一标”提升行动实施方案》，打造农业生产全产业链标准体系。服务保障北京2022年冬奥会冬残奥会筹办，发布《绿色雪上运动场馆评价标准》《索结构工程施工质量验收标准》《大型活动可持续性评价指南》《公共场所外语标识管理规定》等标准，支撑奥运场馆建设和大型活动国际化、规范化。京津冀协同发展取得新成效，完善“3+X”区域协同机制，发布《绿色建筑评价标准》等10项京津冀区域协同地方标准。实施城市总体规划，发布《街区层面控制性详细规划环境影响评价技术指南》等标准，支撑“四个中心”建设。发布无障碍设施、互联网租赁自行车、轨道交通运营、停车场运营等相关标准，完善全方位、立体化综合交通系统。制定数字化智慧化城市治理、餐厨垃圾、道路清扫、网络餐饮等领域标准，提升现代化治理效能。建立以碳中和目标为导向的实施指南系统，探索碳中和实现路径。累计发布空气颗粒物检测、车用汽柴油等107项标准，发布30项节水标准、12项节能标准，推动绿色低碳发展。推进乡村振兴，发布农村街坊路清扫保洁、休闲农业园区等级划分标准，完成密云、延庆2家国家级农村综合改革试点项目。发布医务人员个人防护、医疗机构保洁服务等相关标准，助力常态化疫情防控。加快养老服务、社会心理服务站等领域标准体系建设；建立应急救援、气象灾害防御、场馆安全、消防安全等安全标准体系。鼓励市场标准发展，全市自我声明公开团标691项、企标9411项。

（钟铧章）

【全球首个商业化自动驾驶出租车标准发布】 1月5日，由百度网讯科技有限公司联合交通运输部公路科学研究院、湖南湘江智能科技股份有限公司、上海淞泓智能汽车科技有限公司等机构共同起草的自动驾驶出租车（Robotaxi）技术要求团体标准发布。这是全球首个根据Robotaxi载人商业化运营阶段实际场景制定的标准。标准包括《自动驾驶出租车第一部分：车辆运营技术要求》和《自动驾驶出租车第二部分：自动驾驶功能测试方法及要求》，两部分为中国智能交通产业联盟团体标准，将规范Robotaxi在安全、体验、运营、测试等关键领域的执行要求。

（边　浩）

【《光催化用纳米二氧化钛》国际标准发布】 2月28日，国际标准化组织（ISO）网站发布公告，由中关村华清石墨烯产业技术联盟和中国宣城晶瑞新材料有限公司为负责单位的《光催化用纳米二氧化钛》国际标准（ISO 18473-4:2022）批准发布。标准在国际上首次针对纳米二氧化钛材料在光催化领域的应用提供国际公认的技术要求，对纳米二氧化钛在光催化领域的更广泛应用发挥有力技术支撑。

（李建玲　李　鹤）

【重点发展的技术标准领域和重点标准方向印发】 4月16日，市市场监管局印发《关于印发〈北京市重点发展的技术标准领域和重点标准方向（2021版）〉的通知》（京市监发〔2021〕28号）。重点领域和重点方向包括：高精尖产业标准、资源节约与生态环境保护标准、城市规划建设与管理标准、乡村振兴标准、现代制造业标准、服务业标准、安全和应急标准、首都历史文化相关标准8个方面，涉及新一代信息技术、生态环境保护、城市交通等42个领域。

（钟铧章）

【北汽新能源参与起草的首个换电国家标准发布】 5月，北京新能源汽车股份有限公司参与起草的国家标准《电动汽车换电安全要求》（GB/T 40032—2021）由市场监管总局（国家标准委）批准发布，11月1日起实施。这项标准是国内汽车行业在换电领域制定的首个基础通用国家标准，填补汽车换电行业国家标准的空白，有助于引导汽车企业的产品研发，提升换电电动汽车的安全性。《电动汽车换电安全要求》规定可换电电动汽车特有的安全要求、试验方法和检验规则，适用于可进行换电的M1类纯电动汽车。通过分析不同技术方案差异、车辆实际运行场景及运行数据，《电动汽车换电安全要求》分别规定5000次（卡扣式）和1500次（螺栓式）的最低换电次数要求，以确保用户在车辆设计使用寿命内换电时的机械安全。

（张立乔）

【开展可再生能源相关标准研究】 6月，北京节能环保中心启动可再生能源相关立法标准前期研究。该研究梳理国家和北京市可再生能源相关标准，对北京市可再生能源标准体系进行查新。整理工业、建筑、交通等领域与可再生能源应用相关的标准条款，研究如何通过在相关领域标准明确和强化可再生能源利用要求，推动北京市可再生能源开发利用和新能源系统高质量发展，助力实现碳达峰、碳中和。

（钟铧章）

【组织申报百项团体标准应用示范项目】 7月7日，市经济和信息化局面向全市征集百项团体标准应用示范项目，经过组织各单位申报及对申报项目集体研究，决定推荐中关村标准化协会、中国医药包装协会、北京资源强制回收环保产业技术创新战略联盟、中国环境保护产业协会等24家单位62项团体标准申报2021年工业和信息化部百项团体标准应用示范项目。包括《基于北斗车载数据的公交数据共享平台技术规范》《非接触式智能体温筛查系统技术规范》《智能云多联式空调（热泵）机组智能水平评价技术规范》等。这些团体标准均实施半年以上，且具有一定的创新性和领先性。

（钟铧章）

【空间科学及其应用标准体系研究和重要标准制定项目获奖】 8月23日，市场监管总局印发《关于2020年度市场监管科研成果奖授奖的决定》，由北京市标准化研究院等单位完成的空间科学及其应用标准体系研究和重要标准制定项目获三等奖。项目研究空间科学及其应用标准体系结构框架、层次及覆盖范围，制定空间科学及其应用标准体系表，开展重要顶层的基础通用标准研究。项目首创中国空间科学及其应用标准体系，为该领域的标准化提供总体框架和发展蓝图；研究制定的《空间科学实验项目实施流程》《空间科学及其应用术语（第1—7部分）》等8项国家标准是中国空间科学及其应用领域的必要基础标准，是与国际接轨的重要突破。研究成果服务于中国的载人航天、月球探测和科学卫星等国家重大专项工程和国家科技计划。

（钟铧章）

【"首都标准化战略2035"研究课题启动】 8月25日，市市场监管局和中国标准化研究院在京举行"首都标准化战略2035"研究课题启动会。课题是经市政府批准的市级党政机关一类课题。中国工程院原副院长赵宪庚、中国工程院院士王海舟、市场监管总局原党组成员陈钢等相关专家参加会议。课题研究将以《首都标准化战略纲要》实施10年来的效果评价为基础，根据北京经济社会发展和京津冀协同发展对标准化的新需求，针对国家标准化战略在首都落地的实施要求，聚焦市场化、产业化、国际化，提出具有前瞻性、引领性的战略目标、发展原则、战略导向、战略重点和实施举措。专家组认为，课题组研究思路清晰，定位准确，希望通过课题研究，以及《首都标准化战略纲要2035》的编制和实施，在全国发挥好引领带头作用。

（钟铧章）

【京津冀首部协同地方标准获奖】 9月27日，在北京城市副中心张家湾设计小镇举办的2021北京城市建筑双年展——2021年北京市优秀工程设计成果论坛上，《绿色雪上运动场馆评价标准》获得2021年北京市优秀工程勘察设计奖标准与标准设计专项奖（标准）一等奖。《绿色雪上运动场馆评价标准》由清华大学牵头，清华同衡绿建与节能所团队成员参与编制，2019年1月1日实施，是国际上首部绿色雪上运动场馆评价标准，也是京津冀首部协同地方标准。本标准服务于北京2022年冬奥会、冬残奥会，为实现向国际奥委会承诺的"绿色办奥"提供标准与技术保障；促进京津冀协同发展，作为第一批京津冀协同标准，为地方标准协调统一探索新路。

（吕华锋）

【《国家标准化发展纲要》发布】 10月10日，中共中央、国务院印发《国家标准化发展纲要》。《纲要》明确，到2025年，"共性关键技术和应用类科技计划项目形成标准研究成果的比率达到50%以上""建成一批国际一流的综合性、专业性标准化研究机构，若干国家级质量标准实验室，50个以上国家技术标准创新基地，形成标准、计量、认证认可、检验检测一体化运行的国家质量基础设施体系""推动标准化与科技创新互动发展"3项战略任务，加强关键技术领域标准研究，以科技创新提升标准水平，健全科技成果转化为标准的机制。

（钟铧章）

【服务型电动自动行驶轮式车技术标准发布】 10月10日，中关村智通智能交通产业联盟发布《服务型电动自动行驶轮式车 第1部分 技术要求》团体标准，标准编号为T/CMAX117.1—2021。该标准由北京智能车联产业创新中心有限公司牵头，北京千方科技股份有限公司、新石器慧通（北京）科技有限公司等单位联合起草，为无人配送车等自动驾驶产品的落地提供技术支撑。该标准于2021年11月10日起实施。

（杜 玲）

【《中关村社会组织服务能力评价规范》发布】 10月11日，中关村社会组织联合会发布《关于发布〈中关村社会组织服务能力评价规范〉团体标准的公告》。《中关村社会组织服务能力评价规范》（T/ZGCFSO 1.1—2021）规定社会团体服务能力的总体原则、评价要求、评价体系、评价结果及监督要求，描述对应的证实方法，适用于对中关村社会组织中社会团体服务能力的评价。

（李建玲 蔡 青）

【农业标准化示范区建设促进精准扶贫的发展模式研究项目通过验收】 11月25日，由北京市标准化交流服务中心和中国矿业大学（北京）联合承担的农业标准化示范区建设促进精准扶贫的发展模式研究项目通过市场监管总局标准技术司组织的专家验收。项目自2020年5月启动，系统分析和广泛调研农业标准化示范区建设促进精准扶贫现状，研究农业标准化示范区促进精准扶贫作用机理，设计农业标准化示范区促进精准扶贫模式，在此基础上构建实证模型，并以2011—2018年的数据为样本进行实证分析。结果表明，农业标准化示范区能有效促进区域脱贫，带动贫困农户致富。项目采用典型案例分析的形式，对农业标准化示范区建设促进精准扶贫的发展模式进行总结，并给出具体建议。项目的研究为农业标准化示范区促进精准扶贫工作的开展初步奠定基础。

（钟铧章）

【3项数字版权保护国家标准发布】 11月，由中国科学院自动化所主持起草的3项国家标准——《数字版权保护 版权资源标识与描述》（GB/T 40985—

2021）、《数字版权保护 版权资源加密与封装》（GB/T 40953—2021）和《数字版权保护 可信计数技术规范》（GB/T 40949—2021）发布。标准将于2022年6月1日起实施，适用于数字版权服务、版权资源可信交易等环节。其中，《数字版权保护 版权资源标识与描述》规定基于版权资源内容的版权资源标识的编码组成、分配及版权核心元数据描述；《数字版权保护 版权资源加密与封装》规定版权描述信息在版权资源中封装的元数据及具体数据定义，并给出数字内容加密原则；《数字版权保护 可信计数技术规范》规定版权资源交易过程中用于可信计数的数据元集合与表示以及可信性证实方法。

（曲俊燕）

【2021年实施首都标准化战略补助资金项目名单公布】12月1日，市市场监管局公布2021年实施首都标准化战略补助资金项目名单，对119家单位的153个项目给予1500万元支持。项目包括104家单位的130个标准制修订项目（国际标准30个、国家标准53个、行业标准30个、地方标准8个、团体标准9个）、12个国家级标准化试点示范项目、9个标准化服务机构项目、1个创制标准海外示范应用项目和1个承担国际标准组织项目。

（钟铎章）

【8项国家标准转化成蒙古国国家标准】12月1日，市市场监管局公布2021年实施首都标准化战略补助资金项目名单。其中，中国建材检验认证集团股份有限公司推动中国标准走出去项目获30万元资金支持，将其创制的《水泥化学分析方法》（GB/T176—2017）等8项国家标准，转化成蒙古国急需的8项等同采用中国国家标准的蒙古国国家标准，并通过标准宣贯、技术培训、标准交流的方式确保标准在蒙古国水泥行业的实际应用，带动中国产业走出去。

（钟铎章）

【3家国家高端装备制造业标准化试点通过考核评估】12月24日，市场监管总局组织召开第二批国家级高端装备制造业标准化试点项目验收会。考核评估组对试点单位高端装备制造业标准化情况做全面考评，合议形成考核打分及考核评估结论情况。经审议，北京市的遨博（北京）智能科技有限公司的协作式机器人标准化试点项目、中国航天电子技术研究院的航天装备标准化试点项目、中国船舶工业综合技术经济研究院的高技术船舶标准化试点项目通过考核评估。

（钟铎章）

【5个项目入选团体标准应用示范项目】12月27日，工业和信息化部发布《关于公布2021年团体标准应用示范项目的通告》（工信部科函〔2021〕377号），111个团体标准应用示范项目入选。北京市共有5个项目入选。包括“数字化转型参考架构”“数字化转型新型能力体系建设指南”“信息化和工业化融合管理体系新型能力分级要求”等项目。

（钟铎章）

【《首都标准大数据分析（2021年度）》完成】12月，北京市标准化研究院编制完成《首都标准大数据分析（2021年度）》。该项目于1月启动，通过单位排名、图表展示、数据对比等多种直观的可视化形式，对北京市2021年国家标准、行业标准、地方标准、团体标准总体研制情况、社会主体研制情况、市级部门研制情况等进行分析，对标准化工作与北京市城市发展、产业升级、社会进步之间的关系进行集中展示，为北京市标准化工作发展提供数据支撑。

（钟铎章）

【北京市消防救援标准体系研究结题】12月，由北京市标准化研究院承担的北京市消防救援标准体系研究课题通过北京市消防救援总队验收。项目4月启动，收集分析消防救援类国家标准、行业标准、地方标准和团体标准，对国内外消防救援标准化情况进行分析研究，结合实际情况搭建北京市消防救援标准体系框架，编制标准结构图、标准明细表和标准需求计划，形成《北京市消防救援标准体系研究报告》。研究成果对评价北京市消防救援标准体系现状，解决消防救援标准体系与消防现实工作需求之间的配套性、协调性方面的矛盾，构建科学完整、结构合理、适应消防救援发展新趋势的北京市消防救援标准体系具有重要意义。

（钟铎章）

【城市管理领域标准规范调研项目通过验收】12月，由北京市城市管理标准化技术委员会承担的城市管理领域标准规范调研项目通过北京市环境卫生设计科学研究所验收。项目于8月启动，对生活垃圾填埋场、加氢站、碳达峰、碳中和等城市管理领域国外标准情况和技术法规进行查询和分析，查询范围包括国际标准、美国标准、英国标准、日本标准、德国标准、法国标准、新加坡标准等。通过比对分析，提出适合首都北京城市管理标准化的发展建议，形成初步调研成果。

（钟铎章）

【北京汽车行业协会发布9项团体标准】2021年，北京汽车行业协会发布9项团体标准。其中8项标准以北京2022年冬奥会纯电动新能源车高寒环境下相关性能测试方法为主要内容，规范在低温情况下纯电动新能源车系列评价测试方法，分别为《纯电动汽车低温动力性能试验方法》《纯电动汽车低温道路适应性试验方法》《纯电动汽车低温整车性能主观评价方法》《车载充电机整车低温匹配试验方法》《纯电动汽车采暖性能要求及试验方法》《纯电动汽车低温充电性能要求及试验方法》《纯电动汽车低温冷起动性能要求及试验方法》《纯电动汽车动力电池加热性能要求及试验方法》；另外1项团体标准为《车载智能计算基础平台硬件平台技术要求》，是智能网联汽车标准体系内的首项标准。

（钟锌章）

【多项规划和自然资源地方标准获奖】2021年，市规划自然资源委组织编制的4项标准获得中国工程建设标准化协会组织的标准科技创新奖。其中，《绿色雪上运动场馆评价标准》（DB11/T1606—2018）获一等奖，《超低能耗居住建筑设计标准》（DB11/T1665—2019）获二等奖，《城市综合客运交通枢纽设计规范》（DB11/1666—2019）、《文物建筑防火设计规范》（DB11/1706—2019）2项标准获三等奖。在2021年北京市优秀工程勘察设计奖评选活动中，市规划自然资源委组织编制的20项标准及6项标准设计获标准与标准设计专项奖。其中，《绿色雪上运动场馆评价标准》（DB11/T1606—2018）、《文物建筑防火设计规范》（DB11/1706—2019）等4项获得优秀标准一等奖，《超低能耗居住建筑设计标准》（DB11/T1665—2019）、《历史文化街区工程管线综合规划规范》（DB11/T692—2019）等7项获得优秀标准二等奖，《场地形成工程勘察设计技术规程》（DB11/T1625—2019）、《建筑日照计算参数标准》（DB11/T1627—2019）等9项获得优秀标准三等奖；《工程做法》（19BJ1-1）、《外墙外保温》（19BJ2-12）、《屋面详图》（19BJ5-1）获得优秀标准设计一等奖，《供暖工程》（19BS1）、《住宅排气道系统》（19BJ8-2）获得优秀标准设计二等奖，《室外工程——路、台、坡、棚》（19BJ9-2）获得优秀标准设计三等奖。

（钟锌章）

【社会团体发布团体标准创新高】2021年，628家北京市和中央在京社会团体发布团体标准累计达到12 716项，团体标准数量呈现快速增长趋势。7404家企业在企业标准信息公共服务平台自我声明公开企业执行的标准累计达到37 725项。

（钟锌章）

【承担国际标准化技术机构数量领先全国】2021年，北京市及中央在京单位承担国际标准化技术机构ISO/IEC秘书处单位共46个，占全国总数的58%，在京单位承担国际标准化技术机构ISO/IEC主席共44位，占全国总数的55%。北京市及中央在京单位有20位专家获国际标准化组织（ISO）卓越贡献奖，有49位专家获国际电工委员会（IEC）1906奖。

（钟锌章）

科技合作与交流

科技合作

【概述】2021年，北京以全球视野和更加开放的格局开展国际科技合作，加强区域科技协作。推进各国政府间科技创新合作机制建设，突出与“一带一路”沿线国家科技合作，先后与塞尔维亚、斯洛文尼亚、波黑、保加利亚、匈牙利、意大利、以色列、巴西、埃及等国开展合作。支持企业、高校、科研单位在“一带一路”沿线及相关参与国家对接建设研发中心，围绕资源对接、可持续发展主题，在科技支撑防疫、数字经济、循环经济、生物经济、病媒生物防控、化石能源及材料绿色技术、农产品秸秆利用等领域，开展对接合作。为应对新冠肺炎疫情，与印度尼西亚、土耳其、巴西、巴基斯坦、塞尔维亚、伊拉克、智利等有关国家合作，加强疫苗供给，助力上述国家抗疫。巩固京港澳台科技创新合作机制，持续举办多种活动，围绕企业家创新创业、高新技术发展、营商环境优化等加强合作。推动京津冀地区科技协同发展，组织协调京津冀科技协同创新布局研究、支持雄安新区高质量发展、促进北京城市副中心和河北北三县联动发展、推动创新链产业链供应链融合发展，加强张家口“两区”建设，实施科技冬奥行动计划，全年流向津冀技术合同5434项，成交额350.4亿元。加强国内区域间科技协作，通过研讨会、座谈会、展览观摩等形式搭建合作平台，推动北京与广东、福建、湖北、河南、山西、云南等省共同发展。以技术、项目、物资等方式向对口支援的新疆、内蒙古、青海和南水北调地区提供帮助。

（薛春连）

【中国新冠病毒疫苗助力印度尼西亚抗疫】1月11日，印度尼西亚药品食品监督管理局宣布，给予中国北京科兴中维生物技术有限公司研发的新冠病毒疫苗紧急使用许可。13日，印度尼西亚总统佐科在雅加达总统府接种中国科兴的新冠病毒疫苗克尔来福，成为印度尼西亚国内接种新冠病毒疫苗第一人，并通过当地网络平台直播整个接种过程。除总统率先接种疫苗外，印度尼西亚还发行了佐科接种中国新冠病毒疫苗的纪念邮票。14日起，印度尼西亚正式开始大规模分阶段为全民免费接种疫苗。

（张　雨）

【中国新冠病毒疫苗助力土耳其抗疫】1月13日，土耳其药品和医疗设备局发布公告，批准紧急使用中国北京科兴中维生物技术有限公司的新冠病毒疫苗。公告显示，该授权是在进行科学数据分析和疫苗运抵土耳其后经过14天分析检测的基础上通过的。这是土耳其批准紧急使用的首款新冠病毒疫苗。土耳其卫生部长科贾表示，感谢中方在土耳其疫苗接种项目上给予的有力支持和发挥的友好作用。科贾13日接种中国科兴的新冠病毒疫苗，并通过电视向民众进行现场直播。同时接种中国疫苗的还有土耳其应对新冠肺炎疫情科学委员会成员。

（张　雨）

【中国新冠病毒疫苗助力巴西抗疫】1月17日，巴西国家卫生监督局召开特别会议，宣布给予中国北京科兴中维生物技术有限公司研发的新冠病毒疫苗紧急使用许可。随后，首批疫苗接种工作在圣保罗大学临床医院展开。18日，疫苗接种工作在巴西全国开启。除了从中国进口疫苗外，巴西布坦坦研究所还从中国进口疫苗原材料进行本地灌装，以保障巴西的疫苗供应。

（张　雨）

【中国新冠病毒疫苗助力巴基斯坦抗疫】1月18日，巴基斯坦药品管理局给予中国医药集团有限公司新冠灭活疫苗紧急使用授权。这是巴基斯坦批准紧急使用的第二款新冠病毒疫苗。英国牛津大学与阿斯利康公司联合研发的新冠病毒疫苗15日获得授权。公告显示，这两款疫苗的安全性和质量已被评估，巴基斯坦药品管理局将继续监督两款疫苗的安全性、有效性和质量，按季度审核紧急使用授权。

（张　雨）

【中国新冠病毒疫苗助力塞尔维亚抗疫】1月18日，塞尔维亚药品和医疗器械局在对相关文件与科学证据进行审评后，确认中国医药集团有限公司新冠灭活疫苗的质量、有效性与安全性，批准在国内使用该款疫苗。1月19日，塞尔维亚卫生部部长隆查尔接种中国医药集团有限公司新冠灭活疫苗，成为中国疫苗在塞尔维亚的首名接种者。隆查尔在接种疫苗后说，中国疫苗是在塞尔维亚获批使用的3种新冠病毒疫苗之一，是安全有效的。

（张　雨）

【中国新冠病毒疫苗助力伊拉克抗疫】1月19日，伊拉克卫生部宣布，批准在伊拉克紧急使用中国医药集团有限公司新冠灭活疫苗以应对新冠肺炎疫情。同时批准的还有英国牛津大学与阿斯利康公司联合研发的新冠病毒疫苗。伊拉克卫生部长表示，伊拉克卫生部已做好接收新冠病毒疫苗的准备工作，确定了优先接种人群。中国疫苗符合伊拉克国家药品筛选局规定的科学标准。

（张　雨）

【中国新冠病毒疫苗助力智利抗疫】1月20日，智利公共卫生研究院宣布，给予中国北京科兴中维生物技术有限公司研发的新冠病毒疫苗紧急使用许可。智利公共卫生研究院代院长加西亚在专家委员会投票结束后表示，中国科兴的新冠病毒疫苗是一款安全和有效的疫苗，能够有效降低重症感染率和入院率，决定给予其紧急使用许可。

（张　雨）

【2021年京津冀科技成果对接会召开】2月5日，河北·2021年京津冀科技成果对接会——燕郊站暨中国科学院科技成果路演活动在河北燕郊高新区召开。活动由京津冀技术转移协同创新联盟、北京技术市场协会联合河北百纳信达科技有限公司举办，采取“云路演”、专家轮流点评方式进行。机器视觉产品检测技术、机器人焊接与装配系统、奇幻光影森林、空天地一体森林监测预警和远程制导灭火系统、电厂机器人等项目覆盖电子信息、先进制造等领域。来自三地的50多家高校、院所、科技服务机构、高新技术企业、事业单位的78人参加活动。

（吕华锋）

【参加2021中国（安徽）科技创新成果转化交易会】4月25—26日，北京市科委、中关村管委会派代表团赴安徽参加2021中国（安徽）科技创新成果转化交易会启动仪式、安徽创新馆巡展，并与天津、吉林等省市代表团进行交流；和科技部成果与区域司进行初步对接，加强科技协作与区域合作，为北京市企业新技术新产品找市场，增强企业业务拓展能力，助力企业做大做强。2021中国（安徽）科技创新成果转化交易会由科技部、中国科学院、安徽省政府联合主办，以“夯实创新基础，加快科技成果转化”为主题，采取线上与线下相结合的形式举办。启动仪式上，中国科学院、安徽省政府现场发布15项重大科技创新成果，涵盖生物医药、节能环保、人工智能等领域；1028项科创成果通过网络视频的方式在线上进行发布。

（吕华锋）

【2021年大厂回族自治县·北京中关村招商推介会举办】4月27日，以“融合发展·智创未来”为主题的2021年大厂回族自治县·北京中关村招商推介会在京举办。活动由河北省大厂回族自治县政府与中关村民营科技企业家协会联合主办，中关村80余位科技企业家代表参加。会上，大厂高新区管委会负责人介绍大厂县情及产业发展现状，包括区位优势、生态优势、政策规划、基础设施、营商环境及投资优势等方面的情况；中关村民营科技企业家协会负责人介绍中关村民营科技企业家协会的基本情况和资源优势。中关村民营科技企业家协会将发挥平台优势，与大厂回族自治县建立长效对接机制，推动更多的中关村科技企业走进大厂，促进项目落地。会上，10余家参会企业表示出投资合作意向。

（吕华锋）

【2021年北京·河北廊坊北三县项目推介洽谈会召开】5月13日，2021年北京·河北廊坊北三县项目推介洽谈会暨北京城市副中心（通州区）与廊坊北三县一体化高质量发展论坛在河北省大厂回族自治县举办。会议由北京市京津冀协同办、河北省京津冀协同办、北京城市副中心管委会（通州区政府）、廊坊市政府共同主办，以“践行新理念·推进一体化·融入新格局”为主题，按照政府引导、市场运作、合作共建原则搭建合作平台。会上共签约合作项目39个，意向投资额约247亿元，涉及公共服务、交通基础设施等重点领域。北京城市副中心与廊坊北三县政务服务“区域通办”联动机制启动。北京市科委、中关村管委会相关负责人带队参加，并推动北京京煤集团有限责任公司与河北富邦实业有限公司签订协议，在三河建设智能科创产业基地；北京联东投资（集团）有限公司与河北大厂高新技术产业开发区管委会签订协议，建立集科创研发楼、高标准厂房及配套设施为一体的产业园区；北京金茂绿建科技有限公司与河北香河经济开发区管委会签订协议，建立集研、产、算、储为一体的数字产业基地；北京华夏顺泽科技发展有限公司与三河经济开发区管委会签订顺泽智能制造产业基地项目，联合打造科技产业园区。

（吕华锋）

【赴内蒙古开展合作交流】5月14日，北京市科委、中关村管委会受内蒙古自治区科学技术厅委托，组织专家前往呼和浩特为京蒙合作技术对接交流培训班（第一期）开展现场讲座与咨询。内蒙古自治区科学技术厅及相关科技单位负责人、高校院所及企业专家共46人参与。北京简耘科技有限公司崔静波详细分析了人工智能及大数据在马铃薯产业链中的应用，助推内蒙古马铃薯产业升级。中国农业科学院环境与区划研究所副研究员刘培京做题为《抓住时代脉搏 实现科技型企业创新发展》的报告，指出在新一轮经济增长的形势下，科技工作者和企业家应当认识的5个问题及建设科技型企业的意义。会后，两位专家解答了培训班成员提出的企业创新发展、大数据分析等问题。

（孙 刚 安鹤益）

【赴河南省南阳市调研】5月25—28日，北京科学技术开发交流中心组织中国科学院过程工程研究所、北京爱康维健医药科技有限公司和北京沣瑞医药科技有限公司的生物医药领域专家赴河南省南阳市开展调研。调研组与南阳市科技局、南阳市镇平县相关领导进行座谈，为当地开展产学研等方面跨区域交流合作、打造绿色新型建材产业集群建言献策。其间，调研组前往南阳利欣药业有限公司、河南度帮中药生物科技股份有限公司、河南全宇制药股份有限公司参观调研，为企业提供技术咨询，解答技术难题，并提出指导性建议。

（张 健 安鹤益）

【京蒙合作技术对接交流培训班举办】5月27—28日，京蒙合作技术对接交流培训班（第二期）40余名学员来京学习交流。市科委、中关村管委会及北京科学技术开发交流中心组织培训班学员前往京晋电子信息产业协同创新中心、中科智汇工场、中国科学院科技成果展厅、京工时尚创新园、辛庄村农林复合种养模式试验示范基地参观学习，了解科技成果转移转化及科技服务相关经验，探索内蒙古科技发展新思路。

（孙 刚 安鹤益）

【捐赠赤峰10吨油莎豆种子】6月1日，北京科学技术开发交流中心为北京市对口帮扶地区内蒙古自治区赤峰市翁牛特旗捐赠10吨油莎豆种子，进行农业新产品油莎豆种植示范推广。预计种植面积1000亩，有助于提高对口帮扶地区农民的经济收入，助力当地经济发展。

（孙 刚 安鹤益）

【参加2021年浦江创新论坛】6月1—4日，北京市科委、中关村管委会一行10人赴上海参加2021年浦江创新论坛开幕式、全球技术转移大会巡展，并与上海市科委、全球技术转移大会组委会进行交流，北京中关村国际会展运营管理有限公司参加。2021年浦江创新论坛由科技部和上海市政府共同主办，5月31日—6月4日在上海举办，论坛以“创新，为了人类美好生活”为主题，采用线上与线下相结合的方式，举办包括全体大会、全球技术转移大会、青年科学家座谈会特色活动，以及未来科学、新兴技术、青年人才等10余场专题论坛活动。全球技术转移大会是国内首个以创新需求为主题的科技展会，5月31日—6月2日在上海展览中心举办，以“万‘象’需求 全球揭榜”为宗旨，促进科技创新需求方和供给方的对接合作，分为高新技术、企业创新、高校院所、服务机构、全球区域、长三角科技创新共同体6个展区，并开通线上云展览。

（陈铭培）

【赴湖北省十堰市调研合作】6月6—9日，北京市科委、中关村管委会及北京科学技术开发交流中心赴湖北省十堰市开展科技创新交流调研活动。在京堰科技合作交流对接会上，双方介绍科技协作工作的进展；十堰市食用菌协会与北京食用菌协会签订战略合作协议；湖北诚者茶业有限公司与中国农业大学、北京科学技术开发交流中心签订绿色生态农业合作协议。调研组还赴十堰市房县土城黄酒小镇、湖北庐陵王酒业有限责任公司、竹溪县龙王垭会议培训服务有限公司、竹溪县国际漆艺村产学研基地、湖北龙王垭茶叶有限公司等参观调研，随行的中国农业大学教授潘灿平与湖北龙王垭茶叶有限公司就富硒技术在茶叶种植中的应用达成初步合作意向。

（陆纳新 安鹤益）

【与山西省科技厅对接交流】6月7日，山西省科技厅副厅长张其光带队到北京市科委、中关村管委会调研对接。双方就科技战略决策咨询和科技创新调查统计等方面展开研讨，并达成一致意见：结合山西相关平台布局，精准对接需求，促进京晋两地联动发展；建成研发销售在北京、生产制造在山西的协同创新产业链条；在产业等方面深入融入京津冀协同发展战略，带动山西产业创新发展。

（吕华锋）

【组织举办内蒙古重大专项评审会】6月9—16日，受内蒙古自治区科学技术厅委托，北京科学技术开发交流中心在京组织举办2021年度内蒙古自治区重大专项和“科技兴蒙”合作引导项目2场评审会，共评审135个项目，涉及信息装备、大规模储能、生态环境、氢能、种植业、新材料等17个领域，来自中国科学院、北京大学、中国农业大学、北京农林科学院、航天动力研究所等高校院所相关领域的198名专家参与评审。其中，81个项目是清华大学、中国农业大学、北京农业信息技术研究中心、中国科学院工程热物理研究所等单位与内蒙古相关单位联合申报，把北京的资金、技术、人才引流至内蒙古，助力当地科技产业发展。

（吕华峰　安鹤益）

【京蒙合作乡村振兴技术交流活动举办】6月17—18日，京蒙合作乡村振兴技术交流培训班41名学员来京学习交流。市科委、中关村管委会及北京科学技术开发交流中心组织学员前往北京花仙子农业有限公司的花仙子万花园产业基地、辛庄村农林复合种养模式试验示范基地、平谷区“生态桥”工程关键技术集成示范基地参观交流，学习相关工作经验，助推内蒙古乡村经济发展。

（孙　刚　安鹤益）

【京港澳创客营活动举行】6月26—27日，由北京科学技术开发交流中心主办的第六期京港澳创客营·青企创新行活动在京举行。来自京港澳三地高校、科研院所、科技创新型企业的青年企业家、青年创客、京港澳大学生30余人参加。活动围绕碳中和技术和中国航空航天技术现状及发展趋势、三地互补的创新创业前景等内容进行交流。拓展合作渠道，为京港澳深层次科技研发合作、技术转移支撑储备青年力量。组织学员参观北京珐琅厂、古北口长城抗战纪念馆及北京自然博物馆，体验传统手工技艺，重温自然人文历史。

（路一鸣　安鹤益）

【参加西安科博会】7月7—9日，北京市科委、中关村管委会，通州区、石景山区科委相关人员一行5人赴陕西省西安市参加2021第15届中国西安国际科学技术产业暨硬科技产业博览会（简称西安科博会），参加西安科博会开幕式、巡馆活动及科技产业发展论坛，并与会务组进行交流。通州区与石景山区参会人员与有关参会厂商进行现场对接。一行人还调研走访北京理工大学－雷科防务（西安）创新园及西科控股硬科技企业社区，并与负责团队进行座谈交流，探索新的合作机会。本届博览会由西安市政府主办，以“创新驱动发展·科技引领未来”为主题，重点展示航空航天、电子信息、科教仪器、5G技术应用、人工智能、新能源及环保、大数据与云计算等领域的最新技术及产品。同期举办科技产业发展论坛、科技项目成果推介会、科普融媒体云路演直播活动及西安科技产业发展成果实地考察等10余场科技交流活动。

（陈铭培）

【北京石油化工学院科协成立】7月8日，市科协与北京石油化工学院签署战略合作协议暨北京石油化工学院科协成立大会在北京石油化工学院致远讲堂举行。北京石油化工学院科协第一次会员代表大会表决通过学校科协章程、选举办法，并选举表决学校科协第一届委员会委员、主席、副主席、秘书长。北京石油化工学院党委副书记、校长蒋毅坚当选为学校科协主席。蒋毅坚向学校科协第一届委员会5名企业委员颁发荣誉证书，与市科协副主席陈维成共同为北京石油化工学院科协揭牌。双方签署战略合作协议，将立足新发展阶段、贯彻新发展理念、服务新发展格局，聚焦首都高质量发展，共同助力北京国际科技创新中心建设，推进新时期市科协系统深化改革。仪式后，北京石油化工学院高校创新簇工作站首次校企对接活动举办。相关企业代表、学院师生代表等200余人参加会议。

（杨晓伟）

【全球疫苗免疫联盟与2家中国公司签署预购协议】7月12日，全球疫苗免疫联盟（GAVI）发布公报，宣布同中国国药集团中国医药集团有限公司和中国北京科兴中维生物技术有限公司分别签署预购协议，意味着国药疫苗和科兴疫苗进入“新冠肺炎疫苗实施计划”（COVAX）疫苗库，开始向COVAX供应疫苗以用于发展中国家的新冠肺炎疫情防控。国药集团、科兴公司分别在5月7日和6月1日获批世界卫生组织紧急使用认证。根据采购协议，2家企业在未来4个月内向COVAX提供1.1亿剂疫苗，并就长期供苗达成意向。

（张　雨）

【北京地区广受关注学术成果报告会（天津行）举办】7月20日，北京市科协联合天津市科协、天津市蓟州区政府，在蓟州区举办以“协同京津冀·聚焦新材料·智汇新动能”为主题的中国·盘山新材料论坛暨北京地区广受关注学术成果报告会（天津行）。报告会邀请中国科学院院士、世界陶瓷科学院院士葛昌纯，南开大学教授侯国付，中国科学院生态环境研究中心环境化学与生态毒理学国家重点实验室研究员刘睿等分别以《共轭高分子的掺杂调控和应用研究》《新型高比能锂二次电池体系及关键材料研发》《基于半导体光催化的污染物降解和二氧化碳资源化利用》《稀土永磁材料应用市场的前景展望》为题做报告，并与专家进行交流。论坛上，蓟州经济开发区与韵网（北京）科技有限公司、北京能源与环境学会、春山里置业发展集团围绕产学研合作签订协议。来自北京、天津两地的企业负责人、企业技术骨干等100余人参会。报告会通过科协频道、中能科讯等平台进行直播，科协频道直播实时最高热度3.4万人次，线上累计播放量63万人次。

（崔家墅）

【区域科技合作研讨会召开】 8月26日，北京科学技术开发交流中心组织召开区域科技合作研讨会。邀请来自创新方法研究会、中国科学院理化技术研究所、中国科学院电工研究所、中国科学院物理研究所、中科大数据研究院等高校院所及企事业单位的11位专家围绕院地合作与区域合作机制建立开展研讨交流，分享各自在现代农业、节能干燥、光伏发电、可降解地膜、智能制造、信息化建设等方面的研究成果。

（梁　霄　安鹤益）

【区域合作促进乡村振兴工作交流会召开】 8月28日，北京科学技术开发交流中心组织召开区域合作促进乡村振兴工作交流会。邀请来自北京市社会科学院、中国人民大学、中国农业大学、北京三元食品股份有限公司等高校院所及企业的8名农业领域专家，围绕加强乡村振兴的区域合作方式方法，农业数据的收集、统计及应用，高品质果蔬种植技术研发和推广，农民农药的安全使用指导，富硒农产业的研发和推广等内容展开交流，探讨如何加强北京与福建省、湖北省、河南省、云南省等重点区域的科技交流与合作，有效发挥北京人才、项目、成果等资源优势，促进乡村振兴。

（栾天亿　安鹤益）

【区域创新合作与硬科技成果转化研讨会召开】 8月，北京科学技术开发交流中心组织举办区域创新合作与硬科技成果转化研讨会2场，来自北京多家高校、科研院所和科技服务机构的专家，以及电子信息、智能制造、物联网、机器人等领域的企业代表近40人参会。活动旨在为北京机构搭建区域创新交流与合作的平台，促进高校、院所及企业间的产学研合作。与会代表围绕首都科技创新券、中试与检验检测服务平台、硬科技成果转化服务以及区域协同合作需求等内容展开研讨交流。

（胡炎平　安鹤益）

【京闽（三明）石墨烯新材料产业合作交流】 9月23日，北京科学技术开发交流中心与福建省三明市科技局联合举办京闽（三明）石墨烯新材料产业合作交流研讨会。来自北京高校院所及企业的10余位专家围绕国内石墨烯新材料研究现状和三明市石墨烯新材料产业发展方向进行交流，探讨北京与福建（三明）开展石墨烯新材料领域科技合作的可行性，针对两地开展研发代工、技术供需对接、产业化落地等工作，向福建三明地方政府提出建议。

（张　健　安鹤益）

【第五届中国－中东欧国家创新合作大会举办】 9月24日，由科技部主办的2021中关村论坛平行论坛——第五届中国－中东欧国家创新合作大会在中关村示范区展示中心举办。大会以“开放创新 共享发展”为主题。科技部部长王志刚、北京市市长陈吉宁等领导及中东欧国家驻华使馆、国内相关部委、科研机构、高校和企业的代表现场参会。塞尔维亚副总理布兰科·鲁日奇，斯洛文尼亚副总理兹德拉夫科·波契瓦尔舍克，波黑、保加利亚、匈牙利等国家的科技创新主管部门及中国驻中东欧国家使馆的代表应邀线上出席会议。与会代表就“创新支撑疫情防控”“创新赋能经济复苏”“创新引领持续发展”等议题达成合作共识，并通过《中国－中东欧国家创新合作行动计划》，旨在持续深化中国－中东欧科技创新合作，服务于各国共同利益和可持续发展愿望。

（赵　哲）

【科博会设立京津冀协同发展成效展区】 9月24—28日，中关村论坛展览（科博会）在京开展。为推动落实“两区”涉及京津冀跨区域相关任务，逐步推动“两区”政策与中关村先行先试等政策贯通，京津冀三省市联合在中关村论坛展览（科博会）设立京津冀协同发展成效展区。该展区共分为序言、京津冀协同发展成效、展望未来3个部分，通过缩微模型、视频、展板等多种形式，紧扣中关村论坛永久主题“创新与发展”及年度主题“智慧·健康·碳中和”，展现京津冀协同发展新进展、新成效。展区展示京津冀国家技术创新中心的组织架构、运行模式、科研实施项目，大兴国际机场临空经济区等多个产业承接重点平台，新能源汽车、生物医药等产业链建设情况。对北京“两翼”的建设成效也进行集中展示。

（吕华锋）

【玉田精工打样中心供应链发布活动举行】 9月28日，由北京市科委、中关村管委会及北京经济技术开发区管委会指导，北京经济技术开发区科技创新局、河北省玉田县政府、汇龙森国际企业孵化（北京）有限公司和中孵高科产业孵化（北京）有限公司主办的森智造·玉田精工打样中心供应链发布活动在汇龙森园区医疗器械平台举行。活动为亦庄双创周分会场系列活动之一。活动中，玉田县政府与中孵高科产业孵化（北京）有限公司签订产业协同战略合作协议，60余家来自玉田精密加工供应链、京津冀精密加工需求企业的负责人及部分高校、科研院所和行业协会专家参加活动，并进行需求对接。活动旨在全面支持京津冀一体化的国家战略，发挥北京科技创新和人才优势，借助玉田县机加工产业配套优势，以汇龙森园区为支撑，共同搭建产业链接，跨域赋能的京津冀协同创新发展的供应链平台，打通北京研发、玉田机加工配套的产业协同的道路。

（吕华锋）

【通州区党政代表团赴三河市考察调研】10月12日，通州区党政代表团赴三河市考察调研，并就深入推进通州区与北三县一体化高质量发展进行座谈交流。代表团先后调研兴远高科产业园、燕郊高新区，察看产业园建设运营以及高新区规划建设情况。听取三河市国土空间规划编制、通州区与廊坊北三县一体化发展工作及三河市协同项目推进情况等汇报。截至10月，三河市共培育科创园27个，已建成19个，入驻科技型企业781家，其中来自北京的企业占比超过61%。正在建设的8个科创园可再承接北京科技型企业500家以上，将成为三河创新型经济新的增长点。

（吕华锋）

【京津冀AIoT创新簇集展参展智博会】10月15—17日，北京物联网智能技术应用协会发起的京津冀AIoT创新簇集展参展在宁波举办的2021世界数字经济大会暨第十一届智慧城市与智能经济博览会。北京中兵数字科技集团有限公司、卡奥斯创智物联科技有限公司、日立（中国）有限公司等20家京津冀会员企业对外展示涉及智能家电、智慧园区、智能制造、智慧医疗、物联网安全等人工智能物联网（AIoT）多个不同领域的最新技术产品、创新成果及典型项目，全面展示京津冀AIoT企业的创新面貌，积累应用案例，也为京津冀AIoT产业的发展寻求更多机会。

（吕华锋）

【2021年北京－意大利科技经贸周举办】10月20—21日，由市科协，市商务局，市科委、中关村管委会，意大利教育、大学和科研部，意大利坎帕尼亚大区政府联合主办，以“加强合作，实现智能，可持续创新”为主题的2021年北京－意大利科技经贸周活动在京举办。在主旨发言阶段，意大利科学城科技委员会主席路易吉·尼古拉斯和中国电科集团公司第十二研究所微波及系统工程部主任、研究员于兴智分别围绕数字化转型助力两国智能制造发展进行主题演讲。同期举行以智慧交通和可持续移动出行、工业领域的绿色数字化转型、循环经济和生物经济为主题的3场主题研讨会，30余位学术界、产业界和企业界代表进行研讨，交流创新思想、探讨创新技术、分享创新成果，推动跨区域、跨行业的创新资源开放共享和前沿科技成果转化。来自相关学会的专家、企业代表、路演代表、新闻媒体代表等80余人现场参加活动，线上直播观看量超过37万人次。

（崔　静）

【京闽（三明）科技合作工作推进会召开】11月3日，北京市科委、中关村管委会与三明市政府在京举行京闽（三明）科技合作工作推进会，就深化京闽（三明）科技合作、推进三明中关村科技园建设发展、举办首届京闽科技合作论坛暨京闽（三明）科技合作对接活动等事项进行座谈交流。双方在科技特派员合作、科技成果转移转化、创新资源共享、产业园区协同等方面取得良好成效；三明中关村科技园自2020年12月6日开园运营以来，近百家科技创新型企业签约入驻，已成为京闽科技合作重要平台载体和标志性项目。北京市科委、中关村管委会将支持北京石墨烯研究院与三明开展实质性合作，推动相关高校、科研院所成果转化，赋能三明石墨烯产业高质量发展；加强科技特派员合作，围绕三明产业和企业发展关键技术瓶颈和难题，拓展选派领域，实现精准对接；支持三明中关村科技园建设，推动数字经济、氢能等新兴产业项目落地三明；推进福建省科技厅、中关村发展集团、三明市政府共同举办首届京闽科技合作论坛暨京闽（三明）科技合作对接相关工作。北京市科委、中关村管委会，中关村发展集团，三明市政府、驻京办、市科技局等单位部门负责人，北京中关村信息谷公司、三明中关村科技园公司负责人参加座谈。

（陈铭培）

【京津冀三地科技主管部门联合召开工作交流会】11月17日，京津冀三地科技主管部门以视频会议形式联合召开工作交流会。京津冀三地科技主管部门负责人参会，并围绕京津冀科技创新券工作进展及下一步工作计划等方面情况进行交流。会议确定，三地科技主管部门的相关处室或服务机构共同研究，以文件形式确立工作机制；进一步扩大三地互认的科技资源服务提供机构，以及联合召开面向企业的资源推介专场会等具体措施。

（吕华锋）

【京台科技论坛两地举办】 11月25日，第二十四届京台科技论坛在北京和台北两地以视频连线方式同时举办。论坛以“合作推动新发展、携手构建新格局”为主题，聚焦两岸高新技术产业、高端服务业等领域交流合作，并推介北京营商环境和“两区”建设。中共中央台办、国务院台办主任刘结一，北京市委副书记、市长陈吉宁等领导在北京会场出席论坛。两岸企业家峰会大陆方面负责人、相关部门负责人及在京台商、专业人士，以及两岸企业家峰会台湾方面负责人、台湾区电机电子工业同业公会、台湾三三企业交流会等两岸企业界、科技界人士进行深入交流。

（贾 娜）

【北京·香港经济合作研讨洽谈会科技专场活动举办】 12月6日，第二十四届北京·香港经济合作研讨洽谈会科技专场暨第四届“京港青创杯”创业大赛总决赛在国家会议中心举办。活动由北京市科委、中关村管委会，香港特区政府投资推广署，香港贸易发展局，京泰实业集团有限公司主办，以“京港创新·逐梦百年”为主题，邀请京港两地的企业家、科研工作者、创新创业者和投资机构代表70余人通过线下及线上平台参加。活动中，由北京市科委、中关村管委会和香港贸易发展局共同发起的京港科技协同创新平台启动。平台将助力两地科技成果的转移转化；为科创企业搭建国际化的活动和展览平台；依托香港贸易发展局全球贸易投资网络，对接国际资源；构建创新合作生态圈，推动现代服务业、科技金融业与科技创新机构的融合。京港两地的企业分别签署《共同推动京港青年创新创业合作备忘录》《组建3亿元京港平行基金协议》《10亿元京港企业股权并购协议》3个京港合作协议，涉及总金额13亿元人民币。总决赛环节，北京全迹科技有限公司的“基于超宽带技术的厘米级高精度室内定位产品”获得一等奖，华港龙生物科技有限公司的“针对细胞和生物制品的新一代微针递送平台”获得二等奖，北京外号信息技术有限公司的“基于可见光通信和机器视觉的光场交互方案”以及汉鹏辅助生殖科技有限公司的“辅助生殖流程变革者”获得三等奖。总决赛7位评委嘉宾获得第四届“京港青创杯”创业大赛优秀导师奖。

（陈志洁 杨 柳）

【2021北京－特拉维夫创新大会举办】 12月8日，由北京创业孵育协会主办的2021北京－特拉维夫创新大会以线上会议形式在京举办。大会以“协同创新，合作共赢”为主题，旨在实现中以两国科技创新资源精准对接，务实推动双方创新主体开展交流合作，打造有影响力的中以科技创新合作平台。大会聚焦数字经济，举办中以数字经济与数字孵化论坛，来自中以两地的科技创新机构、科技园区、孵化器与企业的代表共计132人通过视频连线参会。作为第五届中以创新创业大赛配套活动，5家以色列数字经济领域创新服务机构带来20余项数字经济领域的创新项目，展示领域内最具投资价值的优质技术成果，将与北京特拉维夫创新中心共同服务推动中以数字技术项目实现交流合作。

（申峥峥）

【京沈科技对口合作对接座谈视频会召开】 12月9日，北京市科委、中关村管委会与沈阳市科技局在线上举行京沈科技对口合作对接座谈会。座谈会是在京沈两地互动交流的基础上进一步推动两地务实合作的具体举措。会上，沈阳市科技局介绍近期开展的各项工作情况及下一步重点推进的工作事项；北京市科委、中关村管委会表示，双方要坚持以创新为引领推动产业合作，推动产业链、创新链、供应链融合发展，进一步健全合作机制、加强科技资源共享平台、产业技术联盟对接合作，搭建产业对接合作平台，促进科技成果转移转化，促进上下游产业互补，把京沈科技合作提升到新的高度，打造区域科技合作的典范。北京市科委、中关村管委会，沈阳市科技局的单位负责人及相关部门负责人，京沈两地挂职干部、中关村信息谷公司相关负责人参加视频会议。

（陈铭培）

【参加第二届跨区域协同创新合作年会】 12月10日，乌鲁木齐、北京、天津、上海、重庆、深圳、西安、成都联合举办的第二届跨区域协同创新合作年会采用线上形式举办。大会以“协同创新、互利共赢”为主题，主会场设在乌鲁木齐，北京、上海、天津以及中亚哈萨克斯坦、乌兹别克斯坦等地设立13个分会场。会上，乌鲁木齐、北京、天津、上海、重庆、深圳、西安、成都8地科技部门联合发布《2021深化丝路跨区域协同创新合作倡议书》，标志着8地共建跨区域协同创新合作新机制迈上新台阶。乌鲁木齐市科技局分别与设在北京、天津、西安、成都的4家跨区域协同创新中心（异地孵化器）和设在乌兹别克斯坦的中乌（塔什干）跨区域协同创新中心（离岸孵化器）签约并授牌，进一步完善丝路协同创新中心（离岸、异地孵化器）联盟新平台。会上，8个城市科技创新机构、联盟、企业之间签订产业、技术、人才、金融等合作协议，其中，北京中医药大学与乌鲁木齐新奇康药业股份有限公司签订30万元的项目投资协议；中国农业科学院/中国农业大学与新疆中亚食品研发中心（有限公司）签订《“十四五”番茄产业共性关键技术研发与产业化项目协议》；北京汇能精电科技股份有限公司与新疆品源太阳能科技开发有限责任公司签订适合新农村建设用的储能变流器的研究与示范项目。在路演环节，北京燕东兆阳新能源科技有限公司等3家公司围绕新能源、新材料、生物医药等进行线上路演。

（吕华锋）

【2021年京青科技对口支援对接座谈会线上召开】12月16日，2021年京青科技对口支援对接线上座谈会召开。北京市科委、中关村管委会，青海省科技厅，玉树州农牧和科技局等单位的负责人及相关人员参加座谈，现场听取青海省坚持走创新驱动发展战略，在保护生态环境、盐湖安全、清洁能源利用和有机农牧产品输出等方面的情况介绍。会议指出，双方要深入领会中央、国家以及两地党委、政府支持青海、玉树州精神；要达成共识，有效提升合作水平，在场景示范、智力支援、平台服务等方面打通渠道、架起桥梁，持续跟踪，确保合作事项做一个成一个。

（吕华锋）

【科技助力乡村振兴工作座谈会举办】12月16日，由市科协主办的科技助力乡村振兴工作座谈会在京召开，与会专家围绕科技助力乡村振兴、北京率先基本实现农业农村现代化等开展交流。专家对市科协提出的科技助力乡村振兴工作方案给予肯定，同时就各部门联动推进工作提出建议。中国科协，清华大学，市科委、中关村管委会，市农业农村局，市农村经济研究中心，市农林科学研究院，区科协，科技类社会组织等12家单位参会。

（崔家墅）

【2021年京新科技对口支援对接座谈会线上召开】12月23日，2021年京新科技对口支援对接座谈会线上召开。北京市科委、中关村管委会，新疆维吾尔自治区科技厅的单位负责人及相关处室人员，乌鲁木齐高新区、乌鲁木齐经开区、昌吉高新区等7个分会场相关人员参加座谈，现场听取新疆丝绸之路经济带创新驱动发展试验区、乌昌石国家自主创新示范区工作情况介绍。会议指出，要从场景示范模式促进产业发展、现代农业科技园建设，智力援疆提升创新能力，平台服务解决发展问题，满足发展需求，加强组织管理和对接。

（吕华锋）

【参加中国国际高新技术成果交易会】12月27—28日，北京市科委、中关村管委会组织多项创新成果参加在深圳举办的第二十三届中国国际高新技术成果交易会（简称交易会）线上展览，并在12月28日以线上与线下相结合的形式与中关村发展集团联合主办2021高交会北京推介发布会暨北京中关村－粤港澳大湾区协同创新交流会（简称北京推介会）。其中，通过交易会线上展览的新型冠状病毒灭活疫苗（克尔来福）、低温冷冻手术系统——康博刀、无人机防御雷达、新一代人工智能平台、可重构计算芯片等项目，获得组委会颁发的优秀产品奖，北京科技代表团获得优秀组织奖。北京推介会以“开放创新，协同发展”为主题，线下活动在深圳市南山区科兴科学园进行，围绕北京中关村与粤港澳大湾区在产业链、创新链、资本链、技术链等方面优势互补，推动科技创新更好服务京粤两地高质量发展，开展主题报告推介交流等活动。北京推介会上，中山联合光电科技股份有限公司、雅量集团等8家意向落地北京的大湾区企业的代表与北京中关村信息谷公司签订合作协议；北京中关村通力科技服务公司推介中关村科幻产业创新中心，并就如何发挥北京科创资源和文化创意人才优势，整合嫁接全国和全球科幻产业领域的高端产业资源，通过与大湾区企业合作，加强京粤两地的交流协作，集聚科幻产业领域大中小型高科技企业落地进行介绍。北京推介会会场外设置《北京市“十四五”时期国际科技创新中心建设规划》和“三城一区”主平台展板，展现“三城一区”主平台和中关村示范区主阵地政策优势，吸引优质科技企业来京发展，推动科技成果来京落地转化。

（陈铭培）

【2021年京和科技对口支援对接座谈会线上召开】12月31日，2021年京和科技对口支援对接座谈会线上召开。北京市科委、中关村管委会，新疆和田地区科学技术局的单位负责人及相关处室人员参加会议。会上，双方介绍近年来京和对口支援的开展情况，并就下一步工作计划进行沟通确认。双方认为，要深化合作机制、密切合作交流，进一步凝聚提升京和科技系统对口支援工作合力。继续实施北京科技创新资源援和工程，围绕和田地区急需解决的科技难题，从在京高校、科研院所、企业等单位选择对口科技特派员，向和田推荐；组织北京相关领域专家、联盟、企业对和田地区信息技术、生活垃圾和污水处理等需求开展调研和对接。持续助推和田科创平台示范工程，发挥北京科技创新中心的资源优

势，从创业导师推荐、创新生态培育等智力支援层面，助力和田全方位提升创业和技术服务能力；组织动员北京创新平台企业，继续深化同和田地区生产力促进中心的共筑共建。深化开展科技人才进京培训工程，依托北京援疆指挥部已立项项目，支持在“十四五”期间，每年选派30名和田地区科技行政管理人员和优秀科技特派员、“三区”人才赴北京学习交流1周；北京市科委、中关村管委会协调支撑机构，为交流活动提供支持；同时，依托北京优质的科技资源，通过走出去、请进来及线上授课等多种形式，提高和田地区广大基层科技工作者的综合科技素质及专业水平。与和田联合开展科学普及活动，以交往交流交融为契机，积极开展科普图书、视频资料、科普资源、远程教育资源和老科学家资源进和田活动、推进科学普及京和科技活动周和田行活动。

（吕华锋）

【交流北京申都经验】2021年，北京市科委、中关村管委分别接待淮安市政府代表团、郑州市政府代表团、眉山市政府代表团来访交流，就淮安市申请加入创意城市网络美食之都的申都筹备情况、郑州市申请加入创意城市网络文学之都、眉山市申请加入创意城市网络手工艺与民间艺术之都的筹备情况、北京设计之都建设情况等进行交流。会上，郑州市展示郑州文学之都视频宣传片；眉山市展示眉山竹编产品，介绍竹编的研发、传承和推广工作等。截至年底，中国共有14个城市加入创意城市网络，其中包括成都、顺德、澳门、扬州4个美食之都。

（于少泽　张苗苗）

【建立中巴病媒生物防控研究开发与应用项目】2021年，北京市科委、中关村管委会支持国际半导体照明联盟和巴西照明学会作为共同协调单位，促成“一带一路”沿线国家科技合作项目——中巴病媒生物防控研究开发与应用项目的对接合作。联络和对接宁波大央科技有限公司、巴西ACRE联邦大学合作。中巴双方将开展LED照明在病媒控制领域的研发合作和创新应用。中方免费向巴方提供最新开发研制的36套LED灭蚊产品及设备，供巴西进行科研、现场效果测试和评估。中方确保提供的设备能正常运行，在巴西进行LED病媒控制现场应用试验。中巴共同开发LED病媒控制产品，推广其在巴西的应用，如LED捕蚊灯（含UV LED和绿光LED）等，以及在南美其他国家和世界相关地区推广此应用。

（武　静）

【建立中埃化石能源及材料绿色技术中心】2021年，在北京交易促进中心支持下，“一带一路”沿线国家科技合作项目——中埃化石能源及材料绿色技术中心建立。中方以中国科学院过程所为依托单位，埃方以姆努菲亚大学及埃及石化集团为依托单位。双方达成合作意向并签署谅解备忘录（MOU），项目已在科技部立项。这有助于中国和埃及解决产业发展模式调整、秸秆资源浪费及生态污染、“三农”问题等，为研究提供重要知识基础。中心启动后，双方将继续在化石能源、石油化工、新材料及医药健康方面开展深入合作。

（武　静）

【京蒙科技合作系列研讨会召开】2021年，北京科学技术开发交流中心组织召开深入推进京蒙科技合作系列研讨会4场，来自北京大学、北京科技大学、北京农学院、北京有色金属及稀土应用研究所、中国石油和化学工业联合会、有研科技集团有限公司等高校、科研院所、科技企业等的41位专家参与研讨。与会专家针对内蒙古的种植业、养殖业、新材料产业、生态环境产业发展进行深入研讨，提出发展绿色智慧农业、草畜平衡发展、智能化科学养殖、发挥新能源优势科学开发矿产资源、结合规划形成新材料产业链发展等合理化建议。

（李　娇　安鹤益）

【京蒙科技项目对接研讨会召开】2021年，北京科学技术开发交流中心围绕内蒙古地区信息技术、装备制造产业、蒙药、新材料、新能源、生物医药等领域的近80项需求，举办京蒙科技项目对接研讨会6场。成功对接矿产与水资源快速探查、信息安全提升技术等6项信息技术领域需求，汽车控制器及控制软件、数字化智能制造技术等9项装备制造领域需求，食药同源、中药成分提取、药材有机栽培等20项蒙药领域需求，电池正极材料研发、富勒烯光触媒复合材料等20项新材料领域需求，风电场运维、新能源汽车等8项新能源领域需求，肽的研究、中兽药提纯等7项生物医药等领域需求，实现京蒙两地资源、技术的优势互补，助力内蒙古地区技术及产业发展升级。

（李　娇　安鹤益）

【京蒙科技合作情况】2021年，北京市科委、中关村管委会与内蒙古自治区科技领域对接推动科技兴蒙各项工作，搭建科技帮扶体系，助力技术创新、人才引进，优化产业结构，带动内蒙古产业转型升级，加速创新发展。开展农业技术推广示范工作，依托京蒙科技合作1+6现代农牧业技术转移体系，北京市在内蒙古自治区乌兰察布市、锡林郭勒盟、通辽市、赤峰市、兴安盟、呼伦贝尔市建立6个油鸡养殖示范基地，在兴安盟建立3个绿色种植基地。强化京蒙高科企业孵化器建设，在京蒙高科孵化器挂牌成立内蒙古科创中心（北京），探索“研发在北京、转化在内蒙古”的柔性引才新模式；共同启动建设京蒙协作成果转化平台，拓宽北京市科技技术及项目输出渠道，为双方产学研合作机构搭建技术合作、人才交流、成果转移转化的动态化信息交流平台。开展京蒙帮扶培训工作，京蒙共同赴乌兰察布市开展科技扶贫调研，举行京蒙科技对口帮扶（乌兰察布）工作座谈会，探讨重点工作计划；举办农牧业绿色生产培训班、京蒙合作技术对接交流培训班、京蒙合作乡村振兴技术交流培训班等培训。

（吕华锋）

【建设京津冀合作园区】 2021年，北京市科委、中关村管委会强化园区顶层谋划，编制《雄安新区中关村科技园发展规划》，开展《科技资源服务雄安新区建设模式研究》研究；2021年雄安新区中关村科技园新增注册企业102家。北京市科委、中关村管委会支持京津中关村科技城建设，截至年底，完成28个项目投资协议书的签署，预计可出让工业用地123.25公顷，形成落地总投资额165.01亿元，投产后年产生税收10.22亿元，可增加当地就业人口约8000人。北京市科委、中关村管委会支持保定·中关村创新中心组织举办2021中关村数字科技企业走进保定等活动，累计入驻面积105 301.12平方米，入驻率83.65%。

（吕华锋）

【对口援疆、援藏、援青】 2021年，北京市科委、中关村管委会对接新疆和田、西藏拉萨、青海玉树等地区科技需求，持续推动各地科技产业园发展，促进支援地区产业转型升级。在援疆方面，组织北京新发地联玉商贸有限公司与和田市北慕蔬菜批发市场的京和科技扶贫电商平台对接，联合打造新型数字化网上交易平台，在京建立上万平方米的产品展示交易区，集中展示经营和田等地区的特色农产品，用实际产品展销结合数字化电商平台满足客户需求。在援藏方面，发挥首都科特派等专家资源优势，邀请科技管理与产业规划、畜牧业新技术手段、生态文明建设与林草融合发展等领域的专家，录制特色培训视频课程，搭建完成线上培训平台，为西藏实施高素质专业化干部培训，提高干部素质和能力，培养农牧民能手、乡土专家等村级乡土人才，提高增收致富能力。在援青方面，梳理50余项在京优质企业和项目对接青海，组织专家进行研究、论证和行业分析，重点推动两省市新兴产业、生态环境、种质资源保护和利用、中藏医药学等研发机构的协作和科技攻关；沟通远郊区县相关科技园区、孵化器及产业基地30余家，为对接青海地区实际需求夯实工作基础。

（吕华锋）

【南水北调对口协作】 2021年，北京市科委、中关村管委会通过开展产业咨询对接、科技培训、科技金融服务、科技特派服务等形式组织科技项目对接，促进北京科技资源与湖北省十堰市、河南省南阳市等地需求有效衔接，辐射带动南水北调对口协作地区科技经济发展。协调密云区科委、中国农业大学与十堰市科技局就富硒农业项目开展专项对接，促进十堰地区现代农业的发展；组织8家十堰市优秀企业来京考察对接，通过专家研讨会、实地考察调研等形式促进十堰市循环农业的发展，推动京堰两地的科技合作交流；围绕南阳市企业需求，组织中国科学院过程所及北京生物医药企业赴南阳制药进行一对一精准对接，为企业解决技术难题；在南阳开展2021年北京－南阳技术开发与科技交流合作创新项目路演对接活动，组织生物医药、智能制造、节能环保等领域的7个项目进行路演，为创业团队与投资机构搭建桥梁。

（吕华锋）

【京沈科技合作情况】 2021年，北京市科委、中关村管委会推进京沈科技对口合作，搭建京沈科技合作平台4个，组织京沈科技成果供需对接会、论坛、创新主体互访交流等各种类型的对接交流30余次，对接科技成果与需求200多项，促成技术合作项目20多项，推动京沈科技合作向纵深开展。以沈阳中关村项目为重要抓手，累计为京沈两地对接项目141个，达成意向合作项目106个，签约项目71个，签约金额5.9亿元。

（吕华锋）

【京赤科技扶贫示范园示范带动】 2021年，北京市科委、中关村管委会组织北京易农农业科技有限公司、北京市农林科学院为赤城县盛丰农业、百川成蜂柿番茄等7个农业产业扶贫示范基地重点服务，结合线下、线上培训及各类优质资源整合，构建起“科技示范园＋产业＋服务体系”的京冀科技帮扶协作模式。在京赤科技扶贫示范园集成水肥一体机、二氧化碳施肥器、植保机、臭氧发生器、弥雾机、立体水培架等现代农业设备，添加现代植保机械、物联网远程控制、棚内温湿度自动控制等技术与装置；为7个产业扶贫示范基地提供技术指导与服务，示范推广水肥药一体化和高效绿色防控技术，全年推广示范面积超200公顷，对比传统生产方式，使农资投入品成本减少60%以上，每亩人工投入减少20余工，化学农药投入量减少60%以上，亩产增产20%以上，农产品的商品率从50%推升至80%以上；搭建资源对接平台，借助线下指导、微信小程序、12396北京农科热线、技术微信群等方式，为当地农户、农技人员提供技术咨询与培训，全年线下培训指导500人次、线上咨询服务1000人次，将资源向当地其他产业基地、农业企业以及农业种植户进行辐射。

（赵 娣 姜佩瑄 温会姣）

科技交流

【概述】2021年，北京发挥政府、社会组织、高校院所及科技企业作用，利用中关村论坛这一重要交流平台，以线上线下、高峰论坛、沙龙、专题研讨、学术会议等多种形式开展科技交流活动。来自联合国教科文组织、联合国工业发展组织以及美国、法国、德国、英国、荷兰、丹麦、日本、新加坡、澳大利亚等国的专家学者，国内清华大学、中国科学院等高校科研单位的专家学者，围绕物联网智能技术、人工智能技术、工业互联网、智能驾驶、生命科学与生物医药、碳中和及其绿色清洁能源与储能技术、区块链与数字技术、数字经济及赋能创意产业等，在前沿性、关键性技术及其科技成果产业化、相关政策等方面进行研讨和交流。以京津冀协同发展主题的交流活动，在经济一体化、信用一体化建设、地质生态环境协同发展、物联网与数字经济等领域有效开展。

（薛春连）

【2021中国5G+AIoT创新发展大会线上举行】1月6日，由北京物联网智能技术应用协会联合中国传感器物联网产业联盟等共同主办的2021中国5G+AIoT创新发展大会暨第2届AIoT“种子工程”发布会通过TVR融媒体形式线上举行。会上，专家以“人工智能物联网（AIoT）技术与应用的发展趋势”“我国AIoT产业的发展特征”“AI驱动下的群智感知技术发展”为主题进行分享，从技术、政策、产业等多角度做深度解析。百度智能云等9家AIoT行业代表企业结合自身实操案例，从智能制造、智能显示、智慧农业、工业互联网、智慧安防、智慧社区、智慧消防、智慧工厂、智慧城市等领域，全面展示AIoT赋能传统行业智能化升级所取得的成效。会上，2020AIoT“种子工程”TOP30典型案例最终名单发布。超过8000人次在线观看。

（崔家墅）

【2021年北京造血干细胞移植高峰论坛举办】1月23日，由中华医学会北京分会主办的2021年北京造血干细胞移植高峰论坛在京举办。会议包括造血干细胞研究基础、白血病移植后复发干预策略、造血干细胞移植治疗T细胞淋巴瘤、POST-ASH9（急性髓性白血病）、POST-ASH9（B细胞淋巴瘤）、淀粉样变性诊疗进展6个专题。会议采用专家讲者主旨演讲、嘉宾提问互动的形式举行。邀请北京等华北地区血液学领域专家、教授40余人就大会专题展开讨论，线下代表提问互动，与各位专家共同交流学术问题，拓展思路。线上参与人数达500余人次。

（崔家墅）

【参加国际设计研讨会】1月29日，由韩国设计振兴院（KIDP）主办的2021设计趋势研讨会在韩国举办。研讨会旨在讨论2021年整体设计、技术、消费、CMF设计趋势，以及在疫情之下世界的变化与应对策略。应KIDP中国办事处邀请，北京工业设计促进中心推荐北京服装学院教授何颂飞作为领域专家担任线上演讲嘉宾，以“蜕变与新生：疫情下的设计新趋势”为主题，围绕过去一年中生活方式的巨大改变，探讨设计从社会、环境、经济的角度探索人类的未来。

（王露菲）

【人工智能技术研究与应用交流会召开】2月2日，北京气象学会组织召开人工智能技术研究与应用交流会。与会人员围绕相似集合算法在强对流天气预警和天气要素预报中的应用、机器学习算法在环境气象及专业气象服务领域中的应用研究、机器学习建模中的调参方法、人工智能客观产品的准确率分析等方面内容展开，就天气系统识别、数据预处理、业务应用检验评估等问题展开讨论，并为后续工作提出建设性意见。来自理事单位的14位技术人员汇报人工智能技术研究与应用进展。30余名科技人员出席座谈会。

（崔家塈）

【中荷－氢能与燃料电池行业发展与应用研讨会召开】3月10日，中关村氢能与燃料电池技术创新产业联盟与荷兰氢能产业联盟主办的中荷－氢能与燃料电池行业发展与应用研讨会在北京市大兴区国际氢能示范区召开，同步进行线上会议。中荷两国的相关专家、企业代表等近300人参加。与会人员围绕中荷两国的氢能产业发展机遇及氢能产业推进经验进行交流讨论。

（李建玲　李　鹤）

【2021细胞科学北京学术会议举行】3月25—26日，由北京市科委、中关村管委会与细胞出版社（Cell Press）主办的2021中关村论坛暨北京国际学术交流季系列活动——2021细胞科学北京学术会议举行。北京市科委、中关村管委会主任许强，爱思唯尔全球高级副总裁、细胞出版社期刊《免疫》主编李统胤博士致开幕词。宾夕法尼亚大学佩雷尔曼医学院终身教授卡尔·朱恩、美国MD安德森癌症中心教授詹尼佛·沃格发表主旨演讲。会议以“精准肿瘤学：进展、挑战与承诺”为主题，邀请来自7个国家精准肿瘤学研究领域的18位顶尖学者，围绕诊断和预后、肿瘤免疫学、癌症进化以及临床试验设计等议题展开讨论。在圆桌讨论环节，中国学者围绕中国肿瘤研究和治疗中特有的挑战与前景展开讨论。会议采取线上形式举办，连续2天在细胞出版社官方平台、新浪网、新浪微博、哔哩哔哩及中关村论坛官网等多渠道同步直播。活动直播总观看量超过百万人次。会议是细胞出版社和北京市科委战略合作项目“前沿科学创新合作计划”的重要活动，2019年首次举办，从2021年开始，会议纳入中关村论坛活动框架。

（杨　颂　杨　柳）

【京津冀信用一体化建设研讨会召开】4月8日，京津冀信用一体化建设研讨会在京召开。研讨会以“数字时代信用建设新机遇”为主题，由北京信用协会、天津市信用协会、河北省信用协会、中关村企业信用促进会共同主办。会上，《2020中国公共信用数字化市场白皮书》发布，从市场概述、市场现状、竞争格局分析、市场趋势与预测、建议5个维度为政府和企业解析中国公共信用数字化市场新格局。在圆桌对话环节，与会人员围绕数字时代下社会信用建设的契机与挑战、京津冀社会信用建设的展望两大议题展开讨论。

（吕华锋）

【第十届储能国际峰会举行】4月14—16日，由中关村储能产业技术联盟、中国能源研究会储能专委会、中国科学院工程热物理研究所主办的第十届储能国际峰会暨展览会ESIE2021在国家会议中心举行。来自政府有关主管部门、科研院所、相关企业的代表1000余人出席开幕式。峰会活动围绕“支撑国家‘双碳’新战略，共谋储能跨越式发展”主题，设置13场专题分论坛，涵盖碳中和目标下储能与新能源融合发展路径、储能与电力辅助服务市场、储能安全与标准等内容，同时举办储能领袖闭门会和项目考察等多项活动。峰会作为中国储能产业发展风向标，以会、展、赛融合互动的形式，汇聚150余家一线储能企业参展，展览面积达11 000平方米，观众数量超过3万人次；中关村储能产业技术联盟揭晓由其主办的第五届国际储能创新大赛获奖项目，并举行颁奖典礼；《储能产业白皮书2021》发布。

（史瑞平）

【2021脑机交互国际会议举行】4月20—21日，由北京市科委、中关村管委会与施普林格·自然旗下Nature Portfolio主办的2021中关村论坛暨北京国际学术交流季系列活动——2021脑机交互国际会议举行。会议采取线上形式进行，邀请全球18位脑科学和计算科学领域的领军人物，分享他们的研究成果与心得，探讨脑机领域的前沿研究和未来发展，促进相关科技成果的转化。会议聚焦脑机领域的4个部分开展讨论。在“脑机交互”部分，5位教授围绕3D多电极阵列的开发和应用、传统人工智能（AI）到通用人工智能等开展讨论；在“神经网络”部分，4位教授展示不同类型的深度学习模型，以及如何加快整合这些模型，从而更准确地计算神经与语言网络；在“类脑计算”部分，讨论深层神经网络，改善人工智能等问题；在“机器智能/深度学习”部分，分享面部识别训练的网络研究，解释神经科学中深度强化学习（RL）的重要作用等。来自海内外的4981名脑科学相关领域的研究人员和企业人士注

册会议。实时在线参会人数 2253 人，其中国内 1894 人、国外 359 人。

（路一鸣）

【港澳台专家科技交流研讨会召开】4 月 23 日，北京科学技术开发交流中心联合中关村京港澳青年创新创业中心组织召开港澳台专家科技交流研讨会，来自香港驻京办、澳门驻京办、清华大学、中国香港（地区）商会等单位的专家代表 20 人参会。与会专家围绕北京与港澳台地区的科技创新、成果转化，以及港澳台青年在京创业、工作、生活等遇到的问题进行讨论，并就未来相关工作如何开展建言献策。

（方子都　安鹤益）

【数字经济赋能创意产业国际研讨会召开】4 月 29 日，联合国教科文组织国际创意与可持续发展中心在设计之都大厦召开数字经济赋能创意产业国际研讨会。联合国教科文组织驻华代表处代表夏泽翰、联合国教科文组织前战略规划助理总干事汉斯·道维勒等 7 位国内外专家学者通过线上或线下方式参加会议。会议通过分析疫情中后期数字技术对文化创意产业的提升案例，探讨新型数字文创产业在未来社会活动、经济生产、文化交流中发挥的作用，借以厘清数字经济时代下文创产业的机遇与走向。会议被列入联合国贸发会实施 2021 年国际创意经济促进可持续发展年的系列活动之一。

（王露菲）

【第五届竞技体育心理咨询和心理训练应用研讨会召开】5 月 13—14 日，北京体育科学学会等联合主办的第五届竞技体育心理咨询和心理训练应用研讨会在北京市体育科学研究所召开。会议邀请国内医学、教育、心理、竞技体育不同领域心理咨询和心理训练的专家学者，以案例分析和实践应用为主要报告内容，对当前心理咨询的方法技术、效果评价、实践经验和工作感受等进行交流。会议采用视频直播方式实现线下学习和线上学习同步，扩大会议学术影响力，为更多关注竞技体育心理咨询和心理训练的教练员、运动员、从业者提供便利。来自北京、江苏等 12 个省市科研院所的 120 余名专家学者、教练员及研究生等参会。

（崔家墅）

【智慧交通技术发展与创新应用研讨会召开】5 月 14 日，由北京物联网智能技术应用协会、中国技术市场协会交通运输委员会主办的 2021 智慧交通技术发展与创新应用研讨会在京举办。会议分为主旨报告与产学研对接两大环节。主旨报告环节，来自国家智能交通系统工程技术研究中心等高校院所的专家，以及北京汉智兴科技有限公司等企业的技术专家分别围绕“十四五”时期智慧交通产业发展的思考、政策、车路云感传一体化系统关键技术及应用、边缘 AI 技术发展及行业应用、自动驾驶技术及解决方案、城市交通大数据等相关主题做交流与分享。产学研对接环节，北京源清慧虹信息科技有限公司等行业企业代表分别就桥梁 / 隧道在线监测系统、基于动态称重的道路超载自动监测系统、智能网联 OTA 系统等企业核心技术与产品做交流与对接。来自全国智慧城市、智慧交通等相关领域的近 150 名代表参会。

（崔家墅）

【2021 中外教师科技教育创新论坛举办】5 月 23 日，由市科协主办的以“基于科学思想方法的创新人才培养”为主题的 2021 中外教师科技教育创新论坛在北京市育英学校举办。论坛邀请来自美国的凯尔·司徒凌和来自德国的克劳斯·彼得·霍普特 2 位专家，通过线上方式进行交流分享。参加论坛的专家学者共同探索以科学思想与方法为主要特征的科技创新人才培养新路径。来自全市中小学、后备人才基地校、教研中心、教师进修学校的 200 余名专家学者及骨干教师参加论坛。

（赵　铮）

【首都高校科协秘书长联席会议召开】5 月 25 日，市科协在中国人民大学召开首都高校科协秘书长联席会议。会上，各高校科协秘书长围绕如何发挥各自优势开展高校科协工作进行研讨交流。来自中国人民大学、北京大学、清华大学、北京航空航天大学、中国科学院大学等 28 所首都高校的科协秘书长、校科协干部参加会议。

（杨晓伟）

【中俄脑科学与人工智能交叉学术研讨会召开】5 月 25 日，中俄脑科学与人工智能交叉学术研讨会在中关村生命科学园北京脑科学与类脑研究中心召开。来自莫斯科罗蒙诺索夫国立大学（MSU）、俄罗斯科学院（RAS）与北京神经科学学会、北京脑科学与类脑研究中心的专家学者，就中俄两国脑科学与人工智能领域最新科研进展、交叉演变新形势进行交流。与会专家分别围绕“面向高效计算应用的脑启发硬件原型”“人工智能技术的现实挑战”“人工智能技术在阿尔茨海默病生物标志物研究中的应用”“神经与人工智能缺失环节”主题做报告；围绕人工智能在脑科学领域应用场景、阿尔茨海默病成像技术、人工智能技术在神经生物学应用的路径以及未来发展等问题开展讨论。来自新华社客户端、科创中国、今日头条等直播平台的 170 多万名观众同步收看。

（杨阜城　王岱娟　李军男）

【第十六届国际真空技术学术论坛及技术交流会举办】 5月26—27日，由中国真空学会主办、北京真空学会承办的第十六届国际真空技术学术论坛及技术交流会在北京国家会议中心举办。论坛邀请国际宇航科学院院士李得天、中国科学院大学教授赵超、中国科技大学教授朱晓波等7位真空界知名专家分别做题为《真空测试计量技术及空天应用》《集成电路制造装备中的真空技术》《超导量子计算》《超导量子计算进展与展望》《磁悬浮分子泵在半导体行业的应用》《真空设备行业"十四五"规划解读》《培育世界一流期刊，服务真空行业发展》的学术报告。技术交流会邀请10家国内外真空生产厂商，主要从新技术、新产品、新成果阐述其技术进步对传统技术的改进、升级或突破，应用领域范畴，使用方法及成功范例等。来自全国真空行业的代表300余人参会。

（崔家塑）

【2021北京国际听力学大会开幕】 6月5日，由市科协、北京听力协会联合主办的2021北京国际听力学大会在北京国际会议中心开幕。大会采取国际嘉宾线上分享、国内嘉宾线下演讲的方式，深化听力学领域的学术交流和行业合作。大会由1场工作坊、5场主题报告、2场圆桌论坛等多种形式组成，邀请60余位国内外知名听力学家分享交流国内外听力学发展趋势、专业教育、听力学相关问卷及效果评估、标准制定、临床筛查诊断、双耳双模式干预等成果。同期举办"新技术·新产品·新服务"听力行业展览会，吸引39家国内外听力领域企业和机构参加。来自美国、澳大利亚、丹麦等国家的多位知名学者线上参会，国内专家与相关从业人员600余人线下参会。

（崔家塑）

【丝路大V感受北京活动举办】 6月6—11日，由联合国教科文组织国际创意与可持续发展中心支持，北京市政府新闻办公室主办、中央广播电视总台国际在线承办的2021"百年恰是风华正茂 丝路大V感受北京"活动在京举办。创意中心法国咨询委员雅恩·蒙特比出席活动并在启动仪式上作为代表致辞。各国专家学者围绕北京科技创新、经济建设、城市发展、生态环境等主题，参观北京2022年冬残奥会竞赛场馆、中关村示范区、北京城市副中心等地，多角度感受北京古都风韵与当代成就交相辉映的城市风貌，向世界讲述北京故事、展现北京形象。

（王露菲）

【数字孪生高峰论坛举办】 6月16日，由北京软件和信息服务业协会主办的2021中关村论坛系列活动——数字孪生高峰论坛在中关村示范区展示中心举办。论坛以"发展数字孪生，构建数字生态"为主题。市科委、中关村管委会等单位有关负责人及来自国内外的专家学者、企业代表300余人现场参与，1.4万人次在线参与。相关专家分别围绕"数字孪生在制造业应用之要""数字孪生与健康医疗物联网"等主题发表主旨演讲，企业代表围绕数字孪生技术、应用、生态，以及其在不同领域的应用现状和趋势等话题开展主题演讲，并就数字孪生的发展现状、数字孪生的应用实践和应用场景、数字孪生的发展趋势等话题进行探讨。

（赵　哲）

【讴歌建党百年咏颂活动举行】 6月17日，市科委、中关村管委会"讴歌建党百年初心，奋进科技创新伟业"诵读活动决赛在中关村示范区展示中心举行。市科委、中关村管委会副主任刘晖出席活动并讲话。比赛形式为单人诵读、双人诵读、小组诵读，共有21个部门和单位的23个作品参赛，其中10个作品进入决赛。最终北京脑科学与类脑研究中心获一等奖，北京技术交易促进中心、中关村新技术新产品促进处、北京科技创新投资管理有限公司、北京生产力促进中心4个部门和单位获二等奖，北京首都科技发展集团、北京量子信息科学研究院、北京科技创新研究中心、北京新材料和新能源科技发展中心、北京科技协作中心5个部门和单位获三等奖，北京市高新技术成果转化服务中心、资源配置与管理处等13个部门和单位获优秀奖。

（王文伟）

【2021全国冷冻冷藏行业创新发展高峰论坛举办】 6月17日，由全国商业冷藏科技情报站、北京制冷学会等单位共同主办的2021全国冷冻冷藏行业创新发展高峰论坛暨北京制冷学会第十六届食品冷藏链高级研讨会在江苏昆山举办。论坛上，13位专家、领导围绕国内冷链物流发展的政策和技术，"双循环"下的新发展格局和新发展机遇进行解读。第十三届全国政协委员、北京制冷学会理事长唐俊杰做题为《摸清行业底数，推动农产品冷链物流行业高质量发展》的提案报告。130余名代表参会。

（崔家塑）

【市科协智库研讨会召开】 6月24日，以"科技赋能助力冬奥"为主题的北京市科协智库研讨会在京召开。活动主要围绕冬奥举办前的应急保障、外围服务、食品安全等内容做专题研讨，并以闭门研讨形式探讨这期间市科协各专业智库基地可提供的决策咨询服务。来自北京冬奥组委、市科协 20 个专业智库基地的专家、科技工作者代表 60 余人参加。

（安振国）

【首都科技界学习贯彻习近平重要讲话精神座谈会召开】7 月 3 日，市科委、中关村管委会组织召开首都科技界学习贯彻习近平总书记在庆祝中国共产党成立 100 周年大会上重要讲话精神座谈会。来自科技界的“两优一先”代表和科学家、企业家代表，市科委、中关村管委会领导班子成员及党员干部代表共 50 余人参加座谈会。市科委、中关村管委会党组书记，市科委主任许强主持座谈会。部分参会科学家、企业家代表结合自身工作情况交流学习体会。许强指出，当前北京正按照党中央的部署，加快形成国际科技创新中心。对此，要认真抓好《“十四五”北京国际科技创新中心建设战略行动计划》的落实。发挥社会主义集中力量办大事的优势，加快打造以国家实验室为引领的国家战略科技力量；要坚持四个面向的战略方向，突出强化科技支撑首都高质量发展；要增强科技创新体系化的能力，当好新一轮科技体制改革的排头兵。

（王文伟）

【第六届北京青年学者心血管疾病临床研究方法高峰论坛举办】7 月 18 日，由北京生理科学会主办的第六届北京青年学者心血管疾病临床研究方法高峰论坛线上举办。论坛邀请国内外临床流行病学、统计学及心血管疾病诊断等领域的专家学者参会，报告内容包括临床研究设计、质量控制、数据管理等多个方面的专业内容。论坛上半部分的主题为“临床诊疗与医学科研的数据通路”，旨在利用医疗大数据赋能临床科研，分享国内外领域进展，规范临床研究操作规程。论坛下半部分的主题为“临床医生如何开展高质量临床研究”，旨在通过分享讨论，激发更多科研灵感，辅助临床科研工作，打通临床科研与疾病诊疗间的“数据通路”。线上观看人数近 6 万人次。

（崔家墅）

【碳中和与绿色发展国际论坛举行】7 月 27 日，市科协、中国环境科学学会共同主办的碳中和与绿色发展国际论坛暨第 24 届北京科技交流学术月启动仪式在京举行。论坛围绕“北京绿色低碳发展模式”等议题，邀请有关国际机构和组织，引进国际先进低碳技术与公益项目，促进京津冀低碳发展的长效国际合作机制形成，对北京冬奥会空气质量保障实现碳中和提出建议。来自国内外的专家学者 100 余人参加论坛。

（崔家墅）

【第二十三届中国科协年会举办】7 月 27—28 日，由中国科协和北京市政府共同主办，以“创新引领自立自强——共筑新发展格局”为主题的第二十三届中国科协年会在北京亦创国际会展中心举办。中央政治局委员、北京市委书记蔡奇，第十二届全国政协副主席、中国科协名誉主席韩启德，北京市市长陈吉宁等领导出席开幕式。年会设立“科技共同体担当新时代使命”“迈出‘科创中国’新步伐”“开启国际交流新模式”“注入创新发展新活力”四大系列 25 项专题活动，搭建跨界、多元、开放的交流、交融、交汇平台，增进开放、信任与合作，共同探讨实现高水平科技自立自强的机遇、策略与路径。会上，中国科协发布 2021 重大科学问题、工程技术难题和产业技术问题，共 30 个问题、难题入选。4900 余位国内外专家学者通过线上、线下形式交流互动，开幕式线上直播观看总量超过 3000 万人次。

（崔家墅）

【第六届京津冀制冷供暖空调及分布式能源高峰论坛举办】7 月 28—31 日，由河北省制冷学会、北京制冷学会、天津市制冷学会等单位共同主办的第六届京津冀制冷供暖空调及分布式能源高峰论坛在河北省张家口市举办。论坛上，26 位专家、领导聚焦“双碳”目标政策、绿色冬奥场馆能源利用、农产品冷链物流发展、城镇集中供暖低碳化等热点问题并进行剖析与解读。300 余位代表参加论坛。

（崔家墅）

【污水资源化之核心装备产业发展论坛暨主题沙龙举办】7 月 29 日，由市科协主办的污水资源化之核心装备产业发展论坛暨主题沙龙交流活动在京举办。活动分为行业发展论坛与主题沙龙 2 个部分。华电水务科技股份有限公司科协主席及院士专家工作站负责人韩买良、清华大学教授王凯军、华电电力科学研究院首席专家朱跃等分别做主题发言。王凯军与中国科学院大连化学物理研究所研究员、博士生导师曹义鸣等 6 位嘉宾围绕华电在能源转型、环保业务的开拓等方面的未来机遇、能力建设等方面展开对话交流。来自相关领域企业科协技术骨干 150 余人参加活动。

（段　辉）

【文化遗产的数字化演绎主题沙龙举办】7 月 30 日，由联合国教科文组织国际创意与可持续发展中心、北京大学文化产业研究院、北京东城文化发展研究院联合主办的文化遗产的数字化演绎主题沙龙在京举办。沙龙邀请中央美术学院设计学院艺术与科技方向教授费俊作为主讲嘉宾，结合数字文博、数字文创和数字文旅3个产业的实际案例，分享如何通过有效的数字化演绎来挖掘文化遗产在展现、传播、教育和文化创意等方面的价值，并从内容、体验和产品3个维度阐释数字化演绎的模式及方法。北京大学信息管理系教授、北京大学文化产业研究院研究员周庆山与费俊就“数字技术与北京中轴线的活化”这一主题进行对话。

（王露菲）

【第二届全球健康北京论坛举办】9月4日，由北京预防医学会和北京市疾病预防控制中心主办，以“协作、互利、共赢、共享，构建人类健康命运共同体”为主题的第二届全球健康北京论坛在北京首钢园举办。论坛邀请10位国内外病原学、免疫学与流行病学等方面的学者做主旨报告，共同探讨国内外新冠肺炎疫情防控策略、疫苗效果评价、流感大流行应对以及北京冬奥会公共卫生保障等内容。论坛上，北京预防医学会和中国生物技术股份有限公司签署战略合作协议。双方将在北京公共卫生与预防医学领域围绕科学研究、学术交流、人才培养、科技创新、国际合作、科普宣传等方面进行合作。来自北京市疾控系统、医疗系统、在京公共卫生学院等机构的专家和骨干专业人员120余人现场参会，山东、重庆、广东等13个省市的近350人线上参会。

（崔家塑）

【2021科学·亚洲基因组生物学与疾病会议召开】9月9—10日，由北京市科委、中关村管委会指导，中关村生命科学园、TIE国际创新走廊、美国科学促进会（AAAS）及旗下《科学》系列期刊主办的2021中关村论坛暨北京国际学术交流季系列活动——2021科学·亚洲基因组生物学与疾病会议在北京中关村生命科学园召开。来自中国、美国、以色列等国家的20余位生物医药领域的顶尖科学家、科研学术专家、著名学术期刊编辑等参会。会议包括14场学术演讲、1场圆桌讨论以及中关村生命科学园园区企业和青年科学家的现场演讲。会议突出展示基因组环境中基因表达的三维组织取得的重要进展，集中探讨上述进展对基础生物学产生的影响及影响方式，并对其如何转化为了解和应对人类疾病的途径展开讨论。会议采用线下和线上结合的方式同步进行，线下会场位于北京中关村生命科学园医药科技中心，近200人参会；线上会场通过大会官方网站、哔哩哔哩视频平台以及微信公众号“TIE国际创新走廊－科学直播台”实时直播。会议整体规模达到101万余人次观看，线上平台总获赞量超360万次。

（杨颂杨柳）

【2021年北京国际城市科学节联盟年会举办】9月17—20日，由市科协主办的2021年北京国际城市科学节联盟年会暨第八届北京国际科学节圆桌会议在京举办。北京国际城市科学节联盟坚持携手合作、共同发展，与国际科学传播机构探讨热点话题、交流实践经验、构建共享机制、推动国际科学传播事业发展。年会期间，先后举办4场科学传播专题论坛，以“新形势下科学传播的创新与发展”“跨文化视角下的科普理念与实践”“科学传播与公众参与”“开放科学与科学教育”为主题，与12个国家21家科普机构的43名中外专家开展交流研讨。

（刘鲲）

【5G赋能数字新基建暨区块链论坛举办】9月23日，由北京数字科普协会主办的2021年5G赋能数字新基建暨区块链论坛在京举办。论坛上，中国科学院计算所研究员孙毅等围绕“区块链技术与应用”“5G时代的智能新产业机遇”“元宇宙——史诗级数字盛宴的终极场景”“区块链赋能文物艺术品行业新发展”“BSN赋能千行百业数智化转型”“科技助力民族文化全球化”“5G虚拟世界：进入元宇宙，赋能新基建”等做报告，介绍有关5G和区块链理论、实践上的新理念和新技术案例。随后，专家和企业家们围绕主题，探讨利用5G人工智能和区块链技术赋能数字新基建和经济、社会生活等方面的新观点、新理念和应用实践。来自京内外与5G区块链相关的数字科技企业领导、专家和科教工作者100余人参加论坛。

（崔家塑）

【世界绿色设计论坛举办】9月24日，由世界绿色设计组织主办的2021中关村论坛平行论坛——世界绿色设计论坛·中关村峰会在中关村示范区展示中心举办。论坛以“绿色设计助力碳中和”为主题，设置嘉宾致辞、主旨演讲、高峰对话、发布授牌4个环节。来自意大利、丹麦、德国等国家的政府代表、国际组织代表、行业协会代表、绿色设计专家、企业家等参加。各代表就绿色低碳、数字智能、国际贸易与投资等方面进行交流。

（赵哲）

【人工智能与多学科协同创新论坛举办】9月24日，由科技部战略规划司、高新技术司，北京市科委、中关村管委会，海淀区政府共同主办的2021中关村论坛平行论坛——人工智能与多学科协同创新论坛在中关村示范区展示中心举办。论坛以“人工智能与多学科协同创新”为主题，设置领导致辞、主旨演讲、高峰对话3个环节。市政府、清华大学、北京大学等单位有关负责人及相关专家、企业的代表参加。相关专家围绕“人工智能大模型时代学科交叉和可持续发展”的主题展开交流。论坛还发布悟道大模型赋能产业的最新技术应用案例等一系列大模型应用技术。

（赵　哲）

【区块链与数字经济发展论坛举办】 9月24日，由市科委、中关村管委会，海淀区政府共同主办的2021中关村论坛平行论坛——区块链与数字经济发展论坛在中关村示范区展示中心举办。论坛以“智慧能源与高质量发展”为主题，邀请区块链领域知名专家、学者和产业界企业家就全球区块链技术发展和区块链技术产业实践进行研讨和分享。论坛采用线上与线下相结合的方式，市政府等单位有关负责人及相关领域企业、科研高校的代表200余人线下参加。各代表围绕区块链与数字经济发展进行交流。

（赵　哲　周　渊）

【开源创新发展论坛举办】 9月24日，由中国科协、北京市政府主办的2021中关村论坛平行论坛——开源创新发展论坛在中关村示范区展示中心举办。论坛主题为“开源共享·融金服产”。中国科协党组书记张玉卓等领导及来自“科创中国”开源创新联合体成员单位和全国开源领域科研院所、高校、企业的代表参加现场活动。各代表通过线上与线下相结合的方式，围绕开源技术创新、开源基金筹建、开源文化形成等方面进行交流。论坛还启动了2021年度科创中国开源创新榜单评选活动，并发布“科创中国”青年创业榜单——中关村U30。论坛通过相关网络平台进行网络直播，国内外数万名开源领域的专业人士在线收看。

（赵　哲）

【未来产业创新发展论坛举办】 9月24日，由科技部火炬中心，市科委、中关村管委会，国际科技园及创新区域协会主办的2021中关村论坛平行论坛——未来产业创新发展论坛在中关村示范区展示中心举办。科技部副部长邵新宇、北京市副市长杨晋柏等领导及部分国家高新区、科研机构、企业的代表等参加。各代表围绕人工智能、量子信息、基因药物、未来网络、清洁能源等前沿领域，专题研讨未来产业的培育机制、发展路径与创新政策，探讨依托国家高新区打造中国未来产业发展的策源地，与国外一流园区交流合作，建立未来产业培育、孵化、发展的长效合作机制。

（赵　哲）

【全球科技创新高端智库论坛举办】 9月25日，由北京市科学技术研究院、中国科学技术发展战略研究院、中国科学院科技战略咨询研究院、中国科协创新战略研究院主办的2021中关村论坛平行论坛——全球科技创新高端智库论坛在中关村示范区展示中心举办。论坛以“开放科学的理念与实践：全球高端智库之声”为主题，110余名国内外专家学者、政府官员和媒体记者现场参加。与会代表围绕“互联网技术推动下开放科学的新发展”“颠覆性科研范式的实践经验与启示”“开放科学的顶层设计与落实保障”等主题进行交流。论坛还举行中关村全球高端智库联盟签约仪式。论坛采用线上与线下相结合的形式，同时在加拿大、澳大利亚、奥地利等国家及中国香港地区设立多个分会场，面向全球同步直播。

（赵　哲）

【第二届全球科学与生命健康论坛举办】 9月25日，由科技部、中国科学院、北京市政府主办的2021中关村论坛平行论坛——第二届全球科学与生命健康论坛在中关村示范区展示中心举办。论坛聚焦新冠病毒疫苗研发，围绕新冠病毒疫苗研发新技术路线、关键共性技术等方面，邀请海内外知名专家进行交流研讨。科技部副部长张雨东、中国科学院副院长张亚平、北京市副市长卢彦等领导及来自中国疾病预防控制中心、北京大学、四川大学、英国阿斯利康公司等国内外科研单位、疫苗研发企业的代表等参加。与会代表围绕“全球新冠病毒疫苗研发概况”“各条技术路线疫苗研发进展”“关键共性技术”“免疫接种策略”“不良反应监测及应对”“病毒变异对新冠病毒疫苗有效性的影响及应对策略”等主题进行讨论、交流。

（赵　哲）

【传染病防治生物医药国际科技合作论坛举办】 9月25日，由科学技术部外国专家服务司牵头，中国科学技术交流中心、科学技术部国外人才研究中心、比尔及梅琳达·盖茨基金会主办的2021中关村论坛平行论坛——传染病防治生物医药国际科技合作论坛在中关村示范区展示中心举办。论坛以“传染病防治生物医药国际科技合作”为主题。相关国际组织、政府部门、科研机构、企业的代表等参加。与会代表围绕“全球重大传染病的防控合作”“疫苗和药物研发国际协作”2个议题进行交流。

（赵　哲）

【碳中和与绿色金融论坛举办】 9月25日，由中国国际金融股份有限公司主办的2021中关村论坛平行论坛——碳中和与绿色金融论坛在中关村示范区展示中心举办。世界银行、亚洲基础设施投资银行相关负责人，境内外专家学者、产业及投资界的代表等参加。中国国际金融股份有限公司发布《碳中和经济学》一书，提出“碳中和＝碳定价＋技术进入＋社会治理”的思路，阐述金融如何助力实现碳中和以及“双碳”带来的投资和发展机遇。与会代表分享绿色债券、碳中和可持续发展债券的境内外案例，探讨绿色股权投资及ESG投资面临的机遇和挑战，并就金融助力碳中和前景及路径共商共议绿色金融发展。

（赵　哲）

【全球企业家创新论坛举办】 9月26日，由中关村发展集团股份有限公司、环球时报社主办的2021中关村论坛平行论坛——全球企业家创新论坛在中关村示范区展示中心举办。论坛以“共话产业发展趋势，共享创新发展理念”为主题。世界500强企业、中国知名企业的代表等参加。与会代表围绕前沿科技和未来产业发展趋势、全球开放合作创新规则、全球企业创新发展理念等方面进行分享与交流。企业家和创业者的代表讲述各自的创新故事及企业发展概况。论坛还举办计算机事业科技事业与创造精神的火炬传递仪式。

（赵　哲）

【量子科技发展与未来论坛举办】 9月26日，由市科委、中关村管委会及海淀区政府共同主办的2021中关村论坛平行论坛——量子科技发展与未来论坛举办。论坛邀请中国科学院院士、中国科学技术大学教授郭光灿，日本东北大学校长、教授大野英男等国内外专家，聚焦“营造我国量子计算‘研发－应用’的发展生态”“依托自旋电子学的低功耗数字计算和概率计算”“用于量子技术的微机械器件”“为量子计算机构建可靠软件堆栈”“超长距离光纤量子通信”“利用量子纠缠系综超越测量精度经典极限”等主题发表主旨演讲。与会专家还举行“量子科技未来与挑战”高峰对话，对量子科技的现状及面临的挑战做了深入探讨。

（陈治光）

【新加坡可持续未来与低碳创新论坛举办】 9月26日，由新加坡企业发展局主办、DayDayUp国际创新加速器承办的2021中关村论坛平行论坛——新加坡可持续未来与低碳创新论坛在中关村示范区展示中心举办。论坛以“可持续未来与低碳创新”为主题。与会代表围绕“废弃物再利用——水与能源协同发展的生态系统”和“憧憬中国市场的新加坡初创新星”2个主题，探讨中国和新加坡在碳中和创新方面的新机遇和新挑战，交流新加坡科创企业在中国的创新发展经验。来自中新两国政府部门负责人、高校科研专家、企业高管及重点企业代表等200余人参加论坛。

（赵　哲）

【碳达峰碳中和科技论坛举办】 9月26日，由中国科学院主办的2021中关村论坛平行论坛——碳达峰碳中和科技论坛在中关村示范区展示中心举办。全国人大常委会副委员长丁仲礼出席论坛并做主旨报告，中国科学院院长侯建国、中国科协党组书记张玉卓、北京市政协党组书记魏小东等领导出席论坛并致辞。来自能源、工业、生态环境等领域的研究机构、行业企业的代表，围绕化石能源高效清洁化利用、新能源与储能、工业过程降碳、碳捕集封存与利用、生态系统碳汇及能源政策等方面进行交流研讨。论坛通过线下演讲与线上直播相结合的形式举办，现场参会人员近400人，线上参会人数6万余人。

（赵　哲　王露菲）

【智能＋能源论坛举办】 9月26日，由北京市民间组织国际交流促进会、中关村智慧能源产业联盟、北京民合国际交流基金会主办的2021中关村论坛平行论坛——智能＋能源论坛在中关村示范区展示中心举办。论坛主题为“智慧能源与高质量发展”。与会代表围绕“全球视野下的智慧能源应用”“国际化合作推动能源高质量发展”2个主题探讨高质量发展与智慧能源的关系及互动机制。会议还发布智慧能源领域的6项应用成果。110余名能源领域专业人士现场参会，同步通过网络平台在境内外开设7个分会场，来自中国、加拿大、孟加拉国、斯里兰卡、匈牙利、巴基斯坦、法国、德国、尼泊尔、泰国、美国等10多个国家的能源领域科研和学术机构专家、国际组织及行业协会负责人、世界知名企业家代表、驻华外交使节等2万余人线上参与论坛。

（赵　哲）

【全球未来城市发展论坛举办】 9月26日，由中关村发展集团股份有限公司和中国贸促会建设行业分会主办的2021中关村论坛平行论坛——全球未来城市发展论坛在中关村示范区展示中心举办。论坛以“无废城市·绿色未来”为主题。副市长杨斌等领导及国内外城市环境专家学者和绿色节能企业的代表等参加。与会代表围绕城市绿色可持续发展新机遇、绿色建设赋能城市创新发展等方面，探讨全球未来城镇化发展新模式、城市绿色可持续发展新机遇、欧亚城市碳中和合作、绿色建设赋能城市创新发展等。中关村发展集团与建设银行、中信证券签署未来城市基础设施 REITs 战略合作协议。论坛还在德国海德堡市设置分会场，邀请海德堡市市长、费劳恩霍夫协会科学家和德国知名企业负责人等现场连线主会场，与主会场嘉宾探讨全球城市可持续发展的话题。

（赵　哲）

【上合国家平行论坛（首届）举办】9 月 26 日，由上海合作组织（简称上合组织）秘书处，北京市科委、中关村管委会，中关村科学城管委会主办的 2021 中关村论坛平行论坛——上合国家平行论坛（首届）在中关村示范区展示中心举办。来自上合组织成员国政府、科技创新领军企业和青年创业者的代表等 100 余人现场参加。论坛以“共谋开放创新，共举青年合作”为主旨，采用线上、线下相结合的形式，设有“开放创新合作的新机遇”主旨演讲、中关村－上合青年创新发展倡议发布、跨境创新圆桌论坛、青年创新案例分享及圆桌对话等环节。与会代表围绕“探索跨境创新新模式和最佳实践”“支持青年人才创新创业”等主题进行交流，并分享青年创新案例。

（赵　哲）

【全球数字化应用与转型论坛举办】9 月 26 日，由世界生产力科学院、中欧数字协会主办的 2021 中关村论坛平行论坛——全球数字化应用与转型论坛在中关村示范区展示中心举办。论坛以“抢抓数字经济发展新机遇，加快数字化应用与转型”为主题。市国资委、怀柔区政府等单位有关负责人及数字经济领域专家学者、金融机构、企业代表 200 余人参加。与会代表围绕数字经济探讨数字化应用与转型升级新路径、新模式、新机遇。中关村数字经济产业联盟发布《2021 全国数字化应用与转型典型案例报告》蓝皮书，对中国数字经济发展有关理论问题进行分析和探讨。

（赵　哲）

【第二届北京中外科技馆馆长对话会举行】9 月 27 日，由市科协主办，以“携手合作，共同发展——科技馆的时代担当与发展策略”为主题的第二届北京中外科技馆馆长对话会在北京科学中心举行。对话会关注科技场馆的科学传播、科学教育等方面内容，按“拓宽国际视野、对标国内需求”的宗旨，着眼推动科学传播领域的国内和国际交流，凝聚国内外科学传播力量，开展科学传播、科学教育等方面高端学术交流、资源链接、经验互鉴等活动，并从科学文化传播视角和科技馆开展科普抗疫的策略等方面共同探讨科技场馆的未来发展趋势。会议邀请国内外近 20 个科技场馆、机构、组织的馆长、专家、学者，共同探讨科技馆的时代担当，以及未来科技馆的发展策略。

（吴倩雯）

【首届城市轨道交通青年科学家－企业家国际论坛举办】10 月 10 日，由丰台区政府、中关村发展集团股份有限公司、中国城市轨道交通协会主办的 2021 中关村论坛系列活动——首届城市轨道交通青年科学家－企业家国际论坛在交控大厦举办。论坛以“突破产学研，联接创新链”为主题。来自政府、科研院所、高等院校、行业协会、企业的代表 300 余人参加。与会代表探讨轨道交通产学研协同创新、成果转化、创新模式及未来发展方向，并就青年科学家、青年企业家等青年群体对于行业做出的贡献、青年群体创新潜力、青年群体未来成长与产业创新等方面进行研讨与交流。论坛设置产品展示对接环节，中国科学院大气物理研究所等 18 家机构的 30 余项工业互联网、智能制造等数字化转型领域前沿技术产品进行展示。论坛还举行管理与创新实践国际圆桌论坛、人工智能与智慧轨道交通论坛、轨道交通数字新基建技术论坛及轨道交通基础研究协同创新论坛等平行分论坛，探讨行业创新发展之道。

（赵　哲）

【第十届北京实验动物科学国际论坛举办】10 月 17—19 日，由北京市实验动物管理办公室、北京实验动物学会、中国农业科学院哈尔滨兽医研究所、中国兽医协会兽医病理师分会和中国科学院动物实验平台工作委员会共同主办的 2021 年（第十届）北京实验动物科学国际论坛在京举办。论坛以“创新·驱动·引领——生命健康全产业链中的实验动物”为主题，探讨实验动物科学在生命健康全产业链中的重要作用。包括 3 个专题论坛，分别是实验动物与生物安全专题论坛、实验动物与医药产业链专题论坛、实验动物领域优秀青年科学家专题论坛。邀请中国、英国、美国、日本实验动物科学领域的 13 位知名专家以及十几位实验动物行业的优秀青年科学家做报告，并与参会的 300 多名代表进行交流和讨论。50 多家国内外实验动物相关企业参加论坛，展示实验动物相关产品、设备等最新研究成果。

（王锡乐）

【2021 中关村智能网联汽车国际创新论坛举办】10 月 18—20 日，由市科委、中关村管委会，中关村科学城管委会等单位指导，北京实创科技园开发建设股份有限公司主办，以“智车智驾智创未来”为主题

的2021中关村智能网联汽车国际创新论坛在中关村壹号举办。来自清华大学、北京航空航天大学、英特尔中国研究院等科研机构和近80家硬科技企业的行业领军人物参加论坛，从智能汽车、智能驾驶、智能汽车硬件和软件、人才、资本助力产业5个维度分享前沿论点，展示创新科技，共同探讨有关未来出行的创新发展新趋势。清华大学教授、汽车安全与节能国家重点实验室主任李克强发表题为《智能网联汽车技术创新与产业发展实践》的主旨演讲；中国电动汽车百人会副理事长兼秘书长张永伟做智能网联汽车产业发展最新报告《中国智能汽车产业发展与政策体系》。在论坛主题分享环节，相关企业分享加速发展的智能汽车行业最新动态。2021中关村智能网联汽车前沿技术创新大赛决赛和自动驾驶嘉年华活动在论坛期间同步进行。

（田京京）

【第二届增程电动技术研讨会召开】10月21—22日，由北京科技协作中心、中国人民解放军军事科学院防化研究院共同主办的第二届增程电动技术研讨会在京召开。研讨会以“为军民节能，为排放达峰”为主题，以贯彻节能减排为宗旨，推动中国增程式电动汽车（船）发展，解决电动汽车（船）安全、续航、充电等问题，助力增程电动技术持续健康发展。20位参会专家学者围绕“增程技术发展愿景及应用、政策建议”“增程整车（船）总体/平台技术”“增程动力、电控及其他关键技术”3个主题发言献计，中国工程院院士杨裕生以《“双碳”目标下增程电动技术的发展》为题做报告。相关单位代表近200人参会。

（王　策　洪　彬）

【第五届纳米能源与纳米系统国际会议召开】10月22—24日，由中国科学院北京纳米能源与系统研究所主办的第五届纳米能源与纳米系统国际会议(NENS2021）在北京国家会议中心召开。中国科学院副院长高鸿钧、国家自然基金委副主任高瑞平、北京市政府副秘书长刘印春在开幕式致辞。大会主席由纳米能源所所长、首席科学家王中林院士担任。来自纳米能源研究领域的1200多名专家、学者和相关人员参会，国内参会的科研机构和企业达到154家，来自11个国家和地区的参会代表在线上参会，线上参会人员达5万人次。大会共设立纳米发电机及能量收集、自供电传感器及其系统、压电电子学和压电光电子学等7个主题分会，以集中展示纳米能源和系统领域的最新研究成果。中国科学院外籍院士孙立成、美国国家工程院院士鲍哲楠、法国古斯塔夫埃菲尔大学教授菲利普·巴塞等9名能源、材料领域的国际知名专家到会或线上做大会报告；162名专家学者在各分会做报告，现场展示报告220篇。大会评选出为纳米能源与纳米系统做出杰出贡献的科学家并颁发“纳米能源奖”，北京大学教授张海霞、香港中文大学教授訾云龙、中国科学院北京纳米能源与系统研究所研究员杨亚获奖。

（谢旭霞）

【2021北京自然科学界和社会科学界联席会议高峰论坛举办】10月25日，北京市科协和北京市社会科学界联合会共同主办的2021北京自然科学界和社会科学界联席会议高峰论坛在京举办。论坛以“冬奥：科技、人文与可持续发展”为主题。在主题报告环节，中国工程院院士、中国工程院原副院长杜祥琬通过视频分享对冬奥可持续发展的信心与展望。清华大学建筑学院院长张利连线现场，分享奥运场馆设计中的人因设计。中国长城学会副会长董耀会等分别以《冬奥背景下长城国家文化公园建设与可持续发展》《冬奥遗产助力国家发展战略》《北京冬奥会对区域协同发展的带动作用》为题做报告。高端对话环节由北京联合大学应用文理学院院长张宝秀等6位专家参与，围绕冬奥对京张体育文化旅游带的影响、赛后场馆的利用、奥运遗产的整理等内容进行讨论。来自两界的专家学者代表50余人线下参加论坛。

（崔家墅）

【2021年无线及移动通信技术发展研讨会召开】10月28日，北京通信学会在京召开2021年无线及移动通信技术发展研讨会。研讨会的主题为“扬帆5G 注智赋能”，以推动5G发展应用为出发点，运营商联合设备、终端、芯片、互联网合作伙伴，围绕5G在技术标准、行业应用、个人消费、绿色节能及发展演进方面的主要策略展开研讨。会议以互联网直播的形式进行。5位专家分别做“5G R18及后续演进研讨”“5G跨域融合创新应用”“5G消费新场景应用”“5G+能源，助力‘双碳’绿色行动”“6G未来展望”等主题演讲。来自业界的1000余名专家、学者、科技工作者线上参加直播会议。

（崔家墅）

【第七届先进计算智能与智能信息处理国际研讨会召开】11月1—2日，由北京理工大学、北京自动化学会、国际模糊系统协会、日本模糊论与智能信息学学会等机构主办的第七届先进计算智能与智能信息处理国际研讨会暨2021年度北京自动化学会学术年会在京召开。大会采用线上与线下相结合的方式，来自中国、日本、加拿大、澳大利亚、英国等国家和地区的近200位学者参会，通过报告的形式展示先进计算智能与智能信息处理等领域科学研究的发展现状以及需要解决的新问题。会上，中国科学院郭雷、千叶商科大学寺野隆雄等11位海内外知名学者分别就基于游戏的控制系统、复杂社会技术系统、康复机器人的主动控制、电解槽的在线测量技术、联邦学习、维变系统、人类共生系统、智能机器人系统的设计自动化、遗传编程的自动启发式设计、新常态下的弹性网络化微电网、异常检测的计算智能方法等领域开展11场讲座，并与参会人员进行交流和讨论。

（崔家墅）

【2021京津冀地质生态环境协同发展高峰论坛举办】 11月4—5日，由北京地质学会、天津市地质学会、河北省地质学会联合主办，中国地质学会、北京公路学会等12家相关学会和单位联合协办的院士讲地质——2021京津冀地质生态环境协同发展高峰论坛在京举办，论坛采用线上直播方式进行。本次论坛，中国科学院院士、地质学家李廷栋，中国科学院院士、地质学家刘嘉麒分别就“新时代地质工作特点和地质人才成长规律”和“地质工作在区域协调发展中的作用”做主题报告。18位专家、学者从不同专业领域为京津冀一体化发展中的地质生态环境可持续发展建言献策。论坛直播累计访问量近1万人次，实际访问人数近3000人次，最高在线人数近700人。

（崔家墅）

【国际氢能产业发展论坛举办】 11月15日，国际氢能产业发展论坛暨国际氢能中心启动仪式以线上形式在京举办。清华大学副秘书长、北京清华工业开发研究院院长金勤献和副院长付小龙宣布国际氢能中心启动。国际氢能中心是清华工研院在北京市政府支持下与联合国工业发展组织合作，在氢能领域建设的具有全球影响力的技术创新中心，落地在海淀区。论坛上，各国氢能领域专家和优秀企业代表围绕全球氢能发展现状与趋势，就水电解制氢技术、固体氧化物电解池（SOEC）电解技术、燃料电池全氟质子膜技术、质子交换膜（PEM）制备技术、氢安全技术和各国在氢能领域相关项目及示范应用进行交流和研讨。来自联合国工业发展组织以及中国、澳大利亚、丹麦等国氢能领域的政府机构、科研机构和领军企业的代表近140人在线参加。

（郭戎威）

【第七届中国虚拟现实产学研大会召开】 12月5日，由中国虚拟现实技术与产业创新平台、石景山区政府联合主办的第七届中国虚拟现实产学研大会以元宇宙会展形式召开。大会以“虚拟现实，让生活更美好”为主题，分为大会主论坛及主题论坛、2021年度虚拟现实技术与商业应用展览会、第四届虚拟现实技术及应用创新作品展示活动3个部分。大会主题论坛包括VR+医疗、数字文创文博、数字孪生、元宇宙等相关主题报告，展览展示包括产业成果发布、项目对接、融投资、高校毕业生双选会等活动内容，旨在推动虚拟现实技术创新和产业创新，提高虚拟现实产业人才培养质量，助力虚拟现实技术与产业生态建设。累计1万余人次线上参加大会开幕式、主论坛等活动，在虚拟展馆中参展观众近2000人次。

（张　桢）

【2021年京津冀物联网与数字经济高峰论坛举办】 12月11日，北京物联网学会在北京科技大学举办2021年京津冀物联网与数字经济高峰论坛。论坛采用线上与线下结合的方式举办。论坛上，中国人工智能学会韩力群教授等围绕“人工智能推动数字经济发展”“北京市大数据的建设与应用”“油气管道工业互联网现状与展望”“数字底座技术助力数字经济快速发展”做报告，阐述人工智能的现状及其对数字经济的影响、北京市大数据的成果及其对数据经济发展的支撑作用等。在演讲过程中，参会专家及线上听众同报告人开展交流互动。来自政、产、学、研各界的30余名专家、学者现场参会，2000余名科技工作者线上参会。

（崔家墅）

【第十六届京津冀地区研究生膜技术论坛举办】 12月14—16日，由北京膜学会主办的第十六届京津冀地区研究生膜技术论坛在京举办。北京工业大学教授安全福以《纳米基元膜》为题做大会报告。收到研究生专题报告144篇，评选出4位北京膜学会杰出青年和25篇优秀论文。来自国内外膜领域的70余位专家学者以及300余名博士和硕士研究生参会，会议实时在线总人数超过1500人次。

（崔家墅）

科学技术普及

BEIJING ALMANAC OF SCIENCE AND TECHNOLOGY 2022 北京科技年鉴 2022

科普活动

【概述】2021 年，强化科普顶层设计。印发《北京市“十四五”时期科学技术普及发展规划》，明确新时代北京科普事业发展目标和重点任务；组织召开北京市科普工作联席会议，研究部署 2021 年全市科普工作要点和全民科学素质行动工作要点；修订并印发《北京市科普基地管理办法》，组织开展 2022 年北京市科普基地申报工作；开展北京地区 2020 年科普统计工作，据统计，2020 年北京地区举办 1000 人以上的重大科普活动 518 次。加强人才建设，科普队伍不断发展。2021 年度全市科普工作评比表彰，评选产生 50 个先进集体和 108 个先进个人。激发主体活力，提升科普服务供给质量。通过科学技术普及专项，推动科技资源科普化，支持开发一批重大科技成果科普展品，支持开发的“空间站天和核心舱”“高海拔宇宙线观测站 LHAASO（拉索）”“VR 漫游科学号科考船”“VR 漫游大科学装置 EAST”等展品参加国家“十三五”科技创新成就展。举办科技周活动，以“百年回望：中国共产党领导科技发展”为主题，回顾党领导下北京科技事业发展历程，主场活动突出中关村创新发展、科技创新中心建设 2 条主线，重点展示科技创新中心主平台、主阵地建设以及科技战“疫”、科技冬奥等 150 余个展项。以“科幻世”为策划主线，在石景山区首钢园举办北京科技周科幻分会场活动，充分运用 VR、AR、MR 及声光电等技术手段，展示灯光秀、宇宙八音盒等展项。各区结合区域特色，开展科普之春、科普之夏、青少年机器人竞赛、中小学生科普体验周、科学实验秀、科普大讲堂、科普之旅等活动。

（祖宏迪）

【组织“京科惠农”网络大讲堂】2 月 23 日，北京减灾协会组织农业科技专家从农民实际需求出发，在京科惠农平台以网络直播的形式讲授食用菌基础知识、家庭栽培技术，挑选优质食用菌及保鲜储存的方法，常见食用菌营养、药用价值等专业知识，并就农民关心的重点问题，结合案例进行科学解答。2800 余名农民参加活动。

（崔家塈）

【“春风送暖农家女”科普活动举办】3 月 5 日，市科委、中关村管委会联合市农科院农业信息与经济研究所在门头沟区清水镇“妇字号”基地北京九仙草农业科技发展有限公司举办“春风送暖农家女 科技下乡新征程”科普主题活动。活动邀请中国医学科学院药用植物研究所专家丁万隆通过“京科惠农”大讲堂远程直播，讲解药食两用植物栽培技术；北京市林业果树科学研究院苹果专家张军科针对当地果农在苹果树春季剪枝和树形管理方面的需求开展现场指导和示范。主办方向与会代表赠送蔬菜种子、科普图书、12396 北京农科热线宣传材料等。

（赵 娣 姜佩瑄 温会姣）

【举办科普专家访谈直播】3 月 18 日、3 月 22 日，北京气象学会组织开展 2 场主题为“海洋、我们的气候和天气”的科普“大咖”直播访谈。2 场访谈邀请中国科学院大气物理研究所研究员俞永强，国家气候中心气候服务首席专家周兵、研究员李维京，北京城市气象研究院首席研究员乔林 4 位专家做客直播间，与气象主播一起畅聊“天气、气候、海洋”科学故事，用专家观点启发网友，提高公众对海洋的关注，帮助大家更多地了解当前气候和天气状况，助力国家生态文明发展建设。直播活动在“北京发布”和“气象北京”等官方微博转播，直播观看量累计 32.8 万人次。

（崔家塈）

【野生鸟类保护主题海报设计大赛结果公布】3 月 25 日，中国本土野生鸟类保护主题海报设计大赛结果公布。大赛由北京科学技术开发交流中心、北京市宣武青少年科技馆及北京市野生动物救护中心联合主办，来自北京、香港、澳门三地的 65 名在校学生报名参赛，共征集作品 65 项。经过专家评审，最终评选出一等奖 3 名、二等奖 6 名、三等奖 9 名。

（张 辰 安鹤益）

【安全教育日主题沙龙举办】3 月 25 日，在第 26 个全国中小学生安全教育日来临之际，中国科普作家协会应急安全与减灾科普专业委员会、北京减灾协会在北京市防震减灾宣教中心共同举办“应急科普形态的多样化发展”主题沙龙。会上，国家应急管理部宣教中心、科技部引进国外智力管理司的相关领导分别以“应急科普基地建设与发展的思考”“应急科普创作的思考”为主题发言。与会专家代表分别围绕小微应急消防科普基地建设、人防科普宣传、特色学校应急科普教育、应急科普创作与传播 4 个方面进行经验分享，并就如何进一步激发更深层次的应急科普创作创新能力展开讨论。20 余位来自不同领域的科普专家参加沙龙。

（崔家墅）

【首都科技创新成果展全国巡展活动举办】3—12 月，“首都科技创新成果展——人类与传染病的博弈”展览在中国科协的指导下，结合巡展省在抗击新冠肺炎疫情中的先进事迹和创新成果，先后在甘肃省、云南省、广西壮族自治区和四川省 4 地进行巡展，每站巡展为期 2 个月，累计接待公众达 20.2273 万人次。开展专家大讲堂 10 场次，研学活动 37 场次。

（闫　宏）

【怀柔科学城向社会公众开放】5 月 18 日，中国科学院第十七届公众科学日新闻发布会暨科技创新发展中心第四届科学传播月活动启动仪式在怀柔科学城举办。怀柔区政府负责人、科学城管委会负责人、中国科学院怀柔园区各单位代表、怀柔区中小学科技副校长代表、怀柔区中小师生代表，以及 20 家媒体记者共计 80 余人参加。会上，本届公众科学日和科学传播月宣传片和活动内容正式发布。本届公众科学日主题为“百年复兴路，科学正当时”。结合庆祝中国共产党成立 100 周年，5 月 22—23 日在全国 121 个中国科学院院属单位举办活动。面向社会公众开放国家重点实验室、大科学装置等科研基础设施，通过科学演讲、科普活动、“线上公众科学日”等多种形式，展示中国科学院近年来的重大科技创新成果，弘扬科学精神，厚植科学文化沃土，激发公众，特别是青少年对科学的关注和兴趣。同时，中国科学院科技创新发展中心第四届科学传播月同步启动。本届传播月以“奋进百年，科技照亮未来”为主题，走进北京怀柔综合性国家科学中心，首次面向公众开放世界一流水平的重大科技基础设施和交叉研究平台，并在怀柔区中小学校开展科学课程、科技教师培训等活动。

（梁　茜）

【探究式自然角的创设与利用讲座举办】5 月 21 日，北京幼儿科普协会在京举办探究式自然角的创设与利用讲座。讲座围绕探究式自然角的创设目的、内容构成、特点、原则和要求进行讲解，并探讨如何利用自然角实施教育。探究式自然角是落实教育部《3-6 岁儿童学习与发展指南》精神，培养幼儿初步的科学探究兴趣与素质的途径。来自北京市各幼儿园的 70 余名教师参加学习。

（崔家墅）

【北京科技周科幻分会场活动举办】5 月 22—28 日，由市科委、中关村管委会主办的 2021 北京科技周科幻分会场暨 2021 石景山区科技周在北京首钢园三高炉举行。活动以“创新科幻、智享未来”为主题，汇聚北京国际科技创新中心建设成果和高端科幻领域专家资源，举办“科幻世”科技艺术概念展、“科幻之夜”活动以及 9 场科幻“大咖”直播和 3 场科幻主题论坛、沙龙，搭建科幻乐园。“科幻世”展览分为“人类·幻相”“城市·幻乡”“宇宙·幻想”3 个板块，展项 50 余件（套），展览面积 3000 余平方米，运用最新的 VR、AR、MR 及声光电等技术手段，利用首钢工业遗产的空间特色，用科学与艺术结合的创意，打造一个面向公众未来体验的科幻主题乐园，一场基于沉浸式媒体叙事的科幻系列展览。“科幻世”科技艺术概念展的分支活动——光影秀活动，以人类作为劳动实体、城市作为生活家园、宇宙作为精神动力，建构科技与人类的关系。

（王郅媛　李新媛）

【55 项农业科技成果参展北京科技周】5 月 22—28 日，2021 年全国科技活动周暨北京科技周在中关村示范区展示中心举行。中国二系杂交小麦技术体系成果、樱桃谷鸭、京科惠农咨询通、U 农通等系列信息化产品 55 项农业科技项目成果在线上“云展厅”以文字、图片等形式展出，其中 29 项农业领域重大科技成果与科技创新产品在线下“小康社会”和“科普惠民”主题展区以互动、体验的形式进行实体展示。

（温会姣）

【惠民科技项目参展北京科技周】5 月 22—28 日，2021 年全国科技活动周暨北京科技周主场活动在中关村示范区展示中心举办，北京科学技术开发交流中心共组织 7 家高校及企业的 13 个项目参加线上、线下展示，涉及农业、航空航天、节能环保、新材料、科技扶贫等领域，展现科普惠民、小康社会等方面成果。经过评选，北京盛妆家化有限公司的牦牛乳制品的日化应用及扶贫展项获得“云展厅”最受关注展项奖。

（张　辰　安鹤益）

【北京科技周32个展项最受关注】 5月28日，2021年北京科技周闭幕式在中关村示范区展示中心举行。同时，本届科技周32个最受欢迎展项发布。通过对“云上”展厅网友点击量进行统计排名，结合线下观众到现场参观实际情况，本届科技周统计出最受关注的展项名单。其中，Nreal Light混合现实智能眼镜、花粉过敏疾病精准防控体系的建立及推广应用、动物密码、智能机器人小胖、油动力大载荷多用途消防救援机器人、“天地一体 精准搜救”助力构建新一代应急指挥系统、智咖大师机器人、牦牛乳制品的日化应用及扶贫、VR防灾减灾科普眼镜、高速运动目标智能跟踪拍摄系统10个展项成为科技周“云上”展厅最受公众关注的展项，科普机器人（小科）等12个展项（互动活动）成为科技周主场（线下）最受公众关注展项（互动活动），“科幻世”主题光影秀等10个展项成为科幻分会场最受公众关注的展项。北京科技周闭幕后，“云上”科技周将成为“永不落幕的科技周”，继续向公众开放。

（王文伟）

【青少年创客公益活动举办】 5月30日，北京科学技术开发交流中心走进通州区社会福利院，组织福利院的孩子开展欢庆“六一”青少年创客公益活动，20余人参加。创客老师现场讲解如何制作发光贺卡，并指导孩子动手进行制作。中心还向福利院捐赠科普图书300册。

（张　辰　安鹤益）

【第三届北京科学传播大赛举办】 5—12月，市科协联合中国科学院科学传播局，市教委，市科委、中关村管委会，北科院共同举办第三届北京科学传播大赛。大赛坚持“以赛促训、以赛促学、以赛促用、赛出人才”导向，整合科学传播赛事活动，搭建科学传播资源服务平台。包括北京市公民科学素质大赛、北京科学传播技能大赛、北京科学传播创意作品大赛、首都科普展教课程评选以及科幻创作创意大赛。其中，北京市公民科学素质大赛持续开展网络竞赛、专项竞答、推广活动等，最终通州区代表队获得年度冠军；北京科学传播技能大赛54名选手获个人赛荣誉，7项科学表演、13项展览展品获团体赛荣誉；北京科学传播创意作品大赛征集漫画动画作品8154项，开展优秀作品巡展15场、线上宣讲会2场，148项作品分获一、二、三等奖，51家单位及65名个人获优秀组织奖和优秀指导奖；首都科普展教课程评选大赛征集85个单位232项课程，评选产生优秀课程33项，录制10项精品课程；北京科幻创作创意大赛共征集作品870份，最终评选出7个类别，44个奖项。

（沙　莎）

【北京数字博物馆研讨会召开】 6月10日，北京数字科普协会、北京博物馆学会等联合主办的以“数字技术拓展博物馆服务和红色文化传播”为主题的2021年（第九届）北京数字博物馆研讨会在首都博物馆召开。会上，中央宣传部文改办副主任高书生做题为《国家文化大数据体系建设政策解读》的主旨报告。研讨会还邀请万达信息股份有限公司、四维时代和北京当丰科技有限公司相关责任人围绕数字技术拓展、服务红色文化传播和红色基因库建设方面的做法和经验展开探讨。100余位代表在现场参会，近5000人次观看研讨会网络直播。

（崔家墅）

【第二届实验室开放日活动举办】 6月25日，北京农产品质量安全学会联合北京农业质量标准与检测技术研究中心举办食品营养与安全——第二届实验室开放日活动。北京市万泉小学曙光校区20余名小学生及教师参加活动。活动旨在让更多的青少年了解食品营养与安全相关科学知识，激发青少年对科学探究的兴趣，培养科学精神。活动包括食品营养与安全知识讲座，水果糖度大比拼和奶制品营养大比拼的互动小实验，质标中心产地环境、无损检测实验室参观等，并向万泉小学赠送《小学生食品营养与安全探究》《从农田到餐桌——农产品质量安全150问》等科普书籍。

（崔家墅）

【创新文化建设经验交流会召开】 7月6日，市科协在北京经济技术开发区召开学习贯彻习近平总书记在庆祝中国共产党成立100周年大会上的重要讲话精神暨北京经济技术开发区创新文化建设经验交流会，号召广大科技工作者认真学习贯彻习近平总书记在庆祝中国共产党成立100周年大会上重要讲话精神，学习宣传推广经开区创新文化建设经验，推动首都创新文化建设，构筑首都创新生态。会上，经开区负责人介绍亦庄科技馆之城建设经验。与会人员参观经开区区史馆和合众思壮北斗导航有限公司北斗卫星导航应用博物馆。共计60余人参加会议。

（段　辉）

【高校科学营北京营活动举办】 7月17—31日，由市科协、市教委主办，北京大学、清华大学等11所高校及中国科学院自动化所等4家科研院所（企业）共同承办的2021年青少年高校科学营北京营活动在京举办。海峡两岸暨港澳地区师生4191人通过云端走进北京大学、清华大学等11所北京分营，其中，北京师生 979 人参加线下活动。本次活动共举办专家讲座近 30 场，邀请院士 10 余人，并组织参观国家级重点实验室等。

（李　云　马　腾）

【公益科普线上大讲堂举办】7 月 28 日，北京生态修复学会、北京减灾协会在北京科技交流学术月期间联合主办“防灾减灾，安全第一”公益科普线上大讲堂。农业农村部综合防灾减灾专家指导组顾问、北京市防灾减灾专业智库基地首席专家郑大玮做《科学防御洪涝灾害》报告，讲述洪涝的概念与类型、洪涝灾害的历史成因及科学预防对策。北京市水文地质工程地质大队刘云飞做《初始地质灾害》科普报告，以翔实的案例讲述汛期北京易发生地质灾害的时间、区县及防范措施。来自北京减灾协会、北京生态修复学会的会员及科普志愿者 70 余人参加。

（崔家墅）

【开展科技特派员远程科普讲堂活动】8 月 6 日，市科委农村中心联合 12396 北京农科热线开展北京农业科技大讲堂暨科技特派员远程科普讲堂活动，邀请中国农业大学防灾减灾专家郑大玮在线讲解科学应对洪涝灾害知识讲座。课程在介绍洪涝灾害的起因、类型、现状，分析影响洪涝灾情各项因素的基础上，重点结合洪涝灾害发生状况，讲解农业生产、农村生活应对洪涝灾害的具体防御措施；在分析城市洪涝防御措施的基础上，结合北京洪灾历史与应对措施，强调应急管理的重要性；针对如何防止局部内涝、涝灾过后农作物管理、灾后如何有序恢复生产等洪涝应对相关的技术问题，做出解答与指导。讲座在北京农业信息网、微信和抖音账号平台同步播出，京津冀及周边地区农业经营主体、科技特派员及农户等近 3000 人次收听收看。

（赵　娣　姜佩瑄　温会姣）

【低碳日专题科普讲座活动举办】8 月 25 日，市科委、中关村管委会依托北京科技特派员在线平台组织开展 2021 年全国节能宣传周和全国低碳日系列宣传及讲座活动，在北京农业科技大讲堂进行绿色低碳主题课程直播。邀请北京建筑大学环境与能源工程学院教授马文林围绕绿色农业低碳技术开展科普讲座，从绿色低碳农业背景与路径、绿色低碳养殖技术、绿色低碳种植技术、绿色低碳农产品培育等方面进行讲解。讲座在北京农业信息网、微信和抖音平台同步播出，京津冀和周边地区农业经营主体以及各级科技特派员、市民和农户等 2770 多人次收听收看。

（赵　娣　姜佩瑄　温会姣）

【草莓病虫害防治与农药安全使用技术培训举办】9 月 8 日，北京农药学会联合昌平区植保站在昌平区兴寿镇举办草莓病虫害防治及农药安全使用技术培训。市农林科学院植保环保所研究员魏书军、李红霞和中国农科院植保所副研究员颜冬冬、研究员徐军分别就“草莓害虫识别和防治”“草莓病害识别和防治”“土壤消毒防控草莓土传病害技术”“草莓上农药残留与农产品安全”等内容进行讲解。学会还向学员发放 150 余份《草莓病虫害防治技术》彩页和小册子。朝阳区和通州区植保站及合作社的技术人员、果农 40 余人参加培训。

（崔家墅）

【北京云端科学嘉年华启动】9 月 11 日，北京云端科学嘉年华启动。作为第十一届北京科学嘉年华活动的重要内容，本届云端科学嘉年华借助互联网技术，通过点击活动网站或扫描二维码，公众足不出户即可在线参与，通过云端 VR 看展、听权威专家讲述科学故事，在“云上”体验首都地区丰富的网络科普资源。为同步展现嘉年华线下的精彩内容，本届云端科学嘉年华开设了《精彩推荐》《信仰的高光》《趣味冬奥》《联合行动》《云课堂》《国际交流》《奇趣悦览》《新闻中心》《打卡嘉年华》等多个一级栏目及若干二级栏目，公众可以通过线上看展的形式畅享科学新世界。

（王文伟）

【2021 人工智能与创客名师工作室专场活动举办】9 月 11—12 日，由北京科学中心（北京青少年科技中心）主办的 2021 人工智能与创客名师工作室北京科学嘉年华专场活动在京举办。活动以“自主芯片”为主线，安排创客沙龙、名师工作坊、创客动手做等系列活动，来自全市 36 所学校的 30 余名一线科技教师和 50 余名中小学创客爱好者参与活动。该活动被中国科学技术协会评选为 2021 年全国科普日优秀活动之一。

（李佳熹）

【第十一届北京科学嘉年华举办】9 月 11—17 日，由市科协、市委宣传部等 13 个单位联合主办的北京市全国科普日活动第十一届北京科学嘉年华在京举办，中国科协副主席张玉卓、北京市市长陈吉宁出席主场活动。本届北京科学嘉年华以“百年再出发，迈向高水平科技自立自强”为主题，包括北京科学嘉年华主场活动、首都科普联合行动、北京国际科学传播交流周、北京云端嘉年华四大板块，汇聚展览展示、互动体验、论坛交流、科普报告等 300 余项活动。举办专场参观活动 10 余场，7 位院士领衔，千余名科技工作者参与，线上、线下参与公众达千万余人次。

（沙 莎）

【2021 年首都科普联合行动举办】9 月 11—17 日，2021 年首都科普联合行动举办。作为第十一届北京科学嘉年华活动的重要内容，2021 年首都科普联合行动由北京市科协、中国科学院科学传播局、北京经济技术开发区管委会、中关村科学城管委会、未来科学城管委会、怀柔科学城管委会 6 家单位共同主办，重点联合科学协会、科技企业、科普场馆、高等院校、科研院所、中小学校 6 个领域，采取线上为主、结合线下的活动形式，推出网络直播、“云”探馆、线上科普答题和各类线下科普活动，让公众能够零距离接触最新科技成果、前沿技术，感受科技创新赋予生活的改变，聆听科技研发背后的故事。

（王文伟）

【2021 年京津冀科普资源推介活动举办】9 月 11—17 日，由北京市科协、天津市科协、河北省科协联合主办，北京科普发展与研究中心、天津市自然科学博物馆学会、河北省科协科学技术普及部承办的 2021 年京津冀科普资源推介活动在北京科学中心举办。本次推介活动集中展示和推介 70 家出版社及相关科普机构推荐的优秀科普图书 800 余本、文创产品 120 余件（套），同时，重点推出天文和恐龙主题的展览和图书，营造沉浸式阅读空间，倡导孩子们“在科学的屋檐下阅读”。

（王文伟）

【科技文化旅游融合发展座谈会召开】10 月 13 日，市科协在北京科学中心召开科技文化旅游融合发展座谈会，推动科技文化旅游融合发展，服务北京“四个中心”建设和“科技馆之城”“博物馆之城”建设。会上，中国科技馆和北京经济技术开发区分别就中国科技文化场馆联合体筹建进展和“亦庄·科技馆之城”建设做专题发言，与会人员结合自身职责和近年来在文化融合方面所做的探索交流意见，并对建立科技文化旅游融合发展机制提出意见和建议。中国科技馆、市文化旅游委等相关场馆、委办局代表 20 人参加会议。

（沙 莎）

【北京第十七届老科技工作者日北京主场活动举办】10 月 14 日，由中国老科协、北京市科协主办的第六届全国老科技工作者日暨北京第十七届老科技工作者日北京主场活动在北京世界花卉大观园启动。原国务委员、第十一届全国人大常委会副委员长、中国老科协会长陈至立，中国科学院院士刘嘉麒，中国工程院院士胡文瑞等 400 多名老科技工作者代表出席活动。活动以“百年颂”为主题，旨在引导和激励广大老科技工作者回顾党的百年光辉历程，歌颂党的丰功伟绩，激发爱党爱国热情，将党史学习教育成果转化为广大老科技工作者更好发光发热的强大动力。活动采取“现场 + 线上直播”的形式举行。在老科技工作者日期间，各级老科协举办形式多样、内容丰富、节俭务实、老科技工作者广泛参与的“百年颂”活动。

（郭 磊）

【“新视听 + 首都科普”宣传合作框架协议签署】12 月 18 日，市科协与市广播电视局签署“新视听 + 首都科普”宣传合作框架协议及 2022 年度合作备忘录。市广播电视局与市科协将依托双方优质资源和媒体渠道，打通行业与领域边界，建设“大宣传”平台。围绕弘扬新时代科学家精神、打造科学传播视听平台、建立人才孵化培育机制、共建高水平公益宣传平台、共建新视听专家资源库 5 个方面开展合作，推动首都科普提质升级。市科协与北京广播电视台就筹办“2023 科学跨年之夜”电视跨年活动、制作北京科技创新人物展播系列节目、合力打造科学传播全媒体矩阵等 7 个方面开展合作。

（沙 莎）

【科普工作先进集体和先进个人评比】12 月 23 日，市科委、中关村管委会联合市委宣传部、市人力资源社会保障局、市科协发布《关于表彰 2021 年北京市科学技术普及工作先进集体和先进个人的决定》。《决定》指出，在市委、市政府的正确领导下，全市认真贯彻执行《中华人民共和国科学技术普及法》和《北京市科学技术普及条例》，在科普教育、科普宣传、科普创作、科普出版、科普活动等方面涌现出一大批取得显著业绩的科普工作先进集体和先进个人，在提高公民科学文化素质、推进科普事业发展工作中做出积极贡献。为表彰先进、树立典型、激励广大科普工作者进一步做好新时代科学技术普及工作，根据《北京市评比达标表彰活动管理实施细则》等有关规定，经市级相关部门和各区推荐、考评小组评选、领导小组会审议、社会公示等程序，决定授予北京广播电视台科教频道中心《创新北京》栏目组等 50 个集体“北京市科普工作先进集体”称号，靖凌梅等 108 名个人“北京市科普工作先进个人”称号。

（祖宏迪）

【首都科学讲堂举办】2021 年，首都科学讲堂活动围绕“服务首都公民科学素质提升”主题，共开展 52 场活动，其中线上活动 36 场、线下活动 16 场。通过腾讯新闻、新浪科技等网络平台进行直播，通过数字北京科学中心、首都科学讲堂、科学加等平台进行录播。活动累计观看人数2503.95万人次，线下活动场均约200人次，取得良好社会效果。

（闫　宏）

【院士专家讲科学活动开展】2021年，市科协开展院士专家讲科学活动。发挥科学家在科普工作中的作用，打造科学传播品牌项目，提升公众及青少年综合科学素养。活动协同京、津、冀、蒙四地青少年科技教育平台联动开展，全年共邀请院士、专家56位，围绕“科学与中国”“人工智能”“生物多样性”“创新能力提升”“航空航天”“我的科研之路”等主题，采用线下与线上相结合的方式，举办科普报告、实践活动等，讲座视频累计1000万人次观看。

（赵　铮）

【开展北京地区2020年科普统计】2021年，市科委、中关村管委会组织开展北京地区2020年科普统计，统计范围为北京地区的中央国务院部门、市属委办局和人民团体及全市16个区，回收有效调查表2066份。据统计，2020年北京地区拥有科普人员5.66万人，每万人口拥有科普人员25.84人（北京市2019年常住人口2189.3万人）；科普场馆126个（建筑面积500平方米以下的不列入统计）；出版科普图书2488种，年出版总册数2937.36万册；全社会科普经费筹集额20.42亿元，人均科普专项经费34.53元；举办1000人以上的重大科普活动518次。

（郝　琴）

【科普驿站系列活动开展】2021年，市科委农村发展中心结合乡村振兴科技引领示范村产业特色与科技需求，对示范村科普驿站的北京乡村振兴科技服务平台进行扩容升级，增强点播流畅性，以更好提供成果展示、技术培训、科普视频、专家咨询、智慧党建、惠民便民等服务，提升用户体验。围绕示范村农业生产与农民生活实际需求，线上、线下相结合，面向怀柔区三岔口村、房山区黄山店村、大兴区长子营镇小黑垡村等示范村开展系列科普活动11次，惠及村民300余人。其中线下系列科普活动7次，内容涵盖蔬菜栽培、食用菌栽培、果树冬剪、营养健康、疾病防治、农村消防、饮水安全等，惠及村民260余人；结合疫情防控实际情况，灵活运用线上学习方式，组织远程在线直播培训3次，内容涵盖老年人膳食指导、冬季心脑血管防治、防电信诈骗等领域，惠及3个村的村民70余人，共吸引5300余人次在线收看。

（赵　娣　姜佩瑄　温会姣）

【北京市科普基地命名】2021年，北京市新命名北京自然博物馆、北京天文馆等84家市级科普基地，涵盖新材料、新能源、高端装备、航天、VR/AR技术、生态环保、都市农业、生物医药、智能交通、公共安全等10余个热点领域，特别是高端装备、新能源、VR/AR技术方面增加一批科普基地。加上原来的中国科技馆，北京市共有科普基地85家。科普基地种类增加，在高精尖、战略新兴产业领域的布局拓展。

（刘玲丽）

科普创作

【概述】2021年，加强科普创作。第四部北京科普蓝皮书《北京科普发展报告（2020—2021）》出版，为北京科普高质量增长提供对策，为政府决策提供理论依据。市科协举办2021优秀科普读物书目推荐活动，筛选出500种科普图书，通过读者投票参与网评方式，评选发布30部年度优秀科普图书。市科协2021年度科普创作资金资助支持28个选题。市科委、中关村管委会“全国科技创新中心”“创新创业中关村”微信公众号成为科技要闻首发平台。“科普北京”微信公众号注重科普热点，为大众提供专业、权威的科普知识。

（王文伟）

【编写《北京市大风灾害公共安全防御指引》】3月4日，北京减灾协会完成《北京市大风灾害公共安全防御指引》编写。《指引》是为落实市领导关于“让预警预测信息发布能够更有针对性”的指示精神。用系统、科学、通俗易懂的语言方式，着力普及知识要点，力争让公众好记好用，可操作性强。在应对大风灾害方面，可以起到应急避险积极防御的作用，推动灾害综合风险监测预警工作创新发展。

（崔家墅）

【科幻小说《月球峰会》首发会召开】3 月 18 日，由中国科学院国家空间科学中心、浙江教育出版社、中国科普研究所、中国科幻研究中心和中国科协科技传播与影视融合办公室联合主办的科幻小说《月球峰会》首发会在首钢园科幻产业集聚区召开。众多科幻作家和科幻小说爱好者参加。小说由中国空间科学学会理事长、中国科学院国家空间科学中心研究员吴季创作，讲述由中国建成并运行的月球旅店在 50 年后迎来联合国安理会在此召开的会议，展现出既现实又充满未来感的科技知识。

（胡　妍）

【第七届全国青年科普创新实验暨作品大赛北京赛区比赛举办】7 月，由市科协主办的第七届全国青年科普创新实验暨作品大赛北京赛区比赛在京举办。大赛从 2020 年 12 月启动，围绕“智能”“安全”“环保”三大主题，重点关注前沿科学技术及科学教育理念的应用与普及，考查参赛青年发现问题、解决问题及动手实践的能力。大赛分为大学组和中学组，参赛对象为：北京赛区范围内的高校在校学生，包括高职生、大专生、本科生、研究生等；普通中学在校学生，包括初中生、中专生、技校生、高中生等。北京赛区参赛总作品数 393 个，中学学校总数 48 所，大学学校总数 17 所，覆盖城市数（含直辖市下区）12 个。7 月，在第七届全国青年科普创新实验暨作品大赛总决赛中，北京赛区获智能控制命题（大学组）一等奖、智能控制命题（中学组）一等奖、未来教育命题二等奖、生物环境命题三等奖、风能利用命题三等奖，优秀组织单位二等奖。

（闫　宏）

【首届中国（深圳）能源科技影视大会举办】10 月 19—20 日，由中国石油、北京市科协等单位联合主办的首届中国（深圳）能源科技影视大会举办。中国工程院院士苏义脑做“碳达峰、碳中和目标下的能源发展战略研究”主旨演讲；中国节能环保集团外部董事齐国生做“科技助力节能环保”视频主题发言。会议从多角度进行低碳能源科技声像影片的创作探讨。大会设立首届“低碳能源影视银杯”，以表彰能源行业在绿色低碳发展中的科技影视探索。活动征集 130 余部能源科技影视作品，最终产生科普长片、科普短片、科普动画、科普微视频 4 个类别 44 部优秀作品。200 余名各界人士代表参加大会。

（崔家墅）

【第 4 部北京科普蓝皮书出版】2021 年，北京市科技传播中心编著的第 4 部北京科普蓝皮书《北京科普发展报告（2020—2021）》出版。该书从科普供给侧、大科普、科普国际化等纬度对北京科普现状进行深入分析，归纳总结北京科普供给侧改革的经验和成效，分析北京科普工作面临的新形势和新需求，开展有针对性的趋势研究，为北京科普高质量增长提供对策，为政府决策提供理论依据。

（郝　琴）

【开展 2021 年市科协科普创作出版资金资助】2021 年，市科协科普创作出版资金资助工作开展。重点聚焦发掘、培育优秀科普创作人才，策划、甄选优秀科普创作选题，创新工作模式，围绕庆祝中国共产党成立 100 周年、国家科技创新发展战略、北京特色资源、科幻创作等主题内容，面向社会征集完成 100% 内容创作选题，举办线上培训交流，扩大宣传影响，提高申报效率。征集来自 117 家单位的选题 285 个，经过初评、答辩及终评，共 28 个选题获得资助。

（沙　莎）

【推荐 2021 年优秀科普读物书目】2021 年，市科协举办 2021 年优秀科普读物书目推荐活动，从全国 50 种图书推荐目录中筛选出 500 种科普图书，线上累计 50 万读者参与网评，投票共计 323 587 张，评选发布 30 部年度优秀科普图书。同时举办“科普会客厅”、科普阅读分享沙龙等 5 场推广活动，进一步激发科技与科普工作者的创作热情，同时向全民推介优秀科普图书，让科普图书在科普工作中发挥更大作用。

（沙　莎）

【北京青少年科学影像活动举办】2021 年，由市科协指导的第十一届北京国际电影节青少年科学影像单元暨第三届北京国际青少年科学影像展品展映活动在京举办。活动自 2020 年 11 月启动，共征集北京及澳门特别行政区青少年自行创作的 291 部科学影像作品及 51 个独立剧本，同时，新增教师板块，共收到 14 部作品及 3 个独立剧本，师生共计 359 项作品。活动邀请著名科学家、艺术家寄语青少年，传承科学家精神、艺术家精神，部分作品在新华网活动专题页进行展映，浏览量超过 500 万次。线下活动通过图片形式进行线上直播，共约 8 万人次观看。

（李云　马腾）

【微信公众号成为科技要闻首发平台】2021年，市科委、中关村管委会“全国科技创新中心”微信公众号和“创新创业中关村”微信公众号以新闻、政策、规划、进展等为切入点，及时跟踪报道全市科技工作相关政策发布、重大活动、新闻热点，为公众了解科技工作动态、把握科技工作进展提供良好渠道，原创内容质量和数量双增长。“全国科技创新中心”微信公众号全年推送650余期1006条信息，阅读量约117万次，原创率超过30%，粉丝数超过5万人，继续保持高增长率。“创新创业中关村”微信公众号全年发布1300余条信息，阅读量约116万次，订阅人数超9.3万人。

（王 伟）

【微博及头条号保障科技宣传】2021年，“科技北京”微博和头条号发稿量、发稿频率实现双增长，宣传影响力提升，为舆情应对、服务公众起到支撑作用。“科技北京”微博发布信息1100余条，阅读量300余万次；“科技北京”头条号发布信息270余条，阅读量19万余次。“创新创业中关村”新浪微博全年编发信息1100余条，阅读量357万次，包括全国两会、北京两会、科技周、中关村论坛等20余个主题。“创新创业中关村”头条号全年编发信息量800余条，阅读量9.36万次。

（王 伟）

【“科普北京”微信公众号关注科普热点】2021年，“科普北京”微信公众号打造“医药健康”“双碳目标”“生物多样性”等主题及疫情防控专栏，利用已有资源渠道，加大专家原创稿件体量，提升文章质量，为平台受众提供专业、权威的科普知识。“科普北京”微信公众号全年发文711篇，总字数约78万字，推送文章配图1836张、视频链接90个，文章阅读量22.4万余次。

（张克辉）

公民科学素质

【概述】2021年，持续促进科普惠民，营造社会创新氛围，公民科学素质显著提升。2020年底公民具备科学素质的比例为24.07%，增幅居全国首位。市科协举办第四届北京市全民科学素质大赛，以“提升公民科学素质 服务首都科技创新”为主题，累计线上注册人数超过156万人，传播量近2475.6万次。开展首都科普星辰行动，重点培养科普策划、科普创作、科普研究等方面的人才，赋能公民科学素质提升。青少年机器人竞赛、自主智能机器人大赛、气象知识竞赛等各类科技竞赛活动开展，为青少年科学素养提升注入活力。北京市学生在国内国际竞赛中继续取得优异成绩。

（王文伟）

【第四届北京青少年创客国际交流展示活动举办】1月14日—5月23日，由市科协、市教委主办的第四届北京青少年创客国际交流展示活动在京举办。活动旨在为青少年搭建创意与实践的平台，为从事创客教育的教师搭建课程经验分享与交流的平台，激发青少年的科技创新热情。1月22日，全市16个区科协相关负责人、115所学校及科技馆的创客骨干教师共计169人参加线上培训，为参赛做准备。活动共收到全市16个区549项作品，其中创客作品展评147项，创客教师展示53项，“初心承百年，少年创未来”献礼建党百年作品征集特色活动349项。5月22—23日，经过初评选拔，38个创客作品项目、7个创客教师展示项目参加终评。同时，来自俄罗斯、德国2个国家及中国香港、澳门地区的4个代表队的10项作品通过线上方式参与评审。最终评选出学生创客作品一等奖23项、二等奖48项、三等奖59项、参与奖9项、专项奖14项，创客教师展示一等奖7项（其中最佳创客教师3项）、二等奖16项、三等奖20项。

（李佳焘）

【青少年机器人竞赛暨创意编程与智能设计大赛举办】3月22日—5月23日，市科协主办的第二十一届北京青少年机器人竞赛暨第六届北京青少年创意编程与智能设计大赛在京举办。首次将北京青少年机器人竞赛与北京青少年创意编程与智能设计大赛两项赛事整合，内容分为机器人、创意编程与智能设计两大板块，项目包括机器人综合技能比赛、机器人创新挑战赛、机器人人工智能比赛等9项比赛。大赛分为选拔赛和决赛。竞赛吸引全市数十万中小学生的关注，3161人报名参赛。经过选拔，来自全市16个区、中国儿童中心的391支队伍783名学生晋级决赛。经过比拼，最终产生冠军队15支，一等奖106项、二等奖126项、三等奖145项、专项奖73项。

（张　军）

【北京青少年科学调查体验活动】 3月25日，由市科协、市教委、市发展改革委等联合主办的2020年北京青少年科学调查体验活动相关评审、推选工作启动。活动吸引全市102所中小学的万余份学生小组实践报告及600余份教师实践报告参评。8所学校62个学生小组的优秀作品被推荐至全国评选。9月，2021年北京青少年科学调查体验活动启动。10月组织开展师生培训6场。12月1日，首发活动以线上与线下相结合的方式举办。来自大峪中学和西城区奋斗小学的近500名中小学生参加。活动邀请西城区科协首席科普讲师滕保华在线分享并详细讲解“创新创意五步法”。活动中，学生以小组为单位，围绕“生活之光”主题进行实践，同时开启“家居灯饰灯光效果影响因素”和“家居灯饰情况”调查活动。课后，学生完成家居创意灯饰作品的创意与制作，并撰写项目报告。

（马　腾）

【第十七届北京市中小学生气象知识竞赛举办】 5月7—10日，北京气象学会联合北京市气象局共同主办北京市中小学生气象知识竞赛。竞赛的气象知识答题内容涵盖天气现象、自然灾害、气候特点、防灾减灾措施，以及气象与生活、气象与健康、气象与科技、气象与地理等知识。学生通过“北京气象科普”小程序进行答题，来自北京市的85个学校团体2032名学生参与。活动期间答题小程序访问量达到21万人次。最终，9所学校获得一等奖，15所学校获得二等奖，20所学校获得三等奖。

（崔家墅）

【2021年北京市公民科学素质大赛举办】 5—12月，由北京市全民科学素质纲要实施工作办公室、市科协主办，以“提升公民科学素质 服务首都科技创新”为主题的2021年北京市公民科学素质大赛在京举办。本次大赛聚焦科学家精神、航空航天、建党百年、突发应急等社会热点、焦点。联合市卫生健康委、市疾控中心、市气象局、市应急局等多家单位开展“防暑防汛知多少 伏天健康伴我行”“致敬科技工作者、弘扬科学家精神”“筑梦太空　见证伟绩”“建党百年　重温科技强国之路”“科学识别谣言　提升公民素养”等专项竞答。丰台区、密云区举行本区公民科学素质大赛线下决赛活动，东城区、石景山区、通州区、昌平区等10余个区开展线下推广活动。自5月上线起，线上答题参与人数88万人，总浏览量1235万人次。经过选拔和角逐，通州区、海淀区、朝阳区、昌平区、石景山区、延庆区6支代表队晋级决赛，通过科普演讲、PK淘汰、专家点评等多种形式的考验，最终通州区代表队获得年度冠军，朝阳区和石景山区代表队获得二等奖，海淀区、昌平区和延庆区代表队获得三等奖。密云区科协、怀柔区科协、昌平区科协、大兴区科协、门头沟区科协和丰台区科协获得年度优秀组织奖。新华网等近20家网站新媒体和电视频道同步播出，网络观看人数达203.05万人次。

（杨晓伟）

【共促科学素质建设经验交流会召开】 6月17—18日，市科协在怀柔区召开学习贯彻习近平总书记在两院院士大会、中国科协第十次全国代表大会重要讲话精神暨怀柔区与中国科学院大学共促科学素质建设经验交流会。与会代表围绕“怀柔区中小学实现科技副校长全覆盖，推动青少年科学教育深入发展”“加强区校资源互联互通、平台共建共享、工作交流合作”等经验做法进行交流发言。来自各区科协、高校科协和市科协有关部门、事业单位领导及相关人员共计90人参加会议。

（杨晓伟）

【首都科普星辰行动开展】 8月26日，由市科协主办的首都科普星辰行动启动。截至年底，星辰行动话题阅读量超过3000万次，新华社等多家主流媒体进行全面报道。本次行动从首都地区科技场馆、高等院校、科研院所165家单位的近300人中，选拔出60名首批“星辰学员”，他们将利用业余时间进行13周（每周1天）理论学习和1年的体验实践。首都科普星辰行动由6名院士、6名科技馆馆长和6名科普“大咖”组成精英导师团，由28位科普专家负责授课，重点培养科普策划、科普创作、科普研究等方面的人才。10月24日，由市科协主办的首都科普星辰行动第1期培训开班仪式在北京大学举行。

（刘　鲲）

【2021 国际自主智能机器人大赛举办】 10 月 15—17 日，由市科协主办，以“科技自强、共创未来”为主题的 2021 国际自主智能机器人大赛在北京科学中心举办。大赛以线下实地赛和线上虚拟赛相结合的方式进行，吸引来自英国、德国、俄罗斯、巴基斯坦的相关高校以及清华大学、中山大学、武汉大学等国内知名高校共 110 支队伍 600 余人，参加 4 个大项 6 个小项的比赛。大赛最终产生一等奖 2 名、二等奖 13 名、三等奖 15 名、优秀奖 14 名。

（郭一涵）

【第二届全球青少年图灵计划颁奖典礼举行】 12 月 4 日，由中国人民大学高瓴人工智能学院、中国人民大学附属中学、中国人民大学文化科技园联合主办的第二届全球青少年图灵计划颁奖典礼在中国人民大学举行。项目于 6 月 15 日启动，面向全球青少年，重点围绕“人工智能 +”等前沿科技领域，致力于在全球范围内发现、跟踪、培养在科技创新与应用领域具有特殊潜质的初、高中学生，从学习、科研训练、求学深造、创业就业、项目孵化等方面给予培养和支持。来自全球 60 余个国家和地区的近 2 万名学生参与。经专家组评审，46 名学生获得优异成绩。颁奖典礼上宣布成立全球青少年图灵计划少年人才培养基地，图灵计划组委会及核桃编程代表共同为基地揭牌。

（刘忠彦）

【2021 北京青少年机器人在线体验活动举办】 12 月 19—26 日，由北京科学中心（北京青少年科技中心）主办的以“疫苗先锋”为主题的 2021 北京青少年机器人在线体验活动举办。选手们使用 3D 仿真软件进行机器人搭建，精心编写程序，使机器人通过机器学习掌握视觉寻迹、空间定位、路径规划等能力，在虚拟竞赛场地上完成比赛设定的各项任务。活动按学段分为小学、初中和高中 3 个组别，共有来自全市 270 所学校的 1766 名中小学生报名参与。

（张　军）

【举办科普能力提升培训】 2021 年，市科委、中关村管委会面向北京市科普管理工作者、科研人员、科技新闻工作者、科普机构工作者组织开展北京市科普工作者科学普及能力提升培训。培训邀请全国政协委员王渝生等 33 位专家为学员带来丰富多彩的科普课程和云游北斗科普馆等创新科普活动。市应急管理局、北科院、中国化工博物馆、中国地质大学（北京）等 212 家单位的 500 余名科普工作者参与培训。培训采取线上与线下相结合的形式，线上课程累计点击量 7000 次，通识课程点击量 6000 次，收集反馈需求调查问卷和课后满意度调查问卷 400 余份。参与人数累计 11000 人次。

（李　杨）

【在国内竞赛中取得优异成绩】 2021 年，北京市学生在参加的国内竞赛中取得优异成绩。7 月 23—30 日，在浙江省举办的第 38 届全国青少年信息学奥林匹克竞赛中，北京市有 12 名选手参加比赛，共摘得 6 枚金牌、6 枚银牌。10 月 2—5 日，在浙江省举行的全国中学生生物学奥林匹克竞赛中，北京市共获得 4 金、4 银，其中 2 人入选国家集训队。12 月 11—16 日，在第 38 届全国中学生物理竞赛中，北京市获得 8 金、9 银，2 名学生入选国家集训队。12 月 25 日，34 人参加第 37 届中国数学奥林匹克竞赛，获得 16 金、16 银、2 铜，6 人进入国家集训队，获团体总分第一名，赢得 2021 年度的陈省身杯，这是继 2009 年以来北京再次获得团体第一名的称号。

（程　锐）

【在国际比赛中取得优异成绩】 2021 年，在新加坡举办的第 33 届国际信息学奥林匹克竞赛中，有 88 个国家（地区）的 355 名选手参赛，来自中国人民大学附属中学的邓明扬以全场唯一满分的成绩夺得全球第一，创北京选手在国际信息学奥林匹克竞赛中的历史最佳成绩。在立陶宛维尔纽斯举办的 2021 年国际物理奥林匹克竞赛中，有 76 个国家及地区的近 400 名学生参加比赛。来自中国人民大学附属中学的张致涵以理论成绩世界第一、总成绩世界第二的成绩获得金牌。在第 72 届国际科学与工程大奖赛（ISEF）中，北京代表队 11 名学生携 11 个项目参赛，最终获得四等奖 3 项、专项奖 1 项。

（程　锐）

各区科技

BEIJING ALMANAC OF SCIENCE AND TECHNOLOGY 2022

北京科技年鉴

2022

东城区

【概述】东城区科学技术和信息化局（简称东城区科信局），加挂北京市东城区大数据管理局牌子，是负责贯彻落实中央、市委关于科技、信息化工作的方针政策、决策部署和区委有关工作要求的区政府工作部门。2021年，东城区科信局围绕区政府中心工作，加强顶层设计，优化产业结构。编制《“十四五”时期东城区科技和信息化规划（含大数据专项）》，明确科技、信息产业发展的目标和路径。修订《东城区促进科技和信息产业发展的若干意见》，构建高精尖经济结构。推进智慧引领，发展数字经济，将“大力发展数字经济”列为《“十四五”时期东城区产业发展规划》重要内容；组织召开5G产业联盟大会，推进5G应用落地；完成全区政务信息系统入云迁移工作，优化大数据中心基础设施建设布局；支持一网统管、一网通办、智慧商街、雪亮工程等智慧城市项目建设；统筹部门联动，打造智能金融新标杆，举办智能金融论坛；搭建王府井数字人民币示范应用场景；打造“文化金三角”，协同推进王府井智慧商街建设，借助AR/VR、5G+8K，推出“故宫以东 · 城市盲盒”“中轴揽胜 文润东城”等数字沉浸式体验空间。坚持创新驱动，强化科技引领支撑。3个文化科技融合项目获得市科委支持资金760万元；19个科技+智造、科技+现代服务业、科技+健康、科技+低碳环保项目获得区科技计划项目立项，支持资金150万元；贯彻北京国际科技创新中心建设方案“城-区”对接重点任务，其中“城市精细化管理融合平台服务器上云”“道路扬尘监测应用”等项目初见成效；举办2021年东城区中小企业创新创业大赛，推荐市决赛项目16个，其中2个项目获三等奖。统筹推进东城区社会信用体系建设，持续开展公共信用信息归集、信用承诺、信用宣传等，推进信用医院建设，东城区在全市城市信用监测排名位居前列。

2021年，东城区科学研究和技术服务业实现增加值336.1亿元，比2020年提高3.5%，占GDP比重为10.52%。规模以上科学研究和技术服务业企业226家。全区申报国家高新技术企业认定的企业有239家，通过认定187家，保有量566家。取得全国科技型中小企业信息库入库编号的企业达84家。全年技术合同交易成交项目3846项，成交总金额318亿元，其中技术交易额288.4亿元；全年有效注册商标137 796件，专利授权数量9283件，有效发明专利授权22 476件。

（曹汪菁）

【企业交流座谈会召开】3月26日，东城区科信局在金宝街52号组织召开企业交流座谈会，东城区文旅局、东城区商务局和王府井管委会等单位相关负责人，北京《瑞丽》数字科技有限公司和香港山城集团等企业相关人员共10余人参加会议。会议介绍东城区在营商环境方面的优势与政策，围绕文化赋能东城建设、老字号守正创新、传统品牌国潮孵化、企业数字化转型升级等方面展开交流，探索“文化+科技”融合创新发展。

（曹汪菁）

【世界知识产权保护日系列宣传活动举办】4月20—26日，东城区市场监管局（东城区知识产权局）在世界知识产权保护日宣传周期间开展以“知识产权助力疫情防控，服务首都高质量发展”“全面加强知识产权保护，推动构建新发展格局”为主题的宣传活动。通过猫眼APP、崇文门商圈“摩方”、北京站、东直门交通枢纽户外显示屏，王府井大街和地铁鼓楼大街站电子显示屏滚动播放宣传海报，在全区范围内营造良好的知识产权保护氛围。

（曹汪菁）

【市人才工作局调研组调研东城区科创中心】4月21日，市人才工作局与北京海外高层次人才协会一行到东城区调研国际科创中心建设工作，东城区委组织部、东城区科信局、东城区文促中心、中关村东城园管委会、北京天街集团参加。调研组一行实地考察前门东区，并分别与天街集团、东城区科信局开展座谈。市人才工作局调研组认真听取东城区科技创新中心建设工作的情况汇报，并提出东城区应发挥区位优势，研究打造全球顶尖科学家聚落，引领国际科技中心建设，走出人才引领科技创新发展和老城更新改造的新思路。

（曹汪菁）

【城市文化互动平台项目落地】4月29日，由市科委、中关村管委会立项支持，中国传媒大学承担的“故宫以东”——城市文化互动平台项目的线下临展在王府井商业街开幕。项目将东城文化遗产、景观人物内容IP进行数字化开发，打造“故宫以东”数字沉浸式体验空间。临展现场围绕“故宫以东·城市盲盒”主题空间场景，打造游园盲盒、梦想盲盒、穿越盲盒、梦幻盲盒、虚拟盲盒、能量盲盒、国潮盲盒、太空盲盒8个文化体验空间，让文化变成可见、可触、雅俗共赏的趣味体验，让传统文化借助数字科技“活”起来。

（曹汪菁）

【“智企未来 知保护航”主题沙龙活动举办】5月12日，中关村东城园管委会在中关村协同发展创新中心组织开展“智企未来 知保护航”主题沙龙活动。邀请中关村知识产权局、东城区市场监管局、东城区法院，以及区内部分专业律师事务所和知识产权服务企业代表出席。活动从申报认证、法律保护、维权诉讼、联盟互助4个维度，将知识产权服务系统化、直观化展现。园区40家企业参加活动。

（曹汪菁）

【2021年东城科技活动周举办】5月22—28日，东城区举办主题为“百年回望：中国共产党领导科技发展”的2021年东城科技活动周。东城区科普工作联席会议各成员单位、各科普基地、社区科普体验厅、创新型科普社区、“六型”社区及有关企事业单位，因地制宜，采取线上、线下等方式面向社区居民、社会公众，广泛开展群众性科普活动，包括院士进学校活动、科普云讲座活动、专题科普发布等。线上与线下共约150万人次参加活动。

（曹汪菁）

【2020年科普专项结题】5—7月，东城区科信局先后组织专家对2020年东城区科普专项进行结题验收。“东城区垃圾分类宣传活动”“新冠肺炎后疫情期社区居民全周期健康管理科普项目”“‘科技狂欢节’——东城区青少年机器人与人工智能主题系列科普活动”“‘绿色小屋’科普宣教基地建设项目”4个项目通过专家评审，完成结题验收。各项目理论与实践相结合，提升东城区居民科学素养。

（曹汪菁）

【中关村东城园组织政企交流会】6月8日，中关村东城园组织的政企活动“5G时代下的场景应用”主题交流会在东雍文化园举办。东城区政府办、东城区发展改革委、东城区投促中心、东城区财政局、东城区科信局、东城区市场监管局、东城区税务局、东城区人力资源社会保障局、中关村东城园管委会参加活动。7家科技型企业在大数据、人工智能、云计算、虚拟现实、视联网等领域进行项目推介。针对企业在发展上的需求，各参会委办局现场解答对接。

（曹汪菁）

【中关村东城园政金企对接活动举办】6月24日，中关村东城园管委会在歌华大厦组织“金服在行动”之东城园政金企对接活动，恒信东方文化股份有限公司、东方华盖股权投资公司、北京市企业上市服务平台等50余家驻区企业及金融机构参加。东城区副区长赵海东出席活动并要求立足企业发展需求，统筹驻区银行、保险、担保、投资公司等多种类型金融资源，打造“金服在行动”园区投融资促进品牌，促进政金、政企深度交流，形成以政府主导，科技、文化、金融各要素资源融合，企业良性互动的营商环境。以金融助力，实现区域文化科技企业经济高质量发展。

（曹汪菁）

【3家企业上榜2021年中国新经济企业500强】7月23日，2021年中国新经济企业500强榜单发布，中关村东城园企业北京云杉世界信息技术有限公司、北京光线传媒股份有限公司、北京猫眼文化传媒有限公司分别位居榜单第128名、第192名、第396名。3家企业已全部纳入中关村高新技术企业库。

（曹汪菁）

【中关村东城园创新孵化集聚区企业座谈会召开】8月10日，中关村东城园管委会组织召开以“科技赋能、提速转型”为主题的中关村东城园创新孵化集聚区企业座谈会暨半年工作总结会。东城区政府办、东城区科信局、东城区人力资源社会保障局、东城区市场监管局、东城区税务局、东城区文促中心、中关村东城园管委会参加会议。北京东方嘉诚文化产业发展有限公司、北京嘉润创业商务有限公司、中关村雍和航星科技园、北京梦想加科技有限公司等12家创新孵化集聚区运营机构负责人汇报上半年总体运行情况。东城区副区长赵海东出席会议并希望企业能继续扎根东城，共谋发展，积极参与城市的更新改造，提升服务水平，孵化一批具有高成长潜力的高新技术企业。

（曹汪菁）

【入户辅导技术合同登记】9月8日，东城区科信局邀请北京市技术市场管理办公室专家，为冶金工业信息标准研究院的技术人员做关于技术合同登记的专项辅导，详细讲解技术合同及认定登记的有关内容。研究院40余名技术人员参加辅导讲座。

（曹汪菁）

【创意点亮北京活动开幕式举行】9月22日，第十二届北京国际设计周东城分会场暨创意点亮北京活动开幕式在北京来福士中心举行，东城区副区长赵海东出席并致辞。设计周活动以“绿色、生长、原创——城市更新背景下的东城创意”为主题，设有灯光及装置展、产业论坛、设计展览、艺术街区等板块，活动为期1周。其间，腾讯医疗健康（深圳）有限公司、北京信睿企业管理中心（有限合伙）、北京居然之家投资控股集团有限公司等高科技企业与园区分别签订项目合作及入驻协议；凯德置地（中国）投资有限公司、北京三体阶梯文化传媒有限公司分别发布企业项目计划。

（曹汪菁）

【中国北欧可持续发展与创新论坛开幕】9月25日，由东城区政府主办，中关村东城园管委会、中关村雍和航星科技园、IVL瑞典环境科学研究院共同承办的中国北欧可持续发展与创新论坛在中关村示范区展示中心开幕。东城区副区长赵海东致辞，并为“双碳”科技加速器、“双碳”科技服务团揭牌。作为2021年中关村论坛重要的平行论坛，中国北欧可持续发展与创新论坛以“科技创新、全球合作推进碳中和战略”为主题，聚焦全球碳达峰、碳中和科技创新和国际合作等热点话题，深度探讨在“双碳”领域的科学技术、产业实例和系统性的解决方案，助力科技界和产业界可持续发展与创新，共谋绿色发展之路。

（曹汪菁）

【获北京科学技术奖情况】9月25日，2020年度北京市科学技术奖获奖公告发布，东城区共有8项科技成果获得2020年度北京市科学技术奖。其中中国食品药品检定研究院“有毒中药活性成分研究与质量安全标准制定及应用”项目获科学技术进步奖一等奖，北京医院“分子水平的磁共振成像对中枢神经系统常见疾病的精准诊断和评估”等2个项目获自然科学奖二等奖；中国医学科学院北京协和医院“潜伏性结核感染与活动性结核病诊断和预防新体系创建及推广”等5个项目获科学技术进步奖二等奖。

（曹汪菁）

【区科信局赴化德开展对口帮扶工作】10月12—15日，东城区科信局赴内蒙古自治区乌兰察布市化德县开展对口帮扶工作。其间与德包图乡开展对口帮扶座谈会，并举行捐赠仪式。东城区内企业视联动力信息技术股份有限公司、北京大道信通科技股份有限公司及农业银行东城支行分别向德包图乡政府、有关企业进行捐赠。炫壹科技（北京）有限公司为德包图乡及化德县电商产业园举办2次直播带货的专场培训，为德包图乡的企业和青年推送最新的电商理念和直播技术。东城区科信局还前往德包图乡多罗庆醋厂、肉羊育肥良种繁育基地进行实地考察，就当地的产业发展现状、发展思路和具体需求与县、乡有关部门开展座谈。

（曹汪菁）

【“十四五”时期东城区科技和信息化规划发布】11月7日，东城区政府发布《“十四五”时期东城区科技和信息化规划（含大数据专项）》。《规划》明确今后5年科技和信息化工作的指导思想、原则和目标，制定东城区科技和信息化“十四五”期间指标体系，在优化创新空间、构筑创新生态、加强研发能力、加快数字生态东城建设、完善科技产业布局、构建协同联动新格局6个方面制定24项任务和举措，为未来5年东城区开展科技、信息化、大数据等工作指明方向。

（曹汪菁）

【科技政策法规培训会召开】11月8日，东城区科信局邀请北京市技术市场管理办公室专家，召开科技政策法规培训和技术合同登记认定线上培训会。专家详细解读《技术合同认定规则》，宣讲技术合同登记优惠政策，并和参会人员进行互动交流，鼓励企业积极申报技术合同认定登记。来自北京科吉环境技术发展有限公司等企业的120余人参加线上培训活动。

（曹汪菁）

【科普能力提升培训会召开】11月23日，东城区科信局邀请中国科学院大学人文学院专家，举办科普工作者科普能力提升线上培训会。讲解近代世界科学文化浪潮，进行国际科学素养对比分析，传授新形势下新颖的科普方式，并组织参会的科普工作者进行互动交流。东城区内科普专兼职工作人员80余人参加线上培训活动。

（曹汪菁）

【3家单位入选国家文化和科技融合示范基地】11月，科技部、中央宣传部、中央网信办、文化和旅游部、国家广播电视总局五部委联合公布第四批国家文化和科技融合示范基地名单，东城区所辖故宫博物院、

中文在线数字出版集团股份有限公司、新维畅想数字科技（北京）有限公司3家单位入选单体类基地。至此，东城区已有4家国家文化和科技融合示范基地。

（曹汪菁）

【科普工作集体和个人受到市级表彰】12月23日，市科委、中关村管委会，市委宣传部，市人力资源社会保障局，市科协四部门对2021年北京市科学技术普及工作先进集体和个人进行表彰。东城区青少年科技馆、东城区应急局获“北京市科普工作先进集体”称号；东城区生态环境局王祎、崇文门外街道办事处黄伟、鼓楼中医医院耿嘉玮获“北京市科普工作先进个人”称号。

（曹汪菁）

【文化科技融合项目立项】12月，东城区驻区企业北京重力聿画影视文化有限公司承担的“基于VR/AI技术的《故宫以东》文化旅游动漫IP示范应用”、北京锋尚世纪文化传媒股份有限公司承担的“虚拟演艺云平台研发及示范应用”和中文在线数字出版集团股份有限公司承担的“基于区块链的版权保护平台的研发及示范应用”入选市科委、中关村管委会第二批文化科技融合重点项目，获得市级科技资金支持760万元。

（曹汪菁）

【东城区企业入选2021年国内外独角兽榜单】2021年，胡润研究院发布2021全球独角兽榜单，美国以487家独角兽企业排名第一，中国以301家排名第二。北京93家企业入选领跑全国，中关村东城园高新技术企业北京云杉世界信息技术有限公司估值450亿元，全球排名第79位。36氪研究院发布2021年中国100家最具发展潜力的独角兽企业榜单，北京28家企业入选领跑全国，北京云杉世界信息技术有限公司入选。

（曹汪菁）

【非正常专利申请撤回率位列全市第二】2021年，东城区加强对专利代理行业的正向引导，加大对专利代理违法违规行为的打击力度，督促申请人主动撤回非正常专利申请。截至年底，东城区非正常申请量280件，主动撤回201件，撤回率为71.79%，位列全市第二。

（曹汪菁）

【知识产权产出情况】2021年，东城区知识产权产出量持续增长。截至年底，东城区有效注册商标137 796件，位列全市第五；专利申请量累计10 398件，位列全市第七；授权数量9283件，位列全市第七；有效发明专利22 476件，位列全市第四。每万人拥有高价值发明专利数为90.59件，位列全市第三；每百家企业商标拥有量为170.6件，位列全市第三。

（曹汪菁）

【知识产权案件查办情况】2021年，东城区市场监管局（东城区知识产权局）立案查处知识产权案件28件，办结16件，罚没款45.08万元，没收侵权商品547件。

（曹汪菁）

【知识产权服务网上申报审批】2021年，东城区市场监管局（东城区知识产权局）在“数字东城”网站实现北京市知识产权试点单位、示范单位等多个政务服务事项一网通办，率先实现网上办、零接触，提高行政办事效率、降低企业办事成本。全年推荐47家企业获评北京市知识产权试点单位，7家企业获评北京市知识产权示范单位。

（曹汪菁）

【19个科技计划项目立项】2021年，东城区科信局组织开展科技计划项目立项工作，共征集科技计划项目95项，经过专家评审等程序，“科技+智造”“科技+现代服务业”“科技+健康”“科技+低碳环保”方面的19个项目获得东城区科技计划项目立项，支持区级科技资金共150万元。

（曹汪菁）

【2021年科普专项立项】2021年，东城区科信局组织开展东城区科普专项征集工作，经过走访、专家评审等环节，北京市第五中学“中学人工智能系列科普活动”、北京科技报社“东城区2021系列科普活动”等7个科普项目获得立项，共支持区级科普经费207.59万元。支持方向为人工智能、垃圾分类、医药健康等。

（曹汪菁）

【区科信局获“北京市就业创业工作先进集体”称号】2021年，因在“援企稳岗”工作中做出突出贡献，东城区科信局科技发展科获北京市就业工作领导小组授予的“北京市就业创业工作先进集体”称号。

（曹汪菁）

【嘉诚文化入选国家级创业孵化示范基地】2021年，嘉诚文化科技融合创业孵化基地入选第五批全国创业孵化示范基地拟认定名单，成为东城区首个国家级创业孵化示范基地。

（曹汪菁）

西城区

【概述】北京市西城区科学技术和信息化局（简称西城区科信局），加挂北京市西城区大数据管理局（简称西城区大数据局）牌子，是负责西城区科技创新、信息化和大数据管理工作的区政府工作部门。内设办公室、法制科、社会发展科、科技创新科、信息化建设管理科、数据资源管理科、电子政务管理科、信息产业促进科 8 个科室，设信息中心、大数据中心、科技创新中心 3 个事业单位。2021 年，西城区科信局以习近平新时代中国特色社会主义思想为指引，发挥科技、信息化和大数据在经济社会发展、疫情防控、社会治理等方面支撑作用，推进区委、区政府决策部署落实到位；主动接受人大、政协及社会各界监督，办理市、区人大建议、政协提案 28 件，完成 10 项市、区重点工作；接诉即办工作响应率、满意率均为 100%；完成建党 100 周年等重大活动和重要时期网络安全保障任务。落实创新驱动，成效显著。获国家、北京市科学技术进步奖 18 项；区域科技资源日益丰富，中国科学院院士 18 人、中国工程院院士 32 人，市级重点实验室 54 个，占全市 11.8%，科研院所 60 家，占全市 20.1%；成功承办首届全球数字经济大会体验周启动仪式；在全市率先出台数字经济发展若干措施及实施细则，支持数字经济创新发展。软件和信息服务业营业收入达到 922 亿元，比 2020 年增长 9.3%，中国电信主板上市。制定《西城区建设全球数字经济标杆城市示范区实施方案》，打造全球数字经济标杆城市示范区。营造科技创新文化氛围，举办“百年回望：中国共产党领导科技发展”为主题的科技宣传周，开展科学普及活动。

发挥科技项目申报、高新技术企业认定辅导、科技人才培养、技术市场服务等创新平台作用，提升企业创新能力，全年服务科技企业 5200 余次，有 69 家园区外企业通过国家高新技术企业认定。区财政科技专项支持的北京安博通科技股份有限公司入选国家级专精特新“小巨人”，奇安信科技集团股份有限公司入选北京市第一批隐形冠军企业；北京市建筑设计研究院有限公司承办“冬奥会国家速滑馆国产封闭索首用关键技术研究”项目，打破国外垄断，解决“卡脖子”技术难题，科技助力冬奥。推动新基建，5G 网络信号实现全区覆盖，5G 基站建设密度位居北京市前列，政务网站建设北京市排名第一；服务 5G 产业互联网、云网融合等重点项目备案和落地实施，全年备案企业投资信息化项目 41 项，项目总投资额 767.03 亿元。优化产业生态，搭建全国网信联盟平台，央企电商联盟大数据交易中心上线。实施信息化“筑基”工程，确立“五横两纵”大数据体系架构，持续推进数据共享开放，共享市、区数据 4521 万条，面向社会开放政务数据 17 822 条。完善区块链基础服务平台，为 10 余个区块链应用提供 9 类 56 项 4700 余万条数据。加快大气污染防治、垃圾分类等城市大脑应用场景建设，支撑城市精细化管理能力显著增强。

2021 年，西城区规模以上科学研究和技术服务业企业达到 368 家。申报国家高新技术企业认定的企业有 363 家，通过认定的有 287 家，科技政策对高新技术企业覆盖率达到 100%。技术合同登记 661 份，比 2020 年提高 26.87%；合同成交额 21.55 亿元，比 2020 年提高 22.51%；技术交易额 21.08 亿元，比 2020 年提高 27.45%。专利授权数量 13 448 件，其中发明专利数量 5527 件，有效发明专利达到 39 425 件。

（李雪凝）

【数字经济政策宣讲】1 月 25 日，由西城区科信局组织的科技政策及财政科技专项立项工作会以线上形式召开。会上，西城区科信局宣讲《北京市西城区加快推进数字经济发展若干措施》及进行科技创新类项目立项合同填报，40 余家科技企业代表参加会议。

（郗　卓　仇启宇）

【西城科技周活动举办】5 月 22 日，由西城区科信局、西城区委宣传部和西城区科协共同主办的西城科技周开幕式及主场活动在北京科学中心举办。科技周以“百年回望：中国共产党领导科技发展”为主题。

通过主题演讲、科技成果展览、科普专项活动等形式，宣传党对科技发展的领导及科技自主创新、自强自立成果。中国科协“科创中国”联席会，市科委、中关村管委会，西城区相关部门负责人及社区科普志愿者近百人参加开幕式活动。西城区委副书记、区长孙硕在开幕式上致辞。北京电视台、《特别关注》、《北京晚报》等多家媒体平台对科技周开幕式进行宣传报道，提升了科技周的影响力和传播力，吸引更多市民参与。科技周期间，西城区线上、线下组织开展近百场各具特色的科普活动，活动参与者通过互动体验、讲座、比赛、参观、观影等多种形式，了解科技在智慧城市、垃圾分类、卫生健康、科学教育、消防安全等领域中发挥的作用。

（曹荣娥）

【2020年度科普统计】6月，西城区科信局牵头组织开展西城区2020年度科普统计工作，经过线上培训、数据收集、数据审查、数据分析等阶段，在参统单位配合下，按时按质完成西城区2020年度科普统计工作。统计内容涉及6大类124个统计指标，包括科普人员、科普场地、科普经费、科普传媒、科普活动及创新创业中的科普，区内国家机关、街道、学校、图书馆、医院、公园及科普基地约100家单位参与统计调查，获得的数据为全国、北京市和西城区制定科普工作政策提供重要数据支撑。

（曹荣娥）

【技术合同登记处通过执法检查】7月22日，北京技术市场管理办公室对西城区技术合同登记处进行执法检查。检查内容包括2020年度认定登记技术合同抽查、登记处专项资助经费使用情况、登记处从事与登记工作相关经营活动行为自查、登记处对商业信息保密情况自查、登记处统计信息管理情况、登记专用章保管使用情况等。登记处通过执法检查。

（冯　帆）

【开展数字经济体验周活动】7月25日，由西城区科信局牵头组织的数乐无限——2021北京数字经济体验周启动仪式在西城区北京坊举办。市政府、市经济和信息化局、西城区政府相关领导出席启动仪式。北京数字经济体验周是2021全球数字经济大会三大特色活动之一，与大会形成“高峰论坛＋落地普及”双互动。体验周覆盖22处数字经济场景地、11处数字经济网红打卡地及12处信息消费体验中心，为北京市民呈现一场全方位、零距离的数字经济触达式体验。体验周期间，西城区科信局组织区内18个委办局及街道、19家科技企业的80余人参观团，参观海淀城市大脑展示体验中心、字节跳动、美团展厅等场馆，体验科技发展成果。

（仇启宇）

【编制科普工作要点】7月，西城区科信局编制西城区2021年科普工作要点，征询各成员单位意见，分解年度目标任务，明确责任单位，部署各成员单位结合行业特点，利用科普日、科技节、防灾减灾日、世界环境日等主题宣传日，开展各类科普活动和法律法规宣传，营造区域共建共享科普工作氛围，合力推进各项科普工作落实，提升区域公众科学素质。

（曹荣娥）

【财政科技专项联席会召开】9月2日，西城区科信局组织召开西城区财政科技专项联席会。会议通报并议定2022年区财政科技专项项目征集，评审专家构成，2021年科技创新项目结题验收、延期等事项；会议要求凝练财政科技专项项目成果，做好《财政科技专项项目管理办法》修订工作。

（闫　肃）

【西城区科信局与国投创合签订战略合作协议】9月3日，西城区科信局与国投创合基金管理有限公司签订战略合作协议，旨在以全国网络信息安全创业投资服务联盟为平台，通过举办网安高峰论坛、路演、展会、沙龙、竞赛、孵化等系列活动，推动相关政策、服务体系和发展模式创新，赋能创业企业成长，促进区域网络与信息安全企业健康快速发展。

（郁　卓　仇启宇）

【17个项目获北京市科学技术奖】9月25日，2020年度北京市科学技术奖获奖公告发布。西城区共有15家单位的17个项目获2020年度北京市科学技术奖，其中北京城市排水集团有限责任公司项目“污水厌氧氨氧化高效脱氮技术体系创建与产业化应用”等6家单位项目获科学技术进步奖一等奖、中国民生银行股份有限公司项目“银行分布式核心与直销银行云服务研发及应用”等8家单位项目获科学技术进步奖二等奖、中国医学科学院阜外医院“PCSK9的表达调控与药物影响的基础研究”项目获自然科学奖二等奖。

（李　晨　韩　阳）

【开展市级科普基地申报推荐】9月，西城区科信局按照市科委、中关村管委会及市科协发布的《北京市科普基地管理办法》和下达的北京市科普基地申报工作要求，组织推荐区内27家单位参加市级科普基地申报，首都博物馆、北京天文馆和北京动物园管理处等8家单位通过初审认定。西城区将以此项工作为契机，梳理整合区内科普资源，加强科普基地规范管理。

（曹荣娥）

【发布数字经济若干措施实施细则】12 月 1 日，西城区科信局发布《落实〈北京市西城区加快推进数字经济发展若干措施〉的实施细则（试行）》，实施细则从企业入驻发展、创新能力提升、重点项目落地、产业空间承载及数字经济人才发展 5 个方面设置 15 个奖励条款，对数字经济企业和机构给予资金支持，并明确支持对象、奖补标准、申报条件、申报及评审流程等。

（仇启宇）

【科普工作集体和个人受表彰】12 月 23 日，市科委、中关村管委会，市委宣传部，市人力资源社会保障局，市科协四部门对 2021 年北京市科学技术普及工作先进集体和个人进行表彰。西城区教委、西城区科信局被评为北京市科学技术普及工作先进集体，西城区委宣传部毛红星、西城区卫生健康委郭珺、西城区科协吴涛被评为北京市科学技术普及工作先进个人。

（曹荣娥）

【技术交易市场稳步发展】2021 年，西城区科信局所属 2 个技术合同登记处共认定登记技术合同 661 份，比 2020 年提高 26.87%，合同成交额 21.55 亿元，比 2020 年提高 22.51%，其中技术交易额 21.08 亿元，比 2020 年提高 27.45%；实现输出技术合同成交额 123.5 亿元，吸纳技术合同成交额 537.3 亿元。2021 年，西城区科信局针对技术交易中虚假技术、虚假技术信息开展执法检查，全年完成执法检查案件 112 件，未出现违法案件。

（冯　帆）

【84 个项目获区财政科技专项立项】2021 年，西城区科信局开展 2022 年度西城区财政科技专项项目征集及立项工作，旨在以《北京市西城区财政科技专项项目管理办法》为依据，贯彻落实北京市高精尖产业发展系列文件精神，围绕区域经济社会高质量发展，发挥科技对区域发展的支撑作用。7 月 16 日，发布公开征集项目通知，征集到申报项目 157 项，经专家评审、区政府审议，84 个项目列入立项计划，拟支持金额 2662 万元。其中可持续发展类 20 项，拟支持区财政资金 1041 万元；科技创新类 64 项，拟支持区财政资金 1621 万元。

（韩　阳）

【9 个项目获区优秀人才项目资助】2021 年，西城区科信局开展 2021 年度西城区优秀人才培养资助项目征集和推荐工作，共征集科技人才项目 36 项。其中 9 项获得支持，包括北京建筑大学靖常峰主持的“城市街景大数据管理与城市感知关键技术”等 6 项个人骨干项目，北京市环境保护科学研究院孙雪松主持的“北京市城市核心区大气臭氧生成机制及来源研究”等 3 项拔尖团队项目，支持区财政资金总计 101.9 万元。

（李　晨　韩　阳）

【编制西城区“十四五”时期科技创新规划】2021 年，西城区科信局在完成“西城区‘十四五’时期科技创新发展思路与措施”课题研究基础上，形成《西城区“十四五”时期科技创新发展规划》审阅稿并上报区政府。《规划》包括面临形势、发展基础、总体要求、主要任务以及保障措施 5 个部分，明确加快推进国家级金融科技创新示范区建设、打造全球数字经济标杆城市示范区、建设全国先进技术应用示范区、持续推动国家可持续发展先进示范区建设 4 项总体目标，设置区域科技创新能力持续增强、高精尖产业价值更加凸显、应用场景领域全面拓展、文化科技魅力进一步彰显、可持续发展领域更加聚焦 5 项具体目标，以及确定每万人拥有高价值发明专利数、高新技术企业总收入年均增速、数字经济增加值占地区 GDP 比重等 6 项预期性指标。

（李　晨　韩　阳）

【编制《“十四五”时期智慧西城建设规划》】2021 年，西城区科信局依据《北京市“十四五”时期智慧城市发展行动纲要》《北京市关于加快建设全球数字经济标杆城市的实施方案》《北京市西城区国民经济和社会发展第十四个五年规划和二〇三五年远景目标纲要》等文件，完成《“十四五”时期智慧西城建设规划》编制工作。“十四五”时期，西城区将立足核心区功能定位，以“智慧西城”建设为主线，拓展“七有”“五性”智慧支撑，围绕强基础、保安全、提服务、促发展的建设理念和“海绵城市”、韧性城市建设需求，融合打造“数字西城”核心任务，数字经济、数字政府、数字社会、数字生态建设取得新进展、新成果；立足物理和数字两个智慧城市基础支撑，推进全区“一张网、一体云、一中心、一套码、一条链、一张图”和“一站、两端”建设，构建“指尖西城”服务体系，建成新型绿色大数据中心，智慧公共安防、智慧政务、智慧城市管理、智慧公共服务、智慧产业五大体系建设更加配套完善，助力全球数字经济标杆城市示范区、国际消费中心城市示范区、国家级金融科技创新示范区、国家服务业扩大开放综合示范区、公共文化服务体系示范区创建发展。

（徐明三）

【城市大脑建设】2021年，西城区城市大脑按照专业化、集约化、扁平化工作模式，统筹整合政企资源，采用联合工作方式开展建设。5月7日，项目启动。截至年底，实现城市运行领域第一批重点场景应用上线，累计归集54类2000余万条数据，完成10个子系统开发部署。综合交通场景完成全景大屏和人民医院重点场景示范应用，并在国庆期间为西城区共享单车平稳运行提供保障；大气污染防治、垃圾分类和市容环境秩序场景均完成相关功能开发和培训，垃圾分类场景通过数据分析实现预警1062次；“一张图、一条链、一套码”3个基础平台在不断优化设计和功能的同时，完成支撑应用场景所需求数据对接，并提供数据共享、底图支撑等服务。经与市经济和信息化局、市大数据中心沟通，西城区城市大脑拟作为全市试点工程开展建设工作。

（徐明三）

【科技型中小企业评价工作开展】2021年，西城区科信局开展全程网上办理科技型中小企业评价服务工作，做好企业评价信息形式审查初审和科技政策宣传培训工作。全年有181家区内企业取得科技部全国科技型中小企业入库编号。

（杨　月）

【科技政策指引选编工作开展】2021年，西城区科信局收集整理部分与科技企业相关的现行政策，编辑印刷《科技政策指引选编（2021）》，汇总科技企业相关政策事项100余项，并在每项政策申报或事项办理内容后附有联系单位和联系电话，以推动科技企业支持政策落实。

（杨　月）

【为69家企业提供融资担保】2021年，西城区科信局协调北京中关村科技融资担保公司为西城区69家企业提供融资担保117项，担保金额共计65 338万元，其中科技企业34家，融资担保62项，担保金额30 580万元。

（杨　月）

【技术市场统计年报工作开展】2021年，西城区科信局围绕分析西城区技术市场特点、重点产业领域技术交易状况等要素，以数据监测提供为理论依据，继续开展西城区技术市场统计年报工作，增加西城区技术市场“‘十三五’回顾”板块，用翔实数据将西城区技术市场5年来发展概况和转型升级过程进行全方位总结归纳。“十三五”期间，西城区技术市场呈现高质量快速发展，技术合同成交额首次突破1200亿元，达到1212亿元，比“十二五”时期增长1倍。

（冯　帆）

【编制科技统计手册】2021年，西城区科信局为便于各界查阅西城区科技资源，继续开展《西城区科技统计手册》的编制工作。手册涵盖区域内科技单位、科技人员、科技经费、科技活动和科技产出基本情况。截至2020年底，全区共有国家工程技术研究中心和北京市工程技术研究中心26个，国家重点实验室和北京市重点实验室56个，市级以上科技企业孵化器和众创空间13个，北京市企业研发机构6个，北京市企业技术中心35个。区域科技基础条件日益丰富。

（杨　月）

【设立线上《科普之窗》专栏】2021年，西城区科信局在区政府网站设立科普宣传专栏——《科普之窗》，设立“科普纵览”“科普活动”“相关法律法规”等模块，其中“科普纵览”板块涵盖卫生健康、消防安全、垃圾分类等领域科普知识及相关科普活动，对民众关心的热门话题进行科学引导和广泛宣传，全年推送科普文章约70篇。

（曹荣娥）

【软件和信息服务业发展情况】2021年，西城区规模以上软件和信息服务业企业实现营业收入922亿元，比2020年提高9.3%，实现增加值222.7亿元，比2020年提高8.0%。其中，电信、广播电视和卫星传输服务实现收入515.2亿元，比2020年提高0.3%；互联网和相关服务实现收入107.5亿元，比2020年提高29.7%；软件和信息技术服务业实现收入299.3亿元，比2020年提高21.1%。

（仇启宇）

【科技政策系列培训会召开】2021年，西城区科信局共召开3期科技政策培训会，对研发费用税前加计扣除政策及实务操作、北京市高精尖产业技能提升培训补贴实施办法、高新技术企业认定及操作流程、软件企业涉税优惠及会计实操、《安全生产法》《北京市生产经营单位安全生产主体责任规定》等政策进行宣讲和辅导。320余名相关企业人员参加培训。

（杨　月）

朝阳区

【概述】北京市朝阳区科学技术与信息化局（简称朝阳区科信局）是朝阳区政府主管全区科技和信息化工作的综合职能部门。内设办公室、发展规划科、社会发展科技科、产业发展科、信息化促进科、信息化管理科、信息产业发展科、政务网络安全科、大数据管理中心、生产力促进中心。2021 年，朝阳区数字经济核心区战略地位明确，重点项目相继落地。推动中国工业互联网研究院、北京鲲鹏联合创新中心等功能性平台建设；成立北京市朝阳区工业互联网创新发展创业集群生态集聚中心；北京国际大数据交易所落地朝阳；推动数字经济新型基础设施布局，加快新场景应用，推进 CBD 区域交通综合治理、奥林匹克公共区、三里屯等重点区域应用场景建设。承办 2021 年全球数字经济大会主论坛及 6 场分论坛，集中展现北京在建设全球数字经济标杆城市中的数字经济发展成就。聚焦“两区”建设三单管理系统，对政策、空间、企业实现清单化管理，实现对 105 个产业贮备项目和 123 个空间资源的数据归集及可视化展示。

2021 年，全区高新技术企业达 4217 家，年收入突破 7700 亿元，爱慕股份有限公司、北京青云科技股份有限公司、北京建工环境修复股份有限公司等 10 家高新技术企业在境内外上市；独角兽企业 27 家，总估值 662.4 亿美元，分别占全市的 32.9 和 13%。高等学校 19 家、科研院所 89 家，建成国家和省部级重点实验室 175 个、工程技术研究中心 70 余家，占比均超过全市的 1/5；跨国公司地区总部达 129 家，占全市的 70%，较 2015 年增长 15.7%；国际科技合作基地 60 家，占全市的 15%；累计建成 5G 基站 4402 站，建设数量全市第一。全年登记技术合同 8660 项，技术合同成交额 1402.4 亿元。2021 年上半年，科技服务业和软件信息服务业新增注册企业 5528 家，其中注册资本 1000 万元以上企业达 1180 家。1—9 月，科技、信息服务业分别实现区级收入 23.14 亿元、24.43 亿元，比 2020 年分别增长 23.06%、30.28%；全区拥有各类创业孵化机构 114 家，在孵企业数量 6028 家，形成“创 E+”“E9”等一批创业孵化品牌。其中，望京科技园、普天电子城等 3 家国家级孵化器获评“优秀（A 类）国家级科技企业孵化器”。全区拥有市级科普基地 60 家，占全市的 14.2%，首个“5G+MR”智慧场景科普体验落地朝阳 751 火车街区，中国铁道博物馆入选首批国家交通运输科普基地，朝阳循环经济产业园入选国家生态环境科普基地。

（李小骏）

【朝阳循环经济产业园入选国家生态环境科普基地】1 月 19 日，科技部、生态环境部联合公布第七批国家生态环境科普基地名单，北京市朝阳循环经济产业园入选，这是自 2019 年《国家生态环境科普基地管理办法》修订后，朝阳区首家入选国家生态环境科普基地的单位。该产业园也是市级科普基地，在垃圾无害化处理、传播生态科学知识、提高百姓环保意识等方面发挥着积极的作用。

（李小骏）

【“百进千”科技需求对接会举办】3 月 19 日，首都科技条件平台朝阳工作站联合中国科学院、中国建筑材料集团有限公司、北京服装学院、北京工业大学 4 家研发实验服务基地举办“百进千”科技需求对接会暨高精尖产业政策解读会。会上，科技部创新创业导师对高精尖产业政策进行宣讲；市科委、中关村管委会相关负责人对首都科技条件平台资源及首都科技创新券政策进行解读；研发实验服务基地专家围绕各自基地重点实验室、科技成果、创新人才等资源情况进行分享。在企业科技需求对接环节，北京博创智联科技有限公司、中际博信（北京）科技有限公司等企业代表介绍各自企业遇到的技术瓶颈、科研难题，基地专家进行逐个剖析和技术指导。区内 80 家企业 150 余人参会。

（李小骏）

【朝阳 AI 领军人才高级研修班举办】3 月 26 日—4 月 29 日，由朝阳区科信局、朝阳区国资委、朝阳区高层次人才中心主办的朝阳区 AI 领军人才高级研修班在国际创投集聚区举办。该研修班是朝阳区重点打造的高端人才服务品牌。科技部、清华大学及北京市商汤科技开发有限公司等部门的专家围绕国家人工智能发展规划、企业数字化转型、人工智能技术应用等开展专题授课。课程设计研讨交流、案例分析、项目路演、团队训练、参观考察等环节，以全面提升科技企业的高层管理人员对人工智能的应用实践能力。来自北京影谱科技股份有限公司、北京优锘科技有限公司、北京时代凌宇科技有限公司等企业的核心管理团队成员110人参加培训。

（李小骏）

【北京国际大数据交易所落地朝阳】3月31日，由北京金融控股集团有限公司牵头成立的北京国际大数据交易所落地朝阳区，这是国内首家基于“数据可用不可见，用途可控可计量”新型交易范式的数据交易所，定位于打造国内领先的数据交易基础设施和国际重要的数据跨境流通枢纽。北京国际大数据交易所是北京市落实建设国家服务业扩大开放综合示范区和中国（北京）自由贸易试验区数字经济领域重点项目，也是创建全球数字经济标杆城市重要内容，是数字经济时代战略布局的新型基础设施，是推动数据要素市场化配置的重大探索。11月，北京国际大数据交易所举办线上推介发布会，落地一系列数字经济创新发展成果，包括全国首发数字交易合约、入驻首批数字经济中介服务商、启动医疗数据算法创新应用等。

（李小骏）

【入选北京市科技企业孵化器】3月，市科委、中关村管委会认定2020年度北京市科技企业孵化器，朝阳区8家企业入选，分别是北京高技术创业服务中心有限公司、北京时代凌宇科技孵化器有限公司、北京科创空间投资发展有限公司、星库空间（北京）创业投资有限公司、北京西啻威荣科技发展有限公司、北京高创天成国际企业孵化器有限公司、宝业通（北京）科技孵化器有限公司、北京瀚海智业国际科技发展有限公司。截至年底，朝阳区拥有各类创业孵化机构114家，其中市级科技孵化器11家。在孵企业数量6028家。

（李小骏）

【新冠病毒疫苗接种平台上线】3月，由朝阳区科信局建设的新冠病毒疫苗接种线上预登记平台上线，区内市民可根据需要，通过微信小程序“朝阳区疫苗接种核验平台”进行线上预登记，在朝阳区43个街乡119个接种点中进行选择。8月17日，由朝阳区科信局开发的朝阳区健康监测平台上线试运行。平台包含上报系统（居民端）和管理系统（后台管理端）两部分。居民可通过扫描二维码进入健康填报页面，按照填报要求上报相关健康信息；社区工作者和医护人员可登录管理后台，查看居民健康信息上报情况。对未按时填报人员，系统自动短信催报提醒；当监测人员身体异常时系统及时预警。平台以信息化手段建立起社区居民、社区工作者、医护人员三方沟通桥梁。

（李小骏）

【多举措保障北京冬奥会】3月，朝阳区科信局按照朝阳区冬奥会和冬残奥会运行保障指挥部工作安排，配合相关部门开展人力保障准备、现场基础环境准备和系统连通测试工作。9月，区科信局配合区冬奥专班及赛会场馆单位推送“相约北京”小程序功能测试版上线试用。小程序可根据手机系统实现双语言显示，多语言动态适配。主要功能模块包括赛事人员健康监测、赛事人员乘车统计、核酸检测查询、链接“北京朝阳”英文网站展示宣传朝阳投资环境与发展前景。12月，区科信局推动区科技冬奥5G+8K超高清屏建设工作，市经济和信息化局、市超高清视频公司选择奥林匹克森林公园南门、京东方科技集团股份有限公司、蓝色港湾国际商区、北京方恒购物中心4个点位进行户外大屏建设；市广电局、相关基础运营企业在望京文化服务中心、双井文化服务中心、将台文化服务中心、南磨房石门社区、安华西社区等27个点位部署室内8K电视机。

（李小骏）

【朝阳科技周举办】5月22—28日，朝阳区科信局、朝阳区委宣传部、朝阳区科协共同主办2021年朝阳科技周活动。活动以“科技朝阳，创见未来”为主题，采取主场科技表演秀、分会场活动、线上系列活动相结合的方式，整合区内科技企业、科研院所、科技场馆、街乡学校等资源，组织开展科技表演秀、科普基地主题打卡、科普进社区进校园、“云上”科普讲座等多层次、广覆盖、高显示度的区级示范活动。科技周主场设在望京SOHO喷泉广场，以科技表演秀开启，通过人与机器牛舞蹈、智能小提琴演奏、科普互动实验、学生科技展示等环节，融合前沿科技成果及新媒体技术，营造活动氛围，吸引市民4000余人参与。北京电视台、《北京日报》、朝阳有线电视台、《朝阳报》等近20家媒体对活动进行宣传报道。

（李小骏）

【开展科普统计工作】5月，根据科技部《关于开展2020年度全国科普统计调查工作的通知》和北京市科普工作联席会议办公室《关于开展2020年度北京市科普统计调查工作的通知》要求，朝阳区科信局牵头组织朝阳区2020年度科普统计调查工作。统计范围涉及30余个委办局及直属单位、43个街乡及辖区内市级科普基地等单位，统计形式为以法人为单位线上填报数据，统计内容包含科普人员、科普场地、科普经费、科普传媒、科普活动、创新创业中的科普等6大类124项指标，综合调查朝阳区科普资源基本情况。获得的数据为全国、北京市和朝阳区制定科普工作政策提供重要数据支撑。

（李小骏）

【第七届全国青年科普创新实验暨作品大赛颁奖典礼举办】7月22日，由中国科协主办的第七届全国青年科普创新实验暨作品大赛全国总决赛及颁奖典礼在中国科技馆举办。大赛围绕“智能、安全、环保”主题，设置“创意作品”和“科普实验”2个单元，分为“智能控制”“未来教育”“生物环境”“风能利用”4个命题，重点关注前沿科学技术及科学教育理念的应用与普及。大赛设28个赛区，共征集到全国2167所中学和604所大学的32 848支队伍报名参赛，参赛规模达历年之最。经初赛、复赛，共30支队伍150件作品进入总决赛。来自北京、江苏、广东等赛区的15个团队获一等奖，其中北京赛区代表队获智能控制大学组全国一等奖、智能控制中学组全国一等奖。

（李小骏）

【“凤凰计划”科技领军人才申报】7月26日，2021年“凤凰计划”科技领军人才评选认定线上初审工作完成。认定分科技创新领军人才、科技创业领军人才2类。共169人申报，其中科技创新领军人才127人申报，科技创业领军人才42人申报。“凤凰计划”由朝阳区高层次人才中心统筹，朝阳区科信局、中关村朝阳园管委会、朝阳区科协3家单位具体落实科技领军人才评选工作，其中朝阳区科信局为牵头单位。

（李小骏）

【2021北京数字经济体验周举办】7月26日—8月1日，2021北京数字经济体验周举办。体验周由北京市政府、国家发展改革委等共同主办，是2021全球数字经济大会的三大特色活动之一，与大会形成“高峰论坛＋落地普及”双互动。体验周系列活动下设4大板块，包括数字经济场景开放日、数字技术大体验、数字经济网红打卡地探访、数字生活消费体验。活动覆盖22处数字经济场景地、11处数字经济网红打卡地及12处信息消费体验中心，其中朝阳区规划艺术馆、三里屯、望京小街和温榆河公园四地助力数字经济网红打卡地探访板块，旨在选出北京市内最具潮流、创新的地标性场所，邀请广大市民前往参观打卡，感受数字经济与生活的息息相关。地标地包括潮流商圈、公共休闲场所、科技创新园区等。同时，朝阳区内中国工业互联网研究院等6家展馆及苏宁易购慈云寺店信息消费体验中心等4个数字生活消费体验中心面向广大市民开放。

（李小骏）

【信息消费与数字生活专题论坛举办】8月2日，由朝阳区政府主办的信息消费与数字生活专题论坛在国家会议中心举办。论坛以“新型消费助推经济增长 信息技术构建数字中国”为主题，邀请政产学研专家学者，聚焦信息消费新业态新模式，研讨国内信息消费发展战略。论坛上，国家信息消费示范城市行（北京站）启动仪式举行，旨在宣传北京打造全国数字经济发展先导区和示范区，发挥北京市商务消费优势和信息技术优势，依托朝阳区地标性特色商圈，推广全国信息消费城市行；推动信息消费产品创新、业态创新和模式创新，助力北京全球数字经济标杆城市建设。

（李小骏）

【安全服务机器人助力全球数字经济大会】8月2—3日，由北京市政府、国家发展改革委等共同主办的2021全球数字经济大会在国家会议中心举办。大会采取线上与线下相结合的方式，设置以会、论、赛为主体的“1+3+N”内容，包括1个开幕式和主论坛，3大特色活动（数字经济体验周、全球数字经济创新大赛和企业家座谈会），以及20余场平行论坛和成果发布会。按照北京市疫情防控政策要求，朝阳区科信局在会场入口部署安装15台安全服务机器人，支撑大会疫情防控。会议期间，安全服务机器人累计核查近3000人次，实现对参会者体温、健康宝状态、核酸检测结果及疫苗接种情况的一体化监测，以“技防”代替“人防”，提高参会者进出会场的效率，保障参会者信息的准确性。

（李小骏）

【开展科普活动】9月8日，朝阳区科信局在中关村朝阳国际创投集聚区举办“小手触科技 智慧创未来”主题科普活动。邀请北京市陈经纶中学分校小学部20余名师生走进朝阳“城市智慧大脑”展厅，参观朝阳区智慧城市建设成果，组织开展小学生科技论坛，聆听小学生对朝阳区未来智慧城市发展的心声，以丰富多彩的科普活动点亮小学生“开学第一课”。10月14日，朝阳区科信局在平房乡定福家园南社区组织开展“节能降碳 健康生活”主题科普宣传活动。通过专家讲座、展览展示、互动体验等方式送科技下乡，吸引社区居民参与科普活动，学习科学知识，培养节能环保意识，倡导健康生活理念。

（李小骏）

【北京市科学技术奖获奖情况】 9月25日，2020年度北京市科学技术奖获奖成果名单公布。朝阳区15项成果获奖，其中自然科学奖8项、技术发明奖1项、科学技术进步奖6项。中国科学院遗传与发育生物学研究所与相关单位联合申报的“寨卡病毒爆发与致病机制研究”项目获得自然科学奖一等奖，北京工业大学与相关单位联合申报的“半导体芯片结温与系统热阻构成无损检测关键技术及应用”项目获得技术发明奖一等奖，中国科学院微电子研究所与相关单位联合申报的“12英寸先进集成电路制程电感耦合等离子刻蚀机研发及产业化”项目获得科学技术进步奖一等奖。

（李小骏）

【举办科技“三下乡”活动】 9月29日，朝阳区科信局会同朝阳区卫生健康委、朝阳区文旅局、朝阳区科协到豆各庄乡文化服务中心开展文化科技卫生“三下乡”活动。活动中，区科信局整合中国食品发酵工业研究院、北京科技报社等科普基地优质资源，围绕“食品安全与健康”主题，通过实物展示、扫码学习等方式，为当地群众讲解生活中常见的食品添加剂、发酵食品等相关科学知识；立足生产生活，现场布置科学“流言”板，并发放《应知应会系列宣传册——社区居民、青少年素质提升系列》、2021年《北京科技报》等科普宣传资料。活动现场100余人在区科信局展台咨询。

（李小骏）

【信息化专项资金预算项目技术审核工作完成】 10月，按照《北京市朝阳区信息化专项资金管理办法》及实施细则的相关要求，朝阳区科信局负责完成信息化专项资金预算项目技术审核工作，研究编制信息化专项资金“一上”“二上”建议方案。64个区属委办局申报2022年信息化专项资金预算项目，其中申报“一上”项目596个，总金额4.2亿元。

（李小骏）

【中国证监会到北京工业大学调研】 12月3日，中国证监会一级巡视员刘健钧到北京工业大学调研，并与北京工业大学校党委书记谢辉及相关处室、学院负责人座谈交流。座谈会上，朝阳区介绍辖区科技创新创业工作整体情况、中关村朝阳园科技园区建设情况及北京国际创投集聚区2.0建设方案、科创引导基金推进情况；北京工业大学介绍学校发展规划及教育教学、大学生创新创业和人才培养情况，并从相关学院职能多角度提出开展合作的建议；中国证监会介绍创新、创业、创投融合发展理念和推进路径。参加座谈各方围绕汇聚整合资源、推进创新创业创投融合发展、共促创新人才培养、辐射带动周边区域发展等方面进行交流，探索互利共赢合作模式。朝阳区科信局、中关村朝阳园管委会等单位领导参加调研。

（李小骏）

【朝阳区软件正版化检查】 12月17日，北京市使用正版软件工作联席会议考核组检查朝阳区2021年度软件正版化工作。考核组现场查阅朝阳区卫生健康委、朝阳区国资委、朝阳区教委等100多家政府机关单位及机构的计算机软硬件采购、正版软件管理的相关制度、授权协议、安装台账等正版化工作资料；现场随机抽取机关单位2家、朝阳区卫生健康委系统医疗机构3家、朝阳区国资委系统企业2家进行实地检查。在各检查点现场利用网络版检查工具对7家单位办公电脑进行在线检查，实地抽查若干台办公电脑，并核查制度落实情况。考核组认为，朝阳区软件正版化各项工作制度完善，国产办公软件采用场地授权方式实现全覆盖；朝阳区卫生健康委系统软件正版化工作规范，材料齐全、清晰、准确，现场检查开机率接近100%，正版化率100%，值得全市学习借鉴。朝阳区软件正版化工作通过考核。

（李小骏）

【科技计划项目实施】 2021年，朝阳区科信局为发挥科技创新在朝阳区“十四五”时期经济社会发展中的支撑作用，聚焦朝阳区文化、国际化、大尺度绿化“三化”主攻方向，围绕节能环保、城市管理与社会建设、科学技术普及三大领域10个重点方向，实施2021年度科技计划项目19项，安排科技资金455万元，带动社会资本900余万元，支持科技成果推广应用和示范试点，以提升社会治理精细化管理水平，推进朝阳区社会管理创新与民生改善。

（李小骏）

【5G基站建设情况】 2021年，朝阳区累计建成5G基站4402站，建设数量继续保持全市第一。5G信号基本实现五环内室外连续覆盖，五环外重点地区、重点场景精准覆盖。京沈高铁朝阳段、第四使馆区、温榆河公园、冬奥场馆等重点区域的5G网络建设得到推进。

（李小骏）

【朝阳区政府网站优化】2021 年，朝阳区科信局对朝阳区政府网站进行优化提升。从优化用户访问、方便查找信息、增强用户体验等方面着手，对信息检索、智能问答、无障碍通道、办事服务功能进行全面升级，并与朝阳通 APP 实现互联互通信息共享，确保网站功能系统更加完善、实用、便捷。经过 3 个月研发测试和 1 个月试运行，8 月，朝阳区政府网站全新改版上线，实现政府网站功能全面升级，服务更加智慧便民。

（李小骏）

【区政务网络升级】2021 年，朝阳区政务网核心网络升级至双节点四核心全万兆，性能提升 4 倍；升级区级统一互联网出口带宽达到 6G，形成三大运营商线路互备模式；区内 43 个街乡和重点委办局约 130 个节点单位达到 1000 兆宽带接入能力。推进区级电子政务云平台建设，为各部门提供全方位政务云存储、云部署、云安全服务，已有 80 多个应用系统在云平台稳定运行。

（李小骏）

【朝阳区地理信息数据平台建设】2021 年，朝阳区科信局组织建设朝阳区地理信息数据平台（GIS），形成数据承载“一张图”，完善数据 35 万条，迁移 100 多个业务图层，为 20 多个部门提供稳定的高性能空间信息基础服务。

（李小骏）

【企业诚信管理】2021 年，朝阳区科信局推行企业诚信管理，开展信用承诺工作，将 156 个事项纳入信用记录，累计纳入 500 余个事项。全面归集企业红黑名单数据 2 万条，联合奖惩案例数据 5 万条。统筹推进“信易 +”“信易贷”便企惠民专项工作，制定区级政策文件 60 余个。

（李小骏）

【“城市智慧大脑”建设】2021 年，“城市智慧大脑”建设支撑朝阳区成为全市 16 区唯一入选国家智能社会治理实验基地——城市管理特色基地。朝阳区“城市智慧大脑”建设以“一个中心、三大平台、五大基础库、三大体系、三大专项、N 个智慧应用”为总体构架，为城市全域感知、深度洞察、融合应用、科学决策奠定良好基础。完成“城市智慧大脑”综合展示平台搭建，包含“城市管理大脑”“城市经济大脑”“城市安全大脑”“城市健康大脑”等分平台，提供全区经济发展、城市管理、应急安全、医疗卫生等核心指数；完成“城市智慧大脑”指挥调度中心、综合展示体验中心搭建，汇集科技战“疫”、疏解整治专项治理、街乡吹哨部门报到指挥、智慧物业、垃圾分类、智慧社区等多个平台资源，在疫情常态化精准防控、贯彻落实“两个条例”、抓住两件“关键小事”等方面发挥实质作用；完善“城市智慧大脑”建设标准，制定“城市智慧大脑”建设项目管理工作规则，修订完善 16 项电子政务技术标准规范，为“城市智慧大脑”平台建设提供技术标准指南。

（李小骏）

【智慧城市项目建设】2021 年，朝阳区科信局牵头支持 19 个街乡的 19 个智慧型社会治理项目建设。聚焦解决民生实事的示范型信息化项目，提升街乡疫情常态化防控和社会治理能力；朝阳区交通态势评价可视化展示平台实时展现全区交通状态，并依据拥堵指数对各个街道、重点区域、重点路段进行排名显示，为市民提供交通出行指引；助力智慧温榆河公园建设，实现导航停车、临时停车场标注、人流热度监控及限流预警等功能，为公园节假日限流管控提供数据支撑；人口大数据“三网”融合平台建设，建立实有人口动态管理体系，形成“人口大数据分析”“疫情专题分析”“商圈客流分析”“景区游客分析”四大模块；完成智慧社区治理数据分析平台建设，归集全区 31 个街乡 113 个社区 2560 台智能设备的基础信息 41 万余条；完成东坝家园智慧物业实景超融合平台建设，运用 AR 技术直观展示辖区内建筑、道路、公共设施等，形成智慧物业视频实景“一张图”。全区社会综合治理向“智理”转变。运用大数据、物联网、移动互联等技术，推动城市管理、社会服务、社会治安领域深度融合。汇聚全区超 7000 路视频监控信息并进行智能行为分析，依托区人口大数据服务、智慧物业管理、信用信息、舆情感知、群租房居住密度、地理信息公共服务等共性平台，实现全区各类社会治理要素的标准化、可视化管理，社会运行调试的全天候、全方位感知。

（李小骏）

海淀区

【概述】北京市海淀区科学技术和经济信息化局（简称海淀区科信局），是贯彻落实党中央关于科技创新、软件和信息服务业、信息化方面的方针政策、决策部署和市委、区委有关工作要求的区政府工作部门。2021年，海淀区科信局围绕科技创新出发地、原始创新策源地和自主创新主阵地三大定位，深化“两新两高”战略，抢抓“两区”建设机遇，聚焦中关村科学城建设，全面提升创新发展能级，各项工作取得积极进展。

海淀区内北京量子信息研究院、全球健康药物研发中心、智源人工智能研究院、北京石墨烯研究院等新型研发平台加速发展。北京市自然科学基金——海淀原始创新联合基金支持68个项目，推进国家自然科学基金区域创新发展联合基金（北京）工作，海淀区企业联合参与27个项目。强化高校院所、企业等各类创新要素协同发展，促进科研成果市场化、效益化。加快推动北航、中国科学院北京分院、清华概念验证中心建设，成立全国首个临床医学概念验证中心——北医三院概念验证中心，推动科技成果转移转化；多元开放、高度聚合的区域创新体系逐步完善。“两区”建设初见成效，印发《海淀区“两区”建设工作方案》《中国（北京）自有贸易试验区科技创新片区海淀组团实施方案》，加强“政策、空间、项目”清单管理，汇总区级层面有效政策32项，梳理自贸区产业规划用地总建筑规模1500万平方米，梳理世界500强、独角兽、隐形冠军等各类目标企业近600家；自贸区海淀组团新增工商注册企业180家，其中新增内资企业177家，外资企业3家，新增内资企业注册资本近20亿元，合同外资金额4035万美元，实际使用外资金额6506.59万美元；“两区”建设方案中的84项任务，已有“海英计划”升级版、中国（北京）知识产权保护中心、离岸创新中心建设、技术转让所得税优惠政策等12项任务落地；自贸区科技创新片区“人才E+”工作站在中关村壹号揭牌成立。

2021年，海淀区国家高新技术企业9776家，中关村高新技术企业11 170家；独角兽企业50家；上市公司总数达253家。技术合同登记61 323份，技术合同登记总额达2920.8亿元，比2020年增长43.2%，占北京市的41.7%，居北京市首位，技术合同成交额2920.8亿元，比2020年增长43.2%，占北京市的41.7%，专利授权量71 703件，比2020年增长17.7%，占北京市的36.1%。其中，发明专利授权量40 455件，比2020年增长19.6%，占北京市的51.1%，PCT专利申请量4085件，比2020年增长16.8%，占北京市的39.4%。截至年底，全区有效发明专利拥有量193 194件，占北京市的47.7%，每万人发明专利拥有量617.2件（按海淀区2020年常住人口313万人计算）。

（程晓荷）

【社会信用体系建设】1月7日，海淀区政府印发《海淀区公共信用信息管理细则》，进一步规范信用信息收集及应用，做到信用信息“应归尽归”，确保信用信息记录完整准确、及时有效，完善海淀区社会信用体系建设制度。

（田京京）

【《自由贸易试验区海淀组团实施方案》印发】1月18日，海淀区“两区”建设领导小组办公室印发《中国（北京）自由贸易试验区科技创新片区海淀组团实施方案》，系统明确基本规划情况、未来3年发展目标、主要任务和举措、保障措施等内容。《方案》明确规划范围内的土地利用为自贸试验区科技创新片区海淀组团用地面积21.59平方千米，建筑规模总计约1840万平方米，组团内规划产业用地面积约9平方千米，建筑规模约1500万平方米；规划优势产业以科学研究和技术服务业、信息传输、软件和信息技术服务业为主，并涵盖新一代信息技术产业、医药健康、高端装备和智能制造等行业。未来3年，科技创新成为海淀发展最亮底色，数字贸易港建设“1+N”引领产业集群发展，建设具有全球影响力的金融科技创新中心，功能性机构和人才引进推升国际性，探索“2+1”三区联动共建机制创新。强调推动高水平的投资贸易自由化便利化，着力推动创新驱动提质增效，全面推进数字经济和数字贸易发展，高质量发展优势特色产业，深化金融领域开放创新，探索京津冀协同发展新路径，打造国际一流营商环境 7 项任务和举措。

（程晓荷）

【《海淀区“两区”建设工作方案》印发】 1 月 18 日，海淀区“两区”建设领导小组办公室印发《海淀区“两区”建设工作方案》，搭建“4+3+5”的任务目标体系。“4”是指 4 项重点制度创新政策落地，即探索建设国际信息产业和数字贸易港、强化知识产权运用和保护、打造全球创业投资中心、建设具有全球影响力的金融科技创新中心；“3”是指推进信息业、医药健康、科技服务 3 大重点产业升维发展，以“制度创新 + 重点平台项目”提升产业开放生态；“5”是指建设自贸试验区科技创新片区、中关村软件园、东升科技园、中关村西区、清华科技园 5 大科技园区，探索“重点园区 + 主导产业 + 项目带动”开放新模式，5 大重点示范园区多点发力，齐向推动“云团式”产业链集群开放。

（程晓荷）

【海淀（中关村科学城）城市大脑智能运营指挥中心揭牌】 2 月 7 日，海淀区委书记、区长共同为海淀（中关村科学城）城市大脑智能运营指挥中心（IOCC）揭牌，标志着海淀（中关村科学城）城市大脑智能运营指挥中心系统正式上线启动。IOCC 在空间构造上以简洁、环保、人文、智慧为设计思路，形成多功能指挥大厅、视频会议室、会商室、网络安全应急指挥中心、技术保障区 5 个空间的一体化科学布局，成为海淀城市大脑智慧中枢、重大活动保障及城市治理综合指挥调度核心、新型城市形态发展成果会客厅。IOCC 建设中利用区内科技优势，实现 3 个“国内首次”：国内首次将数字孪生引擎实际应用于超大城市级精细化管理运营，国内率先实现城市级多维异构数据的融合应用，国内首创基于业务场景的人机智能交互工作模式。10 余家各领域优秀企业作为共建单位，以业务需求助力产业升级，在多个方面形成标杆示范。

（程晓荷）

【“两区”建设高端产业协调组成立】 2 月 18 日，中关村科学城管委会牵头组建海淀区“两区”建设高端产业协调组，制定并印发《海淀区“两区”建设领导小组金融及高端产业协调组工作方案——高端产业》，从加快基础前沿和关键核心技术突破，推进高精尖产业融合发展、优化升级和“两区”项目建设等方面，推动海淀区“两区”高端产业发展。

（田京京）

【自贸区科技创新片区“人才 E+”工作站成立】 2 月 20 日，中国（北京）自由贸易试验区科技创新片区“人才 E+”工作站在海淀区中关村壹号揭牌成立。“人才 E+”工作站位于北清路中关村壹号园区北部服务大厦，总面积 700 余平方米，设有政务咨询服务专区、专业人士指导专区、路演交流分享专区、自助业务办理专区。其中，政务咨询服务专区为海内外高层次人才提供各类人才政策咨询服务，为自贸区科技创新片区内相关用人主体提供北京市工作居住证、APEC 商务旅行卡便捷办理等服务。工作站整合政府和专业机构的优势资源，为自贸区科创片区内的高层次人才、企业及创新创业团队提供“央地”人才对接交流、人才招聘需求对接、人才下沉事权服务、人才政策咨询、人才发展专业赋能等服务。

（程晓荷）

【海淀“两区”建设 13 个项目签约】 3 月 2 日，2021 年海淀区推进“两区”建设重点项目签约仪式在中关村示范区展示中心举行，海淀区委、区政府，区属各委办局负责人以及重点项目相关企业负责人出席活动。仪式上，海淀区政府与小米科技有限责任公司、北京字节跳动科技有限公司、国铁国际工贸有限公司、深信服科技股份有限公司、拟未（北京）科技有限公司等 13 个重点项目签约，海淀区“创新合伙人”再次扩容。海淀区将与签约的 13 个重点项目企业深度合作，在总部基地、研发中心等建设方面提供产业空间支持，同时在产业资金、人才、居住等方面给予相关政策支持。

（程晓荷）

【知识产权协同保护合作签约】 4 月 9 日，北京市知识产权保护中心与海淀区人民检察院举行知识产权协同保护合作签约仪式，双方签署《知识产权协同保护合作框架协议》，以专业检察官定期入驻模式常态化开展法律服务，形成区域知识产权保护合力。并为知识产权检察联络站揭牌。双方表示，用好知识产权检察联络站，将服务企业行业知识产权保护工作落到实处，协力推动知识产权行政保护与司法保护有效衔接，用活各项工作机制，为知识产权社会治理工作提供海淀经验。

（石　蕾）

【海淀园获评五星级国家新型工业化示范基地】 4 月 9 日，工业和信息化部公布 2020 年国家新型工业化产业示范基地发展质量评价结果，中关村科技园区海淀园（中关村科学城）再次被评为五星级国家新型工业化示范基地，是北京唯一连续 3 年得到五星级评价的示范基地。

（程晓荷）

【海淀区新增 3 家知识产权公共服务工作站】 4 月 15 日，海淀区新建的中关村壹号、翠湖云中心、八家产业空间 3 家知识产权公共服务工作站在北京市知识产权局知识产权公共服务工作推进会上获授牌。海淀区依托产业园区共设立 11 家知识产权公共服务工作站，与海淀区知识产权公共服务分中心一起形成了“1+11”的知识产权投诉举报和维权援助公共服务体系，区域知识产权公共服务体系进一步完善。

（程晓荷）

【海淀区与清华大学签署合作备忘录】 4 月 20 日，清华大学校长邱勇一行访问海淀区政府，围绕加强沟通、强化服务、深化合作进行座谈，并签署合作备忘录。双方将本着高位统筹、创新引领、资源共享、互惠共赢原则，发挥海淀区在资源、政策、创新、发展等方面的综合优势及清华大学在人才智库、尖端科研和前沿技术成果等方面的创新优势，在战略咨询与智库建设、科技创新与成果转化、人才培养与交流、教育合作与服务保障、文化创意与校园开放等多个领域展开深度合作。清华大学推出 10 项措施服务海淀区，包括用大数据助力基层社会管理，开放学校文体场地、图书馆、专业实验室，向居民提供在线教育等。

（孙树昆　程晓荷）

【2021 年中关村知识产权论坛举办】 4 月 26 日，由中关村科学城管委会、北京知识产权法院主办的 2021 年中关村知识产权论坛在中关村示范区展示中心举行。论坛以“知识产权与高质量发展”为主题，旨在加强知识产权宣传交流，提升全社会知识产权意识。知识产权业内专家学者、高科技企业、知识产权服务机构等的代表参加，共同探讨知识产权与高质量发展。论坛现场，海淀区发布《海淀区知识产权白皮书（2020 年度）》，启动 2021 年中国・海淀高价值专利培育大赛，北京知识产权法院发布知识产权十大科技创新典型案例。

（程晓荷）

【《海淀区知识产权白皮书（2020 年度）》发布】 4 月 26 日，在 2021 年中关村知识产权论坛上，海淀区发布《海淀区知识产权白皮书（2020 年度）》。2020 年，海淀全区发明专利授权量 3.38 万件，比 2019 年增长 26.3%，占北京市的 53.5%。截至 2020 年底，区域有效发明专利拥有量 15.8 万件，占北京市的 47%；区域万人发明专利拥有量约 504 件，是北京市的 3.2 倍，是全国的 31.9 倍。

（程晓荷）

【2021 中国・海淀高价值专利培育大赛举办】 4 月 26 日，在 2021 年中关村知识产权论坛上，2021 中国・海淀高价值专利培育大赛启动。大赛由海淀区知识产权局、知识产权出版社有限责任公司主办，聚焦战略性新兴产业，引入全新专业赛事辅导环节和全新赛程赛制，重点关注参赛项目涉及的知识产权金融对接服务、引导“沉睡专利”转化等领域，拓宽企业融资渠道，推动高价值专利的培育和转化，助力企业高质量发展。经过项目征集、海选、复赛、决赛，展示和发掘出一批技术领先、市场潜力大、高价值专利优势明显的科技创新项目。12 月 24 日，大赛决赛在京举办。8 个入围决赛的参赛项目经过酷炫黑科技、项目路演、专利导航、评委提问等环节的展示和竞演，北京智芯微电子科技有限公司的“工业级安全芯片”项目获大赛一等奖，海杰亚（北京）医疗器械有限公司和银河水滴科技（北京）有限公司的项目获二等奖，安泰科技股份有限公司等 5 家单位的项目获三等奖，京东科技控股股份有限公司等 11 家企业的项目获优胜奖。活动现场还举行 2021 海高赛获奖单位知识产权质押贷款整体授信签约仪式、知识产权质押融资签约仪式。

（石　蕾　程晓荷）

【知识产权十大科技创新典型案例发布】 4 月 26 日，在 2021 年中关村知识产权论坛上，北京知识产权法院发布知识产权十大科技创新典型案例。案例包括标准必要专利、计算机软件、植物新品种等民事、行政案件，涉及实体问题和程序性问题，覆盖化学医药、光电等传统技术领域及无线通信、大数据等新兴技术领域。包括北京德业云天酒店管理有限公司侵犯“环球影城”注册商标专用权案，北京豪力博科技开发有限公司假冒专利案，北京众易众达商贸中心侵犯建党百年标识案，北京首捷国际知识产权代理有限公司接受申请商标注册损害他人现有的在先权利的委托案，北京艺海中润文化发展有限公司销售侵犯“娃哈哈”等注册商标专用权的商品案，北京汤河文化发展有限公司侵犯奥林匹克标志专有权案，北京集百汇电子商务有限公司侵犯商业秘密案，刘某义销售他人擅自制造的“平谷及图”证明商标标识案，北京欧申纳斯科技有限公司不以使用为目的的恶意商标注册申请案，北京陈佳伟业商贸有限公司销售侵犯“牛栏山”注册商标专用权的商品案。

（程晓荷）

【“两区”建设重点项目第二次签约仪式举办】 4 月 28

日，2021 年海淀区推进“两区”建设重点项目第二次签约仪式在中关村示范区展示中心举行，海淀区委、区政府，区属各委办局负责人以及重点项目相关企业负责人出席活动。仪式上，海淀区政府与 12 个重点项目签约，包括中国电力建设集团有限公司、南方工业资产管理有限责任公司、中资数据科技有限公司、中资医疗医药应急保障平台有限公司、国铁供应链管理有限公司 5 家央企，区块链先进算力实验平台、国际氢能中心、北京市医疗机器人产业创新中心 CDMO 平台 3 个重大基础设施和创新平台，阿波罗智能技术（北京）科技有限公司 1 家领军企业，北京旷视科技有限公司 1 家人工智能领域独角兽企业，北京思灵机器人科技有限责任公司、北京华航唯实机器人科技股份有限公司 2 家前沿科技企业。

（程晓荷）

【国际氢能中心签约落地】 4 月 28 日，在 2021 年海淀区推进“两区”建设重点项目签约仪式上，国际氢能中心与海淀区政府签约落地。国际氢能中心是在市政府支持下，由北京清华工业开发研究院与联合国工业发展组织合作建设，依托国内氢能技术研发基础和产业发展规模形成基础研究、技术研发与产业落地融合的氢能技术和产业创新体系，突破氢能产业发展各阶段的核心瓶颈。通过研发关键核心技术、培育全球领军企业、开展行业应用示范、制定国际通用标准等方式，为全球，尤其是发展中国家发展氢能产业提供全方位支撑，构建全球氢能技术创新的高地。

（程晓荷）

【与中国科学院签署新一轮深化战略合作协议】 6 月 3 日，海淀区（中关村科学城）与中国科学院在海淀城市大脑智能运营指挥中心签署新一轮深化战略合作协议。双方通过战略合作，将把中国科学院“四个率先”发展目标和海淀区“两新两高”发展战略有机结合起来，在中关村科学城建设、打造人才高地、促进科教融合、加强社会治理等多个领域展开深度合作，进一步加快优秀人才集聚、推动重大项目落地、建设一流科研机构、打造良好创新环境，促进双方共同发展，共建面向“十四五”时期的新型合作伙伴关系，推动区域经济社会高质量发展，形成国际科技创新中心核心区应有的发展格局。

（谭修一）

【2021 产业互联网创新发展论坛举办】 8 月 2 日，由市经济和信息化局、海淀区政府主办，以“培育数字经济新动能”为主题的 2021 产业互联网创新发展论坛在海淀区举办。论坛是全球数字经济大会海淀分会场的平行论坛之一，采用线上与线下相结合的形式，汇集来自数字经济领域的国内外专家学者、数字经济标杆企业代表共议产业互联网发展的新认知、新业态和新生态。论坛期间，《产业互联网北京方案》和《2021 北京产业互联网发展白皮书》发布，来自清华大学互联网产业研究院、用友网络科技股份有限公司、IBM 商业价值研究院、阿里研究院、太极计算机股份有限公司等的 10 余位专家、学者分别做主题演讲。论坛通过新京报贝壳财经、51CTO 和新浪微博等多个平台同步进行直播，吸引 15 万余人次在线观看。

（程晓荷）

【2021 全球数字经济大会·数字仿真技术论坛举办】 8 月 2 日，由市经济和信息化局、海淀区政府共同主办的“2021 全球数字经济大会·数字仿真技术论坛”在京举办。论坛以“普惠仿真数字创新”为主题，邀请院士专家、产学研代表共同探讨数字仿真技术创新发展之道。中国工程院院士、南京航空航天大学校长单忠德，清华大学教授范文慧，红杉资本中国基金合伙人周逵，北京云道智造科技有限公司创始人屈凯峰，德国斯图加特大学创业与创新科学研究院院长亚历山大·布雷姆等分别做主旨演讲和主题演讲，同时进行圆桌论坛，发布 SimCapsule 云仿真平台和《仿真工程师技术人才培训标准》。来自政府、高校、科研院所和企业界代表 120 余人现场参加，线上观看论坛视频直播人数超过 17 万人次。

（田京京）

【2021 全球数字经济大会“5G+”创新发展论坛举办】 8 月 3 日，由市经济和信息化局、海淀区政府主办的 2021 全球数字经济大会“5G+”创新发展论坛在中关村示范区展示中心举办。论坛以“5G 赋能数字社会 打造未来新蓝图”为主题，科研院所、高校和企业代表围绕 5G 新基建赋能数字经济引领新时代、5G 云网融合、5G 行业应用、6G 研究展望等问题展开讨论。中国移动通信有限公司联合华为技术有限公司、小米科技有限责任公司、中国大唐集团有限公司等产业合作伙伴共同发布《5G-Advanced 创新链产业链融合行动计划书》；中关村创新院与亚信科技（中国）有限公司、中兴通讯股份有限公司、北京华宇软件股份有限公司完成战略合作签约，将共同围绕 6G 应用基础研究和 B5G 技术产业化协同攻坚。论坛采用嘉宾线下演讲 + 观众线上观看直播的方式，累计 17 万人次在线观看。

（孙树昆）

【人工智能产业治理论坛举行】 8 月 3 日，由市经济和信息化局、海淀区政府主办的全球数字经济大会平行论坛之人工智能产业治理论坛在中关村示范区展示中心举行。来自国内人工智能领域的顶尖科学家、学者以及知名企业家围绕“探索创新、共举担当”主题，聚焦人工智能产业治理展开前沿对话，旨在联通产、学、研、用核心力量，同步技术规范、应用评估等治理共识，强化使命担当和责任落实，携手推动人工智能产业良性发展。论坛发布《人工智能产业担当宣言》，倡议进一步推动人工智能技术创新和产业稳健发展，形成更完备规范的创新体系和产业生态，以统筹发展和安全为目标，最大限度确保人工智能系统安全可信，保障各方权利和隐私，对用户数据提供充分的安全保障。

（程晓荷）

【海淀“两区”政策线上推介会举行】8月4日，中关村科学城党工委、管委会主办的海淀“两区”政策线上推介会举行，海淀区副区长林剑华、中关村科学城管委会、海淀区商务局、海淀区金融办、海淀区人力资源社会保障局、海淀区税务局等相关单位的负责人，以及德勤、超威半导体、微软等30余家国外企业代表参加会议。会上，林剑华副区长通过线上视频会议形式介绍了海淀“两区”建设的基本情况，并与特斯拉、GaWC榜单企业（Greenberg Traurig LLP）等来自美国硅谷的企业代表就投资海淀的开放政策、合作资源、知识产权保护、产业发展空间、人才支持政策等进行交流。

（程晓荷）

【“创客北京2021”创新创业大赛海淀区级赛举办】8月10—13日，由中关村科学城管委会主办的“创客北京2021”创新创业大赛海淀区级赛在海淀创业园举办，比赛采用视频会议和网络直播相结合的方式在线上进行。大赛由区域赛和龙头企业专项赛构成。海淀分赛区共征集549个项目参赛，191个项目晋级分赛区复赛，最终100个企业和项目获得晋级北京市级赛资格，其中创客组27个、企业组73个，涵盖78家高精尖产业领域企业。海淀分赛区获得“优秀分赛区”荣誉。

（史瑞平）

【“海淀之夜”29个项目集中签约】9月3日，由海淀区政府主办的2021年中国国际服务贸易交易会“海淀之夜”在中关村壹号举行开幕仪式。仪式上，海淀区政府、中关村科学城管委会、中关村科学城创新发展有限公司、海淀区国有资产投资经营有限公司、海淀置业集团有限公司分别与北京推行科技有限责任公司、人保资本投资管理有限公司、麒麟软件（北京）有限公司、昆仑芯（北京）科技有限公司、龙芯中科技术股份有限公司等29家企业项目签约。其中，与海淀区政府签约的有6家，与中关村科学城管委会签约的有8家，与中关村科学城创新发展有限公司签约的有4家，与海淀区国有资产投资经营有限公司签约的有4家，与海淀置业集团有限公司签约的有7家。2021年，中关村科学城84项重点任务中已有66项任务落地，67个重大项目集中签约。

（程晓荷）

【“12条”人才政策出台】9月6日，在2021“智汇海淀”人才主题周开幕式上，海淀区政府发布《关于加快推进“十四五”北京国际科技创新中心核心区建设 深化央地人才一体化发展的若干措施》。《措施》涵盖科技、教育、卫生、文化、农业等多个领域12条措施助推海淀人才发展。旨在充分发挥央属人才智力资源集聚的禀赋优势，深化央地人才协同发展，促进央属人才全面深度参与海淀建设。《措施》包括共建央地人才专家智库、深化央地人才交流合作、创新央地人才联合培养、深化青年人才联合培育、强化央属人才落地保障、探索央属科技成果转化新模式、加强央地创新成果交流合作、加大博士后工作站建设力度等。

（程晓荷）

【“海英之星”评选与颁奖】9月10日，在“智汇海淀·群星闪耀时”人才峰会暨人才主题周闭幕式上，“海英之星”颁奖仪式举行。海淀区在区级人才计划——“海英计划”升级版中设立“海英之星”奖学金，选拔培养优秀在校生。“海英之星”评选系海淀区首次开展，从人大附中、八一学校、十一学校等18所中学共选拔91名创新能力突出的中学生，携手北京大学、清华大学、中国科学院等13所高校院所，评选出53名表现优异的大学在校生。

（李金波　程晓荷）

【海淀时空信息质量基础设施服务平台揭牌】9月23日，海淀区时空信息质量基础设施“一站式”服务平台在中关村空间信息技术产业联盟揭牌成立，这是北京市首家完成试点建设的质量基础设施“一站式”服务平台，依托中关村空间信息产业技术联盟，为海淀区时空信息产业链相关企业提供计量、标准、认证认可、检验检测、质量管理、品牌等一揽子服务和解决方案，致力推动地理信息和遥感产业的发展与跨领域综合应用。北京市市场监督管理局、北京市计量检测科学研究院及海淀区相关部门领导出席揭牌仪式。

（田京京）

【钢铁侠科技入选技术突破示范单位】 9月24—25日，由中国自动化学会主办的以“创新湾区智造，跨界融合发展”为主题的2021国家机器人发展论坛在深圳召开。会上，国家机器人产业年度创新示范单位公布，海淀区企业北京钢铁侠科技有限公司入选。该公司专注仿人机器人研发，其第五代双足大仿人机器人具有更快的反应速度，拥有和人类一样灵巧的五指，加上对语音支持，形成新一代智能产品。3月，公司中标国家“机器人宇航员”项目，为航天机器人开拓新品类，使双足大仿人机器人在教育、科研、展示外又有了新的行业应用。

（田京京）

【保障2021年中关村论坛】 9月24—28日，2021年中关村论坛在中关村示范区展示中心举办。论坛以“智慧·健康·碳中和”为主题，设置会议、展览、发布、大赛、交易、配套活动六大板块。海淀区政府作为中关村论坛执委会办公室成员单位，完成主会场及相关基础设施建设、属地保障、特色交流活动、5场平行论坛、科博会展览、巡馆保障、科技办会、重点项目签约、5G创新应用大赛暨中关村智能网联汽车前沿技术创新大赛路演等各项保障工作。

（金　燕）

【海淀区科学技术奖获奖情况】 9月25日，2020年度北京市科学技术奖获奖公告公布。海淀区驻区单位主持完成（第一完成单位）的97个项目分别获2020年北京市自然科学奖、北京市技术发明奖与北京市科学技术进步奖，占北京市科学技术奖获奖总数的64.6%；驻区单位的7位科学家分别获得杰出青年中关村奖与国际合作中关村奖，占北京市科学技术人物奖获奖总数的50%。同时，驻区单位主持完成（第一完成单位）的42个项目获2020年国家科学技术奖，占北京市获奖项目总数的66%，占国内获奖总数的16%。其中，获国家自然科学奖12项（二等奖12项），占北京市获奖项目的80%，占国家自然科学奖项目的26%；国家技术发明奖7项（一等奖1项、二等奖6项），占北京市获奖项目的70%，占国家技术发明奖项目的11.4%；国家科技进步奖23项（一等奖1项、二等奖22项），占北京市获奖项目的59%，占国家科技进步奖项目的14.6%。

（陈晓曦）

【中关村知识产权保护中心获全国专业竞赛团体优秀奖】 10月18—20日，中关村知识产权保护中心参加由国家知识产权局主办的第三届全国知识产权快速协同保护业务竞赛，获团体优秀奖。全国32家保护中心、21家快速维权中心参赛，30余家中心在线观摩。业务竞赛包括检索技能实操演练和知识产权快速协同保护综合业务答题，以“以赛代练”“以赛促练”为业务竞赛模式，涵盖快速预审、快速确权、快速维权、分析导航等业务内容。

（程晓荷　石　蕾）

【新增112家“专精特新”中小企业】 10月29日，市经济和信息化局公示北京市2021年第六批“专精特新”中小企业名单，海淀区新增112家“专精特新”中小企业，占全市37.7%。年内，海淀区共有382家企业上榜，占全市38.5%。“专精特新”中小企业是指具有专业化、精细化、特色化、新颖化特征，市场占有率高、掌握关键核心技术、质量效益优、技术专有性、产品在细分市场中具有专业化发展优势的优质企业。

（程晓荷）

【实施知识产权融资成本补贴专项】 11月10日，中关村科学城管委会发布《关于启动2021年海淀区知识产权融资成本补贴专项的通知》及《2021年海淀区知识产权融资成本补贴专项资金申报指南》。根据《申报指南》，对在海淀区注册、纳税，并在海淀园纳统的中关村高新技术企业和国家高新技术企业，以知识产权质押方式向银行贷款或通过知识产权证券化产品融资的企业给予融资成本补贴，每年最高补贴100万元。对以知识产权质押方式向银行成功贷款，并还款完毕的企业，按照其融资成本的50%进行补贴，最高补贴100万元；对通过符合要求的知识产权证券化产品进行融资的企业，最高按照企业实际融资额的3.5%给予补贴支持。2021年，海淀区知识产权局组织开展知识产权质押融资入园惠企活动，联合中国银行等金融机构产业园区扩大知识产权质押融资惠及面和覆盖面。实施知识产权融资成本补贴专项，对171家符合条件的企业给予补贴，补贴金额4977.53万元。

（程晓荷　李　鑫）

【3家企业获“2021年度商业航天最具影响力企业”称号】 11月24—26日，由武汉市政府、中国航天科工集团有限公司等部门主办的第七届中国（国际）商业航天高峰论坛在武汉市举行。论坛首次开展“商业航天最具影响力企业”评选，经组织评选征集、形式审查、网络初评和专家终审，15家企业获得“2021年度商业航天最具影响力企业”称号。海淀区企业北京国电高科科技有限公司、北京航天驭星科技有限公司、北京微纳星空科技有限公司入选，占上榜企业的1/5。

（程晓荷）

【“专精特新”线上线下专题对接会召开】 11月25日，海淀区金融办、中关村科学城管委会联合召开“走近‘专精特新’，走向北交所”线上线下专题对接会。中国农业银行北京市分行、中关村科技担保公司、中关村科学城创新发展公司、北京证券交易所、中国国际金融股份有限公司等机构和企业参加，超过350家科技创新企业在线上参与。举办此类专题对接会，旨在构建“专精特新”企业精准服务机制，改善企业融资难、融资贵问题，为企业发展创造优良营商环境，在资金支持、人才保障、空间发展等方面给予最大的支持和服务。

（史瑞平）

【2021“海淀明日之星”榜单揭晓】 12月9日，2021海淀高科技高成长项目“海淀明日之星”榜单揭晓，并发布《2021海淀高科技高成长项目报告》。2021年度“海淀明日之星”企业共25家，涉及软件、硬件、生命科学、新媒体、通信、互联网和相关服务等领域，其中软件行业占比约44%，硬件行业占比20%，生命科学占比16%。《2021海淀高科技高成长项目报告》概述海淀区经济与科技环境，剖析区内高新企业发展态势和竞争优势；总结出作为北京国际科技创新中心核心区，海淀区科技发展机遇及风险挑战。

（程晓荷）

【《知识产权保护合作备忘录》签约仪式举办】 12月17日，海淀区文旅局与中关村知识产权保护中心举办《知识产权保护合作备忘录》签约仪式，双方表示继续努力，发挥各自的优势，取长补短，将协同保护合作做实做深，加强相互支撑和信息共享，形成知识产权快速协同保护有效对接的示范作用，为中关村科学城建设和“两区”建设提供强有力的支撑。

（石　蕾）

【《“十四五”时期“智慧海淀”建设规划》出台】 12月21日，海淀区政府出台《“十四五”时期“智慧海淀”建设规划》（海政发〔2021〕25号）及《“十四五”时期“智慧海淀”重大任务》，以聚焦民生服务和持续赋能海淀区产业数字化创新为主旨，围绕政务服务、城市治理（城市大脑）、区域经济、智慧教育、智慧卫生、政务办公、信息基础设施7个领域加“数字赋能”，形成“7+1”智慧海淀建设模式，旨在率先实现城市治理、经济发展、人民生活信息数据的全面标准化感知和中枢化治理，营造“万众创新”的普惠化数字创新生态，夯实国产化信息基础设施，将智慧海淀建设成为创新基础过硬、产业经济持续赋能程度高、百姓获得感强的一流新型智慧城市典型代表。

（程晓荷）

【2021年专利导航成果线上宣讲会举办】 12月23日，中关村知识产权保护中心举行2021年专利导航成果线上宣讲会。宣讲会介绍《专利导航指南》（GB/T39551—2020），北京超凡知识产权管理咨询有限公司做题为《空天产业专利现状解析及区域导航产业规划探讨》的报告，北京知识产权运营管理有限公司讲述海淀区智能制造产业升级路径及未来发展方向探索，北京本应科技有限公司做中关村科学城集成电路领域产业专利导航成果汇报。来自高校、科研院所、行业协会、高科技企业及知识产权服务机构的代表等近百人参加。

（石　蕾）

【获“全国知识产权系统先进集体”称号】 12月23日，人力资源社会保障部、国家知识产权局发布《关于表彰全国知识产权系统先进集体和先进个人的决定》，99个集体和97名个人分获“全国知识产权系统先进集体”称号和“全国知识产权系统先进个人”称号。海淀区知识产权局（中关村科学城管委会知识产权处）获“全国知识产权系统先进集体”称号。

（石　蕾）

【海淀自贸区创新创业服务中心揭牌】 12月30日，中国（北京）自由贸易试验区科技创新片区创新创业服务中心揭牌仪式在中关村壹号举行。服务中心是为配合国家服务业扩大开放综合示范区和中国（北京）自由贸易试验区科技创新片区海淀组团的建设工作，增强海淀区，特别是自贸区科技创新片区创新创业活力，持续加大对创业企业的关注和支持，降低中小企业创业门槛而设立的，地址在中关村壹号，由北京实创亿达科技服务有限公司日常运营，采取“一中心、四平台、全覆盖”的服务模式。其中，政府服务托管平台提供“一站式”电子化政务服务，政策资源对接平台协助企业获得政策支持、链接政策资源，专业服务集成平台提供投融资、人才、数据等服务，跨境项目加速平台推动海外创新企业在中国落地。4大平台包含10大类95项服务项目，为企业提供从创立到发展的全覆盖服务，赋能企业加速成长。揭牌仪式上，北京实创亿达科技服务有限公司与轻出行、平方和（北京）科技有限公司、北京伟景智能科技有限公司3家首批入驻平台企业签约。

（程晓荷）

【高新技术企业认定及培训】 2021年，海淀区科信局优化高新技术企业工作体系，建立高新技术企业培育库，与乡镇街道联动，通过线上与线下相结合方式，开展高新技术企业培育与认定辅导，线上、线下培训 60 余次，集中培训、一对一电话辅导 7000 余人次。截至年底，海淀区拥有国家级高新技术企业 9776 家。全区中关村高新技术企业达到 11 170 家。

（于军玲）

【软件和信息服务业发展情况】2021 年，海淀区软件和信息服务业增长 20% 左右，完成市级下达的 15.5% 增长目标，规模以上企业实现收入 14 681.6 亿元，比 2020 年增长 24.5%，占全市的 65.5%。海淀区软件和信息服务业实现固定资产投资 177.6 亿元，实现建安投资 29 亿元，完成市级下达目标。累计对外投资 461 次，占中关村海淀园企业对外投资总量的 35.8%，居于行业首位；涉及投资金额 270.85 亿元，占全年对外投资总额的 34.5%，行业排名第二。

（程晓荷）

【集成电路产业发展情况】2021 年，海淀区加快集成电路产业集聚发展。抓龙头企业培育，整合空间、人才、资本、场景等资源，集中力量培育北京兆易创新科技股份有限公司等一批龙头企业。支持企业聚焦集成电路关键环节、“卡脖子”技术，提升自主创新能力，打造高附加值生态链；支持企业开展关键核心技术突破，支持北京兆易创新科技股份有限公司等集成电路设计企业持续发展，支持北京灵汐科技有限公司等创新型企业，在类脑芯片、可重构芯片、存算一体芯片等芯片架构和设计方法、器件、工艺创新方面加强布局，支持北京快手科技有限公司等龙头企业，结合大规模个性化智能推荐等实际市场需求，研发高效能专用芯片，加强成果转化应用；深化产业平台建设，支持北京元芯碳基集成电路研究院开展碳基集成电路技术研发及成果转化，在 90 纳米技术节点关键工艺、碳基高频射频技术、碳基高性能数字芯片等方面争取技术突破，支持北京微芯区块链与边缘计算研究院、中国移动集团等联合研发基于 RISC-V 架构的低功耗物联网芯片，并开展规模化应用示范，推动清华大学未来芯片技术高精尖创新中心孵化北京新忆科技有限公司等一批高精尖项目；推动多产业协同融合发展，围绕超大规模人工智能模型训练平台、区块链先进算力实验平台等重点项目建设，强化集成电路设计产业与人工智能、区块链等产业融合发展，推动集成电路设计产业创新能力和国产芯片性能提升、重大科技成果落地转化和自主可控软硬件技术体系构建；深化产业空间布局，支持建设中关村集成电路设计园，搭建涵盖 EDA、IP、检验检测等在内的芯创技术服务平台，持续完善服务、优化环境，入驻企业 90 余家，形成集成电路设计产业集聚。

（程晓荷）

【智慧海淀项目建设资金落实】2021 年，智慧海淀项目建设资金由智慧海淀专项资金、街镇体制经费、卫生经费、教育经费等组成。2021 年智慧海淀专项资金总计 5 亿元，其中安排基础设施等领域资金 3 亿元，安排城市治理领域资金 2 亿元。基础设施等领域资金用于基础设施等领域 2021 年前的续建项目和 2021 年的新建项目，安排 99 个项目，总核定资金 2.9553 亿元；城市治理领域资金用于城市大脑领域 2021 年前的续建项目和 2021 年的新建项目。

（程晓荷）

【智慧海淀城市基础设施建设】2021 年，海淀区建成北京市首个区级政务光缆专网，敷设光缆总里程 7210 千米，承载 5 个专网，接入区属单位 2108 家；建成全国首家区级政务云平台，覆盖 60 个区属单位 226 个业务系统；搭建海淀区政务大数据基础平台，打通市、区两级数据共享通道，累计共享 97.15 亿余条数据；建设 5G 基站 3301 个，支持城市治理、智能网联汽车等重点领域创新；市、区联合推进北京市区块链先进算力实验平台建设，100 台服务器所需互金中心空间到位并推进研发，为产业生态建设和全市政务应用提供自主可控软硬件技术体系；落实网络安全法，强化网络基础设施保护和数据安全管理，统筹运维安全评估、风险通报等监管手段，加大网络安全防护检查和威胁治理力度，构建起涵盖事前、事中、事后闭环监管体系。

（程晓荷　杨晓艳）

【落实知识产权保险试点政策】2021 年，海淀区知识产权局落实北京市知识产权保险试点政策，组织开展知识产权保险政策宣讲和保险业务培训 2 场。截至年底，投保试点企业 60 家，投保专利 521 件，位列全市首位。

（马慧泉　程晓荷）

【知识产权国际交流合作基地建设】2021 年，海淀区知识产权局依托国际知识产权服务大厅为企业“走出去”提供一站式知识产权服务，服务第四范式（北京）技术有限公司、北京兆易创新科技股份有限公司等海淀区企业 153 家，面向海淀区知识产权服务机构开展定制化培训、政策解读 20 多场次。开展知识产权国际交流合作基地建设，拓展知识产权海外维权援助站点，与俄罗斯等国家和地区知识产权事务所对接建立新的海外维权站点。截至年底，累计建立海外维权站点 11 个。

（石　蕾）

【拓展中关村知识产权保护中心专利预审服务】 2021 年，中关村知识产权保护中心扩大服务企业技术领域范围，增加医疗器械和生物信息等专利预审服务分类号，调整后可受理的国际专利分类号（IPC 分类号）为 97 个，洛迦诺分类号（LOC）为 20 个。截至年底，备案单位 1167 家，接收预审案件 2580 件，专利审结授权率 86%，经保护中心预审结案、打标，进入国家知识产权局“快速通道”的专利案件授权周期大幅缩短。全年办理 39 项防疫相关专利预审加快业务，其中 15 项专利获授权，助推疫情防控产品技术快速应用。

（石　蕾　程晓荷）

【知识产权纠纷多元解决与维权援助】 2021 年，海淀区知识产权局与海淀区法院、海淀区检察院、海淀区文旅局、行业协会、公证机构等单位建立知识产权保护合作机制，设立协同保护公证联络站、知识产权检察联络站等。全年依托行业协会等调解组织调解案件 1043 件，结案 945 件；办理维权援助案件 83 件；接受企业委托提供侵权判定咨询服务，完成专利侵权判定咨询意见书 37 件。

（石　蕾）

【服务冬奥知识产权保护】 2021 年，海淀区知识产权局制定冬奥知识产权保护工作方案，建立工作专班，梳理区域授权保护清单，向市民发放《保护奥林匹克知识产权倡议书》，巡查奥运场馆周边重点区域，排查冬奥特许商品零售店，指导北京字节跳动科技有限公司、北京快手科技有限公司、北京翠微集团有限公司等重点企业签订《保护奥林匹克标志承诺书》，为冬奥会营造良好知识产权保护环境。

（石　蕾）

【职务科技成果赋权改革案例突破】 2021 年，海淀区出台《关于落实〈北京市促进科技成果转化条例〉的若干措施（试行）》，推进职务科技成果赋权改革试点工作。国家纳米科学中心作为海淀区驻区赋权改革试点单位，2021 年初成立赋权试点改革领导小组，并出台《国家纳米科学中心赋予科研人员职务科技成果所有权或长期使用权试点暂行管理办法》及一系列配套文件，推动首个科技成果赋权项目“增强现实用衍射波导器件”落地，赋予科研人员 70% 的所有权，并完成知识产权权属变更，取得职务科技成果赋权改革案例突破。

（程晓荷）

【海淀区政务服务联盟链应用长安链】 2021 年，海淀区政务服务联盟链采用长安链作为基础平台，陆续完成区块链基础平台国产化替换，确保区块链相关技术的自主可控和链上数据安全。长安链基于自主可控的区块链专用加速芯片和运算速度每秒 10 万笔以上的区块链底层软件平台，实现运算速度和安全性双升高。海淀区政务服务联盟链共有联盟单位 58 家，可支撑 37 类数据链上核验，共落地 601 个政务服务场景。海淀区政务服务局还将继续与北京微芯区块链与边缘计算研究院合作，以数字技术支撑构建海淀全链条、全场景、全时段的政务服务新生态，以应用场景扩展促进长安链迭代升级，构建具有国际影响力的区块链技术与产业生态。

（程晓荷）

丰台区

【概述】 北京市丰台区科学技术和信息化局（简称丰台区科信局）加挂丰台区大数据管理局（简称丰台区大数据局）牌子，是负责贯彻落实党中央关于科技创新、软件和信息服务业、信息化方面的方针政策、决策部署，以及市委、区委有关工作要求的区政府工作部门。内设办公室、科技创新科、高新技术科、产业促进科、企业服务科、绿色发展科（安全生产科、环境保护科）、信息化建设与管理科、大数据管理科 8 个科室。

2021 年，丰台创新中心和航空航天创新中心建设被列入北京市国际创新中心建设项目。中国园林博物馆、南宫地热博览园等 7 家单位获得北京市科普基地命名。制定《丰台区促进高精尖产业发展扶持措施》实施细则，开展政策兑现工作，为 233 家企业兑现奖励资金 7828.67 万元。开展科技型中小企业评价工作，注册的 1190 家企业参加评审 294 家，获得入库编号 285 家。通过“报备即批准”通道申报国家高新技术企业 12 家，认定 5 家。规模以上科学研究和技术服务业企业 273 家。全区申报国家高新技术企业认定企业 913 家，通过认定 590 家。全区技术合同登记 3126 项，技术合同成交额 819.4 亿元，其中技术交易额 458.3 亿元。全年有效注册商标 176 096 件，专利授权数量 14 502 件，有效发明专利 16 332 件。

（王　雪）

【科技三项费项目立项】 2 月 6 日，2019—2020 年度丰台区科技三项费项目立项，实施“基于物联网大数据架构的 5G 基站能效管控平台”等 27 个项目，丰台区科信局支持区级财政科技资金总额 2420 万元。重点扶持轨道交通、航空航天两大区域千亿级产业发展。其中北京全路通信信号研究设计院集团有限公司承担的“基于北斗定位的列车运行智能控制系统研究”项目，给列控大脑引入北斗时空体系，建立轻量化、高安全的新型列控系统，填补行业空白；首次面向铁路机车植入自动驾驶技术，提高上万台机车智能化作业效率；航天科工海鹰集团有限公司承担的“空天产业专业化协同服务平台”项目，面向商业航天、军事应用、智慧产业三大领域，以“数据 + 平台 + 应用 + 服务”的“卫星即服务”新模式为抓手，联合腾讯成立 saTaaS 卫星即服务产业联盟，致力“卫星互联网 +”新型基础设施建设，带动丰台区科技创新发展。

（王　雪）

【第三届增材制造全球创新应用大赛颁奖典礼举办】 2 月 24 日，由丰台区科信局、中关村丰台园管委会主办的第三届增材制造全球创新应用大赛线上颁奖典礼举办。大赛设有“航空航天”“数字化骨科”“消费品升级——文博文创”三大竞赛单元，共计 78 组企业、院校团队及个人报名参赛。其中，“消费品升级——文博文创”单元与央视品牌“国家宝藏”合作，以国宝“样式雷”烫样为命题，以设计创意和 3D 打印科技相结合的方式，产生一批 3D 打印文创竞赛作品，“LET'S CUBE”获一等奖。“数字化骨科”单元联合中国研究型医院学会骨科创新与转化专业委员会（COITA），重点征集 3D 打印医用设备、数字化康复辅助器具及医生将 3D 打印应用于临床的发明和解决方案，“脊柱内镜手术模拟系统”和“虚实融合创伤救治系统”获一等奖。“航空航天”单元与中国航空发动机集团合作，展开以实际 3D 打印航空样件为标的的技术比拼，由北京空天技术研究所等单位联队的参赛 3D 打印样件获大赛金奖。

（刘　明　张红莉）

【首届“丰泽计划”高层次人才认定颁奖大会举行】 5 月 8 日，由丰台区委组织部组织的丰台区首届“丰泽计划”高层次人才认定颁奖大会在北京汽车博物馆举行，来自区内科技、金融、商务、文化教育、卫生等领域的 59 名人才（团队）入选首批“丰泽人才”，其中有 28 人（团队）为科技类人才，占总数的 47%，获得区级人才扶持资金 530 万元。大会同步启动“丰泽人才荟”专属人才服务平台，该平台是丰台区专为“丰泽人才”搭建的服务平台，经过认定的高层次人才可在事业发展、人才成长、安居生活 3 个层面享受“9 星”专属服务，包括依托丰台区产业发展基金、人才创新项目资助资金，对人才领衔的创新创业项目优先给予支持，定制个性化金融政策为符合条件的人才办理人才落户、配租公租房、协调子女就近入学等。

（王　雪）

【丰台科技周举办】 5 月 22—28 日，由丰台区科信局、丰台区委宣传部、丰台区科协联合主办的第 27 届丰台区科技周举办。科技周活动以“百年回望：中国共产党领导科技发展”为主题，以科普大篷车形式，通过线上小程序平台和线下主会场、科普基地分会场多种渠道，组织举办 50 余场科技成果展示和科普教育活动，普及科学知识、传播科学思想，取得良好社会反响。“丰台科技周”官方微信小程序作为活动载体，累计点播及转载量超 30 万次；其他线上活动浏览量达 50 万次。参与线下主会场、分会场活动市民超 10 万人次。

（王　雪）

【中欧数字经济高峰论坛举办】 5 月 31 日，由丰台区政府主办的 2021 中关村论坛系列活动——中欧数字经济高峰论坛在丰台区举办。论坛以“从数字经济到数智时代”为主题。中关村管委会主任翟立新等领导，来自欧洲 10 余个国家的政府官员及行业协会、企业和国内一线数字产业的头部企业代表参加。论坛通过主题演讲、圆桌对话、成果展示等方式，分析数字经济最新理念和经典案例。中关村丰台园管委会发布推介未来数字产业规划，并与德国航空航天产业专家、亚杰商会、北京数慧时空信息技术有限公司、大希智行（北京）科技有限公司、北京慧拓无限科技有限公司等首批落地丰台园的国内外机构和数字企业签约。

（赵　哲）

【轨道交通联合基金增补新成员】6月28日，城轨创新网络中心有限公司加入北京市自然科学基金——丰台轨道交通前沿研究联合基金，基金总规模扩大至1250万元，其中北京市自然基金委出资250万元、丰台区政府出资500万元、带动交控科技股份有限公司出资300万元、城轨创新网络中心有限公司出资200万元。该基金结合丰台区轨道交通产业发展布局，提出前沿技术研发需求，引导高校院所科研团队开展前沿技术研究工作，从源头实现产学研用紧密结合，打通科技成果转化全链条，探索从基础研究到应用研究、技术研发无缝衔接的科技成果培育、转化新路径。

（王　雪）

【“丰帆行动”启动仪式举办】7月13日，“丰帆行动”启动仪式暨首都科技条件平台政策宣讲会在中都科技大厦举办。“丰帆行动”是丰台区培育和引进高成长企业行动，将培育引进100家创新能力强、成长性好、发展潜力大的优质企业，为丰台区经济高质量发展赋能增效。“丰帆行动”将为企业量身定制服务方案，绘制要素保障清单，搭建政府与企业联动发展平台，发挥政策、平台、资源的叠加效应，建立一套符合丰台产业特色、企业发展的高成长企业发展指标体系。宣讲会上，丰台区科信局介绍“丰帆行动”工作思路、工作机制、企业入库标准和服务体系。来自区内科技企业的100余人参加。

（王　雪）

【北京市科学技术奖获奖情况】9月25日，2020年度北京市科学技术奖获奖成果名单公布，丰台区总计11个项目获奖，其中自然科学奖二等奖1项，科学技术进步奖一等奖3项、二等奖7项。首都医科大学项目“预警素类细胞因子及固有淋巴样2型细胞在哮喘中的作用和临床研究”获得自然科学奖二等奖；北京动力机械研究所与航空精密机械研究所联合项目“航天复杂构件国产五轴高效精密加工成套工艺与制造系统及示范应用”，交控科技股份有限公司与北京市地铁运营有限公司、北京交通大学联合项目“基于不同信号制式的轨道交通无感改造成套装备研究与应用”，北京双登慧峰聚能科技有限公司项目“分布式可再生能源交直流高效集成与互联关键技术、装备及应用”获得科学技术进步奖一等奖；北京全路通信信号研究设计院集团有限公司项目“高速铁路轨道电路关键技术研究与应用”，北京北方生物技术研究所有限公司项目“高灵敏特异性化学发光免疫分析技术的建立和临床应用”，首都医科大学附属北京佑安医院项目“乙肝病毒母婴阻断关键技术与应用”，北京京航计算通讯研究所项目“可编程逻辑器件软件工程关键技术研究与应用”，北京当升材料科技股份有限公司项目“混合电动车用高功率长寿命锂电正极材料的开发与产业化”，航天特种材料及工艺技术研究所项目“超长筒体张力旋压设备和工艺的研究与应用”，北京市交通运行监测调度中心项目“大数据驱动下的多方式公共交通协同优化关键技术研究及应用”获得科学技术进步奖二等奖。

（王　雪）

【国家科学技术奖获奖情况】11月3日，中共中央、国务院举行国家科学技术奖励大会，会上颁发2020年度国家科学技术奖。丰台区内单位主持完成的9项成果获国家科学技术奖，包括自然科学奖二等奖1项、技术发明奖二等奖2项、科学技术进步奖二等奖6项。中国人民解放军总医院第五医学中心项目“造血干细胞调控机制与再生策略”获自然科学奖二等奖；北京宇航系统工程研究所项目“航天新型轻质高承载结构及其高效优化设计技术与应用”，北京空天技术研究所与北京航天动力研究所项目“航天飞行器极端条件下主动热防护关键技术及应用”获得技术发明奖二等奖；中牧实业股份有限公司项目“奶牛高发病防治系列新兽药创制与应用”，航天材料及工艺研究所项目“高导热油基中间相沥青碳纤维关键制备技术与成套装备及应用”，中铁电气化局集团有限公司项目“高速铁路用高强高导接触网导线关键技术及应用”，中国航天空气动力技术研究院项目“彩虹四多用途无人机”，北京冶自欧博科技发展有限公司项目“锌电解典型重金属污染物源头削减关键共性技术与大型成套装备”，首都医科大学项目“低氧与缺血适应防治缺血性脑卒中新技术体系的创研及推广应用”获得科学技术进步奖二等奖。

（王　雪）

【28个项目获轨道交通联合基金立项】11月25日，2021年度北京市自然科学基金——丰台轨道交通前沿研究联合基金项目公示立项。经初步审查、项目初评、通讯评审、会议评审，北京市自然科学基金——丰台轨道交通前沿研究联合基金管理小组第九次会议审定，资助“时速200公里及以上轨道交通架空刚性接触网理论与关键技术研究”等重点研究专题6项、“基于热振融合的轮对轴箱并发故障自适应诊断方法研究”等前沿项目22项，资助经费总额

1210.8 万元。

（王　雪）

【《“十四五”时期丰台区科技创新发展规划》发布】 12 月 10 日，丰台区政府网站发布实施《“十四五”时期丰台区科技创新发展规划》。《规划》聚焦北京“四个中心”战略定位，以《北京市“十四五”时期国际科技创新中心建设规划》为指导，深刻把握国家科技自立自强和北京国际科技创新中心建设等新趋势新要求，围绕丰台新的功能定位，以“提升科技创新能力和创新驱动发展水平”为主线，开展科技创新能力建设、创新驱动产业升级、科技赋能城市治理 3 个方面的核心任务和 9 大工程，致力完善全区科技创新政策体系，提高科技创新综合实力和竞争力，增强科技支撑全域发展能力。

（王　雪）

【疫情防控应急项目结题】 12 月 17 日，丰台区科信局根据《丰台区关于应对新冠肺炎疫情支持企业发展的若干措施（暂行）》要求，对 2020 年立项的 13 个疫情防控应急项目结题，支持区财政资金共计 877.2 万元。“新型冠状病毒（2019–nCoV）抗原抗体快速检测方法”“核酸快速检测方法的研发”“杀灭细菌和病毒口罩的研发与转化”等多个项目成效显著。其中，北京中星时代科技有限公司的“ZX–TM300 非制冷红外体温快速筛查系统”项目实现人脸识别，解决了智能化测温问题，疫情期间保障 1200 余万市民出行安全与通勤。项目期间，企业实现新增产值 3887 万元，新增销售收入 3440 万元，新增利润 563 万元，新增税收 84 万元。

（王　雪）

【交控科技科普项目获立项】 12 月 24 日，由北京交控科技股份有限公司承担的“丰台区智慧城市轨道交通科普展厅内容开发与推广服务”项目获得市科委、中关村管委会立项，支持市级科普经费 130.39 万元。项目发挥城市轨道交通列车通信与运行控制国家工程实验室功能，沿着应用一代、开发一代、研究一代的创新路径，开发智慧轨道交通先进技术，将智慧轨道交通系统示范应用，建立 3650 平方米的智慧城市轨道交通科普展厅，搭建 1 个近似轨道交通全场景“元宇宙”，支撑智慧站区、智能列车、线网综合决策、智能调度、数字化轨旁基础设施、无人机房、智能运维、企业数字运营和智能培训等 9 大场景协同创新。

（王　雪）

【科技企业孵化机构提质增量发展】 2021 年，丰台区科信局发布落实《丰台区孵化机构认定管理办法（试行）》，认定 6 家区级孵化机构。北京赛欧科园科技孵化中心和北京首科创融科技孵化器有限公司在 2020 年度国家级科技企业孵化器评价工作中被评为“优秀（A 类）”，占全市“优秀（A 类）”孵化器的 1/6。北京中都泰和科技企业孵化器有限公司备案为国家级科技企业孵化器，成为北京市备案为国家级孵化器的 2 家公司之一。

（王　雪）

【丰台高成长企业引进培育】 2021 年，丰台区科信局落实《丰台区“1511”产业发展提质工程实施方案》，制定《丰台区培育和引进高成长性企业实施方案》，发布《丰台区“丰帆行动”高成长型企业培育方案》，筛选出 112 家高成长企业开展“丰帆行动”培育。举办政策宣讲专场 8 期，惠及企业 600 余家次。联合区内创新创业孵化平台，服务 30 余家企业发展需求，开展“智慧下午茶分享”活动 20 余期，成功对接 9 家高质量中介服务机构。

（王　雪）

【科普活动开展情况】 2021 年，丰台区科信局组织开展科普大篷车巡展活动，5 月 24 日—7 月 15 日，科普大篷车走进街镇社区（村）、学校巡展 10 次。设置中心舞台区、科普知识连廊区、互动体验区，进行垃圾分类、防疫知识、创建卫生城市、森林城市、文明城区等科普宣传；自编相声《好好分类》、快板《垃圾分类谱新篇》科普表演；邀请专家开展“碳中和”“垃圾分类”等主题内容分享；设置科普问答、“健康抖一抖”等活动，吸引市民现场参与超 4000 人次，辐射市民近万人。丰台区科信局还开展“美丽丰台科普行”主题科普活动，建立“美丽丰台科普行”公众号，推出科普畅游护照，全景舆图、VR 趣游等多个板块，活动累计发放科普惠民基地免费门票 8000 张。

（王　雪）

石景山区

【概述】北京市石景山区科学技术委员会（简称石景山区科委）是负责贯彻落实中央、市委关于科技工作的方针政策、决策部署和区委有关工作要求的区政府工作部门。内设3个科室，下设1个事业单位。2021年，石景山区科幻产业集聚区建设初见成效，一批科幻龙头企业、大师工作室、科幻特色活动和展览落地，中国科幻研究中心落户石景山区，北京科技周科幻分会场活动圆满完成。大力推动高精尖产业发展，加大科技创新企业培育和政策服务力度，助推科技领域产学研合作。深入落实“科创28条”，支持虚拟现实、人工智能等产业项目，在社区治理、智慧医疗、城市管理等领域促进应用场景示范应用。2021年，全区申报国家高新技术企业认定的企业有330家，通过认定的有262家，累计认定达794家，科技政策对高新技术企业覆盖率达到100%。全区拥有孵化器12家，众创空间11家，总孵化面积达到30万平方米。全年技术合同登记2262项，技术合同成交额124亿元。

（耿 璐）

【腾讯集团到首钢园调研】1月22日，腾讯集团负责人带队到石景山区首钢园调研，实地考察三高炉、脱硫车间等园区重点项目，石景山区委、中国科协、首钢集团等单位相关负责人参加。双方围绕推动科幻及相关产业发展进行交流座谈，表达在推动科幻产业集聚发展方面的合作意愿。

（岳继华）

【中译语通获科技部重大项目立项】1月，石景山区内企业中译语通科技股份有限公司牵头申报的“以中文为核心的多语种自动翻译研究”项目获科技部科技创新2030—“新一代人工智能”重大项目立项，中央财政资金支持1700万元。项目将针对资源稀缺的小语种、多噪声环境的语音翻译和图片翻译等高质量机器翻译瓶颈问题，构建以中文为核心的多语种、多模态机器翻译平台，实现云端和智能终端多个场景的产业化应用。“新一代人工智能”重大项目是科技部为落实国务院印发的《新一代人工智能发展规划》总体部署，根据《新一代人工智能重大科技项目实施方案》启动实施的重大项目。

（赵楚然）

【“百进千”线上专场对接会召开】2月2日，首都科技条件平台石景山工作站组织召开2021年度“百家实验室进千家企业”线上专场对接会。石景山区内30位科技企业代表参会，2所院校参加对接活动。会上，石景山区科委负责人介绍此次“百进千”活动的背景及近年来石景山区工作站取得的工作成效。首都科技条件平台管理办公室相关人员介绍首都科技条件平台的主要架构、科技资源情况、相关政策，以及创新券申领流程。北京曼诺林数字科技有限公司、北京博德恒信科技有限公司成功对接企业科技需求，获得首都实验室共享服务补贴，市级创新券补贴46.38万元，区级自筹部分补贴10.46万元。活动有助于服务企业科技创新，提高科技资源的利用效率，促进科技成果转化，为石景山区实施创新驱动发展战略提供支撑。

（高嘉璐）

【科普工作者培训班举办】2月，石景山区科委举办科普工作者能力建设系列活动暨2021年度科普工作者培训班，旨在提升区内科普工作者服务水平，加强科普能力建设。培训以理论学习与线上教学相结合形式，对基层科普工作进行梳理和讲解。石景山区科普工作联席会议成员单位及区内市级科普基地近30名科普工作者通过线上形式参加培训，课程播放量500余次。

（蔡真婷）

【4家机构通过国家级众创空间复核】3月9日，科技部火炬中心公示2020年度国家众创空间复核名单，创业公社、猫妹众创空间、91众创、石谷轻文化基地4家石景山区创业孵化机构通过复核。截至年底，石景山区市级以上资质各类孵化器和众创空间达12家。

（崔 欣）

【科幻大会筹办会召开】3月12日，由石景山区科委组织召开科幻大会筹办工作例会。中国科协，市科委、中关村管委会，北京首钢建设投资有限公司等相关单位负责人参会。会议重点研讨2021年中国科幻大会公益内容组成和市场化内容建议。初步确定开幕式、专题论坛及新技术新产品展示以公益服务为主要宗旨，科幻体验、表演及嘉年华游玩等活动通过探索市场化合作方式丰富内容和形式，加强与品牌市场资源对接和融合互促。

（岳继华）

【东土科技获2021 CAIMRS应用案例奖】 3月19日，中国制造数字化服务峰会2021 CAIMRS暨年度评选揭晓，石景山区工业互联网领军企业北京东土科技股份有限公司的“助力中国首条智能化高铁线路运营”项目获应用案例奖。东土科技的Kyvision Pro综合网管系统应用于中国首条智能化高铁——京张高铁，东土科技的工业通信、综合网管等产品应用于汉十线、京张线、徐通线、连镇线、广深线等250千米/时以上的高铁项目，为中国高铁行业的发展做出了贡献。

（胡　妍）

【科技项目结题验收会召开】 3月24日、9月16日，石景山区科委组织召开2次石景山区2020年度科技项目结题专家验收会，对2020年立项的社会发展类科技计划10个项目和新技术、新产品研发及在石景山区城市管理和民生改善领域示范应用10个项目进行结题验收，各项目经费使用情况均经过会计师事务所审计，19个科技项目通过专家验收，三止健康科技（北京）有限责任公司项目未通过专家验收，退回资金43.12万元。各项目研发成果申请专利49项（其中发明专利38项）、软件著作权29项。19项科技成果在科技防疫抗疫、医疗、教育、节能环保、城市建设等领域全部转化应用。

（蔡真婷）

【石景山区科技项目立项评审会召开】 4月26—27日，石景山区科委组织召开石景山区2021年度科技项目立项专家评审会，对征集的20个社会发展类科技计划项目，3个新技术、新产品研发及在石景山区城市管理和民生改善领域示范应用项目进行专家评审。经专家评审，区科委拟立项支持8个项目，包括新技术、新产品研发应用场景项目5个，在城市管理和民生改善领域示范应用项目3个。拟支持区财政科技经费725.9万元。

（蔡真婷）

【航天测控助力天和核心舱发射】 4月29日11时23分，长征五号B遥二运载火箭搭载中国空间站工程首舱天和核心舱在海南文昌航天发射场发射成功。石景山区内企业北京航天测控技术有限公司为长征五号B遥二运载火箭研制配套多种地面测控设备，在火箭测试、转场和发射过程中为发射任务进行实时“健康监测”，助力天和核心舱发射任务完成。

（胡　妍）

【青少年科幻创意活动举办】 5月22日，由中国科幻研究中心、腾讯教育主办，主题为“想象力与科技同行”的青少年科幻创意活动在石景山区首钢园举办。活动现场，全国首个科幻想象力教育公益项目——科幻想象力课程进中小学公益项目启动，将陆续组织著名科幻作家与一线教研专家共同打造适合中小学的科幻想象力课程，并率先在石景山区中小学落地。活动上，刘慈欣、王晋康、韩松、何夕等10余位科幻作家送祝福视频，科幻学者和作家吴岩做“怎样进入想象和科学碰撞后的宇宙”主题讲座。青少年科幻创意活动作为北京科技周科幻分会场的活动之一，设立“科幻世”科技艺术概念展，《无名之城》《巴塞罗那之桌》《宇宙八音盒》《太空种子》等科幻主题艺术作品逐一展出，围绕“创新科幻、智享未来”理念，利用科学与艺术结合的创意，打造一个面向公众未来体验的科幻主题乐园。30余名参与现场活动的青少年通过科幻讲座、主题科幻展、创意科幻课等形式探索科幻世界，感受科幻带来的魅力与乐趣。

（胡　妍）

【石景山区科技活动周举办】 5月22—28日，2021年（第27届）石景山区科技活动周在石景山区首钢园举办。活动由市科委、中关村管委会和石景山区政府主办，以中国共产党建党100周年“百年回望”为主题，以“创新科幻、智享未来”为主线，利用科学与艺术结合创意，举办“科幻世”——科技艺术概念展、科幻产业高峰论坛、科幻“大咖”直播、“想象力与科技同行”青少年科幻创意活动等多项活动。活动周吸引科技工作者、科幻业界代表、影视界人士、科幻爱好者及市民近万人参会观展。

（胡　妍　蔡真婷）

【青年科幻人才队伍建设与培养机制主题沙龙举办】 5月23日，由中国科协科技传播与影视融合办公室、中国科幻研究中心主办的“青年科幻人才队伍建设与培养机制”主题沙龙在石景山区首钢园举办。6名来自科幻领域的作家、评论家、教育工作者及11名来自马来西亚理工大学、北京大学、清华大学等国内外高校的硕士、博士研究生参加。围绕沙龙主题，与会专家和青年学者结合各自研究领域分享观点和看法。沙龙搭建起科幻专家和青年爱好者交流沟通平台，共同分享科幻研究成果，推动青年科幻人才培养与队伍建设。科技传播与影视融合系列沙龙于4月26日开始，本次活动是第二期。

（赵楚然）

【2021中国科幻大会筹备】5月，石景山区集中4方面措施筹备2021中国科幻大会。构建市级协调、区级部门协同和科幻大会筹办工作三级会议协调模式；建设科幻人才引入标准和服务体系，并获得市人才工作局支持；以科幻大会为平台，对接国内外产业资源，搭建国际化创新交流平台，截至5月，公开征集国内外60余家企业近百项合作需求；在科幻产业集聚区内营造“幻影成真”沉浸式体验环境，增加北京科幻之夜、科幻电影周、科幻嘉年华等，打造科幻与科技相互交融、相辅而行的广阔平台。

（岳继华）

【石景山区产业发展调研】6月17日，市科委、中关村管委会主任许强带队到石景山区调研，听取石景山区关于科幻、虚拟现实和工业互联网3个特色产业推进情况汇报。3个特色产业是北京市对石景山区高精尖产业发展的精准定位，对石景山区未来实现经济社会全面可持续发展具有重要意义。许强指出，石景山区要加强相关产业和生态深度研究，产业要加强拓展和联动，布局务求精准不分散。要实现市、区联动共促发展工作格局，推动中关村石景山园的创新升级和快速发展。石景山区委、首钢集团相关领导参加调研座谈。

（岳继华）

【欢乐科普行主题活动开展】6月，由石景山区科委主办，以“赏科幻电影 学科学知识”为主题的欢乐科普行活动在石景山区文化中心启动。活动采用线上、线下相结合的方式，主要观看国内外经典科幻电影《流浪地球》《火星救援》等，通过观影交流、科学知识讲解等不同方式普及科幻电影中的科学知识，开展爱国主义教育。曾获2019年葡萄牙国际奇幻电影节最佳影片奖的《最后的日出》的导演任文，制片人、编剧李昳青在现场与观众面对面交流，介绍该影片的整体科学设计、艺术设计、场景设计过程，并讲述《流浪地球》拍摄时曾以“中国科幻未来的思考”为主题，与制作方进行研讨的经历。受疫情影响，活动开展2场《流浪地球》线上直播，882人次观看。

（蔡真婷）

【“创意科普，助力生态绿色冬奥”活动举办】9月18日，石景山区科委在石景山区科技馆举办“创意科普，助力生态绿色冬奥”科普活动。通过绿色生态标准讲解、生态文明宣传、设计制作微缩景观等活动形式，普及绿色生态文化，倡导环保生活方式，弘扬奥运精神，倡导民众关注冬奥、助力冬奥。石景山区30余名科技工作者参加本次活动。

（蔡真婷）

【石景山区设计之旅活动举办】9月22—27日，2021北京国际设计周石景山区设计之旅活动在石景山区八角新乐园举办。活动由石景山区科委、八角街道办事处组织，联合国内外知名品牌、独立设计师、创新教育者共同参与，以“美好生活造物节”为主题，布展自然教育、户外拓展、帐篷露营、文创市集、高雅音乐、民谣弹唱等场景。每个活动板块每天面向市民开展丰富的文化科技体验活动与设计展示活动，有豪车新设计展示会、草坪音乐会、户外探索营、软陶设计手作、儿童创意画、舞动之旅、趣味萌宠体验、认识自然植物营、民谣之夜等，共计200场公益活动，惠及万名市民。活动邀约抖音本地头部自媒体报道，并登陆同城热门榜TOP1，各网络媒体、自媒体公众号转载发布活动信息30余次，参与活动市民满意度高，好评度高。

（蔡真婷）

【全国首个科幻产业联合体成立】9月23日，在2021年中国科幻大会开幕式上，全国首个科幻产业联合体成立。联合体由首钢集团牵头发起，联合业内40家企业、高校、科研机构共同组建，首钢集团为理事长单位，中关村通力科技服务有限公司为秘书处单位。首批成员单位覆盖科幻产业代表性企业及机构，包括保利影业投资有限公司、北方华录文化科技（北京）有限公司等民营科技企业，清华大学、中国科幻研究中心等科研机构，以及京东方科技集团股份有限公司等硬件厂商。首钢集团将与科幻产业联合体成员单位共同开展国际交流合作与人才培养，搭建科幻公共技术服务平台，促进产业模式推广和场景应用创新，推动产业研究和政策服务，助力中国科幻产业发展。

（岳继华）

【中国科幻研究中心成果发布会召开】9月28日，中国科幻研究中心2021年成果发布会在首钢园召开。会上发布《中国科幻发展年鉴2021》《中国科幻发展报告（2015—2020）》《北京科幻产业发展研究》《世界科幻动态》等一系列成果，从历时、共时、业态、区域、城市等视角呈现中国科幻发展，展示科幻发展“中国模式”研究独特视野。中国科幻研究中心2020年落地石景山区，是致力会聚科幻人才、聚焦科幻产业、加强科幻国际合作、促进中国科幻产业稳步发展的创新平台。

（胡　妍）

【5G 创新应用成果展示】 10 月，由中国联通有限公司和首钢集团组织的云转播、数字人民币、无人驾驶等多项 5G 创新应用成果在石景山首钢园展示。自动驾驶小巴、自动驾驶小轿车搭载 5G 网络和 AI 智能技术在首钢园区内进行最高等级的 L4 自动驾驶测试；首钢园云转播中心应用最新云转播技术，仅通过一台笔记本电脑即完成张家口冬奥场馆和首钢园视频信号导切，大幅度提升转播效率；体验者轻轻一碰佩戴的具备数字人民币钱包功能的手套，就可完成商品购买支付。首钢园作为国内首个 5G 示范智慧园区，在远程办公、智慧场馆、移动安防、无人驾驶、高清视频等多个领域实现 5G 技术的应用，为冬奥智慧应用提供支撑。

（胡　妍）

【国家高新技术企业培育训练营举办】 11 月 25 日，石景山区科委线上举办国家高新技术企业培育训练营，区内 250 余名科技企业人员参加训练营培训。训练营围绕国家高新技术企业认定“报备即批准”试点政策、认定规范化管理、未通过认定原因解析等内容进行专场辅导，并与参训学员互动交流。2021 年，石景山区科委先后举办 4 期国家高新技术企业培育训练营，累计入营科技企业人员近 700 人次，10 余位专家学者参与授课。

（崔　欣）

【共建智能虚拟人校企联合实验室】 11 月 26 日，石景山区科幻企业北京虚拟动点科技有限公司与北京理工大学签约共建智能虚拟人校企联合实验室，共同推动虚拟人及虚拟现实相关技术研究及产业应用，为“元宇宙”产业发展提供产学研合作基础。北京理工大学混合现实新型显示工程技术研究中心瞄准国家战略需求和学术前沿发展，在虚拟现实、虚拟人构建与驱动方面深耕研究，取得多个阶段性成果。北京虚拟动点科技有限公司聚焦于虚拟现实和科幻产业创新，为影视动画制作、工业模拟仿真、职业教育培训、运动科学分析、数字资产采集等诸多应用场景提供专业产品和数据服务解决方案，公司的光学动作捕捉系统代表业界顶尖水平。北京虚拟动点科技有限公司与北京理工大学将基于各自技术优势，依托智能虚拟人校企联合实验室，进一步完善并提升虚拟人驱动效果，形成具有特色的虚拟人应用示范案例。

（崔　欣）

【与上合组织签署合作备忘录】 12 月 18 日，由上海合作组织秘书处、上合国家青年平台主办，中关村科幻产业创新中心支持的第四届青年会议在上合组织秘书处召开。会上，石景山区内企业北京中关村通力科技服务有限责任公司作为中关村科幻产业创新中心运营单位，与上合国家青年平台签署合作备忘录，达成战略合作，通过新一代数字化技术平台，加强上合组织成员国经济互补优势，共同创建面向青年人才在数字经济领域交流、创业、研发、合作的数字空间，建立上合青年间互联互通新的组织形式和新的对话平台，共同迎接新的机遇和挑战，促进数字经济高质量发展。

（崔　欣）

【7 家企业获得“报备即批准”国家高新技术企业认定】 12 月，石景山区科委根据北京开展高新技术企业认定“报备即批准”政策试点工作的要求，通过广泛动员、政策培训、一对一精准辅导等措施，推荐区内 15 家科技企业参加“报备即批准”国家高新技术企业认定申报。最终，中国电子科技集团公司电子科学研究院、北京悦游信息技术有限公司、北京字节跳动网络技术有限公司、北京爱奇艺智能科技有限公司、融硅思创（北京）科技有限公司、北京新毅东科技有限公司、国信医药科技（北京）有限公司 7 家企业获得认定，在全市占比 9.1%。企业从申请认定到取得证书用时 1 个月，较常规流程大幅压缩 80% 以上。

（崔　欣）

【创意科普助力冬奥活动上线】 12 月，石景山区科委围绕科技冬奥、智慧冬奥、环保冬奥，启动“创意科普助力冬奥”线上科普活动。活动通过自有政务新媒体“创新石景山”上线 4 期创意科普课程，内容包括创意科普助力冬奥系列之认识自由式滑雪、认识雪容融、手绘冰墩墩环保袋、衍纸小雪花，旨在通过创意手工制作，带领市民了解冬奥文化知识，体验创意乐趣，激发市民参与科普活动热情，满足市民科普学习新需求。

（蔡真婷）

【举办脱贫科技人才培训】 2021 年，石景山区科委通过举办科技人才培训班、科技下乡等方式，围绕脱贫人口急需的特色种植养殖技术等方面，在内蒙古自治区赤峰市宁城县和呼伦贝尔市莫旗开展 3 期玉米栽培技术、肉牛养殖技术等培训班，200 余人参加培训。同时，聘请技术专家进村入户开展种植养殖技术指导，印发实用技术科普读本 600 余本，网上发布实用技术宣传片，进一步提高村民种植养殖技能，助力乡村振兴。

（蔡真婷）

【技术合同交易额稳增】 2021年，石景山区技术合同成交额124亿元，比2020年增长10.1%。石景山区科委在技术市场及技术合同登记方面加大工作力度，逐步做到规范化、深入性、系统性。

（张　旭）

【构建科幻产业发展生态】 2021年，石景山区政府加速构建科幻产业发展生态。发挥科技支撑优势，推进科幻应用场景建设。科幻产业集聚区核心区建设完工，亚太文融瞭仓沉浸式数字艺术馆竣工开业，依托科幻技术应用，为场馆赋予科幻消费特色；当红齐天首钢一号高炉“元宇宙乐园”项目获得工业和信息化部“绽放杯”全国总决赛一等奖；红色地标“5G+XR+华为和图”项目入选国家文旅部优秀案例。搭建公共服务平台，建设中关村科幻产业创新中心。与首都科技集团合作，专业团队运营科幻公共服务平台，整合人才、技术、项目、企业、配套设施等全要素资源，支撑全产业链生态系统建设。中关村科幻产业创新中心与上合组织签署合作备忘录，共同创建数字经济领域交流、创业、研发、合作的数字空间。开展高精尖科技项目储备，发掘科幻发展潜力。启动2022—2023年高精尖科技产业项目储备工作，重点围绕科幻及相关科技支撑领域加强项目储备，已储备科幻及相关科技项目20余项，涵盖虚拟影视制作技术研发、沉浸式场景建设、元宇宙生态构建、交互式技术研发应用、科幻版权发行、科幻活动举办等多方面。

（岳继华）

【科幻产业招商引资集聚成效初显】 2021年，石景山区科幻产业招商引资集聚成效初显。以承办中国科幻大会为契机，引资源，建平台，育生态，30余家科幻相关领军企业落地石景山，石景山区初步形成“内容创作+IP转化+影视创投+影视拍摄+科技+体验”的产业发展格局，包括以北京虚拟动点科技有限公司、北京天图万境科技有限公司、北京达瓦遊影科技有限公司为代表的科幻影视技术企业，以北京正负极文化传媒有限公司、跨星际（北京）航天文化有限公司为代表的IP创作科幻科普企业，以北京烤拉文化发展有限公司、北京晓年青文化传媒有限公司、北京金色星云科技有限公司为代表的电影导演工作室和影视公司，以微像文化、未来事务管理局为代表的科幻IP转化服务平台，以亚太文融、当红齐天为代表的科幻沉浸式体验场景企业，以北京因时机器人科技有限公司、睿尔曼智能科技（北京）有限公司为代表的硬科技企业等。以追光动画、爱奇艺人工智能、北京耐德佳显示技术有限公司为代表的一批动画、虚拟现实等企业将技术创新、文化创作与科幻深度融合。全区已经集聚科幻及相关领域企业100余家，科幻产业集聚区核心区－首钢园金安桥片区9个单体建筑工程全部完工。

（岳继华）

门头沟区

【概述】 北京市门头沟区科学技术和信息化局（简称门头沟区科信局）是负责贯彻落实党中央关于科技创新、软件和信息服务业、信息化方面的方针政策、决策部署，以及市委、区委有关工作要求的区政府工作部门。内设4个科室，下设5个事业单位。2021年，门头沟区内企业北京诚田恒业煤矿设备有限公司项目“深部煤矿冲击地压巷道防冲吸能支护关键技术与装备”获得国家科学技术进步奖二等奖。北京至格科技有限公司项目“增强现实衍射光波导及光学显示模组产业化”获第六届“创客中国”北京市中小企业创新创业大赛创客组二等奖，并获大赛全国500强；北京星网船电科技有限公司项目“军民两用船艇综合导航系统”获大赛企业组三等奖。北京七芯中创科技有限公司成功研制拥有自主知识产权的物联网高精度温度传感器芯片。区科信局组织北京碧福生环保工程设备有限公司与北京工业大学研发实验服务基地进行线上需求对接，组织邀博（北京）智能科技有限公司、慧安众生生物科技发展（北京）有限责任公司与装备制造领域中心、北京农学院研发实验服务基地进行线上需求对接。北京市林业果树科学研究院京白梨专家工作站成立。2021年，门头沟区经认定的北京市“专精特新”中小企业23家、北京市专精特新“小巨人”企业6家、国家级专精特新“小巨人”企业3家。门头沟区申报国家高新技术企业197家，通过认定110家。全年技术合同登记175项，技术合同成交额35.3亿元。

（张　悦）

【区内企业与科技服务机构对接会召开】 1月13日，首都科技条件平台门头沟工作站组织北京碧福生环保工程设备有限公司等9家门头沟区内企业与北京工业大学研发实验服务基地进行线上需求对接，北京碧福生环保工程设备有限公司提出“干化系统工艺热工计算及配置”的科技需求与北京工业大学研发实验服务基地达成合作意向，并申请使用首都科技创新券。

（尚玥玥）

【调研精雕智造科创中心】 2月10日，市科委、中关村管委会及首都科技条件平台相关负责人到门头沟区内企业北京中关村精雕智造科技创新中心有限公司调研，了解该企业加入科技创新券收取单位资格情况，该企业是北京精雕科技集团有限公司的子公司。北京精雕科技集团有限公司是国家级重点实验室，符合首都科技创新券收券单位条件，与首都科技条件平台装备制造领域中心签署加盟协议，成为科技创新券的收券单位，可以为京津冀地区企业在装备制造领域方面的科技需求提供科技服务。

（尚玥玥）

【调研中关村门头沟园】 5月18日，市科委、中关村管委会相关负责人到中关村门头沟园调研，并举行座谈。调研组先后到北京精雕科技集团有限公司、阜外医院西山院区了解发展建设情况，并到石龙阳光大厦参观中关村门头沟园沙盘。座谈会上，调研组听取中关村门头沟园发展工作汇报。表示门头沟区位优势明显，产业布局有序，尤其是医药健康产业发展已经具备一定基础。希望门头沟区做好科技园未来发展规划和工作方案，强化部门对接，扎实做好基础工作。

（张　悦）

【2家企业获创新创业大赛奖】 6月16日—10月19日，由市经济和信息化局、市财政局、顺义区政府主办的第六届“创客中国”北京市中小企业创新创业大赛暨“创客北京2021”创新创业大赛在顺义举行。大赛设175个初赛点，16个赛区，共计4349个项目报名参赛，353个项目进入决赛。大赛设特等奖1个，一等奖3个，二等奖12个，三等奖30个。门头沟区内企业北京至格科技有限公司参赛项目“增强现实衍射光波导及光学显示模组产业化”获创客组二等奖，并获大赛全国500强（北京市共15个）；北京星网船电科技有限公司参赛项目“军民两用船艇综合导航系统”获企业组三等奖。

（贾岩琦）

【物联网高精度测温芯片研制课题通过验收】 9月3日，北京七芯中创科技有限公司承担的“自主可控物联网型温度检测芯片及传送系统”课题通过市科委、中关村管委会组织的专家验收。课题2018年立项，主要研发低噪声采集放大技术、高精度低功耗模数转换技术及高精度自动化测试标校技术等关键技术，形成集温度采集、身份验证和通信功能于一体的高精度测温芯片。此款芯片替代进口芯片，测温精度比国外品牌公司的测温精度提高5倍以上，达到±0.1℃，抗静电达到8千伏（国外同类产品3千伏）。自主知识产权技术开发的多层组网监控协议，将传统的单层组网协议的功能拓宽，广泛用于工业感知检测控制、粮情监控、智能家电、移动终端、农业养殖和酿造等测温系统中。

（张　悦）

【京白梨获附包装果品商品属性特等奖】 9月17日，在北京市园林绿化局举办的2021北京花果蜜乐享季北京市精品梨大赛中，门头沟区选送的4.5千克装特级京白梨及3千克装三级京白梨获附包装果品商品属性特等奖。大赛邀请中国农业大学、北京市农林科学院林业果树研究所、北京农学院和北京电商协会等单位专家对参赛梨果的果品品质和附包装果品的商品属性进行专业评选，提升北京果品的品牌价值和影响力，助推果品产业高质量发展。

（张　悦）

【6个特色农产品入选“北京优农”品牌目录】 9月23日，2021年“北京优农”品牌发布，门头沟区灵山绿产区域品牌入选“北京优农”品牌目录。全区已有6个特色农产品入选，包括拇指姑娘奇异莓、灵之秀黄芩茶、太子慕苹果、泗家水香椿、妙峰咯吱等。

（王文伟）

【京白梨专家工作站成立】 9月24日，北京市林业果树科学研究院京白梨专家工作站揭牌仪式在门头沟区军庄孟悟京白梨园举行。门头沟区科信局、北京市林业果树科学研究院相关领导出席活动。工作站将从新品种引进、新技术研究、新产品研发、林下经济发展、贮藏保鲜技术提升和精准管理技术研究等方面发挥京白梨专家效用，助力门头沟区绿色生态农业发展。

（张　悦）

【国家科学技术进步奖获奖情况】11月3日，2020年度国家科学技术奖励大会在京召开。北京诚田恒业煤矿设备有限公司的科技成果“深部煤矿冲击地压巷道防冲吸能支护关键技术与装备”获国家科学技术进步奖二等奖。该企业成立于2005年，主要从事煤炭设备的研发、生产，注重在煤炭设备制造领域的科技研发，坚持技术创新引领产品创新，拥有多项发明专利。

（张　悦）

【高新技术企业认定】2021年，门头沟区申报国家高新技术企业197家，通过认定110家，通过率55.84%。按技术领域划分，电子信息30家、高技术服务32家、资源与环境17家、生物与新医药4家、先进制造与自动化16家、新材料4家、新能源与节能7家。

（张　悦）

【“专精特新”中小企业认定】2021年，门头沟区成功认定北京市“专精特新”中小企业23家、北京市专精特新“小巨人”企业6家；北京芯盾时代科技有限公司、水木湛青（北京）环保科技有限公司、遨博（北京）智能科技有限公司3家企业获得国家级专精特新“小巨人”企业认定。

（李　昂）

【22家企业获评知识产权试点和示范单位】2021年，门头沟区市场监管局围绕科创智能、医药健康、文旅体验三大产业，筛选区内知识产权战略意识强、研发投入多、科技成果转化好的引领型企业，开展北京市知识产权试点、示范单位申报推荐。最终北京精雕科技集团有限公司、北京万辉双鹤药业有限公司、北京九发药业有限公司等21家企业获评北京市知识产权试点单位，1家企业获评北京市知识产权示范单位。

（王文伟）

房山区

【概述】北京市房山区科学技术委员会（简称房山区科委）是负责贯彻落实中央、市委关于科技工作的方针政策、决策部署和区委有关工作要求的区政府工作部门。内设办公室、科技管理科、科技服务科、引进与合作科4个科室，下设1个科级事业单位房山区科委科技创新促进中心。2021年，房山区科委坚持以党建统领中心工作，一手抓新冠肺炎疫情防控，一手抓科技创新发展，推进“十四五”时期房山区科技事业发展。牵头编制完成《房山区“十四五”时期科技创新发展规划》并于12月7日发布实施。落实《房山区关于支持构建高精尖经济结构的实施意见》精神，对区内创新能力建设和科技成果转化、发明创造和专利运用等领域306家企事业单位申报的906个事项给予1981.8万元的资金支持。

全年开展科技创新政策线上、线下宣讲培训活动29场，参与人员19 408人次。联合良乡大学城管委会组织北京理工大学、北京工商大学、北京中医药大学等驻区高校及清华大学、北京大学等13所高校院所，累计开展“百家重点实验室进千家企业”“新材料产业校企对接”“医药健康产业校企对接”等专场校企对接活动8场，参与企业数量257家次，达成合作意向及协议5项。成功举办首届全球智能应急装备大赛、京津冀石墨烯大会等活动，北京国际金融安全论坛等成为“三平台”重要组成部分。中关村新兴产业前沿技术研究院全面运营，智能应急装备产业园、氢能产业园挂牌成立，国内首个5G开放道路自动驾驶示范区试运行。探索形成“前店后厂”发展模式，15家头部企业、12家隐形冠军企业、44家"专精特新"企业入驻，上市挂牌企业增至21家，国家高新技术企业、中关村高新技术企业分别达到830家、506家。良乡大学城建设全面推进，成立市级层面理事会，启动1048公顷扩区工作，街区控规编制完成，3个新型研发中心建成入驻，北理工无人机飞行器研发中心等项目落地；五所高校入驻院士30名、师生4.8万人，建成26个国家和省部级重点实验室。北大创业训练营等29家众创空间入驻企业超万家，创新创业氛围日益浓厚。

2021年，全区申报国家高新技术企业认定的企业393家，通过认定的有268家，累计认定达830家。全区拥有众创空间29家，比2020年增长3.6%，总孵化面积达到35.4万平方米，比2020年提高8.6%。全年实现技术合同成交额13.9亿元，比2020年提高20.9%；全区专利授权量3888件，其中发明专利702件，实用新型专利2568件，外观设计专利618件。

（李博伦）

【参加首都网络安全日活动】4月28日，第八届首都网络安全日暨北京国际互联网科技博览会在北京国家会议中心开幕。北京金融安全产业园应邀参展，以"金融科技安全产业集群"为主题，携手园区20余家从事金融安全相关领域企业组团亮相，着重展出以大数据、云计算、区块链、人工智能等产业板块所构成的金融安全产业云生态体系。北京金融安全产业园在展会上提出的"金融安全产业云生态体系"概念，是监管服务、应用场景、技术互补、整合输出的集成服务平台，同时还通过人才、资本、政策等完备的配套服务为企业成长发展保驾护航，受到展会参观企业认可。

（王　迪）

【《房山区氢能产业园发展规划（2021—2030）》发布】5月21日，由房山区政府主办，中国石化燕山石化公司、北京石化新材料科技产业基地管理委员会承办的以"助力绿色冬奥 引领能源变革"为主题的中关村氢能发展论坛在房山区召开。来自市科委、中关村管委会等市相关部门及房山区代表，氢能各领域产业链国内外专家学者、行业精英出席，并围绕"碳3060"、绿色能源、科技冬奥、氢能产业发展等话题进行探讨。论坛上，《房山区氢能产业园发展规划（2021—2030）》发布，中关村（房山）氢能特色产业园揭牌。北京能源集团有限公司等7家企业，北京化工大学、北京石油化工学院等2所高校的7个项目首批入驻氢能特色产业园。

（贺　静）

【8家优秀项目落地房山】5月28日—9月28日，由市科委、中关村管委会，市应急管理局，房山区政府等部门主办的以"匠心智造·创领应急"为主题的首届全球智能应急装备大赛在房山区举行。大赛是2021中关村论坛系列活动之一。来自国内外的160余个项目报名参赛，通过线上、线下路演等多种形式展开初赛和复赛。9月24日，在房山区周口店镇，进入决赛的20家企业经过无人机定点抛投、机器人侦查越障、灭火救援等科目的实战考核，决出大赛一、二等奖和优胜奖。重庆中岳航空航天装备智能制造有限公司获得一等奖。该企业会同长沙市云智航科技有限公司、北京力升高科科技有限公司、上海合时智能科技有限公司等8家优秀项目在9月28日颁奖典礼上签约落地房山。

（贺　静）

【落实科技政策资金鼓励企业创新】7月，房山区科委落实《房山区关于支持构建高精尖经济结构的实施意见》精神，为企业兑现2020年度区科技创新专项资金，对306家企事业单位申报的906个创新能力建设和科技成果转化等事项给予1981.8万元的资金支持，以发挥房山区科技政策资金引导作用，鼓励企业科技创新。

（李晓明）

【服贸会房山区建设项目签约仪式举行】9月6日，由房山区政府主办的生态宜居示范区、科技金融创新城——2021年服贸会房山区"两区"建设项目签约仪式在首钢园会场举行。签约仪式上，中国文物学会会长、故宫博物院原院长单霁翔对琉璃河西周燕都遗址等房山文旅资源进行推介，并宣布全国首档沉浸式世界遗产探索互动综艺节目《万里走单骑——遗产里的中国》第二季开启。仪式现场签订琉璃河西周燕都遗址、国际葡萄酒小镇一期项目（葡萄酒世界博览馆）等文旅类项目4个，西部马华北京房山中央厨房科技产业园、中泽凯华高效设施农业等农业类项目4个，北京理工大学工程医学与创新应用新型研发中心、碳中和系列项目、恒动氢能燃料电池研发生产等高精尖项目12个，以及神州数码单用途商业预付卡服务平台、喜马拉雅有声城市、公共文化解决方案等科技金融类项目3个。此外，房山区参加了服贸会文旅服务，金融服务，电信、计算机和信息服务3个线下专题展，形成51项成果。

（孙　颖）

【调研老田农业公司】9月17日，市科委、中关村管委会相关负责人到房山区内企业老田农业科技发展有限公司调研。调研组一行实地考察老田农业公司设施蔬菜生产情况，围绕科技支撑绿色设施农业发展主题，从技术、品种、节能降耗等重点科技攻关方向与老田农业公司董事长田从和进行交流，并对公司下一步科技提升工作提出指导意见。房山区副区长高武军陪同调研。

（李奕响）

【“一企一策”工作调研】9月27日，市科委、中关村管委会副主任许心超带队，就推进落实市级“一企一策”送“服务包”工作，到房山区内企业北京八亿时空液晶科技股份有限公司调研，针对企业发展情况和服务诉求，调研组提出可操作性指导意见，指出市科委、中关村管委会要加强与企业需求对接，为八亿时空公司等科技企业在京健康快速发展提供全方位支持，为房山区高精尖产业结构构建和区域经济社会高质量发展提供指导服务与支持。房山区副区长李光明陪同调研。

（李奕响）

【房山创新成果科普大篷车巡展】10—11月，在房山区科委、北京智汇互联科技孵化器有限公司承担的市级科普项目房山创新成果科普大篷车巡展的支持下，科普大篷车以“科技创新点亮百姓生活”为主题开展系列科普活动。40余项创新成果及人才项目深入琉璃河镇、长沟镇、迎风街道、良乡大学城等8个乡镇社区，北京理工大学等高校开展巡展活动。活动主题鲜明，展示内容丰富，有助于激发市民和高校师生科技创新兴趣。

（李奕响）

【北京市工程医学与创新应用新型研发中心获市级认定】11月23日，市科委、中关村管委会及市教委联合印发《关于支持建设北京市工程医学与创新应用新型研发中心的函》，对落地在良乡大学城的以北京理工大学为主体的北京市工程医学与创新应用新型研发中心予以认定。中心是校地、校企联合开展医疗新产品开发与成果转化的创新基地，包括创新医疗产品样机试制、认证检验GMP体系和产品注册人企业孵化体系等。中心采取产品开发项目经理负责制模式，遴选对接学校具有较好技术成熟度的医疗产品开发项目入孵，按照开发任务分段、资源要素适配的任务保障机制，高效产出创新医疗产品，服务国内医疗健康事业和北京市高精尖产业。中心相关基础装修已完成，杨健教授团队的医疗导航机器人项目、胡斌教授团队的精神状态量化评估和干预项目等已入驻。

（韩怀伟）

【《房山区“十四五”时期科技创新发展规划》发布实施】12月7日，《房山区“十四五”时期科技创新发展规划》发布实施。《规划》明确未来5年科技创新工作的指导思想、原则和目标，以及科技创新“十四五”期间指标体系，在7个方面制定29项任务及举措、5项保障措施，为未来5年房山区科技创新指明方向。

（李奕响）

【中小企业创新创业大赛房山赛区颁奖典礼举办】12月7日，由房山区经济和信息化局主办的以“创客北京·创新房山”为主题的第六届“创客中国”北京市中小企业创新创业大赛暨“创客北京2021”创新创业大赛房山赛区颁奖典礼在北京金融安全产业园举办。房山赛区赛事历时5个月。初赛报名的104个项目有40个项目进入8月2日的复赛路演，主要为新材料、新能源、高端制造业、软件与信息技术等领域项目，20个项目获得区级奖项并晋级市赛。最终，13个项目进入北京市150强榜单，获奖率达到65%。其中，“一机驱多井”智能采油软硬件系统获得市赛创客组一等奖，北京史河机器人科技有限公司的“智能高空机器人”项目、北京京东方生命科技有限公司的“面向重症心衰患者的干细胞膜片药物研制”项目获得市赛企业组二等奖，北京八亿时空液晶科技股份有限公司的“调光玻璃用染料液晶”项目获得市赛企业组三等奖。

（尹秉全）

【科学普及工作先进集体和个人受到市级表彰】12月23日，市科委、中关村管委会，市委宣传部，市人力资源社会保障局，市科协四部门对2021年北京市科学技术普及工作先进集体和个人进行表彰。房山区内中国核工业科技馆获科学技术普及工作先进集体，周口店北京人遗址博物馆陈蕾、房山区种植业技术推广站徐凯获科学技术普及工作先进个人。

（李奕响）

【石墨烯特种纤维科技成果转化平台获市级立项支持】12月，房山区内企业北京创新爱尚家科技股份有限公司承担的石墨烯特种纤维科技成果转化平台获得市科委、中关村管委会立项支持，支持资金100万元。平台将发挥北京石墨烯技术研究院在石墨烯特种纤维领域的资源优势，围绕石墨烯新材料产业发展，通过公共研发、概念验证、工业设计、中试熟化等研发服务，带动北京高校相关科技成果转化落地房山。

（李奕响）

【7家企业获批北京市企业科技研究开发机构】2021年，北京卫蓝新能源科技有限公司、北京兴源联合医药科技有限公司、中化学科学技术研究有限公司、

驭势科技（北京）有限公司、北京九州一轨环境科技股份有限公司振动噪声控制技术中心、北京福瑞润康生物技术有限公司等区内 7 家企业被市科委认定为北京市企业科技研究开发机构。截至年底，全区市级企业科技研究开发机构累计达到 35 家。

（李晓明）

【首家市级科技企业孵化器获批】 2021 年，北创营（北京）科技孵化器有限公司被市科委、中关村管委会认定为北京市科技企业孵化器。这是房山区首家市级科技企业孵化器。孵化器依托北京大学教育、研究和校友资源，建立“创业教育、创业研究、创业孵化、创投基金”四位一体的产业引进与服务综合创新创业扶持体系，搭建创业者交流与对接资源交流互助平台。孵化器提供从创业教育、导师服务、政策对接、成果转化、产业服务、初级孵化到天使投资的全链条创新创业扶持与孵化服务。孵化器自 2013 年成立以来，通过举办医药健康、新材料、科技成果转化等主题特训班，以及北大校友创业房山行、氢能论坛、高校师生创业大赛、校企对接等产业对接活动，带动 2000 余名创业企业家到房山考察对接，促成中细软集团有限公司、碳能科技（北京）有限公司、联方云天科技（北京）有限公司、北京派和科技股份有限公司等 200 余家高精尖项目落地房山，累计纳税超 1 亿元，带动就业 2000 余人。

（李晓明）

【2 家企业获“报备即批准”国家高新技术企业认定】 2021 年，房山区落实北京开展高新技术企业认定“报备即批准”政策试点工作，区内企业北京智博高科生物技术有限公司、北京泰格科信生物科技有限公司作为首批享受政策企业获得国家高新技术企业认定，企业从申请认定到获得证书用时 1 个月，较常规流程压缩 80% 以上。

（李晓明）

【243 个项目获北京市新技术新产品（服务）认定】 2021 年，房山区内企业北京航天奥祥通风科技股份有限公司、北京科泰兴达高新技术有限公司、驭势科技（北京）有限公司、京源中科科技股份有限公司等 82 家企业的 243 个项目获北京市新技术新产品（服务）认定。

（李晓明）

【技术市场发展情况】 2021 年，房山区技术市场发展态势良好，全年共登记技术合同 408 份，实现技术合同成交额 13.9 亿元，比 2020 年提高 20.9%。

（王　勇　张　潇）

【新场景建设竣工】 2021 年，房山区无人机森林防火、氢能源制储运加车辆运营调度大数据平台、垃圾分类全流程精细化管理系统平台、智慧防洪井下监测超低功耗技术研发 4 个新场景建设项目竣工。其中无人机森林防火项目系列关键技术成功应用于北京市房山区森林火险预警与行动、河南省水灾应急救援等突发事件，实现大型城市应急救援力量效能发挥的重大转变。

（徐璐璐）

【科技政策宣讲】 2021 年，房山区科委、首都科技条件平台房山工作站、房山区高新技术企业协会围绕高新技术企业、北京市新技术新产品（服务）、北京市工程技术中心、北京市企业技术中心等认定工作，以及首都科技条件平台首都科技创新券、技术合同登记、北京市高精尖产业技能提升培训补贴等政策，组织开展科技创新政策线上、线下宣讲培训活动 29 场，参训人员达 19 408 人次。受益企业 2000 余家次。使科技政策宣讲活动常态化。

（李晓明）

【校企对接长效机制建立】 2021 年，房山区致力校企对接长效机制建立，以助力科技企业创新发展。房山区科委、首都科技条件平台房山工作站联合良乡大学城管委会、房山区经济和信息化局、房山区高新技术企业协会等单位，协调组织北京理工大学、北京中医药大学、北京工商大学等驻区高校及清华大学、北京大学、北京科技大学、北京交通大学、北京市科学技术研究院等高校院所，累计开展“百家重点实验室进千家企业”“新材料产业校企对接”“医药健康产业校企对接”等校企对接系列活动 8 场，参与企业 257 家次。

（李晓明）

【3 家单位通过市级科普基地初审认定】 2021 年，房山区科委组织区内 18 家单位申报市级科普基地。北京市房山世界地质公园管理处申报的房山世界地质公园、中国原子能科学研究院申报的中国核工业科技馆、工信博源（北京）应急技术研究院有限公司申报的燕山应急安全实训体验中心通过市级科普基地初审认定。

（李奕响）

【4 家单位通过房山区科普教育基地认定】 2021 年，房山区科委围绕房山区经济社会发展重点任务，以及创建国家森林城市对生态科普的需求，联合房山区园林绿化局择优认定北京市房山世界地质公园博物馆等 44 家单位为房山区生态科普教育场所，燕山公园等 4 家单位为房山区科普教育基地。

（李奕响）

通州区

【概述】北京市通州区科学技术委员会（简称通州区科委）是负责贯彻落实中央、市委关于科技工作的方针政策、决策部署和区委有关工作要求的区政府工作部门。内设2个科室，下设2个事业单位。2021年，通州区科委围绕全国科技创新中心和北京城市副中心建设目标，实施创新驱动发展战略，健全完善科技创新体系，优化科技创新环境，强化科技资源导入，着力提高科技创新能力和产业竞争力，科技创新对区域经济社会发展支撑引领作用持续增强。2021年，通州区科学研究和技术服务业实现增加值32.1亿元，占通州区生产总值的2.66%；规模以上科学研究和技术服务业企业69家。全区申报国家高新技术企业认定的企业535家，通过认定的有347家，保有量达1026家。全区技术合同登记1323项，技术合同成交额476.4亿元，比2020年增长25.7%，全市排名第四。新增市级创新平台9家，累计达到43家。首都科技条件平台通州工作站成员单位达到203家。

（邬奇洋）

【张家湾设计小镇研究成果分享沙龙举办】3月31日，由市科委、中关村管委会和通州区政府联合举办的张家湾设计小镇研究成果分享沙龙在张家湾设计小镇举办，北京城市副中心工业设计人才工作站首批特聘的13名专家围绕“设计小镇设计产业发展、空间布局研究和建议”“设计产业与科技融合发展研究”等10项揭榜课题成果进行分享。其中，设计小镇行业影响力（软实力）打造的研究和建议、设计小镇产业板块智慧属性定位和数字化研究等成果为设计小镇未来规划、协同创新、产业发展及公共服务平台建设提供可行性方案。市科委、北京工业设计促进中心、通州区委组织部、通州区委宣传部、通州区科委、中关村通州园管委会、张家湾设计小镇专班等负责人员及2020年度北京工业设计促进专项评选的人才、机构代表参加活动。

（魏茂森）

【北京城市副中心新场景发布会举办】3月31日，由通州区科委、中关村通州园管委会等单位主办的北京城市副中心新场景发布会在张家湾设计小镇举办。会上，《北京城市副中心加快新场景建设行动方案（2021—2023年）》发布，提出3大类12项重点任务。会上同时发布2021年度首批城市副中心应用场景建设项目5项，分别为绿心公园自动驾驶及导览、行政办公区自动驾驶摆渡服务、智慧文旅区、智慧产业园区项目、科技周活动。会上遴选首批5家创新企业，面向社会发布能力清单，分别为北京地厚云图科技有限公司、北京天成通链科技有限公司、罗克佳华科技集团股份有限公司、国富瑞数据系统有限公司、传神联合（北京）信息技术有限公司。

（张立言）

【通州区科普工作联席会议召开】5月13日，由通州区科委组织召开的2021年通州区科普工作联席会议在通州会议中心召开，会议对通州区“十三五”时期科普工作进行总结，安排部署2021年重点工作任务。“十三五”时期，通州区科委贯彻落实《中华人民共和国科普法》《北京市科学技术普及条例》，坚持政府引导、社会参与、创新引领、共享发展工作方针，推进科普工作体制机制建设，强化科普能力提升，组织各类科普活动，培育创新精神，营造创新文化氛围，城市副中心科普事业发展取得丰硕成果。2021年，通州区科普工作将进一步完善与北京城市副中心功能定位相适应的科普工作服务体系；开展各类科普品牌活动，把提升公民科学素质作为科普工作的出发点和落脚点，扎实做好科普工作，为城市副中心建设提供支撑与服务。

（李　牧）

【自动驾驶落地城市副中心运营】8月26日，通州区委、区政府及市机关事务管理局在行政办公区综合物业楼举行北京城市副中心自动驾驶启动仪式，通州区委、区政府，市机关事务局与百度Apollo联合发布北京城市副中心自动驾驶运营首批路线，百度Apollo自动驾驶出行服务平台“萝卜快跑”落地通州，面向公众提供自动驾驶出行运营服务。北京城市副中心首批开放的自动驾驶运营路线覆盖通州区核心区域，设立22个站点，总里程超50千米，每天可接待超过100车次的用户。

（张立言）

【北京市科学技术奖获奖情况】 9月25日，2020年度北京市科学技术奖获奖公告发布。通州区内企业甘李药业股份有限公司的“重组甘精胰岛素关键技术创新及达到国际高质量标准的大规模产业化”项目获科学技术进步奖二等奖。

（魏茂森）

【《北京市通州区科技计划项目管理办法（试行）》印发】 10月20日，通州区科委贯彻国家、北京市关于财政科研项目和经费管理要求，修订并印发《北京市通州区科技计划项目管理办法（试行）》（通科发〔2021〕5号），进一步优化科技资源配置，明确各主体职责。《管理办法》共11章50条，从组织管理、立项管理、实施管理、验收（结题）管理、经费管理、成果及知识产权管理、信用管理、信息公开与档案管理、责任追究等方面明确各项程序和要求。

（魏茂森）

【通州区减碳补助资金管理办法实行】 11月10日，通州区政府发布《通州区绿色化改造提升项目补助资金管理办法（试行）》，对企业参与绿色制造体系建设、绿色化改造项目、可再生能源替代项目、减碳发展等方面给予一定的补助支持。《办法》包括总则，资金使用方式、支持范围及标准，资金申报条件及程序，监督检查与绩效管理，责任与处罚，附则6章17条，鼓励企业实施减碳发展、开展“碳核查”、试点通过权威机构开展“碳中和企业”认证，对获“碳中和企业”认证的企业，最高一次性补助50万元；对2020年度全年碳排放强度（年度企业碳排放值/当年企业产值）比2019年度下降5%及以上、企业通过非交易行为实现减少二氧化碳排放总量2020年度比2019年度的减少量为500吨及以上的，经核定后按照每吨二氧化碳不超过200元的标准进行补助，最高补助50万元。

（张　硕）

【科技创新发展合作签约仪式举办】 11月16日，通州区科委与燕郊高新区管委会联合举办通州区与燕郊高新区科技创新发展合作签约仪式。会上，《科技创新发展合作协议》《首都科技条件平台通州工作站分站加盟协议》《科技创新发展战略合作协议》《共建联合实验室合作协议》等协议签署。通州区科委表示，要将双方合作共识转化为具体项目，落实为具体行动，体现为具体成效，共同推进通燕两地协同发展走深走实、取得成效。通州区科委、燕郊高新区管委会相关负责人，签约单位、企业和相关重点企业负责人参加签约仪式。

（康连元）

【共建联合实验室签约仪式举办】 11月21日，北京理工大学物理学院与中际联合（北京）科技股份有限公司共建联合实验室签约暨揭牌仪式举办。仪式上，北京理工大学物理学院与中际联合（北京）科技股份有限公司签署《共建联合实验室合作协议》，双方将从学院科研优势与企业发展特点中寻找契合点，在机械、电气、光电、传感等方面开展深入合作，通过联合开发、技术转让等形式推动科技成果转化应用，推进产学研用一体化发展。

（康连元）

【科学研究和技术服务业工作座谈会召开】 12月1日，由通州区科委组织的通州区科学研究和技术服务业工作座谈会在区科委召开，区内10余家规模以上科技服务业企事业单位相关负责人、区科委相关科室人员参加会议。会上，区科委介绍全区规模以上科技服务业情况，明确2022年科技服务业收入增速指标。与会代表分别介绍各自单位科技服务业收入情况、未来发展形势，并对加快通州区科技服务业发展提出意见和建议，围绕科技服务业经营现状、存在困难和发展措施交流发言。会议强调通州区规模以上科技服务业要加强自身建设，加大科研投入，提升市场竞争力，并与市、区科技部门做好对接，用足用好各级各类科技政策，提升科技服务水平，促进区域经济发展。

（康连元）

【通州区应用场景建设】 2021年，市科委、中关村管委会与通州区政府联合组织召开3场应用场景发布会。累计发布应用场景项目12项，覆盖张家湾设计小镇、文化旅游区、行政办公区等重点区域，其中“智慧+社区”“智慧未来设计园”等10个项目已落地。市科委、中关村管委会定向扶持城市副中心应用场景项目4项，支持资金1450万元；区级立项支持政务服务中心智慧物联融合一体化平台建设项目、基于人工智能的再生水管网安全预警及可视化应用项目等应用场景项目9项，落实区财政资金1010万元。面向社会发布物联网技术应用、高质量多国语言交互赋能等5家企业新场景建设技术能力清单。

（张立言）

【区级科技计划项目立项】 2021年，通州区科委围绕通州区科技创新工作重点，通过科研储备项目评审立项实施文化和科技融合创新发展、金融科技创新发展、现代农业创新发展等6个领域22个科技计划项目，支持区财政科技资金共计1400万元。

（魏茂森）

【通州区科技创新资源与服务能力建设】2021年，通州区科委组织实施创新创业平台建设专项，对2020年认定的2个市级创新平台给予专项资助资金共计90万元。截至年底，全区市级创新平台达到43家，其中年内新增市级创新平台9家。推进首都科技条件平台通州工作站建设，推行“一站多点”模式，发挥分站作用，开展科技政策宣传培训、“百进千”专场对接等活动。全年服务企业200余家，新吸纳成员单位12家，工作站成员单位发展到203家。

（康连元）

【通州区科技成果转化情况】2021年，通州区科委制定《通州区贯彻落实北京市促进科技成果转化条例加快推进科技成果转化工作实施方案》，推进企业与高院对接，承接高校科技成果。实施“应用于城市污水的短程硝化－部分厌氧氨氧化深度脱氮技术研究与成果转化”“钽改性生物医用钛合金材料研究成果转化”“自主知识产权菌种肠道健康研究及功能性乳制品创制与转化”“环保型沥青路面材料再生工厂清洁化生产工艺与生产能力配置研究成果转化”“面向博物馆防震预防性保护领域的成果转化”5项科技成果转化项目，支持资金90万元。先后促成北京科技大学与行旅国际旅行社（北京）有限公司、北京工业大学与路安交科（北京）监测科技有限公司、北京理工大学与中际联合（北京）科技股份有限公司共建联合实验室。

（康连元）

【通州区科技创新人才队伍建设】2021年，通州区科委继续实施通州区高层次人才发展支持计划，支持区内55家企业119人，支持金额610万元。

（魏茂森）

【开展多层级诚信宣传教育活动】2021年，通州区科委结合法治教育，组织相关负责人员参与“2021诚信通州·社区行”系列活动，先后参加永顺镇西马庄社区、北苑万达广场、郎清园二期社区行活动，现场进行科技领域诚信宣传，发放相关资料100份，并主动与社区居民沟通交流，解答社区居民关注的经济社会中科技领域诚信热点问题和失信突出问题。此外，在年度科技项目评选、高新技术企业认定、技术合同登记、众创空间评审、法治学习等工作中对区内近200家企业开展诚信宣传教育，普及诚信知识和契约精神，督促市场主体加强行业自律，营造社会信用体系建设良好氛围。

（司雨杰）

【科普服务能力建设】2021年，通州区科委围绕科技创新、绿色环保、公共安全等主题，在街道、乡镇开展科学公园建设，在基层社区建设科普驿站，在辖区中小学建设创意实验室，各级各类科普宣教阵地不断完善；开展2021年通州区科技活动周，采取展览展示、互动体验、科普表演等多种形式开展科学普及惠民活动，营造科技创新良好氛围；组织“蕴之星”科技社团科普宣讲体验、人工智能科普讲堂、探秘自然体验讲解、应急安全宣讲体验等多项活动，全区科普服务能力和水平得到提升。

（李　牧）

昌平区

【概述】北京市昌平区科学技术委员会（简称昌平区科委）是负责昌平区科技工作的区政府工作部门。内设机构为办公室、科技发展与合作科、综合管理科，下设正科级财政补助事业单位2个。2021年，按照昌平区委五届十二次全会、十三次全会和昌平区“两会”提出的各项目标、任务和要求，以及昌平区政府工作报告明确的指标任务和部署的重点工作，围绕国家高新技术企业评审、科技成果转化、科普宣传等方面，推动各项工作有序开展。推进“两区”建设、“报备即批准”政策先行先试、校城融合及科技成果转化工作，引入“北京飞镖国际创新平台”重大项目，高标准举办创新创业活动。2021 年，昌平区科学研究和技术服务业实现增加值 120.5 亿元，比 2020 年增长 9.7%，占 GDP 比重为 9.4%。规模以上科学研究和技术服务业企业 203 家。全区申报国家高新技术企业认定企业 797 家，通过认定 617 家。全年输出技术合同 2222 项，成交额 180.2 亿元，其中技术交易额 159.2 亿元。有效注册商标总量达 10.8 万件，专利授权 9933 件，其中发明专利授权量 3019 件。

（朱　迪）

【北京科技周昌平分会场活动举办】5 月 22—28 日，昌平区政府组织开展以“百年·昌平·未来”为主题的北京科技周昌平分会场活动，主场活动在昌平区第二中学南校区举行。组织主场及进高校、进社区、进中小学、进企业“四进”系列主题活动近 30 场，向市科委、中关村管委会成功推荐北京蓝晶微生物科技有限公司、北京华亘安邦科技有限公司、北京图湃影像科技有限公司等 9 家企业及中国石化石油工程技术研究院“高精度随钻成像探测技术与装备”“特深层油气钻完井工程技术”等 7 个项目参展市主会场云展厅；制作的《科学惠我家　童眼看昌平》等 14 场线上节目全部入选科技周北京直播平台，占节目总量的 49%；7 天网络点击量超 600 万次。

（赵志成）

【2021 中国海归创业大赛启动】7 月 15 日，由中国技术创业协会留学人员创业园联盟、昌平区政府共同主办的 2021 中国海归创业大赛在昌平区举行。大赛以“创新驱动·海创中国”为主题，采用国家部委指导、行业协会运作、地方联合支持的办赛机制，搭建投融资及渠道合作对接交流平台，发现、选拔和扶持优质项目，推动高质量海归创业，促进科技成果转化，赋能产业升级，助力区域发展。大赛举行期间，组织中国海归创业导师行、寻找“海创之星”、“海创中国”研修营、项目培训会、“海创中国”政策与环境推介会、考察交流等活动。国内 300 多家留学人员创业园区、科创载体、投资机构、专业服务机构等企事业单位和高校院所参与赛事，联手共建平台，开放创新资源。大赛复赛和决赛均在昌平区举行，举办区域主导产业对接和引智洽谈会等活动，开展定向服务、精准对接，促进产业招才引智和大中小企业融通发展。

（姚　乐）

【北京市科学技术奖获奖情况】9 月 25 日，2020 年度北京市科学技术奖获奖公告发布。昌平区共有 23 个科技成果获奖。其中，中国石油大学（北京）“深海深层油气高效钻井液关键技术及工业化应用”等 9 个项目获得科学技术进步奖一等奖，北京化工大学“精密塑料制品注射成型关键技术及装备的开发与应用”等 8 个项目获得科学技术进步奖二等奖；北京航空航天大学“高通量众核处理器关键技术及应用”项目获技术发明奖一等奖；中国石油大学（北京）“异质结型复合催化剂的界面 / 缺陷调控及光催化性能研究”等 5 个项目获得自然科学奖二等奖。北生所研究员邵峰获得突出贡献中关村奖。

（姚　乐）

【北京飞镖国际创新平台建设】9 月 28 日，在 2021 中关村论坛技术交易暨合作签约活动上，昌平区政府与“飞镖加速器”运营团队大得创同（上海）科技有限公司签署战略合作协议，在中关村生命科学园建设北京飞镖国际创新平台。平台位于生命园创新大厦，由大得创同（上海）科技有限公司、北京昌科投资管理股份有限公司、北京中关村科技服务有限公司共同出资建设，建设面积约 8600 平方米。其中，一期约 2400 平方米，二期约 6200 平方米。平台对标国际顶级生物医药研发实验室的标准，设计和建设共享实验室、独立实验室、细胞培育等中试平台，集成研发、办公、会议、商务服务等功能。发挥“飞镖加速器”对产业生态的深刻洞察和创新实践，以及作为市场化、国际化创新服务平台的集聚和连接功能，从战略层面联手推动昌平区医药健康产业升级，在中关村生命科学园搭建国际一流的研究加速平台，培育最前沿的医药健康创新项目，打造引领全球的生物医药创新模式，构建世界领先的创新生态圈。

（解　辉）

【《昌平区氢能产业创新发展行动计划》发布】10 月 14 日，昌平区政府发布《关于印发〈昌平区氢能产业创新发展行动计划（2021—2025 年）〉的通知》（昌政办发〔2021〕14 号）。《行动计划》包括发展形势、总体要求、重点任务和保障措施 4 个部分，指出，到 2025 年前，昌平区将引进、培育 5 ～ 8 家具有国际影响力的产业链龙头企业，孵化 3 家以上氢能领域上市企业，实现产业链收入突破 300 亿元；建成加氢站 10 ～ 15 座，实现燃料电池车辆累计推广 1200 辆以上，分布式热电联产系统装机规模累计 5 兆瓦。

（张　硕）

【与北京大学签署战略合作协议】10 月 23 日，在北大新工科国际论坛（2021）上，昌平区政府与北京大学签署战略合作协议。根据协议，双方将推进北京大学昌平新校区建设，共建北京大学昌平产教研融合创新中心，加强人才培养与人才引进，并完善服务配套。

（材智处）

【区内首批“报备即批准”认定高新技术企业颁牌】 11月25日，由昌平区政府主办的高新技术企业认定“报备即批准”新政落地颁牌仪式在昌平区“两区”建设工作领导小组办公室举行，副区长杨仁全参加，并为获得全市首批“报备即批准”认定的昌平区高新技术企业颁牌。2021年是北京市开展高新技术企业认定“报备即批准”政策试点的第一年，全市“报备即批准”共认定高新技术企业77家，其中昌平区20家，位列全市第一。

（夏　菲）

【82个项目入选北京市新技术新产品（服务）名单】 12月8日，《市科委等六部门关于公示第十五批北京市新技术新产品（服务）名单的通知》印发。昌平区内企业北京泛生子基因科技有限公司、北京诺禾致源科技股份有限公司等44家企业的82个项目列入名单，占比7.3%。其中生物、医药与医疗器械27项，新一代信息技术14项，新材料11项，高端装备制造、节能环保各9项，科技服务业、现代农业各3项，航空航天、新能源各2项，节能环保、新能源汽车各1项。

（薛薇薇）

【百济神州普贝希上市】 12月10日，昌平区内企业百济神州（北京）生物科技有限公司研发的普贝希（贝伐珠单抗注射液生物类似药）在中国商业化上市。开始向全国各大医院及药房供药，并在全国多家医院为患者开具处方。药物用于治疗晚期、转移性或复发性非小细胞肺癌（NSCLC）和转移性结直肠癌（mCRC）患者。

（薛薇薇）

【4家企业登2021新浪医药年度总评榜】 12月15日，2021新浪医药年度总评榜榜单揭晓。昌平区内企业博雅辑因（北京）生物科技有限公司、北京万泰生物药业股份有限公司登2021医药行业最具投资价值企业榜，百济神州（北京）生物科技有限公司登2021医药行业年度研发创新企业榜，北京诺诚健华医药科技有限公司自主研发的新药奥布替尼片登2021年度最受关注创新药物/疗法榜。

（薛薇薇）

【4家企业入选中国医药创新企业100强榜单】 12月，《E药经理人》发布2021中国医药创新企业100强榜单。昌平区内企业百济神州（北京）生物科技有限公司位列第一梯级，北京万泰生物药业股份有限公司、北京诺诚健华医药科技有限公司位列第二梯级，华夏英泰（北京）生物技术有限公司位列第四梯级。

（薛薇薇）

【万泰生物所属4项产品获得医疗器械注册证】 2021年，昌平区内企业北京万泰生物药业股份有限公司的心型脂肪酸结合蛋白测定试剂盒（磁微粒化学发光法）、血清淀粉样蛋白A测定试剂盒（磁微粒化学发光法）、胃泌素释放肽前体测定试剂盒（磁微粒化学发光法）、皮质醇测定试剂盒（磁微粒化学发光法）4项产品获得福建省药品监督管理局颁发的医疗器械注册证。

（薛薇薇）

【举办各类服务企业培训活动】 2021年，昌平区科委组织区内高新技术企业开展线上、线下培训30余场。培训内容包括高新技术企业申报辅导、首都科技条件平台政策宣讲、技术合同登记等，覆盖企业2100余家；开展生物医药领域、能源领域、智能制造领域等11场昌平区重点企业座谈会；高新技术企业培育、科技政策宣讲、技术合同登记、科技型中小企业评价等31场线上、线下各类科技政策培训会；科技成果转化项目路演、优秀服务机构路演等6场项目对接路演活动。

（夏　菲）

【8家孵化器通过国家级科技企业孵化器评价】 2021年，昌平区有8家孵化器参加国家级科技企业孵化器2020年度考核评价。其中，北大医疗产业园科技有限公司获优秀（A类）；北京中关村生命科学园生物医药科技孵化有限公司等4家获良好（B类），北京博奥联创科技孵化器有限公司等3家获合格（C类）。

（薛薇薇）

【昌平区大学科技园企业入驻情况】 2021年，华北电力大学、中央财经大学、北京农学院、北京化工大学4家大学科技园共入驻企业427家，注册资金总额45.46亿元，经营面积达29 776平方米，就业总人数达2949人。

（黄　磊）

【昌平区技术市场运行情况】 2021年，昌平区认定登记技术合同2222项，比2020年提高13.4%，全市排名第七；技术合同成交额为180.2亿元，比2020年提高22.6%，全市排名第五。华北电力大学建立技术合同登记工作站，实现昌平区创新主体技术合同认定登记业务全覆盖。自贸区昌平组团北京诺诚健华医药科技有限公司等24家重点企业输出技术合同成交总额70.6亿元，比2020年提高310.33%，占昌平区全年技术合同成交额的 39.2%。

（易　姗）

【昌平区高新技术企业保有量】 2021 年，昌平区有 797 家企业参加国家高新技术企业认定，617 家企业获评高新技术企业资格。截至年底，全区高新技术企业保有量达到 1927 家。

（夏　菲）

【昌平区科技型中小企业评价】 2021 年，昌平区注册科技型中小企业累计达 1700 家，参加科技型中小企业评价并通过初审的企业 579 家，其中有 545 家企业通过科技部终审。

（夏　菲）

【科技成果转化项目库建设情况】 2021 年，昌平区初步建立起驻昌平高校、科研院所和企业科技成果项目库，收集 200 余家单位 6300 余项科技成果信息。初步建立科技成果评价体系，筛选出优质项目 200 余项。

（姚　乐）

【首都科技条件平台昌平站工作情况】 2021 年，首都科技条件平台昌平工作站新发展成员单位 16 家，累计发展成员单位 275 家。通过线上沟通、线下对接等方式，共挖掘技术需求 65 项，并集中在“百家实验室进千家企业”品牌活动中发布。牵头与台友单位联合组织供需对接活动 8 次，服务全区企业数量累计 430 家。土壤环境状况诊断及固碳能力提升（碳中和）、微型化 MEMS 原子气室研究、智能变压器综合故障监测系统研究开发型式试验、畜禽粪污沼液氮磷回收尾液有机物去除技术比选研究等 10 余项需求，均与平台内高校实验室成功对接。共受理 32 家企业创新券申请，申请创新券金额 570 万元，其中有 18 家企业项目创新券申请得到批准，获得市科委、中关村管委会 255.6 万元资金支持。

（朱博义）

【昌平区科技创新资源数据库建设】 2021 年，昌平区科技创新资源数据库共收录区内 2020 家高新技术企业、3000 家科技型企业的法人信息、注册信息、资质信息、行业领域信息、人员信息等 120 余项基本信息，98 839 件专利、148 961 件商标数据、119 391 件软件著作权。

（夏　菲）

顺义区

【概述】 北京市顺义区科学技术委员会（简称顺义区科委）是负责贯彻落实中央、市委关于科技工作的方针政策、决策部署和区委有关工作要求的区政府工作部门。内设 5 个科室，下设 3 个事业单位。2021 年，根据顺义区委、区政府统一工作安排，顺义区科委由顺义区光明南街 24 号搬迁至劳动大厦北楼（北京市顺义区北上坡路 26 号）。2021 年，顺义区科委坚持围绕中心、服务大局，积极融入全市“五子联动、协同发展”重大战略部署，深入落实“平原新城看顺义”和“三个走在前列”目标要求，纵深推进科技创新各项工作，区域创新力、竞争力、影响力进一步提升。2021 年，顺义区科学研究和技术服务业实现增加值 139.3 亿元，比 2020 年提高 1.9%，占 GDP 比重为 6.7%。规模以上科学研究和技术服务业企业 105 家。全区申报国家高新技术企业认定的企业有 853 家，通过认定 484 家，累计认定达 1776 家。全区拥有孵化器 3 家，众创空间 9 家，新认定市级研发机构 8 家，研发机构总数达到 40 家。全年技术合同登记 872 项，技术合同成交额 82.9 亿元，比 2020 年增长 9%，其中技术交易额 71.5 亿元，首都科技条件平台顺义工作站新发展成员单位 41 家，挖掘科技需求 80 项，考评成绩全市第一。

（付建平）

【区内企业入选“科创中国”榜单】 1 月 18 日，在中国科协 2020“科创中国”年度工作会议上，2020 年“科创中国”系列榜单发布。榜单聚焦“科创中国”试点城市在电子信息、生物医药、装备制造、先进材料、资源环境五大领域的产业创新需求，推介 50 项先导技术、10家新锐企业和10家产学研融通组织。顺义区内高新技术企业北京众绘虚拟现实技术研究院有限公司和虚拟现实技术与系统国家重点实验室、虚拟现实/增强现实技术与应用国家工程实验室、中国医学科学院北京协和医院合作研发项目“虚拟手术关键技术及应用”入选先导技术电子信息领域榜单。

（付建平）

【编制《顺义区“十四五”时期科技创新发展规划》】 1月，顺义区科委组织编制完成《顺义区“十四五”时期科技创新发展规划》。《规划》提出三大发展目标、六大重点任务及四大保障措施，梳理出23项重点任务清单和10个重点项目清单。到2025年，将顺义区建设成为首都“双链”（重点领域产业链与创新链）融合创新引领区、科技成果转化与产业化重要承载区和具有国际吸引力的高水平开放创新之城，为北京形成国际科技创新中心提供有力支撑。

（付建平）

【调研顺义区科技创新工作】 4月25日，市科委、中关村管委会负责人带队到顺义区调研科技创新工作并召开座谈会。调研组在安泰科技股份有限公司北京空港新材分公司察看稀土永磁磁特性实验室、TD中试车间等研发生产车间，了解公司产业发展、技术创新、产品研发、产业基地建设、产学研合作等情况；在北京国联万众半导体科技有限公司了解第三代半导体材料及应用联合创新基地建设、未来发展和预期目标等情况。座谈会上，与会人员围绕科技成果转化、新材料与智能制造、新材料和新能源科技发展、政策扶持、科技服务等进行交流研讨。调查组认为，顺义区要围绕《“十四五”北京国际科技创新中心建设战略行动计划》研究谋划科技创新工作。完善园区基础设施建设，提高聚集度，扶持培育重点项目，打造良好科技创新、产业生态链，形成特色鲜明、优势突出的产业布局。抓实抓细科技企业精细化服务，推进产学研深度融合。市科委、中关村管委会将围绕顺义区产业发展实际，持续做好产业服务和要素服务，助力顺义区经济社会高质量发展。顺义区委、区政府相关领导陪同调研。

（付建平）

【“百进千”专场对接会召开】 5月14日，首都科技条件平台顺义工作站会同赵全营镇经济发展办公室在北京兴农天力农机服务专业合作社召开2021年度“百进千”专场对接会。市科委、中关村管委会，首都科技北京大学研发实验服务基地，清华大学研发实验服务基地，北京科技大学研发实验服务基地等单位相关负责人及顺义区内20家科技企业代表参会。会上，北京科净源科技股份有限公司与北科大研发试验服务基地达成合作意向。

（付建平）

【调研金蝶软件园】 5月19日，顺义区政府有关负责人带队到北京金蝶软件园调研园区运营情况，顺义区科委、顺义区经济和信息化局、顺义区新城建设管理服务中心及企业参加调研。针对扶持园区双创基地、孵化器等创新创业平台发展问题，调研组提出加强创业孵化企业调研，把握影响企业发展核心问题，了解交通、公租房配套等困难，形成研究报告，以支撑区交通和住建部门决策；区相关职能部门加强与企业交流，指导企业用好各项扶持政策，以软件园为载体，加强对园区企业政策宣传贯彻力度；打通区内各部门政策渠道，形成中小微企业扶持政策立体化体系。

（付建平）

【科普进校园活动举办】 5月20日，在第32个中国学生营养日，顺义区科委联合顺义区教委、顺义区卫生健康委，在西辛小学仁和校区举办主题为“主动健康 快乐成长”2021年顺义区科技活动周科普进校园暨“520学生营养日”活动。西辛小学仁和校区全体师生参加活动。活动传播科学的营养知识和运动方式，让学生体验科技在健康生活中发挥的作用，引导学生树立科学膳食和体育锻炼理念。科普进校园活动已连续举办5年，是顺义区科委品牌科普活动，活动以校内科技教育为基础，促进科技教育和校内科普活动有效衔接，为中小学生搭建参与科普活动平台，学生通过体验、实践等方式参与校内科普活动，提高科学素质。

（付建平）

【顺义区科技活动周举行】 5月22—28日，由顺义区科委、顺义区委宣传部、顺义区科协联合主办的2021年顺义区科技活动周举行，主题为“百年回望：中国共产党领导科技发展”。活动周设1个主会场和3个分会场。主会场设在顺义区科委院内的数字科普展示馆，分为党建引领创新、科技战“疫”、科技助力脱贫攻坚、科技冬奥体验、科技创新中心建设成果展和科普惠民体验区六大展区。3个分会场设在北京国际鲜花港、汉石桥湿地和北京顺义中建教育培训学校。北京国际鲜花港结合自身科普资源优势，以“学党史，忆初心，勇攀科学高峰”为主题，组织30组家庭参与鲜花港景观长城合影留念、听导游讲长征历史故事、学习郁金香种植方法、观看蝴蝶羽化过程等科普活动。汉石桥湿地分会场通过线上、线下相结合形式开展多种形式科普活动。线上，通过答题小程序，围绕垃圾分类、节能减排、医疗健康等内容宣传科普知识。线下，以建党百年或科学普及为主题，开展线条绘画活动，参与人员可在6米长的画面上涂鸦创作，挥洒才华；互动体验区可体验拓印DIY、绿色VR骑行、VR火情逃生、VR体感滑雪等活动。汉石桥湿地分会场通过展览、互动、展品、调查问卷等科普活动，让市民了解、参与、体验科技创新，传播科学理念，普及科学知识，营造浓厚的科技创新氛围，吸引2000多人次参加。按照常态化疫情防控要求，顺义“云上”科技周虚拟展厅同步上线，市民可通过扫描二维码，“云参观”主会场。科技周期间网上点击量达3.5万次。

（付建平）

【调研顺义区成果转化工作】5月26日，北京市高新技术成果转化服务中心有关负责人带队到顺义区调研科技成果转化工作进展及科技需求。调研组指出，顺义区要加强科技成果转化工作统筹，按照市级文件精神，落实科技成果转化相关政策；区内各委办局、镇街道、功能区要释放空间支持科技成果转化工作；强化区内科技成果转化工作专业团队建设，助推科技成果在顺义落地转化。顺义区科委负责人表示，希望高新技术成果转化服务中心能够加强对顺义区工作的指导，引导市级资源扶持顺义科技创新。

（付建平）

【冬奥科普讲座直播活动举办】5月27日，2021年顺义区科技活动周期间，顺义区科委举办“2021年顺义区科技活动周——冬奥科普讲座”直播活动。活动旨在促进顺义区科技企业员工、市民参与冰雪运动，营造全民喜迎冬奥社会氛围，助力冬奥，开展冰雪运动普及。首都体育学院刘平江副教授以“冰雪运动·科技·科学健身”为主题，对市民感兴趣的冬奥体育项目、冬奥赛事场地、运动装备蕴含的科技成果进行介绍，并指导市民科学合理地参与冰雪项目，避免不必要的运动损伤。直播活动浏览量达2.1万人次。

（付建平）

【调研科技创新及成果转化】6月16日，顺义区人大常委会专题调研区科技创新及成果转化情况。专题调研组首先到洪泰智造（顺义）中心了解企业入驻、专利取得、配套设施等情况，调研北京晖丰能源科技有限公司、北京佳顺极光科技有限公司、北京惠鑫天空科技有限公司3家入孵企业。听取北京惠鑫天空科技有限公司对磁光组合数据创奇安全备份管理系统的介绍，询问企业应用场景，了解疫情对企业发展影响。随后到安泰科技股份有限公司北京空港新材分公司了解企业发展、主要产品、应用领域等情况，参观理化检测中心和TD车间，询问企业科技研发和技术创新情况。座谈会上，顺义区科委汇报区科技创新和成果转化工作进展情况；北京富华科技有限公司等企业代表依次发言。专题调研组强调，要贯彻落实中央和北京市关于建设国际科技创新中心决策部署，聚焦主导产业；要加强顶层设计，注重精准施策，贯彻相关法律法规，坚持科技创新与政策创新“双轮驱动”；要完善科技服务体系，营造鼓励支持创新浓厚氛围，使企业真正成为创新决策、研发投入、科研组织和成果应用的主体。部分人大代表及区科委、区科协、区经济和信息化局、区财政局等有关单位负责人参加调研。

（付建平）

【科技政策线上培训会举办】6月16日，顺义区科委以线上直播形式举办科技政策线上培训会，旨在发挥科技引领作用，提升顺义区科技企业政策知晓度，推动区域高质量发展。培训会面向区内科技企业。培训会邀请市科委、中关村管委会政策宣讲团进行北京市科技政策宣讲，区科委解读《顺义区加快科技创新促进科技成果转化实施细则》《顺义区国家高新技术企业倍增三年行动计划》等区内科技政策文件精神。培训会线上点击量达3.64万余次。

（付建平）

【新场景建设实现零突破】8月23日，顺义区政府办公室发布《顺义区加快新场景建设培育新动能行动方案》。《方案》部署顺义特色标志场景、重点产业升级场景、现代城市治理场景、民生服务提升场景4个重点方向，以及首都机场“再造国门”、天竺综保区数字贸易、新国展二期智慧展览馆等16个领域场景任务。同时建立联席会工作机制，规范场景工作组织实施流程。9月28日，在中关村论坛技术交易暨合作签约活动上，北京市第三批30项应用场景建设项目清单发布。其中，顺义区卫生健康委员会承担的“基于大数据分析的公共卫生突发应急处置平台”、北京顺义科技创新集团有限公司承担的“无人配送城市低速载物自动驾驶示范应用”、北京顺鑫控股集团有限公司承担的“基于工业互联网的食品安全保障溯源平台”3个项目入选北京市第三批应用场景建设项目，实现顺义区新场景建设零突破。

（付建平）

【顺义区参展中关村论坛】9月24—28日，2021中关村论坛在京举办，顺义区政府以“北京创新产业集群示范区（顺义）”为主题参加，展示驻区北京莱伯泰科仪器股份有限公司的 LabMass 3000 电感耦合等离子体质谱仪、中国航空发动机研究院的波转子航空发动机、北京国联万众半导体科技有限公司的第三代半导体产品、北京兰天达汽车清洁燃料技术有限公司的氢燃料电池空压机、中科星图股份有限公司的 GEOVIS 数字地球等 34 项科技成果。9 月 26 日，2021 中国碳中和推介交流会——顺义专场推介活动举办，介绍顺义区招商引资科技产业政策情况。顺义区科委主任袁日晨以《科技创新赋能顺义高质量发展》为题，从“创新联动，科技成果转化驶入快车道”“深化改革，科技创新政策更加优化”“聚焦应用，新场景建设开放共享”3 个方面介绍顺义区的科技创新工作，并首次就《顺义区加快新场景建设培育新动能行动方案》开展面对面推介。在中关村论坛技术交易暨合作签约活动中，顺义区政府与北京大学宽禁带半导体研究中心产业化基地项目、大尺寸碳化硅衬底研发及产业化项目、北京中科芯辰科技有限公司化合物半导体高端材料和芯片项目现场签订合作协议。

（付建平）

【北京市科学技术奖获奖情况】 9 月 25 日，2020 年度北京市科学技术奖获奖公告发布。顺义区共有 6 个科技成果获奖。其中，北京首钢冷轧薄板有限公司和北京汽车集团越野车有限公司的“高安全性车身结构用钢制造及应用关键技术集成与创新”项目、北京轩宇空间科技有限公司的“北斗三号综合电子计算机系统关键技术及应用”项目、北京汽车集团越野车有限公司的“新一代军民通用高端轻型越野汽车研发及产业化”项目获得科学技术进步奖一等奖；北京睿芯高通量科技有限公司的“高通量众核处理器关键技术及应用”项目获得技术发明奖一等奖；中国电子口岸数据中心、东方物通科技（北京）有限公司的“国际贸易单一窗口标准化建设与应用”项目获得科学技术进步奖二等奖；北京机电院机床有限公司的“航空发动机叶片自适应精密加工关键技术与应用”项目获得技术发明奖二等奖。

（付建平）

【北京中德产业园开园】 12 月 23 日，在顺义区政府、中国德国商会主办的 2021 北京中德产业合作发展论坛上，北京中德产业园开园仪式举行。产业园是经国家发展改革委批复的以经济技术合作为主题的国家级对德合作园区，聚焦新能源智能汽车、智能装备、工业互联网三大主导产业，以及科技服务、商务会展、数字贸易三大生产性服务业，打造德国先进制造业聚集地、中德隐形冠军发展战略高地、中德交往与开放创新重要窗口。产业园毗邻首都国际机场，规划南区、北区总面积 2000 公顷发展空间，联动首都机场、中国国际展览中心、中央别墅区及周边产业园等生产生活体系，形成业态协同、空间联动、产城融合发展布局。截至年底，园区集聚北京奔驰汽车有限公司等 70 余家德资企业，年产值超过 300 亿元。

（袁永章）

【科技政策资金兑现】 2021 年，顺义区科委落实《顺义区加快科技创新促进科技成果转化实施细则》，全年支持科技项目 800 余个，兑现财政资金约 2.7 亿元。兑现首都科技条件平台成员单位资金奖励、创新券配套资金补贴 174.79 万元，合作共建单位服务费 120 万元。

（付建平）

【科技创新中心工作体系设立】 2021 年，顺义区政府设立“一办八组”统筹全区科创中心建设工作；编制《北京国际科技创新中心建设重点任务 2022 年工作方案》；遴选 2022 年 4 项工作任务、18 个重点项目上报市创新型产业集群与制造业高质量发展专项办，实现三大主导产业全覆盖。

（付建平）

【为区内企业提供务实服务】 2021 年，顺义区科委为区内企业提供各种务实服务。实地走访核查国家高新技术企业 210 余家；围绕高新技术企业认定政策、技术合同认定登记政策、首都科技条件平台创新券政策、北京市高精尖产业技能提升培训补贴政策和科技金融政策，举办线上、线下政策宣讲 8 次，线下 400 余家企业参与，线上点击量 6.4 万余次。

（付建平）

【顺义区推动科技成果转化】 2021 年，顺义区科委落实《北京市促进科技成果转化条例》，组织新型冠状病毒（2019-nCoV）基因组数据分析综合平台、全画幅高效红外智能编码测温仪等 18 项区级科技成果通过北京市科技成果信息系统在全市范围内开展成果汇交；推动北京市科技成果转化统筹协调与服务平台建设，对接清华大学、北京航空航天大学、首都医科大学等高校院所，吸引 9 项科技成果在顺义转化落地；支持北京理工大学、北京航空航天大学、清华大学、首都医科大学、中国科学院空天信息创新研究院等 5 所高校院所 10 个科技成果早期项目在顺义布局，投入区财政资金 382.5 万元；支持区内企业科技成果转化项目 12 个，投入区财政资金 3764 万元。

（付建平）

【顺义区开展科技招商引资】 2021 年，顺义区科委有效开展科技招商引资工作，通过对接专业服务机构，收集优质项目信息，掌握项目落地需求。引入基于第三代半导体器件的电能路由器项目、EHS 物联网传感器研发基地项目，预计产值约 2 亿元，税收约 3000 万元；在谈项目 8 个，投资额约 42 亿，税收约 8 亿元；储备项目 9 个。科技招商引资项目主要涉及新一代信息技术、智能制造、生物医药及科技服务领域。

（付建平）

【顺义区创新载体稳步发展】2021 年，顺义区科委在调研全区 38 家孵化空间的基础上，形成《顺义区孵化空间发展情况调研报告》。《报告》梳理顺义区孵化空间建设现状、发展成效、存在问题等，并提出相应的举措。截至年底，埃米空间新材料孵化器入驻企业 33 家，洪泰智造（顺义）中心迁入注册企业 60 家，元航天汇智造谷落户企业 41 家。

（付建平）

大兴区

【概述】北京市大兴区科学技术委员会（简称大兴区科委）是负责全区科技工作的综合行政部门。内设办公室、科技企业科、科技协作科、科技项目科、综合科 5 个科室，下设北京市大兴区科技成果转移转化促进中心、北京市大兴区科技企业服务中心 2 个事业单位。3 月，根据大兴区事业单位改革工作要求，北京市大兴区科技企业办公室和北京市大兴区民营科技企业服务中心整合，组建北京市大兴区科技成果转移转化促进中心；北京市大兴区生产力促进中心更名为北京市大兴区科技企业服务中心。

2021 年，全区科技创新工作稳步推进。对接院校资源，推进国际科技创新中心建设。制定服务北京国际科技创新中心建设、医药健康领域等专项行动计划，跟踪市级生物医药研发项目 170 个；与北京清华工业开发研究院等 35 家院校单位开展合作，提供各类成果转化咨询和对接服务 350 多次；促成中国检验检疫科学研究院与北京君立康科技有限公司签署科技成果转化协议，落地创新成果 6 项；对接北京航天试验技术研究所，为液氢创新链入区奠定基础。提升服务水平，加快科技创新平台建设。闲置厂房改造建设孵化器累计达到 71 家，比 2020 年增长 29%；成立大兴区孵化器联合会，促进优质资源流动协作；建设基因治疗、蛋白药物 CDMO 技术服务平台 8 个，引导支持中医药创新发展平台、模式动物科研服务平台、干细胞创新研发服务平台建设；推进中检院、中国科学院等国家级院所实验室对企业开放服务；通过与各类科创类基金合作，发现、储备、引入项目 20 个，其中已落地 7 个。聚焦主导产业，推动各类创新要素入区布局。投促项目库引进注册项目 7 个，项目跟进 5 个，超额完成年度任务；组织生物医药标准厂房项目申报市科委专项，获得市级财政资金 1 亿元支持；推动北京五加和基因科技有限公司等 8 家 CDMO 企业主体面向各细分领域提供技术服务；利用银行“一企一策”的定制服务，解决企业融资问题。围绕重点领域推进区域应用场景建设。成立区应用场景工作专班，制定实施《大兴区加快应用场景建设推进高质量发展行动计划》，在医药健康领域、临空经济区领域、数字媒体领域提供应用场景，累计落地应用场景项目 19 项，比 2020 年增长 90%。

2021 年，大兴区科学研究和技术服务业实现收入 95.6 亿元，比 2020 年增长 12.9%。全区国家高新技术企业累计达 954 家，比 2020 年增长 8.8%，科技政策对高新技术企业覆盖率达到 100%。全区拥有孵化器和众创空间 71 家，比 2020 年增长 29%，总孵化面积达到 143.35 万平方米，比 2020 年增长 61.6%。2021 年，大兴区共登记技术合同 2843 项，比 2020 年增长 10.2%。技术合同成交额计划完成 462 亿元，实际完成 464.2 亿元，比 2020 年增长 5.5%，超额完成指标任务。全年专利授权数量 5239 件，其中有效发明专利 4332 件。

（王久超）

【政策云宣讲活动举行】2月23日，由大兴区产业促进中心主办的大兴区产业政策云宣讲活动——科技篇，通过网络直播互动形式举行，解读《大兴区推进大众创业万众创新的实施办法（2019年修订）》和《大兴区促进科技成果转移转化暂行办法（2020年修订）》，对双创扶持对象和范围、服务载体和体系、政策支持力度、双创服务平台认定及支持项目申报等方面进行阐释。直播共吸引7000人次参与和关注。

（王潇丽）

【服务国家高新技术企业工作会召开】3月26日，大兴区科委召开大兴区服务国家高新技术企业工作会。大兴区科委、大兴生物医药基地管委会等13家单位主管领导及相关负责人参加会议。会上，各镇、基地、园区结合属地实际情况，就服务高新技术企业提出合理化意见和建议。大兴区科委向与会单位介绍全区发展高新技术企业情况，并围绕困难企业帮扶、企业协同服务及科技人才个性化需求服务等方面，对做好高新技术企业服务工作提出建议。

（王潇丽）

【北京建筑大学与辖区企业交流对接】3月26日，大兴区科委协调北京建筑大学与北京东方雨虹服务技术股份有限公司举行科技交流对接会，就校地合作、科技成果转化及在大兴区共同建立联合实验室等相关工作进行沟通，通过对接，双方在建立联合实验室、未来合作研发方向等方面达成共识。

（刘玉库）

【参加中国国际人才交流大会】4月24日，大兴区科委赴深圳参加第19届中国国际人才交流大会。在大会举办的政策推介活动中，大兴区科委对《大兴区推进大众创业万众创新的实施办法》《大兴区促进科技成果转移转化暂行办法》进行宣讲，解读技术转移转化及技术交易等方面政策支持。发放各类宣传材料500余份，并对接国际化人才服务、国际技术转移与创新合作、国内外专业服务机构和创新创业成果交易等资源，建立与国内外“一带一路”人才资源服务机构（企业）和国内外技术转移和技术交易专业服务机构的联系。

（刘　涛）

【《大兴区科技引领三年行动计划（2021—2023）》启动】4月27日，大兴区科委启动《大兴区科技引领三年行动计划（2021—2023）》。结合“五新”业态建设需求，《行动计划》重点聚焦应用场景建设、科技成果转化、科技服务业培育、科技金融服务体系建设和创新创业人才集聚5个方面内容，制定实施精准提升方案，逐一设定重点行动任务，明确主责单位和完成时限。

（王　媛）

【智能双向波心脏除颤仪研发及转化课题通过验收】4月27日，由大兴区科委支持，北京麦邦光电仪器有限公司承担的智能双向波心脏除颤仪研发及转化课题通过专家验收。课题重点研制开发具有自主知识产权的带有远程救治指导功能、低能量、高成功率和低心肌损伤特性的智能双向波自动体外除颤仪，实现心脏急救先进技术装备国产化。该设备已应用到北京地铁、市公安局、延庆区卫生健康委医院方舱项目，北京市疫苗接种保障项目，河北省疫苗接种保障项目，海南省教育局AED项目，朝阳区红十字会AED捐赠项目，朝阳区双井街道公共应急项目等。产品在海南及河北唐山、廊坊等地救治多人，2021年实现销售量10 330余台，取得良好的社会效益和经济效益。

（张　军）

【新冠肺炎疫情科技防治专项验收工作完成】4月29日，大兴区科委组织开展新冠肺炎疫情科技防治专项验收工作。检验检测、药物研发、医疗器械、数据平台等4类27项课题通过验收。在科研方面，新冠肺炎疫情项目申请发明专利10余项，形成行业标准和企业标准10余件，编写研究报告20余万字，开发新产品、新材料20余项。在成果转化落地方面，8项产品列入中国医学装备协会《新冠肺炎疫情防治急需装备目录》、国家卫生健康委发布的《新型冠状病毒感染的肺炎诊疗方案》推荐用药、工业和信息化部发布的疫情防控重点保障物资（医疗应急）清单，5项医疗器械用品及检验检测试剂投入疫情防控一线。

（武晓颖）

【开展“岗位大练兵”活动】4月29日，大兴区科委围绕“两区”建设及大兴区科委工作任务等内容，组织科委全体人员开展“岗位大练兵”活动。以各科室人员轮流上台授课的方式加强全体人员对科委各部门工作了解，提升全体人员综合业务素质和岗位技能。

（袁凤红）

【大兴区科技周举办】5月22—28日，由大兴区科委、大兴区委宣传部等单位主办的大兴区科技周活动举办。科技周以“创新发展智享未来——百年回望：中国共产党领导科技发展”为主题，设线下主场展览和线上云端展示。展览分为百年党建、科技战“疫”、科技创新、科技为民、青少年科普5个板块。30余家区内企业创新产品及大兴区青少年科技创新成果参加展示，并结合大兴区创建全国文明城区工作，营造活动氛围，吸引市民线下2000余人、线上1万余人共同参与。

（孙竹青）

【依托专业机构服务科技企业】6月，大兴区科委依托专业化科技成果转化服务机构，建立北京科易网技术要素市场平台，以“互联网＋技术转移”模式，通过线上对接、电话沟通、实地走访等多种方式为区内企业技术创新提供全方位保障服务。全年共对接北京工业大学、中国科学院大学、中国科学院软件所等近30家高校院所，服务区内企业300多家。

（刘晓宁）

【科技资源合作对接会召开】7月13日，大兴区科委与北京印刷学院联合举办的科技资源合作对接会在北京印刷学院新创大厦召开。会上，双方就技术创新、科研攻关、专利成果转化、人才培养、工业设计、实训基地共建等方面问题进行交流，并就成果转化、人才培养等具体项目合作事宜进行对接；北京印刷学院与北京艾瑞维克科技有限公司等到会企业的5个专利成果达成合作意向，分别就演艺机器人设计、成果转化、人才培养、机电一体化设计、人工智能应用等专项问题进行意向性磋商。大兴区科委和北京印刷学院有关人员到会，区内20家企业的50余名代表参会。

（王潇丽）

【服务高新孵化园建设】7月21日，由天宫院街道组织的金隅高新产业园科创中试基地暨科技企业加速器项目座谈会在天宫院街道召开。大兴区科委及天宫院街道负责人、北京工业大学科学技术发展院有关领导、拟入园各项目负责人等近30人参加座谈会。会上，各方就合作共建科创中试基地及相关科研服务平台等事宜，以及北京工业大学科技资源和成果转化优势等进行交流和探讨。

（王潇丽）

【调研生物医药基地】8月20日，市科委、中关村管委会及市财政局一行到大兴机场临空自贸区、大兴生物医药基地中关村医疗器械园二期、医药基地创新中心二期标准厂房项目实地调研，了解标准厂房建设进度、配套政策、招商及项目储备等情况。大兴区政府、大兴区政协有关领导及大兴区科委等相关单位负责人陪同调研。调研组指出，临空自贸区和生物医药基地要持续跟进项目进度，加快标准厂房建设和基础设施的完善，早日投入使用，加速大兴区医药健康主导产业项目落地；要整合资源，市、区两级职能部门联动，为项目建设做好保障服务工作；要与市科委、中关村管委会及市财政局沟通对接，做好项目申报及财政资金使用计划，加速产业园创新升级。

（刘　涛）

【大兴区CXO药企服务平台座谈会召开】8月24日，由大兴区政府组织的CXO药企服务平台座谈会在大兴区营商服务中心召开。会议就大兴区医药健康产业生态链未来布局及CXO药企未来发展方向等，同康妍葆（北京）干细胞科技有限公司、北京百奥赛图基因生物技术有限公司等10余家企业参会代表征求意见和建议，为企业搭建合作交流平台。会议指出，大兴区未来将聚集高端医药企业，重点围绕生物技术、靶向药物、细胞治疗、基因检测、智能医疗器械、远程医疗、疫苗体系等新兴业态，打造北京生物医药前沿高地、完善的产业生态链、健康的企业合作和竞争环境；抓住“两区”建设机遇期，结合企业不同特点和需求，抓好精细化政策配套，解决企业后顾之忧。大兴区科委、区财政局、区经济和信息化局、区产促中心、生物医药产业基地管委会等单位20余人参加座谈。

（刘　涛）

【与北京航天试验技术研究所开展合作洽谈】9月8日，大兴区政府在大兴区营商服务中心召开会议，与北京航天试验技术研究所进行合作洽谈。会上，大兴区政府领导介绍大兴区国际氢能示范区建设情况，并对北京航天试验技术研究所落地大兴事宜表示欢迎。会后，研究所一行在区政府有关领导陪同下参观大兴区国际氢能示范区国际交流中心、加氢站、孵化园区及营商服务中心招商展厅，听取相关工作介绍。

（刘晓宁）

【送科技下乡活动开展】9月8日，大兴区科委在礼贤镇西郏河村举办节能科技培训活动。活动现场，大兴区内科技企业北京合创三众能源科技有限公司向村民讲解煤改清洁能源的必要性，以及煤改清洁能源信息管控平台采集箱使用操作的注意事项，并对村民生活中遇到的实际供暖问题做详细解答。活动为村民发放科普知识小册子及科普宣传品150余份。

（孙竹青）

【北京市科学技术奖获奖情况】9月25日，2020年度北京市科学技术奖获奖成果名单公布。大兴区获得6项奖项。其中，北京天科合达半导体股份有限公司彭同华获杰出青年中关村奖，中国食品药品检定研究院参与的“有毒中药活性成分研究与质量安全标准制定及应用”项目、北京天创华远科技发展有限公司和北京中科日升科技有限公司参与完成的“深海深层油气高效钻井液关键技术及工业化应用”项目获科学技术进步奖一等奖，北京建筑大学参与完成的“基于大客流的城市轨道交通运营安全保障与效能提升关键技术及应用”项目、“远场声学信息人机交互关键技术及其应用”项目、中国食品药品检定研究院参与完成的“重组甘精胰岛素关键技术创新及达到国际高质量标准的大规模产业化”项目获科学技术进步奖二等奖。

（武晓颖）

【6项科技合作项目签约】9月27日，2021中关村论坛展览（科博会）科技合作项目推介暨签约仪式在北京国际饭店举行。大兴区签约6个项目，总金额4.5亿元。大兴区生物医药产业基地发展有限公司与北师大科技集团、千乘镜像（北京）科技有限公司、华熙生物科技股份有限公司等5家企业签订合成生物技术、干细胞新药开发病理学超微结构成像数据库等以新产业方向为主导合作的5个项目；医声医事（北京）科技有限公司与平安国际智慧城市科技股份有限公司签订创新性精准医学服务与数字化商业平台战略合作。

（刘 涛）

【国际新冠疫苗研发峰会召开】10月15日，由北京生物技术和新医药产业促进中心、国际疫苗协会、大兴区科委共同主办的2021年国际新冠疫苗研发峰会在大兴希尔顿酒店召开。峰会围绕新冠疫苗研发布局、技术考虑、临床研究等方面进行国际学术研讨，国家药监局药品审评中心、中国医学科学院实验动物研究所等相关部门及疫苗领域科技企业40余家单位共计100余人参会。

（孙竹青）

【瑷格干细胞研发中心投产】10月16日，北京瑷格干细胞科技有限公司瑷格干细胞研发中心投产，入驻北京自贸区创新服务中心。瑷格干细胞研发中心是北京大兴机场临空经济区北京部分首个投产项目，从5月开始建设，主要进行干细胞研发、中试，可年产干细胞1万人份。研发中心的投产标志着大兴机场临空经济区促进医药健康产业发展支持政策发挥初步成效。

（刘晓宁）

【现代中药及先进治疗产业集群创新路径顶层设计研究课题结题】10月，大兴区科委牵头承担的“现代中药及先进治疗产业集群创新路径顶层设计研究”课题结题。课题2020年立项，建立现代中药、先进治疗技术、产业集群研究等领域专家库，为区域产业发展提供智力资源；形成现代中药产业集群发展研究规划、国际发展形势、新药评审科技支撑、先进治疗产业集群发展研究规划、科技服务业国内产业发展现状5份研究报告，对集群的形成、发展要素及集群创新网络进行分析，全面把握国际国内相关细分产业发展趋势；发挥产业集群发展研究对缩短产业自然聚集时间的效用。通过产业发展路径的规划建议，引导专业技术平台落地建设，吸引创业团队落地，为企业提供专业服务，压减研发周期，加快创新药物上市，完善产业生态，提升区域药物经济产业效益。

（张 军）

【区领导赴区科委调研】11月1日，大兴区副区长蔡小军带队到大兴区科委、大兴区科协调研，并参加座谈会，听取大兴区科技创新工作汇报，对重点、难点工作提出指导意见。蔡小军强调，要围绕大兴区政府中心工作，推动科技创新引领全区建设，以科技创新带动产业高质量发展，引入科技领域优势市场主体，形成资源集聚效应，推动科技成果转化成实实在在的经济和社会效益。要扩大交流合作，统筹区内外资源，科委、科协要在科技发展智库、服务科技企业工作联盟、科普工作等方面互相借力，通力合作，为全区发展聚才、聚项目，同时积极争取上级政策倾斜，利用好国家级、市级资源。要全力提升领导班子凝聚力和战斗力，善于识人、育人、用人，培养一支业务精、热情高、重实绩、守规矩的干部队伍，推动科技工作走深走实。

（武晓颖）

【促进大兴区新能源汽车成果转化落地应用研究项目通过验收】11月3日，2021年促进大兴区新能源汽车成果转化落地应用研究项目通过大兴区科委组织的专家验收。专家组认为项目积极协调各类科技创新资源，梳理氢能与燃料电池技术及产业发展脉络，从技术对接、产业对接、金融对接等多维度服务大兴区内创新主体，引导推动氢能源领域创新资源及产业资源向大兴聚集，搭建平台促进行业交流，具有较高的经济价值和社会效益。专家组一致同意项目通过验收。

（孙竹青）

【成果对接合作洽谈会召开】11月3日，大兴区科委与中国科学院北京国家技术转移中心在大兴区营商服务中心召开成果对接合作洽谈会。华夏泰和知识产权服务中心、中科智汇工场等40余家单位参加会议。会议强调要借助中国科学院北京国家技术转移中心在项目、人才、科技、仪器设备、平台建设等方面优势，围绕大兴区医药健康、新能源、数字经济等领域产业布局和科技需求，双方在基因与细胞治疗、高端制药、医疗器械等方面加强合作，促进中国科学院优质项目在大兴区转移转化，助力大兴区经济高质高效发展。

（孙竹青）

【召开科技资源及科技政策宣讲会】11月4日，大兴区科委组织召开大兴区科技资源及科技政策——首都科技条件平台“百进千”活动专场线上宣讲会。会议邀请市、区两级专家，从政策资源、科技成果、高新认定、科技金融、科技服务等多方面、多角度向企业进行宣讲，推介科研机构科技资源，介绍服务机构服务资源。大兴区内60余家科技企业近百名科技人员参会。

（石　韵）

【促进医药健康产业发展政策发布】11月29日，大兴区科委、大兴区经济和信息化局、大兴区财政局联合印发《大兴区促进医药健康产业发展的若干措施（试行）》。《措施》包含5大类10条政策。主要内容包括支持创新资源落地、支持创新研发试验、支持创新成果转化、支持产业做大做强、支持创新生态打造。根据不同的情况，给予3000万元～3亿元等不同金额的资金支持。

（武晓颖）

【调研科技企业孵化器】12月3日，大兴区副区长蔡小军到北京九州众创科技孵化器有限公司、华卫天和大健康产业基地走访调研。听取两个孵化器发展建设、项目引入、成果转化、孵化服务、发展规划和重点入孵企业等方面情况。蔡小军强调，孵化器作为科技创新的重要载体，对区域创新企业培育、成果转化、创新能力提升发挥重要作用。要通过创新政策和机制，促进入孵企业创新成长，不断推动孵化器高质量发展。孵化器建设要以人为本，不断提升服务能力，营造良好营商环境，吸引人才、用好人才、留住人才；相关部门要跟进孵化器需求，对接国家及市级有关部门，做好推荐申报工作，把政策用好用足，促进企业健康发展。大兴区科委、新媒体产业基地、生物医药产业基地管委会相关负责人陪同调研。

（刘晓宁）

【北方工业大学与3家企业签署合作协议】12月9日，由大兴区科委指导，北方工业大学科技成果转化中心、北京科易网科技有限公司主办，北京正开国家级科技企业孵化器、北京市大兴区孵化器联合会承办的2021科技创新成果交流合作对接会在新媒体管委会举行。会上，北方工业大学与区内企业北京君立康生物科技有限公司、北京恒福思特科技发展有限责任公司、北京百普赛斯生物科技股份有限公司签署科技成果转化合作协议。北京天庆同创环保科技有限公司等8家参会企业在前期对接成果基础上，就技术成果、人才需求与校方洽谈合作事宜。

（刘晓宁）

【大兴区科委入选北京市科普工作先进集体】12月23日，市科委、中关村管委会，市委宣传部，市人力资源社会保障局、市科协四部门对2021年北京市科学技术普及工作先进集体和个人进行表彰，全市50个集体和108名个人获得表彰。大兴区科委入选北京市科普工作先进集体，大兴区林业保护站于文武、大兴区气象局薛禄宇入选北京市科普工作先进个人。

（武晓颖）

【“百进千”科技服务线上对接会召开】12月29日，首都科技条件平台北京印刷学院研发实验服务基地分站举办“2021百家实验室进千家企业”科技服务线上对接会。对《大兴区推进大众创业万众创新的实施办法（2019年修订）》《大兴区促进科技成果转移转化暂行办法（2020年修订）》及首都科技创新券相关配套支持政策进行解读。北京印刷学院大学科技园入园企业、浙江省龙港市部分印包企业、大兴工作站各分站和区内企业，以及房山区50余家相关企业的代表78人参会。

（李贺珍）

【全球首个3D打印全降解外周支架植入人体】12月，由大兴区内企业北京阿迈特医疗器械有限公司研发的全球首个3D打印全降解外周支架由首都医科大学附属北京友谊医院完成植入人体手术，患者康复出院，标志着国内具有完全自主知识产权的3D打印全降解外周支架进入临床试验阶段。该产品采用3D多轴精密打印等9项专利技术，成为全球最薄、完全可降解的新一代支架，可替代临床普遍使用的永久性金属血管支架。

（武晓颖）

【先进物流领域应用场景建设】2021年，大兴区科委推动京东亚洲一号二期应用场景建设项目实施，通过应用5G、边缘计算、物联网、人工智能新技术，建设智能传输分拣及智慧物流新场景，让5G+IoT+AI融合技术应用落地。同时运用智能算法和数字孪生技术，模拟企业供应链可能面对的各种挑战，进行端到端的全链规划，为企业设计最适配的供应链模式。依托该场景建设成果，下一步将5G+IoT+AI融合技术、智能化算法和数字孪生技术应用在北京大兴机场新园区项目和中小企业的供应链产业开放平台等项目建设中，为有智慧物流、科技物流升级需求的企业提供物流科技产品赋能，提供一体化、数字化的供应链解决方案，从而提升运营效率，有效推动降本增效和产业升级。

（张　军）

平谷区

【概述】北京市平谷区科学技术和工业信息化局（简称平谷区科信局）是负责贯彻落实党中央关于科技创新、软件和信息服务业、信息化方面的方针政策、决策部署，以及市委、区委有关工作要求的区政府工作部门。内设8个科室，下设3个事业单位。主要职责包括：制定并组织实施全区科技计划和规划、全区科普工作的开展、高新技术企业发展、技术市场及科技奖励、科技成果推广与转化，以及高技术制造业、软件和信息服务业、新兴产业中重点领域的发展规划，监测分析平谷区工业、软件和信息服务业、信息化的运行态势。

2021年，平谷区科信局立足“三区一口岸”功能定位，紧扣“生态立区、高质量发展”主线，以党建为统领，以规划为引领，坚持科技助力、数字赋能，加快推进科技、工业和信息化建设。全年提供科技政策咨询服务1000余次；企业调研、政策宣传服务、实地核查、组织培训等30余次。建设公共检测服务平台，益谷检测科学研究院完成注册并启动运营，依托研究院建立的农业中关村公共检测服务平台完成主要设备安装调试，实验室试运行，已开展农产品食品检测方法证实实验；建设创新创业交流平台，举办2021年农业科技企业投资路演、第六届清华校友三创大赛京津冀鲁赛区农业科技大赛和生物医药大赛等创新创业活动28场，吸引100家符合平谷区产业定位的创新型企业落地。区内48家科技型中小企业信息通过市级终审、公示，取得入库登记编号。完善全区孵化体系建设，启迪绿谷创新企业加速器、锐E空间科技产业园创业创新基地、中关村平谷农业科技前沿技术创新中心获得区级孵化器认定，总入孵企业100家，其中5家企业入驻即实现税收。

2021年，全区有163家企业申报国家高新技术企业，通过认定103家；全年技术合同登记149项，技术合同成交额2.6亿元。2021年，平谷区科信局落实《平谷农业科技创新示范区高新技术企业及技术交易资助办法》，资助符合条件的65家国家级高新技术企业650万元，资助办理技术合同登记并符合资助条件的4个企业17万元。12月，北京平谷国家农业科技园区建设通过科技部验收，全区农业科技进步贡献率达75%，为创建农业高新技术产业示范区奠定坚实基础。2021年，平谷区科学普及全面拓展。组织各委办局、乡镇、医院、学校、市级科普基地等近50家相关单位开展2020年度全国科普统计调查工作；举办科技文化卫生“三下乡”、科普进军营活动；北京野馨科技发展有限公司通过市级科普基地初审认定。

（罗　骏）

【开展企业一对一服务】1月14日，平谷区科信局、马坊工业园区管委会到北京雪莲生物科技有限公司为企业提供中关村高新技术企业及国家高新技术企业认定政策一对一指导服务，就认定申报流程、条件及政策优惠进行详细解读，帮助企业把握科技创新发展方向，提升企业创新活力，增强发展后劲，并督促企业诚信经营、诚信守业。

（罗　骏）

【区内企业获批高层次人才工作室】1月28日，平谷区科信局组织北京普析通用仪器有限责任公司、中宇航通（北京）航空集团有限公司、北京幸福益生再生医学科技有限公司等7家公司申报的平谷区高层次人才工作室获批，有助于企业提升高层次人才培养能力，助力企业在精密仪器制造、通用航空、生物制药等高新技术领域壮大人才队伍。平谷区高层次人才工作室是区人才工作领导小组办公室依据《平谷区高层次人才工作室实施办法》开展的建设性工作，旨在实施首都人才优先发展战略，推进平谷区人才体制机制改革，加快形成人才比较优势，发挥人才引领创新、服务社会作用。各工作室将建设成为行业、专业领域人才高地及帮带培养创新团队、人才梯队，整合力量进行技术创新、能力提升和项目攻关，推广新技术、新项目。

（罗　骏）

【与微芯研究院对接交流】 2月20日，平谷区政府到北京微芯区块链与边缘计算研究院进行对接交流，就长安链技术在平谷农业科技创新方面应用进行探讨。在听取平谷区区长吴小杰对平谷区农业科技创新工作介绍的基础上，微芯研究院院长董进建议，平谷区重点在大桃数据、食品追溯、智慧物流等方面进行区块链应用，对接长安链生态联盟，服务于数字农业、精准农业，实现全场景应用，利用长安链赋能北京平谷国家农业科技园区建设。吴小杰表示，平谷区内各有关部门要协力合作搭建平台，为承接长安链技术在平谷农业科技创新方面应用做好服务，并要探索自有应用模式，先期由北京普析通用仪器有限责任公司、北京沱沱工社生态农业股份有限公司从食品安全追溯、精准农业等方面进行探索，服务于北京平谷国家农业科技园区建设。平谷区科信局、区财政局、区发展改革委等相关部门参加对接。

（罗　骏）

【中国农业大学到平谷区对接】 2月24日，中国农业大学到平谷区科信局对接座谈。中国农大专家介绍农业科技创新、成果转化、科技小院、项目储备等工作开展情况，区科信局负责人介绍平谷区与中国农大合作、北京平谷国家农业科技园区建设等情况。中国农大教授杨富裕建议，应尽快将农业高新技术产业示范区规划文本报送主管部门，实质性推进示范区建设工作；完善平谷区与中国农大合作的三年行动计划工作任务，对申报国家农业高新技术产业示范区工作进行补充。

（罗　骏）

【市经济和信息化局到平谷区调研】 2月25日，市经济和信息化局到平谷区调研平谷区应急产业基地（暂定名，后期命名为“健慧谷”应急防护产业创新平台）建设工作并召开座谈会。应急产业基地由北京时尚控股有限责任公司牵头建设，京清河三羊毛纺织集团有限公司承办，以增强防范和处置突发事件的产业支撑能力为核心，以培育新的经济增长点为牵引，优化应急产业发展环境，集中发展重点领域应急产品，探索应急产业服务模式。座谈交流中，北京清河三羊毛纺织集团有限公司负责人介绍应急产业基地功能定位、发展方向并提出企业政策需求。市经济和信息化局表示全力支持应急产业基地建设，将与北京时尚控股有限责任公司、市国资委沟通以提升应急产业基地审批流程效率，缩短落地周期，并确保应急产业基地在市级优惠政策上应享尽享。

（罗　骏）

【推进企业科技金融服务体系建设】 3月3日，平谷区科信局会同平谷区财政局整合北京中关村创业投资发展有限公司、北京中关村科技融资担保有限公司、中关村科技租赁股份有限公司等科技金融服务力量，启动一对一融资帮扶专项行动，旨在帮助中关村平谷园重点企业解决融资问题，降低疫情对企业供应链、产业链造成的影响，推动建立重点企业科技金融服务体系。北京中关村创业投资发展有限公司首先对诺文科风机（北京）有限公司进行融资尽调。后续将逐步覆盖平谷其他各产业园区重点企业，在深化服务过程中，逐步建立常态化、多层次的科技金融服务体系。

（罗　骏）

【农业科技企业投资路演活动举办】 4月8日，平谷区科信局在启迪绿谷创新企业加速器举办2021年农业科技企业投资路演活动，旨在通过投资路演形式为区内农业科技企业搭建推介平台，帮助企业了解北京市及平谷区农业科技创新扶持政策，交流企业项目亮点与不足，让企业与政府及资本对话，推进区域农业科技产业良性发展。北京沱沱工社生态农业股份有限公司、金禾佳农（北京）生物技术有限公司等5家企业农业项目进行推介路演，金融机构相关领域专家对项目进行评审并对企业需求进行解答。来自区内金融机构、行业协会、企业的40余名代表参加路演活动。

（罗　骏）

【组织企业参加世界休闲大会】 4月16日，北京·平谷世界休闲大会在平谷区金海湖国际会展中心开幕。大会以“休闲提升生活品质”为主题，采取线下与线上相结合的方式，举办1场主论坛、14场平行分论坛、中国（北京）国际休闲产业博览会及9项特色休闲活动。平谷区科信局组织北京长升居食品有限公司、北京尚坤塬置业有限公司、北京清河三羊毛纺织集团有限公司、北京联东金平投资管理有限公司4家区内企业参加大会工业板块项目推介。长升居传统糕点非遗项目、尚坤塬置业农科智城项目、三羊毛纺健慧谷应急产业园项目、联东金平平谷国际企业港作为平谷区重点发展产业项目，将对平谷区食品谷打造、农业科技集聚、产业升级起到助推作用。

（罗　骏）

【北京技术市场协会到平谷区调研】 4月21日，北京技术市场协会组织专家和企业到平谷区调研，对接北京平谷国家农业科技园区建设，实地走访启迪绿谷创新企业加速器、北京市华都峪口禽业有限责任公司和北京平谷国家农业科技园区核心区。北京首农平谷农业科技创新投资公司负责人介绍北京平谷国家农业科技园区建设进展情况。北京技术市场协会建议，平谷区要增强现有资源、政策的宣传力度，打造服务、技术、资源相叠加的特色产业；要优化科技资源配置，利用现有优势提高科技成果转移和转化能力；要加强农业科技创新创业培训，注重培养专业技术人才。

（罗　骏）

【人力资源培训会召开】 4月22日，由平谷区委组织部、平谷区科信局指导，北京启迪绿谷运营管理有限公司主办的人力资源培训会在启迪绿谷创新企业加速器召开。会议邀请区委组织部、北京信德睿尚企业管理咨询有限公司等单位人力资源领域专家针对绩效管控机制、员工激励机制、人才培养机制及企业采取降本增效措施进行人力资源管理等内容进行宣讲。来自区内20余家企业的30余位负责人通过线下或线上方式参加培训。

（罗　骏）

【海淀城市大脑专班到平谷区调研】 5月12日，海淀区城市大脑专班到平谷区政府调研。双方有关负责人针对平谷区“雪亮工程”及网格化综合服务管理系统在“智能交通”管控、“接诉即办”、防汛应急、疫情防控等方面应用情况进行交流，重点围绕智慧城市建设总体规划、顶层设计、数据应用等方面进行探讨。海淀区城市大脑专班对平谷区相关工作提出指导性建议并与平谷区政府达成共识，将协助平谷区开展城市大脑顶层设计工作，因地制宜打造平谷智慧城市。

（罗　骏）

【“三下乡”活动举办】 5月14日，北京市委宣传部组织的科技文化卫生“三下乡”集中示范活动在平谷区金海湖镇黑水湾村举办。现场以文艺演出、健康义诊、法律咨询、科普互动、阅读推广、书法送万家、非遗展览展示及制作表演等多种形式营造大科普氛围，增强科普的影响力和辐射力。参与村民达200人次。平谷区委宣传部、区科信局、区科协等单位人员参加活动。

（罗　骏）

【与中关村科学城对接交流】 5月14日，平谷区科信局组织平谷区发展改革委、平谷区财政局、平谷区投资促进局、平谷区通航管委会、马坊工业园区管委会、兴谷经济开发区管委会及北京普析通用仪器有限公司赴中关村科学城对接交流。与会单位围绕产业溢出承接、领军企业落地、高校院所对接等方面进行交流。中关村科学城表示帮助平谷区在大数据、智能制造、农业科技创新等方面进行产业溢出承接，吸引领军、头部企业落地平谷；帮助平谷区聚集农业创新资源，搭建农业技术平台，增强农业科技创新的品牌效应，打造农业“中关村”。

（罗　骏）

【第六届清华校友三创大赛部分赛道决赛举办】 6月23—24日，由清华大学校友总会、平谷区政府主办的第六届清华校友三创大赛京津冀鲁赛区+北美赛区智慧农业与健康医疗赛道决赛在平谷区举行。21个智慧农业项目与31个健康医疗项目进入赛道决赛。智慧农业赛道比赛采取“8+5”模式（8分钟路演+5分钟评审问答），健康医疗赛道比赛采取“10+5”模式（10分钟路演+5分钟评审问答）进行考评。19位专家担任大赛评委，从技术产品、商业模式、团队配置等维度对项目进行点评，评出一、二、三等奖和优秀奖。多参数一体化高光谱智能检测仪、农产品机器视觉分拣系统、AHS先进农装智能液压控制系统项目分获智慧农业赛道种子组、天使组和成长组一等奖；生物膜干涉技术BLI诊断平台、孕橙智能助孕管理、医众影像SAAS服务项目分获健康医疗赛道种子组、天使组和成长组一等奖。获奖企业落地平谷将获得平谷区各项政策扶持以及启迪绿谷创新企业加速器提供的免费办公空间。清华大学校友总会副会长史宗恺表示通过清华大学校友三创系列活动促进清华大学与平谷区的合作，利用清华大学在生命科学、医药健康等领域的优势支持平谷农科创发展，推动项目在平谷落地。

（罗　骏）

【平谷区科普统计调查完成】 6月28日，按照科技部和市科委、中关村管委会统一部署，由平谷区科信局组织的2020年度全国科普统计调查工作完成填报工作。统计内容包括科普人员、科普场地、科普经费、科普传媒、科普活动和创新创业中的科普等，共6个大类124个指标，平谷区内委办局、乡镇政府、医院、学校、市级科普基地等近50家相关单位参加统计调查。科普统计调查工作的开展有助于全面了解和掌握平谷全区科普资源状况、科普工作运行质量，为科普资源管理和科学决策提供依据。

（罗　骏）

【华为到平谷区对接交流】 6月30日，华为北京政企业务部高管到平谷区应急指挥中心，与平谷区政府领导围绕产业云、联创中心合作建议方案等内容进行座谈交流。座谈中，双方达成在平谷区农业科技创新、智慧物流、休闲旅游、工业数字化转型等重点发展领域开展全面数字化合作意向。平谷区科信局、平谷区农业农村局等部门负责人参加对接。

（罗　骏）

【中国科协年会农业数字化高峰论坛举办】 7月27日，由中国科协、北京市政府主办的第二十三届中国科协年会农业数字化高峰论坛在平谷区举办。论坛期间，中国数字乡创研究中心落地平谷并揭牌，为中心首批聘任的10位专家颁发聘书。中心将集聚政、产、学、研、金、服、创七方资源，通过聚集科技、人才、企业、科研主体共同推进数字乡创的建设，打造以生态、协同、创新为导向的综合性智库平台，围绕农业数字化为乡创建设搭建桥梁，全面推动乡创产业转型升级，为平谷建设农业“中关村”“农业中国芯”提供支撑。在论坛主题报告环节，围绕农业“中关村”、落实乡村振兴战略、农业信息技术研发与应用、都市林业可持续化发展等主题做分享，为平谷区农业数字化发展提供指引。

（罗　骏）

【北京市健慧谷应急防护产业创新平台签约】 7月29日，北京市健慧谷应急防护产业创新平台签约大会在平谷区马坊工业园区西区召开。会议由北京时尚控股有限责任公司主办，主题为“智慧应急引领未来”。平台签约标志着北京清河三羊毛纺织集团有限公司在服务首都功能建设和公共安全领域方面的转型举措——健慧谷应急防护产业基地正式投入运营。市经济和信息化局，市国资委，平谷区委、区政府等有关负责人以及相关行业协会、企业代表等100余人出席会议。会议达成5点共识：共同聚焦贯彻新发展理念，共同聚焦公共卫生领域建设，共同聚焦应急防护产业链价值增值，共同聚焦营商环境科学化、法治化和规范化建设，共同聚焦基地产业链转型升级。纺织集团分别同北京中北博健科贸有限公司、北京绿源恒泰医疗器械有限公司、依文服饰股份有限公司、北京联合康力医疗防护用品有限公司等新的合作企业签约。北京市健慧谷应急防护产业创新平台是由原三羊毛纺园老旧厂房改造转型升级而来，是以医疗器械防护和消杀等医护产品为重点，集科技研发、智能制造、应急储备、教育培训、信息与服务为一体的智慧应急产业基地。平台专注于医疗防护领域，通过政府主导、市场运作、企业引入等平台化创新，打通产业链上下游配套资源覆盖及协同一体化发展，服务都市“平战结合”的应急物资需要，以数字化、专业化运营为突破口，打造高水平的医疗防护产业“一站式”应急和备灾物资平台。

（罗　骏）

【专题调研农科创融合发展】 8月11日，平谷区政府围绕农科创三产融合发展到区内企业开展专题调研。实地调研北京美好美得灵食品有限公司、农科智城园区发展情况及北京普析通用仪器有限公司、中关村农业科技前沿技术创新中心、石佛寺机场运营情况，听取各企业遇到的问题及相关诉求汇报。调研提出，行业主管部门要增强服务意识、加大服务企业力度，帮助企业解决实际困难和后顾之忧，切实为企业营造良好的发展环境；进一步贯彻深化“放管服”改革、优化营商环境工作要求，推动创新支持政策落地落实落细，聚集高新企业、楼宇经济等优质资源，强化加速器、孵化器等创新主体地位，促进平谷区农业科技创新一二三产融合快速发展。

（罗　骏）

【健康医疗赛道项目需求对接会召开】 9月28日，第六届清华校友三创大赛健康医疗赛道项目需求对接会在启迪绿谷创新企业加速器召开，会议通过线上与线下相结合形式开展。北京小白世纪网络科技有限公司、北京蛙鸣华清环保科技有限公司、北京中器华康科技发展有限公司与平谷区卫生健康委就AI医疗场景搭建与应用示范达成合作意向。

（罗　骏）

【人才对接座谈交流活动举办】 10月20日，绿谷智荟——产业人才对接座谈交流活动在启迪绿谷创新企业加速器举办。平谷区委组织部与未来智农（北京）科技有限公司、北京逗灏生物科技有限公司等12家区内外企业代表就项目情况与项目需求进行对接，并围绕平谷区“三区一岸”产业定位、发展方向同参会企业代表进行交流。区委组织部希望各企业能够结合自身发展需求找到与平谷区重点发展产业的契合点，与平谷区共赢发展。活动对外宣传推广平谷区产业特色与产业政策，同时为创业企业搭建与政府交流对接的平台。

（罗　骏）

【核查高新技术企业研发情况】 11月16日，市科委、中关村管委会组织技术及财务方面专家到平谷区内企业北京金峡超滤设备有限责任公司、北京永信盈科科技有限公司，针对企业的研究开发活动、年度财务会计报告和专项报告等进行现场核查，重点审查企业知识产权真实性，以及与高新收入、成果转化之间的关联性、逻辑性，并对相关工作进行业务解答及指导。最终 2 个企业均通过核查。

（罗　骏）

【区内开展冬奥科普宣传】 11 月 30 日，平谷区科信局以“冬奥有我　文明平谷”为主题在平谷区世纪广场组织开展 2021 科普宣传活动。旨在传播新思想，弘扬新风尚，引导市民践行文明理念，为冬奥营造良好社会环境，增强市民对科普活动的参与意识。现场发放身边的科学、防疫小知识、领导干部和公务员科学素质图书、宣传袋等材料共计 150 余份，受众 100 余人。

（罗　骏）

【科技创新项目投融资路演会举办】 12 月 10 日，以“汇智聚力抓机遇　共谋绿色促发展”为主题的平谷区 2021 科技创新项目投融资路演会在启迪绿谷创新企业加速器举办。智慧农业供应链服务商（农邻居）、水肥一体机在无土栽培种植领域精准灌溉施肥技术等 5 个项目企业进行路演推介，各项目负责人介绍项目的核心竞争力、商业模型以及应用场景。路演活动搭建政企交流平台，有助于营造良好营商及社会氛围。

（罗　骏）

【北京平谷国家农业科技园区通过验收】 12 月 17 日，经过自评价、专家组评估、验收视频答辩等阶段，北京平谷国家农业科技园区通过科技部验收。2018 年 12 月，北京平谷国家农业科技园区被科技部认定为第八批国家农业科技园区。园区经过 3 年的建设，实现科技、产业、平台全面发展，已与国内外科研院所和创新型领军企业建立紧密合作关系，引进和培育涉农高新技术企业 31 家、科技型龙头企业 15 家，建成科技型农业产业集群 4 个、研发及技术支撑平台 23 个，引进国际化人才 33 人，建成科技型美丽乡村 30 个。育成（国审）畜禽新品种 7 个，园区规模化养殖率 91.98%，“两品一标”（绿色、有机、地理标志）农产品产量总数达到 1.7 万吨，畜禽粪污废弃物资源化利用率 95.2%，农作物秸秆废弃物资源化利用率 99.87%，农业科技贡献率达到 75%。3 年来，园区建设累计投资 35.75 亿元，园区实现总产值 268 亿元。

（罗　骏）

【完成高新技术企业认定】 2021 年，平谷区科信局现场收集 5 批次高新技术企业认定申报材料，在认定申报管理过程中严格遵守疫情保障各项规章制度，强化防控措施。全年共有 165 家企业提交认定申报材料，其中 73 家是新认定申报企业，92 家为复审认定申报企业。截至年底，平谷区国家高新技术企业保有量达 394 家。

（罗　骏）

怀柔区

【概述】 北京市怀柔区科学技术委员会（简称怀柔区科委）是负责怀柔区科技工作的综合行政部门。内设政办室、创新发展科、产业促进科 3 个行政科室，下设综合事务中心、高新产业发展中心、社会发展科技中心、科学城发展促进中心、科技服务业发展中心 5 个事业单位。

2021 年，怀柔区科委落实政府工作部署，围绕加快构建以科学城为统领的“1+3”融合发展新格局，高标准推进区政府各项重点工作任务。全社会研究与试验发展经费支出占地区生产总值比重为 2.5%；全年支持研发资金补贴项目 32 项，兑现专项资金 934 万元；首都科技条件平台怀柔工作站新增成员单位 28 家，累计达到 206 家；发放科技需求调查表 200 余份，聚集科技需求 65 项，为 11 家企业发放创新券 224.72 万元；实施科技创新领域“三个一百”计划，推动科技成果在怀转移转化和企业在怀孵化落地；加强国内外科技交流合作，围绕怀柔科学城物质科学、生命科学、科学仪器与传感器、空间科学、地球系统科学五大研究领域，举办雁栖科技论坛系列活动 2 场；构建梯次接续高新技术企业发展体系，建立50家有发展潜力高新技术企业遴选机制和50家头部高新技术企业跟踪服务机制，赋能高新技术企业提质升级；开展科技型中小企业评价，全区注册参评企业达到451家；建立全链条知识产权服务体系，北京市知识产权保护中心怀柔科学城分中心通过市知识产权局验收；中国科学院力学研究所钱学森工程科学实验科普教育基地等5家科普基地被命名为怀柔区科普示范（教育）基地；举办2021年怀柔区科技活动周，依托怀柔科学城、中国科学院等优质资源将尖端成果展示与科普教育相结合，主场活动参与市民2万余人次。

2021年，怀柔区科学研究和技术服务业实现增加值25.8亿元，比2020年提高35.1%，占GDP比重为6%。规模以上科学研究和技术服务业企业25家。全年申报国家高新技术企业认定的企业有283家，通过认定190家，累计认定达648家。全年技术合同登记524项，技术合同成交额20.3亿元；全年有效注册商标5.58万件，专利授权数量2221件，有效发明专利2418件。

（宋伟娜　史冬洋）

【开展“百进千”对接活动】 3月10日，以“科技资源服务企业，助力怀柔科学城建设”为主题的“百家实验室进千家企业”专场对接活动在怀柔区科委举办。活动采取线下、线上结合方式进行，区内20余家科技型企业代表参会。北京技术交易促进中心针对首都科技条件平台及科技创新券的使用形式、支持对象、申请与发放流程、使用和兑现等方面政策进行系统阐述；北京农林科学院研发实验服务基地、中国科学院研发实验服务基地及能源环保领域中心就各自的服务职能和科技资源进行介绍。研发实验服务基地代表和区内企业代表分别就科技需求进行对接交流，2家企业与实验室达成对接意向。

（刘建峰）

【国家干细胞资源库创新联盟大会召开】 3月19—21日，第二届国家干细胞资源库创新联盟大会暨标准发布会在怀柔区召开，科技部、中国科学院、市场监管总局等多家单位及各界专家200余人参会。会议以视频形式介绍建立国家生物样本库认可制度并完成第一家生物样本库认可的过程。国家干细胞资源库获中国合格评定国家认可委员会颁发的中国第一张生物样本库认可证书，成为国内首家获得ISO 20387认可的生物样本库。中国细胞生物学会标准工作委员会发布《人间充质干细胞》《人视网膜色素上皮细胞》《人诱导多能干细胞》等6项干细胞领域标准，对相应的细胞生物学特性、关键质量属性、生产工艺、生产过程、质量控制等方面进行系统规定。会议期间还举办联盟理事会、国家干细胞资源库学术委员会、CNAS第四届实验室专门委员会生物样本库专业委员会、中国细胞生物学学会标准工作委员会工作会议及专家研讨会。

（冯菁菁）

【九三学社北京市委到怀柔调研】 3月26日，市政协常委、九三学社北京市委专职副主委左小兵带领部分专委会委员及专家学者到怀柔区调研，围绕“促进国家科技创新平台建设，推动科技自立自强”课题召开座谈会。怀柔区委书记、怀柔科学城党工委书记戴彬彬，怀柔区政协主席刘久刚出席会议。调研中，九三学社北京市委调研组与怀柔区科委围绕科技人才引进、科技成果转化、科技产业发展进行专题座谈，双方就加强沟通交流，共享科技成果和课题，发挥九三学社智库作用，为怀柔科学城建设建言献策达成共识。怀柔区科委主任季学伟、九三学社怀柔支社主委彭兴礼等10余人参加交流研讨。

（史冬洋）

【区级科技计划项目通过验收】 4月，怀柔区科委组织开展2020年怀柔区科技计划项目（工业类）专家验收，先进制造、生物医药、电子信息、节能环保等四大类6个项目顺利通过验收。通过新专技天下网继续教育平台研发、生物发酵棉粕生产工艺的研究与应用、专业DNS防火墙研发和示范应用、高精度线性快速温变高低温试验设备研发及推广应用、有氧反硝化菌生物强化膜生物反应器技术研发与应用推广、甲硝唑片一致性评价研究与推广等项目实施，共申请发明专利11项，实用新型专利1项，软件著作权5项，发表学术论文2篇，研制完成3台专用设备，制定相关工艺文件3份。

（郭群英）

【2021雁栖科技论坛举办】 4—5月，怀柔区科委分别组织举办主题为“探秘物质科学”“走进怀柔科学城的能源世界”的2021雁栖科技论坛·走进怀柔科学城活动。论坛旨在宣传北京怀柔综合性国家科学中心，提升怀柔区科技工作影响力和显示度，促进科技成果转化项目落地，更好服务北京科技创新中心建设。活动聚焦怀柔科学城的能源发展，从清洁能源、纳米能源、煤炭能源转化、能源互联等方向，探讨新能源行业应用及产业转化路径。中国科学院物理研究所研究员、北京海创产业技术研究院院长丁洪，清华大学生命科学学院副院长王新泉等10余名相关领域专家学者出席论坛并做主题报告，100多

家企业通过线上或线下方式参加论坛活动。

（赵百川）

【怀柔区科技活动周举办】5月22—28日，由怀柔区政府和怀柔科学城管委会主办的2021年怀柔区科技活动周在怀柔滨湖万米公园举办。活动以“百年回望：中国共产党领导科技发展”为主题，通过展览展示、互动体验、科普制作、科技论坛等形式系统回顾怀柔科技发展历程，描绘怀柔未来高质量发展蓝图，宣传怀柔科学城建设成果。怀柔滨湖万米公园主场活动参与市民达2万余人，发放各类科普宣传材料3000余份。新华社、人民网、北京日报、今日头条等媒体对科技活动周进行报道，抖音、快手等短视频平台线上观看总量近160万次，点赞总量超过3万次。

（闫　彬）

【国家重点实验室公众开放日活动举办】5月24日，怀柔区科委联合有研工程技术研究院有限公司在怀柔有色金属新材料科创园举办2021年国家重点实验室公众开放日活动。活动主题为“中国共产党领导科技发展：实验室发展回顾”，重点展示有色金属材料制备加工国家重点实验室、智能传感功能材料国家重点实验室的研究领域和取得主要成就。中国科学院纳米能源与系统研究所、中国科学院物理研究所等中国科学院在怀科研院所，以及北京京仪智能科技股份有限公司、北京怀柔航天宏图软件技术有限公司等怀柔科学城内企业共9家单位的20多名专家和企业家代表参加活动。与会人员参观有研科技集团有限公司展室和两个国家重点实验室及其中试车间。国家重点实验室相关负责人分别就实验室的基本情况、历史沿革和科研成果进行了介绍。

（史冬洋）

【首都科技条件平台政策宣讲】6月9日，由怀柔区科委举办的首都科技条件平台政策讲解会在区科委报告厅召开，怀柔站工作人员就平台资源及首都科技创新券申请流程开展政策宣讲，并对企业提出的相关政策问题进行解答。区内80余家企业120人参加。

（刘建锋）

【怀柔区科普统计调查】6—7月，怀柔区科委牵头组织开展怀柔区2020年度科普统计调查工作。统计范围涉及区内54家科普责任单位，统计形式为以法人为单位线上填报数据，统计内容包含科普人员、科普场地、科普经费、科普传媒、科普活动、创新创业中的科普等6类124项指标，综合调查怀柔区科普资源基本情况。获得的数据为全国、北京市和怀柔区制定科普工作政策提供重要数据支撑。

（闫　彬）

【与北京化工大学签订课题委托协议】8月15日，怀柔区科委与北京化工大学就“怀柔区碳达峰碳中和规划研究”课题签订委托协议，围绕怀柔区碳中和“十四五”规划展开研究。按照协议规定内容，北京化工大学组织研究力量，编制怀柔区“十四五”时期碳中和环境分析与规划，开展怀柔区零碳示范区研究，启动编制怀柔科学城大型仪器设备、装置碳排放清单及主办碳中和学术研讨会等。

（王立冬）

【怀柔区全国节能宣传周活动开展】8月23日、25日，怀柔区科委在怀柔区916汽车总站和庙城镇高各庄村开展2021年全国节能宣传周和全国低碳日科普宣传暨新时代文明实践志愿服务活动。由工作人员和志愿者向站点乘客、工作人员、社区居民及广大村民宣传节能减排低碳最新科技成果，发放科普宣传品和学习资料，引导市民使用节能低碳创新产品，倡导可持续的科技发展理念和绿色生产及生活方式。两场活动发放科普宣传品460份，节能环保宣传手册50份。活动参与人数500余人次。

（闫　彬）

【北京市知识产权保护中心怀柔科学城分中心通过验收】8月27日，市知识产权局现场察看北京市知识产权保护中心怀柔科学城分中心办公场地，听取怀柔区科委有关分中心建设情况报告，详细了解分中心办公设施设备配置、运行资金保障等情况，肯定分中心建设工作取得的成效，同意通过验收。分中心自6月筹建，位于怀柔科学城创新小镇怀柔区政务服务中心3楼，旨在为怀柔区创新主体提供重点产业专利预审支撑服务，同时开展专利导航分析、知识产权政策宣讲、知识产权培训、知识产权需求调查等工作。

（冯菁菁）

【青年干部能力提升培训班举办】9月6—11日，怀柔区科委面向单位新入职人员和35岁以下青年干部，举办为期5天的青年干部能力提升培训班。培训内容分为党性教育、区域发展、专业化能力提升3个模块，采取专题讲授、现场教学、影视教学相结合形式，提升青年干部的政治能力、调查研究能力、科学决策能力、改革攻坚能力、应急处突能力、群众工作能力、抓落实能力7种能力，帮助青年干部系统认识怀柔所处的历史方位和功能定位，担当怀柔发展历史重任。

（史冬洋）

【再生医学与临床应用研讨会召开】9月25—26日，由清华大学主办、北京华龛生物科技有限公司承办的再生医学与临床应用研讨会在怀柔区雁栖酒店召开，清华大学、军事科学院、苏州大学、华龛生物等8家单位20余人参加会议。会上，苏州大学骨科研究所教授李斌、军事科学院军事医学研究院教授岳文、南京鼓楼医院临床干细胞研究室主任王斌等7位专家围绕干细胞与再生医学领域前沿学术研究、先进技术成果和干细胞临床研究相关标准的制定等方面做主题报告，为干细胞与再生医学领域成果转化、临床应用等方面提供新手段、新思路、新途径。

（冯菁菁）

【世界粮食日和粮食安全宣传周活动举办】10月，怀柔区科委组织工作人员和志愿者分别在龙山街道西园社区、怀柔镇敬老院和京客隆商场，面向社区居民开展粮食安全、粮油加工、粮食仓储、节粮爱粮、膳食营养等科普知识宣讲活动，提升广大市民粮食安全知识水平和节粮爱粮意识。活动举办3场，发放科普宣传品400份，活动参与人数600余人次。

（闫　彬）

【区内企业获国家科学技术进步一等奖】11月3日，2020年度国家科学技术奖励大会在京举行。怀柔区内企业中科合成油技术股份有限公司与10余家企业、科研、工程设计和工程建设单位联合攻关完成的“400万吨/年煤间接液化成套技术创新开发及产业化”项目获国家科学技术进步奖一等奖。项目瞄准国家对大型煤制油工业化技术的重大需求，通过产学研用联合攻关，最终突破制约中国煤制油工业发展的一系列关键核心技术，实现百万吨级煤制油工业应用，中国成为世界上少数掌握大型煤制油技术的国家。

（史冬洋）

【科技服务业深化改革发展实施意见印发】12月8日，怀柔区科委印发《关于推进怀柔区科技服务业深化改革发展的实施意见》。《意见》聚焦综合性国家科学中心和国家实验室建设，围绕科学设施平台高效运行及产出，以构建全链条科技创新服务体系、培育壮大科技服务类企业、大力推动科技成果转移转化、赋能科学设施平台为硬科技孵化器等12项工作内容为抓手，培育、引进、壮大科技服务业企业，构建完备的怀柔区科技创新服务业链条，深入推进怀柔区科技服务业发展。

（王立冬）

【怀柔区2021年应用场景线上发布会举办】12月28日，怀柔区科委举办怀柔区2021年应用场景线上发布会，围绕智能环境监测、智能水监测、智能生态监测等领域，发布水环境智能监测项目、企业VOCs智能监测与监管项目、智慧农村生活用水项目、园林绿生态系统监测网络建设4项区级应用场景，区内14家相关领域企业20余人参会。

（史冬洋）

【系列科普培训开展】2021年，怀柔区科委在庙城镇、宝山镇、汤河口镇、桥梓镇4个镇的7个行政村、2个社区举办10场科普培训，培训内容涉及公共安全、卫生防疫、家庭救护、法律、食品安全、生态环保、养老护理等，参加培训500人次，收到满意度调查表500份，发放宣传品1500余份。

（闫　彬）

【7个2020年区级科技计划项目通过验收】2021年，怀柔区7个2020年区级科技计划项目（综合类）通过专家组验收。7个项目分别是：怀柔区主要经济作物板栗中真菌毒素污染状况研究、怀柔养老健康服务平台建设及社区养老服务模式示范、“YF3240”新品种配套高效种植技术研究及示范推广、林下黄精种质资源保存繁育及多糖提取、智能自控镇痛泵用于改善分娩镇痛效果的临床研究、经尿道等离子剜除术与经尿道等离子电切术治疗良性前列腺增生的临床对照研究、健脾益肾宣肺利湿泄浊活血方治疗2型糖尿病肾病Ⅳ期患者水肿的临床疗效研究。

（闫　彬）

【区级科普示范（教育）基地命名】2021年，依据《怀柔区科普示范（教育）基地认定管理办法》，经过实地考察与专家评审，中国科学院力学研究所钱学森工程科学实验科普教育基地、国科大北斗科普教育基地、北京鹿世界牧场科普教育基地、北京三山蔬菜产销专业合作社——三山有机农场、航天之星科普教育基地5家单位被怀柔区科委命名为2021年度怀柔区科普示范（教育）基地，拨付区级财政奖补资金共计40万元。

（闫　彬）

【开展技术合同登记】2021年，怀柔区完成技术合同登记524份，比2020年提高53.2%；实现成交额20.3亿元，比2020年增长54.2%。

（刘建锋）

【开展技术市场执法检查】2021年，怀柔区科委工作人员以技术交易是否存在虚假为重点，开展技术市场执法检查12次、90件次，被检查的已登记技术合同全部合格。

（刘建锋）

【开展高新技术企业统计调查】2021年，根据《高新技术企业认定管理办法》、科技部《关于开展2020年度火炬统计调查工作的通知》，怀柔区科委组织开展2020年度全区高新技术企业统计调查和发展年报填报工作。统计调查以法人为单位在线上填报数据，统计调查内容包括企业概况、经济概况、人员概况、研究开发项目概况、企业研究开发活动及相关情况等5类，共70余项指标，综合调查怀柔区高新技术企业创新资源基本情况。获得的数据为全国、北京市和怀柔区制定科技创新政策提供重要数据支撑。

（王五山）

【科技型中小企业评价】2021年，怀柔区有109家企业参加科技型中小企业评价并全部获得入库编号。参评企业中有84家是2021年新注册企业，其中80家为高新技术企业。

（王五山）

【高新技术企业认定】2021年，依据《北京市高新技术企业认定管理相关工作的通知》要求，怀柔区科委组织开展高新技术企业认定申报工作，全年开展认定申报4次，190家企业通过高新技术企业认定。全区高新技术企业保有量达到648家。

（赵百川）

【兑现2020年度政策性专项支持资金】2021年，依据怀柔区政府《关于印发怀柔区促进区域经济转型发展专项资金支持政策的通知》和怀柔区科委、怀柔区发展改革委、怀柔区财政局《关于印发怀柔区促进科技创新发展专项支持资金实施细则及怀柔区促进纳米等高新技术产业发展专项支持资金实施细则的通知》，怀柔区科委组织开展专项支持资金申报及兑现工作。支持企业加大研发投入项目18项、科技企业孵化平台扶持资金项目1项、纳米专项房屋租金补贴项目3项，兑现专项支持资金共计934万元。

（王立冬）

【2项北京市科技成果转化平台建设项目获批】2021年，有研工程技术研究院有限公司申报的战略性有色金属新材料专业化成果转化平台和中科合成油技术有限公司申报的先进材料成果转化平台，获得市科委、中关村管委会2021年度北京市科技成果转化平台建设专项立项批准，2个项目各获得市级财政资金200万元。

（王立冬）

密云区

【概述】北京市密云区科学技术委员会（简称密云区科委）是密云区政府负责科技管理工作的职能部门。负责落实北京市各项科技政策及北京全国科技创新中心工作任务，制定区内科技政策及科技发展规划，做好高新技术企业认定与服务，外国专家及科技人才的服务与培育，科普项目申报管理与科普活动宣传培训，市、区各类科技项目的组织实施与管理。现有科室8个，其中内设职能科室4个，财政补助正科级事业单位4个。

2021年，密云区科委落实区科技领导小组办公室和推进怀柔科学城东区建设工作领导小组办公室职责，立足区域绿色高质量发展，围绕怀柔科学城东区规划建设、国家高新技术企业培育、农业科技创新和科学普及等工作，完成47项工作任务和重点项目。怀柔科学城东区建设全面提速。国家“十二五”重大科技基础设施项目——地球系统数值模拟装置项目提前一年半落成启用，成为中国首个研制成功的地球系统数值模拟大科学装置和怀柔科学城首个落成启用的大科学装置；4个“十三五”科教基础设施项目主要土建工程完工；空地一体环境感知与智能响应研究平台项目完成二次结构施工。北京大学怀密医学中心分期建设方案得到市政府、教育部同意，北京第二实验学校办学方案完成上报。科技服务实现新提升。建立首问责任制，确保企业问题“不出科委”，精简办理环节，为企业量身定制政策清单，定期深入企业现场办公，打通服务“最后一公里”。为3家企业解决融资1600万元，为54家企业科技创新和人才建设拨付支持资金777万元，开展科技政策培训17期、2200余人次参加。北京密云国家农业科技园区通过科技部评估。推进“+科普”工作。建设奥金达蜜蜂生态科普馆等科普展厅，初步形成以科技馆为核心、以科普场馆为辐射的“一核多点”科普阵地格局。针对不同群体，开展科技周及科技进基地、进社区、进校园等科普活动500余期，惠及市民12万人次。

2021年，全区科学研究和技术服务业实现增加值8.2亿元，按可比价计算，比2020年下降2.6%，科学研究和技术服务业占全区GDP的比重为2.3%；全区有规模以上科学研究和技术服务业企业15家，全年实现营业收入10.3亿元，比2020年下降8.7%。全区申报国家高新技术企业认定的企业174家，通过认定117家，国家高新技术企业保有量达到570家。全区技术合同登记151项，技术合同成交额16亿元，其中技术交易额15.9亿元；全年新增有效注册商标7475件，累计达到42 350件；获得授权专利1744件，有效发明专利达到1271件。

（焦　扬）

【院区对接怀柔科学城东区项目建设】 1月15日，中国科学院科技创新发展中心、中国科学院大气物理研究所有关领导和专家到密云区协商怀柔科学城东区项目推进工作，听取怀柔科学城东区国家“十二五”重大科技基础设施项目——地球系统数值模拟装置和京津冀大气环境与物理化学前沿交叉研究平台等项目进展情况介绍，就推动项目有关工作进行协商。密云区政府负责人表示，密云区全力以赴配合中国科学院及中国科学院大气物理研究所，安全、高质、快速推进项目建设，做好基础配套服务，并希望双方在生态环境、生态科技向生态产业转化等方面拓展合作空间。中国科学院科技创新发展中心领导表示，愿意与密云区加强深度合作，发挥科学项目辐射带动作用，推动密云区绿色高质量发展。

（王　研）

【科技政策线上专题培训会举办】 1月20日，由密云区科委主办、北京顺然天成咨询有限公司协办的2020年政策环境变化分析与2021年预测线上专题培训会举办，区内200余家科技企业参加培训。会议对国家高新技术企业认定、科技成果转化、技术合同等科技政策进行宣讲和解读，逐一解答企业提出的问题。

（李　杰）

【常见病应急处置科普培训会举办】 3月5日，由密云区科委主办的常见病应急处置科普培训会在区科委举办。培训邀请全国科普工作先进工作者、密云区医院急诊外科医生高巍讲解脑卒中、心脏骤停、异物卡喉、烫伤、过敏和狗咬伤等常见病应急处理的相关知识，并对海姆立克急救法进行详细演示。区内科普基地工作人员、科委部分干部职工共计40余人参加培训。

（李大轩）

【科技企业融资需求对接会召开】 3月10日，由密云区科委组织的科技企业融资需求对接会在区科委召开。北京亨通斯博通讯科技有限公司等12家国家高新技术企业负责人参加会议。会上，北京银行密云支行负责人为企业详细解读科技融资产品及审贷流程，参会企业负责人分别阐述企业的发展情况及融资需求。通过对接，为3家科技企业融资1600万元。

（宋玉美）

【科技型企业梯队培养工作会召开】 3月19日，由密云区科委组织的科技型企业梯队培养工作会在区科委召开，中关村密云园、北京云创谷经济开发中心、联东U谷密云智慧产业园等11家单位负责人参会。会上介绍《密云区国家高新技术企业发展梯队培育方案》，与会单位结合属地企业资源、招商工作、空间资源、服务企业措施等方面分别进行座谈交流，达成加强部门联动提升企业创新能力，促进国家高新技术企业数量、质量“双提升”共识。

（李　杰）

【“百进千”对接活动举办】 3月19日，由密云区科委举办的“百家实验室进千家企业”专场对接活动在区科委召开，区内医药健康、装备制造、现代农业等领域10余家企业32人参会。会上，首都科技条件平台工程师毛振芹就首都科技条件平台服务职能及首都科技创新券的使用形式、支持对象、使用和兑现等方面内容进行系统介绍；中国医学科学院、北京航空航天大学研发实验服务基地、北京印刷学院、北京农林科学院相关实验室老师就各自的服务职能、优势资源及先进科技成果进行介绍。北京万邦联合科技股份有限公司与北京航空航天大学研发实验服务基地、北京北陆药业股份有限公司与中国医学科学院药物研究所、天葡庄园农业科技发展有限公司与北京农林科学院研发实验服务基地达成初步合作意向。

（宋玉美）

【科技政策培训会召开】 3月29日，由密云区科委组织的科技政策培训会在区科委召开，区内90余家科技型企业116人参会。培训会邀请北京技术交易中心、北京技术市场管理办公室、北京云维知识产权代理有限公司等5家单位分别就首都科技条件平台及创新券、技术合同登记、国家高新技术企业认定等政策进行讲解，部署高新技术企业联系人制度、信用体系建设等相关工作，并对企业提出的问题进行现场答疑，为企业创新发展“把脉问诊”。

（李　杰）

【科普工作联席会召开】4月21日，密云区召开2021年科普工作联席会暨全民科学素质工作会。密云区人大常委会主任、密云区全民科学素质纲要实施工作办公室主任朱柏成出席会议并讲话。会议听取密云区“十三五”时期科普工作总结及2021年科普工作要点、密云区“十三五”时期全民科学素质工作总结及2021年全民科学素质重点工作汇报。会议要求将科普工作有形化，让科普走进田间地头、工厂企业、百姓生活，形成具有鲜明密云特色的科普“名片”；要抓住重点和关键，切实提升科普工作和全民科学素质工作实效，围绕全区中心工作，形成具有密云特色的科普实践。

（李大轩）

【密云区基地科普行活动举办】5月1日，密云科技馆在太师屯镇欢乐松鼠谷举办基地科普行活动。现场集中展示阿尔法机器人、人体钢琴等10余项科普展品，并进行机器人现场互动表演，200余名游客参加活动。

（许小亮）

【国家高新技术企业认定政策培训会举办】5月11日、6月10日，密云区科委联合中关村密云园在中关村密云园管委会2次举办国家高新技术企业认定政策专题培训会，区内100家科技型企业参加培训。市科委、中关村管委会，北京顺然天成咨询有限公司，密云区税务局从高新技术企业认定政策背景、认定流程、主要条件、重要指标解释，研发费用加计扣除、风险管理，知识产权重要性及如何挖掘高质量知识产权等多个维度进行宣讲，围绕高新技术企业申报、核查、监管等方面进行讲解，并结合实际案例分析研判高新技术企业认定过程中核心要点及出现的常见问题，为企业答疑解惑。强调高新技术企业火炬统计、认定事中监管、信用体系建设等相关工作，向企业发放便企服务卡和创新需求调查问卷。

（李　杰）

【密云区科技周活动举办】5月22—26日，由密云区科委主办的2021年密云区科技周活动在密云科技馆举办。本次科技周活动为期5天，以“百年回望：中国共产党领导科技发展”为主题，分为科普短剧、科学实验秀场、科学互动体验、科技小制作4部分，包括科学魔术、机器人群舞、激光碎气球、VR射击体验等近30个项目。累计接待市民2500余人次，让市民在互动中感受科学，在实验中学习科学，在体验中认识科学，有效提升全民科学素质。

（许小亮）

【发展气候经济研讨会召开】6月3日，由密云区科委组织的发展气候经济研讨会在区科委召开。区科委班子成员、科室负责人和企业代表共20余人参会，共同研究环境领域新型研发机构筹建及密云区发展气候经济相关工作。会议研讨依托密云生态环境优势和怀柔科学城东区生态环境领域科学设施优势资源，筹建环境领域新型研发机构初步方案；客观分析利用气候科技发展气候经济的可行性，确定《关于在密云区发展气候经济的建议方案》框架。

（冯小丹）

【校园科普行活动举办】6月11日，密云科技馆校园科普行活动走进东邵渠镇中心小学，240余名师生参加活动。活动现场，机器人舞蹈、−196℃液氮实验表演、人体钢琴等科普体验活动得到师生好评，营造出学科学、爱科学、用科学良好氛围。

（许小亮）

【对接北京大学怀密医学中心项目】6月19日，北京大学医学部、北京大学第三医院院长乔杰带队到密云区对接怀柔科学城东区北京大学怀密医学中心项目相关工作。密云区委副书记、区长马新明参加对接活动。乔杰一行到怀密医学中心项目选址地块，听取项目前期工作情况汇报；在中国人保大厦顶楼俯瞰怀柔科学城密云地块，了解地块整体规划建设情况。乔杰希望双方加快推动项目建设落地，共同推进高质量发展。马新明表示，密云将全力做好配套保障工作，共同推进项目建设早日见效。北京大学医学部、密云区政府相关领导参加对接。

（焦　扬）

【密云区科普统计工作开展】6月，密云区科委组织全区90余家单位开展2020年度科普统计工作。数据显示，全区有科普专职人员176人，比2019年增长3.5%；科普经费筹集额1362.6万元，受疫情影响，比2019年减少34.3%；组织科普活动、科普讲座1303次，参与市民12万人次；科普旅游收入1085.6万元，比2019年增长3.6%；12个科普类微信公众号推送科普文章1928条，阅读量64万次，比2019年提高48.6%。

（李大轩）

【密云区暑期嘉年华活动举办】7月20日—8月21日，密云区科委在密云科技馆举办暑期嘉年华活动。活动针对不同年龄段的学生群体，开展科学实验秀、科普大讲堂、读书吧、“我爱我家　让垃圾回家”主题临展等活动42次，累计吸引市民5500余人次。活动有效激发市民探究科学的兴趣，拓展市民科普知识面，营造浓厚科学氛围。

（许小亮）

【中国科学院科技创新中心到密云区考察】7月22日，中国科学院科技创新发展中心带队到怀柔科学城东区考察，实地参观国家“十二五”重大科技基础设施项目——地球系统数值模拟装置项目展示大厅，了解项目运行情况，并前往华远达青年公寓、远洋公寓考察科研人员配套住房情况。密云区科委负责人介绍怀柔科学城东区规划建设及配套保障情况，中国科学院科技创新发展中心介绍中心基本情况，中国科学院大气物理所、地质地球所、青藏高原所和生态环境中心分别介绍各自的科研情况及合作需求。中国科学院科技创新发展中心与密云区政府均表示建立定期对接协调机制，加快推进基础设施和公共服务配套落实落地，切实形成协同保障科学设施项目建设、科研人员和学生入驻、院区深入合作的工作格局。中国科学院科技创新发展中心希望在举办生态文明论坛、建立密云水库监测预警机制、科研机构落地和成果转化及科技生态构建等方面与密云区加强合作。

（王　研）

【北京产网红绿色优质农产品标准化生产与精准帮扶科技示范课题通过验收】8月17日，由市科委、中关村管委会支持，北京密农人家农业科技有限公司、北京物资学院承担的北京产网红绿色优质农产品标准化生产与精准帮扶科技示范课题通过专家验收。项目是2018—2021年实施的首都食品质量安全保障课题，建成密云区内31个村20种农产品的资源数据库，结合镇村产业发展方向，制定“一村一品”产业布局规划；支持北京密农人家农业科技有限公司与北京物资学院开展院企合作，制定农产品流通信息管理技术国家标准，获得无人机定位的拣选装置等5项国家实用新型专利；在高岭、河南寨等6个镇建成甘薯、番茄、甘栗标准化生产示范基地800亩，打造“两河沙田甘薯”“流沙番茄”“密云甘栗”3个网红品牌，带动200余农户增收。

（赵红霞）

【一把手走流程活动开展】8月31日，密云区科委党组书记、主任彭根明调研走访北京宇航世纪超导技术有限公司，向企业详细介绍优化营商环境、“放管服”改革工作取得的成绩以及密云区《支持企业发展办法（试行）》等相关政策，现场体验技术合同认定登记操作流程。彭根明要求，技术合同认定登记要将现场办理和线上办理有效结合，做到一次性告知、一次性办结；要坚持问题导向，完善措施，精简流程，优化服务，助力企业创新发展。

（宋玉美）

【研讨怀柔科学城东区建设】9月6日，密云区政府召开怀柔科学城东区景观提升、新场景应用、新型研发机构方案研讨会。会议由密云区副区长张明智主持，区科委、区财政局等14家单位主要负责人参加。会议听取怀柔科学城东区整体景观提升设计、密云首都水源地保护新场景示范区建设和环境领域新型研发机构组建方案汇报，与会人员进行深入研讨。会议要求，要加快推进科学城东区景观规划设计，突出地球、大气、碳中和等元素，兼具导示、形象展示、绿化和人文活动功能，引入慢行系统；要深入研究首都水源地保护新场景示范区建设的可行性，结合相关部门工作需求进一步完善方案，定期发布“数智水源”场景清单，相关部门要积极争取市级资金开展新场景建设；要抓好生态环境创新研究院筹建工作，进一步明确研究院组织架构、运行模式、资金来源和用地需求。

（王　研）

【北京市科普基地申报培训会召开】9月16日，由密云区科委组织的北京市科普基地申报工作培训会在区科委召开，区内20余家申报单位参加。培训会就北京市科普基地申报新政策和申报系统操作流程进行讲解与答疑。会后，区内共有24家单位完成北京市科普基地申报系统注册及申报，其中17家单位通过信息审核。

（李大轩）

【密云区科技领导小组会议召开】9月16日，密云区科技领导小组在区政府会议中心召开2021年全体会议。密云区委副书记、区长马新明出席会议并讲话。会议听取全区科技工作进展情况及下一步工作计划，部署《关于贯彻落实〈促进科技成果转化条例〉加快推进密云区科技成果转化的工作方案（2021—2023年）》任务分工。马新明强调，要切实提高对科技创新工作的认识，坚持问题和目标导向，加快集聚高端创新要素、承接科技成果转化、培育高精尖产业，为北京建设国际科技创新中心贡献密云力量；要加快推进科技成果在密云转化落地，在推进科学城东区建设上持续发力，进一步完善科技成果转化体系，启动创新载体建设，完善公共服务平台，加快成立成果转化基金；要增强科技素养和专业能力，形成推进科技工作合力，全面提升创新工作水平；要建立健全工作协调机制，加快形成全区整体科技创新体系。区科委、区发展改革委等42个领导小组成员单位参加会议。

（焦　扬）

【区领导调研指导科技工作】10月12日，密云区副区长于德泉到密云区科委调研。区科委主任彭根明围绕国家高新技术企业培育、农业科技创新、科学普及与科学素质提升、怀柔科学城东区规划建设等进行汇报。于德泉要求，要深化国家高新技术企业培育、科普和农业科技创新等本职工作，推动全区经济社会高质量发展。同时，聚焦重点健全项目统筹调度工作机制，全力推进怀柔科学城东区建设；制定北京大学怀密医学中心、北京第二实验学校等重点项目前期工作计划，争取早日落地建设。

（王　研）

【密云区首个气候经济项目获立项】10月13日，“基于微气象管理的封闭式碳－氮－水耦合循环农业系统研究示范”项目获市科委、中关村管委会立项，项目实施周期2年，由启迪瑞景能源环境科学研究院（北京）有限公司、清华大学、北京巨海阔种植专业合作社、北京密鑫农业发展有限公司共同承担。项目实施期间，对密云区内当前农业温室气体（CO_2、N_2O、CH_4）的来源、排放量以及土壤碳储量进行量化评估，并对2030年碳达峰和2060年碳中和目标下农业温室气体排放和土壤碳储量变化趋势进行分析，探索农田增汇密云模式，为北京乃至全国提供示范参考。

（王　研）

【第四届医药健康产业创新发展研学班举办】10月18—19日，密云区科委联合中国中医药研究所在密云区瑞海姆田园度假村举办为期2天的第四届医药健康产业创新发展研学班，密云区内30余家医药健康领域企业负责人、研发人员及相关委办局主管领导60人参加研学。研学班邀请中国食品药品检定研究院、中国非处方药协会国际合作工作委员会、北京生物技术和新医药产业促进中心的医药健康领域专家，围绕政策与产业布局、产业发展趋势、药品器械注册等方面进行宣讲并与企业互动交流，邀请密云医药龙头企业北京康辰药业股份有限公司董事长王锡娟分享办企经验。区内相关职能部门负责人与企业代表座谈，解答企业经营许可变更、老旧厂房改造、项目备案等诉求。

（宋玉美）

【怀柔科学城东区10千伏配网工程立项】10月25日，怀柔科学城东区10千伏配网工程（5个平台项目外电源工程）获密云区发展改革委立项。项目建设主体为北京怀柔科学城建设发展有限公司，总投资6677万元。由云西110千伏变电站出线，沿用地球系统数值模拟装置外电源工程电力管井路由，并在规划的云西二路新建电力管井至5个平台项目新建开关站，同步实施外电源电气、电缆、通信工程等。

（王　研）

【第二批优秀科技创新团队揭晓】10月31日，密云区科委公布第二批优秀科技创新团队名单，北陆生物医药科技创新团队、高浓度有机废水治理科技创新团队、超导磁测量传感器科技创新团队、十百千万电商科技创新团队、血管植（介）入器械研发科技创新团队5支团队成为密云区优秀科技创新团队，涉及医药健康、节能环保、智能制造、现代农业领域，将享受区人才资金支持。此项评选活动区内共有18支科技创新团队参选。评选流程包括公开征集、单位自荐、专家评审、工作小组审议、公示公开等环节。

（宋玉美）

【北京密云国家农业科技园区通过评估】12月6日，经过自评价、专家组评估等阶段，北京密云国家农业科技园区通过科技部评估。园区累计培育农业国家高新技术企业21家，获得授权专利110件，其中发明专利42件；培育国家级星创天地7家，引进、孵化企业27家，带动240余农户增收；建成北京市工程实验室、生物防治研发中心等各类技术研发平台9个，聚焦种业和农业新品种、新技术，引进示范优良品种、技术175项，47个农业新品种（配套系）获得国家审定。

（赵红霞）

【科技保水座谈会召开】12月28日，密云区科委对接中国科学院生态环境研究中心，在区科委组织召开科技保水座谈会。密云区生态环境局、水库执法大队、水库管理处等7家单位参加座谈并提出科技保水相关需求。中国科学院生态环境研究中心将利用现有监测数据和成熟技术，持续为密云水库水源地保护与水质提升提供技术支撑。

（李大轩）

【北京大学怀密医学中心获教育部批复】12月31日，《关于请求核定北京大学怀密医学中心事业规模和建设规模的请示》获教育部批复，同意北京大学在怀柔科学城东区征地建设怀密医学中心。北京大学怀密医学中心是北京大学深度参与怀柔科学城建设的重要项目之一，项目选址在怀柔科学城东区，规划面积1048亩，将围绕创建世界一流医学教育、前沿交叉学科研究和创新转化中心目标，一体化建设教书育人、科学研究、临床研究相关平台及机构。未来将在新药研发、医疗装备、关键技术等领域，服务健康中国、创新驱动发展等国家战略。

（王　研）

【高位推进怀柔科学城东区建设】 2021 年，密云区委、区政府持续关注怀柔科学城东区建设，先后 4 次前往怀柔科学城东区，实地调研国家“十二五”重大科技基础设施项目——地球系统数值模拟装置项目、泛第三极环境综合探测平台项目及北大怀密医学中心等项目进展情况，与中国科学院科技创新发展中心、大气物理研究所、北大医学部、怀柔科学城管委会对接科学城建设相关工作。先后召开怀柔科学城东区建设专题会，科学城东区规划控规编制专题研讨会，怀柔科学城东区景观提升、新场景应用、新型研发机构方案研讨会，听取怀柔科学城东区建设进展情况汇报，研讨怀柔科学城东区规划控规编制，布局怀柔科学城东区整体景观提升设计、密云首都水源地保护新场景示范区建设。区委、区政府强调，全区各相关部门要加强与怀柔科学城管委会、驻区科研单位和参建单位的对接，推动怀柔科学城东区建设，确保地球系统数值模拟装置等项目如期完工；要把怀柔科学城东区作为重要的战略平台，紧紧抓住战略机遇，围绕大生态、大科技、大健康，推进创新链、产业链融合，推动密云绿色高质量发展；要做好“科学 + 城”文章，加强交通、路网、教育、医疗、文化、商业等基础设施和公共服务配套建设，营造一流营商环境；要发挥科学城东区辐射带动作用，将科学城东区、生命与健康科学小镇、中关村密云园打造成为战略发展带，推动成果就地转化应用。

（王　研）

【3 家企业被认定为市级科技研发机构】 2021 年，北京方鸿智能科技有限公司、睿智合创（北京）科技有限公司、北京市倍舒特妇幼用品有限公司 3 家国家高新技术企业被市科委、中关村管委会认定为北京市企业科技研究开发机构，密云区经市科委、中关村管委会认定的各类研发机构达到 16 家。

（李　杰）

【21 家企业加入首都科技条件平台】 2021 年，密云区内企业北京宇航世纪超导技术有限公司、北京筑梦田园农业科技发展有限公司等 21 家企业加入首都科技条件平台。年内，首都科技条件平台及密云工作站解决企业科技需求 32 项。为 3 家企业申请首都科技创新券合计 23.7 万元。

（宋玉美）

【42 项成果被认定为北京市新技术新产品（服务）】 2021 年，北京国环莱茵环保科技股份有限公司的垃圾渗滤液处理系统等 30 家国家高新技术企业的 42 项创新成果被认定为北京市新技术新产品（服务）。密云区累计 171 项产品通过认定，涉及医药健康、新一代信息技术、节能环保等高精尖领域。

（李　杰）

【69 家企业被认定为科技型中小企业】 2021 年，密云区科委以个性化辅导、政策培训、电话咨询等方式指导区内企业在线申报科技型中小企业。北京艾普希隆生物科技有限公司、北京博识广联科技有限公司等 69 家企业被科技部认定为科技型中小企业。

（李　杰）

【密云区科技特派队伍建设】 2021 年，密云区服务重点农业产业的科技特派员共 396 人，其中自然人科技特派员 280 人，法人科技特派员 24 人，专家科技特派员 92 人，涉及蜂、葡萄 – 红酒、北京油鸡、果蔬等 9 个领域，开展“三农”政策宣传、农业技术指导、科技成果转化等工作。

（赵红霞）

【引进示范农业优良品种】 2021 年，密云区科委从北京市农林科学研究院等单位引入新品种和技术，累计在河南寨、十里堡等镇引进示范番茄、马瑟兰、五彩石竹等果蔬、花卉优良品种和技术 41 项，拓展农产品种类，促进农业生产技术提升。

（赵红霞）

【密云区农业实用技术培训举办】 2021 年，密云区科委针对区内农业合作社、种植及养殖户提出的技术问题，先后组织蔬菜栽培管理及病虫害防治、蜂疗专题等农业科技培训 7 期，区内农业从业人员 350 余人参加培训，有效提升农户种植养殖水平。

（赵红霞）

【2 个鲜食玉米新品种获得北京市品种审定证书】 2021 年，北京中农斯达农业科技开发有限公司、北京龙耘种业有限公司选育的“斯达糯 60”“MC838”鲜食玉米新品种获得北京市品种审定证书。2 个品种平均亩产可达到 966.5 千克、763.7 千克。全区共有 37 个玉米新品种通过国家（地方）审定。

（赵红霞）

【怀柔科学城东区科技成果转化动态项目库建成】 2021 年，怀柔科学城东区科技成果转化动态项目库建成。项目库由密云区科委与怀柔科学城东区科学设施项目建设主体合作完成，储备成果转化项目 60 项，其中 28 项相对成熟，具备转化条件。

（王　研）

【北京市首家生态环境领域新型研发机构筹建】2021年，密云区科委与清华大学、中国科学院、京津冀国家技术创新中心等单位共同筹建北京市首家生态环境领域新型研发机构。编制完成新型研发机构筹建方案，主要围绕气候科技与气候经济、全球和区域环境治理、环境与健康、绿色发展战略4个方向，推进科技原始创新技术成果转化，促进创新链、产业链、供应链深度融合，引领环保产业发展和传统企业绿色转型。

（王　研）

【5个平台项目完成年度任务】2021年，怀柔科学城东区5个平台项目均完成年度任务。其中中国科学院大气物理研究所承建的京津冀大气环境与物理化学前沿交叉研究完成总工程量的85%，中国科学院生态环境研究中心承建的环境污染物识别与控制协同创新平台项目完成总工程量的97%，中国科学院地质地球所承建的深部资源探测技术装备研发平台项目完成总工程量的72%，中国科学院青藏高原所承建的泛第三极环境综合探测平台项目完成总工程量的78%，清华大学、北京怀柔科学城建设发展有限公司共同承建的空地一体环境感知与智能响应研究平台项目完成总工程量的52%。

（王　研）

延庆区

【概述】北京市延庆区科学技术委员会（简称延庆区科委）加挂中关村科技园区延庆园管理委员会（简称延庆园管委会）牌子，中关村延庆园服务中心加挂延庆区投资促进服务中心牌子，实现中关村延庆园发展、招商引资、企业服务、科技创新等职能的整合。延庆区科委（延庆园管委会）设有办公室（党办）、办公室（政办）、规划发展科、园区统筹发展科、创新能力建设科5个科室。

2021年，延庆园引进企业1181家，其中四大重点培育产业企业247家，挂牌成立各类创新平台和研发机构近20个。“一核四区”载体建设逐渐成型。创新家园市政配套和中心公园基本完工；中关村现代园艺产业创新中心迁址北京世园公园，为企业搭建展览展示、应用示范平台；中关村（延庆）体育科技前沿技术创新中心配套设施进一步完善；氢能创新产业园总体规划编制完成，建成北京市首座具备70兆帕加氢能力加氢站；无人机创新园一期开工建设。重点培育产业发展势头强劲。氢能创新产业园加氢站为北京2022年冬奥会和冬残奥会的氢燃料公交和丰田氢燃料车辆提供加氢测试服务，延庆测试中心项目完成立项备案，联想绿色云计算中心项目设计方案完成；无人机服务产业应用保障平台建设完成，围绕民用无人驾驶航空试验区建设方案，推动三中心四基地建设；现代园艺产业发展领域持续扩大，北京香草产业研究院揭牌成立，国香源香草基地进驻世园公园；明确“一轴两翼”的冰雪体育产业布局，“冰雪体育+科技”发展模式初步形成。搭平台，强服务，修订印发《中关村延庆园促进创新创业发展支持资金管理办法》《中关村延庆园发展专项资金管理办法》等政策，会同延庆区市场监管局、税务局、各类银行等部门建立快速审批、手续简化的绿色通道。聚人才，促发展，开展人才政策宣讲、“两区”建设干部人才培训班及各类招聘活动，向区委组织部推荐企业重点人才和留学归国人才，将其纳入“妫川人才库”，为重点企业提供人才公租房、子女入学入园、人才资助项目等服务。履行“服务管家”职责，利用综合服务平台为“服务包”企业提供服务事项全流程网上办理服务。营造创新创业氛围，举办“两区”建设重点企业入驻签约、首届全国机器人竞技大赛冰雪全明星挑战赛、冬奥倒计时等活动，举办HICOOL 2021全球创业大赛初赛等各类科技创新活动与赛事17场。2021年，延庆园入统高新技术企业总数240家，从业人员1万人，工业总产值119.1亿元，总收入222.3亿元，进出口总额 8.2 亿元，实缴税费总额 6.2 亿元，利润总额 16.2 亿元，资产总计 367.7 亿元，科技活动经费支出总额 7.7 亿元，专利授权 306 件。

（闫婷杰）

【延庆区“两区”建设重点企业入驻签约】 1 月 26 日，由延庆区政府主办的延庆区“两区”建设重点企业入驻签约暨“两区”建设政策解读宣讲会在中关村延庆园举行，13 个重点项目落户延庆。活动现场，北京智通东方软件科技有限公司、中关村科学城城市大脑股份有限公司、航天时代飞鸿技术有限公司等 8 家企业签约入驻中关村延庆园，将推动中关村延庆园数字经济、无人机等产业集聚。北京京东世纪贸易有限公司、中国石油国际勘探开发有限公司与延庆区政府签订合作协议，将发挥龙头企业的带动作用，推动地区经济、社会治理水平的快速发展。北控城市环境服务集团、八达岭索道有限公司、上海宝冶集团有限公司与北控京奥集团建设有限公司签订合作协议，将在冬奥服务保障方面开展具体业务合作。

（熊　菲）

【中关村延庆园体育科技专家委员会成立】 2 月 4 日，由延庆区政府主办的建设最美冬奥城——体育科技助力延庆区打造国际滑雪度假旅游胜地活动在中关村（延庆）体育科技前沿技术创新中心举办。活动中，由冬奥组委可持续发展部副部长赵英刚、首都体育学院副院长骆秉全等 20 余位来自体育产业领域、主流媒体和企业的专家组成的中关村延庆园体育科技专家委员会成立。专家委员会将在体育产业创新研发、招商引资、赛事活动举办等方面提供专家建议，为延庆建设国际滑雪度假旅游胜地提供科学指导。哈尔滨传世体育文化发展有限公司、北京英迈星空国际文化传媒有限公司、北京黑龙冰雪科技有限公司等 8 家体育科技领域企业与中关村（延庆）体育科技前沿技术创新中心签订入驻协议，创新中心入驻企业增至 40 余家。

（熊　菲）

【首届全国机器人竞技大赛冰雪全明星挑战赛举行】 2 月 27 日，由延庆区政府主办的首届全国机器人竞技大赛冰雪全明星挑战赛在八达岭滑雪场举行。大赛是国内人工智能与冰雪体育的首次跨界融合，来自北京体育大学、中国电子科技集团公司等国内知名院校及企业的 16 支队伍参赛，通过机器人整体结构和关键零部件改造，结合人工智能对滑雪轨迹的算法展现，实现滑雪运动仿真模拟及竞速比拼。北京工业大学耿丹学院的 RFEE 队、华北电力大学的麋鹿雪橇队、南京大学的 Toddler 队分获一、二、三等奖。赛后，延庆区政府联合北京雪族科技有限公司、极战（上海）机器人科技有限公司设立科技冬奥青少年定点科普教育基地，对参赛机器人、技术研发成果进行展示，结合场馆活动对冬奥知识进行展示交流，实现智能科技与冰雪运动的普及。

（闫婷杰）

【延庆园加氢站首次为氢燃料轿车提供加氢服务】 3 月 2 日，中关村延庆园加氢站首次为氢燃料轿车提供加氢服务。加氢轿车为北京 2022 年冬奥会赞助商丰田汽车自主研发的 Mirai 第二代氢燃料轿车，是丰田冬奥会特供车型，在冬奥会期间为奥组委提供出行服务。燃料电池轿车储氢压力 70 兆帕，储氢量约 6 千克，加满后续航达 750 千米，最高车速为 175 千米/时，可以在低至 −30℃的寒冷天气下正常行驶。

（朱文博）

【首都科技条件平台空天产业科技创新服务论坛举办】 3 月 25 日，由保利国防科技研究中心有限公司主办的首都科技条件平台空天产业科技创新服务论坛暨“百进千”专场对接会在中关村延庆园举办。市科委、中关村管委会，延庆区政府，延庆园管委会的相关负责人及企业的代表等 50 余人参加。活动中，北京技术交易促进中心对首都科技条件平台及首都科技创新券政策进行解读；中国科学院、北京航空航天大学、清华大学研发实验服务基地的 3 位专家及中关村 e 谷无人系统检测中心负责人分别介绍基地和相关实验室资源。中关村意谷（北京）科技服务有限公司（中关村 e 谷）、意谷世纪无人机技术服务（北京）有限公司、北京合众思壮科技股份有限公司 3 家单位现场签约加盟首都科技条件平台领域中心。

（熊　菲）

【龙源电力延庆 1.6 兆瓦屋顶光伏电站项目并网发电】 3 月 31 日，龙源电力延庆 1.6 兆瓦屋顶光伏电站项目实现全容量并网发电。项目位于中关村延庆园，在孵化园区 25 栋建筑屋顶布置光伏电池组件，总装机容量 1.6 兆瓦。光伏发电通过逆变器变为交流电，经升压至 10 千伏后，并入园区微电网，由微电网向用户供电。项目由中关村延庆园企业龙源（北京）新能源有限公司自 2011 年 10 月开始建设，2015 年完工，2021 年 3 月完成与国网北京延庆供电公司 D5000 系统遥测遥信数据传动，成为北京首例通过 D5000 系统新能源项目。3 月 31 日，并网发电量 6700 千瓦时，园区消纳电量 2740 千瓦时，上网电量 3960 千瓦时，实现“自发自用，余电上网”。项目预计年等效满负荷运行小时数达 1181 小时，每年可为园区提供近

200 万千瓦时绿色电力，满足孵化园区设计用电负荷的 25% 以上。

（朱文博）

【德立福瑞公司项目获市科技计划资助】4 月 1 日，中关村延庆园企业北京德立福瑞医药科技有限公司联合北京大学药学院、北京深度智耀科技有限公司签订北京市科技计划课题任务书，标志其申报的“创新口服固体制剂研发平台及应用”项目获市科委、中关村管委会北京市科技计划资助。三方发挥北京大学和北京德立福瑞医药科技有限公司的药剂学专业优势，结合北京深度智耀科技有限公司的人工智能特长，跨学科深入合作，将人工智能引入口服固体制剂研发中，以建立口服固体创新制剂多维知识图谱、基于人工智能技术的创新口服固体制剂处方工艺剂型筛选平台的搭建与优化、基于人工智能技术的体内外数据相关性预测平台的搭建与优化等为目标，为提高创新口服固体制剂立项、药学研究、临床预测水平提供新途径。

（陈　昕）

【氢能产业园二期项目开工】4 月 10 日，由国家电投中电智慧综合能源有限公司（北京绿氢科技发展有限公司）主办的中国电力氢能产业园二期（冬奥配套制、加氢）项目开工典礼在延庆园举行。清华大学、科技冬奥“氢能出行”课题组相关单位，以及西门子能源有限公司、山东塞克塞斯氢能源有限公司等能源行业企业的代表参加。氢能产业园一期项目为中关村延庆园加氢站，2021 年完成安全生产评估投入使用，加氢能力为 500 千克 / 天，加注氢气压力为 35 兆帕，可为 30 ～ 50 辆氢燃料公交车提供加氢服务。二期项目规划建设氢气检测实验室和绿电电解水制氢装置研发平台，最大日制氢能力为 2800 千克，同时具备 70 兆帕加氢能力，可为冬奥会 150 辆氢燃料车的示范运营提供气源。

（闫婷杰）

【“奥运徽章走进延庆”活动举办】4 月 10 日，由延庆园管委会与中国银行延庆支行主办的“奥运徽章走进延庆”冬奥倒计时 300 天活动在中关村（延庆）体育科技前沿技术创新中心举行。中国银行北京分行副行长金瑜铭、延庆区领导丁章春参加活动并致辞。活动以“弘扬奥林匹克精神　建设最美冬奥城”为主题，展出多届夏奥会、冬奥会及体现中国体育百年成就的徽章近千枚，并举办互换徽章藏品、学习徽章文化发展历史，以及体育问答小游戏赢取徽章等活动。10 余家园区冰雪体育企业进行高科技产品展示，让大众近距离了解延庆冰雪体育产业的科技创新成果。

（闫婷杰）

【益卉农业公司获月季竞赛奖项】4 月 21 日，在 2021 年扬州世界园艺博览会月季国际竞赛颁奖暨开展仪式上，中关村延庆园企业北京益卉农业科学研究院有限责任公司获月季国际竞赛 6 项大奖。其中，公司选送的盆栽月季“仙境”获金奖，“爱与和平”“说愁”“瑞典女王”3 个展品获银奖，“火和平”“艾莉”2 个展品获铜奖。4 月 28 日，在 2021 年第十一届中国月季展览会上，公司参展的“达西布塞尔”“薰衣草梅地兰”2 个展品获盆栽月季金奖；“薰衣草梅迪兰”“格拉汉托马斯”获盆栽月季银奖和铜奖；“月季花瓶”获造型月季铜奖。

（杜少昆）

【延庆区中药材标准化建设产业论坛举办】4 月 28 日，延庆区政府、北京农学院战略合作框架协议签约仪式暨延庆区中药材标准化建设产业论坛在北京世园公园举行。延庆区政府与北京农学院签署战略合作框架协议，双方将围绕优质资源引进、绿色发展研究、都市农业增效及人才培养培训，发挥北京农学院国际交流、科研创新及高校资源优势，在延庆深入探索“两山”理念有效转化。北京香草产业研究院揭牌成立，旨在打造以北京农学院为功能性成分研究及质量标准制定中心、以延庆区井庄镇为新品种种植示范及产量评估中心、以延庆区大庄科乡为产业关键技术研发及培训基地、以北京世园公园为终端产品展销及科技交流平台的香草产业，推动园艺产业发展新突破。论坛邀请中国农业科学院、中国中医科学院、北京市中药研究所、安徽省韩通中药材种植科技有限公司的 4 位专家围绕中药材标准化现状与未来发展趋势、都市农业潜力行业、中药材生产关键环节规范化、中药材产业发展前景等主题做专题讲座。延庆区相关部门、各乡镇、专业合作社及园艺产业企业的代表等近百人参加。

（杜少昆）

【新华家园颐享社区发布】5 月 18 日，新华家园颐享社区发布盛典在延庆举行。颐享社区项目由延庆园企业新华家园健康科技（北京）有限公司投资建设，定位为大型中高端持续照护型养老社区，项目投资金额 36 亿元，总建筑面积约 28 万平方米。其中，项目一期提供近 200 套适老化长住公寓和 100 余套星级标准短期体验客房，配套建设文化活动中心、膳食营养中心、智能健管中心等大型健康文娱公共会所近 1.2 万平方米。发布仪式上，新华人寿保险股份有限公司与北京大学国际医院、北京清朋华友投资管理有限公司、北京绿富隆农业有限责任公司等机构签订合作协议，通过链接合作资源，提升颐享社区在医疗健康、营养膳食、智慧养老等领域的专业服务。

（闫婷杰）

【延庆区科技周活动举办】5月24日，由延庆区科委、延庆区委宣传部、延庆区科协主办，中关村延庆园投资发展有限公司、北京延广融媒文化发展有限公司等承办的2021年北京市延庆区第27届科技周活动启动仪式在延庆园孵化器园区举行。活动以“百年回望：中国共产党领导科技发展”为主题，以线上和线下相结合的方式，围绕“一核四区”建设，对现代园艺、体育科技、新能源和能源互联网、无人机等产业重要科技成果进行展览展示，北京中农富延园艺科技有限公司、必胜体育产业（北京）有限公司、北京北变能控科技有限公司等近30家企业参展。科技周还在北京玻钢院复合材料有限公司、詹天佑纪念馆、马铃薯博物馆、北京市水生野生动植物救护中心同步举办4场企业、科普教育基地展。累计约6.5万人次参加科技周活动。

（闫婷杰）

【北京未来蓝天技术有限公司院士专家工作站揭牌】5月25日，北京未来蓝天技术有限公司院士专家工作站揭牌仪式在中关村延庆园举行。工作站是延庆园第二家院士专家工作站，由北京未来蓝天技术有限公司发起设立，以中国工程院院士倪维斗为带头人，集聚中国工程院、清华大学等科研优势，组建清洁取暖专项科研团队，重点开展北方地区清洁取暖技术路线、设备研发、新能源发展规划设计等领域相关工作，为北方地区农村清洁取暖、京津冀大气雾霾环境改善等创造有利条件。

（闫婷杰）

【延庆园促进创新创业发展支持资金管理办法印发】5月31日，延庆园管委会印发《中关村国家自主创新示范区延庆园促进创新创业发展支持资金管理办法（修订稿）》（延园委文〔2021〕17号）。《办法》包括总则、支持重点产业发展、支持创新创业生态系统建设、支持创新创业空间资源建设发展等6章36条，加强在人才引进、创新创业、产业扶持、发展用地4个方向的政策支持。在人才引进方面，对于应届生、成熟人才和留学生，按照学历要求、企业贡献、个人表现等要求提供一定比例的落户指标，并可以为企业员工办理居住证。在创新创业方面，延庆区财政局每年安排6000万元作为延庆园创新创业专项资金，支持企业挂牌或上市、制定技术标准，支持重点培育产业重大科技成果转化和示范应用、重点产业创新发展、创新主体颠覆性技术研发，支持多渠道融资发展和鼓励科技型企业贷款融资等。《办法》自2021年5月31日起施行。原《中关村国家自主创新示范区延庆园促进创新创业发展支持资金管理办法》（延园委文〔2019〕2号）同时废止。

（徐建功）

【中关村延庆园企业服务中心启用】6月2日，中关村延庆园企业服务中心启用仪式在延庆园举行。中心位于延庆园内，占地面积2000余平方米，分为企业服务区和非公党建区。其中，企业服务区设置开放式企业服务窗口7个、集中办公区5处、自助服务区1处。延庆区税务局、区人力资源社会保障局、区市场监管局、区科委等区级职能部门，以及邮政储蓄银行、中关村智造大街公共服务平台等金融、科创服务机构已入驻，可为企业办理工商、税务、社保等业务，提供政策咨询、投融资、科技创新等服务；非公党建区设置园区党员之家、工会之家，旨在搭建党员培训学习、工会活动平台，促进园区非公企业间交流与互动，营造创新创业氛围。

（闫婷杰）

【中关村延庆园无人机科技创新园开工建设】6月11日，中关村延庆园无人机科技创新园开工仪式在延庆园举行。该园为“一核四区”产业空间格局中4个特色产业聚集区之一，位于延庆区康庄镇东南，占地面积3.8公顷，项目分2期实施建设，总建筑面积将超2.8万平方米。一期工程规划建筑面积1万平方米，为北京清航紫荆装备科技有限公司、北京远度互联科技有限公司等公司量身定制无人机研发中试、生产组装空间，同时建设无人机检测、维修等生产性公共服务平台和配套服务设施。二期工程规划建设6栋办公楼，为其他意向入驻园区的无人机及其产业上下游企业定制研发、中试及组装空间，完善园区生产生活配套服务设施及园区绿化、美化、亮化工程。延庆区发展改革委、延庆区城乡住房建设委、中关村管委会等相关部门负责人，以及项目建设主体公司和20余家无人机企业的代表等参加仪式。

（闫婷杰）

【第六届清华校友三创大赛文创体育赛道决赛举办】6月17—18日，由延庆区政府、清华校友会共同主办的第六届清华校友三创大赛京津冀鲁+北美赛区文创体育与美好生活赛道决赛在延庆区举行。大赛主题为“汇智清华·才聚妫川”，52个来自清华校友的文化创意、体育科技领域项目参赛。最终，“百雅轩版权运营”“麦克风智能降噪在商业及生活中的应用”“星光机甲－做中国最好玩的文化科技”项目分别获大赛种子组、天使组、成长组一等奖；“无屏幕的智能教育平板”“视车科技 -3D 汽车之家”“LANBUFF 系统：增益每个智慧空间”等 15 个项目分获决赛二、三等奖。获奖企业将获中关村延庆园创业启动资金支持及启迪之星（延庆）落地免租政策。大赛还举办三创对接会，延庆科创基金、北京文投基金、英诺基金等 12 家投资机构和知识产权等服务机构在现场与 50 余个项目互动交流，为参赛企业搭建金融对接平台。

（闫婷杰）

【延庆园加氢站二期项目建成投产】 6 月 30 日，中关村延庆园加氢站二期项目冬奥配套加氢站（70 兆帕）建成投产，成为全市第一座具备 70 兆帕加氢能力的加氢站。加氢站采用国际通用氢气加注标准及红外通信协议，智能化水平与安全性能提高；配置高效液驱式氢气压缩机，加注时间缩短；核心设备更先进，体积减小。加氢站占地面积 0.56 公顷，同时具备 35 兆帕和 70 兆帕两种加注能力，日加氢能力达 1000 千克，满足 60 辆氢燃料客车或 200 辆中小型氢燃料车辆需求。

（闫婷杰）

【卢映川到中关村延庆园加氢站调研】 7 月 10 日，副市长卢映川带队到中关村延庆园加氢站调研。卢映川一行围绕服务冬奥和推动国家氢能示范城市建设，重点察看加氢站和制氢场建设，了解加氢站运营情况。卢映川强调要扎实做好安全运营管理，同时做好标准的研究制定，为冬奥会服务保障和示范城市建设做出贡献。市城市管理委、冬奥组委交通部、市财政局、市经济和信息化局、市交通委、市应急局等市级部门相关负责人参加调研。

（闫婷杰）

【开通氢能定点接驳车】 7 月 12 日，中关村延庆园内氢能定点接驳车开始运营。为加强氢燃料电池客车在延庆园的示范应用，延庆园管委会与国家电投中电智慧综合能源有限公司、北京水木通达运输有限公司联合，新开通一条氢燃料电池接驳路线，往返于京张高铁延庆站与延庆园。接驳车工作日早晚各一趟，路线覆盖八达岭园区企业出行高频点位，改善园区交通条件，解决园区企业职工出行不便难题。

（朱文博）

【HICOOL 2021 全球创业大赛初赛延庆主题活动举办】 7 月 13—14 日，由延庆区政府、北京海外高层次人才协会主办的 HICOOL 2021 全球创业大赛初赛延庆主题活动在延庆举行。HICOOL 全球创业大赛由北京海外高层次人才协会发起，面向全球寻找优质创新项目和顶尖创业人才，助力其在北京快速孵化成长。延庆主题活动聚焦“新能源 / 新材料 / 节能环保”领域，80 余个创业项目以线下或线上方式进行路演比赛。延庆园管委会主动招商，以赛聚产，以赛聚才，在现场发布“双创”等扶持政策、介绍区域营商环境，旨在通过活动建立 HICOOL 创新生态与延庆科技创新布局对接机制，探索大赛 + 区域 + 赛道合作模式，对接优质创业者，推动优质项目落地延庆。

（闫婷杰）

【体育科技企业签约暨北京冬奥会倒计时 200 天活动举行】 7 月 17 日，由延庆区委宣传部、区商务局、延庆园管委会主办的延庆区“两区”建设体育科技企业签约暨北京冬奥会倒计时 200 天活动在中关村（延庆）体育科技前沿技术创新中心举行。活动主题为“携手迎冬奥 同心跟党走”，北京体育大学产业管理集团、北京华体科创体育场馆管理有限公司等 9 家体育科技企业分别与北京中关村延庆园投资发展有限公司签约，涵盖赛事运营、教育培训、智慧场馆运维、高端装备器材、运动康复等细分领域。活动现场，延庆园管委会发布最新修订的《中关村国家自主创新示范区延庆园促进创新创业发展支持资金管理办法》；冬奥宣讲团为园区带来冬奥主题宣讲，号召园区企业“做文明东道主，建设最美冬奥城”，发挥企业科研技术团队作用，以昂扬的斗志，为科技冬奥贡献力量。各界代表等 100 余人参加。

（闫婷杰）

【新修订的延庆园促进创新创业发展支持资金管理办法发布】 7 月 17 日，在延庆区“两区”建设体育科技企业签约暨北京冬奥会倒计时 200 天活动上，延庆园管委会发布新修订的《中关村国家自主创新示范区延庆园促进创新创业发展支持资金管理办法》。《管理办法》在人才引进方面，按照学历、企业贡献、个人表现等为应届生、成熟人才和留学生提供一定比例的落户指标，并可为企业员工办理居住证；在创新创业方面，延庆区政府每年拨付 6000 万元作为延庆园创新创业专项支持资金，支持企业挂牌或上市、制定技术标准，支持重点培育产业重大科技成果转化和示范应用，支持重点产业创新发展、创新主体颠覆性技术研发、成果转化和产业化，支持高新技术企业申报、企业多渠道融资发展和鼓励科技型企业进行贷款融资；在产业扶持方面，针对园区 4 个重点培育方向，制定实施支持 4 个重点培育产业的若干措施；在产业用地方面，延庆区政府以高精尖产业准入标准为标杆，在投资强度、产业效率及创新能力、节能环保等方面均提高项目准入条件。

（张 靖）

【北航校外人才培训基地签约暨授牌】8月31日，由延庆园管委会主办的北航校外人才培训基地签约暨授牌仪式在延庆无人机创新基地举行。北京航空航天大学代表及中关村意谷（北京）科技服务有限公司（中关村e谷）、北京大工装备有限公司、北京轻翊科技有限公司等无人机企业的代表参加。北航校外人才培训基地挂牌，将利用高校资源优势，搭建校企合作平台，并在中关村延庆园开展无人机专业人才实习、培训、科研及试飞等项目，为无人机产业人才储备与输送提供支持。

（熊 菲）

【冬奥应用场景专场对接会举办】9月1日，由延庆区政府主办，延庆园管委会、北京启迪之星创业加速科技有限公司联合承办的冬奥应用场景专场对接会在中关村（延庆）体育科技前沿技术创新中心举行。延庆区体育局、区文化旅游局、冬奥运行中心、北京北控置业集团有限公司、北京北控京奥建设有限公司、国家高山滑雪有限公司等单位及北京博超时代软件有限公司、北京康桥诚品科技有限公司、北京未磁科技有限公司等近20家企业参与对接。参会企业就项目情况及依托冬奥会赛事举办提出清洁能源、应急防控、智慧场馆运营、运动康复、5G+8K赛事转播等场景需求。政企双方就项目技术及办赛需求进行互动交流。最终，达闼科技（北京）有限公司、华体动势体育发展股份有限公司等企业与在场相关单位达成初步合作意向。

（熊 菲）

【参展2021国际冬季运动（北京）博览会】9月2—7日，2021国际冬季运动（北京）博览会在京举行。延庆区政府组织企业参展，并获优秀展示奖。延庆区展位在首钢园区6号馆北侧，重点展示冬奥会筹办以来，延庆区在基础设施、生态环境、民生福祉、产业发展、城市管理等方面的巨大转变，以文字与影像记录展现冬奥冰雪之城的魅力。现场展示光学射击、滑雪机器人、5G+8K智能视觉系统、室内造雪机、微芯桩等10余项体育科技及智慧应用产品。博览会期间，滑雪世界冠军郭丹丹代表聚动力（北京）体育发展有限公司，与延庆园管委会签订意向入驻框架协议；延庆园管委会负责人参加奥运城市发展论坛，与现场嘉宾围绕奥运文化和遗产的传承经验、冬奥会和城市发展的关系等话题进行交流；4家园区企业参加体育科技创新创业大赛，其中必胜创新科技（北京）有限公司获季军，北京冰锋科技有限责任公司、北京奇威讯安全技术服务有限公司、云汉逐影（北京）科技有限公司获优秀创新奖。

（熊 菲）

【国家电投氢能交通运营平台落地延庆园】9月7日，氢动力（北京）科技服务有限公司揭牌仪式在中关村延庆园举行，标志着国家电投氢能交通运营平台落地延庆园。公司由国家电投集团产业基金管理有限公司控股，是致力推广氢能燃料电池车辆应用技术、氢动能汽车大数据服务、氢能绿色零碳出行方案的综合服务性企业，注册资金9000万元，主要业务包括新能源交通领域技术开发与服务、氢能道路旅客运输、氢能道路货物运输、氢能车辆租赁等。

（朱文博）

【第四届“绽放杯”5G应用征集大赛京津冀区域赛举办】9月8日，由延庆区科委（延庆园管委会）主办的第四届“绽放杯”5G应用征集大赛京津冀区域赛暨2021年中关村5G创新应用大赛应急管理（无人机）领域决赛在中关村延庆园举办。自7月5日开启报名，比赛围绕5G+无人机、5G+应急管理等领域进行优质项目征集，经过初评，14个参赛项目进入决赛。经过专家评选，北京通州城市副中心5G院前急救项目获一等奖，基于5G的智慧冬奥安保实践项目、京津冀联合指挥调度项目及重大自然灾害地区级通信恢复系统获二等奖，同时评选出三等奖6名及优秀奖4名。“绽放杯”5G应用征集大赛由工业和信息化部主办，已连续举办4届。本届京津冀区域赛以“聚焦硬科技 畅通内循环”为主题，在延庆园举办旨在推进京津冀协同发展，推动5G赋能千行百业，加速数字产业化及产业数字化。

（闫婷杰）

【冰雪产业延庆论坛暨金融服务宣传活动举行】9月16日，由延庆区政府、中国银行北京市分行共同主办的以“延庆冰雪 中银力量”为主题的冰雪产业延庆论坛暨金融服务宣传活动在延庆区举行。来自全国冰雪领域的专家、金融机构相关人士、冰雪产业链及冬奥合作企业的代表等100余人参加。与会嘉宾围绕“打造冰雪产业生态场景的跨界融合”主题，从雪场的布局运营、如何打造滑雪文旅产业、冰雪行业发展及打造综合全面冰雪金融服务等方面探讨冰雪产业的未来。中国银行北京市分行与融创文化旅游发展集团有限公司签署银企合作协议，与中关村延庆园企业聚动力（北京）体育文化发展有限公司、北京雪族科技有限公司等达成合作意向。

（熊 菲）

【2021首届人民安防（八达岭）低空安全峰会举办】9月24—25日，由延庆区政府、中国安全防范产品行业协会主办的2021首届人民安防（八达岭）低空安全峰会在延庆区举行。峰会以“四新迎冬奥”为主题，聚焦低空新基建、冬奥新起点、“两区”新亮点、安防新未来，探索无人机产业服务保障冬奥会的中国方案。开幕式上，北京安全防范行业协会低空安全专业委员会成立；延庆园管委会与中国科学院无人机应用与管控研究中心签署战略合作备忘录，将共建低空安全公共航路。低空突发事件应急演练在八达岭机场举行，以突发火灾事件应急处置为背景，设侦测巡查、空地灭火、低空突发事件应急处置和空中投送4个科目，来自国家减灾预警预测中心等单位的11位专家对演练进行点评；中国航空学会、中国无人机产业创新联盟、中国民用航空应急救援联盟等10余个协会、联盟及研究机构联合发布《北京2022冬奥会低空安全倡议书》，旨在规范无人机产业有序发展、构建良性无人机生态圈。峰会期间还举行第三届中国低空安全高峰论坛及冬奥赛事空天地立体联动新保障高峰论坛，来自民航、安防、无人机应用及反制等行业的100余位专家学者，围绕无人机发展新机遇、空天地联动保障、低空安全防范等主题进行主旨演讲及研讨。

（闫婷杰）

【园区企业助力冬奥测试赛】9月29日，中关村延庆园企业中旺世达集团有限公司向延庆区疾控中心捐赠1000套（价值26万元）智能测温贴。智能测温贴由北京微芯区块链与边缘计算研究院自主研发，是全球最小、最精准、医疗级可穿戴式连续测温设备。佩戴智能测温贴，可以对重点人员的体温数据进行实时监控，同时不影响其正常工作与生活。产品在冬奥测试赛期间发放给外国运动员入驻酒店和场馆团队的工作人员随身佩戴。奇威讯安全技术公司向测试赛期间外国运动员入驻酒店新华家园提供2台防疫巡检机器人MOROS，配备大容量消毒箱，可自主规划最优路径进行自动巡航，代替人工完成酒店客房楼巡航消毒工作。

（王 颖）

【与兴和县开展产业协作对接】10月16日，延庆园管委会组织园区企业及中国银行延庆支行赴内蒙古自治区兴和县开展产业协作对接。延庆园管委会与兴和县兴旺角工业园区管委会签署共建合作协议，加强产业对接平台搭建，拓展优质项目场景应用。北京沙煌农业科技发展有限责任公司、北京谷赞电子商务有限公司等3家智慧农业企业与兴和县达成初步合作意向。北京中旺世达科技发展有限公司向6名学子送上3万元爱心助学资金，北京环都拓普空调有限公司、中国银行延庆支行向兴旺角工业园区管委会捐赠7万元产业创新发展资金。北京鼎瀚航空设备有限公司、北京中泰邦医药科技有限公司向帮扶村张皋村捐赠15万元项目建设资金，用于改善农村人居环境。

（闫婷杰）

【氢动力公司参与冬奥保障接驳服务】11月1日，经全面消杀和严格审查，中关村延庆园企业氢动力（北京）科技服务有限公司开始为冬奥会服务保障队伍人员提供氢能接驳服务。接驳任务始发站为延庆城区，终点站为国家高山滑雪中心，全程38千米，可搭载人员约40人。公司同时预备2辆氢能大巴应急使用，并建立车辆防疫管理流程，确保接驳工作无误。冬奥会期间，公司将提供200辆氢能大巴参与延庆赛区外围保障服务。

（胡文越）

【氢能大巴交接仪式举行】12月15日，由国家电投集团氢能科技发展有限公司主办的“践行‘双碳’目标 助力绿色冬奥”氢能大巴交接仪式在中关村延庆园举行，30辆氢能大巴交付氢动力（北京）科技服务有限公司。大巴由国家电投集团氢能科技发展有限公司联合宇通客车股份有限公司开发，为一级旅游车，高11米，最高载客46人，加满氢仅需10分钟，总续驶里程达630千米。大巴搭载国家电投氢能公司自主研发制造的“氢腾”FCS80燃料电池系统，额定净输出80.4千瓦，可实现−30℃低温启动。截至年底，氢动力公司累计运营车辆60辆，参与冬奥保障超过200班次，其中在延庆冬奥村“全要素”运行测试中，完成氢能交通接驳测试39班次。

（闫婷杰）

【延庆智能配电网增量配电业务试点项目开工奠基】12月20日，由北京北变微电网技术有限公司、北京八达岭电力能源有限公司主办的延庆智能配电网增量配电业务试点项目开工奠基仪式在中关村延庆园举行。项目是2016年11月由国家发展改革委、国家能源局共同批复的国内第一批增量配电网业务试点项目之一，也是北京市唯一的一个试点项目，由北京北变微电网技术有限公司负责投资建设和运营。项目将新建一座撬装式110千伏变电站，本期安装2台50兆伏安有载调压变压器，变电容量100兆伏安，终期安装3台50兆伏安有载调压变压器；110千伏进出线2回，10千伏出线28回；沿风谷四路、规划二路、风谷二路、供暖中心北侧现状路新建电力隧道，总长度2843米；新建铁塔2基，双回架电线线路长约700米。

（闫婷杰）

【2家企业产品入选市新技术新产品（服务）名单】 12月22日，市科委、中关村管委会，市发展改革委，市经济和信息化局等联合印发《关于公布2021年度第一批（总第十五批）北京市新技术新产品（服务）名单的通知》（京科促发〔2021〕229号）。其中，中关村延庆园内企业北京幻威科技有限公司的VR智能骑行项目系统、北京雪族科技有限公司的iSNOW冰雪场综合信息管理系统2项产品入选。

（闫婷杰）

【延庆区成为京津冀燃料电池汽车示范城市群成员单位】 12月25日，“领跑氢能未来·共创‘双碳’时代”京津冀燃料电池汽车示范城市群启动仪式在大兴国际氢能示范区举行。京津冀燃料电池汽车示范城市群由北京市财政局、大兴区政府牵头申报，由大兴区、延庆区、海淀区等北京市6个区，天津滨海新区，河北省保定市、唐山市，山东省滨州市、淄博市等12个城市（区）组成。京津冀燃料电池汽车示范城市群建设将在跨区域产业链协同、场景示范推广、绿色能源应用上发挥驱动作用，结合各城市区位条件和资源禀赋，确立“一核、两链、四区”的城市分工与定位。延庆区作为京津冀燃料电池汽车示范城市群成员单位之一，将被打造成为冬奥场景特色示范区。

（赵旭东）

【科大讯飞公司捐赠600台讯飞翻译机】 12月28日，由延庆区科委、延庆园管委会主办的科大讯飞“助力奥运 为沟通破冰”捐赠仪式在中关村延庆园体育科技创新园举行。科大讯飞股份有限公司向延庆区红十字会捐赠600台讯飞翻译机，总价值约120万元。翻译机具备多语种自动语音转换功能，可满足不同国家体育代表交流需求，交付后将应用于延庆赛区住宿、医疗、安保等领域的冬奥服务保障工作。

（闫婷杰）

【中关村e谷无人系统检测中心获CMA证书】 12月，中关村e谷无人系统检测中心获市市场监管局颁发的检验检测机构资质认定证书（CMA），标志着检测中心的质量管理体系和检测技术能力等方面获国家认可。检测中心是延庆区创建无人驾驶航空试验基地（试验区）打造的重点项目，可为无人机系统提供质量和安全性试验、评估、认证服务。检测范围涉及固定翼、多旋翼、单旋翼无人机系统，兼顾各种行业应用型无人机系统。检测内容包括一般环境力学、导航定位测试单元、飞行安全测试单元、电池系统测试单元、避障测试单元、无线电抗干扰测试单元、抗风抗雨试验测试单元、身份识别及人身损伤共计9个试验单元，49个试验科目。

（熊　菲）

【高新技术及其产业发展情况】 2021年，延庆区共有116家企业申报国家级高新技术企业，通过认定企业76家，其中换证企业27家，新认证企业49家，总数达247家。延庆园中关村高新技术企业431家，其中既是“国高新”又是“村高新”企业的为174家。完成科技型中小企业注册企业163家，新增注册企业30家，获得科技型中小企业入库编号的有38家。

（闻　多）

【开展科普专项工作】 2021年，延庆区科委组织实施延庆区科普专项活动，推荐申报2家科普先进集体和2名先进工作者，完成70家单位科普统计工作。以“百年回望：中国共产党领导科技发展”为主题，举办延庆区第27届科技周活动，近30家企业参展。

（闻　多）

【开展知识产权管理与服务】 2021年，延庆区科委举办知识产权培训9次、服务日或座谈7次，为企业推送咨询信息600余条，开展各项知识产权宣传活动34次，实地走访企业24家，累计服务企业284家，惠及1000余人。开展知识产权宣传周活动，围绕“知识产权和中小企业：把创意推向市场”的宣传主题，开展培训讲座2次，参与企业12家，参加人数累计50余人次；转发朋友圈、微信群、QQ群、发放海报等宣传形式累计34次，参与人数近100人次；推送咨询信息8条，累计受众达百余人。组织开展知识产权能力提升专项培训，包括互联网企业的知识产权综合管理、无人机企业知识产权申请布局、看“农大372”认识植物新品种权，3次培训共服务企业44家、100余人次。

（闻　多）

统计资料

BEIJING ALMANAC OF SCIENCE AND TECHNOLOGY 2022

北京科技年鉴

2022

北京地区 2021 年 R&D 活动情况

北京地区 R&D 活动表主要数据来源为科技部《科学研究和技术服务业非企业单位统计调查》、教育部《普通高等学校科技统计年报》、国家统计局《工业企业研发创新统计》等。科学研究和技术服务业事业单位指有法人地位的政府部门属科学研究与技术开发机构、科学研究和技术服务业有法人地位有 R&D 活动的其他事业单位。科学研究和技术服务业企业指转制为企业有法人地位的研究机构。本资料因小数取舍产生的误差均未作配平处理。

一、北京地区 2021 年 R&D 活动汇总表

表 1　北京地区 R&D 人员情况统计表

	研究与试验发展（R&D）人员（人）	# 本科及以上学历	研究与试验发展（R&D）人员折合全时当量（人年）	基础研究	应用研究	试验发展
合　计	**472860**	**423363**	**338297**	**75525**	**97159**	**165615**
按执行部门分						
企　业	190478	158975	137146	977	9528	126641
工业企业	61490	45551	41496	80	2188	39228
非工业企业	128988	113424	95650	897	7341	87413
科研机构	138829	126505	119846	42291	44100	33455
高等学校	132061	128544	73760	30867	39195	3698
事业单位	11492	9339	7546	1390	4335	1821
按行业门类分						
# 制造业	59124	43850	39709	66	1551	38092
信息传输、软件和信息技术服务业	85919	78741	67417	290	3557	63570
科学研究和技术服务业	175858	159840	145457	44053	51066	50338
教　育	132061	128544	73760	30866	39195	3698

注：数据来源为北京市统计局，北京市科学技术委员会、中关村科技园区管理委员会，北京市教育委员会，北京市经济和信息化局。

表 2 北京地区 R&D 经费情况统计表

单位：万元

	研究与试验发展(R&D)经费内部支出	按活动类型分			按支出用途分				按资金来源分				
		基础研究	应用研究	试验发展	日常性支出	#人员劳务费	资产性支出	#仪器和设备	政府资金	企业资金		国外资金	其他资金
合　计	**26293208**	**4225134**	**6570210**	**15497865**	**23059539**	**10133491**	**3233669**	**2632285**	**11864952**	**12477196**	**10742209**	**132322**	**1818738**
按执行部门分													
企　业	11366531	99800	641768	10624963	10206284	6320133	1160247	1151199	371091	10911556	9444654	65618	18267
工业企业	3135144	8968	84697	3041479	3027431	1144838	107713	101735	211273	2888863	2705091	28142	6866
非工业企业	8231387	90832	557071	7583484	7178853	5175295	1052535	1049463	159818	8022693	6739563	37476	11401
科研机构	11462361	3036019	3887676	4538666	9875406	3011482	1586955	1048920	9309740	682908	463460	26263	1443450
高等学校	2922095	1021150	1654693	246252	2613882	629428	308214	278038	1714640	849372	819604	40238	317845
事业单位	542220	68164	386073	87983	363967	172448	178253	154129	469481	33360	14490	204	39176
按行业门类分													
#制造业	3040257	8763	52202	2979292	2938358	1100407	101899	96269	205640	2799610	2592669	28142	6866
信息传输、软件和信息技术服务业	6115927	33099	295563	5787265	5162765	4028874	953163	952198	57905	6049958	4705919	357	7708
科学研究和技术服务业	13299596	3144895	4468540	5686161	11469192	3863583	1830405	1267468	9823602	1932849	1677685	57108	1486038
教　育	2922095	1021150	1654693	246252	2613882	629428	308214	278038	1714640	849372	819604	40238	317845

注：数据来源为北京市统计局，北京市科学技术委员会、中关村科技园区管理委员会，北京市教育委员会，北京市经济和信息化局。

二、科学研究和技术服务业事业单位汇总表

表 3　事业单位 R&D 人员情况统计表

	R&D 人员合计（人）	#1. 博士毕业	2. 硕士毕业	3. 本科毕业	R&D 人员折合全时人员（人年）	研究人员
总　计	**98552**	**41275**	**30047**	**17890**	**78147**	**57404**
一、按单位隶属关系分组						
中　央	91523	39270	27710	16279	72143	53769
地　方	7029	2005	2337	1611	6004	3635
二、按单位所属学科分组						
自然科学领域	33068	16569	7177	5168	24944	19259
农业科学领域	7622	3292	2155	1453	6808	4320
医学科学领域	12209	5260	3167	2917	10184	7607
工程科学与技术领域	39381	12712	15798	7404	30594	21575
社会、人文科学领域	6272	3442	1750	948	5617	4643
三、按活动类型分组						
基础研究					34298	
应用研究					31239	
试验发展					12610	
四、按服务的国民经济行业分组						
农、林、牧、渔业	7421	3231	2109	1389	6714	4280
采矿业	179	32	98	48	179	171
制造业	5490	2005	1952	1116	4272	3180
电力、热力、燃气及水生产和供应业	221	56	74	89	72	63
建筑业	143	20	76	43	107	88
批发和零售业	32	10	10	12	32	32
交通运输、仓储和邮政业	1655	365	831	363	1439	1237
住宿和餐饮业						
信息传输、软件和信息技术服务业	2607	578	1256	593	1340	897
金融业						
房地产业						
租赁和商务服务业	18	0	7	11	16	16
科学研究和技术服务业	65503	29458	18357	10554	51480	38052
水利、环境和公共设施管理业	2452	751	1218	412	2251	1716
居民服务、修理和其他服务业	554	77	261	197	449	427
教育	384	216	110	49	354	252
卫生和社会工作	8776	3665	2391	2165	6924	5130
文化、体育和娱乐业	375	106	122	133	308	259
公共管理、社会保障和社会组织	2658	701	1133	687	2133	1531
国际组织	84	4	42	29	77	73

注：统计范围为有法人地位的政府部门属科学研究与技术开发机构、科学研究和技术服务业有法人地位有 R&D 活动的其他事业单位。

表 4　事业单位 R&D 经费情况统计表

	R&D 经费内部支出合计（万元）	#1. 日常性支出	人员劳务费	2. 资产性支出	仪器和设备	R&D 经费外部支出合计（万元）
总　计	**5726304**	**4379898**	**2076590**	**1346406**	**936525**	**142185**
一、按单位隶属关系分组						
中　央	5431653	4108063	1915416	1323590	915975	132760
地　方	294651	271835	161174	22816	20550	9425
二、按单位所属学科分组						
自然科学领域	2120536	1417805	616733	702731	511777	46265
农业科学领域	329108	287113	147815	41995	30751	15676
医学科学领域	589831	511962	261301	77869	58124	9700
工程科学与技术领域	2323186	1855183	870990	468004	306177	50757
社会、人文科学领域	363643	307836	179751	55807	29697	19787
三、按资金来源分组						
政府资金	4961965	3755342		1206623		
企业资金	451561	379015		72546		
国外资金	26446	21045		5401		
其他资金	286332	224497		61835		
四、按活动类型分组						
基础研究	2269020	1702533				
应用研究	2595413	2000770				
试验发展	861871	676595				
五、按服务的国民经济行业分组						
农、林、牧、渔业	330181	287487	145514	42694	31252	15664
采矿业	7748	6681	4148	1067	532	0
制造业	295550	254688	106724	40862	18448	570
电力、热力、燃气及水生产和供应业	1843	1564	802	279	279	188
建筑业	4637	4604	2927	33	33	330
批发和零售业	457	391	270	66	65	0
交通运输、仓储和邮政业	64542	52835	36829	11707	10592	6118
住宿和餐饮业						
信息传输、软件和信息技术服务业	93612	57941	21262	35672	17280	9786
金融业						
房地产业						
租赁和商务服务业	111	111	94	0	0	0
科学研究和技术服务业	4090497	3098491	1443455	992006	684198	64742
水利、环境和公共设施管理业	153658	121727	48115	31931	18776	19121
居民服务、修理和其他服务业	11967	10766	10499	1201	1103	0
教育	22440	20606	14304	1834	1327	7626
卫生和社会工作	371967	323558	176058	48409	32504	7442
文化、体育和娱乐业	13938	11423	6255	2514	1502	187
公共管理、社会保障和社会组织	258896	122831	58411	136065	118629	10411
国际组织	4261	4193	925	68	5	0

表 5 事业单位 R&D 项目（课题）情况统计表

	项目（课题）数（项）	项目（课题）人员折合全时当量（人年）	项目（课题）经费支出（万元）
总 计	**41018**	**63559**	**2561213**
一、按活动类型分组			
基础研究	18628	28770	1031348
应用研究	17492	24612	1173205
试验发展	4898	10177	356660
二、按项目学科分组			
自然科学领域	16894	23710	1234269
农业科学领域	2478	4676	99852
医学科学领域	4172	8433	151887
工程科学与技术领域	13628	21782	1000851
社会、人文科学领域	3846	4958	74354
三、按项目来源分组			
国家科技项目	24361	42166	1731769
地方科技项目	3314	4985	175269
企业委托科技项目	5088	4832	254475
自选科技项目	4086	6043	183601
来自国外的科技项目	120	263	13571
其他科技项目	4049	5270	202527
四、按项目的合作形式分组			
独立完成	34884	49652	2146985
与境内独立研究机构合作	2333	5756	183316
与境内高等学校合作	1113	2640	74771
与境内注册其他企业合作	675	1287	61267
与境外机构合作	142	323	11251
其 他	1871	3901	83622

表 6 事业单位 R&D 活动产出情况统计表

	专利申请数（件）	发明专利	有效发明专利数（件）	发表科技论文（篇）	出版科技著作（种）
总　计	**11716**	**9487**	**45018**	**65200**	**2372**
一、按单位隶属关系分组					
中　央	10748	8908	41996	60239	2175
地　方	968	579	3022	4961	197
二、按单位所属学科分组					
自然科学领域	2590	2195	11006	17687	244
农业科学领域	1162	912	5346	5528	352
医学科学领域	1182	799	3773	13863	257
工程科学与技术领域	6735	5552	24736	17496	704
社会、人文科学领域	47	29	157	10626	815
三、按服务的国民经济行业分组					
农、林、牧、渔业	1096	878	5760	5545	361
采矿业	1	0	28	84	0
制造业	1471	1284	5308	3455	79
电力、热力、燃气及水生产和供应业	11	6	37	66	4
建筑业	32	8	70	48	13
批发和零售业					
交通运输、仓储和邮政业	407	238	545	807	73
住宿和餐饮业					
信息传输、软件和信息技术服务业	395	372	1116	345	7
金融业					
房地产业					
租赁和商务服务业					
科学研究和技术服务业	7110	5983	28251	38224	1282
水利、环境和公共设施管理业	186	131	1716	2150	154
居民服务、修理和其他服务业	4	4	7	167	2
教　育	0	0	12	647	69
卫生和社会工作	763	427	1402	10906	187
文化、体育和娱乐业	52	25	157	452	37
公共管理、社会保障和社会组织	180	129	591	2286	102
国际组织	8	2	18	18	2

注：数据来源为科技部《科学研究和技术服务业非企业单位调查表》。

三、转制为企业的研究机构汇总表

表 7 转制企业 R&D 人员情况统计表

	R&D 人员合计（人）	#1. 博士毕业	2. 硕士毕业	3. 本科毕业	4. 其他	R&D 人员折合全时人员（人年）
总　计	**22519**	**2083**	**9703**	**8283**	**2450**	**19082**
一、按登记注册类型分组						
国　有	18388	1759	7949	6700	1980	15315
有限责任公司	4131	324	1754	1583	470	3767
二、按单位所属学科分组						
自然科学领域	117	20	46	39	12	99
农业科学领域						
医学科学领域	146	10	45	74	17	146
工程科学与技术领域	22256	2053	9612	8170	2421	18837
社会、人文科学领域						
三、按活动类型分组						
基础研究						610
应用研究						9004
试验发展						5986
四、按从事的国民经济行业分组						
农、林、牧、渔业						
采矿业	234	58	145	26	5	234
制造业	2203	97	1093	819	194	2133
电力、热力、燃气及水生产和供应业						
建筑业						
批发和零售业						
交通运输、仓储和邮政业	14		14			14
住宿和餐饮业						
信息传输、软件和信息技术服务业	366	8	134	186	38	343
金融业						
房地产业						
租赁和商务服务业	4460	166	1455	2450	389	3620
科学研究和技术服务业	15242	1754	6862	4802	1824	12738
水利、环境和公共设施管理业						
居民服务、修理和其他服务业						
教　育						
卫生和社会工作						
文化、体育和娱乐业						
公共管理、社会保障和社会组织						
国际组织						

注：统计范围为转制为企业有法人地位的研究机构。

表 8　转制企业 R&D 经费情况统计表

	R&D 经费内部支出合计（万元）	#1. 日常性支出	人员劳务费	2. 资产性支出	仪器和设备
总　计	**691754**	**611891**	**288097**	**79863**	**25471**
一、按登记注册类型分组					
国　有	548432	475691	206866	72741	18535
有限责任公司	143322	136200	81231	7122	6936
二、按单位所属学科分组					
自然科学领域	1656	1623	983	34	30
农业科学领域					
医学科学领域	5733	4318	2310	1414	1184
工程科学与技术领域	684365	605951	284804	78415	24257
社会、人文科学领域					
三、按资金来源分组					
政府资金	121613	114009		7603	
企业资金	433940	422271		11670	
国外资金	0	0		0	
其他资金	136201	75612		60590	
四、按活动类型分组					
基础研究	22107				
应用研究	326396				
试验发展	216986				
五、按从事的国民经济行业分组					
农、林、牧、渔业					
采矿业	8333	8086	3824	247	247
制造业	102049	100285	61093	1764	1578
电力、热力、燃气及水生产和供应业					
建筑业					
批发和零售业					
交通运输、仓储和邮政业	263	263	0	0	0
住宿和餐饮业					
信息传输、软件和信息技术服务业	9813	9813	7917	0	0
金融业					
房地产业					
租赁和商务服务业	109507	48020	7712	61487	8997
科学研究和技术服务业	461789	445424	207550	16365	14650
水利、环境和公共设施管理业					
居民服务、修理和其他服务业					
教　育					
卫生和社会工作					
文化、体育和娱乐业					
公共管理、社会保障和社会组织					
国际组织					

表 9　转制企业 R&D 项目（课题）情况统计表

	项目（课题）数（项）	项目（课题）人员折合全时当量（人年）	项目（课题）经费支出（万元）	
总　计	**3563**	**10753.6**	**286879**	
一、按活动类型分组				
基础研究	206	420.4	6909	
应用研究	2250	6206.9	155347	
试验发展	1107	4126.3	124623	
二、按项目学科分组				
自然科学领域	41	156.6	2683	
农业科学领域	7	10.9	403	
医学科学领域	18	133.0	4460	
工程科学与技术领域	3497	10453.1	279333	
社会、人文科学领域				
三、按项目来源分组				
国家科技项目	750	3048.7	65913	
地方科技项目	119	580.9	11180	
企业委托科技项目	1603	3325.8	101212	
自选科技项目	1028	3393.7	88032	
来自国外的科技项目	16	52.8	1893	
其他科技项目	47	351.7	18648	
四、按项目的合作形式分组				2021 年度报表制度无此指标
独立完成				
与境内独立研究机构合作				
与境内高等学校合作				
与境内注册其他企业合作				
与境外机构合作				
其　他				

表 10 转制企业 R&D 活动产出情况统计表

	专利申请数（件）	发明专利	有效发明专利数（件）	发表科技论文（篇）	出版科技著作（种）
总 计	**4282**	**3145**	**12737**	**4236**	**119**
一、按登记注册类型分组					
国 有	3400	2680	11133	3552	105
有限责任公司	882	465	1604	684	14
二、按单位所属学科分组					
自然科学领域	37	24	110	94	3
农业科学领域					
医学科学领域	49	49	14	5	
工程科学与技术领域	4196	3072	12613	4073	116
社会、人文科学领域				64	
三、按从事的国民经济行业分组					
农、林、牧、渔业					
采矿业	152	123	44	75	1
制造业	130	58	498	189	2
电力、热力、燃气及水生产和供应业					
建筑业					
批发和零售业					
交通运输、仓储和邮政业	25	0	3	38	0
住宿和餐饮业					
信息传输、软件和信息技术服务业	13	7	43	29	0
金融业					
房地产业					
租赁和商务服务业	316	200	2412	217	0
科学研究和技术服务业	3646	2757	9737	3688	116
水利、环境和公共设施管理业					
居民服务、修理和其他服务业					
教 育					
卫生和社会工作					
文化、体育和娱乐业					
公共管理、社会保障和社会组织					
国际组织					

注：数据来源为科技部《转制为企业的研究机构科技活动调查表》。

2021 年度北京市科学技术奖获奖一览表

2021 年度北京市科学技术奖共 16 位科学家、191 项成果获奖。其中，突出贡献中关村奖 1 人；杰出青年中关村奖 9 人；国际合作中关村奖 6 人。30 项成果获自然科学奖，包括一等奖 5 项、二等奖 25 项；12 项成果获技术发明奖，包括一等奖 3 项、二等奖 9 项；149 项成果获科学技术进步奖，包括一等奖 37 项、二等奖 112 项。

突出贡献中关村奖

序号	获奖编号	姓名	提名者	工作单位
1	2021-GX-01	谢晓亮	北京市教育委员会	北京昌平实验室

杰出青年中关村奖

序号	获奖编号	姓名	提名者	工作单位
1	2021-QN-01	肖云峰	龚旗煌，谢心澄	北京大学
2	2021-QN-02	程群峰	北京市科学技术协会	北京航空航天大学
3	2021-QN-03	颉　伟	北京市昌平区人民政府	清华大学
4	2021-QN-04	宋江平	中国空间科学学会	中国医学科学院阜外医院
5	2021-QN-05	高　扬	北京市昌平区人民政府	北京贝瑞和康生物技术有限公司
6	2021-QN-06	邓　方	北京市科学技术协会	北京理工大学
7	2021-QN-07	刘鸿瑾	郝跃，杨孟飞	北京轩宇空间科技有限公司
8	2021-QN-08	陈云霁	李国杰，陈国良	中国科学院计算技术研究所
9	2021-QN-09	魏　运	北京市科学技术协会	北京市地铁运营有限公司

国际合作中关村奖

序号	获奖编号	姓名	提名者	工作单位
1	2021-HZ-01	Armen Sergeev / Армен Сергеев 阿尔门・谢尔盖耶夫	北京大学	Steklov Mathematical Institute of Russian Academy of Sciences 俄罗斯科学院斯捷克洛夫数学研究所
2	2021-HZ-02	F. Javier García de Abajo 哈维尔・加西亚・德・阿巴霍	国家纳米科学中心	ICFO The Institute of Photonic Sciences 西班牙光子科学研究所
3	2021-HZ-03	Harris Alan Lewin 哈里斯・莱温	中国生物工程学会	University of California Davis 美国加州大学戴维斯分校
4	2021-HZ-04	Peter Schaaf 彼得・沙夫	北京工业大学	Technology University of Ilmenau 伊尔姆瑙工业大学
5	2021-HZ-05	Toshio Fukuda 福田敏男	北京理工大学	Meijo University 名城大学
6	2021-HZ-06	BERNHARD Walter SCHMID Brandli 本哈德・施密德	北京大学	University of Zurich 苏黎世大学数学与自然科学学院

自然科学奖一等奖

序号	获奖编号	项目名称	提名者	完成单位	主要完成人
1	2021-Z01-1-01	黑洞搜寻与吸积物理研究	中国科学院国家天文台	中国科学院国家天文台 中国科学院大学	刘继峰 白宇 王松 张昊彤 陆由俊 罗伯托·索里亚 袁海龙 白仲瑞
2	2021-Z01-1-02	柔性膜–基结构及异质界面的力学行为与调控	清华大学	清华大学 北京理工大学	冯雪 张一慧 陈毅豪 陈颖 屈哲 陆炳卫 方岱宁
3	2021-Z03-1-01	高迁移率分子半导体材料的设计合成与晶体管器件的基础研究	中国科学院化学研究所	中国科学院化学研究所 湘潭大学 华中科技大学 中国农业大学	刘云圻 于贵 郭云龙 陈华杰 王帅 马永强 赵志远 杨杰 刘晓彤
4	2021-Z03-1-02	钠离子电池层状氧化物材料构效关系研究	中国科学院物理研究所	中国科学院物理研究所	胡勇胜 陆雅翔 容晓晖 肖睿娟 禹习谦 谷林 李泓 黄学杰 陈立泉
5	2021-Z04-1-01	纳米材料亚细胞效应的理化适配基础研究	国家纳米科学中心	国家纳米科学中心 清华大学 河北大学	梁兴杰 李景虹 张金超 官宁强 霍帅东 郭术涛 倪乾坤 王琎琎 黄渊余 魏妥 张旭 柳娟

自然科学奖二等奖

序号	获奖编号	项目名称	提名者	完成单位	主要完成人
1	2021-Z01-2-01	高温超导体中压致超导再进入现象的发现与机理研究	中国科学院物理研究所	中国科学院物理研究所 北京高压科学研究中心 浙江大学	孙力玲 陈晓嘉 毛河光 郭静 吴奇 方明虎 陈根富 郭建刚 高佩雯 谷大春
2	2021-Z01-2-02	伽马射线暴瞬时辐射高精度偏振测量与脉冲星导航在轨实验研究	中国科学院高能物理研究所	中国科学院高能物理研究所	张双南 孙建超 李陆 张永杰 吴伯冰 王源浩 李正恒 李汉成 王瑞杰 郑世界
3	2021-Z01-2-03	面向高承载低摩擦的界面分子设计与调控	清华大学	清华大学 北京工业大学	刘宇宏 陈哲 张彩霞 雒建斌
4	2021-Z01-2-04	二维晶体管理论	北京大学	北京大学 北京邮电大学 北京理工大学	吕劲 屈贺如歌 姚裕贵 王洋洋 高政祥 史俊杰 杨金波 罗光富 宋志刚 钟红霞
5	2021-Z02-2-01	锋芒激光束稳态调控与鲁棒传输	中国科学院空天信息创新研究院	中国科学院空天信息创新研究院 南开大学	张泽 陈志刚 许京军 赵娟莹 胡毅 梁欣丽
6	2021-Z02-2-02	计算智能方法研究及其应用	北京大学	北京大学	谭营 郑少秋 王改革 李骏之 徐威迪
7	2021-Z02-2-03	混合锁模飞秒光纤激光的动态非线性效应	北京邮电大学	北京邮电大学 中国科学院物理研究所	刘文军 魏志义 雷鸣 毕科 滕浩 韩海年 庞利辉
8	2021-Z03-2-01	中空多壳层结构体系的合成化学基础研究及功能应用	中国科学院过程工程研究所	中国科学院过程工程研究所 北京科技大学 北京航空航天大学	王丹 王江艳 于然波 张瑜 赵德偲 赖小勇
9	2021-Z03-2-02	适配多元化核酸药物治疗的载体输递系统构建与机制研究	中国科学院过程工程研究所	中国科学院过程工程研究所 北京科技大学	张欣 李燕 卢治国 阳俊 马光辉 籍伟红 沈洁
10	2021-Z03-2-03	功能导向天然产物合成	北京大学	北京大学	雷晓光 黎后华 高磊 洪本科 刘伟龙
11	2021-Z03-2-04	二维多孔纳米材料的高效构建	北京理工大学	北京理工大学 扬州大学	曹传宝 侯建华 朱有启 陈卓 马西兰

续表

序号	获奖编号	项目名称	提名者	完成单位	主要完成人
12	2021-Z03-2-05	荧光新材料的构建及其在农业害虫绿色防控中的应用研究	北京化工大学	北京化工大学 中国农业大学	尹梅贞 沈 杰 杜相革 冀辰东 闫 硕
13	2021-Z03-2-06	石墨烯等离激元调控及其增强红外光谱研究	国家纳米科学中心	国家纳米科学中心 中国科学院物理研究所	戴 庆 杨晓霞 胡 海 胡德波 陈佳宁 郭相东 白 冰 李 驰 李振军
14	2021-Z04-2-01	抗感染的天然免疫识别和免疫应答调节机制	中国科学院生物物理研究所	中国科学院生物物理研究所	范祖森 王 硕 夏朋延 田 勇 刘本宇 杜 颖 叶步青 熊 振 朱晓晓 李 翀
15	2021-Z04-2-02	生物运动信息的特异性加工及其与个体自闭特质的遗传关联研究	北京市朝阳区人民政府	中国科学院心理研究所	蒋 毅 王 莉 王 莹
16	2021-Z04-2-03	基于脑影像大数据的抑郁症默认网络机制	北京市朝阳区人民政府	中国科学院心理研究所 杭州师范大学 中南大学湘雅二医院	严超赣 陈 骁 臧玉峰 赵靖平 周会霞
17	2021-Z04-2-04	肝再生增强子调节线粒体功能在肝脏保护中的作用	首都医科大学	首都医科大学	安 威 谢 萍 董凌月 李 文 吴 媛 贾晓伟
18	2021-Z04-2-05	阿尔茨海默病遗传通路的识别研究	首都医科大学	首都医科大学 暨南大学附属第一医院 哈尔滨医科大学附属第四医院	刘桂友 李克深 尚 宏
19	2021-Z04-2-06	尿路上皮癌创新防诊治研全流程体系的建立	北京市科学技术协会	北京大学第一医院 中国科学院北京基因组研究所（国家生物信息中心）	李学松 慈维敏 周利群 巩艳青 何世明 熊耕砚 张 雷 关 豹
20	2021-Z05-2-01	面向智能手机的北斗轻量化精准定位理论与应用研究	中国科学院空天信息创新研究院	中国科学院空天信息创新研究院 哈尔滨工程大学	李子申 汪 亮 王宁波 李 亮 杨福鑫 王志宇 刘 昂
21	2021-Z05-2-02	大气细颗粒物与人群骨关节损伤的关联及其作用机制	北京市卫生健康委员会	北京积水潭医院 中国科学院生态环境研究中心 北京大学 中国环境监测总站	刘亚军 刘思金 马 娟 邓芙蓉 徐 明 张霖琳 刘 睿 郭安忆 满斯亮 汪顺浩
22	2021-Z05-2-03	基于多源地理大数据的社会感知理论与方法	北京大学	北京大学 中国科学院地理科学与资源研究所 中南大学	刘 瑜 王姣娥 李海峰 邬 伦 董 磊 黄 浩
23	2021-Z05-2-04	侏罗纪燕辽生物群中昆虫拟态及行为适应性研究	首都师范大学	首都师范大学 中国科学院微生物研究所	任 东 王永杰 高太平 顾俊杰 魏鑫丽 方 慧 杨弘茹 刘家熙 赵云云
24	2021-Z05-2-05	页岩纳米孔隙结构及流体赋存机制研究	中国石油大学（北京）	中国石油大学（北京） 中国地质大学（武汉） 中国石油大学（华东）	唐相路 宋 岩 蒋 恕 姜振学 陈 磊 纪文明 李 卓 高之业
25	2021-Z05-2-06	三相交流电机高品质复合控制理论及方法	北方工业大学	北方工业大学 华北电力大学 郑州大学	张晓光 张永昌 王要强

技术发明奖一等奖

序号	获奖编号	项目名称	提名者	完成单位	主要完成人
1	2021-F01-1-01	非结构光场智能成像关键技术与装备	清华大学	清华大学 凌云光技术股份有限公司 杭州海康威视数字技术股份有限公司 北京拙河科技有限公司	方 璐 王生进 赵 严 王 滨 袁肖赟 温建伟 金 刚

续表

序号	获奖编号	项目名称	提名者	完成单位	主要完成人
2	2021-F03-1-01	极端工况下高端装备磁性液体动密封关键技术与应用	清华大学	清华大学 北京交通大学 北京工业大学 汕头大学 广西科技大学 自贡兆强密封制品实业有限公司 北京科理科仪技术有限公司 成都锦江电子系统工程有限公司 北京市神然磁性流体技术有限公司 重庆工商大学	李德才 王玉明 何新智 张志力 郭昀奇 牛小东 胡　洋 杨小龙 邸楠楠 颜招强 黄伟峰 王长有 何永清 程艳红 晋立丛
3	2021-F04-1-01	航天器高敏捷强鲁棒控制技术与应用	中国航天科技集团有限公司	北京控制工程研究所 北京航空航天大学 北京轩宇智能科技有限公司	袁　利 雷拥军 王淑一 胡庆雷 关　新 张　聪 魏春岭 朱　琦 唐　强 田科丰 姚　宁 宗　红 何英姿 刘其睿 刘　洁

技术发明奖二等奖

序号	获奖编号	项目名称	提名者	完成单位	主要完成人
1	2021-F01-2-01	多光源可调节的面曝光3D打印关键技术及应用	北京工业大学	北京工业大学 上海交通大学 康硕电气集团有限公司	毋立芳 杨小康 简　萌 陈继民 刘江博闻 赵立东 顾　锞 赵　治 施远征 曾　勇
2	2021-F01-2-02	跨系统协作业务的数据安全关键技术与应用	航天信息股份有限公司	航天信息股份有限公司 中国科学院信息工程研究所 中国民生银行股份有限公司 西安电子科技大学	李凤华 刘海法 王连诚 李　晖 李子孚 李少维 赵兴文 房　梁 李长山 曹　进
3	2021-F02-2-01	电力电子设备电磁暂态小步长实时仿真关键技术及装置	中国电力科学研究院有限公司	中国电力科学研究院有限公司 国网北京市电力公司 华北电网有限公司 华北电力科学研究院有限责任公司 上海交通大学 新疆金风科技股份有限公司 北京博电新力电气股份有限公司	李亚楼 穆　清 张　星 彭红英 贺光辉 王　峰 吴林林 王　晶 王海云 周　煜
4	2021-F02-2-02	创新型安全壳非能动冷却技术及应用	北京市海淀区人民政府	中国核电工程有限公司 哈尔滨工程大学	邢　继 李　伟 孙中宁 于　勇 孟兆明 边浩志 陈巧艳 李　军 张　楠 丁　铭
5	2021-F02-2-03	非均质裂缝性油藏大尺度物理模型研制技术与应用	中国石油大学（北京）	中国石油大学（北京） 中海油研究总院有限责任公司 中国石油天然气股份有限公司辽河油田分公司沈阳采油厂 中国石油天然气股份有限公司新疆油田分公司	刘月田 吴克强 张吉昌 张金庆 孔垂显 丁祖鹏 薛　亮 郑文宽 裴雪皓 柴汝宽
6	2021-F03-2-01	柔性梯度隔热制品制备成套技术及高超声速飞行器的典型应用	中国建筑材料科学研究总院有限公司	中国建筑材料科学研究总院有限公司	陈玉峰 张世超 孙浩然 孙现凯 方　凯 陶柳实 闫达琛 艾　兵 武令豪 邓可为
7	2021-F03-2-02	高效安全储供氢及氢同位素处理新材料关键技术及应用	有研科技集团有限公司	有研工程技术研究院有限公司 有研（广东）新材料技术研究院	蒋利军 李志念 王树茂 叶建华 郭秀梅 袁宝龙 武媛方 郝　雷 苑慧萍 卢　淼
8	2021-F06-2-01	果蔬真菌毒素防控关键技术创制及应用	中国科学院植物研究所	中国科学院植物研究所 北京市农林科学院 甘肃农业大学 北京智云达科技股份有限公司 北京美正生物科技有限公司 北京天安农业发展有限公司	田世平 李博强 王　蒙 毕　阳 王　清 秦国政 冯晓元 张占全 陈　彤 陈　勇
9	2021-F06-2-02	缝洞恶性漏失防漏堵漏技术研究及工业化应用	中国石化集团石油工程技术研究院有限公司	中国石化集团石油工程技术研究院有限公司 中国石油大学（北京） 西南石油大学 中石化西南石油工程有限公司 北京宏勤石油助剂有限公司	李大奇 林永学 刘金华 卢运虎 金军斌 陈曾伟 许成元 杜征鸿 李　凡 张凤英

科学技术进步奖一等奖

序号	获奖编号	项目名称	提名者	完成单位	主要完成人
1	2021-J01-1-01	全系统全频北斗厘米级高精度定位芯片研发及产业化	北京市海淀区人民政府	和芯星通科技（北京）有限公司	黄磊 孙峰 陈孔哲 孙红霞 王献中 杨陆 魏桂田 陈杰 王鹏 汤荣 栾超 赵娜 刘野 李丽媛 刀礼洋
2	2021-J01-1-02	12英寸先进集成电路制程金属化薄膜沉积设备研发及产业化	北京电子控股有限责任公司	北京北方华创微电子装备有限公司 中芯北方集成电路制造（北京）有限公司 北方集成电路技术创新中心（北京）有限公司	丁培军 侯珏 郑波 王厚工 杨洋 佘清 叶华 杨玉杰 文莉辉 李冰 魏景峰 傅新宇 冯明 李汀毓 阎海涛
3	2021-J01-1-03	基于超维场技术的高刷新率显示技术研发与产业化	北京电子控股有限责任公司	京东方科技集团股份有限公司 北京京东方显示技术有限公司 重庆京东方光电科技有限公司 福州京东方光电科技有限公司	王章涛 刘磊 廖燕平 邵喜斌 黄中浩 张智 沙金 杨炜帆 陈东川 张志伟 魏重光 张银龙 王宝强 陈维涛 张大宇
4	2021-J01-1-04	多媒体计算通信技术与智能安防系统研发及应用	清华大学	清华大学 中国移动通信集团有限公司 中国铁塔股份有限公司 北京旷视科技有限公司 北京航空航天大学 北京科技大学 中移（杭州）信息技术有限公司	陶晓明 段一平 刘帅 杜冰 刘国锋 程宝平 刘光毅 梅敬青 施林苏 雷珺 潘成康 张蕴洲 汪胜 徐迈 宋奇蔚
5	2021-J02-1-01	高安全自主可控数字化工作环境研发与产业化	北京市海淀区人民政府	中国电子科技集团公司第十五研究所 太极计算机股份有限公司 成都卫士通信息安全技术有限公司 北京慧点科技有限公司 中电科技（北京）股份有限公司 北京人大金仓信息技术股份有限公司 普华基础软件股份有限公司 北京金蝶天燕云科技有限公司	杨军 钟晨 石元兵 于英涛 张超 陈科 钱宝生 戴朝霞 陈小春 王建华 陈小鹏 黄海峰 李鑫 姚玉鹏 王志
6	2021-J02-1-02	国产安全可控先进计算系统关键技术及应用	北京市海淀区人民政府	曙光信息产业（北京）有限公司 中国科学院计算技术研究所 中国科学院计算机网络信息中心 曙光信息产业股份有限公司 曙光数据基础设施创新技术（北京）股份有限公司 中科可控信息产业有限公司 中科曙光信息产业成都有限公司 中科曙光信息产业（桐乡乌镇）有限公司	历军 沙超群 谭光明 李斌 聂华 金钟 苗艳超 王卫钢 张鹏 徐文超 王展 陈进 孙国忠 戴荣 赵毅
7	2021-J02-1-03	面向复杂交通场景的自动驾驶系统研发及产业化	北京市海淀区人民政府	北京百度网讯科技有限公司	王云鹏 马彧 陈卓 夏黎明 张晔 朱振广 彭亮 王成法 王柏生 万国伟 李震宇 陈竞凯
8	2021-J02-1-04	移动应用黑灰产溯源技术及应用	北京邮电大学	北京邮电大学 国家计算机网络与信息安全管理中心 中国科学院软件研究所 哈尔滨工业大学（深圳） 恒安嘉新（北京）科技股份公司 奇安信科技集团股份有限公司 北京信息安全测评中心	徐国爱 严寒冰 王浩宇 吴敬征 徐国胜 廖清 金红 纪胜龙 刘海峰 王晨宇 郭燕慧 陈晓光 罗天悦 毛庆梅 李媛
9	2021-J02-1-05	面向多场景应用的空天通用灵巧时空服务系统研发与应用	中国航天科技集团有限公司	航天恒星科技有限公司 中国人民解放军军事科学院国防科技创新研究院 北京邮电大学	张爽娜 范广腾 王康 王建 郭宁雁 季明江 梁晟溟 田润 刘骁 周其辉 刘坤 陈耀辉 马跃 马文聪 田丽
10	2021-J03-1-01	声表面波材料与器件技术及产业化	清华大学	清华大学 北京中科飞鸿科技股份有限公司 无锡市好达电子股份有限公司 天通控股股份有限公司	潘峰 王为标 黄歆 徐秋峰 傅肃磊 曾飞 闫坤坤 陆增天 沈浩 宋成 张雅 王绍安 张瑞标 刘平 赵淄红

续表

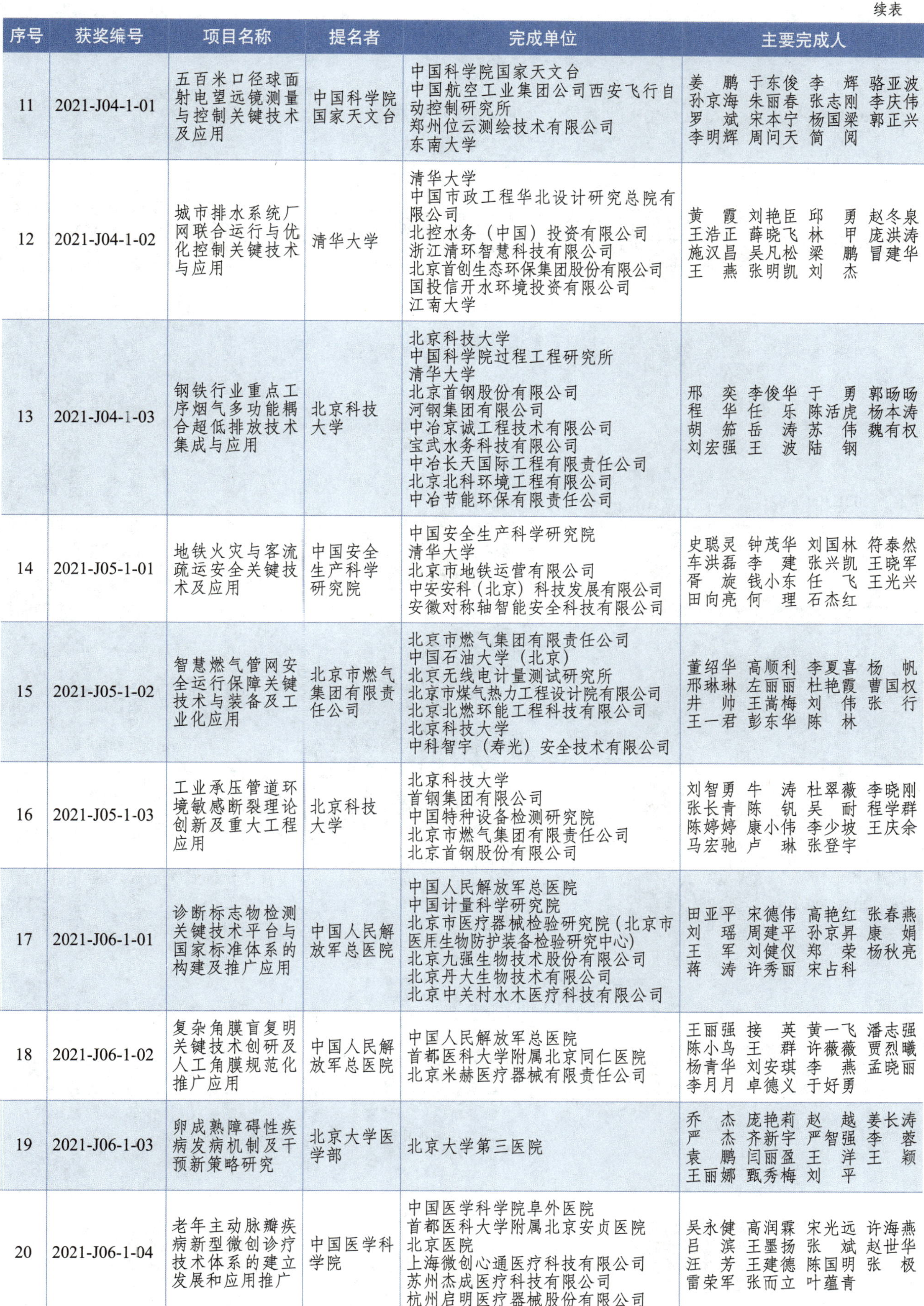

序号	获奖编号	项目名称	提名者	完成单位	主要完成人
11	2021-J04-1-01	五百米口径球面射电望远镜测量与控制关键技术及应用	中国科学院国家天文台	中国科学院国家天文台 中国航空工业集团公司西安飞行自动控制研究所 郑州位云测绘技术有限公司 东南大学	姜鹏 于东俊 李辉 骆亚波 孙京海 朱丽春 张志刚 李庆伟 罗斌 宋本宁 杨国梁 郭正兴 李明辉 周问天 简闵
12	2021-J04-1-02	城市排水系统厂网联合运行与优化控制关键技术与应用	清华大学	清华大学 中国市政工程华北设计研究总院有限公司 北控水务（中国）投资有限公司 浙江清环智慧科技有限公司 北京首创生态环保集团股份有限公司 国投信开水环境投资有限公司 江南大学	黄霞 刘艳臣 邱勇 赵冬泉 王浩正 薛晓飞 林甲 庞洪涛 施汉昌 吴凡松 梁鹏 冒建华 王燕 张明凯 刘杰
13	2021-J04-1-03	钢铁行业重点工序烟气多功能耦合超低排放技术集成与应用	北京科技大学	北京科技大学 中国科学院过程工程研究所 清华大学 北京首钢股份有限公司 河钢集团有限公司 中冶京诚工程技术有限公司 宝武水务科技有限公司 中冶长天国际工程有限责任公司 北京北科环境工程有限公司 中冶节能环保有限责任公司	邢奕 李俊华 于勇 郭旸旸 程华 任乐 陈活虎 杨本涛 胡筎 岳涛 苏伟 魏有权 刘宏强 王波 陆钢
14	2021-J05-1-01	地铁火灾与客流疏运安全关键技术及应用	中国安全生产科学研究院	中国安全生产科学研究院 清华大学 北京市地铁运营有限公司 中安安科（北京）科技发展有限公司 安徽对称轴智能安全科技有限公司	史聪灵 钟茂华 刘国林 符泰然 车洪磊 李建 张兴凯 王晓军 胥旋 钱小东 任飞 王光兴 田向亮 何理 石杰红
15	2021-J05-1-02	智慧燃气管网安全运行保障关键技术与装备及工业化应用	北京市燃气集团有限责任公司	北京市燃气集团有限责任公司 中国石油大学（北京） 北京无线电计量测试研究所 北京市煤气热力工程设计院有限公司 北京北燃环能工程科技有限公司 北京科技大学 中科智宇（寿光）安全技术有限公司	董绍华 高顺利 李夏喜 杨帆 邢琳琳 左丽丽 杜艳霞 曹国权 井帅 王嵩梅 刘伟 张行 王一君 彭东华 陈林
16	2021-J05-1-03	工业承压管道环境敏感断裂理论创新及重大工程应用	北京科技大学	北京科技大学 首钢集团有限公司 中国特种设备检测研究院 北京市燃气集团有限责任公司 北京首钢股份有限公司	刘智勇 牛涛 杜翠薇 李晓刚 张长青 陈钒 吴耐 程学群 陈婷婷 康小伟 李少坡 王庆余 马宏驰 卢琳 张登宇
17	2021-J06-1-01	诊断标志物检测关键技术平台与国家标准体系的构建及推广应用	中国人民解放军总医院	中国人民解放军总医院 中国计量科学研究院 北京市医疗器械检验研究院（北京市医用生物防护装备检验研究中心） 北京九强生物技术股份有限公司 北京丹大生物技术有限公司 北京中关村水木医疗科技有限公司	田亚平 宋德伟 高艳红 张春燕 刘瑶 周建平 孙京昇 康娟 王军 刘健仪 郑荣 杨秋亮 蒋涛 许秀丽 宋占科
18	2021-J06-1-02	复杂角膜盲复明关键技术创研及人工角膜规范化推广应用	中国人民解放军总医院	中国人民解放军总医院 首都医科大学附属北京同仁医院 北京米赫医疗器械有限责任公司	王丽强 接英 黄一飞 潘志强 陈小鸟 王群 许薇薇 贾烈曦 杨青华 刘安琪 李燕 孟晓丽 李月月 卓德义 于好勇
19	2021-J06-1-03	卵成熟障碍性疾病发病机制及干预新策略研究	北京大学医学部	北京大学第三医院	乔杰 庞艳莉 赵越 姜长涛 严杰 齐新宇 严智强 李蓉 袁鹏 闫丽盈 王洋 王颖 王丽娜 甄秀梅 刘平
20	2021-J06-1-04	老年主动脉瓣疾病新型微创诊疗技术体系的建立发展和应用推广	中国医学科学院	中国医学科学院阜外医院 首都医科大学附属北京安贞医院 北京医院 上海微创心通医疗科技有限公司 苏州杰成医疗科技有限公司 杭州启明医疗器械股份有限公司	吴永健 高润霖 宋光远 许海燕 吕滨 王墨扬 张斌 赵世华 汪芳 王建德 陈国明 张极 雷荣军 张而立 叶蕴青

续表

序号	获奖编号	项目名称	提名者	完成单位	主要完成人
21	2021-J06-1-05	心脏移植关键技术的建立研究及应用推广	中国医学科学院	中国医学科学院阜外医院	郑　哲　胡盛寿　宋云虎　王　巍 黄　洁　刘　盛　廖中凯　李立环 吉冰洋　杜　娟　石　丽　王现强 王红月　侯剑峰　房晓楠
22	2021-J07-1-01	重大病毒性传染病防控产品研发支撑平台和评价关键技术创新和应用	中国食品药品检定研究院	中国食品药品检定研究院 北京义翘神州科技股份有限公司 北京医院 神州细胞工程有限公司	王佑春　谢良志　李金明　黄维金 张　瑞　范昌发　张　杰　周海卫 聂建辉　孙春昀　罗春霞　张　黎 张延静　刘东来　许四宏
23	2021-J09-1-01	型谱化高流强质子回旋加速器自主研发及创新应用	中国原子能科学研究院	中国原子能科学研究院	张天爵　贾先禄　宋国芳　殷治国 李鹏展　纪　彬　李　明　侯世刚 潘高峰　管锋平　王景峰　张　贺 刘景源　邢建升　蔡红茹
24	2021-J09-1-02	提升新能源消纳能力的大电网安全稳定量化评估与控制技术及应用	中国电力科学研究院有限公司	中国电力科学研究院有限公司 华北电网有限公司 国网北京市电力公司 国网冀北电力有限公司 清华大学 南京南瑞继保工程技术有限公司 国电南瑞科技股份有限公司 华锐风电科技（集团）股份有限公司 新疆金风科技股份有限公司	孙华东　赵　兵　徐式蕴　李文锋 易　俊　郭　强　沈　沉　陈松林 霍乾涛　曾　兵　于之虹　吴　萍 艾东平　王宝财　于　琳
25	2021-J09-1-03	保障新能源电力系统安全的继电保护技术研究及应用	清华大学	清华大学 国家电网有限公司 国电南京自动化股份有限公司 国网冀北电力有限公司 许继电气股份有限公司 明阳智慧能源集团股份公司 国网智能电网研究院有限公司 北京衡天北斗科技有限公司 华北电网有限公司 北京清源继保科技有限公司	董新洲　吕鹏飞　王　宾　舒治淮 施慎行　高　旭　陈福锋　李宝伟 唐彬伟　孔　明　黄天啸　薛明军 王浩宗　钱国明　郑少明
26	2021-J09-1-04	大型二氧化碳制冷及其跨临界全热回收关键技术与应用	北京大学	北京大学 华商国际工程有限公司 北京国家速滑馆经营有限责任公司 开利空调冷冻研发管理（上海）有限公司 松下冷机系统（大连）有限公司 冰轮环境技术股份有限公司	张信荣　马　进　殷喜德　田　健 郑秋云　邵　懿　赵宝国　司春强 李　爽　徐树伍　陈　煜　胡　欢 剧成成　周　丹　王冠邦
27	2021-J10-1-01	城市地下大空间网络化安全拓建关键技术与应用	中铁十六局集团有限公司	中国铁建股份有限公司 中铁第一勘察设计院集团有限公司 北京交通大学 北京工业大学 中铁十一局集团有限公司 北京市轨道交通建设管理有限公司 中铁第四勘察设计院集团有限公司 中铁十六局集团有限公司 中铁十四局集团有限公司 中铁十八局集团有限公司	雷升祥　黄双林　谭忠盛　丁正全 邹春华　张明聚　王立新　唐达昆 杜孔泽　毛忠良　唐崇茂　何庆奎 高宪民　林作忠　梁尔斌
28	2021-J10-1-02	大型复杂高层建筑组合结构高效抗震体系及关键技术	北京工业大学	北京工业大学 同济大学 华东建筑设计研究院有限公司 北京市建筑设计研究院有限公司 清华大学 大连市建筑设计研究院有限公司	曹万林　蒋欢军　周建龙　甄　伟 包联进　钱稼茹　董宏英　张建伟 王立长　乔崎云　卢文胜　赵　斌 鲁　正　武海鹏　殷　飞

续表

序号	获奖编号	项目名称	提名者	完成单位	主要完成人
29	2021-J10-1-03	城市建筑与基础设施安全控制理论与关键技术	北京科技大学	北京科技大学 清华大学 北京市应急管理科学技术研究院 深圳市城市公共安全技术研究院有限公司 中冶建筑研究总院（深圳）有限公司 北京市地震局 北京城建集团有限责任公司 中冶建筑研究总院有限公司 中建一局集团建设发展有限公司	方东平 岳清瑞 潘　鹏 许　镇 李　楠 黄玥诚 常正非 张　鹏 常好诵 金典琦 郭红领 施钟淇 王　飞 张　雷 姚志东
30	2021-J11-1-01	京张高铁复杂敏感环境地下站隧智能化建造关键技术与应用	中国铁道科学研究院集团有限公司	中国铁路建设管理有限公司 中国铁道科学研究院集团有限公司 京张城际铁路有限公司 中铁工程设计咨询集团有限公司 中铁五局集团有限公司 中铁十四局集团有限公司 中国铁路北京局集团有限公司	王同军 吕　刚 朱　旭 王效有 马伟斌 蒋　思 王华伟 郑　雨 刘延宏 王万齐 王洪雨 刘树红 李吉林 罗都颢 陈　爽
31	2021-J11-1-02	中重型燃气内燃机/汽车关键技术及应用	清华大学	清华大学 潍柴动力股份有限公司 广西玉柴机器股份有限公司 北京交通大学 西安交通大学 陕西重型汽车有限公司 北汽福田汽车股份有限公司 东风商用车有限公司 中材科技（苏州）有限公司 无锡威孚环保催化剂有限公司	马凡华 王德成 盛　利 黄佐华 李国岫 诸葛伟林 杨志刚 刘继红 陈小迅 薛忠民 李新华 葛晓成 熊思江 王俊席 刘　全
32	2021-J11-1-03	新一代大型卫星公用平台强适应自主控制技术研究与应用	中国航天科技集团有限公司	北京控制工程研究所 清华大学 北京航天计量测试技术研究所	王佐伟 刘潇翔 刘　磊 石　恒 王天舒 李建平 麦　吉 高　俊 宋　涛 周中泽 李乐尧 于　强 王　祥 马　雪 冯佳佳
33	2021-J12-1-01	玉米骨干亲本自交系京2416创制及其系列杂交品种培育	北京市农林科学院	北京市农林科学院	赵久然 王元东 王荣焕 陈传永 宋　伟 杨国航 刘新香 张如养 徐田军 张华生 张雪原 段民孝 张春原 李春辉 王　帅
34	2021-J13-1-01	大型科普节目《加油向未来》	中国科学院大学	央视创造传媒有限公司 北京交通大学 中国科学院大学 中国科学院物理研究所 中国科学院自动化研究所	王雪纯 许文广 陈　征 吴宝俊 过　彤 林　锋 曹则贤 章缘缘 张庆龙 王　炜 齐敬强 王金桥 魏红祥 成　蒙 徐雁龙
35	2021-J25-1-01	新冠肺炎病原快速鉴定和疫情防控关键技术的建立及应用	中国疾病预防控制中心	中国疾病预防控制中心病毒病预防控制所 中国疾病预防控制中心	谭文杰 高　福 许文波 王文玲 朱　娜 陆柔剑 赵　翔 陈　操 牛培华 宋敬东 王大燕 王　佶 赵　莉 叶　飞 毛乃颖
36	2021-J25-1-02	新型冠状病毒灭活疫苗的全球研制及应用	北京市大兴区人民政府	北京科兴中维生物技术有限公司 中国食品药品检定研究院 中国科学院生物物理研究所 中国疾病预防控制中心传染病预防控制所 浙江省疾病预防控制中心 北京昌平实验室	尹卫东 李长贵 高　强 王祥喜 卢金星 张严峻 曹云龙 胡雅灵 张　辉 曾　刚 王　桢 廉晓娟 孟伟宁 英志芳 吕　哲
37	2021-J25-1-03	新型冠状病毒灭活疫苗的研制及应用	北京市药品监督管理局	中国生物技术股份有限公司 北京生物制品研究所有限责任公司 中国食品药品检定研究院 中国疾病预防控制中心病毒病预防控制所	杨晓明 张云涛 王　辉 徐　苗 赵玉秀 张　晋 梁宏阳 杨云凯 李　娜 周为民 丁　玲 朱秀娟 于守智 徐康维 张　颖

科学技术进步奖二等奖

序号	获奖编号	项目名称	提名者	完成单位	主要完成人
1	2021-J01-2-01	北斗高精度大气探测系统关键技术及应用	中国科学院空天信息创新研究院	中国科学院空天信息创新研究院 北京华云星地通科技有限公司 象辑科技股份有限公司 中科星图维天信（北京）科技有限公司 中国地质大学（武汉） 北京理工大学	徐　颖 袁　洪 袁　超 王晓明 杨　光 余　涛 魏东岩 鄢俊洁 房志博 陈夏兰
2	2021-J01-2-02	行业广域专网安全接入与高效管控技术应用	中国电力科学研究院有限公司	中国电力科学研究院有限公司 国网北京市电力公司 北京智芯微电子科技有限公司 北京邮电大学 北京交通大学 中国移动通信集团北京有限公司 大唐移动通信设备有限公司	汪　洋 王智慧 丰　雷 郝佳恺 李德建 吴　赛 宋　飞 段钧宝 温明时 胡　悦
3	2021-J01-2-03	高速电力线载波关键技术与应用	中国电力科学研究院有限公司	中国电力科学研究院有限公司 国网北京市电力公司 北京智芯微电子科技有限公司	祝恩国 赵　兵 刘　宣 张海龙 林繁涛 任　毅 宋玮琼 李　然 刘　恒 卢继哲
4	2021-J01-2-04	能源物联网电力线与无线融合通信关键技术及规模化应用	北京市昌平区人民政府	国网智能电网研究院有限公司 北京智芯微电子科技有限公司 清华大学 北京邮电大学 国网福建省电力有限公司	李建岐 安春燕 陆　阳 郭经红 陈文彬 高鸿坚 张洪明 陈亚文 周晓东 黄毕尧
5	2021-J01-2-05	大型装备形貌与姿态高精度视觉测量关键技术及应用	北京信息科技大学	北京信息科技大学 北京空间机电研究所 中国空间技术研究院 北京特种机械研究所 中国电子科技集团公司第三十八研究所	董明利 孙　鹏 燕必希 王　君 孙世君 杨　冬 李本业 王志海 聂敬峰 刘其林
6	2021-J01-2-06	复杂场景卫星导航信号模拟发生装置研发与应用	北京市市场监督管理局	北京市计量检测科学研究院 北京航空航天大学 航天恒星科技有限公司 湖南卫导信息科技有限公司 北京华力创通科技股份有限公司	姚和军 秦红磊 岳富占 黄　艳 刘解华 许　原 张勇虎 梁　炜 董启甲 李加胜
7	2021-J01-2-07	面向全屋智能的异构互联和融合交互关键技术与应用	北京信息科技发展中心	北京小米移动软件有限公司 清华大学 小米通讯技术有限公司 互联网域名系统北京市工程研究中心有限公司 云丁网络技术（北京）有限公司 小米科技有限责任公司	顾瑶瑶 牛　坤 杨　昉 陈　彬 江连山 陈　洋 周珏嘉 邹　勇 王　刚 彭克武
8	2021-J01-2-08	高分辨率轻型敏捷相机技术及应用	中国航天科技集团有限公司	北京空间机电研究所	曹东晶 姜海滨 罗世魁 宗肖颖 史姣红 李富强 张炳先 高　超 陈　芳 赵振明
9	2021-J02-2-01	制造过程实时数据处理与知识驱动的优化决策关键技术及应用	中国科学院自动化研究所	中国科学院自动化研究所 北京机械工业自动化研究所有限公司 北京力控元通科技有限公司	谭　杰 刘振杰 刘承宝 孙洁香 王学雷 王　涵 田晓亮 白熹微 郭　栋 王敏丽
10	2021-J02-2-02	视觉内容智能解析与合成的关键技术和应用平台	中国科学院自动化研究所	中国科学院自动化研究所 北京三快在线科技有限公司 天津中科虹星科技有限公司	赫　然 孙哲南 谭铁牛 柴振华 段俊贤 侯广琦 魏晓明 曹　杰 李海青 魏晓林
11	2021-J02-2-03	数据与场景驱动的农业科技知识精准服务关键技术创制及应用	中国农业科学院	中国农业科学院农业信息研究所 北京市农林科学院 中国农业科学院作物科学研究所 中国农业科学院农业经济与发展研究所	赵瑞雪 刘　旭 孙素芬 朱　亮 王秀东 寇远涛 鲜国建 赵静娟 叶　飒 孙　媛
12	2021-J02-2-04	超高清沉浸式视频制播技术创新及应用	中国移动通信集团有限公司	咪咕文化科技有限公司 中国移动通信集团有限公司 中国移动通信集团北京有限公司 北京广播电视台	王　琦 潘兴浩 朱　奇 杨嘉诚 付　荣 李集思 李　智 张　峰 杜建凤 周旭辉

续表

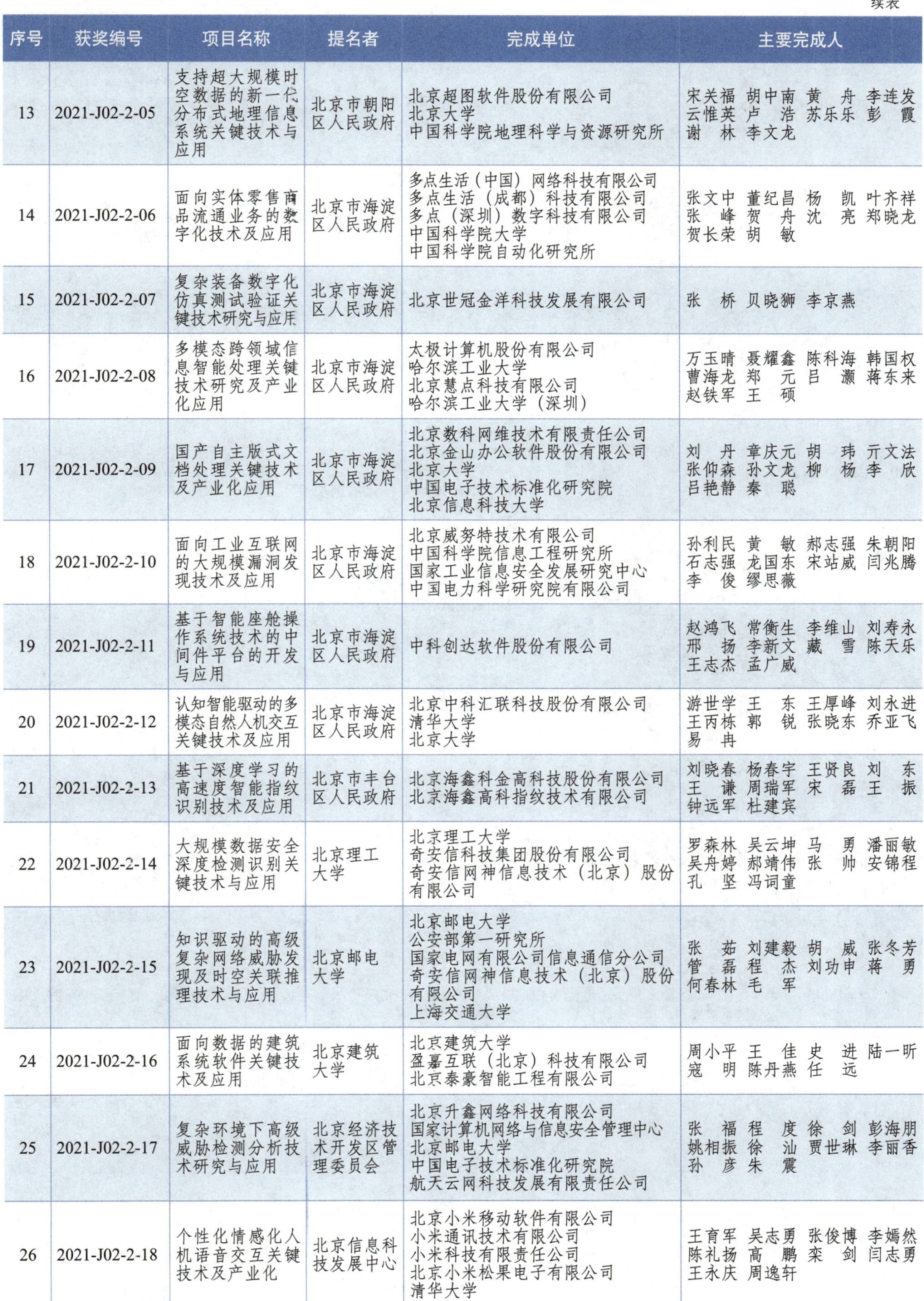

序号	获奖编号	项目名称	提名者	完成单位	主要完成人
13	2021-J02-2-05	支持超大规模时空数据的新一代分布式地理信息系统关键技术与应用	北京市朝阳区人民政府	北京超图软件股份有限公司 北京大学 中国科学院地理科学与资源研究所	宋关福 胡中南 黄舟 李连发 云惟英 卢浩 苏乐乐 彭霞 谢林 李文龙
14	2021-J02-2-06	面向实体零售商品流通业务的数字化技术及应用	北京市海淀区人民政府	多点生活（中国）网络科技有限公司 多点生活（成都）科技有限公司 多点（深圳）数字科技有限公司 中国科学院大学 中国科学院自动化研究所	张文中 董纪昌 杨凯 叶齐祥 张峰 贺舟 沈亮 郑晓龙 贺长荣 胡敏
15	2021-J02-2-07	复杂装备数字化仿真测试验证关键技术研究与应用	北京市海淀区人民政府	北京世冠金洋科技发展有限公司	张桥 贝晓狮 李京燕
16	2021-J02-2-08	多模态跨领域信息智能处理关键技术研究及产业化应用	北京市海淀区人民政府	太极计算机股份有限公司 哈尔滨工业大学 北京慧点科技有限公司 哈尔滨工业大学（深圳）	万玉晴 聂耀鑫 陈科海 韩国权 曹海龙 郑元 吕灏 蒋东来 赵铁军 王硕
17	2021-J02-2-09	国产自主版式文档处理关键技术及产业化应用	北京市海淀区人民政府	北京数科网维技术有限责任公司 北京金山办公软件股份有限公司 北京大学 中国电子技术标准化研究院 北京信息科技大学	刘丹 章庆元 胡玮 亓文法 张仰森 孙文龙 柳杨 李欣 吕艳静 秦聪
18	2021-J02-2-10	面向工业互联网的大规模漏洞发现技术及应用	北京市海淀区人民政府	北京威努特技术有限公司 中国科学院信息工程研究所 国家工业信息安全发展研究中心 中国电力科学研究院有限公司	孙利民 黄敏 郝志强 朱朝阳 石志强 龙国东 宋站威 闫兆腾 李俊 缪思薇
19	2021-J02-2-11	基于智能座舱操作系统技术的中间件平台的开发与应用	北京市海淀区人民政府	中科创达软件股份有限公司	赵鸿飞 常衡生 李维山 刘寿永 邢扬 李新文 藏雪 陈天乐 王志杰 孟广威
20	2021-J02-2-12	认知智能驱动的多模态自然人机交互关键技术及应用	北京市海淀区人民政府	北京中科汇联科技股份有限公司 清华大学 北京大学	游世学 王东 王厚峰 刘永进 王丙栋 郭锐 张晓东 乔亚飞 易冉
21	2021-J02-2-13	基于深度学习的高速度智能指纹识别技术及应用	北京市丰台区人民政府	北京海鑫科金高科技股份有限公司 北京海鑫高科指纹技术有限公司	刘晓春 杨春宇 王贤良 刘东 王谦 周瑞军 宋磊 王振 钟远军 杜建宾
22	2021-J02-2-14	大规模数据安全深度检测识别关键技术与应用	北京理工大学	北京理工大学 奇安信科技集团股份有限公司 奇安信网神信息技术（北京）股份有限公司	罗森林 吴云坤 马勇 潘丽敏 吴舟婷 郝靖伟 张帅 安锦程 孔坚 冯词童
23	2021-J02-2-15	知识驱动的高级复杂网络威胁发现及时空关联推理技术与应用	北京邮电大学	北京邮电大学 公安部第一研究所 国家电网有限公司信息通信分公司 奇安信网神信息技术（北京）股份有限公司 上海交通大学	张茹 刘建毅 胡威 张冬芳 管磊 程杰 刘功申 蒋勇 何春林 毛军
24	2021-J02-2-16	面向数据的建筑系统软件关键技术及应用	北京建筑大学	北京建筑大学 盈嘉互联（北京）科技有限公司 北京泰豪智能工程有限公司	周小平 王佳 史进 陆一昕 寇明 陈丹燕 任远
25	2021-J02-2-17	复杂环境下高级威胁检测分析技术研究与应用	北京经济技术开发区管理委员会	北京升鑫网络科技有限公司 国家计算机网络与信息安全管理中心 北京邮电大学 中国电子技术标准化研究院 航天云网科技发展有限责任公司	张福 程度 徐剑 彭海朋 姚相振 徐汕 贾世琳 李丽香 孙彦 朱震
26	2021-J02-2-18	个性化情感化人机语音交互关键技术及产业化	北京信息科技发展中心	北京小米移动软件有限公司 小米通讯技术有限公司 小米科技有限责任公司 北京小米松果电子有限公司 清华大学	王育军 吴志勇 张俊博 李嫣然 陈礼扬 高鹏 栾剑 闫志勇 王永庆 周逸轩

续表

序号	获奖编号	项目名称	提名者	完成单位	主要完成人
27	2021-J03-2-01	多晶单晶复合高密度低产气高镍多元正极材料开发与产业化	矿冶科技集团有限公司	北京当升材料科技股份有限公司	陈彦彬 王竞鹏 赵翔宇 张学全 宋顺林 胡军涛 赵甜梦 金玉强 刘亚飞 张朋立
28	2021-J03-2-02	超特高压装备用纤维增强绝缘结构部件研制及国产化应用	北京市昌平区人民政府	国网智能电网研究院有限公司 北京理工大学 四川东材科技集团股份有限公司 中电普瑞电力工程有限公司 山东泰开高压开关有限公司 航天材料及工艺研究所 平高集团有限公司	陈 新 叶金蕊 杨 威 张 卓 唐安斌 尹 立 颜丙越 张宇宁 张 翀 郭安儒
29	2021-J03-2-03	先进金刚石超硬复合材料关键技术产业化	北京市昌平区人民政府	北京安泰钢研超硬材料制品有限责任公司 安泰科技股份有限公司 北京发研工程技术有限公司	刘一波 徐燕军 陈 哲 赵 刚 尹 翔 潘鸿宝 杨志威 罗晓丽 徐 良 麻洪秋
30	2021-J03-2-04	新能源汽车用先进软磁材料研制与开发	首钢集团有限公司	北京首钢股份有限公司 首钢智新迁安电磁材料有限公司 首钢集团有限公司 北方工业大学 北京车和家信息技术有限公司 联合汽车电子有限公司 北京理工大学	安冬洋 孙茂林 刘恭涛 胡志远 张立峰 马东辉 朱玉秀 程 林 张叶成 齐杰斌
31	2021-J03-2-05	“一带一路”国家高硫高盐油田全生命周期腐蚀控制关键技术及工程应用	北京科技大学	北京科技大学 中国石油工程建设有限公司 中国石油集团工程设计有限责任公司 安科工程技术研究院（北京）有限公司 中国石油大学（北京） 浙江久立特材科技股份有限公司 江苏新扬新材料股份有限公司	张 雷 樊学华 张 红 张国强 王 竹 于 勇 王修云 于浩波 夏正文 李 俊
32	2021-J04-2-01	海上稠油热采规模开发钻采关键技术创新与应用	中国海洋石油集团有限公司	中海油研究总院有限责任公司 中海石油（中国）有限公司天津分公司	范白涛 谢仁军 马英文 张 磊 于继飞 幸雪松 张彬奇 仝 刚 徐国贤 杨 阳
33	2021-J04-2-02	复杂地表定量遥感建模及航天遥感应用	中国科学院空天信息创新研究院	中国科学院空天信息创新研究院 中国资源卫星应用中心 北京师范大学 北京大学 北京市农林科学院信息技术研究中心	柳钦火 杜永明 王冰冰 闻建光 仲 波 肖 青 李 静 范闻捷 曹 彪 辛晓洲
34	2021-J04-2-03	城市困难立地防护与生态修复关键技术研究与应用	中冶建筑研究总院有限公司	中冶建筑研究总院有限公司 北京市园林绿化科学研究院 建华建材（中国）有限公司 中国中建设计研究院有限公司 北京邮电大学 中国十七冶集团有限公司 北京绿京华生态园林股份有限公司	张 雁 曹擎宇 韩丽莉 王 珂 钱元弟 陈 钢 李 夺 金忠良 王月宾 李志玲
35	2021-J04-2-04	丝绸之路经济带油气区增产改造关键技术及重大应用成效	中国石油天然气股份有限公司勘探开发研究院	中国石油天然气股份有限公司勘探开发研究院 中国石油大学（北京） 安东石油技术（集团）有限公司 北京科麦仕油田化学剂技术有限公司	周福建 崔明月 朱大伟 范永洪 姚 飞 吕永国 左 洁 张 红 赫安乐 李秀辉
36	2021-J04-2-05	厨余垃圾资源化处理全流程关键技术与应用	首钢集团有限公司	首钢环境产业有限公司 北京首钢生态科技有限公司 中国城市建设研究院有限公司 北京工商大学 宁波开诚生态技术股份有限公司 北京城环科技有限公司	贾延明 任连海 赵晓东 梁 勇 张 波 张志远 朱华伦 陈兴兆 李 明 吴 双

续表

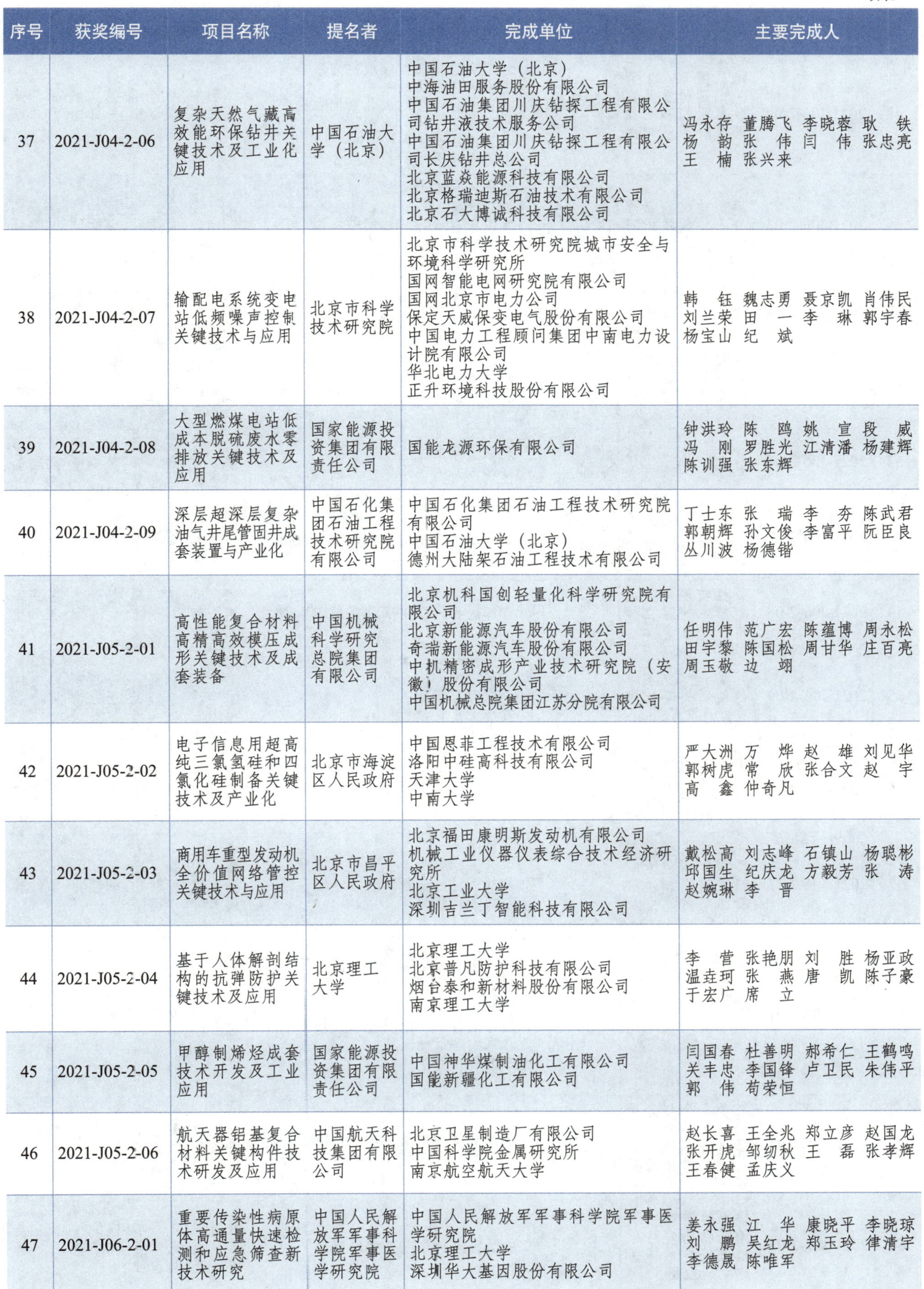

序号	获奖编号	项目名称	提名者	完成单位	主要完成人
37	2021-J04-2-06	复杂天然气藏高效能环保钻井关键技术及工业化应用	中国石油大学（北京）	中国石油大学（北京） 中海油田服务股份有限公司 中国石油集团川庆钻探工程有限公司钻井液技术服务公司 中国石油集团川庆钻探工程有限公司长庆钻井总公司 北京蓝焱能源科技有限公司 北京格瑞迪斯石油技术有限公司 北京石大博诚科技有限公司	冯永存 董腾飞 李晓蓉 耿铁 杨韵 张伟 闫伟 张忠亮 王楠 张兴来
38	2021-J04-2-07	输配电系统变电站低频噪声控制关键技术与应用	北京市科学技术研究院	北京市科学技术研究院城市安全与环境科学研究所 国网智能电网研究院有限公司 国网北京市电力公司 保定天威保变电气股份有限公司 中国电力工程顾问集团中南电力设计院有限公司 华北电力大学 正升环境科技股份有限公司	韩钰 魏志勇 聂京凯 肖伟民 刘兰荣 田一 李琳 郭宇春 杨宝山 纪斌
39	2021-J04-2-08	大型燃煤电站低成本脱硫废水零排放关键技术及应用	国家能源投资集团有限责任公司	国能龙源环保有限公司	钟洪玲 陈鸥 姚宣 段威 冯刚 罗胜光 江清潘 杨建辉 陈训强 张东辉
40	2021-J04-2-09	深层超深层复杂油气井尾管固井成套装置与产业化	中国石化集团石油工程技术研究院有限公司	中国石化集团石油工程技术研究院有限公司 中国石油大学（北京） 德州大陆架石油工程技术有限公司	丁士东 张瑞 李夯 陈武君 郭朝辉 孙文俊 李富平 阮臣良 丛川波 杨德锴
41	2021-J05-2-01	高性能复合材料高精高效模压成形关键技术及成套装备	中国机械科学研究总院集团有限公司	北京机科国创轻量化科学研究院有限公司 北京新能源汽车股份有限公司 奇瑞新能源汽车股份有限公司 中机精密成形产业技术研究院（安徽）股份有限公司 中国机械总院集团江苏分院有限公司	任明伟 范广宏 陈蕴博 周永松 田宇黎 陈国松 周甘华 庄百亮 周玉敬 边翊
42	2021-J05-2-02	电子信息用超高纯三氯氢硅和四氯化硅制备关键技术及产业化	北京市海淀区人民政府	中国恩菲工程技术有限公司 洛阳中硅高科技有限公司 天津大学 中南大学	严大洲 万烨 赵雄 刘见华 郭树虎 常欣 张合文 赵宇 高鑫 仲奇凡
43	2021-J05-2-03	商用车重型发动机全价值网络管控关键技术与应用	北京市昌平区人民政府	北京福田康明斯发动机有限公司 机械工业仪器仪表综合技术经济研究所 北京工业大学 深圳吉兰丁智能科技有限公司	戴松高 刘志峰 石镇山 杨聪彬 邱国生 纪庆龙 方毅芳 张涛 赵婉琳 李晋
44	2021-J05-2-04	基于人体解剖结构的抗弹防护关键技术及应用	北京理工大学	北京理工大学 北京普凡防护科技有限公司 烟台泰和新材料股份有限公司 南京理工大学	李营 张艳朋 刘胜 杨亚政 温垚珂 张燕 唐凯 陈子豪 于宏广 席立
45	2021-J05-2-05	甲醇制烯烃成套技术开发及工业应用	国家能源投资集团有限责任公司	中国神华煤制油化工有限公司 国能新疆化工有限公司	闫国春 杜善明 郝希仁 王鹤鸣 关丰忠 李国锋 卢卫民 朱伟平 郭伟 苟荣恒
46	2021-J05-2-06	航天器铝基复合材料关键构件技术研发及应用	中国航天科技集团有限公司	北京卫星制造厂有限公司 中国科学院金属研究所 南京航空航天大学	赵长喜 王全兆 郑立彦 赵国龙 张开虎 邹纫秋 王磊 张孝辉 王春健 孟庆义
47	2021-J06-2-01	重要传染性病原体高通量快速检测和应急筛查新技术研究	中国人民解放军军事科学院军事医学研究院	中国人民解放军军事科学院军事医学研究院 北京理工大学 深圳华大基因股份有限公司	姜永强 江华 康晓平 李晓琼 刘鹏 吴红龙 郑玉玲 律清宇 李德晟 陈唯军

续表

序号	获奖编号	项目名称	提名者	完成单位	主要完成人
48	2021-J06-2-02	眼底图像人工智能识别研发及在致盲眼病和心血管风险评估中的应用	北京市海淀区人民政府	北京鹰瞳科技发展股份有限公司 中山大学中山眼科中心 首都医科大学附属北京同仁医院 北京大学 北京清华长庚医院 上海鹰瞳医疗科技有限公司	陈羽中 林浩添 魏文斌 武阳丰 解武祥 胡运韬 林铎儒 和超 张大磊
49	2021-J06-2-03	耐药结核病精准诊疗关键技术研究及推广应用	北京市通州区人民政府	首都医科大学附属北京胸科医院 厦门大学 厦门致善生物科技股份有限公司 广州市胸科医院 首都医科大学附属北京儿童医院	逄宇 李亮 唐神结 李庆阁 车南颖 高孟秋 谭耀驹 高静韬 许晔 鲁洁
50	2021-J06-2-04	环骨盆损伤诊疗新体系的创建与推广应用	北京市卫生健康委员会	北京积水潭医院 北京航空航天大学	吴新宝 程晓光 杨明辉 王玲 朱仕文 王庚 张萍 赵春鹏 孙旭 李波
51	2021-J06-2-05	生理性支抗控制理论的创建及正畸高效矫治体系研发与推广应用	北京大学医学部	北京大学口腔医院 浙江新亚医疗科技股份有限公司	许天民 韩冰 陈贵 林久祥 姜若萍 陈斯 苏红 陈贤明 张晓芸 宋广瀛
52	2021-J06-2-06	青光眼精准诊治体系的建立及应用	北京大学医学部	北京大学第三医院 首都医科大学附属北京同仁医院	张纯 王亚星 洪颖 索玲格 潘哲 魏炜 戴婉薇 周吉超 宋思佳 陈旭豪
53	2021-J06-2-07	慢性乙型肝炎预防、诊疗创新技术的建立及推广应用	首都医科大学	首都医科大学附属北京地坛医院	谢尧 魏红山 易为 李坪 李明慧 徐道振 郝晓花 张璐 刘如玉 路遥
54	2021-J06-2-08	脊柱畸形诊疗创新技术的建立和推广应用	首都医科大学	首都医科大学附属北京朝阳医院	海涌 藏磊 杨晋才 苏庆军 康南 刘玉增 袁硕 王云生 周立金 张扬璞
55	2021-J06-2-09	可塑性骨填充材料的创新关键技术建立及推广应用	中国医学科学院	中国医学科学院北京协和医院 清华大学 华南理工大学 奥精医疗科技股份有限公司 北京化工大学	翁习生 崔福斋 叶建东 仇志烨 梁瑞政 朱威 王秀梅 张嘉 吴志宏 冯宾
56	2021-J06-2-10	中国心力衰竭和心肌病机制和精准诊治研究和成果推广	中国医学科学院	中国医学科学院阜外医院	张健 张宇辉 翟玫 黄燕 周琼 王运红 邹长虹 张宇清 安涛 庄晓峰
57	2021-J06-2-11	儿童青少年肥胖不同代谢类型的精准识别和预警新体系的建立及应用	中国医学科学院	中国医学科学院北京协和医院 首都医科大学附属北京朝阳医院 首都儿科研究所	黎明 高珊 程红 米杰 王永慧 肖新华 韩兰稳 徐璐 阴津华 李路娇
58	2021-J07-2-01	儿童用药研发综合技术体系建设与推广应用	首都医科大学	首都医科大学附属北京儿童医院 中国人民解放军军事科学院军事医学研究院 北京大学 首都医科大学附属北京天坛医院 北京大学第一医院 中国药科大学 山东大学	王晓玲 梅冬 郑爱萍 管晓东 赵志刚 吴晔 邵蓉 赵维 郭文 贾露露
59	2021-J07-2-02	基于复合超分子的脂质纳米载体提高天然药物成药性关键技术及应用	中国医学科学院	中国医学科学院药物研究所 北京五和博澳药业股份有限公司	刘玉玲 夏学军 叶军 杨艳芳 王洪亮 刘志华 季鸣 高丽丽 高越 孟盈盈
60	2021-J07-2-03	缺血性脑卒中防治药物研发临床前评价技术体系建立与应用	中国医学科学院	中国医学科学院药物研究所	杜冠华 王月华 宋俊科 张雯 李莉 王守宝 孔令雷 吕扬 方莲花 马寅仲

续表

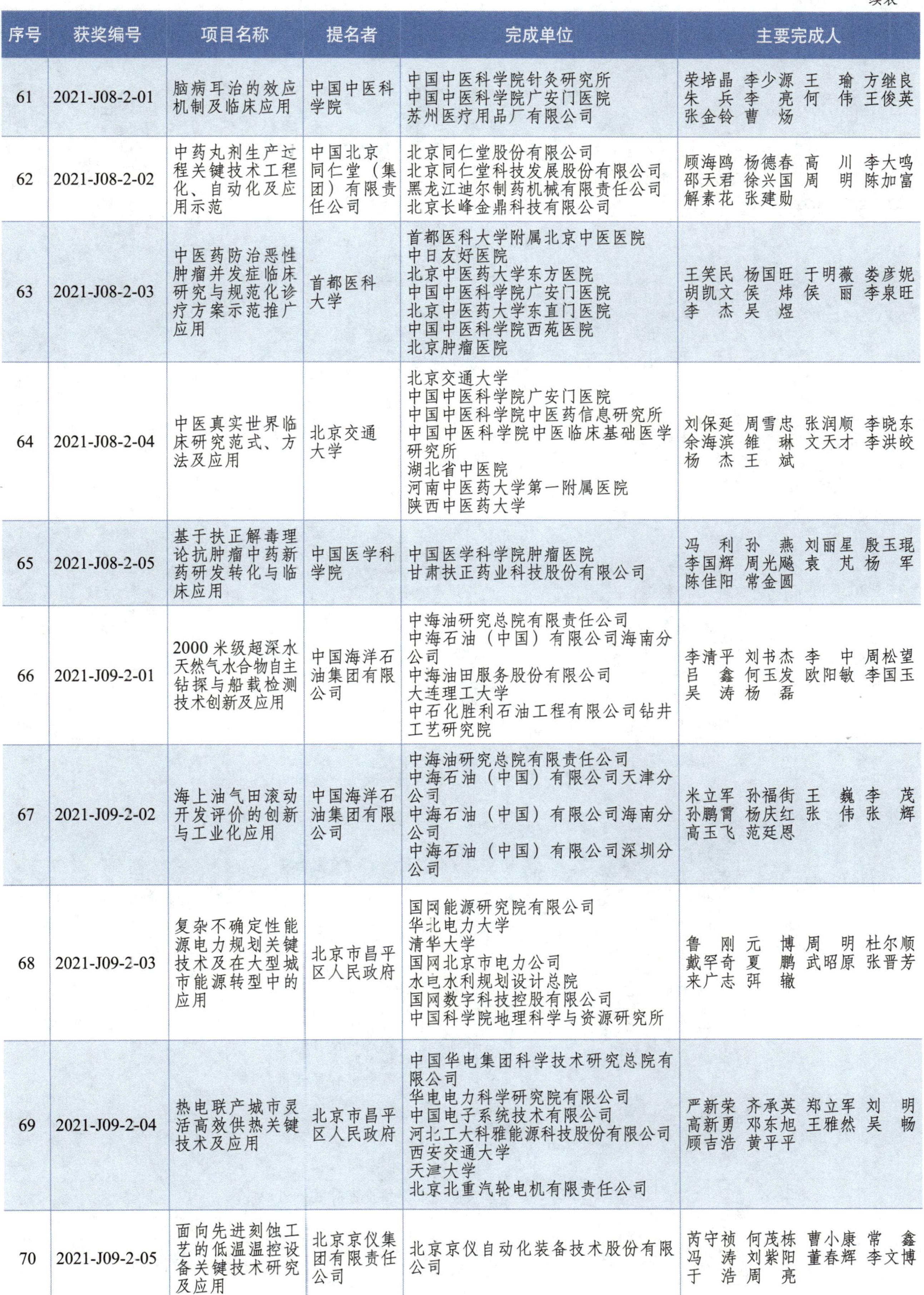

序号	获奖编号	项目名称	提名者	完成单位	主要完成人
61	2021-J08-2-01	脑病耳治的效应机制及临床应用	中国中医科学院	中国中医科学院针灸研究所 中国中医科学院广安门医院 苏州医疗用品厂有限公司	荣培晶 李少源 王瑜 方继良 朱兵 李亮 何伟 王俊英 张金铃 曹炀
62	2021-J08-2-02	中药丸剂生产过程关键技术工程化、自动化及应用示范	中国北京同仁堂（集团）有限责任公司	北京同仁堂股份有限公司 北京同仁堂科技发展股份有限公司 黑龙江迪尔制药机械有限责任公司 北京长峰金鼎科技有限公司	顾海鸥 杨德春 高川 李大鸣 邵天君 徐兴国 周明 陈加富 解素花 张建勋
63	2021-J08-2-03	中医药防治恶性肿瘤并发症临床研究与规范化诊疗方案示范推广应用	首都医科大学	首都医科大学附属北京中医医院 中日友好医院 北京中医药大学东方医院 中国中医科学院广安门医院 北京中医药大学东直门医院 中国中医科学院西苑医院 北京肿瘤医院	王笑民 杨国旺 于明薇 娄彦妮 胡凯文 侯炜 侯丽 李泉旺 李杰 吴煜
64	2021-J08-2-04	中医真实世界临床研究范式、方法及应用	北京交通大学	北京交通大学 中国中医科学院广安门医院 中国中医科学院中医药信息研究所 中国中医科学院中医临床基础医学研究所 湖北省中医院 河南中医药大学第一附属医院 陕西中医药大学	刘保延 周雪忠 张润顺 李晓东 佘海滨 雒琳 文天才 李洪皎 杨杰 王斌
65	2021-J08-2-05	基于扶正解毒理论抗肿瘤中药新药研发转化与临床应用	中国医学科学院	中国医学科学院肿瘤医院 甘肃扶正药业科技股份有限公司	冯利 孙燕 刘丽星 殷玉琨 李国辉 周光飚 袁芃 杨军 陈佳阳 常金圆
66	2021-J09-2-01	2000米级超深水天然气水合物自主钻探与船载检测技术创新及应用	中国海洋石油集团有限公司	中海油研究总院有限责任公司 中海石油（中国）有限公司海南分公司 中海油田服务股份有限公司 大连理工大学 中石化胜利石油工程有限公司钻井工艺研究所	李清平 刘书杰 李中 周松望 吕鑫 何玉发 欧阳敏 李国玉 吴涛 杨磊
67	2021-J09-2-02	海上油气田滚动开发评价的创新与工业化应用	中国海洋石油集团有限公司	中海油研究总院有限责任公司 中海石油（中国）有限公司天津分公司 中海石油（中国）有限公司海南分公司 中海石油（中国）有限公司深圳分公司	米立军 孙福街 王巍 李茂 孙鹏霄 杨庆红 张伟 张辉 高玉飞 范廷恩
68	2021-J09-2-03	复杂不确定性能源电力规划关键技术及在大型城市能源转型中的应用	北京市昌平区人民政府	国网能源研究院有限公司 华北电力大学 清华大学 国网北京市电力公司 水电水利规划设计总院 国网数字科技控股有限公司 中国科学院地理科学与资源研究所	鲁刚 元博 周明 杜尔顺 戴罕奇 夏鹏 武昭原 张晋芳 来广志 弭辙
69	2021-J09-2-04	热电联产城市灵活高效供热关键技术及应用	北京市昌平区人民政府	中国华电集团科学技术研究总院有限公司 华电电力科学研究院有限公司 中国电子系统技术有限公司 河北工大科雅能源科技股份有限公司 西安交通大学 天津大学 北京北重汽轮电机有限责任公司	严新荣 齐承英 郑立军 刘明 高新勇 邓东旭 王雅然 吴畅 顾吉浩 黄平平
70	2021-J09-2-05	面向先进刻蚀工艺的低温温控设备关键技术研究及应用	北京京仪集团有限责任公司	北京京仪自动化装备技术股份有限公司	芮守祯 何茂栋 曹小康 常鑫 冯涛 刘紫阳 董春辉 李文博 于浩 周亮

续表

序号	获奖编号	项目名称	提名者	完成单位	主要完成人
71	2021-J09-2-06	大功率MW级地铁供电装备核心技术及产业化	北京交通大学	北京交通大学 华南理工大学 广东创电科技有限公司 广州智光电气技术有限公司 广州爱申特科技股份有限公司	李　虹　张　波　郑琼林　丘东元 肖文勋　陈艳峰　杜贵平　游小杰 廖　慧　姜新宇
72	2021-J09-2-07	电动汽车负荷聚合调控消纳新能源的关键技术与应用	华北电力大学	华北电力大学 国网电动汽车服务有限公司 华北电网有限公司	王　文　刘敦楠　李彦斌　加鹤萍 彭晓峰　刘明光　张　勇　杨　烨 许晓敏　苏　舒
73	2021-J09-2-08	特殊类型气田高效开发关键技术及工业化应用	中国石油大学（北京）	中国石油大学（北京） 中国石化石油勘探开发研究院有限公司 四川石油管理局有限公司 中国石化集团华北石油局有限公司 中国石化集团东北石油局有限公司 北京石大油源科技开发有限公司	石兴春　王志章　曾大乾　姜鹏飞 何发岐　孙　伟　王国壮　元　涛 韩　云　胡向阳
74	2021-J09-2-09	能源材料微观结构同步辐射与中子原位表征装置与技术	中国矿业大学（北京）	中国矿业大学（北京） 中国科学院高能物理研究所 北京科技大学 南方科技大学 中国原子能科学研究院 中国石油大学（北京）	赵毅鑫　李志宏　孙英峰　韩松柏 贺林峰　武梅梅　默　广　赵　弘 宋红华
75	2021-J09-2-10	空地一体化智能电网巡检关键技术及应用	北京市科学技术协会	北京恒华伟业科技股份有限公司 天津云圣智能科技有限责任公司 北京道亨软件股份有限公司 三峡科技有限责任公司 国网冀北电力有限公司 中国科学院大学 天津大学	江春华　陈方平　陈显龙　朱胜利 江　冰　武宇平　卢政达　高　明 李蕴仪　王书渊
76	2021-J09-2-11	北京冬奥会供用电保障关键技术、装备及应用	国网北京市电力公司	国网北京市电力公司 北京潞电电气设备有限公司 上海恒劲动力科技有限公司 南京南瑞继保电气有限公司 国网冀北电力有限公司 中国电力科学研究院有限公司 华北电力大学	李洪涛　杨志东　高　勇　王存平 吕立平　张金金　李明春　王立永 解　凯　扈　晨
77	2021-J09-2-12	首都功能核心区数字化电力保障关键技术及产业化应用	国网北京市电力公司	国网北京市电力公司 北京邮电大学 南京南瑞信息通信科技有限公司 天津大学 北京融通智慧科技集团有限公司 国网信通亿力科技有限责任公司 北京潞电电气设备有限公司	王　朴　陈泽西　冯　笑　肖万芳 葛磊蛟　刘志荣　贾东强　崔传建 冯　宝　董腾飞
78	2021-J09-2-13	电动汽车充电设备兼容、安全充电关键技术、核心装备及规模化应用	国网北京市电力公司	国网北京市电力公司 南瑞集团有限公司 中国电力科学研究院有限公司 国网电动汽车服务有限公司 北京华商三优新能源科技有限公司 北京群菱能源科技有限公司 北京博电新力电气股份有限公司	刘秀兰　邱明泉　陈　熙　李香龙 刘慧文　李旭玲　陈　平　陈海洋 张元星　韦凌霄
79	2021-J09-2-14	新一代智能终端高功率快充技术创新与应用	北京信息科技发展中心	北京小米移动软件有限公司 上海交通大学 北京交通大学 小米通讯技术有限公司	王彦腾　刘　明　孙丙香　杜思红 吴凯棋　陈仁杰　朱　淼　周兴振 杨玉巍　蒋　飞
80	2021-J10-2-01	综合管廊绿色智能建设运维成套关键技术及工程应用	北京市基础设施投资有限公司	北京京投城市管廊投资有限公司 清华大学 亿雅捷交通系统（北京）有限公司 北京城建设计发展集团股份有限公司 中冶京诚工程技术有限公司 中铁十八局集团有限公司	欧阳康淼　曾国华　李晓锋 刘忠良　康晓乐　赵　欣　韩宝江 油新华　尹力文　王建伟

续表

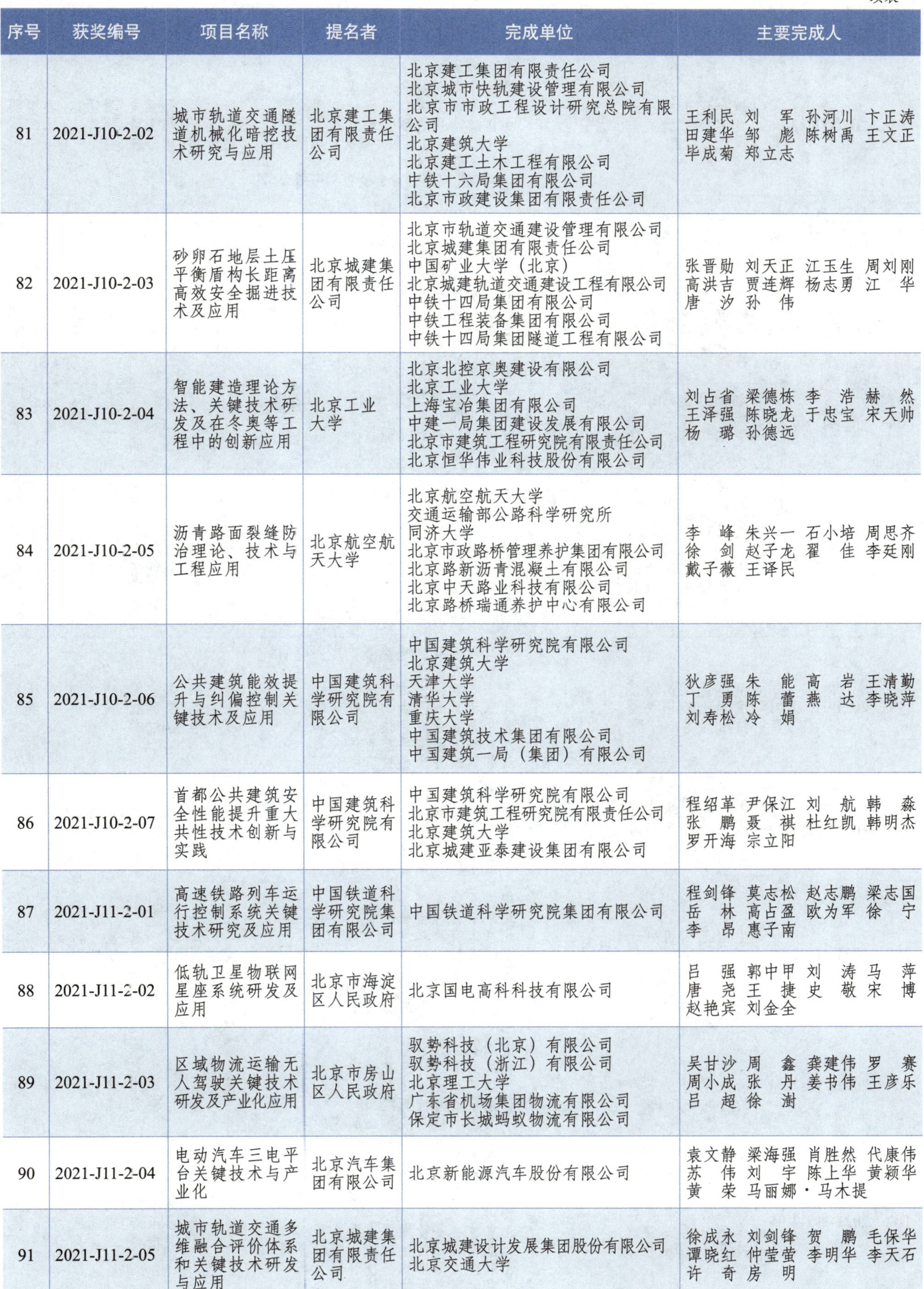

序号	获奖编号	项目名称	提名者	完成单位	主要完成人
81	2021-J10-2-02	城市轨道交通隧道机械化暗挖技术研究与应用	北京建工集团有限责任公司	北京建工集团有限责任公司 北京城市快轨建设管理有限公司 北京市市政工程设计研究总院有限公司 北京建筑大学 北京建工土木工程有限公司 中铁十六局集团有限公司 北京市政建设集团有限责任公司	王利民 刘　军 孙河川 卞正涛 田建华 邹　彪 陈树禹 王文正 毕成菊 郑立志
82	2021-J10-2-03	砂卵石地层土压平衡盾构长距离高效安全掘进技术及应用	北京城建集团有限责任公司	北京市轨道交通建设管理有限公司 北京城建集团有限责任公司 中国矿业大学（北京） 北京城建轨道交通建设工程有限公司 中铁十四局集团有限公司 中铁工程装备集团有限公司 中铁十四局集团隧道工程有限公司	张晋勋 刘天正 江玉生 周刘刚 高洪吉 贾连辉 杨志勇 江　华 唐　汐 孙　伟
83	2021-J10-2-04	智能建造理论方法、关键技术研发及在冬奥等工程中的创新应用	北京工业大学	北京北控京奥建设有限公司 北京工业大学 上海宝冶集团有限公司 中建一局集团建设发展有限公司 北京市建筑工程研究院有限责任公司 北京恒华伟业科技股份有限公司	刘占省 梁德栋 李　浩 赫　然 王泽强 陈晓龙 于忠宝 宋天帅 杨　璐 孙德远
84	2021-J10-2-05	沥青路面裂缝防治理论、技术与工程应用	北京航空航天大学	北京航空航天大学 交通运输部公路科学研究所 同济大学 北京市政路桥管理养护集团有限公司 北京路新沥青混凝土有限公司 北京中天路业科技有限公司 北京路桥瑞通养护中心有限公司	李　峰 朱兴一 石小培 周思齐 徐　剑 赵子龙 翟　佳 李廷刚 戴子薇 王译民
85	2021-J10-2-06	公共建筑能效提升与纠偏控制关键技术及应用	中国建筑科学研究院有限公司	中国建筑科学研究院有限公司 北京建筑大学 天津大学 清华大学 重庆大学 中国建筑技术集团有限公司 中国建筑一局（集团）有限公司	狄彦强 朱　能 高　岩 王清勤 丁　勇 陈　蕾 燕　达 李晓萍 刘寿松 冷　娟
86	2021-J10-2-07	首都公共建筑安全性能提升重大共性技术创新与实践	中国建筑科学研究院有限公司	中国建筑科学研究院有限公司 北京市建筑工程研究院有限责任公司 北京建筑大学 北京城建亚泰建设集团有限公司	程绍革 尹保江 刘　航 韩　淼 张　鹏 聂　祺 杜红凯 韩明杰 罗开海 宗立阳
87	2021-J11-2-01	高速铁路列车运行控制系统关键技术研究及应用	中国铁道科学研究院集团有限公司	中国铁道科学研究院集团有限公司	程剑锋 莫志松 赵志鹏 梁志国 岳　林 高占盈 欧为军 徐　宁 李　昂 惠子南
88	2021-J11-2-02	低轨卫星物联网星座系统研发及应用	北京市海淀区人民政府	北京国电高科科技有限公司	吕　强 郭中甲 刘　涛 马　萍 唐　尧 王　捷 史　敬 宋　博 赵艳宾 刘金全
89	2021-J11-2-03	区域物流运输无人驾驶关键技术研发及产业化应用	北京市房山区人民政府	驭势科技（北京）有限公司 驭势科技（浙江）有限公司 北京理工大学 广东省机场集团物流有限公司 保定市长城蚂蚁物流有限公司	吴甘沙 周　鑫 龚建伟 罗　赛 周小成 张　丹 姜书伟 王彦乐 吕　超 徐　澍
90	2021-J11-2-04	电动汽车三电平台关键技术与产业化	北京汽车集团有限公司	北京新能源汽车股份有限公司	袁文静 梁海强 肖胜然 代康伟 苏　伟 刘　宇 陈上华 黄颖华 黄　荣 马丽娜·马木提
91	2021-J11-2-05	城市轨道交通多维融合评价体系和关键技术研发与应用	北京城建集团有限责任公司	北京城建设计发展集团股份有限公司 北京交通大学	徐成永 刘剑锋 贺　鹏 毛保华 谭晓红 仲莹莹 李明华 李天石 许　奇 房　明

续表

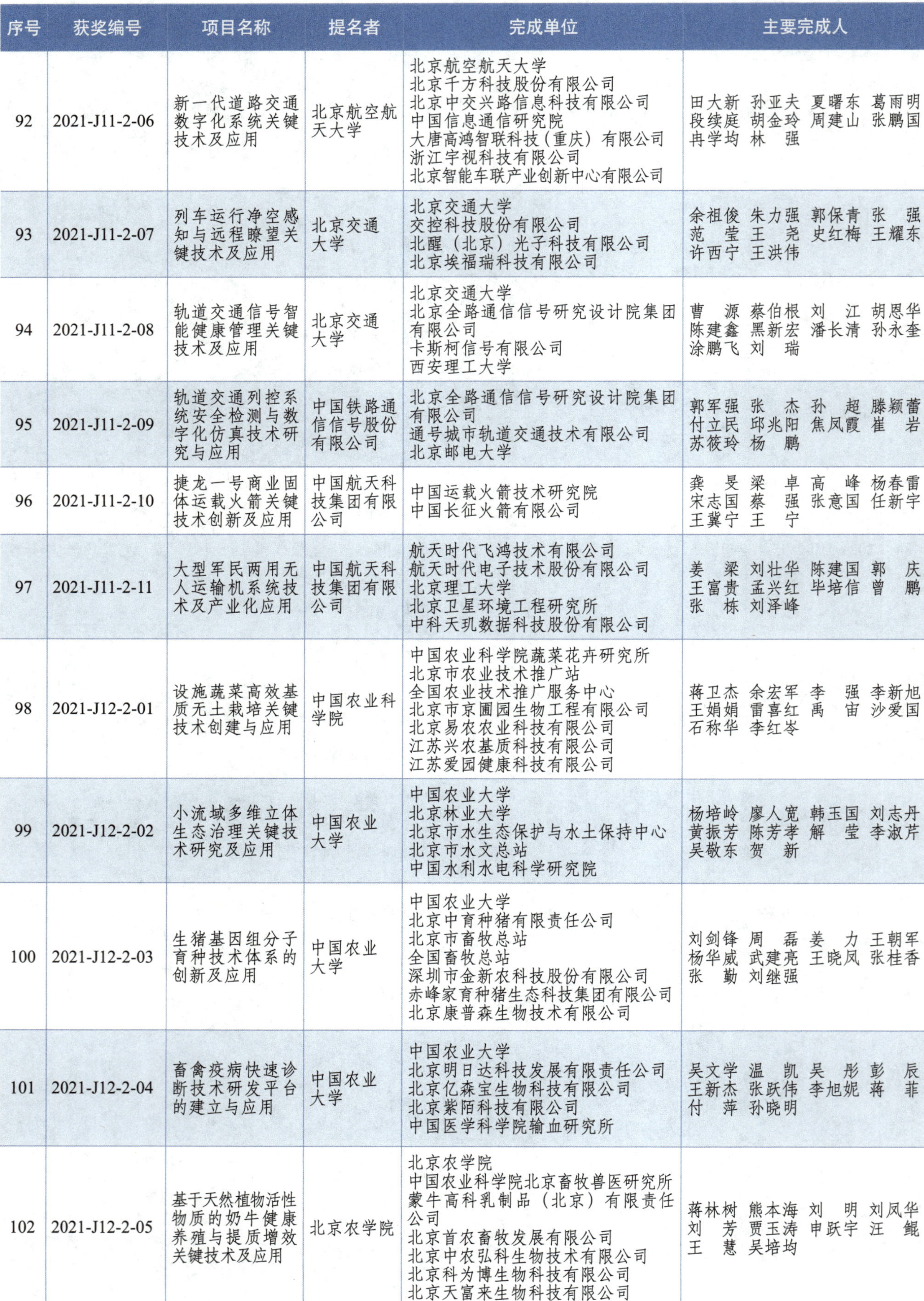

序号	获奖编号	项目名称	提名者	完成单位	主要完成人
92	2021-J11-2-06	新一代道路交通数字化系统关键技术及应用	北京航空航天大学	北京航空航天大学 北京千方科技股份有限公司 北京中交兴路信息科技有限公司 中国信息通信研究院 大唐高鸿智联科技（重庆）有限公司 浙江宇视科技有限公司 北京智能车联产业创新中心有限公司	田大新 孙亚夫 夏曙东 葛雨明 段续庭 胡金玲 周建山 张鹏国 冉学均 林 强
93	2021-J11-2-07	列车运行净空感知与远程瞭望关键技术及应用	北京交通大学	北京交通大学 交控科技股份有限公司 北醒（北京）光子科技有限公司 北京埃福瑞科技有限公司	余祖俊 朱力强 郭保青 张 强 范 莹 王 尧 史红梅 王耀东 许西宁 王洪伟
94	2021-J11-2-08	轨道交通信号智能健康管理关键技术及应用	北京交通大学	北京交通大学 北京全路通信信号研究设计院集团有限公司 卡斯柯信号有限公司 西安理工大学	曹 源 蔡伯根 刘 江 胡恩华 陈建鑫 黑新宏 潘长清 孙永奎 涂鹏飞 刘 瑞
95	2021-J11-2-09	轨道交通列控系统安全检测与数字化仿真技术研究与应用	中国铁路通信信号股份有限公司	北京全路通信信号研究设计院集团有限公司 通号城市轨道交通技术有限公司 北京邮电大学	郭军强 张 杰 孙 超 滕颖蕾 付立民 邱兆阳 焦凤霞 崔 岩 苏筱玲 杨 鹏
96	2021-J11-2-10	捷龙一号商业固体运载火箭关键技术创新及应用	中国航天科技集团有限公司	中国运载火箭技术研究院 中国长征火箭有限公司	龚 旻 梁 卓 高 峰 杨春雷 宋志国 蔡 强 张意国 任新宇 王冀宁 王 宁
97	2021-J11-2-11	大型军民两用无人运输机系统技术及产业化应用	中国航天科技集团有限公司	航天时代飞鸿技术有限公司 航天时代电子技术股份有限公司 北京理工大学 北京卫星环境工程研究所 中科天玑数据科技股份有限公司	姜 梁 刘壮华 陈建国 郭 庆 王富贵 孟兴红 毕培信 曾 鹏 张 栋 刘泽峰
98	2021-J12-2-01	设施蔬菜高效基质无土栽培关键技术创建与应用	中国农业科学院	中国农业科学院蔬菜花卉研究所 北京市农业技术推广站 全国农业技术推广服务中心 北京市京圃园生物工程有限公司 北京易农农业科技有限公司 江苏兴农基质科技有限公司 江苏爱园健康科技有限公司	蒋卫杰 余宏军 李 强 李新旭 王娟娟 雷喜红 禹 宙 沙爱国 石称华 李红岑
99	2021-J12-2-02	小流域多维立体生态治理关键技术研究及应用	中国农业大学	中国农业大学 北京林业大学 北京市水生态保护与水土保持中心 北京市水文总站 中国水利水电科学研究院	杨培岭 廖人宽 韩玉国 刘志丹 黄振芳 陈芳孝 解 莹 李淑芹 吴敬东 贺 新
100	2021-J12-2-03	生猪基因组分子育种技术体系的创新及应用	中国农业大学	中国农业大学 北京中育种猪有限责任公司 北京市畜牧总站 全国畜牧总站 深圳市金新农科技股份有限公司 赤峰家育种猪生态科技集团有限公司 北京康普森生物技术有限公司	刘剑锋 周 磊 姜 力 王朝军 杨华威 武建亮 王晓凤 张桂香 张 勤 刘继强
101	2021-J12-2-04	畜禽疫病快速诊断技术研发平台的建立与应用	中国农业大学	中国农业大学 北京明日达科技发展有限责任公司 北京亿森宝生物科技有限公司 北京紫陌科技有限公司 中国医学科学院输血研究所	吴文学 温 凯 吴 彤 彭 辰 王新杰 张跃伟 李旭妮 蒋 菲 付 萍 孙晓明
102	2021-J12-2-05	基于天然植物活性物质的奶牛健康养殖与提质增效关键技术及应用	北京农学院	北京农学院 中国农业科学院北京畜牧兽医研究所 蒙牛高科乳制品（北京）有限责任公司 北京首农畜牧发展有限公司 北京中农弘科生物技术有限公司 北京科为博生物科技有限公司 北京天富来生物科技有限公司	蒋林树 熊本海 刘 明 刘凤华 刘 芳 贾玉涛 申跃宇 汪 鲲 王 慧 吴培均

续表

序号	获奖编号	项目名称	提名者	完成单位	主要完成人
103	2021-J12-2-06	作物育种数字化技术研究与应用	北京市农林科学院	北京市农林科学院信息技术研究中心 北京市农林科学院智能装备技术研究中心 中国农业科学院作物科学研究所 北京派得伟业科技发展有限公司 农芯科技（北京）有限责任公司 清远市智慧农业农村研究院	赵春江 王开义 刘忠强 罗 斌 王建康 杨 锋 王晓冬 赵向宇 韩焱云 张 俊
104	2021-J12-2-07	基于新一代信息技术的设施园艺智慧管控系统研发及产业化	北京市农林科学院	北京市农林科学院智能装备技术研究中心 北京市农林科学院信息技术研究中心 农芯科技（北京）有限责任公司 农芯（南京）智慧农业研究院有限公司 北京派得伟业科技发展有限公司 农芯科技（天津）有限责任公司	郭文忠 张 馨 魏晓明 张钟莉莉 郑文刚 王利春 李银坤 徐 凡 张云鹤 孙维拓
105	2021-J13-2-01	中国高铁科学绘本（全3册）	中国铁道科学研究院集团有限公司	中国铁道科学研究院集团有限公司 北京科学技术出版社有限公司	程冠之 薄 颖 董光磊 曹慧思 曾庆宇 张 艳 金可砺 谭盐宾 唐凯林 刘婧文
106	2021-J25-2-01	新冠肺炎诊断试剂科技攻关技术平台的建立及应用	中国食品药品检定研究院	中国食品药品检定研究院 中国人民解放军总医院 首都医科大学附属北京地坛医院 中国科学院广州生物医药与健康研究院 北京金沃夫生物工程科技有限公司 北京金豪制药股份有限公司 北京贝尔生物工程股份有限公司	杨 振 何昆仑 石大伟 李丽莉 王雅杰 陈 凌 夏德菊 冯立强 张 樱 陈 浪
107	2021-J25-2-02	新冠肺炎疫情时空大数据精准防控方法、技术与应用	中国科学院地理科学与资源研究所	中国科学院地理科学与资源研究所 中国科学院数学与系统科学研究院 中国疾病预防控制中心传染病预防控制所 中国科学院自动化研究所 智慧足迹数据科技有限公司 中国科学院深圳先进技术研究院 北京星球时空科技有限公司	裴 韬 汪寿阳 刘起勇 曹志冬 苏奋振 李振军 尹 凌 陈 洁 宋 辞 鲍 勤
108	2021-J25-2-03	高性能无创与有创一体化治疗型呼吸机的研发及应用	北京市丰台区人民政府	北京谊安医疗系统股份有限公司	刘加龙 李 凯 成 杰 申佑方 余湘涛 马颖丹
109	2021-J25-2-04	新冠病毒谱系划分及进化动态分析体系的建立及应用	北京大学	北京大学 中国科学院昆明动物研究所 中山大学 中国科学院上海巴斯德研究所 中国医学科学院病原生物学研究所	陆 剑 吕雪梅 吴仲义 崔 杰 钱朝晖 唐小鹿 应若晨 阮永森
110	2021-J25-2-05	新型冠状病毒核酸检测服务能力建设与应用	首都医科大学	首都医科大学附属北京朝阳医院 北京卡尤迪生物科技股份有限公司	王清涛 岳育红 李 响 杨 坤 樊高威 张 瑞 赵 礴 艾曲波 梁玉芳 贾婷婷
111	2021-J25-2-06	重症危重症新冠肺炎精准诊治临床策略的建立与应用	首都医科大学	首都医科大学附属北京佑安医院 首都医科大学附属北京地坛医院 中国医学科学院基础医学研究所 北京大学	金荣华 赵春华 冯英梅 肖俊宇 丁惠国 苏晓东 牟丹蕾 宋 蕊
112	2021-J25-2-07	数字PCR系统及在新冠肺炎诊治研究中的应用	北京医药健康科技发展中心	北京新羿生物科技有限公司 清华大学 首都医科大学附属北京地坛医院 新羿制造科技（北京）有限公司	郭 永 张福杰 祝令香 杨文军 王 楠 苏世圣 白 宇 刘宝霞 王 博 王 芳

2011—2021 年北京国家级高新技术企业数量统计表

单位：个

年份	2011 年	2012 年	2013 年	2014 年	2015 年	2016 年	2017 年	2018 年	2019 年	2020 年	2021 年
企业数量	7295	8045	9316	10433	12388	15975	20163	24691	27416	28750	27638

注：数据来源为北京市科学技术委员会、中关村科技园区管理委员会。

2011—2020 年中关村国家自主创新示范区总收入统计表

单位：亿元

年份	2011 年	2012 年	2013 年	2014 年	2015 年	2016 年	2017 年	2018 年	2019 年	2020 年	2021 年
总收入	19646.0	25025.0	30497.4	36057.6	40809.4	46047.6	53025.8	58830.9	66422.2	72276.4	84402.3

注：数据来源为北京市科学技术委员会、中关村科技园区管理委员会。

2016—2021 年北京地区科技型企业数量统计表

单位：万个

	2016 年	2017 年	2018 年	2019 年	2020 年	2021 年
科技型企业数量	43.8	50.4	55.3	56.5	59.5	65.3
当年新设科技型企业数量	8.1	7.6	7.3	7.0	7.5	9.4
其中：中关村示范区	2.5	2.9	3.2	2.6	2.6	2.8

注：数据来源为北京市市场监督管理局，北京市科学技术委员会、中关村科技园区管理委员会。

2016—2021 年北京地区上市企业数量统计表

单位：个

	2016 年	2017 年	2018 年	2019 年	2020 年	2021 年
北京地区上市企业数量	463	501	536	587	664	674
境内上市企业	276	300	309	338	380	416
其中：主板	194	208	215	224	228	237
创业板	82	92	94	102	110	119
科创板	—	—	—	12	42	49
北交所	—	—	—	—	—	11

注：1. 2019 年 6 月科创板开板，故 2019 年以前无数据。
2. 北京证券交易所于 2021 年 9 月 3 日注册成立，故 2021 年以前无数据。
3. 数据来源为北京市地方金融监督管理局，北京市科学技术委员会、中关村科技园区管理委员会。

2021年北京地区专利授权统计表

项　目	专利授权量	发明专利	有效发明专利量
合计	**198778**	**79210**	**405037**
其中：中关村示范区	91589	39303	183470
其中：中关村科学城	58715	35877	166408
怀柔科学城	1097	466	2817
未来科学城	3963	1510	6660
北京经济技术开发区	9274	2355	13027
按区分组			
东城区	9283	3553	22476
西城区	13448	5527	39425
朝阳区	32915	14490	79916
丰台区	14502	3509	16332
石景山区	4682	1807	7121
海淀区	71703	40455	193194
门头沟区	1767	249	683
房山区	3888	702	2822
通州区	7965	628	3015
顺义区	7528	1061	4905
昌平区	9933	3019	15136
大兴区	15054	3347	15495
怀柔区	2221	471	2418
平谷区	1441	121	444
密云区	1744	169	1271
延庆区	687	85	335
其他	17	17	49

注：数据来源为北京市知识产权局。

1997—2021年北京地区专利授权统计表

年份	授权量	发明	实用新型	外观设计
1997年	3327	281	2340	706
1998年	3800	309	2522	969
1999年	5829	573	3948	1308
2000年	5905	1074	3463	1368
2001年	6246	946	3600	1700

续表

年份	授权量	发明	实用新型	外观设计
2002 年	6345	1061	3721	1563
2003 年	8248	2261	4244	1743
2004 年	9005	3216	3956	1833
2005 年	10100	3476	4498	2126
2006 年	11238	3864	5490	1884
2007 年	14954	4824	7364	2766
2008 年	17747	6478	8776	2493
2009 年	22921	9157	10141	3623
2010 年	33511	11209	16579	5723
2011 年	40888	15880	19628	5380
2012 年	50511	20140	24672	5699
2013 年	62671	20695	36301	5675
2014 年	74661	23237	44071	7353
2015 年	94031	35308	45773	12950
2016 年	100578	40602	44710	15266
2017 年	106948	46091	46011	14846
2018 年	123496	46978	59219	17299
2019 年	131716	53127	58393	20196
2020 年	162824	63266	75336	24222
2021 年	198778	79210	96078	23490

注：数据来源为北京市知识产权局。

1991—2021 年北京技术合同成交一览表

年份	合同数（项）	技术合同成交总额（亿元）	# 技术交易额	# 输出外省市技术合同成交额	实现合同总金额（亿元）	# 技术交易实现金额
1991—1995 年	93970	167.7	120		115.4	83.8
1991 年	18547	22.4	13.1		15.3	9.1
1992 年	23395	31.3	22.2		20.0	14.4
1993 年	20461	35.6	25.6		24.9	17.6
1994 年	15220	37.2	26.9		26.9	20.4
1995 年	16347	41.2	32.2		28.4	22.3
1996—2000 年	91421	414.2	375.9		206.7	188.1
1996 年	14850	45.8	39.2		29.6	25.4
1997 年	13866	54.3	48.1		31.1	27.8
1998 年	20724	81.6	73.9		42.1	37.6
1999 年	20711	92.2	88.5		43.6	41.0
2000 年	21270	140.3	126.3	65.5	60.3	56.3
2001—2005 年	156114	1443.8	1217.2	688.9	669.5	628.1

续表

年份	合同数（项）	技术合同成交总额（亿元）	#技术交易额	#输出外省市技术合同成交额	实现合同总金额（亿元）	#技术交易实现金额
2001 年	23921	191.0	164.8	85.4	97.6	93.0
2002 年	27037	221.1	181	100.4	101.9	97.2
2003 年	32173	265.5	226.8	132.4	119.9	113.9
2004 年	35478	331.8	294.3	165.8	148.7	143.4
2005 年	37505	434.4	350.4	204.9	201.4	180.6
2006—2010 年	256074	5422.8	3984.7	2372.7	2226.7	2006.7
2006 年	51575	697.3	572.6	325.3	349.5	319.7
2007 年	50972	882.6	660.3	407.4	418.1	353.5
2008 年	52742	1027.2	778.1	487.0	406.2	375.0
2009 年	49938	1236.2	906.9	498.2	516.8	452.9
2010 年	50847	1579.5	1066.7	654.8	536.0	505.6
2011—2015 年	315814	13788.6	10868.6	7237.5	3942.1	3353.9
2011 年	53552	1890.3	1268.3	635.9	580.4	563.3
2012 年	59969	2458.5	2048.6	1385	739.8	707.0
2013 年	62743	2851.2	2252.4	1615.9	684.0	659.3
2014 年	67278	3136.0	2531.5	1722.0	708.2	675.1
2015 年	72272	3452.6	2767.8	1878.7	1229.7	1206.9
2016—2020 年	406339	25395.4	19898.0	13924.8	4638.7	4364.1
2016 年	74965	3940.8	2919.3	1997.2	749.2	717.0
2017 年	81266	4485.3	3703.9	2327.3	889.0	853.0
2018 年	82486	4957.8	4069.5	3014.9	986.2	889.5
2019 年	83171	5695.3	4389.0	2866.9	1075.7	1006.1
2020 年	84451	6316.2	4816.3	3718.5	938.6	898.5
2021 年	93563	7005.7	5347.8	4347.7	788.5	760.7

注：1. 本表部分数据因四舍五入的原因，存在着与分项合计不等的情况。
2. 数据来源为北京技术市场管理办公室。

2016—2021 年北京地区技术合同流向统计表

	2016 年	2017 年	2018 年	2019 年	2020 年	2021 年
技术合同数（项）	74965	81266	82486	83171	84451	93563
其中：输出到本市	34759	35709	33836	34158	31959	32948
输出到京外省市	38928	44287	47454	47897	51281	59492
技术出口	1278	1270	1196	1116	1211	1123
技术合同成交总额（亿元）	3940.8	4485.3	4957.8	5695.3	6316.2	7005.7
其中：输出到本市	1131.3	1193.9	1219.5	2077.7	1721.7	1814.2
输出到京外省市	1997.2	2327.3	3014.9	2866.9	3718.5	4347.7
技术出口	812.3	964.1	723.4	750.7	875.9	843.8

注：数据来源为北京市科学技术委员会、中关村科技园区管理委员会。

附　录

BEIJING ALMANAC OF SCIENCE AND TECHNOLOGY 2022

北京科技年鉴

2022

北京市科技管理机构

（机构领导人名单以 2021 年 12 月 31 日在职者为准）

北京市科学技术委员会、中关村科技园区管理委员会

机构职责

北京市科学技术委员会（简称市科委）是北京市政府组成部门，挂北京市外国专家局（简称市外专局）牌子；中关村科技园区管理委员会（简称中关村管委会）是北京市政府派出机构。市科委与中关村管委会合署办公，为正局级。

市科委、中关村管委会贯彻落实党中央关于科技创新工作的方针政策、决策部署和市委有关工作要求，在履行职责过程中坚持和加强党对科技创新工作的集中统一领导。主要职责是：

（一）贯彻落实国家创新驱动发展战略和科技工作的法律法规、规章和政策，起草北京市相关地方性法规草案、政府规章草案，组织拟定相关政策措施并组织实施。

（二）牵头推进国际科技创新中心建设。承担北京推进科技创新中心建设办公室秘书处职能，组织拟定相关工作方案及年度计划，并开展监督落实。

（三）统筹推进首都创新体系建设和科技体制改革，健全技术创新激励机制。统筹推进“三城一区”和“一区十六园”科技创新方面的规划建设发展。优化科研体系建设，指导科研机构改革发展。负责新型研发机构的筹建、管理及服务。牵头推动企业科技创新能力建设。承担推进科技军民融合发展相关工作。

（四）推进北京市重大科技决策咨询制度建设。负责提出科技发展战略建议。提出科技发展布局和优先发展领域。拟定促进科技文化融合发展、科学普及、科学传播规划政策并组织实施。

（五）拟定北京市基础研究规划、政策并组织实施，组织协调基础研究和应用基础研究。参与重大科技基础设施建设和运行。提出科研条件保障规划和政策建议，推进科研条件保障建设和科技资源开放共享。

（六）组织开展北京市重点领域技术发展需求分析，提出重大任务。统筹推进关键共性技术、前沿引领技术、现代工程技术、颠覆性技术研发和创新，牵头组织重大技术攻关和成果应用示范，组织参与国际大科学计划和大科学工程。

（七）负责北京市科技管理工作。牵头建立北京市科技管理平台和科研项目资金协调、评估、监管机制。提出优化配置科技资源的政策措施建议。推动多元化科技投入体系建设。统筹财政科技计划（专项、基金等）实施。拟定科技金融相关政策，开展科技金融促进工作。

（八）组织拟定北京市高新技术发展及产业化、科技服务业、科技促进城市和农业农村发展的规划、政策及措施。

（九）牵头北京市技术转移体系建设，拟定科技成果转移转化和促进产学研深度融合的相关政策措施并组织实施。负责应用场景建设相关工作。拟定促进技术市场发展的政策措施并组织实施。促进各类科技中介及协会组织发展。

（十）拟定北京市科技项目管理的政策措施。负责科学技术奖励组织实施及自然科学基金管理。承担科技信息、科技统计、创新调查和科研成果报告工作。依据市政府授权，履行所监管企业出资人职责，依法对所监管企业国有资产进行监督管理，并加强业务指导。指导科技保密工作。

（十一）负责北京市科技监督评价体系建设和相关科技评估管理，统筹开展全市科研诚信建设工作。开展科技评估评价和监督检查工作。

（十二）负责北京市引进国外智力工作。拟定引进外国专家规划、计划并组织实施。建立外国顶尖科学家及其团队、外国科技人才吸引集聚机制和重点外国专家联系服务机制。拟定出国（境）培训规划、年度计划和政策，并组织实施。

（十三）拟定北京市科技人才队伍建设规划和政策，建立健全科技人才评价和激励机制，组织实

施科技人才计划，推动高端科技创新人才队伍建设，统筹推进中关村科技园区人才工作。

（十四）指导各区科技创新工作，联系市有关部门科技创新工作。统筹推进北京市与各省区市的科技领域交流合作、科技协作和支援合作工作。

（十五）拟定北京市科技对外交流与创新能力开放合作的规划、政策和措施。组织开展国际科技合作、中关村科技园区国际交流与合作，推进国际技术转移。牵头组织技术出口和技术引进工作。负责涉港澳台科技合作交流。负责科技外事工作和中关村科技园区外事、宣传、联络等工作。承担中关村论坛筹办相关工作。

（十六）负责中关村科技园区发展建设工作，承担统筹、规划、组织、协调、服务中关村示范区建设与发展的有关具体工作。组织研究园区发展规划、政策及相关改革方案，并协调落实。

（十七）组织落实国家和北京市促进高新技术产业开发区发展的政策措施，开展中关村科技园区创新创业、高新技术研发及其成果产业化、社会组织发展、知识产权等方面的促进和服务工作，培育战略性新兴产业、未来产业。

（十八）负责指导中关村科技园区各园工作，参与组织编制中关村科技园区有关空间规划，对各园空间规划、产业布局定位、动态监测、项目准入标准等重要业务实行统一管理，优化空间布局和创新创业载体建设，开展园区发展考核评价工作，促进各园高端化、特色化、差异化发展，服务区域协调发展。

（十九）完成市委、市政府交办的其他任务。

（二十）职能转变。

1. 坚持创新驱动发展。贯彻实施科教兴国战略、人才强国战略、创新驱动发展战略，坚持科技自立自强，瞄准世界科技前沿，优化创新资源布局，制定实施战略行动计划，加快建设国际科技创新中心，为科技强国建设提供支撑。

2. 深化科技体制改革。加快科技管理职能转变，加强宏观统筹，减少微观管理。建立公开统一的科技管理平台。优化科技规划体系和运行机制，推动重点领域项目、基地、人才、资金一体化配置。改进科技项目组织管理方式，实行“揭榜挂帅”等制度。完善科技评价机制，优化科技奖励项目。扩大创新主体科研管理自主权。健全以创新能力、质量、实效、贡献为导向的科技人才评价体系。完善科研人员职务发明成果权益分享机制。弘扬科学家精神。实行更加开放的科技人才政策。

3. 加快形成战略科技力量。发挥新型举国体制优势，打好关键核心技术攻坚战，提高创新链整体效能。承接国家重大科技项目建设，参与重大科技基础设施建设和运行。加大对基础研究和原始创新支持力度，优化研发布局。推进科研院所、高校、企业科研力量优化配置和资源共享。

4. 全面促进科技成果转化。加强对创新主体的支持，促进产学研深度融合，加快科技成果转化。提升中关村科技园区自主创新能力建设，推动关键技术的示范应用，支撑高精尖产业高质量发展。

5. 持续优化创新生态。完善科技治理体系，提高创新体系效能，增强创新策源功能。发挥政府制度创新的能动作用和市场配置资源的决定性作用，强化企业创新主体地位，激发创新创造活力。加强科技合作交流和智力引进，加快融入全球科技创新网络，提升科技创新影响力。

（二十一）与市经济和信息化局有关职责分工。市科委、中关村管委会与市经济和信息化局加强在创新驱动发展方面协同联动，推动产学研深度融合。市科委、中关村管委会负责组织和服务企业技术创新和科研攻关，牵头负责科技成果转化的管理、指导、协调和服务工作，拟定北京市科技成果转移转化、促进产学研深度融合的政策措施，并组织实施。市经济和信息化局负责组织推进产业布局调整和产业结构优化升级，协调解决产业运行和发展中有关问题，重点组织产业规划发展、市场要素配置和产品推广应用，支持企业做大做强。

地址：北京市通州区运河东大街57号院1号楼
网址：kw.beijing.gov.cn
办公电话：010-55577777

北京市科学技术委员会、中关村科技园区管理委员会主要领导一览表

职务	姓名
主任	许强
副主任	侯云（女，兼任一级巡视员），朱建红，刘晖，许心超，张宇蕾（女），曹巍（女）
二级巡视员	王建新，刘航，赵清（女），张志松
纪检监察组组长	伍琦（女）
党组书记	许强
党组成员	侯云（女，兼任一级巡视员），朱建红，刘晖，许心超，张宇蕾（女）

北京市科学技术委员会、中关村科技园区管理委员会内设机构一览表

序号	机构名称	序号	机构名称
1	办公室	16	新材料与智能制造科技处
2	科创中心建设综合协调处	17	医药健康科技处
3	发展规划处	18	社会发展科技处
4	政策法规处（研究室）	19	文化科技处（科普处）
5	资源配置与管理处	20	科技服务业处
6	科技监督与诚信建设处	21	园区发展建设处
7	重大专项处	22	创新创业服务处
8	科技成果转化处	23	中关村新技术新产品促进处
9	科研机构管理处	24	宣传处
10	科技金融处	25	财务处（资产监管处）
11	国际合作处（港澳台科技合作办公室）	26	人事处
12	科技协作与支援合作处	27	机关党委（党建工作处）
13	外国专家服务与科技人才处（港澳台专家服务处）	28	机关纪委
14	科技统计分析处	29	工会
15	信息科技处	30	离退休干部处

市科委、中关村管委会直属事业单位

1．北京科技创新促进中心

北京科技创新促进中心是中共北京市机构编制委员会批准成立的北京市科委、中关村管委会直属事业单位，机构规格为副局级。主要职责为：承担北京市科技创新促进方面的技术性事务性工作；联络服务中央在京科研机构、促进区域科技合作和京津冀协同创新等事务性工作；承担城市、农业农村、工业设计、文化科技、科普科幻、科技服务业等领域科技项目管理、创新主体服务等工作；承担科技融媒体、新型研发机构培育、科技金融服务、科技军民融合等方面事务性工作。

2．北京市实验动物管理办公室（北京市人类遗传资源管理办公室）

北京市实验动物管理办公室（北京市人类遗传资源管理办公室）是中共北京市机构编制委员会批准成立的北京市科委、中关村管委会直属事业单位。主要职责为：承担人类遗传资源、实验动物日常管理与监督工作。

3．北京市自然科学基金委员会办公室

北京市自然科学基金委员会办公室是中共北京市机构编制委员会批准成立的北京市科委、中关村管委会直属事业单位。主要职责为：承担北京市基础研究和应用研究的政策拟定和组织协调，负责北京市自然科学基金实施工作，承担研究成果统计分

析和推广等工作。

4. 北京市科学技术奖励工作办公室

北京市科学技术奖励工作办公室是中共北京市机构编制委员会批准成立的北京市科委、中关村管委会直属事业单位。主要职责为：承担科学技术奖励政策拟定工作，北京市科学技术奖励组织实施工作，国家科学技术奖励推荐、科技奖励统计分析和获奖成果推广等工作。

5. 北京技术市场管理办公室

北京技术市场管理办公室是中共北京市机构编制委员会批准成立的北京市科委、中关村管委会直属事业单位。主要职责为：承担北京技术市场日常管理监督工作，技术合同认定登记和技术合同登记机构管理工作，技术市场统计和分析等工作。

6. 北京科技创新研究中心

北京科技创新研究中心是中共北京市机构编制委员会批准成立的北京市科委、中关村管委会直属事业单位。主要职责为：承担国际科技创新中心、中关村国家自主创新示范区的战略、规划、政策研究工作，科技统计分析和指标监测工作，“三城一区”联系服务等工作。

7. 北京科技成果转化服务中心

北京科技成果转化服务中心是中共北京市机构编制委员会批准成立的北京市科委、中关村管委会直属事业单位。主要职责是：承担科技成果转化相关政策研究、成果转化服务平台建设等事务性工作，承担科技成果汇聚、信息共享、供需对接等服务性工作。

8. 北京市实验室服务保障中心

北京市实验室服务保障中心是中共北京市机构编制委员会批准成立的北京市科委、中关村管委会直属事业单位。主要职责是：承担实验室相关服务保障、落实配套保障措施等事务性工作。

9. 北京科技审评中心

北京科技审评中心是中共北京市机构编制委员会批准成立的北京市科委、中关村管委会直属事业单位。主要职责为：承担科研诚信、科技管理、科技资源配置政策研究、评审评估等事务性工作，承担科技管理平台建设运行、资产管理、科技监督等事务性工作。

10. 北京医药健康科技发展中心

北京医药健康科技发展中心是中共北京市机构编制委员会批准成立的北京市科委、中关村管委会直属事业单位。主要职责为：承担生命科学、医药健康、医疗卫生及食品安全等领域科技创新布局研究、项目管理和创新主体服务等工作。

11. 北京新材料和新能源科技发展中心

北京新材料和新能源科技发展中心是中共北京市机构编制委员会批准成立的北京市科委、中关村管委会直属事业单位。主要职责为：承担新能源、新材料、新能源汽车、装备制造等领域科技创新布局研究、项目凝练、项目管理和创新主体服务等工作。

12. 中关村高科技产业促进中心

中关村高科技产业促进中心是中共北京市机构编制委员会批准成立的北京市科委、中关村管委会直属事业单位。主要职责为：承担相关高精尖产业和中关村示范区高科技产业发展规划、政策建议的研究以及信息收集整理与分析工作，组织开展产业促进、创新型企业培育、创新协作和交流交往等活动，牵头落实全市创新型企业服务工作专班及重点企业“服务包”任务，具体承担高新技术企业认定、科技型中小企业评价、一区多园统筹等政策的组织落实工作。

13. 中关村政府采购促进中心

中关村政府采购促进中心是中共北京市机构编制委员会批准成立的北京市科委、中关村管委会直属事业单位。主要职责为：承担新技术新产品（服务）政府采购综合服务平台建设工作，开展信息收集、项目推介和对接活动、项目跟踪服务工作，具体承担中关村论坛展示交易板块筹办等工作，展览展示活动策划实施工作，科技新场景建设相关工作。

14. 北京科技人才发展中心（北京海外学人中心中关村分中心）

北京科技人才发展中心（北京海外学人中心中关村分中心）是中共北京市机构编制委员会批准成立的北京市科委、中关村管委会直属事业单位。主要职责：承担科技人才发展相关规划、政策研究等事务性工作，承担科技人才引进、培养、服务、中关村人才特区建设以及有关外国专家、港澳台专家管理服务等事务性工作。

15. 北京信息科技发展中心

北京信息科技发展中心是中共北京市机构编制委员会批准成立的北京市科委、中关村管委会直属事业单位。主要职责为：承担信息技术领域科技创新布局、项目管理和创新主体服务等工作。

16. 北京国际科技合作中心（北京港澳台科技合作中心）

北京国际科技合作中心（北京港澳台科技合作中心）是中共北京市机构编制委员会批准成立的北

京市科委、中关村管委会直属事业单位。主要职责为：承担国际及港澳台科技合作有关规划政策研究、重大科技交往、科技合作、技术转移等事务性工作，承担驻海外联络处联络管理、重大科技会议和活动筹办等具体工作。

17. 北京市科学技术委员会、中关村科技园区管理委员会综合事务中心

北京市科学技术委员会、中关村科技园区管理委员会综合事务中心是中共北京市机构编制委员会批准成立的北京市科委、中关村管委会直属事业单位。主要职责为：承担机关综合服务、信息公开、电子政务、安全应急、离退休干部服务等事务性工作。

18. 北京软件产品质量检测检验中心

北京软件产品质量检测检验中心是中共北京市机构编制委员会批准成立的北京市科委、中关村管委会直属事业单位。主要职责为：承担软件产品质量监督抽查业务，开展软件检测和安全检查业务，为市科委行使职能提供支撑保障。

北京市知识产权局

机构职责

北京市知识产权局（简称市知识产权局）是市政府直属机构，为副局级。

市知识产权局贯彻落实党中央关于知识产权工作的方针政策、决策部署和市委有关工作要求，在履行职责过程中坚持和加强党对知识产权工作的集中统一领导。主要职责是：

（一）贯彻落实国家关于专利、商标、原产地地理标志工作方面的法律法规、规章和政策，起草北京市相关地方性法规草案、政府规章草案，拟定专利、商标、原产地地理标志工作的政策措施、发展规划和工作计划并组织实施。会同有关部门拟定首都知识产权战略和规划并组织实施。推动知识产权区域协同发展。

（二）负责统筹协调北京市知识产权保护工作，推动知识产权保护工作体系建设。负责专利侵权纠纷的行政裁决及调处。承担知识产权维权援助。负责对商标的印制和使用进行监督管理，保护注册商标专用权，依法保护特殊标志。

（三）承担规范北京市专利、商标、原产地地理标志管理基本秩序的责任。依法监督管理知识产权代理机构，推进知识产权中介服务体系建设，推动知识产权社会信用体系建设。

（四）负责促进北京市知识产权运用。拟定北京市知识产权运用政策，促进知识产权转移转化。承担知识产权对外转让审查工作。指导和规范专利技术市场，指导规范专利权、商标权转让、许可、备案等工作。负责知识产权金融工作，会同有关部门指导和规范知识产权无形资产评估，推动专利权、商标权质押工作。推动知识产权军民融合。

（五）负责北京市知识产权公共服务体系的建设。会同有关部门推动专利、商标、原产地地理标志信息的传播利用。负责组织建立知识产权预警应急机制。承担专利、商标、原产地地理标志统计分析工作。

（六）统筹协调北京市涉外知识产权事宜。开展专利、商标、原产地地理标志工作的国际联络、合作与交流活动。

（七）组织开展专利、商标、原产地地理标志方面法律法规、政策的宣传普及工作。组织制定北京市有关知识产权的教育与培训工作规划并组织实施。

（八）完成市委、市政府交办的其他任务。

地址：北京市西城区德胜门东大街8号东联大厦3层
网址：http://zscqj.beijing.gov.cn
电话：010–84080086

北京市知识产权局主要领导一览表

职务	姓名	职务	姓名
党组书记、局长、一级巡视员	杨东起	党组成员、副局长	潘新胜
副局长、一级巡视员	李　钟	党组成员、副局长、二级巡视员	周立权

北京市知识产权局内设机构及直属机构一览表

内设机构		直属机构	
1	办公室（财务审计处）	1	北京市知识产权保护中心（国家知识产权局专利局北京代办处）
2	政策法规处	2	中关村知识产权促进中心
3	知识产权协调处	3	北京市知识产权公共服务中心（北京市知识产权维权援助中心）
4	知识产权运用促进处		
5	知识产权管理处		
6	知识产权保护处		
7	宣传教育处		
8	国际交流合作处（港澳台办公室）		
9	人事处		
10	机关党委（工会）		

北京市科学技术协会

北京市科学技术协会（简称市科协）是北京地区科技工作者的群众组织，是北京市委和市政府联系广大科技工作者的桥梁和纽带，是推动科技事业发展的重要力量，是市政协的组成单位，是中国科协的地方组织，接受中国科协的业务指导。市科协成立于 1963 年，由市学会、基金会、区科协及基层组织组成。按照章程规定，市科协代表大会每 5 年举行一次，2017 年 6 月 1—3 日召开了第九次代表大会。第九届委员会主席由中国工程院原副院长刘德培院士担任，副主席 15 名，常委 56 名，委员 164 名，其中有院士 13 名。著名科学家茅以升、王大珩、顾方舟、陈佳洱、顾秉林曾担任市科协主席。

市科协拥有市学会、基金会 217 个，区科协 16 个，企事业单位、经济技术开发区、科技园区科协等基层组织 959 个，高校科协 20 个，通过学会、基金会、区科协及基层组织来联系的科技工作者 99.4 万人。多年来，北京市科协致力为首都经济建设和社会发展服务，为提高全民科学素质服务，为科技工作者服务。2009 年，北京市科协被认定为市级“枢纽型”社会组织，发挥桥梁纽带、业务龙头、服务管理平台作用。中国科协对科协组织的职能定位表述为“四服务一加强”，即为科技工作者服务，为创新驱动发展服务，为提高全民科学素质服务，为党和政府科学决策服务，加强自身建设。市委编办对市科协实施“三定”方案，明确十一项主要职能。

为科技工作者服务。自觉地把加强党和政府同科技工作者的联系作为基本职责，把激发科技工作者的创新热情和创造活力作为根本任务，积极搭建平台，助力科技工作者成长成才。推动实施“一十百千”工程，开展北京科技交流学术月活动，为科技工作者搭建不同形式、不同层次的学术交流平台。每年学术月围绕共同主题集中开展学术交流 100 余项，综合性跨学科学术交流活动数十项，形式多样的专业化学术交流千余项。实施“青年人才托举工程”，不断加大青年科技人才工作的指导和支持力度，支持青年科技人才参加高水平国际知名学术活动。每年选拔 500 名优秀青少年学生走进高校及科研院所国家重点实验室，在院士专家的指导下进行科学实验，从小培养青少年的科学素质和创新意识。发挥老年科技人才作用，组织老年科技工作者开展“五进”科普活动和“四技”服务。以推选北京地区中国工程院院士候选人为龙头，完善科技人才举荐渠道，积极举荐、表彰优秀科技工作者。多渠道、多角度宣传和弘扬科技工作者的先进事迹和精神风貌，营造科技人才成长的良好社会氛围。

为创新驱动发展服务。围绕全国科技创新中心建设，充分发挥科协智力和人才优势，团结和引领首都广大科技工作者为实施创新驱动发展战略服务。依托中关村天合科技成果转化促进中心搭建北京市科学技术协会科技成果转化平台，引导和支持科技社团积极参与以企业为主体、以市场为导向、产学研结合的技术创新体系建设。建设科技社团创新簇企业示范站，助力企业提升自主创新能力，服务全国科技创新中心建设。坚持以企业需求为导向，大力推进开放式企业科协建设和院士专家工作站建设，引导创新要素向企业聚集，推动企业自主创新。实施金桥工程资助种子资金项目，服务企业科技创新和培养青年科技工作者。举办首都大学生科技创新作品与专利成果展示推介会，推介大学生科技创新作品，培养青年科技人才创新意识和创新精神。深化农民致富科技套餐配送工程，在 10 个远郊区建立科技套餐工程都市型现代农业示范基站。搭建京津冀科协科技成果转化平台，实施“首都科技工作者助力河北创新发展”行动计划，助力京津冀协同发展。

为提高全民科学素质服务。切实履行北京市全民科学素质纲要实施工作办公室职责，建立公民科学素质共建机制。成立北京科普资源联盟、北京科学教育馆协会，积极构建科普工作社会化格局，形成联动效应、质量效应、品牌效应。按照“世界眼光、时代特征、北京特色、创新发展”的建设理念，坚持“展教结合、以教为主”功能定位，构建以北京科学中心为核心、以 16 个区域分中心和若干专业特色科普场馆为依托的北京科学中心发展体系。不断加强科普信息化建设，着力构建由蝌蚪五线谱网站、手机终端、社区数字科普视窗、楼宇电视等载体组成的面向公众的数字化科普网络体系。以北京科学嘉年华、青少年科技创新大赛等大型品牌科普活动为重点，以青少年科学营、科学家进校园、科普之春、科普之夏、首都科学讲堂、公务员科学素质大讲堂等一系列面向基层的主题科普活动为补充，影响和带动公众参与科普活动，在全社会营造讲科学、爱科学、学科学、用科学的浓厚氛围。2018 年北京市公民具备科学素质的比例达到 21.48%。

为党和政府科学决策服务。着力构建以国家级科技思想库建设为重点，以调研课题、决策咨询沙龙、科技工作者建议、科技工作者状况调查、提案议案等为主要形式的特色决策咨询工作格局，服务党和政府科学决策。围绕京津冀协同发展、全国科技创新中心建设等重大科技战略问题，组织专家学者与市领导面对面交流。围绕大气雾霾等首都经济社会发展中的重点、难点、焦点问题，组织专家建言献策。通过课题委托研究的方式，与科研院所、高等院校建立协作联系，共同服务首都科学决策。创办《科技人力资源专报》《科技参考》等刊物，打造决策咨询沙龙，开展北京科技工作者状况调查，接受中国科协委托，进行第三方评估。5 年来，产生各种决策咨询成果 1000 余件，中央及北京市领导批示 30 次，为党委政府的科学决策发挥了积极作用。

加强科协团体自身建设。深入贯彻中央和市委群团工作会议精神，围绕保持和增强科协组织的政治性、先进性、群众性，扎实推进科协系统深化改革。制定《北京市科协团体会员管理办法（试行）》，加强科技社团规范管理和指导。推进“百强社团”创建，支持引导优秀百强社团实现“四个转变”创新发展。通过政府购买岗位的方式为学会配备专职人员，推进秘书处实体化建设。推进科技社团承接政府转移职能，支持科技社团利用专业优势开展社会化服务。积极探索新形势下“枢纽型”社会组织党建新模式，实现了党的工作全覆盖，引领科技工作者听党话、跟党走。按照中央书记处“六个哪里”的要求，加强基层组织建设，推动科协组织向企业、高校、农村延伸。深入学习贯彻习近平新时代中国特色社会主义思想和党的十九大精神，落实新时代党的建设总要求，以党的政治建设为统领，以首善标准推进科协党的政治建设、思想建设、组织建设、作风建设、纪律建设，制度建设贯穿其中，把全面从严治党要求落细落实，不断提升党建工作质量，切实增强科协各级党组织创造力、凝聚力和战斗力，不断增强“四个意识”，坚定“四个自信”，做到“两个维护”，为推进科协系统深化改革提供坚强保证。

地址：北京市朝阳区小营育慧里 4 号
邮编：100101
电话：010–84635008

北京市科学技术协会主要领导一览表

职务	姓名
党组书记	沈洁
常务副主席	司马红
党组成员、副主席	田文，刘晓勘，孟凡兴，陈维成
一级巡视员	何劲松，岳鸿志
二级巡视员、秘书长	张玉山

北京市科学技术协会机关部门一览表

序号	部门	序号	部门
1	办公室	5	学会部
2	计划财务部	6	科普部
3	人事部	7	机关党委
4	调研宣传部	8	机关纪委

2021年北京市重点实验室一览表

序号	实验室名称	序号	实验室名称
1	城市综合应急科学北京市重点实验室	37	语言声学与内容理解北京市重点实验室
2	动物源食品安全检测技术北京市重点实验室	38	分子影像北京市重点实验室
3	分子与微结构可控高分子材料技术北京市重点实验室	39	移动计算与新型终端北京市重点实验室
4	飞机/发动机综合系统安全性北京市重点实验室	40	无线通信测试技术北京市重点实验室
5	大功率电力电子北京市重点实验室	41	第四代移动通信技术研究北京市重点实验室
6	太阳能发电技术北京市重点实验室	42	网络体系构建与融合北京市重点实验室
7	安全生产智能监控北京市重点实验室	43	云计算关键技术与应用北京市重点实验室
8	细胞工程和抗体药物北京市重点实验室	44	网络密码认证技术北京市重点实验室
9	生物饲料添加剂北京市重点实验室	45	嵌入式实时信息处理技术北京市重点实验室
10	新能源汽车动力总成技术北京市重点实验室	46	文化遗产数字化保护与虚拟现实北京市重点实验室
11	轨道工程北京市重点实验室	47	网络安全防护技术北京市重点实验室
12	城市交通运行仿真与决策支持北京市重点实验室	48	可信计算北京市重点实验室
13	二氧化碳资源利用与减排技术北京市重点实验室	49	软件安全工程技术北京市重点实验室
14	冶金工业节能减排北京市重点实验室	50	电子系统可靠性技术北京市重点实验室
15	低品位能源多相流与传热北京市重点实验室	51	集成电路测试技术北京市重点实验室
16	分布式冷热电联供系统北京市重点实验室	52	矿冶过程自动控制技术北京市重点实验室
17	新能源材料与器件北京市重点实验室	53	液晶材料分析及应用技术北京市重点实验室
18	高端机械装备健康监控与自愈化北京市重点实验室	54	啤酒酿造技术北京市重点实验室
19	车路协同与安全控制北京市重点实验室	55	特种弹性体复合材料北京市重点实验室
20	流域水环境与生态技术北京市重点实验室	56	微量分析测试方法与仪器研制北京市重点实验室
21	水体污染源控制技术北京市重点实验室	57	油气装备材料失效与腐蚀防护北京市重点实验室
22	工业场地污染与修复北京市重点实验室	58	农产品有害微生物及农残安全检测与控制北京市重点实验室
23	环境噪声与振动北京市重点实验室	59	出入境食品安全检测北京市重点实验室
24	植物基因资源与低碳环境生物技术北京市重点实验室	60	食物中毒诊断溯源技术北京市重点实验室
25	恩泽生物质精细化工北京市重点实验室	61	食品安全毒理学研究与评价北京市重点实验室
26	离子液体清洁过程北京市重点实验室	62	农业智能装备技术北京市重点实验室
27	先进电池材料理论与技术北京市重点实验室	63	现代农业装备优化设计北京市重点实验室
28	特种陶瓷与耐火材料北京市重点实验室	64	肉类加工技术北京市重点实验室
29	镀膜靶材北京市重点实验室	65	种子病害检验与防控北京市重点实验室
30	水泥混凝土节能利废技术北京市重点实验室	66	绿化植物育种北京市重点实验室
31	防水材料北京市重点实验室	67	葡萄科学与酿酒技术北京市重点实验室
32	职业安全健康北京市重点实验室	68	抗性基因资源与分子发育北京市重点实验室
33	燃气、供热及地下管网运行安全北京市重点实验室	69	高温超导材料及应用技术北京市重点实验室
34	地下工程建设预报预警北京市重点实验室	70	生物电磁学北京市重点实验室
35	数字化印刷装备北京市重点实验室	71	煤基节能环保炭材料北京市重点实验室
36	高端印刷装备信号与信息处理北京市重点实验室	72	射频集成电路与系统北京市重点实验室

续表

序号	实验室名称	序号	实验室名称
73	航空材料检测与评价北京市重点实验室	115	生物医药成分分离与分析北京市重点实验室
74	精密合金技术北京市重点实验室	116	膜分离过程与技术北京市重点实验室
75	绿色可循环钢铁流程北京市重点实验室	117	营养健康与食品安全北京市重点实验室
76	药物非临床安全评价研究北京市重点实验室	118	太阳能与建筑节能玻璃材料加工技术北京市重点实验室
77	药物靶点研究与新药筛选北京市重点实验室	119	民用飞机设计数字仿真技术北京市重点实验室
78	活性物质发现与适药化北京市重点实验室	120	配电变压器节能技术北京市重点实验室
79	中药成分分析与生物评价北京市重点实验室	121	民用飞机结构与复合材料北京市重点实验室
80	心血管植入材料临床前研究评价北京市重点实验室	122	射频识别芯片检测技术北京市重点实验室
81	生物制品安全性评价北京市重点实验室	123	基于 IPv6 的电信网络技术北京市重点实验室
82	全牙再生与口腔组织功能重建北京市重点实验室	124	二氧化碳捕集与处理北京市重点实验室
83	热带病防治研究北京市重点实验室	125	骨科再生医学北京市重点实验室
84	丙型肝炎和肝病免疫治疗北京市重点实验室	126	中枢神经系统损伤研究北京市重点实验室
85	乙型肝炎与肝癌转化医学研究北京市重点实验室	127	儿童发育营养组学北京市重点实验室
86	艾滋病研究北京市重点实验室	128	鼻病研究北京市重点实验室
87	药物传输技术及新型制剂北京市重点实验室	129	泌尿生殖系疾病（男）分子诊治北京市重点实验室
88	单克隆抗体上游研发技术北京市重点实验室	130	磁共振成像脑信息学北京市重点实验室
89	蛋白质组学北京市重点实验室	131	衰老及相关疾病研究北京市重点实验室
90	结合疫苗新技术研究北京市重点实验室	132	风湿病机制及免疫诊断北京市重点实验室
91	DNA 损伤应答北京市重点实验室	133	帕金森病研究北京市重点实验室
92	基因组学研究北京市重点实验室	134	癫痫病临床医学研究北京市重点实验室
93	脑肿瘤研究北京市重点实验室	135	精神疾病诊断与治疗北京市重点实验室
94	神经精神药理学北京市重点实验室	136	心血管受体研究北京市重点实验室
95	脑功能疾病调控治疗北京市重点实验室	137	新发突发传染病研究北京市重点实验室
96	磁共振成像设备与技术北京市重点实验室	138	耐药结核病研究北京市重点实验室
97	中药药理北京市重点实验室	139	肺损伤与感染北京市重点实验室
98	脑血管病转化医学北京市重点实验室	140	儿童血液病与肿瘤分子分型北京市重点实验室
99	证候与方剂基础研究北京市重点实验室	141	糖尿病防治研究北京市重点实验室
100	中医药防治重大疾病基础研究北京市重点实验室	142	中药（天然药物）创新药物研发北京市重点实验室
101	道地中药材功能基因组研究北京市重点实验室	143	抗肿瘤分子靶向药物临床研究北京市重点实验室
102	生化诊断试剂检验技术北京市重点实验室	144	晶型药物研究北京市重点实验室
103	器官移植与免疫调节北京市重点实验室	145	低温生物医学工程学北京市重点实验室
104	造血干细胞移植治疗血液病北京市重点实验室	146	心脏药械技术与循证医学研究北京市重点实验室
105	临床流行病学北京市重点实验室	147	新药作用机制研究与药效评价北京市重点实验室
106	皮肤损伤修复与组织再生北京市重点实验室	148	肿瘤系统生物学北京市重点实验室
107	肾脏疾病研究北京市重点实验室	149	人机交互北京市重点实验室
108	科技政策模拟与决策支撑北京市重点实验室	150	网络多媒体北京市重点实验室
109	跨媒体出版北京市重点实验室	151	石油数据挖掘北京市重点实验室
110	恶性肿瘤转化研究北京市重点实验室	152	新一代通信射频芯片技术北京市重点实验室
111	皮肤病分子诊断北京市重点实验室	153	材料领域知识工程北京市重点实验室
112	脊柱疾病研究北京市重点实验室	154	毫米波与太赫兹技术北京市重点实验室
113	生殖内分泌与辅助生殖技术北京市重点实验室	155	高速交通工具智能诊断与健康管理北京市重点实验室
114	消化疾病癌前病变北京市重点实验室	156	光电测试技术北京市重点实验室

续表

序号	实验室名称	序号	实验室名称
157	化学电源与绿色催化北京市重点实验室	199	生物制造与快速成形技术北京市重点实验室
158	先进化学蓄电技术与材料北京市重点实验室	200	高能束流增量制造技术与装备北京市重点实验室
159	纳米能源材料北京市重点实验室	201	飞行器装配机器人装备北京市重点实验室
160	能量转换与存储材料北京市重点实验室	202	核检测技术北京市重点实验室
161	非常规天然气能源地质评价与开发工程北京市重点实验室	203	机械结构非线性振动与强度北京市重点实验室
162	工业废水处理与资源化北京市重点实验室	204	多维多尺度计算摄像北京市重点实验室
163	污染场地风险模拟与修复北京市重点实验室	205	物联网信息安全技术北京市重点实验室
164	油气污染防治北京市重点实验室	206	分数域信号与系统北京市重点实验室
165	云降水物理研究和云水资源开发北京市重点实验室	207	智能物流系统北京市重点实验室
166	园林绿地生态功能评价与调控技术北京市重点实验室	208	精密光电测试仪器及技术北京市重点实验室
167	林木生物质化学北京市重点实验室	209	区域大气复合污染防治北京市重点实验室
168	温室气体封存与石油开采利用北京市重点实验室	210	城市空间信息工程北京市重点实验室
169	城市道路交通智能控制技术北京市重点实验室	211	湿地生态功能与恢复北京市重点实验室
170	城市交通节能减排检测与评估北京市重点实验室	212	结构风工程与城市风环境北京市重点实验室
171	低维半导体材料与器件北京市重点实验室	213	热电生产过程污染物监测与控制北京市重点实验室
172	纳米光子学与超精密光电系统北京市重点实验室	214	热力过程节能技术北京市重点实验室
173	高温合金新材料北京市重点实验室	215	综合交通运行监测与服务北京市重点实验室
174	辐射新材料北京市重点实验室	216	生物燃气高值利用北京市重点实验室
175	材料电化学过程与技术北京市重点实验室	217	精准林业北京市重点实验室
176	固体微结构与性能北京市重点实验室	218	生物质炼制工程北京市重点实验室
177	功能分子与晶态材料科学与应用北京市重点实验室	219	非能动核能安全技术北京市重点实验室
178	精密超精密制造装备及控制北京市重点实验室	220	仿生能源材料与器件北京市重点实验室
179	复杂构件数控加工工艺及装备北京市重点实验室	221	先进功能材料与结构分析北京市重点实验室
180	城市运行应急保障模拟技术北京市重点实验室	222	光功能材料与器件北京市重点实验室
181	城市有毒有害易燃易爆危险源控制技术北京市重点实验室	223	特种涂层材料与技术北京市重点实验室
182	环境有害化学物质分析北京市重点实验室	224	稀贵金属绿色回收与提取北京市重点实验室
183	蔬菜种质改良北京市重点实验室	225	光电功能材料与微纳器件北京市重点实验室
184	农业基因资源与生物技术北京市重点实验室	226	金属材料表征北京市重点实验室
185	设施蔬菜生长发育调控北京市重点实验室	227	光电转换材料北京市重点实验室
186	森林资源生态系统过程北京市重点实验室	228	玉米 DNA 指纹及分子育种北京市重点实验室
187	畜禽疫病防控技术北京市重点实验室	229	畜禽遗传改良北京市重点实验室
188	蔬菜有害生物控制与优质栽培北京市重点实验室	230	奶牛遗传育种与繁殖北京市重点实验室
189	植物源功能食品北京市重点实验室	231	花卉种质创新与分子育种北京市重点实验室
190	林业食品加工与安全北京市重点实验室	232	生物多样性与有机农业北京市重点实验室
191	博物馆展陈设计与空间实现北京市重点实验室	233	林木有害生物防治北京市重点实验室
192	文化创意产业标准化研究北京市重点实验室	234	果蔬农产品保鲜与加工北京市重点实验室
193	空间热控技术北京市重点实验室	235	代谢及心血管分子医学北京市重点实验室
194	计算智能与智能系统北京市重点实验室	236	代谢紊乱相关心血管疾病北京市重点实验室
195	高动态导航技术北京市重点实验室	237	儿童耳鼻咽喉头颈外科疾病北京市重点实验室
196	数字动画技术研究与应用北京市重点实验室	238	心血管疾病微创技术研究北京市重点实验室
197	交通数据分析与挖掘北京市重点实验室	239	运动医学关节伤病北京市重点实验室
198	电弧等离子应用装备北京市重点实验室	240	视网膜脉络膜疾病诊治研究北京市重点实验室

续表

序号	实验室名称	序号	实验室名称
241	肝硬化转化医学北京市重点实验室	281	有机材料检测技术与质量评价北京市重点实验室
242	老年认知障碍疾病北京市重点实验室	282	首都区域空间规划研究北京市重点实验室
243	临床生物力学应用基础研究北京市重点实验室	283	现代演艺技术北京市重点实验室
244	中医正骨技术北京市重点实验室	284	数字出版标准符合性测试北京市重点实验室
245	神经系统小血管病探索北京市重点实验室	285	纳米材料与器件物理北京市重点实验室
246	传染病分子诊断新技术北京市重点实验室	286	非金属矿物与固废资源材料化利用北京市重点实验室
247	生物工程与传感技术北京市重点实验室	287	超材料与器件北京市重点实验室
248	病原微生物耐药与耐药基因组学北京市重点实验室	288	高端金属材料特种熔炼与制备北京市重点实验室
249	肿瘤治疗性疫苗北京市重点实验室	289	生物质废弃物资源化利用北京市重点实验室
250	环境毒理学北京市重点实验室	290	煤制清洁液体燃料北京市重点实验室
251	高血压病研究北京市重点实验室	291	新型薄膜太阳电池北京市重点实验室
252	药物临床风险与个体化应用评价北京市重点实验室	292	气动热力储能与供能北京市重点实验室
253	中医养生学北京市重点实验室	293	杂交小麦分子遗传北京市重点实验室
254	高端植介入医疗器械优化设计与评测技术北京市重点实验室	294	奶牛营养学北京市重点实验室
255	基因组与精准医学检测技术北京市重点实验室	295	渔业生物技术北京市重点实验室
256	药物依赖性研究北京市重点实验室	296	花卉发育与品质调控北京市重点实验室
257	城市绿色发展科技战略研究北京市重点实验室	297	圈养野生动物技术北京市重点实验室
258	包装印刷新技术北京市重点实验室	298	肿瘤侵袭和转移机制研究北京市重点实验室
259	新媒体动画技术北京市重点实验室	299	骨与软组织肿瘤研究北京市重点实验室
260	大规模流数据集成与分析技术北京市重点实验室	300	痴呆诊治转化医学研究北京市重点实验室
261	云计算标准与测试验证北京市重点实验室	301	头颈部分子病理诊断北京市重点实验室
262	超高速宽带通信北京市重点实验室	302	胎儿心脏病母胎医学研究北京市重点实验室
263	航天机电产品环境可靠性试验技术北京市重点实验室	303	肝硬化肝癌基础研究北京市重点实验室
264	空间智能机器人系统技术与应用北京市重点实验室	304	媒介生物危害和自然疫源性疾病北京市重点实验室
265	电火花加工技术北京市重点实验室	305	结核病诊疗新技术北京市重点实验室
266	网络化协同空管技术北京市重点实验室	306	儿童病毒病病原学北京市重点实验室
267	油气光学探测技术北京市重点实验室	307	儿童呼吸道感染性疾病研究北京市重点实验室
268	道路工程材料与检测鉴定技术北京市重点实验室	308	低氧适应转化医学北京市重点实验室
269	新能源乘用车节能与安全北京市重点实验室	309	免疫炎性疾病北京市重点实验室
270	高速铁路信号系统北京市重点实验室	310	移植耐受与器官保护北京市重点实验室
271	新兴有机污染物控制北京市重点实验室	311	儿科遗传性疾病分子诊断与研究北京市重点实验室
272	环境损害与污染修复北京市重点实验室	312	中医络病研究北京市重点实验室
273	绿色催化与分离北京市重点实验室	313	神经电刺激研究与治疗北京市重点实验室
274	工业典型污染物资源化处理北京市重点实验室	314	中医感染性疾病基础研究北京市重点实验室
275	微细尺度流动与相变传热北京市重点实验室	315	中医药防治过敏性疾病北京市重点实验室
276	灾害救援医学北京市重点实验室	316	血液安全保障技术研究北京市重点实验室
277	安防大数据处理与应用北京市重点实验室	317	抗感染药物研究北京市重点实验室
278	金属矿山智能开采技术北京市重点实验室	318	创新药物非临床药物代谢及药代/药效研究北京市重点实验室
279	地铁火灾与客流疏运安全北京市重点实验室	319	放射生物学北京市重点实验室
280	移动媒体与文化计算北京市重点实验室	320	蛋白质修饰与细胞功能北京市重点实验室

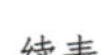

续表

序号	实验室名称	序号	实验室名称
321	工程化构建与力学生物学北京市重点实验室	361	心血管疾病分子诊断北京市重点实验室
322	中药鉴定与安全性评估北京市重点实验室	362	急性心肌梗死早期预警和干预北京市重点实验室
323	生物应急与临床 POCT 北京市重点实验室	363	神经损伤与康复北京市重点实验室
324	医疗器械检验与安全性评价北京市重点实验室	364	心肺脑复苏北京市重点实验室
325	大数据管理与分析方法研究北京市重点实验室	365	幽门螺杆菌感染及上胃肠疾病防治研究北京市重点实验室
326	三维及纳米集成电路设计自动化技术北京市重点实验室	366	骨骼畸形遗传学研究北京市重点实验室
327	复杂信息数学表征分析与应用北京市重点实验室	367	传染病相关疾病生物标志物北京市重点实验室
328	食品安全大数据技术北京市重点实验室	368	功能性胃肠病中医诊治北京市重点实验室
329	无机可延展柔性信息技术北京市重点实验室	369	银屑病中医临床基础研究北京市重点实验室
330	轻型工业机器人与安全验证北京市重点实验室	370	尿液细胞分子诊断北京市重点实验室
331	机器人仿生与功能研究北京市重点实验室	371	上气道功能障碍相关心血管疾病研究北京市重点实验室
332	直流电网技术与仿真北京市重点实验室	372	创新药物临床药代药效研究北京市重点实验室
333	地铁运营安全保障技术北京市重点实验室	373	脑网络组北京市重点实验室
334	新能源汽车高效动力传动与系统控制北京市重点实验室	374	分子药剂学与新释药系统北京市重点实验室
335	城市轨道交通车辆服役性能保障北京市重点实验室	375	干细胞新药研发及临床转化研究北京市重点实验室
336	大气颗粒物监测技术北京市重点实验室	376	治疗性基因工程抗体北京市重点实验室
337	水中典型污染物控制与水质保障北京市重点实验室	377	中药生产过程控制与质量评价北京市重点实验室
338	室内空气质量评价与控制北京市重点实验室	378	新发再发传染病动物模型研究北京市重点实验室
339	过程流体过滤与分离技术北京市重点实验室	379	老年功能障碍康复辅助技术北京市重点实验室
340	放射性废物处理北京市重点实验室	380	中药品质评价北京市重点实验室
341	建构筑物检测评估技术研究北京市重点实验室	381	航空发动机结构强度北京市重点实验室
342	建筑环境优化设计与评测北京市重点实验室	382	精密转动和传动机构长寿命技术北京市重点实验室
343	金属矿产资源评价与分析检测北京市重点实验室	383	数字化塑性成形技术及装备北京市重点实验室
344	北京文博文物科技保护研究与应用北京市重点实验室	384	天基空间环境探测北京市重点实验室
345	结构可控先进功能材料与绿色应用北京市重点实验室	385	航天绿色推进剂研究与应用北京市重点实验室
346	先进核能材料与物理北京市重点实验室	386	基于大数据的城市科学研究北京市重点实验室
347	材料基因工程北京市重点实验室	387	固态量子器件北京市重点实验室
348	发电系统功能材料北京市重点实验室	388	半导体神经网络智能感知与计算技术北京市重点实验室
349	微藻生物能源与资源北京市重点实验室	389	天地互联与融合北京市重点实验室
350	食品非热加工北京市重点实验室	390	超高频、大功率化合物半导体器件与集成技术北京市重点实验室
351	农产品产地环境监测北京市重点实验室	391	工业大数据系统与应用北京市重点实验室
352	数字植物北京市重点实验室	392	智能交通数据安全与隐私保护技术北京市重点实验室
353	口腔数字医学北京市重点实验室	393	建筑大数据智能处理方法研究北京市重点实验室
354	儿童器官功能衰竭北京市重点实验室	394	机器人“手－眼－脑”融合智能研究与应用北京市重点实验室
355	聋病防治北京市重点实验室	395	金属轻量化成形制造北京市重点实验室
356	妊娠合并糖尿病母胎医学研究北京市重点实验室	396	节能照明电源集成与制造北京市重点实验室
357	儿童慢性肾脏病与血液净化北京市重点实验室	397	深水油气管线关键技术与装备北京市重点实验室
358	雾霾健康效应与防护北京市重点实验室	398	电动汽车动力电池检测北京市重点实验室
359	眼内肿瘤诊治研究北京市重点实验室	399	城市轨道交通全自动运行系统与安全监控北京市重点实验室
360	行为与心理健康北京市重点实验室	400	城市轨道交通深基坑岩土工程北京市重点实验室

续表

序号	实验室名称	序号	实验室名称
401	微波感知与安防应用北京市重点实验室	429	脑功能重建北京市重点实验室
402	城市水循环与海绵城市技术北京市重点实验室	430	神经退行性疾病生物标志物研究及转化北京市重点实验室
403	绿色建筑环境与节能技术北京市重点实验室	431	针灸神经调控北京市重点实验室
404	能源环境催化北京市重点实验室	432	结直肠癌诊疗研究北京市重点实验室
405	城市地下空间工程北京市重点实验室	433	临床合理用药生物特征谱学评价北京市重点实验室
406	矿物环境功能北京市重点实验室	434	肝衰竭与人工肝治疗研究北京市重点实验室
407	城市大气挥发性有机物污染防治技术与应用北京市重点实验室	435	造血干细胞治疗及转化研究北京市重点实验室
408	燃料清洁化及高效催化减排技术北京市重点实验室	436	女性盆底疾病研究北京市重点实验室
409	生活垃圾检测分析与评价北京市重点实验室	437	眼部神经损伤的重建保护与康复北京市重点实验室
410	塑料卫生与安全质量评价技术北京市重点实验室	438	核医学分子靶向诊疗北京市重点实验室
411	电力调度自动化技术研究与系统评价北京市重点实验室	439	出生缺陷遗传学研究北京市重点实验室
412	服装工效与功能创新设计北京市重点实验室	440	慢性心衰精准医学北京市重点实验室
413	光场成像与数字几何北京市重点实验室	441	侵袭性真菌病机制研究与精准诊断北京市重点实验室
414	建筑遗产精细重构与健康监测北京市重点实验室	442	过敏性疾病精准诊疗研究北京市重点实验室
415	磁电功能材料与器件北京市重点实验室	443	冠心病精准治疗北京市重点实验室
416	磁光电复合材料与界面科学北京市重点实验室	444	生物材料与神经再生北京市重点实验室
417	微纳能源与传感北京市重点实验室	445	动物衰老细胞生物学北京市重点实验室
418	轻量化多功能复合材料与结构北京市重点实验室	446	病原微生物感染与免疫防御北京市重点实验室
419	先进功能高分子复合材料北京市重点实验室	447	慢性疾病的免疫学研究北京市重点实验室
420	建筑结构与环境修复功能材料北京市重点实验室	448	无人机自主控制技术北京市重点实验室
421	共伴生能源精准开采北京市重点实验室	449	深低温技术研究北京市重点实验室
422	需求侧多能互补优化与供需互动技术北京市重点实验室	450	先进光学遥感技术北京市重点实验室
423	农田土壤污染防控与修复北京市重点实验室	451	“一带一路”数据分析与决策支持北京市重点实验室
424	功能主食创制与慢病营养干预北京市重点实验室	452	城市群系统演化与可持续发展的决策模拟研究北京市重点实验室
425	植物蛋白与谷物加工北京市重点实验室	453	绿色发展大数据决策北京市重点实验室
426	北方果树病虫害绿色防控北京市重点实验室	454	能源经济与环境管理北京市重点实验室
427	骨科机器人技术北京市重点实验室	455	新能源电力与低碳发展研究北京市重点实验室
428	神经影像大数据与人脑连接组学北京市重点实验室		

注：资料来源为北京市科学技术委员会、中关村科技园区管理委员会。

2021 年在京国家临床医学研究中心一览表

序号	疾病领域 / 临床专科	国家临床医学研究中心	依托单位
1	心血管疾病	国家心血管疾病临床医学研究中心	中国医学科学院阜外心血管病医院 首都医科大学附属北京安贞医院
2	神经系统疾病	国家神经系统疾病临床医学研究中心	首都医科大学附属北京天坛医院
3	慢性肾病	国家慢性肾病临床医学研究中心	中国人民解放军总医院
4	恶性肿瘤	国家恶性肿瘤临床医学研究中心	中国医学科学院肿瘤医院
5	呼吸系统疾病	国家呼吸系统疾病临床医学研究中心	北京医院 首都医科大学附属北京儿童医院
6	精神心理疾病	国家精神心理疾病临床医学研究中心	北京大学第六医院 首都医科大学附属安定医院
7	妇产疾病	国家妇产疾病临床医学研究中心	中国医学科学院北京协和医院 北京大学第三医院
8	消化系统疾病	国家消化系统疾病临床医学研究中心	首都医科大学附属北京友谊医院
9	口腔疾病	国家口腔疾病临床医学研究中心	北京大学口腔医院
10	老年疾病	国家老年疾病临床医学研究中心	中国人民解放军总医院 北京医院 首都医科大学附属宣武医院
11	感染性疾病	国家传染性疾病（病毒性肝炎）临床医学研究中心	中国人民解放军第三〇二医院
12	骨科与运动康复	国家骨科与运动康复临床医学研究中心	中国人民解放军总医院
13	眼耳鼻喉疾病	国家耳鼻咽喉疾病临床医学研究中心	中国人民解放军总医院
14	皮肤与免疫疾病	国家皮肤和免疫疾病临床医学研究中心	北京大学第一医院 中国医学科学院北京协和医院
15	血液系统疾病	国家血液系统疾病临床医学研究中心	北京大学人民医院
16	中医	国家中医临床医学研究中心	中国中医科学院西苑医院

注：资料来源为北京市科学技术委员会、中关村科技园区管理委员会。

2021年北京市国家级、市级大学科技园一览表

序号	科技园名称	科技园级别	
1	华北电力大学国家大学科技园	国家级大学科技园	北京市级大学科技园
2	中国人民大学国家大学科技园	国家级大学科技园	北京市级大学科技园
3	北师大—北中医国家大学科技园	国家级大学科技园	北京市级大学科技园
4	中国矿业大学（北京）国家大学科技园	国家级大学科技园	北京市级大学科技园
5	清华大学国家大学科技园	国家级大学科技园	北京市级大学科技园
6	北京大学国家大学科技园	国家级大学科技园	北京市级大学科技园
7	北京航空航天大学国家大学科技园	国家级大学科技园	北京市级大学科技园
8	北京理工大学国家大学科技园	国家级大学科技园	北京市级大学科技园
9	北京邮电大学国家大学科技园	国家级大学科技园	北京市级大学科技园
10	北京科技大学国家大学科技园	国家级大学科技园	北京市级大学科技园
11	北京工业大学国家大学科技园	国家级大学科技园	北京市级大学科技园
12	北京交通大学国家大学科技园	国家级大学科技园	北京市级大学科技园
13	北京林业大学国家大学科技园	国家级大学科技园	北京市级大学科技园
14	中国农业大学国家大学科技园	国家级大学科技园	北京市级大学科技园
15	北京化工大学国家大学科技园	国家级大学科技园	北京市级大学科技园
16	中国传媒大学科技园		北京市级大学科技园
17	北京印刷学院科技园		北京市级大学科技园
18	北京农学院科技园		北京市级大学科技园
19	北京物资学院科技园		北京市级大学科技园
20	中国石油大学（北京）科技园		北京市级大学科技园
21	中央财经大学科技园		北京市级大学科技园
22	北京联合大学科技园		北京市级大学科技园
23	北京信息科技大学科技园		北京市级大学科技园
24	中国政法大学科技园		北京市级大学科技园
25	北京建筑大学科技园		北京市级大学科技园
26	首都师范大学科技园		北京市级大学科技园
27	首都医科大学科技园		北京市级大学科技园
28	北京电影学院科技园		北京市级大学科技园
29	北京服装学院科技园		北京市级大学科技园

注：资料来源为北京市科学技术委员会、中关村科技园区管理委员会。

2021年北京市国家级、市级科技企业孵化器一览表

序号	孵化器运营主体名称	孵化器级别	
1	北京高技术创业服务中心有限公司	国家级孵化器	北京市级孵化器
2	北京北航天汇科技孵化器有限公司	国家级孵化器	北京市级孵化器
3	北京中关村国际孵化器有限公司	国家级孵化器	北京市级孵化器
4	北京赛欧科园科技孵化中心有限公司	国家级孵化器	北京市级孵化器
5	北京奥宇科技企业孵化器有限责任公司	国家级孵化器	北京市级孵化器
6	北京中关村软件园孵化服务有限公司	国家级孵化器	北京市级孵化器
7	北京康华伟业孵化器有限责任公司	国家级孵化器	北京市级孵化器
8	汇龙森国际企业孵化（北京）有限公司	国家级孵化器	北京市级孵化器
9	北京九州通科技孵化器有限公司	国家级孵化器	北京市级孵化器
10	北京中关村上地生物科技发展有限公司	国家级孵化器	北京市级孵化器
11	汇龙森欧洲科技（北京）有限公司	国家级孵化器	北京市级孵化器
12	北京牡丹科技孵化器有限公司	国家级孵化器	北京市级孵化器
13	北京亦庄国际生物医药投资管理有限公司	国家级孵化器	北京市级孵化器
14	创新工场（北京）企业管理股份有限公司	国家级孵化器	北京市级孵化器
15	北京创业公社投资发展有限公司	国家级孵化器	北京市级孵化器
16	中关村意谷（北京）科技服务有限公司	国家级孵化器	北京市级孵化器
17	贝壳菁汇科技集团有限公司	国家级孵化器	北京市级孵化器
18	北京斯坦福科技孵化器有限公司	国家级孵化器	北京市级孵化器
19	北京天亿弘方投资管理有限公司	国家级孵化器	北京市级孵化器
20	同方科技园有限公司	国家级孵化器	北京市级孵化器
21	北京正开科技有限公司	国家级孵化器	北京市级孵化器
22	北京禾芫科技孵化器有限公司	国家级孵化器	北京市级孵化器
23	北京京仪融科科技孵化器有限公司	国家级孵化器	北京市级孵化器
24	京卫惟科生物科技孵化（北京）有限公司	国家级孵化器	北京市级孵化器
25	北京首科创融科技孵化器有限公司	国家级孵化器	北京市级孵化器
26	中关村科技园区丰台园科技创业服务中心	国家级孵化器	
27	中关村科技园区海淀园创业服务中心	国家级孵化器	
28	北京望京科技孵化服务有限公司	国家级孵化器	
29	北京启迪创业孵化器有限公司	国家级孵化器	
30	北京科大方兴科技孵化器有限责任公司	国家级孵化器	
31	北京普天德胜科技孵化器有限公司	国家级孵化器	
32	北京华海基业科技孵化器有限公司	国家级孵化器	
33	北京博奥联创科技孵化器有限公司	国家级孵化器	
34	北京汉潮大成科技孵化器有限公司	国家级孵化器	
35	北京理工创新高科技孵化器有限公司	国家级孵化器	
36	北京中关村生命科学园生物医药科技孵化有限公司	国家级孵化器	
37	北京京仪科技孵化器有限公司	国家级孵化器	

续表

序号	孵化器运营主体名称	孵化器级别	
38	北京瀚海润泽科技孵化器有限公司	国家级孵化器	
39	北京瀚海博智科技孵化器有限公司	国家级孵化器	
40	北京北达燕园科技孵化器有限公司	国家级孵化器	
41	北京人大文化科技企业孵化器有限公司	国家级孵化器	
42	北京厚德科创科技孵化器有限公司	国家级孵化器	
43	北京交大科技孵化器有限公司	国家级孵化器	
44	北京华商置业有限公司	国家级孵化器	
45	北京牡丹创新科技孵化器有限公司	国家级孵化器	
46	北京嘉捷美锦科技发展有限公司	国家级孵化器	
47	北京中关村京蒙高科企业孵化器有限责任公司	国家级孵化器	
48	北京宏福科技孵化器股份有限公司	国家级孵化器	
49	北京乐邦乐成创业投资管理有限公司	国家级孵化器	
50	博雅燕园科技企业孵化（北京）有限公司	国家级孵化器	
51	北京东方嘉诚文化产业发展有限公司	国家级孵化器	
52	北京赢家伟业科技孵化器股份有限公司	国家级孵化器	
53	北京东创空间文化产业发展有限公司	国家级孵化器	
54	北京京辰瑞达科技孵化中心	国家级孵化器	
55	北京华电天德科技园有限公司	国家级孵化器	
56	北京国投尚科信息技术有限公司	国家级孵化器	
57	北京北控高科技孵化器有限公司	国家级孵化器	
58	锋创科技发展（北京）有限公司	国家级孵化器	
59	北京普天电子城科技孵化器有限公司	国家级孵化器	
60	北大医疗产业园科技有限公司	国家级孵化器	
61	北京云基地云计算科技发展有限公司	国家级孵化器	
62	北京搜宝创展科技孵化器有限责任公司	国家级孵化器	
63	大唐创新港投资（北京）有限公司	国家级孵化器	
64	北京东升科技企业加速器有限公司	国家级孵化器	
65	北京高创天成国际企业孵化器有限公司		北京市级孵化器
66	北京创客帮科技孵化器有限公司		北京市级孵化器
67	北京联想之星投资管理有限公司		北京市级孵化器
68	燕园校友投资管理有限公司		北京市级孵化器
69	北京硬创空间科技有限公司		北京市级孵化器
70	北京创业谷科技孵化器有限公司		北京市级孵化器
71	紫荆花科技孵化器（北京）有限公司		北京市级孵化器
72	星库空间（北京）创业投资有限公司		北京市级孵化器
73	鼎石天元投资（北京）有限公司		北京市级孵化器
74	中孵高科产业孵化（北京）有限公司		北京市级孵化器
75	北京国联万众半导体科技有限公司		北京市级孵化器
76	北京安创空间科技有限公司		北京市级孵化器
77	北京厚德昌科投资管理有限公司		北京市级孵化器
78	北京即联即用创业投资有限公司		北京市级孵化器

续表

序号	孵化器运营主体名称	孵化器级别
79	北创营（北京）科技孵化器有限公司	北京市级孵化器
80	北京天作理化科技孵化器有限公司	北京市级孵化器
81	北京优投科技孵化器有限公司	北京市级孵化器
82	北京瀚海华美国际咨询有限公司	北京市级孵化器
83	北京乐邦乐成科技孵化器有限公司	北京市级孵化器
84	中关村创客小镇（北京）科技有限公司	北京市级孵化器
85	北京科创空间投资发展有限公司	北京市级孵化器
86	北京鹍鹏科创科技发展有限公司	北京市级孵化器
87	北京中关村创业大街科技服务有限公司	北京市级孵化器
88	北京华卫天和生物科技有限公司	北京市级孵化器
89	北京时代凌宇科技孵化器有限公司	北京市级孵化器
90	北京中科创星科技有限公司	北京市级孵化器
91	北京青禾谷仓科技有限公司	北京市级孵化器
92	北京首都科技发展集团科技服务有限公司	北京市级孵化器
93	中科智能互联（北京）科技发展有限公司	北京市级孵化器
94	北京贝壳京工时尚创新科技有限公司	北京市级孵化器
95	奇绩创坛（北京）投资管理有限责任公司	北京市级孵化器
96	北京创园国际科技有限公司	北京市级孵化器
97	北京科方创业科技企业孵化器有限公司	北京市级孵化器
98	北京景大空间科技有限公司	北京市级孵化器
99	北京东辉达科技孵化器有限公司	北京市级孵化器
100	北京西雷威荣科技发展有限公司	北京市级孵化器
101	北京大华无线电仪器有限责任公司	北京市级孵化器
102	北京火炬人科技有限公司	北京市级孵化器
103	北京小威科技孵化器有限公司	北京市级孵化器
104	荷塘探索国际健康科技发展（北京）有限公司	北京市级孵化器
105	北京机电研究所有限公司	北京市级孵化器
106	北京莞京创新科技服务有限公司	北京市级孵化器
107	北京芯创空间科技服务有限责任公司	北京市级孵化器
108	北京天安科创置业有限公司	北京市级孵化器
109	北京星光拓诚投资有限公司	北京市级孵化器
110	北京维鲸科技有限公司	北京市级孵化器
111	北京华卫康健科技孵化器有限责任公司	北京市级孵化器
112	中东集团物业管理有限公司	北京市级孵化器
113	北京渡业投资管理有限公司	北京市级孵化器
114	宝业通（北京）科技孵化器有限公司	北京市级孵化器
115	北京瀚海智业国际科技发展有限公司	北京市级孵化器
116	北京众智鼎昌科技产业有限公司	北京市级孵化器
117	北京东升联创科技孵化器有限公司	北京市级孵化器
118	北京昌科国际科技有限公司	北京市级孵化器
119	北京军腾博奥科技服务有限公司	北京市级孵化器
120	北京亚杰商汇咨询有限公司	北京市级孵化器

注：资料来源为北京市科学技术委员会、中关村科技园区管理委员会。

2021 年北京市国家级、市级众创空间一览表

序号	众创空间运营主体名称	众创空间级别	
1	中关村科技园区丰台园科技创业服务中心	国家级众创空间	北京市级众创空间
2	北京赛欧科园科技孵化中心有限公司	国家级众创空间	北京市级众创空间
3	北京奥宇科技企业孵化器有限责任公司	国家级众创空间	北京市级众创空间
4	北京中关村软件园孵化服务有限公司	国家级众创空间	北京市级众创空间
5	北京普天德胜科技孵化器有限公司	国家级众创空间	北京市级众创空间
6	北京理工创新高科技孵化器有限公司	国家级众创空间	北京市级众创空间
7	北京京仪科技孵化器有限公司	国家级众创空间	北京市级众创空间
8	北京瀚海博智科技孵化器有限公司	国家级众创空间	北京市级众创空间
9	北京北达燕园科技孵化器有限公司	国家级众创空间	北京市级众创空间
10	北京人大文化科技企业孵化器有限公司	国家级众创空间	北京市级众创空间
11	北京厚德科创科技孵化器有限公司	国家级众创空间	北京市级众创空间
12	北京华商置业有限公司	国家级众创空间	北京市级众创空间
13	北京宏福科技孵化器股份有限公司	国家级众创空间	北京市级众创空间
14	北京东方嘉诚文化产业发展有限公司	国家级众创空间	北京市级众创空间
15	北京创业公社投资发展有限公司	国家级众创空间	北京市级众创空间
16	中关村意谷（北京）科技服务有限公司	国家级众创空间	北京市级众创空间
17	北京嬴家伟业科技孵化器股份有限公司	国家级众创空间	北京市级众创空间
18	北京国投尚科信息技术有限公司	国家级众创空间	北京市级众创空间
19	贝壳菁汇科技集团有限公司	国家级众创空间	北京市级众创空间
20	锋创科技发展（北京）有限公司	国家级众创空间	北京市级众创空间
21	北京斯坦福科技孵化器有限公司	国家级众创空间	北京市级众创空间
22	北京普天电子城科技孵化器有限公司	国家级众创空间	北京市级众创空间
23	北大医疗产业园科技有限公司	国家级众创空间	北京市级众创空间
24	北京趣酷科技有限公司	国家级众创空间	北京市级众创空间
25	北京北航科技园有限公司	国家级众创空间	北京市级众创空间
26	中财大科技园（北京）有限公司	国家级众创空间	北京市级众创空间
27	北京科聚思网络科技有限公司	国家级众创空间	北京市级众创空间
28	纳什空间创业科技（北京）有限公司	国家级众创空间	北京市级众创空间
29	北京迪希工业设计创意开发有限公司	国家级众创空间	北京市级众创空间
30	中文发集团文化有限公司	国家级众创空间	北京市级众创空间
31	北京市文化创新工场投资管理有限公司	国家级众创空间	北京市级众创空间
32	北京极地加科技有限公司	国家级众创空间	北京市级众创空间
33	北京北服时尚投资管理有限公司	国家级众创空间	北京市级众创空间
34	首邦（北京）资产运营有限公司	国家级众创空间	北京市级众创空间
35	创业邦（北京）传媒文化有限公司	国家级众创空间	北京市级众创空间
36	汉唐信通（北京）咨询股份有限公司	国家级众创空间	北京市级众创空间
37	国安龙巢（北京）科技投资有限公司	国家级众创空间	北京市级众创空间

续表

序号	众创空间运营主体名称	众创空间级别	
38	光合空间（北京）企业孵化器有限公司	国家级众创空间	北京市级众创空间
39	北京创客空间科技有限公司	国家级众创空间	北京市级众创空间
40	北京车库咖啡孵化器运营管理有限公司	国家级众创空间	北京市级众创空间
41	清华大学经济管理学院	国家级众创空间	北京市级众创空间
42	北京创客帮科技孵化器有限公司	国家级众创空间	北京市级众创空间
43	北京3W孵化器管理有限公司	国家级众创空间	北京市级众创空间
44	氪空间（北京）信息技术有限公司	国家级众创空间	北京市级众创空间
45	北京联想之星投资管理有限公司	国家级众创空间	北京市级众创空间
46	北京天使汇金融信息服务有限公司	国家级众创空间	北京市级众创空间
47	北京金种子创业谷科技孵化器中心	国家级众创空间	北京市级众创空间
48	北京创业未来传媒技术有限公司	国家级众创空间	北京市级众创空间
49	北京爱思创芯汇咨询有限公司	国家级众创空间	北京市级众创空间
50	北京飞马旅企业管理有限公司	国家级众创空间	北京市级众创空间
51	亚杰汇（北京）网络科技服务有限公司	国家级众创空间	北京市级众创空间
52	燕园校友投资管理有限公司	国家级众创空间	北京市级众创空间
53	北京虫洞创业之家科技服务有限公司	国家级众创空间	北京市级众创空间
54	启迪之星（北京）科技企业孵化器有限公司	国家级众创空间	北京市级众创空间
55	北京硬创空间科技有限公司	国家级众创空间	北京市级众创空间
56	北京清创纪元创业教育科技有限责任公司	国家级众创空间	北京市级众创空间
57	北京清创科技孵化器有限公司	国家级众创空间	北京市级众创空间
58	太库（北京）科技孵化器有限公司	国家级众创空间	北京市级众创空间
59	北京创业谷科技孵化器有限公司	国家级众创空间	北京市级众创空间
60	北京东晟合创科技孵化器有限公司	国家级众创空间	北京市级众创空间
61	北京云基地云计算科技发展有限公司	国家级众创空间	北京市级众创空间
62	阿尔法沃夫（北京）加速器科技有限公司	国家级众创空间	北京市级众创空间
63	兰天使创新创业孵化器有限公司	国家级众创空间	北京市级众创空间
64	万巢（北京）众创空间有限公司	国家级众创空间	北京市级众创空间
65	优府科技服务（北京）有限公司	国家级众创空间	北京市级众创空间
66	北京中关村国际数字设计中心有限公司	国家级众创空间	北京市级众创空间
67	北京银行中关村分行	国家级众创空间	北京市级众创空间
68	北京远见育成科技孵化器有限公司	国家级众创空间	北京市级众创空间
69	北京巨峰智海商务服务有限公司	国家级众创空间	北京市级众创空间
70	北京建设大学（中国农业大学科技园）	国家级众创空间	北京市级众创空间
71	北京众合海川科技孵化器有限公司	国家级众创空间	北京市级众创空间
72	北京天亿弘方投资管理有限公司	国家级众创空间	北京市级众创空间
73	北京海置科创科技服务有限公司	国家级众创空间	北京市级众创空间
74	北京衫晒科技孵化器有限公司	国家级众创空间	北京市级众创空间
75	北京U家创业投资管理有限公司	国家级众创空间	北京市级众创空间
76	紫荆花科技孵化器（北京）有限公司	国家级众创空间	北京市级众创空间
77	大唐网络有限公司	国家级众创空间	北京市级众创空间
78	校际空间（北京）科技孵化器有限责任公司	国家级众创空间	北京市级众创空间

续表

序号	众创空间运营主体名称	众创空间级别	
79	同方科技园有限公司	国家级众创空间	北京市级众创空间
80	一九一一文化传播（北京）有限公司	国家级众创空间	北京市级众创空间
81	北京库尔好同学科技有限公司	国家级众创空间	北京市级众创空间
82	雷雷伙伴（北京）科技孵化器有限公司	国家级众创空间	北京市级众创空间
83	北京智泽惠通科技孵化器有限公司	国家级众创空间	北京市级众创空间
84	北京宏泰智会科技服务有限公司	国家级众创空间	北京市级众创空间
85	星库空间（北京）创业投资有限公司	国家级众创空间	北京市级众创空间
86	黑钻石（北京）文化传媒股份有限公司	国家级众创空间	北京市级众创空间
87	北京北方车辆新技术孵化器有限公司	国家级众创空间	北京市级众创空间
88	九一金融信息服务（北京）有限公司	国家级众创空间	北京市级众创空间
89	北京创新谷科技孵化器有限公司	国家级众创空间	北京市级众创空间
90	北京海聚博源科技孵化器有限公司	国家级众创空间	北京市级众创空间
91	北京方和正圆科技企业孵化器有限公司	国家级众创空间	北京市级众创空间
92	优客工场（北京）创业投资有限公司	国家级众创空间	北京市级众创空间
93	鼎石天元投资（北京）有限公司	国家级众创空间	北京市级众创空间
94	北京正开科技有限公司	国家级众创空间	北京市级众创空间
95	北京快投会网络科技有限公司	国家级众创空间	北京市级众创空间
96	北京东尚泰和科技有限公司	国家级众创空间	北京市级众创空间
97	北京中科电商谷信息技术有限公司	国家级众创空间	北京市级众创空间
98	北京鸿坤理想投资管理有限公司	国家级众创空间	北京市级众创空间
99	北京禾芫科技孵化器有限公司	国家级众创空间	北京市级众创空间
100	北京通明湖信息城发展有限公司	国家级众创空间	北京市级众创空间
101	北京安快创业科技有限公司	国家级众创空间	北京市级众创空间
102	北京九城软件有限公司	国家级众创空间	北京市级众创空间
103	中孵高科产业孵化（北京）有限公司	国家级众创空间	北京市级众创空间
104	北京国联万众半导体科技有限公司	国家级众创空间	北京市级众创空间
105	北京安创空间科技有限公司	国家级众创空间	北京市级众创空间
106	北京厚德昌科投资管理有限公司	国家级众创空间	北京市级众创空间
107	北京昌品城市文化发展有限公司	国家级众创空间	北京市级众创空间
108	中航联创科技有限公司	国家级众创空间	北京市级众创空间
109	北京即联即用创业投资有限公司	国家级众创空间	北京市级众创空间
110	逐鹿仁德（北京）科技孵化器有限公司	国家级众创空间	北京市级众创空间
111	北创营（北京）科技孵化器有限公司	国家级众创空间	北京市级众创空间
112	北京金丰和科技企业孵化器有限责任公司	国家级众创空间	北京市级众创空间
113	智创工坊（北京）科技有限公司	国家级众创空间	北京市级众创空间
114	北京市化学工业研究院有限责任公司	国家级众创空间	北京市级众创空间
115	北京星火国创企业管理有限公司	国家级众创空间	北京市级众创空间
116	北京京仪融科科技孵化器有限公司	国家级众创空间	北京市级众创空间
117	京卫惟科生物科技孵化（北京）有限公司	国家级众创空间	北京市级众创空间
118	北京国泰青春商业有限公司	国家级众创空间	北京市级众创空间
119	北京天作理化科技孵化器有限公司	国家级众创空间	北京市级众创空间

续表

序号	众创空间运营主体名称	众创空间级别	
120	北京业主行网络科技有限公司	国家级众创空间	北京市级众创空间
121	北京优投科技孵化器有限公司	国家级众创空间	北京市级众创空间
122	中民国投（北京）投资控股有限公司	国家级众创空间	北京市级众创空间
123	北京智汇互联科技孵化器有限公司	国家级众创空间	北京市级众创空间
124	北京北化大科技园有限公司	国家级众创空间	北京市级众创空间
125	北京倪帮尔科技孵化器有限公司	国家级众创空间	北京市级众创空间
126	微创业（北京）企业管理服务有限公司	国家级众创空间	北京市级众创空间
127	北京九州众创科技孵化器有限公司	国家级众创空间	北京市级众创空间
128	青创动力（北京）科技孵化器有限公司	国家级众创空间	北京市级众创空间
129	北京中关村软件园发展有限责任公司	国家级众创空间	北京市级众创空间
130	英库百特科技服务（北京）有限公司	国家级众创空间	北京市级众创空间
131	北京德山科技有限公司	国家级众创空间	北京市级众创空间
132	北京科创空间投资发展有限公司	国家级众创空间	北京市级众创空间
133	北京鹍鹏科创科技发展有限公司	国家级众创空间	北京市级众创空间
134	北京思客空间科技有限公司	国家级众创空间	北京市级众创空间
135	骏一知识产权运营（北京）有限公司	国家级众创空间	北京市级众创空间
136	中咨合创（北京）科技孵化器有限公司	国家级众创空间	北京市级众创空间
137	中粮营养健康研究院有限公司	国家级众创空间	北京市级众创空间
138	北京国数创业创新企业管理有限公司	国家级众创空间	北京市级众创空间
139	北京首科创融科技孵化器有限公司	国家级众创空间	北京市级众创空间
140	北京金隅启迪科技孵化器有限公司	国家级众创空间	北京市级众创空间
141	北京嘉润创业商务有限公司	国家级众创空间	北京市级众创空间
142	北京睿思创业空间科技有限公司	国家级众创空间	北京市级众创空间
143	大唐创新港投资（北京）有限公司	国家级众创空间	北京市级众创空间
144	北京创新方舟科技有限公司	国家级众创空间	
145	微软（中国）有限公司	国家级众创空间	
146	北京瀚海华美国际咨询有限公司	国家级众创空间	
147	清控道口财富科技（北京）股份有限公司	国家级众创空间	
148	北京九州通科技孵化器有限公司		北京市级众创空间
149	北京汉潮大成科技孵化器有限公司		北京市级众创空间
150	北京中关村上地生物科技发展有限公司		北京市级众创空间
151	北京牡丹科技孵化器有限公司		北京市级众创空间
152	北京牡丹创新科技孵化器有限公司		北京市级众创空间
153	首创中传（北京）文化传媒发展有限公司		北京市级众创空间
154	北京燕科科技孵化器有限公司		北京市级众创空间
155	北京师大科技园科技发展有限责任公司		北京市级众创空间
156	北京北林科技园有限公司		北京市级众创空间
157	北京绿色印刷包装产业技术研究院有限公司		北京市级众创空间
158	北京北农企业管理有限公司		北京市级众创空间
159	北京北建大科技园发展有限公司		北京市级众创空间
160	合作共创（北京）办公服务有限公司		北京市级众创空间

续表

序号	众创空间运营主体名称	众创空间级别
161	北京微创空间科技孵化器有限公司	北京市级众创空间
162	众智博汇（北京）科技孵化器有限责任公司	北京市级众创空间
163	一八九八文化传媒（北京）有限公司	北京市级众创空间
164	美丽华夏（北京）投资有限公司	北京市级众创空间
165	北京歌华设计有限公司	北京市级众创空间
166	北京市计算中心	北京市级众创空间
167	北京天洋蜂巢投资管理有限公司	北京市级众创空间
168	天使聚场（北京）科技有限公司	北京市级众创空间
169	中关村领创空间科技服务有限责任公司	北京市级众创空间
170	依文服饰股份有限公司	北京市级众创空间
171	北京易华录信息技术股份有限公司	北京市级众创空间
172	众致创新（北京）科技有限公司	北京市级众创空间
173	北京石龙经济开发区投资开发有限公司	北京市级众创空间
174	三维六度（北京）科技股份有限公司	北京市级众创空间
175	北京盛泰华业科技有限公司	北京市级众创空间
176	北京乐邦乐成科技孵化器有限公司	北京市级众创空间
177	中国技术交易所有限公司	北京市级众创空间
178	北京速普创新投资管理有限公司	北京市级众创空间
179	知为创客（北京）投资有限公司	北京市级众创空间
180	北京企联众创科技有限公司	北京市级众创空间
181	优享创智（北京）科技服务有限公司	北京市级众创空间
182	天音互动（北京）文化传媒发展有限公司	北京市级众创空间
183	北京市长城伟业投资开发总公司	北京市级众创空间
184	北京倍格创业生态科技有限公司	北京市级众创空间
185	嘉创工场（北京）科技孵化器有限责任公司	北京市级众创空间
186	中关村创客小镇（北京）科技有限公司	北京市级众创空间
187	中国动漫集团有限公司	北京市级众创空间
188	北京信中利潮客海创科技有限公司	北京市级众创空间
189	北京智优沃科技有限公司	北京市级众创空间
190	北京梅希云科技发展有限公司	北京市级众创空间
191	北京星河空间科技集团有限公司	北京市级众创空间
192	国信优易数据有限公司	北京市级众创空间
193	北京燕园丰创网络技术有限公司	北京市级众创空间
194	北京金蜜蜂文化创意股份有限公司	北京市级众创空间
195	创汇空间（北京）科技孵化器有限公司	北京市级众创空间
196	建信万通商务服务（北京）有限公司	北京市级众创空间
197	北京凤岐创业服务有限公司	北京市级众创空间
198	北京天使成长科技孵化器有限公司	北京市级众创空间
199	北京龙创悦动网络科技有限公司	北京市级众创空间
200	正益移动互联科技股份有限公司	北京市级众创空间
201	北京文创科技有限责任公司	北京市级众创空间

续表

序号	众创空间运营主体名称	众创空间级别
202	北京华地融信物业管理有限公司	北京市级众创空间
203	北京世茂华泰投资有限公司	北京市级众创空间
204	北京航星机器制造有限公司	北京市级众创空间
205	赋腾创客之城（北京）科技有限公司	北京市级众创空间
206	北京三帝科技股份有限公司	北京市级众创空间
207	国安创客（北京）科技有限公司	北京市级众创空间
208	中关村青创（北京）国际科技有限公司	北京市级众创空间
209	北京中关村创业大街科技服务有限公司	北京市级众创空间
210	北京经开投资开发股份有限公司	北京市级众创空间
211	北京京东方物业发展有限公司	北京市级众创空间
212	北京华卫天和生物科技有限公司	北京市级众创空间
213	大河套（北京）投资有限公司	北京市级众创空间
214	备安众创（北京）科技有限公司	北京市级众创空间
215	北京蓝色光标数据科技股份有限公司	北京市级众创空间
216	北京中天新一代投资管理有限公司	北京市级众创空间
217	北京时代凌宇科技孵化器有限公司	北京市级众创空间
218	北京热兴创新文化发展有限公司	北京市级众创空间
219	北京创新社科技孵化器有限公司	北京市级众创空间
220	北京星空间站科技孵化器有限公司	北京市级众创空间
221	北京筑梦成信息技术有限公司	北京市级众创空间
222	北京同茂浩源科技开发有限公司	北京市级众创空间
223	北京三一太阳谷科技有限公司	北京市级众创空间
224	育米科技（北京）有限公司	北京市级众创空间
225	北京中科创星科技有限公司	北京市级众创空间
226	北京洪泰智造信息技术有限公司	北京市级众创空间
227	北京昌科互联商业运营管理有限公司	北京市级众创空间
228	北京乐加创业投资有限公司	北京市级众创空间
229	外语教学与研究出版社有限责任公司	北京市级众创空间
230	北京金信博奥科技服务有限公司	北京市级众创空间
231	北京首科凯奇电气技术有限公司	北京市级众创空间
232	北京中科喀斯玛科技孵化器有限公司	北京市级众创空间
233	北京奥祥智造科技有限公司	北京市级众创空间
234	北京易修复生态科技有限公司	北京市级众创空间
235	北京天助立业物业管理有限公司	北京市级众创空间
236	北大资源集团文化艺术传播（北京）有限公司	北京市级众创空间
237	世欣东方（北京）文化集团有限公司	北京市级众创空间
238	影都文化投资发展有限公司	北京市级众创空间
239	北京极客星辰科技有限公司	北京市级众创空间
240	部落方舟（北京）科技有限公司	北京市级众创空间
241	北京西山九圆企业管理有限公司	北京市级众创空间
242	首开文投（北京）文化科技有限公司	北京市级众创空间

续表

序号	众创空间运营主体名称	众创空间级别
243	北京侨创空间科技有限责任公司	北京市级众创空间
244	北京鼎新至诚投资顾问有限公司	北京市级众创空间
245	创客基地科技孵化器（北京）有限公司	北京市级众创空间
246	北京德钧咨询有限公司	北京市级众创空间
247	华润置地（北京）股份有限公司	北京市级众创空间
248	恩加无限（北京）生产力促进有限公司	北京市级众创空间
249	翊翎空间（北京）企业管理有限公司	北京市级众创空间
250	北京飞牛科技有限公司	北京市级众创空间
251	北京联合国际食品药品医疗器械研发中心管理有限公司	北京市级众创空间
252	北京临空兴创科技有限公司	北京市级众创空间
253	北京侠客岛企业管理有限公司	北京市级众创空间
254	北焦科创高科技孵化器（北京）有限公司	北京市级众创空间
255	北京智创动力科技有限公司	北京市级众创空间
256	中关村医疗器械园有限公司	北京市级众创空间
257	北京未来科学城产业发展有限公司	北京市级众创空间
258	中国电信集团有限公司北京科技创新中心	北京市级众创空间
259	北京鼎海运维科技服务有限公司	北京市级众创空间
260	北京青禾谷仓科技有限公司	北京市级众创空间
261	北京昌平科技园发展有限公司	北京市级众创空间
262	北京首都科技发展集团科技服务有限公司	北京市级众创空间
263	合众思壮北斗导航有限公司	北京市级众创空间
264	电信科学技术仪表研究所有限公司	北京市级众创空间
265	北京蓟航智能科技发展有限公司	北京市级众创空间
266	京中首信（北京）咨询服务有限公司	北京市级众创空间
267	北京亦创智能机器人产业研究院有限公司	北京市级众创空间
268	北京中科智源科技有限公司	北京市级众创空间
269	华润生命科学产业发展有限公司	北京市级众创空间
270	中东集团商务管理有限公司	北京市级众创空间
271	北京商标品牌通网络科技中心（有限合伙）	北京市级众创空间
272	北京中科睿芯智能计算产业研究院有限公司	北京市级众创空间
273	北京城乡时代投资有限公司	北京市级众创空间
274	北京通州科技创新投资发展有限公司	北京市级众创空间
275	北京北创空间科技服务有限公司	北京市级众创空间
276	北京欧华创新科技有限公司	北京市级众创空间
277	中科智能互联（北京）科技发展有限公司	北京市级众创空间
278	北京鹍鹏汇智国际技术服务有限公司	北京市级众创空间
279	中检启迪（北京）科技有限公司	北京市级众创空间
280	全球能源互联网研究院有限公司	北京市级众创空间
281	北京中关村互联网教育科技服务有限责任公司	北京市级众创空间
282	七六一工场（北京）科技发展有限公司	北京市级众创空间

续表

序号	众创空间运营主体名称	众创空间级别
283	北京德潭文化创意产业发展有限公司	北京市级众创空间
284	创集合（北京）科技有限公司	北京市级众创空间
285	中国电子科技集团公司信息科学研究院	北京市级众创空间
286	北京市射线应用研究中心	北京市级众创空间
287	北京跳动空间科技有限公司	北京市级众创空间
288	北京优智沃客科技有限公司	北京市级众创空间
289	北京启迪之星创业加速科技有限公司	北京市级众创空间
290	北京智慧长阳文化产业基地	北京市级众创空间
291	北京亦城盛世科技有限公司	北京市级众创空间
292	北京中源瑞盛投资有限公司	北京市级众创空间
293	北京风云气象科技有限公司	北京市级众创空间
294	北京爱悦达管理顾问有限公司	北京市级众创空间
295	北京燕星宇国际石化产品交易市场有限公司	北京市级众创空间
296	北京海东硬创科技有限公司	北京市级众创空间
297	北京东联同创科技孵化器有限公司	北京市级众创空间
298	北京尚东吉米科技发展有限公司	北京市级众创空间
299	北京易佰永嘉科贸有限公司	北京市级众创空间
300	北京壹零壹科技孵化器有限公司	北京市级众创空间
301	北京合睿科技有限公司	北京市级众创空间
302	北京中海汇银财税服务有限公司	北京市级众创空间
303	北京洛凯特文化传播有限公司	北京市级众创空间
304	优享翠林（北京）物业管理有限公司	北京市级众创空间
305	北京贝壳京工时尚创新科技有限公司	北京市级众创空间
306	中坤金信（北京）文化发展有限公司	北京市级众创空间
307	极创家（北京）科技有限公司	北京市级众创空间
308	智客硅谷（北京）科技发展有限公司	北京市级众创空间
309	中汇博泰（北京）商业运营管理有限公司	北京市级众创空间
310	星影空间（北京）文化有限公司	北京市级众创空间
311	华夏幸福创新（北京）企业管理有限公司	北京市级众创空间
312	北京启迪香山加速器科技有限公司	北京市级众创空间
313	九九工场（北京）文化发展有限公司	北京市级众创空间
314	光合优创（北京）科技企业孵化器有限公司	北京市级众创空间
315	北京易亨创业科技服务有限公司	北京市级众创空间
316	北京绿创环保集团科技孵化器有限公司	北京市级众创空间
317	北京首农供应链管理有限公司	北京市级众创空间
318	北京恒兴嘉业科技孵化器集团有限公司	北京市级众创空间
319	北京北电科林电子有限公司	北京市级众创空间
320	你好未来（北京）投资管理有限公司	北京市级众创空间

注：1. 国家级众创空间情况以科技部火炬中心开展 2020 年度国家众创空间备案工作为准。
2. 资料来源为北京市科学技术委员会、中关村科技园区管理委员会。

2021年北京市企业科技研究开发机构一览表

序号	机构认定号	机构名称
1	1003	富士通研究开发中心有限公司
2	1008	威盛电子（中国）有限公司
3	4010	北京市粮食科学研究院有限公司
4	2011	中冶建筑研究总院有限公司
5	2012	建研科技股份有限公司
6	4015	北京理正软件股份有限公司
7	2014	中国食品发酵工业研究院有限公司
8	4018	北京同仁堂股份有限公司科学研究所
9	2055	中冶京诚工程技术有限公司技术研究院
10	4086	北京华东电气股份有限公司技术研究中心
11	3010	北京长城华冠汽车技术开发有限公司
12	2021	中国纺织科学研究院研究开发中心
13	4249	爱博诺德（北京）医疗科技股份有限公司科技中心
14	4029	北京中研同仁堂医药研发有限公司
15	4169	北京四环生物制药有限公司北京科技分公司
16	3001	华为技术有限公司北京研究所
17	4041	北京英纳超导技术有限公司
18	4043	北京昭衍新药研究中心股份有限公司
19	1073	北京热力装备制造有限公司研发中心
20	1038	北京三星通信技术研究有限公司
21	4057	浦华环保有限公司北京浦华环境技术中心
22	4246	大道隆达（北京）医药科技发展有限公司
23	4036	中国医药研究开发中心有限公司
24	1039	保诺科技（北京）有限公司
25	3016	北京亨通斯博通讯科技有限公司光电技术研发中心
26	1041	罗森伯格亚太电子有限公司北京科技研发中心
27	4067	北京信得威特科技有限公司生物技术研究院
28	2025	北京机科国创轻量化科学研究院有限公司
29	4162	北京市燃气集团研究院
30	2029	中国建筑科学研究院有限公司
31	2030	中铁第五勘察设计院集团有限公司北京技术中心
32	1063	诺兰特移动通信配件（北京）有限公司研发中心
33	4084	北京万集科技股份有限公司智能交通技术研发中心
34	3015	北京创立科创医药技术开发有限公司
35	4085	北京协和建昊医药技术开发有限责任公司
36	4087	北京三元食品股份有限公司科研开发中心
37	4089	北京振东光明药物研究院有限公司
38	4090	简式国际汽车设计（北京）有限公司
39	1049	阿尔特汽车技术股份有限公司
40	4247	北京直真科技股份有限公司
41	4097	北京汽车研究总院有限公司
42	4248	北京知蜂堂健康科技股份有限公司保健食品研发中心
43	4101	北京利达华信电子有限公司技术研发中心
44	4105	北京利德曼生化股份有限公司研发中心
45	4111	北京爱尔达电子设备有限公司
46	4118	北京久其软件股份有限公司研发中心
47	3021	中广核（北京）仿真技术有限公司
48	4121	北京嘉林药业股份有限公司医药生物技术研究所
49	4250	荣盛盟固利新能源科技有限公司新能源技术研究院
50	4125	北京京鹏环宇畜牧科技股份有限公司海淀技术研发分公司
51	2043	北京交科公路勘察设计研究院有限公司
52	2045	北京大地高科地质勘查有限公司
53	2058	北京天科合达半导体股份有限公司
54	4144	北京世桥生物制药有限公司技术研发中心
55	4046	北京建筑材料科学研究总院有限公司
56	2026	矿冶科技集团有限公司
57	4158	北京阜康仁生物制药科技有限公司
58	2048	北京国富安电子商务安全认证有限公司
59	4174	北京博大光通物联科技股份有限公司
60	4175	北京盈科瑞创新医药股份有限公司
61	2052	北京中企卓创科技发展有限公司
62	2053	北京中海生物科技有限公司
63	4180	北京市勘察设计研究院有限公司
64	4231	盎亿泰地质微生物技术（北京）有限公司
65	4176	北京赛升药业股份有限公司研发中心
66	4179	北京智飞绿竹生物制药有限公司研发中心
67	1033	北京沙东生物技术有限公司
68	4028	北京康辰药业股份有限公司药物研究院
69	2040	北京正旦国际科技有限责任公司
70	4189	北京金科龙石油技术开发有限公司
71	4065	升华电梯有限公司北京技术研究所
72	4191	川北真空科技（北京）有限公司

续表

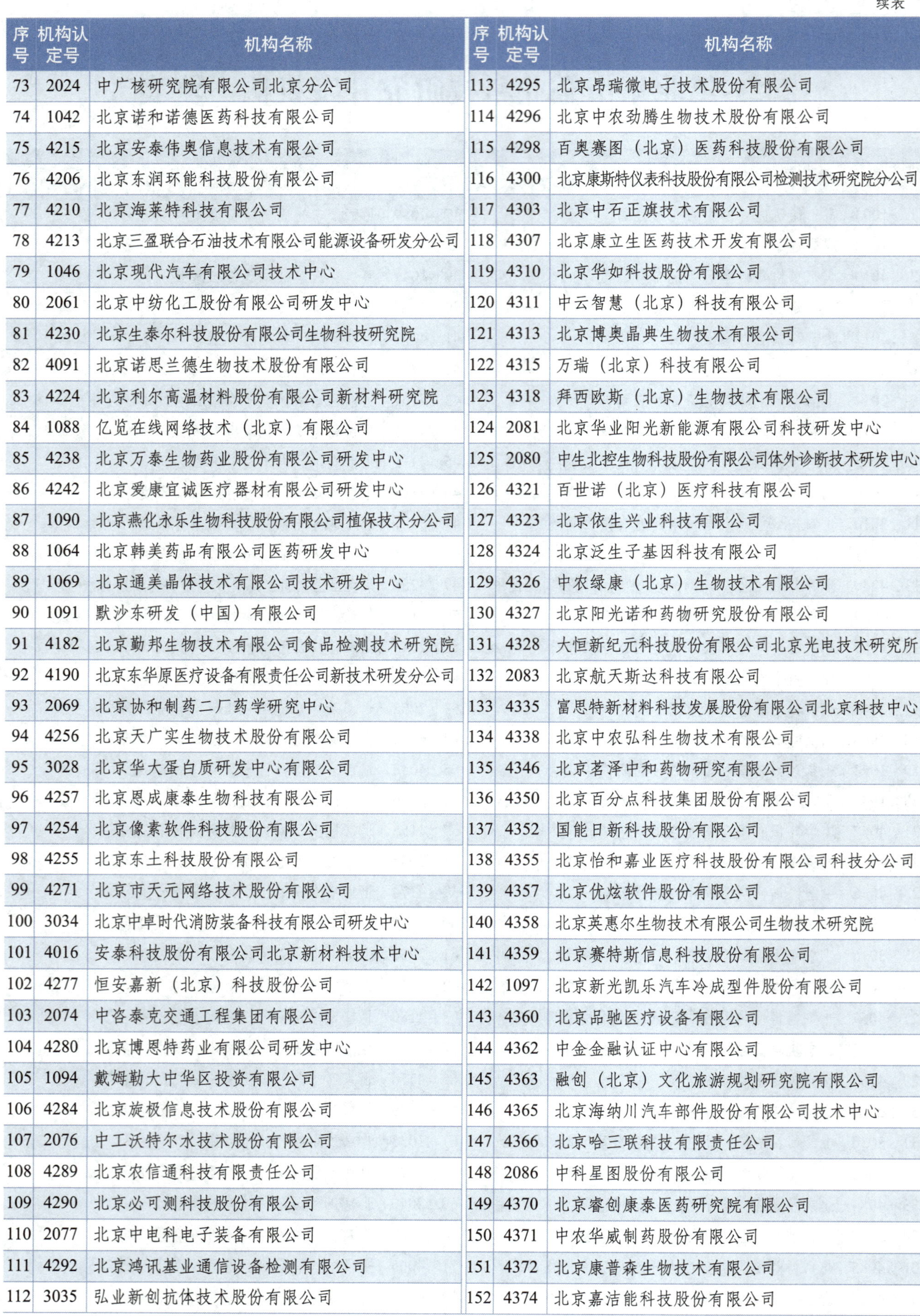

序号	机构认定号	机构名称
73	2024	中广核研究院有限公司北京分公司
74	1042	北京诺和诺德医药科技有限公司
75	4215	北京安泰伟奥信息技术有限公司
76	4206	北京东润环能科技股份有限公司
77	4210	北京海莱特科技有限公司
78	4213	北京三盈联合石油技术有限公司能源设备研发分公司
79	1046	北京现代汽车有限公司技术中心
80	2061	北京中纺化工股份有限公司研发中心
81	4230	北京生泰尔科技股份有限公司生物科技研究院
82	4091	北京诺思兰德生物技术股份有限公司
83	4224	北京利尔高温材料股份有限公司新材料研究院
84	1088	亿览在线网络技术（北京）有限公司
85	4238	北京万泰生物药业股份有限公司研发中心
86	4242	北京爱康宜诚医疗器材有限公司研发中心
87	1090	北京燕化永乐生物科技股份有限公司植保技术分公司
88	1064	北京韩美药品有限公司医药研发中心
89	1069	北京通美晶体技术有限公司技术研发中心
90	1091	默沙东研发（中国）有限公司
91	4182	北京勤邦生物技术有限公司食品检测技术研究院
92	4190	北京东华原医疗设备有限责任公司新技术研发分公司
93	2069	北京协和制药二厂药学研究中心
94	4256	北京天广实生物技术股份有限公司
95	3028	北京华大蛋白质研发中心有限公司
96	4257	北京恩成康泰生物科技有限公司
97	4254	北京像素软件科技股份有限公司
98	4255	北京东土科技股份有限公司
99	4271	北京市天元网络技术股份有限公司
100	3034	北京中卓时代消防装备科技有限公司研发中心
101	4016	安泰科技股份有限公司北京新材料技术中心
102	4277	恒安嘉新（北京）科技股份公司
103	2074	中咨泰克交通工程集团有限公司
104	4280	北京博恩特药业有限公司研发中心
105	1094	戴姆勒大中华区投资有限公司
106	4284	北京旋极信息技术股份有限公司
107	2076	中工沃特尔水技术股份有限公司
108	4289	北京农信通科技有限责任公司
109	4290	北京必可测科技股份有限公司
110	2077	北京中电科电子装备有限公司
111	4292	北京鸿讯基业通信设备检测有限公司
112	3035	弘业新创抗体技术股份有限公司
113	4295	北京昂瑞微电子技术股份有限公司
114	4296	北京中农劲腾生物技术股份有限公司
115	4298	百奥赛图（北京）医药科技股份有限公司
116	4300	北京康斯特仪表科技股份有限公司检测技术研究院分公司
117	4303	北京中石正旗技术有限公司
118	4307	北京康立生医药技术开发有限公司
119	4310	北京华如科技股份有限公司
120	4311	中云智慧（北京）科技有限公司
121	4313	北京博奥晶典生物技术有限公司
122	4315	万瑞（北京）科技有限公司
123	4318	拜西欧斯（北京）生物技术有限公司
124	2081	北京华业阳光新能源有限公司科技研发中心
125	2080	中生北控生物科技股份有限公司体外诊断技术研发中心
126	4321	百世诺（北京）医疗科技有限公司
127	4323	北京依生兴业科技有限公司
128	4324	北京泛生子基因科技有限公司
129	4326	中农绿康（北京）生物技术有限公司
130	4327	北京阳光诺和药物研究股份有限公司
131	4328	大恒新纪元科技股份有限公司北京光电技术研究所
132	2083	北京航天斯达科技有限公司
133	4335	富思特新材料科技发展股份有限公司北京科技中心
134	4338	北京中农弘科生物技术有限公司
135	4346	北京茗泽中和药物研究有限公司
136	4350	北京百分点科技集团股份有限公司
137	4352	国能日新科技股份有限公司
138	4355	北京怡和嘉业医疗科技股份有限公司科技分公司
139	4357	北京优炫软件股份有限公司
140	4358	北京英惠尔生物技术有限公司生物技术研究院
141	4359	北京赛特斯信息科技股份有限公司
142	1097	北京新光凯乐汽车冷成型件股份有限公司
143	4360	北京品驰医疗设备有限公司
144	4362	中金金融认证中心有限公司
145	4363	融创（北京）文化旅游规划研究院有限公司
146	4365	北京海纳川汽车部件股份有限公司技术中心
147	4366	北京哈三联科技有限责任公司
148	2086	中科星图股份有限公司
149	4370	北京睿创康泰医药研究院有限公司
150	4371	中农华威制药股份有限公司
151	4372	北京康普森生物技术有限公司
152	4374	北京嘉洁能科技股份有限公司

续表

序号	机构认定号	机构名称	序号	机构认定号	机构名称
153	4375	北京旌准医疗科技有限公司	193	1102	欧蒙医学诊断（中国）有限公司技术研发中心
154	1098	北京银河巴马生物技术股份有限公司	194	2091	北京电信规划设计院有限公司
155	4376	北京尃辉瑞进生物科技有限公司	195	4440	博易智软（北京）技术有限公司
156	4381	北京天工异彩影视科技有限公司	196	4441	北京旭阳科技有限公司
157	4382	北京捷泰天域信息技术有限公司	197	4442	北京安码科技有限公司
158	4383	北京市富乐科技开发有限公司	198	2092	国家电投集团科学技术研究院有限公司
159	4384	北京康爱瑞浩生物科技股份有限公司	199	4443	华夏龙晖（北京）汽车电子科技股份有限公司
160	4385	北京和缓医疗科技有限公司	200	4444	北京哈特凯尔医疗科技有限公司
161	4387	北京智行者科技有限公司	201	4445	北京五隆兴科技发展有限公司
162	4390	李宁（中国）体育用品有限公司技术中心	202	4446	北京聚龙科技发展有限公司
163	4391	北京燕华工程建设有限公司技术研发中心	203	4447	北京九章云极科技有限公司
164	4392	北京航天恒丰科技股份有限公司	204	4448	北京苏试创博环境可靠性技术有限公司
165	4396	北京索普尼科技有限公司	205	4449	北京星箭长空测控技术股份有限公司
166	4397	北京宏瑞汽车科技股份有限公司	206	4450	北京科荣达航空科技股份有限公司
167	4399	航天宏图信息技术股份有限公司	207	4451	北京泓慧国际能源技术发展有限公司
168	4400	北京凯达恒业农业技术开发有限公司技术开发中心	208	4452	北京自如信息科技有限公司
169	4401	北京沃邦医药科技有限公司	209	4453	北京市京海换热设备制造有限责任公司
170	4404	国电康能科技股份有限公司	210	4454	北京中环膜材料科技有限公司
171	4407	蓝箭航天空间科技股份有限公司	211	4455	北京杰利阳能源设备制造有限公司
172	4413	北京博康健基因科技有限公司	212	4459	北京高盟新材料股份有限公司技术研发中心
173	4414	北京智康博药肿瘤医学研究有限公司	213	4456	视联动力信息技术股份有限公司
174	4417	北京海洋兴业科技股份有限公司	214	4457	北京金隅琉水环保科技有限公司
175	4419	北京北汽模塑科技有限公司	215	4458	北京凯德石英股份有限公司
176	4420	碳能科技（北京）有限公司	216	4460	北京海天瑞声科技股份有限公司
177	4421	北京鑫开元医药科技有限公司	217	4461	北京佰才邦技术有限公司
178	4422	亿海蓝（北京）数据技术股份公司	218	4462	中电投工程研究检测评定中心有限公司
179	4424	北京慧荣和科技有限公司	219	4463	北京金朋达航空科技有限公司
180	4425	北京京能信息技术有限公司	220	4464	达闼科技（北京）有限公司
181	4426	北京荣创岩土工程股份有限公司	221	4465	三角兽（北京）科技有限公司
182	4427	北京振冲工程机械有限公司	222	4466	盛威时代科技集团有限公司
183	4428	北京银丰鼎诚生物工程技术有限公司	223	1103	海纳医信（北京）软件科技有限责任公司
184	4430	北京豪思生物科技有限公司	224	4467	航天数维高新技术股份有限公司
185	4431	九次方大数据信息集团有限公司	225	4468	北京京仪自动化装备技术股份有限公司
186	4432	北京大清生物技术股份有限公司生物技术研发中心	226	4469	北京亚控科技发展有限公司
187	4434	北京普惠三航科技有限公司	227	1104	北京诺诚健华医药科技有限公司
188	4435	北京燕化集联光电技术有限公司	228	4470	航天中认软件测评科技（北京）有限责任公司
189	4436	北京德麦特捷康科技发展有限公司	229	4471	美丽国土（北京）生态环境工程技术研究院有限公司
190	4437	北京澳合药物研究院有限公司	230	4472	北京江河幕墙系统工程有限公司科技分公司
191	4438	北京北达智汇微构分析测试中心有限公司	231	4473	北京康思润业生物技术有限公司
192	4439	北京知道创宇信息技术股份有限公司	232	4474	北京凯昆广胜新能源电器有限公司

续表

序号	机构认定号	机构名称	序号	机构认定号	机构名称
233	2093	北京科化新材料科技有限公司	273	4510	航天图景（北京）科技有限公司
234	4475	北交联合云计算股份有限公司	274	4511	北京梆梆安全科技有限公司
235	4476	北京希望组生物科技有限公司	275	4512	北京中宏立达科技发展有限公司
236	4477	博雅缉因（北京）生物科技有限公司	276	4513	博淼生物科技（北京）有限公司
237	4478	北京志道生物科技有限公司	277	4514	超同步股份有限公司北京智能装备技术研发中心
238	4479	北京惠中医疗器械有限公司	278	4515	北京雷蒙赛博机电技术有限公司
239	4480	北京博华信智科技股份有限公司	279	4516	互联网域名系统北京市工程研究中心有限公司
240	4481	电王精密电器（北京）有限公司	280	4517	北京世冠金洋科技发展有限公司
241	4482	健康力（北京）医疗科技有限公司	281	4518	北京华厚能源科技有限公司
242	4483	国创智能设备制造股份有限公司	282	4519	北京大成国测科技有限公司
243	4484	中玉金标记（北京）生物技术股份有限公司	283	4520	北京恒峰铭成生物科技有限公司
244	4485	北京诚济制药股份有限公司技术中心	284	4521	科稷达隆（北京）生物技术有限公司
245	1105	飞猫影视技术（北京）有限公司	285	4522	北京先通国际医药科技股份有限公司
246	4486	北京国电电科院检测科技有限公司	286	4523	北京天拓数信科技有限责任公司
247	4487	北京善为正子医药技术有限公司	287	2094	北京科莱博医药开发有限责任公司
248	4488	北京首量科技股份有限公司	288	4524	北京安必奇生物科技有限公司
249	4489	北京新领先医药科技发展有限公司	289	2095	北京轩宇空间科技有限公司
250	1106	北京北汽佛吉亚汽车系统有限公司	290	4525	北京龙鼎源科技股份有限公司技术开发中心
251	4490	北京秋实胶原肠衣有限公司	291	4526	北京车和家信息技术有限公司
252	4491	北京新安特风机有限公司	292	4527	北京众绘虚拟现实技术研究院有限公司
253	4492	北京大风太好环保工程有限公司	293	4529	北京吉因加科技有限公司
254	4493	北京京仪北方仪器仪表有限公司	294	4528	北京东方百泰生物科技有限公司
255	4494	北京埃索特核电子机械有限公司	295	4530	北京赛凡光电仪器有限公司
256	1107	北京燕山威立雅水务有限责任公司	296	4531	中科三清科技有限公司
257	4495	北京飞燕石化环保科技发展有限公司	297	4532	北京硕佰医药科技有限责任公司
258	4496	北京力达康科技有限公司	298	4533	北京住总万科建筑工业化科技股份有限公司装配式建筑研究院分公司
259	4497	北京卓镭激光技术有限公司	299	2096	中铝材料应用研究院有限公司
260	4498	北京康吉森技术有限公司	300	4534	北京麦康医疗器械有限公司
261	4499	北京华泰诺安探测技术有限公司	301	4535	艾美特焊接自动化技术（北京）有限公司
262	4500	北京东方昊为工业装备有限公司	302	1109	国投信开水环境投资有限公司
263	4501	优美特（北京）环境材料科技股份公司	303	4536	北京潞电电气设备有限公司
264	1108	北京五一视界数字孪生科技股份有限公司	304	4537	北京万鹏朗格医药科技有限公司
265	4502	北京捷通华声科技股份有限公司	305	4538	龙铁纵横（北京）轨道交通科技股份有限公司
266	4503	睿至科技集团有限公司	306	4539	天普新能源科技有限公司北京技术中心
267	4504	时趣互动（北京）科技有限公司	307	4540	北京斯利安药业有限公司大兴分公司
268	4505	北京雷格讯电子股份有限公司	308	4541	北京富地勘察测绘有限公司
269	4506	北京博奥森生物技术有限公司	309	4542	北京国遥新天地信息技术有限公司
270	4507	能科科技股份有限公司	310	2097	交信北斗科技有限公司
271	4508	北京中资燕京汽车有限公司	311	4543	梅卡曼德（北京）机器人科技有限公司
272	4509	北京明德立达农业科技有限公司	312	4544	中天众达智慧城市科技有限公司

续表

序号	机构认定号	机构名称	序号	机构认定号	机构名称
313	2098	北京九曜智能科技有限公司	353	4578	博诺康源（北京）药业科技有限公司
314	2099	电信科学技术仪表研究所有限公司	354	4579	曜立科技（北京）有限公司
315	4545	北京建筑材料检验研究院有限公司	355	4580	北京和合医学诊断技术股份有限公司
316	4546	北京麦邦光电仪器有限公司科技中心	356	4581	北京银企融合技术开发有限公司
317	4547	润方（北京）生物医药研究院有限公司	357	4582	北京益华生物科技有限公司
318	2100	北京首钢自动化信息技术有限公司	358	4583	北京智联安科技有限公司
319	4548	金电联行（北京）信息技术有限公司	359	4584	北京中安泰华科技有限公司
320	4549	北京中创碳投科技有限公司	360	2102	国珍健康科技（北京）有限公司
321	4550	北京博瑞世安科技有限公司	361	4585	中路交建（北京）工程材料技术有限公司
322	2101	国家电投集团氢能科技发展有限公司	362	4586	云控智行科技有限公司
323	4551	北京卫蓝新能源科技有限公司	363	4587	北京九天微星科技发展有限公司
324	4552	诺未科技（北京）有限公司	364	4588	北京科途医学科技有限公司
325	4553	北京比亚迪模具有限公司技术开发中心	365	4589	德诺杰亿（北京）生物科技有限公司
326	2101	北京方鸿智能科技有限公司	366	4590	北京千禧维讯科技有限公司
327	4554	北京东方淼森生物科技有限公司	367	4591	北京呈诺医学科技有限公司
328	4555	北京东方国信科技股份有限公司	368	4592	国开启科量子技术（北京）有限公司
329	4556	北京黎明文仪家具有限公司技术中心	369	4593	北京国电高科科技有限公司
330	4557	北京中科盛康科技有限公司	370	4594	北京轨道交通路网管理有限公司
331	4558	睿智合创（北京）科技有限公司	371	1110	北京倍舒特妇幼用品有限公司科学技术分公司
332	4559	北京八月瓜科技有限公司	372	3036	北京索德电气工业有限公司
333	4560	北京六合宁远医药科技股份有限公司	373	4595	北京中科宇航技术有限公司
334	4561	北京神州科鹰技术有限公司	374	4596	北京求臻医学检验实验室有限公司
335	4562	北京鼎成肽源生物技术有限公司	375	4597	北京华大信安科技有限公司
336	3036	北京拓界生物医药科技有限公司	376	4598	北京新城禹潞环保科技有限责任公司
337	3037	北京奥特尼克科技有限公司	377	4599	北京华氏开元医药科技有限公司
338	4563	微岩医学科技（北京）有限公司	378	2096	中材地质工程勘查研究院有限公司
339	4564	北京纳百生物科技有限公司	379	4600	亦康（北京）医药科技有限公司
340	4565	北京北方永达智能电气有限公司	380	3037	北京达因高科儿童药物研究院有限公司
341	4566	北京航天星汉科技有限公司	381	4601	华夏生生药业（北京）有限公司技术中心
342	4567	北京国科天迅科技有限公司	382	3038	北京美联泰科生物技术有限公司
343	4568	清能德创电气技术（北京）有限公司	383	4602	中星联华科技（北京）有限公司
344	4569	中家院（北京）检测认证有限公司	384	4603	北京华安天诚科技有限公司
345	4570	中译语通科技股份有限公司	385	4604	北京中检葆泰生物技术有限公司
346	4571	北京兴源联合医药科技有限公司	386	4605	北京达熙生物科技有限公司
347	4572	北京爱思益普生物科技股份有限公司	387	4606	北京星途探索科技有限公司
348	4573	北京安智因生物技术有限公司	388	4607	北京市科通电子继电器总厂有限公司
349	4574	北京星河动力装备科技有限公司	389	4608	北京友通上昊科技有限公司
350	4575	北京宇航推进科技有限公司	390	4609	北京鸿测科技发展有限公司
351	4576	北京海美源医药科技有限公司	391	4610	云和恩墨（北京）信息技术有限公司
352	4577	统信软件技术有限公司	392	2097	中化学科学技术研究有限公司

续表

序号	机构认定号	机构名称	序号	机构认定号	机构名称
393	4611	北京天衡军威医药技术开发有限公司	419	1114	华夏英泰（北京）生物技术有限公司
394	4612	北京博睿宏远数据科技股份有限公司	420	4632	国信优易数据股份有限公司
395	4613	北京升鑫网络科技有限公司	421	3041	北京电信易通信息技术股份有限公司
396	4614	百望股份有限公司	422	4633	国典（北京）医药科技有限公司
397	4615	北京普祺医药科技有限公司	423	3042	北京中科生仪科技有限公司
398	4616	北京中金瑞丰环保科技有限公司	424	3043	北京智同精密传动科技有限责任公司
399	1111	北京软体机器人科技有限公司	425	4634	北京奥特恒业电气设备有限公司
400	4617	北京美斯顿科技开发有限公司通州分公司	426	4635	北京百普赛斯生物科技股份有限公司
401	3039	北京睿信丰科技有限公司	427	4636	华清科盛（北京）信息技术有限公司
402	4618	北京和隆优化科技股份有限公司	428	4637	北京星际荣耀科技有限责任公司
403	4619	北京益普希环境咨询顾问有限公司	429	1115	北京昭衍生物技术有限公司
404	4620	北京赛赋医药研究院有限公司	430	4638	森特士兴集团股份有限公司科技中心
405	4621	中通天鸿（北京）通信科技股份有限公司	431	4639	北京韬盛科技发展有限公司科技中心
406	4622	北京热云科技有限公司	432	4640	北京群菱能源科技有限公司科技中心
407	4623	特斯联科技集团有限公司	433	4641	德迈特医学技术（北京）有限公司
408	4624	北京桔灯地球物理勘探股份有限公司	434	1116	驭势科技（北京）有限公司
409	4625	明士（北京）新材料开发有限公司	435	4642	北京九州一轨环境科技股份有限公司振动噪声控制技术中心
410	4626	北京惠朗时代科技有限公司大兴科技中心	436	4643	北京福瑞润康生物技术有限公司
411	4627	北京建业通工程检测技术有限公司	437	3044	北京安百胜生物科技有限公司
412	4628	北京飞斯科科技有限公司	438	4644	北京金豪制药股份有限公司技术开发分公司
413	3040	佰诺全景生物技术（北京）有限公司	439	4645	华测检测认证集团北京有限公司技术中心
414	4629	北京凌空天行科技有限责任公司	440	4646	二零二零（北京）医疗科技有限公司
415	1112	罗特尼克能源科技（北京）有限公司	441	2103	中节能建筑节能有限公司
416	4630	北京汉氏联合生物技术股份有限公司	442	3045	北京优锘科技有限公司
417	1113	未来（北京）黑科技有限公司	443	3046	北京星天科技有限公司
418	4631	北斗天汇（北京）科技有限公司	444	4647	北京合创三众能源科技股份有限公司

注：资料来源为北京市科学技术委员会、中关村科技园区管理委员会。

2021年北京市科协社会组织一览表

序号	学会名称	电 话	电子信箱	办公地址	邮编
理科类（26家）					
1	北京数学会	62752912	bjsxh@math.pku.edu.cn	海淀区颐和园路5号北京大学数学科学学院	100871
2	北京计算数学学会	62759090 62757982	hujun@math.pku.edu.cn	海淀区颐和园路5号北京大学数学科学学院	100871
3	北京珠算心算协会	63296960	769998459@qq.com	西直门内大街玉芙胡同11号405	100035
4	北京运筹学会	68918960	traition@126.com	北京理工大学中心教学楼1041	100081
5	北京物理学会	62751137	fengwj@pku.edu.cn	海淀区海淀路5号燕园三区北京大学物理大楼中124	100871
6	北京声学学会	63523263	13391756673@163.com	西城区陶然亭路55号	100054
7	北京光学学会	84024561	bosmsc@163.com	北京工业大学应用数理楼422	100124
8	北京核学会	69359002	bns69359002@sina.com	房山新镇中国原子能科学研究院北区20号317房	102413
9	北京化学会	58807383	hanjuan@bnu.edu.cn	新街口外大街19号化学楼400	100875
10	北京微量元素学会	68902490-801	yenshcnu@126.com	西城区百万庄园26号	100029
11	北京天文学会	51583385	bjtwxh@bjp.org.cn	西城区西外大街138号北京天文馆403房间	100044
12	北京气象学会	68400820	bjqxxh_68400820@163.com	海淀区紫竹院路44号	100089
13	北京地球物理学会	68326186	bjdqwlxh@163.com	西城区阜外百万庄大街26号	100037
14	北京地理学会	68903262	beijingdilixuehui@163.com	西三环北路105号首都师范大学资环学院	100048
15	北京地质学会	51560304	dzxh@bjdzxh.org	海淀区西四环北路123号地质大厦	100195
16	北京生物化学与分子生物学会	65105067	bjshxh100@163.com	东城区东单三条5号中国医学科学院基础医学研究所	100005
17	北京生态学学会	62836234	esb@ibcas.ac.cn	海淀区香山南辛村20号	100093
18	北京植物学会	67020649	13811183804@163.com	天桥南大街126号	100050
19	北京昆虫学会	51503688	zhjming@sina.com	海淀区板井村农林科学院植物保护环境保护研究所	100097
20	北京动物学会	67020650	bjdwxh@126.com	天桥南大街126号（北京自然博物馆）	100050
21	北京实验动物学学会	84922374	sydwxxh@163.com	朝阳区北苑路28号院北科创业大厦9层	100012
22	北京微生物学会	52245049	beiweibj@163.com	北京市经济技术开发区经海二路38号一幢201室	100176
23	北京细胞生物学会	62745237	cell@tsinghua.edu.cn	海淀区清华园清华大学医学院C244	100084
24	北京心理学会	62751833	resim@pku.edu.cn	海淀区娄斗桥1号北京大学心理系	100871
25	北京力学会	62796786	zhyy628@mail.tsinghua.edu.cn	海淀区清华大学航院北楼529室	100084
26	北京生态修复学会	62339597	SERB_CN@163.com	海淀区清华东路35号北京林业大学科研楼506室	100083
工科类（61家）					
1	北京金属学会	88296997 88296998	jsxh88296998@126.com	石景山区杨庄大街69号首钢技术研究院417室（特钢院内）	100043

续表

序号	学会名称	电 话	电子信箱	办公地址	邮编
2	北京腐蚀与防护学会	62183235 62188750	zhxh5588@sina.com	海淀区学院南路 76 号	100081
3	北京表面工程学会	82317094	liuhc@buaa.edu.cn	海淀区学院路 37 号北航工程训练中心楼东 610	100191
4	北京硅酸盐学会	88751955	wangbz-1968@163.com	石景山区金顶北路 69 号金隅科技大厦 3 层	100031
5	北京粘接学会	82671516	bjnjxh@263.net	海淀区中关村北大街 123 号华腾科技大厦 1501 室（北京 2653 信箱）	100084
6	北京化工学会	69342614	yuansm.yssh@sinopec.com	房山区燕山岗南路 1 号 C 座 109 室燕山石化公司科研技术部	102500
7	北京日化协会	67113081	bjrhxh@sina.com	海淀区阜成路 11 号轻苑大厦 405 室	100048
8	北京应急管理学会		bjaqxh@163.com	朝阳区北苑路 32 号院甲 1 号安全大厦 1401 室	100012
9	北京软件和信息服务业协会	82358631	qiuyn@bsia.org.cn	海淀区海淀南路甲 21 号中关村知识产权大厦 A 座 206 室	100080
10	北京理化分析测试技术学会	88517114	lhxh88@126.com	海淀区西三环北路 27 号 305 室	100089
11	北京膜学会	62773234 62788777	hexp15@mails.tsinghua.edu.cn	海淀区清华大学化工系工物馆 454	100084
12	北京制冷学会	62116811	bjzlxh1979@vip.sina.com	海淀区西直门外四道口 1 号西郊食品冷冻厂 5 号楼 108-109 室	100081
13	北京内燃机学会	80868752 80868959	wumeisi@baicmotor.com	通州区经济开发区东区靓丽三街 1 号(北京汽车动力总成有限公司)	101108
14	北京电机工程学会	88072019	wangyan8807@163.com	西城区复兴门外地藏庵南巷 1 号	100045
15	北京电力电子学会	56982313	bpes99@126.com	海淀区中关村北二条 6 号	100070
16	北京电工技术学会	62985677	bjelcs@163.com	海淀区上地唐家岭 57 号北京北变投资有限公司院内红楼 207	100093
17	北京水力发电工程学会	51972516	bjshee@126.com	朝阳区定福庄西街 1 号北京勘测设计研究院办公室	100024
18	北京热物理与能源工程学会	60751999-2704	liuxin@iet.cn	北京市北四环西路 11 号	100080
19	北京物联网智能技术应用协会	66095089	bjwlwxh@163.com	西城区复兴门内大街 45 号院 332 室	100801
20	北京石油学会	84879039 84878785	liangyj@sei.com.cn zhouxiaoyu@sei.com.cn	朝阳区安慧北里安园 21 号	100101
21	北京能源学会	13661176337	bjnyxh2020@163.com	通州区运河东大街 55 号院 4 号楼北京节能环保中心	101160
22	北京测绘学会	63966138	bjchxh@163.com	南礼士路 60 号北楼 303	100045
23	北京图学学会	82317093	Begs7093@126.com	海淀区学院路 37 号北京航空航天大学原工程训练中心楼东 633 房间	100045
24	北京土木建筑学会	88043189	bjtmjzxh@163.com	西城区南礼士路 66 号 建威大厦 1601	100045
25	北京市绿色建筑促进会	66023696	weixd0414@163.com	西城区西交民巷 73 号	100045
26	北京水利学会	88613201 88613202	shuilxh@126.com	海淀区玉渊潭南路普惠北里北京市水务局老干部活动站 3 楼	100036
27	北京公路学会	83125169 83122331	bjglxh@bjglxh.com.cn	西城区南礼士路 17 号	100045
28	北京交通工程学会	87790910	btes_edit@163.com	丰台区南四环西路 186 号汉威国际广场四区 3 号楼 6M 层 5 单元	100071

续表

序号	学会名称	电　话	电子信箱	办公地址	邮编
29	北京工程爆破协会	51849315 51871075 62243918	bjbpxh71075@163.com	海淀区大柳树路 2 号铁科院	100081
30	北京照明学会	67737052	iesb@yeah.net	朝阳区大北窑厂坡村甲 3 号（北京电光源研究所院内）	100022
31	北京环境科学学会	88362294	bjhjkxxh@sina.com	西城区北营房中街 59 号 1113、1115 房间	100048
32	北京消防协会	63970581	bfpaxjb@163.com	西城区西内大街 190 号	100035
33	北京人类生态工程学会	82808956	maggie736@126.com	海淀区北京师范大学英东教育楼	100009
34	北京电子学会	64034890	bie8801@126.com	东城区北河沿大街 79 号 3 楼 301 室	100053
35	北京通信学会	66499190	bjtxxh@wo.cn	西城区太平湖东里 18 号	100031
36	北京计算机学会	62757160	cherry@sei.pku.edu.cn	海淀区海淀路 5 号	100871
37	北京图象图形学学会	82525258	office@bsig.org.cn	海淀区中关村东路 95 号中国科学院自动化研究所东楼 317	100190
38	北京自动化学会	64426960	bjzdhxh@163.com	北三环东路 15 号北京化工大学 81 信箱	100029
39	北京仪器仪表学会	64011372 62252159	bjyqybxh@163.com	新街口大七条 11 号	100011
40	北京航空航天学会	82317095	252991757@qq.com	海淀区学院路 37 号北京航空航天大学原工程训练中心楼东 635 房间	100083
41	北京宇航学会	68198712	bsaoffice@126.com	丰台区南大红门路 1 号	100076
42	北京机械工程学会	65301440 65007531 65301581	bmes_office@163.com	丰台区造甲街南里 5 号，5 号楼 3 层	100070
43	北京汽车工程学会	87664131	bjqcgcxh@baicgroup.com.cn	朝阳区东三环南路 25 号汽车大厦	100021
44	北京造船工程学会	64832091	hlg@ship2000.com.cn	朝阳区德胜门外双泉堡甲 2 号	100085
45	北京铁道学会	51822880	bjtdxhlqh@sina.com	复兴路 6 号（北京铁路局）	100860
46	北京振动工程学会	82316009	BSVE@buaa.edu.cn	海淀区学院路北京航空航天大学院内第五馆 / 工训楼东 608	100083
47	北京纺织工程学会	65565349 65581830 65567754 65589653	bjfzgcxh@126.com	朝阳区十里堡东里 126 号楼 2 层	100025
48	北京烟草学会	67009785	842338345@qq.com	朝阳区南新园西路 2 号 1311 室	100122
49	北京真空学会	82548209	bjzkxh@kyky.com.cn	海淀中关村北二条 13 号（北京市 2724 信箱）	100190
50	北京乐器学会	56181234	bjyqxh@126.com	大兴区圣和巷 7 号	100025
51	北京安全技术学会	64002120	bjafxh@126.com	朝阳区安华里 504 号 A 座 122 室	100011
52	北京设计学会	87778502	bdsoffice@vip.163.com	朝阳区西大望路 27 号尚 8 北京设计园区 115 室	
53	北京工艺美术学会	64220927	gongmeixuehui@sina.com	朝阳区垡头东里陶庄路 5 号院 7 号楼 2 层 210 室	100023
54	北京标准化协会	84255247	bzxiehui@sina.com	朝阳区天溪园 22 号楼 3 单元 501	100013
55	北京粉体技术协会	88417670 88423190	bj7670@163.com	西三环北路 27 号理化测试中心	100089
56	北京人工智能学会	67396753	baai@bjut.edu.cn	北京市经济技术开发区地盛北街 1 号北工大软件园 A 区 5 号楼 310 室	100022
57	北京物联网学会	62332641	wlwyjh@126.com	海淀区北四环中路 251 号北京科技大学机电楼 727 室	100083

续表

序号	学会名称	电　话	电子信箱	办公地址	邮编
58	北京水土保持学会	56695565	272390466@qq.com	海淀区翠微路甲 3 号	100036
59	北京能源与环境学会	88505647	nyxh99@163.com	海淀区西八里庄路 62 号	
60	北京信息化协会	82359027-804	quxiangfeng@bjit.org.cn	海淀区中关村知识产权大厦 A 座 201 号	100080
61	北京工程师学会	67235945	bjengineer@163.com	朝阳区东三环南路 96 号	100122
			农科类（19 家）		
1	北京农学会	51503848 88438849	bjnongxuehui@163.com	海淀区曙光花园中路 9 号北京市农林科学院办公楼 414 室	100097
2	北京蔬菜学会	51503200	zhangyaqing@nercv.org	北京 2443 信箱（北京市农林科学院蔬菜研究中心）	100097
3	北京作物学会	51503404	weihongwang004@126.com	海淀区板井村北京市农林科学院玉米研究中心	100097
4	北京果树学会	84236716	bjgsxh@126.com	海淀区香山瑞王坟甲 12 号 201 室	100093
5	北京食用菌协会	51503432	bjsyjxh@163.com	海淀区曙光中路北京市农林科学院	100097
6	北京土壤学会	51503524 51503583	bjtrxh@163.com	海淀区曙光花园中路 9 号北京市农林科学院植物营养与资源研究所	100097
7	北京植物病理学会	51503695	bjzbxh@163.com	海淀区曙光花园中路 9 号院北京市农林科学院植物保护环境保护所 417 室	100097
8	北京农药学会	62815938	linyan@agri.gov.cn	海淀区曙光花园中路 9 号北京市农林科学院 4 号实验楼 415 室	100097
9	北京农业工程学会	62731553 62736203	zengyun7474@163.com	海淀清华东路 17 号中国农大东区 57 号信箱	100083
10	北京林学会	84236246	bjfs@bjfs.org.cn	西城区裕民中路 8 号	100029
11	北京园林学会	84236218	bjylxh109@163.com	西城区北三环裕民中路 8 号 1 号楼 109 室	100029
12	北京屋顶绿化协会	85971978	bjwdlhxh@263.net	朝阳区团结湖路 15 号	100026
13	北京畜牧兽医学会	51503210	bjxumushouyi@163.com	海淀区曙光花园中路 9 号北京市农林科学院畜牧兽医研究所综合楼 401 室	100097
14	北京水产学会	67586268	xuehui@bjfishery.com	丰台区角门路 18 号院办公楼 4 楼 409 室	100068
15	北京农业信息化学会	51503493	wanghr@nercita.org.cn	北京 2449 信箱 26 分箱（海淀区西郊板井市农林科学院信息中心）	100097
16	北京食品学会	62061586 62386131	bfi@bfi.org.cn	丰台区右安门外东滨河 4 号北京市营养源研究所 A108	100083
17	北京农产品质量安全学会	51503892 51503729	taoj@brcast.org.cn	海淀区曙光花园中路 9 号	100097
18	北京农村专业技术协会	80799471	cindy.peking@163.com	昌平区回龙观北农路 7 号北京农学院行政主楼 417、实验楼 A 座 202	102206
19	北京山区发展研究会	50503310 51503911		海淀区曙光花园中路 9 号北京市农林科学院综合所	100097
			医科类（36 家）		
1	北京医学会	65134368	bgsh@bjyxh.org.cn	东城区东单三条甲 7 号	100005
2	北京环境诱变剂学会	67817730	zhangli8098@126.com	北京经济技术开发区景园街 2 号 1 号楼 3 层 316 室	100176
3	北京生理科学会	69156964	renli_8204@126.com	东城区东单三条 5 号	100005
4	北京解剖学会	82801629	beibeiyang908@icloud.com	东城区永外西革新里 98 号	100077
5	北京免疫学会	83575804	liyue3024@163.com	西城区西什库大街 8 号北京大学第一医院科研楼 315 室	100034

续表

序号	学会名称	电　话	电子信箱	办公地址	邮编
6	北京药理学会	83198855 83198881	yll200014@126.com	西城区长椿街45号宣武医院药理室	100053
7	北京中医药学会	65223477	bjzyyxh@163.com	东城区东单三条甲7号	100005
8	北京药学会	64178704	byyaoxuehui@vip.sina.com	朝阳区北三环中路2号院	100020
9	北京生物医学工程学会	58516786	beijingbme@163.com	西城区新街口东路31号积水潭医院教学楼309房间	100035
10	北京护理学会	65256418	bjhlxh@163.com	东城区东单三条甲7号	100005
11	北京中西医结合学会	65250460	bjzxyjhxh@126.com	东城区东单三条甲7号	100005
12	北京针灸学会	64059495	bjzjxh9495@126.com	东城区东四十条27号	100005
13	北京防痨协会	59830836	bjflxh@126.com	西城区新街口东光胡同5号	100035
14	北京心理卫生协会	65131245	xh65131245@163.com	朝阳区八里庄西里远洋天地小区56号楼2门601号 东交民巷1号同仁医院临床心理科	100025 100730
15	北京抗癌协会	88196171	qinyin5217@sina.com	海淀区阜成路52号	100036
16	北京神经科学学会	82805188	bjsninfo@bjsn.org	海淀区学院路38号北京大学医学部中心楼10层2号	100083
17	北京康复医学会	63503106	bjkfyxh@163.com	丰台区太平桥西里甲1号	100073
18	北京预防医学会	64407288 64407289	bjyfyxh7288@163.com	东城区和平里中街16号	100013
19	北京肛肠学会	57282998	xuehui@med626.com	丰台区云冈镇南里3号	100074
20	北京亚健康防治协会	58629146	bjhealth618@aliyun.com	朝阳区甜水园北里4-6-203	100025
21	北京市营养学会		zhangzhaofeng@126.com	海淀区学院路北京医科大学公卫楼	100083
22	北京医师协会	64097257 64097256	bjmda2011@126.com	东城区安定门东大街28号雍和大厦A座510室	100007
23	北京老年痴呆防治协会	84110913	adichina2004@163.com	海淀区中关村南大街16号科学普及出版社518室	100081
24	北京超声医学学会	66935241 66937470	zhouqushen77@163.com	海淀区复兴路28号解放军总医院第一医学中心院内南病房楼1层	100853
25	北京营养师协会	63031788 83165917	bda@dietetic.org.cn	西城区太平街甲6号富力摩根E座308室北京营养师协会	100050
26	北京医药卫生经济研究会	83911351	hxm50909@163.com	丰台区右安门街道开阳路3号院1号楼9层1003	100051
27	北京生物医学统计与数据管理研究会	82500131	ruc_bba@163.com	海淀区中关村大街59号中国人民大学明德主楼1001室	100872
28	北京口腔医学会	57099428	bjkqyxh@126.com	东城区天坛西里4号	100050
29	北京糖尿病防治协会	84014692	15611980105@126.com	东城区灯市口大街33号国中商业大厦310B	100006
30	北京乳腺病防治学会	88478530	zgh@bbds.org.cn	海淀区玲珑路琨御府东区8号楼303	100097
31	北京神经变性病学会	68381704	dia1871@163.com	丰台区东高地万源北路7号	100076
32	北京慢性病防治与健康教育研究会	80816355	mxbfzjkjy@163.com	朝阳区华威北里9号院6幢8层8011室	100020
33	北京妇产学会	65735765	18210903885@163.com	朝阳区朝阳路8号朗廷大厦B座1007	100024
34	北京健康教育协会	65925932	bjhealth107@.sina.com	朝阳区南三里屯路35号院203室	100020

续表

序号	学会名称	电 话	电子信箱	办公地址	邮编
35	北京癌症防治学会	88478530	zhenggehong@bcpts.org.cn	海淀区玲珑路琨御府东区 8#303	100097
36	北京围手术期医学研究会	68250770	bpm2019@yeah.net	西城区东滨河路 11 号	100120
交叉类（61 家）					
1	北京生产力学会	64444066 64444015 64444199	bjsclxh@126.com	朝阳区安外小关街 53 号	100029
2	北京创造学会	52591972	bjchuangzaoxuehui@126.com	朝阳区立水桥北甲 1 号石化管理干部学院	100012
3	北京系统工程学会	84650077	xtgcxh@sina.com	首都经贸大学花乡校区（白鹏飞）	100077
4	北京循环经济促进会	82314523	zzl1989@163.com	北京市西城区六铺炕街 1 号	100083
5	北京知识产权研究会	66175475	wyoupeng@sina.com	海淀区海淀南路甲 21 号中关村知识产权大厦 A 座 102 室	100035
6	北京企业技术开发研究会	67235948	bsit1996@163.com	东城区永外西革新里 98 号	100077
7	北京技术经济和管理现代化研究会	67237754	dzx1951@163.com	朝阳区东三环南路 96 号 505 室	100077
8	北京科技政策与管理研究会	68719176	bsssyx@sina.com	海淀区西三环北路 27 号	100089
9	中关村民营科技企业家协会	62960213	xiaosl@ztea.org	海淀区西三旗安宁北里 8 号泰山饭店	100085
10	北京工程管理科学学会	68322149	btcxh@163.com	西城区展览馆路 1 号北京建筑大学行政 2 号楼 109 室	100055
11	北京城市管理科技协会	67318330	bjckX2017@163.com	朝阳区农光里 117 号劲松大厦 A711	100021
12	北京城市规划学会	68018265 68029683 88070812	bjghxh@163.com	西城区二七剧场路 3 号	100045
13	北京土地学会	64409584	bjtdxh8598@sina.com	西城区二七剧场路 3 号	100045
14	北京减灾协会	68400821 68400627	bjjzxh@vip.sina.com	海淀区紫竹院路 44 号	100089
15	北京传播技术研究会	62442246-8163	yyxuanchuan@126.com	海淀区西北旺镇皇后店南路 6 号北京城市学院航天城校区教一楼 306 室	100083
16	北京继续教育协会	89151212	dujianwei@bjrbj.gov.cn	西三环南路 1 号北京政务服务中心 1069 房间	100000
17	北京科技教育促进会	56218570 56218563	itedu@bjedu.gov.cn	朝阳区八里庄东里 1 号莱锦创意产业园 CN17 栋 3 层	100026
18	北京科学技术期刊学会	64883659 64883521	zhangwei2823@163.com	朝阳区德胜门外北沙滩 1 号综合楼 614 室	100083
19	北京科学技术普及创作协会	84650077	kepuzuoxie@126.com	东城区和平里北街 2 号 704 室	100101
20	北京科技记者编辑协会	84650077	jizhexiehui@126.com	东城区永外西革新里 98 号	100101
21	北京科技声像工作者协会	84650077	shengxiangxiehui@126.com	朝阳区小营育慧里 4 号	100101
22	北京幼儿科普协会	84650077	youerxiehui@126.com	朝阳区小营育慧里 4 号	100101
23	北京青少年科技教育协会	84634992	beijingkejiaoxie@126.com	朝阳区小营育慧里 4 号	100101

续表

序号	学会名称	电　话	电子信箱	办公地址	邮编
24	北京老科学技术工作者总会	84650077-8614	bjlkz1981@163.com	朝阳区小营育慧里 4 号 6 层	100101
25	北京数字科普协会	84634779-8602	bjszkpxh@163.com	朝阳区育慧里 4 号 604 室	100101
26	北京体育科学学会	67228390	zdmruc119@126.com	丰台区光彩北路 4 号院	100075
27	北京科学技术情报学会	68355751	bjstinfo@163.com	西城区西直门外大街 140 号首建金融中心	100044
28	北京反邪教协会	87267586	bjfxjxh@163.com	朝阳区育慧里 4 号	100101
29	北京 UFO 研究会	85616607	linnersya@163.com	海淀区白石桥 46 号	100020
30	北京烹饪协会	65227859	bjprxh@163.com	朝阳区和平里西街 21 号北京商报 2 层	100013
31	北京项目管理协会	83122960	bpma_hr@163.com	北京市海淀区学院南路 39 号融金中财大酒店 3002 室	100080
32	北京原创设计推广协会	85794758	ybmajia@126.com	朝阳区酒仙桥路 4 号 798 艺术区 E03 号楼 3 层	100015
33	北京市学习科学学会	62225617	bjxxkx@126.com	海淀区西直门北大街 47 号院 1 号楼 3 单元 333 室	100044
34	北京听力协会	84611210	wanmin@deafchina.com	西城区新兴东巷 15 号金泰鑫侨大厦 9 号楼 105-107 单元	100029
35	北京科学史与科学社会学学会	88256007	libin08@ucas.ac.cn	石景山区玉泉路 19 号甲中国科学院大学人文楼 117 房间	100049
36	北京公益学学会	68915225	bjgyxxh@126.com	海淀区中关村南大街 5 号	100081
37	北京科学文化传播促进会	64869715	22438965@qq.com	朝阳区北辰西路中国科学院遥感地球所 C401	100093
38	中关村赛德科技企业成长互助促进会	62041870	fanhuahong@cedchina.org	北京市东城区雍和大厦 B 座 7 层	100000
39	北京脑血管病产业技术创新战略联盟	18500526138	zhangxinsheng@foxmail.com	北京市西城区广义街 4 号 8 幢 6 层 611 室	100053
40	北京数字创意产业协会	62342036	ym@zgcdcia.org.cn	海淀区唐家岭路弘祥 1989 科技文化产业园 4 栋 F7106	100000
41	中关村亚洲杰出企业家成长促进会	62680817-801	xuwj@aamachina.com.cn	海淀区中关村创业大街昊海楼 2 层亚杰商会	100080
42	中关村肿瘤微创治疗产业技术创新战略联盟	87227860	wangxin@camit.org.cn	北京经济技术开发区地盛东路 1 号国锐广场 B 座 501	100176
43	中关村社会组织联合会	82084581	fso@zgcngo.org	海淀区牡丹园北里甲 2 号市政投资商务楼 302	100191
44	中关村人才协会	62566177	zta@zta.org.cn	海淀区海淀南路甲 21 号中关村知识产权大厦 104	100080
45	北京科技人才研究会	82427136	bjrcyjh@126.com	海淀区清河小营东路 12 号	100192
46	北京长风信息技术产业联盟	82826732	zhangjian@changfeng.org.cn	海淀区东北旺西路 8 号中关村软件园 3A 楼三层 1340 室	100193
47	中关村公信卫星应用技术产业联盟	88254349	laicl@wxcylm.com	万寿路南口金家村 288 号院华信大厦 702	100036
48	中关村科创高新技术转移促进会	68447666	jinweiting@smcisp.com	海淀区四季青七号阿里云优客工场 2 层	100089
49	中关村新兴科技服务业产业联盟	64330302	stsizpark@126.com	北京市朝阳区电子城创新产业园 M8 楼 C 厅 5 层	100085
50	北京科学教育馆协会	84619537	bjkxjygxh@163.com	朝阳区北四环东路 69 号	100101
51	北京发明协会	68356829	bj-fm@vip.163.com	海淀区西三环北路 105 号科源大厦 703B	100040

续表

序号	学会名称	电话	电子信箱	办公地址	邮编
52	中关村认同应用技术跨界创新联盟	57217546	zcia@zcia.com.cn	海淀区中关村南大街2号数码大厦B座903室	100086
53	中关村产业技术联盟联合会	62780087	zhanglingyu@zlinks.org.cn	北京市海淀区清华科技园学研大厦A座10层1001室	100084
54	中关村大数据产业联盟	13716612035	office@zgc-bigdata.org	北京市海淀区金源时代商务中心昊永物业B区写字楼1703	100000
55	北京环球英才交流促进会	68942688	fso@talent.org.cn	北京市海淀区中关村大街1号友谊宾馆苏园62041	100081
56	北京市广播影视协会	64081415	Bjgbdsxh@126.com	北京市朝阳区建外大街14号	100022
57	中关村生态乡村创新服务联盟	62663593	zgceris@163.com	北京市海淀区中关村软件园尚东数字谷	
58	中关村数字经济产业联盟	68581018	zdea2020@126.com	西城区月坛南街26号	100825
59	中关村健源食品微生物技术产业创新战略联盟	17610788939	zgcjylm@126.com	北京市平谷区林荫北街13号信息大厦14层1401、1402	101200
60	北京科技农业产业诚信联盟	13321191002	zgcsdxf@126.com	北京市东城区安外西滨河路18号首府大厦3号楼102	100000
61	北京市科技金融促进会	64853151	bjtf_2007@126.com	北京市朝阳区安翔北里11号北京创业大厦A座224房间	100101
基金会（27家）					
1	北京青少年科学基金会	84634991	qsnkj-88@163.com	朝阳区育慧里4号	100101
2	北京惠兰医学基金会	64390987	zhangxiaohui1205@126.com	朝阳区望京北路18-802号	100102
3	北京市希思科临床肿瘤学研究基金会	67726451 67726421	liujia@csco.org.cn	朝阳区东三环南路甲52号顺迈金钻20C	100022
4	北京市希望公益基金会	51665776	xiwangshuku@163.com	朝阳区建外SOHO西区11号楼3105	100054
5	北京詹天佑土木工程科学技术发展基金会	58933927 58933927	zhantianyoudajiang@126.com	三里河路9号建设部北附楼5层517室	100835
6	北京华夏中医药发展基金会	82275991	bjhxzyy@163.com	朝阳区北四环中路27号院5号楼1501内1517	100102
7	北京协和医学院教育基金会	65105501 65105968	yunong.li@163.com	东单三条9号	100730
8	北京茅以升科技教育基金会	62379308	mysf@vip.163.com	北京市海淀区大柳树路2号中国铁道科学研究院15号楼	100029
9	北京吴祖泽科技发展基金会	68158312 68158311	jinjide505@163.com	海淀区太平路27号生命科学楼0501房间	100850
10	北京九三王选关怀基金会	82222317	wxjjh2011@sina.com	海淀区万柳万泉新新家园14号楼309室	100089
11	北京精瑞人居发展基金会	82191524	lyzy3737@sina.com	海淀区高梁桥斜街59号院1号楼10层1002	100006
12	北京沃启公益基金会	66167771	office@vantonefound.org	东城区崇文门外大街9号正仁大厦614室	100020
13	北京市企业家环保基金会	57505155 57505128	jiangna@see.org.cn	朝阳区来广营朝来高科技产业园创远路36号院3号楼4层	100125
14	北京长江药学发展基金会	66949096	cpsdf1994@sina.com	丰台区丰台西路17号总后勤部卫生部药品仪器检验所药检楼西侧独幢学术会议室	100071

续表

序号	学会名称	电 话	电子信箱	办公地址	邮编
15	北京岐黄中医药文化发展基金会	82567221	bjqh2009@126.com	海淀区万柳中路派顿大厦 806	100089
16	北京市长江科技扶贫基金会	68423076	huyanhui5@mail.com	海淀区后屯南路 26 号 2 层 2-22	100192
17	北京力生心血管健康基金会	88204450	bjlshf@vip.sina.com	石景山区鲁谷路 74 号院 21 楼 1-101	100039
18	北京郭应禄泌尿外科发展基金会	67185550	gylmnjjh@sina.com	西城区大红罗厂 1 号 B 区 6 楼 C62-34 号房间	100034
19	北京光华设计发展基金会	83681552	802@ddfddf.org	大兴区金星西路兴创大厦 1601	100070
20	北京精鉴病理学发展基金会	57565100	jjbljjh@126.com	海淀区学院路 38 号北京大学医学部病理楼病理系 220 室	100070
21	北京济生疼痛医学基金会	68469989	Mjp2013@sina.com	海淀区北洼西里颐安嘉园 16 号楼	100089
22	北京科学教育发展基金会	57892789-8058 57892729	kanboying@126.com	朝阳区八里庄东里 1 号莱锦创意产业园 CN17 栋 4 层	100025
23	北京中联盟中医药发展基金会	88579319 88579295-806 88579295-816	liucy16@126.com	海淀区中关村南大街 17 号韦伯时代中心 C 座 714	100070
24	北京水源保护基金会	65978568	shuijihui_miaolf@waterfoundation.cn	朝阳区呼家楼京广中心 1 号楼 26 层 2612 室	100020
25	北京华汽汽车文化基金会	50950015	wzy@sae-china.org	西城区莲花池东路 102 号天莲大厦 4 层	100055
26	北京同有三和中医药发展基金会	68423076	chunci1219@sina.com	朝阳区广顺北大街 33 号 6 号楼福泰中心写字楼 2 层	100102
27	北京新曦颠覆性技术创新基金会		zhishuo.liu@z-parkfund.com anyongtao@dtifbj.com hao.li@z-parkfund.com liujunxiu@dtifbj.com	海淀区东北旺西路 8 号院 41 号楼 4 层 412 号	100193

注：资料来源为北京市科学技术协会。

2021 年北京技术市场登记机构一览表

编号	机构名称	办公地址	办公时间	联系电话
1100-02	北京市科学技术协会技术合同登记处	北京市朝阳区东三环南路 96 号农业部农机鉴定总站 502 室	工作日上午 9:00—11:00，下午 13:30—16:00	67235944
1100-04	北京市职工技术协会技术合同登记处	北京市西城区虎坊路 13 号	工作日上午 8:30—11:30，下午 13:30—17:30	83570103
1100-05	北京市知识产权局技术合同登记处	北京市西城区德胜门东大街 8 号东联大厦 2 层 233 室	工作日上午 9:00—11:30，下午 14:00—17:00	82359250
1100-06	昌平区科学技术委员会技术合同登记处未来城生命谷分部	北京市昌平区生命园路 8 号院一区 6 号楼 4 层 413 层	工作日下午 1:30—4:30 （周二、四、五不对外办公）	80706873 69724596
1100-09	中国科学院信息咨询中心技术合同登记处	北京市海淀区中关村东路 18 号财智国际大厦 A 座 1806	工作日上午 8:30—11:30，下午 13:00—17:00	62568696
1100-13	中国电子工业科学技术交流中心技术合同登记处	北京市西城区新街口外大街 8 号综合楼 5 层	工作日上午 8:30—11:30，下午 13:00—16:30	62384846 62006661
1100-14	北京经济技术开发区技术合同登记处	北京经济技术开发区宏达北路 7 号 2 幢 2 层	工作日上午 9:00—11:30，下午 13:30—17:00	67806298 87220967
1100-16	北京航空航天大学科学技术研究院技术合同登记处	北京市海淀区北四环中路 238 号柏彦大厦 701 室	工作日上午 9:00—11:30，下午 14:00—16:30	82339836
1100-17	顺义区科学技术委员会技术合同登记处	北京市顺义区北上坡路 26 号劳动大厦北楼 0401	工作日上午 9:00—11:00，下午 14:00—17:00	69442523
1100-19	北京市西城区科学技术和信息化局技术合同登记处一部	北京市西城区广安门南街 68 号 1216 室	工作日上午 9:00—11:30，下午 13:30—17:00	83976191
1100-20	海淀园管委会（海淀区科委）技术合同登记处	北京市海淀区海淀南路甲 21 号中关村知识产权大厦 A 座 1 层东侧	工作日上午 9:00—11:30，下午 13:30—17:00	82612561
1100-21	北京市东城区科学技术和信息化局技术合同登记处	北京市东城区金宝街 52 号东城区政务服务中心 7 层 707 室	工作日上午 9:00—11:30，下午 14:00—17:00	84032139
1100-23	石景山区科学技术委员会技术合同登记处	北京市石景山区八角西街 40 号石景山区科委	工作日上午 9:00—12:00，下午 14:00—17:30	68863350
1100-24	昌平区科学技术委员会技术合同登记处中关村昌平园分部	北京市昌平区科技园区振兴路 36 号院 2 号楼 2M-54	工作日上午 9:00—11:30	69724596
1100-26	通州区科学技术委员会技术合同登记处	北京市通州区九棵树东路甲 442 号永安大厦 2 层	工作日上午 9:00—12:00，下午 13:30—17:30	89526652-1035
1100-27	密云区科学技术委员会技术合同登记处	北京市密云区西滨河路 2 号	工作日上午 8:30—11:30，下午 13:30—17:30	69045776
1100-28	房山区科学技术委员会技术合同登记处	北京市房山区良乡政通东路 1 号科委 234 室	工作日上午 9:00—11:30，下午 13:30—17:30	89350223
1100-29	北京市西城区科学技术和信息化局技术合同登记处二部	北京市西城区广安门南街 68 号 1216 室	工作日上午 9:00—11:30，下午 14:00—17:00	83976191
1100-30	中关村科技园区丰台园管理委员会技术合同登记处	北京市丰台区科兴路 9 号 103 室	工作日上午 9:00—11:30，下午 13:30—17:30	63740110
1100-31	北京科技创新促进中心技术合同登记处	北京市西城区西直门南大街 16 号西楼 10 层 1009 室	工作日上午 9:00—12:00（周五不对外办公）	66517191
1100-32	海淀园管委会（海淀区科委）技术合同登记处招商大厦分部	北京市海淀区四季青路六号海淀招商大厦 1 楼西大厅	工作日上午 9:00—12:00，下午 14:00—17:00	88497811 88497031

续表

编号	机构名称	办公地址	办公时间	联系电话
1100-33	北京市科学技术研究院技术合同登记处	北京市西城区西直门外大街140号首建金融中心11层	工作日上午8:30—11:30，下午13:00—17:00	68343152
1100-34	大兴区科学技术委员会技术合同登记处	北京市大兴区兴政街31号科技大厦210室	工作日上午9:00—11:30，下午14:00—17:00（周五不对外办公）	69244244
1100-35	北京市丰台区科学技术和信息化局技术合同登记处	北京市丰台区北大街甲13号412室	工作日上午9:30—11:30，下午14:00—16:30（周四、周五不对外办公）	63894638
1100-36	中关村科技园区朝阳园管理委员会技术合同登记处	北京市朝阳区酒仙桥路甲12号电子城科技大厦12层1205	工作日上午9:00—11:30，下午14:00—17:30	64310422
1100-37	北京产权交易所有限公司技术合同登记处	北京市西城区金融大街甲17号	工作日上午9:00—11:30，下午13:30—18:00	66295773 62679530
1100-38	昌平区科学技术委员会技术合同登记处未来城能源谷分部	北京市昌平区未来科学城绿地云谷中心15号楼405室	工作日下午13:30—16:30（周一、三、五不对外办公）	69754703 69724596
1100-39	北京版权保护中心技术合同登记处	北京市东城区朝阳门内大街55号302室	工作日上午9:00—11:30，下午13:30—17:00	82357087
1100-40	北京市朝阳区科学技术和信息化局技术合同登记处	北京市朝阳区朝阳门悠唐国际B座1903	工作日上午9:00—11:30，下午14:00—17:30	64842996 84681125
1100-41	北京市平谷区科学技术和工业信息化局技术合同登记处	北京市平谷区府前西街17号平谷区社会服务中心15层1529室	工作日上午8:30—11:30，下午14:00—17:30	69961909
1100-42	怀柔区科学技术委员会技术合同登记处	北京市怀柔区湖光小区24号	工作日上午8:30—11:30，下午13:00—17:30	69697671
1100-43	北京产权交易所有限公司技术合同登记处中国技术交易所分部	北京市海淀区北四环西路66号中国技术交易大厦B座3层	工作日上午8:30—11:45，下午13:30—17:30	62679530 62679531
1100-45	海淀园管委会（海淀区科委）技术合同登记处上地分部	北京市海淀区上地信息路26号101室	工作日上午9:00—11:30，下午13:30—17:30	82898750
1100-46	北京市门头沟区科学技术和信息化局技术合同登记处	北京市门头沟区新桥大街40号	工作日上午9:00—11:00，下午14:00—16:00（周五下午不对外办公）	69865984
1100-47	延庆区科学技术委员会技术合同登记处	北京市延庆区康庄镇紫光东路1号412房间	工作日上午8:30—11:30，下午14:00—17:00（周一、三、五不对外办公）	69143197
1100-48	北京市医院管理中心技术合同登记处	北京市丰台区南四环西路119号北京天坛医院B区行政科研楼219室	工作日上午9:00—11:00，下午13:30—16:00（周一、三、五不对外办公）	59976061
1100-50	北京科技成果转化服务中心技术合同登记处	1. 海淀区阜成路73号裕惠大厦C座6层606室 2. 北京市丰台区西三环南路1号北京市政务服务大厅1楼综合窗口	1. 裕惠大厦：工作日上午9:30—11:30，下午14:00—16:30（周五不对外办公） 2. 六里桥窗口：工作日9:00—17:00	88827073（裕惠大厦） 89150339（六里桥）
1100-51	北京理工大学技术合同登记处	北京市海淀区西三环北路甲2号院5号楼1909室	工作日上午9:30—11:30，下午14:00—17:00	68912402
1100-88	进口合同登记处（仅登记进口合同）	北京市西城区西直门外大街140号首建金融中心8层	工作日上午8:30—11:30，下午13:00—17:30	68343152

注：资料来源为北京技术市场管理办公室。

2021 年北京市专利代理机构一览表

截至 2021 年底北京市的专利代理机构（845 家，不包括国防专利代理机构和在京的 3 家香港代理机构）

序号	机构代码	机构名称	序号	机构代码	机构名称
1	11001	北京国林贸知识产权代理有限公司	35	11200	北京君尚知识产权代理有限公司
2	11002	北京路浩知识产权代理有限公司	36	11201	北京清亦华知识产权代理事务所（普通合伙）
3	11003	北京中创阳光知识产权代理有限责任公司	37	11203	北京思海天达知识产权代理有限公司
4	11004	北京中建联合知识产权代理事务所（普通合伙）	38	11204	北京英赛嘉华知识产权代理有限责任公司
5	11006	北京律诚同业知识产权代理有限公司	39	11205	北京同立钧成知识产权代理有限公司
6	11012	北京邦信阳专利商标代理有限公司	40	11207	北京华谊知识产权代理有限公司
7	11013	北京市中实友知识产权代理有限责任公司	41	11210	北京纽乐康知识产权代理事务所（普通合伙）
8	11014	北京恒和顿知识产权代理有限公司	42	11212	北京轻创知识产权代理有限公司
9	11015	北京英特普罗知识产权代理有限公司	43	11214	北京申翔知识产权代理有限公司
10	11017	北京华夏正合知识产权代理事务所（普通合伙）	44	11216	北京三幸商标专利事务所（普通合伙）
11	11018	北京德琦知识产权代理有限公司	45	11218	北京思创毕升专利事务所
12	11019	北京中原华和知识产权代理有限责任公司	46	11221	北京捷诚信通专利事务所（普通合伙）
13	11021	中科专利商标代理有限责任公司	47	11223	北京元中知识产权代理有限责任公司
14	11025	北京振安创业专利代理有限责任公司	48	11224	北京金阙华进专利事务所（普通合伙）
15	11038	中国贸促会专利商标事务所有限公司	49	11225	北京金信知识产权代理有限公司
16	11039	北京知本村知识产权代理事务所（普通合伙）	50	11226	北京中知法苑知识产权代理有限公司
17	11042	北京乾诚五洲知识产权代理有限责任公司	51	11227	北京集佳知识产权代理有限公司
18	11100	北京北新智诚知识产权代理有限公司	52	11228	北京汇泽知识产权代理有限公司
19	11105	北京市柳沈律师事务所	53	11229	北京金言诚信知识产权代理有限公司
20	11108	北京太兆天元知识产权代理有限责任公司	54	11230	北京万科园知识产权代理有限责任公司
21	11111	北京市万慧达律师事务所	55	11232	北京慧泉知识产权代理有限公司
22	11112	北京天昊联合知识产权代理有限公司	56	11233	北京科兴园专利事务所
23	11116	北京载博知识产权代理事务所（普通合伙）	57	11234	中国商标专利事务所有限公司
24	11117	首钢集团有限公司专利中心	58	11237	北京市广友专利事务所有限责任公司
25	11121	北京永创新实专利事务所	59	11238	北京博圣通专利事务所
26	11127	北京三友知识产权代理有限公司	60	11239	北京天平专利商标代理有限公司
27	11129	北京海虹嘉诚知识产权代理有限公司	61	11240	北京康信知识产权代理有限责任公司
28	11130	北京华科联合专利事务所（普通合伙）	62	11241	北京双收知识产权代理有限公司
29	11132	小松专利事务所	63	11242	北京诺孚尔知识产权代理有限责任公司
30	11134	北京博浩百睿知识产权代理有限责任公司	64	11243	北京银龙知识产权代理有限公司
31	11136	北京同汇友专利事务所（普通合伙）	65	11244	北京市合德专利事务所
32	11137	北京金之桥知识产权代理有限公司	66	11245	北京纪凯知识产权代理有限公司
33	11138	北京三高永信知识产权代理有限责任公司	67	11246	北京众合诚成知识产权代理有限公司
34	11139	北京科龙寰宇知识产权代理有限责任公司	68	11247	北京市中咨律师事务所

续表

序号	机构代码	机构名称
69	11248	北京中安信知识产权代理事务所（普通合伙）
70	11249	北京中恒高博知识产权代理有限公司
71	11250	北京三聚阳光知识产权代理有限公司
72	11251	北京科迪生专利代理有限责任公司
73	11252	北京维澳专利代理有限公司
74	11253	北京中北知识产权代理有限公司
75	11254	北京连城创新知识产权代理有限公司
76	11255	北京市商泰律师事务所
77	11256	北京市金杜律师事务所
78	11257	北京正理专利代理有限公司
79	11258	北京东方亿思知识产权代理有限责任公司
80	11259	北京金硕果知识产权代理事务所（普通合伙）
81	11260	北京凯特来知识产权代理有限公司
82	11262	北京安信方达知识产权代理有限公司
83	11263	北京高默克知识产权代理有限公司
84	11264	北京华夏博通专利事务所（普通合伙）
85	11265	北京挺立专利事务所（普通合伙）
86	11266	北京二信联合知识产权代理有限公司
87	11269	北京嘉和天工知识产权代理事务所（普通合伙）
88	11270	北京派特恩知识产权代理有限公司
89	11271	北京安博达知识产权代理有限公司
90	11272	北京富天文博兴知识产权代理事务所（普通合伙）
91	11274	北京中博世达专利商标代理有限公司
92	11275	北京同恒源知识产权代理有限公司
93	11276	北京市浩天知识产权代理事务所（普通合伙）
94	11277	北京权达刘知识产权代理事务所（普通合伙）
95	11278	北京运和连知识产权代理有限公司
96	11279	北京中誉威圣知识产权代理有限公司
97	11280	北京泛华伟业知识产权代理有限公司
98	11281	北京明和龙知识产权代理有限公司
99	11282	北京中海智圣知识产权代理有限公司
100	11283	北京润平知识产权代理有限公司
101	11285	北京北翔知识产权代理有限公司
102	11286	北京铭硕知识产权代理有限公司
103	11287	北京律盟知识产权代理有限责任公司
104	11288	北京瑞成兴业知识产权代理事务所（普通合伙）
105	11290	北京信慧永光知识产权代理有限责任公司
106	11291	北京同达信恒知识产权代理有限公司
107	11293	北京怡丰知识产权代理有限公司
108	11294	北京五月天专利商标代理有限公司
109	11296	北京东方汇众知识产权代理事务所（普通合伙）
110	11297	北京睿博行远知识产权代理有限公司
111	11299	北京市卓华知识产权代理有限公司
112	11300	北京瑞盟知识产权代理有限公司
113	11301	北京汇智英财专利代理事务所（普通合伙）
114	11302	北京华沛德权律师事务所
115	11303	北京方韬法业专利代理事务所（普通合伙）
116	11304	北京信远达知识产权代理有限公司
117	11305	北京君智知识产权代理事务所（普通合伙）
118	11306	北京德恒律师事务所
119	11308	北京元本知识产权代理事务所（普通合伙）
120	11309	北京亿腾知识产权代理事务所（普通合伙）
121	11310	北京立成智业专利代理事务所（普通合伙）
122	11311	北京天悦专利代理事务所（普通合伙）
123	11312	北京东正专利代理事务所（普通合伙）
124	11313	北京市铸成律师事务所
125	11314	北京戈程知识产权代理有限公司
126	11315	北京国昊天诚知识产权代理有限公司
127	11316	北京一格知识产权代理事务所（普通合伙）
128	11317	北京商专润文专利代理事务所（普通合伙）
129	11318	北京法思腾知识产权代理有限公司
130	11319	北京润泽恒知识产权代理有限公司
131	11320	北京王景林知识产权代理事务所（普通合伙）
132	11321	北京市京大律师事务所
133	11322	北京尚诚知识产权代理有限公司
134	11323	北京市隆安律师事务所
135	11324	北京金恒联合知识产权代理事务所
136	11325	北京中伟智信专利商标代理事务所（普通合伙）
137	11326	北京市路盛律师事务所
138	11327	北京鸿元知识产权代理有限公司
139	11328	北京汉德知识产权代理事务所（普通合伙）
140	11329	北京龙双利达知识产权代理有限公司
141	11330	北京市立方律师事务所
142	11331	北京康盛知识产权代理有限公司
143	11332	北京品源专利代理有限公司
144	11333	北京兆君联合知识产权代理事务所（普通合伙）
145	11334	北京国帆知识产权代理事务所（普通合伙）
146	11335	北京汇信合知识产权代理有限公司
147	11336	北京市磐华律师事务所
148	11337	北京市盛峰律师事务所

续表

序号	机构代码	机构名称	序号	机构代码	机构名称
149	11338	北京挚诚信奉知识产权代理有限公司	189	11384	北京青松知识产权代理事务所（特殊普通合伙）
150	11339	北京市安伦律师事务所	190	11385	北京方圆嘉禾知识产权代理有限公司
151	11340	北京天奇智新知识产权代理有限公司	191	11386	北京天达知识产权代理事务所（普通合伙）
152	11341	北京瑞思知识产权代理事务所（普通合伙）	192	11387	北京五洲洋和知识产权代理事务所（普通合伙）
153	11342	北京市汉衡律师事务所	193	11388	北京市中闻律师事务所
154	11343	北京友联知识产权代理事务所（普通合伙）	194	11389	北京市振邦律师事务所
155	11344	北京市盈科律师事务所	195	11390	北京和信华成知识产权代理事务所（普通合伙）
156	11345	北京蓝智辉煌知识产权代理事务所（普通合伙）	196	11391	北京智汇东方知识产权代理事务所（普通合伙）
157	11346	北京汇智胜知识产权代理事务所（普通合伙）	197	11392	北京卫平智业专利代理事务所（普通合伙）
158	11348	北京鼎佳达知识产权代理事务所（普通合伙）	198	11393	北京市维诗律师事务所
159	11349	北京三环同创知识产权代理有限公司	199	11394	北京卓恒知识产权代理事务所（特殊普通合伙）
160	11350	北京科亿知识产权代理事务所（普通合伙）	200	11395	北京恒都律师事务所
161	11352	北京大成律师事务所	201	11396	北京思睿峰知识产权代理有限公司
162	11353	北京市惠诚律师事务所	202	11397	北京新知远方知识产权代理事务所（普通合伙）
163	11354	北京市兰台律师事务所	203	11398	北京魏启学律师事务所
164	11355	北京泰吉知识产权代理有限公司	204	11399	北京冠和权律师事务所
165	11357	北京同辉知识产权代理事务所（普通合伙）	205	11400	北京商专永信知识产权代理事务所（普通合伙）
166	11358	北京神州华茂知识产权有限公司	206	11401	北京金智普华知识产权代理有限公司
167	11359	北京高文律师事务所	207	11402	北京再言智慧知识产权代理事务所（普通合伙）
168	11360	北京万象新悦知识产权代理有限公司	208	11403	北京风雅颂专利代理有限公司
169	11361	北京市联德律师事务所	209	11404	北京钧鼎律师事务所
170	11362	北京联创佳为专利事务所（普通合伙）	210	11405	北京德和衡律师事务所
171	11363	北京弘权知识产权代理有限公司	211	11406	北京格罗巴尔知识产权代理事务所（普通合伙）
172	11364	北京市中联创和知识产权代理有限公司	212	11407	北京彭丽芳知识产权代理有限公司
173	11365	北京卓言知识产权代理事务所（普通合伙）	213	11408	北京寰华知识产权代理有限公司
174	11367	北京驰纳智财知识产权代理事务所（普通合伙）	214	11409	北京德恒律治知识产权代理有限公司
175	11368	北京世誉鑫诚专利代理有限公司	215	11410	北京市中伦律师事务所
176	11369	北京远大卓悦知识产权代理有限公司	216	11411	北京联瑞联丰知识产权代理事务所（普通合伙）
177	11370	北京汉昊知识产权代理事务所（普通合伙）	217	11412	北京鸿德海业知识产权代理有限公司
178	11371	北京超凡志成知识产权代理事务所（普通合伙）	218	11413	北京柏杉松知识产权代理事务所（普通合伙）
179	11372	北京聿宏知识产权代理有限公司	219	11414	北京递进知识产权代理事务所（特殊普通合伙）
180	11374	北京攀腾专利代理事务所（普通合伙）	220	11415	北京博思佳知识产权代理有限公司
181	11375	北京市炜衡律师事务所	221	11416	北京恒律知识产权代理有限公司
182	11376	北京永新同创知识产权代理有限公司	222	11417	北京庆峰财智知识产权代理事务所（普通合伙）
183	11377	北京航忱知识产权代理事务所（普通合伙）	223	11418	北京思益华伦专利代理事务所（普通合伙）
184	11378	北京尚德技研知识产权代理事务所（普通合伙）	224	11419	北京爱普纳杰专利代理事务所（特殊普通合伙）
185	11379	北京金知睿知识产权代理事务所（普通合伙）	225	11420	北京罗杰律师事务所
186	11380	北京鑫浩联德专利代理事务所（普通合伙）	226	11421	北京天盾知识产权代理有限公司
187	11381	北京汲智翼成知识产权代理事务所（普通合伙）	227	11422	北京骥驰知识产权代理有限公司
188	11382	北京瑞恒信达知识产权代理事务所（普通合伙）	228	11423	北京中银律师事务所

续表

序号	机构代码	机构名称	序号	机构代码	机构名称
229	11424	北京安度修典专利代理事务所（特殊普通合伙）	269	11470	北京精金石知识产权代理有限公司
230	11425	北京市金栋律师事务所	270	11471	北京细软智谷知识产权代理有限责任公司
231	11426	北京康思博达知识产权代理事务所（普通合伙）	271	11472	北京方安思达知识产权代理有限公司
232	11427	北京科家知识产权代理事务所（普通合伙）	272	11473	北京隆源天恒知识产权代理有限公司
233	11429	北京中济纬天专利代理有限公司	273	11474	北京孚睿湾知识产权代理事务所（普通合伙）
234	11430	北京市诚辉律师事务所	274	11476	北京誉加知识产权代理有限公司
235	11431	北京博华智恒知识产权代理事务所（普通合伙）	275	11477	北京尚伦律师事务所
236	11432	北京旭知行专利代理事务所（普通合伙）	276	11478	北京市众天律师事务所
237	11434	北京献智知识产权代理事务所（特殊普通合伙）	277	11479	北京汉之知识产权代理事务所（普通合伙）
238	11435	北京志霖恒远知识产权代理事务所（普通合伙）	278	11480	北京翔瓯知识产权代理有限公司
239	11436	北京华睿卓成知识产权代理事务所（普通合伙）	279	11481	北京睿邦知识产权代理事务所（普通合伙）
240	11437	北京市邦道律师事务所	280	11482	北京瀚仁知识产权代理事务所（普通合伙）
241	11438	北京律智知识产权代理有限公司	281	11483	北京云科知识产权代理事务所（特殊普通合伙）
242	11439	北京远峰律师事务所	282	11485	北京市东方至睿知识产权代理事务所(特殊普通合伙)
243	11440	北京京万通知识产权代理有限公司	283	11486	北京博维知识产权代理事务所（特殊普通合伙）
244	11441	北京市清华源律师事务所	284	11487	北京中企鸿阳知识产权代理事务所（普通合伙）
245	11442	北京博雅睿泉专利代理事务所（特殊普通合伙）	285	11488	北京莫番律师事务所
246	11443	北京格旭知识产权代理事务所（普通合伙）	286	11489	北京中政联科专利代理事务所（普通合伙）
247	11444	北京汇思诚业知识产权代理有限公司	287	11491	北京国坤专利代理事务所（普通合伙）
248	11446	北京律和信知识产权代理事务所（普通合伙）	288	11492	北京市永新智财律师事务所
249	11447	北京英创嘉友知识产权代理事务所（普通合伙）	289	11493	北京市创世宏景专利商标代理有限责任公司
250	11448	北京中强智尚知识产权代理有限公司	290	11494	北京坤瑞律师事务所
251	11449	北京戍创同维知识产权代理有限公司	291	11495	北京正鼎专利代理事务所（普通合伙）
252	11450	北京欣永瑞知识产权代理事务所（普通合伙）	292	11496	北京君泊知识产权代理有限公司
253	11452	北京展翼知识产权代理事务所（特殊普通合伙）	293	11497	北京市正见永申律师事务所
254	11453	北京名华博信知识产权代理有限公司	294	11498	北京智为时代知识产权代理事务所（普通合伙）
255	11454	北京市万瑞律师事务所	295	11499	北京市浩东律师事务所
256	11455	北京海智友知识产权代理事务所（普通合伙）	296	11501	北京祺和祺知识产权代理有限公司
257	11456	北京细盟知识产权代理事务所（特殊普通合伙）	297	11502	北京远立知识产权代理事务所（普通合伙）
258	11457	北京律谱知识产权代理事务所（普通合伙）	298	11503	北京维知知识产权代理事务所（特殊普通合伙）
259	11458	北京慧博知信知识产权代理事务所（普通合伙）	299	11504	北京力量专利代理事务所（特殊普通合伙）
260	11461	北京辰达联禾知识产权代理事务所（普通合伙）	300	11505	北京布瑞知识产权代理有限公司
261	11462	北京众元弘策知识产权代理事务所（普通合伙）	301	11506	北京东方灵盾知识产权代理有限公司
262	11463	北京超凡宏宇专利代理事务所（特殊普通合伙）	302	11508	北京维正专利代理有限公司
263	11464	北京叁思知识产权代理有限公司	303	11509	北京宣言律师事务所
264	11465	北京慕达星云知识产权代理事务所(特殊普通合伙)	304	11510	北京华圣典睿知识产权代理有限公司
265	11466	北京君恒知识产权代理有限公司	305	11511	北京得信知识产权代理有限公司
266	11467	北京德崇智捷知识产权代理有限公司	306	11512	北京迎硕知识产权代理事务所（普通合伙）
267	11468	北京科名专利代理有限公司	307	11513	北京远创理想知识产权代理事务所（普通合伙）
268	11469	北京恩赫律师事务所	308	11514	北京酷爱智慧知识产权代理有限公司

续表

序号	机构代码	机构名称	序号	机构代码	机构名称
309	11515	北京君华知识产权代理有限公司	349	11559	北京东岩跃扬知识产权代理事务所（普通合伙）
310	11516	北京文苑专利代理有限公司	350	11560	北京智桥联合知识产权代理事务所（普通合伙）
311	11517	北京市君合律师事务所	351	11561	北京隆诺律师事务所
312	11518	北京中财易清专利代理有限公司	352	11562	北京东方盛凡知识产权代理事务所（普通合伙）
313	11519	北京智信四方知识产权代理有限公司	353	11563	北京汇彩知识产权代理有限公司
314	11520	北京万贝专利代理事务所（特殊普通合伙）	354	11564	北京东和长优知识产权代理事务所（普通合伙）
315	11521	北京市英智伟诚知识产权代理事务所（普通合伙）	355	11565	北京国之大铭知识产权代理事务所（普通合伙）
316	11522	北京煦润律师事务所	356	11566	北京市京轩律师事务所
317	11523	北京卓孚知识产权代理事务所（普通合伙）	357	11567	北京旭路知识产权代理有限公司
318	11525	北京红福盈知识产权代理事务所（普通合伙）	358	11568	北京至臻永信知识产权代理有限公司
319	11526	北京航信高科知识产权代理事务所（普通合伙）	359	11569	北京高沃律师事务所
320	11527	北京悦成知识产权代理事务所（普通合伙）	360	11570	北京众达德权知识产权代理有限公司
321	11528	北京恒博知识产权代理有限公司	361	11572	北京卓特专利代理事务所（普通合伙）
322	11530	北京高航知识产权代理有限公司	362	11573	北京华智则铭知识产权代理有限公司
323	11531	北京汇捷知识产权代理事务所（普通合伙）	363	11574	北京律远专利代理事务所（普通合伙）
324	11534	北京奥文知识产权代理事务所（普通合伙）	364	11575	北京志霖律师事务所
325	11535	北京知元同创知识产权代理事务所（普通合伙）	365	11576	北京市恒有知识产权代理事务所（普通合伙）
326	11536	北京惟诚致远知识产权代理事务所（普通合伙）	366	11577	北京知呱呱知识产权代理有限公司
327	11537	北京天江律师事务所	367	11578	北京集智东方知识产权代理有限公司
328	11538	北京谨诚君睿知识产权代理事务所(特殊普通合伙)	368	11579	北京锺维联合知识产权代理有限公司
329	11539	北京慧诚智道知识产权代理事务所(特殊普通合伙)	369	11580	北京国电智臻知识产权代理事务所（普通合伙）
330	11540	北京元周律知识产权代理有限公司	370	11581	北京瀚群律师事务所
331	11541	北京知果之信知识产权代理有限公司	371	11582	北京久维律师事务所
332	11542	北京久诚知识产权代理事务所（特殊普通合伙）	372	11583	北京华旭智信知识产权代理事务所（普通合伙）
333	11543	北京八月瓜知识产权代理有限公司	373	11584	北京智晨知识产权代理有限公司
334	11544	北京金蓄专利代理有限公司	374	11585	北京金岳知识产权代理事务所（特殊普通合伙）
335	11545	北京合智同创知识产权代理有限公司	375	11586	北京天达共和知识产权代理事务所(特殊普通合伙)
336	11546	北京策略律师事务所	376	11587	北京汇知杰知识产权代理有限公司
337	11547	北京英赛律师事务所	377	11588	北京华仁联合知识产权代理有限公司
338	11548	北京华仲龙腾专利代理事务所（普通合伙）	378	11589	北京劲创知识产权代理事务所（普通合伙）
339	11549	北京启知服知识产权代理有限公司	379	11590	北京市领专知识产权代理有限公司
340	11550	北京知舟专利事务所（普通合伙）	380	11591	北京东方芊悦知识产权代理事务所（普通合伙）
341	11551	北京鼎承知识产权代理有限公司	381	11592	北京天驰君泰律师事务所
342	11552	北京智乾知识产权代理事务所（普通合伙）	382	11593	北京博讯知识产权代理事务所（特殊普通合伙）
343	11553	北京观韬中茂律师事务所	383	11594	北京知联天下知识产权代理事务所（普通合伙）
344	11554	北京金讯知识产权代理事务所（特殊普通合伙）	384	11595	北京科石知识产权代理有限公司
345	11555	北京市怡丰律师事务所	385	11596	北京易光知识产权代理有限公司
346	11556	北京恒创益佳知识产权代理事务所（普通合伙）	386	11597	北京睿派知识产权代理事务所（普通合伙）
347	11557	北京唯智勤实知识产权代理事务所（普通合伙）	387	11598	北京思元知识产权代理事务所（普通合伙）
348	11558	北京天澜智慧知识产权代理有限公司	388	11599	北京东方昭阳知识产权代理事务所（普通合伙）

续表

序号	机构代码	机构名称
389	11602	北京市汉坤律师事务所
390	11603	北京晟睿智杰知识产权代理事务所（特殊普通合伙）
391	11604	北京睿驰通程知识产权代理事务所（普通合伙）
392	11605	北京崇智知识产权代理有限公司
393	11606	北京华进京联知识产权代理有限公司
394	11607	北京臼洲磐华知识产权代理事务所（普通合伙）
395	11609	北京格允知识产权代理有限公司
396	11610	北京太合九思知识产权代理有限公司
397	11611	北京聿华联合知识产权代理有限公司
398	11612	北京金咨知识产权代理有限公司
399	11613	北京易捷胜知识产权代理事务所（普通合伙）
400	11614	北京思创大成知识产权代理有限公司
401	11615	北京慧智兴达知识产权代理有限公司
402	11616	北京喆翙知识产权代理有限公司
403	11617	北京瑞盛铭杰知识产权代理事务所（普通合伙）
404	11618	北京汉鼎理利专利代理事务所（特殊普通合伙）
405	11619	北京辰权知识产权代理有限公司
406	11620	北京智沃律师事务所
407	11621	北京和联顺知识产权代理有限公司
408	11622	北京汇众通达知识产权代理事务所（普通合伙）
409	11623	北京晋德允升知识产权代理有限公司
410	11624	北京卓岚智财知识产权代理事务所（特殊普通合伙）
411	11627	北京安杰律师事务所
412	11628	北京知迪知识产权代理有限公司
413	11629	北京臻之知识产权代理有限公司
414	11630	北京君有知识产权代理事务所（普通合伙）
415	11631	北京市大地律师事务所
416	11632	北京七夏专利代理事务所（普通合伙）
417	11633	北京中理通专利代理事务所（普通合伙）
418	11634	北京市中伦文德律师事务所
419	11635	北京思格颂知识产权代理有限公司
420	11636	北京中创博腾知识产权代理事务所（普通合伙）
421	11637	北京智信禾专利代理有限公司
422	11638	北京权智天下知识产权代理事务所（普通合伙）
423	11639	北京正阳理工知识产权代理事务所（普通合伙）
424	11640	北京中索知识产权代理有限公司
425	11641	北京金宏来专利代理事务所（特殊普通合伙）
426	11642	北京恒泰铭睿知识产权代理有限公司
427	11643	北京润川律师事务所
428	11644	北京清源汇知识产权代理事务所（特殊普通合伙）
429	11646	北京超成律师事务所
430	11647	北京励诚知识产权代理有限公司
431	11648	北京先进知识产权代理有限公司
432	11649	北京贵都专利代理事务所（普通合伙）
433	11650	北京善任知识产权代理有限公司
434	11651	北京金诚同达律师事务所
435	11652	北京坦路来专利代理有限公司
436	11653	北京元合联合知识产权代理事务所（特殊普通合伙）
437	11654	北京市一法律师事务所
438	11655	北京启坤知识产权代理有限公司
439	11656	北京泽南知识产权代理有限公司
440	11657	北京思源智汇知识产权代理有限公司
441	11658	北京康瑞律师事务所
442	11659	北京远智汇知识产权代理有限公司
443	11660	北京快易权知识产权代理有限公司
444	11661	北京声华知识产权代理事务所（普通合伙）
445	11662	北京华夏泰和知识产权代理有限公司
446	11663	北京市环球律师事务所
447	11664	北京华专卓海知识产权代理事务所（普通合伙）
448	11665	北京市京师律师事务所
449	11666	北京冠榆知识产权代理事务所（特殊普通合伙）
450	11667	北京兰亭信通知识产权代理有限公司
451	11668	北京航智知识产权代理事务所（普通合伙）
452	11669	北京路胜元知识产权代理事务所（特殊普通合伙）
453	11670	北京栈桥知识产权代理事务所（普通合伙）
454	11671	北京阳光天下知识产权代理事务所（普通合伙）
455	11672	北京致科知识产权代理有限公司
456	11673	北京巨弘知识产权代理事务所（普通合伙）
457	11674	北京中南长风知识产权代理事务所（普通合伙）
458	11675	北京圣达博通知识产权代理事务所（普通合伙）
459	11676	北京华际知识产权代理有限公司
460	11677	北京中企讯专利代理事务所（普通合伙）
461	11678	北京云嘉湃富知识产权代理有限公司
462	11679	北京索睿邦知识产权代理有限公司
463	11680	北京远志博慧知识产权代理事务所（普通合伙）
464	11681	北京惠智天成知识产权代理事务所（特殊普通合伙）
465	11682	北京汉智嘉成知识产权代理有限公司
466	11683	北京佐行专利代理事务所（特殊普通合伙）
467	11684	北京沁优知识产权代理有限公司
468	11685	北京睿康信诚知识产权代理事务所（普通合伙）

续表

序号	机构代码	机构名称
469	11686	北京世衡知识产权代理事务所（普通合伙）
470	11687	北京嘉科知识产权代理事务所（特殊普通合伙）
471	11688	北京彩和律师事务所
472	11689	北京智绘未来专利代理事务所（普通合伙）
473	11690	北京领科知识产权代理事务所（特殊普通合伙）
474	11691	北京清诚知识产权代理有限公司
475	11692	北京知企鸿蒙专利代理事务所（普通合伙）
476	11693	北京展翅星辰知识产权代理有限公司
477	11694	北京万思博知识产权代理有限公司
478	11695	北京和鼎泰知识产权代理有限公司
479	11696	北京国翰知识产权代理事务所（普通合伙）
480	11697	北京允天律师事务所
481	11698	北京国贝知识产权代理有限公司
482	11699	北京安哲思知识产权代理事务所（普通合伙）
483	11700	北京伊诺未来知识产权代理事务所(特殊普通合伙)
484	11701	北京众泽信达知识产权代理事务所（普通合伙）
485	11703	北京中巡通大知识产权代理有限公司
486	11704	北京康隆智佳专利代理事务所（普通合伙）
487	11705	北京康度知识产权代理事务所（特殊普通合伙）
488	11706	北京竹辰知识产权代理事务所（普通合伙）
489	11707	北京安之律师事务所
490	11709	北京曼威知识产权代理有限公司
491	11710	北京开阳星知识产权代理有限公司
492	11711	北京北汇律师事务所
493	11712	北京尚淳律师事务所
494	11713	北京世峰知识产权代理有限公司
495	11714	北京悦和知识产权代理有限公司
496	11715	北京君莫知识产权代理事务所（普通合伙）
497	11716	北京君慧知识产权代理事务所（普通合伙）
498	11717	北京邦创至诚知识产权代理事务所（普通合伙）
499	11718	北京清大紫荆知识产权代理有限公司
500	11719	北京天方智力知识产权代理事务所（普通合伙）
501	11720	北京真致博文知识产权代理事务所（普通合伙）
502	11721	北京中慧创科知识产权代理事务所(特殊普通合伙)
503	11722	北京钲霖知识产权代理有限公司
504	11723	北京尚钺知识产权代理事务所（普通合伙）
505	11724	北京成实知识产权代理有限公司
506	11725	北京伟思知识产权代理事务所（普通合伙）
507	11726	北京荟英捷创知识产权代理事务所（普通合伙）
508	11727	北京天作专利代理事务所（特殊普通合伙）
509	11728	北京信诺创成知识产权代理有限公司
510	11729	北京头头知识产权代理有限公司
511	11730	北京小美知识产权代理事务所（普通合伙）
512	11731	北京市康达律师事务所
513	11732	北京睿智保诚专利代理事务所（普通合伙）
514	11733	北京麦宝利知识产权代理事务所（特殊普通合伙）
515	11734	北京乐知新创知识产权代理事务所（普通合伙）
516	11735	北京从真律师事务所
517	11736	北京预立生科知识产权代理有限公司
518	11737	北京法信智言知识产权代理事务所(特殊普通合伙)
519	11738	北京智行阳光知识产权代理事务所（普通合伙）
520	11739	北京科慧致远知识产权代理有限公司
521	11740	北京棘龙知识产权代理有限公司
522	11741	北京山允知识产权代理事务所（特殊普通合伙）
523	11742	北京景闻知识产权代理有限公司
524	11743	北京慧尚知识产权代理事务所（特殊普通合伙）
525	11744	北京瀛和律师事务所
526	11745	北京哌智科创知识产权代理事务所（普通合伙）
527	11746	北京市尚公律师事务所
528	11747	北京京原星洲知识产权代理事务所（普通合伙）
529	11748	北京正壹合知识产权代理事务所（普通合伙）
530	11749	北京弘慧知识产权代理有限公司
531	11750	北京博辉通达知识产权代理有限公司
532	11751	北京市鼎立东审知识产权代理有限公司
533	11752	北京国谦专利代理事务所（普通合伙）
534	11753	北京国标律师事务所
535	11754	北京麦汇智云知识产权代理有限公司
536	11755	北京唐颂永信知识产权代理有限公司
537	11756	北京中和立达知识产权代理有限公司
538	11757	北京市奋迅律师事务所
539	11758	北京睿阳联合知识产权代理有限公司
540	11759	北京诚新知识产权代理事务所（普通合伙）
541	11760	北京前审知识产权代理有限公司
542	11761	北京博遵律师事务所
543	11762	北京一品慧诚知识产权代理有限公司
544	11763	北京市铭盾律师事务所
545	11764	北京思韬知识产权代理有限公司
546	11765	北京壹川鸣知识产权代理事务所（特殊普通合伙）
547	11766	北京卓泽知识产权代理事务所（普通合伙）
548	11767	北京之于行知识产权代理有限公司

续表

序号	机构代码	机构名称
549	11768	北京兴智翔达知识产权代理有限公司
550	11769	北京中知君达知识产权代理有限公司
551	11770	北京市竞天公诚律师事务所
552	11771	北京易聚律师事务所
553	11772	北京鼎双知识产权代理事务所（普通合伙）
554	11773	北京星迪律师事务所
555	11774	北京瀚方律师事务所
556	11775	北京动力号知识产权代理有限公司
557	11776	北京绥正律师事务所
558	11777	北京艾皮专利代理有限公司
559	11778	北京领创律师事务所
560	11779	北京磊垚威宇知识产权代理事务所（普通合伙）
561	11780	北京植德律师事务所
562	11781	北京丰浩知识产权代理事务所（普通合伙）
563	11782	北京科领智诚知识产权代理事务所（普通合伙）
564	11783	北京华朗律师事务所
565	11784	北京致诺律师事务所
566	11785	北京市金台律师事务所
567	11787	北京可专乐知识产权代理事务所（普通合伙）
568	11788	北京嘉东律师事务所
569	11789	北京君以信知识产权代理有限公司
570	11790	北京市京都律师事务所
571	11791	北京一枝笔知识产权代理事务所（普通合伙）
572	11792	北京市海问律师事务所
573	11793	北京嘉途睿知识产权代理事务所（普通合伙）
574	11794	北京知汇林知识产权代理事务所（普通合伙）
575	11795	北京世宁律师事务所
576	11796	北京冠都律师事务所
577	11797	北京专赢专利代理有限公司
578	11798	北京天达共和律师事务所
579	11799	北京同清律师事务所
580	11800	北京铜表律师事务所
581	11801	北京市中兆律师事务所
582	11802	北京名实专利代理事务所（特殊普通合伙）
583	11803	北京众允专利代理有限公司
584	11804	北京维昊知识产权代理事务所（普通合伙）
585	11805	北京市立康律师事务所
586	11806	北京中建知识产权代理事务所（特殊普通合伙）
587	11807	北京庚致知识产权代理事务所（特殊普通合伙）
588	11808	北京方迪誉诚专利代理有限公司
589	11809	北京君至同辉知识产权代理事务所（普通合伙）
590	11810	北京智丞瀚方知识产权代理有限公司
591	11811	北京励为众创知识产权代理有限公司
592	11812	北京派道律师事务所
593	11813	北京锦信诚泰知识产权代理有限公司
594	11814	北京神州信德知识产权代理事务所（普通合伙）
595	11815	北京鼎真知识产权代理事务所（普通合伙）
596	11816	北京翔石知识产权代理事务所（普通合伙）
597	11817	北京弈贤专利代理事务所（特殊普通合伙）
598	11818	北京圣州专利代理事务所（普通合伙）
599	11819	北京颐合中鸿律师事务所
600	11820	北京市常鸿律师事务所
601	11821	北京卓孚律师事务所
602	11822	北京中普鸿儒知识产权代理有限公司
603	11823	北京鼎德宝专利代理事务所（特殊普通合伙）
604	11825	北京中仟知识产权代理事务所（普通合伙）
605	11827	北京邦中知识产权代理有限公司
606	11828	北京方可律师事务所
607	11829	北京城烽知识产权代理事务所（特殊普通合伙）
608	11830	北京智源荟诚知识产权代理事务所（普通合伙）
609	11831	北京润捷智诚知识产权代理事务所（普通合伙）
610	11832	北京绘聚高科知识产权代理事务所（普通合伙）
611	11833	北京化育知识产权代理有限公司
612	11834	北京欣鼎专利代理事务所（普通合伙）
613	11835	北京春江专利商标代理事务所（普通合伙）
614	11837	北京中创云知识产权代理事务所（普通合伙）
615	11838	北京威禾知识产权代理有限公司
616	11840	北京市中瑞律师事务所
617	11841	北京慧而行专利代理事务所（普通合伙）
618	11842	北京广技专利代理事务所（特殊普通合伙）
619	11843	北京海润天睿律师事务所
620	11844	北京东方尚禾专利代理事务所（特殊普通合伙）
621	11845	北京正和明知识产权代理事务所（普通合伙）
622	11846	北京美智年华知识产权代理事务所（普通合伙）
623	11848	北京大诚新创知识产权代理有限公司
624	11849	北京科穗律师事务所
625	11850	北京攀腾特知识产权代理有限公司
626	11851	北京磐华捷成知识产权代理有限公司
627	11852	北京慧龙律师事务所
628	11854	北京冬瓜知识产权代理事务所（普通合伙）

续表

序号	机构代码	机构名称
629	11855	北京惟盛达知识产权代理事务所（普通合伙）
630	11857	北京芯慧合知识产权代理有限公司
631	11858	北京中誉至诚知识产权代理事务所（普通合伙）
632	11859	北京秉文同创知识产权代理事务所（普通合伙）
633	11860	北京聚浩专利代理事务所（普通合伙）
634	11861	北京奇睥智达知识产权代理有限公司
635	11862	北京国科程知识产权代理事务所（普通合伙）
636	11863	北京棋拾知识产权代理事务所（普通合伙）
637	11864	北京智燃律师事务所
638	11865	北京市光明律师事务所
639	11866	北京知鲲知识产权代理事务所（普通合伙）
640	11868	北京中知星原知识产权代理事务所（普通合伙）
641	11869	北京云嘉律师事务所
642	11870	北京正华智诚专利代理事务所（普通合伙）
643	11871	北京邦申诚知识产权代理事务所（普通合伙）
644	11872	北京卓纬律师事务所
645	11873	北京首捷专利代理有限公司
646	11874	北京保识知识产权代理事务所（普通合伙）
647	11876	北京智宇正信知识产权代理事务所（普通合伙）
648	11877	北京毕科锐森知识产权代理事务所（普通合伙）
649	11878	北京墨丘知识产权代理事务所（普通合伙）
650	11879	北京索邦智慧专利代理有限公司
651	11880	北京知无忧专利代理有限公司
652	11881	北京奥肯律师事务所
653	11882	北京知寰律师事务所
654	11883	北京诚呈知识产权代理事务所（普通合伙）
655	11884	北京泽方誉航专利代理事务所（普通合伙）
656	11885	北京融智邦达知识产权代理事务所（普通合伙）
657	11886	北京高卫律师事务所
658	11887	北京斐石律师事务所
659	11888	北京华创智道知识产权代理事务所（普通合伙）
660	11889	北京中知恒瑞知识产权代理事务所（普通合伙）
661	11890	北京知帆远景知识产权代理有限公司
662	11892	北京国允律师事务所
663	11893	北京象合知识产权代理事务所（普通合伙）
664	11894	北京启焱知识产权代理有限公司
665	11895	北京国序知识产权代理有限公司
666	11897	北京合纵慧信知识产权代理有限公司
667	11898	北京汉迪律师事务所
668	11899	北京隆达恒晟知识产权代理有限公司
669	11900	北京力致专利代理事务所（特殊普通合伙）
670	11901	北京盛询知识产权代理有限公司
671	11902	北京安瑞克专利代理事务所（特殊普通合伙）
672	11903	北京鹏帆慧博知识产权代理有限公司
673	11904	北京达友众邦知识产权代理事务所（普通合伙）
674	11905	北京沃杰永益知识产权代理事务所（普通合伙）
675	11906	北京君泰水木知识产权代理有限公司
676	11907	北京中知律师事务所
677	11908	北京京专专利代理事务所（普通合伙）
678	11909	北京铭本天律师事务所
679	11910	北京金盾律师事务所
680	11911	北京融君成知识产权代理事务所（普通合伙）
681	11912	北京红梵知识产权代理事务所（普通合伙）
682	11913	北京箴思知识产权代理有限公司
683	11914	北京恒程知识产权代理有限公司
684	11915	北京市伟博律师事务所
685	11916	北京科聚知识产权代理事务所（普通合伙）
686	11917	北京路浩律师事务所
687	11918	北京方权知识产权代理有限公司
688	11919	北京清控智云知识产权代理事务所(特殊普通合伙)
689	11920	北京卓爱普专利代理事务所（特殊普通合伙）
690	11921	北京精翰专利代理有限公司
691	11922	北京法胜知识产权代理有限公司
692	11923	北京汉本专利代理事务所（普通合伙）
693	11924	北京艾格律诗专利代理有限公司
694	11925	北京华锐创新知识产权代理有限公司
695	11926	北京市东权律师事务所
696	11927	北京乾成律信知识产权代理有限公司
697	11928	北京科衡知识产权代理有限公司
698	11929	北京博智杰知识产权代理事务所（特殊普通合伙）
699	11930	北京百欧知识产权代理事务所（普通合伙）
700	11931	北京清汇律师事务所
701	11932	北京子焱知识产权代理事务所（普通合伙）
702	11934	北京智泽德世专利商标代理事务所（普通合伙）
703	11935	北京己任律师事务所
704	11936	北京王伦律师事务所
705	11937	北京常乘高知识产权代理事务所（特殊普通合伙）
706	11938	北京元理果知识产权代理事务所（普通合伙）
707	11939	北京佳信天和知识产权代理事务所（普通合伙）
708	11940	北京千壹知识产权代理事务所（普通合伙）

续表

序号	机构代码	机构名称
709	11941	北京大田律师事务所
710	11942	北京沃知思真知识产权代理有限公司
711	11943	北京京湘律师事务所
712	11944	北京谱帆知识产权代理有限公司
713	11945	北京翊君知识产权代理有限公司
714	11946	北京市天同律师事务所
715	11947	北京盛凡佳华专利代理事务所（普通合伙）
716	11948	北京环宇致诚知识产权代理事务所（普通合伙）
717	11949	北京乾成律师事务所
718	11950	北京智慧亮点知识产权代理事务所（普通合伙）
719	11951	北京市通商律师事务所
720	11952	北京星通盈泰知识产权代理有限公司
721	11953	北京百裕知识产权代理事务所（普通合伙）
722	11954	北京文嘉知识产权代理事务所（特殊普通合伙）
723	11955	北京文慧专利代理事务所（特殊普通合伙）
724	11956	北京岳盛瑞达知识产权代理事务所（普通合伙）
725	11957	北京大地智谷知识产权代理事务所（特殊普通合伙）
726	11958	北京智托宝知识产权代理有限公司
727	11959	北京知了蝉专利代理事务所（普通合伙）
728	11960	北京翔宇专利代理事务所（普通合伙）
729	11961	北京鑫瑞森知识产权代理有限公司
730	11962	北京洛科寰宇知识产权代理事务所（普通合伙）
731	11963	北京中联智道知识产权代理事务所（普通合伙）
732	11964	北京煦润知识产权代理有限公司
733	11965	北京曼京知识产权代理事务所（普通合伙）
734	11966	北京蕙识同联专利代理事务所（特殊普通合伙）
735	11967	北京智永源知识产权代理事务所（普通合伙）
736	11968	北京百年育人知识产权代理有限公司
737	11969	北京中知慧专利代理事务所（普通合伙）
738	11970	北京知夏律师事务所
739	11971	北京市博友律师事务所
740	11972	北京创赋致远知识产权代理有限公司
741	11973	北京汇铮律师事务所
742	11974	北京图亿天下专利代理有限公司
743	11975	北京识然知识产权代理事务所（普通合伙）
744	11976	北京铸京律师事务所
745	11977	北京博观达知识产权代理事务所（普通合伙）
746	11978	北京市华泰律师事务所
747	11979	北京正桓知识产权代理事务所（普通合伙）
748	11980	北京东国专利商标代理事务所（普通合伙）
749	11981	北京惠科金知识产权代理有限公司
750	11982	北京汇智一堂知识产权代理事务所（普通合伙）
751	11983	北京启恒华远知识产权代理事务所（普通合伙）
752	11984	北京鑫知翼知识产权代理事务所（普通合伙）
753	11985	北京丰泰律师事务所
754	11986	北京园田林慧知识产权代理事务所（普通合伙）
755	11987	北京天汇航智知识产权代理事务所（普通合伙）
756	11988	北京盛联科创知识产权代理有限公司
757	11989	北京华清科睿知识产权代理事务所（普通合伙）
758	11990	北京市国府闻佳律师事务所
759	11991	北京京华知联专利代理事务所（普通合伙）
760	11992	北京惠森至诚知识产权代理事务所（特殊普通合伙）
761	11993	北京万景律师事务所
762	11994	北京市长安律师事务所
763	11995	北京中和戎智知识产权代理有限公司
764	11996	北京市中永律师事务所
765	11997	北京擎拾或善知识产权代理事务所（普通合伙）
766	11998	北京荣哲知识产权代理事务所（普通合伙）
767	11999	北京驰纳南熙知识产权代理有限公司
768	16000	北京硕慧云知识产权代理事务所（特殊普通合伙）
769	16001	北京广溢知识产权代理有限公司
770	16002	北京玄法律师事务所
771	16003	北京智鸿港知识产权代理事务所（普通合伙）
772	16004	北京代代志同知识产权代理事务所（普通合伙）
773	16005	北京华知安知识产权代理有限公司
774	16006	北京市天溢律师事务所
775	16007	北京博海嘉知识产权代理事务所（普通合伙）
776	16008	北京虹泽知识产权代理事务所（普通合伙）
777	16009	北京研展知识产权代理有限公司
778	16010	北京市天元律师事务所
779	16011	北京知汉亭知识产权代理事务所（普通合伙）
780	16012	北京恒德志远专利代理事务所（普通合伙）
781	16013	北京云知万象专利代理事务所（普通合伙）
782	16014	北京市世泽律师事务所
783	16015	北京卫智易创专利代理事务所（普通合伙）
784	16016	北京铸成博信知识产权代理事务所（普通合伙）
785	16017	北京君琅知识产权代理有限公司
786	16018	北京英思普睿知识产权代理有限公司
787	16019	北京行文律师事务所
788	16020	北京众合佳创知识产权代理有限公司

续表

序号	机构代码	机构名称	序号	机构代码	机构名称
789	16022	北京盈权知识产权代理事务所（普通合伙）	818	16052	北京星海汇创知识产权代理事务所(特殊普通合伙)
790	16023	北京专猎知识产权代理事务所（普通合伙）	819	16053	北京市显杨律师事务所
791	16024	北京三巨人知识产权代理事务所（普通合伙）	820	16054	北京爱棱台知识产权代理事务所（普通合伙）
792	16025	北京中睿智恒知识产权代理事务所（普通合伙）	821	16055	北京市信之源律师事务所
793	16026	北京卓胜佰达知识产权代理有限公司	822	16056	北京国科力为专利代理事务所（普通合伙）
794	16027	北京知睿律师事务所	823	16057	北京创致天华知识产权代理有限公司
795	16028	北京费曼律师事务所	824	16058	北京深川专利代理事务所（普通合伙）
796	16029	北京星港律师事务所	825	16059	北京道信律师事务所
797	16030	北京红花知识产权代理事务所（普通合伙）	826	16060	北京铁桦专利代理事务所（普通合伙）
798	16031	北京共腾律师事务所	827	16061	北京久远信知识产权代理有限公司
799	16032	北京千慕专利代理事务所（普通合伙）	828	16062	北京慧希专利代理事务所（普通合伙）
800	16033	北京达辉律师事务所	829	16063	北京中先生知识产权代理事务所（普通合伙）
801	16034	北京慧诚联合知识产权代理有限公司	830	16064	北京投知圈知识产权代理事务所（普通合伙）
802	16035	北京慧加伦知识产权代理有限公司	831	16065	北京龙韬致思律师事务所
803	16036	北京桓润律师事务所	832	16066	北京科栋专利代理事务所（特殊普通合伙）
804	16037	北京同钧律师事务所	833	16067	北京博识智信专利代理事务所（普通合伙）
805	16038	北京市蓝石律师事务所	834	16068	北京信融专利代理事务所（普通合伙）
806	16040	北京优赛深闻知识产权代理有限公司	835	16069	北京新中汇知识产权代理事务所（普通合伙）
807	16041	北京钲霖律师事务所	836	16070	北京成越律师事务所
808	16042	国浩律师（北京）事务所	837	16071	北京海庆律师事务所
809	16043	北京理知律师事务所	838	16072	北京久耕知识产权代理有限公司
810	16044	北京天下创新知识产权代理事务所（普通合伙）	839	32205	北京淮海知识产权代理事务所（普通合伙）
811	16045	北京博尔赫知识产权代理事务所（普通合伙）	840	61242	北京东灵通专利代理事务所（普通合伙）
812	16046	北京天同知创知识产权代理事务所（普通合伙）	841	16073	北京明坤知识产权代理事务所（普通合伙）
813	16047	北京成高专利代理事务所（普通合伙）	842	16076	北京市金洋律师事务所
814	16048	北京智帆金科知识产权代理事务所（普通合伙）	843	11608	北京腾远知识产权代理事务所（普通合伙）
815	16049	北京留理知识产权代理事务所（普通合伙）	844	16074	北京惟专知识产权代理事务所（普通合伙）
816	16050	北京周泰律师事务所	845	16075	北京友谊嘉知识产权代理事务所（普通合伙）
817	16051	北京知文通达知识产权代理事务所（普通合伙）			

注：资料来源为北京市知识产权局。

2021 年北京地区当选中国科学院院士一览表

序号	姓名	专业	工作单位
数学物理学部			
1	陈松蹊	数学地球物理、数学	北京大学
2	王玉鹏	凝聚态理论	中国科学院物理研究所
3	张　平	数学	中国科学院数学与系统科学研究院
4	邹冰松	理论物理	中国科学院理论物理研究所
化学部			
1	马光辉（女）	生物化学	中国科学院过程工程研究所
2	王梅祥	有机化学	清华大学
生命科学和医学学部			
1	王以政	神经生物学	中国人民解放军军事科学院
2	杨维才	植物发育生物学	中国科学院遗传与发育生物学研究所
3	张　旭	泌尿外科学	中国人民解放军总医院
地学部			
1	邓　军	矿床学	中国地质大学（北京）
2	底青云（女）	应用地球物理学	中国科学院地质与地球物理研究所
3	朴世龙	自然地理学	北京大学
4	朱　敏	古生物学	中国科学院古脊椎动物与古人类研究所
5	朱　彤	环境科学（大气化学与环境健康）	北京大学
信息技术科学部			
1	丁赤飚	信号与信息处理	中国科学院空天信息创新研究院
2	李　陟	导航、制导与控制	中国航天科工集团第二研究院
3	钱德沛	计算机系统结构	北京航空航天大学
4	乔　红（女）	机器人理论与应用	中国科学院自动化研究所
5	于登云	空间飞行器系统工程、动力学与控制	中国航天科技集团有限公司
6	郑婉华（女）	微电子学与固体电子学	中国科学院半导体研究所
7	祝宁华	微波光子学	雄安创新研究院、中国科学院半导体研究所
技术科学部			
1	范瑞祥	运载火箭总体设计	中国航天科技集团有限公司第一研究院
2	江　涌	飞行器总体与制导	中国航天科工集团第二研究院
3	姜培学	热质传递理论与技术	清华大学

注：1. 以姓氏拼音为序。
　　2. 资料来源为中国科学院官网。

2021 年北京地区当选中国工程院院士一览表

序号	姓名	工作单位
		机械与运载工程学部
1	李克强	清华大学
2	王国庆	中国航天科技集团有限公司
3	王云鹏	北京航空航天大学
4	朱　坤	中国航天科工集团第三研究院
		信息与电子工程学部
1	江碧涛（女）	中国人民解放军 61646 部队
2	龙　腾	北京理工大学
3	罗　毅	清华大学
4	张宝东	中国人民解放军 32057 部队
5	张宏科	北京交通大学
		化工、冶金与材料工程学部
1	沈政昌	矿冶科技集团有限公司
2	邢丽英（女）	中国航空制造技术研究院
3	张立群	北京化工大学
		能源与矿业工程学部
1	葛世荣	中国矿业大学（北京）
2	胡晓棉（女）	北京应用物理与计算数学研究所
3	孙焕泉	中国石油化工集团有限公司
4	孙友宏	中国地质大学（北京）
5	张来斌	中国石油大学（北京）
		土木、水利与建筑工程学部
1	杜修力	北京工业大学
		农业学部
1	侯水生	中国农业科学院北京畜牧兽医研究所
2	谯仕彦	中国农业大学
3	周　卫	中国农业科学院农业资源与农业区划研究所
		医药卫生学部
1	姜保国	北京大学人民医院
2	蒋建东	中国医学科学院医药生物技术研究所
3	田金洲	北京中医药大学
4	徐兵河	中国医学科学院肿瘤医院
		工程管理学部
1	黄殿中	中国信息安全测评中心
2	林　鸣	中国交通建设股份有限公司
3	王自力	北京航空航天大学
4	谢玉洪	中国海洋石油集团有限公司
5	杨　宏	中国空间技术研究院
6	杨长风	中国卫星导航系统管理办公室

注：1. 以姓氏拼音为序。
2. 资料来源为中国工程院官网。

索引

BEIJING ALMANAC OF SCIENCE AND TECHNOLCGY 2022

北京科技年鉴

2022

说 明

1．本索引采取主题索引法（也称内容分析索引法）编制。主题词（标目）以《北京科技年鉴 2022》正文中出现的专业名词、名词词组、地名、机构名为主。

2．统计资料、附录的栏目内容不在标引范围内。

3．本索引基本按汉语拼音音序排列。汉字打头的标目按首字的音序、音调依次排列，首字相同时，则以第二字排序，以此类推；以阿拉伯数字打头的主题词排在最前面；以英文字母打头的主题词列于以阿拉伯数字打头的主题词之后。

4．本索引文字部分为标目，标目后的阿拉伯数字表示该标目在正文中的页码（地址项）。

A

B

C

D

G

H

J

K

L

M

N

O

P

Q

R

S

T

W

X

Y

Z